袁黃

袁了凡　名黃字坤儀號了凡出生
於浙江嘉善明萬曆進士歷任寶坻
知縣兵部主事等職是陽明心學的
后繼者我國古代善學思想的集大成
者和踐行者對天文術數水利軍政
醫藥均有涉獵著有『袁氏易傳』四書
刪正『了凡綱鑒』『了凡四訓』享譽海外
影響至今　癸卯慶占畫并記

孟庆占作品《了凡像》　注：此作品原作悬挂在了凡纪念馆

孟庆占

中国艺术研究院特聘研究员

天津市政协文化文史委副主任

天津市美术家协会副主席

命由我作
福自己求

明代了凡四训语 舜来书

王舜来作品《了凡四训语》

王舜来作品《铁骨丹心》

王舜来

国家一级美术师

中国管理科学研究院研究员

天下第一善書

正气 洪海题

陈洪海
北京楹联学会理事会会长
七吉文化创始人

同一个世界 同一个梦想
高路 2024年6月3日

高路
著名书画家
北京 2008 奥运会口号《同一个世界　同一个梦想》、火炬接力《点燃激
情　传递梦想》等作品书写者

杜武杰作品《瑞兔母子图》
注：此作品曾在故宫博物院展出

杜武杰作品《妻子》

杜武杰作品《织帽图》

杜武杰
国家民族画院专职画家
故宫博物院博士后

孙振鹏作品《游龙润物》

作品内涵：2024 年为甲辰年，甲属木，对应青色，因此 2024 年又叫青龙年。青为生气，生发，生机勃勃，甲辰年在五行理论中被归类为佛灯火，为光明，它象征着迅速且热烈的扩展能量。

孙振鹏

中国画院画家

西柳艺术中心创始人

了凡四训

孟晓松 著

改造命运的东方羊皮卷

中国文联出版社

图书在版编目（CIP）数据

　　了凡四训：改造命运的东方羊皮卷：上下册 / 孟
晓松著 . -- 北京 : 中国文联出版社，2025.2
　　ISBN 978-7-5190-5497-7

　　Ⅰ．①了… Ⅱ．①孟… Ⅲ．①《了凡四训》－研究
Ⅳ．① B823.1

　　中国国家版本馆 CIP 数据核字（2024）第 068107 号

著　　者　孟晓松
责任编辑　阴奕璇
责任校对　吉雅欣
装帧设计　十　一

出版发行　中国文联出版社有限公司
社　　址　北京市朝阳区农展馆南里 10 号　　　邮编　100125
电　　话　010-85923025（发行部）　　　　010-85923091（总编室）
经　　销　全国新华书店等
印　　刷　三河市龙大印装有限公司

开　　本　710 毫米 ×1000 毫米　　1/16
印　　张　45.25
字　　数　797 千字
版　　次　2025 年 2 月第 1 版第 1 次印刷
定　　价　108.00 元（全两册）

序　一

习近平总书记在会见第一届全国文明家庭代表时指出：中华民族历来重视家风建设、注重家风传承……尊老爱幼、妻贤夫安，母慈子孝、兄友弟恭，耕读传家、勤俭持家，知书达礼、遵纪守法，家和万事兴等中华民族传统家庭美德，铭记在中国人的心灵中，融入中国人的血脉中，是支撑中华民族生生不息、薪火相传的重要精神力量，是家庭文明建设的宝贵精神财富。家训是家族先辈对后人的训诫和教诲，关系到家道门风的承传和个人品质的塑造。中华传统文化之所以博大精深，源远流长，造福后代，影响深远，皆由自古重视家教使然。

首先，家训可以铸就道德人格和家国情怀。古人云："学贵立志"，倘若从小没有志向，一生终将碌碌无为。其次，家训充满着治学方法和交友之道。读书和交友，必须谨慎，分清好书、坏书，损友、益友。要见贤思齐，宽厚待人；要取人之长，补己之短；要以恕己之心恕人，以责人之心责己。最后，家训承传着代代出圣贤的教子良方。《资治通鉴》言："爱之不以道，适所以害之也。"仅仅为子女们提供物质财富，会使他们丧失独立创业和自力更生的能力。明智的父母，把良好的家风家训留给后人，这种言传身教是真正的无价之宝。

2016 年 8 月 23 日，中央纪委监察部网站刊登了《〈了凡四训〉被曾国藩列为子侄必读的"人生智慧书"》《袁了凡：修身积善　四训教子》《倡南稻北植，编纂〈宝坻劝农书〉指导农业生产》《作"为官功过格"，自律自省规范行为》《勿存一毫怠忽之心　勿起一毫计较之心》《〈家规·文化地理〉了凡家乡行》等一系列文章，力推中央电视台播出的《了凡家风》节目。中央纪委监察部网站、中央电视台、《人民日报》等都在力推倡导学习《了凡四训》，可见这部经典符合方针政策、符合时代精神、符合人民愿望。

晓松深入学习《了凡四训》十余载，研读上百遍。并依照《了凡四训》的原理和方法，改变了命运，积极影响了许多有缘人。故此，这本《了凡四训：改造命运的东方羊皮卷》是实践出来的，不是照本宣科的复述。晓松曾做传统文化类图书编辑多年，以经解经，以典解经，注解有理有据，可读性强，特推荐之。愿广大读者皆可存好心、说好话、办好事、做好人，塑造良好的人格，改造命运、心想事成。如此，家庭才有希望，每个家庭有希望，正是国家富强、民族进步、社会文明的基石。进而共圆中国梦，实现中国式现代化，全面推进中华民族的伟大复兴！

是为序。

朱相远

（第九届、第十届全国人大常委，《中华世纪坛·序》作者）

2023 年 12 月 23 日

序 二

　　《了凡四训：改造命运的东方羊皮卷》（上、下册）的作者，是中国艺术研究院的硕士毕业生——孟晓松老师。一位三十余岁的年轻人，能写出如此高格调的著述，令人刮目相看。书中就中国传统文化的不朽之作《了凡四训》所做出的翔实精准的解析，彰显出孟晓松老师深厚的中华文化底蕴，及其优雅的心胸与格局。特推介！

　　我们眼下所处的时代，是一个各行各业齐头并进、迅猛发展的新时代。如何弘扬并发展中华传统文化，使之能跟得上时代的步伐，是每一位炎黄子孙亟须关注的一个重要话题。

　　在当今这个物欲横流的现实世界里，有悖中华传统文化的现象不胜枚举、随处可见，所涉层面囊括文明礼仪、尊师重道、孝道，及诚信等各个方面……如任由这些不良现象持续发展下去，沿袭了数千年的中华传统文化将难以为继。

　　鲁迅先生说过："中华传统文化是我们的瑰宝，要珍惜、传承和发扬"。然而，中华文化的宝藏早已被详细记录在册，可如今，却被我们在某种程度上忽略了、遗忘了，甚或是遗弃了。

　　拜读了由孟晓松老师所著、中国文联出版社即出版的《了凡四训：改造命运的东方羊皮卷》一书，心中倍觉振奋：孟老师在书中列举了大量古往今来既精辟，又寓意深刻的实例，佐以通俗易懂的言辞，向读者翔实解读了，隶属于中华传统文化精英之作的《了凡四训》，读来令人赏心悦目，不胜感慨……

　　在这部洋洋洒洒数十万言、行文独特的著述中，孟老师就礼义廉耻、品格修养等道德层面的问题，做了海量的、深入浅出的全方位解析。还根据当代人对生活、事业，及理想与未来息息相关的诸如："灵魂深处的富足""孝与顺的关系""爱别人就是爱自己""走出富不过三代的怪圈""你是自己人生的设计师"等严肃话题，标明了细致入微、如抽丝剥茧般的详尽阐释，读来如醍醐灌顶，茅塞顿开，不仅让人深受教益，且不禁拍手叫好……

　　梁启超先生曾对中华传统文化有过精确定位："传统文化是中华民族的根基，是中华民族的灵魂。"拜读了孟晓松老师的大作，深感中华民族的"魂"得到了再次回归。

　　读者可以通过阅读本书，重温久违了的中华文化的精髓，并能假以时日，为弘扬中华传统文化的辉煌，贡献自己的绵薄之力！

　　在此，特向读者由衷推荐孟晓松老师的《了凡四训：改造命运的东方羊皮卷》。坚信这部佳作会是一部难得的人生宝典，不仅对当代有志青年，及其追梦者，在通往成功的道路上有着引领作用，也会对中华传统文化的回归、传承与发展，起到不可估量的推动作用！

　　感谢孟晓松老师的倾心付出与真知灼见！

　　是为序。

李文波

（影视编导、演员，2010 年版《孔子》子路扮演者）

2023 年 7 月 20 日

自序：自己亲手创造的美好才最长久

——谨以此书献给所有有志改变自身和家族命运的朋友们

　　《了凡四训》是我接触传统文化以来，学习的第一本经典。袁了凡先生对我的影响非常之大，可以说改变了我的命运，影响了我的一生。我非常喜爱这本书，读诵已经超过上百遍，也讲解过很多年，并立志学习和弘扬这部经典，终生不遗余力。

　　圣贤祖辈自古都有为子孙留下家训的习惯，在《了凡四训》之前，就有《颜氏家训》《钱氏家训》等家训典范。了凡先生精通儒释道三家，尤其在经历了易学和阳明心学的洗礼之后，这部《了凡四训》可以说后后胜过前前，成为家训当中的佼佼者，被后世称赞为"天下第一善书"。

　　"命由我作，福自己求。"这是《了凡四训》的核心之所在。袁了凡先生现身说法，用自己一生的经历，为我们做出了最好的示范，证明了命运掌握在我们自己的手中，我们是自己命运的第一责任人。当我们认识并坚守自己的使命的时候，就是知命立命的开始，正所谓：学贵立志。有了真实而坚定的志向和愿力，改过迁善，就能改造命运。假如我们还可以做到终身谦逊好学，就能在改命的同时，持续进步而不退转，最终获得五福临门的美满和幸福。

　　《了凡四训》所述改造命运的原理和方法与《周易》密不可分，并且让我们在不知不觉中学习和践行了易学之精髓。《周易》中讲得最多的是时间和空间，时间和空间所具备的条件决定了事物发展的走向，人的命运也是如此。具足改变命运的条件，命运自然可以改变。

　　改变命运需要的关键条件并不复杂，我认为首先要从增长见识开始，没有见识的人往往自命不凡、固执己见，没有受福之基。一个心存感恩和敬畏，并随时改过迁善、谦卑能容的人，命里的吉祥随时都在增多。而一个傲慢无知且不求上进的人，即使现在大富大贵，也无法避免大势已去，注定不能长久的幸福。既然我们有了改造命运、实现人生价值的志向，就应该增长见识、开阔视野，做一个持续谦逊好学而兼容并包的人。

袁了凡先生能够改造命运，就是因为他对新的境界和知识有感恩和敬畏之心，遇到前辈都会"拜而受教"。人的认识很容易受到外界的限制，有空间局限，也有时间局限。正如《颜氏家训》所言："山中人不信有鱼大如木，海上人不信有木大如鱼。"如果我们只见过居住环境里有的东西，眼界就受到了环境的限制，认知也有了相应的局限，很容易否定那些他们从没见过的东西的存在。

庄子也曾说过类似的话："井蛙不可以语于海者，拘于虚也；夏虫不可以语于冰者，笃于时也；曲士不可以语于道者，束于教也。"我们没见过、没听过的事物，不一定就真的不存在，要始终保持一种虚心、好学的状态，不要盲目自信，不要妄下论断。我们要开阔眼界，努力打破这种时间和空间上的限制，不要做"井底之蛙"，不要做见识短浅的人。

"不畏浮云遮望眼，自缘身在最高层。"一叶障目，便看不到问题的本质；没有高度，同样看不到问题的全貌。很多问题的产生就是因为对所面临的问题和境况不了解，束手无策，又因不了解而产生了恐惧、紧张甚至情绪，往往又好面子，或者羞于请教他人，归根结底就是缺乏持续学习的心态和习惯。

增长见识、开阔视野，可以使我们增长德行和能力，有了解决问题的能力，是改造命运的第一步。而接下来的关键问题就是要专注于解决问题，而不是描述问题或者制造问题，这样才不会急于求成或半途而废。欲速则不达的古训，不是让我们不积极，而是让我们不着急。要努力创造幸福的条件，条件具足、因缘和合，美好才能出现。

专注于解决问题，而不是去描述问题，这是我们对待人生应有的基本态度，但是在生活的工作中，我们往往都会专注于描述问题，要么轻视问题，把问题轻描淡写；要么夸大问题的困难性，把问题说得好像难以解决。这样的行为，会使我们身边的人很难信任我们，我们也因此很难掌握生命的主动权。归根结底，就是因为太过武断和自我，不能站在对方的角度和客观事实进行叙述和分析。

还有一些人，由于缺乏责任感，心里想的不是解决问题，只为自圆其说，让自己置身事外，不必担责。更有甚者，因为见识、素质、器量、能力的不足，有意或无意地热衷于制造问题和麻烦，他们往往还要给自己穿上"善良"

的外衣，找到很多为自己开脱的理由让自己的行为变得冠冕堂皇。这样的行为不但不能解决自己和有缘人的问题，还阻碍问题的解决，这就让自己本来就不太圆满的命运徒增凶险和苦难。

尤其在服务行业，如果没有专注于解决客户的需要，而是忙于解释，甚至掩饰自身的过失，这就很难立足，因为在客户角度，这就是耽误客户的时间，消磨客户的耐心。在服务行业里，制造问题、描述问题和解决问题，一般也是基层、中层和高层的真实写照，当一个人学着专注于解决问题的时候，即使现在身处基层，也会逐渐成为一个单位的中流砥柱，上升到领导层，因为专注解决问题是领导层的刚需。

只有无条件地专注于解决问题，改过积善，提升自身解决问题的能力，才能创造美好。因为美好的本质就是对你解决问题能力的回馈，富贵穷通与你解决问题的实际能力息息相关。如果想要改变命运，并且家道兴旺，就要无条件地提升生命的真智慧和正能量。

如果不专注于解决问题、创造人生的价值，反而选择抱怨和牢骚，这不但对解决问题毫无用处，还会让我们的生活雪上加霜。如果天都已经下雨了，抱怨昨天的天气预报不准，这有什么用呢？应该及时避雨才是啊！所以，停止抱怨和牢骚，就是停止内耗。

早起、勤奋、反省、改过、专注成长的人一定不会发牢骚，抱怨命运。反之，爱发牢骚和抱怨的人，往往不是勤奋上进和反省改过的人。负能量之人往往以受害者自居，仿佛全世界都错了，只有自己对。本质上是面对痛苦也不反省自身，死不悔改，这都是极其自我的表现。人生不会因为抱怨而停止苦难，而生活一定会因为发牢骚而更加凄凉，抱怨和牢骚是人生的负循环，而感恩和反省才能让人生进入正循环。

这世界上没有感同身受，连设身处地都很难得，更多的是冷暖自知。不要一厢情愿地站在自我角度对待他人，对方的体验感不好，我们就要首先反省自身的问题，有则改之，无则善后、敬而远之。专注于解决人生路上遇到的每一个问题，这才能逐渐掌握命运的主动权，从而成为自己生命的主人。

这里有一个关键词，就是专注。你心定了，全世界围着你转。你心不定，你围着全世界转，也是徒劳无功的。人生就怕想要的太多，让自己很难静下心来，专注于去做自己热爱且有意义的事。

我们增长见识、开阔视野，专注于解决问题，担负起自身的责任，接下来就是要抓住人生关键的机会，也就是看准时机，走好人生的关键几步。著名作家柳青先生说："人生的道路虽然漫长，但紧要处常常只有几步，特别是当人年轻的时候。"他还说："没有一个人的生活道路是笔直的，没有岔道的。有些岔道口，譬如政治上的岔道口，事业上的岔道口，个人生活上的岔道口，你走错一步，可以影响人生的一个时期，也可以影响一生。"

有些人、有些事、有些心情更是一生只有一次，可能是我们人生的第一次，也是最后一次。一个种子只能开一次花结一次果，所以要走好人生的每一步，做好人生的抉择。尤其是关键时期、关键领域、关键人物和关键资料，要特别重视。如果以前错过了应有的美好，未来就要亡羊补牢，改过迁善，不要再徒增遗憾、悔恨和罪过。洗心才能革面，当我们把自己的心态放平，把错误的观念和行为导正，我们的面貌自然会焕然一新。

人生立志不难，难的是坚守。积善不难，难在改过。成就一番事业不难，难在守谦。这世上为什么有"富不过三代"的怪圈？如何才能走出"富不过三代"的怪圈？现在别说"富不过三代""三十年河东三十年河西了"，很多人的好景不长，就只有几年光景，一下子由盛转衰，问题出在哪里？

问题的关键就是我们有没有掌握创造美好的能力，要么是祖辈创造了美好，自己却接不住；要么就是凭着幸运赚的钱，凭着实力赔进去；要么就是存心不正，钱的来路不正，受到了惩罚和教训。亲人朋友给我们的福报，或者自己凭借幸运而产生的美好，尚且不会长久，我们更不要去占别人便宜，占小便宜的人永远富贵不了。人生没有一个便宜可以占得，占人便宜的副作用很大，占便宜的人结局凄惨悲凉的比比皆是。

我们要用心做事，不要用心机做事。谁的心机越多，谁的路越窄。当你真心想让别人更好的时候，别人并不一定那么快变好，但你一定会变好。当你希望别人倒霉的时候，别人不一定会倒霉，你一定开始倒霉。我们要学会站在对方的角度为他人考虑，要学会分享和助人，吃亏是福。正如笏堂公程达先所言："一曰要吃亏；二曰学吃亏；三曰吃得亏；四曰还不算吃亏。"

最后，我们要勇敢，勇于面对挫折和失败，勇于面对自身的不足和缺点。惧怕失败，渴望幸福，又不改变自己，这是我们心态上存在的大问题。失败不是最可怕的，最可怕的是我们没有开始的勇气。一夜成名不一定是福，坚守和沧桑中才有真正的风光和景色，要想有美好的未来，必须修好自己现在的身口意。

正如左宗棠先生言："身无半亩，心忧天下。读破万卷，神交古人。"即使困难再大，家里连半亩地都没有，不妨碍我先天下之忧而忧，不妨碍我全心全意为人民服务，更不妨碍我为中华之崛起而读书。哪怕这世上没有知己朋友，那也要享受这份孤独。怎么才能享受孤独，或者解决孤独的问题？那就是："读破万卷，神交古人！"

当我们面对挫折和困难，可以在历史长河中找圣贤做朋友，如果你真的可以饱读诗书，看到无数英雄的人生起伏，眼前的困难和问题，会变得不值一提，哪还有什么抑郁、焦虑和失眠，你会长久而稳定的喜悦和快乐。为什么？因为你得到了圣贤和经典的智慧加持。这就是《论语》的开篇第一章，也是整部《论语》的核心所在。子曰："学而时习之，不亦说乎？有朋自远方来，不亦乐乎？人不知而不愠，不亦君子乎？"

当我们知行合一，学而时习，解行相应，就能在经典的学习和落实中找到快乐。有来自远地的圣贤好友到来，一起探讨圣贤教诲和人生百味，我们更会非常欢喜。而这个远地的朋友可能来自时间的远方，这就是神交古人。你学习《了凡四训》就是和袁了凡先生交朋友；你学习《道德经》，就是和老子做朋友；你学习《孟子》，就是和孟子神交。你的心智年龄已经超越了同时代的大多数人，你注定会有属于自己的精彩又璀璨的一生。

所以，古圣先贤为我们留下了一个特别著名的对联："几百年人家无非积善，第一等好事只是读书。"孟子讲："源泉混混，不舍昼夜，盈科而后进，放乎四海。"有本源的流水滚滚而下，昼夜不停，灌满坑洼不平的地方，又继续奔流向前，一直流入海洋。这句话出自《孟子·离娄下》，孟子通过描述水的流动特性，比喻君子之德和追求学问、真理及实现自我的道理。

孟子在此处强调：有本源的事物就像水一样，不分昼夜地流淌，填满每一个低洼的地方后继续前进，最终流向大海。这寓意着人们在追求学问和真理的过程中，需要坚持不懈，积累知识，逐步前进，最终达到自己的目标。问题再大，沟壑再多都不是问题，因为我们有源源不断的自性能量和不屈不挠的自强精神。

朱熹夫子的《观书有感》与孟子这段话有异曲同工之妙："半亩方塘一鉴开，天光云影共徘徊。问渠那得清如许，为有源头活水来。""半亩方塘"就好比我们的心田，当我们的内心澄净，专注于立定志向和解决问题，持续学习和提升自身维度、能量、德行、福报和能力，就会有"一鉴开"的开悟时刻。正所谓不忘初心，方得始终，"天光"和"云影"也会与你常相做伴。

为什么你能有源源不断的澄澈智慧？因为你持续地谦逊学习，修为自己的言行和思想。性修不二，当修德遇到了性德，你的智慧和福报，仁爱和勇气，功德和开悟，便会源源不断地产生。

正如夫子所言："逝者如斯夫，不舍昼夜！"大河奔腾、小溪潺潺、瀑布秀美，都会成为你灵动而闪亮的人生。这是你自己创造的美好，不是祖传，也不是别人的施舍，更不是骗来的福报和偷来的境界。这是有根茎的花，有本因的果，有源头的水，这也是你我之无怨无悔而又心向往之的人生本来！

学力不逮之处，颛此就正于方家！

是为序。

2024 年 9 月 28 日孔子诞辰

孟晓松沐手书于思田庐舍

名家推荐

中华传统文化是中华民族的"根"和"魂"，家风家训是中华传统文化的重要组成部分。《了凡四训》是一本充满东方智慧的励志宝典，作者是明朝的袁了凡先生，他结合毕生的学识修养和亲身经历，为教育自己的子孙而作此家训。他认为：自强不息，反求诸己，改过迁善，是改造命运的不二法门。

晓松立意高远，连通传统，立足当下，影响未来，对《了凡四训》进行了详尽而生动的解读。本书引用诸多典故，结合生活场景，让人爱不释手，意犹未尽，是一本非常值得推荐佳作！

——国家一级演员、著名戏曲表演艺术家、《西游记续集》沙僧扮演者

刘大刚

"问渠那得清如许？为有源头活水来。"文化是一个国家和民族的灵魂，泱泱华夏，五千年文明孕育了优秀的中华传统文化，这是中华民族生生不息的能量来源，也是华夏儿女承前启后、继往开来，实现中华民族伟大复兴的精神土壤。解读经典，承传文化，以古鉴今，万古长新。

晓松对《了凡四训》的学习不可谓不深入，解读不可谓不深刻，传承不可谓不深情。将《了凡四训》落实在生活中，点点滴滴、在在处处，我们的待人接物处世就有了指南。正如《大学》所言："一家仁，一国兴仁；一家让，一国兴让。"深入学习和落实中华优秀传统文化，可以实现身心和谐、家庭和谐、社会和谐，国家繁荣昌盛，让世界变得更加美好。

——中国音乐家协会副主席、著名词曲作家、策划人

何沐阳

家训作为非物质文化遗产的一部分，承载了具有中国精神的家道、家教、家风和家学，越来越受到国家和社会的重视。家训也是中华传统文化的重要组成部分，文化兴则国兴，文化强则国强，文化自信则国自信。

　　《了凡四训》是家训文化的优秀之作，涵盖传统文化的方方面面，将儒释道的精髓以家训的形式呈现给世人，自问世以来，备受推崇。

　　晓松是一位优秀的青年学者，对全文进行了详尽注解，旁征博引，娓娓道来，将传统文化的精华跃然纸上。文以载道，以文化人，弘扬正气，纠正偏颇，故推荐之。

——中国曲艺家协会副主席、全国德艺双馨艺术家、全国人大代表

马小平

　　《了凡四训》是一本非常经典的家训，融合了儒释道三家的哲学智慧，是学习和践行中华优秀传统文化的典范教材。正所谓："洒扫应对，莫非学问。"作者袁了凡先生用亲身经历，将改造命运的原理和方法和盘托出。

　　晓松结合古今中外的诸多历史典故，引用相关古籍，对《了凡四训》做了详尽解读。以史为镜、以古鉴今，将经典与生活融为一体，让人读起来如沐春风，如入芝兰之室，不知不觉中变化气质，遍满圣贤之香。此书以家训引导教育，以教育启迪人生，深入浅出，生动感人，阅读性很强，这是一本非常值得推荐的好书！

——北京城市副中心融媒体中心采访部负责人、著名新闻主持人、记者

吴小强

　　子曰："移风易俗，莫善于乐；安上治民，莫善于礼。"习近平总书记在听取中国成立70周年庆祝活动总结报告上讲道："国之大典、气势恢弘、大度雍容、纲维有序、礼乐交融。"二者都肯定了传统礼乐思想所追求的节制人性、达到仁爱、实现有序、促进和谐的价值追求。传统家礼文化是礼乐文化之始，礼乐文化继而又反哺家礼文化，以修身为本，将修、齐、治、平融入家庭教育中。

　　《荀子·乐论》讲："乐者、乐也。君子乐得其道，小人乐得其欲。"学习家训可以使我们正心、正气、正音声，从而促进身心和谐、家庭和谐和社会和谐，使人民过上富足、喜悦、安宁的后现代美学生活。晓松贤弟所著《了凡四训：改造命运的东方羊皮卷》，完美地回答了人该如何存心、为何立心、如何同心的问题，特推荐。

——中国音乐学院作曲系副教授、东京艺术大学音乐与科学博士

班文林

晓松弟弟为人正直，孝顺父母，友爱朋友，多年来致力于宣讲中华优秀传统文化，弘扬主旋律，传播正能量。士先器识，而后文艺。器量和见识决定着一个人的命运，对于文艺工作者而言更是如此，人品和修养决定了艺术生命的长短。建国君民，教学为先。

晓松对这古老的土地爱得深沉，期待他把礼乐文化和经典教育复兴在这片热爱的土地上，成仁成义，无有疲厌！正所谓："各美其美，美人之美，美美与共，天下大同。"我认为，这本书正是国家社会之需要，亦是青年教育之必需，特此推荐。

——青年女高音歌唱家、中国少数民族声乐学会理事

王雅宁

晓松贤弟孝亲尊师，忠信谦谨，和善待人，长期以来研读和实践儒释道经典，弘扬和传播优秀中华传统文化。他对《了凡四训》尤其深入，学习十余年，研习上百遍，并身体力行，颇有心得。

本书立意深刻，情感真挚，故事感人，并非空洞的说教，而是一段段生动形象的案例和典故，充满指导生活和工作的智慧金句，使人茅塞顿开，醍醐灌顶。

全书包含孝道、师道、感恩、诚信、真诚、谦虚、改过、积善等核心内容，是修身齐家、改造命运的智慧指南。故推荐之。

——南京诚明书院院长、东南大学马克思主义学院兼职教授

徐洪磊

前　言

《了凡四训》的作者袁黄（1533—1606），是明朝著名政治家、思想家。江南吴江县人，初名表，后改名黄，字庆远，又字坤仪、仪甫，初号学海，后改号了凡，后人经常称其为了凡先生。天启元年（1621），了凡先生被追封为"尚宝司少卿"，乾隆二年（1737），入祀嘉善魏塘书院的"六贤祠"。

《了凡四训》融合了儒释道三家的智慧，是学习和践行中华优秀传统文化的典范教材，也是古代家训的经典之作。《了凡四训》虽然文章短小，但是道理深刻，通过立命之学、改过之法、积善之方、谦德之效四个部分现身说法，论述如何改造命运，自强不息，做自己命运的主人。

了凡先生被孔先生算定寿命是 53 岁，可是他活了 74 岁；被算定没有进士和举人的功名，结果了凡先生举人考了第一名，也考上了进士；被算定没有儿子，结果了凡先生生了两个儿子，儿子天启也考上了进士，还做了很优秀的地方官，他的子孙到现在都很兴盛。本书涉及了传统文化中诸多方面的内容，但以往的出版物一般都围绕原文进行翻译和解读，很少挖掘其文字背后所蕴含的诸多传统观念和相应的历史典故，本书力图在这方面有所突破。

其实，这本家训的思想，不仅助力了袁了凡先生的家庭，还助力了古今中外的许多家庭。从 2016 年开始，中央纪委监察部网站就要求学习《了凡四训》。曾国藩对《了凡四训》极为推崇，读后改号涤生，"涤者，取涤其旧染之污也；生者，取明袁了凡之言：'从前种种，譬如昨日死；从后种种，譬如今日生也。'"将其列为子侄必读的第一本人生智慧之书，并要求他们至少要读三百遍。曾国藩年轻时有各种恶习，读了《了凡四训》后浪子回头，就是洗涤了生命，跟以前那个充满毛病习气的自己划清了界限，生命开始有了新的希望和光明。

香港中华道德学会称此书是"创造幸福的宝典"。胡适先生则认为：《了凡四训》是研究中国中古思想史的一部重要代表作。日本汉学家安冈正笃先生把《了凡四训》奉为治国宝典，称其为"人生能动的伟大学问"。创造了两家世界五百强企业的稻盛和夫先生被称为"经营之圣"，他的人生受《了凡四训》的影响非常大。他推荐给全世界，尤其推荐给年轻人，人生要幸福，必读的第一本书就是《了凡四训》。改造命运的原理和方法，没有比《了凡四训》讲得易懂、易学、易行、易成功的了。好好研读《了凡四训》这本书的道理，对您有莫大的帮助，对您的家庭也有莫大的帮助。

《格言联璧》讲："诗书为起家之本"，人生和家道就像一盘棋，如何能让这一盘棋走得好，关键就要靠《了凡四训》这样的经典，这是父亲写给孩子的四封家书，可以说是了凡先生一生智慧和经验的精华。一个家庭的父母、长者，懂得让孩子从小学习经典，学习优秀的中华传统文化，知书达理，明白做人的道理，家道就要兴旺了。

目　录

立命之学：你是自己命运的第一责任人

改过之法：愿意改变，比改变更重要

积善之方：善良，是唯一永不失败的"投资"

立命之学

你是自己命运的第一责任人

01 "万婴之母"林巧稚

《了凡四训》的第一单元是"立命之学","命"就是命运,其实每一个人都有命运。"一饮一啄,莫非前定",人真的有命运。那么人生的命运是从哪里来的?怎样去改造命运,才能够让生命产生更大的价值?如果我们的命运全部都被人算定了,人生都被命理束缚了,生命的意义又如何实现呢?

所以,这个"立"字,有建树的意思,怎么来建设我们的人生。"立",也有决心的意思,学了经典就去做,一定要把命运改过来,也就是"立志","有志者事竟成""精诚所至,金石为开"。人生确实是有命运的,而且命运掌握在自己的手上。但如果不懂改造命运的原理和方法,就像了凡先生被孔先生算定之后一样了:"万般皆是命,半点不由人。"

我们看正文:**"余童年丧父,老母命弃举业学医,谓可以养生,可以济人,且习一艺以成名,尔父夙心也。"**他幼年时父亲就过世了。"老母命弃举业学医","举业"就是考科举、求功名,将来做官为百姓谋福利。但是母亲希望他放弃学业来学中医,母亲一个人养育他,经济上也比较拮据,了凡先生很体谅母亲,就没有再继续读书。他的母亲认为学医可以养生、可以济人。

"养生",第一个意思是生计,他用心给人看病会有收入,有一技之长,养家糊口就没问题。第二个意思是,他学中医也会保养自己的身体。所以"可以养生,可以济人"。"可以济人"可以把人从病苦当中挽救过来,可以帮助别人。我们看古人的心,不能为官为百姓谋福利,就用一技之长来服务一方,尤其是治病救人,这个存心就很善良。了凡先生的妈妈很有智慧,为他选了一个既可以谋生,又可以养身,还可以救人的好职业。

"且习一艺以成名,尔父夙心也。"俗话讲:"家财万贯,不如一技在身"。"夙"就是旧有的、平素的意思。了凡先生的母亲对了凡先生说:"你父亲在世的时候,也有这样的夙愿,希望你能够学习一门技能。学医这是一门技能,以后能成为名医,在社会当中也有地位。"

袁了凡先生的母亲李氏深明育子之道,而且贤明智慧,以身作则。她年寿八十，于 1573 年去世。李氏对子女的教育记载在《庭帏杂录》里，常亚君先生所编著的《袁了凡的母亲》一书也是非常值得学习的母教典范。

李氏于 1517 年嫁入袁家，嫁过来时，了凡先生的祖父袁祥早已去世，李氏事夫 30 年，了凡先生的父亲袁仁去世时留下了两万多册图书，但没有什么其他财产。李氏鼓励了凡先生学医，承担家族的期望。

其实，学医不但可以对自己和他人有帮助，为了父母的健康，做儿女的也最好懂得一些医疗保健的知识。医圣张仲景先生说："上以疗君亲之疾，下以救贫贱之厄，中以保身长全，以养其生。"金朝张子和先生写的医书就叫《儒门事亲》。

范仲淹先生在很小的时候，他就问算命先生："您帮我算一算，我能不能当宰相？"这个算命先生可能这辈子也没碰到过这么问的，吃了一惊，说："你这个孩子年纪小小的就想当宰相，未免胃口也太大了，过分自负。"范公看到算命先生的态度，有点不好意思，说："不然这样，你看我能不能当医生。"算命先生很惊讶，说："你为什么从当宰相变成要当医生呢？"范公答："唯有良医跟良相可以救人！"你看，范公那么小的年龄就有如此觉悟，算命先生听完很感动，送他一句话：你有这种心，真宰相也。后来他果然做了参知政事，也就是副宰相，他的儿子范纯仁做了正宰相。

在清朝，有一则关于医德的故事，叫"居心忠厚，庆及子孙"。当时，在苏州有一个孝廉叫曹锦涛，他的医术非常高明，任何疑难险症经过他诊疗，都可以妙手回春。有一天他想出门，忽然一个贫妇跪在他们家的门外，哭泣地哀求，希望他为她的婆婆治病。因为她家很穷，没有办法去请其他的医生。她听说曹锦涛医生菩萨心肠、慈悲为怀，所以要劳驾他去帮她的婆婆治病。曹公没有拒绝，就跟着到她家去了。

曹锦涛回来以后，这个贫妇的婆婆枕头下面有白银五两不知去向。她想，进来房间的只有这个曹医生，一定是曹公偷去了。这个贫妇就登门来询问了，曹公二话不说就给她白银五两，什么也没解释。换成我们一般人当场就生气："你把我当成坏人？"当场可能会恼羞成怒，而且会讲一句话，行善没有好报。

这个贫妇回来以后，她的婆婆说找到银子了，老人家记错放银子的地方了。这个贫妇非常惭愧，又把这白银五两送回去跟曹公谢罪。她就问曹公："公何以自诬盗银？"您为什么要承认偷我婆婆的银子呢？他说："我只想让你婆婆的病赶快好起来，如果我不承认偷你婆婆的五两白银，你婆婆一定会着急并且病情会加重，搞不好大病一场。我只希望你的婆婆病赶快好，我不怕人家说我偷你们的银子。"这是何等的慈悲啊!

这是《金刚经》讲的:"无我相、无人相、无众生相、无寿者相。"这就是"积善之方"讲的"三轮体空"的境界了,人我两忘、清净无染,"内"没有我这个医治你病的医生,"外"没有被我医治的病人,"中"没有说我救你的命,我拿的钱,或者我救你的命有多少功德,没有这种执着。这位曹医生后来生了三个儿子,他的长子是御医,专门给皇帝看病,活了80岁高龄,而且后代都非常富贵。他的二儿子做了翰林,官至藩台。三子也是翰林,博通经史,著书立说。可见,这位曹医生的子孙非常多,而且很显贵。

大家看过《医道》吗?这是一部很好的电视剧,对于医生的诠释,非常透彻。这是讲朝鲜古代的名医许浚,许浚字清源,号龟岩,1546年生于朝鲜。有一次他要进京赶考,考医官,结果在路上遇到病苦的老百姓,他不忍心弃他们而去,就去帮他们治病。刚治好,又有一个人,妈妈病得很严重,就又把许浚拉去看他妈妈,最后他实在是赶不上考试了,那个人帮他去偷了匹马,让他骑马去。结果偷的那匹马被官方发现了,许浚就被关到大牢里面去了。

我们看到许浚讲的那句话,非常感动,他在那里说什么呢?他说:"绝对不能后悔,绝对不能后悔去帮助这些老百姓。"您看他那个修养的功夫很强啊,他帮人落得这个下场,他还提醒自己绝对不能后悔。做人,不是你这么做得到好处了,你才这么做,而是应该这么做人,就要坚持下去,不管你遇到任何的挫折、挑战。结果最后,这个官老爷不简单,听了老百姓的话,哦,发现原来这是个仗义之人,就赶紧放他出来,然后给他一匹马,让他赶路去了。

故事讲到这里,大家是不是认为:哇,骑呀骑呀,然后就考上了?不是,因为连续几夜没有睡过觉,他骑到一半睡着了,累得没办法,后来还是没有赶上。没有赶上,是好事还是坏事啊?好事啊!为什么呢?因为没有赶上,他才能再去做他师父的弟子。他就是被他师父赶出来的,因为他之前已经动了名利心,他师父就呵斥他,把他逐出师门。

因为当时许浚得到了师父的一些教诲之后,把一个大官给医好了,那个大官的影响力非常大。许浚接了这个大官的推荐函,他只要考试时把这个推荐函拿出来,他可能就考上了。结果这个推荐函被他师父知道了,师父当场就把推荐函撕掉了,许浚当时还要抢回来,他师父就说了:"我没你这个学生。"就把他逐出师门了。

为什么他师父又让他回来了呢?因为被他感动了,他是真正的"心医"啊,心是真心的心,为病人着想,才让他回来了,他的医学造诣才能这么高,因为他坚持了从医的原则：病人最重要。正如孙思邈先生说的那样："长幼妍媸，怨亲善友，华夷愚智，普同一等。"都像亲人一样对待，他确实做到了，他的师父才重新接纳他，把自己的医术都传给了他，来造福于人。

所以，人生并不复杂，循着道义，所有好的因缘都会来到我们的生命当中。他后来可以说是大富大贵，几乎做到了宰相的位置，别的医官不可能有这么高的位置。为什么他能呢？他的心都是为万民着想，他的福分快速积累，从一个卑微的人到位比宰相，受到皇帝的尊敬，该是他的福分跑都跑不掉。在他的人生当中，只要有一次违背良心，他就不可能有如此大福。

"但行好事，莫问前程。"一心为这个社会，你这一生遇到的没有坏事，这是真的不是假的。看起来没考上，事实上，上天护念着他，他以后成为皇上的老师、成为神医，写成了《东医宝鉴》这本医学巨著，对现在的整个朝鲜和韩国的医术，贡献非常非常大，死后被追封为辅国崇禄大夫。许浚说："看起来好像是我救了病患的生命，事实上是这些病患把我的慈悲心完全给唤醒了。"

我们看许浚，当他要考医官的时候，面临这么多的病人，他最后选择了什么？放弃考试。你看他损失了吗？他一点儿都没有损失啊，最重要的，他这一生活得坦坦荡荡。假如我们这一生，为了去追名逐利，对我们亲人的需要视而不见，看到他们痛苦，袖手旁观，继续去忙我们的，我们的灵魂就已经在堕落了，我们的人生已经不可能有幸福了，因为我们活得不痛快，活得不坦荡了。

当一个人他的良心开始丧失的时候，人生已经往行尸走肉在走了，慢慢地这个良知就不见了，这哪有什么痛快可言呢？甚至于每一个夜阑人静的时候，都有莫名的空虚感，没有养浩然之气啊。孟子所言"我善养吾浩然之气"就是告诉我们做人要坦荡、真诚，不能被世俗名利动摇了高贵的灵魂。

结果那年许浚没有考上，他师父柳义泰的儿子柳道知考上了。考上了，是荣还是辱啊？考上了，坐着花轿回来了，敲锣打鼓。结果他爸爸接到了许浚帮助的那个地方的县官寄来的信："你教出这么好的学生——许浚，救了很多人啊，感谢您。"

柳医生便问他儿子："当时这么多病人需要医治，你在哪里？"他说："我就在那里。""你有没有去医治他们呢？""没有，我要去考试啊！"

他父亲非常生气："考那个医官，那个爵位就这么重要吗？"气得把桌上的墨汁打翻了，"你是侮辱医生这个职业啊！"所以这侮辱啊，不只侮辱自己，还侮辱什么呢？侮辱医生这个神圣的行业啊！

在我们国家也有很多这样的好医生，比如林巧稚先生。1919 年，林巧稚先生从厦门女子师范毕业后，留校做了老师。做老师虽好，但她心里依然念着医学。1921 年，机会终于来了，北京协和医学院对外招生，于是她参加了考试。前几科考试，她都答得很不错，哪知最后考英语时，发生了意外：在她旁边的一位女考生中暑晕了过去，碍于女生身份，监考老师是男性，不便施救，她就跑了过去救人。因为救人耽搁了太长时间，林巧稚没有做完英语试卷。

协和在全国只招 25 名学生，因为英语试卷没答完，她觉得这次考试完蛋了，没想到一个月后，她竟然收到了录取通知书。原来监考老师给协和写了一封信，赞扬林巧稚先生乐于助人，处理问题沉着冷静，是做医生的好材料。协和医学院查看她前几科的成绩后，决定破格录取她。

林巧稚先生，是中国现代妇产科学的开拓者和奠基人之一，也是新中国第一位女院士，把一生献给了妇女儿童健康事业。她一生未婚，却接生 5 万多婴儿，被尊称为："万婴之母""生命天使""中国医学圣母"，又与梁毅文被合称为"南梁北林"。如果说人民币上要印上一位女性，她的名字一定是高票通过。

1901 年，林巧稚出生于厦门鼓浪屿，在她 5 岁的时，母亲患宫颈癌奄奄一息。医生来到他们家里为母亲看病的时候，年仅 5 岁的她，轻轻地拽住了医生的衣角，苦苦地哀求医生救救自己的妈妈。医生瞬间泪目，尽管医生尽了最大努力，她的母亲还是被病魔带走了。

就这样，林巧稚 5 岁就没了母亲，从此刻开始，励志从医的种子就在她心中埋下。她于 1921 年破格考上了协和医学院。在医学院 8 年，林巧稚刻苦学习，钻研医学知识，在 1929 年以优异的成绩毕业，并荣获博士学位。

"兹聘请林巧稚女士任协和医院妇产科助理住院医师。聘期一年，月薪 50 元。聘任期间凡因结婚、怀孕、生育者，作自动解除聘约论。"这是 1929 年林巧稚接到的北京协和医院的聘书，条件苛刻，留在协和医院从医，就意味着要放弃婚姻和家庭。但林巧稚没有丝毫犹豫便签约，从此作为一个妇产科医生开始奉献自己的一生。

1930 年，林巧稚接生了一个特殊婴儿，婴儿的父母尚未取名，她便在出生证明写下"袁小孩"的名字，而这个"袁小孩"正是袁隆平。1939 年，她又远赴美国，芝加哥学院继续深造，因表现优异，她的老师大力举荐她留校，但面对国外的舒适环境，她婉言拒绝，她说："我是一个中国人，一个中国的大夫，我不能离开灾难深重的祖国，不能离开需要救治的中国病人，科学可以没国界，科学家却不能没有祖国！我和我的事业将与我的祖国共存！"

1940 年林巧稚从国外学成归国，成为协和医院的妇产科主任，这也是协和医院第一位中国籍女主任。至此，林巧稚开始了，她落入凡间的天使一生。1941 年，北平沦陷，战火纷飞，很多人都劝林巧稚赶快离开北平。林巧稚却说："我不走，我的病人还在这里呢，我怎么能够走呢？"协和医院被日军占领后，改为陆军医院，林巧稚愤然离去，在胡同里办起了私人诊所，接诊了万余人，门诊费从五毛降到三毛钱。对贫病交加的人家，她不但不收分文药费，还给予资助。

1946 年，林巧稚又受聘兼任北大医学院妇产科系主任，一个医学院，一个医院，一个诊所，她轮番出诊，精湛的医术，良好的医德，使林巧稚活菩萨的声誉由东城传到西城，传遍北京，家喻户晓。她这样坚持了 6 年，留下了8000 多份病历档案。有人就问她："这样做值得吗？"她回答道："当然值！因为我们都是中国人！"

有一次，林巧稚在给别人看病回来，胡同里有一位大叔在等着她。看到林巧稚后，大汉赶紧上前哀求她，原来大汉的妻子难产，情况十分危急，如果再不及时救治，很可能会有生命危险。林巧稚连家门都没有进，就慌忙地跑到了壮汉的家中，她用娴熟的手法，平安地接生出了孩子。后来，她环视这个家，真的是家徒四壁、一贫如洗。此刻她动了恻隐之心，打开了急救箱，把里面所有的钱都交给了产妇，希望产妇能够拿这些钱补补身子。

在林巧稚眼里只看病不看人，无论病人穿金戴银还是衣衫褴褛，她都一视同仁，从不端架子。1948 年，协和医院复办，林巧稚回到协和医院任妇产科主任。北平解放后，时任北平市委书记的彭真到访协和医院，并想见见妇产科名医林巧稚，结果遭到了拒绝理由是：我现在正在接生，实在没有时间！中国妇联召开第一次全国代表大会，给她送去了代表证，她也拒绝了。

开国大典前夕，林巧稚收到了一张红色的请帖，一张邀请她前往天安门城楼观礼的请帖，林巧稚同样拒绝了。她说："我还有病人需要看护！"开国大典当天，协和医院的医生和护士都跑去天安门观礼了，只有 48 岁的她还忙碌在产房里。在她看来，这些在别人眼中无上的荣誉，都没有自己的患者和婴儿更重要。

新中国成立后，林巧稚经常带领医务人员深入城镇及农村，考察妇女和儿童的疾病。她忘我地工作，实践着自己的誓言："我是一辈子的值班医生！"林巧稚先生总是说："医院只是治病的第二、三道防线，真正的第一道防线是预防，是在对广大生活的妇女进行普查普治上。"

新中国成立初期，林巧稚坚持预防为主的理念，负责组织了大规模的宫颈癌的普查和防治。她带领团队入户逐人检查，收集了大量一手资料，使宫颈癌的死亡率大大降低。此外，她还经常带领医务人员深入农村，活跃在农村巡回医疗的第一线，调查妇女儿童的疾病状况，编写妇幼卫生科普通俗读物，提高了广大农村妇女对健康的认识水平。

林巧稚先生选择了一生未婚未育，她写的病历本，字迹清晰工整，生怕病人看错一个字。前不久，有位老人到北京大学人民医院求诊时，出示了几张自家长辈的病历复印件，让医师过目。看到病历的落款，医师顿时震惊：这正是林巧稚70年前亲手书写的病历。这份长达5页的病历，是1946年林巧稚在北平中央医院坐诊时写下的，记载的是一名王姓女子的病情，记录的诊断内容严谨凝练，字迹工整、一丝不苟。

林巧稚先生说："关爱，是医生给病人的第一张处方。"林巧稚用对亲人的方式对待病人，直接用耳朵贴在病人的肚子上，为病人擦擦汗水，掖掖被角。每当产妇因为阵痛而乱抓的时候，林巧稚总是让她们抓自己的手，她后来说了原因，不能让她们去抓冰凉的铁床栏，那样将来会留下病根的。"

有人问林巧稚："你跟病人拉拉手，为病人擦擦汗，就能成为妇产科专家吗？"林巧稚坚定地回答道："作为妇产科医生，最起码也是最重要的素质，就是一颗仁爱之心。""对一个人来说，生命是最宝贵的。而现在这个人对你说，我把生命交给你，那么你还能说什么呢？你冷？你饿？你困？"林巧稚把自己所有的技术和感情都贡献给倾注给她周围一切的人。

林巧稚先生说："我们必须回归医学本源，医学本源是人的纯洁善良。"林巧稚先生的学生、中国工程院院士郎景和回忆林巧稚大夫给他留下的印象，"举手投足都能感受到她对病人的爱，关爱是她开给病人的第一张药方。""原本不安害怕的病人，也就慢慢安静了下来，这是一种关爱的力量，也是医患之间互相信任的力量。"

林巧稚先生还特别重视培养人才，林巧稚更多的学术成就，是通过指导学生和助手工作取得的。她常常告诫自己的学生："单有对病人负责的态度还不行，还得掌握过硬的医术。没有真本事，病人会在你的手下断送性命。"林巧稚传道、授业、解惑，倾心培育后人。她的思路、倡议和支持，为一项项成功的科学研究奠定了坚实基础。她甘为人梯，让后辈们迅速成长，"我只是为你们铺铺路、垫垫肩！"

20世纪60年代后，在林巧稚的引领下，宋鸿钊等专家通过深入研究，逐步实现根治绒癌，从死亡率 90% 到根治率 90%；她为每一位医生制定培养计划，王文彬、宋鸿钊、葛秦生、连利娟等大批妇产科人在林大夫的精心培养和教导下，循着她开辟的道路前行，成长为各亚专业领域的学科带头人。她培养的优秀妇产科学家像种子一样播散到全国各地，无数从"协和"走出的妇产科人成为各大医院的妇产科学科带头人。因此，"协和"被誉为培养高级医学家的摇篮。

她的 60 多个春秋都在产房里，接生过 5 万多个小生命，每一个由她亲手接生的孩子，出生证上都有她亲手写的签名"林巧稚的孩子（Lin Qiaozhi's baby）"。她把每一个刚出生的孩子，都当作自己的孩子，"万婴之母"由此而来。许多父母给孩子起名为"念林""怀林""敬林"，这是一个个普通家庭对一位医生的最高敬意。

1978 年，林巧稚在担任中国人民友好代表团副团长，出访西欧四国的途中突发中风、偏瘫。归国后，尽管疾病缠身，林巧稚还是在轮椅上和病床上，开始了最后一部专著《妇科肿瘤学》的写作，费时 4 年才终于完成，为医学留下一笔宝贵的财富。

林巧稚先生晚年卧病在床，唯一的伴侣是床头那部电话，每当医院一有严重病例，她都会整夜一个人孤独地默默守在电话旁，直到值班医生打开电话，说出那句一切平安，她才会安心入睡。林巧稚先生经常说："我生平最爱听的声音，就是婴儿出生后的第一声啼哭。"

1983 年 4 月 22 日清晨，林巧稚在昏睡中发出呓语，急促地叫喊："产钳，产钳，快拿产钳来！"她慢慢平息下来。过了一会儿，她的脸上露出一丝微笑喃喃自语，"又是一个胖娃娃，一个晚上接生了 3 个，真好！"这是林巧稚留下的最后的话。

离世后，她留下了遗嘱，3 万元存款捐给医院的托儿所，遗体供医院做医学解剖用，骨灰撒在故乡的鼓浪屿的海上。林巧稚先生终生未嫁，没有自己的子女，虽然她不曾做过妈妈母亲，却是这世界上最伟大的母亲。她像春蚕一样，把最后一根丝也献给我们的祖国！

"只要我一息尚存，我存在的场所便是病房，存在的价值就是医治病人。"这是林巧稚的墓志铭。冰心老人在《悼念林巧稚大夫》中，这样写道："她是一团火焰，一块磁石，她的为人民服务的一生，是极其丰满充实地度过的！"悬壶济世对于她来说，是用诚挚的信念、精纯的技艺，和患者共度苦难，以获得内心安宁。"

1984 年，为了纪念林巧稚，厦门市在鼓浪屿的东南隅建造了名为"毓园"的林巧稚纪念馆。1990 年，邮电部发行了以林巧稚为题材的纪念邮票"医学科学家林巧稚"，这是新中国邮政史上第一次将一位中国医生印在邮票上。

2003 年，经厦门市委、市政府批准，厦门市妇幼保健院正式挂牌成为"林巧稚妇儿医院"，成为全国唯一一家以林巧稚大夫名字命名的医院。每一年，厦门各医院都会在清明节组织新员工前往鼓浪屿毓园进行祭扫，参观林巧稚纪念馆，在林巧稚雕像前立下从医誓言。

她于 2009 年被评为"100 位新中国成立以来感动中国人物"之一，2019 年被评为"最美奋斗者"，被誉为"世纪智者"。在《林巧稚传》这本书的最后，有一段这样一首短诗：有的长夜，只能独自走过；有的苦痛，只有自己懂得。她用爱铺满遍布荆棘的路，她用一生成就永恒，此书献给中国妇产科学的主要开拓者、奠基人之一——林巧稚！

我们和许许多多被她教育、被她救治、被她感动的人们一样，永远谨记她留给我们最好的礼物：对知识和技术的渴望，对真理的追求和理解，对人的善良、同情和关爱，以及用毕生力量改善人与社会健康的智慧。林巧稚先生一辈子不求名，不求利。留给我们的是伟大的精神！她当得起"先生"二字，是所有医生的楷模！在如今医患矛盾激烈的社会，请多给这些善良的天使一些温柔！

"后余在慈云寺，遇一老者，修髯伟貌，飘飘若仙，余敬礼之。"这一年了凡先生 15 岁，他来到了慈云寺。"慈"是慈悲、仁慈的意思。"云"代表无心，没有自私自利的心。"慈云"就是提醒人们，慈悲待人、无私奉献。"寺"，是皇帝直接管辖的教育单位。在古代，佛寺大多是皇帝下令建造的。古代社会有两个重要的教育：一个是皇帝抓的佛教教育，另一个是礼部抓的儒家教育，礼部相当于现在的教育部。佛寺的主要功用有两个：第一，把梵文经典翻译成中文；第二，成为讲经教学的场所。

了凡先生在慈云寺遇到一位老者，"修髯伟貌，飘飘若仙"。留着长长的胡子，长相伟岸，很潇洒，不太像世间的凡人，仙风道骨，有一种不食人间烟火的气质。"余敬礼之"，了凡先生对这位长者格外恭敬。

从这里看得出来他的家教很好，他一生很多重要的转机，都来自恭敬长者、恭敬智者。了凡先生的经历也给了我们提醒，假如你希望孩子以后会有很多贵人帮助他，一定要教育他尊敬长者。如果他没有这个"敬礼之"的态度，纵使身边有很有智慧的人，他们也不可能帮他，因为他不能受教。

"语余曰，子仕路中人也。" 这位老者告诉了凡先生："你命中应该是当官的。" **"明年即进学，何不读书？"** 明年应该可以进县学读书，你何不赶紧好好用功学习呢？**"余告以故"**，"故"就是缘由，了凡先生把家里的情况和父母的意思都告诉了这位老者。**"并叩老者姓氏里居。"** "叩"就是请教，很恭敬地请教老者尊姓大名，府上在哪里。

"曰：吾姓孔，云南人也。得邵子皇极数正传，数该传汝。" 这位老者姓孔，孔先生是云南人，"邵子"是指邵雍先生，是北宋时期的大儒。这位邵雍夫子很特别，他有本书叫《皇极经世书》，是一本用数理来推算命运的书，小到一个人、一个家庭，大到一个国家和天下的命运，都能推算得出来。孔先生得到了正宗的传承。"数该传汝"，孔先生说这本宝书按照因缘要传给了凡先生。

"余引之归，告母。" 了凡先生请孔先生到他们家做客，并且把认识孔先生的经过禀告母亲。**"母曰：'善待之。'"** "善待之"就是很热情地、很尽力地照顾孔先生。**"试其数，纤悉皆验。"** "纤悉"是指一些微细的事情，"验"就是很准确，让孔先生算一算家里的情况，结果算得都很准。**"余遂起读书之念"**，了凡先生深受孔先生的启发，有了读书考功名的想法。

"谋之表兄沈称，言：'郁海谷先生，在沈友夫家开馆，我送汝寄学甚便。'余遂礼郁为师。" 袁家和沈家原本只是邻居，当时两家都住在魏塘镇东亭桥浒。而且沈家长期仇视袁家，但最终成为亲家，这是怎么回事呢？

袁家有一株桃树，枝条每次长到沈家墙里，沈家立马给锯掉。袁家弟兄看见，跑回去告诉母亲，袁母说："应该锯掉啊！我们家的桃树，怎么能越过人家的地方呢！"沈家也有一株枣树，枝条长到了袁家院墙里。刚结了枣，袁母告诉五个儿子："小心，不要打掉邻居家一个枣！"并让仆人们看护好。等枣成熟了，袁母请沈家的丫鬟到家里摘下，拿回去。

袁家的羊跑到沈家的院子里，沈家就立马抓住打死。一次，沈家羊蹿过墙跑到了袁家，袁家的仆人们很高兴，也要抓住，来补偿前面被打死的羊。袁母说："不可以！"让仆人送还给沈家。

听说沈某有病，袁仁亲自过去诊治，送药，邻居们有些不太理解。袁母对周边的邻居说："有病了相互帮衬，是邻里的本分。沈某得病，家里贫穷，我们每家各出五分银子帮帮他。"邻居们深受感动，而且觉得李氏说得有道理，大家凑了一两三钱五分银子，袁家又单独帮助了一石米。沈家因此忘了前面的仇怨，而且也成为很善良的一个大家族。

俗话说：天下没有不能感化的人！袁母以善为本，以和为贵，注重人际和谐关系，很好地化解了邻里间的矛盾，她的德行更是为孩子们做了人生的榜样。为感激袁家的义气，沈心松先生娶了袁仁的妹妹，两家成了姻亲，时常往来。沈家育有二子，沈科和沈称。沈科之子沈道原，于万历二十三年（1595）考中进士。在当地，沈家较袁家更具实力，而且袁仁去世以后，沈家确实经常帮衬袁家。正如此地所言，了凡先生上学的问题也是沈家帮忙解决的。

了凡先生找到他的表哥沈称一起商量，表哥说："郁海谷先生刚好在沈友夫家教学，开私塾。我送你到那里学习非常方便，在那里寄宿也没问题。"所以了凡先生就礼拜郁海谷先生为师，继续他的学业。

"孔为余起数：'县考童生，当十四名；府考七十一名；提学考第九名。'明年赴考，三处名数皆合。""童生"，没有考上秀才的都称为"童生"。孔先生推算他考试的名次，算他到县里考是十四名。"府考"是比县更大的单位，府考是七十一名。"提学"就是省，"提学考"第九名。孔先生算完以后，了凡先生参加三次考试的名次跟孔先生算的完全一样，算得特别准。

袁了凡先生后来师从王阳明先生的高足王畿，王畿非常赞赏了凡先生说："参坡袁公，名仁，字良贵……公去世二十年，武塘袁生表（了凡）跟随我学习，聪明无比。我虽然喜爱他，但不知是袁公的儿子。询问他的家世，才知道是故人的儿子，所以作小传传授给他。"

"复为卜终身休咎"，"休"是指吉祥，"咎"是指凶险，再请孔先生帮他算一生的吉凶祸福。**"言：某年考第几名，某年当补廪，某年当贡。贡后某年，当选四川一大尹，在任三年半，即宜告归。五十三岁八月十四日丑时，当终于正寝，惜无子。余备录而谨记之。"**这次算的是了凡先生一辈子的吉凶祸福，连离世的时辰都算得出来，所以他很认真地记下来，一句都不敢落下。

这本《皇极经世书》真的不得了，但天外有天，人外有人。算得准还不算厉害，能改命才厉害。孔先生算他哪一年考试第几名，哪一年可以补上廪生。秀才还分好几个等级，领的国家俸禄都不一样。廪生之后再提升到贡生，当了贡生之后能做四川某县的县长。任职三年半以后，就告老还乡了。他的寿命到53岁那一年的八月十四日丑时，丑时是凌晨1点到3点"当终于正寝"，就是无疾而终，这就是"五福临门"中的善终。

我们古人将圆满的人生状态描述得非常清楚，那就是"五福临门"。哪五福呢？《尚书·洪范》篇里讲："一曰寿，二曰富，三曰康宁，四曰攸好德，五曰考终命。"简单说就是：长寿、富贵、康宁、好德和善终。

第一福是"长寿"，如果没有长寿做基础，富贵和康宁就无从实现了。想要长寿，心要清净，不生气、不怨人、不贪心、不乱操心这很关键。而且这个"寿"，超越了时间概念，正如《道德经》所言："死而不亡者寿。"有的人，虽然看似寿命不长，但永垂不朽，被人们广泛地学习，这种人也是长寿之人。

《有的人》是当代诗人臧克家为纪念鲁迅逝世十三周年而写的一首抒情诗。通篇使用对比，在相互的对照中将现实世界中两种截然不同的生命方式及其历史结果艺术呈现。

> 有的人活着他已经死了；
>
> 有的人死了他还活着。
>
> 有的人骑在人民头上："呵，我多伟大！"
>
> 有的人俯下身子给人民当牛马。
>
> 有的人把名字刻入石头，想"不朽"；
>
> 有的人情愿作野草，等着地下的火烧。
>
> 有的人他活着别人就不能活；
>
> 有的人他活着为了多数人更好地活。
>
> 骑在人民头上的人民把他摔垮；
>
> 给人民作牛马的人民永远记住他！
>
> 把名字刻入石头的名字，比尸首烂得更早；
>
> 只要春风吹到的地方，到处是青青的野草。
>
> 他活着别人就不能活的人，他的下场可以看到；
>
> 他活着为了多数人更好地活着的人，
>
> 群众把他抬举得很高，很高！

第二福是"富贵"，有钱叫富，受人尊敬叫贵。有的人很有钱，可以说是富人，但未必贵。如果有钱，还能受人尊敬，这是又富又贵。其实，帮助他人的心叫富，尊敬他人的心叫贵。富不仅是一种外在的东西，富更是一种心态，您愿意分享东西给别人，这种心态就是富。如果您本身很有钱，不但不帮助穷人，还要想着怎样把别人兜里的钱装进自己的口袋，这种心态就是贫穷。能够尊敬别人，处处顾别人的尊严和感受，却不求别人恭敬自己，这种心态就是贵。

正如周敦颐先生所言："道充为贵，身安为富。""身富而心贫者，是有爵的乞丐。身贫而心富者，是无位的卿相。""身富不如心富，心贫甚于身贫。一世宠荣，未必比得一世清苦。"

第三福是"康宁"，"康"是健康，没有疾病，"宁"是安宁，没有灾祸。无病无灾，这是幸福该有的样子，如果长寿也富贵，但是有病有灾，那么生命的品质也是无法保障的。第四福是"好德"，夫子在《论语·子罕》里面讲："未见好德如好色者也。"智者好德，愚者好色，好德是智慧的表现，有智慧就有福报，没有智慧很难把握住人生的福分。

这五福当中最重要的是"善终"，也就是好死，有句话叫"好死好超生"，生命要结束的时候脑子清清楚楚，一定是去好的地方。善终有三个标准：第一是寿终正寝，"寿终"是没有因为自己作恶或者犯错，而导致提前结束生命，比如该活70岁，结果30岁因为不良生活习惯或者违法乱纪就离世了。"正寝"，是指死在家里面，不是死在别的地方，死得庄严，死得有尊严，甚至死得很自在。第二个标准是如果我死了，子孙代代不衰，而不是我死了家道就败落了。第三个标准是稻盛和夫先生讲的："我走的时候，比我来的时候，能量要高。"

古人讲："顺天理便可五福临门，昧良心则会招感六极。""六极"指的是："短命、多病、贫穷、忧愁、恶事和衰耗。"所以，人生幸福与否其实就在一念之间，而这把决定是否幸福的钥匙就握在我们自己的手中。

"惜无子"，很可惜，了凡先生命中没有子嗣。"余备录而谨记之"，我非常谨慎而详细地记录下来。

"自此以后，凡遇考校，其名数先后，皆不出孔公所悬定者。" 从此以后，所有的考试名次没有一次是不准的，**"独算余食廪米九十一石五斗当出贡"**，他当廪生要吃到九十一石五斗米才会升到贡生，**"及食米七十余石，屠宗师即批准补贡，余窃疑之"**。结果他当廪生领廪米到七十余石的时候，当时的屠宗师，也就是省教育厅厅长，批准他升为贡生，所以他就有点怀疑。

"后果为署印杨公所驳"，后来果然被代理教育厅厅长杨公驳回了。因为了凡先生当时被屠宗师批准补贡以后很骄傲，请好友在酒楼喝酒庆祝，说了很多傲慢的言辞，做了很多骄傲的行为，而这些都被代理厅长杨公看在眼里。

"直至丁卯年"，到了丁卯年他33岁的时候，**"殷秋溟宗师见余场中备卷"**，当时的教育厅厅长殷秋溟先生，看到他以前考试写的文章，**"叹曰：'五策，即五篇奏议也，岂可使博洽淹贯之儒，老于窗下乎！' 遂依县申文准贡，连前食米计之，实九十一石五斗也"**。殷秋溟先生觉得他的学问非常好，不能埋没他，就批准他当了贡生。批准以后，加上以前所吃的米，真的就是九十一石五斗，跟孔先生算得完全一样。

"余因此益信进退有命，迟速有时，澹然无求矣。"于是，了凡先生开始知命认命，因为命运都被孔先生算定了。所以，人生最大的悲哀不是人死了钱还没花完，是心死了人还活着。

"贡入燕都，留京一年，终日静坐，不阅文字。"他成为贡生之后，按国家规定要到国家办的大学读书。"燕都"是指北京，当时明朝首都在北京。明朝的国子监有两所，本来只有南京一所，后来明成祖迁都北京，所以国子监就变成两所了。了凡先生到了北京的国子监读书，这时候他已经看淡人生了，消极度日了。因为他的命运被孔先生算定，转动不了一分一毫。所以无可奈何，每天就静坐，什么也不想，也不看书学习。

"己巳归"，第二年他就被学校劝返回南京了，当时他已经 35 岁了。"游南雍"，就是游学于南雍。"雍"就是辟雍，也就是国家办的大学，"南雍"就是南京的国子监。"未入监"，还没有到国子监报到以前，"先访云谷会禅师于栖霞山中"，南京的栖霞山有一位高僧叫云谷禅师，"云谷"是禅师的号，"法会"是禅师的法名，所以称他云谷会禅师，了凡先生去拜访禅师。

"对坐一室"，禅师修禅宗，引导人先打坐，拿个蒲团给来访的人，参"父母未生前本来面目"，"未曾生我谁是我？生我之后我是谁"？了凡先生去参访云谷禅师，在一个禅房里对坐，"凡三昼夜不瞑目"。坐了三天三夜没有合眼，这很不简单了，很有定力。

"云谷问曰"，云谷禅师问他："凡人所以不得作圣者，只为妄念相缠耳。汝坐三日，不见起一妄念，何也？"凡人之所以不能做圣贤，就是因为被妄念控制住了，一个妄念接着一个妄念，自己都做不了主。

"只为妄念相缠耳"，妄想、分别、执着，这些习气放不下。一放下就恢复性德了。所以为什么要修禅定？修禅定你才不会被这些妄念一直牵着走。人怎么修定？要先守戒，一言一行都有规矩，慢慢地你的言行，甚至起心动念都是正念，你就得定了，得定就开智慧了，就能转境界，不会被境界牵着鼻子走。大家有没有经验，明明不想生气，最后还是骂人了？这是戒定慧的功夫不够，所以都被命运和习气牵着走，自己完全做不了主。"汝坐三日"，你坐了三天，"不见起一妄念，何也？"没有看到你起一个妄念，这是为什么呢？云谷禅师很好奇。

"余曰：吾为孔先生算定，荣辱死生，皆有定数，即要妄想，亦无可妄想。"了凡先生说，我的命运全部都被孔先生算定了。我的吉凶祸福，甚至活到 53 岁八月十四日丑时都被人家算好了，都是有定数的。"即要妄想，亦无可妄想",我想也没用,因为改变不了,所以不如不想。

　　咱们现代人,要做到不想还真难,内心一大堆杂念,外面又一大堆诱惑,连睡觉都受影响。所以什么是有福?心地时时保持清净,不追逐欲望,这是有福气的人。此时的了凡先生对改造命运的方法还一无所知,因为他的命运被算定以后,他对人生的轨迹毫无办法,当他遇到云谷禅师之后,他的命运彻底改变了。

02 对命运的永恒叩问

"**云谷笑曰：'我待汝是豪杰，原来只是凡夫。'**" 了凡先生三天不起妄念不是他有禅定功夫，而是因为他觉得没什么好想的，反正命运改不了。云谷禅师笑着说："本来以为你是可以伏住妄念的英雄豪杰，可以做得了自己的主，原来你还是凡夫一个。"

"**问其故**"，了凡先生不是很明白云谷禅师的意思，就请问禅师："您为什么说我是凡夫呢？" 您看，云谷禅师笑他，他还主动请教，他的求学态度很好。如果有人笑话我们，我们还会不会请教他？当年黄石公也是这样考验张良的，最后看到张良真的有虔诚的求学态度，才将《太公兵法》传给张良。有时候我们脸皮薄要面子，就错过了很多进步的机会。

云谷禅师就告诉他，"**曰：人未能无心，终为阴阳所缚，安得无数？**" 人的命运之所以有定数，就是因为有执着心、分别心和妄想心，既然做不到无心，所以就会被命运束缚。明朝朱元璋建国后，赐给五台山碧山寺方丈金碧峰禅师一个玉钵，很珍贵，禅师非常喜欢。

金碧峰禅师是一位得道高僧，自从证悟以后，能够放下对其他诸缘的贪爱，但唯独对这个吃饭用的玉钵爱不释手，每次要入定之前，一定要先仔细地把玉钵收好。有一天，金碧峰禅师的世寿已终，便有鬼差来捉拿禅师，但因为金碧峰禅师进入了甚深禅定的境界，鬼差左等右等，眼看没有办法交差，就去请教土地公。

土地公想了想，说："这位金碧峰禅师最喜欢他的玉钵，假如你们能够想办法拿到他的玉钵，他心里挂念，就会出定了。" 鬼差听罢便找到了禅师的玉钵，一敲玉钵，禅师果然出定了。贪心和执念一起，业报随即现前。金碧峰禅师就被发现了，他觉察到自己因为一时的贪爱几乎毁了千古慧命，立刻把玉钵打碎，再次入定，并且留下一首偈："若人欲拿金碧峰，除非铁链锁虚空；虚空若能锁得住，再来拿我金碧峰。"

所以，什么是无心？人没有了执着心、妄想心和分别心才叫无心。金碧峰禅师修行已经很高了，但仍然对玉钵有执着心和妄想心，他的命运就仍然被阴阳所缚，逃不出命运的定数。当他把玉钵也彻底放下，彻底进入无心的境界，也就逃出了命运的定数。凡夫之人，不能无心，也就逃不出定数。人不能做到没有这些妄心，起了很多妄念，讲了很多话，做了很多事。人的每一个念头、每句话、每个动作就好像一粒种子，这个种子会发芽和成长。善念、善言、善行就是一个善的种子，以后就会结好的果实；恶念、恶言、恶行就是一个恶的种子，以后就会结恶果。不是不报，时候未到，善恶到头终有报，只争来早与来迟。

现在人的恶念、恶言、恶行比较多，所以才会人生不如意事常八九，这些因种了下去，果迟早要出现。人的妄心止不住，终究要被阴阳气数控制，怎么可能没有定数呢？

"但惟凡人有数；极善之人，数固拘他不定；极恶之人，数亦拘他不定。" 但是，只有一般的人有定数，为定数所控制，当一个人极善的时候，本来是贫穷的命，可以变成富贵之命，因为他积极行善，他的善果很快就成熟了，那他的命就转过来。"极恶之人，数亦拘他不定"，他本来是富贵之命，可是做了太多恶事，损害他人、危害社会，一来折损了福报，二来他作恶的恶果会提前在他这一生现前，他的命运就会很凄惨。

人的吉凶祸福，是有加减乘除的，当我们做小善小恶，祸福是加减状态，而当我们做大善大恶的时候，祸福就是乘除状态。

《三字经》里有一个典故，叫"五福骈臻"，"窦燕山，有义方。教五子，名俱扬。"窦燕山就是"极善之人"改造命运的代表，他教子成才的事迹，不仅在当时被人们景仰，而且传颂至今，家喻户晓。窦燕山，本名窦禹钧，是五代时期人。他家住蓟州渔阳，也就是现在天津市的蓟州区。在过去，渔阳属古代的燕国，地处燕山一带，因此后人称他为窦燕山。窦燕山年轻时并不明白为人的道理，虽然家境富裕，他不懂得接济穷人，广行善事，到了30岁还没有儿子。

正当他愁眉不展之时，在一天晚上，他忽然做了一个梦，梦见已故的祖父和父亲聚在一起，教训他说："禹钧，你要赶紧发心向善！因为你今生的命运不好，不仅没有儿子，而且寿命也很短促。孩子，努力多做救人济世的善事，一定可以改变你的命运。"窦燕山从梦中醒来，吓得出了一身冷汗。他把祖父和父亲的叮咛铭记在心，立志从此改过行善，广积阴德。

窦家有一个仆人，盗用了主人的钱。后来，这个仆人担心被人发觉后受罚，就写了一张债券，系在十二三岁的女儿胳膊上，债券上写着："永卖此女，偿所负钱。"从此仆人远逃他乡。窦燕山知道这件事之后，看到小女孩身上缚着的债券，心里很哀伤，很可怜这个孤苦无依的孩子。他马上焚毁债券，收养了这个仆人的女儿，并嘱咐妻子："好好抚养这个女孩，等她长大了，给她找个好人家的子弟嫁过去。"女孩成年以后，窦燕山替她备了一份很好的嫁妆，而且为她选了一位非常贤德的夫君。

那位仆人听闻这件事，非常感动，从外地回来，到窦燕山家里，哭着忏悔自己以前的过错。窦燕山不仅没追究往事，还劝他浪子回头，重新做人。仆人全家感恩不尽，不知道该如何报答。于是，他们把窦燕山的画像挂在堂前，早晚供养，以表达知恩图报的心愿。

有一年的正月十五晚上，窦燕山到延庆寺佛前进香，忽然在后殿的台阶旁边，拾到一个钱袋，里面装了二百两银子、三十两黄金，他想，这一定是别人遗失的。金银的数额很大，他不敢在寺内久留，赶快拿着钱袋回家了。第二天清晨，窦燕山早早来到寺庙，在那里等候失主。不一会儿，见一个人远远地痛哭流涕而来。

窦燕山问他为何痛哭，那个人实情相告："我父亲犯了罪，将要被发配到荒僻的边疆充军，为了给父亲赎罪，我恳求哀告所有的亲戚，好不容易借来了钱，都装在一个袋里，须臾不敢离身。谁知，昨天晚上和一个朋友喝酒，喝醉以后头昏脑涨，不知怎么回事，钱袋竟然丢了。没有钱，我怎么给父亲赎罪啊，这辈子恐怕再也见不到父亲了。"

说着，他悔恨交加，号啕大哭起来。听他这么说，窦燕山知道此人就是失主，经过验证，钱数相符，窦燕山把他带回家，不仅把失物还给他，还安慰他不要着急，并且又赠给他一些财物，那个人欢天喜地道谢而去。

窦燕山一生做了很多好事。例如，亲友中有丧事无钱买棺者，他出钱买棺葬殓；有家贫子女无法婚嫁者，他出资助其婚嫁。对于贫困得无法生活的人，他借钱给他们，使他们有做生意的资本。由他帮助而得以维持生活的，不可胜数。他为了要救苦济人，自己的生活很俭朴，丝毫不肯浪费，每年衡量一岁的收入，除了供给家庭的必要生活费用外，都作救苦济急之用。他还建立书院四十间，聚书数千卷，礼聘品学兼优的老师，教育青年，对于无钱而有志求学的贫苦子弟，不管认不认识，只要来书院学习，他都代缴学费和生活费。就这样，窦燕山建的书院先后造就了很多品学兼优的人才。

有一天，窦燕山又做了一个梦。梦见祖父和父亲对他说："你多年以来，做了不少善事，上天因为你阴德很大，给你延寿 36 年，并且赐给你五个贵子，将来都很显达，能够光宗耀祖。你寿终之后，可以升天作真人。"说完，又嘱咐他："善恶回报的道理，确实不虚。行善造恶的结果，或见于现世，或报应在来世，或影响子孙。天网恢恢，疏而不漏，丝毫不爽，绝对没有任何疑问啊！"

从此以后，窦燕山更加努力地修身积德，后来，窦燕山官至谏议大夫，享寿 82 岁，临终前预知时至，他沐浴更衣，向亲友告别，谈笑而卒，令人羡慕。窦燕山生果然生了五个儿子，在他的教育培养下，都考中进士，成为国家栋梁。长子窦仪，授翰林学士，任礼部尚书；次子窦俨，授翰林学士，任礼部侍郎；三子窦侃，任左补阙；四子窦偁，任左谏议大夫，官至参知政事；五子窦僖，任起居郎。窦家五子，被称为"窦氏五龙"。

窦燕山将五个儿子都培养成才，他的义风家法，成为人们争相效仿的榜样。侍郎冯道赋诗一首称赞道："燕山窦十郎，教子以义方。灵椿一株老，丹桂五枝芳。"司马温公在家训中也说："积金以遗子孙，子孙未必能守；积书以遗子孙，子孙未必能读；不如积阴德于冥冥之中，以为子孙长久之计。"真可谓英雄所见略同。宋朝的范文正公，曾将窦燕山的事迹记录下来，训示子孙，范公自己也身体力行，倡办义学，购置义田，因而后代非常昌盛发达。

而范公为了使窦公的事迹流传天下，好善好德之人都能看到，特意详细记录，并嘱咐子孙广为传播，其拳拳爱人之心，跃然可见。窦燕山通过努力行善，不仅改变自己无子短寿的命运为"长寿、富贵、康宁、好德、善终"，而且使后代子孙昌盛显达，由此可见，善恶祸福在一念之间，每个人的命运掌握在自己的手中。窦燕山家庭如此美满，令人羡慕和赞叹，在羡慕的同时，我们要以古圣先贤为老师，把这些教诲和德行落实在我们的生活和工作中，那么我们的命运也可以改变，也可以收获五福临门的幸福美满人生。

据《德育古鉴》上记载，在豫章这个地方，有一对双胞胎，他们母亲生他们的时候，"并肩而下"，分不清哪一个前、哪一个后，所以他们的生辰八字也是完全一样的。因为这一对双胞胎长得太像了，连笑和哭的样子都一模一样，他们的父母很难分辨，最后只能用名字以及衣服来分辨。而且他们去读书，写出来的文章，功力也都差不多，境界也都相仿。

20 岁时，他们同时补博士弟子，也就是说他们的官运也一模一样。给他们考试的官员都很诧异，最后就说，通过分配学校来区别一下兄弟二人好了，所以一个分到府庠，一个分到县庠，一个到府里的学校去上学，一个到县里的学校去上学，他说这个府比较大，哥哥就读府庠，弟弟读县庠，这样才区分出来兄弟二人。

后来这兄弟两个人结婚了，怕媳妇分不出来，所以穿的衣服和鞋子不一样。他们也是在同一年结婚，同一年生孩子，然后考试又是补同样的功名。所以他们那个乡里的人都说，他们两个的命真是太一样了，怎么每一件事都一样，结婚是同年，生孩子是同年，考试是同年，中的功名也一样。

到了31岁，他们又同时去考科举，同时考上了举人，然后去参加省里和全国的考试。在路上，他们在一个地方住了下来。隔壁住着一个年轻的寡妇，这个寡妇看到了大哥，就主动向他示好，勾引这双胞胎里的哥哥。哥哥很有正气，就把这位寡妇拒绝了，但是他马上想到：我的弟弟长得和我一模一样，这个女子很有可能会去找我的弟弟。

于是他赶紧去提醒他的弟弟，读书人要守住道德的分寸，要守住底线，一定要守得住、立得住，不然会有损德行，进而影响功名，他的弟弟听了也点点头。但是在后来，他弟弟根本没有守住底线，跟这个女子发生了不应该发生的关系，而这个女子并不知道这兄弟俩是两个人。结果这个弟弟就花言巧语说："如果我考上了，一定回来娶你。"

结果，省里的考试结果出来了，哥哥考上了，弟弟却落榜了。但是弟弟不思悔改，还恶念相续，继续去骗这个女子，对她说："我现在已经通过考试了，接着还要进入国家考试，就能考上进士，考上了进士之后我再娶你，让你荣显发达，但是我考试需要钱。"这个女子听了他的话，就把所有的钱都给了这个弟弟。

第二年春天放榜了，他的兄长考上了进士。而这个妇女还以为是和她私通的弟弟考上了，所以她就在那一直等，等着他来娶她，但是也没有等到，最后郁郁寡欢就死了。死之前她写了一封信寄了出去，结果这一封信到了他哥哥的手上。哥哥一看这封信才知道，原来弟弟当时没有守住做人的底线。

隔了一年，弟弟的儿子就死了，他弟弟痛哭伤心，最后双目失明，弟弟也死了。你看，也就是两三年的光景，这个弟弟，还有他弟弟的儿子都死了。哥哥呢？哥哥享受荣禄，他考上进士之后，整个家庭发达起来了，儿孙满堂，幸福美满。

所以你看，两个一生的命运、福报完全相同的兄弟，就是因为一念之差，最后人生的结局截然不同，简直是天壤之别。所以，就像《国语》讲的："从善如登，从恶如崩。"守住善良的底线需要功夫和定力，而做出人格崩塌的事情却很容易。这个弟弟本来也可以顺利地考取功名，荣华富贵、子孙满堂、吉祥美满，享受同样的福禄，但是就是因为做错了事情，贪色好淫，结果和哥哥的命运就决然不同了。

《左传》讲："贪色为淫，淫为大罚"，我们讲"万恶淫为首"，而且他是一个读书人，立志做圣贤、利国利民的人，哥哥也提醒过他，他还答应不去犯错。这就是知法犯法，罪加一等的大恶了。

所以古人评论说："命同相同，而心便忽然不同，可见祸福皆人自造，而非天之生是使殊也。"两个兄弟的命运相同、相貌相同，但是因为他们的心念不同，所作所为也不同，结果导致命运就完全不同了，可见"命自我作，福自己求"。

这个典故我们看到之后会很警醒，虽然人的命运是有的，但是每一天都有加减乘除：如果做了一件好事，你这个命就加厚了；做了一件恶事，这个命就减损了；如果做了一个大好事，惠及了千秋万代的人，这个命就被乘了；如果做了大恶事，影响到很多人，这个命就被除了。所以古人讲现世报、现世报，就是讲今生做了大善事或大恶事的人，他一生还没有结束，果报就现前了。所以命运虽然有，但是可以改造，关键在于我们的起心动念和言语行为。

在北宋，有两位著名的开国名将，一个叫曹彬，一个叫曹翰。他们两个有同一个祖父，是叔伯兄弟，也就是说曹翰是曹彬的族弟。他们两个都帮助宋太祖平定了天下，都立下了汗马功劳。但同样是北宋的开国将军，曹彬和曹翰的人生命运却截然不同。我们都知道，在历史当中，武将能够长寿且其后代子孙很好的不多。而曹彬的后代就很好，他的孙女还做了皇后。

有一天，曹彬遇到了一位在宋朝很有名的大德，叫陈希夷，也称"白云先生"，历史上有名的《心相篇》就是陈希夷先生所做，他主要研究的是老子的学问和《周易》的智慧，所以陈希夷先生很会看相和算命，也深受太祖皇帝和文人雅士的推崇。他就跟曹彬讲："你边城骨隆起"，脸部旁边这个骨隆起来了，而且"你的印堂很宽，目长光显"，你的眼睛很长、有光，"所以你早年就会富贵"。"但是你忌讳的一点是什么呢？就是你的下巴，颐削口垂。"他就跟曹彬讲："你的下巴太尖了，没有晚福！"他说："救人一命胜造七级浮屠，如果你带兵作战，你要网开一面，这样可以培植一些晚福。"曹彬听后拜而受教。

后来曹彬带领部队要攻打四川，到遂宁的时候，他的部下主张屠城，但他交代他的部队不准乱杀民众。并且，他跟部下讲："这些女子是要进贡给皇上的，谁都不要有不敬的行为。"其实，他是要保护她们，怕部下非礼这些女子。

而且，曹彬带兵，不枉杀任何一个人。有一次，朝廷就派他去攻打江南，在攻克金陵的时候，曹彬就假装生病，因为他不想让这些民众再受伤害，他假装生病不肯就职。他的部下就来探病，曹彬对将士们讲啊："我的病，不是吃药就会治好的，只要你们诚心诚意地发誓，你们攻打江南的时候，不枉杀任何一个人，那我的病自然就好了。"将士听完以后，拿着香发誓："请大帅放心，我们在此歃血为盟，入城之后绝不枉杀一人。"曹彬的一念仁慈得了天下人心，后来民众都出来迎接他们的部队，我们所谓的"箪食壶浆以迎王师"，一次就保全了千万人的生命。

有一个士兵犯错，被判军棍几十板，结果曹彬让隔年才执行。他的部下就很惊讶地说："怎么去年判，今年才执行？"曹彬说道："去年判的时候，这个士兵刚娶太太，那个时候执行，他们家的人很可能会说：'就是这个扫把星害的，刚娶进来就被军队处罚。'我怕会发生这样的事，把它先搁下来，今年再处罚。"所以一个领导者有这么细腻的心去体恤底下的人，在这些生活细节，那一定会赢得底下人的爱戴，这是慈悲到极致了。

他不但对人这样仁慈，对世间万物都有仁慈之心。据史书记载：有年冬天他家的墙坏了，他都不着急去修。家人就问他："你怎么不修呢？"他说："冬天的时候很多昆虫在冬眠，我要是在这个时候修这道墙，它们会冻死，等天气回暖之后再修吧。"所以他的仁慈之心如此细腻，慈心于物，慈心不杀。

《太上感应篇》讲："昆虫草木，犹不可伤。"曹彬做到了。这种境界就是《论语·学而》篇讲的："泛爱众"，要入孝出悌，广博地爱护大众，而且圣贤君子不只爱护人，他还爱护一切生命。我们看了这样的表率，终身不忘，并且要以此为榜样，成为这样的人。从今天开始不伤害一个幼小的生命，对人对物一举手一投足要柔软、要细心。正如《孟子》所言："亲亲而仁民，仁民而爱物。"道家讲："举步常看虫蚁，禁火莫烧山林。"有这样的存心，你时时都想着不伤害别人，不伤害其他的生命，这样的人一定有厚福，这是必然的。所以爱人其实是什么？自爱。成就了自己的德行，也成就了自己的福报，命运也就会越来越好。

凯旋以后，曹彬又跟陈希夷先生见面，陈希夷先生说："几年前我看你的相，颐削口垂，我认定你没有晚福了。可是你现在的相已经改变了，你的口角这个地方已经丰腴了，你的金光就聚在你的面目里面，你可以增禄延寿，而且后福无量啊。"曹彬就问他："先生，什么叫金光呢？"陈希夷先生就说："金光其实就是德光，它的颜色是紫色的，很亮，如果我们人有阴德的话，他脸上就会现出金光，金光就是德光，那眉毛这边就有彩光，那眼睛就会露出神光，头发就会露出毫光，毫光的颜色就有祥光，那个气是很明、很清楚的，而且很清澈的。这样不仅可以增寿，还可以庇荫子孙长远的福报。"这就是相由心生，悭吝小气的人他就有吝啬的相，乐善好施的人呢，他就有乐善好施的相，心作心是。

曹彬果然应验了陈希夷先生的预言，他后来十分长寿，而且他的九个儿子中，三个都是一代名将，子孙后代中多人被封王。孙女做了宋仁宗时代的皇后，曾孙也当官，可以说这一家荣盛到了极点，他的子孙昌盛无比，都是因为祖上积德感召的。同样是北宋开国名将的曹翰就不一样了，他和曹彬本来是一家人，福报和能力都比较相仿，可是所作所为却天壤之别，导致最后的个人命运和家运产生了巨大的差别。

曹彬是比较木讷、厚道的人，不跟人争功。但曹翰这人非常聪明，他脑子灵光，所以他早年升官非常快。因为脑子好使他也屡建奇功，在当时几乎没有人不知道曹翰的大名。有一次他在率兵攻克江州的时候，这个仗打得很艰难。曹翰久攻不下，他就很愤怒，史书记载他"忿城久守"。这敌方很顽固，守城守得很严密，曹翰一直攻打，但是好长时间都攻不下来。

在攻下城池之后，他就开始把自己的满腔愤怒发泄出来，下令自己的将士进行屠城。历史上记录他这次屠城，杀的敌方兵士就有八百人，杀的老百姓那就没法计算了。结果曹翰死了以后，不到三十年，他的子孙就做了乞丐，他的女儿沦为娼妓，整个家运就败落了，这就属于积不善之家必有余殃了，而实际上这个余殃是子孙所受的，他自己的本殃要在三恶道里受。

所以"祸福无门，惟人自召。善恶之报，如影随形"，曹翰本来是具有很大福报的人，但是要造了大恶，他自己跟家庭的恶报马上就要现前。所以行善一定要趁早，等到果报现前了想要再行善、扭转命运就为时已晚了。《周易》讲得好："善不积不足以成名，恶不积不足以灭身。"假以时日，人的命运就会大有不同。

"行善如春园之草，不见其长，日有所增。"做善事就像春天的草，人有行善的态度，他的善力慢慢地就愈来愈提升了，我们虽然看不到，但是德行就会越来越厚，福报就会逐渐增长。"行恶如磨刀之石，不见其损，日有所亏。"行恶就像每天要磨刀，石头其实每天都有磨损，我们却看不到。

所以，假如我们不对治自己的恶行，每天都在折我们自己的福报。每天恶念止不住，三五年这福都折完了，"凶人语恶、视恶、行恶，一日有三恶，三年天必降之祸"。但是每一天都是不断要求自己行善，三五年之后善报就会现前。"故吉人语善、视善、行善，一日有三善，三年天必降之福。"

在这浮躁的社会中，做一个"语善、视善、行善，一日有三善"的好人，不管你现在处境如何，福气自然能"送上门"。所以我们谨慎到善恶都要在这个念头当中去下功夫，而善行、善心要不断积累，才能改造我们的命运。

我们接着看原文："汝二十年来，被他算定，不曾转动一毫，岂非是凡夫？"你这二十年来，命运都被孔先生算得这么准，你完全被命运主宰了人生，一丝一毫都不能转动生命的轨迹，你不是凡夫，什么叫凡夫呢？

"余问曰：然则数可逃乎？"命运真的可以逃脱、超越吗？"曰：命由我作，福自己求。《诗》《书》所称，的为明训。"我们看，云谷禅师是非常好的老师。了凡先生是饱读诗书的人，他能考上秀才，学识不简单，所以云谷禅师用他最熟悉的道理跟他讲，这叫共同语言，在心理学上这叫共情，他容易接受。

所以，云谷禅师先讲谁的教诲？儒家的教诲。你是读书人，儒家的经典说命是掌握在自己手中的，福自己求，这样的道理在《诗经》《尚书》里讲得非常清楚，你怎么会觉得命不能改呢？所以，读书要知行合一，学了要去做到，如果有不明白的要去请教和学习，明白一点做一点。了凡先生读了很多遍都没读明白，也没用在自己的人生当中，所以受益非常有限。我们读经典能有多大的受益，最重要的是我们落实了多少，做到多少受益就有多少。不是读多少，读得多只是多懂一些道理，要做到才行。

我们要把这些经典的教诲变成我们的生活，落实到我们的待人接物处事当中，如此才能改变命运，才能真正受益。《诗经》说："永言配命，自求多福。"《尚书》说："作善降之百祥，作不善降之百殃。"我们不断地积德行善，哪有福报不现前的道理呢？所以，无论是《诗经》还是《尚书》都在说明一个道理："命由我作，福自己求。"

事实上，连我们的成语都把人生的智慧流露无遗了，命运是要靠自己来改造的。我们可以联想一下跟"自"相关的成语，自求多福、自立自强、自强不息、自力更生，命运的转变都是靠自己的。而假如自己造孽，那命运就越来越惨了，比如自掘坟墓、自讨苦吃、自作自受、自暴自弃。所以，从这些成语当中我们也可以看出，我们这一生的命运真的是掌握在自己的手里，我们中华文化五千年的传承，确实具有高度的智慧，我们应该加倍珍惜，用心学习和落实。

北宋有一个典故很有意思，叫"求人不如求己"。金山寺佛印禅师与大学士苏东坡，是一对僧俗好友，时常外出郊游。有一次，他们在郊外散步时，路边有一尊马头观音的石像，佛印禅师看到了，随即向前合掌礼拜，并称念："南无观世音菩萨。"苏东坡则在旁观看，只一直在端详着那尊观音雕像，为何手上也拿着一串念珠，很好奇地问："我们凡夫拿着一串念珠，拼命在念南无观世音菩萨，为的是想祈求观世音菩萨能保佑我们！而这尊观世音菩萨为何也拿着一串念珠，他到底是在念谁呢？"

佛印禅师说："他也是在念南无观世音菩萨！"苏东坡更不解了："观世音菩萨怎么自己在念自己呢？"佛印禅师说："求人不如求己呀！"有句话说得好："登天难，求人更难。"虽说念佛和持咒法门是靠佛菩萨的加持力，但您若不用功去念佛、去持咒，不按着佛菩萨的话去做，一样无法与佛菩萨相应，"天助自助者"，这句话一点也没错。

接着才说到佛教的经典，以此来呼应，原来英雄所见都是一样的。**"我教典中说：'求富贵得富贵，求男女得男女，求长寿得长寿。'"**佛家的经典说，你只要如理如法地去修行，你求富贵可以得到富贵，你求儿女可以得到儿女，你求长寿可以得到长寿。

"夫妄语乃释迦大戒"，"妄语"就是讲话和真理不符合，也就是我们说的撒谎骗人。**"诸佛菩萨，岂诳语欺人？"**释迦牟尼佛不可能讲妄语，讲的一定都是真理，诸佛菩萨绝对不可能讲谎话、讲跟真理不同的话来欺骗人。佛家严守五戒，不杀、不盗、不邪淫、不妄语、不饮酒。

"不杀"，不杀就是不恼害他人。不只是说杀害生命，你只要让人家感到痛苦，都算是犯了"不杀"的戒了。我们这一天当中，有没有讲话让人家绝望，让人家想哭，或者让人家生气？有的话今天就犯戒和造孽了。我们学习圣贤教育的人，应该走到哪里都让人家如沐春风，看到我们就欢喜，这才是学对了。

"不盗"，"盗"除了偷人家的东西以外，还包括起了占人家便宜的念头。你要占人家便宜，那就是不义之财，这就是犯了盗戒了。

"不邪淫"，人怎么可以去做畜生的行为呢？那根本就是糟蹋了自己的人格，淫也指一切过分的欲望和想法。

"不妄语"，都讲真话，不讲虚妄的话和骗人的话，更不能讲挑拨离间的话，也不能谄媚、诽谤和恶言恶语。"不饮酒"，就是不喝酒，这是五戒。

第五戒是遮戒，喝酒本身并不是罪，而是喝酒以后会乱性，会控制不住自己，就可能去做杀、盗、淫、妄的事情，就可能去造孽了。当时，释迦牟尼佛制定不饮酒这条戒律也是有来历的。佛陀在世的时候，有一年"结夏安居"结束后带着弟子们游化各地，他们到达了一个人口聚集的村落，村民们见到佛陀和僧团都很恭敬。

当佛陀带着弟子们走出村外，正要朝拔陀越村的方向走去时，这些敬重佛陀的民众很紧张地告诉佛陀说："佛陀，那个拔陀越村去不得啊！因为村里有一所修道院，院里盘踞着一条毒龙，一靠近就会有生命危险，千万去不得啊！"佛陀微笑表示谢意，不过还是向修道院走去。

佛陀的随从弟子中有一位善来长老，他在皈依佛陀之前，曾是外道教徒，具有降伏毒龙的神通本领。他自告奋勇要去修道院伏龙，佛陀默许。于是，善来长老独自一人前往修道院，在院内某个角落，静静地打坐。没多久，毒龙果真出现了，它口吐毒气要伤害善来长老，而善来长老则聚精会神地加以对抗，僵持一段时间后，毒龙终于被降伏了。

佛陀及其他弟子随后也来到修道院，佛陀慈悲地为毒龙开示佛法要义及皈依意旨，然后带领一行人回到村里。村人看到佛陀和一大群人可以安然无恙地回来，都很高兴地欢呼，以为是佛陀的威德降伏了毒龙。佛陀告诉村人是善来比丘降伏的，大家听了以后，都来到佛陀座前向佛陀敬礼，并向善来长老行礼，表达敬爱和感恩之意。

村民们纷纷表示愿供养佛陀和善来长老，佛陀默然，善来长老也没回答。虽然如此，大家还是很用心地准备好要供养佛陀的斋食，另外，也有许多村民请善来长老到他们家中受供，并且以"无色酒"来供养他。善来长老喝了很多酒，当他离开村人家里，摇摇晃晃地走到村口，突然醉倒在地。

佛陀和比丘们在受供后返回精舍的途中，看到善来长老躺在地上，比丘们赶紧将他扶回精舍，然后把他扶到佛陀面前，让他躺在地上，头向着佛陀。结果酒醉中的善来长老翻来覆去，到后来变成把脚朝向佛陀。当他醒来以后，猛然发现自己的脚向着佛陀，感到很惭愧，马上起身顶礼佛陀。

佛陀问比丘们："以前的善来长老是不是很尊重佛？"大家回答："是！"佛陀又问："现在他的脚朝向我，这样是否有恭敬心呢？"大家回答："已失去恭敬心了。"佛陀再问："他降伏毒龙时很勇猛，可是醉倒之后，有没有办法降伏一条蚯蚓呢？"弟子们回答："没有办法降服蚯蚓。"

因此，佛陀强调："喝酒会让修行者的智慧和毅力消失，失去自持的力量，也会破坏庄严端正的形象。所以，大家绝对不能喝酒，要洁身自爱。"从此，比丘僧团中就有了不能饮酒的戒律。

善来比丘很勇敢，能降服毒龙，但几杯酒下肚后就变得糊里糊涂，酒戒岂可不慎？精进奋勇地行持戒律、遵守规范，努力行善、断恶，是人人的本分。如果能把持戒守规的本分做好，则一切的法都容易通达。

在儒家，《弟子规》讲："饮酒醉，最为丑。"其实喝酒以后，不仅是口出狂言，说出污言秽语，做出很多有损阴德举动，让人笑话，更有可能败家和亡国。孟子讲："禹恶旨酒"，有一次仪狄拿了酿造的好酒给大禹，"旨酒"是美酒。结果大禹他喝了以后，高度警觉，他说以后一定有人因为喝这个东西而亡国，所以他就疏远了仪狄。

佛经有说饮酒的十种过失：

第一，"颜色恶"。饮酒的人，容貌面色因为常常饮酒而变得不正常，没有好的相貌。我们观察一下酒色之徒就可以看到，一般的酒色之徒脸色都发黑发暗，而且眼睛里也都有着一种一看就不正的味道。

第二，"下劣"。饮酒之人，酒醉之后东倒西歪，站都站不稳，威仪不整，动止轻薄，所以容易被人轻视厌恶。

第三，"眼视不明"。因为经常饮酒而使得眼睛昏花，视力下降，看不清楚东西。

第四，"现瞋恚相"。情绪不能控制，这个时候怨恨心很容易生起，无论对于亲属还是对于贤善之人，都很有可能发脾气。特别是当他有抱怨的人或事的时候，喝醉酒之后，自己神志不清，就不能够控制。所谓"酒后吐真言"，酒后把所有的话都说出来，没办法隐瞒。所以在《六韬》上，观察一个人能不能胜任将军有一个方法，就是"醉之以酒，以观其态"。让他喝醉酒，看看他酒后是否失言，酒后是否失态。

第五，"坏田业资生"。对他的事业有损害，特别是经商。为什么？酒醉的时候不正常了，酒醉的时候谈生意、谈判，很容易出麻烦。那么在不正常的状况下，言语还能算数吗？如果真的签了约、签了字，可能后悔莫及，所以给自己的事业也造成障碍。

第六，"致疾病"。饮酒过度，身体失调，导致的有慢性病、急性病，等等。如果常常饮酒，身体不可能好。

第七，"益斗讼"。醉酒发狠，与人争竞，怨恨发作，这个叫瞋毒。这时候最容易引起争斗，甚至会因为好勇斗狠而不惜生命。人在不饮酒的时候还容易控制自己，饮酒之后自制能力下降，因为自己控制不了自己。

第八，"恶名流布"。常常醉酒，舍弃善法，没有人赞叹，反而恶名流布，远近皆知。

第九，"智慧减少。"饮酒昏迷，颠三倒四，愚痴狂悖，记忆力下降，聪明智慧也日日减少。

第十，"命终堕恶道。"与酒肉朋友相交往，不修善行，则恶业日增，死了之后堕落到三途受苦。

其实，喝酒的害处还有很多，我们国家的典籍当中也多有论述，中国古人认为：喝酒至少会造成三十二种过错和灾难。

一、喜欢喝酒、醉酒，会使人迷乱颠倒、胆大妄为，子女不尊重父母，下级不尊重上级，人伦颠倒，秩序混乱；二、会使人言语混乱、错误；三、喝醉了使人多嘴多舌，背后讲人坏话；四、喝酒之后会把别人的隐私事情随口散布；五、醉酒的人随处小便，甚至在极其庄严、神圣的场所，也不知避讳，还会骂骂咧咧；六、随便躺在路上不能回家，所带的东西也都丢失了；七、喝多了，坐也坐不正，站也站不直，东倒西歪，不仅危险，还让人耻笑；八、喝醉酒之后步履蹒跚，横行着掉到深沟里去；九、还会摔倒，头破血流；十、因为酒钱饭费，还会故意和人争执口角；十一、常喝酒就做不了正经事，整天浑浑噩噩，不管养家糊口；十二、酗酒必定耗费钱财，减损家中的财物；十三、醉酒之后，往往不再顾及妻子儿女的饥寒、温饱；十四、喝多了就破口大骂，不怕王法；十五、还会脱衣解裤赤身裸体，不知羞耻；十六、喝多了还会胡乱地进入别人家，拉人家的妇女言语调戏，招致殴打和血光之灾；十七、有人从旁边走过，就要和人挑衅打斗；十八、喝多了还会捶胸顿足，摔锅打碗，大呼小叫，惊扰四邻不安；十九、喝多了还会胡乱地杀害、伤害各种大小动物；二十、还会把家具物品打碎、破坏；二十一、酒鬼回家，家人就像看到了狼狈而堕落的囚犯，常常发生口角；二十二、常常喝酒就会结交恶人，与狐朋狗友为伍；二十三、还会疏远贤良友善的人；二十四、醒来之后身体如同生病；二十五、喝多了之后翻江倒海、随地呕吐，吐出来的东西一家老小没有不讨厌的；二十六、喝醉了总想向前冲，即使有车马虎狼在前面，也不回避；二十七、人一喝多了，就不再尊敬圣贤和有德行的人；二十八、还会当众邪淫放荡，无所顾忌；二十九、喝醉了就像精神不正常的疯子和狂人，人们见了他就躲着走；三十、喝多了还会像死人一样，完全没有了知觉和感受；三十一、还会面生毒疮，得各种病，在人生的黄金时期就枯萎了；三十二、良师益友渐渐地远离。

所以，不喝酒是个好习惯，一旦养成这样的好习惯，人生这么多的灾难就都可以避免掉，而反过来，如果养成了喝酒的坏习惯，这么多的灾难就都会伴随着一生。当然，也有很多人说饮酒可以减轻压力，其实这句话似是而非。因为饮酒其实就是麻醉自己。人什么时候才需要麻醉自己，都是在痛苦的时候才需要麻醉自己。

人生为什么会有痛苦？就是因为自己该尽的责任没有尽到，该承担的本分没有承担好，所以才会觉得有痛苦，所以没有读书就不明白道理。到头来"借酒浇愁愁更愁"，还浪费了大把的时间，并没有把问题从根本上解决，也没有直面问题。唯有承担起责任，人生才会越走越充实，才不会觉得空虚，这才是从根本上解决问题，这才能够获得一个幸福美满的人生。

还有人说，这酒是中国的文化，无酒不成宴，其实酒文化确实是中国传统文化的一个重要的组成部分。但酒文化是有节制的，是为了完成礼，为礼而服务的，两个酒杯相碰撞，两个人的酒会接触，表明这酒无毒无害，这是表明自己真心合作或交友的态度。所以点到为止，并不是满足口腹之欲。

我们看古代的酒杯，它上边有两个像疙瘩一样的东西，你端起酒杯喝酒的时候，这两个疙瘩就会对着你的眼睛。这是什么意思呢？这就是在提醒你喝酒要适度，你不能够饮得过多，否则你要担心你的眼睛，会失明、会喝坏。这才是中国的酒文化，让你饮酒要适度，不要伤身败德。

所以喝酒不能喝得酩酊大醉，也不能够喝得失去了斯文、失去了体面、失去了领导的威仪，真正的酒文化是适度饮酒，绝对不是为了满足口腹之欲，贪杯误事，所以真的没有酒量，可以以茶代酒，不能耽误了正事。

唐代著名诗人孟浩然就是典型的"喝酒误终身"的例子。唐朝涌现很多大诗人，他们大多因为杰出的诗歌作品走上仕途，实现了自己的人生理想。但是，享有盛名的山水田园诗人孟浩然却一生都没有走上他非常向往的仕途，成为唐朝怀才不遇的诗人之一。

孟浩然家境富裕，自幼勤奋苦学，博览群书，学问大成，出口成章，吟诗作赋信手拈来。40岁那年，他看身边比自己水平差很多的那些诗人都能在官场上谋个一官半职，而自己还是一介布衣，颇有理想抱负的孟浩然心里很失落。他心想自己并不比那些做官的人差，所以一定要在官场上做出点名堂来，光宗耀祖。

于是他离开家乡出游京师，准备用他一腹锦绣诗赋换得一个官位。可惜出师不利，第一次参加考试，踌躇满志的孟浩然竟然没有考上。尽管名落孙山，但孟浩然的诗文写得实在太好了，连当时的朝廷重臣张九龄等人都非常佩服。

这些朝廷重臣都是诗文高手，堪称当时的文坛泰斗。他们能看重孟浩然的诗，说明孟浩然的诗文水平确实了得。

当时，山水田园诗还有另外一个代表人物，他就是吏部郎中王维。王维也很看重孟浩然，很欣赏孟浩然的诗文。他诚恳地以私人的名义把孟浩然请到自己官邸来，两人小酌浅饮，非常惬意。王维、孟浩然两个山水田园派诗人正谈笑风生间，没想到，当朝皇帝唐玄宗突然造访。唐玄宗也是个附庸风雅的君主，见到孟浩然十分高兴，寒暄两句便让孟浩然赋诗。

孟浩然心里非常激动，借着酒劲就作起了诗，一首接一首，唐玄宗听了一个劲叫好。见皇帝叫好，孟浩然更加情不自禁，随口把自己落榜后作的一首诗《岁暮归南山》朗诵出来，当念到第二句的前半句"不才明主弃"时，唐玄宗皱起眉头说："是你自己早不来要求当官，我什么时候抛弃过你？为什么把责任赖到我头上？"唐玄宗不太高兴，但孟浩然已经醉意朦胧，哪里顾及皇上的感受，等他酒醒回过神来，唐玄宗早回宫了。

就这样，孟浩然失去了一次绝好的做官机会。他只好回到家中隐居，时间一晃又过去三年。再次隐居的孟浩然对三年前的那次错失良机有了深刻的悔悟，想再进京一搏。他和当时唐玄宗身边比较信任的大臣、襄州刺史兼山南东道采访使韩朝宗关系不错，韩朝宗也挺欣赏孟浩然，想把孟浩然推荐给唐玄宗，期盼唐玄宗能破格录用他。孟浩然非常高兴，非常感激韩朝宗，两人约好日期一同赴京。

在临动身往京城的那天，孟浩然的一个老朋友登门拜访孟浩然，好客的孟浩然本想就陪他少喝几盅，没想到一喝就喝高了。家人几次提醒他说："你和韩大人约好进京的时间到了哦。"孟浩然正喝在兴头上，头脑有些发热，嫌家人三番五次在客人面前打断他喝酒失面子，很不高兴地说："既然已经喝开了，哪里还管什么别的事情！"这话恰巧被正在客厅等候的韩朝宗听见，韩朝宗很生气，拂袖而去。酒醒后的孟浩然知道自己又一次与机会擦肩而过。

公元740年，王昌龄路过襄阳，拜访孟浩然，这时的孟浩然正深受毒疮困扰，大夫叮嘱："要忌口，不能喝酒，不能吃鱼。"然而，孟浩然把不听劝告发挥到了极致。不但贪杯喝酒，再配上当地著名美食查头鳊，觥筹交错之间，毒疮复发，满腹诗书的孟浩然就这样死在了酒桌之上。

从这五戒来看，就可以了解佛门很注重防微杜渐。预防很重要，等事情发生了再来收拾就为时已晚。我们都知道，扁鹊是春秋战国时期的一位名医。有一天，魏文王召见扁鹊进宫看病，看完病后，魏文王问扁鹊："我早就听别人说你们家有兄弟三人，而且每个人医术都十分好。我一直都很想弄明白，你们兄弟三人当中到底哪一位的医术最高明呢？"

扁鹊听后毫不犹豫地回答说："大哥的医术最好，二哥差一些，我就算是最差的了。""哦？真是这样吗？那我就更不明白了，既然是这样，那为什么偏偏你是最出名的一个呢？"魏文王皱了一下眉头，继续追问道。扁鹊捋了捋胡子，微笑着说："既然陛下对这件事情这么感兴趣，那我就给您详细解释一下。""快说，快说，越详细越好，我洗耳恭听。"魏文王迫不及待地说。

扁鹊说："我大哥治病，是治病于病情发作之前。由于一般人不知道他事先能铲除病因，所以他的名气就无法传播出去，只有我们家的人知道他的医术高明。我二哥治病，是治病于病情初起之时。大多数人都认为他只能医治一些轻微的小病，所以他的名气只能流传于本乡里。而我治病，是治病于病情严重之时。一般人都只看到我在经脉上穿针管来放血、在皮肤上敷药，或做大手术，所以普遍认为我的医术非常高明，因此名气也响遍了全国。"从扁鹊这一段话，我们可以感觉得到，其实最高明的方法应该是懂得防微杜渐。在事情没有发生之前，做出正确的预判和妥当的处理。

《桓子新论》中记载，有个人叫淳于髡，他到了邻居家里，看到这个灶台的烟囱非常直，而且这个柴火就堆在灶台旁边，于是他就提醒邻居家的人说："你这样恐怕会有火灾。"所以他建议邻居，要把这个烟囱做得弯曲一些，把这个柴火搬得远离灶台。但是邻居家的人觉得他很唠叨，没有听从。结果怎么样呢？后来果然发生了火灾，烧到了旁边堆放的柴火，甚至把邻居家的房屋都烧着了。那火灾发生之后，邻居都赶来救火，火被扑灭之后，这个邻居家的人就开始杀羊摆酒，犒劳这些救火的人。但是他仍然不肯请淳于髡来饮酒吃饭。

《尸子》上也有一个类似的比喻：如果你犯了罪，被关进了监狱，这时候有人能够进入监狱把你捞出来，让你免于牢狱之灾，你们家三族的人都会对他感恩戴德。因为你出来可以照顾妻子、孝敬父母，还可以教育儿女，所以全家人都会对能够免除你牢狱之灾的人表示感恩。

问题是什么？问题就是圣贤人教导人"仁义慈悌"的道理，你按照这个道理去做了，你终身都不会有被关进监狱的灾祸，但是人们却不知道对这样的人感恩戴德。所以，唯有不世之君，拥有远见卓识，他才懂得防患于未然，能够把那些用道义教导民众的人推举为师，能够重用这些人教诲百姓。

像我们看到在康乾盛世的时候，皇帝都是礼请通达儒释道教育的人为国师，给以特别的尊重。上行而下效，全国的百姓看到皇帝对这个人都这样的尊重，那对他所讲的道理也会依教奉行。

他教给大家什么？他教给大家仁义慈悌，人都被教成了好人，圣贤君子越来越多，小人、坏人越来越少，所以国家安定，天下太平。所以，我们学习《了凡四训》，学习传统文化，就是一个防微杜渐的过程，很多事情都要防患于未然。学习古圣先贤的智慧和德行，掌握了改造命运的原理和方法，就可以为心灵导航，开创幸福美满的人生。

云谷禅师确实是一个好老师，循循善诱、旁征博引。大家有没有在劝孩子或者劝朋友的时候，有"书到用时方恨少"的感觉？如果我们说："你等一下，我去翻一下书。"那很多时候就来不及，而且这种机会点稍纵即逝，可能就不连贯了。所以我们平时要多熏习，把这些道理领纳在心，可以随时利益身边的人，提起他们的正念、提起他们的智慧。

当然，这里的求，是要为大众求、为自己的家庭求、为国家社会求，这才是一种责任心。求富贵是想家道兴旺，帮助更多的人；求男女是想为家族增添人口，繁衍生息，培养人才；求长寿是为了能有更多的时间立身行道，广利大众。假如这个求是为了自己的欲望和享乐，那方向就错了。欲望和享乐的人生是空虚的，老祖宗有一句话提醒我们"欲是深渊"，欲望是个无底洞，是没有止境的，欲望能吞噬人的智慧和福报。

03　信用铺出来的路

佛家讲"五戒",儒家讲"五常"。"五常"是仁、义、礼、智、信,这是做人的常道,不这样做人就叫不正常的人。《左传》讲:"人弃常,则妖兴。"人如果背离了常道,社会就会出现诸多乱象。

"仁",设身处地为别人着想;"义",做事情有情义、有道义、有担当,并且合情、合理、合法;"礼",对人恭敬不傲慢,有节度不浪费;"智",有智慧,看事情看得深远透彻。"信",诚实守信,不欺骗人。其实人欺骗人以前,先欺骗的是自己,糟蹋了自己的本性。我们爱别人,其实这颗爱心是从我们的内心出发的,也是先温暖我们自己的身心。

我们来看儒家讲的"仁",就是仁慈,不伤害人,跟佛门的"不杀"相应;"义",不取不义之财,和佛门的"不盗"一致;"礼",守伦常规矩不乱来,不做畜生的行为,和佛门的"不邪淫"相应;"智",不饮酒是防患于未然,不做出自己后悔的事情,不饮酒才不会控制不住自己,不做出违礼的事情,这是有智慧的,所以"智"和"不饮酒"一致;"信",所说的话都是真实不虚的,佛门讲"不妄语"。所以,五常跟五戒完全相应。

孔子跟释迦牟尼佛也没有见过面,没有商量好,但是他们说的话是一致的。这印证了什么? 英雄所见略同。因为他们的所见不是自己的意思,是天地之间的真理。孔子说,他所说的就是古圣先王代代传下来的真理,叫"述而不作",释迦牟尼佛宣讲的是古佛的教诲,"说而无说"。所以真正切入圣贤境界的人都知道这些道理,都知道天地宇宙的真相。所以真理不是谁发明的,是天地之间的自然而然的规律。

清朝的雍正皇帝曾经写过一篇"上谕"诏告天下,开篇就说:"三教之觉民于海内。""三教"就是儒释道,这是中华文化的主流,其实我们也可以理解为一切正教,尤其是九大宗教。"觉民",就是让人民觉悟觉醒、断恶修善。"理同出于一原,道并行而不悖",所以儒释道是相辅相成的,都是教育我们转恶为善、转迷为悟、趋吉避凶、改造命运的教育。

　　所以，我们对不同种族优秀的文化和信仰要学会吸收和赞叹，应该互相尊重、和平相处，很多纷争就没有了，要携手进行伦理道德因果教育，挽救世道人心，改善社会风气，为国家培养德才兼备的人才，这才是我们应该做的。

　　孔子在《论语·颜渊》篇里讲："人无信不立，业无信不兴，国无信则衰。"所以，诚信对一个人、一个家庭、一个企业、一个民族和一个国家非常重要。诚信包含两个最重要的方面：信用和信任。这两点都非常重要，缺一不可，我们先来论述信用这部分。

　　孔子在《论语·为政》篇讲："人而无信，不知其可也。大车无輗，小车无軏，其何以行之哉？"人如果没有信用可以吗？绝对不可以。曾子三省就有"与朋友交而不信乎"，与朋友交往我们有没有守信、有没有信用？所以这个信是何等重要啊！一个人没有信，讲话不守信，其他的还有什么好的呢？都无所取了。

　　大车、小车是比喻。"大车"指牛车，"輗"，是连接牛与车的木头。"小车"指马车。"軏"，是钩住马和车的钩子。"大车"需要"輗"，小车需要"軏"，这些都是车的着力点，所以是必需的。用这个工具来比喻信用，人如果没有信用的话，就好像车没有"輗"，没有"軏"，就不能行驶了。

　　这个"信"字，人字边一个言字，所谓人言。如果人不守信，真的叫作不可以为人。成人不可，就是一事无成，在世间不会有什么成就，当然更谈不上成圣成贤、利国利民了。"言必行，行必果。言而有信，众人仰之；言而无信，众人避之。"说话算话，大家就信任你，如果言而无信，就得不到别人的信任。

　　我们都知道，孙东林他们兄弟两个很讲信用，他们是《感动中国》栏目的获奖者。当时哥哥孙水林，要把发给农民工的工资拿回来的时候出车祸死了。当时正好是春节，他弟弟孙东林忍住悲伤："人家要过年，不能让人家过年难。哥哥几十年的信誉，不能就这样毁掉了。"把所有该给农民工的钱发给他们了，这就是信义啊。

　　孙东林为了完成哥哥的遗愿，顾不上安慰年迈的父母，在腊月二十九那天，把工钱送到了六十多名农民工的手中。但是，由于哥哥的账单大多已经找不到了，孙东林就让大家凭着良心报领工钱，最后，还贴上了自己的六万六千块钱和母亲的一万元钱，让大家安安心心地过一个好年。

　　"新年不欠旧年账，今生不欠来生债"，孙水林、孙东林兄弟二十年信守承诺，被人们誉为"信义兄弟"。感动中国的颁奖词讲："言忠信，行笃敬，古老相传的信条，演绎出现代传奇。他们为尊严承诺，为良心奔波，大地上一场悲情接力。雪夜里的好兄弟，只剩下孤独一个。雪落无声，但情义打在地上铿锵有力。"所以，孟子讲："有天爵者，有人爵者。仁义忠信，乐善不倦，此天爵也。"结果很多人都跑来要到他公司去工作。是不是天爵呢？是啊，大家都拥护，都想跟你一起做事，这就是团结的力量，众志成城，这是结果，什么是原因呢？仁义忠信，乐善不倦。

而且，因为他们守信义，他们有爱心，还有很多人汇了几百万人民币要帮助他，他没有自己用，而是成立了一个基金，叫"湖北省信义兄弟农民工帮扶基金会"，专门帮助困难的农民工。您看这些精神都一直传承下去，圣人讲这些话，其实在我们的生命当中、在我们的周围都可以印证。"仁义忠信，乐善不倦，此天爵也"，孙东林后来当选为第十二届全国人大代表和武汉市工商联副主席，还获得了很多荣誉，比如"五一奖章"等。这都是因为他"仁义忠信，乐善不倦"。

大雪天，哥哥一家人在高速上遇难了，他心里第一位不是悲伤，不是自家的利益，而是六十位农民工兄弟的利益，让他们有钱过年，而且母亲也拿钱，这让我们也可以明白，为什么会有信义兄弟，因为有仁义礼智信的母亲，这都是父母教得好啊，这都是家道的传承。古人讲："不孝有三，无后为大。"这个"无后"不是说没有生儿子，而是没有培养出有德行有能力的孩子，服务社会，贡献国家。这位母亲能培养出这样的信义兄弟，这才叫真正的有后，而且受他们影响的中国人太多了，不计其数，他们感动了全中国，这些被影响、被感动、被教育的人，不都是受孙妈妈的影响吗？

孙妈妈教育的孩子可不止这两个儿子了，这才叫有后，这才叫大孝，用这个来祭祀祖先才对得起家族的传承，传承什么？仁慈博爱，孝悌忠信。我们现在学习《了凡四训》就是要把中华优秀的家风家教传承下去，落实在生活中，改造命运、兴旺家族、报效国家。古人懂这些，现代人疏忽了。所以，我很倡导大家学习《论语》，正所谓"半部《论语》治天下"，《论语》是古代"经部"的精华。我也特别倡导学习《了凡四训》，这是家训里的上乘之作，也被不少人称为"天下第一善书"。现身说法，通俗易懂，方便学习和实践。

前些年有一则报道，题目叫《信用铺出来的路》，讲的是一个企业家，他带了十万块钱到深圳后接了一笔铺地砖的生意。老板一看这个合同，感到这个企业家绝对是亏钱而不可能赚钱的，所以这位老板就交代他的工程监督部说："一定要好好盯着这个人，他很有可能偷工减料，按这个合同做下去赚不到钱。"结果工程做完了，没有发现任何偷工减料的行为。这位老板心想：这个人做生意怎么高明到这种地步，赚钱我都看不出来。

他觉得太高深莫测了，就问这位朋友说："这个工程你到底赚钱了吗？"这位朋友回答说："没有。"老板接着问："你是做完才知道不赚钱，还是签完合同的时候就知道不赚钱的？"他说："签完合同我就知道不赚钱。"这位老板很惊讶："那你知道不赚钱，为什么还把它做完？"他说："因为已经签了合同，所以我必须信守承诺，把它做完，还要保证质量。"

"那你亏了多少钱？""我的成本十万块钱都亏进去了。"这位老板就跟他说："今天晚上我请你吃饭。"结果晚上他找了所有这些分公司的主管，一起来吃饭，席间就交代他们："以后我们铺地砖的生意都交给他做就好，不要找别人。"

因为诚实守信，他的事业就兴旺起来了，发展得很好。深圳江苏大厦的地砖铺得很漂亮，就是他铺的，我们走在这种地砖上，内心觉得很踏实，这是有信用的人铺出来的。所以做企业，只要坚持守信，当这个信用愈来愈坚固的时候，事业绝对有成。

而有的人往往急于求成，在想要快速获得利润的欲望驱动下，往往会做出犯法的事情来，他们认为"无奸不成商"，所以很多企业家的下场是锒铛入狱。人生还是要走正道，我们要对道德有信心，遵从圣贤教诲来做人，后福自会无穷。因为"人为善，福虽未至，祸已远离。人为恶，祸虽未至，福已远离"。所以，说出去的话，就要守信用，俗话讲"口言不忘信"，一个人说出去的话，时时不能忘记守信用。

诚实守信，足以改变一个人的命运，甚至可以改变一个国家的命运。1998年，巴西著名导演沃尔特·塞勒斯正在筹备自己的新电影。有一天，正为此一筹莫展的沃尔特到城市西郊办事，在火车站前的广场上遇到了一个十多岁的擦鞋小男孩。小男孩问道："先生，您需要擦鞋吗？"沃尔特低头看了看自己脚上刚刚擦过不久的皮鞋，摇摇头拒绝了。就在沃尔特转身走出十几步之际，忽然见到那个小男孩红着脸追上来，眼中满是祈求："先生，我整整一天都没吃东西了，您能借给我点钱吗？我从明天开始更努力擦鞋，保证一周后把钱还给您！"

沃尔特动了恻隐之心，就掏出几枚硬币递到小男孩手里。小男孩感激地道了一声谢谢后，一溜烟就跑得没影了。沃尔特摇了摇头，因为这样的街头小骗子他已经见得太多了。半个月后，忙着筹备新电影的沃尔特早已将借钱给小男孩的事忘得一干二净了。不料，就在他又一次经过西郊火车站时，突然看到一个瘦小的身影离得老远就向他招手喊道："先生，请等一等！"等到对方满头大汗地跑过来把几枚硬币交给他时，沃尔特才认出这是上次向他借钱的那个擦鞋小男孩。

小男孩气喘吁吁地说：先生，我在这里等您很久了，今天总算把钱还给您了！沃尔特握着自己手里被汗水濡湿的硬币，心头陡然升起一股暖流。沃尔特不由得仔细端详起面前的小男孩，突然，他发现这个小男孩其实很符合自己脑海中构想的主人公形象。于是，沃尔特把几枚硬币塞到小男孩衣兜里，对他神秘地一笑，说道："明天你到市中心的影业公司导演办公室来找我，我会给你一个大大的惊喜。"

第二天一大早，门卫就告诉沃尔特，说外面来了一大群孩子。他诧异地出去一看，就见那个小男孩兴奋地跑过来，一脸天真地说："先生，这些孩子都是同我一样没有父母的流浪儿，听说您有惊喜给我，我就把他们都带来了，我知道他们也渴望有惊喜！"沃尔特真没想到这样一个穷困流浪的孩子，竟会有一颗如此善良的心！

既然人都带来了，沃尔特就让工作人员对这些孩子进行了观察和筛选。最后，工作人员在这些孩子中，挑出几个比小男孩更机灵、更适合出演剧本中的小主人公的人选。但最终，沃尔特还是只把小男孩留了下来。他在录用合同的免试原因一栏中只写了这样几个字：你的善良，无须考核！因为沃尔特导演觉得：在自己面临困境的时候，依然能把本属于自己一个人的希望，无私地分享给别人的人，最值得拥有人生的惊喜。

这个小男孩就是巴西当今家喻户晓的明星文尼西斯·狄·奥利维拉。在沃尔特的执导下，文尼西斯在《中央车站》中成功地扮演了主人公小男孩的角色，这部电影最后获得了1999年的奥斯卡金像奖。文尼西斯也从此改变了一生命运，成为镁光灯的焦点。以天才童星之姿开启了演艺之路，但他并没有因为进入演艺圈而就此沉沦。

他重返学校，后来进入巴西顶尖名校里约热内卢天主教大学攻读大众传播，毕业后一边继续演员的工作，一边成立了自己的影视制作公司，继续培育巴西电影与电视人才。文尼西斯后来写了一本自传《我的演艺生涯》。书的扉页是沃尔特导演的亲笔题字：你的善良，无须考核！下面还有一行小字："是善良，曾经让他把机遇让给别的孩子；同样也是善良，让人生的机遇不曾错过他！"

16世纪末，有一个名叫巴伦支的荷兰人，他是一名商人也是一个船长。

为了避开激烈的海上贸易竞争，他带领 17 名船员出航，试图从荷兰往北开辟一条新的到达亚洲的航行路线。他们到了三文雅——一个现在地处俄罗斯的岛屿，在北极圈之内。就在一天清晨，他们突然发现自己的船航行在海面的浮冰里，这时他们才意识到被冰封的危险迫在眉睫。然而为时已晚，经过艰苦的努力，最终他们仍然不得不放弃返航的努力，把船停泊在岛屿旁边。

迎接他们的是随后而来的各种恶劣天气。北极圈是地球上最寒冷的区域之一，一年只有很少的几个月天气暖和，冬季漫长而严酷，没有任何山脉阻挡可怕的狂风。冰冷刺骨的狂风和靠近北极圈地区常见的暴风雪，异常凶猛、毫无羁绊。没有人类生存的三文雅岛上常常覆盖着 3 米厚的雪，厚厚的积雪被零下40—零下 50 摄氏度的严寒冻结，变得像花岗岩一样坚硬。巴伦支船长和 17 名荷兰水手只能在这孤立无援的条件下度过 8 个月的漫长苦寒的冬季。他们拆掉了船上的甲板做燃料，以便在极度严寒中保持体温，靠打猎来取得勉强维持生存的衣服和食物，苦苦地等待着冰雪消融季节的来临。在这样恶劣的险境中，8 个人死去了。

但是，巴伦支船长和 17 名荷兰水手却做了一件令人难以想象的事情，他们丝毫未动别人委托给他们的货物，而这些货物中就有可以挽救他们生命的衣物和药品。冬去春来，幸存的巴伦支船长和 9 名荷兰水手终于把货物几乎完好无损地带回荷兰，送到委托人手中。在当时，巴伦支船长和船员们的做法震动了整个欧洲，也给整个荷兰带来了显而易见的好处，那就是赢得了海运贸易的世界市场。巴伦支船长和 17 名荷兰水手用生命作代价，守望信念，为荷兰商人创造了传之后世的经商法则：诚信比生命更重要！

在春秋时代，晋文公有一次出兵讨伐原国。他出去的时候就跟所有的将士讲："我们带三天的粮食，三天没有讨伐成功就回来。"结果到了第三天，他们的人发现原国已经支撑不下去了，可能在很短的时间之内，就可以把他们攻破，就赶紧来跟晋文公讲："大王，他们已经不行了，您再缓一下，再等一下，咱们就成功了。"晋文公讲："我已经给所有的将士们讲了，三天打不下来就回去，我不能失信于所有的将士。"所以三天就回去了，搬兵回朝了。结果晋文公坚持守住承诺，刚回去没多久，还没到自己的国家，原国就投降了，为什么呢？他们觉得晋文公很守信用。

所以孔老夫子说，"自古皆有死，民无信不立"。当时子贡问夫子，军队、粮食和老百姓的信任都很重要，假如这三个只能保留两个，先去什么呢？孔子说："去兵。"先把军队去掉。假如吃的跟老百姓的信用，两个只能保留一个，怎么办呢？连吃的都可以舍。因为自古皆有死，假如没有吃的，信用还在，他是非常团结的，他是众志成城的。但是假如没有老百姓的信任，这个国家其实已经名存实亡了，随时都会亡国。就像西周时期，周幽王为博美人一笑，多次点燃烽火，戏弄诸侯，诚信品格丧失殆尽，最终招来的是什么呢？亡国之祸。

战国时期，齐襄公派连称等人去守卫葵丘，说好了瓜熟蒂落时节就派人去接替他们。可是期限已经到了，齐襄公也没派人前去替换。朝中就有人提醒齐襄公应该派人前去接替连称等人，齐襄公也没换人去接替。结果连称等人听说之后十分气愤，就勾结公孙无知发动叛乱，杀掉了齐襄公。由此可见，一个人诚信与否，不但关系到个人的命运，如果是一个国家、一个政府，以及代表政府的官员，不守诚信，不仅会导致国破身亡的悲剧，还可能会怎么样呢？还可能使社会陷入混乱和动荡。因此，执政者应该把诚信视为生命，倍加珍视。那么对我们个人来说，信用也是立身之本。

有个学生到德国留学，一直读到博士，他读完博士以后，就在德国当地开始找工作，找了很久的时间都找不到。后来找到一家公司，他实在是忍不住了，就很生气地对着公司人力资源部的领导拍桌子说："我的条件这么好，各个专业能力都已经具备，你怎么还是不用我？你们是不是种族歧视？"结果这个主管心平气和地跟他说："在我们的记录当中，你有三次逃票的经历。"德国有些地区的交通设施完全不用人力，所以他会有一些机会逃票，他在读书的这些年，有三次逃票被抓到。

当他听到是因为三次逃票，所以不能被录用时，非常激动地说："就因为这件小事，你们就不用我？"因为当时欧洲，还有各个国家，都在积极开发亚太市场，他的专业正是急需的。"你们怎么因为这点儿小事，把我这么适合的人才都放过了？""先生，这怎么会是小事呢？第一次逃票，你说是因为你不熟悉这个系统，我们相信你了；接着你又逃票两次。"这个学生就说："因为我刚好没带零钱。"这位主管说："先生，你在怀疑我的智商吗？在你被检查到后面两次逃票以前，你已经不知道逃了多少次票了。"

接着这个学生也忍不住了，他说："好，我承认我逃票三次，那我改不就行了吗？干嘛要这么计较呢？"那位主管说："这件事情可以证明两件事：第一件事，就是你很习惯找到游戏规则里面的漏洞，然后去谋你的私利；第二件事，证明你不值得信任。所以你不只在我们公司找不到工作，我跟你保证，你在整个欧盟的领土里面，都找不到工作。"

福田靠心耕啊，他这样不顺从德行做事，已经把他的人生福分一点一滴折损掉了。而且日久见人心啊，你不诚实、不守信能够藏多久呢？真正有智慧的领导一眼就会把你看穿，哪是躲得了的！更重要的是，这种不守信、不诚实损坏了全中国人的名誉。所以热爱祖国要从爱惜环境、诚实，从时时当好榜样开始做起。有了这一份存心，我们的心才能系着中国、系着天下，这一念都将培植人生莫大的福分。当我们有这一份心，往后相助的贵人会越来越多。人生的福分是靠自己的心感召来的。所以我们希望后代幸福，就要拥有一个非常健康的人格、正确的处世心境，心境是幸不幸福的关键所在。

诚信待人，不但不骗大人，而且不哄骗孩子。比如"曾子杀彘"，曾子的太太哄孩子随口答应的事，曾子都要信守承诺。《后汉书》中有一个典故，叫"郭伋亭候"。东汉的郭伋，是茂陵（今陕西兴平）人，到并州（今山西省）做刺史，对待百姓们素来广结恩德，言出必行。有一次，他准备到管辖的西河郡（今山西离石）去巡视。有一群小孩，每人骑了一根竹竿做的"马"，在道路上迎着郭伋，拜见他，然后走的时候就欢送他，问他什么日子才能再回来。郭伋就计算了一下，把回来的日子告诉了他们。结果郭伋巡视得很顺利，比告诉孩子们的日子早回来了一天。郭伋恐怕失了信，就在离城里还有一段距离的野亭里住了一晚，第二天才进城。当天，那些孩子都在路上欢迎郭伋的归来。光武帝刘秀称赞他是个贤良守信的太守，后来郭伋活到了86岁的高龄。他做到了童叟无欺，信之至极！

还有的信用根本无须语言，就像"季札挂剑"一样，周代的季札，他是吴国国君的公子。有一次，季札出使鲁国时经过徐国，就去拜会徐君。徐君一见到季札，就为他的气质涵养所打动，内心感到非常的亲切。徐君正默视着季札端庄得体的仪容与着装，突然间啊，被他腰间的一把祥光闪动的佩剑深深地吸引住了。在古时候，佩剑是一种装饰，也代表着一种礼仪，无论是士臣还是将相，身上通常都会佩戴一把宝剑。

季札的这把剑不一般，铸造得很有气魄，它的构思精巧、造型温厚，几颗宝石镶嵌其中，华丽而又不失庄重。只有像延陵季子这般气质的人，才配得上这把剑。结果徐君虽然喜欢在心里，却不好意思表达出来，只是目光奕奕，不住地朝它观望。季札看在眼里，内心暗暗地想道："等我办完事情之后，回来一定要将这把佩剑送给徐君。"为了完成出使的使命，季札暂时还无法将剑赠送给他。怎料世事无常，等到季札出使返回的时候，徐君已经过世了。

季札来到徐君的墓旁，内心有说不出的悲戚与感伤。他望着苍凉的天空，把那把长长的剑挂在了树上，心中默默地祷告着："您虽然已经走了，但我内心那份曾有的许诺却常在。希望您的在天之灵，向着这棵树遥遥而望之时，还会记得我佩着这把长长的剑，赠送你，向您道别的那个时候。"他就默默地对着墓碑躬身而拜，然后返身离去。

季札的随从就非常疑惑地问他说："徐君已经过世了，您将这把宝剑悬在这里，又有什么用呢？"季子说："虽然他已经走了，但我的内心曾经对他有过承诺。徐君非常喜欢这把剑，我心里想，回来之后，一定要将这把剑送给他。君子讲求的是诚信与道义，怎么能够因为他的过世，而背弃为人应有的信与义呢，违弃自己的初衷呢？"

你看，自古以来，圣贤一再地教诲我们，高迈的志节往往表现于内心之中。就像季札，他并没有因为徐君的过世，而违背做人应有的诚信，即使他的允诺只是生发于内心之中。这种"信"到极处的行为，令后人无比地崇敬与感动，影响了世世代代的炎黄子孙。

另外，在《德育课本》当中，也有提到读书人朱晖跟张堪的典故，叫"情同朱张"。朱晖和张堪到太学读书，本来两个人不认识，结果他们是同一个县的老乡，所以无形当中觉得特别亲切。进入太学以后，朱晖学习非常用功，取得了很大的进步，他不仅学识渊博，而且为人正直，诚实守信，所以甚得众人赏识。那个时候，张堪也已经是国家的重臣，而且他的政绩很不错，世人很肯定这个张堪对国家的贡献。张堪很欣赏朱晖的学识与为人，再加上同乡关系，就有意提拔朱晖，可他却婉言拒绝了。这样一来，张堪更觉得朱晖是个可以信赖的人。

有一天，张堪就拉着朱晖的手，很信任地跟他讲："仁兄，如果哪天我去世了，我希望把我的妻儿托付给你。"他们以前并没有交情，可能这个张堪观察了朱晖一段时间，觉得他是正人君子，所以就把这个知心话跟他讲了。当时朱晖没有应答，因为他觉得张堪有德行，政绩又很好，怎么还需要我照顾他的家人？所以，就没有搭腔。

离开太学之后，两个人就没有再见面了，因为本来以前就不认识。结果，过一段时间之后，张堪真的去世了。张堪为人为官，清正廉洁，家中少积蓄，妻儿生活非常拮据困难。朱晖听到这个消息，就赶到他们家去了解他妻儿的状况，确实很贫困，就赶紧帮助他们。

这时候朱晖的儿子就觉得很纳闷："父亲，您跟这位张大人有什么交情，怎么会突然这么关心他家里的事情呢？"朱晖讲："张堪曾经对我讲过知己的话，他当时之所以把家人托付给我，是因为他信得过我，我又怎能辜负这份信任呢？况且当时我嘴上虽然不置可否，心中却已答应。当时张堪身居高位，自然不需要我的帮助。而如今他不在了，其家人生活困窘，我又怎能袖手旁观？"

朱晖在家乡是一个扶贫济困非常有爱心的人，南阳太守很仰慕朱晖的为人，为了褒扬朱晖便想请朱晖的儿子去做官。可是朱晖却想把这个当官的位置让给张堪的儿子，于是去找南阳太守说："谢谢你的好意，犬子才疏学浅，不适合为官。我倒想向你推荐一人，是我故人张堪的儿子，他学习刻苦，非常守礼仪，是个可造之才，我愿意把故友的儿子推荐给你，让他去当官，为民众服务。"

后来张堪的儿子果然没有辜负朱晖对他的信任，廉洁奉公，勤奋踏实，为人民做了很多好事。朱晖后来做了高官，却从来不炫耀自己。他私下常常告诫儿子说："你不一定要学我如何做官，但务必要学我如何做人。"

所以，我们看古人那个心可贵在哪里？他时刻不愿意违背自己的这颗心。在《德育课本》这套书里面，有几百则这样的典故，古人值得我们学习的往往都是那一种心境和一个行为。

后来，朱晖到临淮当官有很好的政绩，人民还写了歌曲赞叹他，后来官做到尚书仆射，也就是丞相。他的儿子朱颉修学儒家著作，汉安帝时官至陈相。他的孙子朱穆官至尚书，他的重孙朱野，年少就有名节，官至河南尹。

一来他信守内心的诺言，二来他矜孤恤寡，三来他利国利民，所以积累的阴德很厚，积善之家必有余庆，子孙后代都被祖德庇荫，也能传承优良的家风、家学和家教。

除此之外，守信用、不说谎还跟我们的健康息息相关，美国有项研究发现：说真话会让人们的身体变得健康。真诚、老实是促进健康的关键。这是真的吗？是千真万确的，而且是被科学证实的！美国圣母大学心理学教授阿尼达·凯利（Anita E. Kelly）主持了这项名为"诚实科学"的研究。说起来这项研究非常容易和简单。首先，找来72个成年人，研究人员随机把他们分为两组："诚实组"与"对照组"。并且记录下来目前他们身体所有的病症和不舒服感觉。

"对照组"的36人，研究人员不给任何指令，只告诉他们接下去的五个星期里他们正参与一项不知名的研究。而对"诚实组"，研究人员给予特别的规定："往后五个星期里，每天都必须老实、真实、真诚地说话——不仅大事如此，连为何迟到这种小事也不例外。除了幽默或者有意夸张之外，凡是在认真的场合中都必须说实话。虽然你也可以选择不回答，但只要话一出口，就得是真话。"在这期间，两组都要定期回到实验室来做测谎以及身体检验，研究人员详细记录下他们身体出现的病症。

到了最后一个星期，凯利教授表示实验结果真令人感到不可思议："诚实组"的 36 人，试验前和试验后的健康情况差别很大，很多初期检测出的病症，状况均减少。而"对照组"的身体状况没有改变，有的人的症状还增加了。两组的对比更是不可忽视的，五周后，"诚实组"比"对照组"的改变大很多，"诚实组"检测出的病症比对照组的少很多，尤其是喉痛、头痛和恶心等症状差别更大，还有像抱怨、紧张等心理状态也相对减少。

阿尼达·凯利教授在她的博客里公开了对自己实验后的结果："从今年秋天，我一直遵循着说实话的原则。以往，我通常每天要睡 8 小时，一个冬天会感冒 5 次至 7 次；而现在只要睡 3 小时，并且没生过病。""说实话"成了灵丹妙药，太令人不可思议了。其实也没有什么不可思议的：以测谎仪为例就可以说明为何"说实话"会使人健康。

测谎仪：测谎机借着量度和记录血压、脉搏、呼吸和皮肤导电反应（Galvanic skin response）等由交感神经引起的生理反应，来判断正在回答问题的受测者是否说谎。由于此类生理反应是不由自主产生的，说谎而引起此类生理反应的变化被认为能透露出受测者是否说谎。也就是说，说谎会发生生理变化，高血压病人谎说大了，被发现时血压可能会骤升，当场昏厥或死亡。所以，要保持一个健康的身体就必须始终保持一个良好的心态，而这种心态的基础就是做一个诚实的人。

诚实是人类的正常生存状态，但是当社会越来越堕落时，人就会认为说实话的人是傻子。根据测谎专家罗伯特·斐德曼（Robert Feldman）的研究显示：现代人类在十分钟的交谈中很难不撒两次以上谎。凯利教授估计一般人每天撒谎 11 次。科学研究认为，正是这个因素使得人们在身心不断承受压力、免疫系统失调之下，影响了身体的健康。所以，做一个真诚的人，不但对整个社会有好处，而且自己首先是最大的受益者。

我们论述了信的第一个方面：信用。下面我们来论述信的第二个方面：信任。在《孔子家语》里有一个著名的典故，叫"子贡打小报告"。孔老夫子带着他的学生走到了陈蔡之间，在那里饿了七天。子贡比较聪明，他就突破重围，去跟当地的居民要到了一些粮食。大家七天没吃饭，有了粮食要赶快煮成粥，让大家先缓解饥饿。请谁去煮粥呢？因为怕别人偷吃，于是就请最有德行的去煮。最有德行的是谁呢？当然是颜回了，所以大家就请颜回去煮粥。

在煮粥的时候啊，因为水汽上去了，房子的泥土湿润以后，"嘭"就掉下来了一块儿。说时迟那时快，颜回拿着勺子"唰"的一下就把它舀起来了，不然这一锅粥就毁掉了。颜回就想：这粥可是来之不易啊，丢了太可惜了，可是如果把混泥土的粥给师兄弟们吃，又委屈了别人。于是他自己就把这勺粥给喝了。结果就在喝下去的那一刻，被子贡看到了："好啊，颜回，关键时刻你居然先下手为强。"

你看，我们肉眼所见的是不是真相呢？不见得啊。你看到一个人给他的朋友"啪"一巴掌，他对还是不对呢？不一定。你假如只看到他给他一巴掌，然后就说：他可没修养了，还打人。可是很有可能他那一巴掌是出于道义啊，可能把对方给打醒了，可是你却误解了他。所以《弟子规》说"见未真，勿轻言"，而怎样才算看到了真相呢？你看到他的心地了才是根本，不然就不要轻易怀疑别人。

然后子贡就去找孔老夫子了，跟夫子说："夫子啊，那些仁人廉士，那些有道德的人，遇到境界会不会改变他的气节呢？"孔老夫子说："不会。"子贡接着问第二个问题："那颜回是不是仁人志士呢？"夫子说："我观察很久了，他是。"子贡说："夫子，我看到他偷喝粥。"你看，子贡参了颜回一本。孔夫子然后就把颜回请过来了。颜回走进来的时候，夫子会怎么说呢？夫子会不会说："颜回你有没有偷喝粥？你有没有给我丢脸啊？"这么问的话，颜回一定不加以辩解。纵使他被误解了，他都不解释，他不愿意让自己的师兄弟难受，所以这么问话可能问不出真相。

孔老夫子很了解自己的学生。夫子说："颜回啊，我昨天梦到我的祖宗了，我想一定是祖宗要来帮助我们了，所以我想先拿这个粥去祭祀我的祖宗，然后我们再来吃。"夫子很清楚，颜回非常尊重祖宗，只要这个粥喝过了，就不可能再拿去祭祀祖宗，不管他是什么原因喝的。这么一问就问出真相了。颜回马上很紧张地回答："夫子啊，不能祭祖了，我喝过了。因为有土从屋顶掉下来了，我不把它弄起来不行啊，又怕浪费，我就把它给喝了。"这个时候孔老夫子点了点头："嗯，好了，那就不用了。"

接下来，夫子能不能走到子贡的面前，说："你看，这都是你干的好事，还打小报告？"那子贡一定会很难受。我们从这个应对当中，能真正体会到孔老夫子的"温、良、恭、俭、让"，言语非常柔和。问出真相了，他也没去看子贡。能不能走到子贡面前瞪他两眼？这样也不好，会让他难受。夫子就这样走了，没说什么。其他的师兄弟也很有修养，也跟着走了，最后只剩下子贡一个人，站在那里不知所措，反省自己。

这段典故给我们什么启示呢？你看这么亲的师兄弟，相处了这么多年，都还容易怀疑呀。所以，当亲朋好友怀疑我们了，要不要难过？身边的人怀疑我们，要放得下，别难过了。孔老夫子在《论语》第一句话就告诉我们"人不知而不愠"，人家不了解我们，甚至误解我们，我们都不难受、我们都能包容，这个是君子的心境，"不亦君子乎"。所以在这个典故里，孔老夫子是我们的榜样，我们要学习他，言语的柔和、言语的练达；子贡是我们反省的对象，我们要懂得不轻易怀疑自己的亲朋好友；颜回他那一份对祖宗的恭敬也是我们要学习的。所以会学习的话，一个故事就能学到方方面面的处世待人的心境。

《战国策》当中也有类似的典故，叫"曾参杀人"。从前，曾子住在费邑，鲁国有个与曾子同名同姓的人杀了人，有人告诉曾参的母亲说："曾参杀人了。"其母正在织布，听到这话仍然神情自若，马上就斩钉截铁地说："不可能的，我儿子不可能杀人。"然后继续做她的织布。不一会儿，又有一个人告诉他的母亲："曾参真的杀人了。"他母亲说："不可能，我儿子不可能杀人。"这次说得不像第一次那么坚定了，但是仍然织布不停。又过了一会儿，又有一个人告诉他母亲："曾参杀人了，曾参真的杀人了！"这时候，他母亲就扔下织布的梭子，离开织布机，翻墙逃走了。

凭着曾参的贤德与他母亲对他的了解，有三个人怀疑他，还使他母亲真的害怕他真的杀了人。"二十四孝"里的"啮指痛心"就是讲的曾子和母亲的感应，所谓母子连心。如此，都很难在多人的传言下，再信任自己的儿子，何况我们在生活中呢？

从这三个传话人的角度讲，说话要负责任，不确定的话不可以乱传，不要轻信谣言，更不要以讹传讹。《弟子规》讲："见未真，勿轻言。知未的，勿轻传。"要把事情搞清楚再说话，不能乱讲话。《弟子规》里面光是谈言语的修养，就快占三分之一，说话太重要了。

曾子的母亲也让我们省思，能不能在任何的状况下，对自己孩子的信任都不改变？能不能在任何的状况下，对我们另一半的信心都不会改变？对我们的父母、亲朋好友，都不会怀疑？这个很重要。因为很多家庭，就是听信谗言才出现麻烦的，家庭、企业甚至国家的很多危机就是信任危机。

从曾子的角度看，我们不能去要求别人来相信自己。我们的行为能否让我们的父母，面对任何的谣言，都不会担心、怀疑我们？能不能让我们的另一半，不管面对任何境界，都觉得"我先生我信得过，他不是这种人""我太太不会这么做的"？我们有没有做出这么值得我们亲人、朋友相信的德行和行为来？这是我们要努力的。

假如我们真做到了，人家依然不信任我们，我们难不难过？所以，孔子告诉我们，哪怕你做得再好，也有人批评和怀疑你。《论语》讲："人不知而不愠，不亦君子乎？"我们做这些事，都是我们应尽的本分，并不是要去求人家肯定的。既然没求人家肯定，人家怀疑，有什么好难过的？人家怀疑，我们会难过，还是我们好面子，有得失心。不是人家让我们难过的，是我们自己的这颗得失心让我们难过。

所以，君子的心境，就像《荀子》里讲的："君子耻不修，不耻见污；耻不信，不耻不见信；耻不能，不耻不见用。"以道德不修为耻，而不以被人污蔑为耻；以不讲信义为耻，而不以不被人信任为耻；以没有能力为耻，而不以没有得到任用为耻。《孟子》讲："君子所以异于人者，以其存心也。"君子跟一般的人不一样的地方，就是他的存心。

我曾经看过一则报道，一天，有一个刑警大队接到紧急任务要出警。由于案情重大，疑犯手中有枪，正好有一个记者当时在警队进行采访，于是跟着他们一起出警，好得到第一手的现场资料。因为情况紧急，刑警们便拿出了防弹衣，以防万一。可是全队有十几个人，而防弹衣只配备了五件。此时包括刑警队长在内的五名战士，一声不吭地就迅速地把防弹衣穿在了自己身上。记者看到这里，心里就觉得有些别扭，心想，这队长也太过分了，抢着穿防弹衣，那其他没防弹衣穿的人怎么办呢？

后来任务胜利完成，刑警队长和另外几个穿防弹衣的同事因为表现英勇，上级颁发二等功给他们。于是这位记者就跟队长开了个玩笑，说："你看，就因为你当时抢着穿防弹衣，不然啊，很可能就立一等功了。"队长听了之后，马上就明白了这个记者是在嘲笑他怕死，所以抢防弹衣来穿。但他也没有生气，而是很平静地对着记者说："我们防弹衣的数量有限，一接到危险性大的任务，出警人员多，防弹衣肯定是不够穿。您看我抢一件穿上了，要是不抢，就被别人抢走了。您不知道，在我们队，谁穿着防弹衣，谁就得冲在最前面，就得第一个面临危险甚至死亡，这是我队的一个不成文的规矩，所以我们都抢防弹衣。"

队长还没说完，这个记者就已经明白了，他感到非常羞愧，从而也认识到自己犯了"小人之心"的错误。这种错误虽然小，但是如果不小心犯了，就会影响我们与家人、朋友、同事的关系。遇到问题时，如果总是从自己的角度出发，不懂得换位思考，不能够将心比心，或者看到问题就起疑心，甚至不但不帮忙，还要去百般挑剔、无端指责，就很容易得罪身边的人，从而影响人际关系。为了避免这种情况的发生，我们应该认清现实情况，而不是不明就里地猜测，要把自己放在客观的事情中来，多沟通、多交流，全面客观地看待问题，而不要站在圈外去批评指责。

而且怀疑的心态也会影响人的身心健康，古代有一个非常有名的典故，叫"杯弓蛇影"，这个成语大家应该都知道。这是讲晋朝有个叫乐广的官员，他有个好朋友，平时闲来无事总去乐广家做客喝酒。然而有一段时间，这个朋友一直没有去乐广家。乐广就很奇怪，心想是不是有什么情况啊。由于担心，就亲自到朋友家去拜访。

到了朋友家，他发现这个朋友躺在床上，脸色难看。乐广这才明白，原来他是生病了，就询问朋友因何得病。开始的时候，这个朋友像有难言之隐一样，怎么也不肯说。乐广再三追问，他终于说出了实情。

原来他那天去乐广家喝酒，喝到正高兴的时候，忽然发现，杯子里面有条小蛇在游动，他当时非常害怕，根本不想再喝那杯酒了。但是乐广不停地劝酒，出于礼节，他又不好意思拒绝，于是就硬着头皮喝了下去。从那以后，他就一直觉得自己把一条蛇喝进肚子里了，而且那条蛇就好像还在肚子里面活着。他觉得自己中了剧毒，不久就要死掉了，于是心里越来越害怕，不吃不喝，身体越来越虚弱，最后一病不起，都十几天了。

乐广听了之后就觉得不可思议啊，杯子里面怎么会有蛇呢？但是朋友被吓成这样，还一病不起，明显是真的看到了啊！为了弄清真相，乐广回到家中，就在他们经常喝酒的房间里面走来走去，不停地思考，这是怎么回事儿呢？忽然间啊，他发现，墙上挂着一把弓，他立刻就若有所悟，好像明白了。于是他在喝酒的桌子上，而且是在朋友经常坐的位置上放了一个酒杯，倒上酒之后，便发现酒杯中出现了一个弯曲的影子，影子哪儿来的呢？正是墙上那把弓的影子，随着杯中的酒在晃动，就犹如一条小蛇在不停地游动。

为了治好朋友的心病，乐广再次邀请朋友来到家中，让他坐在以前坐的位置，然后在酒杯中倒上酒。刚倒满，朋友就离座而起，大叫一声：蛇，蛇，又有一条蛇！乐广哈哈大笑，把墙上挂着的弓指给朋友看。朋友看了看弓，又看了看酒杯中的影子，恍然大悟，原来不过是自己虚惊一场，于是心情释然，病也自然消除。所以贪嗔痴慢疑，这是五毒啊！怀疑是一种毒啊，伤害身体，也伤害人与人的信任，人与人的交往。

所以，很多事情都是我们自己想出来的，是我们的心理问题，产生了怀疑，失去了对家人、朋友和社会的基本信任。就像《列子·说符》里的一个典故，叫"邻人疑斧"。有一个人遗失了一把斧头，怀疑是邻居的小孩偷走的。于是观察这个小孩，不论是神态举止，还是言语动作，怎么看都觉得像偷斧头的人。隔了不久，他在后山掘地找到了自己的斧头。回去之后再观察邻居小孩，动作神态怎么看也不像是偷斧头的人了。变的不是邻居的儿子，而是自己的心态。

我们今天学习经典，学习古今中外的圣贤君子，看到这些典故，有没有边学边增加很多自己的想法？"这个不可能啦，那个做不到啦，真的假的。"很多自己的念头都加进去了。我们今天学习《了凡四训》，学习《论语》，加了自己很多的念头进去，请问我们这是跟谁学？这是跟自己学了，不是跟圣贤人学，也不是跟老师学了，所以我们对经典、对文化、对自己都要升起信心来，不要怀疑古人的行持，也不要怀疑自己的能量。现在人学历高了，但是读的圣贤书却少了，有些人有学历但缺乏真正的学问，怀疑心特别重。

我们稍微学点道德的人，都不愿意欺骗别人，更何况是圣人呢？而且那都是史官记下来的，以前的史官真有气节。在《左传》和《史记》中都记载了同一个典故，叫"崔杼弑君"。讲的是齐国的重臣崔杼杀害齐庄公后，对太史说："你就写齐庄公得疟疾死了。"但太史坚持如实记录："夏五月乙亥，崔杼弑其君光。"恼羞成怒的崔杼就把这位太史杀了。

太史死后，其弟继承史官的职位，同样拒绝听从崔杼的命令，坚持在竹简上写："崔杼弑其君光。"又杀害两名史官后，史官的小弟仍旧不肯篡改史册，还是执意如实写："崔杼弑其君光"，崔杼在万不得已的情况下才放过了他。南史氏听说太史一家都快被杀光了，手持竹简前去齐国，听到崔杼弑君被如实记录下来后才肯回去。这是我们的祖先，他们对后世有交代，不敢记虚的、假的东西。他们不怕死，就怕欺骗后世，即使他们死了还有人等着写。

我们非常感佩，经史子集的传承真的太不可思议了，为什么我们读了以后获益匪浅，就是因为其中有真实的智慧和能量。假如，我们动一念怀疑和诽谤祖先的心，那是造孽呀！不只造孽，这些学问我们就学不进去了。边读《论语》边说："这是真的吗？"那你还读得进去？"一分诚敬得一分利益，十分诚敬得十分利益。"

《孔子家语》讲："君子以其所不能畏人，小人以其所不能不信人。"有修养的君子看到圣贤的榜样，他做不到，他敬畏、佩服人家，不会怀疑。而小人看到圣贤人的榜样，他自己做不到，"那个是神话，假的啦"，怀疑别人、怀疑圣贤、怀疑祖先，这都偏离性德了。

04　福田心耕：停止报怨，才能终止痛苦

"余进曰：'孟子言：求则得之，是求在我者也。道德仁义，可以力求；功名富贵，如何求得？'"了凡先生的疑惑还在，他说："孟子说求得到的东西，是因为我所求的是我本来有的。道德仁义是我本性本善里面具足的，可以力求。可以依教奉行，恢复自己的性德，这是求得到的。可是功名富贵如何求得呢？"

大家注意，"求则得之，是求在我者也"，这是孟子讲的，这句话没错。下面这一句是了凡先生自己想的，自己想的又没找明白人确认，然后耽误了自己多久？二十年。

所以，《弟子规》讲："心有疑，随札记，就人问，求确义。"这种求学态度很重要！我们看《论语·八佾》篇记载孔老夫子："入太庙，每事问。"很重要的思想观念和解决方法不搞清楚，有可能会耽误自己几十年甚至一生的时光。

我们在前一章讲过，孟子说："仁义忠信，乐善不倦，此天爵也。"一个人处世待人行仁义之道，尽忠职守，尽心尽力，诚实守信。只要自己能出一分力，毫无保留地去帮助别人，"乐善不倦"，上天都会降福、降爵位给他。

所以，功名富贵可不可以求得？可以，这是孟子讲的。不但孟子这样讲，我们读其他经典也是，比如，《中庸》说："大德必得其位，必得其禄，必得其名，必得其寿。"你内有真的德行，外就有五福临门的感应。

"云谷曰：孟子之言不错，汝自错解耳"。孟子并没有讲错，你自己理解错了。"汝不见六祖说：'一切福田，不离方寸；从心而觅，感无不通。'"以前读书人对佛家的两本书都很熟悉，一本叫《金刚经》，一本叫《六祖坛经》，所以云谷禅师在这里举六祖的一句话给了凡先生听。

"一切福田，不离方寸"，一个人的福报离不开方寸，就是我们的这一颗心，这就是我们讲的"福田心耕"。有一副对联是这么说的："善为玉宝一生用，心作良田百世耕"。所以福还是自己的真心耕耘出来的。

福田大致分为三种：恩田、敬田和悲田。"恩田"，就是懂得感恩的人有福报，恩情包括父母恩、祖宗恩、老师恩和国家恩，等等；"敬田"，就是恭敬圣贤君子、恭敬老师长者、恭敬经典文化，包括恭敬一切人、事、物和环境，这是"敬田"；"悲田"，慈悲为怀，爱护他人，量大福大。福田大致分为这三种，而且"从心而觅，感无不通"，用真心去耕耘、去追求福报，一定求得到。这个心是真心，要用感恩的心、恭敬的心、慈悲付出的心才能求得到。

我们先看"恩田"。有一首歌写得很好，是由著名军旅歌唱家陶红老师演唱。这首歌叫《感恩词》，歌词是："感恩天地滋养万物，感恩国家培养护佑，感恩父母养育之恩，感恩老师辛勤教导，感恩同学关心帮助，感恩农夫辛勤劳作，感恩食物滋养我身，感恩大众信任支持。"

我们在生活中，往往忘记了这些需要感恩的人，我们也很少能静下心来学习经典，用心体会我们的生活得来的不容易，所以，往往过着"忙、盲、茫"日子，忙碌、盲目又茫然。其实，改变命运，增加人生的福分并不难，比如，有一颗感恩的心，这并不需要我们去花很多钱、很多时间、很大力气，只是内心和行为的转变，人生就会大不相同。

在佛经里有一个著名的典故，叫"七个儿子和一根拐杖"，这是讲在释迦牟尼佛住世的时代，佛陀曾经以一根拐杖让一位老人的七个儿子和七个媳妇了解到什么是孝道和感恩，也让世人看到了感恩产生的巨大能量。有一天，佛陀出去托钵时，在路上碰到一位很年迈的婆罗门教徒，他的背已经驼了，挂着一根拐杖，还捧着一个碗，走起路来很吃力。他弯着腰弓着背，拐杖向前撑一步，他才能走一步。

佛陀看在眼里，怜悯在心，加紧脚步上前去扶着老人，问道："老人家，你走路那么不方便，为什么还要出来托钵，还要出来讨饭，难道没有孩子照顾你吗？"老人回答："有，我有七个儿子，但是都娶妻成家了，他们有妻子要照顾，有孩子要养育，所以无法容纳我，把我赶了出来。"说话时，老人抬头一看，认出是佛陀，赶紧跪下说："佛陀，您救救我！我到底用什么道理，才能感化教育我的儿子？"

佛陀很慈祥地说："道理要用心听，才能启发他的良心。"老人说："那要启发教育我的儿子就难了。因为现在在他们心中，只有自己的妻儿，没有多余的时间听道理。他们总是想要教育别人，找别人的问题。"佛陀说："只要你用心，仍然可以。"

老人问："我要如何用心？"佛陀说："你什么都不要想，只要记得将你手中的拐杖用心拿好，走路时用心走稳。你要用最虔诚的心，去感恩这根拐杖。因为它帮助你走路，你要看到，你要知恩，这是第一条。第二条，若有恶狗跑来，你可以用拐杖赶走它，保护自己。涉水时可以用拐杖去探探深浅，以策安全。第三条，它助你走出一条平坦的路，不会因踢到石头而跌倒。这一切你都要用心感恩它。如果你的意念言语都很用心，就能感化你的儿子，因为感恩的能量是很大的。"

老人心想：这的确是真的，这个时候我还能靠谁？我只能依靠这根拐杖，这根拐杖给我的帮助最大，我应该感恩。从此老人拳拳服膺佛陀所说的话，不再抱怨儿子，不再找他人的麻烦和责任，而是一心一意地感恩，每一天都感念着拐杖的恩情。有时他脱口而出，边走路边念叨："感恩！感恩拐杖帮助我走路，感恩拐杖帮我探测水的深浅，感恩拐杖保护我的身体赶走恶狗。"

老人的七个儿子在平时的生活中，唯有妻子儿女是他们的最爱。有一天，他们听人说，城里有一位佛陀能够赐福给世人，若求佛赐福，人人都可得到最大的福报。这七个兄弟就相邀一起带着妻儿去求佛赐福。他们到达王舍城耆阇崛山时，佛陀正在为大众开示。那一天，老婆罗门也拿着拐杖、捧着碗出来祈祷，现在他所有的烦恼都去除了，一心只有感恩，所以边走还是边念着"感恩"，感恩他的拐杖。

有人路过，看到老人那么慈祥，又满口的"感恩"，于是问他："老人家，您的心那么知足感恩，您一定是位有福的人。"那个人接着说，"您可知道佛陀在王舍城耆阇崛山说法，您想不想去看看佛陀，让佛陀为您祝福？"老人听了满心欢喜，他说："非常感恩佛陀，佛陀曾在路途中对我开示，所以我现在过得很欢喜，心灵很自在，不知如何才能再见到佛陀，再闻佛陀的开示。"

这位过路的好心人就说："我正要去礼佛闻法，我们可以一起去。"老人就随着好心的过路人去了耆阇崛山。那时佛陀已经开始说法了，老人从远处慢慢地走来，边走还是边念着"感恩，感恩拐杖帮助我"，一直走到佛陀前。佛陀看到他就说："你来了！看你这么欢喜，你到底如何感恩？你来这里再多念几次吧。"当时有很多人听闻佛法，老人不知他的儿子们也在场，他面露笑容，满面风光，一点没有烦恼地说："我很感恩这根拐杖，它伴我走路、伴我生活，帮助我渡过危险。渡水时，它让我知道深浅；有恶狗时，它还可以保护我，把狗赶走。所以我感恩手中的这根拐杖。"

佛陀听了很欢喜，用眼睛扫视着老人的七个儿子和七个媳妇。佛陀语重心长地说："对，人生最重要的就是要有感恩心。一根拐杖就可以帮助你生活，可以让你那么欢喜地过日子，所以你应该感恩。世间有很多人不如一根拐杖，不知孝敬父母，将来的因果，他们一样会受到儿子的折磨，还要堕入地狱，像这样的人生就是欠缺感恩心。若能孝养父母，才是有大福之人。"

七个儿子和七个媳妇看着自己的老父亲，又听到佛陀的说法，惭愧得无地自容。他们的良知即刻被启发，七个儿子同时站起来，媳妇也跟着一起来到佛陀的面前顶礼，感恩佛陀。然后他们转过身到老父亲身边，扶着他说："我们很惭愧、很忏悔，从今天开始要请父亲回家，一定要奉养您。"这时七个儿子都争着要迎请父亲回家孝敬。

这个故事很简单，但是其中的道理很深，那就是中国古人所说的"境随心转"。在老人不明白"自己之所以沦落为乞丐，是因为自己的福薄，而自己的福薄是因为自己的德行浅薄"这个道理之前，他把所有的责任都推给了自己的儿子，从外面寻找解决问题的答案，结果不仅没有解决问题，还过着怨天尤人的生活。当他经过佛陀启发，懂得感恩自己手中的拐杖时，通过这根拐杖，把他的感恩心引发出来了，结果，"福田心耕"，为自己培植了福分，最终也感化和挽救了七个儿子和儿媳，也可以说挽救了家运、家道和家风。

莎士比亚曾经说过："不懂感恩的子女，比毒蛇的利齿更能噬痛人心。"父母付出一切心血去呵护孩子，却养出一个不懂感恩的"白眼狼"，无疑是对父母最大的残忍。而想要养出一个懂得感恩的孩子，父母一定要学会给孩子创造回报父母的机会。

山东济南一个男孩从五岁就跟着父母去菜市场卖菜，九岁就能独立卖菜。十四岁时，他因一边看书一边卖菜上了微博热搜，他对记者说："帮父母卖菜，比旅游、打游戏更有意义。我想好好学习，考一个好大学，找一个好工作，不让父母再卖菜，不让他们太辛苦。"而男孩的妈妈在谈及为什么让男孩卖菜时也提道："想锻炼孩子的独立能力，也想让孩子知道父母的不易。"

曾有一个被验证过无数次的道理：得到的太容易，学不会珍惜。只有付出过，才会懂得珍惜。父母太宠爱孩子，孩子永远学不会疼爱父母。只有舍得用孩子，舍得让孩子从付出中体会父母的辛苦和不易，孩子才能从被需要的感觉中，从生活的艰辛中，学会珍惜与感恩。所以为人要知缘、惜缘、造缘，知福、惜福、造福，知恩、感恩、报恩。一切福田，不离我们的存心，有感恩的心，一定有美好的前途。

在我们国家，以及国外很多华人地区，有一首歌广为流传，叫《感恩的心》："我来自偶然，像一颗尘土，有谁看出我的脆弱？我来自何方？我情归何处？谁在下一刻呼唤我？……"很多人应该都看过这支手语舞蹈，其实这支手语舞蹈来自一个真实的故事，是由一个聋哑女孩创作出来的。

故事发生在台湾的一个小镇上，镇上有一个女人很可怜，她是个独身的女人，孤苦伶仃一个人，每天靠捡垃圾为生。

在一个风雨如晦的早晨，她也像往常一样去捡垃圾。当她把身子探进一个大垃圾桶的时候，她意外地从垃圾桶里面捡到一个襁褓，她打开襁褓发现，里面包着一个出生不久的女婴，哭得满脸都是泪，但是没有声音，只看到泪水。这个女人就带着对生命的珍爱，对生命的怜悯，把这个女婴抱回家抚养了。从此，这对母女就相依为命，开始了她们更为艰辛的生活。您想想，一个只靠捡垃圾为生的女人，怎么能够养活一个小孩子呢？但是她很有毅力。

随着日子一天天过去，这个母亲发现了一个问题，什么问题呢？不管多大的声音，这个小女孩都没有反应。母亲就明白过来，这孩子是一个聋哑人，她的亲生母亲之所以抛弃她，是因为她是一个聋哑人。妈妈的心再一次被刺痛了。但她是一个很坚强的人，她就更加地怜悯这个女孩子，并且下决心要把她养大，要培养她成才，所以继续抚养她，而且送她去特殊学校。

白天这个女孩子就克服常人难以想象的困难，勤奋地学习，努力地用功。她在每天太阳落山的时候，放学了就站在自己家门口看着回家的小路，等她的母亲回家。每一天黄昏她的妈妈回家的时候，都是她一天当中最快乐的时刻，因为她的妈妈每一天都会给她带回来一块年糕。在这样贫困的家里面，年糕对这个小女孩来说就已经是佳肴美味了。

日子就这样一年一年过去，过了将近二十年。一个特大的喜讯传来了，这个女孩子收到了大学的录取通知书。她在第一时间告诉了二十年来含辛茹苦把自己养育大的妈妈，她的母亲听到这个喜讯老泪纵横，泣不成声。

过了很久，这个母亲好像突然想起什么，她走到衣柜前面，颤抖着从衣柜里拿出一个襁褓。那就是小女孩被遗弃的时候包她的小被子，这是小女孩被遗弃的证明。母亲在女儿已经考上大学，这么一个特殊的日子里，用手语告诉女儿。因为她听不到，只能看得到，所以母亲也学会了手语，她用手语一五一十地把这个女孩子的身世告诉她。对这个女孩子的心理冲击当然可以想象，女孩大吃一惊，她从来没有想到，她的养母会花这么大的力气把她养大，一直还以为是她的亲生母亲。她猛地跪在地上扑在养母的怀里拼命地哭，虽然非常拼命地哭，但是发不出一点声音，只看到泪水。

第二天，这个母亲还是要出去捡垃圾，因为没有其他收入来源，而且这个女孩还要读书，也没有学费。女孩很无奈，用手语告诉母亲说，她今天会准备一桌非常丰盛的晚饭等母亲，希望母亲能够早一点回家，她要尽她的力量做一顿最好的晚餐，来感谢她的母亲二十年来对她的养育之恩。她的母亲含笑答应了，就出门了。当然这一天是这个小女孩过得最快乐，但同时也是最漫长的一天，她一直希望母亲能够早点回来。

看到太阳将要落山了，她就抓紧做好饭。哪里知道，到黄昏的时候突然狂风暴雨。她等来等去，没有看到她的母亲回来。等到很晚了，雨也越下越大，她想这么等下去也不是办法，所以就沿着路去找她的母亲。走出去没有多远就发现母亲倒在地上，像睡着了一样。但是她突然发现，母亲的眼睛是睁开的，没有闭上。再一看，她母亲的手里面还紧紧地抓着一块年糕。这个女孩就明白了，她的妈妈此时已经去世了。

这个女孩子拼命地哭，却发不出一点声音，大雨一直还在无情地下。这个女孩子在雷雨交加的晚上，不知道哭了多久。她的心里面已经非常明白了，她的妈妈再也不会回家，再也不会醒过来，这个家就只剩下她一个人了。这个女孩一边哭，一边帮母亲擦去脸上的雨水。她看到母亲的眼睛一直闭不上，心里突然就明白过来，她的妈妈其实是放不下她。她就想，怎样让母亲放心呢？她就用手语来告诉她的母亲，她一定会坚强地活下去，让她的母亲放心地走。

这个女孩子就跪在雨水当中，跪在她妈妈的面前，一遍又一遍地用手语来诉说这一首《感恩的心》，那就是我们看到的这支手语的舞蹈："我来自偶然，像一颗尘土，有谁看出我的脆弱？我来自何方？我情归何处？谁在下一刻呼唤我？天地虽宽，这条路却难走，我看遍这人间坎坷辛苦……感恩的心，感谢有你，伴我一生，让我有勇气做我自己。感恩的心，感谢命运，花开花落，我一样会珍惜。"这支手语舞蹈歌词就是这样的。

这个女孩子一直跪在雨水当中，泪水和雨水交织在一起，她一直不停地用手语来诉说，直到她妈妈的眼睛终于闭上。这个真实的故事其实是启发我们，要更加珍惜生命，要孝顺父母，要善待他人，要永存感恩的心。而且孝顺父母、感恩父母、疼爱父母，一刻也不能等啊。"树欲静而风不止，子欲养而亲不待。"我们不能把握父母一定可以活多大年纪，但是我们可以把握的是，我们孝顺他们多少年、孝顺到什么程度、孝顺得有多诚心诚意。

其实，人事环境总是在正反两方面来成就我们，对我们好的人我们要感恩，对我们不好的人我们也要感恩。因为，看似对我们不好的人，可能恰恰让我们完成了人生最需要的功课，成就了我们的心量和厚道，让我们收获得更多。莲花出淤泥而不染，不仅是莲花高洁的品质值得我们称道和学习。我们还要看到莲花出淤泥，但是莲花的根始终没有离开淤泥，也就是说莲花也离不开淤泥的滋养，有了淤泥莲花开得更美、更芬芳。所以，从古到今的古圣先贤，很多都是存出世心做入世事，不但感恩帮助自己的人，也感恩对手，甚至感恩小人、恶人和罪人。

> 感激斥责你的人，因为他助长了你的定慧！
> 感激绊倒你的人，因为他强化了你的能力！
> 感激遗弃你的人，因为他教导了你应自立！
> 感激鞭打你的人，因为他消除了你的业障！
> 感激欺骗你的人，因为他增进了你的见识！
> 感激伤害你的人，因为他磨炼了你的心志！
> 感激所有使你坚定成就的人！

"感激斥责你的人，因为他助长了你的定慧！"没有人斥责我们，我们觉得自己的修养很好，我们对谁都是满面春风，其实那是因为没有碰到对你无理取闹的人。当面对斥责，你还能对他微笑，对他有耐心、有爱心，才显示了一个人真正的修养。

"感激绊倒你的人，因为他强化了你的能力！"正是有人把我们绊倒了，我们又重新站起来的时候，我们的能力比以前就得到了更大的提升。

"感激遗弃你的人，因为他教导了你应自立！"正是因为有人把我们遗弃了，我们必须从小学会自尊、自爱、自强、自立。因为没有人依靠，我们就要靠自己的双手打拼天下。所以很多人，年轻的时候经历了磨难，最后能够有所成就。

"感激鞭打你的人，因为他消除了你的业障！"我们的业力很大，怎么样能消除？有人无故地诽谤、中伤、鞭打，我们能够坦然面对、妥善处理，这个业障就很容易消除。

"感激欺骗你的人，因为他增进了你的见识！"正是有人欺骗了我们，我们知道天下有好人、有善人，还有这样骗术高超的人，他增进了我们的见识。让我们总结经验教训，成长和老练起来。

"感激伤害你的人，因为他磨炼了你的心志！"正是因为有人伤害了我们，我们才磨炼了自己的心志。否则我们像温室里的花，禁不起任何的风吹雨打。

当有人伤害过我们，我们能够坦然面对，并且能够从伤害中恢复正常的时候，我们的心智也大大成熟，得到了磨炼。

这首诗写得很好，叫《生活在感恩的世界》，其实我们生活在感恩的世界里，生命才能进入良性循环，不然就是生活在抱怨和指责当中，无法解脱和自在。正如大文豪巴尔扎克所说："世界上的事情永远不是绝对的，结果完全因人而异。苦难对于天才是一块垫脚石，对于能干的人是一笔财富，但是对于弱者却是一个万丈深渊。"我们应该感激所有对我们有帮助的人，正反两方面的帮助我们都要感激。

所以，事事是好事，人人是好人，时时是好时，日日是好日，就看我们如何去面对这些境界。这个物质环境和人际关系本身没有绝对的好坏之分，好坏之分在哪儿？都是在于我们的心，都是我们的心分别和执着产生的。明白这个道理的话，确实能够达到事事是好事的境界，这是感恩的最高境界，这样的"恩田"功德最大、最殊胜。

佛门有一则典故，叫《慈猴救人》。在无量劫以前，有一只猴子在深山里修行，它心地仁慈，会主动去爱护山林中的一切动物。有一天，它在树上摘水果时，听到有人求救。它就循着声音，不断寻找，发现有个人掉下了山崖，但是要去救这个人，非常不容易，因为这是个很深的断崖山谷。

猴子心想：哪怕是断送自己的生命能够救这个人，我也愿意。所以它想尽办法，攀着树枝草木，甚至是石头峭壁，从上而下地来救人。看到这个人受了伤，它就说："来，趴在我的背上，我背你上去！"

山壁是断崖，石头也非常粗糙，光是攀爬已经很辛苦了，何况又背了一个人。实在是险象环生，猴子好几次险些掉下山去。它咬着牙，费了九牛二虎之力，终于爬上了山顶。它将救的那个人安放在平地上。自己却精疲力竭，站都站不稳，一边大口喘着粗气，一边对这个人说："现在你安全了，你走吧！"然后，它就在树下睡着了。

这个人很感恩，但是自己也很累，又很饿。看到这只猴子在睡觉，他就想：动物生来就是给人吃的，我如果吃了这只猴子，用它的肉来充饥，我岂不就有力气了。打定主意后，他拿起一块石头，朝着猴子的头砸过去，熟睡中的猴子头部被砸中，鲜血直流。它赶紧爬到树上，居高临下看着这个人。

它哭了，它觉得人类的心，怎么会这么凶恶残忍。然后，转念又心想：我的力气虽然能救他的生命，但是我的德还不能感化他的慧命，我要赶紧再修行，等到德行力量俱全，将来我还是要度化他。所以，慈猴不但不怨恨那个人，还感恩他提醒自己修行的功夫。并且还摘树上的果子为他充饥，这就是清净的心念，而这只猴子就是久远劫后的释迦牟尼佛。

我们再看"敬田"。在行销界有一位销售高手叫乔·吉拉德，他是吉尼斯世界纪录大全认可的世界上最成功的推销员，从1963年至1978年总共推销出13001辆雪佛兰汽车。乔·吉拉德是世界上公认的最伟大的销售员，连续12年荣登吉尼斯世界纪录大全世界销售第一的宝座，他所保持的世界汽车销售纪录：连续12年平均每天销售6辆车，无人能破。

有一次，他在家里睡觉，突然惊醒，跑到镜子前开始穿西装打领带，穿戴整齐，然后恭恭敬敬拿起电话，打给他的客户。跟客户谈完话后，放下电话解开领带，脱下西装，又钻到被窝里睡觉。他太太看了说："你疯了吗，打个电话还要特意穿这么正式？"乔·吉拉德跟他太太说："客户虽然没有看到我的样子，但如果我穿得很随便，我在言谈中也会很随便，客户可以感受到。而我穿上笔挺的西装，表示内心对客户非常尊重，他一定可以在电话那头感受到我对他的恭敬心。"

确实，衣着能影响一个人的心理状态。他这个习惯养成了，每当他去面对客户的时候，绝对都是恭恭敬敬，因为连客户看不到的地方，他都是一样恭敬，这叫作表里一致。这样的人才能用，用人唯德，不能只看才华，要用德才兼备之人。所以我们应该知道一个事实，在注意衣着的前提下，应该时时刻刻注意自己德行的提高。包括乔·吉拉德能够成为最伟大的销售专家，就是因为他们有一颗至诚恭敬之心，这种至诚恭敬之心从哪来的，都是自己德行的显露。所以只有德行才是福田的根本。

所以，一个人有没有前途，一定要看这个人有没有恭敬心。在《论语》中，孔老夫子对他的弟子曾经说："君子敬而无失。与人恭而有礼，四海之内皆兄弟也。"四海之内皆兄弟是一个结果，原因在哪里呢？原因也很简单，那就是一个君子对每一个人都很恭敬，为人处世能看到对方的需要，而且还彬彬有礼，所以他走到哪里，都是他的兄弟姐妹。

其实通过一个人所做的事，就可以看出一个人的恭敬心。只要细心观察，任何一件事都可以体现出一个人做事的态度。比如，《弟子规》上说："字不敬，心先病。"当自己心不恭敬时，你看看自己所写的字，非常潦草，别人都认不清楚，甚至自己都认不清。我的老师说，以前有个朋友送给她一个清代状元的考卷的复制品，我的恩师打开这个考卷看了一下，非常感叹。为什么？因为这个状元所写的考卷一笔一画，全是小楷字，没有丝毫的潦草。乍看起来，就像现在的字帖一样，像印刷的字体一样，大小匀称，笔画都非常清楚。

我们知道，在以前考功名，字不工整，不可能被选中的。看了这个考卷的复制品，我们突然意识到现在人的心浮气躁已经达到了怎样的程度。我以前给一位领导做秘书，我经常看到他自己一个人，静静地用楷书，一个字一个字地抄写《心经》，每当看到的时候，我都肃然起敬，而且我现在有时候也这样做。所以，一个有恭敬心的人，不但会让人肃然起敬，也会带动良好的风气。

再比如，不要轻易开玩笑，要恭敬对待每一个人。有这样一个真实的案例：在课间休息的时候，一个同学在他的同桌要坐下的时候，把椅子挪开了，结果这个同学坐在地上，脊椎摔断，终身瘫痪。一个玩笑导致这样的后果，双方家庭都抱憾终身！受伤的同学将在床上躺一辈子，很苦。他的父母就更苦，孩子养了这么大，突然变成残废，父母比他还难受，还要伺候他，每天看到他都要偷偷地流泪。

我们仔细想一想，关心你的人往往何止父母双亲，所以一个人的过失，有时会给多少人带来痛苦！造成大错无法弥补，而开玩笑同学的家庭也要承担沉重的经济负担和良心的谴责。所以，任何对人身安全有损害和危害到社会的不良行为，我们是绝对不能做的，见到时也要极力劝阻。不然，没有恭谨的态度，一个玩笑，遗憾终身。

再比如，我们平时对身边人的态度，尤其是对长辈，年纪大的、学问高的、有德行的，等等。在古代，有一个读书人，他的学问很好，可是怎么考都考不上功名，后来遇到一个高人提醒他："你虽然学问很好，但是你的福报折得很厉害。"所以人能考得上功名，除了学问好，他还要命中有这个福报才行，就像了凡先生很有才华，总也考不上功名，后来改过迁善，考了多次，终于考上了进士。结果这个高人就提醒他："因为你年少的时候不高兴，狠狠地瞪了你父亲一眼，这对你人生折了大福。"

这是对父亲起了个嗔恨的念头，他的功名就被折掉了，所以这个念头，它那个能量是很厉害的。看到这里我真的很惭愧，从小到大对父母何止是一次的不恭敬，又何止是瞪眼这么简单，所以我在小时候经常考前三名，后来叛逆得很，中学成绩很差，高考数学才考了20分，英语才考60分左右。很有幸在大学时代遇到了几位恩师大德，开始学习《了凡四训》，才一步一步改造了命运，考上了中国艺术研究院，这是全国最好的艺术类院校之一，而且入校和出校成绩都是第一名，这是我在大学时代不敢想象的。所以，大家不要小瞧这种念头，善念恶念的力量是很大的，佛家讲："一念动三千"，你的一个念头每生起，虽然还没做，已经影响了三千大千世界了。

我们之所以人生遇到坎坷，就是因为意恶比较多，别人看不出什么，觉得我们好像也没做啥不好的事情吧，但是，我们自己静下心来想一想，我们心里想的是什么，是善是恶骗不了天地和良心，这正是我们的人生，有本书叫《心态即命运》讲的就是这个道理。

明白这些道理了，我们的敬畏心就可以生起来，就不敢有恶念了，叫"克念作圣"，克制自己的恶念，念念都是正念，就能切入圣贤的境界，人生的福报就会具足。在《论语》中，子夏说："贤贤易色。"越是帅气的男子和漂亮的女子，越要保持正念，不然很多喜欢你的人会因你的不良观念和嗜好而走向不善和不幸，有时候你并不知道你无形中消散了多少福报，这也是"红颜多薄命"的重要原因。

《德育古鉴》里有记载：明代有位读书人叫顾态，这是一位孝子。他的父亲娶了一个妾，后母生了两个弟弟，他不但不会嫉妒两个弟弟过得比他好，而且尽心尽力去爱护他们。他出去教书，束修是礼节，是师道的表现，是恭敬老师的意思。每一次拿到束修，一定给他的父亲，在古时候，学生家长给老师的供养叫束修。

庚子年春天，他到张家教书，这户人家知道他很有孝行，一次就把一年的修金给他了。对他说："我今天给你的银两，你父亲不知道，刚好我们这里有田地要卖，你可以拿着这些银两买地，等到秋天，你再拿租金，又可以多得一些钱，一年以后再把这个钱拿给你父亲就好了。"这家在帮他出主意。结果顾态说："我怎么可以为了多收几石米而改变了我对父亲那一份恭敬的存心呢？"他只要有钱了，绝不私藏，赶紧交给他的父亲。所以，古代人都是时时守住这一颗心：我要对得起我的良心，不能做出让良心不安的事，不然我这一生都会很难过。我这样做就好像在心理上不尊敬父亲，欺瞒他了。最后他还是拿着钱去献给他的父亲了，没有去买地。

顾态的孝行品德也为儿女树立了最佳的榜样，顾态的儿子顾际明，少年聪颖，才华早露。万历十七年（1589）中进士，选庶吉士，也就是翰林大学士，历任云南道监察御史、河南道监察御史、太仆寺少卿等职。为官期间，清正廉洁，刚正不阿，成为朝野称赞的一代廉吏。辞官归田后购置义田，救助贫民，为罗星台关帝庙捐田四十亩以供香火，教化百姓，受到嘉善人民的爱戴和怀念。顾态对他的父亲非常恭敬，绝不会做出一些欺瞒他父亲的事情。

大家想一想，这一份存心，有"恩田"，又有"敬田"，"福田心耕"，所以他和他的后代很有福气。现在的人往往不看这一颗存心，只想到眼前之利，看起来很会算，事实上"人算不如天算"，天就是自己的良心、孝心和恭敬心。而且现在一些人特别会算这些小利，生出来的孩子更会计较，最后自己的家产都被孩子给算走了。这就是《增广贤文》讲的："君子乐得做君子，小人冤枉做小人。"我们学习经典，一个是长时薰修很重要，最重要的是恭敬心，印光大师讲："一分诚敬得一分利益，十分诚敬得十分利益。"所以，诚敬心很重要。

我们中国是礼仪之邦，而礼的根本是诚敬心。《礼记》第一篇是"曲礼"，"曲礼"的第一句就讲"毋不敬"，也就是说一切都要恭敬、敬天、敬地、敬人、敬事、敬物。《礼记·玉藻》上说："足容重，手容恭，目容端，口容止，声容静，头容直，气容肃，立容德，色容庄。"这都是对于礼仪很好的描述。

《左传》当中有一个著名的典故，叫"锄麑触槐"。讲的是春秋时期，在晋国有一个大臣叫赵盾，谥号"赵宣子"。那时候晋灵公在位，不守礼法，荒淫无道，不知道好好地爱护人民，很多做法都非常过分。赵宣子很忠诚，常常直言不讳地劝谏君王。

君王感觉很不耐烦，突然起了一个歹念，派了一个杀手想把赵宣子杀掉。这个杀手叫锄麑，他很有力气，天不亮的时候就到了赵宣子的家里，想在早朝之前杀了赵宣子。结果，到那里一看，赵宣子已经把朝服穿得整整齐齐，正襟危坐，闭目养神。

赵宣子的这种仪容、威仪，锄麑一看非常感动、震撼，心想："这个赵宣子在没有人的地方都如此恭敬，有人在的时候一定更是非常认真地办理国事，对人也一定非常谦逊、恭敬。"《礼记》讲："礼节者，仁之貌也"，这么恭敬守礼的官员，是他仁慈心的变现，诚于中形于外。这是人民的好官员，绝对是国家的栋梁啊，假如我杀了他，这是不忠，对不起国家，对不起人民；假如我不杀他，又失信于君王，失去了作为杀手的信用，这也是不信，不忠不信，哪里能够在世上做人呢？最后，锄麑就对着一棵大槐树撞头自尽了。

你看，赵宣子的恭敬，能让锄麑生起这么深的钦佩之情，竟然牺牲自己的生命而挽救了他的生命。所以，我们应该做到"毋不敬"，时时能够提起恭敬心。同时我们也要学习锄麑，为保护国家的栋梁之材而献身，这种大无畏的精神，真是可歌可泣！就像戏曲《铡美案》里演的，陈世美请杀手谋杀秦香莲母女三人，杀手得知陈世美抛弃妻儿、附庸权贵的行径，不忍心杀害他们，对天大喊："唯有一死天地鉴！"

我们看，中国的礼乐文化，戏曲、评书、音乐、舞蹈，等等，这些传统艺术，具正足真善美慧啊，不像现在有些电视节目，为了经济效益，博人眼球，鱼龙混杂，很多孩子被教坏了，沾染了恶习，缺少了志向、定力和福慧，这都是我们值得反思的地方。

你看赵宣子，由于经常指责国君的过失，多次被谋害，但是每一次他都能转危为安。锄麑为了不杀赵宣子，自己却献出了生命，这说明赵宣子的一生，做人是坦坦荡荡、光明磊落，无论对贫贱的还是富贵的，他都是用一颗平等的心对待。对国家他是鞠躬尽瘁，不管国君怎样要谋害他，他都不畏惧，只要生命还在延续，他就尽心尽力为国家办事。赵宣子的这种大公无私的精神，是多么值得我们后人学习的，国家多么需要这样的好官啊！所以对这些生活的细节我们也不可不慎。所以，一个人的恭敬，居然能够让人生起这么深的佩服之意！

最后我们再看"悲田"。我们知道，人生的福田有三个：恩田、敬田、悲田。感恩心、恭敬心、慈悲心这是人福报的来源。说到这个大悲心，我们还是讲赵宣子，《左传》有个典故，叫"一饭之恩"。

有一次，赵宣子看到一个人昏睡在树下，这个人叫灵辄。后来了解到这个人是饿得昏过去了，赶紧用一些粮食给他吃，结果灵辄吃到一半就不吃了。赵宣子很奇怪，这都饿了不知多少天了，怎么不吃了？就问他为什么。灵辄说："我母亲在家也没得吃，这我要拿回去给母亲吃。"赵宣子知情以后，说："你放心地吃，我吩咐下去，再送一些食物给你母亲吃，你不要担心了。"这叫慈悲为怀，一饭之恩。

这个灵辄也很难得，处处不忘记自己的母亲，在"二十四孝"里，有个典故很相似，叫"陆绩怀橘"。陆绩，是三国时期吴国人。他6岁的时候，跟随父亲陆康到九江谒见袁术，袁术拿出橘子招待，陆绩往怀里藏了两个橘子。临行时，橘子滚落在地上，袁术嘲笑道："陆郎来我家做客，走的时候还要怀藏主人的橘子吗？"陆绩回答说："家母最喜欢吃橘子，您这橘子很好吃，我想拿回去送给家母尝尝。"袁术见他小小年纪就懂得孝顺母亲，十分惊奇。陆绩成年后，博学多识，通晓天文和历算，曾作《浑天图》，注《周易》，撰写《太玄经注》。很有成就，成为历史上有名的科学家，心里处处装着父母的人，是有福报的人。

过了几年，有一天晋灵公宴请赵宣子，并设下了伏兵，要除掉这位忠臣。就在赵宣子命在旦夕的时候，其中有一个人突然反过来保护他，把所有的人都打退了，他就免于厄难。赵盾问他是谁，他说："我就是当年饿倒在桑林的那个人。"原来，这时候灵辄已经当了灵公的禁卫兵，见赵盾遇难，倒过戟来抵御其他禁卫兵，使赵盾免于祸难，以报答他的"一饭之恩"。我们看，施人家一餐饭，最后怎么样呢？救了自己的一条命。

所以，古人讲"一饭之恩，可以免死。棉袍之赠，足以救生"。能够施予一碗饭给一个饥饿的人，可以帮助他免去死亡。"棉袍之赠，足以救生。"送去一件棉袍，就可以救活一个在饥寒里受冻的生命。这一饭一袍的赠予，在我们这里也许并不一定是很大的牺牲，但是对他是十足的恩惠，这样的好事我们为什么不做呢？爱别人的心，这种光明是从自己这里发出去照亮别人的，首先照亮了自己的良知和智慧，赠人玫瑰手留余香。

孟子讲："爱人者，人恒爱之；敬人者，人恒敬之。"赵宣子的典故就是最好的写照啊，他多次被谋害，但是每一次他都能转危为安。"善恶到头终有报，只争来早与来迟。"善因善果，恶因恶报，这里还加上了利息，因为我们善良的心会让我们做很多正确的事，而恶心会做很多罪恶的事。所以，我们要多请过得不容易的人吃东西，体谅身边人的不容易。这样的例子古今中外非常多，我们在这里再看一则国外的新闻报道。

有个美丽姑娘名叫 Liz Woodward，在美国新泽西州一家餐厅做服务生。有一年，North Brunswick 发生了一场火灾，这场肆虐了 12 小时才被控制的火灾，让参与此次灭火的消防员筋疲力尽。那天清晨 5 点 30 分左右，从火灾现场完成任务的 Paul Hullings 和 Tim Young，拖着疲惫的身躯走进 Woodward 的餐厅，他们点了两杯最大份的咖啡。

这个细心的姑娘在准备咖啡过程中，从两个消防员的谈话中得知他们刚结束彻夜的救火工作。随后，她悄悄为两人的咖啡买了单，并随咖啡送上一张纸条："今天你们的早餐我来买单。感谢你们为他人付出的一切，在别人拼命逃离的地方，你们却奋不顾身地坚守。不管你们的职务是什么，你们勇敢、坚强，你们是至高无上的榜样，请注意休息……"

纸条上的字，恰如这两杯热咖啡温暖了两名消防员，在火海中不曾退缩的两个大男人忍不住酸了鼻子。而看到这一幕的 Woodward 姑娘，也暖暖地笑了。"去这家餐厅吧，见到这位好姑娘，多给她小费"——挥手作别后，回到家的消防员将这次经历发表在了社交软件上，向朋友推荐这家餐厅作为对善良姑娘 Woodward 的报答。要知道，消防员在美国可是最受尊敬的职业之一，这一消息很快不胫而走，被大量转发。就在大家对 Woodward 的赞美中，消防员 Tim Young 无意间发现了 Woodward 更多的故事。

原来这个善良的女孩，其实自己并不富裕，甚至还正面临着巨大的困境。从 2010 年起，Woodward 的父亲 Steve 因为脑动脉瘤卧病在床至今，急需一辆可供轮椅上下的汽车，除了自己辛勤兼职 3 份工作之外，Woodward 还为父亲在一家募捐网站上筹集善款，不过连一半费用都没筹集到。在如此困难之中的 Woodward，却依然为他人送出温暖。人常说：善良本身就是一个人最大的财富。

Tim Young 随即将 Woodward 的募捐网页链接发到自己的社交媒体上，众人拾柴火焰高，不到一周的时间，募捐金额已达 69500 美元，约合人民币 40 万元，后来越来越多，原本只打算筹集 17000 美元。谁也不曾想到一个小小的善意，会得到如此大的回馈，很多时候，日常生活的小细节反而能带来直击人心的温暖和感动。

面对飙升的捐助金额，Woodward 和老爸一开始都不知道是怎么回事，还有些惴惴不安：到底发生了什么事情？直到那两个得到"免费早餐"的消防员来到家中，Woodward 才知道了事情的来龙去脉。姑娘那两杯咖啡不仅温暖了两名消防员，更是温暖了无数网友。

善良的人们通过互联网，汇集爱心回馈给了善良的姑娘。有网友评论："带着善良出来混，迟早会有人还的！""世界正在偷偷奖励善良的人。""你永远不会知道一个小小的善举会给你带来怎样的好运，但是，发自内心的善良终会替你赢得全世界。"

《中论·爵禄》讲："位也者，立德之机也；势也者，行义之杼也。"职位和权势那都是一个人的福报，是祖先和自己修福得来的。而有了这个职位，是一个契机和因缘，让我们做什么呢？让我们能够建功立业，能够仁民爱物，能够照顾百姓。

我们都学过《小池》这首诗："泉眼无声惜细流，树阴照水爱晴柔。小荷才露尖尖角，早有蜻蜓立上头。"这是著名诗人杨万里先生的诗，因为杨万里先生号"诚斋"，所以他的太太被称为诚斋夫人。

据《诚斋夫人传》记载，杨诚斋先生的夫人罗氏，七十多岁了，都起大早煮粥给仆人吃。她的孩子不忍心，说："母亲，您年纪这么大了，为什么还起这么大早给仆人煮粥？""他们都是父母的孩子，他们都有父母有亲人，他们过得好，他们的亲人都安心。而且这么冷的天，肚子没有一点热气就去工作，非常伤身体。所以我煮点粥，他们喝完再去做事情，身体才不会出问题。"

这是诚斋夫人爱人如己、感同身受、设身处地、推己及人的慈悲心。同时，她生了七个孩子都是自己哺乳。她说如果我请奶妈的话，我就抢了她孩子的奶水了，所以自己来给孩子哺乳。

虽有这么高的地位跟财富，还是用那颗没有被染浊的爱敬之心对人这真的很不容易。这是圣贤和祖先的好学生，她很可能一个字都不认识。我们可能古文背了几十篇，我们可能比她有学历，但是不见得能比上她，她是真的做到了，这是实学。

当然读诵和背诵经典也很重要，读诵受持，把这些重要的教诲读熟了，时时提得起来，观照自己、要求自己，做出来就跟这些教诲相应，为人演说。做得好，都不用讲话，人家就感动了。从这里我们可以感觉到老人家的厚道和慈悲。福田心耕，这一份慈悲心种了大福田，"三子皆登第"，三个儿子都考上了进士。所以"厚道之人，必有厚福"。

云谷禅师接着讲："**求在我，不独得道德仁义**"，我们真的如理如法去求，不只能够恢复自己的道德仁义，提升自己的德行，"**亦得功名富贵**"。也能得到官位和财富。这是"**内外双得**"，所以老祖宗的学问叫"天人合一"，《尚书》讲："作善降之百祥，作不善降之百殃。"所谓"福人居福地，福地福人居"，这个地方来了个有德行的人，他的德行感动身边的人心地也变了，这个地方就变成福地了。

如果人心不好了，这个"天"，就有很多异象出现了。正所谓"天人合一，内圣外王"。"内圣"是指自己的修养达到圣人的境界。"王"就是榜样，在家庭是榜样，在团队是榜样，因为我们做得很好，别人很佩服，叫"内圣外王"。我们学了传统文化，学习《了凡四训》，不管你在哪一个行业，都能够是那一个行业的表率和清流。

"**是求有益于得也。**"只要能明白道理了，如理如法去求，都能够求得到。所以，古今的天灾人祸的问题，还是要回到"教化人心"才能解决，一个人变好影响一个家庭和家族，进而影响全国和世界。

"**若不反躬内省，而徒向外驰求，则求之有道，而得之有命矣！内外双失，故无益。**"假如不往内心反省、发觉自己的问题改过来，不往内心去追求，而只是向外去攀求，甚至于怨天尤人，指责他人，埋怨上天，不检讨自己，不只求不到，可能还会造新的罪孽。如果用不正当的方法追求到了，那还是命里有的，比如，贪污受贿、坑蒙拐骗这些手段，确实也得到了一些甜头，但是这甜头是刀头舔蜜，人生的福报已经折损了。这些理我们都明白了，理得心安了，就不会向外面去攀求了。

所以"求之有道，而得之有命"，这个"求"不是依照真理去求，是依照自己的方法去求，向外去求。"得之有命"，你命里没有，再怎么向外攀求也是攀不到的，求得到的还是命里本来有的，忙来忙去也没有把命运变好，还浪费了时间、精力，你说可惜不可惜。所以"内外双失"，为什么？向外攀求不反省自己，德行一定是越来越差，外面也没求到。

"故无益"，一生可能就这样虚度了，人生的物质和心灵质量都在下降。因为学如逆水行舟，不进则退，总是往外求，没有从感恩、恭敬和爱心上下功夫，一生也只能虚度年华，白白浪费了父母给的生命，也辜负了大家对自己的期待，"徒向外驰求，内外双失"，这是一条不归路，我们不能走。所以福田靠心耕，改变我们的心，命运就改变了。

05　苦难的初衷是唤醒

云谷禅师进一步问了凡先生，"**因问：'孔公算汝终身若何？'**"孔先生算你的命到底如何呢？"**余以实告。**"了凡先生一点都没有隐藏，把孔先生算的都跟云谷禅师讲了。遇到真的能指点你人生的人，就不要再碍于面子，你跟他讲了，他可以帮助你。

孔子在《论语》中说："不曰如之何，如之何者，吾末如之何也已矣。"遇到事情不知道怎么办，该怎么克服，赶快去想方法，一个人如果没有主动解决问题的态度，我也拿他没办法了。所以，要有主动求教、诚实求学的态度，这一点了凡先生做得非常好，这也是他受教得福的原因。

听完他一生的吉凶祸福之后，"**云谷曰：'汝自揣应得科第否？应生子否？'**"云谷禅师反问他："算出来的结果是考不上功名，没有孩子，那你自己衡量衡量，你应该考上功名吗？你应该有儿子吗？"这一句话不只讲给了凡先生听，还讲给谁听？汝自揣应得富贵否？应健康否？应有幸福美满的人生否？我们每个人都要问问自己，我们应得理想的生活吗？

《诗经》讲"永言配命，自求多福"。我们能配上天命吗？这是一个很重要的问题，也是一剂良药，这让了凡先生，也让学习《了凡四训》的人一下就冷静下来了，开始检讨和反省自身的不足，这是改造命运的起点。

以前，有一个年轻人去买碗，他听别人说买碗有窍门，要拿一个碗去碰撞另外的碗，轻轻地碰，碗与碗之间立刻会发出一种清脆的声音，这就是一个非常好的碗。但是他碰了店里所有的碗，都是失望，因为声音都非常沉闷、浑浊。老板捧出了自认为是本店最好的碗，一碰，还是发出浑浊的声音，他摇摇头要离开。老板也很纳闷，就问他："你老是拿着手中的这只碗去碰别的碗，到底是什么意思？"他得意地告诉老板，这是一位长者告诉他的挑碗诀窍，要是好碗相互碰撞，一定会发出悦耳的声音。

老板恍然大悟，拿起一只碗递给他说："小伙子，你拿这只碗去试试看，保管你能挑中自己满意的碗。"这个小伙子半信半疑地依言行事。结果非常奇怪，他手里拿着这只碗去碰的每一只碗都能碰出清脆的响声。老板笑着说："小伙子，道理很简单，你刚才拿来试碗的这只碗本来就是一个次品，你用它试碗，那声音一定是浑浊的。你想得到一只好碗，首先要保证自己拿到的那只也是好碗啊。"

《格言联璧》讲："工于论人者，察己常疏。"很会看别人的问题，他的精力都放在看别人上，他要反过头来检讨和反省自己就不容易。其实人的精力是有限的，我们一整天要能看到自己三五个错误的心态跟言行都不容易了，更何况我们又把精力散在看别人，那要再反躬内省就难了。所以真要把功夫先放在观自己的起心动念跟一言一行，不然几乎很难看到自己的问题进而去改过。

据东汉史学著作《吴越春秋》记载：吴王夫差听说孔子和子贡来吴国游览，想看看他俩的模样，就穿着便服出宫，却被街市上一个人戏弄，而且伤了手指。夫差回宫后，发动兵士，在都城搜查，要杀掉这个人。伍子胥劝他说："我听说昔日天帝的小儿子下界，变成一条鲤鱼，在一个清冷的深泉中游玩，被一个叫豫沮的打鱼人射中。他回到天宫，告诉天帝。

天帝说：'你去游览之时穿什么衣服？'少子说：'我变作鲤鱼。'天帝说：'你本来是条白龙，却变成鲤鱼，打鱼人射你是符合情理的，又有什么埋怨的呢？'现在大王不穿帝王的服装，却按照百姓的规矩行事，从而被人所伤，这也是符合情理的。"于是吴王沉默无言。这就是我国历史上著名的成语典故《白龙鱼服》，《说苑·正谏》也提到过。

孔子在《论语》中有一句感叹，这个感叹是千古之叹。那个叹是慈悲，让后世的学生重视这件事情，不要让夫子之感叹继续下去。叹什么呢？"已矣乎，吾未见能见其过，而内自讼者也。"

"已矣乎"就是感叹，夫子讲到他"未见"，就是几乎没有见到能够"见其过"，这叫知过；"而内自讼"是什么？悔过。"内自讼"就是忏悔、反省自己的过失，叫内自讼。所以这一句"见其过"叫知过；"内自讼"叫悔过，那下一步就是改过。

六祖慧能大师在《六祖坛经》里讲"改过必生智慧，护短心内非贤"。人能改过迁善，命运才能发生改变。我们冷静想一想，我们都知道自己有习气，知道多久了？我们倒也没有不承认。比方说，对，我脾气大、我很容易急躁、我做事太随意了、我有时候答别人都忘了、我有时候有一些疑问也不懂得主动赶快去请教别人。那我们都知道，有没有悔？这个悔就不一定了。

在这个悔当中有什么？悔当中有对于圣人的尊重，我不能糟蹋孔子的教海；有对于师长的感念，师长教我这么多，我不能消遣他的教诲，不能糟蹋了；有对于自己的悔恨、反省，不能糟蹋自己的光阴，不能得过且过，我都三四十了，这一生不能白来一遭，得要成就自己的明德。知跟悔，悔是更深，那个悔会形成一种动力。假如没有形成动力，叫因循苟且，那个知就很浅了。悔之后，当下就愿意去改，然后越挫越勇，它会反复，但是会不断不断地砥砺自己，最后得到突破，彻底改正过来。

《弟子规》讲："过能改，归于无，倘掩饰，增一辜。"人要认错不容易，要把面子放下的人才能常常认错，那个是真正觉得大家都没错，都是我的错，他那个自我反省、自我认错才会非常顺。知过、悔过、改过，人生才会越走越平坦，如果掩饰自己的过错，只能增加自己的过失，伤害人生的福分。

《中庸》上也说，一个君子的修身和弓箭手的射箭有相似之处，"射有似乎君子，失诸正鹄，反求诸其身"。有什么相似之处呢？当这个弓箭手把箭发了出去，结果却"失诸正鹄"，就是没有射中靶心，那么他是不是去埋怨说今天的天气不好，风把我的箭吹歪了？或者说我今天状态不佳，要是平时我就能够发挥得更好？甚至说，不知道这个箭是哪个厂子生产的，原来是假冒伪劣产品，害得我把箭给射歪了？

一个真正好的弓箭手，他不是去寻求这些客观的原因，而是反省自己在技艺上有哪些不够精湛的地方，有哪些可待提高的地方。一个君子的修身也是如此。《孟子》中也说："行有不得，反求诸己。"意思是说，我们做事如果没有成功，应当马上反过头来从自己身上找原因。孔孟所称道的尧舜禹汤等古代的圣人，都是这样"行有不得，反求诸己"的楷模。

有一次，尧帝走在路上，看到两个犯人正被押往监牢。想到自己统治下的人民犯了罪，他内心很惊慌和怜悯，马上跑过去问他们说："你们两个人为什么会犯法？"这两个人回答："因为上天久旱不雨，我们家里没有东西吃，就偷了人家的东西，所以被抓了起来。"

尧帝听完，对押解犯人的士卒说："你把他们放了，把我抓起来。"大家都很惊讶。尧帝接着就说："我犯了两大过失：第一，因为我没有德行，才使得上天久旱不雨；第二，我是一国之君，没有把我的臣民教好，他们才会犯罪。"据传尧帝话才说完，天空就变化了，乌云飘过来，没多久就下起了大雨。

商朝的汤王，在自己洗脸的盆子上面刻了一段话："苟日新，日日新，又日新。"时时督促自己要不断进步。遇着大旱祷雨时，《论语》也有记载，汤王说："朕躬有罪，无以万方；万方有罪，罪在朕躬。"意思是说：如果我自身有罪，不要因为我的过失殃及天下百姓；天下的老百姓有罪，都是我没做好，都该由我自己负责。

云谷禅师是很成功的老师，他用的方法值得为人父母、老师、领导者来借鉴，就像《礼记·学记》里讲的："君子之教喻也，道而弗牵，强而弗抑，开而弗达。""道"通"导"，君子教育别人，是引导他，让他思考，而不是牵着他的鼻子走。"强"就是鼓励他，不要否定他，让他有信心。而不是"填鸭式"教育，强压很多道理硬要他接受，还打压了对方的信心。成人要为自己的人生负责，要懂得思考，做教育就是要引导他反省。

现在很多孩子很想有好的表现，但父母就泼他冷水，这就不好了。要自始至终都相信自己的孩子，陪伴他、支持他才对。"开而弗达"，"开"就是启发他，"弗达"就是不要把话全部都讲完了，你应该留一些让他反思、体会的空间。有时候我们把话全部都讲完了，把他的悟门都堵住了，最后他就什么事情都问你了，你还能要他有独立思考和判断的能力？

假如了凡先生说完命中没有孩子、命中没有功名，云谷禅师马上告诉他："你就是刻薄，你就是傲慢，你就是熬夜，所以你没有功名、没有儿子。"了凡先生一听，肯定觉得："第一次遇到我，就这么损我，我惹不起还躲不起吗，我走！"那样讲话就让人很不舒服了，这都是我们的学处。

经过云谷禅师这么引导，了凡先生整个心静下来了，生了惭愧、改过的心。反省自己，这是"天开其慧"，命运就能改变了。接下来了凡先生讲的话，都是生了愧心，而且都是实实在在的话。

"余追省良久，曰：'不应也。'" 真正往内心去反思，我不应该考上功名。为什么呢？**"科第中人，类有福相"**，考上科第的人看起来都是很有福报相的。**"余福薄"**，自己本来命中福气就薄，**"又不能积功累行，以基厚福"**。又不能好好积德行善，培自己的福。我们看，人要反省真的是不容易，这些道理了凡先生应该都懂，只是没有去做而已。所以知行合一很重要，知道了要做到。

《论语》开篇就讲："学而时习之，不亦说乎？"所以什么叫学习呢？费孝通先生说过："学习是两件事，学是学知识，习是把学到的在生活和工作中实践。"所以哪怕读遍了经典，把《四库全书》搬到脑子里，如果不去落实也得不到利益。

"兼不耐烦剧"，常常不耐烦、脾气大。一个人的事业有多大，看他忍耐的功夫、耐烦的功夫。他不耐烦，一有压力了，遇到不顺了，马上就暴跳如雷，事就被他搞砸了。

"不能容人"。肚量小。不能容人，可能与人相处当中，念念都在折福，一言一行都在折福。不包容人就损人，就排斥人，这就麻烦了。古人说"宰相肚里能撑船"，除了告诉我们宰相肚量很大以外，也告诉我们，唯有肚量这么大的人才可能有福报做宰相。因为量大福大。

"时或以才智盖人"，有时候还会用自己的才能和聪明出风头、压制他人。那些什么都要跟人家逞强斗胜的人，别人一定会和他对着干。《格言联璧》讲："事事争胜者，必有人以挫之。步步占先者，必有人以挤之。"一个人，如果每次都要抢在别人的前面，一定有人把他挤下来，人生的际遇往往是自己心境感召来的。

所以，为人要懂得礼让、忍让、谦让。谦让就是给人家留余地，不要让人家难堪。懂得谦让，就是懂得设身处地去感受别人，不要让人家难受。你是读书人，假如以才智盖人，那就是坏了读书人形象。我们学传统文化，身边的亲戚朋友会说："那就是学传统文化的，这么苛刻。"这就有罪孽了，弘一法师有句名言，叫"律己宜带秋气，处世须带春风"。这就是告诫我们要严以律己，宽以待人，这才是我们应该有的态度。

接下来，了凡先生又反省自己说话的态度："**直心直行**"，想说什么就说什么，也没想过会不会伤到别人，或者人家忌讳，还拿出来大谈特谈。《安士全书》讲："做事须循天理，出言要顺人心。"所以，说话要能顺人心，要能体恤他人，这才厚道，才有厚福。

假如你说话不分场合，让人难堪，没有考虑到可能对方最近家里有哪些事，你没有体恤他，还扬他的恶，让人下不来台，这样很不好。曾国藩先生教育弟弟曾国华，要"扬善于公庭，规过于私室"。孔老夫子教育他的弟子，有四个最重要的科目：德行、言语、政事和文学，所以说话是一门艺术，是一门很深刻的学问。

"**轻言妄谈**。"说话轻浮，轻狂，不经大脑思考就讲出来了。《弟子规》讲："见未真，勿轻言；知未的，勿轻传。"有些事情我们还没有完全清楚，千万不要乱讲，传到最后就面目全非了。容易误导别人，后果不堪设想，需要谨言慎行。因为口为祸福之门，有时候一些事都还没有确定，自己随便。有时候误会人，甚至有时候还造成对别人的毁谤，这都是损德。对方假如听到了，痛苦甚至记恨一辈子，《鬼谷子》讲："口者，心之门户也。"所以，说话也是修心立德的关键。

"**凡此皆薄福之相也，岂宜科第哉！**"刚刚所提的这些行为都是没有福的表现，怎么可能还会有福气考得上功名呢？这是了凡先生反省自己考不上功名，反省了三大条自身的问题，下一段就反省为什么自己没有孩子了。

我们接着看经文：**"地之秽者多生物，水之清者常无鱼"**。大地包容万有生养了很多的物种，水很清澈的话养不了鱼。其实就是说，能够包容才有和气。**"余好洁，宜无子者一"**。"好"是已经过头了，爱整洁不是坏事，太过了就变成洁癖了，洁癖其实也是一种刻薄，因为让身边的人很为难。有时候太爱干净了，把那些蚂蚁统统给弄死了，对这些小动物都赶尽杀绝。

《礼记》讲："水至清则无鱼，人至察则无徒。""察"就是苛察。一个人假如看别人的缺点都用放大镜来看，那这个人出现的时候，身边的人浑身不自在，好像在你眼里一点好都没有，这叫"至察"。"无徒"就是没有朋友，没有人喜欢跟你相处。所以我们的人缘好不好，要看有没有包容性，做人不要苛刻。

"和气能育万物，余善怒，宜无子者二。"和气生财，对人多微笑，让人如沐春风，所以《菜根谭》里讲："养喜神以为招福之本，去杀机以为远祸之方"，大家都希望有福气，从哪一步开始？脸带微笑。

我的恩师以前对我说："假如你是财神爷，你要把福报给谁？你本来要降福给这个人，结果你一看到他，他对你怒目相向的，你都被他吓坏了，是吧？送子观音来给送孩子了，一看这人急赤白脸的，都觉得这孩子到这家太可怜，还是先回去吧。包括如果月老要给牵线，结果一看这小伙子正跟父母吵架呢，摇摇头就走了。这虽然看似是玩笑话，但是你冷静想想是不是这个道理。"

所以，我们要为人谦和，时时给人信心、给人鼓励、给人笑脸，这都是在积福。正所谓"面上无嗔供养具"，一个人带着一种善意待人接物，这就是对人的一种恭敬供养。所以修福很简单，时时笑脸迎人、待人就对了，每天板着一张脸就吓人，折福了。

"爱为生生之本，忍为不育之根，余矜惜名节，常不能舍己救人，宜无子者三。"万物的生长得到天地的化育和爱护，一个人的成长得到父母师长、家人朋友的种种关爱，这个爱是生命之本。"忍为不育之根"，"忍"是残忍苛刻，会伤害生命。

而且"余矜惜名节"，还是都为自己想，为自己的面子，为自己的利益，为自己的名声。比如，你今天去做一件好事，别人可能会调侃你，会挖苦你，会说一些风凉话，说你傻乎乎的，你还做不做？纵使别人不理解你，还误会你，但是只要能够对人有益，还是要去做。而且要舍己为人，了凡先生不能舍己为人，这就是吝啬，这是没有孩子的第三点原因。

"多言耗气，宜无子者四。" 话讲太多了，会伤元气。而且言多必失，所以《弟子规》讲："话说多，不如少"，话多的人一般来讲心里比较浮躁。《周易》讲："吉人之辞寡，躁人之辞多。"吉祥的人话少，一开口就是能利益别人的话，不讲废话和闲话；急躁的人话就特别多。

除非您是吃"开口饭"的，或者您特别善于用语言鼓励和成就他人，甚至为了国家和人民去"舌战群儒"。不然还是少说话，多做事，谦虚谨慎地走好人生的每一步路。

话多心容易浮躁，考虑容易不周全，而且可能得罪人。所以要"三思而后行""话到口边留半句"，这都是给我们在言语行为方面的重要提醒。而且假如话多，又伤到别人，那就折福了，又耗气又折福，这是他没有孩子的第四个原因。

"喜饮铄精，宜无子者五。" 喜欢喝酒，折损自己的精气。酗酒和不惜元气的人，一般无子，纵然有后代，孩子也大多身体虚弱，很有可能夭折，因为体质比较差。这是没有后代的第五个原因。

"好彻夜长坐，而不知葆元毓神，宜无子者六。" 第六点谈到了凡先生喜欢整夜打坐。一般来讲打坐是为了修禅定，修定之后就没有烦恼，精神非常清朗，智慧会如涌泉，这是入定后的情况。假如我们在那里打坐，一直在打瞌睡，这不叫打坐，也不叫入定，那叫硬撑，所以会耗元神，伤身体。有个老和尚遇到弟子这种情况，给他拍醒了："躺着睡比较舒服。"其实，硬撑的人往往有一个人格特质，那就是争强好胜，都要比别人高很多，把别人比下去。

"其余过恶尚多，不能悉数。" 了凡先生说："其他的过失还有很多，很难数得清楚。"所以，这是云谷禅师引导了凡先生反省和检讨自己，把自己的过错认识清楚并说出来，这很重要，时时刻刻反省检讨，才能忏悔改过，才能让命运进入良性循环，越来越有福报。

孔子在《论语》里讲："言忠信，行笃敬。"管宁做到了，有个成语叫"管宁割席"，出自《世说新语·德行第一》。管宁有个同学叫华歆，有一次他们在种田，发现地上有块黄金，管宁根本就没有动心，继续耕作；华歆拿起来看了一下，好像古圣先贤说不能贪财啊，然而看到管宁的神色后犹豫了半天才放下去。

后来他们在教室里读书，听到有官员经过门前，华歆就好奇，就跑去看，心就不定了。管宁看到他面对外在的诱惑心不定，他们本来坐在同一个席子上，他就把席子割开，然后说："你不是我的朋友了。"其实，他这是劝谏，让华歆一辈子要记住，不要再犯这样的过错，不然你的学业成就不了。如果这些荣华富贵、外在的享受，这么容易就吸引你，你以后去当官会是一个好官吗？就提醒他。

后来华歆的成就也很高，做了魏国的宰相，和管宁、邴原共称"一龙"，并且华歆是龙头，并且被魏王封为"安乐乡侯"，子孙繁盛，做官的也不少。而且管宁一生淡泊名利，他有很高的德行跟能力，所以当时皇帝请他当大中大夫，华歆当时使太尉，华歆佩服管宁说要让给他干。你看，华歆也不简单，虽然管宁割席下去，说要跟他断交，他都能知道管宁的良苦用心，反省并改正自己的问题，他觉得这是朋友在教育他、提醒他、劝谏他，还是打从内心佩服管宁。

现在一些人对历史的解读有些偏差，因为不了解古人的德行和心量，也没有看清楚来龙去脉，容易"以小人之心度君子之腹"。有人评价管宁割席过于武断，这就是不了解来龙去脉，也很难了解古圣先贤的发心和行持。他是用呵斥的方式来告诫朋友，要反省自己的过失，才会有成就。

而且管宁为人严以律己，宽以待人。管宁 16 岁的时候，父亲去世了。管宁家就很贫寒，大家都敬管宁是个孝子，纷纷捐钱出物，供他安葬父亲。乡里捐的钱物很多，可管宁只收取了安葬父亲的费用，其余都一一恭敬地退了回去。乡里的一些浪子，都叹惜自己没有这样的好运，又骂管宁是个傻子。可乡里多数人纷纷称许说："管宁真不愧是管宁啊！"

父亲留给管宁的只有两亩田地，当时收成也不是太高，管宁全家几口人都指望这两亩地过活，这两亩地的庄稼可是全家的命根子！阳春三月，管宁家的田地里庄稼绿油油的，全家都很庆幸今年是一个丰收年。结果，天有不测风云，一位乡邻耕地后，没把牛拴好，饿极的牛跑到管宁的田地，大口大口地啃起嫩绿的庄稼来了。不一会儿，就啃了一大片。管宁来到田边看见了，他马上把牛牵了出来。

乡邻这时也赶到了，满以为管宁要拿牛出气，要找他赔偿，就躲在一边，静静地观察。结果，管宁把牛牵到树荫下，给牛扯来嫩嫩的青草，竟喂起牛来了。牛吃饱了，管宁才送牛到邻家。这位乡邻见了，好不感动，一定要赔偿管宁，可管宁说什么也不要。乡邻十分感叹地说："管宁真是个少见的好人啊！"

管宁家乡数百户人口，都吃的是南山脚的一口井水，每到天旱年头，只有一个打水的工具，乡里人常常为谁先打水，发生争执，吵架甚至打架，这件事，管宁一直挂念在心。当他家有一点积蓄时，管宁把所有的积蓄都拿了出来，买了几个打水的工具，放在井边。而且趁着天还没亮，自己就去把水打好。人们来打水时，见多了几个打水的工具，而且还都打满了水，当大家知道是管宁买的，都感动得掉下眼泪来，自此以后，再没发生过争执的事情，恢复了礼让。

管宁就这样在乱世独守正道，乡里人都以他为楷模，他的名声传遍各地，连强盗到了他的家乡都不愿惊扰管宁。所以我们看到这些典故，圣哲人用心良苦，他劝化百姓不是只用言语，不只是言教，更重要的是"以身转之"，用他的身教来转化社会风气。因为三国时代可以说是乱世，管宁不为所动，一生从事教育工作。他的太太去世后，很多人劝他再娶，他没有答应。他的儿子管邈，在管宁去世后被授任为郎中，后任博士。

《孔子家语》中谈到了领导者反省的重要性："孔子曰：'药酒苦于口而利于病。忠言逆于耳而利于行。汤武以谔谔而昌。桀纣以唯唯而亡。'""汤武"就是商汤王和周武王。"谔谔"就是直言不讳的样子。"桀纣"就是夏桀与商纣。"唯唯"就是恭敬应答的声音。孔子说："良药苦口难咽，但有利于治病；正直的劝谏听来不顺耳，但有利于自我提升。商汤、周武王因为广纳直言劝谏而国运昌盛；夏桀、商纣因为狂妄暴虐，群臣只能唯命是从，而导致国家灭亡。"

《后汉书·左雄传》说得好："听忠难，从谀易。"为什么听忠直之言很难，而听从阿谀奉承的言语很容易？在《袁子正书》中就讲道："夫佞邪之言，柔顺而有文；忠正之言，简直而多逆。"邪恶的、巴结的言语都很温柔、很顺从，而且很有文饰，让你听起来很痛快、很乐意接受；而忠正的言语很简单、直接，而且往往和你的心思不相符合。所以一般人都喜欢听谄媚巴结的言语，而不愿意接受那些犯颜直谏的指正自己的过失、直言不讳的言语。所以，我们要"闻誉恐，闻过欣"。

六祖慧能大师在《六祖坛经》当中有一段话非常宝贵，"苦口的是良药，逆耳必是忠言，改过必生智慧，护短心内非贤。"听完忠言还得改，改过必生智慧。"法语之言，能无从乎，改之为贵。"大师把这么好的道理告诉我们。而且《贞观政要》讲："不能受谏，安能谏人？"假如我们自己都不能接受别人劝谏，我们还有什么资格能够去劝别人？假如我们表面上说好，阳奉阴违，不去反省改过，以后人家不说了。

《吕氏春秋》说得好："欲知人者先自知。"自己都看不清楚自己的问题，还能看得清楚别人的问题吗？自己有德行，能接受别人劝，再去劝人，人家服气，人家佩服你的德行，所以这一句话很有深意。一个人不能接受劝谏，他也没资格去劝人；一个人不是好学生，他也没资格去当老师；一个人不是孝子，他也不可能是一个好父亲；一个人不是好下属，他也一定不是一个好领导，因为他没有根基。

《大学》讲："君子有诸己而后求诸人，无诸己而后非诸人。"君子自己有德行和能力，自己做到了以后才要求他人改过行善；自己不犯同样的过错，自己先改正错误，才以此要求他人不犯错。

如果家长打游戏、玩手机，平时不爱读书，要求孩子读书学习，孩子就算坐在书桌上也得说："哼，凭什么你们从来不读书，还给我说读书写作业重要。"孩子心里会不服气，久而久之容易产生叛逆，不服管教的情绪。《论语》讲："君子务本，本立而道生"。我们现在比较缺乏这些提醒，忽视了对中华文化和优良家风的传承，容易好高骛远，有些人并不想实实在在扎好自己德行和能力的根基，就想着一蹴而就，这都是不可取的。

所以，我们既要自我反省，也要虚心接受他人的劝谏。这样才能醒悟自己的不足，觉醒自己的良知，从而改变自己的行为和命运。西汉著名政论家和文学家贾谊先生在《新书·先醒》里把世间的君主分为先醒者、后醒者和不醒者。其实不仅是在谈论君王，对我们个人也很有启发，他分别举了三个例子。

首先是"先醒者"的代表。楚庄王与晋国交战，大获全胜。回来路过申侯的封地，申侯就为他进奉饭食。到了中午的时候，楚庄王还没有吃饭，申侯就过来请罪，是不是饭菜和器具有问题。

楚庄王叹了一口气说："这不是你的过失。我听说过这样一句话：'君主是贤明的君主，又有贤师来辅佐的人，这称为王，可以称王；君主是中等的君主，又有良师来辅佐的人，可以称霸；君主是下等的君主，他的群臣中又没有一个能赶得上他的，这样的人一定会灭亡。'现在我是下等的君主，而我的群臣又没有人能比得上我。我也听说过，这个世间不缺少贤德的人，而天下有贤德的人，我得不到，像我这样的人生活在世上，还吃什么饭？"

你看，楚庄王就是一个先醒者，他虽然战胜了晋国这样的大国，他的道义能够使诸侯都顺从，但是他还在想着怎么样得到贤良的人来辅佐自己，到了中午都忘了吃饭。这样的人就是明君，被誉为"先醒者"。

其次，贾谊先生又讲了一个"后醒者"的例子。宋昭公逃亡到边境，喟然叹了一口气说："唉，我知道我所以灭亡的原因了。因为自从我称王之后，我身边侍奉的人有数百人之多，没有一个不说我是圣明的君主。在内听不到我的过失，在外也听不到自己的过失，所以我才沦落到今天的地步，我有今天的困境也是应该的。"

从那以后，他洗心革面，白天学道，晚上也讲道，这样勤学不厌。到两年之后，他的美声远闻，大家都称颂他。宋人把他迎回来，使他重新复国，终于也成为一代贤君。他过世之后，人们给他一个谥号，称为"昭公"。这是亡羊补牢，为时不晚。亡国之后又醒悟了灭亡的原因，重新获得福报，所以被称为"后醒者"。

最后是"不醒者"，贾谊先生讲的是虢君。从前虢国的国君骄纵放逸，喜欢自吹自擂，谄媚巴结的人都受到了重用，自己亲属也受到了重用，犯颜直谏的臣子被诛杀放逐，结果怎么样？政治一片混乱，整个国家的人都不服从他了。后来，晋国就举兵讨伐他，虢君被迫出走。

他逃到了一个水泽地，说："我渴了，想喝水。"他的车夫就给他敬献了一杯清酒。过了一会儿，他又说："我饿了，想吃饭。"他的车夫又给他敬献了一些肉干和干粮。虢君一看就很高兴，问道："从哪里来的这些东西啊？"车夫就说："我已经储备得很久了。"

虢君觉得奇怪，他说："你为什么要储备这些东西？"车夫说："是为了国君您逃亡的时候，防备路上饥渴而准备的。"

虢君就更奇怪了，他就又问："你早就知道我会有逃亡的这一天吗？"车夫说："我知道。"虢君说："你既然知道，为什么不劝谏我？"车夫就说："因为您喜欢听谄媚巴结的话，而厌恶正直的话，如果我过去劝谏您的话，恐怕我早就没命了。"

虢君听了之后仍不醒悟，反而勃然大怒，立刻就发火了。于是，这个车夫赶紧谢罪，他说："对不起，对不起，我的话的确说得有些过分了，言过其实。"虢君就又问他："那我为什么会逃亡？到底是什么原因？"车夫回答说："国君您不知道，您之所以逃亡，是因为您太贤明了。"虢君就问："贤明是可以使人生存的，而我落得逃亡的地步，这是什么原因？"车夫就说："因为天下的君主都不贤德，只有君主您贤德，所以您才会逃亡。"虢君听了之后喜笑颜开，说："你看，是贤德使我落得了如此困苦的境地。"

后来，他走到山中，又困又饿，很疲倦，就枕着车夫的腿睡着了。车夫趁他睡着时，把自己的腿撤走，用一个石块代替，自己离开了他。而这个虢君就饿死在山中，最后为禽兽所吞食。这就是一个已经灭亡了还不醒悟灭亡原因的人，这就是"不醒者"。

这三个典故对比非常鲜明，告诉我们什么叫先醒、后醒和不醒。你看这个车夫对虢君这样地忠心，虢君逃亡的时候还跟着他一起逃亡，还为他准备了逃亡的清酒和干粮，确实是忠心可嘉。在逃亡的过程中，车夫还想劝谏君主回头，告诉他明白败亡的原因，为何落得如此落魄，但是君主不愿意听这种实话、犯颜直谏的话，仍然还是喜欢听逢迎巴结的假话。最后，这个车夫看他实在不可救药，所以才不得不离他而去。

所以，贤明的臣子并不缺乏，但是君主不贤明，即使贤明的人来到面前，也不能够被任用、不能够被重用。只有贤君他能够虚心处下、尊敬贤者、任人唯贤，才能够使德才兼备的人来帮助他治理国家，使天下太平。

对我们个人而言，只有以苦为师，时刻反省和检讨自己的问题，接受身边人的劝谏，改过迁善，才能真正把命运掌握在自己的手中。所以，反省是改命的开始，了凡先生的命运也是从这里开始彻底改变的。

有一首现代诗叫《醒来》，内容如下：

生命就是一趟从沉睡到醒来的旅程，每个人都会在适当的时间，在适当的地点，以适当的方式醒来。只不过每个人醒来的方式不同，醒来所需要的时间不同。有的人需要一年；有的人需要10年、20年；有的人需要一辈子；有的人需要无数次的生命轮回。如果爱不能唤醒你，那么生命就用痛苦来唤醒你；如果痛苦不能唤醒你，那么生命就用更大的痛苦来唤醒你；如果更大的痛苦不能唤醒你，那么生命就用失去唤醒你；如果失去不能唤醒你，那么生命就用更大的失去唤醒你，包括生命本身。

06 你只管善良，福报已经在路上

听完了凡先生的反省，**"云谷曰：岂惟科第哉！"**云谷禅师说："岂止是科第求不到、子嗣求不到，因为你没有积德，你的命运就不可能改变。"这里接着讲到了世间的人其实都有定数、都有命运，要极善极恶才会改变。

"世间享千金之产者，定是千金人物；享百金之产者，定是百金人物；应饿死者，定是饿死人物。"我们看这个"定"，就是云谷禅师对真理丝毫没有怀疑。世间的人确实有千金福报的，他的命中就能够获得千金的福报，有百金福报的就能获得百金的福报，谁也抢不走，因为他是自己修来的。

"一切福田，不离方寸"，都是自己用心去积累而获得的。你如果心不改，纵使你再努力，那是一个缘分，你必须有福报，加上你的努力，才会有财富，福报才会现前。

正所谓："青山无有争，福田靠心耕。"种子种到地里，这个种子是因，土壤、水分、阳光、肥料这都属于缘，最后就会开花结果。你是真心地修福，你的命运一定改得很快。所以我们一旦明理了，理得心安，最重要的是不再有任何怨天尤人的念头了。

"应饿死者，定是饿死人物。"一个人假如命中没有福报，就该饿死的，那他真的会走到穷途末路。明朝有一个大奸臣叫严嵩，"弄权一时，凄凉万古"，他弄权几十年，老百姓非常痛恨他。因为他做宰相那么久，皇帝跟他也有感情，后来虽然知道他祸国殃民，但不杀他，赏了他一个黄金饭碗去乞讨，结果严嵩最后是住在坟地，贫病交加，就是活活饿死的，所以人还是要凭良心来经营人生。

《大学》讲："仁者以财发身，不仁者以身发财。"有智慧的仁者在赚取财富之后，不吝于用这些钱财救济贫苦、捐助教育、支持慈善，结果用财富为自己获得了好的名望，受到社会大众的尊敬，甚至还能垂范后世，名留青史。而利令智昏的不仁者不惜以自己良好的身份、社会地位、名声为代价，去追求财富的增长，以致贪污受贿、违法乱纪，甚至坑蒙拐骗、打砸抢烧，无所不为，结果落得了人财两空、家人蒙羞，甚至锒铛入狱、遗臭万年的结果。

有本书叫《商道》，这本书也被拍成了电视剧，这里面讲到了古朝鲜的两个商团：一个叫湾商，一个叫松商。剧情演到一半的时候，湾商倒了，松商成为最大的商团。但是，松商大房是用了很不好的手段成为的第一商团。松商大房看起来好像成功了，一度做到了最大，结果他惹来了杀身之祸。因为他做生意不择手段，他底下人就把他给推翻了，最后还要谋杀他。

但可贵的是：松商大房没有怪他底下这个人，他也进行了深刻的反省。他说："是我害了他，这个人最后变成这样，是被我带坏了，是我自己没有坚持做人的原则和良心，影响了我的下属。"他反省得很到位，我们看"安史之乱"就是例子，安禄山、史思明都是被自己的儿子和下属害死的，原因是什么？《说文解字》讲："教，上所施，下所效也。"他们自己做的，下属效仿的。

湾商洪德铢先生坚持做人的原则，他暂时垮台了。他垮了以后，把他仅有的财产全部卖掉，发给所有的干部："给你们去做小生意，这样你们还可以生活。"这些干部都知道，洪德铢先生自己的孩子都没有房子住，但他还是如此道义。所以，他看似失败了，其实成功了，为什么？他的商团以后不仅他是将才，个个都是将才。

他讲道义，他培养和影响的这些干部也都讲道义，不为名利所诱惑。他们分开以后，后来又有机会的时候，看到他们的大房洪德铢先生都在那里哭。他们都是那种一起打天下的、共患难的感情，那种情感像兄弟手足一样亲。

所以他看起来失败了，他真正成功了，因为他任何时候都把最重要的品质摆在第一位，所以也成就了他所有干部的人格。所以湾商一有机会，马上成为第一商团。而且，在洪德铢先生的培养下，林尚沃成了朝鲜首富，也是朝鲜著名的红顶商人。

林尚沃在临终前写下了人生经商哲学："财上平如水，人心直似衡。"也就是说，作为一个商人，不能一味追逐金钱，而是要获得人心。一味追逐金钱的人，终将失去自我；而获得人心的商人，将可立于不败之地。

少年林尚沃在平安道跟随洪德铢先生做铜器买卖，凭借着过人的智慧和胆识，他通过倒买倒卖为集团赚取了不小的一笔钱。然而，洪德铢语重心长地教训了他一顿：如果你一味追逐生意的利润，你终将一生为钱所累、为钱所奔波。你要成为一个成功的商人，就必须获得人心！林尚沃当时还不太理解。

到后来，洪德铢先生为了集团的利益牺牲了自己，不再担任集团的领导。此时，他领着林尚沃走在集市，路上的父老乡亲纷纷行礼、感谢。原来这些人，都是受过洪德铢先生恩惠的。此时，洪德铢表示："我这一辈子，没有白活。"这时，林尚沃开始懂得：只有获得人心，才能让自己立于不败之地。在自己跌倒的时候，依然有人能扶持自己。所谓做生意，不是赚取金钱，而是赚取人心，并不是要获得利润，而是要获得人心。

洪德铢先生也曾告诫林尚沃，所谓"商道"不是别的，只要了解做人的道理，这就等于遵守了商道。以做生意为借口，以获得更多利益为借口，因而违背做人的道理，这就不是一个真正的生意人。而且，一个真正的生意人，要知道什么时候该退出。范蠡帮助勾践复国后功成身退，在经商过程中他的资产超过齐国的时候，他散尽家产，救济穷苦，只留下很少的本钱，三聚三散，所以陶朱公范蠡被尊为"财神爷"。清朝的"红顶商人"胡雪岩就没做到功成身退，结果招致李鸿章、盛宣怀等人的嫉妒，最后走得比较凄苦。

所以，《大学》讲："有德此有人，有人此有土，有土此有财，有财此有用。""有德此有人"，你有了德行，才能有人。人是什么呢？就是跟随你的人、信任你的人、支持你的人。所以，你有德行，你才有人脉。"有人此有土"，"土"用今天的话来讲就是市场、就是平台。"有土此有财"，有资源、平台、市场，你的财富自然就来了。大家看，在德行和钱财之间，还有两个什么呢？一个是人，一个是土，不是德行、人情、平台什么都不管，不付出，直接就想要那个钱，那样就急功近利了。

《大学》还讲："财聚则民散，财散则民聚。"如果把德这个根本轻视了，去重视财这个枝末，当然你可以挣得一点点财富，但是这是临时的、不长久的，用现在话来讲，是不可持续的，而且会有很大的副作用。要知道，一个人如果起心动念都在贪财、敛财，把财富聚集在自己手上，那别人看到，同样也会起贪财的心、好争的心，使民众都会争斗、都会劫夺财富，那么民心当然不会向着你。

民散是讲民心散掉，当一个社会人民百姓都在争利的时候，这样的社会的民心是涣散的、是不团结的、是不和谐的，这叫"财聚则民散"。我们希望百姓都能够和睦团结、相亲相爱，怎么做？要反过来，"财散则民聚"。

散财是什么？轻财，不要把财富看得太重。重利必然是轻义，只有重德才会轻财。散财是为了帮助民众，看到别人有需要、有困难，我们立即伸出援手，把我们所拥有的财富，这里也包括内财，我们的能力、我们的智慧、我们的才华，统统贡献出来，这叫散财。把财富散掉，民心就团结，这叫有德就有人。

孟尝君曾经叫一个食客去办事，这个食客奉命到孟尝君家乡去收税，孟尝君有很多土地，都租借给农民耕种，收田租。结果这个食客临走之前就问孟尝君说，我这次回您的家乡，把这些税收收回来之后，请问您要买些什么东西带回来？孟尝君就随便说了一句话："你看我缺什么你就买什么。"这个食客就奉命而去。

到了孟尝君的家乡，他把所有的该交税的人全部招来，结果大家都哭丧着脸来了，因为赋税对百姓是一个很大的负担，如果收成不好，这个压力会很重。结果这个食客把这些租借田地的农民、佃农都招来，当众把所有的这些田税的契约统统烧掉，告诉大家："你们负担太重，孟尝君命令我今年免掉你们的税收，让你们过上一个安稳的年头。"所有的佃农都欢呼起来，磕头顶礼，感恩孟尝君这种仁义的德行。

然后，食客就回去了，见到孟尝君，孟尝君说，你这个税收了，买些什么东西回来了？这个食客告诉他："我把这些税收的契约都烧掉了，给你买回人心。"孟尝君当时还不能理解，就不太高兴，不过还算很有雅量，也不跟这个食客计较。到后来，由于朝廷政变，孟尝君被迫逃亡，带着很多的家眷、食客回到自己的家乡。结果还没有走进自己家乡的边界，就看到很多的百姓出来迎接，而且跪在地上，欢呼雀跃顶礼。这时候，孟尝君才深深感到人心之重要。

这则典故证明了《大学》里讲到的"财散则民聚"，有德者必有人。要知道，得人心就能得天下，失人心就会失天下。《大学》里面讲的，"得众则得国，失众则失国"，这种道理古今不易，这叫真理。所以，圣人教导我们要重德轻财，因为有了德，才能真正持续地拥有财富。

我们必须知道财富的真正原因，以及什么样的人生才能得到财富。不然可能一辈子都在赚钱，但是一辈子也没有剩下多少钱。俗话说"命里有时终须有，命里无时莫强求"，这是说你的命运没有改变，苦苦向外求，搭进性命也强求不来的。生命中的财富，绝对不是你去钻营就可以得到的，我们要知道如何去种富，才能收获财富。福田心耕，还要向内求。财布施得财富，财分为内财和外财，内财是我们的智慧、能力和体力，外财主要是指我们的钱财，布施内外两种财富给别人，就能得到更多的财富。

历史上有个特别有名的典故，叫"杨震四知"。东汉时期，有一位太守叫杨震，为官清廉，把个人利益看得很淡。他始终以"清白吏"为座右铭，从不接受别人对他的私下馈赠，对自己要求严格。这种清白廉洁的品质，在古代是很被人称道的，即使是在现代，也是很受老百姓期待和敬佩的品质。杨震在荆州做刺史时，曾经向朝廷举荐才华出众的王密为昌邑县令。后来他调任东莱太守，赴任过程中路过昌邑，王密听说后就到郊外去迎接。当天晚上，王密拜会杨震，二人相聊甚欢。

等到了深夜，王密准备起身告辞时，便从怀中拿出早已准备好的黄金，想要送给杨震，以报杨震的知遇之恩。他说道："恩师于我有知遇之恩，正逢此次恩师路过此地，我准备了一份小小的礼物，希望恩师笑纳。"杨震自然是拒不接受，并说："你能做到这个官位，那是因为你有真才实学，我不过是了解你的才学而荐举你为孝廉，希望你能廉洁自律，造福一方。然而你今天以此来向我行贿，岂不辜负了我对你的期望吗？如此回报并不是我想看到的。只要你能真正造福一方，做个清廉自律的好官，就可以了。"王密觉得他只不过是推脱而已，怕别人知道这件事才故意这么说，于是就说这件事情没有人知道，你还是放心接受了吧。

结果杨震义正词严地说："这件事有天知，有地知，有你知，有我知，怎么能说没有人知道呢？我了解你的学识才把你推为孝廉，而你对我的作风一无所知啊！"我们相信王密经由杨震这么一点化，应该耻心、畏心、勇心都能提起来。

所以，良师益友是我们的依靠，《弟子规》讲："能亲仁，无限好。"为什么说亲近仁者无限好呢？《安士全书》说得好："善人则亲近之，助德行于身心；恶人则远避之，杜灾殃于眉睫。"《论语》也讲："以文会友，以友辅仁。"师生之间，好朋友之间，谈话都是经典的教诲，不是聚在一起谈些没有意义的事，甚至谈论造口业的事，这就没有尽师友的道义。

杨震一生廉洁，为官清正，所以，老的时候也没有什么家产留给后人。同僚看了之后就劝他，说："你不为自己打算，也要为你的后代子孙着想，要留一些家产给他们。"杨震怎么说，他说："我留给我的儿孙最好的财富，就是他们是一个廉洁官员的后代。"果不其然，他的儿子、孙子、曾孙都秉持了杨震廉洁的家风，为官非常清廉。他的儿子杨秉以"三不惑"即"不饮酒、不贪财、不近色"闻名于世。他的"三不惑"与其父杨震的"四知"精神相映生辉。"三不惑"也被《辞海》作为词目收录。杨秉寿终，桓帝特批准他入葬皇陵。

自杨震入仕，到杨秉、杨赐、杨彪四代都干到了三公的位置，历史上称他们家"四世三公"，连续四代都有人做到三公的位置，而且到现在代代都有贤人出现。杨家的后人为了纪念祖先这种德行，就把他们家的房屋取名为"四知堂"。

　　我们想一想，凡是杨家的后代，从这个"四知堂"的匾额下走过的时候，都会受到教育、受到提醒。他们会想到：我们的祖先不收"四知财"，我作为他的儿孙，怎么可以贪污受贿、以权谋私呢？所以你看，杨家的后人即使到今天，虽然有的已经移居海外，仍然对祭祀祖先念念不忘。1995年的时候，缅甸"四知堂"的后人就扩建"四知堂"，为的是容纳更多的子孙来祭祀。

　　杨震的德行庇荫了他的后人长达1900多年，而且杨震的行为不仅仅影响了自己的儿孙，也影响了我们所有的华夏子孙，受到了后人的尊敬。比如，唐太宗有一次经过杨震大人的墓，他也仰慕杨大人的德行，亲自去祭拜，还亲自写了一篇祭文来祭奠他。当时房玄龄大人看在眼里，感慨地说："杨大人的在天之灵应该很宽慰，因为经过几百年之后，天子亲自给他写祭文。"这些忠臣廉吏，他们的精神确实是如文天祥先生在《正气歌》里所说的："是气所磅礴，凛烈万古存。当其贯日月，生死安足论。"他的磅礴正气长存于天地之间，延续下来，直到现在，仍然影响着我们炎黄子孙的德行。

　　司马光先生在他家训中说："积金以遗子孙，子孙未必能守；积书以遗子孙，子孙未必能读；不如积阴德于冥冥之中，以为子孙长久之计。""积金以遗子孙，子孙未必能守"。我们现在有些人缺乏智慧，辛辛苦苦赚了很多钱，甚至贪了很多钱，自己还舍不得花，为的是什么呢？为的是给儿孙做打算。

　　但是，林则徐先生说得好："子孙若如我，留钱做什么？贤而多财，财损其志；子孙不如我，留钱做什么？愚而多财，益增其过。"子孙如果像我一样智慧，我没必要留钱给他，贤能却拥有过多的钱财，会消磨他的斗志；子孙如果是平庸之辈，我更没必要留钱给他了，愚钝却拥有过多钱财，会增加他的过失，他会犯错误。

　　"遗书于子孙，子孙未必能读。"可能，我们自己很喜欢读圣贤书，觉得法味无穷，从中感受到了读书的喜悦。但是现在很多年轻人可能没有这个福报了，每一天看电视、玩电脑、打游戏、沉迷手机，很少有人能够静下心来读一读经典，汲取古圣先贤的智慧。所以，"不如积阴德于冥冥之中，以为子孙长久之计"。不如怎么样？不如你做了很多的好事，积功累德，不图名、不图利，积下了阴德，这个阴德可以庇荫子孙长达千秋万代。

　　你看，孔老夫子和孟老夫子的子孙一直绵延到今天，保持了两千多年而不衰。走到哪里，一提到是圣人的后代，大家都是非常地恭敬。所以为什么祭祀祖先特别重要，因为它起到了教育的含义，它能够教导人知恩报恩、饮水思源，而且不忘祖宗的德行，让自己的行为有责任感，一言一行、一举一动都不要忘记祖先的恩德，不能够辱没父母祖先。所以这个祭祀非常重要。

反过来，我们再看看历史上的贪官，其结果与廉洁的官员相比，就截然不同了。为人们所熟知的极度贪财的官员——和珅，可以称为"中国古今第一贪"。和珅出身官宦世家，祖上因有过战功而受封。到了他父亲一代，因为为官清廉，而且大多数时候都在守卫边疆，因此家里并没有许多的产业。

等他父亲去世，和珅家境就开始越来越困窘。按说这样一个虽出身官宦，却受过苦日子的人，在为官后应该更理解底层人民生活的艰苦，何况他的父亲还是一个清廉自律的武将。然而令人意想不到的是，和珅为官期间，由于深受乾隆帝的信任，位极人臣，成为权倾朝野的"二皇帝"。一人便掌握了清朝用人、财政、刑罚、"抚夷"等几乎所有重要部门的大权，于是他便开始数典忘祖，肆无忌惮地大开受贿之门。

他敛财的最主要和最快的方式就是在"用人"方面收取贿赂。由于他拥有任命重要官员的权力，于是那些一心想要做官、想要往上爬的蝇营狗苟之徒，便开始给和珅大把大把地送钱。不向他献纳金银珠宝，或者跟他没有亲属关系的，基本上是没法做官的。

更严重的是，他一边可以任用官吏，另一边还坐在"监察部长"的位子上，自己查自己，又怎么查得出问题呢？史书上称当时的情景为："和相专权，补者皆以赀进""政以贿成""乾隆中，自和相秉政后，河防日见疏懈。其任河帅者，皆出其私门，先以巨万纳其帑库，然后许之任视事，故皆利水患充斥，借以侵蚀国帑""至竭天下府库之力，尚不足充其用……而庚午、辛未高家堰、李家楼诸决口，其患尤倍于昔，良可嗟叹"。

乾隆死后，嘉庆皇帝将和珅革职下狱，抄没家产。根据《查抄和珅家产清单》的记载，家产中金银珠宝、字画珍玩，无所不有。皇上有的他有，皇上没有的他也有。而和珅的家产又是多少呢？据记载，一共是11亿两白银！那时清朝每年的国库库银收入为7000万两白银，也就是说，15年清朝国库收入才能与和珅的家产相比！当时有句话说："和珅跌倒，嘉庆吃饱。"

和珅死后，他的府第人财两空，好似食尽鸟飞林，落得个白茫茫真干净。当时有诗所云："十年壮丽宰相府，化作荒庄野鸽飞。"人们追求物质生活并没有错，但是贪财贪到和珅这种程度，那就是不义之财啦！和珅的经历也正应了《大学》讲的"货悖而入者，亦悖而出"这句话，钱不是正道来的，走的时候往往伴随着祸患，凶入凶出，这是一定的道理。他虽然聚积了大量不义之财，但最后也只能落得个一切不义之财尽入国库、自尽而死的下场。

和珅在位时作恶多端，但是深受乾隆皇帝的宠幸，在位时久久不衰，一手遮天，贪污的钱财相当于清王朝十几年的财政收入，但是很少有人了解，厄运在他死前就频频眷顾他，被嘉庆帝抓捕抄家处死之前，家中出现了种种凶相，这些全被记录在史料中。

嘉庆元年（1796）七月初七，被和珅视为掌上明珠的次子刚满两岁就夭折了，仅仅过了两个月，和珅的弟弟四川总督和琳，又在军中染上瘴气身亡，和琳是他官场上的一大支柱，突然暴亡，令和珅格外悲痛。嘉庆二年（1797），和珅的孙子也夭折了。嘉庆三年（1798）二月，和珅结发30年的妻子冯氏，也撒手而去。不到一年，他本人也成了泉下之鬼。

和珅死后，他的儿子丰绅殷德在河北冀州找了一块地，草草地埋葬了和珅，和珅只活了49岁。这个最为自信的、聪明盖世、上可弄君、下可欺民的一代奸雄，生前最大的特点就是不信善恶报应，落得了连平民百姓都远远不如的悲惨下场。所以，请不要再说贪官没有报应，看着他挺享福，享受着诸多方便，贪官贪取不义之财，早晚会自食恶果，不是不报，时候未到，时间到了，全得报销。

在和珅被赐死之后，首当其冲的就是他的儿子丰绅殷德，据《清史稿·和珅传》记载，因为丰绅殷德在乾隆活着的时候娶了公主，嘉庆皇帝为了皇家的声誉，只好保留他的伯爵头衔，但是当和珅的家产被清点完毕之后，皇帝大怒，于是将丰绅殷德的伯爵罢黜，让他承袭和珅原有的三等轻车都尉的卑微头衔。后来又经过各种整治，丰绅殷德被圈禁起来，最后在嘉庆十五年（1810）病死，终年36岁。丰绅殷德只有两女，一生无子，所以，和珅的血脉彻底断绝了。

《太上感应篇》讲："横取人财者，乃计其妻子家口以当之。渐至死丧，若不死丧，则有水火盗贼，遗亡器物，疾病口舌诸事，以当妄取之值。又枉杀人者，是易刀兵而相杀也。"各种蛮横霸占他人财物的人，他的妻子和家人都会受牵连，一起承受恶果，渐渐至于死丧。如果罪恶还不至于死丧，就会有水灾、火灾、盗贼、遗失器物、疾病、口舌等灾祸，来作为妄取的等量报应。又有冤枉杀人的，就像换取刀兵相杀一样。

"取非义之财者，譬如漏脯救饥、鸩酒止渴，非不暂饱，死亦及之。"非义之财，也就是说不是造十善业得来的财富，而是造十恶业取得的钱财，那么夺取不义之财的人，就像是吃有毒的肉来救饥饿，喝有毒的酒来止渴一样，不但不能暂时填饱肚子，解决饥渴问题，死亡也会随即到来。

我们要对财富有清醒的认识，财有吉财和凶财，钱是有吉凶的，房子、车子、名气、官位和待遇，这一切都是有吉凶的。什么是凶财？不是好来路的，不仁不义不符合道德的，全都是凶财。吉财是什么？自己该得的，理所应当的，拿到以后理得心安，是自己的本分钱，花着踏实。大家一定静下心来清点一下自己的经历和周围人的经历，如果手里的钱不是吉祥的，是凶财，还在手里攥着，是不是给自己带来疾病、灾祸，甚至影响寿命和子孙的善恶。

《大学》讲："德者本也，财者末也。"财富是自己的德行长养出来的。我们发现吉财是有根的花果，而凶财是没有根的。吉财是通过孝顺父母，通过仁义礼智信取得的，是有土壤的。而凶财是看到花果很好就剪下来放在自己家里，据为己有，所以本来就不长久。学了传统文化你就都明白了，这些钱财就变成你的了，这是真的。我们大家这才知道，学习传统文化好在真能让财富是你自己的，你说我家产也好，钱也好，真能是你的。

古人教诲后人真可谓用心良苦，古人把"凶财"败散的方式都给我们概括出来了，总结为五个方面。第一是官府，比如，这个钱是贪污受贿、以权谋私、偷税漏税、做假账换来的，结果怎么样？东窗事发，自己银铛入狱，所有的不义之财也会被没收、被充公，最后是竹篮打水一场空。所以，后悔后悔，是到后面才悔，悔之晚矣。

第二是医院，不善之人胡作非为、昼伏夜出、吃喝嫖赌，把身体都搞坏了，这是给医院攒钱呢。

第三是水灾和火灾，也就是自然灾害，这些不义之财也会被大火给焚烧掉，被洪水给漂夺走。

第四是盗贼，没有智慧，交往的很多也是不善之人，感召来那些盗贼，骗他钱的人，而且古人讲"盗亦有道"，这个盗贼也讲道义。这个盗贼的道义体现在什么地方？首先就体现在他劫富济贫上。他看你这个钱来路不明，又没有拿着这个钱去做慈善事业，照顾穷苦，而是自己过着花天酒地的生活，一掷千金，结果盗贼看了也都过意不去，专门偷盗、敲诈、勒索为富不仁的人。

最后一个防不胜防：不肖子孙，也就是败家子。包括现在我们说的这些躺平的"啃老族"，他们往往不但啃老，因为没教育好，还作恶多端，引起事端，也会把不义之财给败散掉。

在明朝万历年间，有一个生意人，他赚了不少钱，后来他临终的时候对他的儿子讲："儿子，我今天能赚那么多钱的方法我要告诉你，就是我们家那个秤我把它做了手脚，做了手脚以后，人家卖货给我，我都是重入，我把东西卖出去都是轻出，在这个重入轻出当中我获得了额外的利润，所以我才赚那么多钱，现在我把这杆秤留给你，希望以后你也可以这样发财。"

他的儿子听完以后战战兢兢，道家讲："斗称需要公平，不可轻出重入。"他儿子有善念，明白这些道理。等他父亲去世以后，他就把这个不公平的秤给毁掉了。过了没有多久，他的两个儿子都死掉了。你看，他不愿意跟父亲一样，做这种伤天害理的事情，但是两个儿子死了。假如我们遇到这种情况的话会不会埋怨啊？我都行善了，怎么儿子还都死了？

在这些境界当中都可以考验我们对古圣先贤的教诲真信还是假信。在这些境界当中，我们真的不能不相信真理，你只要好好行善，没有一件事是坏事。但是你有好恶的心，有分别心，你可能当下就生烦恼，这些烦恼，稻盛和夫先生称之为"感性的烦恼"。但是我们只是行善，正所谓"但行好事，莫问前程"，为中华文化、为大众、为国家贡献，这是愿力身，只要是愿力身，一切都是上天安排、圣贤佛菩萨加持，"人有善愿，天必佑之"，没有坏事。

所以幸福就在一念之间，命运差得很多，一个是随业流转，一个是上天照顾我们，圣贤栽培我们。他也生了烦恼，有疑惑，为什么我做正义的事情，还让我失去后代呢？

这时候他的祖先很慈悲，就托梦给他，说："你还是要坚持你人生的信念，好好地行善。你这两个儿子是因为当初你的父亲违背了做生意的公德心而死的，本来你父亲命中就是大富之人，但因为他用不正当的手法赚钱，其实他的财富已经折掉一大半，他自己不知道，还沾沾自喜。折掉福报以后还有恶报要现前，所以有两个要来破他的财富的孙子来到你们家里做不肖子孙，现在因为你已经把这个不好的方法去掉了，你现在都是凭着良心在做生意，所以你们家的命运转了，这两个灾星已经走了，接下来会有两个孝子贤孙到家里来。"后来果然他又生了两个孩子，都很有成就，德行好又有出息。

你看，只有厚德才能承载万物。清华大学以此为校训——"厚德载物"。"厚"，深厚的意思；"德"，按照古圣先贤的教诲去工作、去生活、去做人做事；"载"就是承载；"物"就是我们的福报。相反就是"德不配位"。"位"就是我们的待遇，就是我们的德行不配我们的福报。

比如说，一张桌子，它能承受10斤重的分量，您非得给它放上50斤的重量，那我们看这个桌子怎么样？它就开始发抖，它就开始变形了，这都是出现崩溃之前的先兆。现在有些人挣了点儿钱，马上就不行了，人就横着待着了，说话也不像个人了；有人大学一毕业，笑话爷爷奶奶没文化，看不起爸爸妈妈；有人升职以后就摆官架子，奢侈浪费……这些都是灾祸就要出现的征兆。

所以，我们一定要明白金钱、权力、名望都是自己的福报，都是压自己的物，您能承载得了吗？靠什么承载，靠我们的德行。我们要时刻反省，我们的德行够吗？就是云谷禅师问了凡先生的你自己想想你该有功名官位、该有子孙后代吗？

不要"以身试法"，不要取非义之凶财。过去有一句话："君子爱财，取之有道"，这个道太重要了。生死存亡，有的商人，以非法的手段，去要那些你命里头装不下的东西，你这不是惹祸吗？因此坐牢判刑的例子还少吗？他的德行跟他的待遇、福报不相称。

现在人们疯狂地追名逐利，为了出名不惜一切代价，为了挣钱不惜一切手段。天天看着人家开豪车、住别墅、当大官，心里不平衡：不行，我也一定要把这个钱挣到手，但是就怕不懂道德，不明白道理。拿了不义之财，结果会如何呢？《朱子治家格言》讲："伦常乖舛，立见消亡；德不配位，必有灾殃。"

导致现在有些孩子，从小受父母影响就争名逐利，也喜欢攀比，不管家里是什么条件，凡事都想要最好的，别人有的，自己也得有，其实这都在折福折寿。大家不要忘了，寿命和福报都是能量，人本身就是个能量罐。多存德行，就会有源源不断的财富和智慧。

如果孩子从小就喜欢攀比，就沉迷买东西，花钱大手大脚，长大以后自己又挣不了这么多，会怎么办呢？这个问题很值得思考，所以现在很多年轻人都有不少贷款，有很多大学生靠着"花呗""借呗"过日子，父母给的生活费第一时间还进去，再套出来花，大家想想这还能有心思上学吗？也有很多人靠倒腾信用卡过日子，险些进入失信名单，这都是没有处理好跟金钱的关系，没有建立起正确的"财富观""金钱观"。

人都不愿意被讨债，但是过度消费，贷款之后麻烦很多。因为，带给你钱的人目的很明确，就是在你身上挣钱，获得利益。你却感觉"借呗"或者信用卡的余额是你的存款一样，这是大错特错，有这样的想法的朋友一定要及时回头，停止过度消费，哪怕过得暂时辛苦一些，也要把时间和精力用在志向和学习上，这样才能改善困境，才能进步，才能改变命运。

有句话说得好：当你想要预支什么的时候，以后一定会付出更多代价！钱都是来之不易的，如果得到的太容易，以后肯定要付出更多，因为那些利息你从来没注意过。如果是按揭贷款买房买车或者正常的生意贷款，消费控制在合理范围之内，尚且需要谨慎。如果是过度消费，费尽心思贷来的"未来的钱"，也是不义之财的一种形式，这些我们都要有清醒的认识。

孔老夫子讲："饭疏食饮水，曲肱而枕之，乐亦在其中矣。不义而富且贵，于我如浮云。"圣贤人"箪食瓢饮"不改其乐，通过不道义的方式获得富贵的地位，这对我来说就像天边的浮云一样，和我毫不相关，我是绝对不会这样去做的。那种富贵就像浮云一样，既不真实，也不长久，我不放在心上，不让这些去变成自己的累赘，更不会去苦苦追求。

在做人的原则上，你这一生不管遇到多困难的事，请你千万不能违背仁义礼智信，不然前面的修养容易全废掉，叫"一失足成千古恨"。《国语》讲："从善如登，从恶如崩。"就是这个道理。孟子讲得好："富贵不能淫，贫贱不能移，威武不能屈。"人面对诱惑，不能失去自己的品格和志趣。

《太平广记》里有一个典故，叫"甄彬还金"。南北朝时期，有一个叫甄彬的人，他心地善良，品行高尚，深得乡人赞许。虽然家中贫穷，却不取不义之财。有一年春荒时节，甄彬家中断了炊，几日没有粮米下锅，值钱的东西早已被典卖光了，只剩下一捆去年秋天收获的苎麻，是留着打算织布做夏季衣服用的。如今为了糊口，也顾不得这许多，甄彬只好把它拿到当铺里去抵押，当了钱，好买米下锅。秋收过后，甄彬凑足了钱，到当铺赎回了那捆苎麻。

回家打开苎麻时，甄彬发现里面夹带了一个手巾包，打开一看，里面竟是黄灿灿的金子，足足有5两重。甄彬对妻子和孩子说："这些黄金肯定是当铺里的人遗忘的。不是我们应得的东西，别说是5两黄金，就是一斤，我们也不能见利忘义，据为己有。依我看，这些东西还是还给人家好。"家里人都表示赞同。

当铺里的人见甄彬送回来的金子，才猛然想起是不久前，有人用这包金子做抵押来换钱，当时没来得及放好，顺手塞进麻捆里，事后也就忘了。若不是甄彬主动把金子送回来，他竟不知道金子是怎样丢失的。当铺里的人见金子失而复得，非常感激甄彬，执意要把一半金子分给甄彬，甄彬说什么也不肯接受，两个人推辞往复了十多次都被甄彬谢绝了。

甄彬说："我虽然家境贫寒，但不能见利忘义。归还金子是我分内之事。"当铺里的人见他执意不收，只好作罢，感叹道："谁能想到大热天还穿着羊皮旧袄上山砍柴的人，却是一个实实在在、拾金不昧的君子啊！"从此以后，他逢人便讲述此事。

后来甄彬被梁武帝任命为郫县县令，将要上任之前，他依照惯例，前去拜见皇帝并辞行，同时去辞行的一共有五位官员。梁武帝分别告诫他们为官一定要忠于职守，注意保持廉洁。轮到甄彬时，梁武帝说："昔日，朕尚未登基之时，就听闻你有还金的嘉行，所以对你就不用嘱咐这句话了。"

自此，甄彬的德行更加广为流传，成为世人心中的楷模，古代"二十四廉"当中就有"甄彬还金"。中国古代的很多读书人，因为受到了良好的教育，他们绝对不会去取不义之财，做到了孔子所说的"富与贵是人之所欲也，不以其道得之不处也"。富贵是每一个人都想得到的，但是以不道义的、不正当的方式来获取它，我也不愿处于富贵的地位。

《世说新语》有一篇文章，叫"陶母封鲊"，也叫"陶母封鱼""陶母退鱼"。晋朝人陶侃的母亲是新干人湛氏，被尊为中国古代"四大贤母"之一。陶侃小时候家里很穷，湛氏很注意对他品德的教养。后来，陶侃做了一个小吏，有一次他利用负责管理鱼塘之便，弄到了一坛好的咸鱼，让人捎给了母亲。

陶母见后，立即封好了咸鱼，派家人原物送回，并写了一封信责备他说"你作为一个官吏，却拿了公家的财物给我，不但不能使我满意，反而增加了我的忧虑啊！"此后，陶侃牢记母训，清廉正直，忠于职守。后官至征西大将军、荆江两州刺史、都督八州诸军事等要职，成为东晋初期的重臣之一。曾经不费一兵一卒就擒获郭默父子，因而名震敌国。史书上记载他治下的荆州："自南陵迄于白帝数千里中，路不拾遗。"

咸和九年（334），陶侃辞官归隐，不久后去世，享年76岁。获赠大司马，谥号"桓"。唐德宗时成为武成王庙六十四将之一，至宋徽宗时亦位列武庙七十二将。陶侃之所以能成为一名好官，母亲的教导起了至关重要的作用。

试想倘若陶母当初收下那锅鱼，享受了所谓"儿子当官，全家得福"的欢乐，那日后各种美味乃至财宝会源源不断，历史上就不会有陶侃这样一个好官了。由此可见良好家风教育的重要！陶侃是陶渊明的曾祖，陶渊明"不为五斗米折腰"的气节，跟家庭教育和家风传承是分不开的。所以长辈、家人对一个人的影响也是巨大的，后人称赞陶侃清廉，更称赞陶母封鲊的美德。

母教特别重要，在清朝有个著名的商人，叫胡雪岩，他被封为"红顶商人"，他的母亲也得到了巨额赏赐。一时间，关于胡雪岩的事迹传遍了大江南北。有人传言胡雪岩是含着金钥匙出生的。这些不过是人们对敬仰之人的一种称颂，胡雪岩的生平远没有他们说的那般幸运，相反，他还吃了很多苦。

胡雪岩刚出生的时候，父亲胡鹿泉在杭州做个小官吏。虽然职位不算高，但是家里的生活条件还不错。可是后来，母亲一连生下了三个弟弟，父亲也殉职了，一家人的生活便陷入了水深火热之中。但是，尽管生活艰辛母亲从来没有放弃过对胡雪岩的教诲。她希望儿子能够做一个正直、善良的人，所以经常会讲故事给他听，教他做人的道理。

有一次，母亲给他讲"甄彬还金，拾金不昧"的故事，并且告诉他："捡到别人的东西，一定要想办法还给人家。"胡雪岩问："如果捡到的东西刚好是我们需要的呢？"母亲说："那也要归还给人家，别人也许会有更重要的用处。不是自己的东西，就不能占为己有。"胡雪岩点了点头，记住了母亲的教诲。

不久之后，他在放牛的时候，捡到了一个包裹。打开一看，里面全是金银财宝。该怎么办呢？胡雪岩长那么大都没见过那么多钱。这时，他想起了母亲的教诲。一定要把钱还给失主，可是四下连个人没有，这钱应该交给谁呢？那就等吧，他就把包裹藏在草丛里，在原地等了很久很久。

后来失主慌慌张张地赶过来，他看起来是个40来岁的男子，他急急忙忙地跑过来问："小孩，你可曾见过一个包裹？"胡雪岩不慌不忙地问："你那个包裹是什么颜色，什么样式，里面装有什么东西？"该男子就把包袱的情况详细叙述了一番。见他说得分毫不差，胡雪岩这才把草丛里的包袱取出来，还给了这个男子。包袱失而复得，该男子很高兴，随手拿起两锭金子，要给胡雪岩作为酬谢。胡雪岩连忙拒绝，说："这本来就是你的东西，不是我的钱，我不能要。"

小小年纪，竟有如此的胆识和谋略还有气节，这个男子很是欣赏，就对胡雪岩说："我姓蒋，在大阜开着一家杂粮店，你在这放牛属实有点可惜了，你跟我走吧，我收你做徒弟，教你做生意！"

少年老成的胡雪岩并没有被这突如其来的惊喜冲昏头脑，他跟蒋老板说："我现在还不能答复你，待我回家请示母亲，再给您答复。"蒋老板一听，这孩子竟考虑如此周全，更是爱惜不已，这个徒弟他是收定了！他连忙说："好好好，那你回家跟母亲商量，我回去先给你安排好，我把地址留给你，放心，我一定会好好教你的！"

回家跟母亲请示后，胡雪岩就跟随那位失主离开了家乡，在"信和钱庄"当上了学徒，三年后转正。若干年后，胡雪岩成了享誉四方的"红顶商人"，这跟他那一天的经历是分不开的。倘若他没有拾金不昧，将钱财交还给失主，就不会等来拜师的机会，也不会有离开自己的家乡，去外面闯荡的机会。可见，拾金不昧的行为不仅使对方受益，自己也会更加受益。

家庭教育、家风传承非常重要，一个真正孝顺的人才能做真正的清廉官吏，在古代很长时间，选拔官吏的制度都是"举孝廉"。孝道是廉洁的根本，孝子是不会给祖先和父母抹黑的。当我们面临诱惑和考验的时候，孝道恰恰是最好的良药，让我们不去犯错，不取非义之才。

20世纪末，有一个事件震动全国，"9898"湛江特大走私受贿案，牵连的人非常多，但有一个官员平安无事。他说当时看到大家一窝蜂都在贪，他也动心了。他还在那里衡量："反正我偷了、贪了以后，进去关个几年，我孩子的大学费用都有了。"正准备这么做，他脑子里突然闪出父亲的身影。

他的父亲是小学老师，视名节比生命还要重要。

他突然想到：假如我真的贪污被关起来，那我父亲一定生不如死。这一念孝心让他打消了贪污的念头。结果没过多久，那些人东窗事发，他的很多同事都被关起来。他讲到这里就非常感叹地说："就是这一念孝心救了我，也救了我的家庭。现在中秋节、春节，我都跟我的亲人团聚在一起，而我那些同事在监狱里没了自由。"

我们冷静地来看，确实是"君子乐得做君子，小人冤枉做小人"。假如他真的跟着贪污，请问他的孩子真的读大学就没问题了吗？算盘不是这么打的。他如果被关起来了，他的妻子和孩子做人都抬不起头。

我们要了解，贪的那些钱是谁的钱啊？是老百姓的钱啊，都是纳税人的辛苦钱，假如你对老百姓的血汗钱都下得去手，那你这辈子得伤了多少的阴德，折了多少的福分！"取非义之财"，横祸很快就来了。所以，不是只看到眼前的这个数字而已。假如倒查二十年，可能连做个普通人的机会都没有了。人啊，都被欲望冲昏了头，都把天地之间的道理给忽视了。

为什么？老子在《道德经》中讲："天网恢恢，疏而不漏。"犯了法不只要关起来、判刑，福报还要折损。不是你关完就没事了，妻子儿女都要遭这些横祸。

所以，这都是告诉我们"谨慎为保家之本"，我们的名节、我们的身体都属于爱我们的人的。我们这一生活得有意义、活得有价值，所有的亲人都会受到好榜样的影响，都觉得光荣。当我们德行受损了，那很可能是父母老师和所有爱护我们的人一辈子的痛。

所以"守身如执玉，积德胜遗金"，对待自己的名节就好像拿一个玉石，非常谨慎，生怕它掉到地上去。苏轼在《三槐堂铭》中写得好："忠厚传家久，诗书继世长。"积德比留黄金给孩子有价值。积德最重要的就是孝顺父母。

孟子讲："事孰为大？事亲为大。"我们人生最大的，也是第一件事，就是报自己父母的恩，"守孰为大？守身为大。"今天我们孝顺父母，假如不能对我们的身体、对我们的德行战战兢兢地保护，到头来"身有伤，贻亲忧，德有伤，贻亲羞"，那个贻亲羞比贻亲忧更难受，你身体生病了三天痊愈了父母就不担心了，但是名节受损父母很可能一辈子没有好日子可以过，他们会在那里很遗憾我的儿子最后怎么犯案了。

云谷禅师讲得好："世间享千金之产者，定是千金人物；享百金之产者，定是百金人物；应饿死者，定是饿死人物。"人的财富都是自己的福报决定的。**"天不过因材而笃，几曾加纤毫意思？"**上天是公平的，不会有任何的偏心，所谓因材施教、因势利导，"材"就是我们的思想、言语和行为，我们的身口意有善恶，命运就有吉凶，人生的一切际遇跟我们自己的心行相应的。

"自助者天助，自救者天救，自弃者天弃"，这个人自立自强，上天护念他，为什么？《史记》讲得好："为善者，天报之以福；为非者，天报之以殃。"《尚书》讲："作善，降之百祥；作不善，降之百殃。"《周易》讲："善不积不足以成名；恶不积不足以灭身。"

人的吉凶祸福，这不是上天决定的，是人自己决定的。恶人的恶报来了，如果反省改过，他就不会继续造恶了，上天也给了他应有的提醒和处分，也给了我们每个人改变的机会。"几曾加纤毫意思"，上天绝对没有自己的私心，公平正直才是"天"。所以，人生一切际遇都是自己感召来的，要想趋吉避凶，拥有幸福美满的人生，就要反省改过、断恶修善，别无他法。而且，人有饿死的命，根源在哪？思想有问题。

很多地方很穷，一些慈善团体去给他们救济，结果越救老百姓越懒惰，认为给他都是应该的，突然给的少了就开始起争端。这些慈善团体很无奈，就去问我的恩师，为什么那些得到救济越多的地方老百姓越不感恩呢？恩师回答："他连自己的亲生父母都不感恩，他还会感恩你？感恩心的源头是感激父母的养育和教育之恩，百善孝为先，他的孝心开了，他的知恩报恩的心才会开，他的德行才会开。"

而且，很多人从小就养成了游手好闲、好吃懒做的心态，就算没有这种心态的，也不知道自己该做点儿什么好。所以真的要帮人，空有好心还不够，还要用什么？智慧！不然会帮倒忙。要帮他们培养感恩、恭敬和友爱的心，也要教会他们一技之长，自力更生，不然扶贫就会越扶越贫。

正如墨子所说："赖其力者生，不赖其力者不生。"所以，有人问我希不希望中彩票，我说小时候希望，现在学习了传统文化的智慧，不希望了。我姥姥爱买彩票，她买了几十年了，中得最大的奖好像是50块钱。我为什么不希望中彩票了？清华大学的校训说得好："自强不息，厚德载物。"

《中庸》讲："故大德必得其位，必得其禄，必得其名，必得其寿。"人生有多厚重的德行，才能承载多大的福报。如果德行不够，福报却突然来了，就像让一辆卡车承担一火车货物的重量，其结果就是车毁人亡。内有贪嗔痴慢疑，外有怨恨恼怒烦，德行不够，却享有财富，就会面临很多的问题。

我把传统文化的道理跟我的父亲汇报，我父亲说在我们村就有一个例子，一位叔叔当时中了100万，这在当时那个年代，一个贫困的村庄里如同天文数字一般，大家都羡慕他，但是他的结局简直不敢想象。

有了钱以后，就开始在外面找了小三、小四，看不上村里的媳妇了，觉得很土，一点不如城里的女孩子时髦，所以在县城买了房子，跟别人同居。还染上了吸烟、喝酒、打麻将等恶习，最后发展为赌博。这就是什么？这就是德行不够，而福报来了，没有付出辛勤的汗水就得来的财富，迷失了自我，变得傲慢、爱发脾气、挥霍无度，我父亲说他中到奖以后他就跟变了一个人一样。他的生活变得一塌糊涂，后来得了很严重的病，钱也没有了，身边一个朋友没有了，孤独终老。

所以我不希望去买彩票发财了，甚至当我看到我的邻居，每天都去福利彩票，对着墙上的曲线孤注一掷，认为明天也许就会赢，命运就会改变。我想劝他回头，真的希望他能明白，真正中奖了，命运也不一定转变，或者说向好的方面转变，人的德行真的太重要了，定力太重要了，福慧太重要了，不然总会被一些表象迷惑，认为可以"空手套白狼"，实际上是"空手套百忙"，不但白忙活一场，还获得不好的结果，得不偿失。

我们去城隍庙赶庙会，上边有个大算盘，上写六个大字："人算不如天算！"真正改造命运，要学《了凡四训》，这本书是真正教人改造命运，把命运把握在自己手里，并超越命运的真实智慧。

我们都知道郑板桥清廉为民，在民众心目中留下了美好的印象，他是清朝乾隆时进士。以"诗书画"三绝闻名于世，为"扬州八怪"之一。民间流传着许多关于他的典故，这里就是其中两则。第一则叫"郑板桥宴请乞丐"。

郑板桥先生做范县县令的时候，上任没有几天便铺开告示：本县令宴请全县所有的乞丐来县衙会餐，时间定于三月三日。乞丐们觉得很不可思议，头一次听说县太爷请客的，所以乞丐们又惊又喜，不知道县太爷葫芦里卖的是什么药。虽然有疑惑，但是官府的告示都贴起来了，也不能不去啊。到了三月三日

你只管善良，福报已经在路上

097

清晨，县衙大院一大早就挤满了穿着各式各样拼接版"时装"的乞丐们。

"咣——咣——咣——"传来一阵敲锣声音。一衙役喊道："各位穷客听便，郑大人有令，大家伙儿先会餐，后会客。"乞丐们跟着衙役进了县衙后院，哇！他们惊呆了：一排排、一列列、一行行，前前后后、左左右右，到处都是摆得整整齐齐的餐桌，摆满了各式各样好吃的饭菜，雪白的馒头，香喷喷的大菜，所以乞丐们狼吞虎咽地大吃了一顿。等到大家酒过三巡，菜过五味，乞丐们被传到县衙大堂。只见郑板桥稳坐中堂，乞丐们齐刷刷跪了一地谢恩。

郑板桥下令衙役们："准备刑杖，每人奉送二十大板！"乞丐们顿时惊恐万分。这时候丐帮帮主说："郑大人，慢打！不知我们犯了什么罪？""你们犯了不劳而食之罪！你们不劳动不干活，白白吃现成的饭就是犯罪。"乞丐们抢着说："我们没有地，怎么能够种田？""黄河、金堤河两岸那么多荒滩野地你们为什么不去开垦？""可俺们连农具也买不起呀""是啊，我们吃了上顿没下顿的哪有钱买农具啊？""早给你们准备好了。"原来郑板桥前几天抓了几个财主赌博，罚他们送来了许多农具和粮食种子。郑板桥指着工具和种子说："这些东西你们尽管使用，每人发放十斤粮种。"

乞丐们谢过郑大人，扛上农具和粮种，高高兴兴地到荒滩野地开垦去了。三年以后，被乞丐们开垦的这片盐碱荒滩变成了米粮之田。黄河河边也树木成林，一派郁郁葱葱。老百姓见到这种情景，都伸出大拇指赞道：郑大人真厉害，乞丐们也能够变成有用的人，让他们可以自力更生，这样救人真彻底，授人以鱼不如授人以渔。在郑板桥先生的治理下，人们安居乐业，再也没有上街乞讨的人了。其实，东西方文化都不支持乞讨的行为，在国外的教义里乞讨的行为是人贫穷的来源，我们中国人也是强调自力更生。

夫子在《论语》中论述周济之道，提出了三个基本原则：第一，即使是为自己弟子工作，也要给钱，即使弟子不好意思收，也要给足工资，弟子可以周济家人和朋友，但我们必须付款，"白嫖"是夫子所不齿的，所以学生也必须交"束脩"，正所谓知识不付费，永远学不会。第二，济贫不济富。他本来就不缺少的，你还去给他，这会害了他，也害了真正需要的人。第三，济急不济贫，如果他是因懒惰和贪婪而贫穷，首先要解决他"心贪"的问题。

扶贫一定要给钱的，这要解决吃饭问题，燃眉之急，关键是让他们能自力更生、能就业、能工作，授人以鱼不如授人以渔，东西方文化都认为自力更生、自强不息、帮助他人，这样才能产生财富。想不劳而获或者守株待兔，这都会让自己陷入贫穷，难以出离，所以要早点回头，亡羊补牢还来得及，再也不要埋怨父母为什么没给买房子，亲朋好友为什么不借钱，长辈老师不给介绍工作，领导为什么不给涨工资了，这都是求于外的心态，这样对家庭事业不好，对身体健康也不好。

第二则叫"郑板桥责行孝道"，郑板桥任山东潍县（今潍坊市）县令时，爱微服私访体察民情。有一天，他领着一名书童走到城南一个村庄，见一民宅门上贴着一副新对联："家有万金不算富；命中五子还是孤。"郑板桥感到很奇怪，既不过年又不过节，这家贴对联干什么，而且对联写得又十分含蓄古怪。他便叩门进宅，见家中有一老者，老者强颜欢笑将郑板桥让进屋内。郑板桥见老人家徒四壁，一贫如洗，便问道："老先生贵姓？今日有何喜事？"老者唉声叹气说："敝姓王，今天是老夫的生日，便写了一副对联自娱，让先生见笑了。"郑板桥似有所悟，向老者说了几句贺寿的话，便告辞了。

郑板桥一回县衙，便命差役将南村王老汉的十个女婿叫到衙门来。书童纳闷，便问道："老爷，您怎知那老汉有十个女婿？"郑板桥给他解释说："看他写的对联便知。小姐乃'千金'，他'家有万金'不是有十个女儿吗？俗话说一个女婿半个儿，他'命中五子'，正是十个女婿。"书童一听，恍然大悟。老汉的十个女婿到齐后，郑板桥给他们上了一课，不仅讲了孝敬老人的道理，还规定十个女婿轮流侍奉岳父，让他安度晚年，最后又严肃地说："你们中如有哪个不善待岳父，本县定要治罪！"第二天，十个女儿带女婿都上门看望老人，并带来了不少衣服、食品。王老汉对女婿们一下子变得如此孝顺，有点莫名其妙，一问女儿，方知昨日来的是郑大人。

孝敬老人，不仅是家事，也是官员施行德政的重要内容。为官一方，不仅要以身作则，带头敬老，更要像郑板桥那样，责行孝道。不然，赚钱一生，忙碌一生，连父母家人都照顾不好，有钱也是造孽，不是好事了。有钱，一定要花在孝顺父母、帮助亲戚邻里、回馈国家和社会上面，不然很容易被物欲横流的俗气带偏，没钱还做不了很多坏事，有了钱却被欲望束缚，不知道最后是自己掌握了财富，还是财富掌握了自己，再招致祸患和疾病，这就很遗憾了。应该仁民爱物、布施利他，让自己的财富成就自己的德行，这样生命就进入了良性循环，人生才能立于不败之地。

07 "千亩义田"范仲淹

云谷禅师接着讲:**"即如生子"**,讲完福报的部分接着讲"生子",也就是传宗接代。**"有百世之德者,定有百世子孙保之;有十世之德者,定有十世子孙保之;有三世二世之德者,定有三世二世子孙保之;其斩焉无后者,德至薄也。"**

"有百世之德,定有百世子孙保之。"在历史上,周朝享国八百年之久,那都是文王、武王、周公,他们所积累的"百世之德"。再比如,大成至圣先师孔子,他的后代已经八九十代了,代代出圣贤,在古代,孔夫子的传人得到了册封。从西汉到民国,整个两千多年的封建王朝时期,孔子的后人一直都得到了皇帝们的认可。

汉高祖十二年,也就是公元前 195 年,孔子的第八世孙孔腾便被册封为"奉祀君"。自此之后,孔子的子孙便有了世袭爵位可以继承,而且这个世袭不仅仅存在于汉朝,在后世千年中,虽然其封号几经改动,但在朝代更替下孔家一直都有世袭爵位。尤其是从宋朝一直到民国,这接近 900 年的延续历史当中,"衍圣公"这个职位,成为孔子嫡长子孙的世袭封号,一开始只是三品文官,到了明代变成了一品,清代的衍圣公更是可以居住在仅次于皇室的府宅中,还可以在皇宫里骑马。

孔家有一个非常著名的祖坟,叫作孔林,孔林与孔府和孔庙合称为"三孔"。1961 年 3 月 4 日,孔林被列为第一批全国重点文物保护单位。1994 年 12 月,孔林被联合国教科文组织列入世界遗产名录。历史上有人评价:"见证历史的,不是史书,而是老孔家的这些坟冢,占地 200 多万平方米的孔林,从秦汉一直到现在,里面有 10 万多座坟冢,可见孔家延续的时间之长。"

而且,我平生所遇过的孔氏后代没有一个没有成就、碌碌无为的,都是各行各业的佼佼者。有从政的、有搞教育的、有行医的,也有专门研究经典、传承传统文化的,都非常有德行和能力。我们孟氏后裔,也是代代出圣贤。正所谓:千年儒风、万古长青,薪火相传、点亮心灯。

"有十世之德者，定有十世子孙保之。"一般古代的王朝，比如，了凡先生所在的明朝，能传十六帝，享国276年。清朝12个皇帝，享国296年。而一般的富贵人家，"有三世二世之德者，定有三世二世子孙保之"。能传三代、传两代的，在我们现在的社会还是有不少的。

现在很多人是"其斩焉无后者，德至薄也"。"至"就是极，极薄没有福的，一代就衰落了，甚至自己晚年都不保，年轻或者中年发达，但是晚年破产，很凄凉，这样的情况我们经常看到，这就是"德至薄也"，他没有注意积功累德，起心动念、所作所为都是自私自利，为了虚名和利益。即使做了点好事，大肆宣扬，为自己争取好的名气，这不是真善，这是做给别人看的。欺骗别人到头来还是欺骗了自己。

我们冷静想一想，我们现在的德行可以保几世的子孙呢？《周易》讲："积善之家，必有余庆；积不善之家，必有余殃。"古人了解得很透彻。真正爱护后代子孙，一定要给他们积福，这是有见识的父母。不是留一大堆财产，最后让兄弟相争，甚至闹上法庭。要有智慧，《三字经》上说"人遗子，金满籯"，别人给孩子一大堆财物。"我教子，惟一经"，我把伦理道德和经典传给孩子。

我们刚刚讲到孔子有百世之德，就有百世子孙保之。其实，范仲淹先生的家族至今也承传了近千年，后代也都非常好。前些年，我的恩师去了范公一个后嗣的家庭里面，十个后代个个都有成就。有一年的公务员考试，有五个孩子同时考上了，这很不简单。范仲淹先生是历代读书人效法的楷模，字希文，谥号"文正"，生于公元989年。他曾经写过"先天下之忧而忧，后天下之乐而乐"的千古名句。

范公的祖上，有好多有名的忠臣名相，比如，唐朝的宰相范履冰先生，范履冰为太子少保范千兴之子。祖上有德，能出这样的圣贤后代。再追溯到汉朝，范滂是东汉末年的忠臣，"江夏八俊"之一。当时因为有党争之乱，范滂又是非常正直的人，所以就遭陷害了，被关到监狱里面。结果第一次审判完被放出来了，没过多久，可能奸臣又进谗言，第二次又被通缉要抓去审判。当地的督邮官叫吴导，他接到通缉令以后，知道范滂是忠臣，不忍心抓，自己抱着通缉令在那里痛哭。

范滂知道了这件事情，不想为难吴大人，就到县府投案。县太爷叫郭揖，也不忍心抓他，说："范大人，这样好了，我官也不干了，跟你一起去逃命。"他们两位读书人是第一次见面，郭揖佩服他的德行，当下能放下功名，甚至是冒着生命危险，准备一起逃走。我们看到这里的时候特别感叹，人生得一知己，死而无憾。但是范滂说，他不想连累郭大人，而且他还有老母在，假如逃了，还会连累他的母亲。范滂的母亲听说他投案，赶紧赶到县衙去见自己的儿子。

见到自己的儿子，范母并不是哭哭啼啼的，而是对范滂说："人生在世又要名垂千古，又要很长寿，不见得两者都能得到，你坚持了气节，已经与这些有德之人齐名了，这一生已经没有遗憾了，你安心地去吧！"范母凛然大义，这样期勉自己的孩子。

范仲淹先生的祖上都是留名青史的圣哲人，尤其汉朝的范滂先生，他的胸怀就是以天下为己任，虽然那时候是乱世，但他也尽力了。"岂能尽如人意，但求无愧我心。"这些忠臣的精神可以长存。就像明朝的海瑞，谏言写好了，棺材也买好了。皇帝看了海瑞的奏折，很生气："杀了他！"结果官员跟他说，海瑞棺材都买好了，皇帝反而杀不下去了。海瑞为民谋福，连生死都置之度外。

我们相信范仲淹先生因范滂这样的祖先感到钦佩并能生起效法的心。不只范家的后代效法他们的祖先，历史当中很有名的苏轼先生也效法。苏轼小时候，他的母亲看《后汉书》，看到范滂这段历史，母亲就对范母的这种义行风范很感叹，当然也很惋惜，就把《后汉书》放下来。

苏轼虽然小小年纪，看到母亲叹了一口气，就把书拿过去看。看完范滂这一段，他就讲："母亲，假如儿子要效法范滂这样地有气节，敢于直言，不畏生死，您能不能当范母？"所以苏轼先生不简单，小小年纪很有气概。他妈妈连考虑都没有考虑，"你能做范滂，我就能做范母"。苏轼先生的母亲真是不简单，说到做到，她的孩子之后确实是宋朝的忠臣。

宋朝有一位读书人叫刘安世，他是司马光的学生。皇帝要提拔他做谏臣，专门给皇帝提意见，指出现阶段政治有哪些流弊不足。因为做谏官会得罪很多的权贵，会受陷害，甚至会被贬官，刘安世就回家跟他妈妈讲："皇帝让我做谏官，我想推辞掉，因为母亲您年纪大了，到时候我被贬官，您的身体受不了。"刘母听完，对他讲："皇帝对你有知遇之恩，让你当谏官就是信任你，你能够给皇帝提意见利益整个国家，怎么可以推辞？你被贬多远，我就跟你到多远。"

欧阳修的母亲非常节俭，有一次可能欧阳修先生表示了母亲实在是太过节俭的意思，结果母亲就讲："节俭好，你假如被贬官，反正我们过困苦的日子也习惯了，就不会觉得难受了。"古代这些女子看事情都看得非常深远，而且是为国为民着想。刚刚我们讲到苏轼，他被贬到海南岛。不过告诉大家，苏轼被贬到海南岛，在那个地方把传统文化传承下去了，那个地方以前是蛮荒之地。可见虽然这些忠臣被贬，但他们走到哪里，就把教化带到哪里。

范仲淹先生的母亲，在他的成长过程中对他有深远的影响。因为他母亲对整个人生的遭遇，都是以一种包容、宽恕、体谅的心态来面对，所以也成就了范公这样处世的心境。确实一个有德行的母亲，对整个家庭、家族影响相当大。范公才2岁的时候父亲就去世了，本来范公还有个哥哥，族人把他哥哥接走了，不愿意接他和母亲，孤儿寡母的处境很凄凉。一般来讲，人遇到这样的事情难免会心生埋怨的。但是范公的母亲并没有丝毫的埋怨，在孩子成长的过程中，时时都叮咛他，父亲对他的恩德，家族对他的恩德。

范公的继父姓朱，他对他继父的家族，也不亚于对自己家族的照顾。所以，范公一生都是生活在感恩的世界里面。自己虽曾经被遗弃，但他没有任何怨言，反而认为凡是我们人生曾经走过的苦，我不愿意让自己的族人再尝这样不好的滋味。范公照顾几百户人家，他一点都不抱怨。因为他的母亲不抱怨，宽容了他人，成就了范仲淹人生的智慧、正确的态度。

整个范氏家族现在已经超过一百万人，最大的功臣是谁啊？是范仲淹先生的母亲，是她的那一份宽容啊！我们宽容，不只自己受益了，我们的后世子孙都受益了，因为他们以我们为榜样，效法我们。

《诗经》里面有一句叫"桃之夭夭，其叶蓁蓁，之子于归，宜其家人"。这个是男女在婚姻当中的一种心境。有没有哪个女子要出嫁的时候，坐在轿子里面，或坐在车上，心里想："好啊，终于让我等到这一天了，我非搞他个鸡犬不宁不可！"没人这样嫁出去的吧？都要去成就这段婚姻，教育出好的下一代。

桃花开得很茂盛，新叶也长得很好，以后结的桃也会非常好。当女子出嫁看到这个景象，她就自我期许，嫁过去要让人家旺三代，这就是一份初心。

这份初心很可贵，所以古时候管接新娘也叫"迎喜神"。年轻的姑娘，心地纯朴善良、乐观温柔，这是这一家人和两个家族的幸运。为什么不提倡女性做"剩女"，"剩女"一定有被剩下的原因，很可能就是在"精致利己"和"权衡利弊"中丧失了女性善良的初心，失去了灵魂深处那份脱俗的奢华和香气。

母亲去世后，范仲淹先生请风水家看母亲的墓地，风水家说他母亲的坟是"绝地"，他家会断子绝孙，劝他迁移。他说："既然是绝地，就不应别人去受，宁愿我自己受；如果我该绝后，迁坟有什么用？"所以他没有迁坟，但是我们也知道，这丝毫没影响范公的福报和子孙的福报。

苏州有一个著名的风水宝地，叫钱氏南园。当时，范仲淹正在做副宰相，且他是苏州本地人，算命先生对范公说："后代必出公卿！"于是许多人劝他把南园买下来做住宅，以利后代出人才、做大官。范仲淹说："一家人发达富贵范围太小了。"于是他买下南园办了"苏州书院"，培养出不少人才。

近千年来，这里出现了将近四百个进士，八十几个状元。他兴建书院的大利不是为了自己，而是让更多的人生活在这样的风水当中，依山傍水，读书的效果就特别好。现在这是一所高中的校址，真正做到了让普通百姓的子弟后代也能贤达显贵。

范公少年时在醴泉寺读书家境很穷，穷到什么地步呢？"断齑画粥"，他煮一锅粥，等粥冷却后，再拿刀把粥给切开来，一餐只吃一块，称为画粥为食，可以看出，他的物质生活如此匮乏。但是他在金钱诱惑面前不为所动，可以做到"封金不纳"。

范仲淹在寺院的老鼠洞中发现了一堆金子，当时无旁人在场，家中又穷困至极，范仲淹一分一厘也没有动，把石板盖好，重新埋上，直到他日后功成名就，这个秘密依然藏在他的心里。几十年后，当年范仲淹读书的醴泉寺在一场大火中被烧毁，寺院长老派人前来求助，范仲淹才写了一张纸条，上面写着：荆东一窑金，荆西一窑银，一半修寺院，一半赠僧人。

如此，寺院恢复旧观，在范仲淹心里搁了几十年的这件事情也一同消去。所谓"富贵不能淫，贫贱不能移，威武不能屈"，所以克服自己的贪欲功夫是非常好的。而一个人能够勤俭不贪，为官就能清廉，就是个好官。假如欲望很多，那麻烦了，当官一定会贪污腐败。

正如《省心杂言》所讲："为政之要，曰公与清"，为政最重要的原则，公正清廉。而一个家庭要治理好，"成家之道，曰俭与勤"。我们看这两者其实还是很有关系的，他勤劳就很愿意付出，就能大公为人。他在家里能节俭，俭以养廉，他为官才能清廉，所以人才确实都要靠家庭的培养。

范仲淹封金不纳的事情不止这一件，有位术士会炼金术，觉得范仲淹未来会很有前途，是个人才，不想让他读书这么苦。就在临终前把炼金术和炼成的一斤白金给了范仲淹，可是范仲淹一直也没打开过。很多富商出高价买这个炼金术，他也没卖，很多高官也想要这份炼金秘籍。而范仲淹一直留着，等这位术士的儿子长大以后专门交请他来继承。

他对这位年轻人说："这口袋里是一笔珍贵的财富，你要时用它来激励自己。在你将来生活有困难时，也许能帮你渡过难关。但更重要的是你要记住你父亲留下的话：'一定要勤奋地读书，诚实地做人。'这才是我这次请你来的真正原因。"

送年轻人去歇息之后，范仲淹回到书房。老管家走过来说："李公公家里又派人来问，那个炼白金的秘方何时能借去看看。"范仲淹说："还按原来的话回答他：'那是我替别人收藏的东西，未经主人允许，不敢开封，请恕我不能从命！'对了，你再加上一句：'东西现已归还原主，带离京城了。'"

管家有点迟疑地说："大人，李公公可是当今圣上的红人啊，望大人三思……"范仲淹答道："他是红人也好、黑人也罢，不是自己应该得到的东西，就不能昧心得到，这是天经地义的事情，也是我范仲淹做人的信条。这句话你也可以一起告诉他！"

也是在范公读书时代，有一天，有个同学来看望他。这个同学家很富有，见范仲淹生活这么艰苦还坚持读书，心里很感动和心疼，回家后就向父亲讲了这件事。他父亲就叫人给范仲淹送去好饭好菜。过了几天，这个同学又来了。奇怪的是，送给范仲淹的饭菜一点儿也没动，已经快发霉了。他责怪范仲淹说："有句话叫君子不吃小人的食物，你这样做是不是看不起我？"范仲淹赶紧解释："不是我不感激你们的好意，而是我每天吃粥已经习惯了，如果吃了你送来的好饭好菜，贪图享受，我怕以后就再吃不下稀粥了。"这个同学听了后，对范仲淹更加钦佩了。

当时范公常常怕自己睡得太多，冬天都是用冰水洗脸。他在睢阳读书的时候，有一天宋朝皇帝宋真宗路过那里，听到这个消息后，全校师生这方轰动，都认为普通老百姓能亲睹"天颜"这是千载难逢的好机会，所以蜂拥上前围观，只有范仲淹一人留下来继续读书。

有人问他："这么难得的机会，你为啥不去看看？"范仲淹回答说："好好读书，将来再见他也不迟，不好好读书，看一眼又有什么用。"《增广贤文》说："十年寒窗无人问，一举成名天下知。"正是由于范仲淹的孝悌忠信、勤学好读，所以学到了很多真才实学，成了国家的栋梁。

范公二十多岁时，遇到了当时的谏议大夫姜遵先生。有一次一群年轻人一起到姜大人的家里。见完面之后，姜大人唯独把范公留下来，事后姜大人跟他的夫人讲，这个年轻人以后会当显官，而且会流芳百世。范公那时候才二十来岁，姜大人就看得出来。

大家想想为什么看得出来？《中庸》讲，"诚于中，形于外"，他器宇非凡。《汉书·贾谊传》提道："少成若天性，习惯成自然。""三岁看八十。"所以孩子小时候要好好地教。《训俗遗规》王郎川先生曾说："凡儿童少时，须是蒙养有方。"就是要用好的方法教育孩子。而且从哪些地方去要求？"衣冠整齐，言动端庄，识得廉耻二字，则自然有正大光明气象。"

后来，西夏兵进犯，整个国家找不到谁去抵御西夏兵，就把范公请出来。很多古代读书人都文武双全，我们看孔子也是经常背着一把佩剑。守西夏的时候，范公治军严明，整个军队的风气都被转变过来。很重要的一点，就是范公以身作则，士兵没有喝，他不喝，士兵没有吃，他不吃，而且很爱惜生命，不轻易动兵。最后，范公把西北边境守得很好，甚至于他也帮这些少数民族的人安置生活，辅导他们农耕，他们也很感范公的恩德。所以后来范公去世的时候，西夏地区的老百姓都痛哭流涕，而且集体斋戒守丧。范公的德行，能够让敌人感动到如此地步。

《论语》讲："远人不服，则修文德以来之。既来之，则安之。"远方的人，甚至是对立的敌军不服我们，修文德，用道德去感化。而他们来了，就安顿他的生活，照顾好他，冤仇就化解了。这是范公在抵御西夏当将领时候的风范。

范公第三次被贬的时候，讲"岂辞云水三千里，犹济疮痍十万民"。他被贬了多远？三千里左右。虽然离开京城三千里，仍然能够救济、帮助老百姓，"疮痍"是特别困难的人民，还是有成千上万的人民等着这些好官去照顾。他们的胸怀，是"不以宠辱更其守，不以毁誉累其心"，不因为皇帝信任、上位者宠信就高兴，也不因为被贬官、被羞辱了就难过，不会受宠辱的影响而更应有操守跟职责。"不以毁誉"，也不会因为被称赞，心里就高兴得不得了，或者被毁谤就好几天吃不下饭，这些毁誉、外在的虚名不会影响他。

孔子在《论语》开篇就讲："人不知而不愠，不亦君子乎？"一般的人还是比较看眼前的利，看得深远的人少。一般有远大志向的人，不一定被理解，而他也不会去要求别人理解。读书人遇到这种情境的时候，对人生真相要看清楚。"居庙堂之高则忧其民，处江湖之远则忧其君。"人生的际遇、缘分各有不同，所谓人生不如意事常八九，好事多磨，要看破这一点。尽力去做，假如做不成，也不要难过，也不要放不下，这是人生必修的一课。

范公的生活充裕了以后，并没有因此就过上骄奢淫逸的生活。想到还有很多贫穷的人上不了学，吃不饱饭，于是就把自己的俸禄拿出来，兴办义学、兴办义田。范公在的时候，他们的义田是一千亩，等到清朝，他的子孙已经把他发扬光大到四千亩，所以如公之存是真实不虚。救济贫穷的人，把他家族的困难都当作自己的困难，一定让家族都能够过得很好。范公一生，用自己的俸禄供养了三百多个家庭。哪怕范仲淹是副宰相，一人俸禄供养三百个家庭，也只能堪堪糊口。

在范公晚年的时候，家人曾劝他说："您现在年纪大了，不如在京城里选一个好地方，建造一所花园宅第，这样年老时也可以在那里享用。"但是范公说："京中各大官家的园林已经很多了，而园主人又不能自己经常去游园，那么谁还会不准我去游呢？为什么非得有自己的花园才能享乐呢？"

范公一生出将入相几十年，生活都非常节俭。去世的时候，连买棺材的钱都没有，是因为他的钱财都布施给了他人，后来是皇帝给颁赐的棺木。而他曾经为去世的穷书生置办后事，做的善事不胜枚举。很多人就觉得他这样做不是太傻了吗？太不替子孙后代着想了！其实这才是替子孙后代着想的最好办法。他的四个儿子都身居要职，而且个个道德崇高，并且能够守住父亲的遗志，舍财救济众人。

范公生了四个儿子。长子范纯祐，以聪慧和孝道著称，曾经因为想要侍奉父母，而拒绝去参加科举。后来在范仲淹的强烈要求下，才去科举出仕，曾历任监主簿、司竹监等职。

二子范纯仁，曾在宋哲宗时期，担任过宰相，为官清廉贤明，继承了范仲淹的遗志，时人都称之为"布衣宰相"。更为难得的是，范纯仁能做到宰相的位置，完全是靠自己。因为范纯仁是在范仲淹死后，才出来做官，所以基本上也没有什么老爹帮忙关照开路的事情。

三子范纯礼，历知遂州、京西转运副使、江淮荆浙等路发运使等职，到了宋徽宗时期，更是一度做到了礼部尚书的位置。为官几十年，同样官声极好。

四子范纯粹，以祖荫出仕，在宋哲宗元祐年间，最高做到过户部侍郎一职。因此，世人若想后代子孙昌绵久远，当学范公积善造福之方。

尤其是范仲淹的第二个儿子范纯仁，被称为"布衣宰相"。我们看到这个"仁"字，仁爱，果然没有辜负父亲对他的期许。我们中国为人父母者，处处都是为孩子着想，连取名字也不例外，父母给孩子取名字是给他一生的期许。从"范纯仁"这个名字当中可不可以看出范仲淹对孩子的存心？

"仁"是会意字，左边一个"人"，右边一个"二"，两个人。哪两个人？自己跟别人，想到自己就能想到别人，所谓"己所不欲，勿施于人；己欲立而立人，己欲达而达人"。所以，范仲淹对他孩子的期许就是他能有一颗仁慈之心，能处处替人着想。他的孩子真做到了，那是世间第一等的学问，让人佩服。

有一次范纯仁遵照父亲的吩咐，押解五百斗的麦子回江苏老家，那时候范仲淹在京城工作。结果范纯仁押送的过程中遇到他父亲的老朋友，这个老朋友刚好家里出现一些窘困，父母亲死了没有办法安葬，女儿很大了也没有嫁出去。

范纯仁一看到这个情况，马上就把五百斗的麦子卖掉，把这笔钱给了他父亲的老朋友。结果钱还是不够，范纯仁索性把他坐的那条船也卖掉，这样钱才够。后来范纯仁回京城跟他父亲汇报情况，父子俩对坐一起，当范纯仁跟父亲说："五百斗麦子我卖了之后，钱还是不够。"范仲淹抬起头来跟他儿子说："那你就把船也卖了。"范纯仁接着说："父亲，我已经把船卖掉了。"

你看，父子都有一颗仁慈之心，所以这种家道的传承比你传千千万万的银两更有价值。因为范家的这种仁慈之心的传承，所以子子孙孙到现在将近一千年，家道不衰。确确实实这种设身处地替人着想的心，才是真实的学问。

而且，虽然范纯仁在文学方面的造诣不及父亲，却拥有常人难以想象的气度。一代大儒程颐与范纯仁素有交往。一天，程颐去拜访刚刚卸任的范纯仁，谈起往事，范纯仁显得十分怀念自己当宰相的时光。程颐不以为然，直言不讳道："当年你有很多事情都处理得不妥，难道不觉得惭愧吗？"

范纯仁不知程颐所指何事。程颐解释说："在你任相的第二年，苏州一带发生暴民抢粮事件，你本应在皇上面前据理直言，可你什么也没说，导致许多无辜百姓受到惩罚。"范纯仁连忙低头道歉："是啊，当初真该替百姓说话！"程颐接着说："在你任相第三年，吴中发生天灾，百姓以草根树皮充饥。地方官员报告多次，你却置之不理。"范纯仁愧疚无比："这的确是我失职！"此后，程颐又指出了范纯仁的许多过失，范纯仁都一一认错。

事隔多日，皇帝召见程颐问政，程颐畅谈了一番治国安邦之策，皇帝听后赞叹不已，感慨地说："你大有当年范纯仁的风范啊！"程颐不甘心将自己与范纯仁相提并论，忍不住问："难道范纯仁也曾向皇上进言过？"皇帝命人抬来一个箱子，指着说："里面全是范相当年进言的奏折。"

程颐似信非信地打开那些奏折，这才发现自己前些天所指责范纯仁的事情，其实他早就进言过，只是因某些原因没有得到很好的实施罢了。程颐红了脸，第二天专程登门道歉。

范纯仁哈哈大笑："不知者无罪，您不必这样。"范纯仁曾自我总结："懂得恕人，受之不尽。"恕，是用宽恕自己的心来宽恕别人。面对他人莫须有的责备，与其抬头辩解，不如低头认错。谦卑地认错，往往比桀骜地辩解更加有力。曾子在《论语》讲："夫子之道，忠恕而已矣。"

当年范纯仁考上进士，德行又很好，这个时候朝廷征他当官，他说："我不能去，我要侍奉我的父亲。"再好的官位他都不去干，他就老老实实地在家里侍奉父亲。

后来父亲去世了，朝廷又想调他来当官，调到京城，京城是到中央做事，是很容易飞黄腾达的。结果范纯仁先生又说："我的大哥身体不好，所以我不出来。"他父亲走了，但是他侍奉他的大哥范纯祐，跟侍奉自己的父亲一样的恭敬。

你看，在功名利禄面前如如不动，都是想着孝悌的精神，这是对父母兄长的情义、道义。兄长去世以后，范纯仁才接受一些离开家乡的公职、工作。我们想想，他之前都没接受，他的富贵福报就折损了吗？人有时候想，机会来了，不去把它抓下来，我以后就没机会了。其实当我们去抓住名利的当下，假如损害了道义，福报都折一大堆去了，所以那不是真聪明！

范纯仁先生虽然没有去攀功名利禄，但是该是他的福分跑都跑不掉。范纯仁先生后来当到宰相，一人之下，万人之上。他的成就比他父亲的还高，他父亲是副宰相，他是正宰相。但是我们古圣先贤，子孙的官职成就比父母、爷爷高的时候都不炫耀，为什么？对父母、祖宗怀有感念。没有父母就没有我的成就，所以怎么可能自己炫耀自己的成就比父母、比爷爷奶奶高？不可能的。

古人很明白，连祭祀都懂这个道理。知道今天父亲是个普通的读书人，但是儿子是个大夫，是个国家的栋梁，父亲去世的时候用一般读书人的礼送他，但是往后每一年祭祀他，统统用大夫的礼。

我们古代的礼仪很厚道，祭祀父母用大夫的礼祭祀，我们看到这些经典和史书很感动。现在的孩子自己有了点小表现，都拍着胸脯，你看我多能干，都是我的能力。这是忘本和骄傲的心态，以后人生会跌得爬不起来都有可能。我们在一些节目里面看到颁奖典礼，最感动的是什么？你看他上去，马上"感谢我的父母，没有父母的栽培、照顾，没有我的今天"。这样的艺术家、这样的公众人物才是有德行的、不忘本的。

在历史上，康熙皇帝做了六十一年的皇帝，乾隆当了六十年，不敢再当了，为什么？再当就跟他爷爷一样，不敢跟爷爷并驾齐驱，所以当了六十年自己退位，当了三年太上皇，这里都可以看到那种尊重长辈的心。范纯仁把功劳给了自己的父亲。《大学》讲："君子不出家，而成教于国。"范仲淹的家族确确实实是做到这一点，孝悌做得很好。范家当时就影响了整个朝廷，影响了整个社会的风气，全国人民都以他们家为榜样效法。

范仲淹的故事，在他去世以前就传到了街头巷尾，范仲淹先生还没有去世，就有人民立祠堂祭祀他。他离开一个地方到其他地方当官，人民舍不得他，就立祠堂祭祀他。

人还没走，人家就立祠堂祭祀他，说明人民念他的恩德念得非常深。那个地区新来的官员也很聪明，知道范仲淹先生在这个地方影响力很大，很多做人处世的教诲都留在这个地方的人民心中，所以他来当官，还会举行典礼祭拜范仲淹先生。这么一拜下去，这个地区的人民都尊重他，一起效法范仲淹先生的风范。

范纯仁先生当官的时候，有一次这个地区天灾很严重，吃不上粮食。而要开仓赈灾必须朝廷批准才可以。但因为那时候比较危急，假如一来一回，有可能会有人饿死，范纯仁当下就开仓放粮，救了很多的人。后来朝廷里面有人要陷害他，觉得抓住了他的把柄，没有朝廷的圣旨，居然私自开仓，就参他一本，然后派遣官员来调查公家仓库里面的粮食。

结果，当年正好赶上大丰收，官员还没到，这个消息就先到了，当地的人民一听到这样子，赶快把自己家的粮食都拿出来，倒到谷仓里面去，生怕仓库粮食不够。我们看，这是仁爱的心很真诚，所以人民也爱戴他。范氏家族出了七十多个部长级以上的官员，你看他一个家庭安定了千年的社会。只要慢慢细细地去研究历史，可以发现一个家庭对社会和民族的影响很大。

清兵入关的时候很多的屠城都被劝下来，被谁制止了呢？范文程先生。范文程是范仲淹的后代，是清初重臣，位列文臣之首，康熙皇帝亲笔书写"元辅高风"四个字，作为对他的最高评价。他劝导清前期的这些君王戒杀，减少了很多死伤。

范仲淹先生和范氏家族最精通的就是《周易》，整个朝代的兴衰都能断得出来。范仲淹先生当初建了一个书院，他对大家讲："五十年后这里会出状元。"结果五十年后，那个书院真的就出了状元。他的后代范文程先生看得出来明朝气数已尽，清朝会取代这个政权。往往在政权交替的过程会有很多伤亡，所以范文程先生来辅佐清朝这些君王，让他们要戒杀。清朝为什么这么重视汉文化？这与范文程先生的努力密不可分，《四库全书》这么大的工程都是清朝做出来的。

康熙皇帝的孝道做得非常彻底，虽然他的父母比较短命，没在身边，但是他很孝顺地侍奉他的奶奶。有一次他的奶奶要到山上的寺庙去拜佛。他就跟奶奶讲："祖母，要坐轿子去，不然一路坐马车太颠簸，您老人家很可能会受不了。"因为他奶奶也很仁慈，心想：假如一路都这样扛着，那个扛的人太辛苦了。所以他的奶奶拒绝:"不行,我还是坐马车吧!"奶奶坐着马车走到半路,骨头确实受不了,都快散了。

康熙帝就过来说:"祖母,这样再颠簸下去您受不了的,还是换轿子吧!"祖母就讲:"虽然还是坐轿子比较舒服,不过都已经赶到半路了,咱也没叫抬轿的人来,怎么坐轿子呢?"康熙帝说:"祖母,这抬轿的一直跟到现在了。"说着便叫抬轿的人过来,给祖母抬轿子。祖母很感动,你对我的孝居然这么细心和细腻,都做好万全的准备了。

我们看,一个皇帝如此有孝心,传到民间去要感动多少的人民。《孝经》讲:"子曰:'爱亲者,不敢恶于人。'"爱护自己父母的人不会对别人的父母厌恶、轻慢。"敬亲者,不敢慢于人",尊敬自己父母的人不敢轻慢别人。"爱敬尽于事亲",爱敬的心用在侍奉父母,侍奉自己的爷爷奶奶。

"而德教加于百姓,刑于四海,盖天子之孝也。"天子孝道的这个风范就是人民最好的身教。"甫刑云:'一人有庆,兆民赖之。'"《尚书·甫刑》讲:"天子一人行孝,亿万黎民都倚赖他。"从这里我们也可以看出,范氏家族对中华文化和中华民族的贡献是巨大的。

朱元璋在位时,有一个叫范文从的御史违抗旨意,被判处死刑。朱元璋见到范文从的姓名和籍贯,顺便问了一句:"莫非你是范仲淹的后代?""臣是范仲淹的十二代孙。"范文从回答道。朱元璋当上皇帝后也读过些书,尤其是对范仲淹更是推崇备至,他认为范仲淹是为皇帝为百姓办事而殚精竭虑、鞠躬尽瘁的好官。朱元璋沉默良久,命令左右取来五块帛布,每块布上均御笔亲书"先天下之忧而后忧,后天下之乐而乐"两句,送给范文从,说:"我赐你免死五次。"

范公的后代范希荣,曾和别的商人一起做生意。途中遇到了强盗,被洗劫一空。强盗看范希荣文质彬彬,颇有修养,不像是个普通商人,便有意没意地问了一句:"看你姿态,不像是个普通商贩,难不成是个秀才?"范希荣不敢不回答,他说:"是的,我是秀才,范文正公的后代。"而正是这句话,让他死里逃生。

强盗略微思考,有些吃惊:"你所说的范文正公,可是宋朝时候的大官范仲淹吗?"范希荣点头称是。那强盗听到对方是范仲淹的后代,一下子换了个人似的,毕恭毕敬地对他作揖,然后说道:"你是好人的子孙啊!"随后,强盗将抢来的货物全都还给范希荣之后,就离去了。范公后代因为他的德行而被释放,这印证了古人所说的:"君子之泽,虽百世不斩。"

近代净土祖师印光大师更是盛赞道:"凡发科发甲,皆其祖父有大阴德。

若无阴德，以人力而发，必有大祸在后，不如不发之为愈也。历观古今来大圣大贤之生，皆其祖父积德所致。大富大贵亦然。其子孙生于富贵，只知享福造业，忘其祖父一番栽培。从兹丧祖德以荡祖业，任其贫贱。此举世富贵人之通病。能世守先德，永久勿替者，唯苏州范家，为古今第一。自宋文正公以来，直至清末，八百余年，家风不坠，科甲相继。可谓世德书香之家。"

曾国藩先生说："一个家族能维持三四代的兴旺，一定要勤俭持家，不勤俭，一两代就败了。要勤劳，不能胡思乱想，不能骄奢淫逸。要承传五六代都能兴旺，就要简朴、谨慎。不能爱慕虚荣，四处去张扬自己的财富。要传承八代十代甚至更久，一定要孝悌传家才有可能。"

范仲淹做到副宰相，他一点都不奢侈，他在家训里面就讲道："我的祖上这么多代积福，到我这一代荣显，假如我挥霍的话，以后怎么去见祖先？"他是明理之人，不傲慢、奢侈。所以他的四个孩子都很有成就，都是因为他榜样当得好。珍惜祖宗的福荫，又树立好的榜样，这个家族的福荫可以绵延不衰，这太值得我们效法了。这些教诲对我们为人父母、一家之长的，都是很重要的启示。

宋朝还有一个家族，三槐王氏，也兴旺了上千年。在宋朝初年，有人弹劾符彦卿，说他有严重的罪行，符彦卿是镇守大名的一个大官，太祖就怀疑了，怕他乱来，然后就派王祐去调查。王祐去调查之后，了解到其实符彦卿并没有那些罪状，只是他的两个仆人仗势欺人而已。

在他要去调查之前，皇帝跟他说："你好好去查，假如一切属实，这个事办妥了，回来你当宰相。"结果他调查完，回来就跟皇上讲："皇上，符大人没有那些罪状，我以我们家百口的性命作担保。"这真是义薄云天，不想一个忠良受害，拿自己全家的性命担保，真有道义。这一念心，积多厚的德！你这一辈子交一个这样的朋友，够本了！

不只还了符大人的清白，王祐还跟皇帝说："皇上，前几代的皇帝都做没多久，王朝就毁灭了，为什么？因为他们的猜疑心太重了，一怀疑就杀掉一大堆忠臣，所以国运都不可以长久，所以皇上您要引以为戒，不可以滥杀无辜。"真是正直，完全没有考虑自己的乌纱帽，讲的都是真话。

结果讲完这些话，太祖很生气："你讲话也够直的了，这么不给我面子。"就把他贬到华州去了。假如你是王祐，被贬官了，难不难受？范仲淹先生的《岳阳楼记》讲："不以物喜，不以己悲。"人假如遇到什么事，心情就七上八下，那你这一辈子很难快乐。遇到什么事情都能够随遇而安，只要对得起良心就好，那你随时随地都是快乐的，而不是要赚多少钱，当什么官才快乐。

王祐被贬，他的亲朋好友来给他送行，说："我们本来想，你查到证据，回来之后就可以当宰相了，没想到还被贬到华州当司马。"结果王祐笑着说："虽然我没做宰相，我儿子一定做宰相。"

你看古人知命的时候，任何境界都能笑得很开心，真自在，被贬了还笑着说话——你看，多自在，多潇洒的人生。"但行好事，莫问前程"，他没有那份得失心，"只问耕耘，不问收获"。你看他有定，决定相信这个真理，后来他的儿子王旦果然做了宰相。

王祐在他的庭院里面种了三棵槐树，这三棵槐树树荫非常大，后世的子孙都在这里乘凉，真的是庇荫后世。三槐象征朝廷官吏中职位最高的三公，三公就是皇帝的老师。他种这三棵槐树时就说："我的子孙里面一定有做到三公的。"

宋神宗元丰二年（1079），苏轼在湖州任上为学生王巩家中"三槐堂"题写的铭词。所以，后世称王氏的后代叫三槐王氏，子孙后代很兴盛，王氏家族的百分之四十来自三槐王氏，他们的堂号就叫"三槐堂"。王祐生了三个儿子：王懿，字文德，袁州知州，赠兵部侍郎；王旦，字子明，太尉兼侍中，魏国公；王旭，字仲明，应天知府，赠兵部尚书。

尤其是王旦，官居宰相。当时王旦做宰相时间比较久，寇准就常常跟皇帝说，王旦哪里做得不好、哪里做得不好。讲多了，皇帝就跟王旦说："寇准常常打你的小报告，说你这些地方不好，那些地方不好。"结果王旦听到人家批评他，不但没有生气，还马上跟皇上说："皇上，寇准是爱国，我当宰相当了那么久，一定有很多疏漏，所以他能提出来，都是他对国家的一片真心啊。"

我们知道，越高位的人，一个态度，影响的面是非常非常大的。假如王旦那个时候想"好啊，寇准你给我记住！"然后就开始要找寇准麻烦，对整个朝廷影响大不大？大！最后党争就出来了，有你没有我，那就麻烦了。当王旦这一席话讲完，皇帝很佩服啊，所有旁边的人听到了，一传出去，他这种胸怀就变成了所有为人臣的榜样，大家就不会去搬弄是非了。寇准听到了也很佩服。

后来有一天，寇准还跑去跟王旦讲："请你给皇帝推荐让我当宰相。"王旦说："宰相怎么可以是要来的呢？"其实寇准是比较直率的人，他觉得他有那个才能，他也想为国效力，所以他毛遂自荐。结果王旦就婉拒了他。后来王旦年纪大了，要过世以前，皇帝就咨询他："你看你走了之后谁做宰相好啊？"王旦说："寇准。"我们知道，寇准的功夫也不错，寇准修养也很好的，他去世以前，叫人家把一个草席铺好，然后他躺上去就走了。善终啊。这也是浩然之气皇上最后就用了寇准当宰相，寇准就去谢恩，感谢皇上的信任。结果皇帝跟他说："你知不知道是谁推荐你当宰相的？"寇准说："不就是皇上您厚爱我吗？"皇帝说："不是，是王旦临终前推荐你的。"

大家想一想，寇准听到之后，对王旦德行的那种感佩，可能影响他的终身。这些圣哲人以一生的风范，为当时的朝廷，甚至所有这些有缘的读书人树立了榜样，这确实是"留取丹心照汗青"。

王旦在治家当中也是很有智慧跟修养。他们家里的人没看过他生气，有一天趁吃饭的时候，家人就在他的羹汤里面放了一些黑墨，然后他就只吃饭，不喝羹汤了。家里人说："你怎么不喝羹汤呢？""今天不想喝。"就把饭吃完了。又过了几天，家人又把黑墨放在他的饭上面，王旦一看："今天不想吃饭，帮我煮点粥好了。"

有一天，他儿子对他说："父亲，我们家的粮食不够吃。""怎么会不够吃呢？""因为被厨师拿去半斤了，所以我们不够吃。我们得吃一斤，结果光他就偷拿了半斤。"王旦就说："那我每天给你买一斤半不就好了。"

我们看，他那种厚道，不愿意去扬人家的恶。我们想想，这件事情过了之后，他们家那个厨子会怎么样啊？自然就不好意思了。其实老祖宗就教过我们，最核心的一个修养，叫"严以律己，宽以待人"，你要包容他，不要给他难堪。别人有错，不只不去宣扬，还给他留面子，这才能感动人。

王旦的长子王雍官至国子博士，次子王冲官至左赞善大夫，三子王素官至工部尚书，卒谥懿敏。四个女儿也很贤德，嫁得也很好。三槐王氏的兴旺也印证了《周易》讲的："积善之家必有余庆。"有度量和德行，可以造福子孙；没有度量和德行，会殃及子孙。

我们再看曹操，才华很高，但是缺乏德行。曹操在逃难的时候，躲到一个他父亲的朋友家里，躲进去之后，因为他的疑心很重，他父亲的朋友在那里磨刀，本来要煮一些美味佳肴给他吃，结果他疑心起来，觉得人家是不是要陷害他？就把他全家都杀了。后来才发现，其实他们并没有要通风报信，并没有要害他。这时候他不仅没有忏悔，还说："宁可我负天下人，也不愿天下人负我。"你看他自私到这种田地，那些才华还有什么用？

曹操在晚年的时候头痛，华佗帮他诊治说："我可以治你的病，必须做手术，开你的脑。"他马上想：你是要害死我是不是？结果就把华佗打个半死，华佗因为重伤而死。害了神医，恶果是什么？恶果是他的孩子马上得了重病，然后他在那里感叹，假如华佗还在，他的孩子就不会死了。他就这样亲眼看着自己的孩子死掉，白发人送黑发人。其实他把华佗给害死了，那不知道让多少家庭都没有办法得到名医的诊治。后来曹操自己也头痛得要死，身体也病得很重，就这样走了。

曹操走了以后，他的孩子就开始篡位，只传到第二代，就被司马家族给篡夺政权了。古人讲："你用不正当的手段拿来的东西，一定又会让人用不正当的手段再抢走。"到头来不只是自己没了这个权力，还殃及子孙。所以司马家族一上来之后，不只把他政权拿走，还把曹操三族都杀了，诛了他三族7000多人。"弄权一时，凄凉万古。"

在国外也一样，路易十五是法兰西波旁王朝第四位国王，他在位的时候骄奢淫逸，人家劝诫他不能这么干，不然后代不知道会变成什么样，朝代将延续不下去。结果路易十五讲了一句话，他说："我哪管我死后洪水滔天。我死了以后，洪水把整个国家淹没了，也不干我的事。"

你看，这就是无后的观念，为人父母怎么可以有无后的观念呢？反正我享受得到就好，下一代我管不了，那就完了。文化和政治的传承都要有后，要为国家的长治久安打算，要为国家培养更多有德行的人才，这是有后的观念，我们对整个民族也要有这样的态度。路易十五说："我哪管我死后洪水滔天。"他的后代是什么结果？他的孙子路易十六就上了断头台，也是法国历史上唯一被执行死刑的国王。

"善为玉宝一生用，心作良田百世耕。"我们把什么当宝，其实就已经影响子孙后代的命运了。真正有德行的人他觉得善是宝，没有德行的人他觉得财产是宝，他觉得这些钱是宝。《安得长者言》讲："贪者近贫"，这个贪跟贫穷没有两样。所以当我们的心是贪婪的，后代是一代又比一代更贪，这个家族的命运那是凶多吉少了。

积德胜遗金，积德行风范给孩子做表率，胜过留金山银山。父母赚钱是"针挑土"，用一根针慢慢把土挑起来，慢慢才积少成多；子女挥霍祖产"浪淘沙"，就好像那个浪拍过来，一下子沙土全部都被卷走了。留那么多钱，孩子没有正确的思想，那一下子就败光了。所以为善才是玉宝，才是真正的宝贝，我们一生去奉行，这要留与子孙做好榜样。"天下无难事，只怕有心人。"只要我们也效法古圣先贤的心行和德行，我们的后嗣就有福报。

08 看似为时已晚，其实恰逢其时

云谷禅师分析，所有人的个人命运都跟他家庭的福报、跟自己积功累德有关。然后对了凡先生说："**汝今既知非，将向来不发科第，及不生子之相，尽情改刷。**"你现在既然已经知道你有哪些缺点过失，就将你过去这些不好的行为，造成你不能登科、不能有后的这些错误行为都改正过来。"尽情"就是要真下功夫，痛改前非，对自己的习气要赶尽杀绝，不可以手软。

"**务要积德**"，提醒他德薄就要积德。"**务要包荒**"，要能包容他人的缺点和不足。"**务要和爱**"，和气，关爱他人。"**务要惜精神。**"他喜欢彻夜长坐，损害了自己的精气神，这也是没有子嗣的原因。我们看，云谷禅师非常用心良苦，引导了凡先生找出自己身上的问题，然后重复提醒他，告诉他用什么方法把命运转变过来。

"**从前种种譬如昨日死，从后种种譬如今日生。**"以前的我死了，今天是我的再生之日。以前我不明白道理，犯了种种过失，造成我今天的坎坷，从今以后，我按照正义生活，我要让所有的亲朋好友刮目相看，大家有没有这样的志向？人要有志气。

"**此义理再生之身也。**"从此以后改掉习气毛病，奉行道德仁义的人生态度，只要心存道德仁义，那也是积善之人，当然命数就控制不了他。

"**夫血肉之身，尚然有数；义理之身，岂不能格天？**"我们这个血肉之躯尚且有定数，有这一生的命运。但只要我们从今天开始，就是道义的人生，时时提起恩义、道义、情义，这样念念都在积福，这样的态度、这样的人生决定可以"格天"。"格天"就是感动上天，正所谓"精诚所至，金石为开"。这一段话其实也是云谷禅师鼓励了凡先生，你一定要有信心，人一定可以改造命运。

接着云谷禅师说道："《太甲》曰：'天作孽，犹可违；自作孽，不可活。'"《太甲》是《尚书》里的一段经文。"天作孽，犹可违"，与生俱来的命运，是可以改变的，可以逢凶化吉、趋吉避凶的。了凡先生真的改变了自己的命运，窦燕山先生真的改变了自己的命运，古往今来很多圣贤都改变了命运。

"自作孽，不可活"，假如自己还继续造作恶业，那就很难改变命运，甚至很难生存。为什么？做太多恶事，就像《左传》讲的"多行不义必自毙"，你的福报都折损完了，"禄尽人亡"，就没命了。所以现在意外灾害特别多，这都跟人偏离伦理道德有关系，这都属于不懂道理，都在自作孽。只要懂得断恶修善，"天作孽"都是"犹可违"的。

"《诗》云：'永言配命，自求多福。'" 自己有福，父母可以享福，后代可以受到庇荫。"永"是永远、时时的意思。"言"就是念叨着、想着。"永言"，常常想着，永远想着。"配命"，"配"是配合，"命"是天命，上合天心。我们的每一个念头都跟老天的好生之德相应，这叫"永言配命"。如此，这个人一定有福报。

福报从哪里来？恩田、敬田、悲田，福田心耕，人生的祸福是用自己的心感来的。就像《春秋·曾子》讲的："人为善，福虽未至，祸已远离；人为恶，祸虽未至，福已远离。"一个人善念相续不断，虽然福报还没有现前，灾祸已经远离了。恶的念头起来，灾祸还没来，福报已经远离了。了凡先生此时备受鼓舞，提起了断恶修善的态度。

"孔先生算汝不登科第、不生子者，此天作之孽，犹可得而违。" 孔先生算得这些是你这一生福报不足，但还可以修。可能有些人就会说了，我这一生又没有做坏事，为什么我就没有福报？我们改命首先不能怨天尤人，因为人这一生所有的吉凶祸福都是自己做的。一有怨天尤人的念头，那就是折福了，就是颠倒了。自己做的还要怪谁？所以"为善必昌"。"为善不昌"，一个人行善了还不能够昌盛，甚至还遇到一些挫折、困难，是"其祖上及自身有余殃"，祖先和自身还有一些灾祸没有化解完，"殃尽必昌"。

所以，人行善却还有种种不顺的时候，要坚信真理，慢慢地大化小、小化无，都化掉了，福报迟早会来的。"但行好事，莫问前程"，要有这个信心，殃尽必能兴盛。

"为恶必殃"，造作罪恶必定会遭殃。"为恶不殃，其祖上及自身必有余昌"，他在花他祖先的福报，"昌尽必殃"，等到他福报全花完了，他的灾祸就要来了，他造作的罪业"不是不报，时候未到"。所以善恶果报丝毫不爽，人真的明善恶之报，都能自求多福，改造自己的命运。

"汝今扩充德性"，这句话告诉我们，改命要从扩宽心量开始，大着肚皮容物，立定脚跟做人，尽好自己的本分。

"力行善事"，这个善事首先从孝道做起，从友爱自己的另一半，从尽家庭的每一个本分做起。

"多积阴德"，做好事不要到处告诉别人、到处炫耀，因为你一炫耀，人家就给你赞叹，人家赞叹、给你竖大拇指，那也是福报，所以他大拇指一竖，你的福报就花掉了。

"此自己所作之福也，安得而不受享乎？"自己真下功夫所积来的福分，一定可以造福自己以及家庭。

"《易》为君子谋，趋吉避凶。"《周易》谈的很多道理是引导我们，使人生走向福报和吉祥，避开凶祸，这叫"趋吉避凶"。

"若言天命有常，吉何可趋，凶何可避？"假如说人这一生的命运都已经不能改变了，注定了，吉祥怎么追求得到？怎么趋吉避凶？所以一定可以改，而且随时都在改。为什么？人的福报就好像你在银行存钱，你存进去它就增加，你一取出来它就减少，它不是固定的，每一天都有加减乘除。你做了好事，坏事减，做了大好事乘，做了大坏事除。

"开章第一义，便说：'积善之家，必有余庆。'"《周易》一开始就是谈乾坤二卦，坤卦当中就讲道："积善之家，必有余庆。""余"是多的意思，"庆"是福，"积善之家"，他们家的福报一定大。

"汝信得及否？"云谷禅师不只在问了凡先生，也在问我们。云谷禅师苦口婆心谈得这么多，我们相不相信《周易》讲的："积善之家，必有余庆"？信，福气就来了。

古人有一段话讲得好："闻善言而生疑谤，是为罪恶之相。"一个人听到善的教诲，当下生起的是怀疑，甚至是毁谤，这个心态就是罪恶。"故曰疑为罪根"，所以一个人罪恶的根源在哪儿？怀疑圣贤、怀疑祖先、怀疑经典，这是他罪祸的根源所在。

"闻善言而起敬信，是为福德之相"，听到好的教诲，恭敬而且没有怀疑，马上就去做，这个人是"故曰信为福母"，相信是福，对圣贤的教诲没有丝毫怀疑，"福母"就是福气的源头所在，能生大福报。

了凡先生领受了这个大福。**"余信其言"**，我相信云谷禅师这些教诲，**"拜而受教"**。而且礼拜云谷禅师，很恭敬地领受。大家有没有遇到一个人，他给你讲的道理你很受用，然后你"扑通"给他磕一个头？你们知"命"字怎么写吗？人、一、叩（磕头），命就改了。你能给祖先磕头，能给父母磕头，给善知识磕头，给仁人长者磕头，保证改命，因为你的心改了。你能珍惜身边贵人给你的教诲，你的命也能改，"福在受谏"。

"因将往日之罪，佛前尽情发露。"将过去曾经犯的过失和罪恶毫不隐瞒地对圣贤佛菩萨忏悔，这样活着就真了。"为疏一通"，写了一篇疏文，忏悔自己的罪业，也求得上天的护佑，自己要改过自新。"先求登科"，有人可能会说，他还是为了他自己的功名。其实，读书人求功名为了什么？造福一方，不然读了几十年的书都没有用武之地。

"誓行善事三千条"，他立了第一个目标，做善事三千条。"以报天地祖宗之德。"这里也能看到我们跟古人的差距，他首先想到的恩德当中有天地之恩，然后是祖宗之恩。为什么？祖宗是我们的源头，不能忘本！而且冥冥当中真的有祖先保佑。

"云谷出功过格示余，令所行之事，逐日登记。善则记数，恶则退除。"这样，每天叮咛自己多做几件善事，减少恶事。

"且教持准提咒，以期必验。"教给他一个咒语，让他不要动邪念和妄念，专注持这个咒，心就越来越清净、真诚，这样就能感通天地。佛门的这些咒语，还有教堂的弥撒曲，这些都是非常美好的磁场，跟人的性德相应。有些人念咒，有些人抄经、诵经或者念佛。所以我们看云谷禅师真的是好人做到底，送佛送到西，替了凡先生想得这么周到。

"语余曰：符箓家有云：'不会书符，被鬼神笑。'""符箓家"就是道家，不会画符会被鬼神笑。为什么？底下讲到了画符的标准。

"此有秘传，只是不动念也。"就是不动妄念。一个人没有办法不动妄念，鬼神当然会笑我们。因为我们已经变成妄念跟习气的奴隶了。

"执笔书符，先把万缘放下，一尘不起。"拿着笔画这个符，先把所有担忧的、牵挂的、贪求的事情统统都放下来。不起一个妄念，心地很清净。

"从此念头不动处，下一点，谓之混沌开基。"你没有妄念的时候，你就不是习气做主了，你是真心做主了。"由此而一笔挥成，更无思虑，此符便灵。"没有妄念就是真心，一笔画下来，这个磁场就很强。大家有没有跟一个人谈话，谈到你哭他也哭？为什么会感通？没有任何私念、私欲，纯是道义的言语，就能彼此感通。

《周易》里面讲："易，无思也，无为也，寂然不动，感而遂通天下之故。"它是清净、寂灭的。真心是不动的，会动的都是妄心。人不动妄念的时候，真心一现前，天下万物都能够感通。

"凡祈天立命，都要从无思无虑处感格。"祈求上天护佑，改造自己的命运，其实，人的妄念很多，首先伤害的是自己的身心。第二个，妄念很多，人的时间、体力都消耗了。一寸光阴一寸金，该做的事、该尽的本分这么多，哪还有这么多时间去打妄想？

"孟子论立命之学"，孟子谈到怎样经营好自己的人生命运。**"而曰：'夭寿不贰。'"**"夭"是短命，"寿"是长寿，短命跟长寿没有不一样。**"夫夭与寿，至贰者也。"**一般世间人觉得短命跟长寿的差距是最明显的。人都非常爱惜生命，而这两者怎么会是一样呢？怎会没有分别呢？

"当其不动念时，孰为夭，孰为寿？"人不动念头去分别它、去执着它，什么是短命？什么是长寿？从这一句话我们要了解到，人都活在相对的世界里，相对的世界里会分别、会执着。一执着，就要贪求了，一求不到，苦就来了。所以这段话要慢慢去体会。

烦恼从哪里来的？爱憎。"烦恼起于爱憎"，烦恼是贼，擒贼要擒王，烦恼从爱憎起来的。喜欢长寿，恐惧短命……心里的这些担忧、贪着就跟着起来了。"爱憎起于分别"，你不去分别高下，不去分别好坏，烦恼不就没有了吗？看每个人都是佛菩萨，看每个人都是圣贤人，看每个人都是自己的父母，看每个人都是自己的老师，这才对。

我们看一两岁的孩子这么天真无邪，再看三四十岁人的脸，那么天真的脸最后变成憎恶了，烦恼一大堆，何苦呢？科学家说，一个人一两岁的时候，一天平均笑一百八十次；长大成人，平均一天笑七次。为什么越来越笑不出来？分别了，爱憎了。所以健康要从哪里下手？从心地下手，内心清净的人比较健康。秦始皇是很有福报的人，他怕死，他想长寿，派人去求长生不老药，结果自己在巡视的时候死在半路上了。每一天当作生命的最后一天来过，这是真懂命的人，要做有意义的事。

"细分之，丰歉不贰，然后可立贫富之命。"再细细分析，丰收跟收成不好，也不分别它。人生的际遇不可能是一帆风顺的，今年收成不太好，薪水不太高，难不难过？我们的人生假如随着好不好在那里起起伏伏，那什么时候享受人生的快乐？我们都去分别、去执着了，每天就随着这些人事物起起伏伏，哪有一天是宁日啊？哪里是真正地过生活呢？真正会过生活的人，不会为这些差别的境界所转，因为你不去分别它，而是去转境。"人人是好人，事事是好事。"这才是会过日子。

丰收的时候感恩天地，去接济那些贫穷的人，你的财富越来越丰沛。为什么？财布施得财富。今天歉收了，你就想，还是自己没有用心地耕耘，没有用心地积福，这也是给自己一个启示，让自己好好提升修养。把这个歉收当作提醒自己，当作提升自己的一个机缘，反省自己的机缘，怎么会不快乐呢？

而且，人生要知足常乐，不管是丰收还是歉收，我还是乐呵呵的。为什么？因为"家财万贯，日食三餐"，再富贵的人，每天也是吃三餐而已。其实妄念少的人，吃得也少，不会暴饮暴食，因为人的能量百分之九十五消耗在妄念上了。《大学》说："心广体胖。"宰相日理万机，这么多是是非非，他稳若泰山，因为"宰相肚里能撑船"。

人真的把这些道理都想通了，你所遇到的任何事情、任何境界，没有一件事是坏事，人生多快乐？人再怎么有钱，躺下去也是六尺而已，是不是？现在的人比老一辈有钱，但身体越来越差！所以人生的快乐跟健康，跟有没有钱没有直接的关系。我们如果对这些认识不清楚，随波逐流，拼命追逐金钱，损害身心，那真是冤枉。

"穷通不贰，然后可立贵贱之命。""穷"就是整个事业的发展不是很顺。事业发展不是很顺的时候，该是你的还是你的，不要操心，你还有时间提升自己。如果等你的机缘来了，你还没有德行，那就危险了。

所以"穷"的时候，还是很快乐，好好读书，好好提升自己，"学而时习之，不亦说乎？"我们现在人落入了什么？都觉得快乐是从外面来的，错了。快乐是从内在自自然然涌出来的，我们去孝顺父母的时候心里踏实，那是从内心里面出来的。助人为乐，为善最乐，那都不是外面给我们的刺激。

所以"穷"，机遇还没到，机缘还没到，不强求，好好地提升自己。"通"，发达起来了，不贪着，不傲慢，好好地去做利益他人的事。这样，"穷"跟"通"都自在。"然后可立贵贱之命。"

而且人有没有地位，跟他这一生的成就不一定有直接的关系。孔子并没有当上大官，可是他留名青史。2500多年之后，我们还是称孔子至圣先师，还是学习他老人家的智慧。他没有官位，没有地位，跟这些贵族比起来他并不高贵，可是他的生命是发光、发热的。

"夭寿不贰，然后可立生死之命。""夭"跟"寿"，你都不去分别它、不去担心、不去贪着。不去担心短命，不去贪着长寿，不苦苦追求，然后就可以立生死之命了，每一天都过得很有意义、很踏实。其实人之所以会对死产生恐惧，是因为并不了解死的真相。你今天穿一件衣服，这件衣服坏了、破了，不能再补了，你会怎么做？换一件，因为它是工具。有没有哪一个人的衣服坏了、破了，然后他在那里哭得死去活来的？衣服穿到最后一定会坏的，这是自

121

然道理。衣服是我的一个物品、一个工具，这是真相。

我们的身体也是我们的工具，是为我们的灵魂所用的工具。既然是工具，会不会有坏的一天？会呀。坏了怎么办？换。有没有坏了，在那里哭得死去活来的？有啊，那是对死没有认知。

"人生世间，惟死生为重。" 世间人看得最重的就是生死这件事情。**"曰夭寿，则一切顺逆皆该之矣。"** "夭"跟"寿"事实上就把世间所有的顺境、逆境都包含在里面了。你能对夭寿都不分别，都能用正确的心态去面对它，人生很多境界都考不倒你，你都可以逆来顺受了。

人的寿命有长有短，确实有夭寿。但臧克家先生的诗歌《有的人》说得好："有的人活着，他已经死了；有的人死了，他还活着。"如果念念复兴文化，利益国家和人民，这样的人永垂不朽，就像孔子和孟子。这样的人即使死去了，永远受人尊敬，他的思想和行为可以造福千秋万代。有的人即使还活着，但念念自私自利，没有目标和贡献，甚至危害社会，这样的人长寿反而成了罪业。人固有一死，或轻于鸿毛，或重于泰山。

人生确实也有丰歉和穷通，但这都是人们的执着和分别。其实人生的喜剧和悲剧互为伏笔，祸福相依，甚至我们很难分清到底是福还是祸。有些人，假如没有官位和财富，还没有能力作威作福，不至于让自己快速堕入深渊。但是，做了官以后，就飘飘然了；当了董事长就开始不懂事了，傲慢无礼。

他们有了富贵以后，走路开始横着走，眼神儿看着天，看谁都颐指气使，尤其看着自己的结发妻子，觉得人老珠黄了，在外面拈花惹草。这样的人即使浑身上下都是名牌和首饰，也没有贵族的气质，没有德行和品质做支撑，外在越豪华，就越显土气。这样的"丰"和"通"，还不如"歉"和"穷"，这是缺乏德行和根基的表现。

假如一个人虽然贫穷和低下，但是安贫乐道，念念为他人着想，立志高远。就像颜回，箪食瓢饮居陋巷，人不堪其忧，回不改其乐。这个人不但是贵人，还是圣贤，这是真"丰"和真"通"。所以，问题的关键是我们是否合道，是否有德行，是否知礼仪，是否有家教。当我们没有执着、分别和妄想，念念利他的时候，我们就真正立命、造命了。

"至修身以俟之"，我们好好修身，修正自己错误的想法、看法、说法、做法，**"乃积德祈天之事"**，积累自己的德行，改造自己的命运。"祈天"，就是时时期许自己跟上天的好生之德相应。我这一生来到世间，就是为了效法上天的仁爱，跟任何人相处只有一个态度，念念为对方着想，这都是效法天的存心。

"曰修，则身有过恶，皆当治而去之。"谈到"修"这个字，具体是怎么落实呢？我们的身上有任何的过失，马上就把它去掉，很清楚它对自己的身心是一种伤害，不再认贼作父。

"曰俟，则一毫觊觎，一毫将迎，皆当斩绝之矣。""俟"是等待，不急躁、不贪求、不烦恼未来。"觊觎"就是非分之想和侥幸心理，"将迎"是念头的起灭，这些都不能有。其实人的烦恼都在哪儿呢？懊恼过去，担忧未来，这不就是蹉跎了时光。

人应该什么样？安住当下，"欲知将来结果，只问现在功夫"。你现在一言一行积的德，以后自然开花结果。我们在那里懊恼，我们在那里烦恼未来，一点帮助都没有，只有害处，只有让自己的身心越来越不快乐而已。所以，不要有这些妄念，都把它放下。

"到此地位，直造先天之境，即此便是实学。"到了这样的境界，就是你的真心现前，这才是真实的学问。

"汝未能无心"，你还达不到不生这些妄念，"但能持准提咒"。能老老实实持准提咒，"无记无数"，不用刻意去记念了多少遍，只是专注地念每一个字就好，"不令间断"。不要让杂念冒出来，就专注地持诵，不间断。

"持得纯熟"，持得非常熟练。熟练到什么程度呢？"于持中不持"，持的时候没有持的念头，"于不持中持"。不持的时候那个正念、那个咒还是一直出来。

"到得念头不动，则灵验矣。"到了你的妄念都不会起来了，这个时候真心就现前了，人的诚心就现前了。至诚一定可以感通，一定可以改造命运。到这里，云谷禅师传授给了凡先生改命的方法，就全部讲完了。正所谓"师父领进门，修行靠个人"。接下来就是了凡先生自己要下功夫了，这样他才能得到真实的利益。

"余初号学海"，我以前号学海。大家想想，号学海跟命运有没有关系？有。从他这个号就知道他有什么习性？傲慢的习性，"满招损，谦受益。"学海，他的学问像大海，那就比较傲慢了。所以他不简单，他观照到了自己的问题，他知道自己傲慢了。

"是日改号了凡"，从那一天明白道理以后，不叫学海了，太狂妄了。"了凡"，明了、了解自己是什么程度，凡夫，还有很多习气没改，所以这一个号就时时提醒自己要好好用功，要转凡成圣。这一句话也告诉我们，一个人改造命运贵在有自知之明。知道自己哪里不足，知道坏习惯在哪里，坏习惯一改命运就改。

"盖悟立命之说，而不欲落凡夫窠臼也。""窠"是指鸟的巢，"臼"是指打米的器皿，"窠臼"的意思就是老套，都是一般人走的路。已经感悟了改造命运的这些圆满的道理，清楚了理论，了凡先生不愿意再走自己以前凡夫的老路子了，有志气、有目标、有决心，我这一生要做圣贤人。一个人被人家算准了叫白活一场。为什么？习气都没改，那当然白活了。《菜根谭》讲："置身千古圣贤之列，不屑为随波逐浪之人。"学贵立志，立定志向勇往直前，决定可以改造自己的命运。

"从此而后，终日兢兢，便觉与前不同。"人一下决心，状态就不一样了，一整天都懂得戒慎恐惧，非常谨慎，不敢放纵习性。觉得自己身心的状态跟以前不一样。

"前日只是悠悠放任，到此自有战兢惕厉景象。"以前的日子，只是无拘无束，很随便。但是从那一天下定决心以后，感觉自己很谨慎，战战兢兢。"惕"，就是内心时时敬畏，敬畏天地、敬畏他人、敬畏祖先，一举一动不可以给祖先丢脸。"厉"是对外很有威仪，不轻浮，不放纵自己。

"在暗室屋漏中，常恐得罪天地鬼神。""暗室"是别人看不到的地方，"屋漏"，是一个房子的西北角，就是人不太会注意到的地方，他也不放纵自己。这在儒家讲叫"慎独"，独处的时候很谨慎，不会起邪念，不会有不好的言行。《格言联璧》讲："内不欺己，外不欺人，上不欺天，君子所以慎独也。"起一个恶念，是伤害自己，不是成就自己。起一个恶念，"举头三尺有神明"，有这样恭谨的心，在暗室屋漏中就不会放肆了，他会收敛。

"遇人憎我毁我，自能恬然容受。""憎我"，是厌恶我、讨厌我；"毁我"，是毁谤我。以前遇到人家憎恨他毁谤他，一定是要报复的，要找那个人的麻烦，可是现在转过来了。现在能够非常安然地、不带勉强地包容，不再计较。这样的日子很好，任何人都不能让你生气，这叫会过好日子。人家讲两句就气得半死，叫自讨苦吃。

"恬然容受"代表他的度量在扩大。量大福就大，改造命运没别的，心量要不断扩宽。以前不能容的人，现在能容了；以前会计较的事，现在不计较了；以前不能舍的东西，现在能舍了。如此，命就改了。而且，我们以前骂他了，毁谤他了，这一辈子又遇上了，冤家路窄，这个债当然要还给他。欠债要还债，欠钱要还钱。这是天经地义，哪有欠人家钱不还的道理？

明白了道理以后，人这一生没有坏事，为什么？那个人对我不好，债还完了，无债一身轻。俗人是什么？芝麻绿豆的小事都要跟人家过不去，都要跟人家讨个公道，所以没事都变有事，小事都变成大事。

《庄子·则阳》里有个成语叫"蜗角之争"，说蜗牛的左角和右角都有一个国家，为了争夺蜗牛角大的国土天天打架，死伤无数。比喻为了极小的事物而引起大的争执的人。而有修养的人会大事化小、小事化了。

而且，我们冷静下来仔细想想，他今天毁谤你，你再骂回去，解决问题没有？最后变成什么？冤冤相报，没完没了。冤家宜解不宜结。所以为什么人要明理？理得心安。不去对立、不去计较，放下对立冲突，从此自己的好日子就来了。

"到明年"，了凡先生35岁开始改起，"明年"就是隔年，36岁。**"礼部考科举"**，礼部是教育部，他参加礼部科举考试。**"孔先生算该第三"**，孔先生已经帮他算好了，考第三名。**"忽考第一，其言不验"**，他忽然考了第一，孔先生的话已经不准了，信心就更足了，因为命运真的改变了。

"而秋闱中式矣"，秋天参加举人的考试，也考中了。举人一般是省里的考试，进士是全国的考试，就是又高一层的功名。但是考上举人就可以分配当官了。

虽然了凡先生已经改变了命运，可是他很可贵的地方在哪里？他还是觉得自己很不足，我们从这一段话就看到他在反省。人要不自欺才能不断发现自己的不足，并努力去提升。

"然行义未纯"，自己的善行、义举还没有非常真诚。"未纯"，就是念头里还夹杂很多不好的想法。"我这样做真的会得好报吗？"可能还会夹杂着怀疑或者不愿意去付出，还在那里跟本来的习惯拔河，所以叫"未纯"，还没到纯一真诚。

"检身多误"。他检点自己的行为，还有很多过失，"误"就是过失的意思，都有哪些过失呢？

"或见善而行之不勇"，做善事的时候不是很尽心尽力、见义勇为，可能还是私心太重，去助人不是很自然和积极。

"或救人而心常自疑。"要去救人、帮助人的时候，心里面常常还有一些疑虑："我这样去帮助人会不会被人家说闲话？"佛家讲："救人一命，胜造七级浮屠。"救人的功德非常大。

"或身勉为善，而口有过言。"时时提醒自己、勉励自己要为善，可是有时候这个嘴巴控制不了，话说得太快，说错话，或者伤到别人了。人要"善护口业"，期许自己每一次开口念念都为对方着想，讲鼓励人的话，讲安慰人的话，讲能够开人家智慧的话。

"**或醒时操持，而醉后放逸。**"清醒的时候能够守住礼节，喝醉了就胡言乱语，做一些不恭敬的动作出来。

"**以过折功**"，自己的过失又折了自己的功德。"**日常虚度**"。每一天没有很好地积功累德。"**自己巳岁发愿**"，"己巳岁"是他 35 岁的时候。"**直至己卯岁**"，过了十年，他 45 岁。"**历十余年，而三千善行始完。**"他发愿行三千善，做了十年才圆满。

"**时方从李渐庵入关**"，他做了李渐庵将军的参谋，一起入了山海关。"**未及回向**"。自己修的三千善事还没有做回向。"回"是回转，"向"是趋向的意思，回转自己所修之功德而趋向于所期，谓之回向。回向就是把自己修的功德给谁，比如，要消自己的罪业，或者回向给父母，为父母祈福，或者回向给自己的故乡，乃至国家和世界回向。

"**庚辰南还**"，庚辰年，了凡先生 46 岁，回到了南方。"**始请性空、慧空诸上人**"，他请了几位法师，向这些法师学习，"上人"也有师父的意思。一般佛家的法师都有法号，比如，上虚下云法师，指的就是虚云法师。"上"是什么？上求佛道。下是什么？下化众生。你看这个胸怀难得，上求佛道，有了高度的智慧、圆满的智慧，接着来帮助苦难的众生。了凡先生请了性空、慧空这些当时的大德法师，来做什么呢？

"**就东塔禅堂回向。遂起求子愿，亦许行三千善事**"。了凡先生第一个三千善事是求回报天地祖宗之德，很可贵，不忘本。接着他要传宗接代，希望有好的后代光宗耀祖，又发了一个愿，求子。大家看，人一起善念，就有感应，他还没有做完三千件善事就生儿子了。"**辛巳，生汝天启。**"隔了一年，孩子就出生了。

"**余行一事，随以笔记。**"我做一件善事，就用笔记下来。"**汝母不能书**"，你的母亲不会写字。"**每行一事，辄用鹅毛管，印一朱圈于历日之上。**"她是用鹅毛管蘸上朱砂，做一件善事就在日历本上印一个红圈。

"**或施食贫人**"，看到穷人没饭吃就帮助他们。"**或买放生命**"，所有的众生都很珍惜自己的性命，一个将要被杀的生命你把它救下来，它会非常感激。我们曾经去放鱼，那些鱼都有灵性，你放了它以后，它就在那游啊、跳啊，有时候还伸出头来就一直看着你，没有马上走。放乌龟最明显，有时候乌龟流着眼泪，边走边一直回头看，所以放生的功德很大。我放泥鳅的时候有一些在岸边不走的，我用手摸它们，它们并不害怕，好像知道我没有恶意，对它们充满善意一样。

"**一日有多至十余圈者。**"他们夫妻这样用心做，尤其夫人努力帮家里行善，所以有印十几圈的情况。了凡先生的太太是一位善女人、贤内助。有一年冬天，她给儿子做棉衣，家里本来有丝绵，她把丝绵卖掉换成棉絮。了凡先生问她："家里有丝绵，为什么要换成棉絮？"她说："丝绵太贵，卖了可以把钱送给别人，反正用棉絮也一样可以保暖。"了凡先生听了很高兴，说："夫人这样做就不愁咱们孩子将来没有福啊！"

"**至癸未八月，三千之数已满。**"癸未八月了凡先生 50 岁，等于是 46 岁发愿三千善事求子，四年就做到了。前面三千是十年，第二个三千是四年，第三个三千可能只要一年，为什么？人的这种善心善念越来越自然，到最后念念都在积善。

"**复请性空辈，就家庭回向。**"他请了性空法师，还有其他僧人，来他们家做回向。"**九月十三日，复起求中进士愿**"，他又起了一个愿，希望能考上进士，为官一任造福一方。"**许行善事一万条**"。结果他一万条还没做到，"**丙戌登第**"，过了两年就考上进士。"**授宝坻知县。**"授给他的官职是宝坻的知县，宝坻是很大的一个县，所以他的官位也不小了。

"**余置空格一册**"，他自己准备了空格一册，记录自己断恶修善的情况。"**名曰'治心篇'。**"他把这一本册子叫作"治心篇"，时时对治自己的恶念、邪念。这是会修身，从根本的起心动念下功夫。

"**晨起坐堂，家人携付门役，置案上。**"每天早上，家里人就会把这一本"治心篇"交给衙门里的门役，放在他办公的书桌上。"**所行善恶，纤悉必记。**"一天下来，所做的善事恶事再小都会记得很清楚。

"**夜则设桌于庭，效赵阅道焚香告帝。**"夜晚他设香案在庭院里，效法赵阅道。赵清献公，字阅道，宋朝人，当时人称铁面御史，非常公正不阿。而且赵阅道很仁慈，当时很多当官的人客死他乡，他们的家人没钱回乡，他就造了上百艘船，让这些官员的家人统统来找他，他给他们钱，给他们船，让他们回到家乡。这个仁慈的人，为官却很严格，为什么？他不严格，老百姓会受苦。而且他一生，每天都昭告天地，都不做恶事。做恶事晚上不敢对老天爷讲，就每天这样督促自己。

他命终很自在，无疾而终，一般人都是躺着走了，他是坐着走的，功夫很好，清清楚楚往好的地方去了。所以人这一生最大的福气是"善终"，临终的时候很清楚，不会迷迷糊糊，这是最大的福气。

"汝母见所行不多"，结果夫人看到自己行的善不够多，为什么不多？不是她退步了，是了凡先生当了县太爷，她也不能常常出去抛头露面。**"辄颦蹙曰：'我前在家，相助为善，故三千之数得完；今许一万，衙中无事可行，何时得圆满乎？'"** 皱着眉头说，之前你没有当这个县太爷，我协助你一起行善，所以三千善事都能够圆满。可是你这一次许的是一万，在衙门里又做不了什么善事，什么时候才能圆满？古人很憨厚，发愿就想着要赶快做，不能拖。

"夜间偶梦见一神人"，夫人在那里忧愁的时候，了凡先生晚上做梦梦见神人。**"余言善事难完之故。"** 这一万件我们好像很难完成。**"神曰：'只减粮一节，万行俱完矣。'"** 只减少宝坻县的租税这一桩，你一万件善事就圆满了。了凡先生梦醒了以后就想这件事。

"盖宝坻之田，每亩二分三厘七毫。余为区处，减至一分四厘六毫。" 我把宝坻的田税做了一个调整，减了不少。**"委有此事"**，确实有这件事。**"心颇惊疑。"** 他心里就很惊讶，神怎么会知道这件事？

"适幻余禅师自五台来"，刚好幻余禅师从五台山到了他们那里。**"余以梦告之，且问此事宜信否。"** 他跟法师讲了自己做的梦，并请教法师，神人所说是真实的吗？

"师曰：善心真切"，你的善是非常纯一、至诚的。**"即一行可当万善，况合县减粮，万民受福乎？"** 你是至诚的，就不能用数量去算了。况且你一减粮，整个县的老百姓都受益，那不是万善吗？从理上讲，真心是无量的。从事上讲，受到利益的百姓确实是超过万人了。所以了凡先生听了之后蛮欢喜的，上天很慈悲，在他有疑惑的时候给了他信心。

"吾即捐俸银，请其就五台山斋僧一万而回向之。" 他把他的薪水捐出来，请法师带回五台山。五台山是中国四大佛山之一，在山西，是文殊菩萨的圣地。了凡先生供养五台山出家的法师一万人，然后做回向。法师都是代佛教化众生的，也是值得我们供养的福田。其实这个时代更方便行善，比如，好的电视节目一播，可能上百万人受益，播放的是伦理道德教育，那功德就无量。演艺圈的人唱一首好歌，功德也很大，唱一首不好的歌，罪业也很大。

"孔公算余五十三岁有厄"，孔先生算我53岁八月十四日丑时，当寿终正寝。**"余未尝祈寿，是岁竟无恙"**，我并没有为自己求过寿命，53岁的时候竟然没有生病，没有灾祸。没死，就要好好活着，继续积善成德；没死，就要热爱生命，活出真实的自己。了凡先生在宝坻把有限的生命投入无限的工作中，一心一意为百姓做事。"**今六十九矣。**"他写《了凡四训》的时候，已经延寿16年了，最后是延寿了21年，活到了74岁。

"**《书》曰：'天难谌，命靡常。'**""谌"，就是诚实可靠。意思就是天道很难确定的，人的命是会变的，不是固定的。"**又云：'惟命不于常。'**"又告诉天命无常，我们命运是可以转变的。"**皆非诳语。**"这都是真实的教诲，不欺骗人。

"**吾于是而知**"，我从自己人生的体验明白了。"**凡称祸福自己求之者，乃圣贤之言**"，凡是说到祸福是靠自己求来的，这跟圣贤的教诲相应。"**若谓祸福惟天所命**"，一个人的祸福上天都注定了，没法改了。"**则世俗之论矣。**"那是还没有完全通达命运的人讲的话。

"**汝之命，未知若何。**"你的人生命运，还不知道会如何。

"**即命当荣显，常作落寞想。**"一个人本来命里会享荣华富贵，可是常常要作落寞想，不然就会张扬，很折福。大把大把地花钞票、福报，就不好了。

"**即时当顺利，常作拂逆想。**"哪怕现在事事都很顺利，也要当作好像面对逆境一样，为什么？人什么都顺，就会得意忘形，很容易习气现前。这是父亲护念孩子的智慧、德行，不简单。

"**即眼前足食，常作贫窭想。**"眼前丰衣足食不愁吃穿，想到以前是贫穷的，不可以糟蹋食物。现在为什么能够丰衣足食？得感谢多少的贵人，感谢祖先的福荫，这样人就不会顺境堕落。人在享福的时候都会觉得应该的、理所当然的，可是有这些提醒就会变成感恩，都会珍惜。

"**即人相爱敬，常作恐惧想。**"人们对我非常爱护恭敬，我诚惶诚恐，我怎么受得起别人的爱敬？我要对得起别人的爱敬，不能让他们失望。诚惶诚恐，才不会把别人的爱敬当成理所当然。没有这种心，会糟蹋别人对你的爱护。

"**即家世望重，常作卑下想。**"哪怕自己家世很好，都能够谦虚卑下不骄傲。

"**即学问颇优，常作浅陋想。**"自己的学识非常好，还能够想到人外有人，天外有天，就不会自视甚高。人一觉得自己学问很好，就上不去了。

接下来这段话非常精辟，这是正确的世界观、人生观和价值观。"**远思扬祖宗之德，近思盖父母之愆；上思报国之恩，下思造家之福；外思济人之急，内思闲己之邪。**"人生到底有什么意义？怎么过才有意义？这段话讲得淋漓尽致。

"**远思扬祖宗之德**"，这是不忘本，要光大祖宗之德，发扬中华文化。比如，您姓杨，要知道"四知堂"，天知、地知、你知、我知，要把杨震的德行显发起来。您是王家的后代，要知道"三槐堂"，把王祐的德行显发起来。我们不但要学习经典，不但学习《了凡四训》，还要发扬和推广，让经典教育和家风教育对世道人心和社会风气产生更大的助益。

"近思盖父母之愆"。"人非圣贤，孰能无过"，可能我们的父母这一生有做得不圆满的地方，别人批评我们的父母，我们非常难受。人家批评我们的父母，我们马上把那个过失揽到身上来，是我不好，不是我妈的问题，不是我爸的问题，这是一个人孝心自然显发的表现。不去张扬父母的过失，可以劝谏，但是在外面要注意不去说父母的过。父母没做到的，有缺失的地方，我们也要努力做圆满。包括父母跟叔叔、伯伯、阿姨有什么对立，有什么怨恨，你要有智慧善巧地把它化解，要有智慧，要有度量，包容化解。不然上一代的人一生都会活得很苦，良心都在受折磨。

"上思报国之恩"，上报国家和民族之恩。

"下思造家之福"，以身作则，给孩子做榜样，用我们自己的风范传承千年不衰的家道，要有这种志气。

"外思济人之急"，遇到任何有困难的人，伸出援手，助人为乐，为善最乐，这就是人生的价值。当你离开世间，你的德行，你所做的事情长留在人们的心中，人们感激你，你这一生就没有白来。

"内思闲己之邪"，把自己的邪念、恶念都去掉，纯是净善之心，你这一生的智慧德能就恢复了，这叫"明明德""亲民""止于至善"。

"务要日日知非，日日改过。""务"就是一定。每一天知道自己的习气、过失在哪儿，这个人就开悟了，没有迷糊昏沉。如果不知道可以请教身边人，接受监督和劝谏，然后知道了过失进而把它改了，这叫修身。

"一日不知非，即一日安于自是"，一天不知道自己的过失，就是蹉跎光阴自以为是。**"一日无过可改，即一日无步可进。"**一天没有改过，不只无步可进，学如逆水行舟，不进则退得很厉害。

"天下聪明俊秀不少"，世间很多人的资质很好，很聪明，也很有才华，**"所以德不加修、业不加广者"**，之所以道德不能提升，学业和智慧不能增长，**"只为'因循'二字，耽搁一生"**，原因是因循苟且，得过且过，习性都不改，然后越来越严重，荒废了一生的光阴。

"云谷禅师所授立命之说，乃至精至邃、至真至正之理。"云谷禅师所传授的立命的学问，"至精"，很精辟；"至邃"，很深邃；"至真"，一点都不虚假；

"至正"，一点都不偏斜的道理。这些道理影响非常深远，可以影响一个人、一个家、一个国。

"其熟玩而勉行之"，了凡先生期许孩子要好好地学习，好好地深入和体会，学一句力行一句，这才是"熟玩"。"熟"，首先要熟悉这些教诲；"玩"，就是你要深入研究、体会、力行；"勉行之"，一开始做会比较困难，不要生气、不要着急、不要沮丧，勉励自己去做到，甚至这里也有几分勉强之意。了凡先生第一个三千善事做了十年，很勉强，第二个三千善事四年就做到了，最后一万件就更快了，因为他的习气已经克服了，念念都是善念、善行。

"毋自旷也。"不要蹉跎自己宝贵的人生。

在"立命之学"这一单元，了凡先生讲的这个改造命运的方法。除了理论以外，还有他自己真正改命的整个过程，他自己做到了，给他的孩子做了证明，让他的孩子有了信心。了凡先生从没功名变得有功名，没儿子变得有儿子，短命最后延了21年的寿命，而且也给他袁家做了最好的榜样。

所以，了凡先生是成功的，他的人生是圆满的，他走的时候也是含笑而去，所以他这一生在世出世间都取得了幸福圆满的人生。孟子说："舜何人也，予何人也，有为者亦若是。""予"是指自己，我是何人？肯自立自强的人，也能够契入像大舜这样的圣人的境界。那么，"了凡先生何人也？予何人也？"既然命运是掌握在自己的手上的，我们也这样做，我们也可以改造命运、心想事成。

改过之法

愿意改变，比改变更重要

09　最好的风水，是你的善良

在第一单元我们解读了"立命之学"，明白了人这一生确实是有命运的，而且这个命运是可以转变的，只要能够断恶修善，不只自己的命可以转变，而且"积善之家，必有余庆"，连后代子孙的命都会转变过来。所以，我们学习如何改造命运，这对人生来讲是非常重要的。《了凡四训》的第二个单元是"改过之法"。知道了改造命运的理论，了凡先生也树立了榜样，接下来就是讲改过迁善的具体方法了。

"春秋诸大夫，见人言动，亿而谈其祸福，靡不验者，《左》《国》诸记可观也。" 我们中华民族绵延五千年，向来重视历史，所以谈论道理的时候都有具体的例子，让人信服。另外，读史可以提醒自己，不要犯前人的错误，同时也可以效法前人如何治家和治国。

"春秋"讲的是春秋战国时代。"诸大夫"，这个"大夫"就相当于现在的部长级别的干部。"见人言动"，他们看到别人的一言一行。"亿而谈其祸福"，"亿"就是可以猜想，可以揣度，可以算得出来。这个人以后是有福之人还是有祸之人，他都看得出来。"靡不验者"，没有不灵验的。这些大夫都是读了很多经典，落实经典，所以智慧明理。

"《左》《国》诸记可观也。"《左》是《左传》，《国》是《国语》，从这些经典当中都可以了解得到。

《国语》里记载着一个典故，在周襄王二十四年（前628），秦国带着军队去攻打郑国，结果这个军队，经过周天子所管辖的京畿北门，在路过北门的时候，恰好王孙满看到了这个军队路过，他看了之后，就对周襄王说："秦国的军队一定会打败仗，一定会受到上天的罪罚。"

周天子一听就很惊讶，就问说："你怎么看到他的军队路过，就能够下这样的断言。"王孙满说："因为他经过周天子的地方，应该是要行礼的，这叫尊重天子。可是他的军队经过的时候，只是把头盔摘下来了，但是身上的甲没有脱下来。而且走了几步之后，就马上又跳上了车。也就是说，这些士兵行礼，只是应付一下。在内心对周天子并没有恭敬之心，并不是诚心行礼。而且，这样应付应付，马上就跳上车的人，总共有多少人呢？有三百辆战车。也就是，整个军队大部分对周天子都很傲慢。"

王孙满就接着分析道："他们的军队非常轻狂又骄傲，轻狂了就觉得自己很了不起，就不会深谋远虑。不会做好万全的准备，而且轻狂了就不会慎重，傲慢则会无礼。一旦人无礼，做什么事都会随随便便。整个军队不慎重，又随随便便，但是他们要去干什么呢？他们是要去打仗的，打仗的时候，要进入很危险的地方，以这样的态度去应战，那绝对必败无疑。"

你看，古圣先贤确实观察得很细微，他们熟读圣贤书，就能够观察出这个人的未来结局如何、发展趋势如何。果然，秦国去打郑国没有打成，还没到郑国，到了晋国的边境，就被晋国打得落花流水，而且，三员大将都被抓走了。"满招损，谦受益"，古人就是看这个军队的作风不严谨，就能够看到他战败的结果。我们有一句话，叫"骄兵必败"，这句话绝对不是危言耸听，都是来自历史经验的总结。

《晋书·苻坚载记》记载：魏晋南北朝时期，北方氐族的前秦势力最为强大，占领了长江北部大部分地区。秦王苻坚企图征服南方的东晋王朝。他在全国大规模征兵，当有了80万大军时，他得意地说："东晋很快就会被我征服了。"可是，许多大臣都认为进攻东晋的时机还不成熟。

大臣石越劝苻坚说："虽然我们现在兵多将广，但晋军有长江天险可守，我们未必能取胜。"苻坚傲慢地笑道："以吾之众旅，投鞭于江，足断其流！"苻坚不听劝告，进攻东晋，结果在淝水之战中被晋军彻底打败了。

所以，我们对自己的一言一行、一举一动，都要深刻地反省。道家讲："祸福无门，惟人自召；善恶之报，如影随形。"我们的言谈举止给自己带来的是吉祥的，还是凶祸的，确实要认真地反思。

在《说苑》中就记载着这样一个典故：田忌离开了齐国，来到了楚国。楚王问他："齐国和楚国经常想互相吞并，您对这件事有什么看法？"田忌回答说："如果齐国任命申孺做将军，那么楚国只要发动五万士兵，派上将军率领他们，就能够带着敌军将领的首级而返，就会凯旋。但是如果齐国换了眄子做将军，楚国即使是发动了所有的兵士，而且就算加上大王您亲自率军出征，也仅仅能够免于不被擒获而已。"

结果，开始齐国确实是派申孺做将军，于是楚国派了五万的士兵，派上将军来率领。果然不出田忌所料，得胜而归，带着敌军将领的首级回来了。后来齐王就换了晔子做将军，结果楚王征发了所有的士兵，自己亲自率兵出征，结果也是不出田忌所料，仅仅是没有被敌人擒获而已。

楚王就问田忌，他说："先生您为什么很早就知道了这个结果？为什么这个战争的胜负输赢被您预测得如此准确？"田忌怎么回答的呢？田忌回答说："申孺的为人有这样一个特点，他侮慢轻视贤德的人，又瞧不起不贤德的人，所以无论是贤德的人、不贤德的人，都不能够为他所用，不愿意为他出力。但是晔子这个人恰恰相反，晔子对贤德的人很尊重，又怜爱那些不贤德的人，所以无论是贤德的人、还是不贤德的人，都能够为他卖命。这就是我能够事先预料结果的原因。"

你看，一个将军有德行，就能够感召士兵为他全心全力地付出，这些士兵把自己的能力全部发挥出来，竭尽全力才有战斗力，就能够获得胜利。相反，如果这个将军没有德行，还好大喜功、刚愎自用、不能容人，特别是对于贤德的人不能够容纳，那就很难获得胜利了。

《吕氏春秋》记载了一个典故，叫"秦西巴纵麑"。孟孙出去打猎，他捕到了一只幼鹿，就让秦西巴把它带回去。但是这个幼鹿的母亲一直跟在后边痛苦地哭嚎，久久不肯离去。秦西巴看了之后非常不忍心，他就把幼鹿送还给了这只母鹿。孟孙听说秦西巴居然把他捕到的猎物给送回去了，当然非常生气，就把他给撵走了。但是没过三个月，孟孙又把他给召了回来，让他当自己儿子的师父。

孟孙的车夫就问了："您以前怪罪秦西巴，把他给驱逐了，现在又让他来担任您儿子的师父。秦西巴反而得到了升迁，做了太子傅，这是什么原因？"孟孙说："秦西巴都不忍心伤害一只幼鹿，他又怎么忍心伤害我的儿子？"《傅子·通志》上讲："听言不如观事，观事不如观行。"古人他看人都是看一个人的存心，并不仅就事论事，不只观察他的言语和行为，不仅看事办得怎么样，从这个事上还要观察这个人的存心。

老子当初要离开东周的时候，刚好遇到一个官员，这个官员就问老子："我有两个儿子，我不知道以后应该靠哪一个。"老子就拿了一把钱放在桌上，然后就先对他的大儿子说："你只要打你爸爸一下，这些钱都是你的。"这个大儿子比较憨厚，他就低下头说："不行，怎么可以打父亲。"他宁死不从。

接着老子又问他的小儿子，这个小儿子聪明伶俐，脑筋转得特别快。结果老子就跟他说："你只要轻轻打一下，这些钱都是你的。"小儿子马上过去打一下，赶快把钱收到口袋里面去。老子就对他父亲说："现在你知道晚年应该靠谁了。"

后来这位官员去世了，确实是他的大儿子在他晚年照顾他，他的小儿子到其他地方去做生意。结果他父亲的死讯传到了这个小儿子的耳朵里面，小儿子说："我来回又要一段时间，不知道又要少赚多少钱。"后来连他父亲的丧礼都没有参加。

你看，老子很有智慧，可以从小孩的行为当中推出他的存心，因为"重利者必轻义"，只要跟他的利益有冲突的，他一定会先不关心，一定把利摆在第一位。一般的人可能都对那个聪明伶俐的特别欣赏，但是往往晚年都是那些比较老实的孩子在照顾父母。

在《汉书》上记载：严延年身材短小，却精明强悍，办事灵活敏捷，甚至可以胜过以精通政务而著称的子贡、冉有。他作为一个郡的长官，凡是下属忠诚奉公的，他都会像对待自家人一样优待、亲近，而且一心为他们着想，居官办事也不顾个人的得失，所以在他所治理的地区内，没有什么事是他不知道的。

但是，严延年他有一个很严重的问题，那就是他痛恨坏人、坏事太过分了，所以被他伤害的人很多。他尤其擅长写狱词以及官府的文书，他想要诛杀的人，他就亲自写奏折。因为他很擅长写狱词、写奏折，所以上面核准判定一个人的死罪，很快就通过。因为他狱词写得很好，大家都觉得他很有道理，所以这个人也很快就判处了死刑。

到了冬天要行刑的时候，他命令郡下所属的各县把这些犯人都押解到郡上，集中在郡府一起处死，一时间竟血流数里。因此，这个郡里的人给他取了一个外号，把他称为"屠伯"。"伯"就是老大的意思，说他是屠宰的老大。结果在他管辖的地区里，是"有令则行，有禁则止"，全郡上下一派清明。

有一次，严延年的母亲从东海来看望他，本来是想和他一起行祭礼的。但是他母亲到洛阳的时候，正好碰上严延年在处决犯人。她一看，血流流了好几里地，她非常震惊，于是就住在了道旁的亭舍里，不肯进入郡府里去住。严延年就出城到亭舍里拜见母亲，但是他的母亲关门不见他。他在门外脱帽叩头，过了好一阵他的母亲才愿意见他。

见了他的面，他的母亲就斥责说："你有幸当了一郡的太守，治理方圆千里的地方，但是没有听说你以仁爱之心教化百姓，保全百姓让他们平安，反而利用刑罚大肆杀人，以此来建立威信。难道身为百姓的父母官，就应该这样行事吗？"从这里我们也看到，他的母亲是深明大义之人，知道他做得不妥当。

严延年就赶紧向母亲认错，重重地叩头谢罪，还亲自为母亲驾车，把他母亲带回郡府去住。

祭祀完毕之后，他的母亲就对严延年这样说："苍天在上，明察秋毫，岂有乱杀人而不遭报应的？想不到我人老了，还要看着壮年的儿子身受刑戮。"你看他的母亲在这个时候已经预测到，他以后的结果一定不是很好。他母亲说："我走了，离开你回到东边的老家去为你准备好葬身之地。"

他的母亲回到家乡以后，见着了他同族的兄弟，又把以上的这些话讲给了他们听。结果怎么样？过了一年多，严延年果然出了事。这个时候，东海郡的人没有不称颂严延年的母亲贤明智慧的。

我们看古书，确实看到有一些聪明智慧的读书人，他们深明大义，他看一个人现前的所作所为，就可以推断出他以后的结果如何。结果和他预测的一模一样，那是什么原因？那是因为古人他读书明理，知道天道的规律。

天道有什么规律？上天有好生之德。那我们从政也应该顺应天道，要以仁恕之心对待百姓，而不应该对他们特别地苛刻。古人把地方官称为父母官，所谓"民之父母"，本应该是爱民如子。

《盐铁论》讲："故为民父母，似养疾子，长恩厚而已。"这个犯了罪的百姓就像生了病的孩子一样，作为百姓的父母官，对待百姓就应该是像父母对待自己有病的孩子一样，不过是增施恩惠、宽厚罢了。哪有父母对儿女这样屠戮的道理？

如果把人民，包括犯罪的人，放在了自己的对立面，把能够逮捕多少人、杀戮多少人、判了多少人刑罚作为自己的功绩去称颂，而毫无怜悯之心，这与天道是不相符合的，结果一定不是很好。所以古人看这个人的所作所为，主要看他是不是和天道相应，那就能够评价出他的兴衰成败了。

我们接着看原文，**"大都吉凶之兆"**，一个人、一个家庭、一个企业、一个团体，甚至一个民族和一个国家，其中的吉凶祸福都是有征兆的。就好像一个人生病，病重以前都有很多征兆，是我们太粗心大意，没有用心去观察。征兆可以从哪里看出呢？

"萌乎心而动乎四体"。这个征兆发源于内心当中，然后从他的言语和行为表现出来。

"其过于厚者常获福"，"厚"就是忠厚、稳重、厚道的意思，"获福"就是能纳很多的祥福。一个人行事稳重、为人厚道，甚至从他的相貌当中都可以看出来他是仁慈忠厚，这样的人常常有福报。

"过于薄者常近祸"。相貌刻薄，行事又很轻浮，那就离灾祸不远了。

"俗眼多翳"，"俗眼"就是一般的世俗人。"翳"是指眼病，就好像有白内障，眼睛被遮住了，看不清楚。这句话是比喻一般的人看不到这些吉凶的征兆，就不懂得怎么去趋吉避凶，去转变命运。

他们不只看不清楚，还下了错误的判断：**"谓有未定而不可测者。"**"谓"就是认为。他们认为吉凶看不到征兆的，所以吉凶根本就是不可以预测的。

学书法的朋友都熟悉书圣王羲之，他的儿子王献之也是著名书法家，他们被后人尊称为"二王"。有一天，王羲之第五个孩子叫王徽之、第六个孩子叫王操之、第七个孩子叫王献之，他们三个人去找当时的宰相谢安。三个人跟谢安先生谈完话离开的时候，旁边的人就问："您看这三个人以后谁比较有成就？"谢安马上说："第七个孩子王献之。"

那人说："何以见得呢？"谢安先生说："这三个孩子里面，最小的王献之话最少，他很礼貌地寒暄问候之后，基本上就恭恭敬敬听长辈谈人生的道理，没有再插嘴，而他两个哥哥话比较多。"

所以，看一个人吉不吉祥，跟他话多话少也有关系。《周易》告诉我们："吉人之辞寡，躁人之辞多。"言辞少，心很定，这个人吉祥。话多的人呢？很浮躁，"躁人之辞多"。后来确实是王献之的成就最高，谢安确实是慧眼之人，所以吉凶不是不可测的。

前两天看了一则报道，主人公叫赵子豪，他做生意发了财，花钱在郊区买了块地皮，修了栋三层的别墅，花园泳池很是气派，后院更有一株百年荔枝树，当初买地就是看中了这棵树，谁叫他老婆喜欢吃荔枝呢？装修期间，朋友劝他找个风水先生看看，以免犯煞。原本不怎么信这套的赵子豪，这次居然表示赞同，专程去香港请了个大师。

大师姓曹，从事这一行三十余年，圈内很有名气。在市里吃过饭，赵子豪开车载着曹大师前往郊区。一路上，如果后头有车要超，赵子豪都是避让。曹大师笑道："赵老板开车挺稳当呢。"曹大师虽然是香港人，一口普通话还算流利。赵子豪哈哈一笑："要超车的多半有急事，可不能耽误他们。"

行至小镇，小镇的街道远比市内要狭窄，赵子豪放慢了车速。一名小孩嬉笑着从巷子里冲了出来，赵子豪一脚刹车堪堪避开。小孩笑嘻嘻地跑过去以后，他并没有踩油门前行，而是看着巷子口，似乎在等着什么，片刻，又有一名小孩冲了出来，追赶着先前那名小孩远去。

曹大师讶然问："你怎么知道后头还有小孩？"赵子豪耸耸肩："小孩子都

是追追打打，光是一个人他可不会笑得这么开心。"曹大师竖起了大拇指，笑道："有心。"

到了别墅，刚下车，后院突然飞起七八只鸟，见状，赵子豪停在门口，抱歉地冲曹大师说道："麻烦大师在门口等一会儿。""有什么事吗？"曹大师再次讶然。"后院肯定有小孩在偷摘荔枝，我们现在进去，小孩自然惊慌，万一掉下来就不好了。"赵子豪笑着说道。曹大师默然片刻，"你这房子的风水不用看了。"这次轮到赵子豪讶然了："大师何出此言？""有您在的地方，都是风水吉地。"

风水的道理究竟是什么？福地福人居，福人居福地。有福气的人一居住之后，整个风水都会变。比如，我们上大学，去学校报到，如果心地善良又很爱干净的人先去的，一下子就会把这个房间整理得干干净净。但是，不爱干净的人住进去，就乱糟糟的，磁场会很不一样。

所以，真正人的福分都是从这颗心地开始的，风水是所以然，一个家庭为什么会有好的风水？因为他的心地善良，这才叫知其所以然。利他，才是最好的风水；设身处地照顾别人就是最好的风水；站在对方的角度为对方考虑就是最好的风水。

我们接着看原文，**"至诚合天，福之将至，观其善而必先知之矣；祸之将至，观其不善而必先知之矣"**。至诚的心就是真心。"合天"，天包容万物，地承载万物，所以至诚的心，胸怀就像天地一样宽广，包容一切人、事、物，仁民爱物。

我们人与天地并列为"三才"，就是要用至诚的心来爱护万物。可是很多人不明理，自私自利之后，现在就变成了万物的杀手。大自然被人类破坏了，地球上的物种濒临绝种的越来越多，甚至堕胎人数越来越多，连自己的亲生骨肉都忍心杀害。凭良心生活，爱人爱物，拥有这种与天地一样的胸怀，这样的人福报就要来了，这叫"福之将至，观其善而必先知之矣"。

美国耶鲁大学和加州大学有一个实验，实验者对加州阿拉米达县 700 位居民进行了 14 年的跟踪调查，最后得出了一个结论，那就是善恶可以影响人的寿命。在《善恶影响人的寿命》这篇文章中，研究人员指出：一个乐于助人且和他人相处融洽的人，其预期寿命显著延长；而一个心怀恶意、损人利己以及和他人相处不融洽的人，死亡率比正常人要高出 1.5 倍到 2 倍。

这些研究人员发现，从心理学的角度看，乐于助人可以激发人们对他的友爱和感激之情，他从中获得的内心温暖缓解了他在日常生活中常有的焦虑；从免疫系统的角度看，行善也有益于人体免疫系统的健康。这些研究都表明：助人本身就是一种快乐。

撒哈拉沙漠，又被称为"死亡之海"。进入沙漠者的命运：有去无回。1814年，一支考古队第一次打破了这个死亡魔咒。当时，荒漠中随处可见逝者的骸骨，队长总让大家停下来，选择高地挖坑，把骸骨掩埋起来，还用树枝或石块为他们树个简易的墓碑。但是沙漠中骸骨实在太多，掩埋工作占用了大量时间。队员们抱怨："我们是来考古的，不是来替死人收尸的。"队长固执地说："每一堆白骨，都曾是我们的同行，怎能忍心让他们曝尸荒野呢？"

一个星期后，考古队在沙漠中发现了许多古人遗迹和足以震惊世界的文物。但当他们离开时，突然刮起风暴，几天几夜不见天日。接着，指南针都失灵了，考古队完全迷失方向，食物和淡水开始匮乏，他们这才明白了为什么从前那些同行没能走出来。

危难之时，队长突然说："不要绝望，我们来时在路上留下了路标！"他们沿着来时一路掩埋骸骨树起的墓碑，最终走出了死亡之海。在接受记者的采访时，考古队的队员们都感慨："善良，是我们为自己留下的路标！"在沙漠中，是善良为我们留下了路标，让我们找到回家的路。

在人生道路上，善良，是心灵的指南针，让我们永远不迷失方向。不论你伤害谁，就长远来看，你都是伤害到你自己，或许你现在并没有觉知，但它一定会绕回来。凡你对别人所做的，就是对自己做，这是历来最伟大的教诲。不管你对别人做了什么，那个真正接收的人，不是别人，而是你自己。

有一本书，叫《寿命是自己一点一滴努力来的》。这个作者是一位姓陈的女士，她的寿命是自己一点一滴努力来的。她出生的时候，得了先天性的地中海贫血症，她得的这个病是绝症。她小时候不好带，她妈妈常常把她抱去给医生看。照理讲只能活一二十岁而已，结果她到现在还活着。

陈女士是一个企业家，做会计师的，住在台北市。她生了三个女儿，她的公司在台北仁爱路。在1981年，五六月的一天，她带着三个女儿，出去走走，就去了台北市的新公园。结果经过衡阳路交通银行的时候，就有一个老先生，要给她算命。这个陈女士本身不太相信算命，她说命不用算。可是她三个女儿都很善良，就跟她妈妈讲啊："妈妈你就给他算一下，这个伯伯好可怜！站在路口，你给他算命，他能赚点儿钱。"

她就问这个算命先生："那是先给我算啊，还是先算我女儿呢？"老先生说："先算你的。"老先生就看陈女士的手掌纹，他看完了，摇了摇头，讲了一句话，他说："不用看了，万般皆是命，半点不由人。"他说不用算了，为什么？他已经知道她的命运了，他从掌纹就看出来了。所以我们这个命很奇怪，我们这个命带着业力来到人间，它就会显现在我们的出生年月日时跟我们的掌纹上，所以这个定数是可以算得出来的。

后来陈女士就要给算命先生三千块台币。那个老先生就不收，他说："没有关系，不收你的钱。"那个小女生就拉着那个伯伯的手，陈女士就一直求他，说："这钱不算算命的，算孩子们孝敬您的。"然后恭恭敬敬地奉上，老先生一看盛情难却，就收下了。收下了以后，老先生就流眼泪，他就摇头，自言自语："哎，老天没眼，老天真是没眼啊！这么好的人，竟然是这样的命。"说完老先生就走了，哭着离开了。因为他觉得这个陈女士很善良，这三个女儿都很乖，怎么会是这种命呢？

这就是善人遇到恶报，她有个大劫难要来。但是她善根深厚，她可以扭转这个业报。其实善人恶报，是他行善的功德还不够大，就没有办法转这个业报。这个陈女士她功德够，可以转了，因为她做了很多善事，做了很多好事，帮助了很多人，所以老天有眼啊，不是无眼啊。

后来经过新公园，刚好有一群人围在那边，有一个老太太就在那边跪着，她说："拜托各位好心人，请大家帮帮忙，我儿子出了车祸，在台大医院开刀需要钱，我们没有钱去交手术费，请大家帮帮忙吧。"陈女士的小女儿就钻进去看，看了以后，小孩子知道老太太在求什么。她说："不用跪了，不用跪了，我叫我妈妈来救你就好了。"她就冲出去了，她就把她妈妈拖进去，拖进去以后，就说："妈妈你赶快救她，妈妈你赶快救她。"人常说"救人一命，胜造七级浮屠"。因为急难中的救济，她本身一定是真诚的，所以她是功德无量。

结果这个陈女士禁不起她三个女儿的苦苦哀求，她就帮助说："请问您是遇到什么困难了呢？"老太太说："我儿子在台大医院开刀没有钱。"陈女士说要多少钱？她说要几万块。陈女士就把她皮包里面的钱，全部都掏出来给她，而且去跟附近的眼镜行借钱，因为她认识这个眼镜行的老板。她是做会计师的，在那附近有她的客户，眼镜行的老板正好是她的客户，她就跟他借了很多钱，借了钱以后跟这位老太太一起，到台大医院把钱交了，这位老太太的儿子，命就得救了。

她就这样回家了。我们看，她发出一念真诚的心，那种真诚的心就是功德，为什么？她没有攀缘，她是真诚去救人。那一片真心，跟我们的智慧相应，跟功德相应。

结果她回去以后，给她算命的时候是五六月。一个月以后有一天，她家突然间跑来一大堆蚂蚁，成群结队的。小孩子就觉得很奇怪，怎么那么多蚂蚁跑到我家来呢？大家知道陈女士她多仁爱吗？她一看，这些蚂蚁，她就跟她女儿讲："女儿，来者是客，我们就欢迎，它们一路行军非常辛苦，行军到我们家来了，我们买一些白糖、水，给它们喝一喝，犒赏犒赏它们。"人常说"一善破千灾，心开福就来"。蚂蚁就是喜欢吃糖，她就是这样地把蚂蚁供养了。

最后到七月，天气最热的时候啊，有一天她在上班，在公司开完会啊，她看到新闻报道，说台北市仁爱路几段几号发生大火，一到四楼全部都烧起来了。她说仁爱路，就是我家附近啊。她就跟司机讲："司机，开车，我们去看一下，看看有没有需要我们帮忙的。"

我们看这个人多善良啊，她就过去，到那边一看，不对啊，这是我家啊，怎么着火了呢？她就跑上去，消防队说不能进去，现在正在喷水，一楼跟二楼、四楼全部都是火，只有她家三楼变成一团烟。消防队说很奇怪，我们要喷水怎么那边都是烟呢，不晓得房子在哪里，看不到房子。后来她说："不行，我的孩子都在上面呢，一定要去救我的孩子。"然后，噔，噔，蹬，她就跑上去了。

所以，我们不要等到灾难来临，我们不要等到恶果现前，我们不要等到业报现前，我们现在就要当下赶快忏悔改过，赶快去修善利他。不要等到那个时候再来，那就呼天天不应，叫地地不灵了，别人没有办法救我们了。善恶和命运这个事情我们自己是自作自受，不作不受，自己救自己。结果她就上去，进去以后她发现地板统统烧烫了，像火一样。很幸运的是，孩子们只是呛伤，不严重，当天夜里就完全恢复清醒了。

因为在前不久，她看到一个老爷爷搬来搬去卖二手书，她心疼这位老人，就都买下来了，当时女儿们还不太理解，觉得家里用不了这么多书，因为这些书很多都是硬壳的，消防队喷水之后，就不会着火了，几个孩子就爬上了书堆，就这样得救了。

后来陈女士又到厨房去看，煤气罐儿竟然没有爆炸，我们知道，如果一爆炸的话她小孩一定是粉身碎骨。当时消防队员就讲了一句话，他说："不可能啊，这简直就是一个奇迹，你们这一家一定是有道德的家庭。"这个消防员说的没错啊，她慈悲喜舍，她无贪无嗔无痴，她连对蚂蚁都很慈悲，慷慨救人，钱没了还去借钱。

大家听完这个故事以后，善有没有善报啊，善有善报啊。我们千万不要说行善没有用，善没有善报，那是障人慧命。这个陈女士到九月的时候给孩子们买钢琴教材，又经过衡阳路，她又碰到那个算命的陈老伯伯了。

陈老伯伯说："你们怎么还在？你们四个人，一家四口怎么还活着？"陈女士说："对啊，我们一直活着啊。"老伯伯说："不对啊，我那时候跟你讲，说万般皆是命，半点不由人，我就看到你的掌纹里面，你命中没有半个子女，过了这个夏天，所有孩子都会葬身火窟而死，她们怎么还活着呢？"

他说："阎王要叫我三更死，不可能留人到五更啊。"一般人确实这样，一般人都为命运所束缚，逃不开命理，所以会被人算准。所以善恶有报这是真的，不是假的。"宁动千江水，不动道人心。"为什么我们现在还没有报呢？因缘未到，因缘到了都会到。

后来陈女士有感而发，讲了一句话，她说："人的一生，总有一些料想不到的意外的事情，无法解释。"她说："人不要太会营谋计算，常会失灵失策。因为人忘了老天有一算，你很会计算，那你还是输给老天一算。她说人太渺小了，不可以太自信，不可以太自我，不可以太自傲，不可以太自满。"

人的命不用算，做人更不要自私自利，不要去钻营和算计。《阅微草堂笔记》里有两个故事，第一个叫"弄巧成拙"。纪晓岚先生说：我以前的老师陈文勤先生讲到，他有一位同乡。他平生也没有什么大的过恶，只是事事总要把利益归自己，把害处推给别人，这是他向来的做人原则。

有一年，他北上进京参加会试，和几位朋友一起投店住宿。那一天，忽然暴雨骤作，房中到处漏雨。当开始漏雨的时候呢，发现只有靠近北墙的下面，有几尺的地方没有水痕。结果这位同乡，忽然声称他着凉感冒，就抢先到那个不漏雨的床上蒙头大睡，他说："我发发汗。"大家都知道他是装病，但也没有理由让他离开。雨越下越大，其他的人都坐在屋里如同露宿街头一样，只有这位同乡啊，独自躺在那里鼾然大睡。结果忽然轰隆一声巨响，北墙就倒塌了。

众位朋友因为漏雨没有睡着，所以及时逃脱了，这位同乡却被压在了砖瓦土石之下。虽说没有丢了性命，可也是弄得头破血流，一条腿和一只胳膊都被砸成骨折了。只好派人把他抬回家去，考试也耽误了。所以你看，这件事足以让那些存有机心狡诈的人引以为戒，人算不如天算啊。"人有机心，天有巧报。"

先生说，由此也使我想到了，我的一位奴仆叫于禄。他为人非常诡诈奸猾。他跟随我从军迪化的时候啊，有一天，大清早就出发了，当时呢，天色昏沉，阴云密布，估计快要下雨了。这个于禄，便把自己的衣服行李放在车厢的下面，而把我的衣服行李覆盖其上，合算着，这样自己的衣服就不会被淋湿了。

结果走出十几里之后，天气忽然放晴，而车轮陷入了泥坑中。那么泥水就从下面浸入了车厢，反而把他的衣服全都弄湿了，而且衣服上啊也沾染了很多污渍。这件事也和上面那件事很类似。可见耍弄机巧，往往是造物主所忌讳的。

第二个故事叫"造物忌巧"，忌是忌妒的忌。巧就是技巧，也就是算计，说老天爷啊最忌讳耍弄技巧的人。纪晓岚先生讲，我的奴仆纪昌，他本来姓魏，后来跟从主人改姓为纪。纪昌幼小的时候就喜欢读书，娴熟于文学艺术，字也写得很工整。

但是此人最有心计，一辈子没有哪件事儿，他不占便宜的。结果到了晚年，他得了一种怪病，什么怪病呢？眼睛看不见，耳朵听不着，嘴里说不出，四肢不能动，全身萎缩麻痹，整天只能躺在床上，像个木雕泥塑一样，只有那鼻子还在呼吸，可以断定他还没有死。每天按时地给他喂饭，他也只是还能咀嚼下咽而已。

医生为他诊断，却发现他六脉平和，并不觉得有什么病状。所以许多名医都感到很棘手。就这样拖了几年之后才死去。一位名叫果成的老和尚说："这种病属于身死而心活，这应该就是他事事算计的报应吧？"但是这个纪昌平生，并没有什么大罪恶，他不过是务求自己多贪些财利，在算计上从没有落空而已。哪知道一个人过分地机巧算计，正是造物主所忌讳的。

这一点，很值得人们引为警诫！人算不如天算，钻营算计，到头来并没有让自己得到好处，却招感灾祸。人的福报也不是算计来的，是德行感召来的。有一句俗话讲："人为善，福虽未至，祸已远离；人为恶，祸虽未至，福已远离。"所以，祸福真的都在一念之间。

了凡先生在这里继续讲："祸之将至，观其不善而必先知之矣。"看到一个人的心不善、行为不善，就可以推断他的灾祸不远了。

在《孔子家语》中记载着一个典故，鲁国的国君把孔子请来了，并且向他请教了一个问题，什么问题呢？他说："我听说向东扩展房屋是一件不吉祥的事，这件事可信还是不可信呢？"孔老夫子说："我听说天下有五种不吉祥的事，而向东扩展房屋并不包括在其中。"哪五种不吉祥的事呢？

第一，"损人而自益，身之不祥也"。就是我们损害别人的利益，增加自己的利益，损人利己，这样和人家产生对立，产生矛盾，等以后人家一有机会就会打击报复你，所以给自身招致了不吉祥。

第二，"弃老而取幼，家之不祥也"。我们放弃了老年人不去赡养，不去照顾，把所有的关爱都放在了孩子的身上，这个孩子被养成了"小公主""小皇帝"，以自我为中心，结果怎么样呢？给这个家庭带来了不吉祥。

所以有人用一棵大树来比喻父母和儿女之间的关系，树的果实是孩子，树的树干是孩子的父母，而树的树根是孩子的祖父母。意思是说，你希望果实长得硕果累累，应该把水和养分浇在哪里？根部，应该去照顾赡养我们的父母，这样才能够枝繁叶茂，上行下效。

比如，我们外出了，要买一些礼物，我们首先想到给儿女买礼物呢，还是首先给父母买礼物？逢年过节我们要去送礼，很多人也是首先想到孩子最喜欢什么，喜欢什么样的好衣服、好玩具，而没有考虑到父母，这都叫"颠倒"，这也是孩子教育不好的重要原因。

第三，"释贤而任不肖，国之不祥也"。不去任用贤德的人，任用的都是不贤德的人，这个国家就不吉祥了。为什么呢？一个人没有仁德之心，却高高在上，就等于把他的过恶，传播给广大的民众，对社会风气会造成很大的负面的影响。

第四，"老者不教，幼者不学，俗之不祥也"。上了年纪的有经验的人不愿意教了，为什么呢？因为年轻人没有虚心好学的心了，这是社会风气的不吉祥，这个传统文化就没有办法代代承传，就像以前"批孔、批周公"，把传统文化批判得体无完肤，让我们对传统文化丧失了信心，结果现在各种各样的社会问题都出现了，这就是社会风气日趋日下的一个重要原因。

第五，"圣人伏匿，愚者擅权，天下不祥也"。圣贤人，有道德学问的人都隐居起来了，为什么圣贤人会隐居？中国古人说："进则兼济天下，退则独善其身。"圣贤人也是愿意为这个国家社会做贡献的人，学以致用就是为了治国、平天下。但是为什么还要隐居起来呢？因为政治腐败，自己有道德学问，不被重用，还被嫉妒、被排挤。自己有能力、道德学问，也不能够发挥，所以怎么样呢？无可奈何，就隐居起来了。

因为圣贤人，他与世无争，与人无求。他所做的都是希望能够利益到国家、社会，但是没有碰到明君、明主，不能够重用他，所以他只好隐退。"愚者擅权"，那些自私自利的、愚钝的人都把持了领导的位置，这是天下的不吉祥。

最后，孔老夫子说："我听说天下有五种不吉祥的事，而向东扩展房屋，

147

并不包括在其中。"所以，什么是风水？摆弄一下物件的位置、看看坟地、调调建筑物的朝向这些东西，不是没有其中的原理，但真正的风水是："一切福田，不离方寸。从心而觅，感无不通。"人的福分从哪里来的呢？不在于你风水的好坏。中国人有句话说："福人居福地，福地福人居。"一个有福德的人，他所选择的居住场所，自然山清水秀，环境也特别优美。这叫福人居福地。即使开始是他所居住的这个地方，风水不是很好，但是一个真正有德行的人，去居住了一段时间，这个地方的风水也就变好了。而风水宝地，一定是有福德的人才能够居住。

所以，孔子说："《易》，我后其祝卜矣！我观其德义耳。"关于《周易》，我把其占卜的作用放在次一等的位置，我要探究的是《周易》的德义。古人有负责占卜的职位，这是专门研究占卜和易学的，这不是提倡算卦，而是通过卦象，对应《周易》里的内容。假如卦象吉，说明做的符合德义，就要坚持；假如凶，就要对照卦象的内容，及时反省和改过。这是向内求，是修行的一种参考的方法，为的是提升自己，并不是迷信风水，向外求福报。

孔子是研究《周易》的第一大家，但是从来不替人算卦，也不提倡算卦。最懂风水的人，为什么不给人讲风水？因为孔子在乎的是德义，而不是风水的好坏。评判我们该不该做一件事的标准应该是是非而不是利害，应该用是非来决定我们的行为，而不是利害。这件事是对的，是利他的，我就去做；假如是不对的，是自私的，我就不做。不计较得失的，这是君子；在乎利害的，这是小人。

正如在《论语》里，孔子说："君子喻于义，小人喻于利。"小人的心里面都是自私自利，君子心中没有自私自利，只有道义。所以，君子所作所为合情、合理、合法，令一切众生生欢喜心。你想想看，一个没有自私自利的人跟你在一起，你会不会觉得很欢喜？因为他处处能够为你着想，他不自私，所以你很有安全感。

孔子还说："君子坦荡荡，小人长戚戚。"为什么君子坦荡荡？因为他无私无我，无欲无求，他心里放下了名闻利养，放下了五欲六尘的享受，放下了贪嗔痴慢，所以他乐观、他豁达、法喜充满，常生欢喜心。他不会受环境影响，即使生活在最鄙陋的地方，他一样很快乐。所以，夫子讲："君子居之，何陋之有？"君子到了鄙陋的地方去居住，那个地方受君子的影响反而会改变原来的鄙陋，变得有文化、有礼教。

从这个角度而言，观一个人是否热衷于看风水，也可以帮助我们判断一个人存心的善恶。正如孔子所言："君子德行焉求福，故祭祀而寡也；仁义焉求吉，故卜筮而希也。祝巫卜筮其后乎！"只有不守道德，违背仁义者，才需要占卜来求福避祸，让那些江湖术士有机可乘。

真正的君子，正道直行，守仁行义，何须占卜？那些合于道德的，爻辞都是吉而无咎。那些不合仁义的，爻辞都是凶而有咎。有例外吗？没有！无一例外！你真觉得在屋里挂个宝剑，放点吉祥物，甚至把祖宗的坟地刨了换个位置，等等，你就能趋吉避凶了吗？这不是自欺欺人吗？

圣人怎么评价这样的人？"世人共争不急之务，于此剧恶极苦之中，勤身营务，以自给济。"即使你遇到的是真正的风水大师，甚至算卦像孔先生那样精准，能改命运吗？不能！

最多把你生命中的福分提前透支，你所得到的还是你命里本来有的，而命里没有的依然得不到，还把命里本有的福报透支而且变少了。再过几年，尤其到了晚年会很凄凉，算来算去，费时费力费金钱，这是何苦呢？莫不如趁着大好时光反省自己的过失，提升自己的德行，积累自己的善行，这才是当务之急啊！

如今，甚至有人为了骗别人做医美，说把鼻子垫一垫，面容整一整，人的风水可以变好，能让你发财。假如你相信了，你发不发财不知道，他先发了一笔财，而对你则是后患无穷。我身边就有朋友，现在鼻子已经很不正常了，想花钱再恢复以前的状态，何苦来哉呢？出现这种情况，就不要再乱整了，只会雪上加霜。

所以，孔子会看风水，但不给别人看风水。孟子也会看风水，他也不给人看风水。什么是最好的风水？孟子说："居天下之广居，立天下之正位，行天下之大道。"在孟子眼里：天下之广居，不是天下最豪华广大的房子，而是居心的"仁"；天下之正位，不是天下风水最好的位置，而是人立身的"礼"；天下之大道，不是天下最宽广的道路，而是人行事的"义"。"仁者，人之安宅也；义者，人之正道也。"最吉祥的宅子，是仁；最正当的道路，是义。居仁、由义、尊礼，这就是孟子眼中的最好的风水！

在道家眼中，"风"指的是"势"，是大道运行的状态和规律；而这个"水"，指的是"道性"。连起来说，"风水"就是大道之"道性"运行起的动态规律的"势"。这种"势"从哪里来的，就是道性起作用，也就是居仁、由义、尊礼，所以，最好的风水恰恰是你那恒久而不求回报和仁慈和善良。

而那些贪残之辈，污秽之徒，聚金千万，起屋造楼。左青龙右白虎，前朱雀后玄武，堂庑甚大，风水甚佳，里面却是《诗经》说的："极其广大，草木生之，禽兽居之。"风水再好，房子高大，里边住着一堆禽兽，风水还能一直好下去吗？不可能好啊。房子很正，住进去一个歪人，风水和磁场不一样还是歪风邪气吗？

关键在于什么？我们的言谈举止讲不讲规矩，遵不遵守社会规范，做人走不走正道，做事是不是仁义存心。假如为人做事像禽兽一样，但是天天讲求风水，找人看看门冲向哪里，在哪里栽棵树，在哪里放盆花，不也只是自欺欺人、自取其辱、被人耻笑吗？

历史上有个著名的典故"白居易题匾"，唐代有个大盐商，名叫薛良兴。此人虽家有万贯，但斗大的字认不到几箩筐，并且为人尖酸刻薄，心狠手毒，专门出坏主意，整人害人，大家都叫他"黑良心"。

薛良兴有三条大木船，常年运盐巴顺着长江到巴蜀、荆楚等地，偶尔又从这些地方买布匹、棉花商价出卖，所赚的钱又再拿出去放高利贷。就这样驴打滚，利滚利，没过几年，他家银子过秤称，成了城里数一数二的大富翁。

有一年，薛良兴找了风水先生，在城东修了一座占地几十丈的走马转阁楼。新房修好后，他想找一个墨水喝得多、字写得好，又有名望地位的人给新房写个堂匾，好壮壮面子，显显名声。想来想去，薛良兴觉得刺史白居易最合适。既有名气，又有才气。如果能让白居易写，更是让人高看他一眼。

俗话说：豆芽长齐天，还是一门小菜。薛良兴虽说家里富豪，但在官场上还说不起话，怎能请得动白刺史，只好八方托人。白居易平时对薛良兴所作所为早有耳闻，很想找个机会惩治他，这次当然是难得的机会，就满口答应下来。

两天过后，薛良兴在家里备了酒席，用大轿把白大人接去。白居易来到薛良兴家里，一看他那奢靡的家居摆设，再听他那肉麻露骨的奉承，心里就直冒酸水。挥笔写下"极其广大"四个大字，每个字足有簸箕大小。

薛良兴高兴得眉毛胡子都在笑，心想：我家金银多、珠宝多、田产多，高房大屋，风水极佳，正合"极其广大"之意。于是再三称赞白大人字写得好，匾的意思也好，忙以厚礼相赠。然而白居易写完字，搁笔就走，既没有收钱，也没半点废话。

转眼到了薛良兴五十寿辰那天，他邀请三朋四友、三亲六戚到家，在一阵锣鼓鞭炮声中，将刷了金的堂匾挂上中堂。那些在座的客人中有不少是读书人，一见这堂匾"极其广大"四个字个个呆若木鸡。

有人阴阳怪气地问："匾出自哪位高手？"薛良兴忙答："本州刺史大人白居易。"大家一听，场面更热闹啦，有的伸舌头，有的吐口水，有的捧腹大笑，有的交头接耳。薛良兴觉得奇怪，以为大家都在夸奖他，可竖起耳朵听，也没听到半句恭维话，一看大家憋着想笑的表情，心里更不是滋味。

第二天，那匾的真实意义终于传到薛良兴的耳朵里。原来，"极其广大"四字出自《诗经》："极其广大，草木生之，禽兽居之。"当时薛良兴气得像被人挖了祖坟一样，五脏六腑都气炸了，可又无处发作，把匾取下来，怕得罪刺史大人，更有受不完的气；不取下来的话，众人难免又要耻笑自己。薛良兴越想越气，最后竟得了一场重病，一命呜呼了。

浙江南浔镇张静江故居，有副对联："世上几百年旧家无非积德，天下第一等好事还是读书。"这是数千年文化沉淀出的智慧，也是无数经验教训得出的真理。可惜的是，如今世上多少人巧取豪夺，蚕食鲸吞，不读书，不积德，却处处讲风水，时时讲堪舆。试问你讲风水，讲堪舆，你讲得过王侯将相吗？他们的宫阙万间不也一样都做了土吗？那些昏君和奸臣，拥有再好的风水，不一样身败名裂，千百年来一直被世人唾骂吗？

我们接着看原文：**"今欲获福而远祸，未论行善，先须改过。"**我们今天想要获得福报、吉祥，远离灾祸，在未谈到如何积德行善以前，首先要先明白如何改过，如何改掉自己的坏习性。为什么？第一，假如行善都掺杂着这些过失，善就不纯，行善的功德就不能彰显；第二，我们之前也讲到了，不改过，就像桶有破洞一样，水都流掉了，你再怎么灌，水也留不住；第三，善就好像醍醐一样，恶就好像毒药一样，你把这个恶、毒掺在醍醐里面，醍醐也有毒了。大家想一想，一个人都不改过，一直行善，其实他那都是做给别人看的。假如他真的好善，觉察到自己内心还是有很多不好的念头，他就去改了，怎么会都不改呢？所以，我们还是要往纯善无恶去努力，要获福而远祸，这是我们的目标，这是改过的原因。

林则徐先生讲过"十无益"，这"十无益"是"第一，存心不善，风水无益。第二，不孝父母，奉神无益。第三，兄弟不和，交友无益。第四，行止不端，读书无益。第五，做事乖张，聪明无益。第六，心高气傲，博学无益。第七，时运不济，妄求无益。第八，妄取人财，布施无益。第九，不惜元气，医药无益。第十，淫恶肆欲，阴骘无益。"这"十无益"对我们非常有启发。

第一，"存心不善，风水无益"。你看风水有没有帮助呢？风水当然对人的心态会产生影响。假如你存心不善，你看风水有没有帮助？没有帮助。

第二，"不孝父母，奉神无益"。很多人去拜神，求保佑、求升官、求发财，但是你连父母都不孝敬，你连知恩报恩、饮水思源的意识都没有，你去拜神怎么会给你保佑？那就变成了迷信。我们要知道什么是"神"，对这个"神"字要做正确的理解。古代的人，认为一个人在世的时候，对国家有功劳、有德行，过后就把他奉为神，给他建庙表示尊重，比如说，赵云庙、岳王庙、关公庙，等等。这个庙里供奉的这尊神，就是因为他在世的时候，对国家民族有功劳，人们纪念他的德行。

实际上这个庙就相当于我们现在的纪念馆、纪念堂、纪念碑，它不是迷信的意思，就像我们现在有抗日英雄纪念馆、人民英雄纪念碑，也是为了纪念那些对我们民族有贡献的人、有付出的人，也是培养一个人知恩报恩、饮水思源的意识。所以你去拜神，是什么意思呢？是从他身上学习他的品质，学习他的风范，不是你在他面前放上一点儿钱，供上一点儿水，他就保佑你。我没有供，他就不保佑我。那你这样做不是把神灵当成贪官去贿赂了吗？这种心态就是亵渎神灵，怎么会得到保佑呢？

第三，"兄弟不和，交友无益"。古代的人看这个人可不可交，怎么看？就看他对兄弟姐妹如何，如果他对兄弟姐妹、同胞兄弟都不好，对你这个朋友好不到哪儿去，交你这个朋友是因为有利益所在，所以"以利交者，利尽则交疏"，利益没有了，交情就疏远了。

第四，"行止不端，读书无益"。自己的行止都不端正，你读那么多书，有什么好处呢？读书目的是让你明理，理得心安，当然你的行止，不能不端正。行止也要按照书上所说的去做，这个书对你才有帮助。

第五，"做事乖张，聪明无益"。做事悖德悖理，虽然聪明，最后聪明反被聪明误，聪明都用到了不正确的地方，就像很多人用计算机的技术，去黑人家的网站，做黑客，这个就是聪明反被聪明误了。

第六，"心高气傲，博学无益"。你看我们学《周易》，"谦卦六爻皆吉"，你越读书，你就会觉得自己越浅薄，你越读圣贤书，你就感觉到和古圣先贤相距太远，差距太大。所以应该怎么样？应该越学越谦虚，结果我们越学越傲慢，这个博学也就没有益处了。

第七，"时运不济，妄求无益"。中国人讲：做事，都有一个时节因缘，也就是说时节因缘不到，条件不成熟，你妄求也是没有帮助的。

第八，"妄取人财，布施无益"。你用不义的手段获得的钱财，即使是拿着钱去帮助别人，去施舍，也对你没有什么好处。为什么？古人讲：布施得财富，布施度悭贪。但是你不仅没有把自己悭吝、贪心给舍掉，反而还去妄取人财，所以这种布施对你也没有帮助。

第九，"不惜元气，医药无益"。没有按照自然节律饮食起居，不珍惜自己的元气，虽然给你开了很多的药，对你的身体健康也没有补益。

第十，"淫恶肆欲，阴骘无益"。阴骘，就是阴德。古人告诉我们做好事不要到处去宣传。为什么？因为你做了好事一宣传，人家就赞叹你，就给你好的名声，就等于给你做好事有了回报。那么你做好事不去宣传，做的好事别人不知道，是积阴德，你这个德行越积越厚。德行越积越厚，厚德载物，你才有好的名声、好的地位、好的未来。但是"万恶淫为首"，因为邪淫这种过恶，放纵自己的情欲，把你所做的这些好事也都给遮蔽了。

林则徐先生的"十无益"，告诉我们都要从根本上求，这个根本就是我们的心地，要从心上求。福田心耕，心想事成。

"未论行善，先须改过。"所以，了凡先生是先讲"改过之法"后讲"积善之方"，那么最后一个单元"谦德之效"是什么呢？是我们改过迁善之后，如果不谦虚，有了福报之后骄奢淫逸，那么我们前边的努力都会毁于一旦。所以，《了凡四训》是一套完整的学习体系，也因为是写给儿子的家训，所以凝结着了凡先生一生的智慧和对孩子的无尽慈爱。

10 擦亮心灵的镜子，让美好在改过中发生

上一章我们讲了改过的必要性，那么改过需要什么条件呢？了凡先生讲改过要发三种心。

我们接着看原文："**但改过者，第一，要发耻心。思古之圣贤，与我同为丈夫。**"留名青史的这些圣贤人，跟我同样是人，同样是大丈夫。

"**彼何以百世可师？我何以一身瓦裂？**"他可以百世流芳，留名青史，影响整个民族和人类，甚至影响到千百年之后的后代子孙，这一生太有价值了。而我却"**一身瓦裂**"，瓦裂了，就没有用了，意思就是说这一生没有什么贡献，甚至于还成了家庭、社会和国家的负担，那就很悲哀了。同样是人，怎么可以活成这样呢？

"**耽染尘情**"，"染"就是染着、贪着。甘愿随波逐流，染上世间很多的恶习。哪一些尘情呢？财、色、名、食、睡，对这些欲望都非常贪着，贪财、贪色、贪名、贪吃。病从口入，现在人这么多病，其实都是因为欲望控制不住。还有贪睡，有些人有时候能睡半天，古人是"一寸光阴一寸金"。

"**私行不义**"，"私"就是暗中。也就是"暗室亏心"，在没有人看到的时候，做一些违背良心的事情。

"**谓人不知，傲然无愧**"，以为人家不知道，还自鸣得意。其实一个人做不义的事情，那是自己作践自己的良知。

这样的情况假如再不扭转，"**将日沦于禽兽而不自知矣**"。将要沉沦，成为衣冠禽兽自己都不知道。"衣冠禽兽"这个词好像觉得很严重，其实冷静看看，我们假如不受伦理道德教育，人不当衣冠禽兽都难。现在的社会欲望太强，我们不要说别的，世界卫生组织保守评估：人类每年堕胎有五千万例，这是指按着记录评估，那些没记录的不知有多少，禽兽都爱护自己的亲生骨肉，不去这样地进行伤害。

"**世之可羞可耻者，莫大乎此。**"人这一生最大的羞耻是什么？自甘堕落，自己糟蹋自己，没有比这个更可悲的事情。

在明朝的时候，王阳明先生有一次就和一群盗贼对话，这个盗贼知道他是王阳明，就问阳明先生："你说'致良知'，人人都有良知，人人都有羞耻心，那你看我们这群盗贼也有良知吗？"王阳明毫不犹豫地回答说："有！"这群盗贼说："你光说有也不行，你得证明给我们看，我们才相信。"

王阳明说："好啊，你按着我说的去做，我就可以证明给你们看。"于是他就让这些盗贼一层一层把自己的衣服给脱掉，直到脱得还剩最后一条内裤的时候，王阳明说："继续脱。"这群盗贼说："不行，不能再脱了。"王阳明："知耻就是你的良心，这就是你的良知、良能。"

我们看到这样的典故很感慨，感慨什么？在中国古代，你看即使是死刑犯，即使是盗贼，他都知耻，他都有羞耻心，知道什么事情该做，什么事情不该做。人都有良知，一个大逆不道的人，你骂他"不孝"他也生气，你说他"孝顺"他还挺高兴，他都有良知的。

可是我们现在人，因为缺少了礼义道德的教化，别说是一般的人，甚至知识分子都不知道什么事是该做的，什么事是不该做的。你看好多新闻报道还说什么？还说有一群人裸体游行。这个古代的盗贼都不愿意这样做，都知道这是羞耻的事。结果我们现在，不穿衣服在大街上游行还沾沾自喜，不以为耻，反以为荣。

没有礼的教育，这个社会是什么样的了。确实是孟子所说的："饱食暖衣，逸居而无教，则近于禽兽。"这就和禽兽没有什么大的区别了。所以，人一定要自重、自爱、自立、自强。读书志在圣贤，这一生读圣贤书就是要当个好儿子，当个好领导，当个好爸爸。《格言联璧》讲"无愧父母，无愧兄妹，无愧夫妻，君子所以宜家"，这样才对得起自己的家。"不负国家，不负生民，不负所学，君子所以用世也。"这一生才活得有价值。

《孔子家语》中就记载，冉有去问孔老夫子，他说："从前的君王制定法律，规定'刑不上大夫'，就是刑罚不施加于处在上层的大夫；'礼不下庶人'，礼仪不涉及在下层的百姓、平民。如果这样的话，大夫犯了罪就能够不施用刑罚，普通人办事就可以不讲究礼仪了吗？"你看实际这句话古人早就有疑惑，而孔老夫子已经给予了很好的解答。

孔子说："不是这样。大凡整治君子，要用礼义来引导他的心志，是为了用廉洁知耻的节操来勉励他们。"所以为什么讲礼？其实就是要不仅仅惩罚人的行为，而且要引导人的心志，让人有羞耻之心、廉耻之心，根本上不想去触犯这个礼。

所以古代的大夫，如果有犯贪污受贿罪而被罢免流放的，就叫"簠簋不饬"。你看他犯了贪污受贿的罪，要去被罢免流放，都不直接说他犯了这样的罪，而给他很隐讳地称"簠簋不饬"，这是为了什么？是为了维持他的羞耻之心。有犯淫乱、男女不别之罪的，就叫"帷薄不修"；有犯欺骗君主、不忠诚之罪的，就叫"臣节未著"；有犯软弱无能、不胜任工作之罪的，就叫"下官不职"；有犯了冒犯国家纲纪之罪的，就叫"行事不请"。这五个方面，对大夫已经单独确定有罪名了，但还是不忍心以斥责的语气直呼其罪名，而且为他们避讳，就是为了使他对此感到羞愧和耻辱。

所以大夫的罪行，如果是在五刑的范围内，发出责罚的通知之后，就戴白色的帽子并系上牦牛毛绳，用盘盛盥洗之水，并架上一把剑，前往宫廷自行请罪。大夫犯了罪之后，特别是他这个罪是在五罚之内的罪，他收到责罚的通知之后，他自己就去请罪了，国君不派执法人员前去捆绑捉拿他。这是为了给士大夫留面子，是一种尊敬贤人的体现。如果有重大罪行，他听到命令就面向北方拜两次，然后跪地自杀。

你看士大夫他是很有羞耻之心的，他有犯到重大罪行的时候，他自己就感到惭愧、感到忏悔了，朝着君主的方位跪地拜两次，就自裁了。国君不派人押送、斩杀他，并对他说："大夫您是自取其罪，我对您已经有礼了。"因此刑罚不施加于处上层的大夫，但是大夫也不会逃避其应有的惩罚，这是教育才使得他们做到这样的。

所以这是礼义道德的教化，使这些当官的士大夫，大夫就是当到一定层次的高官，他们都有很强烈的羞耻之心，做错事，事情败露之后，国家要责罚他的时候，用不着去捆绑、捉拿、押解，他自己就知道惭愧自裁了，所以说"刑不上大夫"。

为什么"礼不下庶人"？就是说普通人，就是一般的平民，他们经常急促地做事，要忙这忙那的，忙于生计，而不能完满地实行礼仪，所以就不责求他们完全按着礼仪行事，其实这是一种宽厚之心。《菜根谭》里面有一句话，"装身于千古圣贤之列，不愿为随波逐浪之人"。自己要这一生能列入圣贤的行列，不随波逐流、不沉沦，这是有羞耻心。

"孟子曰：耻之于人大矣！" 羞耻心对一个人的一生是很重要的一个态度，这个羞耻心的意义太深远。包括我们在任何一个行业都要有一种使命感，比如我们在教育界，世间人不尊重老师就是我们的耻辱，因为我没有做出好的榜样。

　　所以，我这一辈子的使命是什么？我走进教育界了，振兴师道就是我的天命。没有振兴师道，就是我的耻辱，因为我以身羞辱了这一个神圣的职业。有一句话叫"教师是人类灵魂的工程师"，我不能玷污了这个教师的身份。

　　同样，医有医道，君有君道，太太有太太道，妈妈有妈妈道，今天我们不把妈妈做好了，那就把妈妈这么神圣的身份给侮辱了。

　　做人要有志气，你扮演哪一个角色，从事哪一个行业，都要把这个道行出来，不能行出来就是我们的耻辱。能有这种心态，《中庸》讲"知耻近乎勇"，你的勇气就出来了。

　　"以其得之则圣贤"，一个人时时能提起自己的羞耻心，就可以成圣成贤。**"失之则禽兽耳。"**没有羞耻心，什么都敢做，那就沦为衣冠禽兽了。**"此改过之要机也。"**改过最关键的，就是要发羞耻心。

　　那我们接着要想了，羞耻心的根源在哪里？羞耻心从哪里发出来的？从孝道。百善孝为先，耻心也是善。所以《弟子规》说"德有伤，贻亲羞"，那就是羞耻心的源头活水，所以孝不可以不教。现在的人为什么没有羞耻心？因为没找到羞耻心的源头。

　　以前的人从小就立志光宗耀祖，不可以给祖先、给父母丢脸，这就是羞耻心。人家一说："你这个人怎么这么没有家教啊？"我们马上就很羞愧，赶紧改过了，这就是羞耻心。

　　"第二，要发畏心。""畏"就是畏惧，戒慎恐惧的心，不是放纵，不是不知天高地厚，什么都不怕，很狂妄，不可以这样。为什么要发畏心呢？**"天地在上，鬼神难欺。"**老子说："天网恢恢，疏而不漏。"我们现在人很狂妄，看不到的就认为没有，人能看到的是宇宙间多微小的部分啊。而我们在历史当中看到太多的事例，都是证明有不同维次空间的生命。

　　《礼记》里面有一段叫"祭义"，也就是祭祀的意义，其中就讲：一个国家有专门守卫国家的国神，重要的道路也有神在镇守，包含门都有门神，厨房有什么？灶神。每个地区都有城隍神、土地神。

　　老子被后人封为"太上老君"。在老子的故里鹿邑县，演绎着一件真实而神奇的事件，老君台被日军炮击但未受损，至今是一项未解之谜。老君台原名升仙台或拜仙台，原为明道宫的一部分，位于老子故里鹿邑县城内东北隅。相传老子修道成仙于此处飞升，因而得名。宋真宗大中祥符七年（1014）追封老子为"太上老君混元上德皇帝"，故又名老君台，始建于两汉时期，至今已有两千多年的历史。

天地之间，有专管记录人的善恶的神明。现在人不懂这些真相，什么都敢干，造出来的恶事让人听了都毛骨悚然。天不怕，地不怕，最后那个果报不得了，恶果来了才后悔害怕。"觉者畏因，迷者畏果。"觉悟者知道善恶规律，所以很怕造恶因，因为知道后果不堪设想。愚痴的人随意造业，等结果来时才害怕，而且抱怨自己命不好，殊不知是自己的造恶导致的后果。

"吾虽过在隐微，而天地鬼神，实鉴临之。"我的过错哪怕很隐蔽、很细小，天地鬼神都看得清清楚楚。

宋朝光孝安禅师，住持清泰寺。有一天入禅定，在定中看到两个僧人倚着栏杆交谈，开始有天神拥护保卫，并恭听他们的谈论，不久天神离开了，顷刻间却又听到恶鬼在旁不屑地谩骂他们，扫除他们走过的脚印。出定之后追究结果，原来他们两位起先讨论佛法，所以天神护卫聆听，接着叙旧家常，最后谈到财物供养的事，恶鬼闻之亦不屑地唾骂，光孝安禅师于是终身不再谈世俗琐事。

《增广贤文》讲："人间私语，天闻若雷。暗室亏心，神目如电。"《西游记》讲："人心生一念，天地悉皆知，善恶若无报，乾坤必有私。"

"重则降之百殃"，严重的话，种种灾祸会降临。其实大家冷静看，现在全世界的灾祸多不多？老祖宗提醒我们："作善降之百祥，作不善降之百殃。"

"轻则损其现福"，轻微的过失就损害了现在的福报。**"吾何可以不惧？"**我怎么可以不敬畏，不戒慎恐惧地谨言慎行呢？

中国古人很强调一个人慎独的功夫，纵使是自己独处时，也不能放纵，也要有规矩。所以，小地方见大学问，《菜根谭》讲："青天白日的节义，自暗室屋漏中培来；旋乾转坤的经纶，自临深履薄处得力。"在生活的点点滴滴当中，都要恭谨、谨慎，才能形成一个人的节义，才能掌握自己的命运、事业的乾坤。《朱子治家格言》讲："屈志老成，急则可相依。"一个人屈志老成的能力、恭谨的态度，从哪里培养出来？就是在一举一动、一言一行中形成的。

《元史》记载了一个著名的典故，叫"许衡不食无主之梨"。许衡先生是元朝有名的思想家、政治家和教育家，被誉为"百科书式的人物"。宋末元初，战乱频频。许衡有一次经过河南，天气很热，很多逃难的人停下来休息。刚好旁边有棵梨树，面对一树的水梨，大家就蜂拥而上。

结果，许衡坐在那里如如不动，这些人看他没什么动作，就觉得很好奇。有个人就问他："你怎么不吃水梨呢？咱们赶路这么辛苦，都快渴死了，赶紧去摘呀。"结果许衡说："非其有而取之，不可也。"那不是我的梨，未经主人允许我去拿来吃，这样不太好。

许衡的话很厚道，他没有说："非其有而取之，盗也！错也！"言辞没有这么强烈。以前的人讲话含蓄，因为人都有羞耻心，点到为止，他说"不可也"。这个人接着说："现在兵荒马乱的，这棵树可能并没有主人。"许衡说："梨无主，吾心亦无主乎？"树可以没有主人，我的心可以没有主人吗？他有没有说人家错？没有。他只是在境界当中守好自己的心，这叫正心。心正而后身修，身修而后家齐，会影响身边的人。

许衡有这样的德行，过了没多久，他在那个地方就非常讲廉耻之心。小朋友看到别人的水果从树上掉下来，都不会去贪，这都是受了许衡的感化。后来，他受到元代最高统治者的器重，在朝中担任重要官职。至元八年（1271），拜集贤殿大学士，兼国子祭酒。至元七年（1270），任中书左丞。累赠正学垂宪佐运功臣、太傅、魏国公等，谥"文正"。皇庆二年（1313），从祭孔庙。

北宋苏轼先生言："苟非吾之所有，虽一毫而莫取。"假如不是我的东西，再亲再近的关系，即使是一丝一毫我也不会求取。

隋朝也有个清官，名叫赵轨，河南洛阳人。他少年时好学，品德出众，很受乡邻的赞赏。赵轨的邻居院里有一棵桑树。这一年，桑葚熟了，每次刮风，都有大大的桑葚随风飘落到他家的院墙下。他的几个孩子拾起来就吃，并说："反正不是我们偷的，它自己落在了我家院子，吃不吃邻家都不知道的。"

赵轨看到后，马上把孩子们召集在一起说："不是我们自己劳作得来的果实，就不能享用，不能无缘无故拿别人的东西。你们一定要记住这句话，以后还要把这个做人的道理传给子孙们。"他让孩子们把掉在地上的桑葚，用布包裹起来，又拿出几文钱补上已吃掉的部分，派大儿子送还邻居家。

有人对他说："孩子们不就是吃了几个桑葚吗，有什么大不了的事。你又何苦用这种方式，求得自己的好名声呢？"赵轨说："我不是用这种方式来博得名声。我是要让孩子们从小就知道不义之财不能拿，今天拿了小东西，将来就敢拿别人贵重的财物，尤其在没人看见时，更要洁其心，正其身。上有天，下有地，当中有自己，为人必须慎独啊！"

后来，他做了掌管军队的官。夜里骑马不小心走入田里，把田里的稻子都踩坏了。天亮后，赵轨找到田地的主人，按照稻子的损失照价赔偿了他。赵轨先后在原州、齐州任职时，官声极佳，政绩突出，被提升入朝当职。

赵轨离开时，父老乡亲们洒泪送别。一位长者捧着一杯清水，来到赵轨面前说："您在我们这里当官，从不接受礼物。如今您要走了，我们不敢送贵重的东西玷污您的名声。您清廉若水，特献上一杯清水为您饯行。"赵轨非常感激，接过水来，一饮而尽。

我们接着看原文："**不惟是也。**"不只如此。"**闲居之地，指视昭然。**"一个人平常闲居独处的时候，"指"是指头，"视"是眼睛，就好像十个指头指着我们，十只眼睛看着我们，都是很清楚的。

"**吾虽掩之甚密，文之甚巧。**"我们即使能够掩盖自己的行为，甚至把话都讲得很好听，看似都"掩饰"过去了。"**而肺肝早露**"，肺跟肝是在身体里面，一般人看不到，可是神目如电，天地鬼神没有这个障碍，他都看得清清楚楚，藏不了。"**终难自欺**"。自己欺骗自己都很难，怎么可能骗得了天地鬼神呢？

"**被人觑破**"，自己不好的行为最后还被人给看穿了，那这一生就会名誉扫地。正如印度诗人伽比尔所言："人掩饰他一切的过犯，但最终都会暴露。"

不要说天地鬼神了，就连人也隐瞒不了，有德行的人、有修养的人都能看出来。我们在那里掩过饰非，很可能把自己这一生最好的贵人给错失了。我们掩饰过失，这些跟我们有缘的、有智慧的人说，"啊，算了，不要强求了"。我们都这么爱面子，这么掩饰，他再讲，不是跟我们结怨了吗？就敬而远之不讲了。

《论语》有段话说得好："子贡曰：'君子之过也，如日月之食焉。过也，人皆见之；更也，人皆仰之。'"子贡说："君子的过错就像日食月食一样，人人都看得见；改正了，就像日月食后重现光明一样，人人都敬仰。"

这句话告诉我们，君子和小人的区别何在？小人有过一定会文饰，以不实的言辞来掩饰自己的过失。相对而言，君子不文过饰非，而勇于改过。这就是告诉我们君子和小人的区别，并不是说君子永远不会犯过失，"人非圣贤，孰能无过"。

君子和小人的区别究竟是什么呢？君子能够认识自己的过失，不掩盖自己的过失，进而能够改正自己的过失。孔子《论语》讲："过而不改，是谓过矣。"一个人有过而不去改正，这就叫真正严重的过失了。

所以有福气的人是什么呢？"过能改，归于无。"这些长辈、有德行的人一劝我们，我们马上听话，还给他鞠个躬，"谢谢您，您是我生命中的贵人。我下一次再犯，您一定要提醒我"。这个肯认错的态度，能真正改造自己的命运。

一个人即使有一千条缺点、一万个错误，只要他诚实，不对自己撒谎，敢把内心呈现出来，他就有美好的未来。但这是一个艰难的历程，真实的东西往往是令人不堪的、痛苦的，也是人们不愿意承认、极力掩饰、千方百计逃避的。

"**不值一文矣**"，一文钱也不值了，而且可能还会臭名昭著。所以，古人说"谨慎为保家之本"，谨慎才能保住你一生的清誉、一生的名节。一不谨慎，一失足成千古恨。不只自己千古恨，你本来在社会当中很有地位，很有名望，结果做出违背良知的事情了，全家都蒙羞，甚至把整个行业的名声都拖下水。

"**乌得不憷憷？**"怎么可以不心怀恐惧呢？"憷憷"就是恐惧，这是告诉我们要怀畏心。

了凡先生接着讲："**不惟是也。**"不只如此。"**一息尚存，弥天之恶，犹可悔改。**"滔天的大罪，只要你这口气还没断，真正明白自己错误了，还可以改正过来。俗话讲"放下屠刀，立地成佛"，这样的人都是一辈子没有遇到好的善缘，没有明白做人的道理，最后真明白了，是可以改得过来的。

"**古人有一生作恶，临死悔悟，发一善念，遂得善终者。**"古人有一生不明事理，造作了种种罪恶，临终的时候忏悔、改过，发出至诚的忏悔跟善念，结果安详地走了。

但有一点很重要，他是最后才明理。我们现在就明理了，就不能再造恶了。看到这儿，如果我们想：那就最后一刻再临时悔悟就行了，反正最后忏悔也能善终。这个念头就不妥当了，明白道理了再犯，那叫"明知故犯，罪加一等"。有这样的念头的人，临终也很难有清楚的头脑，很难忏悔，因为现在就不清醒。这里了凡先生是给我们讲明事实真相，给我们信心，随时反省自己过失，忏悔改过。

古人讲："修善不嫌早，悔过不嫌迟。"你以前做了这么多恶，但只要忏悔是真心的，你以前所走过的弯路，会成为你往后劝导别人回头的资粮和经验。为什么？你真心悔过了，再去劝导跟你犯同样过错的人，言语非常恳切，你可以打动他。

为什么说浪子回头金不换？不只他的人生转了，他的行为、他的言语会感动很多跟他有同样过错的人也回过头来。因为，此后他所做的善事和善功很大，后善就胜于前恶了，命运自然全然变好起来。

了凡先生接着为我们阐明，为什么"发一善念，遂得善终"呢？"**谓一念猛厉，足以涤百年之恶也。**"这个善念非常勇猛，足以洗尽他百年所造的罪业。"**譬如千年幽谷，一灯才照，则千年之暗俱除。**"就像一个千年黑暗的山谷，点上一盏明灯，千年之暗都消除了。

"故过不论久近，惟以改为贵。" 我们以前所犯的过失，不论是近的或者是久远的，最重要的是当下把它改过来。**"但尘世无常，肉身易殒，一息不属，欲改无由矣。"** 这个世间是很无常的，人的生命很容易就结束了，有一句话讲"黄泉路上无老少，孤坟多是少年人"。

假如他先改过，先行善，遇到再大的灾难都会逢凶化吉。你看遇到一些大的灾难，很多人遇难了，很多人被救了，这个世间没有一件事情是偶然的，为什么"大难不死，必有后福"？因为共业里边有别业，比如一场地震里的人，都有相同的劫难，这叫共业，但是有的人活下来了，有的人死去了，这就是别业。

积功累德的人往往是幸存下来的，所以叫"大难不死，必有后福"，这福也不是别人给的，是他的祖先和他自己积累的。所以有人说有两件事是不能等的：一是行孝；二是行善。

世尊有一次问他的学生，"生命有多长"？第一个学生讲："生命在几天之间"；第二个学生讲："生命在饭食之间"，吃一餐饭很可能这个生命就会发生变化；第三个学生讲："生命在呼吸之间"，我们这一口气吐出去，吸不回来就说再见了。

人真正明白人世无常，生命在呼吸之间，就很爱惜光阴了。就会想到，我假如哪一件事没有做，会造成这一生的遗憾，就赶紧去做了。有一个朋友曾经对他母亲很无礼，但是拉不下面子去很诚心地跟母亲忏悔、道歉，结果母亲去世了，造成了他终身的遗憾。

"一息不属，欲改无由矣。" 这一口气不属于我们了，生命结束了，想改都没有机会了。所以行孝不能等，行善不能等，改过不能等。强健的时候不行孝和行善，等到年老力衰了，就很难有机会了。

了凡先生接着讲：**"明则千百年担负恶名，虽孝子慈孙，不能洗涤。"** 我们的生命结束了，恶名在这个世间千百年都不能去掉，就像唐朝李林甫、宋朝的秦桧，千百年的恶名。现在到杭州岳王庙，秦桧的铜像还跪在那里，这是千百年担负恶名，纵使有孝子贤孙都不能洗涤。

"幽则千百劫沉沦狱报，虽圣贤佛菩萨，不能援引。乌得不畏？" 这一生造的恶感来恶的果报，就到地狱、饿鬼、畜生三恶道去受报，我们读一读佛经就知道，阿罗汉是已经脱离六道轮回的圣者，他们可以看到自己前五百世。想到以前在地狱受的那些罪报的痛苦，毛发都流血汗。大家流过血汗没有？我流过冷汗。大家要知道，流冷汗就已经表示很恐惧了，血汗就更恐惧了。

"第三，须发勇心。人不改过，多是因循退缩。""因循"就是得过且过，"退缩"就是退避，不敢勇往直前。"因循退缩"还有一个原因，就是怀疑自己，不信任自己。所以信任自己很重要，要先自助而后天助，自救而后天救。如果自弃了，老天、他人也帮不上我们的忙。而一个人真正自立自强，真正下定决心要成圣成贤，一定会得到很多圣贤祖先的庇佑。只要下定决心，勇往直前，就能感召到很多善缘，遇到人生的贵人。

"吾须奋然振作"，我要奋发图强、要做大英雄。什么是大英雄？不再做习气、坏习惯的奴隶了，要把它改过来。所以，佛寺的大殿叫"大雄宝殿"。佛家讲"大慈、大悲、大雄力"，儒家讲智、仁、勇"三达德"，都有异曲同工之妙。

"不用迟疑"，不要怀疑这些经典的教诲，也不要怀疑自己。"不烦等待。"孔子在《论语》中强调："过则勿惮改。"这个"惮"就是不要担心、不要害怕，要勇于改过。

所以，有过失要马上改，不要等，不能说明天再说，以后再改。"明日复明日，明日何其多，我生待明日，万事成蹉跎。"那还怎么改得了？知道自己有这个习气了，马上就改。

"小者如芒刺在肉，速与抉剔。"小的缺点和过失就好像芒刺刺到肉上，很不舒服，赶快把它拔掉。"大者如毒蛇啮指，速与斩除。"大的过失可能毁了我们一生，毁了我们的家庭，就好像毒蛇咬了手指，稍微迟疑了，剧毒攻心，命就没了，所以马上拿起刀来把这个手指给切掉，这样才能保住性命。所以，对自己的习气要赶尽杀绝。

"无丝毫凝滞"，没有丝毫的迟疑和犹豫。"此风雷之所以为益也。""益"是六十四卦当中的一卦，是风雷卦。风跟雷会互相助势，所以风雷这个象在《周易》当中衍生出什么意思呢？"君子以见善则迁，有过则改。"没有迟疑，雷厉风行。尧舜之所以能成为圣人，都不离见善马上效法，有过马上悔改，这是最重要的修身基础。

《韩诗外传》上有一则有关赵简子的典故，他做到了两点：第一，乐于别人指正自己的错误；第二，还善于让别人乐于指正自己的缺点。

赵简子有一个臣子叫周舍，在他的门外站了三天三夜，他就派人去问，说："你有什么祈求？为什么在门外站了三天三夜？"周舍回答说："我别无祈求，就想做一个能够犯颜直谏的臣子，每一日跟在您的身后，把您的一言一行、一举一动，特别是您的过失，一一地记录下来，每一天都有记录，每个月都有汇集，每一年看一看有什么效果。"

我们想一想，如果我们是一个领导者，突然来了一个人，他要干什么？每一天跟在我们的身后，把我们的一言一行、一举一动，拿着笔墨纸砚，很小心仔细地记录下来。

但是赵简子没有这样做，他很高兴，同意了周舍的请求。从此以后，赵简子走到哪里，周舍就跟到哪里，果然很小心谨慎地把他的一言一行、一举一动都记了下来，特别是把他的过失记得更详细。

过了一些时候，周舍过世了，有一次赵简子和群臣在洪波台饮酒，大家正喝得高兴的时候，他却趴在桌子上哭了起来。诸位大夫一看，不敢再饮酒了，纷纷地离开自己的座席，向他请教，他们说："我们知道自己有过失，但是我们确实不知道自己错在何处，还请您明示，不要再哭了。"

赵简子这才止住了哭声，对大家说："我以前曾经有一个朋友叫周舍，给我说过这样一句话，说一千张羊羔皮，也不如一片狐腋有价值。一千个唯唯诺诺的臣子，不如一个敢犯颜直谏的臣子对我有帮助。

从历史上看，商纣王的臣子都闭口不言了，所以商朝就灭亡了。而周武王的臣子都可以直接给他提出建议、不同的意见，结果周朝就兴盛起来了。但是自从周舍过世之后，我再也没有听到自己的过失了，我知道自己离灭亡的日子已经不远了，所以我才哭泣。"

我们看了这个典故，就对古代的领导者特别地佩服。一方面，他知道用什么样的人，对自己修行、修身最有帮助，就是用那一个敢指正自己过失的人，自己一有过失，别人就告诉你、提醒你，你马上就能改正，这对自己是多大的帮助和提升；另一方面，他也知道如何引导属下去愿意指正自己的过失，所以他确实把这两难都克服了，这是敢于直面自己过失并勇敢改过的人。

和赵简子相似的一个人是魏文侯，魏文侯这个人也很可爱，可爱之处就是他知道自己错了，马上就能够承认和改正。有一次魏文侯和诸位大夫一起坐着，他就问："你们看我是什么样的君主啊？"群臣都说："您是仁德的君主。"但是，翟黄他回答得就很直接，他说："您并不是仁德的君主。"

魏文侯就说："你为什么这么说呢？"翟黄说："您去征伐中山国，讨伐之后没有把中山封给您的弟弟，而把它封给了您的长子。从这件事上我就知道了，您不是一位仁德的君主。"结果这句话把魏文侯给触怒了，下令把翟黄逐出了厅堂。

正如《袁子正书》所说："夫佞邪之言，柔顺而有文；忠正之言，简直而多逆。"邪恶的、巴结的言语，都是很温柔的、很好听的、投其所好的，让你听了之后很痛快，很愿意接受；而忠正的言语，却是很简洁、很直接的，而且可能和你的心思不相符合，所以一般的人都喜欢听谄媚巴结的言语，而不喜欢听那些犯颜直谏的言语。

轮到任座的时候，魏文侯又问他说："我是什么样的君主啊？"任座回答得很巧妙，他说："您当然是一位仁德的君主。"魏文侯说："你为什么这么说呢？"任座怎么回答的呢？任座说："我听说君主仁慈，他的臣子说话才会很直接，他才敢于犯颜直谏。刚才翟黄的言语非常直截了当，不惜触犯您的龙颜。从这件事上我就知道了，您是一位仁德的君主。"

魏文侯也是熟读圣贤书之人，一听就知道自己做错了，仁德的君主他才有犯颜直谏的臣子，那你自己不能容纳犯颜直谏的臣子，怎么能称得上是仁德的君主？他听了之后就说："嗯，说得好！"又把翟黄给召回来了。

你看古代的这些君主，他熟读圣贤书，自己做错了，一有人在旁边提醒，他的正念很快就提起来了，这也是很难能可贵的。魏文侯还拜了孔子的得意门生子夏为师，我们知道子夏是"孔门十哲"之一，文学第一，活了100多岁，很有德行和学问。

所以，我们改过要发羞耻心、敬畏心和勇猛心。**"具是三心，则有过斯改，如春冰遇日，何患不消乎？"**真正具备了知耻、敬畏、勇猛改过的三种心，当下没有丝毫迟疑就去改过，这就像春天的薄冰遇到太阳光照射就融化了。

而在改的过程中要有耐心，"我很想改，可是习气毛病又来了"。没关系，越挫越勇，百折不挠，要有耐心和长远的心。如此，习气毛病一定可以改得过来，改过的同时去行善，命运一定会越变越好。西方也有句名言："如果他悔过而追求行善，此为高级形式的悔过。"

以前在《读者》杂志上看过一则故事，叫"两只狼的交战"，给我很大的启发。一位年迈的北美切罗基人教导孙子们人生的真谛。

他说："在我的内心深处，一直进行着一场鏖战。鏖战是在两只狼之间展开的，一只狼是恶的，它代表了恐惧、生气、悲伤、悔恨、贪婪、傲慢、自怜、怨恨、自卑、谎言、妄自尊大、高傲、自私和不忠；另外一只狼是善的，它代表了喜悦、和平、爱、希望、承担责任、宁静、谦逊、仁慈、宽容、友谊、同情、慷慨、真理和忠贞。同样，交战也发生在你们的内心深处，在所有人的内心深处。"

听完他的话，孩子们默然不语，若有所思。过了片刻，其中一个孩子问：

"那么，哪一只狼能够获胜？"饱经世事的老者回答说："你喂给它食物的那一只。"

这个故事非常有启发意义，告诉我们虽然有很多的习气、毛病、烦恼，贪财、贪色、贪名、贪利、贪睡，贪嗔痴慢疑这"五毒"都非常严重，这都是习气毛病。那么能不能够修正自己呢？能够修正自己的秘诀就是长时薰修，长时学习圣贤经典，而且要亲师择友，亲近好的老师，选择好的朋友，正所谓"投名师访高友"，自己不知不觉地也就能够战胜烦恼习气。

人对自己的修养、修正错误要有信心，信心何在？因为本性本善，那个不善都是习性，都是后天的染污，既然是本性本善，这个习性再严重也都能够改掉。有这一个信心的话，加上长时的薰修和学习，就可以改过迁善、转凡成圣，改造命运、心想事成。讲完了改过的三大要素以后，了凡先生接下来讲改过的三个层次和境界。

11 老祖宗的吃饭智慧

前面了凡先生讲了改过的发心，下面开始给我们讲改过的方法和层次。

"然人之过，有从事上改者，有从理上改者，有从心上改者。"人的过失有从事项当中下功夫对治的，也有明白了道理，用理智来转变自己心态的，还有直接转自己心念的。**"工夫不同，效验亦异。"**这三种方法功夫深浅不同、层次不同、境界不同，所以效果也不同。

"如前日杀生，今戒不杀。"比如，前一天伤害生命了，今天告诫自己不要杀生。**"前日怒詈，今戒不怒。"**再比如，前一天发脾气，甚至骂人了，今天提醒自己不要发怒了。

"此就其事而改之者也。"这是在事项去对治毛病。**"强制于外，其难百倍。"**硬从行为当中去克制，外表虽然没有犯，可能内心还有这些不好的念头。压，有时候是压不住的，还是会再犯。

"且病根终在，东灭西生，非究竟廓然之道也。"就好像我们今天拔草，斩草不除根，春风吹又生。东边没有了，西边又长出来，今天压住了，明天又犯了。这不是究竟圆满的改过的方法和道理。所以，从事上改，也是一种我们需要方法，但是硬压很难解决根本问题，这不是长久之计。

"善改过者，未禁其事，先明其理。"真正善于改正过失的人，在过失还没有发生以前，就懂得弄明白事理，调整自己的心态。没等事情发生，理智就建立起来了，所以不会为境界所转。你平时多读经、听经、交流，这样功夫练得比较好，真正境界来了，才能应付得了。平时不用功，临时抱佛脚，成绩往往不会好。所以要注意学习经典和圣贤教诲，先明白道理，理得心安。

"如过在杀生，即思曰：上帝好生，物皆恋命，杀彼养己，岂能自安？"比如，我们知道杀害生命是罪过，我们就想到：上天有好生之德，我们要效法上天的存心。一切的动物都有灵知，都有感觉，都爱自己的生命，哪怕是一只蚂蚁都是如此。杀害它们来养自己，良心上不安，为什么？将心比心。孟子讲："亲亲而仁民，仁民而爱物。"所以，己所不欲，勿施于一切生命。

纪晓岚先生的《阅微草堂笔记》里有一则典故，叫"赎牛护主"。护持寺村，在河间县以东四十里。那里住着一位姓于的农夫，他家日子还算过得去。一天夜里，于某因事外出，有几个盗贼从于家的屋檐上跃下，挥动大斧头乒乒乓乓把门劈开。当时，家里只有妇女和小孩子，他们吓得趴在床上打哆嗦，唯有听天由命而已。

在这紧急的当头，他家所饲养的两头牛，突然怒吼着跳进屋里，奋起犄角与盗贼搏斗。在刀斧交加的情形下，二牛愈斗愈勇。盗贼们纷纷受伤，终于狼狈逃窜而去。

这二牛为什么这样拼命护主呢？说起来还是有前因的。原来在乾隆癸亥年（1743），河间县闹了大饥荒。许多养牛人家买不起草料，多半把耕牛卖给了屠宰场。这两头牛被赶到屠宰场门前的时候，悲哀地趴在地上吼叫，不肯往前走。于某见了，心生怜悯。竟脱下身上的衣服当了钱，把这两头牛犊过来，自己忍着寒冷把牛赶回家。所以，牛在危急时刻誓死报效主人，自有一定的道理。

这个故事是乾隆乙丑（1745）年冬在河间乡试的时候，刘东堂对纪晓岚先生说的，刘东堂就是护持寺村人。他说他还亲眼见到这两头牛，它们身上都还留着好几处伤疤。所以，"将加物，先问己"，我们要换一个角度想想，动物被杀时非常恐惧和凄惨，特别希望得到救赎，对杀害他的人比较仇恨。

在明朝，有一个在历史上很有名的人叫方孝孺，他保护明太祖朱洪武开创天下，功劳很大。明太祖朱元璋死后，又协助了明惠帝。在方孝孺还没有出生以前，他的父亲选择了一块风水宝地，准备建造一个坟墓，这在古代来讲很多人确实重视风水祖坟，方孝孺的父亲想把他祖先的骨骸在这里埋葬。

结果当天晚上就做了一个梦，梦见一位红衣老人来跟他礼拜哀求，它说："你所选的风水宝地里面住了我很多的眷属，我们住了很久了。我哀求您再宽延三天。"意思是什么呢？给它们搬家的时间。

古代有修行的人，他们会先洒净，求观世音菩萨加被，然后会隔好几天，再动工。所以，当时这位红衣老人就哀求方孝孺的爸爸，它说："你等我的子孙搬到别的地方去以后，你再造坟墓，我一定报答你的恩情。"

从这个地方我们也可以看得出来，古德讲的我们这个念头是尽虚空遍法界，所谓一念三千，你动个念头，三千大千世界都感应到了，这就是感应。他想修坟墓还没有动土，红衣老人，也就是那个蛇王就已经知道了，来跟他入梦，表示这个蛇王也是有修行的功夫，它不是没有修行，它知道你们要动它的家了，所以当天晚上就来入梦。

它恭恭敬敬地说了三次，而且是千叮咛万交代，三天以后再挖土，再动工。而且那个红衣老人讲完以后，跟他再次顶礼膜拜，才离开。方孝孺的父亲梦醒以后，自己想了想，哪有这种事呢？梦中的事情大概都是虚无缥缈，我明天已经看好了良辰吉日，要动土了，哪里可以再延三天呢？所以不管是上天的好意也好，或者是这个蛇王的灵通也好，先给你入梦，告知你，你应该有预感，这梦是真的还是假的？如果是真的话，那怎么办呢？如果你稍微再这样思考的话，就逃过一劫了。

他不是，他想的是良辰吉日已定，就要动土。这就是什么呢？这就是我们众生与生俱来的我执，就是贪嗔痴慢疑。为什么？他贪那个吉时，贪那个风水宝地。其实"福地福人居，福人居福地"。

方孝孺的父亲就坚持一定要动工，就命令工人开工挖地。结果挖到地下一个洞穴，洞穴中有一缸的蛇，有数百条红色的，他就用火把这些红蛇全部烧死了。结果当天晚上又梦见那位红衣老人满面怨恨，哭哭啼啼地向他说："我至心哀求你，你竟把我的子孙八百条命全部烧死在火中，你既然灭我族，我也要灭你族。"

后来这个烧蛇的人，坟墓做好了以后，就生出了方孝孺。大家猜猜，谁来投胎的？对，就是那个蛇王来投胎的。蛇王已经修了好几世了，可以转生为人了。

你看这个蛇王来投胎，到你家去报仇，它当你的儿子方孝孺。所以方孝孺一出生，他的舌头就是尖的。我们一般舌头不是尖的，他的舌头是尖的，跟那个蛇一样。你要知道，动物里面最不好得罪的是谁呢？就是蛇！你千万不要打蛇。

后来方孝孺长大成人，官至翰林学士，学问非常好，又忠又孝，你看这个因果是不是很特别？蛇王来投胎的，学问又好，又忠又孝。其中隐藏了因果在里面，你怎么想都想不透，"假使百千劫，所作业不亡，因缘会逢时，果报还自受"。

所以，别想了，微妙难思，不可思议。因果的玄妙就在这个地方，难思难议，所以错综复杂，有现报、有生报、有后报、有显报、有隐报、有直报、有巧报。总之是因缘果报，丝毫不爽。

等到明太祖死了以后，北方的燕王想要夺取他的侄儿明惠帝的皇位，就引兵南下，攻打南京。一切文武百官都投降了，唯有方孝孺不肯投降，你看他忠吧？只有这样他的整个家族才会被灭啊。燕王就命令方孝孺写榜文诏告天下，说："燕王为保护明朝江山而攻入南京城。"

方孝孺知道事情并不是这样的，就写出报告说："燕贼篡位。"结果立即触怒了燕王，燕王大发脾气说："汝不怕灭九族吗？"方孝孺就回答了，他说："你灭我十族又如何？"你看，逞口舌之快，不能忍让，也不顾他人，就害死了十族。燕王说："好，那我就灭你十族。"

可是燕王想想，只有九族啊，哪里有十族呢？想来想去，他增加了哪一族呢？把你的老师和学生加起来算一族吧。因此，方孝孺他们的整个家族连同他的老师学生，统统被他这一句话灭族了。算一算他的十族里面，被杀的人数刚好八百多人。所以因果不空啊，刚好还了他父亲把那个洞穴里面的红蛇全部烧死的债，八百多条生命，数目是一样的，确实是果报不虚。

了凡先生的高祖父袁顺就是方孝孺的门生，来往密切，也被牵连满门抄斩，就袁顺一个人逃跑了，一直被通缉到处躲藏。这也是因为他为百姓修桥补路，正在做功德，大家感恩他的真诚付出和贡献，也知道他是一个好人。百姓提前通知了他，并让他躲在了一艘臭渔船上，他才躲过一劫。袁家原本家境非常殷实，在当地是一个大族。有良田四十余顷，一顷就是一百亩，四十余顷也就是4000多亩良田。如果你有4000多亩良田，这是多么的富有。就在袁家兴盛时期，遭遇奇祸满门抄斩。

"靖难之变"成为袁家命运的转折点。袁家在明初的"靖难之变"中侥幸逃脱灭门之祸，但由于犯下了"谋叛""大逆"之罪，后代被迫放弃举业之路。袁顺说："我们家不参加科举，不是因为愤然逃避，其理由之一是因为袁家杀运尚未消除，应该苟全性命到家里的第四、五世，倘若那时刑罚免除了，再参加科举。"所以，袁家几代人悬壶济世、积德行善，到了了凡先生这一代得以继续为官，这也是有历史渊源的。

后来朱棣大赦天下，袁顺才敢抛头露面，后在江苏吴江定居，以启蒙教书为业，第二年生子袁颢。袁颢长大后，立志恢复袁家，振兴家业。写了一部《袁氏家训》，其中"明职"部分就规定袁家子孙不准做官，只做医生。所以，从这个时候起，袁家就有了一个家族传承就是学医。

在了凡先生考科举之前，袁仁的五个儿子，只有三子袁裳因为聪慧过人，被送往文徵明处学习过书法，其他孩子，很少接触官场中的人。因此，我们就明白了，《了凡四训》的开篇为什么说"老母命弃学举业学医"了，看似很简单的一句话，其实意味深长。

"且彼之杀也，既受屠割，复入鼎镬。"我们设身处地去想想这个生命被杀的过程，这些动物首先被刀杀。我看过一个纪录片：牛的一条腿被砍，但没有砍断，身体被挂在铁吊钩上，它那只没有砍断的腿就在那里晃啊晃、晃啊晃，那得有多痛。"复入鼎镬"，你看虾还是跳的，还有生命，一放进锅里"哧……""种种痛苦，彻入骨髓。"各种痛苦，透入心髓。

"己之养也，珍膏罗列，食过即空。"这些山珍海味，我们吃下去，味道可以持续多久？最多几十秒是不是？只有舌头有味觉，舌头停留的时间才几十秒。接着呢？吞。只为了那几十秒的美味，可能就夺了一条生命，可能就让一个生命痛苦很久。

"疏食菜羹，尽可充腹。"坦白讲，蔬菜水果、五谷杂粮的营养绝对不输给肉食。假如是为了健康，其实吃五谷杂粮更保险，有两本书，一本叫《老祖宗吃饭的智慧》，另一本叫《为什么不能吃它们》，把这些道理讲得很清楚。

现在的肉食大都很不健康，很多动物生活的环境很不好，我们看过养鸡场和养鸭场填喂的场景，它的生活空间有多大呢？它连转身都转不了，"终身监禁"。请问它心情好不好？心情这么不好，它的肉怎么会没有毒素？正常要很长时间长大的生命，现在不到一个月就长大了，而且肉很多，吃这样的肉能健康吗？好多孩子因为吃了太多这样的激素肉，喝了很多碳酸饮料，导致发育失常，内分泌失调。

现在的人为什么有这么多奇奇怪怪的病？老祖宗提醒我们：病从口入！吃那么多生命，怎么可能会长寿？怎么可能会安康？所以，这些道理不复杂。而且这些肉食动物吃完了就不吃了，我们人不是，很多人是暴饮暴食，没完没了，不生病都难。

我们怎么对待动物，最后这个果报还在我们人类身上。请问到最后谁吃激素最多？人自己啊。《孟子》里讲："曾子曰：'出乎尔者，反乎尔者也。'"我们人类怎么对待动物，最后都会回到人类自己的身上。所谓人算不如天算，聪明反被聪明误。

"何必戕彼之生，损己之福哉？"何必杀害生命折损自己的福报呢？这些道理我们多想想，其实人的行为跟心境分不开，心行一如，心一转，行为就转变，心行转变，命运就改变了。你的心已经仁慈了，你就不愿意去杀害生命。你真的明白不要再变欲望的奴隶，就不会再被欲望牵着鼻子走。

"又思血气之属，皆含灵知"。有血气的生命都是有灵知的。

有个猎人瞄准了一只老鹰，正要射杀时，突然发现这只老鹰虽然获取到一些食物，但没有吃。猎人很惊讶：它为何不吃？老鹰又飞走了，猎人就在那里等老鹰回巢。后来这只老鹰飞回来的时候，还带来一只年纪更大的老鹰，一看就知道是它的妈妈。这只老鹰就叼着食物，一口一口地喂它的妈妈吃。

猎人本来是要射杀它，当看到这一幕时，深受感动，他的猎枪从此也放下了。所有的生命在这个地球都是休戚与共，不应该互相伤害，应该共存共生。我们早上起来，看到很多的小鸟在那里啄食、歌唱，我们的内心也觉得非常愉悦。

莲池大师的《放生文图说》里面有个典故，叫"禽鸟助葬"。孙良嗣是一位心地仁厚的乡民，虽然他家境不好，但是每次看到禽鸟被人家捕获，关在鸟笼里面，他便设法凑钱买来放生。每当打开鸟笼的时候，就看到这些禽鸟叽叽喳喳地飞翔于空中，重获自由，孙良嗣心中就感到万分的舒畅与快乐。

孙良嗣命终之后，他的家人就把他埋葬在郊外山上的一个地方。但是因为他家里贫穷，家贫无法筹办埋葬费。忽然飞来很多鸟，口衔泥土，重重地堆积在孙良嗣的身上，不到一天，就成就了一堆黄土。

在1920年，也就是民国九年，报纸上有一则传奇故事。有一山居人家，刚好办完喜事的第六天，全家人正在祭祀祖先之际，忽然从外面跑进来一只受惊的山鹿，原来这只山鹿是为一位猎人带着猎狗所追逐，一时山鹿逃生无路，便跑进该人家的祖先神桌下躲避。

是时猎人追赶而至，便要索回山鹿，当时新娘顿觉奇怪，何以他家正在祭祖上香，会跑来一只山鹿，因此就建议翁婆不要将山鹿还给猎人，也许这只山鹿与咱们一家有什么因缘，不然山间地方辽阔何处不去，怎会跑进我家逃生，因此我们一定要救山鹿才好。

当时翁婆二人亦觉新娘言之有理，便不欲还鹿给猎人，但是猎人说："山鹿是我追逐所得，虽然跑进你家，如非我引猎狗追逐，山鹿亦不会出现，如果你们不还鹿，就得以相等代价购之，则我将让鹿。"这时猎人与山居老主人相互争执不下，新娘只好问猎人："如要购买，究竟开价多少？"猎人说："二十块银圆便可。"

这时新娘的翁婆一听，心中暗道：我迎娶这门儿媳，全部才用去十五块银圆，为了一只山鹿，竟要价二十块银圆。翁婆二人便想还鹿，但是新娘救鹿之意很坚定，一再劝说翁婆，要设法救鹿，翁婆二人因新娘刚过门不久，也不便推辞，因此就与猎人讲价还价。

约黄昏之际，大约讲到十五块银圆则猎人愿意让鹿。这时价钱已定，但是翁婆面现难色，便暗对新娘说："我家迎你过门，用去十五块银圆，其他尚且借贷四块银圆，我家又何来十五块银圆买鹿呢？"这时新娘便禀告翁婆说："这倒没有关系，只要二位老人家同意买鹿，可以不必愁无银圆，儿媳自愿将陪嫁现金十五块银圆，全部拿出买鹿。"

翁婆见儿媳之意如此坚定，也就同意买鹿，猎人得银归去，新娘从神案桌下招出山鹿，并且在山鹿头上安抚一番，鹿儿受到安抚状似感激，轻跳几下，便往山中遁没不见了。

一时新娘救鹿消息四处传遍，左邻右舍，无不取笑新娘何以如此愚傻，竟然用如此巨款买鹿放生，尤其是新娘娘家，更是责备有加，但新娘并不在意，任由他们指责。事过二年之后的春天，新娘已生下一个可爱的男孩儿，正值家人忙碌之际，因此将孩子放置在院中的奶母椅上。

这时山鹿复再出现，而且用其头上鹿角挟起奶母椅子及孩童，在院中回转两圈，而后挟着孩童向外跑去。孩童家人见山鹿偷了孩子，便大大小小都追赶出来，追赶到山外之后，忽然听见一声巨响，回头一看，但见屋后高山坍落，而且覆盖了全部的房子。

这时孩童的家人目睹此景，方知原来是山鹿为了报答新娘救命之恩，借着"偷孩子"来引诱他们一家逃出难区。山鹿见目的已达，轻轻地将小孩放下来，然后跑向深山，隐去不见。

大地震要来的时候只有一种动物不知道，那就是"人"。人是万物之灵，为什么人在这个天地之间却这么不敏锐呢？因为人已经被欲望等东西，把自己本有的那种能力都闭塞住了。动物没有太多的欲望，它每天能吃饱就好了，不会想要去害人，即使是老虎在吃饱的时候，小动物在它身边，它都不去侵犯。

所以动物内心很清澈，地震还没发生以前，能量已经传递出来，它马上感觉到就赶快行动，所以大地震以前很多的蚯蚓都搬家，很多动物都有异象出现。

自从山难发生之后，因该地被崩山覆盖，未受难的都已他迁，该地一片荒凉，人迹渺渺，可是这则感人的故事发生后，使远近的人都深深地体会走兽亦含灵知，若非当日新娘一片仁心，不惜重金挽救小鹿生命，则恐他们一家亦难逃山难之厄。所以，一个人如果有善良做底蕴，万物和神灵都会护佑。善良的人脸上有一种祥和的光，人因善良而美丽。

所以，为什么一些修行者或者善心人士，会选择吃素呢？因为他们实在不忍心，再去杀害那些带血的生命，因为它们离着我们人特别近，像狗啊、牛啊、马啊，有时候你对它好，它对你的感情比人都强。

以前有一个将军，按说打仗的人对于血腥的事情，习以为常。但是有一次，也不知怎么着，在他心中突然有那么一丝慈悲出来了，他就阻止了他的手下打猎，救了一匹受伤的狼。结果两年以后，在打仗的时候他被敌军围困，突围无望，即使突围成功，也肯定会损失惨重。就在他们打算突围的时候，突然发现敌军的阵营大乱。几百匹狼冲向了敌阵，最后有一匹狼向他跑过来，离他有十几米的距离，用眼睛一直看着他，他发现那是两年前他救助的那匹狼。

"既有灵知，皆我一体。" 道家讲："天地与我同根，万物与我一体。"这些道理我们可能现在来体会比较难，为什么？因为几十年来，我是我，你是你，分得非常清楚。可是你看两个小孩子在玩，跑啊跑，前面一个人"啪"跌倒了，跌得很重，后面那个小孩听到那个声音，突然就哭了。他妈妈说："是他跌倒，是他痛又不是你痛，你哭什么？"他哭什么？他知道另外一个小朋友痛了。

朋友家有个 4 岁的小姑娘，有一天爷爷买来一条大鱼，鱼的尾巴太长，盆子太小，尾巴露出来的部分，她爷爷就拿刀砍掉了，然后血就在那里流。那个小女孩看到以后，马上就哭出来了："爷爷，它会痛的！"请问，有人教她鱼会痛吗？没人教就会的东西，就是我们人本有的天性。

大家有没有听人家诉苦，陪着他一起流泪的经历？他苦、他痛，我哭什么呢？本能。有些人看别人在那里流眼泪，"有什么好哭的！"那就是比较麻木的状态。所以，学习传统文化是恢复正常的过程。比如，大海里的一个水泡是不是大海？是。可是这个水泡就产生了一个念头："我就是水泡。"它认为水泡就是它，大海不是它，它就跟本来的它隔开来了。

我们现在人就认为这个身体是我，其他都不是我，心量越来越小，小到什么程度？自私自利。突然有一天，这个"小水泡"学习《了凡四训》，"既有灵知，皆我一体"。不能分自分他，它终于开悟了，它不要再迷惑颠倒，放下。把这个水泡戳破，这个不是我。当这个水泡一破，请问谁是水泡？大海。它恢复正常了，整个宇宙就是它，整个大海就是它。

这个身体是整体，脚趾痛了我们知不知道？左耳朵痛了我们知不知道？我们为什么知道？因为我们一体的生命，左手痛了，右手自然来抚慰。我们现在看到别人很痛苦，在那里幸灾乐祸，那叫不正常。所以，人这一生为什么"朝闻道，夕死可矣"？这一生没有听闻经典，一辈子都做水泡，生生世世都做水泡，不能恢复我们本来像大海一样的心量跟德行。

了凡先生对儒、释、道三家都很通达，从这段文字我们可以体会他仁慈的胸怀。**"纵不能躬修至德，使之尊我亲我，岂可日戕物命，使之仇我憾我于无穷也？"**万物跟我们是一体，我们本有责任照顾它们，以德行感动它们，使它们能尊重我、亲近我、效法我。让它们好是我的本分，我没尽到本分，反而还要伤害它们，还让它们跟我结了这些仇恨，没完没了地报复。

"一思及此，将有对食伤心，不能下咽者矣。"想到这里，你有悲悯心了，自然就不会想吃了。

在《宋史》中记载，宋仁宗有一次对自己的近臣说："昨夜因为夜不能寐，睡不着觉，突然感觉到饥肠辘辘，非常想吃烧羊肉。"近臣说："皇帝您既然想吃，为什么不传旨要一个烧羊肉？"你看，皇帝是贵为天子、富有四海，要一个烧羊肉算得了什么，为什么还要强忍着不吃呢？

宋仁宗说："我怕我一旦传旨索要烧羊肉，恐怕从此以后就会成为惯例，即使不是每天都有烧羊肉吃，也会时常都会有烧羊肉吃。此例一开，这个先例一开就不知道有多少羊被宰杀。岂可不忍此一夕之饥，而启日后无穷之杀哉？"我怎么能够不忍受这一晚上的饥饿，而去开启日后无穷无尽的杀戮？你看这位皇帝贵为天子，他如果要吃烤羊肉，要吃几只羊多容易，但是他害怕这个先例一开，很多人会投其所好，那就不知道有多少羊被宰杀了。

宋仁宗平时在私下休闲的时候，常常是穿着那种洗了又洗的衣服。他的帷帐和被子都没有加纹绣，没有特别的装饰、精致的绣花等，都是用那种特别一般的布帛。

还有一次，有人向宋仁宗呈献了二十八枚蛤蜊，这是一种非常稀有的壳类海产品，每一枚价值一千钱。宋仁宗说："我这一筷子下去就要花费二十八千钱，我怎么能够忍受？我不堪忍受啊！这是我不忍心吃的。"所以宋仁宗的仁爱之心不仅仅推及万民，甚至推及动物的身上。这就是他这种仁爱之心能够感受到动物的这种疼痛，所以他不忍心去吃，万物和我都是一体的。

所以，古人提倡素食，有人说素食是身心健康的一把金钥匙。所以，吃素也是一种放生，是"餐桌上的放生"，素食本身就是在积功累德，积攒福慧。

12　脾气走了，福气就来了

　　我们接着原文：**"如前日好怒"**，"好怒"就是容易发脾气。我们看"怒"这个字，上面一个奴，下面一个心。我们一生气就变成了坏脾气的奴隶，自己根本就做不了主，被这个习气牵着鼻子走，甚至暴怒伤肝，把自己的身体都搞坏了，这就是不自爱的表现了。而且，"一念嗔心起，火烧功德林"，动了怒，动了气，就把自己所积累的功德一把火给烧了。

　　以前有个村妇，她先生喝了酒，结果那天刚好他们家养了几十只鹅被邻居给活活打死了。这个太太其实也很难过，但是心里想，假如我告诉我先生，先生一定愤愤不平，找那个人理论，可能就会发生严重冲突。所以太太没有告诉她先生，自己流着眼泪把鹅处理了。

　　结果隔天，这个打他们家鹅的人突然暴毙死了。这个太太心里一惊："假如我昨天把这事告诉我先生，可能我先生去找他理论，跟他打起来，有可能就出人命，这个人那时候死的话，那后果就不可收拾了。"所以太太的修养化解了丈夫的灾祸。

　　稻盛和夫先生讲："高手是没有情绪的。"他说："永远不要气愤，所有的气愤都是愚蠢的。你注意观察你的周围，所有动不动就生气的人，没有一个是智者，生活过得一团糟。高手的心里只有一件事，就是解决问题，解决不了换办法再试也不被情绪带偏。"

　　古希腊有一位名人叫斯巴达，他生气时有个特点，就是跑到自己家，绕着自己家的房子和土地跑上三圈。后来他的土地不断增多，房子也是盖得越来越多，但他生气时，仍然会绕着它们跑三圈，每次都累得浑身被汗湿透。

　　他的一个孙子问他："爷爷，为什么你一生气就要绕着咱家的土地和房子跑圈啊？"斯巴达说："你不知道吧，其实咱家的房子和土地可都是我跑出来的。以前我年轻的时候，每次和别人生气，我都会绕着家里的房子和土地跑，跑的时候我就会想，一个人就几十年的时间，为什么还要为生气这种事情来浪费时间呢？把这些时间用在劳动上，我不仅不生气，还会赚取财富。每次这样一想，我就不再生气了，而是把生气的时间花在了劳动上。"

孙子又问："爷爷你现在已经很有钱了，为什么还要绕着它们跑啊？"斯巴达说："后来我有钱了，再和人生气时，我依然绕着房子和土地跑，这时我就会想，我现在有这么多的土地，有这么多的房子，我还和别人计较什么呢？这样一想，我就不再生气了。"

有一次，成吉思汗带着一帮人出去打猎。他们一大早便出发，可是到了中午仍没有收获，只好意兴阑珊地返回帐篷。成吉思汗心有不甘，便又带着皮袋、弓箭以及心爱的飞鹰，独自一人走回山上。烈日当空，他沿着羊肠小道向山上走去，一直走了好长时间，口渴的感觉越来越重，但他找不到任何水源。良久，他来到了一个山谷，见有细水从上面一滴一滴地流下来。

成吉思汗非常高兴，就从皮袋里取出一只金属杯子，耐着性子用杯去接一滴一滴流下来的水。当水接到七八分满时，他高兴地把杯子拿到嘴边，想把水喝下去。就在这时，一股疾风猛然把杯子从他手里打了下来。将到口边的水被弄洒了，成吉思汗不禁又急又怒。

他抬头看见自己的爱鹰在头顶上盘旋，才知道是它捣的鬼。尽管他非常生气，却又无可奈何，只好拿起杯子重新接水喝。当水再次接到七八分满时，又有一股疾风把水杯弄翻了。又是他的爱鹰干的好事！成吉思汗顿生报复心："好！你这只老鹰既然不知好歹，专给我找麻烦，那我就好好整治一下你这家伙！"

于是，成吉思汗一声不响地抬起水杯，再从头接着一滴滴的水。当水接到七八分满时，他悄悄取出尖刀，拿在手中，然后把杯子慢慢地移近嘴边。老鹰再次向他飞来，成吉思汗迅速拿出尖刀，把爱鹰杀死了。不过，由于他的注意力过分集中在杀老鹰上面，却疏忽了手中的杯子，因此杯子掉进了山谷里。

成吉思汗无法再接水喝了，不过他想到：既然有水从山上滴下来，那么上面也许有蓄水的地方，很可能是湖泊或山泉。于是他拼尽气力向上爬，他终于攀上了山顶，发现那里果然有一个蓄水的池塘。

成吉思汗兴奋极了，立即弯下身子想要喝个饱。忽然，他看见池边有一条大毒蛇的尸体，这时才恍然大悟："原来飞鹰救了我一命，正因为它刚才屡屡打翻我杯子里的水，才使我没有喝下被毒蛇污染了的水。"然后成吉思汗明白了一个道理："永远不要在发怒的时候处理任何事情。"

这让我不禁联想起另外一件事，说的是有人养了一条狗，有一次这人去打猎，逢上大雪纷飞，回到山里的家，忽然发现孩子不见了，狗的嘴里都是血。

他勃然大怒，心想："这畜生，养了你这么多年，你饿了居然干出这种事！"一怒之下就把那狗给打死了。打死了之后，才发现有孩子的哭声，结果发现孩子躲在床下，地下有血迹，顺着血迹发现在屋后有一条狼奄奄一息。

原来狗为了保护这孩子，与狼进行了殊死搏斗。狗救了主人的孩子，还因为主人一怒付出了生命。所以人的火气一上来，就容易做出错误的决定。发怒时候别回答别人的话，因为容易冲动；太高兴的时候容易得意忘形，不要一拍胸脯做出许诺。遇到事情要冷静，要看清楚来龙去脉，不要动气、动火。其实在发怒之前，如果能找到自己的问题，怒气也就消了。

其实，我们为什么会动气？好多时候是觉得自己对，别人错，所以就容易动气。人家跟我们意见不一样我们就不容易接受，容易上火，所以傲慢的人很容易发怒。我们跟身边的人在探讨事情的时候，假如脾气起来了，就很难跟人家沟通，人家有非常好的想法就不愿意跟我们讲了。越高位的人，做的决策影响面越大，他假如傲慢、脾气大，接受不了好的建议，做错决定，就要负很大的因果责任。

说到制怒，很多人就会想到"忍"这个字。这个"忍"字，上面是个刀刃的"刃"，下面是一个"心"，这个字告诉我们，什么叫"忍"呢？平时你好我好大家都欢欢喜喜的时候，谈不上"忍"。当有一个刀刃放在你的心上，去割你心的时候，你还能忍，这个才叫真正的修养。当然，这个"忍"，也是有不同层次的。

第一，"力忍"。也就是说，我们用力地克制自己的怒气，当别人触犯我们的时候，我们不和他一般见识。但是，如果我们仅仅把修养放在这个层次，终有一天你会忍无可忍，还是会爆发的，所以这个层次还要向上提升。

第二，"忘忍"。也就是别人对我的不好，乃至对我们的诽谤中伤，我们转头即忘，不把它放在心上。古人说的"宰相肚里能撑船"就是这个道理。

《弟子规》上也说："恩欲报，怨欲忘，报怨短，报恩长。"别人对我们有恩，我们常思涌泉相报，念念不忘，有机会就要去报答。但是，彼此之间有仇怨的话，就不要老是记在心上，念念不忘了。为什么？其实发怒，是拿别人的错误惩罚自己，当你不能够释怀的时候，总是记着别人对自己的不好、仇怨，你确实是让自己心里很不舒服，别人连知道都不知道。

所以有人说："我们这个心，都是纯净、纯善的，就好比一个垃圾桶，这个垃圾桶，刚从商店买回来的时候，它也是很干净的，上面一点污垢也没有，也很招人喜欢。但是久而久之就变成了脏兮兮的垃圾桶，为什么？就是因为我们经常把脏脏的垃圾往里面放，就把这个干干净净的桶变成了垃圾桶，大家看了之后就不喜欢了。"我们的心本来是纯净纯善、一尘不染的，如果经常记着别人的过恶、彼此的仇怨和过节，就等于拿别人的过恶污染了自己的心，这确实是得不偿失。

第三，"反忍"。什么是反忍？就是"行有不得，反求诸己"。很多人学习传统文化，没学之前和人相处还都是你好我好，大家一团和气。但是学习传统文化之后，看别人都是一身的毛病，这又做错了，那又不符合《弟子规》《小儿语》和《了凡四训》了，学了之后就变成了警察，反而不能和人家和睦相处了。

所以，反忍就是要做到"行有不得，反求诸己"。而且还要想到：你看别人也都是在学习圣贤教诲的人，学习传统文化的人，为什么别人能够彼此相处和睦，而我就不能和人家和睦相处呢？这说明我为人处事、待人接物也有一定的问题。我自己不能够感化他，是因为我自己的德行修养不够，所以不能够感动人。

第四，"观忍"。比如那一个让你生气的人，那件让你生气的事。过去的事都过去了，昨天发生的事，就像梦幻泡影一样，虚幻不实，短暂也不可长久，所以你把它记在心上有什么必要呢？所以过去的事情就要让它过去，不要老是装在自己的心里，每想起一遍就把自己气个半死。那么我们再想一想，那个让你生气的人，再过一百年之后又在哪里呢？所以你有必要和他彼此念念不忘地有这些过节吗？

第五，"喜忍"。什么叫喜忍？别人得罪我、诽谤我、中伤我，我不仅不生气，反而还很高兴。这有什么可高兴的呢？因为他们来考验我修养的层次，这些人都是考官，来给我出题，看看我修养层次有没有过关、有没有提升。如果我们面对同样的人、同样的情景，还总是会生气、会着急、会上火，说明我们在这件事上，总是没有考试过关。就像我们从一年级要升到二年级，这个题要答好了之后，及格了才能升级。结果，我们答不及格，所以类似的事情，就会反复地在生活中出现，直到你及格之后，这些境况才不再出现了。这个就叫喜忍。

第六，"慈忍"。这是最高的层次，"慈忍"是什么意思呢？一切可恨之人必有可怜之处，当你找到他的可怜之处的时候，你不仅不恨他，反而想着去帮助他、提升他。这是最高层次的忍。其实，人之所以做错事，都是因为不明理，没有学习圣贤文化，所以我们学了传统文化之后，就要把这些从自己的身上表现出来，让人看到学习传统文化的变化，看到学习传统文化的效果，生起对传统文化的信心。

了凡先生接着讲："**必思曰：人有不及，情所宜矜。**""矜"就是怜悯和包容的意思。我们必须如是思维和观照：这个人有做不好的地方，做不到位的地方，应该是有情理当中的原因，应该能够怜悯他、包容他，而不应该指责他。当我们谈论一个人做错事的时候，甚至是做恶事的时候，不要就他的行为而谈他的行为，应该追究产生这种行为的原因。

当你找到这个原因的时候，你对他生起了怜悯心、慈悲心、帮助他的心、提升他的心。古人言："论人之非，不可徒泥其迹。"不可以只是看他的行迹，就行为论行为。所以宽恕的"恕"字，上面一个"如"字，下面一个"心"字，所以恕道就是如其心，我们要多站在对方的角度思考问题。

一位长老在寺院里很受尊敬，有一天夜里，他在寺院的墙边看到了一把椅子，他知道这是寺院里的和尚偷偷翻墙外出用的椅子。这位长老把椅子搬走后，自己在原处等着那个返回的和尚。半夜，和尚翻墙进来，踩到了长老身上。和尚发现，椅子不像原来那样硬了，软软的还有些摇晃。等他落地后仔细一看，才发现，原来椅子早就没了，只有那位长老在那里，原来他刚才是踩到了长老的后背。和尚吓了一大跳，急急忙忙地离开了。

在之后的一段日子里，和尚每天都心慌意乱，不知道什么时候长老会惩罚他。然而过了很久长老都没有找过他，而且提都没提过这件事。和尚明白，长老其实是想让他自我反省，才没有批评惩罚他。后来他端正了态度，再也没有翻墙出去过，而且通过不停地学习和修炼，他的德行与修持在寺院的僧人中首屈一指。又过了许多年，这个和尚做了寺院的长老。

国外也有这样的榜样，包布·胡佛是一位著名的试飞员，常常需要在航空展览中表演飞行。一天，他在圣地亚哥航空展览中表演完毕后飞回洛杉矶，当飞机飞到300米的高度时，引擎突然熄火。由于技术熟练，他操控飞机安全着陆了，虽然飞机损坏严重，所幸没有造成人员伤亡。

迫降后，胡佛就开始检查故障的原因，正如他所料，飞机事故的原因是燃料种类添加错了。回到机场，胡佛要求见见保养飞机的机械师。那位年轻的机械师已然意识到自己犯了错，深感自责、倍感羞愧，准备接受胡佛的责备和惩罚。

面对如此重大的失误，胡佛完全有理由谴责这位机械师。但他没有，反而轻轻拥抱他，说："为了表明我相信你不会再犯错，我要你明天继续为我保养飞机。"听完这话，机械师感激地点了点头。从那以后，他在工作上再也没有出现过错误，他也成为胡佛最默契的搭档。人非圣贤，孰能无过。

胡佛深知对方懊恼的心情，懂得理解、容纳别人，以豁然大气的心态对待事情，正是这样的人才会更受别人的尊重。常言道：天之大，能容浩瀚星海；地之大，能养万物生灵；海之大，能纳百川奔流；人有大气，则天地沧海尽在心胸之间。大气是一种气度、格局，也是一种为人处世的涵养。

古人还讲："取人之善，当据其迹，不必深究其心"。当我们论一个人做善事的时候，应该就事论事，他做这件善事已经很难得了，就不要再去追究他做这件善事的居心、动机何在了。譬如，有很多的富人捐了很多钱资助贫苦、资助教育，结果很多人就去议论纷纷，说他究竟是为什么做这件事？做这件事的目的是出名、求利等，其实人往往是"以小人之心，度君子之腹"。我们看人做事，往往是以有色眼镜去看的，往往就看错了。

假想我们拿出一些钱来去帮助别人，就像把我们身上的皮扒下去一样地难过，非常地吝啬，不愿意去施舍，人家拿出这么多的钱去做好事，本身已经是难能可贵了，结果你还要去挑三拣四，就不再鼓励人们去做善事。善事没人做了，这个社会还有好的风气吗？所以你看古人，他做事不是就事论事，不论一身而论天下，不论这件事现在的影响，而且要看看它对未来的影响，有没有流弊。

《围炉夜话》讲："恕字是接物之要，所以终身可行也。"宽恕的心是待人接物的要点，应该成为终身准则，这样心态比较好。一个人能时时守住一个"恕"字，道德就能不断提升。尤其是在我们这个时代，传统文化已经很少有人讲了，伦理道德的教育也被疏忽了。

《三字经》中说"人不学，不知义"，《礼记·学记》中讲"人不学，不知道"。不仅仅我们这一代人没有人教，我们的上一代、我们上一代的上一代都没有人教，都没有学过。所以传统文化伦理道德因果的教育，已经被忽视、抛弃了三四代了。

你说他父母没有教，那他父母不对，找他父母去；他父母说我父母也没教，找他爷爷奶奶去；爷爷奶奶说我父母也没教。一堆人走到坟墓前，结果发现大家都是受害者，为什么？传统文化断了好几代了。

中华民族拥有五千年高度的智慧，我们却没有学到，这多可怜。所以，我们现在看到三四岁的孩子就在那里读《弟子规》，读《了凡四训》，读《三字经》，我们很欣慰，他们没像我们这样几十年之后撞得头破血流，才知道经典好，我们可能用了十几年明白一个道理，但是这个道理在经典里写得清清楚楚，如果我们提前学了，何必走那么辛苦的路，甚至是弯路。

所以，现在人有些事情做错了，有其中的缘由，他没学我们还责怪他，那不是我们苛刻了吗？很少有人教伦理道德，很少有人告诉我们为人处世的基本原则和本分，那么人做错事，那也是正常的。所以在这个时代，别人犯过失是正常的，要能够原谅，提起宽恕之心，进而才能够帮助他、提升他。

有人说，他学了，学得比我还早，学得比我还多，他还犯错误，那不能原谅了吧？学得很久，他还做不好，那他更可怜，是不是？他掉到一个自以为自己懂的深渊里去了，很可怜。

他学得久了，人家都说他是学《弟子规》的，他是学《了凡四训》的，他是学《论语》的，甚至说他是学佛的、学道的，结果学成这样。人家看到他的行为对传统文化失去了信心，觉得学传统文化的人怎么都这样，所以他每天都在折福。

你赶紧劝导他才对，这才是慈悲，怎么能看不起他或者痛恨他呢？我们遇到了这个人就是有缘，应该想着怎么帮助他从修学的错误里走出来，如果我们帮不了他，还去恨他，这就是我们的爱心不够了。

"悖理相干，于我何与？" 他违背这些道理，甚至对我无理地冒犯，错在他，我应该包容他，甚至应该体恤他。**"本无可怒者。"** 本来就不应该生气。

"又思天下无自是之豪杰，亦无尤人之学问。行有不得，皆己之德未修，感未至也。" 天底下没有自以为是的豪杰。一个人自以为是，他就会傲慢。人常常起个念头："我高，别人低；我有智慧，别人没有智慧；我能，别人不能。"这就是《俞净意公遇灶神记》讲的："高己卑人念。"这是极其傲慢的态度。

这些习气很细微，我们有时候觉得好像改了，那是表面上改了，还要越挖越深才行。大家有没有经验，有时候我们觉得："我最近好像一直没有发脾气。"结果境界马上就来了，面对外界的环境考试没考过，忍不住就发脾气了。

《论语·公冶长》讲："子贡曰：'我不欲人之加诸我也，吾亦欲无加诸人。'子曰：'赐也，非尔所及也。'"子贡有一天说我不愿意人家这么对我，我也不会这样去对人，他觉得他能做到"己所不欲，勿施于人"。

结果孔子马上跟他讲，这不是你的境界，这还不是你的功夫，你还差得远。"恕"是一切人做的一切行为，你都能包容，那才是真正的宽恕。所以这个傲慢的习气，要时时能观照。

"亦无尤人之学问"，"尤人"就是埋怨人，怨天尤人。"学问"，"学"就是学觉悟，心是觉悟的状态。怨天尤人，心就不在觉悟当中。古人说"学问深时意气平"，看一个人学问到不到家，看他接触一切人、事、物能不能心平气和，所以没有"尤人之学问"，还埋怨别人，就谈不上有学问。我们能宽恕别人，就不会去指责别人。但是宽恕别人不容易，宽恕自己很容易。所以学问是什么？是觉悟，随时是用你的正念过日子，而不是随顺习气过日子。

范纯仁先生说："人虽至愚，责人则明；虽有聪明，恕己则昏。苟能以责人之心责己，恕己之心恕人，不患不至圣贤地位也。""人虽至愚，责人则明"，不是很聪明的人，可是指责别人的时候很厉害。我们静下心来观察，我们自己和身边的人，很多时候都是很会发现别人的问题，找到别人的不是。"虽有聪明，恕己则昏。"一个人比较聪慧，可是常常宽恕自己，为自己找理由、找借口，他的聪明智慧会一直下降，这是"则昏"。

所以，用指责别人的心反过来要求自己，"以责人之心责己，以恕己之心恕人。"我们每天犯那么多错，我们不都原谅自己，得过且过吗？以这种宽恕自己的心来宽恕别人。"不患不至圣贤地位"，肯定可以成圣成贤、福慧具足。

古人讲："找好处开了天堂路，认不是闭上地狱门。"找人好处是"聚灵"，看人的毛病是"收赃"。"聚灵"是收阳光，心里温暖，能够养心；"收赃"是存阴气，心里阴沉，就会伤身。人人都有好处，就是恶人也有好处，正面找不着，从反面上找，土匪还有个"义"字，若是出卖朋友，"义"字一倒，一定落网。

所以找好处是"暖心丸"。认不是生智慧水，水能调五味合五色，随方就圆，所以"上善若水"。看太太孩子不好这是不是，看老人不对也是不是，看别人不对是"睁眼不是"，心里寻思别人不对是"闭眼不是"。有不明白的道、不会做的事，都是不是，人要能找着本分，才知道不是。"行有不得，皆己之德未修，感未至也。"有不如意的事情出现，都先反省一定是自己德行还不够，不能感动对方。

所以，**"吾悉以自反"**，遇到这些事统统都反省自己。《论语》讲："万方有罪，罪在朕躬；朕躬有罪，无以万方。"我自己犯了错绝不找借口、绝不推诿给别人，但是老百姓有过失，都是我没有把他们教好、带好。这就是《孟子》讲的："行有不得，反求诸己。"

有一只狗跑进一个房间，这个房间四面都是镜子，它一进去就看到正对面的镜子里有一只狗很凶，就马上对着它狂吠。结果四面镜子里所有的狗都对它狂吠，当它发现四面的狗都这样对它时，更不甘示弱，在那里对每一只狗拼命地狂吠，最后它累死了，直到死它也不知道镜子里的狗原来就是自己，于是就这样死掉了。从这个故事我们也可以反思，当周围的人对我们都很不好，常常对我们发脾气，其实我们要反观回来，所有面对的事物很可能都是自己心境的反射。

所以我们常常以恶脸对人，就像镜子回照一样，绝对都是恶脸向你；当我们时时以笑脸迎人，也将赢得别人的笑脸。当我们不希望自己在言辞上受到诽谤批评，那我们也不应该去诽谤批评他人；当我们不希望他人在行为中控制我们，我们也不应该去冒犯控制他人。因此我们要静下心来想一想，到底周围的亲朋好友面对我们是什么样的态度，什么样的脸孔，我们用这样的思维去反省自己。

《格言别录》讲："以责人之心责己，则寡过；以恕己之心恕人，则全交。"以责备别人的心来责备自己，为什么？因为一般的人挑剔别人，看别人的毛病、缺点，都是一目了然、一清二楚，说起来也是头头是道。我们用责备别人、挑剔别人的心，来挑剔自己、责备自己，我们的过失就很少了；而以宽恕自己的心去宽恕别人，就能够保全交情。因为我们一般人犯了过失的时候，都会给自己找一个理由开脱一下。如果我们能以宽恕自己的心去宽恕别人、谅解别人，就能够保全交情。

所以古人说："律己秋气，待人春风。"也就是我们说的要严于律己、宽以待人。所以，要懂得宽恕别人其实就是善待自己，这样就知道如何修正、提升自己的修养品德。寺庙一进门第一殿就是天王殿，供奉的是弥勒菩萨，弥勒菩萨的形象呈喜悦相，他肚皮宽大，是教导我们待人要笑面迎人，大肚能容天下难容之事。

所以，我们应该学会事事容忍和宽恕，生平等心，呈喜悦相，时刻以笑面迎人。这叫"依报随着正报转"，"正报"是人心，"依报"是环境，我们遇到的一切人事环境、物质环境，包括我们的地球都是依报，它们随着正报转，随着我们的心转。

这个地方的人心善，就风调雨顺；这个地方人心恶，就灾祸不断。所以心才是根本，一个地区甚至一个国家的吉凶祸福，都跟人心的善与不善有关。《尚书》讲："作善降之百祥，作不善降之百殃。"

能如此反省的话，**"则谤毁之来，皆磨炼玉成之地"**。这些毁谤、侮辱来了都觉得是来考验我、提醒我不足的。有句话叫"只要功夫深，铁杵磨成绣花针"，这叫"磨"。"炼"是指炼金，这是讲在修炼。"玉成"就是这些境界都是来成就你的，"玉"有成就、爱护的意思。

"我将欢然受赐"，这些人事境缘都是来提醒我的不足，都是来让我突破自己，这就是刚才讲的喜忍，欢喜接受考验。**"何怒之有？"**我们就不会生气了。

"又闻谤而不怒，虽谗焰薰天"，一个人听到毁谤不会发怒，这些毁谤的谗言像火把烧得很旺，烟雾熏天，也没关系，为什么？它终有烧完的时候。**"如举火焚空，终将自息"**。谗焰最后还是会熄灭。

"闻谤而怒"，听到别人毁谤而生气，**"虽巧心力辩，如春蚕作茧，自取缠绵"**。用尽心思去辩解、辩驳，可能人家更反感、更不相信，如春天的蚕吐丝把自己给包起来，自己把自己给困住。日久见人心，你急着去解释，解释到最后人家还给你讲些难听的话，你不更生气？

"怒不惟无益，且有害也。"发怒对自身没有好处，伤了自己的身，伤了自己的心，也伤了自己的德，伤了自己的福，有百害而无一利。不只对自己没有好处，还会伤到别人，伤到亲情，伤到友情，甚至伤到大局，坏了大事。兴都教说："宽恕必能制怒。"基督教说："不要以恶报恶。"这是基督教讲的。老子在《道德经》中讲："以德报怨。"您看那个包容心有多大。所以，各个宗教英雄所见略同，都是用包容来处事。

我们看齐桓公，是齐国的国君，而管仲曾经要置他于死地，用弓箭射他，因为管仲曾经效忠的是齐桓公的政敌公子纠。但是他登上君位之后，尽弃前嫌，重用管仲，所以他才能够"九合诸侯，一匡天下"。当时整个华夏也很危险，有很多戎狄都要灭掉我们这个民族，齐桓公就是听了管仲的话，把整个民族团结起来，才免去了这些祸患。所以孔老夫子在这一点上非常地敬佩管仲，假如没有管仲，我们可能通通都要做戎狄的奴隶了。而齐桓公就是因为这个度量，他才开创了伟大的功业。

再看唐太宗用魏徵，魏徵当时也是要设计杀害唐太宗，可是魏徵也是忠于他自己的主人——当时的太子。唐太宗也是尽弃前嫌，对于曾经效忠他哥哥跟弟弟的，只要是忠臣，都给予重用。假如他没有这个修养，秋后算账，这个国家就不知道要乱多久了。唐太宗为什么能开创"贞观盛世"啊？他很能接受别人的劝谏，臣子讲错了他都不生气，旁边的人都替他打抱不平："皇上，他讲得太过分了，都不是事实，您怎么没有制止他呢？"太宗说："我假如制止他，那以后可能就很少有人敢这样没有顾忌地把心里的话告诉我了。"

我们再深入地理解太宗皇帝的心境，他把什么摆在第一位呢？把老百姓的幸福生活、老百姓的利益摆在第一位。他能够广纳雅言，他的考虑就周详，就不容易做错误的决定。假如把自己摆在第一位，我觉得我对，你不给我面子，一生气，人家就不可能给我们提供更好的意见了，到头来受损的就是自己的团队，身边的人。别人损失了，自己有没有得到利益呢？也没有啊。

因为随顺了脾气跟傲慢，自己的德行就下降，福报就折损，再来气大伤身，寿命也会受损，这样的例子比比皆是，最有名的就是诸葛亮三气周瑜，虽然故事本身存在演义的成分，但是也给我们很多启发。为什么现在这么多得心理疾病的，很大程度在于生气太多。

大地让我们停车，有没有跟我们要停车费？没有。我们把最污秽的东西撒到这个大地上，它不只没有一句怨言，还把我们最脏的东西转成有用的营养。所以你看大地还能转烦恼成什么？转污秽成有营养的东西。我们要不要像大地一样也要会转？转自己人生过往所有的错误成智慧，让后面的人得到启示，不要再走我们的冤枉路，那就学到大地的精神，厚德载物。

在历史上，有个著名的典故，叫"浇瓜之惠"，也叫"灌瓜之义"。据《新序》中记载，在战国时代，梁国跟楚国是相连的，梁国跟楚国都种瓜，梁国的瓜种得很好，楚国的瓜就种得不是很好。后来楚国的官员了解到他们种得很不好，就去批评这些种瓜的老百姓，说："你看人家种得这么好，你们要加把劲儿啊。"结果楚国的老百姓听了以后就嫉妒了，半夜就跑去把梁国的瓜给破坏了。后来梁国的老百姓看到了，很生气，就去找他们的父母官，当时是宋就。

"他们把我们的瓜给弄坏了，我们打算晚上也跑去把他们的瓜给弄坏，大人您看好不好？"大家想想，好不好？不好。大家都是有智慧的人。结果宋就就说了："人家是用错误的行为在做，你还跟着他们去做错事，你不就偏颇掉了吗？"所以别人对不对，不是最重要的，首先自己要先做对，才是理智的人，不要以怨报怨，那就冤冤相报没完没了。

宋就说："来，我给你们一个建议，你们半夜多去帮他们浇水，他们就是比较懒惰才种得不好，你们多帮他们照顾瓜，还不让他们看到。"真的，老百姓都很单纯，很听上级的话，所以一个智慧的领导，一个有智慧的长辈很重要，古时候叫作父母官儿，官员就像老百姓的父母一样，爱护子女。所以他们就过去帮楚国的人浇水，结果楚国的瓜长得就越来越好。

后来楚国的官员就去调查，原来就是宋就教导梁国的人过来帮助楚国的人浇水，听了之后就很感动，就给他楚国的国王报告这个事情。国王听了，"这些百姓怎么可以这么做呢？他们不知道，他们不只是破坏了人家的瓜，连我们楚国的面子都没了"。然后就去找梁王，感激宋就，还有这些老百姓对楚国做的这一切，感他们的恩。然后跟梁王讲："梁楚之欢，从宋就起。""梁楚之欢"，就是这两国美好的友谊，就从宋就这个以德报怨的行为开始的。

你看，一个人的理智、度量可以让两国非常和谐，他假如用另外一个方法会变成什么？"好，去破坏。"那可能就变成两国的战争。古今中外这些榜样很好，所以，一个家庭、一个团体、一个国家，什么最重要，人和最重要，所以我们的美好的生活从哪里开始呢？跟心中看不起和对不起的人化解以前的不愉快。所以老子讲："大小多少，报怨以德。"

了凡先生接着讲：**"其余种种过恶，皆当据理思之。"** 我们很多不好的习惯都应该根据这些好的道理来思考，这些理都明白了，理得心就安住在这些正确的思想观念上。

"此理既明，过将自止。" 这些道理能入心，能转变自己的心态，过失慢慢就伏得住，改过迁善，福报自然现前。其实在我们要发火动怒的当下，我们如果能想一想为什么会产生这样的结果，往自己从前的言行和想法找找原因，不但马上可以静下来不再生气，还可以找到解决问题的门道。

《大学》言："物有本末，事有终始。知所先后，则近道矣。"我们要想解决发脾气的问题，不要总在结果上徘徊，一定要在原因上下功夫。不但要学会处理情绪，最重要的是如何让我们不生起情绪。一个人喜欢发脾气，归根结底还是心量不够大，心量大了，事情就小了。

林肯为人谦逊和蔼，他的妻子玛丽性格却恰恰相反。玛丽的祖上三代都是大官，性格有些高傲，而且脾气很不好，急躁、霸道，在很多人眼里玛丽就是一个泼妇、悍妇。林肯的老仆曾这样描述玛丽：她的叫声能够响彻白宫，甚至马路对面都能够听到！有一次林肯带着他的朋友在家里聊天，正准备抽烟，他老婆出来就把他骂一顿，喋喋不休。他可是总统啊，如果是我们，我们可能早都受不了了。

林肯就跟没事一样，继续抽烟，然后跟他朋友说："我的夫人在磨炼我的意志力，就是因为她，我才拥有如此沉稳的性格，从一个普通人变成了美国总统。"他老婆听了以后，不但没有消气，端了一杯水倒在了林肯脸上，然后摔门而去。这帮朋友们都愣住了，只见林肯一抹脸，淡定地说："狂风以后，一定会有暴雨的。她除了磨炼我的意志，还浇灌我的灵魂。"

我们面对一件事情，这件事究竟是好事还是坏事，其实是你的意识定义的。你如果起情绪了，伤心的是谁？是你自己啊。你今天之所以感到很痛苦，是因为我们的心胸太狭隘，心胸宽大的人，不会痛苦的。人间本无事，庸人自扰之。在圣贤眼里，这世间还有事吗？除了生死以外，其他全是小事。

假如老婆骂自己两句，自己就痛苦三天三夜，这个人不会有大出息；丈夫发点脾气就闹着回娘家，这个家很难安宁。夫妻是交命的关系。爱情如此，亲情如此，友情亦如此。谁能没有情绪，谁还没有不高兴的时候，需要宣泄的时候，这时候身边的人恰恰要给足对方时间和空间，不要也跟着起情绪。

我们经常把发脾气叫发怒，你看这个"怒"是心上一个奴字，我们的心成了奴隶，这叫怒。当烦恼做主的时候，我们的心就变成奴隶了，被烦恼拘束。我们身边有不少人，因为不愿意吃亏，跟人打官司，虽然胜诉了，但是时间和精力全都浪费了，最后还气坏了身体，得了一身的病。何苦来哉？其实，格局打开以后，何必斤斤计较呢？人过一百，形形色色。

人这一生难免遇到坏人、骗子，该放下要学会放下，要做还债想，不然自己会很痛苦。这样，每经历一次挫折，就会更加强大，而不会郁郁寡欢。人身体的很多疾病，都跟情绪有关，内有情绪起伏，外有寒热变化，才会产生疾病。怨恨恼怒烦，是人生的"五毒丸"。人在生气的时候，身体里会产生很多毒素。母亲生气以后，母乳的质量都会受到影响。

有的人看起来憨憨的，不爱计较，但是傻人有傻福；有的人很精明，斤斤计较，却一生都在痛苦。俗话说：精明人吃老实人，老实人吃老天爷，老天爷也饿不着，为什么？老天爷吃精明人。

所以，我们要把心量打开，不要情绪化，不要锱铢必较，不要做"聪明"的糊涂人。正如昔日寒山问拾得曰：世间有人谤我、欺我、辱我、笑我、轻我、贱我、恶我、骗我，如何处治乎？拾得曰：只要忍他、让他、由他、避他、耐他、敬他、不要理他，再待几年你且看他。

其实，这个世界没有任何一件事可以伤害你，能伤害你的只有你自己，是你对这件事情的看法伤害你。心理学中的ABC法则，是一种应对困境和解决问题的方法。它是由美国心理学家阿尔伯特·艾利斯（Albert Ellis）在20世纪50年代提出的，用来帮助人们应对情绪困扰、改变不良思维和行为模式，以达到更好的心理健康和生活质量。ABC即指Activating Event（触发事件）、Belief（信念）和Consequence（结果）。

A（Activating Event，触发事件）指的是引起人们情绪困扰或问题产生的具体事件。这些事件可以是任何外部的、客观的事物或情况，如失恋、工作压力、考试失败等。A并不是问题本身，而是人们对于这个事件所形成的认知和观念。

B（Belief，信念）指的是人们对于触发事件进行评价和解释的思维模式和信念系统。人们的信念和思维方式会对事件产生情绪上的影响。例如，一个人可能会认为自己是失败者，或者认为自己不值得得到爱情等。这些信念和思维方式往往会加重人们的情绪困扰并形成不良的行为模式。

C（Consequence，结果）指的是在 A 和 B 的作用下，人们所产生的行为和情绪结果。C 可以是积极的也可以是消极的，取决于人们对于事件的评价和思维方式。如果人们具有积极的信念和适当的思维方式，他们很可能能够应对困难并取得积极的结果。相反，如果人们具有消极的信念和不良的思维方式，他们可能会沮丧、焦虑、恐惧等，可能会采取不良的行为方式来应对困境，进一步加深问题。

ABC 法则强调的是事件（A）并不是问题的根源，而是人们对于这些事件的评价和解释，（B）决定了问题的产生和发展，从而影响了人们的情绪和行为结果（C）。也就是说，人们的思维方式和信念决定了他们对事件的应对方式和情绪反应。ABC 法则是心理学中一种帮助人们应对问题和改变不良思维和行为模式的方法。通过认识和改变对于事件的评价和解释，人们可以改变自己的情绪和行为结果，提高个人的心理健康和生活质量。

假如今天有个人不小心踩了你一脚，不但没向你道歉，还瞪了你一眼。假如你很生气，很伤心，可能都过了一夜，你还在纠结他凭什么不给我道歉。你可能会觉得你今天所有的痛苦，都是由他造成的。可能那个踩你的人压根儿就不知道他踩了你，你还在辗转反侧因为这个事儿折磨自己。

假如你认为是 A 决定了 C，当你认为是 A 决定 C 的时候，你能不能改变 A？不能，因为我们不能改变别人。但是，实际上是 B 决定了 C，是你对那件事的看法，决定了这件事的结果。

所以，我们要原谅那个我们最不想原谅的人，原谅他，正是放过你自己。人与人之间都有善恶缘分。有的人对你特别好，你却不愿意搭理他，有的人对你不好，你却愿意对他好，这就是业缘关系不同。我们要与人为善，别人怎么对我，是他的业力，我怎样对待别人是我的业力。人之所以痛苦，之所以挣不到钱，之所以得病，就是因为业力太深，福报太浅。量大了，福报就大了。脾气走了，福气就来了。

我们不但要避免产生情绪，更要像颜回"不迁怒"。不迁怒就是不把自己的情绪移易到别人身上，不把对某甲的怒火迁移到某乙身上，也不让别人的怒气影响自己，不因为别人的行为激怒自己；不延长心中愤怒，所以愤怒的时间很短；也不会升高怒火，能马上把怒气降下来。普通人发怒之后，其怒气延续升高，难以制止，这也属于迁怒。

颜回可以做到不迁怒，他有没有怒的时候呢？有。可是他不贰过，绝对不会让这个烦恼升温，一定会立刻制止。刚刚动了怒的念头，立刻就把它克服住，克己复礼。我们不要因为自己的钱包丢了，就生气一天，更不要把这种火气撒在家人身上，假如我们迁怒到身边的人，大家会觉得莫名其妙，会造成严重人事障碍，这都是没有必要的。

13 建立和谐尊重的两性关系

我们接着看原文:"**何谓从心而改?过有千端,惟心所造。**"过失有千百种,种种错误言行都是从邪念、恶念起来的,最后才变成行为,所以心才是一切行为的根源所在。"**吾心不动,过安从生?**"我的心不妄动,不起这些邪念,就不可能有不好的行为过失。

"**学者于好色、好名、好货、好怒,种种诸过,不必逐类寻求。**"我们学习传统文化的人对于种种过失,不必逐一追寻。"**但当一心为善**",时时保持善念,保持爱人、敬人的态度。"**正念现前,邪念自然污染不上。**"护好自己的正念,邪念就进不来。

"**如太阳当空,魑魅潜消**"。比如太阳很大,照着整个虚空,鬼魅全部都消失了。"**此精一之真传也。**"从心地上改过,这是非常精密、纯一的好方法。摄受这颗心,不让心妄动,这是从心上改过。

我们看"好色"。人起了好色的念头,整个身心全部被欲望给束缚住,怎么会快乐?怎么会自在?而且人一好色,整个身心耗损非常大。现在外在媒体刺激太多,对男人的挑战很大。所以,从小一定要让孩子养成正气,对邪的东西就有免疫力,要懂得:"非圣书,屏勿视,蔽聪明,坏心志。"

吕洞宾的《警示歌》讲:"二八佳人体似酥,腰间仗剑斩愚夫。虽然不见人头落,暗里教人骨髓枯。"人这些欲望太多的时候,整个骨髓、精气都消耗完了。所以真正自爱的人、真正孝顺的人一定懂得克制这些邪念。

有一个知名大学的某学院院长,他还是整个城市规划的委员之一,可以说学术地位跟政治地位都已经达到很高的点,就因为好色,在色情场所被抓了,被抓以后所有的学术地位统统都被取消。你看他四十多岁,本来前途似锦,就因为生活不检点,搞得身败名裂。

而且这一败,几十年来国家对他的栽培统统糟蹋了,然后父母、妻儿以后怎么面对生活呢?他还是一个学院的院长,他有几千个学生,本来学生还把他当老师看,今天犯了这个错,又怎么跟学生交代?学生要对老师建立信心不容易，但是要毁了对老师的信心却是很容易。

从事教育工作的人一定要洁身自爱，因为我们可能都关系到整个教育界的名节。现在很多新闻报道某某老师做得不好，害得整个社会对老师的看法一下子一落千丈，这造的罪业可真不小。所以，干任何一行都要对这一行负责。今天有个医生贪钱，草菅人命了，很可能医学界的名声也都会受到很大的影响。

其实我们跟众人是一体的，我们跟自己的父母、亲朋好友也是一体的，我们跟整个领域也是一体的，我们跟我们的同胞也是一体的。如果出国旅游乱涂乱画、随地扔垃圾，人家会说我们国人素质低，所以我们要注意自己的修养和德行，这关系到自己和身边人的幸福和未来。

《左传》讲："贪色为淫，淫为大罚。"《尚书》上也说："唯天福善祸淫，天道祸淫最速。"天道就是自然而然的规律，给那些淫乱的人、放纵的人、过分的人带来灾祸是最迅速的了。俗话说："万恶淫为首。"

第一，奸近杀。男女关系混乱的，容易产生嫉妒和怨恨，这种不共戴天的心理容易接近杀人。

第二，奸近盗。很多贪官就是为了包养情人收受贿赂，甚至进行权色交易。

第三，奸近妄。找情人的人会满嘴谎话，欺骗家人，失去信用。这些道理，其实我们在身边也都可以观察到。那些省部级以上的官员锒铛入狱，中纪委有一个数据统计，百分之九十以上的落马高官，背后基本有女色的原因。所以我们要认识到色欲的危害，要发起羞耻心、畏惧心、勇猛心来改过。

从古至今，我们看到犯邪淫现生招到恶报的太多太多了，古代的帝王里面，凡是迷恋美色，都是最后丧身辱国。你看夏朝最后一个君主桀，迷恋妺喜，商朝最后一个国君殷纣王，迷恋妲己，西周最后一个皇帝周幽王，迷恋褒姒，最后的结果都是丧身辱国，国破家亡，不得好死。至于说像唐玄宗迷恋杨贵妃，招致安史之乱，差一点也是国家都葬送了，最后逼得没法子，把杨贵妃赐死于草野，他才有重新振作的机会。

所以，美色真的会让人神魂颠倒，犯下很多难以弥补的错误。所以古人提醒我们，色字头上一把刀，这把刀杀人比有形的刀刃杀人更可怕，因为它杀人不见血！现代的社会里面我们看到，凡是犯邪淫的，那也是果报惨烈，都是现世就发生了。

我们看到过去有一个新闻，美国新奥尔良这个城市就发生了这样一个案子。有一个年轻的男子到酒吧间喝酒，遇到两位美女上来挑逗他，结果就跟他喝起酒，没想到美女后来在酒里放了蒙汗药，这个男子喝了这个酒之后不省人事。

也不知过了多久，等他醒来之后，发现自己全身已经赤裸裸的，躺在一个酒店房间的浴室里面，在浴缸里头，整个浴缸上面放着冰块，好像把他冷藏起来。他想动的时候发现全身没力气，幸好看到身边有个手机，就拨打了救护电话，救护车把他救到医院里，结果发现原来这个青年男子的两个肾脏已经被割掉了。现在的人得尿毒症的很多，都要换肾，所以就有这种黑市的卖肾。怎么卖？就是这样，用色勾引，然后在他昏睡过去之后切除，很可怜。

所以，古人说"色字头上一把刀"。因为，这一把刀可以把你所有的功名利禄削得平平的，让你一无所有。所以古人，尤其是读书人、做官的人，对于这个字更是小心谨慎，不敢越雷池半步。

唐朝的时候，有一位名相叫狄仁杰。狄仁杰年轻的时候，可以说是玉树临风，一表人才。有一次他进京赶考，留宿在一家旅店。这个旅店的女主人刚刚死了丈夫，白天她看到狄仁杰一表人才，英俊潇洒，于是暗暗地起了爱慕之心。到夜深人静的时候，狄仁杰还在刻苦攻读，挑灯看书，少妇过来敲狄仁杰的房门。

狄仁杰心里也不免有一些疑虑，但由于他自己做人很坦荡，就把门打开了。打开门一看，出现在自己面前的是一位打扮得花枝招展、非常妖媚的女子，身着非常艳丽的服装，他心里不免一动。少妇人很大方，直接就把自己的来意说明了。

这时候狄仁杰，他突然想起了自己年轻的时候，有一个老和尚曾经给他看过相，他说："你这个人，以后一定能够做到宰相的。但是一定要小心，千万千万不要败坏在女色的手上。因为这个色字头上一把刀，会把你所有的功名利禄削得平平的，让你一无所有。"狄仁杰就说了："我一个人年纪轻轻，如果遇到女子主动地投怀送抱的话，让我不动心，确实有点儿难呀。有没有什么办法能够让我面对女色而不心动呢？"

这个老和尚就教给了狄仁杰一个办法，他说："当人面对女色而心动的时候，其实不过是为表面所迷惑，人长得再好看，只不过是外边的一张皮而已，所以，古人把人体称为一个臭皮囊。别人送给你一个礼物，这个礼物是一个皮囊，外边雕着花儿绣着朵儿让你爱不释手。结果把这个礼物的封口一打开，这个皮囊里装的都是什么东西呢？原来是血啊、肉啊，甚至是屎啊、尿啊等非常肮脏的东西，人们都避之唯恐不及。

而且你还可以再想象这个女子，生病了蓬头垢面，好几天也没有洗澡了，这个头发很乱，眼睛里还流着眼泪，鼻子里淌着鼻涕，嘴里还流着哈喇子。苍蝇蚊子特别喜欢这个味道，纷纷地过来叮咬她，你想一想这个情节，你还愿意和她亲近吗？"

老和尚说："色心实际上是一种虚假的心，并不是真实的，因此可以通过'不净观'等方法来对治。"狄仁杰在这个时候想起了老和尚的提醒，于是他也教给这个女子，他说你也可以用同样的方法来看我，那你就觉得我也没有什么好追求的了。

正是因为狄仁杰有这样的德行，他能忍人之所不能忍，所以，他才能承人之所不能承。他去进京赶考，一举成名，后来成为唐代的一代贤相，名垂青史。

相反，从古以来沉溺女色的人，没有不丧身亡家的。北宋时期王黼的死亡，我们可以引以为戒。王黼担任宰相时，极为富贵。他将大床放在卧室，用金玉作屏风，以翡翠作帐幕，周围放置十几张小床，选择美丽的姬妾住下，恣意淫乱取乐，日夜不停。

有亲近的人规劝他说："你这样是很危险的。你没有看见飞蛾吗？飞蛾在蜡烛上空飞舞，赶不走它，最后被烧焦烧烂，一定会死。声色的危害，不次于油火，你每天眷恋不止，淫欲过度，后悔能来得及吗？"他没有听从。不久灾祸发生，他被人刺杀，身首异处。

现在有的贪官因贪污受贿被抓起来，最后一查，后边都有很多的女人。他们确实是败在了女色上，因为他们自己和家人的用度并不是很高，但是因为有好色之心，就要满足对方不断膨胀的欲望，所以才促使他们去贪、去占。有权有势的人败在女色上，确实会把他的官位削平；有钱的人如果贪上了这个"色"字，可能自己弄得一身病不算，自己的钱财也都会败坏光，最后甚至落得个家破人亡的结果。

所以《论语》讲："非礼勿视、非礼勿言、非礼勿听、非礼勿动。"凡是不符合礼的东西，不要去观看，不要去谈，不要去听，甚至都不能够去起心动念。这样才可以保持自己清净的心，远离污染。另外，要多读圣贤书，要深信因果事实，要明白贪淫好色确实得不偿失。

邪淫的危害是很大的，不但损害现世的福德，本来有的功名结果因为你的这个错误的行为给你的功名带来了损伤，本来可以赚到的钱也赚不到了，还使自己身心不安，家人蒙羞。一旦东窗事发，自己的名声也会受损，让家人也都跟着抬不起头来。还会招致事业的不顺利，身体上的各种各样的疾病，甚至有些人因此得了艾滋病。

古时候有个典故，叫"一念色起，福报自消"。有个读书人姓李，李生有一天去考试，到了一个客栈，这个老板对他非常好，他感到很惊讶，就问他："老板，你为什么对我这么好？"老板说："昨天晚上有人在梦中告诉我，说今年会考上进士的一个人到我的旅馆来，要好好招待他。"老板很高兴，也觉得很光荣，就特别认真地招待他。

李生也很高兴，当天晚上他就在想："我就要考上进士了，以后要当官，可是我太太长得不够漂亮，考上以后应该把她换掉。"他动了不好的念头。隔天他便去考试。又有人在梦中告诉客栈老板："那个人本来应该考上，结果还没考上就想着要换太太，这个人没有情义、没有道义，所以上天把他的福报去掉了，他今年考不上了。"

结果这个李生真的没考上。他回家的路上又经过那家客栈，就问老板为什么自己没考上，客栈老板说："有人告诉我，你考中了就想着要换老婆，所以没考上。"

李生觉得无地自容，很丢脸，不敢住了，赶紧跑了，可贵的是他还有羞耻心，这个羞耻心能够真正去落实，可能还有转命的机会，不然就很难了。所以，一个恶念就把自己的福给减掉、除掉了。除以二，福报去一半；除以四，福报剩多少？四分之一而已。

这就告诉我们，人生有两件事不能等，一个是行孝，一个是行善。夫妻情义、道义是很深的，还没有得到功名，就要舍弃太太了，这一念折掉了半生的福分。所以人要积福，还得从一言一行、起心动念下功夫。我曾经还看到一个例子，一个人对他的婶婶有非分之想，他的功名也被削掉了。所以祸福就在一念之间，心念不同，结果也就天壤之别，以前的人很重视"慎独"的功夫。

《俞净意公遇灶神记》讲："邪淫虽无实迹，君见人家美子女，必熟视之，心即摇摇不能遣，但无邪缘相凑耳。"虽然没有行为上的冒犯，但是意念上有造业了。尤其修学大乘佛法的，戒要从心上去守，这就是了凡先生讲的从心上改。

而俞公最严重的问题就是"意恶太重"，就是他的意念都在造恶。所以《俞净意公遇灶神记》这一篇文章可以补《了凡四训》的不足，就是把这个意恶所产生的业力、业障给我们讲得很清楚。而这个好色也是，很容易让自己的意恶不断加重。

看到漂亮的女子就一直看，很难"非礼勿视，非礼勿动"。只是没有一些不好的缘出现，不然可能就造邪淫的罪业了。古人讲："见到年长的女子，我们可以提起就像自己的母亲一样；平辈的像自己的姐妹一样；比我们年龄小，可以想到把她当作我们的女儿一样看待。"这是一个方法，一提起这个态度，这个邪念就不见了。总之，人不能去邪淫，这是最损福报的事情了。

我们在此地做一个总结，什么是邪淫呢？合法夫妻以外的男女关系或者心念行为，都属于邪淫，比如婚外恋、嫖娼、手淫、婚前同居，等等。即使是夫妻之间的正淫，也不可放纵，要有时间、地点、因缘的节制。俗话说"万恶淫为首"，一切恶行之中，邪淫损福最快，恶报也最为惨烈。我们列举邪淫的十六大恶报，以供大家参考。

第一，父母蒙羞。邪淫之事，一旦东窗事发，公之于众。父母也会受到牵连，也会蒙受屈辱，让父母脸上无光，在父老乡亲、亲朋好友面前抬不起头来，这是大不孝。

第二，心常恐惧。俗话说："不做亏心事，不怕鬼叫门"，邪淫者做了什么坏事，自己心里有数。别看外面有时候很风光，其实心里很虚，缺乏自信，心常恐惧，患得患失。

第三，容易动怒。邪淫恶人，烦躁不安，没有耐性，常说错话，让人笑话。说话颠三倒四，常因琐碎小事就无端生气。还会导致家庭人员和别人口舌之争，诸事不顺。

第四，智商降低。邪淫的人容易招惹灾祸，邪淫会严重损耗一个人的精气神，让人不务正业、失眠健忘、头昏脑涨、无精打采、反应迟钝，人的思维力、记忆力、观察力、应变能力，也都随之降低，做事没有自信。

第五，被人怀疑。经常被人怀疑，给人帮忙做好事，人家都误认为你有企图。还经常广结冤仇，朋友之间稍微有点儿事情，就会变成敌人、变成仇人。帮人家九次忙一次忙没帮，人家就把你当成仇人一样。

第六，厄运连连。邪淫的人容易招惹灾祸，俗话说："色字头上一把刀，石榴裙下命难逃。""天道祸淫，其报甚速。"一旦犯了邪淫，各种灾祸就随之而来，很多凶事都很容易碰上。邪淫之人损福太多，就会导致厄运连连，万事不顺。同样的事情，别人做得都很好，到他这里就不行，就一定遇到意想不到的问题。

做事情总是失败，经常都找不到原因，莫名其妙地就失败了，反正好事永远找不上门来，坏事却一个接着一个。经常遇到意外事故。人在家中坐，祸从天外来，甚至旅游都会遇险。为什么？阴太强，阳太弱。所以祸多、凶多。

第七，资财耗散。邪淫的人，他的命运格局是漏财、是破财，不是招财，不是存财。邪淫折福严重，就像一个无底洞，有多少福，都要漏完。即使本来很有钱，很富裕，一旦犯了邪淫，这些钱财就会很快耗光。

有人问我："我看很多人邪淫，为什么也挺有钱的。"我说："命里是个金元宝，最后得了铜钱福。"他福报可能很大，能拥有上亿资产，结果一有钱就在外面"折腾"，一辈子发不了大财，让自己只能是个百万富翁，而且时间长了这些也会败散掉。

第八，损耗精神。对女子来说，经常体乏，没有精神。下体常痒难忍，无力行善事。比较容易不舒心，眼睛无神，难以集中精力。她还觉得自己有魅力，你看看这么多人喜欢我，她不清楚，自己的行为已经折福很久了。

对男子来说，邪淫消耗精气，损伤身体。精就是精华，就是人身上最宝贵的东西，是人的生命力所在，人的生机所在。所谓"一滴精，十滴血"，比血还宝贵，所以古人倡导要节欲保精，这样身体才能健康，才能延年益寿。

第九，身体多病。邪淫者，因为亏损精气，掏空身体，就会导致身体免疫力降低，各种疾病找上门来。比如身体瘦弱、皮肤粗糙、常冒虚汗、有气无力、白发增多、耳鸣耳聋、失眠健忘、腰酸背痛，等等。常常走神，甚至未老先衰，毫无生机，让人见了就心生厌恶。

第十，寿命减损。有个老板从事色情行业，养了几百个小姐，钱没少挣，可是钱没捞着花，为什么？出车祸死了，自己老婆管别人叫老公了，孩子管别人叫爹了，你看，看着赚钱了，实际上亏大了。还有一个老板，也是做色情行业的，老婆孩子的生活他不管，今天找一个，明天找一个，和所有的小姐都有关系，50岁左右的时候，他20多岁的儿子跳楼自杀了。

第十一，婚姻不顺。邪淫会严重损害婚姻方面的福报，招致不如意的眷属。邪淫一般很难找到心仪的对象，即使结婚了，家庭也很难幸福。要不就是配偶出轨，要不就是夫妻关系恶劣，经常吵架，甚至婚姻破裂，这都是婚前福报折损的结果。

第十二，破坏伦常。邪淫的人，人性丧失，沦为兽性。邪淫思想太严重，导致自家乱伦，做出丧失人性的事情来。邪淫的人，也会破坏他人夫妻之伦，致使夫妻反目，情感破裂，陷他人于不义。殊不知，一切男子是我父兄，一切女子是我母亲姐妹。

大千世界，男为阳，女为阴，男女组成夫妻，夫妻组成家庭，家庭组成社会，社会与家庭是整体与部分的关系，就像人由若干个器官组成是一样的。《左传》讲："人弃常，则妖兴。"有些人就忍心玷污它，为这个身体造下无量的罪孽，也引发了很多的社会乱象。

第十三，妻女被淫。古人讲："邪淫之人，必生不贞洁之儿女。"邪淫的人他所招感来的子女，也容易不贞洁。别人欺负你妻女你难过，你当初欺负别人妻女的时候，别人也会很伤心，这叫因果报应，丝毫不爽。冥冥之中，上天总是安排了邪淫之徒的妻女去还债，而且又容易绝其后人。

沿海某市有位企业家，他比较喜欢拈花惹草，出入一些色情场所，所以跟他的妻子离婚了。结果有一次，他到一家卡拉 OK 饮酒作乐，经理所带出来的坐台小姐竟然是他离家出走的女儿。这位企业家见到他女儿的那一刹那，哑口无言，呆若木鸡，不知如何是好，也不能承认，也不能说话。草草结束应酬以后慌张地离开了，当时他的女儿看到父亲，也是非常惊恐地离开包房。

后来，他这位企业家要到处去找他的女儿，再也找不到了。谁愿自己的儿女不贞洁呢？这都是上梁不正下梁歪。所以，父亲的身教不如法的时候，你身教不如法的时候，你的儿女不可能"正而不邪"。

第十四，损子堕胎。邪淫经常导致婚外孕并堕胎，造成杀自己孩子的罪孽。佛经常讲，杀胎儿如同杀人。我们如果看有关流产介绍不难发现，确实是很残忍地杀害了自己的孩子，孩子不是被完整地取出来，而是被分解了。堕胎之后，人的体质阳气降低，阴气变强，而且很多人认为"小月子"并不那么重要，没太重视就去工作了，所以会留下很多的后遗症，殊不知"小月子"比正常坐月子对女性的伤害更大，更需要得到很好的调养休息。

第十五，不孕不育。要不了孩子的人，大部分都是乱人妻子的。男子乱搞对象，玩弄女性，精子成活率就低，终生无子嗣。女的看上男人的钱财，邪淫失德，就容易输卵管堵塞，导致不孕不育。

深圳有一个老板，很有钱，有私人游艇，很年轻、很能干，但犯邪淫，认为自己很风流。后来娶了个老婆，老婆怀孕以后，一检查，肚子里怀的是畸形，打掉。连续怀三四个孩子，都是畸形，打掉。最后没有办法，怎么办？离婚。

娶第二个老婆，也是如此，三四个胎儿全部都是畸形。人家一嫁出去，生个孩子就好了。娶了第三个老婆，吓得不敢生了，怎么办？抱人家儿子回来养，养到八个月，得病死了。这么好的条件，这么好的医疗，八个月也死了。没办法又抱了人家一个女儿，2 岁的时候得了小儿麻痹症，走路一拐一拐的。

您看，就算抱人家的孩子不是要命，就是让人家得畸形，这都是邪淫的果报。

第十六，殃及子孙。"积善之家，必有余庆；积不善之家，必有余殃。"父母积德行善，可以福荫子孙。相反，父母邪淫，不但自己福报损耗殆尽，还会殃及子孙后代。或者导致不能生育，或者导致后代体弱多病，或者感召逆子。男人要是犯了邪淫，重则断了人种，对不起你的列祖列宗，对不起祖先，把福报搅了。你犯下这种邪淫，轻则虽有孩子，但是恶习还会传到子孙手里，孩子吃喝嫖赌，样样精通，败家成性，让你死不瞑目。

邪淫恶报惨烈，害人不浅，但很多人并不相信，只图一时之快而不顾后果，最终得到恶果，不但不知忏悔改过，还会怨天尤人，认为命运不公。其实老祖宗早就说过："祸福无门，惟人自召。"人的一切境遇，其实都是自己造成的。所以大家要想获得幸福美满的生活，就一定要坚决戒掉邪淫，并随缘劝诫其他人也一同戒除邪淫，才能感召身心自在，幸福吉祥，也能使自己和后代感召好的姻缘，找到合适的另一半。

在历史上，人们特别尊崇关羽关云长，儒家历来把他尊为武圣人，道家把他奉为关圣帝君，佛家也把关羽尊奉为伽蓝菩萨，和韦驮菩萨一起尊称为护法神。这是为什么？就是关羽给我们表现了一种忠义、仁义和道义。

都说英雄难过美人关，但是他能够过美人关。关羽在曹营的时候，一面是金钱美女的诱惑，一面是奉嫂为兄的忠义。他为了保护两位嫂嫂，每一天都在两位嫂嫂居住的卧室外面下榻，但是不起任何邪念，他在外边就夜读《春秋》。

后来明末清初的金圣叹先生批《三国》的时候，他读到"千里保皇嫂，夜坐读《春秋》"这一段时心意一动，就怀疑关羽真的能做到这样吗？就在他怀疑之际，结果听到空中有人断喝一声说："金先生，笔下留情！"

金圣叹被吓了一跳，良久才静下心来。他灵机一动，然后郑重地写下了四个大字："亘古一人"。称赞关公的忠义是自古以来第一人。从此以后，很多的关帝庙的对联也都以这四个字作为横批。所以真正的英雄，他确实能够过美人关，否则他称不上是大英雄。

1881 年，71 岁的左宗棠纳了 17 岁的宫女章怡为妾，大婚当夜左公坐着一动不动，章怡鼓起勇气说："左公，我伺候你歇息吧！"半晌左宗棠才开口说："你做我孙女吧！"左宗棠还告诉章怡，若是遇到合适的人选，他还会亲自做主给章怡嫁出去。婚事的一切礼钱，都由左宗棠负责。

这年，左宗棠收复新疆，举国欢庆，胜利而归。慈禧亲自为他接风，赏他金银无数、加官晋爵，最后还把贴身宫女赏赐给他做妾。左公觉得纳妾一事不妥，但也不好拒绝太后的懿旨。于是出现了开头一幕，左公用自己的方式保护了章怡。章怡听完左宗棠的话后，顿时呆若木鸡，没想到左宗棠大人会在意自己的感受，还为自己的未来而考虑，一时间感动得流下了眼泪。

左宗棠对章怡稍加安慰后，就让人给章怡重新安排房间去了。往后的日子里，章怡在左家虽然名义上只是丫鬟，但比平常的丫鬟身份要高出许多，她经常跟着左宗棠的子孙在一起读书学习。没过几年，左宗棠果然履行了自己的诺言，在他去世前还不忘叮嘱儿子，为章怡张罗了一门不错的亲事。

章怡虽然出嫁离开了左家，但仍然会和左家保持着联系。因为在她的心里，始终牢记着这一份恩情。章怡总是说道："左大人是好人，是我的再生父母，就算我人不在左家，也不能断了彼此之间的情分。"在她看来，若是慈禧太后当年把自己送给了别人，恐怕就不会有这么好的运气了。

当然英雄难过美人关这句话也不是完全错误的，难过并不等于说过不了，他只是说这件事确实很困难。为什么难过美人关呢？因为大多数时候都是自己很喜欢的人，他是出于情感上的需要，或者心理上的爱慕，如果是这种情况我们怎么办呢？我们首先要区别爱还是情。

我们中国古人把这个"爱"称为慈悲，为什么？因为这种慈悲是理智的"爱"。出于理智的"爱"，它是永恒不变的，是能够经得起考验的。而我们现代人所说的"爱"，其实是"情"，是出于感性的，情是一种欲望、一种欲火，所以情是短暂的，情执是可变的。

如果，一个人连父母亲人都不爱，他苦苦追求你，那是真心的吗？一定不是啊。福建有一个大学生，他们家是农村的，经济很有限，把一个孩子送出去读大学，基本上他们家已经负债累累了，但父母甘愿咬紧牙关撑过去。

有一天，儿子打电话回去说："爸，我现在身体不舒服，必须到医院去休养，医药费要一千两百块。"爸爸一听孩子生病，非常着急，赶快去跟人家借钱。可是因为之前已跟所有的邻里都借过了，他又去借，人家看到他都有点儿害怕，但又因为是孩子生病，有一些邻居还是勉为其难，拿了一些钱出来。

结果绕了一圈只拿到三百多块钱，父亲回到家里，眉头紧锁。爷爷了解了情况，他说："儿子，你去把我的棺材卖掉，凑凑钱可能就够了。"因为在福建有一个习惯，就是先留棺材本儿。

结果，老人家把自己的棺材卖了，勉强凑得一千两百块钱，父亲生怕汇丢了，亲自送到学校去。到了学校去找他的儿子，进到他的宿舍，没找到他的人。问他的同学："我儿子在哪一家医院呢？"结果那个同学讲："什么医院？

你儿子哪有生病？你儿子现在跟他女朋友照艺术照去了。"

这个父亲因为几天奔波，一下子听到这样的情况，精神受不了，当场就昏过去了。后来这个儿子回来了，父亲也苏醒过来了，说："你这个人，怎么可以做出这样的事情？"他儿子若无其事地回答他父亲："爸爸，我的同学都这样啊，又不是只有我一个人。"爸爸也很无奈，能说什么呢？

所以，很多人问大学要不要谈恋爱，我们要看看在消耗金钱的过程当中，有没有想到我们父母的辛劳，有没有想到长辈、这么多人对我们的支持。如果你连父母家人都不爱，都不考虑他们的感受，你不会真爱对方的，人生不要做害己又害人的事，要做利己又利人的事。

"爱"是平等的，也就是说对一切人都有平等的爱心，不会因为谈情说爱而忘了志向和利他，不会陷于自私当中，忘记父母和其他的人。但是"情"，它是有等差的，往往是指向特定宠爱的对象，容易自私和堕落。"爱"是用心地感受对方的需要，特别是要为对方提升境界、提升灵性而着想，而不仅仅是满足两个人的欲望。

所以"爱"给人的感觉一定是温暖的，带给人的结果一定是心性和道德精神境界的提升。而"情"，是希望从对方那里获得欲望的满足或者至少是心灵的慰藉，它带着索求的性质，是一种占有、控制的欲望。所以这个"情"不仅影响人的身体健康和寿命，而且还给人带来灵魂的堕落。所以我们认识到这个"爱"和"情"的区别，我们就要怎么样呢？我们就要把这个情执转变为真爱。

而且，婚姻也要门当户对，这个门当户对绝不是指外在的物质条件，看你有多高的权位、多大的财富，这个偏颇掉了。门当户对最重要的就是有相同的、正确的人生价值观，不然思想不一样，那两个人就变成双头马车了，这个家怎么可以兴旺得了呢？

所以，相识要在生活细节当中去认识一个人，去看他如何与同学相处、与他人相处，甚至你还能够了解他与家人如何相处，了解一下他的家庭情况。有一句话叫："选田要选好土质，娶妻要看好岳母。"买田地一定要买那个土质非常肥沃的，有很好的底子。你找对象，要看她的母亲，因为她的母亲贤德了，必然会上行下效。假如她的母亲很凶，可能她就会受影响。所以能够从她的家庭状况去了解，那就更能看清楚一个人，这个是相识的状况。孔老夫子的外公是我们的榜样。

孔老夫子的外公要把女儿嫁出去的时候，是先去了解孔子的父亲、爷爷，以至祖辈德行好不好。因为"积善之家，必有余庆"，祖先有德，后世会出好子孙。孔子的外公看到一家人的德行都很好，就把女儿嫁过去，最后就生了一个圣人。所以你找对象不只要看对方，还要看他的祖辈德行好不好。如果他爸爸是黑社会的，他爷爷是干什么坏事的，那这个就不妥了。

一个人一生中能够遇到一个自己情投意合的人，实在是一件很不容易的事，我们说人和人之间的缘分，特别是善缘是可遇而不可求的，所以一定要懂得珍惜。那么怎么叫做到珍惜呢？那就是要做到相识、相知、相惜、相爱。

那么这个"爱"呢，不是沉溺于欲望的满足，而是相互帮助、相互成就、相互提升，而不能够相牵放纵欲望，最后同入火坑。这就辜负了人之为人的这个难得的机会了，也辜负了对方为自己的种种付出，这是对自己的不负责任，也是对对方不负责任，那就不是爱而是害了。《资治通鉴》讲："爱之不以道，适所以害之。"

所以爱是什么？曾听到一个故事，一个孩子有一次捉住了一只美丽的小鸟，开心不已，当他兴高采烈地拿给妈妈看时，妈妈却问道："宝贝，你真的很喜欢它吗？""当然啊，我好不容易才抓到呢。""那就放了它。""为什么？"孩子奇怪地问。"因为它不喜欢笼子，更喜欢自由。"听到这里，我们不免为母亲的爱心与智慧所感动。喜欢这只美丽的小鸟，就应该给它自由，让它回到属于它的世界里，而不是据为己有。

但在我们的生活中，却常常有喜欢便想据为己有的想法，或许偶然间看中的一个漂亮杯子，或是山间的一朵美丽的鲜花，甚至是一个人。可是，当杯子买回家中，也许并没有派上用场，过不久，可能就尘封遗忘；而花儿摘回家里，没多久便也枯萎，被丢弃在垃圾桶；而那个深爱的人，可能也被"爱"束缚得喘不过气，分道扬镳。似乎结局并不像期望那样完美、幸福。

也许一开始，我们便错用了心，体会不到如何才是真正的爱，却想像孩子抓住小鸟一样，将喜欢的一切紧紧锁住，却可能将之扼杀在笼中。真正的爱，并非满足自己，也非一定拥有，却是念念考虑到，怎样对对方更有帮助。当杯子能在需要它的地方发挥作用，当花儿能在山间更美地绽放，当鸟儿能在空中自由快乐地飞翔，我们又为何不为之而高兴呢？

别因为爱，就想办法占有；也别因为爱，有太多的强求。不要因为爱了，便忽略彼此基本的礼貌与尊重；也不要因为爱，放弃应有的原则，从而失去自我；更不要拿着爱当利器，要求对方臣服……

爱是理智的，不是一时感情的冲动，是用心体会他人的需要，给予帮助，它像阳光般，能温暖受伤、冰冷的心。所以，真正有爱的人才能建立和谐、尊重的两性关系。

如果在亲密关系中唯利是图，没有爱和责任，不讲感恩和情义，这种带有功利心和目的性的婚姻，注定是会失败的。有一个男青年，他本来有女朋友，后来又看上另外一个女孩，因为这个女孩的父亲是一家医院的院长，而且那个医院还办得挺赚钱的。

说实在的，一听到医院赚钱，我们应该感到害怕。因为医者的心是希望病人以后不要再来了，而不是想着我业绩再大一点儿多赚钱。"但愿世间常无病，哪怕柜上药生尘。"只要没有生病，哪怕我的药柜里面的药统统已经生了尘埃我也高兴啊。

这个男子起了坏的念头了，觉得现在的这个女朋友没有什么钱，又没有什么势力，就把她抛弃了。他的亲朋好友对他这个行为都觉得很不能接受，很瞧不起他。其实当我们唯利是图的时候，很可能我们身边的亲朋好友早就已经慢慢疏离我们了，我们还自得其乐，觉得获得了好东西。

后来那个女孩真的被他给追上了，当他正在那里沾沾自喜的时候，突然意外发生了。他的岳父，就是这个医院的院长，因为用药物获取了很多不义之财，跟药商都有很不好的勾当，结果被政府给发现了，把这个院长关到监狱里面去了，他女儿也参与其中，所以连他娶的太太也都进监狱去了。结果他什么都没有得到，还丢失了荣誉，也没人信任他、支持他，所有的亲朋好友也都瞧不起他。

这就是《周易》讲的："积善之家必有余庆，积不善之家必有余殃。"所谓的余庆余殃是报在子孙，本庆本殃报在自己，做了善事自己先获得福报和智慧，造了恶行是自己先承担后果。所以，从这些事例当中，我们可以理解到，人对于自己的一个心念、一个言行，都要慎重，是荣、是辱，都是自己招感来的。

东汉时期，有一个读书人叫宋弘，他非常有学问、有道德。光武帝刘秀被人追杀，势微力弱，只得不停地向南逃跑。作为刘秀的大将，宋弘在护送刘秀逃跑的过程中身负重伤，在半路上体力不支，但是这个时候前途未卜，后有追兵，怎么能停呢？于是刘秀就把宋弘托付给周围村子里一户姓郑的人家，让宋弘在那里养伤。

这一家人非常善良，收留了宋弘，并将他当作自己家人一样看待，一日三餐送到他面前，还帮他治伤养伤。这家的女儿为人聪明大方，对宋弘非常好，就像对待亲兄长一样。在宋弘养病期间，她端茶倒水，亲自为他煎药，关怀得无微不至。宋弘对她的周到关怀非常感动，时间一长，两人心中便产生了爱慕之情，等宋弘伤一好，就娶了郑家的女儿为妻。

后来宋弘重新跟随刘秀，成为东汉光武帝时代的一名重臣。光武帝的姐姐湖阳公主一直守寡，在朝廷诸位大臣里边，湖阳公主看中了宋弘，于是就托弟弟光武帝来为她说媒。在君臣畅饮之际，光武帝说："我听说，一个人有了钱之后，就会换衣服、换鞋子，而一个人有了荣华富贵之后，就会换妻子，这样好像也不是不可以对吧？"

光武帝这是想试探一下宋弘的意思，看他有没有意愿娶自己的姐姐。宋弘一听，就站起身来向光武帝行礼说："陛下，贫贱之交不可忘，糟糠之妻不下堂。"宋弘这句话说出来，光武帝就没有办法再说下去了，很赞赏他。就对湖阳公主道："这件事情还是算了吧。"

宋弘讲话很有学问，他假如跟皇帝说："糟糠之妻不下堂，你不知道吗？"皇帝会怎么样？"怎么这么不给我面子。"所以宋弘是先说贫贱之交不可忘，停顿一下，这时皇帝心里会说：对，人生还是要重情义。宋弘接着再说糟糠之妻不下堂，这样皇帝就不会为难他。这就是讲话的顺序，我们要随顺人情，所谓"人情练达即文章"。而这一句话传到了朝臣耳朵之中，让满朝文武吃惊的同时，也让一部分人感到羞愧。

此后一直到今天，人们口中还都有"糟糠之妻不下堂"的说法。一个读书人，他立身行道，影响的不仅仅是自己一家人，而且影响了世世代代的人。尉迟恭也谢绝过唐太宗，太宗赏识他英勇忠贞，辅佐有功，曾经对敬德说："朕要将女儿许配与卿为妻，不知意下如何？"

尉迟恭说："臣妻虽然浅薄卑陋，但是长久跟随着臣，同过贫贱，共历患难，臣虽不学无术，曾闻古人富贵不易妻的典范，臣愿以古人为法，不忍离弃糟糠之妻，请陛下赐谅开恩。"婚姻虽然不成，但更深得太宗嘉许赏识，后来尉迟敬德的子孙历经千余年仍然富贵昌盛。

宋弘拒绝了皇帝，拒绝了湖阳公主，这样的情义，这样的气节，不只影响了他的家庭，还影响了满朝文武，甚至于还影响了往后一千多年的读书人。往往读书人愈来愈富贵，本来还想换换太太，了解到宋弘的做法就会收敛一点，因为这种浩然正气可以屹立在天地之间。我也相信当宋弘把这件事拒绝以后，应该有很长一段时间，满朝文武绝对不敢把自己的太太休掉。

读书人应有的态度是《中庸》讲的："动而世为天下道，行而世为天下法，言而世为天下则。"时时都抱着"学为人师，行为世范"的态度，这样他的行为才能够影响社会风气。我们也要学习宋弘这一份存心，我们的一言一行、一举一动都要期许能够成为家人、社会的好榜样。

夫妻之间要守信义、道义、恩义和情义。所以，我们应该向宋弘学习，夫妻应该既能共苦，更能同甘，建立一个美满幸福和谐的家庭，夫妻相伴白头偕老。

《懿行录》上有一个典故，叫"不弃疯女"。古时候，在福清有一位文绍祖，他的儿子向一位姓柴的人家求婚，已经下了聘，就准备迎娶了，没想到这柴家的女儿忽然得了疯癫病，身体突然伸展不开了。文绍祖就认为这个女子已经染上了恶疾，于是就想退婚。

可是文绍祖的太太就不肯，而且非常生气地说："做人绝对不能违背自己的原则、道义和良心，纵使是这样也要娶。我们爱儿子，应当要他顺着天理，这样才能够让他延福延寿；如果现在背礼伤义，那就会招来祸患。"你看古人都懂这个因果道理。

在这种情况下是循天理还是循人欲？文绍祖被他太太的正气镇住了。结果他们家循天理，把这姓柴的女儿给娶回来了。第二年这个丈夫，也就是文绍祖的儿子，就考取了进士。假如没娶，他能不能考上进士？自己的德行有损，很可能考不上。

这件事不只对他有影响，那个女子病重了，但夫家这样包容她、照顾她，她感不感动？感动。后来他的太太的病也好了，她全心全意照顾自己的家庭，而且生了三个儿子，都很显贵，都考上了进士。所以祸福在什么？一念之间，所以做人不能违背原则。真是只要循着天理，自然天道佑之。

假如循着私欲，那肯定是恶星随之，他怎么可能有这样的福报？所以自古以来我们看到，凡是能够娶盲女、病女这些人，不嫌弃对方，不退婚约的，真正有道义、有恩义的这些人，大多数都是身荣子贵。原因没有别的，就是因为他存心仁慈厚道，能够替上天包容一个人，所以上天对他也就特别优待。

所以古人讲："夫妻一条心，黄土都变成金。""夫妻一心，其利断金。"所以，在幸福美满的婚姻里，一加一等于几？告诉大家一个最完美的答案，一加一等于无限大，夫妻关系能够成为后世子孙的榜样，那就无限大了。

宋朝有一个读书人叫刘庭式，他书读得很好，考进士以前，谈了一门婚事，他在口头上应了对方。后来他考上进士了，回来的时候了解到那个女子的眼睛瞎掉了。对方心里也觉得很难受，自己的女儿现在的状况是这样，而这个女婿又已经考上进士，觉得这样高攀了，就要退掉这一门亲事。但这个刘庭式很坚持，一定要娶。对方就说："那不然这样好了，我们还有一个小女儿，就让她嫁给你。"这事要是我们会怎么决定啊？会不会说："啊，好险，幸好还有个妹妹。"其实当我们有这个念头的时候，就没有资格谈爱了。

爱是什么？繁体字"愛"，中间是"心"上下是"受"，合在一起是用心感受，用心感受对方的心情，感受对方的需要。我们设身处地地替对方想一下，一个这么年轻的女子，她已经有走入婚姻的那一份期许了，结果双眼瞎了，那对她的人生是多重的打击啊！假如这个时候又把她妹妹娶过去了，她这一生将有多大的遗憾跟无奈。

所以刘庭式讲："吾心已许之，岂可背离我的初心，背离我的良心？"所以刘庭式坚持娶了这个女子。我们不难想象，这个女子踏入他们家门的时候，一定是尽她全身的力量，尽她所有的能力，照顾好这个家。你真正道义对人十分，人家会还给你十二分啊！所以刘庭式对待婚姻的道义流传了千年都不断，有刘庭式这样的榜样，很多读书人都不会因为也不敢因为美貌、钱财、权力而抛弃自己的原配。

后来，刘庭式到高密去担任通守，就是太守的助理、助手，在此期间，他的妻子得了病过世了。刘庭式感到很哀痛，哭得很伤心。当时的太守苏轼看到之后就劝导他："我听说人是因为喜欢美色才产生情爱，有了情爱才会有哀痛的感受。而你的妻子又不是一个美人，而且还是一个双目失明的人，你有什么哀痛可言？"

刘庭式说："我哀痛的只是我丧失了自己的妻子，并没有因为她的双目是失明的，我就不爱她。我所痛苦的，是因为我丧失了和我同甘共苦、筚路蓝缕的妻子。如果说因人有美色才生起情爱，因为情爱才有哀伤，那么你看集市上有风尘女子，每一天都挥着袖子对你献媚，诱惑你，她们每一个人都长得很美，那是不是她们每个人都可以做你的妻子呢？"

苏轼听了之后感到非常惭愧，也非常地感佩刘庭式的德行。后来刘庭式的两个儿子也都中了进士，非常地显达。什么原因呢？就是因为刘庭式讲道义，他的妻子嫁过来之后一定要报答他的这份恩情，一定会非常用心地相夫教子，因此将儿子教育得很好、很成才。

我们看了古圣先贤这样讲道义的故事，确实是非常感动。而这样的故事在历史上数不胜数。什么原因呢？就是因为有婚姻之礼的教导，读书人才有这种正气。我们知道中国古人特别讲究婚姻之礼，在进行婚礼的时候，这个婚礼当然有很多的步骤。

第一，再教化。娶亲之前，男方三天不奏乐，女方三天不熄灯，此做法的主要目的就是，尽管平日父母对儿女的教导已经很多，但在他们进入婚姻殿堂前夕，父母还要抓紧最后的时间，再对儿女耳提面命进行一番教育，告诫他们从此将不再是孩子，教导他们怎样去为人夫、为人妇。

第二，拜祖先。新郎出门迎娶新娘前，要先去祠堂祭拜祖先，告知列祖列宗，家族中有男儿要娶亲成家了。新郎的父亲要代表祖先敬儿子一杯酒。在孩子一生当中，一般都是给父亲倒酒、敬酒，但结婚那一天是父亲给儿子敬酒，代表祖先期许他这个家道要交给他了。

我们想想，在我们成长过程中都是恭恭敬敬给父亲盛酒，突然父亲给我们盛酒、敬酒，一辈子都不会忘记，都会提起一种传承家风、家道、家学的使命跟责任。

第三，辞父母。新郎到了新娘家，女方父母则要亲手把女儿交给女婿，意思是从此我们的女儿就托付给你了，你要善待她。新郎新娘离家时，新娘要拜别父母，感谢父母的养育之恩，表达对父母的奉养之情。用今天的话说，就是今后要常回家看看。

第四，改习气。新娘子离开娘家，上了花轿时，要把自己平日用的小香扇从轿子里扔出来。意思是，自己以前是千金小姐，可以养尊处优，天气热了可以拿扇子扇一扇。可从今天开始就要为人妻、为人母了，今后要侍奉公婆、养育儿女、操持家务，再不能有小姐的习气了。

第五，站主位。新郎把新娘迎娶回家后，新郎的父母要站在客位，而把儿子和儿媳迎到主位上。意思是说，从今天开始，这个家就交给你们了，家庭的繁荣与发展、家道的兴旺与发达，这份责任和重担就要靠你们来承担了。太太要上孝公婆，中和妯娌，辅助丈夫，下教育好子女，还要做其他的不少工作和劳动。这一桩事情必须有很厚的德行才能承担好。

所以《周易》上说"地势坤，君子以厚德载物"，就是说女子的德行应该效仿大地。大地有什么特点呢？你看我们把脏的东西扔给它，干净的东西泼给它，它都毫无怨言，都没有拒绝，平等地接受。所以做女子的要效仿大地能够忍辱含垢，厚德载物。这就是我们说的娶一个好太太至少旺三代，娶一个不好的太太可能一败涂地。

第六，拜天地。婚礼上，夫妻二人要拜天地。有些地方把结婚就叫作拜天地。原因是，婚姻大事不仅仅关系到两个人、两个家族的命运，而且是天底下的一件大事，上天见证了你们二人结为夫妻，你们的结合是天意。

第七，交杯酒。喝交杯酒非常有味道，喝交杯酒是拿一个葫芦瓜一切两半，然后一人一半，合起来就是一个完整的葫芦瓜，代表夫妻一体、不分彼此。葫芦瓜的丝是苦的，这个酒是甜的，两个人把这个交杯酒喝下去。意思是什么？夫妻二人从今往后要同甘共苦、彼此扶持、白头偕老、共度一生。

酒喝完之后，要拿绳子把两个葫芦瓜系在一起挂在墙上。这又是什么意思呢？看到这个葫芦瓜，就提醒自己"牢记使命，不忘初心"。在以后家庭生活中，免不了磕磕绊绊，但是看到这个葫芦瓜就想起两个人结合时最初的发心，希望自己白头偕老、同甘共苦的这种愿望。

包括置办东西，很多读书人进门墙挂着一把扇子，这是告诫自己出门进门都别忘记行善。摆着如意，如意的一头是回头的，代表着回头是岸。一进门，大厅左右两边摆什么？一个瓶子，还摆一面镜子，代表一个人进入家里了就要平静，不要带着情绪进家里。看到那个瓶子，提醒自己要平等待人，不要偏心，对自己的家人、小孩不可以偏心。不要时时发脾气，保持平静，像镜子一样。

所以，婚礼的每一个步骤，都是提起一个人对婚姻的责任感、一个人的正知正念。《礼记·昏义》云："昏礼者，将合二姓之好，以上事宗庙，而下以继后世也，故君子重之。"这样一种婚姻之礼，它使丈夫有恩义、有道义、有情义，而使妻子有德行，这种教育太好了。

但是很遗憾，这么好的礼节没有保持到现在，甚至被我们给当作封建糟粕批判、废弃了。我们看到了古圣先贤的良苦用心，但是后人却没有理解、没有承传。不仅没有理解、没有承传，反而还对它妄加批判。我们等于是坐在大树下面好乘凉，这个大树已经是五千年了，枝繁叶茂，我们后代子孙坐在树下乘凉。

现在我们不仅不知道感恩戴德，感念祖先的恩德，还想拿着这个斧子拼命要把这个大树给砍倒，这是非常折福的行为。所以我们现在社会出现了很多的问题，那都不是偶然的，都是因为我们不知道感念祖先的恩德所导致的。现在很多婚姻没有古礼的精神，甚至搞得挺乱的，出现了很多低俗的"闹婚"事件。这些人拿着不良习俗来胡闹，在这么神圣的日子拿来好像要捉弄别人，此风不可长。

《礼记·礼察》讲："婚姻之礼废，则夫妇之道苦，而淫辟之罪多矣。"你愈不重视它，愈把它当儿戏，离婚率愈来愈高；你愈慎重，每个人在走入婚姻以前都有非常正确的观念、态度，他就不会在婚姻当中乱来。所以这个是慎于始，在步入婚姻殿堂之前就要接受很好的教育，不然婚姻就会出现问题。

在民国，有一位著名的诗人叫徐志摩，这位诗人很多人应该都知道，他曾经做过北大的教授，《再别康桥》就是他的代表作，他很有才华，但是德行比较欠缺。

他出生在一个富裕的家庭，他的原配张幼仪女士对翁婆两人都很孝顺，对他也非常尊重，尽心尽力地服侍他。后来徐志摩先生到英国去留学，留学回到家里，就吵着要跟他的夫人离婚，吵着说，他要当中国第一个离婚的男人！

那个时候，张幼仪又怀上了徐志摩的第二个儿子。徐志摩知道了，就跟她说："你赶快给我把孩子打掉，我要跟你离婚，你去把孩子打掉吧。"张女士说："打胎很可能会有生命危险，一不小心，血崩都有可能啊。"结果徐志摩说了："坐火车都有可能会出事死亡，难道你就不坐火车了吗？"啊，这个话很绝情啊，他还是谈"爱"的诗人，他真的懂爱吗？这些话讲完，徐志摩就不见了，就不管她了。

后来张幼仪忍着悲痛，还是把孩子生了下来。然后又去见徐志摩，徐志摩一见到她又谈离婚，都没有问到第二个孩子的状况，一字不提。张女士一看挡不住了，说："这样好了，最起码我们要问问爸爸妈妈的意思吧？最起码要尊重一下二老吧？"但是徐志摩立马拒绝："你现在就给我签。"当时旁边还有很多朋友在看，你看多么绝情，后来离婚协议就签了。

婚姻是终身大事啊，俗话讲：今生的婚姻是前世因缘注定的。婚姻是在天地祖宗面前订下的契约，不是想离就离的，不能说想不忠就不忠的。我们刚才提到，宋弘先生讲："贫贱之交不可忘，糟糠之妻不下堂。"滴水之恩，当涌泉相报。在贫困患难的时候，所结交的朋友不可以忘记；和自己共患难的妻子，你也不能抛弃。

他为什么一定要离婚呢？因为他在英国看上了林徽因，这是一位才貌双全的女子，跟徐志摩也是朋友，他们还一起接待过大诗人泰戈尔。签完以后，他心花怒放，赶着要去见林徽因。结果人家林徽因已经回国了，他扑了个空。然后过了没多久，人家就结婚了，跟梁启超先生的公子梁思成先生结婚了。

其实这个林徽因有家教，她知道一个有家室的男子还这样追求她，已经是没有情义、没有道义了，人家分辨得很清楚。说实在的，徐志摩那个情是真情吗？不是啊，不是真情，那是见异思迁，只要再有美貌的女子出现，他的注意力还会转移。

所以回国以后，他在北京又认识了一个女子叫陆小曼，而这个陆小曼是徐志摩的朋友王庚的妻子。王庚和徐志摩一样，都是梁启超的学生，他毕业于西点军校，跟美国第34任总统艾森豪威尔是同学，仕途上正在平步青云，很多人很看好王庚和陆小曼的婚姻，因为两个人的家族都很大，事业做得比较兴盛。

后来徐志摩跟这个陆小曼的关系发展得越来越不正常，还把朋友的婚姻给毁掉了。最后让陆小曼也离婚了，这两个人结了婚，我们看他先破坏了自己的婚姻，又破坏了别人的婚姻啊，用现在的话来讲属于婚外恋。后来他的老师梁启超也很心痛，在徐志摩跟陆小曼的结婚典礼上，就说啊："徐志摩，你这个人心浮气躁，所以你的道德学问没有办法成就；你这个人用情不专，所以婚姻乱七八糟。你好自为之吧，这一次不要再搞砸了。"

梁启超先生讲这一番话，那叫"真爱"啊，真爱护他的学生，不希望他的学生继续堕落下去了。可是学生能感受得到吗？所以现在很多人，谁是真正爱护你的人，你可能搞不清楚，那些每天拉着你去堕落的，你反而觉得他是拜把兄弟。所以人要分辨是非、善恶、邪正，真的要有智慧才行啊。

"德有伤，贻亲羞"，让父母师长都生气、都愤恨，那下场当然就很凄惨啊。所以破坏人婚姻的事怎么能够去做呢？老师骂完以后，徐志摩走进了他的第二段婚姻。但他喜欢陆小曼，不是喜欢她的德行，而是喜欢她的美貌、她的才华，结果家里搞得乱七八糟，因为陆小曼不整理家务，又喜欢看戏，又喜欢打麻将，最后还喜欢吸鸦片膏，两个人在家里常常吵架，结婚才五年，吵架都不断。

陆小曼也不敢去见公公、婆婆，因为公公、婆婆也很受不了他们这个婚姻，甚至还断了对徐志摩经济上的支持。徐志摩家里是大户，很有钱，但有时候钱太多了没有德行，就会把一大堆东西乱搞。

那么到最后，那是1931年的11月19号早上8点，徐志摩搭乘中国航空公司"济南号"邮政飞机由南京北上，他要干什么呢？他要参加当天晚上林徽因在北京协和小礼堂举办的演讲会。你看都是这个淫欲心，很可能又想叙叙旧情了。结果从上海回北京的路上，这个飞机"济南号"，就失事了，结果徐志摩就结束了他35岁的生命，才35岁就去世了。你看，自己破坏自己的婚姻，还破坏别人的婚姻，下场就是这个样子。

而张幼仪女士离了婚以后，在德国用心地学习。回国以后，有一家银行请她当总裁，她也很用心地去做。然后自己还聘了一个国学老师，每天不间断地学习道德学问。我们来比较一下，这对曾经的夫妻所经营的人生完全不一样。

张幼仪后来事业有成，成为近代以来一位具有代表性的出色的女银行家，也创办了自己的企业云裳服装公司，她还去认了原来的公公、婆婆，也就是徐志摩的爸爸妈妈当干爹、干妈，自己当女儿一样孝敬二老，后来还为他们养老送终。

我们真的可以感觉到，这是个有情有义的女子，这不是糟糠之妻，这是贤妻良母啊。虽然在名分上已经没有关系了，但是她对于公公、婆婆那种孝敬的心，不会因为这个名分的改变有丝毫的改变。记得张幼仪女士晚年曾说过："在徐志摩一生当中遇到的几个人里面，说不定我最爱他。"

我们反观徐志摩的整个人生过程，对父母不孝，对他亲生的孩子不慈爱，对他的妻子不忠贞，对他的朋友没有信义，还抢了人家的太太，正所谓"祸福无门，唯人自召，善恶之报，如影随形"啊，35岁就去世了。

而他的原配张幼仪女士有情义、有恩义、有道义，最后活到89岁高龄啊，而且终身照顾她的公公、婆婆，送他们到终老。徐志摩死了以后，张幼仪还拿钱资助陆小曼的生活，照顾他的遗孀。你看她的度量有多大啊！所以这是我们都很熟悉的一个近代故事，很值得我们深深地去警醒。

爱的心地是无私的，而这一份无私，我们要很冷静，就是对方不是仅仅对我好而已，对方对我的父母、我的亲人也都很关心，这个才能流露出对方的无私态度。爱的行为是成全的，不是去控制对方，不是去占有对方，而是想着怎么样能让对方的学业更好，能让对方的事业更好、德行更好，去成就他。

以前看过一则报道，叫"心心相印，越赚越多"。有一个女同志，她的先生有一个妹妹，这个妹妹住在夏威夷。妹妹打了一通电话回来，说她在夏威夷孤苦无依，又生了病，现在急需用钱。哥哥听了以后很焦急，就去找他的夫人。

他跟夫人解释了妹妹的整个情况，然后先生建议："可不可以把我们这两三年来积攒下来的储蓄，全部寄到夏威夷给我的妹妹？"这个太太对她先生说："你这么做，妈妈一定很欣慰，一定很高兴。"

你看，《弟子规》讲："兄道友，弟道恭；兄弟睦，孝在中。"那个先生的心本来是悬在半空当中，不知道太太会怎么反应，突然听到太太这么肯定他的想法，内心那个感动一辈子都忘不了。到底是钱重要，还是夫妻之间那种心心相印重要啊？心心相印了，家和万事兴，那个钱就会越赚越多。可是假如因为钱，夫妻之间越离越远，这个家就要败了。"人算不如天算"，天算就是道义人生。

接着这个太太说明天帮他去汇，不只同意先生这么做，还要亲自去汇，让先生不用担这个心了。因为她的朋友在银行上班，听了以后很感动，说："我先帮你汇。"汇好以后就打电话给她："我已经帮你汇好了，这笔钱什么时候再给我都没关系。"这个朋友先拿钱帮她垫了。

这个事让我们感觉到，爱的行为是成全的。所以俗话讲，一个成功的男人背后，一定有一个成功的女人。正如康华兰先生所言，其实一个男人背后需要"四个女人"。第一个是母亲，这是人生的开端，所以母教很重要，孟母之所以被尊称为"母教一人"，就是这个道理。

第二个是"小芳"，这就是人生的方向，因为"投其所好"的缘故，"小芳"的三观会直接影响到喜欢她的男孩子，所以越漂亮和帅气的人，越要学传统文化，更要好好学习《了凡四训》，不然自己无形中就成了"红颜薄命"的"祸水"。

第三个是太太，这是男人的港湾，避风之港，假如家里比外面"风"还大，男人可能就不愿意回家了。

第四个是老伴儿，这是男人最后的依靠。因为有的太太过世比男人早，所以，有时儿女也要体谅父亲，找一位合适的老伴儿，安度晚年。

这个女人就是合格的港湾，她对先生一定是：先生对的时候，把他当作父兄看，非常赞赏他、恭敬他、崇拜他，鼓掌叫好；平常时，把先生当作朋友看，互相有一定的空间，都不会觉得有压力；当先生在外边有不如意的事情时，回到家里我们又让自己像老师一样，给他传授一些圣贤的教诲，"一切有为法如梦幻泡影，如露亦如电，应作如是观"，让他感觉到家是他温馨的港湾；先生犯错误时，要把他当儿子看，儿子犯错误的时候，你会不会说："我这一生对你没完没了？"不会的。对儿子这么宽容，为什么对先生不能宽容呢？这样不公平。

有先生在外面努力工作，家庭才能不虞匮乏；也因为有太太在家里"相夫教子"，才能够让先生没有后顾之忧，才能够让家族后继有人。古德讲："上等的夫妻关系是互相欣赏，中等的夫妻关系是互相理解，下等的夫妻关系是互相包容。"如果连包容也做不到，那么夫妻在一起，就只有互相伤害了。我的老师曾经讲过，夫妻要白头偕老，须守住一句箴言："只看对方的优点，不看对方的缺点。"不只夫妻是这样，人与人的关系也是这样，只要你守住这一点，关系会越来越好。

结果，有一次我的老师办讲座，老师一讲完这句话，第一排的一位女士说:"他就没有优点!"她手举得很高,说她先生没优点。我的老师很幽默,就说:"这位女士,你的先生没有任何优点你还敢嫁给他,我真的太佩服你了。"是不是真的没优点呢?其实都是人的情绪、脾气、计较的心上来了,连对方的优点都完全看不到了。所以,爱应该是去付出、去欣赏、去关怀,这样才能感觉到温暖。

有一则报道,题目叫"我们家都是坏人!"。有对小两口经常吵架,可以说是小吵天天有,大吵三六九,差不多每三天就来个大吵。而他们对门一家,相处了二十几年,两个人相敬如宾,感情像陈年老酒一样,愈陈愈香,感情愈来愈好。人都有一份希求幸福美满的愿望,看到人家这么好,爱吵架的小两口也是很羡慕,看到四下无人,赶快跑过去请教对面那个太太。

对门女主人说:"因为我们家都是恶人、都是坏人,而你们家都是好人、都是善人,所以我们家吵不起来,你们家经常吵架。"这对夫妻听了更不懂了,他说:"你是不是在讽刺我们?我们家都是好人、善人,还经常吵架。你们家都是恶人、坏人,还吵不起来,这是什么道理?"

这个女主人一看他们没有听懂,她说:"我给你举一个例子,你就容易明白了。比如有一次,丈夫要去上班,我很体贴他,就给他端了一杯水放在了桌子上,结果丈夫穿衣服的时候,一不小心就把这个茶杯碰洒了。"

这件事发生之后,这个女主人怎么做的呢?她马上走上来就说:"你看看,都是我不会做事,我把这个茶杯放得太靠边了,所以才让你不小心把它碰洒了,都是我的错。"说着说着还拿起抹布来收拾残局。

这样的表现,丈夫看了很过意不去,他说:"明明就是我的错,是我不小心把它碰洒的,怎么能够怨得着你?还是由我来收拾吧。"结果这个丈夫就开始和妻子争夺抹布,一个说我来,另一个说还是我来吧。

结果两个人争来争去的,相持不下。都在说自己是坏人、自己错了,而在这夫妻一争一夺之中,我们就体会到夫妻的那种互相体谅、互相承担、互相为对方着想的存心。所以他们的感情愈来愈浓厚,没有因为这件小事影响了彼此之间的情义。

但是这样的情景如果发生在对门这一家,结果就完全不同了。丈夫不小心把杯子碰洒了,他就很不高兴,开始生气地斥责说:"你会不会做事,放一杯水都把它放得这么靠边,看我把它碰洒了吧。"这个妻子说:"明明就是你的错,你不长眼睛把它碰洒的,怎么能够怨得着我?真是岂有此理!"

这样两个人因为芝麻大的小事,把以前的陈芝麻、烂谷子,那些不愉快的

213

事又都翻了出来，最后会吵成什么样子？烽火点上了。会烧多久？"烽火连三月"，一烧都烧到法院去了。吵得要去离婚，到了办理离婚的那里，人家问他："你们两个人最初是因为什么事吵起来的？"结果他们都忘了最初吵架的原因是什么了。所以古人说"失之毫厘，谬以千里"。

老祖宗告诉我们"各自责，天清地宁"，好日子从哪里来？从我们的这一念心境来，幸福在一念之间。假如要求对方、指责对方、挑剔对方，说你应该应该怎么做，但是你都没有做到，这就是"各相责，天翻地覆"。就是因为最初各自责还是各相责的态度不同，最后导致了夫妻感情是深厚还是经常吵架。这个告诉我们要解决夫妻之间的问题，也是要行有不得，反求诸己。

古人讲："不要道，不要情。"家庭才能和睦。"要"是什么？要求。要求别人做好、做对。"道"是道理、道德。假如我们学了一堆，全部去要求别人行道，不要求自己。这种心态，学了都是反效果。孔子提醒我们："正己而不求于人，则无怨，上不怨天，下不尤人。"先提升自己、要求自己，不要求别人，人家心服口服，被你感动，所以没有怨言地效法你。

我们今天学的东西，自己还没下功夫，先要求别人，叫"不正己而求于人，则怨声载道"。奇怪，怎么越学家里越不和气，大家越不认同我？可能就有"要道"在里面，自己是丈夫，结果用太太道要求太太，而自己却不行丈夫道。假如我们的亲戚朋友做不到，要求我们做到，我们能接受吗？也很难接受。

"要情"是什么意思呢？你对亲戚朋友好，结果你把对人家的好都放在心上。"我以前对他很好，他也应该对我很好。"付出都是求回报，只要对方不回报，你的抱怨就来了，甚至还会怨后生恨，嗔恚心很重。

这些念头都很细微，自己都要观照得到，不然它一直增长。一旦有了要求别人或者要求别人回报的念头，只要境界不如你意，脾气就可能上来。《太上感应篇》讲的："施恩不求报，与人不追悔。"才是正确的状态。凡事多检讨自身的问题，多体谅对方的不容易，家庭才能和睦，家道才能兴旺。

如果夫妻之间落实"四摄法"，一定能相处得很融洽，这个是人际关系法。不但夫妻之间如此，跟其他人相处也是一样。第一，"布施"，也就是要多请客、多送礼。假如先生常常可以馈赠一些小礼物给太太，太太就会觉得，先生走到哪里都会想到自己。所以我们出差的时候，绝对什么都可以忘，就是不能忘记帮太太买个小礼物。你不需要一买就买一颗珍珠，这样会受不了，关键是真心，不求回报，没有目的性，礼轻情义重。

送礼物，我有一份心得，就是不一定要很贵重，但是一定要用真心准备，要考虑对方的需要，要有一定的审美水平，不一定贵的就是好的，你用心了，对方都能感觉到。太太生日或者结婚纪念日，就要带太太去下个馆子。或者平时隔三岔五，对太太说："你做饭真辛苦，来，我们去吃馆子。"你这份心意会让她觉得付出很值得。

第二，"爱语"，多给予对方肯定，多给予对方一些安慰的言语，多说一些赞美和正能量的话。当然这个"爱语"不见得都是好听的话，爱是真心关怀对方。当太太的要能相夫教子，所以面对先生的一些过失，我们也要给予规劝。而且，夫妻要"恩欲报，怨欲忘"。你时时都想着太太的辛劳、先生的辛劳，那夫妻关系一定很好。牙齿跟舌头都会打架，夫妻怎么可能没有摩擦？别太往心里去。

而且，人都有起情绪和烦恼的时候，我们自己感到烦躁和抓狂的时候，也想得到理解。同样，面对爱人的情绪，我们不要恶语相向，要给对方足够的空间和时间"发疯"，等对方冷静下来，再交流，不要火上浇油，要学会息事宁人。

第三，"利行"，做有利于对方的事。因为人往往会忘东忘西，我们要常常帮对方记住一些重要的事，也就是时时处处想着如何方便对方、利益对方。比方说今天先生下班回来比较晚，我们就要把走廊的灯打开，让他回家不会觉得乌漆墨黑的。然后在桌上写一张字条："我帮你煮了一碗面，辛苦了，吃完再睡觉。"这样也是"利行"，让他觉得他工作再辛劳都有一个人陪伴着他。

第四，"同事"，夫妻共同拥有什么事业？家业。把家庭经营好，把下一代教育好，所以夫妻常常能够就孩子的教育多做沟通。这个问题其实是很多家长觉得比较需要突破的问题。我们在把一些正确的观念跟爱人讲的时候，态度也不能太强势，你可不能回去之后跟你先生说："从今天开始，教育孩子你都要听我的。"你也不能说："我已经听过传统文化课，学过《了凡四训》，以后都得听我的。"你假如这样，我们这些做传统文化的老师就不敢出门了，因为已经有杀气过来了。

所以"同事"要有共同的观念，我们要一步一步的沟通，可以跟家人一起学习、一起探讨，而且一定是正己化人，不是强迫对方学习，爱是尊重的，爱也是设身处地的。

所以，在佛化家庭中，如何做一个先生呢？必须记住四点：一、身边少带钱；二、晚饭要回家；三、应酬成双对；四、幽默加慰言。这四句话就是说：

做一个丈夫，身边不要带太多金钱，因为钱多了，有时候很容易引诱我们做一些罪恶的事。

再者，做个好丈夫，要回家吃晚饭，因为好丈夫不能光是忙事业、忙交际，家庭也很重要。如果有应酬，要与太太一起参加，夫妻应该经常同进同出、出双入对。

平日要幽默加慰言，一个好丈夫，是一家之主，平常要有一点幽默感，不要每天板着冷面孔，有时候应该轻松一点，开个玩笑，对于为家事忙碌辛苦的太太、儿女，要多给他们几句安慰、感谢的话，如此，家中必能时时洋溢着幸福温馨的气氛。

另外，做太太的也有四句话要记住：一、家庭是乐园；二、饮食有妙味；三、勤俭为五妇；四、赞美无秘密。

做一个好太太，要把家庭整理得像乐园，不要让先生下班回来，觉得家里很脏乱。

最要紧的，饮食要有妙味，有人说："要控制男人的心，先要掌握他的胃。"只要给他吃得好，到了要吃饭的时候，他自然会回家。

勤俭为五妇，要做一个像母亲、像妹妹等五种亲密关系的太太。也就是说，对待丈夫有时像母亲关心照顾儿子、有时像妹妹敬爱兄长。同样，丈夫也要像父亲宠爱女儿、像兄长爱护妹妹一样对待太太。

赞美无秘密，平常对于先生要多说赞美的话，不要私藏金钱，不要隐瞒秘密。这样，夫妇的感情必定很好，一定可以建立起和谐尊重的两性关系，传承家风、家教和家道。

14 "万古正气"海青天

我们在上一章讲道:"学者于好色、好名、好货、好怒,种种诸过,不必逐类寻求。但当一心为善,正念现前,邪念自然污染不上,如太阳当空,魑魅潜消,此精一之真传也。"我们从心地上改过,摄受这颗心,不让心妄动,这是最高明的境界。

在上一章,我们详细讲了"好色",我们这里不再赘述。我们看"好名",其实一个人很好名、好面子,活得真累。老祖宗告诉我们不要自讨苦吃,不要自找罪受,话是这么讲,可是这个面子要放下容不容易?正所谓"人怕出名,猪怕肥",出名以后你不知不觉就染着了。不是"吾心不动",很容易是"吾心乱动"。

《体论》讲:"人主之大患,莫大乎好名。人主好名,则群臣之所要矣。夫名所以名善者也,善修而名自随之,非好之之所能得也。苟好之甚,则必伪行要名。而奸臣以伪事应之。"

这两句话的意思是,领导者的祸患没有比爱好虚名更大的了。一旦领导者爱好虚名,下属就很容易知道他想要的是什么,然后投其所好。美名是为了褒扬善行的。自身注重修养,美名自然会随之而来,并不是因为好名而得到的。

如果领导者、君主过分地贪图虚名,那么奸邪的臣子也会弄虚作假,以附和领导的"好名之心"。如果一个人因为贪好虚名而弄虚作假、谄媚领导,但是最后却因此受到褒奖,那么普天之下的人都会起而效仿。君主以虚伪来教化天下,却想让人们都正直、信实、敦厚、质朴,这的确是太难了。可见,如果领导者好大喜功,下面就会出现浮夸之风。现代社会假冒伪劣盛行,也是因为虚伪浮夸的社会风气盛行所导致的。

我的一位艺术家老师曾说:"你知道吗?当我得奖的时候,得到机会的时候,我心里的傲慢我自己是知道的,傲慢是拿自己的成绩惩罚自己。当别人拿奖了,获得了很好的机会,我会想凭什么是她不是我?嫉妒是拿别人的成绩惩罚自己。"当一个人太注重名的时候,给人家鼓掌都需要勇气,这就很可悲了。

而且老师还分享，她说自己从小学表演就是想出名，等到真的出名了，上了很多次春晚，演了很多电视剧。参加一些活动，粉丝排着队来要签名。可是等到某位"天王"巨星一到，这些粉丝都跑到那边去排队了，还剩前边一两个人，还会催促自己快点签，看得出来非常焦急地去对面，这时候自己也不像明星，粉丝的眼里也看不出什么崇拜了。听到这里，大家有没有觉悟，我们追求的名气其实是个虚无缥缈的东西，我们不要为虚名所累。

《孝经》讲："立身行道，扬名于后世，以显父母，孝之终也。"我们一定注意，这个立名、扬名于社会中和我们一般世俗人所讲的争名夺利有着根本的不同。与人争名夺利，越争越成为小人，连君子的标准都达不到。而这里的立名是要从孝悌学起，成就君子、圣贤之名。

而且，这个名不需要你争，自自然然就来了，这就叫实至名归，这才是名立于后世。使得后世之人一听到你的名字就肃然起敬，愿意向你学习。就像尧舜禹汤文武周公，还有孔老夫子那样，无论各行各业的人，一提到他们，都愿意向他们学习。并不是说只有从政的人才能够成为圣人，各行各业的人，都可以学成圣人，因为各行各业都可以有君子、圣人的示现。

夫子在《论语·里仁》第十六章讲："不患无位，患所以立；不患莫己知，求为可知也。""不患无位，患所以立"，不要发愁没有官位、没有好的职位，但愁如何建树，我们在这个位置上能有什么贡献，这才是我们应该去关心的。你有贡献，必定有你的位置，你没有德行和能力，当然不会有好的位置，即使有官位也坐不稳，这是一定的道理。

"不患莫己知，求为可知也"，我们担心的不是别人不知道我，我的名气不够大，君子不会愁这个事情，这是名利心，这是欲望，要放下。我们所希求的是自己有什么东西值得人家知道，有什么样的品德可以作为人家学习的榜样，要不然人家知道我们，我们有名气，对社会没有任何利益，这种名气又有什么用呢？我们真正有美德，落实圣贤文化，确实可以帮助社会，引领道德风尚。

所以，名气来了，也不拒绝，因为这个名气是可以帮助社会大众的。自己要不要名呢？自己不需要名，只需要立德修身，同时兼善天下。把自己内心中的名利心放下了，你的名声自自然然就会慢慢传播出去，正所谓"实至名归"。像白方礼老爷爷、郭明义先生、信义兄弟，等等，人家真有德行，大家只要了解他、知道他，都能从他的言行中受益益处，品德都能提升。

我们不是担心别人不知道自己，担心什么？自己没有仁义道德。你要是没有仁义道德，还要出名，这不是臭名远扬、臭名昭著吗？现在确实有这类人，很想出名，甚至打破仁义道德求得出名，博人眼球。现在媒体也特别喜欢报道这些恶事恶人，让他们有机可乘。杀父害母的，杀害同学的，见死不救的，低俗色情的，在自媒体平台上一经播放，上了热搜，他也出名了。这些都叫臭名，是圣人所不齿的。

圣人教我们学仁义、学道德，你真正有仁义道德。你德行厚，厚德载物，将来自自然然富足喜悦，就会有人向你学习，不愁没有机会来帮助大众。特别是现在这么方便，我们通过网络，通过公众平台，可以一起分享学习圣贤经典的收获和心得，这多好，这是我们现在无比殊胜的缘分，不要看带来负能量的东西，在正能量上精进学习，要把握住大好机会，学习智慧，成就德行，成就道业，有所成长，有所贡献，能多为他人着想、为社会服务，这一生才算真正活得有意义、有价值。

"好货"。买了名牌以后还要去炫耀，这就是好货，也就是喜欢物质的享受。给人家看，人家不看还气得半死，给自己找这么多麻烦干什么？"好怒"，生完气身体受损，关系也破坏了，自己心情久久不能平复。心地柔软的人，慢慢感觉这些冤枉不想再受了。"好色""好怒"前边我们专章讲过了，"好名"在"积善之方"里会详细论述。这里我们讨论一下"好货"。

有一个典故叫"奴隶的奴隶"。有一个修行人，伊斯兰教叫阿訇，他在洞穴里面长期地修学，也修得很好。刚好国王去打猎，国王的卫兵就在寻找猎物，就找到了阿訇的洞穴里面去。然后就很不恭敬地对这修道人说："你有没有看到某个猎物从这里跑过去？"

这个阿訇就对他们讲："你们讲话太傲慢，你们不应该这样对人讲话。"接着这两个卫兵就说："我们可是国王的卫兵，为什么不能这样对你讲话？"然后这个阿訇就说："你们国王又有什么了不起，国王只是我奴隶的奴隶而已。"结果这士兵听了很生气，你居然敢这么说我的国王，就赶快回去禀报国王。

这国王一听火冒三丈，马上宝刀就抽出来，就冲过来了。大家想想，这个国王现在是不是奴隶？他自己都不知道，他变成谁的奴隶了？变成他坏脾气的奴隶了，完全控制不了，剑就抽出来了。到了这个修道人面前，他说："你今天不给我个交代，我就杀了你。"

这个阿訇不疾不徐地对国王讲："国王，我是修道之人，我已经把我的贪嗔痴慢的习气调伏，所以它们已经变成我的奴隶，而你每一天都活在贪嗔痴慢，都活在欲望财色名食睡当中，所以你是欲望的奴隶！我是欲望的主人，欲

219

望是我的奴隶，而你是欲望的奴隶，所以我说你是我奴隶的奴隶。"

所以，我们常常想：我很有钱，我很有地位，但我们很可能是人家奴隶的奴隶。结果这个国王听到这番话，很有善根，马上就跪下来拜这个修道人为师。其实这些当大官的，古往今来当大官的人，都是有大福之人，过去都是修道人，他才有感得这么大的福分。

所以，当我们看到很多人在那里弄权的时候，也要了解到，其实他们都很有善根。我们不要跟他一般见识，更重要的是，我们要把孝道、把仁爱心、把品德演给他看，把他的善根给唤醒。绝对不跟他起冲突，那这样解决不了问题。

当下，这个国王就说："我这国王不干了，你们自己回去！选谁当国王，我也不管。放下了，不愿再做欲望的奴隶。"当人不做欲望奴隶，能知足者，身心轻安。当我们人生都知足了，什么都不求，就不自私自利，就会替人着想，整个自己的专注力都看到别人需要，不为自己求。

结果很微妙的现象出现，当我们不为自己求，都真诚地对人付出，那感来的是孟子讲的："爱人者，人恒爱之；敬人者，人恒敬之。"所以真正一个人不为自己求，他什么都能得到，这叫不求自得。今天我们假如觉得这个没得到，那个没得到，最主要的是我们没有先付出那一分无私，才感不得人生的圆满。

从前有位国王，一直很忧郁。他自己也不明白，为什么自己过着最富足的生活，却仍然不满意。于是他便经常去参加一些宴会，却仍然没能高兴起来，总觉得少点儿什么。有一天，国王在自己的宫殿里四处闲逛，无意间来到了专门为自己做饭的御膳房，听到一个人正在里面欢快地唱歌。

国王进去一看，发现是这里的一个厨子，他满脸是快乐幸福的笑容。国王觉得很奇怪，他想：一个厨子生活不富裕，什么都没有，为什么能生活得这么幸福呢？于是国王便问他为什么如此快乐。

厨子说："陛下，虽然我的生活不富裕，但我每天都努力工作来让我的家人生活得快乐。我们没有太多的奢求，只要有一间草屋，能吃饱穿暖，就感到很满足了。我的家人，我的妻子儿女就是我的一切，他们依靠我，我给他们带来的一点点东西，就能让他们很高兴。您说，我的家人每天都生活在快乐中，我还有什么好发愁的呢？"

国王听了他的话，便走开了。回去后他叫来了一个大臣，把这件事情告诉了大臣。大臣一听，便笑着对国王说："陛下，那是因为他还没有成为'逐一族'。"国王不解地问道："什么是'逐一族'呢？"

这个大臣说："陛下要是想知道什么是'逐一族'，很简单，您找人用布袋装99个金币放在厨子家门口，然后您再仔细观察这个厨子，很快您就明白什么是'逐一族'了。"国王更加好奇，便派人把一个装了99枚金币的布袋放在了厨子家门口。

第二天厨子回家时，在门口发现了这个布袋，他拿起来，沉甸甸的，便拿进屋里打开来，倒在桌子上一看，厨子一下就惊呆了，满桌子的金币啊，晃得他眼睛都睁不开了。他迫不及待，一个一个地数了起来，结果数来数去，都只有99枚。厨子不甘心，心想谁会专门放99枚呢？应该放100枚才对啊，一定是丢在什么地方了。

于是他便走回门口找了一圈，没发现什么，又回到家里到处翻找，结果就是找不到他想象中的那枚金币。最后找到精疲力竭也没有找到，他只好放弃了，心里非常沮丧。

他想，只差一枚我就将是一个拥有100枚金币的人啦。于是他决定要更加努力地工作，尽快赚取一枚金币。因为找金币找得太晚太累，第二天他起晚了。他非常生气，因为这会耽误他早日赚一枚金币的计划。于是他的情绪非常坏，对着他的家人大吼大叫发泄不满。

等厨子来到御膳房，也不再像往日那样哼着小曲快乐地工作了，他只是拼命地干活，心里想着他的第100枚金币。国王看到厨子的变化就更加迷惑了，心想他得到了金币应该高兴才对啊，怎么倒变得烦躁忧郁起来了？于是他又把那位大臣叫来问原因。

那个大臣说："陛下，您现在看到的厨子可不是以前的厨子了，他已经成为'逐一族'了。这种人已经拥有了很多东西，但是他们渴望拥有更多，不懂得满足，于是他们便拼命地工作，就是为了那个额外的'1'，以便能早日让他们的财富达到100。然而100就是他们的终极目标吗？不是的，他们还会向往再多一个，以便让自己的财富超过100。

生活中值得人们高兴和快乐的事情很多，但是因为有了那个99，便给了他实现100的可能性。而拥有了100，又给了他一个超越100的机会。于是他们原有的幸福平和被破坏了，开始不顾一切地追逐那个没有实际意义的'1'，甚至因此而失去了快乐，这就是'逐一族'。"

现在来看看我们现实生活中有多少"逐一族"吧。我们身边的人，包括我们自己，是否还在为了让自己银行存款再多出一个"0"而成天愁眉不展呢？是不是还有人为如何才能再多置一份房产而疲于奔命呢？我们大多数人都是

"逐一族"的成员，都在追求那个额外的"1"，殊不知，在追求的过程中，自己正在与快乐渐行渐远。

古人说"布衣桑饭，可乐终身"，表达的是一种知足常乐的典型心态。想想小时候，一块糖，一本连环画，都能带给我们莫大的幸福感，那是因为孩子的心还没有为名利所污染。可以说，知足常乐是人的本性。而当我们慢慢长大，名利之心渐起，便开始不停地追求和索取，往往认为自己只有获得更多的财富才能幸福。但是在追求名利的路上没有终点，这样就会陷入名利的诱惑中不能自拔，距离快乐也就越来越远。

一个人低贱，绝对不是说他所领的薪水很少，不是的。今天不管哪一个行业，只要他尽心尽力做，都是服务社会，都会让人肃然起敬。往往会让人瞧不起的，是官员贪污腐败，老师非法补课，或者医生草菅人命，会计师做假账，明星偷税漏税、吸毒嫖娼，企业家生产假冒伪劣产品，等等。

你看，明明是很好的职业，但是他假如不尽本分，会让人瞧不起他和他的家人，那才是真的低贱。如果，当医生的人还常常收红包，那让人看了都觉得很低贱！所以，能敦伦尽分，能尽忠职守，那才是高贵。

从前印度有个地方，很多人都信仰文殊菩萨，想塑一尊文殊菩萨的像来拜，但是不知道文殊菩萨的相貌是怎样的。后来有人建议找个最英俊的青年来做模特，按他的相貌塑一尊像来拜就可以了，大家都赞成。于是，有一位很英俊的青年被选来做模特。像塑好了，这位青年得了一笔数目可观的赏金，他好像中了彩票一般，欢天喜地地回去了。

过了两三年，离那个地方不远的另一个乡村，有一班人信仰夜叉鬼，他们说夜叉鬼是保护神，要塑一尊夜叉鬼的像来拜，但却不知道夜叉鬼是什么样子。后来有人建议说：夜叉鬼属于鬼类，鬼的样子一定是很丑的，我们可以从监狱里找一个最丑的犯人，照他的样子塑个像来拜就可以了。

大家也都赞成这样做，于是，他们从监牢里找到一个最丑陋的犯人，来做模特，塑夜叉鬼的像。像塑好了，主事的人也送了一大笔赏金给犯人。哪里知道这个犯人一看到赏金，竟然大哭起来。大家觉得很奇怪，问他为什么哭。

犯人说："两三年前，我是最英俊的青年，曾经被选为塑文殊菩萨像的模特，得了一笔数目可观的赏金。我有了钱，就整天寻花问柳，赌博喝酒，游手好闲，染上了一身坏习惯。钱用光时，谋生无能，只好去做小偷。有一次偷东西失手，被抓坐牢，在监牢里受尽折磨，现在竟被你们选为塑夜叉鬼的模特。金钱害得我好苦啊！今天我看到赏金，便想起我的从前，使我感到懊悔、感到惭愧！"

后来他悟到一个入处，就写了一首偈子："昨日夜叉心，今朝菩萨面，夜叉与菩萨，不隔一条线。"所以你不要以为修行很难，不要以为六祖大师那样证悟、顿悟成佛很难，也不要以为思想道德建设很难，其实就在于你一念心。一念善心起，你就觉悟了，所以"夜叉与菩萨，不隔一条线"。

正如游本昌先生所言："钱是干什么用的？钱是你的目的吗？站在钱上面的是'财主'；跪在钱底下是'财奴'。钱是手段，不是目的，我们要做明白人，做个有智慧的人，这样你的信仰就正确了。"

从这个故事中，我们可以看到，拥有金钱而没有智慧，金钱反而成为作恶的资本。不是通过辛勤劳动而获得的财富，自然不懂得珍惜。在有些国家，为了使下一代能像一般人一样辛勤工作，培养起正常的生活自理能力，并进而培养节俭进取的美德。有的富豪设立了"家族信托基金"，只有在子女求学的适当阶段，才给予一定额度的金钱资助，有的父母要求子女自力更生，念完大学甚至研究生，才允许他们动用"家族信托基金"的金钱，有的父母鼓励子女到乡下集体农场工作，也有的长辈设立了"家族奖金"，鼓励在社会服务中表现杰出的子孙。

《申鉴》讲："德比于上，故知耻；欲比于下，故知足。"这句话的意思是：在道德操守上应与比自己高的人相比，才能知廉知耻；在欲望要求上应与欲望少的人相比，方能知足知止。

古人用德与欲的鲜明对比，表达出人生观、价值观的鲜明取向，启示我们要注重提升个人品德修为，追求更高远的人生理想，而非沉沦于物质欲望和生活享受。

一个人，一言一行常常提醒自己效法孔子，效法古圣先贤，圣贤君子值不值得信任？值得啊！假如你说他两句，他就说我比很多人都强，这样的人值不值得信任？他一直在跟德行差的人比，怎么会值得信任？

"欲比于下，故知足。"一个寡欲的人，处理大众的事情才能刚正不阿。一个欲望低的人，才值得信任，欲望很多的人，迟早出事。古往今来，人间为什么有那般多的灾祸？其实，内心之欲才是引起外部之祸的内鬼。袁隆平先生的母亲经常给孩子讲胖狐狸觅食的故事，她告诉孩子：胖狐狸为了偷鸡，拼命减肥钻进鸡舍，却因为吃得太饱，导致太胖而逃不出来，以此劝诫孩子要节制欲望。

《韩非子》上有一则典故，叫"鲁相嗜鱼"。讲的是过去鲁国的丞相公仪休很喜欢吃鱼，但从不接受别人送的鱼。鲁国的宰相公仪休，他为官很清廉，而且对属下要求也很严格，从来不与民争利。他有一个嗜好就是特别喜欢吃鱼，结果有人就会投其所好，送了他很多鱼。但是他看了一下，又派人给送回去了。这个人就觉得奇怪，他说："我知道您爱吃鱼，所以特意选了一些上好的鱼送给您，为什么您不接受，又给送回来了？"

公仪休说："正是因为我爱吃鱼，所以我今天才不能接受您的鱼。为什么？我爱吃鱼，我是宰相，我自己去买不就好了吗？但是如果我今天接受了您的鱼，改一天因为贪污受贿被抓到监狱里，当我坐到监狱的时候，请问我还能再吃到鱼吗？还有谁再送给我鱼？"唐太宗博览群书，看到这一段历史，他说："从不接受别人送的鱼，他就得以长久吃得上鱼。且为主贪，必丧其国；为臣贪，必亡其身。"这句话也成为一句名言了。他说："如果国君很贪婪，必定亡国；做臣子的，也就是做领导的很贪婪，必定丧命。"其实，历史上这样的例子不胜枚举，都告诉我们不要做这样得不偿失的事。

在明朝有个忠臣叫海瑞，"名垂千古"的海瑞是中国历史上有名的清官。他铁面无私，明察秋毫，人称"海青天"。明朝晚年宦官当政，那时候社会很乱，但是只要海瑞到的地方，人民都在排队迎接他，因为只要海瑞一来，贪官污吏就自己卷着铺盖跑了。念念存心为人民的好官，可以感动多少百姓。

海瑞视人民的生活比自己的生命还重要，国君每天在那里求仙，自己的家庭不顾，朝廷也没有去治理，所以整个国家很乱。海瑞写了个谏书递给皇帝，说他夫妇之伦都不正，再来又没有尽君臣之义，父子又不亲，把皇帝所有的不是都点出来。结果皇帝看完他的奏章，气得半死，就把奏章往地下一扔，然后说："我一定要杀了他！"

旁边的臣子就说："皇帝，海瑞在递给你谏书以前，他已经把他的仆人统统都安排好了，他已经在自己的家里买好了棺木，他早就准备要死了。"不愿意看人民受苦，纵使自己有生命安危，他都直言不讳。海瑞的母亲也很了不起，她很欢喜和欣慰。因为她从小就培养海瑞做圣贤，所以海瑞母亲也不怕死。

皇帝一听到这个消息，冷静下来了，把奏折又拿上来再看了一遍，他说道："海瑞就是我们大明朝的比干，净臣啊！"后来就把海瑞抓了，但是海瑞吉人自有天相，最终在嘉靖皇帝驾崩之后被放了出来。海瑞真不愧是"天下第一纯臣"，当他听到嘉靖皇帝驾崩，他被放出来的消息时，他没有笑，而是大哭了起来，因为他是真的心疼皇帝、忠于人民。他批评皇帝，也是爱护皇帝的表现，大哭一场也是。

后来海瑞做了应天府巡抚，也就是南京市市长。去了南京以后，海瑞大兴水利，对当地的人民生活起了很大的作用。而且海瑞去以前，南京所有的这些贪官污吏、地方的恶霸统统逃之夭夭，因为他们知道海瑞来了，没有好果子可以吃，都走了。人民感恩戴德，海瑞去世的时候，南京万人空巷，老百姓披上孝衣，送他的人民长达一百多公里，这份恩德记在人民的心中。朝廷追赠海瑞太子太保，谥号忠介。

海瑞去世之后，百官为其凑钱下葬，他家里的用具都太简单朴素了，来的人都落泪痛哭。甚至他的遗言都是朝廷给他多发了七钱"取暖费"，他让家人把这误发的七钱送回朝廷，这七钱银两虽轻，在历史和人民心中可太重了。

所以真正的读书人，只要把圣贤的教诲实践出来，绝对会让人感动，甚至能够唤醒每个人好善好德之心。海瑞大人的墓志铭是范仲淹的名言："居庙堂之高则忧其民，处江湖之远则忧其君。"

这就是说：在朝廷当官的时候，念念想着怎样让人民的生活更好，让人民的福利更多。如果到比较偏僻的地方工作，也要念念想着怎样做才能对国君、国家有好处。范仲淹先生这一份真心感动了几百年后明朝的海瑞，感动了千千万万的人，所以真诚之心是超越时空的。

而同时期的严嵩则鱼肉人民，到最后的下场是什么？跟清代的和珅一样，"弄权一时，凄凉万古"。到最后这些乱臣窝里反，把他挖出来，结果他孩子的罪过也很大，就被砍头了。看着他的儿子严世蕃被斩首于市。"籍其家，黄金可三万余两，白金两百余万两，他珍宝服玩所直又数百万。"他家的财产统统被没收。皇帝说："你已经是老臣了，我不想杀你，给他一个金饭碗，叫他自己去要饭。"结果他到很多人家要饭，一看到他，都把门关起来，对他是咬牙切齿。

后来严嵩死在哪里？死在坟墓当中。因为他只能坟场去找食物吃，最后饿死的，晚年很凄凉。一步一步把命运堕落成"应饿死者定是饿死人物了"。所以恶有恶报，善有善报，真正肯服务人民，我为人人，到最后人人为我。就是《新书》讲的："爱出者爱返，福往者福来。"孟子讲的："爱人者，人恒爱之；敬人者，人恒敬之。"

在《保富法》一书中，聂云台先生记载了清末民初很多富裕家庭后代子孙兴旺发达或是衰败的情形。林则徐当时为什么要去严厉地禁烟呢？他看到我们中国的士兵一边背着步枪，一边背着烟枪，这样的士兵怎么能够打仗呢？看到这样的情形，林则徐非常担忧，就向朝廷上书，极力地请求禁烟。他的请求被允许，就被朝廷派往广东一带去禁烟。其实现在网络环境里的杀盗淫妄，比鸦片还厉害！净化网络环境，保护国人尤其是青少年的身心健康尤为重要。

林则徐先生看到这个情况马上站了出来，他说："苟利国家生死以，岂因祸福避趋之。"只要能够利益国家民族，纵使冒着生命的危险，我也丝毫不会退缩。你看，就是有这种忠肝义胆，才能延续我们民族的灵魂。当时林则徐先生要离开他的老师的时候，师生抱头痛哭，林则徐先生对老师讲："死生命也，成败天也。"死生有命我不怕，我尽人事听天命。我绝不能眼看着自己的民族受到这么大的屈辱，存在这么大的危机，所以我必须去禁烟。

林则徐先生当初要去禁烟，有多少人要他的命！因为多少人赚这个黑心钱，假如他去禁烟了就赚不到，所以都要他的性命，他毫不畏惧。去了以后，几十万吨鸦片一把火给烧了，这在全世界禁烟史上，他是第一人。现在很多地区，甚至是其他国家都还塑林则徐的像，对他非常尊重。英国人的烟草被烧掉最多，但是英国人非常尊敬、佩服他，对林则徐先生又恨又敬，觉得他是一个有德行的人。因为太多官员都可以被诱惑，就林则徐先生却不会被诱惑。

1839 年，林则徐赴广州查禁鸦片。当时英国商务代表义律送给林则徐一套鸦片烟具，白金烟管、秋鱼骨烟嘴、钻石烟斗，旁边是一盏巧雅孔明灯和一把金簪，光彩夺目，起码值十万英镑。林则徐道："义律先生，本部堂奉皇上旨意，到广州肃清烟毒。这套烟具属于违禁品，本当没收，但两国交往，友谊为重，请阁下将烟具带回贵国，存入皇家博物馆当展品吧！"义律被讽刺得无地自容，只好将礼品收回。

其实，在禁烟过程中林则徐只要稍微地放松一下，一边禁烟，一边接受一点贿赂，就可以获得上百万两银子的收入。但是林则徐考虑的是当时国家和民族的危亡，他觉得如果不力行戒烟的话，中国人确实要变成"东亚病夫"了，所以他一路上拒收贿赂、严格戒烟。后来由于禁烟，英国商人生意受到了损失，于是英国就挑起了侵略中国的鸦片战争。战争失败以后，清政府为了向西方列强求和，不得不答应了他们的要求，把林则徐发配到边疆去充军。

反观当时广东的三家富商，他们在鸦片战争中发了国难财，过着富甲一方的生活。他们住的地方雕梁画栋，吃的是山珍海味，可以说富可敌国。但是聂云台先生说："几十年过去了，我们再回过头来看一看，发现林则徐的后代个个都有成就，而且书香不断，出了很多有才能的人。而这三家富商的后代，没有一家的子弟是成才的。

这三个家族完全败掉，家庭里面那些古董到哪去了？统统到古董店去了，要不就是已经到别人的家里面去了。不到几十年完全败掉，子孙沦为乞丐的都有。但林公家族则兴旺了几百年，而且他的子孙都有这种气节，到任何地方一定尽最大的努力，尽最大的责任，这是他的子孙最明显的一个人生态度。"

那时候完全的天下为公，感应来的是几百年家道的兴盛。所以，回过头来再看这些事情，我们才知道其实林则徐才是真正有智慧的人，而这三家富商却是天底下最愚钝的人了。如果一个人具有了正确的义利观，就会有所为，有所不为。企业也是如此。如果一个企业的成员能有正确的荣辱观，尊道贵德、崇仁尚义，就能由弱小变为强大。

而且，林公的家教非常好，他的父亲很有德行，虽然是教书的，但是家里再怎么穷困，都是尽心竭力帮助他的这些亲朋好友。有一天林则徐先生的伯伯到家里来，因为家里揭不开锅，所以向他们家要粮食，虽然林则徐家里也很困难，但他妈妈还是把粮食拿给了他。母亲给了以后，还给林则徐交代，不能让伯伯知道我们家也不行了，不然他们会拿得不心安。

你看那种兄弟之情，纵使自己挨饿，也不忍心看自己的兄弟挨饿。不只是他父亲这样子，连他的母亲都是这样子对自己先生的兄弟，这个家道我们研究起来都非常感动。

而且林则徐先生的父亲告诉他："粗衣淡饭好些茶，这个福老夫享了；齐家治国平天下，此等事尔曹任之。"这个家道非常勤俭，孝悌勤俭，这是我帮你们打下的基础。但是你们要在这个基础之上，做到"齐家治国平天下"，"此等事尔曹任之"，你们要扛在肩上。你看父亲的交代，林则徐先生不敢忘，林公真的做到齐家、治国、平天下，他不负父亲对他的期许。所以一个民族英雄的产生，都有源头的，也都从家教来。

第一次世界大战的时期，欧洲人做了个研究，为什么四大古文明，其他三个都断了，只有中华文明还在天地之间屹立不摇？欧洲人很好奇，做了个研究。研究之后下了个结论，可能是中国人重视家庭教育。因为孝悌忠义都是从父母、家庭里面承传下来的，确实家庭的力量维系着整个民族的兴盛，而家庭当中孝悌为先。

所以，我们要重视学习和传承优秀的家风、家教、家学和家道。这也是我多年来大力提倡学习《论语》和《了凡四训》的原因，这里有中国家学文化的根本和纲目，也有理论和方法，无论对个人修身还是世道人心和社会风气，学习和落实《论语》和《了凡四训》的意义重大。

了凡先生接着讲："过由心造，亦由心改。"一切过失源自这颗妄心，也从这个心地去改。"如斩毒树，直断其根。"就像要砍断一棵毒树，你直接砍掉它的根，这样的修改方法一劳永逸，最高明。"奚必枝枝而伐，叶叶而摘哉？"何必要一叶一枝这样去剪除呢？而且你把树叶、树枝砍掉，根还在，又长很多出来。

曾经有一个贪污走私案，牵扯的面非常大，当地很多高官被抓起来。涉案金额很大，连当地的公安局局长都被贿赂。但重点在哪里？重点在所有的官员都有弱点，都没有办法放下欲望，被收买了。那个走私案的主犯说道："只要他有想要的，我就能买通他。"《论语》讲："无欲则刚"，很有道理。其中有一个高官，所有的财物他都不动心，但他有一个弱点，喜欢看足球赛。那些行贿者很厉害，还真把他研究明白了，买足球票送给他，后来被人揭发了。他因为这事辞职，郁郁寡欢而死。

还有一个高官，喜欢书画。你说，这个爱好好不好？陶冶性情的话，那确实算不错。那个行贿者很厉害，把一些很稀有的书画拿给他，有人称这是"雅贿"，最后这些官员就陷进去了。其实，这些都是因为贪心，都是有贪爱，就容易被人利用。所以，要随时反省，察觉自己的起心动念，转成正念。

古时有位将军，骁勇善战，万夫莫敌。平时，他有一个爱好，喜欢陶器，有不少收集品，一有空就拿出来把玩欣赏。一天，他把一个心爱的杯子拿在手中欣赏，心里正高兴，忽然手一松，杯子差点滑落在地，还好他动作快，又把杯子捧住。当时不觉竟吓出一身汗。

事后他想：为什么我平时身经百战，刀、枪都不怕，竟为了这个杯子而吓出一身汗？他一直在心里自问：为什么？忽然有个念头在他脑海里闪动——这都是为了"贪爱"，有这份贪爱，就会有恐惧！于是他毅然把手中最爱的杯子重重地摔破了。当下觉得一身轻松，不必再为了这个杯子的圆缺而挂心了。

人生在世，短短数十寒暑，何苦让物欲束缚心灵的脚步。有时拥有不一定带来快乐，放下反而是智慧的选择。当我们不再执着于一朵云时，却已在无意间收获了整片晴空。

所以古圣先贤告诉我们要："昼夜常念思维观察善法，令诸善法念念增长，不容毫分不善间杂。"把前面的习惯所说的习惯不断地加强，一个善念接着一个善念地增长，绝不允许有毫分不善间杂在其中，这是真正认识到善法的重要之后所做的决定，这是释迦牟尼佛把断一切恶道苦恼的总原则为我们说出来了。这就是从心上改，这是最高明的。

所以，了凡先生讲：**"大抵最上治心"**，究竟改过，上乘的方法是从心地下手。**"当下清净"**。邪念转成正念了，马上心地就清净。**"才动即觉"**，妄念一动，马上察觉。我们假如不下功夫，妄念持续了十几分钟都可能觉察不到。甚至不只白天妄念一堆，睡觉还都梦一大堆东西，睡醒的时候很累，做梦太多，也很消耗能量。

"觉之即无"。一察觉，马上把正念提起来。"不怕念起，只怕觉迟。"你一觉察，一转正念，妄念就止息了。正所谓：罪从心起将心忏，心若灭时罪亦亡。心亡罪灭两俱空，是则名为真忏悔。

"苟未能然"，假如一开始还不能达到这样的功夫，明明知道这个念头是对的，但就是提不起来。大家有没有这种经验？道理都懂了，遇到了一些情况还是忍不住犯错。这其实还是理不够透彻、明白。

比如，你今天背了一包垃圾，很臭，当你发现它是垃圾的时候，你会怎么做？迅速地把它扔掉？你会不会扔掉了又拉回来："这个垃圾陪了我三十年了，没有功劳也有苦劳？"因为你就根本搞不清楚它是垃圾，你假如清楚了，一秒钟都不愿意再背着它，马上就把它扔出去。它在污染你，这是真明白我们的毛病是垃圾。

我们冷静想想，我们的坏习惯跟我们多久了，它有没有伤害我们？真了解，就不愿意再让它伤害自己，但是真了解不容易，所以我们要多学习《了凡四训》，多学习传统文化，有智慧、有福报及时清理人生的障碍。

那么，不能马上提起正念的时候怎么办呢？**"须明理以遣之"**。更深入学习这些道理，学到通达明了，随时都提得起来。可是要能达到彻底明理有个过程，你得要多读经，你得要多听经、多看书。人读了经典，确实很多心境和道理会更明白。所以，有空的时候，不要胡思乱想，多读经真的可以读到明理，多听经可以把自己劝明白。你真的明理，自然这些错误的思想观念、念头就可以遣散。

"又未能然"，试着去明理，但还是伏不住念头，甚至这些行为好像还是控制不了。**"须随事以禁之。"**在行为当中要求自己、警诫自己，这些事不能做。佛门有"五戒"，就是不能做的事情。不杀生、不偷盗、不邪淫、不妄语、不饮酒，跟儒家的"五常"完全相应，仁、义、礼、智、信。

在《论语》里，孔子对颜回讲："非礼勿视，非礼勿听，非礼勿言，非礼勿动。"《弟子规》讲："斗闹场，绝勿近；邪僻事，绝勿问。"还有，"奸巧语，秽污词，市井气，切戒之"。你不能随波逐流，讲那些流俗的话。懂得去禁止，严格要求自己不要有这样的言行，很可贵。

接着讲：**"以上事而兼行下功，未为失策。"**"上事"就是从心地上改。不只从心地下功夫，还常常读经明理，很多行为严格要求自己，不要去做错误的事，这就是很好的方法。

"执下而昧上，则拙矣。"执着在事项当中下功夫，而不是在对治自己的心跟明理上，这样用功就比较笨拙。

比如，现在得癌症的人很多，癌症很多时候是从心病开始的，尤其生闷气就很容易压抑，压到最后就生病。生闷气的人可能不骂人，但是腹诽和心谤其实也一样是严重的恶业，从表面上看好像没有犯过失，但在内心已经犯了错。

所以，我们一定要懂得用上乘的功夫，从心地上改，从明理上改，再兼顾从事项去要求自己，这样一定可以改过迁善，心想事成。

15　不要小瞧你的朋友圈

我们接着看原文：**"顾发愿改过，明须良朋提醒，幽须鬼神证明。"** 一个人发了大愿，人生要过得有意义，对国家、社会、家族要有贡献，首先他得要改自己的过。而在这个用功的过程当中，在明显的地方，改过需要良师益友的提醒，因为"当局者迷，旁观者清"。

当然，"方以类聚，物以群分"，这都需要互相感召，我们要能感得良朋提醒，人生感得好的因缘，从根本上讲还是自己的修养和态度。

愚痴，就是没有智慧，遇到问题不能给予判决、不能给予取舍，处在糊涂状态的人、无明的人。愚痴就是黑暗，没有光明。愚痴是贪嗔痴的三毒之一。

智者是指精通世出、世间因果规律，善良而又有良好行为的人。智，就是对一切事物的道理能够断定是非邪正。什么是是，什么是非，什么是邪，什么是正。

智者会给我们忠告，会引领我们修行进步，在我们最需要的时候伸出双手亲近、尊敬智者，与有德行、有智慧的人来交往，这样就是最吉祥的。因为通过远离恶友，亲近善士，得到智者心态的辐射，得到他气质的感染，得到他行为的渗透，这就是最吉祥的。

《佛说孛经》把朋友分为四种：如花，如称，如山，如地。何谓如花，好时插头，萎时捐之，见富贵则附，贫贱则弃，是花友也；何谓如称，物重头低，物轻则仰，有与则敬，无与则慢，是秤友也；何谓如山，譬如金山，鸟兽集之，毛羽蒙光，贵能荣人，富乐同欢，是山友也；何谓如地，百谷财宝，一切仰之，施给养护，恩厚不薄，是地友也。

第一种，花友。有些人交友，非常势利。他看你现在很得势，就来亲近你。其实，只要是有权有势的人，他都来亲近。你要想一想，在你因缘不同的情况下，他是不是还能亲近你呢？佛把这类的朋友叫花友。他对待你像对待花一样，花开的时候，他来拥护你，来欣赏你，来靠近你；等到不开花的季节，他就不管你了，花开谢了以后呢？当然也不管你。

第二种，称友。"称"就是秤。中国传统的秤有秤盘、秤杆和秤砣，通过秤砣的前后移动来称量决定你所买的东西的重量，然后算价格。秤友，他像称商品一样来衡量你，他认为你将来有前途、有权力、有用，就帮助你多一点；他认为你快退休了，快调动工作了，就不来找你了，因为你分量轻了。秤友非常势利，非常讲现实，有用的时候我对你怎么样，没用的时候我对你怎么样。

第三种，山友。像大山一样的朋友。大山能够荷载山上的树木、建筑，一棵树不一定高大，一座建筑不一定高大，但是树、建筑在山上了，所以很远就能望得见。山友，就像一座山一样，只要你来亲近他，他都会来推动你、帮助你，借他的基础来彰显你，这种朋友就叫山友。

第四种，地友。地友像大地一样。你对他好，对他坏，他总是不计较的，他总是能来包容你，来荷载你。地友就像观音菩萨一样，无论什么样的人，他都会闻声救苦。地友就像母亲一样，无私地关怀自己的孩子。地友像大地一样，不管我们对他是厚还是薄，始终能够养护我们从交朋友的角度。

佛把世间的人，分成这几类，有助于我们判别。对居士来讲，要择取善者，远离恶者。当然，我们真正的传统文化学人，甚至是修行者，无论对什么样的朋友，都要包容，都要感化，都要逐步地教化，这是更广义的一面。

提起友情，我们都熟悉《史记》中记载的"管鲍之交"。管子，也就是管仲先生曾经讲过："生我者父母，知我者鲍子。"也就是他生命当中最了解他的就是鲍叔牙。管仲说过，他曾经跟鲍叔牙一起工作，结果赚到的钱管仲都拿比较多，鲍叔牙从来没有不高兴。因为他理解我，我家里比较穷，比较贫困。

在做生意的过程当中，也要下一些决策抓住一些商机，结果往往都没做好生意，损失也比较大。而且鲍叔牙出的钱比较多，他也没怪我，他说做生意总是有赚有亏，刚好这段时机比较不好，比如像现在有金融风暴一样，鲍叔牙也从没有怪我。

后来我去当官，当得也不好，被人家辞退了，鲍叔牙也没有看不起我，他说做官总有时节因缘、时运不济的时候，这个也不可以强求，他也没有瞧不起我。

后来我去参与打仗，结果打输了，我都是跑在前面逃命的，人家都觉得我怕死，但是鲍叔牙知道我有老母亲要照顾，这条命可不能随随便便就丧失掉了。管仲本来是辅佐公子纠，鲍叔牙是辅佐公子小白。结果后来公子小白登上帝位，公子纠被鲁国处死，公子小白登上国君的位子，跟着公子纠的召忽就殉职了，他自杀了。管仲也是跟公子纠的，他就没有自杀，别人就觉得他怕死。

"但鲍叔牙没觉得我怕死，鲍叔牙知道我胸怀大志，希望能够让齐国兴盛起来，所以他没有觉得我怕死瞧不起我。"后来还推荐管仲给齐桓公，最后真的创了霸业，"九合诸侯，一匡天下"。

大家要感谢管仲，不然我们真的就不是汉民族了。"吾其被发左衽矣"，就真的被外族给灭掉了，我们这些文化都不一样了。所以孔子对这一点是非常佩服管仲的，整个汉民族的文化没有亡掉，传下来了。我们读到这一段，很佩服鲍叔牙的够朋友，时时都是善解人意，为对方着想。所谓人生得一知己，死而无憾。

汉朝时候有一个读书人叫荀巨伯，他去看望他一个朋友。古人去探望朋友，一般都要跋山涉水，翻山越岭，走很长时间。他到了之后，发现他朋友生病了，于是就留下来照顾他的朋友。刚好那个郡有盗贼侵入，烧杀掳掠，所有的人都赶快逃命。

他的朋友病重，动作不方便，就跟他说："你赶快走，我已经走不动了，不要让他们伤害到你。"结果荀巨伯就说："我假如走了，就没有道义，所以我宁死也不走。"等盗贼进来，荀巨伯就迎上去对他们说："我朋友已经病重了，你们不要再伤害他，你们要伤害就伤害我好了。"

盗贼听了之后很感动，盗贼头目就说："我们这些人都是无义之人，怎么可以来抢这个有道义的地方？"盗贼就都撤走了。所以一个人的道义，一个人的真心，可以唤醒他人的道义之心。历史上这样的好戏很多，最近这几十年有没有上演？有！但比较少。

这也不能全怪我们，"人不学，不知义"，圣贤教诲已经断了两到三代。古代人是可以念念为别人，现在的人头一个念头大多是为自己。愈为自己，人生的路愈狭窄，而当你有一个仁慈之心，路会愈走愈广。所以，对于朋友、对于妻子我们都应该"勿厌故，勿喜新"。讲义气和信用，做山友和地友。

其实古今中外这种对朋友关怀的道义，比比皆是，无论是现实生活中，还是在文学作品里。《红楼梦》里面有一个很重要的角色，叫刘姥姥。刘姥姥是不识字的人，不识字的人有没有受教育？不识字的人不见得不懂教育，教育是能够让一个人成为善人才叫教育。

假如一个人读了16年的书，对人都不懂得去关怀，他有没有受教育？没有。所以我们跟一些小朋友说，大学毕业有没有文化？他们都不思考："有。"我们说："不孝父母有没有文化？"小朋友说："没有。"我们："大学毕业不孝父母有没有文化？""没有。"

文化最重要的是什么？是圣贤智慧，是做人道理，这叫文化，这是教育的核心。他连这个都学不到了，学历再高也不算受教育，学历再高，学的是知识，学的是技能。

所以刘姥姥虽然不识字，但是可能从小父母告诉她，对父母要孝，对朋友要有道义，她学的是真正的大道：伦常大道。所以当整个贾家从飞黄腾达整个垮下来的时候，没有人再去拍马屁了，之前门庭若市的景象完全不见，没有人再来关怀，只有刘姥姥还煮了点东西来给他们吃，甚至他们的后代还被刘姥姥接到乡下去抚养、照顾，所以这样的人才是真正有信义、有道义。

我们现在身旁有多少这种朋友？当然，假如一个都没有，要不要伤心？要不要难过？你说都没有，我运气真差。是不是运气？不是。孟子讲："爱人者，人恒爱之；敬人者，人恒敬之。"我们希望朋友之间能够互相爱护、互相关怀，我们希望我们的朋友圈是这样的状态，这是一种结果。

朋友懂得互相关怀、互相尊重、互相照顾，这个结果要先种什么因？一定要我们自己先主动关怀，主动爱护别人，当我们这个态度一出来，就把每个人关怀、爱护别人的那种本善的心唤醒，唤醒之后，朋友跟朋友之间的良性循环就会很自然地被带动起来。所以朋友间要有情义、道义，从谁做起？从我们自己做起。

儒家对朋友讲得也很详细，《论语》讲："孔子曰：'益者三友，损者三友。友直，友谅，友多闻，益矣；友便辟，友善柔，友便佞，损矣。'"

孔老夫子说："有益的朋友有三种，有害的朋友也有三种。跟正直无私的人交友，跟宽恕的人交友，跟见闻广博的人交友，交这三种朋友，对我们的德行都有益处。若跟谄媚逢迎的人交友，跟伪善奉承的人交朋友，跟巧言善辩的人交友，交这三种朋友，都会损害德行。"

人在社会中要交朋友，交朋友就不得不被传染，所以这一件事事关重大，必须有所选择。在这里，孔老夫子给我们讲有益的朋友有三种，哪三种？

第一，"友直"，就是交正直的朋友。什么是正直的朋友？就是这个人的心中没有弯弯绕绕，正直无私，不会害人，他也害不了你。怎么样才能交到正直的朋友？很简单，就是你必须自己正直，你才能够交到正直的朋友。如果你自己不是一个正直的人，那个正直的人也不会来与你相交往。

第二，"友谅"，就是交宽恕的朋友。这样的朋友对一切事都能宽恕，不苛刻要求，不把别人的过恶总是记在心上，一翻出来就没完没了。和宽恕的人交朋友，自己没有压力，心情也会很好、很自然。

第三，"友多闻"，就是交博学多闻的朋友。因为多闻的人，他能够通达，遇到事情就能提起经典中的教诲，所以他不会钻牛角尖。和博学多闻的人交朋友，还可以给自己帮助解决迷惑。

正如《礼记》所言："独学而无友，则孤陋而寡闻。"就如同井底之蛙，坐井观天。《颜氏家训》也说："山中人不信有鱼大如木，海上人不信有木大如鱼。"那么如何才能避免孤陋寡闻呢？这就特别需要结交博学多闻的朋友，当然多闻不是技巧、文字懂得多少，是学习了之后还能做到，这叫知行合一、信解行证。这是讲交正直无私的朋友、宽恕的朋友、博学多闻的朋友，对自己的德行有助益。正如康百万庄园楹联所言："做数件可流传之事销磨岁月，交几个有学识良友论说古今。"

下面是讲三种损友的害处。第一，"友便辟"，就是交善于逢迎的朋友。什么是善于逢迎的朋友？他很会说话，言语巧妙，绝不得罪人，这种人善于谄媚、顺承他人。便辟的朋友善于谄媚逢迎、恭谨周旋，他说出来的话不愿意得罪人，就很可能失去正直了。当然我们即使说正直的话，也要讲求方式方法，要让人好接受，以一种令人接受的态度来说，不要以一种对立的态度来说。

但是，在三国的时候，诸葛亮有一个朋友叫司马德操，他对任何事都称好，他的妻子不以为然，骂他，他也称好，人称他为"好好先生"。但是没有人说他的坏话，为什么？因为司马德操的行为正直，这种人就不算便辟的朋友。

第二，"友善柔"，就是交善于伪善奉承、面柔的朋友，就是《论语》里讲的"巧言令色，鲜矣仁"，这个善柔就是令色。

第三，"友便佞"，就是讲善于言辞、巧言善辩的朋友，这样的人可以无理都辩三分，交这样的朋友有损失。

当然，有句话说得好："师父领进门，修行在个人。"别人帮不上太大的忙，别人所提供的只是缘分。如果自己不成器、不上进，即使是圣人来教，对你的帮助也不大。所以，了凡先生这里强调了交友的重要性，但是能不能成就，更重要的是自己求不求上进。

荀子有段话非常好："非我而当者，吾师也；是我而当者，吾友也；谄媚我者，吾贼也。"正确指出我的过失、缺点的人，是我的好老师。他一提出来我就可以改，就能提升。"是我而当者"，非常恰当地肯定我、鼓励我的人是我的好朋友。

"谄媚我者"，讲些奉承的话、好听的话给我听，我就会迷失自己，看不清楚自己，还觉得自己很厉害，其实德行一直在下降。这些谄媚和巴结不知不觉就把我的德行给偷走了，所以这是我的贼。

人假如没有高度的警觉性，还是更喜欢接触酒肉朋友。对自己讲好听话的人就喜欢，批评自己的，听一句就生气，或者甩头就走。其实人能接受劝谏还有一个根本，就是能听父母的劝。假如父母劝我们，我们马上就不耐烦，那要听别人劝，实在是太难了。德行的根都在孝道，对父母的态度可以看得出来这个根好不好。

当然，良朋提醒、劝过我们了，更重要的不只是说："谢谢你，你是我的贵人。"要进一步去改，人家才会很感动，下次会继续帮我们、劝我们。假如人家讲了很多次，我们依然我行我素，那人家觉得我们不受教，以后就不讲了，所以人的态度很重要。

在《晏子》中记载，有一次齐景公问晏子："我的先君齐桓公，曾经率领兵车三百辆，九次会盟诸侯，统一天下。现在我率领的兵车有一千辆，大大地超过了齐桓公，那我可以赶得上齐桓公的业绩，在他之后一统天下吗？"结果晏子怎么回答的呢？晏子说："齐桓公率领兵车三百乘，九次会盟诸侯，一统天下，是什么原因呢？那是因为他左有鲍叔牙、右有管仲的辅佐。而现在您呢？现在您的左右全是娼优。"什么是娼优？就是歌妓、小丑。

"谄媚、邪恶之人在前，阿谀奉承之人在后，又怎么可能赶上齐桓公而成就霸业呢？"在这里，晏子就是告诫景公，桓公之所以能够称霸天下，是因为他能够任用贤才、信任贤才。如果你也想把国家治理好，进而称霸天下，不是要效仿桓公有多少的兵力，而是应该效法他有任用贤人的智慧和度量。所以，能否任用贤人才是国家兴盛的关键。

历史上有个特别著名的典故，叫"管仲论相"。这讲的是齐桓公"尊贤兴国，亲佞败身"的经历。齐桓公是春秋时期第一个霸主，齐桓公用管仲，帮助他把整个中华民族团结起来。齐桓公肯用管仲，尊贤，所以才成为霸主。

管仲本来跟齐桓公是对立的，曾经拿箭射齐桓公，要把他射死。那支箭射到他的胸前配饰上，他很聪明，知道管仲箭法很准，假如没有把他射死，会再射一支。所以他的反应很快，咬破自己的舌头，假死倒在那里，管仲以为他死了。结果他提前回国做了国君。齐桓公具有容人之量，他不但没有杀管仲，还封他做宰相，后来管仲帮助他做了霸主。

后来管仲年纪大了要走了，齐桓公赶快问他，接下来要用谁，才能让这个国家安定？为什么一个国家要尊重贤德的人？因为贤德的人有智慧、有德行，是国家的栋梁。

齐桓公就问："可不可以用易牙？他对我很好。"易牙是一个厨师，他居然把他几个月大的儿子煮给齐桓公吃。齐桓公说："他爱我胜过爱他儿子，这样的人可以用吧？"管仲说："国君，你要清楚，他连自己的儿子都不爱，他会爱你吗？他是要讨好你、谄媚你，对这样的人要小心。"

"那竖刁呢？这个人为了能够留在宫中陪我，愿意做太监，做太监要伤害身体，你看他爱我胜过爱他的身体。这个人可以用吧？"管仲说："一个人哪有不爱惜自己身体的，他伤害身体来接近你，一定有很大的目的，他要谋很大的权力，这个人不能用。"

齐桓公说："还有一个叫开方，他本来是一个小国家的王子，他不做王子来陪我玩，而且他父母去世了他都没有回去奔丧，所以他爱我胜过爱他的父母。"管仲说："一个人连父母都不爱了，他还会爱你？他不就是看你的国家这么大，想要谋你这个国家，他才来的吗？"

还有一个叫堂巫的，是齐桓公的私人医生，为了取得个人晋升，献出了自己美艳的老婆。此人也不能用，齐桓公说："有道理，好，这四个人我就不用了。"管仲推荐了有德行的人给他，结果这个被推荐的人没多久也去世了。

齐桓公一开始也确实驱逐了这四个佞臣，驱逐了堂巫之后，各种杂症就不断地发生；把易牙驱逐走了之后，很多的美味吃不到了；驱逐了竖刁之后，后宫的秩序开始混乱；驱逐了公子开方之后，朝堂管理就变得没有秩序了。这个时候桓公就开始怀疑管仲的说法了，他说："原来圣人也有谬误之处！"于是就把四个人的官职给恢复了。

结果过了一年，这四个人作乱，把桓公给拘禁在一间屋子里，十天都不能和外界沟通。桓公这个时候才想起了管仲的劝导，他说："死了没有知觉就罢了，如果有知觉，我还有什么面目见仲父于地下呢？"于是他就拿着自己白色的头巾裹头而死。死了 67 天，他的尸首腐烂了，蛆虫都爬出了门，人们才知道桓公死了。

《说苑》讲："得贤者则安昌，失之者则危亡。"齐桓公用了管仲，成为春秋时的第一代霸主。可是没有了管仲，四个佞人就把齐桓公关起来，最后齐桓公死了 67 天都没有人管。尸体腐烂了，尸虫爬出室外被人发现，人们于是用废弃的门板给他收葬了尸体。

同样是齐桓公，用好人，亲近好人，是最伟大的国君；用错了人，亲近错了人，死无葬身之地。可见尊贤有多重要。《说苑》讲："一人之身，荣辱俱施焉，在所任也。"

齐桓公一个人的一生，"荣辱俱施焉，在所任也"，他极大的光荣跟羞耻都在他这一生发生了，为什么会差那么多呢？就是因为他所任用的人，产生这个结果。任用管仲了，"九合诸侯，一匡天下"；任用了易牙、竖刁、开方、堂巫，最后就身死都没有葬身之地。

在《新序》上记载着一个典故。楚恭王生了大病，知道自己快不行了，就把令尹召了过来，令尹相当于宰相。他说："常侍官管苏跟我相处的时候，常常劝我以道义。可是我跟他在一起的时候就不舒服，有时候听到这些会愈听愈不耐烦，怎么批评那么多，坐不住！然后没看到他的时候，一点都不会想念他。但是虽然是这样，可是每次冷静下来，都觉得他讲的话很重要，很有道理，很有收获。他对我对国家的功劳不小，所以应该封他爵位。

"而申侯伯和我相处，他常常放纵我的欲望，使我的行为肆无忌惮，他也不来劝谏。我所喜欢的，他就让我去做，帮我找乐子，怂恿我一起来玩乐。我所喜好的，他还先于我去尝试。我和他在一起非常欢乐，看不到他就会有点忧戚，就很想念他。虽然如此，他对我却没有帮助，他的过失不小，一定要赶快把他给逐出国门。"令尹听了之后说："好的大王。"第二天，楚恭王过世。令尹就拜管苏为上卿，委以重任，而把申侯伯逐出了楚国。

这告诉我们阿谀奉承的人，他们所作所为一时讨人喜欢，但是却对我们的德行没有帮助。所以要和哪些人相处？要和那些能够劝我们以道义的人、规劝我们走人之正道的人相处。《傅子·通志》上讲："听言不如观事，观事不如观行。"观察一个人所做的事，不如观察他的行为，也就是他的所作所为所表现出来的品行。

索尼公司董事长盛田昭夫曾经说过："雇佣比你聪明的人，他可以加强你的长处，弥补你的短处。如果因为部属比你聪明，就觉得受到威胁，那就太荒谬了。"美国著名的钢铁大王卡耐基曾说过这样一句话："将我的工厂、设备、市场、资金全部拿去，但是只要保留我的组织人员，四年之后，我将仍是钢铁大王。"

在他去世之后，有一位朋友在他的墓碑上刻了这样一句话："一位知道选用比他的能力更强的人安息在此。"所以我们看到一个高明的领导者，对于高才是喜不是忧，是求不是弃，是扶不是压，因为他们明白强将手下无弱兵，人才才是事业成功的希望。

在《孔子家语》上，孔老夫子说："我过世之后，子夏的德行会一天比一天地增进，但是子贡的德行却一天比一天地减损。"曾子就问："夫子，您为什么这么说呢？这是凭什么判断出来的呢？"孔老夫子说："子夏喜欢和比自己贤德的人相处，喜欢和这些比自己更加有学问有道德的人相处。而子贡却恰恰相反，他喜欢和那些不如自己的人交往，别人称赞他有学问、有道德，可能他就觉得感觉很好。"

后面他说了一段话："不知其子，视其父；不知其人，视其友；不知其君，是其所使。"如果你不知道这个儿子怎么样，你就看一看他的父亲，大概就知道他儿子怎么样了。如果你不知道这个人为人如何，你就看一看他所结交的朋友都是哪些人，你大概就能判断出这一个人品行如何了。如果你不知道这个领导是什么样呢？你看看他所使用的是什么人，你就知道了。

后边得出了结论，故曰："与善人居，如入芝兰之室，久而不闻其香，即与之化矣；与不善人居，如入鲍鱼之肆，久而不闻其臭，亦与之化矣。是以君子必慎其所与者焉。"

这就是告诉我们，与善良的人交往，就像进了一个装满了芝兰的房屋，你进来之后，刚进来的时候还觉得很香，但是你在这里待上时间长了，你就不觉得很香啦，你就和他同化了。我们去了一个卖鲍鱼的铺子里，你一进去的时候，感觉到腥臭难闻，但是你在那里面待上一阵之后，你也就没有什么感受了。

说明什么呢？我们也是与之同化了。这些都告诉我们，谨慎地结交朋友非常重要。所以，君子一定非常谨慎他所交的朋友、他所处的环境，真的会谨慎交友了，这个是真正自爱，爱护自己。

有一天，释迦牟尼佛和阿难尊者经过集市，在一个卖鱼的商店门口停下来。佛陀对阿难说："阿难，你到鱼店里去，摸摸盖在鱼上的茅草。"阿难依照佛陀的话去做了。"阿难，闻一下你的手是什么气味。""佛陀！腥臭难闻。"阿难回答。佛说："阿难，若人亲近恶知识，结交恶友，因为为恶所染，他就会恶名远播。"

佛陀又带阿难来到一间香店，对阿难说："阿难，你去乞化一个香囊来。"阿难依教而行。佛陀又问："阿难，你把香囊放下，闻一下你的手是什么气味。""佛陀，我的手香气微妙。"阿难回答。"阿难，若人亲近善知识，就会为善所染，他就会贤名远播。阿难！你要多亲近舍利弗、目犍连。"佛说。

所以，亲近善知识、亲近善友很重要。荀子讲："蓬生麻中，不扶自直。白沙在涅，与之俱黑。"意思是蓬草长在麻地里，不用扶持也能挺立住，白沙混进了黑土里，就再不能变白了。比喻在好的环境里，自然也会得到健康成长。贾岛先生讲："君子忌苟合，择交如求师。"君子忌讳随便乱交朋友，他选择朋友就像选择老师一样慎重。

"能亲仁，无限好。"亲近仁德的人，也就是说志同道合的人，自然会吸引到一起成为朋友。当然这个能亲仁更重要的是，能选择有仁德的老师。能够选择一个有仁德的老师，自己的一生才会少走很多的弯路，"德日进，过日少"。

要广交善友，对德行和身心都有帮助。对于恶人，即使是不知道这些恶人在做什么，一看他们德行有亏缺，所行的无义，最好就远避，以免灾殃近在眉睫。寺庙一入门是"四大天王"，他们都是表法的，"北方多闻天王"手里拿着伞，用伞挡住外来一切污染。就是告诫我们一定要防止污染，成人要有警觉性，对自己的小孩要保护好。

每个父母应该是孩子的一把大伞，能够遮挡住一切的风风雨雨，使孩子不受污染，等到他德行的根基扎稳，再接触这复杂的社会，你才能放心。因为他已经能分辨是非、好坏、善恶了。我们要了解，一杯清水滴了一滴墨进去，可能几秒钟就扩散开了，但是我们要想把这一滴墨汁从这杯水里提炼出来，需要多少时间？是这几秒钟的几十倍、几百倍都不止，甚至根本做不到像滴墨前的水一样洁净。所以，一定要远离小人，他们的破坏力是非常大的。

《吕氏春秋》中也有记载，楚国有一个很会给人看相的人，他看了很多人的相，每一个人都看得很准，没有丝毫的差误。楚庄王就感觉到好奇，就把他请过来问这是怎么一回事？

这个人回答说："大王，我并不是能够给人相面，我只不过是会观察这个人所结交的朋友而已。如果我看相的这个人是一个布衣之士，是一个平民百姓，但是他所结交的人，在家能够孝敬父母、尊敬兄长，做事严谨厚道，畏惧国家的法令，这样的人，他的家一定会愈过愈好，身心一定会愈来愈安定，这就是我们所说的'吉人'（吉祥的人）。

如果我看的这个人，是一个侍奉君主的臣子，他所结交的朋友，个个都是诚实守信、有德行、喜欢做善事的人，这样的人，他侍奉君主会一天比一天好，他的官职会一天比一天地提升，这就是我们所谓的'吉臣'（吉祥的臣子）。

如果我看的这个人是一个国家的君主，他的朝廷里有很多的贤人，左右侍奉他的人都是忠诚之士，君主一有过失，这些群臣都敢于据理力争、犯颜直谏，这样的君主，他的国家会一天比一天地更安定，他的地位会一天比一天地更尊崇，天下百姓对他也会愈来愈心悦诚服，这就是所谓的'吉主'（吉祥的君主）。"

最后他还强调："其实我并不是会给人看相，我不过是会观察这个人所结交的朋友而已。"楚庄王听了很受启发，于是他广泛地召集贤良之士，自己处理朝政日夜不懈，最后终于称霸天下。我们从这里可以看到，这个人他只是观察这个人所结交的朋友，就能够判断出这个人的前途命运。为什么？因为朋友对自己的影响潜移默化，非常深远，所以择友要非常谨慎，"良朋提醒"非常重要。不但如此，居住的场所，选择的邻居也很重要。

《论语》讲："子曰：'里仁为美，择不处仁，焉得知。'"这是讲我们的居处要有选择，选择什么呢？选择仁者所居的地方，这叫美，所以这里讲"里仁为美"。这个里是居处，所居之里，乡里之间。

有仁者住的地方就是美地，不一定要有非常优美的环境，或者不一定要有很方便的生活环境，只要有仁者居住在这里，我们跟他一起住，就能够受他的影响，得到提升。如果不选择居处，不住到有仁者的地方，随随便便地住，或者是只凭着自己的喜好选择居住地，这就不能称为智者了。

"择不处仁"，就是你没有选择有仁者的地方居住，这个怎么能够称为是智者呢？这个"焉得知"的"知"是智慧的意思。古人讲："千金置宅，万金买邻"。就是讲你用黄金千两购置住宅，要用黄金万两买好的邻居，可见得好邻居多么重要啊！

《弟子规》上讲："能亲仁，无限好。德日进，过日少。"大家看，这里用的词是无限好，不是一般的好啊，你的德行、智慧、能力、福报，等等，都会得到很好的提升。这就是荀子讲的："君子居必择乡，游必就士。"君子居住一定选择良好环境，交游一定接近有德才的人。

"孟母三迁"就是最好的例子，你看，孟子小的时候，他不懂事，在什么样的环境里面他就学习什么。一开始他们家住在墓地附近，邻居是做白事的，专门给人家葬死人、办丧事，孟子就天天学着埋葬死人，学着办这些丧事。孟母觉得这对孟子的成长也非常不利，就搬家了。后来搬到了集市附近，结果孟子就学着做买卖，学会了赢利算计。邻居是个屠户，他还学会了吆喝卖肉。小孩子这么小就开始有铜臭味，眼睛只盯着钱，而且学着卖肉杀生，仁爱心受到了影响，她母亲觉得这对他心性的提升没有什么好处，于是就搬家了。

最后搬到哪儿了呢，搬到了学校附近，所以孟子天天跟着学校的先生读书，于是孟母就安住在那里了。后来拜了孔子的孙子子思为师，成为"亚圣"。

这就是"近朱者赤，近墨者黑"的道理，在《墨子》中记载，墨子看了染丝的人之后就感叹地说："洁白的丝放进青色的颜料里进行洗染，它就变成了青色，放进黄色的染料里洗染，拿出来就变成了黄色。如果投入的颜料有变化，洗出来的丝，它的颜色也会跟着变化；丝放进五种不同颜色的颜料里，它就变成五种不同的颜色。所以对于所浸染的人事物，不能够不谨慎。"

这个故事非常形象，他通过看到染丝给予人启示，告诉我们，所结交的朋友，还有自己所处的环境，对一个人有潜移默化、不知不觉的影响。所以，《弟子规》讲："斗闹场，绝勿近，邪僻事，绝勿问。"我们看到很多报道，都是关于网吧、迪厅这些场合出现人命的，进了斗闹场，遇到那些思想不健康、行为不检点的人，在那里很容易学坏，也很容易有横祸。

所以孟子从小能够好学，是孟母选择环境，有意这样创造出学习成长的环境，让孟子成才。就是这里讲到的，选择居住地一定要"处仁"，亲近仁者。其实，我们生活当中，每一天、每一时、每一刻都充满各种各样的信息刺激，各种各样的信息来刺激我们。这些信息的能量有低的、有高的，有一些信息是能量低的，有些信息是能量高的。如果长时间去接受和关注低能量的信息，你就会构建一个只会胡思乱想的垃圾脑袋，因为你总关注那些垃圾信息，那么你的心灵能量就会降低，你就会喜欢去做那些低级趣味的事情。

其实，从广义上讲，不仅是要选择邻居，乃至于我们交朋友，长大了找配偶，或者是选择行业等，这些都需要择仁，选择跟仁者在一起。选择仁爱的人，跟仁爱的人合作，共同从事帮助人民的事业，这都是教我们会选择。择处、择友、择偶、择业，都是以仁为标准。

这也是我们为什么一起学习《论语》，学习《了凡四训》，学习经典，学习中国传统文化，让我们有德行、有智慧、有定力、有福报，能选择仁德的居所、朋友、爱人和职业，自利利他，不至于是非不明，善恶不分，碌碌无为，甚至沾染恶习，造作恶业，害人害己。

其实不仅要注意外在的自然环境、人事环境，更重要的是注意自己的内心安住在道上，安住在仁德上，安住在念念为别人着想上，因为自己是离自己心灵最近的邻居，所以个人心灵的环保也是极其重要的。

《大学》讲的诚意正心、格物致知和明明德的学问就是讲的这个，禅宗讲的"心净则国土净""依报随着正报转""一切法从心想生"也是讲的这个道理。所以只要我们的心在道上，念念为他人着想，不要担心没有朋友，"物以类聚，人以群分"，在你身边的人都会变成好的朋友、邻居。

为什么？因为孔子讲"德不孤，必有邻"，这就高明了，原来好邻居不仅仅可以去外面找得到，更可以通过自己内心的提升感召来，因为你是仁者，你在道上，你有能量，你能正己化人了，你能把经典做出来了，这是里仁的根本所在。

这就叫"感召"，善和善发生感应在一起，恶和恶扎堆，经常凑在一起。这道理很简单，一点儿都不悬。我们打开手机就会发现，很多朋友都跟自己一样的爱好，或者都爱发脾气，或者都爱看书，或者都爱打麻将。所以，人生的祸福都是自己感召来的。

《周易》讲："慢藏诲盗，冶容诲淫。"收藏财物不慎，等于诱人偷窃；女子装饰妖艳，容易招致奸淫的事。什么叫慢藏诲盗？我们把家里最贵的东西没有收藏起来，没有放好，到处漫不经心地乱放，甚至有点炫耀的意思。这有什么值钱的，你看我这一顿饭多少多少钱，我这车坏了没事，换新的……这叫"慢藏"，对财物漫不经心，比较轻慢。什么叫"诲盗"呢？教给别人你来偷我吧，你来抢我吧，因为别人看了就生起了偷盗的心。

我的老师对我说过，他记得有一个农民工的兄弟是个包工头，他把手伸出来，大家一看只有四个手指头，为什么呀？他是农村人进城打工，晚上在跟几个人一起喝酒，他说："我今天又有钱了，人家还我一万块钱。"你看炫耀呀，所谓炫富啊！边上桌的三个男青年听到了，"慢藏诲盗"啊，动了贼心了，晚上去敲他那工地宿舍的门去了。敲开门之后拿着刀说："把那一万块钱交出来！"这个包工头说："我没钱啊。"那不行，真拿不出来我们剁你一个手指头。

结果，他真没拿出来这一万块钱，手起刀落剁掉他一个手指头，然后这三个男青年就跑了，抓住之后判刑判得很重。我老师问他："你怎么舍命不舍财呀，你为什么不给他们这一万块钱呢，这是何苦呢？"他说："不是呀，我那天喝了点酒，在那吹牛，实际上我哪儿有一万块钱啊！"我们相信那个包工头要是知道这个道理，他那个手指头就不会少一个了！

什么叫"冶容诲淫"呢？容貌打扮妖冶不正经，过分了。把自己的容貌，容貌可不指穿衣服，说话、看人的眼神、举止、跟人接触，都叫容。穿着不得体，容易引起别人的邪淫心。

所以，有些女孩子身边总会招感一些不三不四的人，或者招感一些玩弄感情的人，这都跟自己的言行举止、穿衣打扮、举心动念息息相关。有的女孩子抱怨自己被坏人骗，可是我们看看她穿的衣服，就跟没穿一样，所以才会被那些流氓关注和接近。穿成那样，正人君子不敢看你，离你远远的，不三不四的人眼睛直勾勾地盯着看。

这个就印证了我们老祖宗说的话，周围老有一些不三不四的人打搅，其实不怪他们，为什么呢？你看看你那个样子，你穿得这么暴露，你看看你化的那个妆，你听听你的言语，你的眼神都是不正派甚至不正经的！所以，会感召他们来。当你恢复成一个正人君子状态的时候，恢复到正常人的生活的时候，不三不四的人看到你就没感觉了，就和你断绝了。

所以，我们的容貌表情、言谈举止、起心动念，都是我们祸福的根源，就像一扇大门，你自己把自己弄得很妖艳，打开的是灾祸的门，那些邪恶的人和不三不四的人就进来了。当你衣着得体、清净仁爱，正人君子和仁人志士就来到你身边，这扇门就在你自己身上。这就是《左传》讲的："祸福无门，惟人自召。"

所以我们周围这个人来坑我，那个人来骗我，你感召来的！你说话不谨慎，做事不谨慎。灾难怎么来的，你感召来的！所以，大家学习《了凡四训》，学习传统文化，有什么好处？人心平了，怎么平了？灾难是自己感召来的，幸福也是自己感召来的，就不会怨天尤人了。原来不是别人错了，是自己错了，你自己有一颗炫耀的心，你就感召亏损。你自己有一颗不正经的心，你就把那些流氓和不好的人感召来的！

以前，我看过一个纪录片，有一个男的刚被抓进监狱，在那骂："王八蛋，这三个人可把我坑苦了。"主持人问怎么回事？他说："我刚认识他们三个，跟着他们一块做这些骗人的事我就被抓进来了，我太倒霉了。"主持人说："你不倒霉。"他说："为什么？"主持人说："这就是感召啊。"他说："什么是感召？"主持人说："我是做媒体的，说话直，你别生气啊。"他说："我都进大牢了，还有什么不能说的，你就直接说吧，我愿意听。"

主持人说："你看你这个人，拿镜子照一照贼眉鼠眼，一看就不像是个好人，那三个人找人合伙诈骗，他们在人群中找半天就找不着一个合适的，突然发现你了，一看你贼眉鼠眼的长得就不像是什么好人，一看就知道你肯定能把他们诈骗这事办成，所以就找你来了，而且你对这还感兴趣，因为你有贪心，想赚点快钱，捞点不义之财，所以你就跟他们作案了，就被抓进来了，你进监狱可以说跟他们仨没关系。为什么？是你自己把人家感召过来的，就是你这副样子，贼眉鼠眼、老想占人便宜的样子把这三个人感召过来的。"

他听完这位央视主持人说的话，失声痛哭。主持人说："是你心坏了，你感召来的就都是坏人坏事，你心变好，你就会感召好人好事。"为什么？你心坏了，你表现出来的样子，你的行为举止都是不好的，好人看到你没感觉，坏人看到你很有感觉，你们就凑在一起了，这就叫人以群分，善和善发生感应，恶和恶发生感应，这就是感召。

所以，我们一方面要亲近善友，一方面也要知道，良朋善友是需要我们用心感召的，如果好友提醒我们，我们总是不听，那么我们也会失去良朋的陪伴和提醒。

我们现在人没有学过《了凡四训》，没有读过圣贤书，特别喜欢交什么样的朋友？就是特别喜欢交那些巴结、谄媚、阿谀奉承的朋友，说自己赞叹的话、肯定的话、表扬的话，自己就感觉很好，扬扬得意，久而久之就自以为圣明，而看不到自己有提高的可能了。

我们接着看原文："幽须鬼神证明。""幽"就是冥冥当中，虽然你看不到，但确确实实都存在。所谓"积善之家，必有余庆"，祖先都在保佑你，比如窦燕山先生就是祖上托梦给他点拨和证明。

了凡先生自身也印证了这点，他发愿行一万件善事，那时他已经当了宝坻知县，太太就觉得都没有机会出门，也做不了什么善事，就很苦恼："那一万件善事什么时候才完成得了？"

结果了凡先生晚上就梦到了天神，天神告诉他："你减少农民的粮税，已经万善具足了。"了凡先生很惊讶，后来还去请教高僧，可不可以相信，光减粮这一件事，万善就具足了。高僧告诉他，减粮万民都得到利益，可信，这是了凡先生亲自遇到的鬼神证明。

宋朝名相王曾，是非常有德行的宰相，大家去翻《宋史》，都有特别的传记。他的父亲非常恭敬圣人，只要是印有经典的纸张掉在地上，他都会恭敬地捡起来，用香粉把它洗干净，然后再拿去焚烧。

他那种恭敬心感得半夜梦到孔子，孔子抚着他的背对他说："你这么恭敬圣贤的教诲，爱惜字纸太难得了，我令曾子来做你的孩子，显大你的门户。"结果他太太就怀孕了，孩子生下来就取名叫王曾。你看，这就是"幽须鬼神证明"，他的那种恭敬心感来这么大的福报，后来他的孩子真的是一代名相。

"一心忏悔"，我们要珍惜，不能让人家白劝，一心忏悔后不再造。**"昼夜不懈"**。不只白天很精进，夜晚也不能让邪念进来。如有邪念，隔天要反省、检讨，下更大的力度来保持正念。

"经一七、二七，以至一月、二月、三月，必有效验。" 你真的有这种决心和毅力，七天、十四天，以至一个月、两个月、三个月之后，你会感觉整个身心状况都不一样，甚至你的家里很多的吉祥、福气都来了。

"或觉心神恬旷"；或者感觉心旷神怡。"恬"是指心里很安定、安详。"旷"是指心里很开阔，没有事不能包容。

"或觉智慧顿开"；或者感觉遇到什么事，马上就能想到解决方法。

"或处冗沓而触念皆通"；或者事情繁多的时候不烦躁；到一个很纷乱的环境，你的心很定，不受影响。"触念皆通"，听什么话、听什么道理触类旁通，遇到什么事，马上可以知道该怎么处理，步骤怎么走，做事就不急躁，很有章法。

"或遇怨仇而回嗔作喜"；遇到冤家仇人当下能伏得住情绪，转成欢喜心来面对，他在提醒我还有这些习气，他在提醒我度量太小，我感谢他帮助我提升。

"或梦吐黑物"；梦里吐出黑的东西，把内心一些肮脏的东西排出来，身心会比较清净。

"或梦往圣先贤，提携接引"；孔子梦到周公，甚至白天喝汤的时候，在汤面里看到尧帝，在墙上看到大禹，这都是修学精进、业障消除的吉兆。

"或梦飞步太虚"；在梦中脚步很轻盈，在太虚空游步。

"或梦幢幡宝盖。""幢幡宝盖"是给圣贤佛菩萨遮的伞，是很庄严的物品。"种种胜事，皆过消罪灭之象也。"你真的下定决心断恶修善，这些业力、业障消除了，就有这些吉祥的征兆出现。

"然不得执此自高，画而不进。"虽然有这些吉兆，但不可以产生执着，自以为境界很高，自满了，最后可能就"画地自限"，不能再进步。所以，对这些好的预兆也要不放在心上，还是勇猛精进就对了。

接着，了凡先生举了一个圣贤的例子，让我们知道改过是要不断下功夫的。"昔蘧伯玉当二十岁时，已觉前日之非而尽改之矣。""昔"就是过去，这是春秋时候的圣贤人，在卫国当官。他的言行、主张对儒家学说及道家学说的形成，产生了深刻影响，所以他被称为"蘧子。"他和孔子的关系甚好，可以说是亦师亦友。他 20 岁的时候，就已经能反省自己以前的过失、错误，而且一定全力地改过来。不懈怠，不因循苟且。

在"立命之学"这章当中，了凡先生已经提醒我们，很多人有很好的素质、根基，但这一生为什么不能成就道德、学问？"天下聪明俊秀不少，所以德不加修、业不加广者"，他的德行、功业不能提升，"只为'因循'二字"，得过且过。"明天再说。""我以后再改。"这一生的岁月就挥霍尽了。

"至二十一岁，乃知前之所改未尽也"。20 岁的时候他是"尽改之矣"，这些过失你可能改了，可是深度不够，越改越发现内心深处还有很多的习染。所以一个人在改过的过程当中，越改越发现内心深处还有很多的习染，越改越觉得我怎么过失越来越多，这是好事，不是坏事。代表什么？自己的观照力越来越强，以前念头的错误看不出来，现在看得到。越看得出来，就越知道怎么去对治。

"**及二十二岁，回视二十一岁，犹在梦中。**"22岁再看21岁，又觉得自己还是看得不清楚，对治得不彻底，"犹在梦中"。

"**岁复一岁，递递改之。**"每年都下这种苦功，全然地去改过。"递递改之"是什么意思？月月改，日日改，时时改，念念改，这很不简单。这种改过的功夫就是《礼记》讲的："苟日新，日日新，又日新。"每天都是新的境界和进步。

"**行年五十，而犹知四十九年之非**"。活到50岁，依旧能够自省49岁的过失。

"**古人改过之学如此。**"所以古人改过自新的真实学问，下功夫到如此的地步，让我们佩服。而且他们的基础还比我们好，我们假如不下这种功夫，那这一生要成就太难。我们的勇猛必须大过古人，他们的基础比我们好，他们的环境没有我们诱惑大，我们下的功夫不可以输给他们。

关于蘧伯玉，还有一个典故，叫"宫门蘧车"，出自西汉学者刘向先生所著《列女传·卫灵夫人》，说的是蘧伯玉慎独自律的故事。一天晚上，卫国国君卫灵公与夫人闲坐，忽然听到有马车的声音，这车声到宫门前忽然不响了，过了宫门又响起了。

卫灵公问夫人："你知道这是谁吗？"夫人说："一定是蘧伯玉。"卫灵公问："何以知之？"夫人说："从礼节上讲，大臣经过国君的门口要下车，以表示恭敬。蘧伯玉是一个德智兼备、敬事不苟的贤大夫，绝不因为这是晚上，没有人看见就废弃了礼节。所以我认定是他。"

卫灵公差人去问，果然是蘧伯玉。这就是"宫门蘧车"的由来，后引申为成语"不欺暗室"，意思是在无人看见的地方，也不做欺心的事情，形容人光明磊落、表里如一。从这件小事，可以看到蘧伯玉的谨慎、恭敬和为人。

晋国强大后，赵简子想攻打卫国，于是派大夫史默前往卫国暗访。史默回来报告说："蘧伯玉为相，不可以用兵。"这就是历史上有名的"以德退兵"。

蘧伯玉一生追求道德完善，被誉为"君子典范"。但他给世人留下的一句名言却是："耻独为君子。"意思是说，自己一个人具备了君子的美德并不够，还要影响带动身边的人成为君子，让更多的人成为高尚的人。独善其身、追求个人完美固然很好，但帮助更多人完善自己，不是更有价值吗？

孔子在《论语》里讲："直哉史鱼"，史鱼就是史鳅，字子鱼。孔子称赞他："邦有道，如矢；邦无道，如矢。君子哉蘧伯玉！邦有道，则仕。邦无道，则可卷而怀之。"

史鳅非常正直，不管他的国君有没有道，"矢"就像弓箭一样，很正直地去劝。蘧伯玉又是另外一种忠臣的样子，"邦有道"，他就尽力地去奉献他的学问跟智慧，但是假如领导者无道，不听劝，他就回家去了，也不去强求。"卷而怀之"，就好像我们卷个东西，怀抱着，把他的学问、才能收起来，看哪天因缘成熟了再出来。所以很多很有德行的人，很难请到，只要领导者有私心，就留不住他，他不是为钱来的。

《礼记》讲："难进而易退。"很难把他请进来，但他很容易就走了。但是小人"易进而难退"，他要谋私利，你让他进来，引狼入室，再把他推出去就不容易了。

史鳅劝导卫灵公任用蘧伯玉，不能任用弥子瑕，为什么？因为蘧伯玉德行很高，他是一个忠臣，而弥子瑕是一个佞臣，总是会谄媚巴结，说一些好听的话，迎合君主。但是他劝了很多次卫灵公都没有听，直到史鳅断气的那一刻，还在念念不忘要推荐蘧伯玉、罢黜弥子瑕这件事。

所以，他交代他的儿子说："我在世的时候没有尽到臣子的忠心，没有能够顺利荐贤，让君主任用贤德之人，罢黜不贤德之人，那我死之后也没有资格放在正厅，你把我的尸体放在窗户下边就好了。"他儿子很孝顺，就按着他说的做了。

卫灵公前来吊唁的时候，看到他的儿子把父亲的尸体放在了窗户下面，非常生气，说："你怎么可以把父亲的棺木放在窗户下面？赶紧把他放到正厅里来。"

他儿子说："这是我父亲生前只剩最后一口气的时候交代的，他说自己在生前没有尽到臣子的忠心，不能够劝导君王任用蘧伯玉，罢黜弥子瑕，这是他的过失，所以他没有资格放在正厅。"所以你看，史鳅在临终的那一刻，还在想到劝谏他的君主任贤远佞，这是至诚的忠心。

因为任用一个忠臣而不是奸臣，对于国家、人民的影响特别大。卫灵公一听，就为他的诚心所感动，回去之后就罢黜了弥子瑕，任用了蘧伯玉。所以你看，一个人他在死后，还用尸体去进谏他的君主，还不忘尽到自己的忠心。这种没有任何私心的忠诚之心，最终感动了他的君主。为什么他"死谏"，因为他是忠心，这也说明了蘧伯玉先生真的是一位大德大贤。这样的古圣先贤改过都下如此深入的功夫，真是给我们子孙后代做了最好的典范。

了凡先生接着讲**"吾辈身为凡流"**，我们都是凡夫俗子，还没有契入圣贤的境界。这句话主要的精神是让我们有自知之明，不是气馁，不是否定自己。**"过恶猬集"**。我们所犯的过错，甚至一天的过错，就像刺猬身上的刺一样，数不清。

"而回思往事，常若不见其有过者，心粗而眼翳也。" 虽然过错很多，但是回想自己的过往，好像都想不到自己有哪些错误的言行、错误的念头。"心粗"，所以体会不到。"眼翳"，好像得了眼病，眼睛被障住了都观察不到问题和过失。

"然人之过恶深重者，亦有效验。" 过失罪业比较深重的人，也会有种种迹象显现出来。

"或心神昏塞，转头即忘"；或者精神状态比较昏沉、健忘，心神不宁，常常什么事一下就忘记了。妄想多，人的记忆力确实会衰退。怎么办？定下来读经、听经，让自己的心先定下来，就不会再恶化。如果还是有健忘现象，要赶紧把要做的事记在本子上，就不会忘东忘西。除了自己记，也可以嘱咐身边的人提醒自己，这样就不会失信于人。

"或无事而常烦恼"；或者没什么事突然就觉得很郁闷、很忧愁，当然这些情况只要精进用功都可以克服。

"或见君子而赧然消沮"；或者见到君子、有德行的人，反而觉得脸红，不好意思，不敢见。见到有德的君子应该是欢喜，主动请教，这个态度才对。你见到有德的君子，反而不愿意去亲近，这就有点自暴自弃的态度，这是对自己起疑心。所以人的身心有五种毒害很厉害，叫贪嗔痴慢疑。对自己起疑心也是很大的毒害，赶快转念，"勿自暴，勿自弃，圣与贤，可驯致"。

"或闻正论而不乐"；或者听到一些好的教诲，反而心里不欢喜，这都是反常的情况。

"或施惠而人反怨"；或者你去帮助别人，给别人恩惠，别人反而不领情，甚至还怨你、骂你。假如我们真的遇到这个现象，不要气馁，要再接再厉，不要否定自己帮别人的行为。你去帮别人就像一个善的种子种下去，迟早会有善果。你不能因为你去帮那个人，那个人反而怨你，你就不做善事了，这就是不明理，不理智了。对的还是要坚持去做，别人的态度不好，要更反省，更下功夫，一定可以扭转。

"或夜梦颠倒"；夜里做梦颠三倒四，起了很多邪念，这都要反省。明代有个读书人叫杨翥，他半夜梦到自己到别人的果园里摘了两颗李子吃。杨翥心想：我在梦里居然偷拿人家的李子，这还是因为我白天义跟利分不清楚，是我修为功夫不够。所以处罚自己面壁思过，几天没吃饭，你看古人改过是这个态度。

"甚则妄言失志"。更严重的，自己就讲些衰丧的话，讲失去志向的话。其实大家冷静想想，我们讲出这些衰丧话，失志的话，不只伤了自己，还伤了谁？身边这些最亲的人不就替你紧张和难过吗？尤其是父母，听了之后最担心我们。这是不自爱，又不爱身边的人。所以不能讲这些失志的话，要自立自强，百折不挠。

"皆作孽之相也。"可能造作了一些罪业，产生这些不好的征兆。有人可能会觉得，我这一生也没做什么坏事，怎么人生不如意事这么多？人在修行路上，首先要有个非常重要的态度，那就是深信因果。不能存在侥幸心理，不能怀疑因果，任何一件事都不可能是偶然发生的。我们不能怀疑真理，不能怀疑因果，因果才是事实真相。

玄奘大师让我们非常佩服，翻译了很多经典，他一生经历的苦难不是我们能想象的，九死一生都不足以形容。到天竺把经典取回来，都不知道死了多少次。回来之后又是鞠躬尽瘁几十年，翻译了很多的经典造福后世。结果他晚年生病，一辈子都为正法奉献心力，怎么晚年的时候生了病？老人家一起念头想的是什么？他反省是不是我把经典翻错了，我才会有这个结果？所以他始终相信经典，相信真理。

后来他明白了，和他的老师戒贤论师一样，这是他过去生的业力，重罪轻报了。玄奘大师那一念真是让我们感佩，干了一辈子的好事，没有求一个好的果报，还是时时反思自己有没有不妥当的地方。

"苟一类此，即须奋发。"假如我们有上述情况的话，要更下功夫奋发图强，正所谓"天下无难事，只怕有心人。"

"舍旧图新，幸勿自误。"一定要放下烦恼习气，改过自新。一定不能糟蹋了这一生听闻圣贤教育的机缘而耽误了自己。这段话是了凡先生对我们的谆谆教诲和真诚护念，希望能提醒我们：舍旧图新、奋发图强、改过迁善、转变命运。

这就是《礼记》讲的："苟日新，日日新，又日新。"只要我们按着"改过之法"的理论和方法来修为，我们的心灵境界的人生福报每天都会有新的提升和进步。

积善之方

善良，是唯一永不失败的『投资』

16 你的德行，是最完美的遗产

我们接着看《了凡四训》第三个单元"积善之方"。我们刚学习了"改过之法"，我们能够反省改过，能够断恶，紧接着要更积极地修善、积善。其实人在行善的时候，也是放下习性的过程。帮助别人其实就是帮助自己，我们在为别人着想的时候，自私自利的念头慢慢就淡了。

所以在利他的过程中收获最大的是自己，自己的德行在提升，自己的福报在增加。所以我们要感谢别人，感谢被我们帮助的人，感谢因缘让我们有福慧双修的机会。

"《易》曰：'积善之家，必有余庆。'"《周易》讲："积厚德的家族，一定可以福佑后代子孙。"这在历史当中太多家族给了我们证明：孔子的后代，杨震先生的后代，范仲淹先生的后代，王佑先生的后代，林则徐先生的后代，曾国藩先生的后代，等等。这些圣哲人的家道都承传了几百年甚至上千年，经久不衰。可是假如没有积善，富不过几代？以前人说三代，现在很多是富不过一代。实实在在讲，现在很多人应该说是富不过十年。

伦理、道德、因果的观念没有从小教起，福报一来，反而变成他家庭、人生的灾难，他就开始挥霍，骄奢淫逸，家就败掉了。所以《朱子治家格言》讲："子孙虽愚，经书不可不读。"子孙只要不明理，家道一定败，你留多少钱都没有用。这些积善之家最可贵的就是把德行风范留给后代，代代效法。所以看到这句经典，我们得问自己：我有哪些好的德行值得子孙效法？德行风范是对子孙真正的最大的利益。

"昔颜氏将以女妻叔梁纥，而历叙其祖宗积德之长，逆知其子孙必有兴者。"春秋时代，颜襄先生要把女儿颜徵嫁给孔子的父亲叔梁纥之前，调查了叔梁纥祖先的情况。了解到他祖上有很多圣贤人，知道这个家族以后一定会兴旺，会出圣贤的后代。

这段话很重要，告诉我们怎么找亲家。老话说："男怕入错行，女怕嫁错郎。"结婚不只是两个人的大事，还是两个家族的大事。所以叫婚姻大事，恋爱看似是两个人的事，而结婚确实是两个家族的头等大事。可是现在的人有没有像颜襄先生这么严谨，这么有智慧，这么明真理？

现在不是调查他祖上有没有圣贤人，是先调查对方一个月薪水有多少。不调查德行，调查钱，那麻烦了。《大学》讲："德者，本也；财者，末也。"看的都是枝末，没有看根本，本末倒置，最后不会有好结果。

"孔子称舜之大孝"，"二十四孝"舜为首，他是至孝的圣人。父母伤害他，他完全不见父母过，反而觉得还是自己做得不好。至孝恢复了智慧德行，还感得了大福报。

"曰：'宗庙飨之，子孙保之。'"他当了天子，去祭祀自己的祖先。这是《孝经》讲的："立身行道，扬名于后世，以显父母。"不仅以显父母，也以显祖宗，而且他不只光宗耀祖，他的圣德也让后代子孙时时祭祀他、怀念他、效法他，保持他大孝的德行风范。

"皆至论也。"积善之家，必有余庆，这是宇宙人生的真相。

"试以往事征之。"了凡先生确实是苦口婆心，接着又举了一些具体而且是他孩子熟悉的例子，这属于"借圣修己"。不然孩子觉得那都是古人，现代还是这样吗？了凡先生举这些例子让我们更有信心，确实善有善报。如此这般，才更容易引导孩子断恶修善。

"杨少师荣，建宁人，世以济渡为生。"少师是太子的老师，是"三少"之一。杨荣是福建建宁人，也就是现在福建建瓯这个地方的人。祖上几代人都以摆渡谋生。

"久雨溪涨，横流冲毁民居，溺死者顺流而下。"连日大雨，溪水泛滥，把老百姓的房子都冲毁了，溺死的人太多，就顺着河流漂下来。

"他舟皆捞取货物，独少师曾祖及祖，惟救人，而货物一无所取。"我们想想看，尸体这样漂流，亡者的家人会多么哀痛。尸体找不到，他的家人会多么遗憾。能感同身受，能捞多少捞多少。还有活着的人，赶紧把他救起来。所以我们一想到这个场景，都会为这个精神所感动。唯有救人，完全没有看到那些有价值的东西、贵重的东西。

"乡人嗤其愚。"同乡的人就觉得："哎呀，那么多金银财宝你都不去捞，去捞尸体，发财的机会你都放过了。"大家有没有感觉到，在这个社会，你要做好事经常会遇到这种情况？在这个功利时代，人家会觉得你有问题。可是没关系，被人家笑没关系，他笑得越久，以后感动越久，真的。所以不用怕人家笑，笑得越大声越好，只要你能坚持，迟早感动他。

"逮少师父生，家渐裕。"等到杨荣先生的父亲出生了，家庭的经济情况慢慢转好。

"有神人化为道者，语之曰：'汝祖父有阴功，子孙当贵显，宜葬某地。'遂依其所指而窆之，即今白兔坟也。"道人告诉他："你的曾祖、祖父积了很厚的阴德，后代子孙有大福报，都要荣显。"依其指而造的墓地，就是当地很出名的白兔坟。

"后生少师，弱冠登第，位至三公。"后来生了少师，20岁就考上进士，而且位至三公，那是很高的官位，也可以说是古代最高的官衔。

"加曾祖、祖、父，如其官。"加封他的曾祖、祖父、父亲同样的官职。你看，曾祖、祖父几十年前积的阴德，最后被封了三公。所以种瓜一定得瓜，该是我们的福报绝对跑不掉。

"子孙贵盛，至今尚多贤者。"后代子孙非常兴旺，现在子孙还有很多圣贤人。所有留在历史当中这些兴盛的家族都是靠积德成就的。

我们接着看第二个例子，"鄞人杨自惩"，"鄞"这个地方在浙江宁波。"初为县吏"。他比较年轻的时候，在某县当官。

"存心仁厚"，心地忠厚老实。我们看"仁"字，是"两人"，想到自己就想到他人，懂得设身处地为别人着想。"厚"是厚道，厚道在哪里体现？《延寿药言》讲："以'怪不得'三字待人，以'学吃亏'三字自律。"自己有损失，"没关系，吃亏是福"。别人做错了，"哎呀，怪不得，他没有学到这些东西，别怪他。"那就是宽容别人，这就是存心仁厚。

"守法公平。"做官公平正直，绝没有私心。做老师、做家长的也要注意不要有偏私，不然孩子会不服气，不信服你。

"时县宰严肃"，"县宰"就是指县太爷。县太爷审案子非常严厉、方正。"偶挞一囚，血流满前，而怒犹未息"，这个犯人可能犯的罪不轻，所以县太爷给他处罚，把这个囚犯打得血流满地，愤怒还没有止息，照这样打下去有可能会出人命。"杨跪而宽解之。"杨自惩看到这个情况，马上跪下来为这个囚犯求情。这个瞬间做出来的行为，那是最真诚流露。为了一个犯人，为了犯重罪之人，为了跟他没有血缘关系之人，跪下来求情，可以看出他的仁厚。

"宰曰：怎奈此人越法悖理，不由人不怒。"结果县太爷讲，这个人犯这么严重的罪，违背法律，让人看了实在气压不下来。

"自惩叩首曰："杨自惩马上磕头，接着讲了一席话。这些行为都是出于至诚心，他先给领导磕头行礼，再来劝告他，这都是恭敬的流露。这么有礼貌，先敬礼再讲话，这个都是我们的学处。

"上失其道，民散久矣！如得其情，哀矜勿喜。喜且不可，而况怒乎？宰为之霁颜。""上"是指上位者，为政的人。再延伸开来，当父母的也是上，家庭里孩子失教，你不能责罚他而已，更要反省自己，我是不是失教于他了，该教的时候我没有教，现在已经养成坏习惯了，我一味地处罚他，根源还在我身上，不在孩子的身上。

包括当老师的人也不能一味地骂学生，他该懂的我教了吗？我教了，那是用嘴巴教，我以身作则了吗？所以老祖宗教诲我们"行有不得，反求诸己"，这是亘古不变的真理。就好像一棵树的果子酸了，你不能去责怪果子，根源在哪儿？根出问题了，土壤出问题了，你得从根本去化解。老百姓行为不好，上位者自身有没有做好，有没有教育好、引导好民众。

《三字经》告诉我们："养不教，父之过；教不严，师之惰。"这对我们人生扮演好这些角色都是非常重要的提醒。没有这些提醒，我们都是情绪用事，发脾气，越搞越糟糕，孩子更不能接受我们，更回不了头。

所以上位者施政错误，尤其没有重视教育，那就麻烦了。《礼记》讲："建国君民，教学为先。"现在大家把什么摆在第一位？钱。把钱摆在第一位，如果全国老百姓都看钱，社会风气就容易见利忘义。

"民散久矣"，上位者不以身作则，上位者不以伦理道德教化老百姓，还以功利心做事的话，人心当然涣散，当然是急功近利。现在黑心食品那么多，还存在一些社会乱象，归根结底都是道德出了问题，是人心出了问题。

"如得其情，哀矜勿喜。"如果案件审得很清楚，破案了，可不能高兴。为什么？当官的是"父母官"，子民犯错了哪能高兴呢？所以应该怜悯这个人。而且一个人犯罪，还伤害了别人。所以只要是犯罪，被害者跟犯罪者的人生都是悲哀的。

"喜且不可，而况怒乎？宰为之霁颜。"要怜悯，不可以高兴，高兴尚且不可，怎么可以发怒？杨自惩先生敢讲这样的话，他的人格还有一个特质：有胆识。上司这么生气，没有勇气敢直言吗？

《论语》讲："仁者必有勇，勇者不必有仁。"一个真正仁慈的人，他一定有勇气。在该承担的时候他不会怕，当下承担。在该救人的时候，他会奋不顾身。县官听了杨自惩先生的劝谏之后，火气就下来了，不再发怒了。

"家甚贫，馈遗一无所取。"他家里很贫穷，但有人念他的恩要送他东西，他丝毫不取。

"**遇囚人乏粮，常多方以济之。**"犯人没有东西吃，他会尽心尽力想方法救济。

"**一日，有新囚数人待哺，家又缺米。给囚，则家人无食；自顾，则囚人堪悯。**"有一天新来了犯人，可能几天都没有吃东西了，已经饿得不行了。可是他家里快没米了，假如给囚犯吃，家里的人就要挨饿，但是自己吃，看到这些囚犯又很不忍心。

"**与其妇商之**"，你看，他尊重太太，不是自己觉得对就去做了，太太在旁边不理解生烦恼，这不对。大家以后有什么事得跟另一半先商量，不要做好事就强势，然后对方不高兴了。

"**妇曰：'囚从何来？'**"太太问他囚犯从哪里来。"**曰：'自杭而来，**"他说从杭州过来，路途遥远。**"沿路忍饥，菜色可掬。**"路途遥远忍着饥饿，面黄肌瘦。"**因撤己之米，煮粥以食囚。**"太太认同他，把自己家里剩下的米煮粥给囚犯吃。这位太太不简单，能舍己为人，夫妻一起行善，这叫"领妻成道，助夫成德"，非常可贵。

"**后生二子，长曰守陈，次曰守址，为南、北吏部侍郎。**""吏部"是管官吏的，"侍郎"相当于副部长。"**长孙为刑部侍郎**"，"刑部"是管司法、法务方面。"**次孙为四川廉宪**"，"廉宪"是指廉访使，类似于钦差大人。"**又俱为名臣**"。他的孩子、孙子，甚至后代统统是有德行的名臣，代代都出栋梁之材。

"**今楚亭、德政，亦其裔也。**"举了现在为官的两个人，也都是他的后裔，不知道已经传几代了，这都是因为他有仁慈，有好生之德，面对犯错的人依然像亲人一样爱护。

"**昔正统间，邓茂七倡乱于福建，士民从贼者甚众。**""正统"是明英宗时期，邓茂七作乱，起兵福建。"士民"，"士"是指读书人，"民"是老百姓。"甚众"，聚了不少人。领导者如果看到老百姓作乱，首先要想到什么？老百姓本质上很善良，他们为什么会作乱？很可能很多地方让老百姓根本活不了了，才让这些想要谋权的人抓住机会，其实老百姓都是被逼的。你假如有德，你假如爱民，老百姓会跟着你一起来建设国家。

"**朝廷起鄞县张都宪楷南征**"，朝廷起用鄞县的张楷平乱，"都宪"是官名，就是都御史。"**以计擒贼**"。先谋划好，再来平复乱事。"**后委布政司谢都事**"，后来派一位布政司谢都事，"**搜杀东路贼党**"。让他来搜查、捕捉东路贼党。

"**谢求贼中党附册籍，凡不附贼者，密授以白布小旗。**"这个谢都事恐怕滥杀无辜，他先想办法了解到这些叛乱的人，然后把他们的名字编成名册。凡是在这名册以外的老百姓都是无辜的，他都秘密地给这些家庭一个小白旗。

"**约兵至日，插旗门首。**"然后跟他们约定好，要抓这些叛乱的人那天，你们把这个小旗插在门口，代表你们都是清白的人家。"**戒军兵无妄杀，全活万人。**"而且，还事先告诫士兵不可滥杀无辜，结果因为这个措施，保全了上万条人命。

"**后谢之子迁，中状元，为宰辅。**"后来谢都事的儿子谢迁，考中进士第一名，做到宰相。"**孙丕，复中探花。**"他的孙子谢丕考中进士探花。进士考试第一名叫状元，第二名叫榜眼，第三名叫探花。在历史上，武将的后代子孙不好的占绝大部分，少数的武将后代很好，他们都有一个特质，仁慈不枉杀，这位谢都事就是很好的例子，以前我们讲过宋代的开国大将曹仁，也是很好的榜样。

接着，了凡先生又讲了一个平民百姓的故事给我们听。"**莆田林氏，先世有老母好善，常作粉团施人，求取即与之，无倦色。**""莆田"在福建，有一位林姓家的老太太非常善良，乐善好施。"常作粉团"给这些饥饿的人、贫穷的人，任何人跟她要粉团，她都欢欢喜喜给他们，甚至常来的人她还是很热情地接待，没有嫌弃任何人。

"**一仙化为道人，每旦索食六七团，母日日与之，终三年如一日，乃知其诚也。**"有个仙人化成道人，每天早晨都找她要六七个粉团，她每天都给他，持续了多久？三年。

做一天善事不难，坚持做三年难不难？大家有没有做过善事，结果有人常常来，最后你都有点生气了。注意，那可能是来考验你的，你得考试过关才行。那些最惹你生气的人很可能都不是普通人，是上天派来考验你的。你真正有耐心、有真心，考试过关了，福慧双修，自己和后代子孙都有福报。老太太欢欢喜喜给了他三年，这个道人感受到这个人是至诚的善心。

大家有没有经验，给出去突然有点舍不得，舍不得还是有贪心，不够慷慨。所以这都是在境界当中看自己的修养。为什么施恩不求回报？因为帮助对方那是我们应该尽的道义，你求报就变成了什么？利害关系，做慈善又不是交易，越不求对方回报，上天给的福报越厚，因为你存心仁厚，因为你为人厚道，你有厚德，厚德载物，就是这个道理。施恩不求报，但是受恩要莫忘。"滴水之恩，当思涌泉相报。"这才是做人的道理。

"**因谓之曰：'吾食汝三年粉团，何以报汝？府后有一地，葬之，子孙官爵有一升麻子之数。'**"这个道人说："我吃了你三年的粉团，不知如何来回报。你的家宅后面有个地方，你死后葬在那里，你的子孙当官的会有一升芝麻这么多。"大家看了这段不要明天就去找地，看风水，这是舍本逐末。我们在第九章专门讲了关于风水和命理的内容。地是助缘，根本是什么？做三年粉团施人没有丝毫的倦色。

所以，看故事要看门道，不能看到枝末上去，那就白忙一场。我们讲过林则徐先生的"十无益"，句句都是精辟之理。比如，"父母不孝，奉神无益。"如果不孝父母，你拜再多的神，神也不保佑你，哪个神不教孝顺？"兄弟不和，交友无益。""存心不善，风水无益。"心地不善良，龙穴都变老鼠洞，风水马上就破了。

"**其子依所点葬之**"，她的孩子依照指示安葬了母亲，"**初世即有九人登第，累代簪缨甚盛**"，结果第一代就有九个人考上了进士，这不得了啊。一个家族里出一个进士，画像都要挂到祖堂里，这是家族的光荣。她一代就出九个，而且代代当官的都非常有成就。"簪"是整束头发，"缨"是帽带，"簪缨"就是官帽。"**福建有'无林不开榜'之谣**。"所以福建有句话讲："只要是开榜了，上面一定有林氏后代。"这是明朝的事情，到了清末民初，都还是这样。民国时期在福建建瓯，很多当官的还是林家的后代。

我们看下则故事："**冯琢庵太史之父，为邑庠生。隆冬早起赴学，路遇一人，倒卧雪中，扪之，半僵矣。**"太史冯琢庵的父亲曾在县学读书。县学，是县里面的官办学校，国家出钱照顾读书人，让他们全心全意读书，不要有生活上的顾虑。在一个寒冷的冬天，冯先生赶早去上学，路上遇到一个人倒在雪地上，摸摸他已经冻僵了。

"**遂解己绵裘衣之**"，他马上把自己的棉衣脱下来，让这个人穿上。大家看，这每一个动作，完全没有考虑自己。这就是稻盛和夫先生说的："动机至善，私心了无，无我利他，舍己为人。"在"隆冬"，他把棉衣脱下来自己肯定冻得半死，所以他这是舍己为人。所以，这一个动作就是无量无边的功德。为什么？真心，你不能用数量去计算。"**且扶归救苏。**"而且还把他扶回家里救醒。

"**梦神告之曰：'汝救人一命，出至诚心，吾遣韩琦为汝子。'及生琢庵，遂名琦。**"当天晚上梦到神告诉他，你救人一条命是出自至诚心。而且大家看，被救的人假如是一个家庭的栋梁，他又有几个孩子的话，那不只救一条命。所以，常常这么想，我们就会去爱人，因为我们伤害一个人可能就伤了他亲朋好友的心，你爱一个人，他所有的亲朋好友都欢喜。他这个至诚心感动上天，所以送了宋朝的名宰相韩琦来做他的孩子。后来生了儿子就叫冯琦，字琢庵。

宋朝的韩琦是著名的读书人，也是一员大将，他与范仲淹一起抵御西夏，为相十年左右。他的度量非常宏大，当时他在军中有一个下属，因为他在写信，下属帮他拿蜡烛。这个下属拿着拿着，可能有点分神了，看别的地方了，结果回过神来，那个火烧到了韩琦的头发，头发就烧起来了。结果韩琦在写信，他就以很快的速度拿袖子把它弄灭了，然后他就继续写信。

过了一会儿，他抬头看了看，这个士卒已经换人了，被换掉了。他说："干嘛换人呢？""元帅，他都烧到你的头发了。"韩琦说："他已经学会烧不到别人的头发了，他会拿蜡烛了，叫他回来吧。"你看，他不只是包容，他还为他人着想。大家想一想，这个人被带出去了，他的主管一想："连将军的头发你也敢烧，来啊！先打二十大板。"先处罚他。

所以，他为下属设想到这么细微，赶紧把他召回来。这个士卒一辈子都感他的恩德，怎么会不效忠呢？所以大家看，度量大太重要了。这个事情会不会传遍整个军营呢？会啊。他把火给熄灭掉，一点都没有生气，还让这位士卒举蜡烛，这种修养就团结了整个军心。士兵们都说："我能跟到这么仁慈的将军，死而无憾。"

所以上位者影响整个团体的风气，人居高位不是来耀武扬威的，是来带动风气的，给下面的人最好的示范，这样也对得起这些有缘的人。所以，韩琦真的是一位宽容大度的贤良之人，他的大义也吸引更多的人愿意给他卖命！所以这些圣贤的风范值得我们学习，念念为对方，甚至念念为整个团体跟念念为整个国家着想，这样的人才是民族的脊梁啊，国家的栋梁啊。

韩琦大人的故事有很多，我们再举一个来体会一下他的度量。有人从破坟里面挖出了两个玉杯，那个玉非常纯净，都没有任何瑕疵，农民拿来献给他，韩大人不占人便宜，给他白金百两把它买了下来。每次宴请客人，他就特别把这两个玉杯拿起来盛酒，招待客人，让大家轮流使用，把玩，表示盛情。

刚好有一次，有一个小官儿，走得太急了，撞到了桌子，就把那两个玉杯给撞倒了，掉在地上摔破了。韩琦被封为魏国公啊，所有的人看到这个情况都吓得不得了，眼睛都瞪得很大，因为心里都想：这是韩大人最心爱的两个杯子啊。再看那个小干部吓得跪在地上一直求饶。

韩大人笑着说："每个东西坏掉都有它的定数，反正东西做好了迟早有一天会坏的，今天是它的时间到了，所以坏掉了。而且你也不是故意的，你没有罪，没关系的。"那当然所有在场的人都很感佩韩琦的大度。

大家开悟了没有？我们好好行善，帮人出自至诚心，生出的孩子很可能是圣贤来的，不但传承家道，还能利国利民，复兴文化。这几个故事让我们感觉到，救人于急难当中功德最大。饥饿的人快饿死了，冻得快死了，都是有生命危险。

佛家说："救人一命，胜造七级浮屠。""浮屠"就是宝塔，所以救人的功德很大。不只救人性命的功德大，救人的慧命功德也大。你救了他的慧命，当事人生生世世受益，他世世代代的子孙都受益。

我们接着看下一则故事。"**台州应尚书，壮年习业于山中。夜鬼啸集，往往惊人，公不惧也。**"台州在浙江省。"尚书"相当于正部长。"习业"就是读书，他壮年的时候在山中的佛寺读书。以前读书人穷，买不起书，住不了客栈，佛家慈悲为怀，都欢喜供养这些读书人。而且佛家的寺院里都有藏经阁，里面儒释道的经书有很多。结果他半夜听到鬼聚集在一起，那个叫声挺吓人，但这个应尚书很有胆量，正所谓"平生不做亏心事，夜半敲门心不惊"。

"**一夕，闻鬼云：'某妇以夫久客不归，翁姑逼其嫁人。明夜当缢死于此，吾得代矣。'**"他有天晚上听到鬼说："有个妇女的丈夫到外去发展，很多年都不回来，他的父母觉得他已经死了，所以就逼媳妇嫁人。""翁姑"就是公公婆婆。"这个妇女坚守节操，不愿再嫁给其他的男子，要忠于她的丈夫，所以明天夜里她要在这里上吊自杀。我就找到替身了，可以投胎了。"

"**公潜卖田，得银四两。即伪作其夫之书，寄银还家。**""潜"就是毫不声张，很低调地赶紧去办。应尚书听完以后，卖了自己的田，他已经很穷了，可能所有的家当都拿了出来。所以从这里看到，读书人不把钱财放在心上，重人命。然后装作她的丈夫写信回家，还附上银两。

"**其父母见书，以手迹不类，疑之。**"他的父母见到信，觉得不像儿子的笔迹。"**既而曰：**"但是又想想，说道："书可假"，这封信可以假，"银不可假"，这四两银子可是真的。"**想儿无恙。**"孩子应该还是平安无事的。"**妇遂不嫁。**"就打消了逼媳妇改嫁的念头。

"**其子后归，夫妇相保如初。**"后来儿子真的回来了，夫妻圆满团聚。我们想想，假如没有应尚书，这个家变成什么样？儿子一回来，我太太呢？被父母逼死了，全家都得发疯，有没有可能？所以，在救人的时候，都是感同身受的。所以，这事不做不行，哪怕倾家荡产都得做。

"**公又闻鬼语曰：'我当得代，奈此秀才坏吾事。'旁一鬼曰：'尔何不祸之？'曰：'上帝以此人心好，命作阴德尚书矣，吾何得而祸之？'**"应公又听鬼说："我本来可以找到替身，无奈被这个秀才坏了这件事情。"旁边的鬼说：

"他太可恶了，你怎么不找他麻烦，降灾祸与他？"结果这个鬼说："上帝因为这个人心地太好了，已经定他做尚书了，我怎么可能害得了他？"大家要知道，内行人看门道，这个人命中当尚书，旁边都有天地善神护佑。

"应公因此益自努励"，他听了之后很受鼓舞，确实善有善报。**"善日加修，德日加厚。"**行善的心越来越恳切，每天尽力去做，德行不断地加厚。

"遇岁饥，辄捐谷以赈之"；遇到荒年，大家没饭吃，赶紧捐粮食赈灾。**"遇亲戚有急，辄委曲维持"**；遇到亲戚有急难的时候，不管是丧事、婚事，还是病患，急需用钱，急需帮助，哪怕自己已经苦得不得了，都委屈自己去帮助亲人。**"遇有横逆，辄反躬自责，怡然顺受。"**遇到一些不顺利，甚至他人无礼的对待、伤害，他不只不气，不指责，还反省是不是我有做得不好的地方，才会造成这个结果。而且不只是反省自己，还心平气和地接受这些横逆。

"子孙登科第者，今累累也。"这都是了凡先生给他的儿子作证明，这个人离你已经一百多年了，他的后代现在当官的还很多。这个故事是救人之急，全人节操，又爱护整个家族，所感来的福报。

我们接着看了凡先生讲的第七则故事，**"常熟徐凤竹杕"**，"常熟"在江苏省。"徐凤竹杕"，这个人叫徐杕，字凤竹。古人都有字，亲戚朋友为表尊重，都称他字，只有父母跟老师可以叫他的名。

"其父素富。偶遇年荒，先捐租以为同邑之倡，又分谷以赈贫乏。"他的父亲有财富，如果遇到荒年，收成很不好，他的父亲都会带动大家行善，先捐田租。他父亲是地主，捐了这些田租来救济灾民，成为这一县的带头者。学习这句也期许我们每个人做任何事情，要带动自己家庭，带动自己社区，带动自己单位的良好风气。"又分谷以赈贫乏"，不只把田租捐出去，又拿自己家里的粮食来接济贫困饥饿的人。

"夜闻鬼唱于门曰：'千不诳，万不诳，徐家秀才做到了举人郎。'""诳"是讲欺骗人的话。千不骗，万不骗，就是说接下来讲的这个话，绝对不骗人。同时也告诉我们，积德行善这是古圣先贤的教诲，讲了几百次、几千次，讲了几百年、几千年，绝不骗人，丝毫不爽。所以，徐凤竹本来只是秀才，但是他父亲积德行善，他做到了举人郎。秀才就是公费学生，但还不能当官，考上举人就有功名，可以当官了，所以叫举人郎。

"相续而呼"，这些鬼唱着这个歌，这是赞叹随喜徐家老爷的善行，一直没有停止。**"连夜不断。是岁，凤竹果举于乡。"**果然在当年，徐凤竹考上了举人。"举于乡"，"乡"就是乡试，乡试及格的叫举人。

"**其父因而益积德**"，他的父亲非常受鼓舞，更加积极努力地去积德行善。"**孳孳不怠**"。非常勤勉，不疲不倦。大家有没有遇过身边的人做好事，越做越欢喜，越做越不疲倦，越做越停不下来的？假如你身边有这种人，那叫"吉人自有天相"。

他能做到这么欢喜，那等于是"见人之得，如己之得""人饥己饥，人溺己溺"。只要别人有需要，他绝对不会坐视不管，帮上了别人自己才比较安心。这个徐家老爷做了哪些事呢？

"**修桥修路**"，方便行路之人。我们看每句经文，要用心去体会，体会到了我们就愿意去做。"修桥"，大家想想，假如没有桥，一条大河每年会淹死多少人？淹死一个都不得了，他们家多少人就痛苦一生，所以修桥积的阴德可不小。"修路"，路假如很泥泞，一下雨，你看多少人遭殃？大家有没有经验，下雨路又不好，踩得整个鞋子统统是泥？甚至滑倒受伤。尤其是老人，年纪大了最怕摔，一摔可能骨头断了，都有可能终生坐轮椅。看到这些需要的时候，赶快去修桥修路。

修有形的路，让路好走。可是没有正确的思想观念，人生路能不能走得好？所以把正确的思想观念供养给他人，也是让他人的人生路好走，所以教育最重要。

"**斋僧接众**"。僧人是"一钵千家饭"，弘扬佛陀的教诲，游化四方。"斋僧"，看到僧人，赶紧供养僧人的生活、饮食。"接众"，很多行脚路人，渴了饿了，没地方休息，他很慷慨地帮助他们。"**凡有利益，无不尽心。**"只要有益于人，只要自己力所能及，都毫无保留地去做，尽心尽力。"**后又闻鬼唱于门曰**"，后来又听到这些鬼在门口唱着歌："**千不诓，万不诓，徐家举人直做到都堂。**"这些鬼很有善根，它们一唱利益了不少人。第一，给徐家信心，是吧？第二，几百年之后，又给了我们信心。所以不只徐家有信心，我相信当地听闻这件事的人都增长了信心。徐家的孩子本来是秀才，最后成为举人，又提升到都堂。都堂是都察院的大官。"**凤竹官终两浙巡抚。**"徐凤竹最后当到两浙的巡抚，巡抚是省长级的官员。

我们接着看原文，"**嘉兴屠康僖公，初为刑部主事。**""公"是对他的尊称，说明他对社会国家很有贡献，他开始做的是刑部的主事官。"**宿狱中，细询诸囚情状，得无辜者若干人。**"他不只白天用心办公，还常常夜宿在监狱里，仔细地询问囚犯，了解他们的案情，希望不要有枉受冤狱的人。这就是视人民如亲人一般，谁愿意自己的亲人受冤狱呢？结果无辜的人果然有不少。

"**公不自以为功，密疏其事，以白堂官。**"屠康僖公不觉得自己有功劳，赶紧私底下把这些情况写成疏文，禀报给他的领导，就是刑部尚书。

这个动作很可贵，这叫"让名于上"。人最重要的是做大事，不贪名，不贪官位。做出一些贡献，感谢领导，因为他对你有知遇之恩，把功劳让给他。再来，你让功于上，上位者更欢喜，更支持，事情就更好做。你如果功高震主，上位者觉得功都是你的，他就很难受，这就不符合人情事理。所以做很多的功德都要想到是国家、政府、领导让我这个机会，人就不会好名贪功。

"让位于贤"，这也是大功德。春秋时候，鲍叔牙推荐他的朋友管仲，管仲的官比他还大，他让高位给贤德之人。贤德之人在位，利益的是全国人民。所以鲍叔牙这一让，功德太大了，他的后代子孙十几代福报都很大。"积善之家，必有余庆。"反过来说，如果在单位里嫉妒同人、领导，都有罪过。所以随喜、推荐、赞叹，这是很大的功德，功跟过就在一念之间，天壤之别。

还要"让功于众"，每件事情都是众人之力成就的。有哪些做得不到位、不足的我检讨，都是看别人的付出，赞叹、随喜别人的付出，这样的处事态度非常可贵。自己能够细心检讨，不断提升，又能够随喜赞叹别人的功劳，大家都受鼓舞，愿意行善。"让位于长"，生活当中，一定要先给年长者方便，这都要细心去观察、体会。"让食于幼"，让食物给幼者，因为孩子正在长身体。在我们成长的过程当中，父母就是这样爱护我们，为了让我们长得更好，他们经常少吃一点。

"**后朝审，堂官摘其语，以讯诸囚，无不服者，释冤抑十余人。一时辇下咸颂尚书之明。**"他把这些实情禀告了刑部尚书。后来朝廷秋审开庭，主事的官员依照他所了解的实情来审，这些囚犯没有不心服口服的，最后释放冤抑的人有十多人，"冤抑"，"抑"就是被压迫，可能屈打成招，被胁迫的，最后都帮助他们洗刷清白了。这个消息传开来，一时间京城里都歌颂刑部尚书的明察秋毫，公正廉明。"辇"，下面是一个车，是指皇帝坐的车子，延伸开来，"辇下"就是皇帝所在的京城，就是首都。

"**公复禀曰：**"屠康僖公并不是做了些善事，就满意了，他时时都在关注怎么让更多的人受益，所以接着又向他的领导禀告："**辇毂之下，尚多冤民**"。在京城还有不少受冤屈的老百姓。"**四海之广，兆民之众，岂无枉者？**"整个国家这么大，人民这么多，怎么可能没有冤枉的人呢？我们当下属的，一来要把问题讲清楚，二来，还要有好的建议，不能只是批评问题，没有积极性的建言。

"**宜五年差一减刑官，核实而平反之。**"他接着就提出了很好的建议：应该每五年就派一批减刑官到全国各地去核实，详查所有的案件，了解真实案情，不合理的赶快平反。"**尚书为奏，允其议。时公亦差减刑之列**"，尚书向上奏明了此事，上面采纳了他这个建议，而且他也在减刑官的行列当中。他这么去做，受益的就不只有十余人了，可能是百千万人。

"**梦一神告之曰：**"梦到一位神明告诉他。"**汝命无子，今减刑之议，深合天心**"，你本来命中没有孩子，可是你减刑的这个建议跟上天好生之德相应，"**上帝赐汝三子**"，所以老天爷赐给你三个儿子。"**皆衣紫腰金**"。"衣"是动词，就是穿。"衣紫"，就是穿着紫色的官服。紫色官服一般是部长级领导穿的。"腰金"，腰上绑的是金腰带，代表高官厚禄。

"**是夕，夫人有娠，后生应埙、应坤、应埈，皆显官。**"后来他的太太果然怀孕了，生了三个儿子，都当了很大的官。"显官"，使整个家族都非常显赫和兴盛，这是他平反冤狱的善报。

有人会说："我也不是监狱的长官，这个福能修吗？"经典没有一句不能用在我们的生活，大家要了解，不是只看这个行为，要看心地。你身边的人如果被别人冤枉了，被人家毁谤了，你能讲正直的话帮他洗刷清白，就是这种功德。

尤其在团队当中，正直的人、尽心尽力的人反而被人家毁谤、批评，大家看历史，国家都快灭亡了，站出来立志扭转大局的人，有没有被很多人毁谤？这个时候我们为团队里的人洗刷清白，这也有一样的功德。

我们看下个例子，"**嘉兴包凭，字信之。其父为池阳太守，生七子，凭最少，赘平湖袁氏**"，嘉兴这个地方有个人叫包凭，字信之。他的父亲在池阳这个地方当太守，池阳在安徽省。他生了七个孩子，包凭是最小的，最后入赘了平湖袁氏家族，所以他跟袁了凡先生是姻亲关系。"赘"就是这个袁家没有儿子，所以招个女婿入赘，来传袁家的香火。"**与吾父往来甚厚。**"包凭跟了凡先生的父亲关系非常密切，交情很深。

"**博学高才，累举不第**"，包凭学问很好，又很有才能，但是每次都考不上功名。"**留心二氏之学。**"很用心地深入研究佛家跟道家的学问。

"**一日东游泖湖**"，有一天到江苏的泖湖去游玩，"**偶至一村寺中**"。到了一个乡村，乡村里建了一个寺院。"**见观音像淋漓露立**"，这个佛寺屋顶坏了，雨水都淋到了观音圣像的身上。包凭看了非常心痛，不忍心圣像被雨淋。"**即解囊中得十金，授主僧，令修屋宇。**"他第一个反应，赶快把他的袋子里的十两银子拿出来，给主持寺院的僧人，希望他能够赶紧把这个屋顶修好。

"**僧告以功大银少，不能竣事。**"僧人告诉他，这工程太大，这么一点钱不可能完成这件事情。"**复取松布四匹，检箧中衣七件与之。内纻褶，系新置**"，他又拿出来松布四匹，这都是很好的布，又从竹箱里拿出七件衣服，这些衣服都是麻织衣，都是刚做好的衣服。这些全部贡献出来，看能不能多筹些款项。"**其仆请已之。**"他的仆人再三劝阻他，这些您要穿的，怎么可以全捐呢？

"**凭曰：'但得圣像无恙，吾虽裸裎何伤？'**"只要能够让圣像不受雨淋，不被损坏，纵使我赤裸身体，又有什么关系？大家从这句可以感受到他的那种至诚之心、恭敬之心。看到这句，我也想到恩师在讲课时多次提到，只要能把传统文化复兴起来，哪怕失了生命都在所不惜。大家看到这句，脑海里有没有浮现哪句话？"但得传统文化复兴，吾虽鞠躬尽瘁何伤？""但得《了凡四训》得以弘扬，吾虽鞠躬尽瘁何伤？""但得家风家道传承，吾虽鞠躬尽瘁何伤？"

"**僧垂泪曰：**"住持僧人为他这一念心所感动，流着眼泪说道："**舍银及布衣，犹非难事**"，施舍银两、衣服并非非常难的事情。"**只此一点心，如何易得！**"这念至诚布施的心，这念不忍圣像受损的心，太难得了。

"**后功完**"，后来修屋宇的工程完工了，"**拉老父同游**"，他带着他的父亲又到这个寺院来游玩。"**宿寺中。**"当天夜里住在这个寺院里。

"**公梦伽蓝来谢曰：**"包凭梦到伽蓝护法神来感谢他。所以每个人尽心尽力护持正法，都会感得护法神的护佑。一心弘扬传统文化的人，一定会有祖宗、护法神的照顾。"**汝子当享世禄矣！**"你的代后可以享受世世代代的官禄、福禄。

"**后子汴，孙柱芳，皆登第，作显官。**"他的儿子跟孙子都考上进士，做了大官。家族变得很有福报，很有名望，这是诚心修缮寺庙的功德。

了凡先生举了十个例子，下面这是最后一个。"**嘉善支立之父，为刑房吏**"。浙江嘉善有一个人叫支立，他的父亲在监狱里的刑房当书办。"**有囚无辜陷重辟**"，有一个因犯是无辜的，是被陷害、诬告了。"重辟"，就是被判了重刑，比如说死刑。"**意哀之，欲求其生。**"支立的父亲很同情他，希望能够救他一命，平反他的冤狱。

从这里我们可以看得出来，读书人接受孔老夫子的教诲都有仁爱之心，正如《孟子》讲的："人饥己饥，人溺己溺。"我们想想，一个人被判了死刑，除了他自己陷入绝望以外，还有谁会痛苦？他们全家的人，爱他的人都很痛苦。

这个因犯在绝望当中感受到这位官员的善意和仁慈，这是他的一线光明。

"囚语其妻曰："这个囚犯的太太来看望他，他对太太说："**支公嘉意，愧无以报。**"支公非常仁慈和善良，希望帮我平反，但是很惭愧，我根本没有什么可以报答他的。

"**明日延之下乡**"，明天你邀请他到我们乡下。"**汝以身事之，彼或肯用意，则我可生也。**"然后你"以身事之"，这样他可能会更用心，念这个情分，来办好这件事情，那我可能还有生还的机会。一个人也是濒临绝望的时候，才会出此下策。

"**其妻泣而听命。**"他的妻子也觉得，他们家走到这个地步也没办法了，只能顺从丈夫的意思答应了。一个父母官，能不能想到百姓有多少人的人生是濒临绝望的状态？假如想到这里，会竭尽全力地救护他，对方出这样的下策，反而更能感觉到他的恐慌、无助，这是善体对方的心情。

"**及至**"，隔天，支公到他们家。"**妻自出劝酒**"，他的妻子非常热情地款待。"**具告以夫意。**"又把她丈夫的意思转告给支公。"**支不听，卒为尽力平反之。**"支公断然拒绝，但还是尽力地帮他平反，洗刷了他的冤情。

"**囚出狱，夫妻登门叩谢曰：公如此厚德，晚世所稀**"，这个囚犯出狱之后，夫妻一起登门叩谢支公救了他们家一命，并发自肺腑地说，您的人品、道德，世间罕见。公务员得到国家和人民的信任，他们领的薪水是纳税人的钱，应该尽一分道义，爱护好百姓。

从此地我们也可以感受到，咱们中华民族的人民非常善良。公务员服务好老百姓是应该的，可能他们做了一点，老百姓就感激得不得了。而一个官员，你有仁慈之心，能感动多少百姓？能改变多少百姓的命运？所以"公门好修行"啊！我们看范仲淹，他在当官的时候提拔了多少人才，这些人才又利益了多少人民？

"**今无子，吾有弱女，送为箕帚妾，此则礼之可通者。**"这个囚犯出狱以后，很感佩支公的德行，也替他着想，"您都还没有儿子来传承您的家道。我有一个女儿，二十岁左右，送您做妾"。"箕帚妾"，看到这个名词，也看到古人的那种厚道，讲话很客气。让我女儿去你们家拿簸箕、拿扫把，帮你扫扫地，好不好？这应该是符合礼仪的，不是说嫁到你们家做贵夫人，而是做妾。你看古人的谦退，都在言语当中可以体现。"**支为备礼而纳之**"。支公接受了，但是非常恭敬对方，对方变成他的岳父岳母了。虽然是纳妾，他也非常恭恭敬敬地迎娶进来，同样感谢这一对夫妇养育女儿的辛劳。

"**生立**"，妾生了支立先生。"**弱冠中魁**"，20岁就考上举人，而且名列前茅。乡试第一名叫解元，第二名以后叫金魁，中魁就是排在前面的名次。**"官至翰林孔目"**。做官做到翰林院的书记。**"立生高，高生禄，皆贡为学博。"**他的孙子高，曾孙禄，学问都很好，保送国家的大学读书，然后派到官办的学校当老师。"学博"，就是官学的老师。**"禄生大纶，登第。"**这已经是第四代了。"登第"就是考上了进士。这是救护无辜的人，给人再造之恩得到的好报。

"凡此十条，所行不同，同归于善而已。"这十个案例，虽然所做的事情、情节不尽相同，但存心都是真心真意、全心全意去帮助人，毫无保留地去付出和贡献。而且大家注意，了凡先生举的这十个例子基本上都是他们浙江嘉兴附近地区发生的事情，而且也是时间最近的例子，离他们很近。大家都很熟悉这些人、这些故事，会给人很强的信心。

所以，以后大家劝人行善，也要注意多收集故事，走到哪里收集哪里的故事。大家起了对行善的信心，接着要懂得正确地判断，什么才是真正的行善？不能你觉得是行善就想当然，要有智慧。

接下来，了凡先生讲解了"为善八辨"。了凡先生讲："善有真，有假；有端，有曲；有阴，有阳；有是，有非；有偏，有正；有半，有满；有大，有小；有难，有易。"这些都需要深刻地了解和学习。

17　你没有自己想象的那么善良

"若复精而言之"，若要更精细地去判断什么才是善，了凡先生从八个角度来讲："则善有真，有假；有端，有曲；有阴，有阳；有是，有非；有偏，有正；有半，有满；有大，有小；有难，有易。皆当深辨。"对于这八个角度都要深入了解和判断。

"为善而不穷理"，一个人行善，不通达善的真理、善的真相，"则自谓行持"，自己觉得自己做得挺好，"岂知造孽"，反而是做错了。"枉费苦心，无益也。"白费苦心，自己不受益，也没有办法带动别人行善。

比如，我们平时说的"善"，是带有很多前提条件的，你平时对所有人都善吗？估计是对你的亲人朋友善良，对陌生人呢？就不一定了吧？！你会对你善良的人善良，但对于你不善的人，你还能以善相对吗？！你对别人善，若是别人不领情，甚至对你不善，你会不会产生怨言和后悔，你的善良还能坚持下去吗？！你对用得着瞧得起的人善良，对用不着和瞧不起的人，你认为没有利用价值的人，还会很善良吗？！

这就是为什么一些人埋怨天，埋怨地，埋怨身边的人，感恩的心和反省的心都升不起来了，甚至破罐子破摔，虚度了年华。因为觉得自己做的没错儿啊，我也是个好人啊，为什么我就没有好报呢？原因出在哪里呢？对于什么是善？什么是恶？什么是好人？什么是坏人？不了解，不清楚，也没有努力学习老祖宗的智慧。

《弟子规》讲"但力行，不学文，任己见，昧理真"，只知道做事情，不知道学习圣贤教诲，久而久之就自以为是，任凭自己的成见，违背了真理，自己都不知道，你说冤枉不冤枉。所以古人讲："君子乐得做君子，小人冤枉做小人。"

一般的善良，时间久了，没见到自己想要的回报，还是会产生各种怨恨，这就是所谓的"世俗之善"和老子有《道德经》中所说的"上善若水"的"上善"的重大区别。如果你解决不了从世俗"善良"到"上善"的升级，你还会因为使用一般世俗之善良而继续伤心痛苦，或者好心办坏事，所以善良是要与天道和人心相合的。

第一个角度，**"何谓真假？"**什么情况叫真善？什么情况叫假善？

"昔有儒生数辈，谒中峰和尚。"曾经有几个儒生去拜见浙江天目山的中峰和尚，这是一位得道高僧。

"问曰：'佛氏论善恶报应，如影随形。今某人善，而子孙不兴；某人恶，而家门隆盛。'"佛家说道，善恶的报应就像影子跟着身体一样，行善一定得善报，行恶一定得恶报，丝毫不爽。可是今天这个人行善，子孙却不兴旺，甚至还有灾难。而某一个人造恶，可是他家里还这么昌盛，还当大官。**"佛说无稽矣！"**释迦牟尼佛讲得好像跟事实不相符合。

这些读书人已经起疑心了，但是可贵在哪里呢？"心有疑，随札记，就人问，求确义。"现在人不一定有以前读书人的态度，成见很深，看到什么马上就下判断，然后到处去胡乱评论，把人家对圣贤教育的信心都破坏了，这就造了严重的口业。所以自己有疑，不能把那个疑去感染很多人，要去请教明白人才对，不然你误导了别人，让人失了信心，断了人家慧命，这个口业就很重。

"中峰云：'凡情未涤，正眼未开。认善为恶，指恶为善，往往有之。不憾己之是非颠倒，而反怨天之报应有差乎？'"这个高僧很有威严，马上义正词严地告诉他们："凡情未涤"，凡人的执着产生的俗情俗见还没有去除。"正眼未开"，判断邪正是非的能力还没有形成，所以"认善为恶，指恶为善"，善恶颠倒了。"往往有之"，这在世间是常有之事情。不遗憾、反省自己是非没有判断清楚，反而抱怨上天的报应不公平、不正确，这是不妥当的。

"众曰：'善恶何致相反？'"读书人问，善恶怎么会颠倒错误呢？**"中峰令试言其状。"**大师让他们把想法讲出来。**"一人谓：'詈人殴人是恶，敬人礼人是善。'"**这个读书人讲：骂人、打人是恶，敬人、礼人是善。**"中峰云：'未必然也。'"**中峰禅师说："不一定。"

"一人谓：'贪财妄取是恶，廉洁有守是善。'"另外一个人又说："贪图钱财是恶，廉洁有守是善。"**"中峰云：'未必然也。'"**不一定。

"众人历言其状，中峰皆谓不然。"这些读书人把他们日常生活当中的所见所闻都提出来，大师都说他们的判断不一定对。

"因请问。"这个很可贵，他们所讲的都被中峰禅师否定，他们还很谦虚地请教。

"中峰告之曰：'有益于人，是善；有益于己，是恶。'"做这一件事情的动机才是根本，那一份存心才是根本。做事的动机是要利益人，那是善；做的动机是带着目的，想为自己谋好处，这是恶。

"'有益于人"，你的动机是为他好，"则殴人、詈人皆善也'"。你这一巴掌打下去，把他打醒了，你救了他一命。你骂他把他给骂明白了，骂清醒了，他可能逃过一劫，不做糊涂事。大家有没有把人骂醒过？

大家也不要学传统文化学得什么时候都很柔和，都看起来像好人，该骂人得骂，该呵斥得要呵斥，不然"慈悲多祸害，方便出下流"。佛门有一尊护法神叫"怒目金刚"，我们看藏地的观世菩萨很多就是怒目的。你该呵斥他时没呵斥，他愈来愈放纵，就是对他不慈悲了。

当然，我们可不是乱骂人，骂了可以醒才骂，那是缘分成熟了。而且骂的时候不是发脾气，是掏出心来护念他，那种言语是可以感通的。你们有没有骂人骂到流眼泪的经验？骂到被自己感动得流眼泪。我身边有当老师的，对于那些比较皮的孩子，他知道你骂他是为他好，所以对你很热情。

"'有益于己，则敬人、礼人皆恶也。'"都是带着目的的，有所求的，你礼敬他人，那叫谄媚、巴结，那是恶。所以圣贤人看事，都从根本、从心地看，就不会看错。

"是故人之行善"，所以说人行善，标准在哪里呢？**"利人者公"**，都是利益人的心，是无私的，是公心，**"公则为真"。"利己者私"**，做这一件事情是为了利益自己，是自私的，**"私则为假"**。所以真假从为公还是为私能判断出来。

在古时候，有一群同乡的考生，一起去赴京赶考，也好结伴而行有个照应，赴京赶考都要走很多天啊。结果他们一群人正在走，走着走着，其中有两个人因为太思念妻子了，就不想考了。

大家想想，如果是自己的先生因为思念自己，考试不考，回来了，高不高兴啊？他都想你，高不高兴？大家是有见识的人，不是眼光短浅的人。现在有些女孩子没有眼光，她说，"只要他对我好就好了，只要他心里都是想着我就好了。"

他心里只有你，那叫欲，欲望；他心里都有着父母，那才叫爱。爱心的根源是孝道，连父母都不爱，他怎么会有爱心呢？《孝经》讲："不爱其亲而爱他人者，谓之悖德。"这是基本的判断力啊。

他只有你那叫欲，"欲令智迷，利令智昏"，人只看到利欲的时候就熏心了，因为他看得很浅。大家注意看，很多学生一交女朋友，功课一落千丈，那样的小伙子是没出息的、不理智的。一追女朋友，事业做不做的，也提不起劲儿来了，只想着跟女朋友散步、看电影。这时候那个姑娘还在那里想："真好，他心里只有我，对我很专心。"那这个姑娘可就太愚痴了。能依靠一辈子的男人，一定是很有责任感的人，想得很远的人。

这两个男人就跑回来了，因为太想太太了。结果有一位父亲一看到他儿子回来，把他按在树上就打，打完以后还把他绑起来，你看够狠吧？够不讲道理吧。隔天就传来了一个消息，他的朋友，就是跟他一起回来的那个考生，回去之后隔天就暴毙，死掉了。

他才知道他父亲为什么把他绑起来，因为长途跋涉，他整个精力已经耗损到相当严重的地步了，回来以后他又缠绵妻子，没有节制的话，那就连命都没了。他父亲懂，所以他父亲是爱护他，所以打他，把他绑起来了。

一个人生了重病之后，不能行房事，他的整个元气还没恢复，很可能病情会加重。人上了年纪之后，也要清心寡欲，葆元毓神，才能延年益寿。以前的女子大部分都懂得这些养生的道理，都懂得要爱护丈夫。但现在西风东进，这些礼又没有学，大家也不懂，年轻人都学西方人。有一本书谈得很清楚，叫《寿康宝鉴》。所以父亲打他骂他，甚至绑他，这是善，这个道理必须清楚。

我们知道曾子是个大孝子，"二十四孝"里面就有曾子，孝是百善之先。曾子有一次在田里帮助父亲耕作，匀苗，也就是锄草，结果应该把这草给锄掉，他却把苗给锄掉了，一不小心把瓜藤给弄断了，瓜藤一断，瓜就死了。父亲看到了，一下子控制不了情绪了，因为太生气了，拿起棍子就打他。曾子觉得自己错了，所以恭恭敬敬地让父亲打，结果一下子就被打昏过去了。

请问大家，假如是我们，我们醒过来，睁开眼睛，第一个念头是什么呢？哦，疼死我了，是吧？爸爸怎么打我这么重啊？气死我了，我们可能都是把"我"放在第一位。我们跟圣人的距离就在这一念之间，曾子第一个念头是什么呢？怕父亲担心自己的身体，所以马上把古琴拿出来，开始弹琴唱歌，然后边弹边唱，边观察父亲。

父亲看到他还能唱歌弹琴，应该没有什么事，心里就放心了。曾子看到父亲，表情非常放松，不担忧了，他才离开父亲的视线。你看，自己被打昏了，第一个念头还是想着他父亲，没想自己，这已经不简单了！

结果这个事情传到了孔子那里，孔子说："曾子不是我的学生，叫他以后不要再来见我了。"其实，孔子这是在那里表演呢，这是教育的方式，也是教育的机会点。曾子很疑惑："我哪里做错了呢？"夫子说了不让他来见，他也得听懂老师的话才行啊。所以，赶紧请同学去打听一下，自己错在哪里。他觉得他还是念念为父亲着想，才会这么做，这是孝敬，这是善啊。夫子也借这个机会，教育所有的学生。

孔老夫子说："我以前不是跟你们讲过大舜的故事吗？大舜，只要父母需要他的时候，他马上就出现；只要父母要害他的时候，他马上就消失。"舜王行孝是非常懂道理的，如果他爸爸拿小棍子，他就接受责罚。拿大的棍子，他就赶快跑。

这叫"小杖则受，大杖则走"，那么大的棍子把你打死了怎么办呢？真的失手打死了，谁最痛苦啊？你的父母不就悔恨一生了吗？那不就让你的父母，这辈子都没办法安心过日子了吗？不就陷你的父母于痛苦、于不义吗？所以学问要懂得通权达变。

"又根心者真，袭迹者假。" 你是发自内心做出来的，这是真；你是做个样子给人家看的，不是真的。甚至是有人在的时候，特意做给人家看，没人在就不一样了，所以"袭迹者假"。《俞净意公遇灶神记》讲：明代有一个读书人叫俞都，他一生行善，结文昌社，听文昌帝君的教诲，戒杀放生，还惜字纸、戒邪淫、戒口过。做了一辈子，依然穷困潦倒。

他反省不到自己的问题，反而埋怨上天，最后感来灶神爷告诉他："你意恶太重，邪念、歪念太多。"所以，人一动邪念就损福报。《俞净意公遇灶神记》讲的："专务虚名"就是"袭迹者假"。都是做给人家看的，做的都是表面功夫。读书人重在表里一如，言行一致。

"又无为而为者真"，无所求，自自然然去行善，这是真。**"有为而为者假。"** 带着企图去做的，这是假善。

"皆当自考。" 好好去观察、体悟，就能通达明了，就知道怎么行真善了。正如《道德经》有一章叫上善若水章，上善就是真善、纯善、上界高维的善，"真善"是毫不利己的善，是没有分别心和不求回报的善，是坚定不移的善。而"伪善"是表面上对人好，背后却藏着利用别人的动机；对人好一点点，却期望别人的回报多多；只对那些自己用得着和瞧得起的人好，对其他人，尤其是有误会和争论的人却是一副冰冷或鄙视的面孔，等等。

第二个角度，**"何谓端曲？今人见谨愿之士，类称为善而取之。"** 现在的人见到谨慎、非常唯命是从、恭顺的人，觉得这个人脾气很好，很有修养，都把他当善人看，都觉得要效法他。

"圣人则宁取狂狷。" 圣人觉得什么样的人才好呢？狂狷之人。狂者是什么呢？不是疯狂，而是有志气，能进取。该做的事，哪怕身边的人都反对他、误解他，他还是义无反顾地去做。但客客气气的人，就不敢做了。谨慎，怕人家批评他的人，不敢做。在大是大非面前有勇气承担，这是狂狷之士，这样的人一般都赤胆忠心，不拘小节。

大家有没有遇到过，在一个团队里面，有一个人一直在犯错，没有人去劝他，没有人去点出他的问题。别人错了不劝，有失道义。但是，如果我跟他讲了，他不接受怎么办？他到时候误会我对他有看法怎么办？还是不要讲了，不要讲了，随缘吧，随缘吧。《弟子规》讲："善相劝，德皆建；过不规，道两亏。"你不去劝谏，自己的本分就没有尽到。

当然，你劝的时候，态度、场合要对。"规过于私室"，指出别人错误的时候，避开其他人，为对方留着面子，这些细节要设身处地为对方着想。对方一直犯错都不告诉他，这就没有道义，这就是"谨愿之士"。慢慢地，大家有错都没有互相给出建议，这个团队会变得是非不分，而且做错的人会愈来愈放肆。一个团队最可贵的是，大家都很正直、真诚，不是表面上客客气气，该劝都不劝。

所以，什么是"狂狷"？"狂"者，敢作敢为。"狷"者，安分守己，很有原则，不随波逐流，不随顺世间错误的风气。滥好人有时候就会随流，滥好人其实也算是"谨愿之士"。

"至于谨愿之士，虽一乡皆好"，一般世俗的人没有办法看得这么圆融，这么深，他就觉得这个人都没发过脾气，这个人很好。**"而必以为德之贼。"**他没有一种道义，没有一种去树立是非善恶的勇气，无形当中让社会风气堕落，所以孔子认其为道德的贼，无形当中把道德给偷走了，给败坏了。

"是世人之善恶，分明与圣人相反。"一般世俗人判断善恶，有时候跟圣人是相反的。一般看表面的多，看眼前的多，圣人看的是整个社会的风气。

《史记》中有记载，齐威王一开始即位的时候，九年之间诸侯们都来讨伐他，所以他忙于战事，对百姓就很难照顾得好，自己也很苦恼，但是他还是很冷静地处理政事，他也没有因此心浮气躁，而是慢慢地把原因找出来。他首先召来即墨的大夫，即墨在齐国的东边。

召来这个即墨的大夫以后就跟他讲，说："从你到即墨去治理百姓之后，每天我都会听到毁谤你的话，我身边所有的人都说你不好。然后我就私下派人到即墨去实际调查，发现你把荒田开垦得都非常好，粮食丰收，老百姓也都生活无忧。然后公家的事你也没有拖拖拉拉，都是赶紧把它办妥，所以整个即墨一带都非常幸福安宁。为什么我还是每天听到人家毁谤你呢？是你做人直率正直，从来没有讨好过我身边的人，你也没有时间来讨好他们，来求取升官的机会。"

你看，这个齐威王很理智啊，他派人客观地调查。封他食邑万户，就是他可以领万户的薪水，这是很高的俸禄。

另外，他又召见阿地的大夫，然后告诉阿地的大夫："从你去阿地以后，称赞你的话，每天都传到我的耳朵里面来。我私下派人到阿地去巡查，结果你们的田地都荒掉了，都不耕作，人民都非常贫穷困苦。而且赵国打我们，都打到我们的国土鄄地了，你都不管。然后魏国打到薛陵地区了，你也坐视不管。你只是拿着钱财，谄媚我身边的人，帮你说好话。"

他讲完以后，当天就把这个阿地大夫处以烹刑，把他煮掉了，而且所有曾经讲他好话，收他的贿赂的，全部一起处死了。然后齐威王带着军队从西边打退了赵军、魏军，这个时候整个齐国都很震撼，每一个人都不敢掩过饰非，都尽心尽力地尽自己的本分，结果齐国大治。

诸侯了解到这个情况，都不敢再轻易对齐国动兵了，不敢再欺负齐国，他的国家就团结了、强大了。所以我们常常在看事情的时候，看到表面不够深入，往往事情个中的窍门、门道在哪儿，也不一定分辨得出来。看表象，往往会看得自己都怀疑，或者是对经典都怀疑了，都有可能。

所以，孔子说："众恶之，必察焉；众好之，必察焉。"从每件事情当中都要客观地去分析。

《晏子》上记载着这样一个典故，同样给我们很深的启发。晏子开始奉命到阿城去当地方官，结果治理了三年，毁谤的声音都传到了齐景公的耳朵里。齐景公听了之后，当然很不满意了。就把晏子召回来，要罢免他。晏子的确是一个很有智慧的人，他就说："君主啊，我知道我自己错了，请再给我三年的时间，让我重新去治理阿邑，我一定让赞誉的声音，传到您的耳朵里。"于是齐景公派他又回去治理阿邑。果不其然，三年之后，赞叹晏子的声音不绝于耳。齐景公就很高兴，这个时候就要给晏子封赏，这个时候晏子推辞不受。景公觉得很奇怪，他说："你治理有功，这个封赏应该接受，你为什么却要推辞呢？"

晏子说："三年之前，我刚刚到阿城的时候，我注意修理小路，注意家家户户的防卫，结果使那些邪曲不正的人，不得其便。比如他想到人家偷东西，但是现在我要求人人都注重门户的防卫，这些人就不便利了，所以这些人就厌恶我；我又提倡节俭，兴起了孝悌的教育，告诉人要孝敬父母，尊重兄长，还要惩罚那些苟且偷懒的人，结果懒惰的人就不高兴了，他们也厌恶我；在判断诉讼的时候，我不对那些有权有势的人，有所偏向，结果这些权贵、豪强之人，就厌恶我；对于身边的人，他们有什么要求，合法的我才同意，不合法的我就拒绝，所以我身边的人也厌恶我；对于那些权贵之人，他要到我们这个地方来考察，我是严格按照礼仪的规定，来接待他们，从来也没有给他们过分的招待，所以这些权贵之人就厌恶我。有三种邪佞之人，毁谤于外，两种谗曲不正的人毁谤于内。所以不到三年，这毁谤之声都被您听到了。"

然后，晏子接着说："当我重新回去以后，治理阿邑的时候，我改变了以前的做法，我不再修整小路，也不再加强家家户户的防卫，结果邪恶的人就高兴了；我不再提倡节俭，对那些懒惰的人，也不给以惩罚了，也不教导他们孝敬父母，友爱兄弟，那么懒惰苟且的人，也就高兴了；我断案的时候，偏向那些豪富有权势的人，结果那些豪强，有权势的、有财富的人，也就高兴了；对于我身边的人，他们要求什么，我就给他们什么，不管这是不是符合法律，符合制度，身边的人也都高兴了；当那些权贵来访问的时候，我招待他们，都是超规格的接待，大大地超过了礼仪的规定，给他们很高的待遇，结果这些权贵之人也就高兴了。因此，不出三年，赞誉之声就跑到您的耳朵里了。其实三年之前我所做的事情，是应该给予奖赏的。而三年之后我所做的事情，是应该给予惩罚的。但是您现在却要给我奖赏，所以这个奖赏我不应该接受，也不敢接受。"

齐景公听到这里，深有所悟。他明白晏子是一心为公的人。所以他就提拔了晏子，并且委任晏子来主持国政。这个例子告诉我们什么呢？世俗人所赞誉的人不一定就是贤德之人，世俗人所毁谤的人也不一定是不贤德之人。

西方的民主选举它依靠的是众人的意思，依靠一人一票的选举。公民一定的理性能力和道德素质是公平选举的前提，如果不注重公民的道德和素质教育，往往把那些特别喜欢结党营私的人，选举出来了。特别是候选人，为了提高自己的知名度，让更多的选民了解和支持自己，必须依赖于大的财团进行宣传，一旦他们当选之后，你就必须考虑，如何回报这些财团，要照顾到他们的利益。基本上是为大的财团所掌控，而这些财团的实质，是唯利是图的。

所以，在所谓的民主制度之下，结党营私是一个重要的特点。这也是导致西方国家政策虽然出现了病态，但是不能够更改的重要原因。所以，无论是哪种政治制度，人的道德素质和理智都是使制度得以良好实行和发挥效用的根本所在。

我们接着看原文，**"推此一端，种种取舍，无有不谬。"** 从这个角度来判断，种种事理的取舍都有违背真理的可能。**"天地鬼神之福善祸淫"**，天地的这些真理、祸福，**"皆与圣人同是非，而不与世俗同取舍"**。跟圣人是一样的，不会随着社会风气而改变，真理是不会因时空而改变的。

"凡欲积善，决不可徇耳目。" 所以，人要积德行善，绝对不能顺着世俗的眼光去做。**"惟从心源隐微处，默默洗涤。"** 一个人要判断自己是不是真行善，都得从心地深处默默洗涤，就是常常观自己的起心动念。错了，赶快转念，"不怕念起，只怕觉迟"。念头不对了都能承认，就是不自欺，这不简单，这就是"知耻近乎勇"，有勇气的人一定可以突破自己。

"纯是济世之心，则为端；苟有一毫媚世之心，即为曲。" 我们在济世利人的时候，完全是一颗利益人的心，没有夹杂其他的念头，则非常端正。如果夹杂了一丝一毫的媚世之心，就歪曲了。为什么一毫就是歪曲了呢？因为这一丝一毫的邪念会不断地扩展，最后你这个善就完全偏掉了。"媚世"就是谄媚，有所目的、有所求的心就不是端。

"纯是爱人之心，则为端；有一毫愤世之心，即为曲。" 没有夹杂丝毫的情绪，这是端；夹杂丝毫埋怨在里面，这就是曲。

"纯是敬人之心，则为端；有一毫玩世之心，即为曲。" 真正打从内心恭敬别人，是端；"玩世"，对人还有取笑，玩弄，轻慢，不恭敬，夹杂丝毫这些念头，就是曲了。

"皆当细辨。" 这些都应该仔细来判断。

我们再看第三个角度，**"何谓阴阳？凡为善而人知之，则为阳善；为善而人不知，则为阴德。"** 行善人家都知道，这叫阳善。"阳"就是呈现出来，大家都知道。"为善而人不知"，就是积阴德。

"阴德，天报之"；你积阴德，老天一定会降福给你。**"阳善，享世名。"** 你行善人家都知道了，都竖大拇指。**"名，亦福也。"** 你享了这个好的名，也是享了你的福报。

《论语》讲"君子耻其言而过其行"，自己讲的跟做的不一样，言过其实，君子会觉得羞耻。同样地，名过其实，君子也会觉得羞耻，君子会想："人家这么恭维我、肯定我，其实我没有那么好。"所以，享阳善的时候要诚惶诚恐，自我膨胀就麻烦了。人家夸了几句，真的觉得自己了不得了，"八风"没吹心就动了，就很麻烦，自己就把自己卖掉了。

所以，孔子总是称赞那些不伐善的人，也就是不自夸、不图名利的人。在《论语·雍也》的第十五章，孔子说："孟之反不伐，奔而殿。将入门，策其马，曰：'非敢后也。马不进也。'""孟之反"是鲁国大夫，姓孟，名之侧。据《左传》记载，在鲁哀公十一年（前484），齐国跟鲁国有一场战役，那场战役鲁国大败。孟之反主动殿后，这是一个勇敢的人。快入城门时，鞭打着自己的马，说："不是我敢于殿后，是马不肯前进的缘故。"所以，孔子赞叹他不自夸、不邀功。

邀功、伐善都是因为有名闻利养的心，如果心里不执着名闻利养，怎么会矜功伐善？所以，孔子在这里还是教我们戒贪，断除名闻利养，然后才能明明德。那些喜欢自夸、爱表功的人，做了芝麻大点儿的付出，吹得比天都大，生怕别人不知道，到处去说自己做了什么什么好事，有什么什么功劳，这种人无足道也，没有什么可取之处。

尤其喝上二两酒之后，恨不得周围人都得对他感恩戴德才行，他即使夸赞别人，最终的目的也是用别人衬托自己，如果被夸的人不反过来表示全仰仗他的帮助，也许是人前，也许是人后，他就会翻脸不认人。因为他的人欲太强了，名闻利养的心太强，他很难恢复天理良心了。

古德常讲："你想入圣贤之门，首先要断自私自利、名闻利养、五欲六尘、贪嗔痴慢。"这十六个字断掉了，你才能到圣贤门口，这还没入门，但是到了大门口。要想再入门，发心好学，自觉觉他，就能得道开悟，成圣成贤。

你看孟反之，他勇敢殿后，他真有功劳，他都把功推到别人那里；实在找不到别人，就把功劳推到马那里，这是马的功劳，是因为马跑得慢，跟我没关系。天大的功劳，自己这一说就变得不足为道，比芝麻粒还要小。越是这样不图名利、谦虚礼让的人，越受人尊敬；越是炫耀自己善良的人，往往不是真善，被人识破以后只会被大众耻笑。

2023年12月10日，商丘市某企业家带领一些志愿者前往当地的一家敬老院，为老人们送去了大白菜。然而，他们在敬老院门口让老人家每人手拿两棵大白菜，并与他们拍照合影，后边还拉着以送爱心为主题的大条幅，并将照片上传到社交媒体上，称是"送温暖，传递爱心"。

视频中的老人们站在路边，身穿厚重衣服，身形佝偻，在寒风中一遍遍地配合他们摆拍，真的让人心疼啊！霎时间，送温暖、献爱心几个字变得如此刺眼。这一年的大白菜本来就降价处理，一棵大白菜甚至不到两元钱，这些捐赠甚至不够给老人家买感冒药的。

有人调侃这是"白菜门"事件，是"最冰冷的送温暖活动"。而就在前几天，河南省商丘市早已发布了寒潮暴雪以及大风预警。爱心不是一种形式，而是一种心态。荀子认为善良的心意才是善心，假如心思在名利上，看似在做慈善，在献爱心，这样的爱心，不仅没有温暖老人的心，反而让他们感到尴尬和心寒。所以，视频一经发出，网友们彻底怒了！"折腾人""形式主义""摆拍"等声音充斥各大平台的评论区。

如此人人都嗤之以鼻的"善心"，能感动上天，能获得福报吗？显然不会。如果真的帮助了他人，即使有人宣传，也是人之常情，可以理解。但添了麻烦，还要到处宣传自己很善良，这样的结果自然就是搬起石头砸自己的脚，不会有好的结果。在我们的生活和工作中，那些处处都说自己爱帮助人，做了多少贡献，有大资产的人，交往之间一定要慎重。听其言，观其行，真正有德行和福报的人，往往都把功劳和名声归功于别人，谦虚谨慎，这样的人事业才能长久，才更可靠。

"名者，造物所忌。" 名声天地忌讳，你看天地化育万物，对我们有没有恩德？老子说："生而不有，为而不恃，功成而弗居。"天地生养了万物，它从来不居功，不要名。天地都不要名了，我们怎么可以去要名呢？

"世之享盛名而实不副者，多有奇祸"。 享有很高的名声，但是实质上不符合、不相配，福报一花光了，往往会有奇祸。

我们曾经听过，一个少将听到内部消息，已经确定明天宣布他当中将，他知道了很高兴，找亲朋好友吃饭，宴请亲人，吃得很高兴，结果当天就死了。有没有当上中将？没有。早一天知道，结果没有当成，他命里的福报还没有积累到可以当中将，所以一下被中将这个名给压扁了。所以古人不愿意有盛名，甚至于处事都非常谦退。"谦卦六爻皆吉"，那好名的人，往往喜欢炫耀，反而是招祸了。

名是一种责任，而不是应该去执着、去夸耀的。比方说身为董事长，那是一种责任，因为要照顾的员工愈来愈多了才对。而今天假如真的我们德不配位了，不要好这个名。应该怎么样？为团队想，要把这个名让出来，把这个位置让出来，这样才对。

不然你有一个名，本身你有一个职位，它就带着责任。比如是一个官员，那他就带着责任，在这个位置上最重要的是爱护人民，假如有一个比自己更好、更有德才的人，当然要把位置让给他，这才是为政的初衷。我们坐上那个位子，难道是为了抱住那个位子不放而忘了去爱护人民吗？

"人之无过咎而横被恶名者，子孙往往骤发。阴阳之际微矣哉！" 一个人没有过失，没有犯错，却受到很多人的侮辱、毁谤，他吃不吃亏？冤不冤枉？

他只要能够逆来顺受，不计较，子孙往往骤发，他积了福德给他的后代，阴阳之间的距离就是这么微妙。这句话大家看明白没有？如果看明白了，从今天开始，你过的日子"人人是好人，事事是好事"。人家骂你，"哎呀，他给我、给我子孙送福报来了。我没有犯这个错，他还骂我，他还毁谤我，这是送福报来了"？

那请问大家，你以后的人生有坏事吗？恭喜大家，你的太平日子来了。你只要明理了，就是太平日子了。所以，《春秋·曾子》讲："积德无需人见，行善自有天知。人为善，福虽未至，祸已远离；人为恶，祸虽未至，福已远离。行善如春园之草，不见其长，日有所增；做恶如磨刀之石，不见其损，日有所亏。"

我曾经看过一篇文章，叫《我们不方便只是三小时》。讲的是在乘车高峰期的时候，有一对夫妻，订到了回老家的票，上车以后却发现有位女士坐在他们的位子上了，先生就示意太太先坐在她旁边的位子上，却没有请这位女士让开位子。

太太仔细一看，才发现这位女士的右脚有一点儿不方便，才了解到先生不请她让位的原因。他就这样从上车一直站到下车，从头到尾都没向这位女士表示这个位子是他的。下了车之后，太太心疼丈夫，就说："让座儿是善行，但是你大可以在中途请她把位子还给你，换你坐一下啊。"

她先生说："人家不方便是一辈子，我们不方便就这三个小时而已啊。"听到先生这么说，这个太太相当感动，觉得自己能有这么一位善良又为善不让人知的好丈夫，让她觉得这个世界变得很温暖。所以文章最后说："我们不一定会因为赚很多的钱而富有，但我们可以因为付出的善念而富有。"这就是阴德，阴德天报之，人人都想要好风水，其实福地福人居，福人居福地啊，福田要靠心耕。

还有一个反面的例子，这是在清朝末年，有一个官员，后来退休了，他有很多钱，在家乡做很多好事，修桥补路、周济贫苦，整个乡都称颂他是善人。可是最后没想到他暴病而死，没有好死，他的太太想不通，为什么自己的先生是个大善人，最后还不得好死呢？后来辗转问到，才知道原来她先生过去曾经做了大恶。

他在山西做官的时候，也就是在清朝做官的时候，刚好山西那边发生了大瘟疫，饥民有很多，朝廷给拨发了六十万两黄金赈灾款，由他负责发放，他就把这个六十万两黄金，扣下来大部分中饱私囊了，没有拿去救济灾民。结果灾民死了成千上万人。这件事情除了最亲密的几个朋友知道以外，其他人都不知道，连他太太都不知道，后来是他的这个朋友告诉她，讲出来的。

原来真是善有善报、恶有恶报，他昧着良心得到这一笔赈灾的巨款，拿出这么一小部分拿来做慈善，怎么能够足以抵挡、弥补他的罪业呢？所以，古德提醒我们不要开"两扇门"，什么叫"两扇门"？就是明着做的，面子上看着你是个好人，可是你暗地里，内心深处却做了跟外表大相径庭的事，这样的人往往会过上看似幸福实际上痛苦一生的日子，这样的结果是看起来过得不错，实际上可能得上别人不知道的慢性病，或者有诸多难言之隐般的痛苦，这都是做人开"两扇门"造成的。

所以看为善，要看有阴、有阳，所谓阴就是别人看不见，不为人所知的；所谓阳就是为人所知。阳善就是你做慈善，大家都赞叹你，说你是个大善人，大慈善家，要知道，名也是福，你出了名，就把福给享完了。他这个福没有留住，结果他的恶是阴恶，他从来没有告诉别人，积在内心深处，所以到最后报应现前。

这就是道家讲的："善恶之报，如影随形"。因果报应，丝毫不爽。法网恢恢，疏而不漏。他以为别人不知道，"杨震四知"讲：天知、地知、你知、我知，就像夫子在《论语》里面讲的："吾谁欺，欺天乎？"你想欺骗谁，你自欺欺人，你难道还想欺骗老天爷吗？"天不过因材而笃，几曾加纤毫意思？"老天爷是公平的。

我们接着看第四个角度，**"何谓是非？鲁国之法：鲁人有赎人臣妾于诸侯，皆受金于府。"**春秋时期，鲁国的法律有规定：鲁国人用钱赎回被其他的诸侯国掳掠去的，在其他的国家当下人、当妾的国人，政府就会颁发赏金给他，以资鼓励。

"子贡赎人而不受金。"子贡把人赎回来了，没有领政府的赏金。**"孔子闻而恶之"**，"恶"就是孔子可以马上了解到，这个行为造成的负面影响太大，不是说孔子讨厌子贡这个人。**"曰：'赐失之矣！'"**孔子说子贡这样做不妥，有过失。

为什么呢？**"夫圣人举事，可以移风易俗。"**孔子借由这个教育机会点教导他的学生，机会点抓到了，学生终生不忘。有时我们当老师、当父母的常常讲一些重要的道理，孩子觉得烦。但是一犯错，一有情况出现，你把这些道理给他讲清楚，他会终身受益。夫子在整部《论语》当中抓了太多重要的机会点教诲学生，同时教诲天下的人，也教诲了2500多年后的我们，这也是我要用大概八十万字为《论语》重新做注解的原因。孔子提醒学生：圣贤人做任何一件事，都考虑到能不能带动良善的风俗习惯。

"**而教道可施于百姓**"，自己做这一件事情的身教，包括所讲的话的言教，都可以教育老百姓。身教做典范，言教感化和引导百姓。"**非独适己之行也。**"不是顺着自己，随性去做而已，也不是只考虑自己的立场去做而已。

子贡很有钱，所以他觉得要不要赏金没有关系，这是他自己的立场。但孔子就不是这么看的，孔子的起心动念考虑整个社会和天下。所以，确确实实契入境界的人，所说所行都跟《中庸》讲得一样："动而世为天下道，行而世为天下法，言而世为天下则。"一言一行、一举一动都是天下的榜样。

"**今鲁国富者寡而贫者众，受金则为不廉，何以相赎乎？**"如今鲁国有钱的人太少了，还是穷人多。大家说："子贡连钱都不收，真是清廉，真是有德行。你这个行为会影响很多人，很多人会想：子贡不受金，我要是去接受赏金好像显得我不廉洁，好像显得我比较贪财。

以后每个人要赎人的时候，心里都会产生顾忌：领赏金好像比较没有德行，可是我家里又不是很有钱，赎了我又不能拿赏金的话，生活就有困难。救人的时候就会有迟疑、有顾虑，一百个人当中假如有三五个人迟疑了，那三五个人的命，三五个人的家庭就受影响了，更何况实际情况可能更多。

所以夫子了解人心，可以从一个动作分析出往后对人的心态的影响。"**自今以后，不复赎人于诸侯矣。**"从今往后，很多人就不敢赎人回来了。

另外一件事情发生在子路身上："**子路拯人于溺，其人谢之以牛，子路受之。孔子喜曰：'自今鲁国多拯人于溺矣！'**"子路看到人家溺水，危在旦夕，跳下水把人救上来了。结果那个人非常感谢他的救命之恩，把家里的牛送给他以表谢意，子路欢喜地接受了。这件事告诉世人，勇于救人，得到的善报很厚。

大家现在可能对一头牛到底是多厚的礼没有概念，我家是农村的，我小时候，家里还没有拖拉机，农民都是靠牛吃饭。在春秋时代，牛就相当于一辆拖拉机了，把牛给送出去了，这真的是答以厚报。所以孔子很欢喜，他说这件事情一定会带动鲁国更愿意救人于危难。

了凡先生接着分析，"**自俗眼观之**"，从一般世俗人的眼光来看。"**子贡不受金为优**"，子贡不接受赏金显得比较崇高和清廉。"**子路之受牛为劣**"，子路接受别人的报答显得没有这么高尚。"**孔子则取由而黜赐焉。**"孔子反而肯定了子路，不赞同子贡的做法。可见，圣人的观点跟世俗人是有所不同。

"**乃知人之为善**"，人行善事怎么去考量呢？标准在哪里呢？"**不论现行，**

而论流弊；不论一时，而论久远；不论一身，而论天下。"不论眼前的效果，而论往后的流弊问题；不论当前这一时的结果，而要论对长远的影响；不论自己的得失，而论天下的利益。南北朝时期的梁武帝非常喜欢布施斋僧，他甚至把自己布施给寺庙，然后由大臣和人民凑钱把他赎回来，他经常玩这一套，结果把国家玩进去了。

"**现行虽善**"，现在看他的行为好像是出于善心，"**而其流足以害人**"，但是它的流弊却会害到其他的人，甚至是往后的人，"**则似善而实非也。**"看起来好像是善，但事实上不是。

比如一个人常常去救济别人，这是善心。结果救到最后，人家看他慈悲，常常来跟他借钱，甚至借去赌博了，这就有流弊了。所以人善良，不能最后变成别人利用你的善良去造恶，这就不好。孔子教诲我们，救急不救贫。他遇到了急难，那你要马上帮助他，救人于水火。他是思想贫穷造成家里的贫穷，这时候你就不能一直给他钱，而是要让他有责任感，让他有谋生的能力，这是真仁慈。

"**现行虽不善，而其流足以济人，则非善而实是也。**"现在看好像没有那么高尚，但是往后的影响却能够帮助人，看起来不善但实际上是善。

佛门有一个有名的公案，这是讲在清朝时候，我们知道顺治皇帝喜好佛教。顺治皇帝觉得出家很好，所以他就开放了政策，改变了佛门的制度，让任何一个人都可以出家。表面上看起来好像是给人方便，结果使佛门都受到了很不好的影响。似善而非善，为什么呢？

以前出家要经过严格的考试，不只要考佛家经典，传统的圣贤经典都要考试。而且那个难度跟考进士差不多，考上了之后才能拿到度牒，拿了度牒才有资格，可以到全国的寺院去挂单，去讲经说法。所以很多的出家人，他们的学问都超过读书人。以前当县令的、当太守的，遇到了解决不了的问题，常常去哪里呢？上佛寺去请教这些出家人，因为他们也是饱读诗书。俗话讲"无事不登三宝殿"，是这个意思。

以前出家人的素质很高，佛教是由皇帝从印度请过来的，你看建的佛寺，都跟古代的宫殿一样，为什么啊？尊重佛教，尊重僧人，所以每一个人对于佛家的教诲都生起恭敬之心。一有恭敬心，释迦牟尼佛，出家的这些师父的教诲，他就信受奉行，了凡先生就是接受了云谷禅师的教诲才改变的命运。

结果顺治皇帝废除了这个度牒制度，不用经过考试就可以出家。他是不是善心呢？是，他想要满人家出家的愿。但是考虑得不深远。顺治皇帝开放之后，所有的人都可以出家，本来要照顾妻儿的，他自己逃避责任也跑去出家了；根本没有任何学问的，然后也出家，每天好吃懒做，他说出家了就有东西吃。

所以，出家人的素质就参差不齐了，确确实实有非常多的有心的人，想要去弘扬佛家的教诲，但是我们要知道"好事不出门，坏事传千里"，只要十个当中有一个不好，整个形象就受影响。这个流弊就是顺治皇帝当时下决定的时候没有看到的，但是这一二百年的高僧，对这件事情都觉得非常惋惜。

出家人的素质一落千丈，佛门就衰败了。很多人说："佛门的人水平都很差。"那谁还相信出家人啊？谁还相信佛法？所以顺治皇帝一念善，却产生很严重的流弊，这叫"似善而实非也"。

所以人在做任何一件事的时候，一定要能瞻前顾后，考虑流弊、考虑影响，不能意气用事，自己认为怎样就怎样，要依照经典和智慧。

我们接着看原文，**"然此就一节论之耳。"**这是就这一件事情来讨论。**"他如非义之义，非礼之礼，非信之信，非慈之慈，皆当抉择。"**从这个点再延伸开来，所做的一切符合德行的行为都要考虑流弊、考虑久远、考虑天下，都要用智慧从心地去观察。

我们先看"非义之义"，柳下惠"坐怀不乱"的故事大家肯定都知道。讲的是有一次柳下惠要进城，城门已经关起来了，没办法，只好在城外过夜。后来又来了一个女子，天很寒冷，这个女子很可能会冻死，所以柳下惠就把她抱在怀里给她取暖。他从始至终没有动坏的心思，这是很高的修养和很深的功夫。好事传得很快，人们都知道了，柳下惠很有德行。

这件事过了没多久，有一天晚上，狂风暴雨。有一个女子独自居住，房子被吹坏了，她很害怕，就去敲隔壁家的门，隔壁家刚好住着一个男子也是独自居住。结果这个男子怎么也不开门。这个女子就说："雨太大了，你赶紧让我进去躲躲吧。""不行，我不能开门。"

那个女子就说了："你们读书人不是要学习柳下惠吗？有什么好紧张的，赶紧帮我开门，让我进去躲一夜吧。"那个读书人说："不行，柳下惠能做到坐怀不乱，我知道我做不到，我的修养不够，我赶不上柳下惠。"这叫有自知之明啊。你看，希腊阿波罗神庙上有一行字，叫："认识你自己！"这叫度德量力，所以这个读书人就把这个女子挡在门外了。

这件事情传到孔子那里，孔子说："这个人学柳下惠是学得最像的！"孔老夫子这是给天下的人进行机会教育啊。不然，听了柳下惠的故事，认不清自己的修养，每个人都学他的样子，但不是每个人都能做到，就容易一失足就成千古恨，那样就害人害己了。

孔老夫子为什么说他学得最像呢？他存心学得最像。柳下惠是念念为那个女子着想，是义。这个男子把这个女子关在门外，也是为她着想，不然到时候真出状况了，这个女子的一生就毁了，这也是义。如果不认清自己的修养，意气用事，那就是非义之义了，这个典故记录在《孔子家语》当中，非常值得我们深思。

我们再来看"非礼之礼"，禅宗有一则典故。有一个小和尚和他的师父一起去化缘，他们来到了一条河边，看到一个女子，这个姑娘正在河边东张西望地发愁，不知道该怎么过河。这时候老和尚就说："阿弥陀佛，这位女施主，老僧背你过河好了。"这个女子就同意了，于是她就被老和尚背过了河。小和尚在旁边看着，非常惊讶，心想：出家人不近女色，师父怎么可以这样接近一个女人，还要背她过河呢？他只是心里想，但是又不敢问。

就这样不停地想，怎么想也想不明白，又走了20多里路。小和尚实在是觉得不理解，于是就问他师父："阿弥陀佛，师父，出家人不是不能接近女色吗？您刚才为什么要背着那个姑娘过河呢？"老和尚听了只是淡淡地一笑，说道："你还真不嫌累啊，师父我把她背过河就放下了。你看你，居然背着她走了20多里路还没放下。"师父背女子过河，看似不符合礼数，但是做的却是礼的实质。

杭州城隍阁有幅图，叫《济公背妇》，图中济公背着一个女子在前面跑，后面有许多人拿着棍棒在后面追，还有老人和妇幼。打头一个汉子在花轿前怒火冲天，挥着棍棒，手指戳向济公逃跑方向，呼喊他的族人快快追。济公因为行为疯癫，所以被人称为济癫。但他是一位得道高僧，心慈悲，懂医术，息人之争，救人之命，扶危济困、除暴安良。难道这位"鞋儿破、帽儿破，身上的袈裟破"的济公和尚年轻时真的犯过错，做了出格的事吗？

事情是这样的，有一天济癫和尚，突然大喊："阿弥陀佛，不好啦，一座山峰飞过来啦！要压在咱这里啦！"寺里的和尚一个个坐得端端正正，敲着木鱼，念着经，正开水陆会做法事，忙着呢。"济癫，别说胡话，你快走开，到外头玩去，别耽误咱做正经事。"寺里的和尚们凭他怎么说，都不理他。

济癫没办法，只好跑到山下灵隐村，走进最热闹的人家，大声喊："阿弥陀佛，不好啦，一座山峰飞过来啦，要压在咱们这里啦！""别闹啦，我们办喜事，正忙着呢！"济癫喊破喉咙，村里就是没人理他。就在这时，山路上传来喜庆的唢呐声，一行人正抬着花轿子，吹吹打打，热热闹闹，正送新娘子到夫家来呢！

济癫和尚计上心来，他眉开眼笑，摇着破蒲扇上前去。"新娘子来啦，哈哈，你们把新娘子给花和尚送来啦，好好好，哈哈哈！"济癫和尚把破蒲扇和酒坛子往花轿里头一塞，然后伸手一捞，把个新娘子拦腰抱起，往背上一扛："哈哈，我光头和尚今日大喜啦！哈哈哈，我光头和尚有新娘子啦！"济癫背着新娘子冲开人群，绕着村路跑起来，他一边跑，一边高声唱："南无阿弥陀佛，敲起锣，打起鼓，我光头和尚也要娶媳妇！"

光天化日之下，灵隐寺的疯和尚竟然跑下山抢人家新娘，这怎么得了？正在做喜宴的人拿着锅铲锅盖追上来，准备放鞭炮的人举着鞭炮追上来，喝喜酒看热闹的人吵着嚷着追上来。"疯和尚抢新娘子啦，快堵住他啊！""疯和尚抢走了我家新娘子啦，快堵住他啊！"

济癫背着新娘子跑到田间，田里干活的人拿着锄头，举着扁担，追了上来。济癫背着新娘子跑到山间，山间的樵夫拿着柴刀，举着斧头，追了上来。"捉住他，快捉住他，疯和尚抢人家新娘子啦！"所有的孩子都拍着手追上来，所有的老人拄着拐杖追上来。灵隐寺做法事的和尚也坐不住了，拿着木鱼，举着经书，浩浩荡荡追上来。

济癫和尚背着新娘子，飞一般向前跑，刚跑出灵隐村，狂风狠劲地刮起来，铺天盖地的乌云把天遮得像个锅底。"好了，好了！累死我了。"济癫和尚把新娘子往地上一放，举起宽袖子抹了一把汗，大笑着坐在地上。大伙儿正要冲上前去揍他，就在这时，他们身后传来天崩地裂的一声巨响："轰隆——"

大地剧烈地震动，尘土凌厉地飞扬。"阿弥陀佛，山来啦，没事啦。"济癫笑嘻嘻地晃着大袖子，长长舒了一口气。大山压在他们身后，摇摇晃晃几下，最后终于稳稳当当地不动了。也就一刹那，整个灵隐村都被压在山下成了泥尘。

吓得目瞪口呆的人们，开始清醒了："原来济癫和尚抢新娘子，是为了救我们啊！""这济癫和尚能算出山峰飞来，他真是活神仙啊！""这济癫和尚不疯不癫，他是我们的大恩人啊！"人们感激济癫，便不再叫他"济癫"了，个个恭恭敬敬叫他"济公"。济公把新娘子背在身上，看似在破戒，是非礼的行为，却救了所有人的生命，"济公背妇"也是非礼之礼的典范。

《礼记·儒行篇》中说："礼节者，仁之貌也。"礼节其实是仁爱之心的一种表现。孔子在《论语》里面讲："人而不仁，如礼何？如乐何？"人如果没有了仁爱之心，是不懂得落实礼乐的，礼乐的根本是仁爱。

　　而且，礼还强调什么？还强调分寸。我们肯定人、赞叹人也要有分寸，比如对一些年轻人我们要鼓励，但是如果夸赞过头了，可能会引起他的傲慢心。不仅是年轻人，其实很多年长的朋友也特别容易虚荣，被别人的赞美冲昏头脑。所以，礼的本质是仁爱的，礼的方式是节制的，礼貌和礼仪是人与人之间最美的距离。

　　我们再看"非信之信"，这是讲不要为了守一个小信，而忘了大信。孔老夫子有一次经过卫国的一个地区，卫国国君将这个地区封给了一个臣子。然而这个臣子却制造了很多的兵器，训练军队，准备叛乱，准备推翻卫国，孔老夫子经过刚好看到了。

　　他就威胁孔子："你要给我承诺不讲出去。"孔子说："好，我绝对不会把你的事讲出去。"因为他们觉得孔子是这么有道德、有学问的人，言出必行，所以那个人就把孔子放走了。

　　结果刚走了一小段儿路，孔子就对学生说："赶紧去通知卫国的国君。"子路一听就很不高兴了："夫子啊，您怎么可以言而无信呢。"夫子就跟子路说："一个人被要挟下的信，可以不用遵守。"

　　所以，信要跟义配在一起，信义信义，缺一不可。对于正义的事情你才要守信，所以要灵活运用。为了要守个人的信，为了自己的名誉，一个国家的人民都要遭殃，这个信要不要守呢？是自己的名声重要还是整个国家人民的生命安危重要呢？

　　这个时候宁可自己背负不守信的恶名，都要解救一个国家的危难。所以任何的德行，要从哪里下手呢？要从心地下手，要对得起良心，人要讲信用，这才是真信，才是诚信。所以一个人有真学问的时候是处处能成就每个人的，那是懂得通权达变，懂得去灵活运用，这就是真功夫，这就是真智慧。

　　最后我们看"非慈之慈"，这个从家庭来看就很明显。有句话叫"慈母多败儿"，有些母亲很为孩子着想，但是爱之不以道，养出了败家子，不用说别的，就看我们这个时代就好。疼孩子，花在孩子身上的时间是五千年来最多的了，可是五千年来哪一代教得最差呢？实在讲，恰恰是这一代。这跟"非慈之慈"有没有关系啊？有啊。以前当母亲的人很懂，不可以袒护孩子，现在父亲处罚孩子，妈妈都拉着，那就变成姑息孩子了，变成反教育了。

　　再比如，我们小时候在学校被老师处罚了，回到家里不敢讲，但是父母一看脸色不对，就问出来了，问出来以后，再骂一顿，再打一顿，隔天还拿着礼物去感谢老师："谢谢老师对我孩子严加管教。"父母如此尊师重道，配合老师，孩子在学校绝对不敢造次。现在有的家长只要孩子回家一哭，不分青红皂白就到学校找老师理论，孩子能学到恭敬吗？家里的小皇帝能成为有用的人才吗？

而且，一个家庭，长者先，幼者后，一个家庭就像一棵大树，父母长辈是根，儿女是果，要想孩子好，得往根上浇水。《华严经》讲："若根得水，枝叶花果，悉皆繁茂。"父母长辈天天围着孩子转，听孩子使唤，他的德行和能力怎么能提高呢。所以父母和长辈的一个决定就影响了孩子的思想、孩子的品格、孩子的性格甚至孩子的命运，不能不谨慎啊，要杜绝非慈之慈，要做有智慧的父母，有智慧的父母是孩子一生的贵人。

"何为偏正？昔吕文懿公，初辞相位，归故里。海内仰之，如泰山北斗。"明朝的吕原先生，号逢原，官至宰相，后来国家追谥他为"文懿"，所以后人尊称他为吕文懿公。他刚刚辞掉宰相的职务，告老还乡，海内外的人民都非常推崇他，就像仰慕泰山北斗一样。

"有一乡人，醉而詈之。"有个同乡喝醉了，还骂他，很不恭敬。**"吕公不动，谓其仆曰：'醉者勿与较也。'闭门谢之。"**告诉他的仆人，他喝醉了，不要跟他计较，然后把门关起来不理会他。**"逾年，其人犯死刑入狱。"**过了一年，这个人没有悔改，变本加厉，最后犯了大错被判死刑。

"吕公始悔之曰：'使当时稍与计较，送公家责治，可以小惩而大戒。吾当时只欲存心于厚，不谓养成其恶，以至于此。'此以善心而行恶事者也。"这是善心行恶事的例子。其实，每句都很可贵，都是学处。吕公一看到这个人入狱，马上反省后悔，可见吕公对他所遇到的每件事都是恭敬谨慎，他时时反省，这件事造成这个结果，有没有我的责任？反求诸己。

看看我们跟圣贤人的差距，我们现在是连自己的错，都不一定能反省自己。吕公是陌生人的错，他都反省自己：假如当时我能够正视他的态度这么恶劣，把他送到官府，给他一些惩罚，给他一些警告，让他引以为戒，不敢放肆，就不会促成今天被判死刑的结果。

其实，一个孩子小时候犯错，被父母责罚，这也是"小惩而大戒"。很多人第一次偷东西被爸爸打了以后，一辈子都不敢再起这个念头。所以，"小惩而大戒"，这是宽厚。吕公讲：当时只是"存心于厚"，没想到会养成他的恶。所以原谅一个人，也要观察他接受这个原谅之后的态度。假如越来越嚣张，那得要给他警告才行，这个我们要懂得调整。

下个例子又讲，**"又有以恶心而行善事者。如某家大富，值岁荒，穷民白**

昼抢粟于市。"有一个地方时值荒年，有人就在市集当中抢粮食，当然也抢这些大户人家。"粟"一般指稻米。

"**告之县，县不理**"，这一家赶紧报衙门，结果县府不理会。"**穷民愈肆。**"这些老百姓越来越放肆横行。"**遂私执而困辱之**"，情逼无奈，他就让自己的人把这些人抓了起来。"困辱之"，把他们抓起来惩处。结果这些抢劫的人就怕了，收敛了。"**众始定**"。整个乡里才安定、平静下来。"**不然，几乱矣。**"假如继续发展下去，可能整个就大乱了。

"**故善者为正，恶者为偏，人皆知之。**"善心是正；发怒了，处罚人，这是恶，"恶者为偏"。"**其以善心而行恶事者，正中偏也。**"就像吕文懿公以善心却做了恶事，造成那个人最后犯了死罪，这叫"正中偏"的善。"**以恶心而行善事者，偏中正也。**"这个富翁是气不过，这些穷民都已经威胁到他的财产、生命，他很生气，找家里的人把这些人抓起来打，这是恶心，但是却制止了这些抢劫的恶行，这也是行了善事，这是"偏中正也"。"**不可不知也。**"这些道理我们不可以不知道，不可以不清楚。

18 做一件好事也许不难，难的是做一辈子

接下来，我们看**"何谓半满"**？什么是半善，什么是满善呢？

"《易》曰：'善不积，不足以成名。恶不积，不足以灭身。'" 这是了凡先生引用《周易》上的一句话，这句话完整讲是："善不积，不足以成名；恶不积，不足以灭身。小人以小善为无益而弗为也，以小恶为无伤而弗去也，故恶积而不可掩，罪大而不可解。"

我们先看"善不积，不足以成名"，人的善行不积累，不能成就这一生的"名望"。所谓"实至名归"，真正做到了才让人家佩服、肯定。《孝经》讲："立身行道，扬名于后世，以显父母。"一个人真正在社会当中受到高度的肯定，人家都会说这是某某家的孩子，他的父母最欣慰，祖宗增光，叫光宗耀祖，这是以自己的好名声供养父母、供养祖先。

当然假如这个美名还能影响国际，那就是为国家，为整个民族争光了，比如我们敬爱的周总理，他提出的和平共处、和而不同等理念为世界和平做出了多大的贡献啊。但是要达到这样的人生价值，必然是从小处，甚至从每一个眼前的小善开始，尽心尽力积累起来的。勿以善小而不为，勿以恶小而为之。

美国《华盛顿邮报》，曾经报道过一位在美国很有成就的大人物，他的父亲是个大庄园主。所以7岁之前，他过着钟鸣鼎食的生活。结果20世纪60年代，他所生活的那个岛国，突然掀起了一场革命，所以他失去了一切。当家人带着他在美国迈阿密登陆的时候，全家所有的家当，是他父亲口袋里面的一打已被宣布废止流通的纸币。家里没钱了，为了能在异国他乡生存下来，从15岁开始，他就跟随父亲打工。每次出门以前，父亲都告诫他：只要有人答应教你英语，并且能给一顿饭吃，

你就留在那儿给人家干活。你看这跟咱们祖辈厚道的家庭多像，虽然穷但是厚道，长辈都告诉自己的孩子只要是正当营生给钱就干，有口饭吃就行。踏踏实实地与人为善、爱岗敬业肯定没错儿，多付出，吃亏是福。

为什么现在大学生失业率高，找不着工作呢？想要的太多，但是自身能力

又不一定能满足工作要求，就这么简单，都要从自身找原因啊，不能怨别人，更不能怨社会。

他的第一份工作是服务生，由于他勤快、好学，而且不取报酬，很快得到了老板的赏识。为了能让他学好英语，老板甚至把他带到家里，让他和他的孩子们一起玩耍。后来有一天，老板告诉他："给我们供货的食品公司正在招收营销人员，如果你乐意的话，我愿意帮你引荐。"就这样，他获得了第二份工作，在一家食品公司做推销员兼货车司机。

临上班儿，他父亲告诉他："我们祖上有一条遗训，是什么呢？叫'日行一善'。在我们家乡，父辈们之所以成就了那么大的家业，都得益于这四个字。这是真的，现在你到外面去闯荡了，最好能记着，不要忘了祖训。"你看，他祖上为什么积累那么多的产业，厚德载物，原来他们有家训："日行一善。"

也许就是因为听了父亲所说的这四个字！当他开着货车，把燕麦片儿送到大街小巷的夫妻店时，他总是做一些力所能及的善事，比如帮店主把一封信带到另一个城市，或者让放学的孩子顺便搭一下他的顺风车。就这样，他乐呵呵地干了整整四年，做了很多善事。到了第五年，他接到总部的一份通知，要他去墨西哥，统管拉丁美洲的所有营销业务，升职理由是：该职员在过去的 4 年中，个人的推销量占佛罗里达州总销售量的 40%，应予重用。

后来的事情，就更顺理成章了。他打开拉丁美洲的市场以后，又被派到加拿大和亚太地区。1999 年，被调回美国总部，任首席执行官，年薪 740 万美元。当时他被列入可口可乐、高露洁等世界性大公司首席执行官的候选人，结果就在这个时候，美国总统布什在连任成功后，提名他出任美国商务部部长。那么他到底是谁呢？他就是美国第 35 任商务部部长卡罗斯·古铁雷斯。他当时成为"美国梦"的代名词，然而世人却很少知道古铁雷斯成功背后的故事。

《华盛顿邮报》的一位记者去采访古铁雷斯，就个人命运这个话题让他谈点看法。古铁雷斯说："一个人的命运，并不一定只取决于某一次大的行动，我认为，更多的时候，取决于他在日常生活中的一些小小的善举。"

后来，《华盛顿邮报》以"凡真心助人者，最后没有不帮到自己的"为题目，对古铁雷斯做了一次长篇报道，在这篇报道当中，记者这样写道：古铁雷斯发现了改变自己命运的最简单的"武器"，那就是"日行一善"。你看，每天积累善行，积累正气，积攒正能量，到一定因缘，开花结果，这是一定的道理，所以幸福是一点一滴努力来的。

郭明义先生是献血模范，19 年间献血 6 万毫升，是他身体血液的 10 倍还要多。他还资助贫困儿童，从 1994 年到 2008 年，资助贫困学生 100 多人。而他家里吃的用的却很简单，一台仅有的电视机都捐出去了，政府又给他买了新的，他又捐出去了，反反复复，他总是想着别人的需要。

后来政府专门给他买了一套房子，这次明文规定，不能转让，就是你郭明义的，你看吃亏是福吧，不想住都不行，厚德载物，你德行厚，是你的谁也抢不去，你德行薄抢来争来也没有用，抢来的叫"凶财"，德行招感的是"吉财"。而且他爱岗敬业，关心工友，他被称为"当代活雷锋"，他的善行影响了成千上万人，成立了以他名字命名的爱心团队。

《感动中国》给他的颁奖词是：他总看别人，还需要什么；他总问自己，还能多做些什么。他舍出的每一枚硬币，每一滴血都滚烫火热。他越平凡，越发不凡，越简单，越彰显简单的伟大。所以他成名了，这是实至名归，不是浪得虚名，他感动了全中国，而且入选了 100 名"改革开放杰出贡献对象"，而且做了中国共产党第十九届中央委员会候补委员，全国总工会副主席。

而且，积善之家，必有余庆。他的女儿郭瑞雪从南京师范大学毕业以后，许许多多的单位都联系郭明义，要给郭瑞雪安排工作，而且待遇优厚。然而，都被他们父女婉言拒绝了，你看家风多好，女儿也懂事。2009 年，郭瑞雪考入中国地质大学读研究生，毕业以后发展得很好，你看不只自己成名了，家人也成名了。这就是实至名归，给家人带来了荣誉。

下一句，"恶不积，不足以灭身"。做一个小恶，还不至于身败名裂，但是恶积累多了就会大祸临头。"灭身"是指遭到杀身的大祸。在以前，自己造的恶太严重了，可能殃及整个家族，甚至满门抄斩。

汉朝末年董卓乱政，最后就是被满门抄斩，他的母亲九十多岁了，还要被拉到刑场。所以这个"灭身"不只灭了自己的身，还殃及自己的至亲。而且他因为干了太多的坏事，老百姓恨他入骨，他死了被埋下去，老百姓还要吃他的肉。后来他的下属把他埋葬之后，雷雨交加，又把他的坟墓劈开了，这都是正史上记载的，清清楚楚，明明白白，他是真正的死无葬身之地。

唐朝的来俊臣也是，残害忠良，酷刑害民，官民家的女眷，只要他喜欢，他就网罗罪名害其家人，直到把人家弄到手，简直是无恶不作，最后被武则天诛杀了全族，这时候老百姓都说：终于可以踏实地睡觉了。而且他死的时候老百姓都抢着吃他的肉，他的身体也被踩成了烂泥。

我们看抗日战争的一些资料，看到了一个日本人的自述，叫《中田道二的临终回忆》。这个日本人叫中田道二，他在二战时期参加侵华战争。1941年，他参加军国主义部队攻打香港。攻陷香港之后，当时他只是一个刚刚入伍的新兵，就参与了对香港人民残暴虐待的行为，特别是奸污妇女。

他自己在忏悔录里面写到，他说当时他已经失去人性了，完全是被那种军国主义的那种热血给激发的丧心病狂。他说他曾经打死过四个英国士兵，用刺刀刺死一个还没有咽气的英军俘虏。本来被俘虏了以后，这些战俘不应该杀害的，可是他们当时得到的命令就是杀！杀！杀！所以，他们杀疯了眼。

而且，对女人就是奸杀，他都参与了。他还不是造业最深的人，因为他只是个新兵，但是他说他在侵华期间奸污了34名女子，亲手杀死了8个女人，打残了3个妇女，而且手段极其恶劣。他说："有一天，我奉命杀害了八个人，当天夜里，我噩梦缠身，不住地大喊大叫起来，后来我被送进了精神病院治疗。"我们仔细看这些报道，尤其是美国侵略其他国家，士兵大多都患有精神类疾病，美国海军陆战队队长克里斯·凯尔，他就是典型的例子。

造了这个业以后，得到什么报应呢？他有一个儿子，娶了妻子，生了一个孩子，孩子5岁那年，儿子、儿媳、孙子有一次驾车到日本北海道去游玩，在路上遇到车祸，全家都死了。只剩下他自己一个人，而且他自己又是肝癌晚期，非常痛苦，他内心里受着自己所作的罪孽的煎熬。他说："我罪业深重，即使把自己死后的骨灰拿到中国撒到了骡马市场里面，让那些骡马经常地踩来踩去，也不能够赎自己的罪。"

他这也算临终之前良心发现。可见造作恶业的人，侵略别人的国家，鱼肉别人的百姓，最后下场自己也是不得好死，而且是断子绝孙。现世看到的是"花报"，来世我们想到必定是堕地狱，那才是"果报"。所以，人只有要想到将来，想到报应，想到这些事实真相，他断恶修善的心才能真正生得起来。

比如说我们看到，在2001年的时候，有一个著名的公司叫安然公司，突然破产了。为什么破产呢？其实根本原因就是那些在位者、公司的领导者想独占财利而导致的。在2001年的时候，安然公司是世界五百强公司的第16位，美国排行第七的大企业，北美天然气和电力的头号批发商，它的年净收入有数亿美元，可以说是实力非常雄厚的一个大公司。那么，这样的一个大公司为什么说破产就破产了呢？

我们知道在西方国家，他们很重视制度建设，他们的制度看似很合理：比如要聘请一个公司的CEO（首席执行官），光给他工资是不够的，还必须持有公司的股份，这样才能调动他的积极性，使他愿意为了公司的利益去打拼。但是我们知道，一个公司的发展也像一个人的成长一样，有起有伏，有上升的时候，也有下降的时候。当公司的经营效果不是很好的时候，这个公司的股票就不会增长了，这样就会影响 CEO 的收入。那么股票不增长怎么办呢？这些 CEO 都是聪明人啊，脑子转得快啊，聪明人就想办法了，他想了什么办法呢？为了保证自己的收益不受损失，其实这个公司没有利润，他就开始做假账创造收益。

结果怎么样呢？他们在短短的几年时间，为公司做了 6 亿美元的假账，掩盖了 29 亿美元的负债。这样的话，他们的董事会 29 个成员，因为持有 173 万股安然公司的股票，获益高达 11 亿美元。那我们想一想，11 亿美元让 29 个人分，每个人分的确实很多，诱惑很大。

《史记》讲"利令智昏，欲令智迷"啊，你看都是些高智商的人，犯的错误这么低级，为什么？为了钱，他们缺钱吗？其实不缺，钱对他们来说是数字的增减，这就是贪心啊，我们讲过贪嗔痴慢疑，五毒丸，贪婪毒害人的身心。贪一个数字，这么低级的错误都犯。

当然，这样的丑行迟早会暴露，结果安然公司破产了，破产以后它的 CEO 被判处有期徒刑 165 年，你看人能活多大年纪，这么算真是下辈子都得坐牢。而另外一位董事会的高级成员，刚用这个贪得的钱买了一辆豪华轿车，还没等到享受，这个事情就败露了，最后他在豪华轿车里开枪自杀，这 11 亿美元其实都没有享受到。我们老祖宗讲凶入凶出，钱不是干净来的，走的时候也带着灾祸。

我们在"财富"一章里讲过，这些钱财"五家"共有啊，水火、盗贼、疾病，政府缉拿，不孝子挥霍。人们要知道老祖宗的教诲，接受了好的家风教育，谁还敢动不义之财。没人敢动。为什么？明白了，不能动。你看《说文解字》钱那个"金"字旁边是两个"戈"字啊，两把刀，左手拿着钱，别忘了后边跟着两把刀，利益的"利"字右边也是一把刀。你取了不义之财，刀就来了，命就没了。所以，你看恶不积不足以灭身，《周易》讲得多高明，这是真理。

安然公司的破产被誉为美国经济界的"9·11 事件"，"9·11 事件"袭击恰好也是在这一年，这并不是因为安然公司做假账的数额最为巨大，而是因为在安然公司破产之后，美国政府开始重视、调查各大跨国企业做假账的现状。

结果不查不要紧，一查吓一跳。为什么？因为许多跨国企业都有做巨额假账的经历。比如，美国世界通讯公司，这是美国的通信巨头，在一年零一个季度之内，伪造了 38 亿美元的假账，而另一家著名的国际企业，在五年之内做了 60 亿美元的假账，可以说是一个比一个严重。

到 2002 年的时候，美国政府发表了一个报告，在这个报告当中指出：2001年，美国各大企业因为这些假账，给美国政府造成的经济损失是 2000 亿美元，大家听听，是 2000 亿，都是有才华的人做的啊。

正如《资治通鉴》所言："德者，才之帅也。"德行是才华的主帅啊，德行、言语、政事、文学，这是儒家教学的四门功课，这太有智慧了，没有德行，不是君子，是小人，越有才华，造成的危害越大。不论是对家庭、对社会，还是对国家，甚至对世界，包括他自己，对个人，都是如此。你想想，如果一个人的行为都影响到周围了，自己还能不受影响吗？就像花香或者腥臭，别人都闻到了，他自己身上不更香或者更臭吗？

从这个案例当中我们就明白了，为什么金融危机会在美国爆发呢？这都是因为人们的贪欲、人们的不诚信、不道德所导致的。所以，要想从金融危机当中恢复过来，那也不是单单靠一两个制度、一两个政策就能解决的。必须让人们明白道理，戒止人的贪欲，要明白"多行不义必自毙"，也就是恶不积不足以灭身的道理。

所以，从政者如果学习《了凡四训》，对反腐倡廉很有帮助。学了《了凡四训》，你就知道贪财好利的结果都是竹篮打水一场空，不但享受不了什么，而且还要自食恶果，因为多行不义必自毙。

这些道理如果明白了，让你去贪污受贿，把钱摆在你的面前，相信你也不敢去妄取不义之财了，因为你知道这个不好的种子种下去，就有不好的收成，贪这一笔钱，甚至是单位的一张纸、一支笔，中饱私囊，欠的是十多亿老百姓的债，明白这个真理了，还敢做贪官吗？就是不明白道理才贪，人不学不知道，你光告诉他贪财不好，犯法，他还会贪。你告诉他钱财到底怎么回事儿，他就不敢了。

所以，如果我们和家人及早地学了圣贤教诲，提前学了《了凡四训》，我们的人生就可以少走很多的弯路，很多的错误就可以避免了，不至于到后面才后悔，甚至悔之晚矣。所以解决金融危机，需要靠教育。道德是根本，健全制度保障人民的利益，总而言之要深刻反省存在的问题，以求新的发展机会。

古代的教育以礼修身，以乐调心。古人很重视制礼作乐，而且制礼作乐的一定是圣人，就连皇帝也不敢制礼作乐，因为感觉自己位高而德不够。特别是开国皇帝，建立新的王朝，马上要做的就是制礼作乐。

如果没有好的礼乐制度，那叫礼崩乐坏，是乱世。治世都有完善的礼乐制度，教导人们心地善良、淳厚，把人教好了，社会不就太平，帝王就可以垂拱而治，不用多操心了。如果大家都在接受不良的文艺作品，都在观看杀盗淫妄、暴力色情的节目，那就把人民教坏了，社会怎能和谐？所以，礼和乐是施政和施教的关键，自古以来都非常受到重视。

所以，在古代做官比现在轻松，我们看《四库全书》，经、史、子、集这四部分，集部搜集的很多都是古代当官的人写的文章，尤其是诗词歌赋。他们常常有时间游山玩水，跟一些老朋友吟诗作对，他们为什么有这个闲情逸致？因为很少有案子办，礼乐文化已经把人民教得很好了，所以一天到晚很轻松、很自在。

在过去，官员叫父母官，民事、刑事案件都得管。不仅如此，经济、交通、医疗、水利、农田等，这个县官全部负责。你看袁了凡先生，精通文史、易数、水利、医术、兵法等方面的知识。他还是那么轻松，还有时间写作、游学，这说明礼乐教育的效果确实非常好。现在分工很细，每个人还都是这么忙。

古代的教育手段并不发达，为什么能把人民教得这么好？就是因为礼和乐相结合。礼，符合道德仁；乐，也思无邪。假如宣扬杀盗淫妄、色情暴力、邪思邪见的艺术作品，就把社会搞乱了。《礼记》言："移风易俗，莫善于乐。"所以，艺术作品的优劣，也是一个国家治乱的晴雨表。

特别是对普通的老百姓，艺术的教育功能不容忽视。在乡间的老百姓，也许没有机会去读书，他的道德仁义从哪学来的？常常有来乡村表演节目的艺人，所谓唱大戏的。戏曲里面的内容，都是在讲忠孝节义。所以，人心淳厚，很实在善良。

古代的戏曲，这些优秀的艺术作品很能教育人，发挥了艺术的教育功能和社会功能，真的很好。现在这电视节目鱼龙混杂，很多孩子深受其害，模仿一些流量网红的行为。有流量更要弘扬正能量啊，但是现在网络充斥着很多非正向的引导。有些孩子学了，家长不去制止，还觉得自己孩子聪明可爱，这真是比较可怕的事情。

古人告诫我们要慎于始啊，不能反教育啊。就像有的家长给孩子说，你做完什么、干什么活我就给你买什么，我就给你多少钱，这都是功利教育，这孩子长大了很有可能是贪官、是奸商。为什么？教错了，反教育了。

什么叫事业？做的时候叫事，做完了就叫业。业有三种："善业""恶业""无记业"，"无记业"也就是不善不恶的业。"善业"和"恶业"都是一颗种子，种子种下去了，遇到缘分就开花结果了。

好多人为什么认为传统文化是糟粕呢？他看不懂的，他就说是糟粕。他也不去求教，甚至于无端毁谤，自以为是。这叫什么呢？无缘之人，为什么跟真理无缘，恶业积攒得太多了，恶业障碍智慧，他迷迷糊糊的，不分是非善恶，稀里糊涂过日子。

业也有"共业"和"别业"，为什么有别呢？因为他积攒过这个恶，别人跟他不一样，比如一场地震、一场火灾，这个灾难里边的人都有"共业"，但有的人死了，有的人大难不死活下来了，有的人受重伤，有的人就轻微受伤，这就是"别业"。所以为什么说大难不死必有后福呢？因为活下来的人大多都是积累善业的人，所以必有后福，古人这些话都是根据的，不是乱说的。

还有的重罪轻报，就好像在监狱里改过自新，好好变现，被减刑提前出狱一样，以前作恶，现在回头了，浪子回头金不换。有过能改，善莫大焉，所以可能应该出车祸死亡的，擦破了点皮儿，虚惊一场，就是这个道理。所以，为什么古人家里好摆设如意？如意的一头是弯回来的，告诉我们要想吉祥如意，就要时时回头反省自己，改过迁善。这些道理在儒释道的经典当中讲得很清楚，为人不能不了解。

所以，我们中国人很厚道，做积功累德的事业，对比其他国家都以礼相待，被称为礼仪之邦。我们中国强盛的时候，你看郑和下西洋，走过那么多的国家和地区，跟人家结了深厚的友谊，甚至于六百年之后，这些地方还这么感念他的恩德，还给他立庙纪念。

您看郑和下西洋，带去的都是中国最好的文化跟谋生的技术，无私地奉献给他们，而且不占人家的一寸土地。假如没有这样文化涵养，去占人家的土地，去掠夺人家的人力跟财物，这是很不厚道。因为老祖先厚道，郑和下西洋六百年之后还有多少人在纪念他。所以，人心即天心！几百年之后人还怀念，那做出来的就跟上天的"好生之德"是相应的。

而且古人送礼也很厚重，历代有其他的国家来进贡，我们的回礼一定比他的礼还要厚重，不占人家的便宜，这叫厚道。像了凡先生的姑父，沈心松先生，他们夫妻就很厚道，他们的厚道从哪里看出来呢？比如，他们手底下有一个农夫来探病，他姑姑会在那一天专门煮丰盛的食物来招待他。然后，连他坐船的钱还会给他，因为知道他谋生不易。

这位农夫来探病还买了礼物，看看他买的礼物，一定要回送给他更厚的礼物，这叫回礼。所以，回礼厚，也是培养自己的厚道，这就是《诗经·木瓜》的精髓。

《诗经·木瓜》

投我以木瓜，报之以琼琚。匪报也，永以为好也！

投我以木桃，报之以琼瑶。匪报也，永以为好也！

投我以木李，报之以琼玖。匪报也，永以为好也！

你将木瓜投赠给我，我拿琼琚作回报；你将木桃投赠给我，我拿琼瑶作回报；你将木李投赠给我，我拿琼玖作回报。木瓜、木桃和木李都是普通的水果；琼琚、琼瑶、琼玖都是精美的玉石。

不仅如此，"匪报也，永以为好也。"虽然投我之物是普通水果，而你的情义恩义实在是比美玉还珍贵，所以我以美玉相报，也难尽我对你的感恩之情，只求道义永相珍重。"投桃报李"这个典故也来自《诗经》，这里比投桃报李讲得更真切，这是投木报琼。《诗经·木瓜》，现在被改编成为一首国风民歌，旋律很优美。

一首诗，不但韵律美，而且情义真、内容善，具足了真善美，古人的生活多么妙啊，那是真有文化。所以孔老夫子在《论语》当中说："诗三百，一言以蔽之，思无邪。"所以《诗经》被称为经，位列"四书五经"之中，这是有道理的，文以载道。

你看，我们不像很多西方国家强大以后，强占人家的地方，奴役人家的人民，还把当地好多资源都运回国。我们中华民族不会做这种事情。而且他们抢回去很多中国的宝贝，还在他们的博物馆展览出来，我们觉得不能苟同。

抢人家的东西还摆出来，是不是告诉世界的人，我们抢过人家的东西。请问大家有没有去过故宫博物院、国家博物馆？大家有看过哪一个展品是从其他国家跟人家抢来的吗？没有啊。都是强盛的时候，人家很欢喜到我们国家来进贡的，哪有这种行为出现啊？那是为我们中华民族的人所不齿的。

"有一天，两个强盗闯入了夏宫。一个进行抢劫，一个放火焚烧。他们高高兴兴回到了欧洲，这两个强盗，一个叫法兰西，一个叫英吉利……我们号称自己是文明人，认为中国人是野蛮人。这就是文明人对野蛮人所干的好事！"

尽管雨果是法国人，但在别人问起他对英法联军火烧圆明园的看法时，还是毫不避讳地给了上面这个答案。可见，在大文豪雨果眼中，英法联军就是一支强盗队伍，这是世界文明史的一大灾难。而他们之所以犯下火烧圆明园这样的重罪，与一个人有很大的关系，他就是额尔金。

额尔金于 1860 年再次带着英法联军进攻北京。贪生怕死的清朝统治者急忙逃往承德避难，让英法联军在北京城内大肆烧杀抢掠。在得知圆明园是一座举世罕见的皇家园林后，额尔金与法军头目商议分赃事宜。从 10 月 7 日开始，英法联军疯狂劫掠圆明园内的奇珍异宝。数天之后，圆明园内的珍宝被洗劫一空。

按理说，东西已经被抢光了，额尔金该带着人走了。但丧心病狂的额尔金却不甘心给中国留下这么美的园林，同时为了给清政府一个"教训"，让西方社会为之震动，额尔金派人焚烧圆明园。1860 年 10 月 18 日晨，额尔金正式下达火烧圆明园的指令，大火连烧三天，圆明园及附近的清漪园、静明园、静宜园、畅春园及海淀镇均被烧成一片废墟，近 300 名太监、宫女、工匠葬身火海。

此后据粗略估计，被英法联军抢走的珍宝数量在 150 万件以上，其中很大一部分属于无价之宝，经济价值更是无法计算。额尔金得意忘形地宣称："此举将使中国与欧洲怵然震惊，其效远非万里之外之人所能想象。"面对额尔金的土匪强盗行径，其他帝国主义列强非但不制止，反而助纣为虐，参与到这场纵火的"狂欢"之中。最终使有着"万园之园"称号的圆明园变成了断瓦残垣。

额尔金在回到英国后，还受到了维多利亚女王的嘉奖。老话说得好："人在做，天在看，多行不义必自毙。"额尔金干了这么多伤天害理之事，又岂能善终？1862 年，额尔金转任印度总督，他在印度时居住在北部的达兰萨拉。有一天，一道闪电突然从天而降，击中了他的房子，房间迅速被点燃。就在这时，额尔金心脏病也突然发作，又被房梁砸中，来不及逃生。

额尔金最终葬身火海，身体被熊熊大火燃烧，痛不欲生。大火烧了三天三夜，他被活生生地烧死了。巧的是他被火烧的这天，和他烧圆明园的时间吻合，正好是 1863 年的 10 月 18 日。正所谓：善有善报，恶有恶报，不是不报，是时候未到。这正应了那句老话："玩火者必自焚"，额尔金的死真是罪有应得，大快人心。

额尔金的强盗行为，其实来自家族的强盗基因，他父亲也是一个臭名昭著的文化强盗。额尔金出身于苏格兰一个贵族家庭，这个家族就是显赫的布鲁斯家族。

1633 年，当时的苏格兰还是一个独立的王国，国王便将"埃尔金伯爵"

的贵族封号赐给了布鲁斯家族。苏格兰被并到英国后，这一封号也被保留下来。370年中，继承这一封号的家族成员共有11人，其中最著名的便是劫掠希腊帕特农神庙的第七代传人托马斯·布鲁斯，以及第八代传人詹姆斯·布鲁斯。而詹姆斯·布鲁斯，便是火烧圆明园的额尔金。

额尔金的父亲托马斯·布鲁斯年少从军，官至少将，1790年之后转行搞外交。他先后做过布鲁塞尔公使和英国驻奥斯曼帝国大使。他酷爱文物，甚至在结婚时向新婚妻子许诺，日后要在封地修建一座豪宅，用古希腊文物做装饰。因此，他把出使东方视为践行自己诺言的好机会。

希腊当时处于奥斯曼帝国统治下，最好的文物大多集中在雅典卫城上的帕特农神庙。为此，他在到了奥斯曼帝国首都伊斯坦布尔后，便花重金贿赂奥斯曼帝国的首席大臣，办了一张接近帕特农神庙的许可证。1803年，他雇佣300多名工匠，将帕特农神庙60%的雕塑都拆卸下来，装了满满200箱，利用英国皇家舰只运往伦敦。

对于托马斯·布鲁斯的所作所为，拜伦曾谴责道："连野蛮人都手下留情的东西，竟让这个苏格兰人给破坏了！"托马斯·布鲁斯的强盗行径，连老天都看不下去了。三年后，他回到伦敦，迎接他的是一连串打击。他在一场瘟疫中失去了鼻子，面部也严重受损。这不但促使年轻的妻子弃他而去，也断送了他的外交生涯和在贵族院的席位，他也不得不放弃将石雕运往封地装饰私宅的打算。

而詹姆斯·布鲁斯，则是托马斯·布鲁斯的儿子，可能是遗传了父亲的匪气，即便詹姆斯·布鲁斯从牛津大学毕业，也改变不了他是一个"野蛮人"的事实。他跟父亲一样，做了臭名昭著的文化强盗，父子二人都迎来了惨烈的人生结局。

人类从古到今追求幸福的方式无非两种：第一个是强盗逻辑，就是通过让别人不幸福而使自己幸福，这其实是害人害己；第二个就是通过让别人幸福而获得自己的幸福，这才是真正的长久的幸福。

为什么英国的汤恩比教授，他是一个外国人，他在20世纪70年代大声疾呼："解决二十一世纪的社会问题，要靠孔孟学说跟大乘佛法。"因为中华文化的根源是孝、是仁爱的精神，不会伤害别人。靠中华文化的复兴，才能带给这个时代一个正确的幸福之路。

我们接着看原文，**"《书》曰：'商罪贯盈。'"**这是《尚书》当中讲的：商朝的纣王罪孽积累了太多。这个"贯"是穿，以前的钱币中间有个洞，可以穿起来，穿满一贯钱叫"盈"，就是充满了。商纣王的罪业已经积累到满出来了，罪不可救，所以商朝结束了，被周朝给取代了。有句成语叫"恶贯满盈"，那就是上天不可能原谅他了，就是从这来的。

据《史记》中记载：商纣王的天资很好，他很聪明，口才也不错，反应很快，身体也强壮，他可以空手和猛兽格斗，他的才能和体力都超过了一般人。你看，他又是帝王，又有才能，说明他本来还是挺有福报的人，可是偏偏不珍惜，不修福，不为百姓，专为自己。

《资治通鉴》讲："德者才之帅也，才者得之资也。"德行是才能的统帅，才能是辅助德行的，这样才对。结果商纣王用他的才智足以拒绝群臣的劝谏，也就是说他很有口才。群臣来进谏的时候，他就为自己辩解，给自己的过失、错误找借口。他还向群臣夸耀自己的才能，在天下抬高自己的声威，还认为天下的人都不如自己，可以说是傲慢到了极点。

你看这样一个自以为是、傲慢无礼的人，他有才能没有德行，还做了领导人，这不是祸国殃民吗？而且整天饮酒享乐、以酒为池，悬肉为林，酒池肉林就是从这儿来的，而且他沉溺于靡靡之音，他很喜欢和这些女子饮酒作乐，沉迷于苏妲己的美色不能自拔。

他任用的"三公"，其实都是非常贤德的人才，一个是鄂侯，一个是九侯，还有一个是西伯昌，也就是后来的周文王。九侯有一个女儿长得很漂亮，九侯就把她进献给商纣王。但是九侯的女儿不喜欢过度的淫欲，商纣王很生气，就把她给杀死了，还把九侯也杀死了，并且还把他做成了肉酱。你看这是朝廷的重臣，这样做寒了多少人的心。

这时候鄂侯看到了这一点，他就去劝谏商纣王，因为很激动，用的言语非常地激烈。结果，商纣王一生气，把鄂侯也杀死了，把他做成了肉干。

西伯昌，也就是后来的周文王，他听说了这件事，感到十分惋惜。结果商纣王知道了，就把他关进了大牢。后来西伯昌的几个臣子就给商纣王进献了一些美女、宝马，还有金银珠宝，商纣王这才把西伯昌给放了出来。

纣王身边的贤臣很多，除了刚才讲的"三公"，还有三个有名的贤臣，微子、比干和箕子。微子是纣王的庶兄，他也是三番五次地去进谏纣王，纣王不听，微子就逃走了。后来周朝成立，有一个诸侯国是宋国，就是从微子这儿开始的。比干是纣王的叔父，他也是犯颜直谏。

纣王很生气，他说："我听说圣人的心和别人的心长得不一样，听说圣人的心是七窍的，我要看一看比干的心是不是和别人的心不一样。"结果就把比干给杀了，而且剖开五脏，拿出心脏来观看，你看这是对自己的叔叔啊，残酷无道。

箕子看到纣王这样荒淫无道，非常害怕，他就装作癫狂，自己把自己沦为奴隶，想逃跑。但是纣王还是不放过他，把他关了起来。

结果再也没有人敢来劝谏纣王了，商朝也就很快灭亡了。后来武王伐纣，最后纣王他穿着宝玉的衣服投入火中，自杀而亡。这都是因为纣王过于傲慢、暴虐、败德，不听忠臣的劝谏所导致的。

这些历史史实就是《尚书》讲的："志自满，九族乃离。"一个人骄傲自满，没有道德，即使是身边亲近的人也会离他而去，众叛亲离，这能怨别人吗？能怨社会吗？谁都不要怨，行有不得反求诸己，断恶修善，就能改造命运，所以经史子集，为什么经典后边就是历史，历史是一面镜子，是经典的对照，我们现在讲叫科学实验，实验结果是屡试不爽。只是时间有早晚，但是善恶一定有不同的结果。

唐朝一个很有名的恶人叫"来俊臣"，曾经做过"侍御史"，他是一个酷吏。"侍御史"就等于是副御史的意思，御史大夫这是一个很高的官位，它是一个副职。来俊臣当时是武则天手下的一个酷吏，专门掌管刑狱，得到了武则天的重用，所以为所欲为。收了很多贿赂，史书记载"赃贿如山"。为什么？当官员受到弹劾，送到他那里，那就要遭罪了，他用酷刑来惩罚那些官员，所以一般官员害怕了，都会送很多的贿赂给他，把自己救赎出来。满朝文武没有不害怕他的，而且有一些忠义之士，没有贿赂他的，那就被他折磨致死。

他那个实施酷刑的刑场，叫作"立警台"，实际上就是什么呢？就是人间地狱啊。他发明了种种的酷刑，让人到死，都死得非常惨烈。所以"冤魂塞路"，在他手下死的人不计其数，那冤魂把路都堵死了，这说明不计其数了。这个人的下场很惨，最后自然会有治他的人，他也是被另外一个酷吏给打击下去了，说他谋反。古时候凡是反叛的罪就是死刑，犯上作乱一定是要拉到市场上去斩首的。

因为这个人一生作恶多端，激起了民怨，所以当他被杀头以后，尸体在刑场上，围观的人就已经忍耐不住了，争着上去吃他的肉，挖他的眼睛，剖膛破腹，取他的心肝。结果"须臾而尽"，他的尸体没多久就被这些人给抢光，吃光了。可见"人皆恶之"到了什么程度，不是恶贯满盈也不可能如此啊。大家想想看，来俊臣死了以后，他能去好地方吗？不能啊！过去他用的那些去治人的刑罚，那种苦楚，他必定要百倍、千倍地来受。

"如贮物于器，勤而积之，则满；懈而不积，则不满。此一说也。"就像把东西放在一个器皿当中。你不断地把东西放进去，一定很快就满了。假如我们每天积极地行善，你就会充满正能量，这就是孟子讲的"我善养吾浩然之气"，福报很快就积累上来了。

就像了凡先生一开始立的愿就是要积三千善行，他每天都很勤奋地去做，所以他的命运改变了。他本来没有子孙，又做了三千件善事求子，有子孙了；本来只有53岁的寿命，最后延寿21年，活到74岁；他本来没有功名，连举人都考不上，许了一万件善事求取功名，最后考上了进士，还当了宝坻县的县长，后来做兵部的参谋，抗击倭寇。

了凡先生的命运有这么巨大的转变，这来自他"勤而积之"。同样，假如是造恶，每天肆无忌惮地去做，那很快就会恶贯满盈。但是每一天都是不断地要求自己行善，三五年之后善报就会现前。"故吉人语善、视善、行善。一日有三善，三年天必降之福。"在这浮躁的社会中，做一个"语善、视善、行善，一日有三善"的好人，不管你现在处境如何，福气自然能"送上门"。

"懈而不积，则不满。""懈"就是松懈、懒惰，不勤奋。一般来讲，人在下定决心要做好事的时候，前几天会比较积极，过了几天可能慢慢就比较松懈了。了凡先生第一个三千善事是十年才做成，所以人开始行善，这种惰性难免还是会把我们往后拉，但是只要很认真地坚持，了凡先生的第二个三千善事，四年就做好了。所以要相当有决心、有毅力去做，那每个人必然都能改变自己的命运，所以，幸福都是一点一滴努力来的。"此一说也。"这是一种说法。

接着我们看原文，了凡先生继续给我们举了两个例子。"昔有某氏女入寺，欲施而无财，止有钱二文，捐而与之，主席者亲为忏悔。"以前有位女子来到寺庙，她非常想布施，想供养佛寺，但只有两文钱。我们知道，佛寺是进行佛陀教育的地方，也有的佛寺是翻译经书的，所以佛寺可以培养出很多能弘传正法的人才。她很欢喜地想要供养出家人，所以把自己仅有这两文钱全部捐出来，住持亲自出来，帮她诵经、忏悔、回向。回向就是祝福她，帮她祈福。

"及后入宫富贵，携数千金入寺舍之，主僧惟令其徒回向而已。"后来，这位女子嫁入皇宫当了王妃，富贵到了极高处。她带了数千两银子又到了这座寺院，结果这次布施完，住持没有出来，只是命令他的徒弟出来帮她诵经、回向和祈福。

各位朋友，假如您是这位女子，会不会觉得很奇怪？这位女子可贵，可贵在哪呢？她不明白的地方，她有怀疑的地方，她愿意请教。一个人能够"心有疑，随札记，就人问，求确义"，学问就可以增长，所以有疑处要懂得发问。

我们在"信"这一章，对信任有详细的讲解，疑心对自己有很大的障碍，如果产生疑心，很容易疑神疑鬼，看这个人好像什么都不对，其实很可能只是一个误会而已。假如这位女子怀疑这位住持，不去请教。那她跟师父的缘被破坏了，他是一位拥有大智慧的长者，但是我们很难受教。所以这是这位女子可贵的地方，不懂了，马上问。

"因问曰：'吾前施钱二文，师亲为忏悔。今施数千金，而师不回向，何也？'"我上次来才施两文钱，您亲自为我忏悔、回向，我今天施了数千两银子，而您却没有帮我回向，这到底是什么缘故呢？

这位住持很有智慧，他是非常高明的老师，抓住这个机会点教化这位女子，这是真正爱护这位施主。不怕得罪人，就怕这个女子堕落，所以很慈悲。这位住持"无欲则刚"，没有去讨好任何施主，他是真有道。他看出来这位女子这次来的态度跟上次不一样，已经有了傲慢心，不是上次那种虔诚的心了，所以叫他的徒弟去帮她回向，造了一个女子来请教的缘分。

"曰：'前者物虽薄，而施心甚真，非老僧亲忏，不足报德。'"你上次来虽然只有两文钱，可是你那颗布施的心非常地真诚，所以不是我这个老僧亲自来给你忏悔，不足以回报你布施的功德，因为你的真心是圆满的。

"'今物虽厚，而施心不若前日之切，令人代忏足矣。'"你今天布施几千两银子，但是你那颗布施的心却没有上次那么真切了，所以请我的徒弟帮你忏悔回向就够了。

"此千金为半，而二文为满也。"所以，这段典故告诉我们：是半善还是满善是我们这颗心决定的。全心全意的真诚是满，真诚里夹杂着傲慢就是半。

我们接着看下个例子，"钟离授丹于吕祖，点铁为金，可以济世"。汉朝的钟离修行契入了境界，修成仙了，后来要传功夫给唐朝的吕祖，也就是吕洞宾。钟离传的功夫是点铁成金，然后可以拿着金子去救济贫穷的人。

"吕问曰：'终变否？'"结果吕祖就请教说：这个铁变成了金子，最终会不会又变回铁呢？"曰：'五百年后，当复本质。'"这个法术五百年后就失效了，金子又变成铁。

"吕曰：'如此则害五百年后人矣，吾不愿为也。'"假如是这样，我不就害了五百年后的人吗？他的金子突然变成铁了，那他不是很痛苦、很难过？我不愿意这样做，我不学了。从这里我们看到，吕祖能为多久以后的人着想？五百年，其实何止五百年，是后世的人。他这份善念、心胸不只是考虑当前，还有后世之人。

"曰：'修仙要积三千功行，汝此一言，三千功行已满矣。'"钟离说道："一个人修成仙要先积三千功行，而你今天讲的这句话，你的这份存心，三千功行已经满了。"吕祖这份胸怀就是满善，能为五百年后的人想。

"此又一说也。"这是关于半善、满善的又一种说法。现在我们很多人做的事情，请问有替身边的人想的吗？污染环境的企业，破坏健康的激素、不合格的食品和药品，等等。如果不转变观念，不为后代着想，后代子孙真的没有生存的环境和空间了。

有一幅墨宝，这样写道："河川若断流，我辈何以对子孙？"因为环境被破坏，河川都断流了，后代没有清澈的水源，我们怎么对子孙？"文化若失传，我辈何以见祖宗？"五千年的道统到我们这一代断掉了，我们没有脸面去见祖先。

"又为善而心不着善，则随所成就，皆得圆满。"在行善的过程中心里不执着自己在行善，就做得很自然，没有刻意和做作，而且觉得是应该做的。随着这些因缘尽心尽力去做，善都是圆满的，因为是用真心去做的。

"心着于善，虽终身勤励，止于半善而已。"我们这个行善的心假如夹杂着我在做好事，我帮助他很多，有这些念头和执着，心一有夹杂，善功就不纯，不纯就是半善，不是圆满的善。

"譬如以财济人"，比如我们用钱财去救济别人，"内不见己"，没有一个"我"在帮人，"外不见人"，心里没有落一个我帮助了某某人，"中不见所施之物"。没有说"我上次送他那个东西很昂贵""我上次送他那个东西救了他家一命""我为了帮他花了多少钱"这些夹杂，做了以后心里面都不落痕迹。讲到这里，大家觉得容不容易？不容易。

所以，这个标准是在"半满"的最后讲，前面的标准我们比较容易做到。但是学了这段好在哪里呢？学习越高的目标，我们才不会做了以后就满足，还想着往更高的目标去提升，不会知少就满足了。而且，我们觉得很难做到，还是我们的心态问题。

比如，请问妈妈曾经帮自己的孩子做过几次饭？不记得了。曾经带孩子去看过几次医生？也不记得了。但是，你借朋友钱记不记得？记得。所以你觉得很自然，应该的，就不会放心上，但是假如分自分他，分得很清楚，那就会放在心上。

再打个比方，右手受伤了，左手帮着擦药，请问左手记不记得擦了几次？

不记得了，是吧？这是没有条件的，很自然就去帮忙了。你有看过哪个人左手跟右手讲：要我擦药，给我十块钱我再帮你擦，那这个人就不正常了。为什么？左右手是一体的生命，不分彼此，所以做了之后完全都不落在心上，这是符合自然的。

所以，我们要契入这样的标准，这个标准叫什么？**"是谓'三轮体空'，是谓'一心清净'"。**"一心"就是真心，也就是佛家讲的"一真法界"。真心里没有自私自利，真心里没有分别你我，统统是一体的，这样的存心，就像虚空容万物一样。这样的胸怀，哪怕是做一点点善，力量都是非常大的。

"则斗粟可以种无涯之福"，少许的米粮就可以种下无边的福报，因为心是没有边际的，真心去做，就跟虚空一样广大，量大福当然就大。**"一文可以消千劫之罪。"**哪怕布施一文钱都可以消除千劫的罪业。

"倘此心未忘"，我们在这个帮助别人的过程当中，自我没有放下，还有我在帮助他的这些执着点、念头的话。**"虽黄金万镒"，**虽然布施了万镒的黄金，一镒是二十两，万镒就是二十万两黄金，**"福不满也。"**布施这么多的财富，因为心底里还是分你我，不是像虚空一样的心量，那这个还是有漏的福报，也是半善而已。**"此又一说也。"**这又是关于半善、满善的一种说法。

接着我们再看，**"何谓大小？"**什么是大善？什么是小善？

"昔卫仲达为馆职"，过去有个读书人叫卫仲达，在翰林院当官。**"被摄至冥司"，**他的灵魂被带到了阴曹地府。**"主者命吏呈善恶二录"。**阎罗王命属下把他的善恶两本记录拿出来。

"比至"，拿出来以后，发现什么呢？**"则恶录盈庭"，**造恶的记录太多了，整个庭院都快要装满了。**"其善录一轴，仅如箸而已。"**行善的记录像筷子一样，一点点而已。

"索秤称之，则盈庭者反轻，而如箸者反重。"拿秤来称，反而充满整个庭院的恶录轻，只有一轴的善录重。

"仲达曰：'某年未四十，安得过恶如是多乎？'"卫仲达就问，我才不到40岁，怎么可能造恶这么多呢？

"曰：'一念不正即是，不待犯也。'"阎罗王告诉他，不是要变成言行才叫恶，念头不对就是恶。关于念头上的不善，这种危害，明朝同时期还有一位读书人，叫俞净意，他后来做了张居正儿子的老师。但是，改过迁善之前，穷困潦倒，儿子走失，女儿失明。他就是意恶太重，看着在做一些好事，但是心念不善良。

佛家讲："一念动三千。"身口意三业，最可怕的是意业，因为你心里不善，这是最大的不善，而且心里的恶念会导致你言行造恶。所以，罗祯先生所写的《俞净意公遇灶神记》是对《了凡四训》很好的补充。

"**因问：'轴中所书何事。'**"卫仲达就请教，这么小的善录有这么大的功德，到底是记载了哪件事情呢？"

"**曰：'朝廷尝兴大工，修三山石桥'**"，"三山"是指福州，福州有九仙山、岷山和岳王山，所以把福州称"三山"。朝廷要在福州建石桥，工程很大，劳民伤财，甚至可能让很多人家妻离子散。

"**'君上疏谏之'**"，你写奏折劝谏皇上。"**'此疏稿也。'**"这就是你奏折的记录。

"**仲达曰：'某虽言，朝廷不从，于事无补，而能有如是之力？'**"我虽然讲了，但朝廷并没有照着我的建议去做，对事情又没有帮助，怎么会有这么大的力量？

"**曰：'朝廷虽不从，君之一念，已在万民。'**"你这一善念是为天下万民着想，所以这一念是大善。

"**'向使听从，善力更大矣！'**"假如朝廷听了你的建议，那你的善就更大了。

"**故志在天下国家，则善虽少而大；苟在一身，虽多亦小。**"假如一个人的志向都是为天下国家造福，哪怕他起一个念头都是很大的善。他所做的每件事、所说每句话的动机都是为天下国家、为团体着想，这样的存心、行持，做的善事哪怕不多，但善力都非常大。

你看2024年的巴黎奥运会，自费训练荣获我国第一枚网球比赛奥运金牌的郑钦文；自制眼镜、自购机票的射击冠军谢瑜；"军书十二卷，卷卷有其名"的体操运动员张博恒；为参加奥运会推迟结婚，为祖国取得历史性突破的山东运动员孟令哲……无一不是将祖国和人民的荣誉放在个人之前，在实现社会理想的过程中，个人理想也得以实现，并被人民广泛地尊敬和热爱。

假如我们做的善事很多，但都是为了自己，为了自己的子孙求福而已，做了很多，这个善的功德还是很小。所以，善的大小还是跟存心有关系。现在天灾很多，人念力的力量很大，所以我们若能时时存善念，行善事，读诵这些善的经典，再把这个功德回向给天下人，化解世间的灾难，那这一念心就是大善。只要自己肯发这个善愿，每个人都能修大福，都能修圆满的善福。

"**何谓难易？先儒谓：'克己须从难克处克将去'。**"什么是难善和易善呢？

儒家很多先哲都说，克己的功夫要从最难的习气去下功夫。

"**夫子论为仁，亦曰先难。**"孔子在《论语》当中谈到"为仁"的时候也说到要"先难"，先从最难的习气去克服。因为人随顺了习气，他就是自私自利，他就很难去体恤别人。我们看这个"仁"字，是个会意字，左边一个人，右边一个二，就是两个人，想到自己就能想到他人，其实就是处处能够设身处地为他人着想。

所以"先难"，就要放下自私自利，念念为别人着想确实不容易，但是也唯有这样才能扩宽我们的心量，才是真正有福的人，处处只想自己的人绝对是没有福气的。假如你看到这个人很自私还挺有福的，那是他祖宗留给他的，他迟早要花光的，所以看事情不能看得太短浅。他生活都很困难了，你还叫他布施，好像要割他的肉，但是这么难还做得到，上天降给他的福报就非常大，而且非常快。

2023 年 12 月 6 日，在宁夏，有位受捐助的女孩终于见到了捐助自己的人。此刻，她的精神世界受到了前所未有的冲击和震撼，满眼的心疼和不可置信，反应过来后，不禁潸然泪下。而面前这位拾荒脏老头模样的男子，却赶紧用手抚摸着小女孩的头，然后紧紧握住女孩的手安慰道："不要哭，不要哭，好姑娘，不要哭嘛！"

也许，这个小女孩曾经无数次想象过自己的捐助人是什么样的，他要么是一位心怀慈善的富商，或者是风度翩翩的明星。可是女孩怎么也没想到，资助她的好心人竟然是一位看起来比她"还可怜"的残疾拾荒人。她感觉自己难，没想到捐赠人比自己还难。

而看到小女孩的那一刹那，这位残疾人知道自己这钱没有白捐，因为这孩子知道感恩。小女孩一边擦着眼泪一边说："我上五年级了，我会好好学的！""行，孩子。吃读书的苦，不要吃社会的苦啊！吃读书的苦是吃一阵子，吃社会的苦是吃一辈子，叔叔一定会帮助你学习的。"一夜之间，他的善举冲上热搜，无数国人集体破防，这就是榜样的力量。

这个跪着的巨人叫胡雷，宁夏中卫人，1993 年出生。胡雷一岁多丧父，母亲改嫁，他跟着爷爷奶奶生活。在他六岁的时候，因高烧导致小儿麻痹症落下了残疾，双腿无法行走，说话也含糊不清。没过几年，胡雷的爷爷也去世了，年迈的奶奶无力抚养胡雷，只好把胡雷送进了福利院。

在福利院，18 岁的胡雷不想成为别人的累赘，为了生活，决定去城里捡废品挣钱，他每天奔波 5 公里的路程，一个月可以赚四五百元钱养活自己。等他收工回福利院的时候，往往已是深夜了。好心人送了胡雷一把轮椅，有时候，陌生人也会把好吃的塞到胡雷的手里。

生活给予了胡雷太多磨难，但陌生人的关爱，让胡雷重新看到了生活的希望和世界的温暖。胡雷尝遍人间疾苦，更懂得为善一方的道理。拾荒让他渐渐攒下一些钱，于是，他开始帮助那些陷进困境的人们。他给流浪汉买衣服、鞋子、被子，让他们度过寒冬；他帮助孤寡老人解决生活上的窘境；资助那些上学遇到困难的儿童。

2021 年的 7 月 28 日，河南新乡遭遇暴雨袭击，受灾人口过百万，胡雷购买了两车价值两万元的物资捐赠给灾区，当货物送到捐助点，人们纷纷向胡雷表示感谢。

由于下身残疾，胡雷只能坐在地上面对采访，在现场，记者问他是什么工作，胡雷双手合十，一字一字吃力地说："我就是捡垃圾的，国家和人民有难，我们人人有责，这是应该做的。"说者坦然，听者震惊。这些钱，全部来自捡垃圾和志愿者捐助，如果一个饮料瓶 5 分钱的话，胡雷要捡 2000 个塑料瓶才能攒够 100 元。但是十几年来，他从来没有停止过。

他被《人民日报》赞为"跪着的巨人，最美拾荒者"，过去的 15 年里，他靠跪着行走捡拾垃圾，卖手工艺品的收入，先后捐赠百余万，帮助 500 多名贫困留守儿童实现了读书的梦想。想象中难以勾勒出他如何挣这一百万元，更难以描绘他如何能放手将之捐出。有网友在了解到他的事迹后，感动地写道："我矗立在地上，不及先生半分，先生屈膝在地，我可仰望一生。"

有人问胡雷，你自己本身生活就不易，为什么还资助这些孩子？而他则回答："为了弥补我童年残疾没有上过学的遗憾，也是为了感谢一路以来帮助过我的人。爷爷生前也经常帮助流浪者，他让我明白，帮助别人就是帮助自己，能给自己带来幸福，看到哪里有困难，我就想出份力。"

他忘不了在他最难的时候，得到过好心人的帮助，所以他觉得自己在有能力的情况下，应该去帮助别人，去回报给社会。他说："人生要做有意义的事，最重要的不是社会给你带来什么？而是你为社会带来了什么？能够付出是一种幸福，懂得付出是一种智慧。"

关于他的事迹被曝光在网上后，有人想要给他过生日。他说："每年我的生日都不过，过生日本来就没有意义。想想母亲生养自己的时候，那一天母亲受了很多的罪，父母的苦难日不能庆祝。"2021 年 11 月 29 日，胡雷 28 岁生日，他向 525 名农村孩子捐赠了书包和文具，价值 3450 元。孩子们开心的笑容，就是他最好的生日礼物。

也有很多网友纷纷去当地找到他，购买他的手工制品。对此，胡雷回应，求大家理性消费。并表示：大家来钱都不易，不要为了一时冲动为自己消费，自己非常惭愧，没有你们想象得那么厉害。我的一生中不求大富大贵，只想做自己想做的事情，不想给自己留遗憾，我爸爸走了，说不定哪一天我就和我爸爸走了。我也不知道自己坚持多久，我不想当什么网红，只想平平淡淡，做好公益，让孩子们有一颗感恩的心，以后好好报效祖国！我不会无缘无故接受陌生人的任何东西，希望大家不要上当受骗！

有的人外表光鲜亮丽，内心却丑陋不堪；有的人外表破破烂烂，内心却是浑金白玉。

胡雷不修边幅，形如乞丐，却心如烈火；他话语有疵，却掷地有声；他足有残疾，却如同巨人，做着我们很多人无法企及的事。胡雷先生破衣烂衫，却有着中国最纯洁的灵魂。先生用他的行动证明了善良无关身体，无关财富地位，只关乎内心，每一个微小的善举都值得我们去尊重和传递！世界以痛吻他，他却报之以歌。因为自己淋过雨，所以他想为别人撑一把伞。他用最平凡的语言，讲述着他那不平凡的人生。

如今，有很多人呼吁高科技公司，能够帮助好人胡雷重新站立起来，让他可以在最好的医院得到最好的治疗，大家都想看到好人胡雷过上幸福美满的生活。胡雷的事迹让我们看到了一个普通人的伟大之处，原来伟大并不仅仅体现在身份地位或财富上，更体现在一个人的内心和行为中。胡雷看似生如蝼蚁，却活成了高山。他的善举感动了全中国，让我们看到了人性的光辉，也让我们明白了什么是难行能行的善良，什么是脱俗的奢华。

我们接下来看了凡先生举的三个例子。第一个，**"必如江西舒翁，舍二年仅得之束修，代偿官银，而全人夫妇"**。比如江西的舒老先生，把自己两年教书所得的供养全部给了别人，代这家偿还了官银，而保全一家没有离散。舒翁到湖广一带去教书，两年后拿着薪水回自己江西老家。

他们老家出去教书的人还不少，同乡一起回家，坐在同一艘船上。途中听到一个妇女哭得非常哀戚，他就问她缘由，她说："先生欠官府十三两银子，最后决定要把我卖掉来偿还，我假如离开了，孩子还在哺乳当中，可能会饿死。"她觉得很绝望，所以哭得这么哀戚。

舒翁听了，马上说你不要担心，整个船上都是教书的人，都是我的同乡，我跟他们商量一下，每个人出一两，可能就能够解决你的事情。结果他跟同行的人一讲，没有一个人愿意。

讲到这里，突然想到我们都是从事教育的人，假如讲得很好，实际上都做不到，真的会让大众失去信心，大家都是老师，都在教经典，可是到了需要我们行动的时候，我们却和圣贤人不一样，和自己讲的不一样，这就很可惜了。

有位古大德讲："讲道不行道，是天下第一等恶人。"为什么？名不副实，说到做不到就是骗人，所以我们搞教育的人，有志传承传统文化的老师们尤其要警醒自己。

舒翁不忍心看到这个妇女和她孩子有这样悲惨的下场，就把他两年积累的钱全都拿出来，帮了这个女子。

后来到家了，门一打开，他说："太太，我都饿了好几天了，赶紧去煮饭给我吃吧。"他太太说："米呢？我在等你拿米回来啊。"他说："你找邻居借吧，我没有米。"太太说："借很多次了，就等着你回来还人家的米，我不敢再去借了。"他就把十三两银子全部捐出去的事情跟太太讲了。

他太太说："哦，原来是这样。没问题，我有方法。"他太太不只没有生气，听了还很高兴，到山里去挖苦菜，连根挖起来，把它煮烂，夫妻两个人吃得很饱，也很欢喜。

这不简单啊，太太一样好善好德，看先生做了这么难得的事，不只没有指责还赶紧想办法给他吃个饱饭，而且很欢喜。夫妻晚上就寝，结果就听到窗外传来一个声音，说："今宵食苦菜，明岁产状元。"今天晚上吃苦菜，明年就能生个状元郎。夫妻两个人马上站起来，叩头向天拜谢。第二年生了一个孩子，取名芬，后来真的考上了状元。

第二个例子是，**"与邯郸张翁，舍十年所积之钱，代完赎银，而活人妻子。皆所谓难舍处能舍也"**。邯郸在河北省，这个张先生家里很贫穷，而且没有儿子，这代表什么？命中没有福，又没钱，又没子嗣。他拿了一个酒坛每天往里面存钱，十年把这个酒坛给存满了。刚好邻居欠了钱，要拿他太太去抵账，而他的三个孩子都很小，假如他的太太真的离开，可能这三个孩子很难养得活。

张翁很不忍心，他有一个动作很可贵，"乃谋诸夫人"，找他的夫人商量，这是对夫人的尊重。有时候我们做好事很激动，自己就去做了，都没跟另一半商量，夫妻是同体。"我高兴就好了，反正是好事，她假如不愿意做，她就没善根。"这是不对的，尊重都要在这些细节的地方。

夫人也很认同他，结果一坛钱还不够，最后他夫人把首饰拔下来，才凑够钱，他的夫人真是有仁慈之心。当天晚上张翁就梦到有一个神仙抱了一个孩子送到他们家来，后来就生了弘轩先生，子孙相继登科，就是考上进士。这叫"难舍处能舍"，把所有的积蓄都拿出来救别人的命了。

第三个例子是，**"如镇江靳翁，虽年老无子，不忍以幼女为妾，而还之邻。此难忍处能忍也。故天降之福亦厚"**。越难的事情能做到，上天降的福越厚。镇江在江苏省，镇江有一个靳先生，50岁了还没有儿子。古人强调："不孝有三，无后为大。"人都希望能够有好的子嗣继承祖先的血脉和家道。

太太看他都50岁了，自己没有为靳家生孩子，觉得过意不去，就卖了自己的首饰，买了邻居家的女孩。然后跟先生讲："我年纪比较大了，可能没有办法生育了，这个女子很善良，我把她买来做你的妾，或许可以延续靳门的血脉。"靳先生是个合格的读书人，人也很老实，听了脸都红了。这个太太怕丈夫不好意思，就出去了，把先生跟这个年轻的女子留在房里，还把房门锁了起来。

结果没一会儿，太太突然听到声音，她先生从窗户跳了出来。然后对她讲："你这份心意非常深厚，不只是我感恩你，我历代祖先都会感恩你。但是，这个女子小的时候我常常抱她，我是看着她长大的，她小的时候我就常常祝福她，希望她嫁个好人家。我现在这么老了又有病，不能娶她，不然对不起我的良心，也对不起她。"这段话真的感人肺腑，靳先生不愿意违背自己的初心，也不愿意耽误了对方的人生。

后来太太看也不能勉强先生，就把这个女子还回家去了。结果奇迹出现了，他太太怀孕了，第二年就生了个儿子。而且这个儿子很贤德，17岁就考上举人，接着又考上了进士，后来当了宰相。这叫什么？"难忍处能忍"。能忍什么？自己可能会断子嗣，女色当前还是能保持他的初心，所以"天降之福亦厚"。

在2005年9月，有位慈祥的老人安详地去世了，享年92岁，他就是我们敬爱的白方礼爷爷，他感动了我们全中国，感动了所有的华夏子孙。这位老人家在73岁的时候，发现自己的故乡有很多的孩子到了读书的年龄却没在学校读书。他心里一惊，因为他自己没读书，知道没有文化的痛苦。经了解，这些孩子是没有钱读书，他们家里确实没有钱。

所以，他做了一个决定：把他一生仅有的5000块钱积蓄捐掉。那可是1984年啊，5000块钱多不多？真是不少了！他捐掉了。他的孩子都觉得父亲是不是没想清楚，怎么做这个决定。那他的晚年怎么办？他把5000块钱捐给学校，因为数额比较大，又是老人家所有的积蓄，校长不敢收。老人家还去劝校长一定要收他的钱，最后校长也没办法拒绝，就收下了。老人家那份奉献的精神真的让人感动。

捐完钱之后，他开始蹬着三轮车，每天早晨六七点就到火车站拉客人，到晚上八九点才回来。每天赚多少钱？有时候是二三十块，最多的时候五六十块。他赚这些钱干什么？再捐给学校，捐给社会上的慈善团体。

有一次，晚上半夜11点都没有回家，他的家人着急了，找了一夜没找着。隔天早上老人家骑车回来了，他们很焦急，说："您到底去哪里了？"他说："昨天我接到一个客人，旅途比较远，我连夜把他送回家，再回来刚好早上，所以一夜没睡。"他的家人说："您都七十多岁，是不是不要命了？"老人家只是笑一笑，也没有多言。

就这样，他整整蹬了15年。在这15年当中，他整整蹬了环绕赤道18周的路程。往往每餐都是在三轮车上过的，啃着馒头，喝着白开水，不知道多少岁月是这样过来的。在冬天，天津的天气冷的话是到零下十几摄氏度都有，在这么冰冷的天气里面，老人家都没有停下来。你看他都已经七八十岁了，但是为什么这么有体力？那是浩然之气。接受他救济的学校不知道有多少！

有一次，有个大学要把善心人士捐的奖学金颁给大学生，希望这些善心人士亲自来参加。当电话打给白方礼爷爷，要去接他的时候。老人家说："你们不要来接我，你们就把那个汽油钱省下来，再给这些孩子买文具，不要浪费了。"

结果，他一走上台去，就响起一片热烈的掌声。在他前面的人都是西装笔挺，而他是七八十岁的很朴素的长者，穿着简单的军大衣，底下的学子看到了，十分感动。那一次奖学金颁发典礼结束，大家正准备离开的时候，突然有一个学生举手，说："老师，可不可以让我讲几句话。"

这个学生上台来，就说他本来已经取得在天津一个很好的企业工作的机会，可是他今天看到白方礼爷爷这么为下一代的教育着想，这种道义让他很震撼，他决定回到自己的故乡，也就是偏远的新疆，去奉献自己的力量，回报家乡，建设家乡。所以，老人家的那份道义，马上就点亮了这个大学生的心灯。

有学生回忆到当初他在念书的时候，老人家把助学金颁到他的手上，然后跟他握了一下手。他说握手的感觉，他一辈子都不会忘。因为老人家的手非常粗糙，感受到老人家是竭尽全力地在帮助他们学习，这份精神感动了他。老人家常常说："教育要从娃娃开始抓起。"所以，他捐钱给很多的小学。他热爱祖国，时时想着如何让祖国更兴盛。

后来，他没有办法再蹬三轮了，因为没有力气了。他又把他老家的两栋房子卖了，在火车站旁边租了一个摊位开始卖水果，继续资助很多没有能力上大学的学生。就这样，老人家捐款超过 35 万元。被他资助过的学生有三百多个，而这些学生毕业以后大都在从事社会公益的工作。所以这个长者时时利益他人的这份精神，承传给了更多人。

文天祥先生说："人生自古谁无死，留取丹心照汗青。"这位老人照亮了这么多学子的人生道路，让这些学子的人生充满对他的感谢、对社会的感恩，进而把这份感恩不断地传递开来。这份感恩的心不断产生效应，那将对社会产生多大的良性影响！当老人家 91 岁的时候，因为身体出了状况，住进了医院。他的经历被媒体报道出来，天津人民受到了很深的感动，在短短的几天之内汇来了十几万的救助金，要支持老人家治病。

老人家曾笑着说："帮助别人就是我的快乐。"老人家还说："我没文化，又年岁大了，嘛事干不了了，可蹬三轮车还成……孩子们有了钱就可以安心上课了，一想到这我就越蹬越有劲……""孩子们，你们只要好好学习，朝好的方向走，就不要为钱发愁，有我白爷爷一天在蹬三轮，就有你们娃儿上学念书和吃饭的钱。""我不吃肉，不吃鱼，不吃虾，我把钱都攒着，给困难学生们。""我挺好的，谢谢大伙惦着，等我出院了，还要支教去！"

老人家的女儿说："有一次，一所学校搞了捐献仪式。绝大多数捐献者不是公司老板，就是白领。只有他一个是自己特别穷的老人。我们一走进教室，学校还没怎么介绍，底下学生就感动得鼓起掌来，特别热烈。那场景，真是挺震撼的，对我也很有教育意义。"我每次看到关于白方礼爷爷的报道，都会感动落泪。老人家的风范洗涤着我那颗自私自利的心，其实，当这份自私自利被清洗干净了，我们人生的光明就能够散发出来。

接着，了凡先生总结道：**"凡有财有势者，其立德皆易。"**有钱财、有地位的人，他做一个善的行为，有一个善的决策，受益的百姓就多。就像袁了凡先生当县长，他一个政策减少税收，受益的百姓就可能是成千上万，这样的人积德行善比较容易。

比如田家炳先生，截至 2018 年 7 月，田家炳先生在中国范围内已累计捐助了 93 所大学、166 所中学、41 所小学、约 20 所专业学校及幼儿园，捐建乡村学校图书室 1800 余间、医院 29 所、桥梁及道路近 130 座，以及其他文娱民生项目 200 多宗。他被誉为"中国百校之父"，活到了 99 岁高龄。

他对别人慷慨，自己却很节俭，田家炳先生在生意场上从不搞铺张的仪式；儿女婚嫁一切从简；自己八十大寿也不摆酒；一双鞋穿了 10 年，袜子补了又补；曾戴的电子表，因款式已旧得不便示人，只好装在口袋里；连矿泉水瓶都要循环使用；出去住酒店还要自己带香皂……是一位名副其实的大慈善家。

"**易而不为，是为自暴。**"容易而不去做，那就自暴自弃了。为什么？他看到人家贫穷苦难坐视不管，他的良心已经被自私和欲望给障碍了。俗话常讲："舍得，舍得，有舍才有得。"得了以后要再舍，钱是"通货"，"通"就是要让它流动起来。

有水始有财，假如水不流动，就会发臭，钱不流动会怎么样？"积财丧道"，积了钱财伤了自己的仁道，最后变成什么？守财奴，那当然就自暴自弃了。而且吝啬的人一定生奢侈的子孙，这叫人算不如天算。"鄙啬之极，必生奢男"，这都是因果循环。

"**贫贱作福皆难**"，贫穷，没有地位，要去造福比较不容易，比较困难。"**难而能为，斯可贵耳。**"很难却能尽力去做，难能可贵。我们前面讲到过，那个女子身上就只有二文钱，她全部布施出来，这也是"难而能为"，最后"入宫富贵"，当了王妃。包括前面，了凡先生讲的十个例子，很多都非常不容易，都是倾其所有去帮助别人，都很可贵。所以"天降之福亦厚"。

所以，幸福是一点一滴努力来的，能够不断地改过积善，积少成多，回小向大，我们自然就能改造命运，生命就会进入良性循环，就能过上幸福美满的生活。

19 把热气腾腾的良心找回来

　　对善恶进行了八个角度的解读以后，了凡先生又将善事分成了十大种类。我们看原文，"随缘济众，其类至繁。约言其纲，大约有十"。人生遇到的种种因缘，尽心尽力去做就是圆满。善有太多的种类，归整起来有十条纲要。哪十条呢？

　　"第一，与人为善；第二，爱敬存心；第三，成人之美；第四，劝人为善；第五，救人危急；第六，兴建大利；第七，舍财作福；第八，护持正法；第九，敬重尊长；第十，爱惜物命。"

　　我们对照现在社会、家庭所发生的种种现象，觉得这十条真的是对症下药。这个时代缺乏爱心，缺乏对人的尊重，缺乏对生命的爱护。现在人都把钱摆在第一位，没把智慧、仁爱和圣贤教诲摆在第一位。

　　第一条，"何谓与人为善？"怎么样才能带动大家一起行善呢？因为这个社会是群居的社会，不能只有我们好，要大家一起好才是真的好。

　　"昔舜在雷泽，见渔者皆取深潭厚泽，而老弱则渔于急流浅滩之中，恻然哀之。"舜在山东雷泽的时候，看到渔夫都抢好的、潭水比较深的地方，因为这些地方容易捕得到鱼，而老人跟年弱的孩子只能在急流浅滩的地方捕鱼。这些壮的人都非常强势，都把好地方占为己有，代表这个地方的风气都是你争我夺，这个地方的人没有福。舜王明理，哀悯这些人心性都偏颇了，但并没有对那些强势的人生气。

　　"往而渔焉，见争者皆匿其过而不谈"。他就跟他们生活在一起，见到争夺的人，他当没有看到，不去批判他们，这叫"隐恶"。"见有让者，则揄扬而取法之。"看到有人礼让，就肯定他、称赞他，带动大家效法这种礼让的美德，这叫"扬善"。"期年，皆以深潭厚泽相让矣！"一年以后，人与人之间都懂得礼让好的地方给对方，舜王改善了这个地方的民风。

　　"夫以舜之明哲，岂不能出一言教众人哉？"以舜的才智，这些道理他都很清楚，怎么不用言语来教导众人呢？"乃不以言教而以身转之"，他不用言语来教诲人，他用自己的身体力行来感化人，来转变人的心态，转化这个地方的风气。"**此良工苦心也。**"他用心良苦啊！

"**吾辈处末世，勿以己之长而盖人，勿以己之善而形人，勿以己之多能而困人。**"释迦牟尼佛将法运分为三个阶段，也代表释迦牟尼佛的教化所产生的不同的影响。

第一个阶段叫正法时期，虽然释迦牟尼佛灭度了，但是得到他真传的弟子们都尽心尽力、无私地教化，所以这个时期跟他在的时候差不多，正法一千年。

紧接着再一千年是像法时期，就是很像正法那个时候，但是已经衰退了，像法也是一千年。

第三个阶段叫末法时期，末法有一万年。末法就是不如像法了，因为大家的基础更差了。我们这个时代的人，看到这一句"吾辈处末世"应该很有感触。

"勿以己之长而盖人"，不要以自己的长处去压人，去凸显别人的短处。老话讲："遇失意人不说得意话。"明明知道他最近家里出了点事，或者最近事业遇到了挫折、困难，还在那里讲自己如何春风得意的话，会让人家很难堪。包括，对于遇到残障人士，言谈就要格外小心。遇到年长的人，就不能在那里炫耀自己的年轻力壮，不要常常提"老"这个字。这都是柔软、体恤别人的心，这很重要！处处替人设想，是天地间第一等学问。

"勿以己之善而形人"，不要拿着自己的善行"形人"，显示给别人看。"我做得多好，我做了多少功德。"其实这样傲慢的心，沾沾自喜，就一点功德都没有了。而且对我们来讲，行善是我们做人的道义，应该做的，做完之后心安理得，不会去张扬。如果变成了张扬，那就都是用名利心去做的善行，善就不纯了。

"勿以己之多能而困人"，不要因为自己比较多才能"困人"，好像去折腾别人、作弄别人，显示自己的能力很强，把别人比下去了，让人家无地自容，这很不好。

《德育古鉴》讲："君子有二耻。"第一个耻是"矜所能"，夸耀自己的才能，这不是圣贤的弟子，太傲慢。第二个耻是"饰所不能"，掩饰自己的差错，掩饰自己的错误，这样很不坦荡，不懂得改过还去掩饰，死要面子活受罪。

"君子有二恶。"第一个是"嫉人之能"。嫉妒别人的才能，进一步还去毁谤、中伤、侮辱，这个罪就更大了。不要嫉妒别人，要成人之美。他做了大好事，你跟他一样高兴，你比他还高兴，随喜功德，你这一颗心非常可贵，这就有福报。

第二个是"形人所不能"。把人家不能的事情和不擅长的事情张扬起来，也就是"扬人恶"，这会让人家很难堪。应该怎么样？人家不能的地方，要包容，进而帮助他。所以傲慢的人怎么改？你瞧不起的人，你去帮助他，傲慢就慢慢改过来了，你的心量就越来越宽广。

"收敛才智"，内敛，不张扬，不炫耀自己的才华和聪明智慧。事实上我们想一想，人其实也没有什么好傲慢的。圣贤人很谦卑，我们跟他们比还差那么远，怎么还敢傲慢呢？

"若无若虚。" 人要谦卑，人要不露锋芒，这样越积越厚，厚积薄发。如果一瓶子不满半瓶子晃荡，最后才能和智慧就会受限，就提升不上去了。

"见人过失，且涵容而掩覆之"。见到他人有过失，要原谅。不只原谅他，对他不要有成见，还依然对他恭敬。"涵容"，包涵、宽容。"掩覆之"，不扬他的过失。

"一则令其可改"，你批评、张扬他的错误，最后他恼羞成怒了，你不是断了他改过的路吗？所以让人家有回头的机会，这就是厚道。

"一则令其有所顾忌而不敢纵。" 你明明知道他有错，你不讲，这对他是一种威慑，同时他会觉得你有度量。毕竟有人知道了，他会收敛，不敢再放肆。

了凡先生的母亲李氏是李月溪先生的千金，非常宽和大度，从不张扬别人的过错。有一富裕的家庭娶亲，船路过李氏家门前时突然风雨大作，船撞倒李氏家的船坊，邻居热心帮忙拦下了，要让他们赔偿损失。这样的事情现在也很多，比如撞车等，可李氏的处理很暖人，也很圆满。她问道："新媳妇在船上吗？"邻居回答说："在船上。"

于是，李氏带人答谢诸位乡邻。她一边答谢乡邻，一边说："人家娶亲，期望吉庆，在路上若赔钱，公婆会认为不吉利。常言道宁拆一座庙，不拆一桩婚。我决不能因为一件自家小事坏了别人的一桩人伦大事。况且我家船坊年久失修，本来就要倒塌了。船大风急，非人力能控制。希望大家宽恕他们，并且息事宁人，不要声张此事，感谢诸位了。"

众人听了李氏的话很感动，所以放了他们。一方面，李氏对新人一家的宽恕值得我们学习；另一方面，李氏对邻里的态度也值得我们学习。当她和邻居有不同意见的时候，她知道邻居是好心，所以很委婉地沟通，温和地劝化乡邻，没有让大家有"狗拿耗子多管闲事"的那种失落感。正如《格言联璧》所言："以情恕人，以理律己。"情，是人之常情；恕，是设身处地；理，是道义原则；律，是约束要求。

我们在日常生活中，能够体察人情，包容原谅并适时掩藏别人的过失，自己才能做心的主人，从而称心如意，也能利益他人。人与人交往，不外乎情、理两大方。对他人，在对方尚未泯灭良知和未触碰底线的情况下，要以常人之情宽恕和引导；对自己要以圣贤之道和天地法则为标准，以理智降服情绪，严格约束自己的思想和言行。

李氏是在袁仁的发妻王氏过世以后，嫁入的袁家。袁仁有五子，长子袁衷和次子袁襄都是袁仁和王氏所生的孩子。三溪袁裳，四子袁黄，五子袁衮是袁仁和李氏所生的儿子。

据了凡先生的二哥袁襄回忆：我的母亲爱我兄弟超过自己亲生的儿子，天没有寒冷就准备冬衣，不饥饿就准备食物，亲友赠送的果品佳馔，一定留给我们吃。我们已经娶了妻子，依然像童年时那样呵护、养育我们。我的妻子感慨母亲情意深厚，流着泪对我说："即使是亲生的母亲，也超不过这样。"妻子家有时送来食物，即使很少，我们不敢私自品尝，一定把它送给母亲。

有一天，袁襄夫妇偶然得到一盘鳜鱼，媳妇亲自烹饪，让仆人胡松捧着去送给婆婆，胡松私自吃了鳜鱼。一会儿，媳妇见到婆婆，问："妈，鳜鱼能吃吗？"婆婆愣了一会儿，才说了一句："还可以。"媳妇有所怀疑，回去询问胡松，才知胡松偷吃鳜鱼的情况。她又跑回来拜见婆婆，说："鳜鱼没有送到，您却说吃了，这是为什么啊？"

李氏笑着说："你问鳜鱼的味道，就一定送过来了；我没有吃，那么胡松一定偷吃了。我不希望因为饮食的原因，展现别人的过错。"李氏的德行如此深厚，她不张扬仆人胡松的过失，一方面给了胡松改过的机会，另一方面能让胡松有所顾忌，变得收敛起来，不再放纵自己的习气毛病。可见家风的传承多么重要。了凡先生的成长，确实离不开父母和长辈的言传身教。

了凡先生的姑父，沈心松先生，为人非常厚道，乐善好施，而且平易近人。一般都说财大气粗，有钱就比较容易傲慢，瞧不起人，但是他平易近人。而且从来不讲人家的过失，人的修养要从嘴巴先下功夫，跟人家讲话，他的姑父言语非常和煦，让人如沐春风，从来没有对仆人大声讲过话。

有一次仆人载着他去吃喜宴，结果仆人没有把握好，喝醉了，怎么也叫不醒，所以变成他这个老爷自己划船载着仆人回来了。登岸后，把仆人的太太找来，赶紧扶他们回家里休息。

隔天早上，太太就来催促他："哎，你怎么搞的，你从来不会晚起的啊，怎么今天睡到现在还没起床？"然后他就对他太太讲："昨天，他们都喝醉了，今天一定会很晚才起床，我假如比他们起床早，他们看到我就会很惭愧，抬不起头来，很尴尬。所以我晚一点起来，等他们都出去种田了，我再起来不晚。"连起床都为人家着想，你看这颗心多柔软，而且是他的仆人。

了凡先生说："我姑姑德行也非常厚。我有一次在他们家厨房坐了片刻，看到了三件事，我很感动。"你看，姑姑的行为，影响了自己的侄子一辈子，他都记在心里。

第一件事，了凡先生的表兄生病了，姑姑要帮他熬药，端了一碗酒放在桌上，结果仆人从外面进来，把那一碗酒拿去外面倒掉了。姑姑问他："你为什么把它倒掉？""那不是水吗？"仆人以为是水，把它倒掉了，要拿碗去装其他东西。"你不知道，那你是无心的。"又倒了一碗酒，她并没有指责他。

但是借这个机会，提醒这个仆人："做事要仔细一点。一千颗米都不见得能酿成一滴酒，你把那一碗酒倒掉了，是很大的浪费。"这是句教诲的话，没有责备这个仆人，这个仆人很惭愧，可能记一辈子，受用一辈子。

《弟子规》讲："待婢仆，身贵端，虽贵端，慈而宽"，高贵表现在哪？宽容。"慈"表现在哪儿？成就仆人的德行，因为他的德行会影响他一生，这都是厚德。以前很多人家的婢女十几岁就到主人家来，后来在他们家调教个五年到十年，很懂事以后，然后帮着嫁个好人家，这都积阴德。

第二件事，一个仆人的孩子端着盘子，结果不小心盘子打破了，他妈妈就指责他。结果了凡先生的姑姑看到了，赶快过去，说："算了，算了，孩子又不是故意的，不要这么责备他了。赶紧把它扫干净，不然割伤人的脚就不好了。"你看，为人宽容，马上想到不要伤到其他的人。

第三件事，有一个租他们田的农夫，知道他们家孩子生了病，就很热情地坐着船来看望。他姑姑备了很好的酒菜，而且把他坐船的钱给了他，还算一算他带来的礼物差不多要花多少钱，又加倍回赠给他。

而且，姑姑对了凡先生讲："这个农夫家里贫穷，还这么热情地来探望我们孩子的病，这样的人多好心，怎么可以让他破费呢？"所以又把坐船的钱给他，又送他礼物。了凡先生看到这三件事，给自己很大的启示。

后来他姑姑的儿子、孙子都考上了进士。沈氏家族的沈科、沈道原、沈启原、沈自邻都是有名的进士。我想不只他孙子考上进士，"积善之家，必有余庆"，接下来可能好几代人都很有福报。

所以，别人有错，不只不去宣扬，还给他留面子，这才能感动人。就像明朝的徐文贞，这也是一个名臣。他在嘉靖皇帝时取代大奸臣严嵩成为内阁首辅，我们在这些历史记载当中，可以去感觉一下古人的心境，神交古人。

徐文贞有一天请客，刚好他有一个比较好的金杯，他请客人吃饭，喝点儿酒。结果就有一个客人动了贪念，就把他那个杯子藏在帽子里面，想要拿走，就起了这个偷盗的心，忍不住了，就装起来了。因为喝了酒，结果被徐文贞看到了，宴席刚好快要结束的时候，他这些家里的仆人就要出来点一点这些餐具，要收起来了，然后就在找那个金杯，结果怎么找也找不着。徐文贞看他在找，就说："我收起来了。"就不让他的下属继续再找杯子。

那个偷杯子的人，想匆匆离开，因为喝得有点醉了，就倒在地上了，帽子就掉了，杯子也就掉了出来。徐文贞看到以后，自己去把杯子又放进了他的袖子里面。不忍心看人家出糗，这种心太可贵了，这太厚道了！

各位朋友，这个动了贪念的人回到家里，醒了酒以后，"放在帽子里怎么会变成在袖子里面呢？"可能慢慢这个事情搞清楚了，生惭愧心，这就是感化，这就是教育，怎么教育，徐文贞先生做到了。我们这个时代的人，你真的要让他感动、起羞耻心，你没做到这个份儿上，很难。而且我们本身的傲慢还没去除掉，还是好为人师的心多，包容的心少，反而会适得其反。

古代有一个礼部尚书叫马森，他的父亲非常仁厚，他的父亲40岁左右才生了孩子，所以家里都很宝贝这个孩子。结果婢女抱孩子的时候，一不小心把孩子摔下去了，撞到额头孩子当场就去世了。第一时间就被马森的父亲发现了，人死不得复生，而且他是老年得子，我们可以想象这种丧子之痛。

但在那个当下他不只能够包容，还能替她想，知道只要被家人发现了，可能这个婢女也没命了，就赶紧叫她走。他太太发现孩子去世的时候，他还说是因为自己看孩子不小心。他太太心里很痛苦，没办法接受，最后问婢女去哪里了？这个婢女已经走了很长一段时间。

这个婢女回到家，把这个情况告诉自己的父母，她的父母很感恩这位男主人的仁慈。每天都向上天祈求，老天慈悲，这么仁厚的人不能让他绝了子嗣，就每天祈求上天让他们家有子嗣。一来是他们的诚心，二来这么仁厚的人老天也会照顾，后来他又生了一个孩子，就是马森。丧子之痛，还能包容别人，掩盖她的过失，让她得以活命。这是厚德，也是厚道，后来再生的孩子做了礼部尚书。

《新序》上记载着一个典故，叫"臧孙子行猛政"。臧孙子实施了很严苛的政治，结果受到了子贡的批评。于是臧孙子就把子贡请了过来，并请教说："我没有奉公守法吗？"子贡说："你是守法的。"他说："我不够廉洁吗？"子贡说："你也是廉洁的。"臧孙子又问："难道我没有执政能力吗？不会办事情吗？"子贡说："你也有执政能力，你也很会办事，办事能力很强。"臧孙子听了之后就有点不明白了。他说："这三条我都唯恐自己做不到，既然这三点我都做到了，为什么你还批评我？"子贡的回答对我们非常有启发。

子贡说："你虽然守法，但是好以法来损害人；你虽然很廉洁，但是你因为自己廉洁就很骄慢；你虽然自己有执政能力，很能办事，但是以此却来欺凌属下。为政者就像调琴瑟一样，如果大弦上得太紧，小弦就会崩断。所以身居尊位的人，他的德行不能够太浅薄；官阶很高的人，他的管理不可以太琐碎；辖地广阔的人，他的制度不可以太偏狭；能管理很多人口的人，他的制度就不能够太严苛。这是自然的法则和规律。'罚得则奸邪止矣，赏得则下欢悦矣。'如果你的刑罚得当，那么邪曲不正的人，作奸犯科的事就会被制止；如果你的奖赏得当，那么属下都应该欢心喜悦地拥护你。但现在却不是这种状况。"

子贡接着说："你听说过子产是怎么治国的吗？子产在治国的时候，他是用仁爱礼义来教导人们，使人们从不违背，所以政事非常宽松。对于奖赏的多少，难于确定的时候，就从重奖赏；对于惩罚却恰恰相反，如果难于确定应该惩罚多少，他就从轻惩罚。

因为他实行了这样宽松的政治，结果如何？子产治理郑国七年之后，社会风气变得非常和平，连自然灾害都没有了，国家没有需要用刑罚处罚的人，监狱都空虚了。为什么囹圄空虚？因为没有人作奸犯科，没有人需要被关进监狱。

到子产过世的时候，郑国的百姓听了之后都是痛哭流涕，非常地哀伤。老百姓说：'子产已经死了，我们怎么才能过上安稳的生活？我们把安定的生活寄托给谁？如果能够使子产活过来，用我们家任何人的生命去换取子产的生命，我们都愿意。'"

子贡接着说："所以，子产活着的时候，他是为人们所爱戴。他过世的时候，人们都为他感到发自内心的悲伤。做官的人在朝廷里哭泣；商人在市场上哭泣；农民在原野上哭泣；姑娘在她自己的内室里哭泣。整个国家连弹琴瑟的声音都听不到了；大夫的佩玦也不戴了；妇人把她的簪子和耳饰也全都摘了下来。为什么？因为人们没有心思去修饰自己了，没有心思再去弹琴歌唱了，他们失去了这么好的一个宰相。人们在大街小巷痛哭流涕，为什么会有这样的局面？就是因为他的为政之道深得民心，他行了仁恕之道的缘故。"

说完子产，子贡对臧孙子说："而现在你的状况是什么样子呢？听说你有病了，人民都非常欢喜，互相祝贺，'臧孙子病了，最好他能够死去。'你的病刚刚有一些好转，人们就非常恐惧，'臧孙子的病又痊愈了，我的命运太不幸了，为什么臧孙子没有死？'你看，你病了的时候，人们都互相祝贺，非常欢喜。你生活在这个世间，人们都以你为恐惧。可见你害人的心是多么的深了。你这样办理政治，怎么还能够不遭受批评？"

听完子贡的这一番话，臧孙子是非常明白道理的人，他听了这一段话觉得很合道理，于是就主动地把位置给让了出来。所以"义者循理"，说明臧孙子还是一个明理的人。

这个典故告诉我们，虽然我们的制度完善，法律监督机制很健全，赏罚分明，但是如果过于苛刻，人们也不会感恩戴德，反而还会招致怨声载道。所以子贡说了这样一句话："盖德厚者报美，怨大者祸深。"德行深厚的人，回报他的也会很丰美；与人结怨太深的人，自己也会有灾祸。

这告诉我们，一个人的德行，就是最大的德行莫过于仁，最大的祸害莫过于苛刻、刻薄。所以这里边就是告诉我们，制度的严苛不能从根本上解决问题，要行仁恕之道，要把人教好，仅靠严刑峻法是不能够得到治理的效果的，反而还适得其反，引起人们的怨言。

弘一法师讲："律己宜带秋意，处世须带春风。"我们凡事都是以宽厚为标准。《群书治要》讲："墙壁太薄了，这房子可能就要翻了；丝织品太薄了，可能它就容易破损；器具磨薄了，可能就容易毁坏；酒太薄了，就容易发酸。所以，薄在众多物品当中就显得不能持久。一个人刻薄，他的事业不可能长久。"《朱子治家格言》讲："刻薄成家，理无久享。"反而"宽则得众"，宽厚处世才能得以长久。

在《群书治要》上就记载着这样一个典故，晋侯，也就是晋国的国君，因为他们国家有很多偷盗的人、盗贼，他非常苦恼。结果有一个人叫郄雍，他观察一个人眉目之间的情态就能够知道谁是盗贼，结果他指认了上百个人都没有错误，都看得很准。晋侯就很高兴，心想：我有郄雍这一个人，还用得着养那么多警察吗？有郄雍一个人就够了。

赵文子是一个很有学问的人，他就劝晋侯，他说："您用这种方法来指认盗贼，不仅不会尽除盗贼，而且郄雍这个人一定会不得好死。"晋侯听了之后很生气。结果过不了多久，这些盗贼就聚在一起，说我们今天之所以落到了这个地步，都是因为那个郤雍的原因，于是他们合伙偷走了郤雍的财物，并且把郤雍给杀死了。

晋侯知道了这件事情以后大吃一惊，果然如赵文子所料。这时候他才知道赵文子是个很有道德学问的人，赶紧把他请过来，就向他请教，该怎么办呢？赵文子这时候才说："能够看到深渊里的鱼的人，是不吉祥的；能够知道别人隐私的人，是有灾祸的。其实人都有向善好德的羞耻之心，您应该选择那个有道德的人来兴起道德教化，人就不愿意去做盗贼了，还会担心盗贼经常出现吗？"这次晋侯听了他的意见，派遣圣贤君子做道德教化的工作，所以这伙盗贼就纷纷跑到别的国家去了。

这个典故告诉我们，要想从根本上解决问题，还是要兴起伦理道德的教育。尤其要重视因果教育，懂得善恶真的有报应，人都想要好的结果，而不想要恶报。明白真理了，明白因果报应，丝毫不爽了，人们自然就更不敢作奸犯科了。

《论语》讲："举直错诸枉，能使枉者直。"我们宣扬正确的东西，错误的东西自然就消失了。同理，错误的东西宣扬多了，正确的就没有了。《三国志》讲："显贤表德，圣王所重。举善而教，仲尼所美。"表彰贤德之人，"显贤表德"，这是圣明的帝王所重视的。像汉朝表扬黄香温席，赵孝和赵礼的友爱，对当时整个国家的风气影响就非常大，这是"圣王所重"。"举善而教，仲尼所美。"提倡善行，让老百姓能够见贤思齐，这是夫子非常称道赞叹的做法，这就民心归厚了。

所以，古代所有当官的，我们都称其为"父母官"，为什么叫"父母官"呢？比如一个县令，他与人民沟通很密切，而且整个县的教育方针、教育内容都是由他在负责，他也有责任把这一县的人民教育好，做到"爱民如子"，所以他被称为"父母官"。

那我们现在当官的有没有这个态度呢？还是有的，但是为什么比例不像以前那么高了？这也不能怪他们，因为和以前比，现在的功利主义比较盛行。假如他们能够有机缘看到《论语》《弟子规》《了凡四训》《太上感应篇》，就会唤醒自己为官的责任心了。

隋朝有一个读书人叫辛公义。诸位朋友，他的名字好不好？他取这个名字，绝对不可能作奸犯科，因为每天人家都喊他公义，他一定全身都是浩然正气。他曾经到岷州当刺史，岷州就是现在的甘肃省。当地有一个风俗，就是只要家里面有人染上疫病，就把他抛弃，让他自生自灭。他觉得这种风俗太坏了，孝跟义全丧失了。所以，他就主动把那些被丢在路旁的病人，统统接到他的衙门来照顾。

夏天流行这些瘟病的时候，病人有的时候有几百人，使得大厅内外都放满了病人。而辛公义他亲自摆放一榻，独自坐在里面，从白天到黑夜，就面对着这些病人处理政事。他所得的俸禄，全部用来买药，而且还请来医生为这些病人治病。

辛公义还亲自来劝他们要进食，等到这些病人恢复健康了，再请他们的家人来接回去，并跟那些家人说："我跟你爸爸都相处这么久，你看我也没病，再怎样我们也不能抛弃自己的父母和长辈。"那些做子女的就会觉得很惭愧。他正是以德来唤醒人民的惭愧心，把当地毫无孝义的风气整个扭转过来了。

所以当地的人都称他为"慈母"，把他当母亲一样看待。辛公义真是一位爱民如子的好官，后来他被冤枉的时候，满朝文武都为他求情，皇上不但没有再去惩罚他，又给了他新的官职。而且，积善之家，必有余庆，辛公义的儿子辛融在唐朝做了吏部侍郎，相当于现在副部长级别的官员。

《左传》讲："视民如伤，爱民如子。"古人说"公门好积德"。作为从事司法工作的人，如果都能够以这颗心存心和办案，对待服刑人员，不是一种对立的心、鄙视的心、轻视的心、瞧不起的心，而是一种同情心、救助他的心、帮助他的心，相信我们的社会风气就会自然转变，社会和谐也就并不遥远。辛公义不只挽救了百姓的生命，还唤醒了每一个人的良心。人的良心一旦丧失了，纵使还有命在，也是行尸走肉，所以古圣先贤宁死也不愿意违背道义。

所以，人是很好教的，人是可以教得好的。怎么教？就是《孝经》讲的："是故先之以博爱，而民莫遗其亲。"就是上位者和长辈率先落实仁慈博爱，人民就会受到影响，这样就没有人会遗弃自己的亲人了。

"陈之以德义，而民兴行。"向人民宣讲仁义道德，人民感发，起而效法实行。这就是告诉人们什么是"德义"之士，要让人们知道什么是正确的、什么是错误的、什么是荣、什么是耻。《论语》讲："上好义，则民莫敢不服也。"上面的领导者都喜欢德义，老百姓也没有不服从和效法的，这就是上行下效。

所以，什么是良知？孟子说："良知叫良心。"而且良知人人都有。《孟子》讲："恻隐之心，人皆有之；羞恶之心，人皆有之；恭敬之心，人皆有之；是非之心，人皆有之。"

我们打个比方，如果我们拿两个灯泡。灯泡都是100瓦，都很亮。一个把它安在厨房，天天炒菜油烟熏着它，放多长时间呢？我们给它放三年。另外那个呢，安在很干净的一个房间，我们给这个灯泡也给它放三年，几乎没有污染。

三年之后，我们把这两个灯泡打开，一看，厨房这个灯泡跟没亮了一样，灯一开，这个屋一点儿都不亮。为什么呢？它已经被油烟都糊死了。你一开另外那个灯，依然特别亮，还是很光明。这是什么意思呢？这就是人性的试验、习性的试验。

《三字经》第一句话就说："人之初，性本善。"这话什么意思呢？人性是本善的，人的天性本来就是善的。善是什么呢？纯净纯善，这是它的天性，所以道是人与生俱来就有的自然而然的。

你看小婴儿生出来之后，你根本看不出哪个以后是学者、哪个是医生、哪个是歹徒。而且，无论你拿玩具还是凶器对着他，他都冲你笑。他一点点污染都没有，你骂他，他也冲你笑。为什么呢？他没有这个概念，就像一杯清水，无色、无味、无气，就像透明的，所以人的本性是善良的。

第二句："苟不教，性乃迁。"假如你不教育他、不让他保持他这个纯善的人性的话，他那个刚出生的时候、从娘胎里就带来的本善的人性就改变了。我们用灯泡打的比方就是这个意思。今天，是什么把我们污染得最重呢？四个字："自私自利"。

现代人自私能到什么程度呢？有些人甚至连自己的父母都不关心，都无所谓。"我"自己才是第一的，"我"最重要。为什么会这样？天天受电视、网络、周围朋友错误的价值观的影响，久而久之就容易不管别人，只管自己。他们不知道，正是这些贪欲，想得到的不合适的东西，一步步造成了他们的贫穷和疾病。

欲望是个无底洞，所以填不满；欲望是个连环计，所以很难逃出来。很多时候，欲望把我们的心给包裹住了，就像厨房里的灯泡一样，被油烟熏黑了，到最后到厨房开灯跟没开灯一样了。

其实灯里面亮不亮？亮，但被油烟糊死了的。我们要擦灯泡，先擦自己的灯泡，和谐自己的身心，擦一点亮一点，最后身心就光明了，一切灾祸、不和谐全都消失了。这就是传统文化的教育，就是擦亮心灵的镜子，点亮智慧的心灯，过上真正幸福美满的生活。

这里让我想到一个非常感人的故事，这也是一则新闻报道。有一个犯人越狱逃跑了，这个犯人觉得他被判刑很冤枉，他觉得是有七个人诬陷了他。所以他内心很不平，他要出来报仇。逃出来之后，他就坐火车赶回自己居住的那个城市，在火车两个车厢相接的地方，他就在那里琢磨怎样把这七个人一个一个地干掉。

正在这个时候，有一个女士走了过来，她要上洗手间，结果这个洗手间的门闩关不严。她就转过头来说："这位大哥，我要上一下洗手间（态度非常温和有礼），您可以帮我看一下门吗？"他愣了一下："可以。"

他当时就觉得："我这个人活在这个世界上，对别人还是有价值的。"过了一会儿，这个女士上完洗手间一出来，对这位服刑人员深深地鞠了一躬说："谢谢大哥，幸好您帮我看门，您真是个好人，大哥再见。"说完就走了。

估计这位女士家教很好，学过《了凡四训》，学过《弟子规》，学过《论语》这些圣贤教诲。这个越狱的犯人，觉得被人尊重的感觉真好，活了这么大的年岁，真的还没有接受过这样的一个礼遇，内心突然觉得非常的温暖，而且我还可以帮助别人，原来人活着还是蛮有意义的，还是蛮幸福的。所以，突然让他对生命生起了一种希望和一种向往。

他想：不行，我不能就这样白白糟蹋了自己。他本来要去杀七个人，那他也会被枪毙。他这时候觉得：我还是应该好好地活下去，人生还是很有意义的。

到了这一站的时候，火车一停下来，他就下去给监狱打电话。监狱长正急得上火，您想想，一个犯人逃出去，对社会的危害多大。所以，他急得不得了，在到处找。突然接到这个电话，警官们很高兴，他说："你们不要担心，我会以最快的速度返回监狱的。"

他回到监狱之后，就下定决心，好好认罪、悔罪、改过。他原来判的是无期徒刑，一般来讲，无期徒刑还有什么希望？因为他态度端正，勇于悔罪、认罪，所以一直给他减刑，减到只在监狱服刑十年就出狱了。

出狱之后，他就跟亲朋好友讲起来火车上发生的事，他说："是这位女士给了我第二次生命，这位女士是我生命中的贵人，我第一个愿望就是希望能够找到这位女士，感谢她对我的再造之恩。"

他说："假如，当时我在那里站着，她要上洗手间，这个女士过来说：'真讨厌，哪里不能站，偏站到这儿，你能不能过去一下，我要在这上厕所。'"他说："如果是那样的态度对我，我第一个要杀的人就是这个女的，我就走上不归路了。"

正如孔颖达先生在《礼记正义》讲的："统之于心曰体，践而行之曰履。"

因为她内心有这份对人真诚恭敬的态度，表现在外，呈现出来，这个就是展现了她修身的功夫。《大学》讲的："修身、齐家、治国、平天下。"在这个动作中就实现了。有没有呢？一即一切，一切即一。她有没有帮助我们的国家社会来安定秩序？因为她一个善行，免去了多少人遭殃，是不是？所以她有没有在为国家社会做出贡献？有啊。

所以，谦恭有礼很重要，我们修学的每一个德目、每一种德行，实际上都会唤醒身边人的良知良能。像文王当时他也是德行远扬，有两个国家虞国跟芮国，因为土地争吵，两个人跑去找文王评理。结果进入文王管理的地区，看到农民之间都不争，田地与田地之间的走道特别宽。然后到了大街上，看老百姓走路很有次序，都互相礼让。到了朝廷，看这些官员也是互相礼让。这两国国君，还没见到文王就自己先回去了，很惭愧。不只自己的人民被教化，连其他国家的人到了他的境内都被感动。

在禅门中，有一则意味深长的典故。有一位盘圭禅师，是大彻大悟的大德，他每次举办禅七，全国各地很多人都涌过来参加，大家都冲着他来，因为是他主七。来的人多了，当然就良莠不齐，其中有一个出家人有偷盗的习气，第一次被人抓住了，其他出家人把这个偷盗的出家人扭送到盘圭禅师那里去，说要处理他。

盘圭禅师说："原谅他吧。"大家就放过他了。第二次他又犯了，这次群情激愤，几百上千人就联名写了一封信给盘圭禅师，说："师父呀，您老人家这次如果不处理他，不赶走他，我们都要向您告假，都要离开您，因为他的干扰使我们无法修行了。"

盘圭禅师就把大家全部召集到禅堂，当着大家的面就说："就算你们全部都走，我也要留下他来，也要教育他，为什么呢？因为你们都能够明辨是非了，你们走出去能够学习，能够修行，能够成长，而他连是非都分不清楚，我又怎么可以舍弃他呢？"

这个有偷盗习气的出家人痛哭流涕，从此以后从内心深处真正地改过来了，真正让自己曾经有的偷盗习气彻底地烟消云散了。其他的学生当然也更加明白禅师的大悲心，都留下来跟他学修。

禅师并不是不辨是非的人，而是能够在更高的层面上去激励人，去鼓励、开发、激发我们内在的佛性的人。我们教导儿女也是一样，主要是帮助他提升生命品质。我们不仅仅要关心孩子的考试分数，更要关心孩子内在智慧的开发；要教会孩子不仅仅要用大脑生活，更要用心生活；不仅仅关注孩子外在的礼仪，更要关注孩子内在的利他心、慈悲心的养成。

如果你只是在外在的行为上约束他、要求他，那么他就会变成在父母面前一个样子，不在父母面前又是一个样子，这样就会二元分裂。所以更要关注他内在的利他心，更要关注他内在高尚的品德。因为世间一切都是无常的，唯有内在优秀的品质能够帮助孩子在人生的道路上披荆斩棘，遇到成功的时候不会得意忘形，遇到失败的时候不会垂头丧气。

所以，一直以来，我们所受的教育就是看到坏人坏事就非常痛恨，有一句话叫嫉恶如仇，就与他产生对立了。事实上，通过感化的方式来帮助人，反而能起到更好的效果。引起一个人的惭愧心，引起一个人的忏悔心，那这个人原本是小人，他也可以变成高尚的君子，做出高尚的事。相反，你把他的坏事都公之于众，这样就激怒了他，即使君子都可以变为小人。

接着，了凡先生强调：**"见人有微长可取"**，"微长"就是一点小小的优点、长处、善行，"可取"，值得我们效法和学习。**"小善可录"**，有小的善行值得肯定、记录。**"翻然舍己而从之"**，"翻然"就是很快的，马上放下自己的见解、看法、做法，随喜他，然后配合他去做，不只成人之美，成就他这个好。**"且为艳称而广述之。"**把他做的好事讲给大家听，让人家听了很欢喜，也想效法他，这就是"道人善，即是善"。

"凡日用间，发一言，行一事，全不为自己起念，全是为物立则，此大人天下为公之度也。"在平常生活的点点滴滴当中，讲一句话，做一件事，全不是为了自己着想，更不是随顺自己的坏习惯。"全是为物立则"，"则"是典范和规矩。你做的事情都是为了形成你们家的家规、家风、家道，这就是你有为整个家族、民族和天下的公心。

古德有三句话，对修齐治平是非常精辟的教诲。第一句话："见人有善，不嫉妒，要随喜。"每个人都随喜。"见人善，即思齐"，大家都看别人的善，就去效法、去学习。"德日进，过日少"。一个领导者假如见人有善不随喜和效法，而是嫉妒，甚至排挤，那这个风气就扭曲了。一个是兴，一个是衰，一念之间差别很大。

第二句话："见人有恶，不批评，要规劝或守默。"守默的意思就是说，对方还没有信任我们，我们不要急着劝他，自己做好了，对方信任了再来劝。

第三句话："见人错事，不指责，要协助。"事情已经发生了，我们再发脾气、再指责也没有用，那变成随顺嗔恨心，那是愚痴，不理智。犯错的人，其实他也很自责，这个时候你只是尽力地去协助他善后，他反而更觉得不好意思，更觉得要忏悔。

　　你协助他，大家又心平气和地把这个事情做个讨论，大家就在这个过程当中得到智慧，得到提升。所以，团队的风气都在于领导者的心念，我们首先要把这个恕道的精神从自身做出来。

了凡四训

改造命运的东方羊皮卷（上册）

了凡四训

改造命运的东方羊皮卷

下

孟晓松　著

中国文联出版社

目　录

改过之法：愿意改变，比改变更重要

积善之方：善良，是唯一永不失败的"投资"

20　爱别人正是爱自己

　　了凡先生讲了为善有十条纲领，我们接着看第二条，**"何谓爱敬存心？"** 什么是"爱敬存心"呢？

　　"君子与小人，就形迹观，常易相混。" 君子跟小人，从外貌和行为上不一定能分辨出来。"小人"不是指坏人，不是指杀人放火的那种人。什么是小人？孔子讲："君子喻于义，小人喻于利。"自私自利的叫小人，念念为别人想，很有道义的是君子。

　　"惟一点存心处，则善恶悬绝，判然如黑白之相反。" "悬绝"就是差很多，"判然"就是大不相同。

　　"故曰：'君子所以异于人者，以其存心也。'" 君子跟一般人的差别就是他的存心，什么存心呢？**"君子所存之心，只是爱人敬人之心。"** 哪怕别人冒犯他，他爱敬的心还是不会减少，这就是修养了。

　　"盖人有亲疏贵贱"，人跟我们的关系有比较亲近的，有比较疏远的，有比较高贵、有社会地位的人，也有社会基层的人，各行各业的贩夫走卒。**"有智愚贤不肖"**，"智愚"是指有的有智慧，有的没智慧。"贤不肖"，有比较有德行的，有德行比较欠缺的。

　　"万品不齐，皆吾同胞"，就像《弟子规》讲的："同是人，类不齐，流俗众，仁者希。"为什么会这样呢？主要跟有没有好的家教，有没有听闻圣贤教育有关。学圣贤教诲才能明是非善恶，假如没有的话，很难不随波逐流。

　　虽然人有这么大的差别，但都是我的同胞，休戚与共，息息相关，应该互相爱护。而且每一个人跟我们一样，都是有血有肉，都是有感情，都不愿意受到人家的伤害，都希望人家爱护他、尊重他。所以推己及人，把每一个人当作同胞，都应该尊重爱护。

　　"皆吾一体"，这句话很重要，一般人认为，我是我，他是他，怎么会是一体？没有高度智慧，没有契入宇宙人生境界，不可能了解这个事实真相。

　　儒家讲"民胞物与"，万物跟我是一体不分的。道家讲："天地与我同根，万物与我一体。"佛家讲"同体大悲"。儒释道契入境界的人，都知道这个真相。有本书叫《零极限》，里面讲到一个疗法，比方说对方生病，病得很重，就观想对方的身体跟我合在一起，然后不断地用四句话来祝福对方，"对不起""请原谅""谢谢你""我爱你"。每天花半个小时的时间祝福，差不多一个月的时间就有很明显的效果。这个方法已经治愈了不少人，这四句话很重要，不只是祝福对方，更重要的是用这四句话把自己的真心唤醒。

我们常念"对不起""请原谅"，就能把我们很多错误的意念，曾经造下的罪业洗涤干净；常说"谢谢你"，就能对一切人充满感恩；常说"我爱你"，就能时时对每一个人都是充满爱心。所以，为什么能够治愈对方的身体？假如他是他，我是我，怎么会产生效用？所以，英雄所见略同。不只是我们东方的圣人，西方灵性很高的人，都有这样的契入体悟。甚至于不只是人，包括动物，都有灵性。

小孩子受的污染比较小，特别能够感觉到一体。像两个孩子在玩耍，前面那个孩子不小心跌倒了，倒下去，冲力很大，"砰"，很响。当事人还没回过神来，后面那个孩子哭起来了，妈妈问他："你为什么哭？"他说："很痛。"奇怪了，不是他跌伤，为什么他觉得很痛？因为孩子没有分别你我，很容易感知到对方。不只感知到孩子，父母伤心了，他也可以感觉到，陪着父母流眼泪，这个我们都有见过。

很多家长体会不到这个同体，小孩这种能力比较强，反而批评孩子，是他跌倒，又不是你跌倒，你哭什么？那慢慢的孩子就开始分别，他是他我是我了，再加上执着，自私自利就会越来越强，就不能感知对方了。所以现在变成什么？变成我们讲了一句话让对方痛苦万分我们自己都没感觉，本有的同体的慈悲心都被欲望障碍住了。所以真的对这些道理不明白，可能当父母、当老师的都在误导孩子，进行了反教育都说不定。

"皆吾同胞，皆吾一体。"这个心境能提起来的话，**"孰非当敬爱者？"**有谁我们不应该敬爱呢？

"爱敬众人，即是爱敬圣贤。"我们能爱护众人，其实也就是爱敬圣贤人。

"能通众人之志，即是通圣贤之志。"你有爱护他的心，就会去了解他的心志，他的需要。不管是物质上的需要，还是精神上的需要，你会希望帮助他，给他幸福。怎么给社会大众幸福，其实这份心就跟圣贤人感通，因为圣贤人是胸怀天下，是"先天下之忧而忧，后天下之乐而乐"。

"何者？圣贤之志"，什么是圣贤人的志向？**"本欲斯世斯人，各得其所。"**

就是要让这世间的人能够家庭安定，安居乐业，过上幸福的日子。

"吾合爱合敬，而安一世之人，即是为圣贤而安之也。""合爱合敬"，有胸怀天下的心，而且这个爱敬是真诚的爱敬、平等的爱敬，不分你我，不分种族，不分宗教。安定这一个世间，安定这一方的百姓，就等于把圣贤人的精神在自己的身上落实，这就是圣贤最好的学生。我们作为圣贤的弟子，应该落实他们的精神，社会大众才能相信这些圣贤的教诲真正做得到，不会产生怀疑。

孔子讲："君子无终食之间违仁，造次必于是，颠沛必于是"。一个人在已经是穷困的时候，甚至在逃难的时候，在恐慌当中他还能保持为别人着想的心，这个很不简单。所以，人这颗仁慈的心，往往在你情绪不是很平稳的时候，那个考验一来可能我们就忍不住了，都要在这些地方下更大的功夫。这样才常常能仁义存心，保持《中庸》讲的"道也者，不可须臾离也"的修养。

有一首歌，叫《爱的真谛》，"爱是恒久忍耐又有恩慈，爱是不嫉妒。爱是不自夸不张狂，不做害羞的事。不求自己的益处，不轻易发怒。不计算人家的恶，不喜欢不义只喜欢真理。凡事包容凡事相信，凡事盼望。凡事忍耐凡事要忍耐，爱是永不止息"。

所以，要如何去判断什么叫作"爱"呢？"爱"是一个会意字，一个"心"加上一个"受"。什么叫心受呢？就是用心去感受对方的需要，这才叫"爱"。所以，当有一个人处处都替你着想，处处要成就你，你的感受是什么？非常欢喜，非常温暖，所以爱的感觉是什么？爱的感觉是温暖的，爱的行为是成全的，爱的语言是正直的。

我以前看过一篇小文章，叫《左手和右手》。家里的客厅里缺少一点装饰，一直没有找到满意的作品，那天心血来潮，自己画了一幅荷花图，尽管有些抽象，但装裱起来效果还挺不错的，越看越欢喜。迫不及待找来钉锤，恨不得马上就把自己的作品挂好。谁知欲速则不达，刚钉了没两下，一不留神，右手的铁锤就敲到了左手。很自然地，右手立刻丢下锤子，把左手抱在怀中，送到嘴边，轻轻地吹。疼痛的当下，似有所悟。

被敲伤的左手，会不会怀恨在心，想立刻拿起铁锤，狠狠地敲右手一下呢？没有！非但没有，右手反而停止工作，连同眼耳口鼻，一同来慰问这突发事件的受害者——我的左手。人生天地间，本应互助互爱，亲友、夫妻之间，朝夕相处，难免会有些磕磕绊绊，但一时的伤痛，割不断手足相依的温馨。包容与关爱源自你我同体的感悟，就像左手和右手，我们永远是一家人。

《礼记·礼运》篇云："大道之行也，天下为公。选贤与能，讲信修睦。故人不独亲其亲，不独子其子；使老有所终，壮有所用，幼有所长，鳏寡、孤独、废疾者皆有所养。"这就是说：大道通达于天下时，把天下作为大家所共有的。把品德高尚的人、能干的人选拔出来。讲求诚信，培养和睦的氛围。人们不只是爱自己的亲人，不只是把自己的孩子当作孩子，要使社会上的老人安享天年，壮年人能贡献自己的才力，年幼的人可以得到抚育成长，鳏寡孤独和残疾、有病的人都能得到供养。

这篇"大同篇"就是在讲爱敬之心的，谁做到了呢？新疆的郝铁龙董事长做到了。"大道之行也，天下为公。"他办企业确实没有私心。他当时去的这家分公司，是赔钱的，在总公司里业绩最差。他是为了这个分公司的员工能够生活得安定而来的，不是为了赚钱去的。

"选贤与能，讲信修睦。"他选了很多有德行的干部，而且他的企业办传统文化讲座，这些干部做义工，连党校都派了一大堆人去他那里听课。"讲信修睦"，当地很多的企业都去他们那里听课，都学到了这些伦理道德的教诲。

"人不独亲其亲，不独子其子。"员工的孩子他都照顾，有孝行表现的，他颁发奖学金。员工的老人有年纪比较大的他都包红包。

"使老有所终，壮有所用，幼有所长"，来上课的年轻的也有，老的也有，这都在落实经典。

"鳏寡孤独废疾者，皆有所养"，他的员工百分之三十是残障人士！经典是拿来做的，越做人生越有价值、越有福报。而且郝总讲："这些先天残障员工的认真程度超过正常人，忠诚度也超过正常人。"所以真的"爱人者，人恒爱之"，孟子讲得不差，这是真实的教诲。

所以，只要是为社会、为民族、为国家，感无不通。"从心而觅，感无不通"，我们要有这个信心。"求在我，不独得道德仁义"，我们如理如法去求，不只能够恢复自己的道德仁义，提升自己的德行，"亦得功名富贵"。他们企业的业绩增长速度很快，每年接近百分之百的成长比例。他把《礼运·大同篇》句句在他的企业里面做出来，感动天地。

有个智慧小故事讲得好，有一天，天气闷热，三个老人来到一家住房门前乘凉，女主人看见了老人家就请他们进屋坐。一个老人问道："你先生在吗？如果不在就等他回来才可进屋。"男主人回家后，女主人请老人们进屋来。女主人走到老人处请，老人说："只能够请一位进屋，我们分别叫爱、钱、成功。"女主人说要请"成功老人"，男主人说要请"钱老人"，儿子说应该请"爱老人"。

女主人最后到门外请"爱老人"进屋，"爱老人"起身走了进去，跟随的是"钱老人""成功老人"。女主人不明白地问爱老人："为什么你们说只能请一个人，现在又可以三个一起进去呢？""爱老人"说："其实只要请到我，就可以有钱和成功了。"所以，我们要多帮助这些身处弱势的人，敬老怜贫、矜孤恤寡。

韩国的电视剧《商道》中，林尚沃帮助了很多人，在他最困难的时候，那个他曾经帮过的人突然就出现了。林尚沃曾经花两百两银子救了一个女子。那个女子被人家卖到妓院去第一天，眼看她的人生就要毁了，林尚沃把她给救出来。后来这个女子嫁给一个大财主，出很高的奖金找到林尚沃，给了他两千两报恩，让他整个商团都复兴起来。所以好人好报，善有善报，恶也会有恶报，所以赶快断恶修善，心变，人生命运就变了，因为爱别人正是爱自己。

有一个真实的故事，发生在美国得克萨斯州的一个风雪交加的夜晚，一位名叫克雷斯的年轻人，因为汽车"抛锚"而被困在郊外。正当他万分焦急的时候，有一位骑马的男子正巧经过这里。见此情景，这位男子二话没说，便用马帮助克雷斯把汽车拉到了小镇上，并陪他把汽车修好。

事后，当感激不尽的克雷斯拿出很多的美钞对他表示酬谢时，这位好心的男子说："我不需要回报，但是我需要你给我一个承诺——当别人有困难的时候，你也要尽心尽力帮助他！"

于是，在后来的日子里，克雷斯主动帮助了许许多多的人，并且每次都没有忘记转述了那句同样的话给那些被他帮助过的人："我不需要回报，但是我需要你给我一个承诺——当别人有困难的时候，你也要尽心尽力帮助他！"

许多年以后，克雷斯已经是位老人了，一天他被突然暴发的山洪困在一个孤岛上，生命十分危险，在这个最紧要的关头，一位勇敢的少年冒着被洪水吞噬的危险救了他，带他上了安全之地。当克雷斯要感谢少年的时候，那位英雄竟然也说出了那句克雷斯曾经说过无数次的话："我不需要回报，但是我需要你给我一个承诺——当别人有困难的时候，你也要尽心尽力帮助他！"

顿时，克雷斯的心中涌起了激荡的暖流，他恍然大悟地说："我曾经穿起的这根慈悲的链条，周转了无数需要帮助的人，最后经过少年又回到我身上来了！我一生做的这些好事原来都是为自己做的。为别人原来就是为自己，爱别人就是爱自己！"

在抗美援朝期间，一支部队奉命去攻夺敌人的高地。枪林弹雨中，一位连长无意间瞥见一枚手榴弹落在一名小战士身边。他不顾一切地冲过去，把小战士压在身下，轰隆一声巨响，连长抬头再看时，惊出一身冷汗。

就在他起身的片刻工夫，一颗炮弹落在了他刚刚匍匐过的位置上，把那里炸出了一个大坑。而那颗手榴弹，敌人在将它扔出来时，不知什么原因，竟没有拧开盖子。这位连长在挽救战士的同时也挽救了自己的生命。所以，我们学习"爱敬存心"，携带这一份爱，善待每一个人。善心只在一念之间，当我们在给他人点亮一盏灯的时候，其实也将自己照亮了。

《孟子》上说："爱人者，人恒爱之；敬人者，人恒敬之。"能够给天下人带来福祉的人，他自己的福气也自然会到来。贾谊先生说："故爱出者爱反，福往者福来。"是说你能够以仁爱之心对待别人，别人回报给你的也是仁爱。曾子也说："出乎尔者，反乎尔者。"整个宇宙是一体的，你丢出什么，就回来什么。

《大学》里也讲："货悖而入者，亦悖而出。"用不正当的方法把财货拉进来，很快就吐出去，那本来就不是你的。"言悖而出者"，你愤怒的话、挖苦人的话、毁谤人的话出去了，还会再回到自己身上，"亦悖而入"。

所以，"出乎尔者，反乎尔者"，这是定律。"积善之家，必有余庆；积不善之家，必有余殃。""恶有恶报，善有善报，不是不报，时候未到。"所以真明理的人不再造新的罪业，不再造新殃，而是跟人广结善缘。

佛家有个著名的典故，叫"佛祖救命"。有位辟支佛，在旷野丝瓜棚下打坐，每当要入定时，就受到一个喊"佛祖救命"的声音干扰，无法入定，于是使出天耳通来，循着声音来处追踪下去，发觉这声音竟然是由地狱传上来的，讶异之余，他又使出宿命通，想探个究竟。为什么这个声音竟能从地狱传到人世间来？追究的结果，原来是这样的：

有个乡村，村里住着一位王先生，祖上留给他不少财富，他为人却极吝啬，天天以数这些财宝为乐，不要说拿些布施贫苦大众，就连对亲人也极为刻薄，因此仆人一一求去，亲人也避而远之。

如此匆匆七十岁月，如果说他这一生也有过善行，只是在一次寒冬夜里，有位出家人，饥寒交迫，路过他家门口，求化一餐，王先生舍不得供养饭菜，随手捡了一条已烂掉一半的地瓜，往他钵中一放，就很不耐烦地打发他走。这位出家人，却因有这半条地瓜充饥，免于饿死。王先生死后，阴司追功究过，判他要在贪心地狱受苦，每在受苦时，他就拼命喊："佛祖救命！"

由于他在世时，曾有布施半条地瓜给出家人的功德，所以声音能传到人世间。辟支佛了解缘由后，随即扯下一条丝瓜藤，使出神通力往地狱垂下，欲救他脱离地狱之苦。

王先生喊"救命"之际，突然觉得眼前逐渐明亮，抬头看到一道亮光直射而下，亮光中有根丝瓜藤慢慢下垂，便急急忙忙抓着往上爬，但正当王先生起劲爬着时，偶尔往下一看，竟发现同一层地狱的其他受苦人，也同样拉着这条藤在往上爬着。

他心中一想："这条丝瓜藤是我求佛祖得来的，只有我有资格用。何况这条藤太细了，万一大家都跟着爬，负担太重，断了怎么办呢？"因此，他用脚拼命往下踩跟着爬上来的人，口中大骂着："这是我求来的，你们没有资格用！"

就在他发出这嗔恨心时，丝瓜藤突然起火燃烧断掉，攀在这条丝瓜藤上的人，又全堕入原先的地狱中去了。从此以后，王先生在地狱中，不管他再使出多大的气力喊"佛祖救命"，在人世间的辟支佛，都听不到他求救的声音了。

"布施"在六度波罗蜜中居首位，有：财施、无畏施、法施，任何布施只要出于诚心，功德都很大，也很方便做。相对地，嗔恨之心，却很可怕，人一发怒，容易失去理智，什么天大的事情，都可能做出来，所以佛家常说的一句话："火烧功德林"，这里的火，就是指嗔恨心所发出来的，它可以烧毁你以前所做的一切功德。

典故中的王先生，他所求得的丝瓜藤，其实是辟支佛神通力加持变现所使然的，地狱中再多的众生，也可以沿此藤脱离地狱之苦，根本就不会断掉。只可惜他"布施心"不够，"利他心"不强，致使功败垂成，却被自己的"嗔火"烧掉了。这种布施、利他心，是要靠平时，就得勤加熏陶、培养、练习，使它变成一种自然的习性，才有办法在真正身心性命危急时，自然流露出它的功力，及时拯救我们的急难困境。

还有一个类似的故事，叫"天堂与地狱的午餐"。曾经有一个人遇到小天使，小天使说："我带你去看看天堂跟地狱。"他们先去了地狱，地狱正好在吃午餐，有一排长长的桌子，人对面坐，坐成很长的一排，看不到最后在哪里。因为现在地狱的人比较多，坏事干多了，很多人就降级去了。

餐桌上的菜还是挺多的，每个人拿的筷子都是长过胳膊的，突然有人喊："开动！"所有的人只想到自己要赶快抢着吃，生怕自己吃少了别人吃多了，都夹起来快速往自己的嘴巴里放。但因为筷子很长，在中途互相之间筷子打架，这么一打所有的菜都掉地上去了。而菜掉地上以后他们互相之间开始谩骂、开始责怪，那个气氛饭根本都吃不下去了。这个人看了也反胃、很难受。

马上说："我看不下去了，你带我去天堂吧。"

小天使马上带他到了天堂，天堂也刚好在吃午餐。桌子还是那一排长桌子，菜还是那些菜，筷子还是一样的长度，很长。他就纳闷了，但突然有人喊："开动！"每个人拿起筷子不疾不徐地面带微笑，夹起菜往对方的嘴里送，这个给你一口，那个给你一口。其中有一个人人际关系不错，一下子三双筷子都指向他那里，那种氛围非常和乐。

你看，其实天堂跟地狱就在一念之间：自私自利只有自己，就会冲突不断，而能处处为他人着想，他人处处为我们着想，这就是在天堂了。所以当我们觉得自己身在地狱，问题出在哪儿？出在我们自己的心哪，这个要很深入地去体会、去思考。

所以念念都想着别人，"我为人人，人人为我"。"爱人者，人恒爱之；敬人者，人恒敬之。"一念自私自利在地狱，每天还要气得半死；一念处处为人着想在天堂，那个气氛非常和睦。天堂跟地狱只在一念之间。从以上的小故事我们可以看出，一念自私自利就下了地狱；一念处处为人着想，就上了天堂，天堂的气氛非常和睦，因此天堂跟地狱只在一念之间。

"活着就是为了爱"，特蕾莎修女的一生都在践行着这句话。1979年，特蕾莎修女获得诺贝尔和平奖。她身穿一件只值一美元的印度纱丽走上了领奖台。不论是和总统会面还是服侍穷人，她都穿着这件衣服，她没有别的衣服。台下坐着珠光宝气、身份显赫的贵人，她视而不见，因为她的眼中只有穷人，台下立刻鸦雀无声。

"这个荣誉，我个人不配，我是代表世界上所有的穷人、病人和孤独的人来领奖的，因为我相信，你们愿意借着颁奖给我，而承认穷人也有尊严。"特蕾莎修女这样说。

以穷人的名义领奖，是因为她一生都以穷人的名义活着。当她知道诺贝尔奖颁奖大会的宴席要花7000美金时，她恳求大会主席取消宴席，她说："你们用这些钱只宴请135人，而这笔钱够15000人吃一天。"宴会被取消了，修女拿到这笔钱，同时还拿到了40万瑞币的捐款。那个被所有人仰慕的诺贝尔奖牌也被她卖掉了，所得售款连同奖金全部献给了穷人。对她来说，那些奖牌如果不变成钱为穷人服务就一钱不值。

从1928年特蕾莎修女只身到印度到1980年，她的同工超过了13.9万，分布于全世界。她的同工没有任何待遇，连证件都没有，他们不需要这些东西，他们唯一要做的就是牺牲和奉献。她创建的仁爱传教修女会有4亿多美金的资产。但是，她一生却坚守贫困，她住的地方只有两样电器：电灯和电话。她的全部财产是一尊耶稣像、3套衣服、一双凉鞋。

她努力要使自己成为穷人，为了服务最穷的人，她的修士、修女们都要把自己变成穷人，只有如此，被他们服务的穷人才会感到尊严。在她看来，给予爱和尊严比给予食物和衣服更为重要。

1991年，南斯拉夫内战爆发，联合国出面调停多次，都没有阻止战争的进程。特蕾莎去问负责战争的指挥官，说战区里的妇女儿童都逃不出来，指挥官跟她这样讲："修女啊，我想停火，对方不停啊，没有办法。"特蕾莎说："那么，只好我去了！"

特蕾莎走进战区，双方一听说特蕾莎修女在战区，双方立刻停火，当她把战区里的妇女儿童带出后，两边又打起来了。这个消息后来传到了联合国。联合国秘书长安南听到这则消息赞叹道："这件事连我也做不到。"之前，联合国曾调停了好几次，南斯拉夫的内战始终没有停火，特蕾莎走进去之后双方却能立刻自动停火，可见特蕾莎的人格魅力。

她用一生的爱告诉世人：爱的反面不是仇恨，而是漠不关心。饥饿的人所渴求的，不单是食物；赤身的人所要求的，不单是衣服；露宿者所渴望的，不单是牢固的房子；就算是那些物质丰裕的人，都在祈求爱、关心、接纳及认同。我们以为贫穷就是饥饿、衣不蔽体和没有房屋，然而最大的贫穷却是不被需要、没有爱和不被关心。

特蕾莎修女告诉我们的是：在饥饿的人中，在赤身裸体的人中，在无家可归的人中，在寂寞的人中，在没有人要的人中，在没有人爱的人中，在麻风病人中，在躺在街上的乞丐中……我们必须不停地去爱，去给予，直到他们感受到尊严的存在。

特蕾莎修女的一生是简朴的，她的大半生都在饥饿穷苦的贫民窟里度过。但是，她又是最富足的，她充满了恩慈、怜悯、仁爱……她的一生向我们后人阐释了生命的意义和价值。

如今，她的很多话语仍然滋养着人们，成为很多人前进的动力。在特蕾莎修女所著的《活着就是爱》一书中，有这么一段话："一颗纯洁的心，会自由地给予，自由地爱，直至它受到创伤。假如你爱至成伤，你会发现，伤没有了，却有更多的爱。"当有人问特蕾莎修女为什么只爱穷人，难道富人不值得你爱吗？她说："这世界上的富人已经得到了很多爱。"

她的去世，被印度人视作"失去了母亲"。印度总理说：她是少有的慈悲天使，是光明和希望的象征，她抹去了千千万万人苦难的眼泪，她给印度带来了巨大的荣誉。印度为特蕾莎举行了国葬，出殡那天，她身上覆盖的是印度国旗，就在她的遗体被 12 个印度人抬起来时，在场的印度人全部下跪，包括当时的印度总理。遗体抬过大街时，大街两旁大楼上的印度人全下楼来，跪在地上，向这位爱的天使表达最高的敬意。而且，有 23 个国家 400 多高官参加了特蕾莎修女的葬礼。

她没有高深的哲理，只用诚恳、服务而有行动的爱，来医治人类最严重的病源：自私、贪婪、享受、冷漠、残暴、剥削等恶行，也为通往社会正义和世界和平，开辟了一条新的道路。她所做的，是每一个有手有脚的平凡人都有能力做到的事：照顾垂死的病人，为他们洗脚、抹身，当他们被不幸的命运践踏如泥的时候，还给他们一个人的尊严，如此而已。

特蕾莎修女去世后，关于她的身世和国籍，一直有争议。然而她在去世前不久，明确地告诉世人："从血缘上讲，我是阿尔巴尼亚人；从公民身份上讲，我是印度人；但从信仰上讲，我属于全世界。"她有一首诗歌，叫《无论如何》。

《无论如何》

人们常常是不讲道理，

非理性、以自我为中心的。

无论如何，仍要原谅他们！

如果你仁慈，

人们可能控告你自私，

有不可告人的动机。

无论如何，仍要仁慈！

如果你很成功，

你将可能赢得一些，

不忠的朋友和真诚的敌人。

无论如何，仍要努力成功！

如果你诚实且真诚，

人们可能会欺骗你。

无论如何，仍要诚实且真诚！

你长年累月所创造的，

别人可能一夜就毁坏它。

无论如何，仍要创造！

如果你过得平静而幸福，

别人可能会妒忌。

无论如何，仍要快乐！

你今天所做的善事，

常常会被忘记。

无论如何，仍要行善！

你给出最好的所有，

还是永远都不足够。

无论如何，仍要给予最好的！

因为，说到底，

这是你和上天之间的事。

无论如何，绝不会是你和他们之间的事！

　　在一座小城，有位幼儿教师，是单亲母亲，带着幼小的女儿，与外公外婆一起生活，日子清贫而宁静。谁知，女儿5岁那年，厄运降临患了白血病。一家人砸锅卖铁给孩子求医，病情却不断恶化。医生说，若不尽快给孩子做骨髓移植，后果将不堪设想。

　　幼师便想着把自己的骨髓给女儿，但医院做配型化验要800元钱。听说骨髓捐献中心化验不要钱，幼师便来到捐献中心化验，心想，若是行就做手术，不行也省下了800元钱。结果，幼师的骨髓与女儿并不相配，却与本城一名患有白血病的7岁男孩相配，于是，捐献中心动员她给男孩捐献。

幼师的家人一口回绝，理由很简单，若是幼师在手术中出了什么意外怎么办，女儿怎么办？一家老小怎么办？男孩的父母得知这个消息，带着孩子找到幼师家，跪地求她救命。幼师一见男孩惨白的面容，潸然泪下，满口应承。

由于人体干细胞要增长到一定的数量才能进行移植，所以手术前，医生要给幼师用药，促进干细胞加速增长。但这种药物的副作用大，会引起发烧等症状，所以，给药的间隙拉得比较长。幼师惦记着躺在病房的女儿，要求医生缩短给药进程。于是，幼师在每天高烧40摄氏度的煎熬下，提前完成术前准备，顺利地给男孩做了骨髓移植。

男孩的父母，为了感谢救命恩人，送了5万元钱给幼师。幼师却说什么也不肯要。她说，孩子术后的治疗期还很长，钱应该花在给孩子治病上。男孩父母感激涕零，来到新闻单位反映这位品格高尚的女幼师。

新闻报道出来后，引起了很大反响，一些好心的市民，自发要给这位善良的年轻母亲捐款。一位来城里打工的青年农民，也把自己辛辛苦苦攒下的300元钱送来表示心意。不料，几天后，这位民工小伙子找上门来，不仅要把300元要回去，还要向幼师借2000元钱。

民工说他在乡下的父亲，突然查出患了胃癌，现在医院躺着，还差2000多块钱的手术费。幼师的家人都说，遇上了骗子，说那小伙子分明是用300元做钓饵来骗取更多的钱财。他们叫幼师把300元还给民工，再也不要搭理那种人。幼师却总觉得小伙子不像是坑蒙拐骗的角色，便来到小伙子说的那家医院暗访。发现小伙子的父亲的确住在医院，且刚刚查出了癌症。幼师连忙回家取了钱给小伙子，让他父亲及时做了手术。

时间一天天过去，尽管医院、家人、朋友四处求援，适合给幼师女儿捐献骨髓的人，始终没有找到。钱用完了，医生摇头表示无能为力了，幼师只好把女儿接回家，天天抱在怀里，以泪洗面。

正当人财两空的阴影一步步紧逼之际，小女孩却一天天好转起来，最后，居然完全康复了！这件事，在当地又掀起轩然大波，血液病医学专家蜂拥而来，希望能弄清楚白血病不治而愈的奥秘，但始终查不出原因。

医学专家不得不承认，这是个奇迹！因为，小女孩得的那种白血病，即便做了骨髓移植，也只有50%的生存率。年轻幼师母亲，虽身处困境，却用她一颗纯善之心，无私地奉献出自己的血肉和钱财援救他人。这样的善举，自然会感天动地，现世得到善报。所以，报道最后评论：人心动一念，天地尽相知；善恶若无报，乾坤必有私。

21 为他人鼓掌，这很优雅

我们接着看了凡为善第三条纲领，**"何谓成人之美？"**《论语》讲："君子成人之美，不成人之恶。"我们学习孔子的教诲，这一条一定要做到，这样我们才能成为君子。成就一个人的德行，成就一个人的善的心愿，甚至于成就一个人才，这些都包含在成人之美当中。人才是国家和社会最重要的财富，但是人才需要培养，需要慢慢成长起来，那就离不开很多人的栽培、鼓励和爱护。

这里用美玉来比喻，**"玉之在石，抵掷则瓦砾，追琢则圭璋"**。玉石，如果你不琢磨它，就很难成器。就像《三字经》讲的："玉不琢，不成器。"玉在石头里，你不琢磨它、开发它，它好像没有什么价值。如果把它丢掉，那它跟一般瓦砾石头也没什么差别。如果人才没有被发觉，没有被培养，那跟一般的庸俗之人也是一样的。"追琢则圭璋。"如果加以雕塑，就是很好的玉器，就变成宝物了。

"故凡见人行一善事"，所以，只要看这个人的动机很好，他看到社会的需要，主动去带头。**"或其人志可取而资可进"**，或者这个人很有志向，胸怀博大，有利益团队和社会的存心。"资"就是天赋很好，"可进"就是要帮助他、提升他。

"皆须诱掖而成就之。" 不管是他做一件善事，还是他是一个很有潜力的人，我们都可以引导，然后扶持他。好事，发动大家来做；好的人才，默默地鼓励他、支持他，不管是在物质上或在精神上。

"或为之奖借"，"奖"就是奖励，"借"是肯定、赞叹。人在成长过程中会有起伏，会遇到挫折，适时地给予他肯定，他会受到鼓舞。**"或为之维持"**，帮助他。**"或为白其诬而分其谤。"** 善人有时候遭人嫉妒，受到人家的冤枉、毁谤的时候，我们能够澄清他的冤屈，进而帮他分担，让他不至于消沉，让事情不至于败丧。

"务使之成立而后已。" 务必护念、帮助他。"成立"，就是他真能成才，利益众人之事也能办成。"好人要做到底，送佛送到西。"就是这个心态。

为什么善人反而会遇到一些挑战和磨难呢？**"大抵人各恶其非类"**，通常一般的人会排斥跟自己不同类的人。所谓"物以类聚，人以群分"，思想观念相近的会聚在一起。**"乡人之善者少，不善者多。"** 真正念念为他人、为团队着想的人比较少。

所以，**"善人在俗，亦难自立"**。在现在这个社会当中，善人容易受到别人排挤，很难立足。比如，一个人到一个团队里，大家都不珍惜公物，只有他非常爱惜公物，大家就会都看他不顺眼。很多人贪污，他非常廉洁，必然受别人排挤。

"且豪杰铮铮，不甚修形迹，多易指摘。" "铮铮"就是很正直，不会跟邪恶妥协。这些英雄豪杰不愿意去讨好别人，不用那些心机。有时候他的言行毕竟还没有达到圣人境界，言语可能会稍有疏漏，或者刚好在思考一些问题，礼貌上有时候忽略一些细节，一些有心人就抓住这些小地方借题发挥。不去肯定他的无私，不去肯定他奉献的精神，反而就这些小地方攻击他。

"故善事常易败"，假如领导者不是很会看人，不是很会分辨事情的曲直，可能听多了就产生错误的判断，好的事不被支持。**"而善人常得谤。"** 所以，善人有可能不被重用，甚至被免职。

"惟仁人长者，匡直而辅翼之，其功德最宏。" 唯有仁慈的人，唯有非常有社会阅历的长者，能看得清楚，进而积极匡正世俗错误的见解、看法，保护他、支持他，让善人和善事得以成就，这样的功德是最宏大的，也是最可贵的。

在《孔子家语》上记载，子贡来向孔老夫子请教，他说："现在的臣子之中，谁可以称为是最贤德的？"孔老夫子怎么回答的？孔子说："齐国有鲍叔牙，郑国有子皮，可以称为贤臣了。"子贡听了觉得奇怪，因为当时齐国有管仲做宰相，他使齐桓公成为霸主；在郑国有子产做宰相，他使郑国很强盛。他认为管仲和子产才是贤臣。

于是他就问："难道齐国没有管仲，郑国没有子产吗？"孔子回答说："子贡啊，你觉得出力的人是贤德的人，还是能够举荐贤才的人是贤人？"子贡一听，明白了："当然是进荐贤才的人才是贤德之人。"孔子说："对，我听说过鲍叔牙举荐了管仲，让管仲显达，子皮举荐了子产，让子产显达，但是却没听说管仲和子产举荐了比他们更贤德的人。"

所以，孔子认为谁才是真正的贤才？鲍叔牙和子皮。为什么他们是贤才？因为他们没有私心，所以才能够举荐更加贤德的人来为国效力。如果他总考虑到自己的位置、自己的利益是不是受到侵犯、有损，那不可能把贤德的人举荐给国君。

所以你看，鲍叔牙他不嫉贤妒能，一心为国着想，他能够让位于贤人，把宰相的位置都让给了管仲。管仲果然不负所望，帮助齐桓公"九合诸侯，一匡天下"，使齐桓公成为霸主。结果怎么样？鲍叔牙家世代子孙在齐国都非常显达，十几世都是齐国的名大夫，这也是他的德行所累积的阴德。

所以《汉书》讲："进贤受上赏，蔽贤蒙显戮。"能够为国家举荐贤德的人，这样的人会受到上天最丰厚的赏赐；而嫉贤妒能的人，也会受到上天最严重的处罚。譬如，李斯把他的师弟韩非子给害了，最后李斯和他自己的儿子都被腰斩东市。因为他把国家的人才毁掉，这个罪业太重了，最后断子绝孙。所以我们在学习圣贤之道的路上，首先要去除嫉妒之心。如果能够荐贤的人，就有深厚的德行，因为他大公无私，所以善果也是不可思议的。

唐朝的娄师德辅佐过唐高宗，也辅佐过武则天，是两代老臣。他为人宽宏大量、谦逊隐忍，颇有才能。可是，狄仁杰自从登上相位后，就开始排挤同为宰相的娄师德，对他很是瞧不起，甚至还打算把他调派出京，去驻守边关。

武则天发现狄仁杰总是排挤娄师德，便问狄仁杰："你知道你为什么受到朕的重用，登上了相位吗？"狄仁杰回答说："臣品行端正，文章出色，因此才得到圣上垂青。"

武则天听完狄仁杰的回答，摇摇头说："朕之前对你一无所知，是娄师德向朕举荐了你啊！"狄仁杰感到非常惊讶，难以置信。武则天命人取来当年娄师德的举荐奏章，递给了他。狄仁杰看了以后，这才知道皇上所言非虚，的确是因为娄相的举荐，他才能有今天的地位与成就。

娄相对自己有伯乐之恩，可自己对他在官场上不断打压，对他一再排挤。想到此，狄仁杰感到十分羞愧，连连认错，但武则天并没有指责他。狄仁杰出宫后感叹说："想不到娄公胸怀如此宽广，我真是不如他啊！"于是，狄仁杰着青衣小帽，到娄府向娄师德当面道歉。

娄师德备下酒席来款待狄仁杰，两人相谈甚欢，一扫旧日隔阂。此时，狄仁杰见贤思齐，以娄师德为榜样，公正地提拔了几十位才华横溢、忠贤精干的官员，为之后的开元盛世打下了坚实的基础。

所以，我们要举荐人才，不要嫉妒人才。在《孙卿子》中，荀子把人才分成了四个等级：第一，"口能言之，身能行之，国宝也。"这些人口里所讲的是圣贤教诲，又能够身体力行，就像孔老夫子一样，他自己所说的自己全都做到了，这种人被誉为国宝。

第二，"口不能言，身能行之，国器也。"这种人口里虽然讲不出圣贤的道理，但是能够身体力行仁义礼智信的规范，这种人被称为国家的重器。

第三，"口能言之，身不能行，国用也。"这种人口里讲得很好，都符合圣贤的教诲，但是不能够身体力行。这里的不能够身体力行，并不是说他作恶，而是不能够行得很好，不能够做到圆满，因为人还有一些习气，这种人是国家的用具。

第四，"口言善，身行恶，国妖也。"这种人口里讲的全都是好话，所作所为却恰恰相反，全都是恶的，这是国家最邪恶的人，被称为"国妖"。

"治国者敬其宝，爱其器，任其用，除其妖。"这句话说得特别好。告诉我们治理国家的人，应当尊敬"国宝"，爱戴"国器"，任用"国用"，并且除去"国妖"，除去邪恶之人。我们学习要懂得举一反三，这个"国妖"不仅仅是指国家里边的邪恶臣子，其实在我们的集体、我们的单位、我们的企业和社会之中也都有类似的人。就是身行的是恶，但是口里讲的是善，阳奉阴违，结果让人看了之后，不仅不会对传统文化生起信心，还因为我们的所作所为不恰当，恰恰让人们对传统文化丧失了信心，这个对社会、团体的危害是最大的。

当时宋朝有一个官员当到宰相，但是这人无德。范仲淹先生画了一个百官图，那个百官图呈现很多人都是借由宰相的裙带关系去当官，所以一看就知道这个宰相的私心。宰相一看到这个奏折，就集了很多力量毁谤范公，结果范公被贬得很远。

后来，这个宰相虽可以弄权一时，总有下来的一天，很多人落井下石了，反而范仲淹对他没有一丝一毫的落井下石，甚至很怜悯他。范公就强调："当时候纵使是进谏百官图，也是对事不对人，我不对任何人起对立冲突的心。"这就是圣贤的心量："仁者无敌"。

范仲淹先生当副宰相的时候，有一天他们在考核官员，把一些考绩不好的官员画掉。旁边的同事讲："你那一笔下去，他们家都要哭了，他被削掉他的禄位了，不能当官了。"范公讲："我削掉他是一家里哭，我不给他削掉，说不定这一县的人都哭，这一方百姓都得哭。"所以不能以私废公。

事实上讲，把那个人画掉了是慈悲，为什么？不要让他造大罪业。"一世为官九世牛"，他不爱护老百姓，他怎么对得起这个俸禄呢？俸禄是全国人民的纳税钱，他怎么还得起。所以能舍非无情，有时候把他画掉是对他的慈悲，让他反省，痛改前非，反而是好事情。

所以，我们发心弘扬传统文化的人，一言一行、一举一动都要特别小心谨慎。因为我们的言行都是在给世人做表率，可能我们微小的恶，或者是一个没有注意到的细节，都会让人对传统文化留下不好的印象，产生误解，丧失信心。所以孔老夫子说："人能弘道，非道弘人。"是人能够把道弘扬光大，那就是说我们讲道的人，要能够身体力行这些圣贤教诲，让人从我们的身上看到传统文化的榜样。

所以，什么是真正的人才？《孔子家语》中有一句话讲得好："弓调而后求劲焉，马服而后求良焉，士必愿而后求智能者，不愿而多能，譬之豺狼不可迩。"这张弓，必须先把它调整好，才能使它强劲有力，如果这张弓没有调整好，可能会射到自己人。这匹马，也要把它驯服之后，才能使它成为一匹良马，日行千里，如果这匹马是劣马，可能会把主人伤到了。一个士，也就是读书人，首先必须具备诚恳、恭敬、谨慎的态度。

一个人首先要诚实，然后才要求他有聪明能干。一个人如果没有诚恳、诚实、谨慎、恭敬的态度，却多才多艺，则像豺狼一样不可接近，为什么？一接近他，就会对你造成伤害。在此，夫子用形象的比喻告诉我们：一个人有才能没有德行，对社会是有潜在威胁的。孟子也说："饱食，暖衣，逸居而无教，则近于禽兽。"人们吃饱饭，穿暖衣服，过上安逸的生活，有好房子住，但是却没受到伦理道德的教育，这个时候就堕落得离禽兽不远了。

有人把人才分为四个等级。"有德有才是正品，有德无才是次品，有才无德是毒品，无才无德是废品。""有德有才是正品"，一个人有德行，又有才能，这是我们社会所急需的，这样的人是正品；"有德无才是次品"，一个人有德行，但是才能不够，我们培养他一下还是可以用的，虽然不如正品人才好用，但是也不至于对社会做出危害。

"有才无德是毒品"，这个人很有才能，懂得高科技，知道怎么把人家的网站给黑掉，知道把三聚氰胺放在奶粉里是什么效果，这样的人会对社会、国家造成毒害，这样的人叫毒品，也有人把他们称为危险品。最后，"无才无德是废品"，这样的人是比较少的，他的危害比有才无德的人要小。

所以，举荐贤才要根据他的才德，而不是根据他和自己的关系亲疏。《说苑》有一个典故，叫"荐仇为官"。这是讲在春秋时代，晋文公要派一个官员去当西河守，就问咎犯："用谁比较好呢？"结果咎犯说："虞子羔。"文公很惊讶："虞子羔不是你的仇人吗？"咎犯讲："君王，你问我谁适合当西河守，你没问我谁是我的仇人。"

你看，古代这些臣子，他们虽然有仇，但是一定是公在前，私在后，甚至因公忘私。这个人纵使有不共戴天之仇，假如他现在在当官，他在照顾老百姓，你不能在他任上去报仇，即使报仇也等他卸任下来了才行。以前的人是很讲规矩的，很讲道义的。

后来虞子羔要去上任，就来给咎犯讲："感恩你，你大人有大量，不记恨以前的仇恨，向文公推荐了我。"虞子羔专程来谢谢他。咎犯说："推荐是为国家，公在前，私在后。仇还是仇，你赶快走，不然我要用箭射你了。"以前的人很可爱，为人臣子的是以国家的利益为重。他这个好恶是与民同好恶，与天理同好恶，不是与自己的喜好同好恶。

《韩非子》上也记载着一则典故，叫"解狐荐仇"。解狐和邢伯柳，他们之间有怨仇。一天，赵简子问解狐："谁可以做上党的地方官呢？"解狐就回答说："邢伯柳可以。"赵简子就问："这个人不是你的仇敌吗？"解狐回答说："我听说忠臣举荐贤才不回避自己的仇人，废黜不肖之人也不偏袒自己的亲近。"

赵简子一听，就很称赞，然后就任命邢伯柳为上党的地方官。邢伯柳知道解狐推荐了他，就去见解狐表示感谢。解狐说："举子，公也；怨子，私也。往矣！怨子如异日。"解狐说："举荐你是为公，怨恨你是为私。你走吧，我怨恨你一如往日。"

虽然解狐没有做到"恩欲报，怨欲忘。报怨短，报恩长"，他不能够放下个人的仇怨，那种夺妻之恨他很难原谅邢伯柳。做不到能够化解前嫌、心胸更加宽大，但是他不因为自己的私人恩怨而影响了国家的公义，他有公心，这一点也是值得我们现在人学习的。

古人念念提起的是公心，所以经常说公忠，为国家尽心尽力。举荐一个人不是考虑我喜不喜欢这个人，这个人和我是什么关系，和我投不投缘，而是考虑他是否能够胜任这份工作。为什么古人能够做到这一点，根源在哪里？根源就在于古人他没有私心，他没有控制人、占有人的欲望，更没有嫉妒之心。

他不是任用自己的党羽，不是任用自己喜欢的人，听自己话的人，或者是谄媚巴结的人。一个人一心想为这个团体好，想为这个国家好，他就可以放下私人的喜好、私人之间的仇怨而举荐公正。

所以，要举荐人才，必须坚持德才兼备、以德为先的原则。举荐的这个人不仅有才能，而且还有德行，更重要的是要有使命感、责任感，勇于担当，又没有名利之心，与人无争、与世无求。总之，就是能够胜任职责的人。

而解狐也是被祁黄羊公正举荐的，这个典故在《吕氏春秋》和《左传》等经典中都有记载，叫"外举不避仇，内举不避子"。晋悼公当国君的时候，中军尉祁黄羊要告老还乡，请求辞职。晋悼公问祁黄羊："你看谁可以代替你呢？"祁黄羊说："解狐这个人不错，他当这个官很合适。"

悼公很吃惊，他问祁黄羊："解狐不是你的仇人吗？你为什么要推荐他？"祁黄羊笑答道："您问的是谁能代替我，不是问谁是我的仇人呀。"悼公认为祁黄羊说得很对，就派解狐去。谁知解狐大病在身，不久就去世了。

悼公又问祁黄羊："你看现在谁能担当这个职务？"祁黄羊说："祁午能担当。"悼公又觉得奇怪："祁午不是你的儿子吗？"祁黄羊说："祁午确实是我的儿子，可您问的是谁能去代替我，而不是问祁午是不是我的儿子。"

悼公很满意祁黄羊的回答，于是派祁午继任中军尉，后来祁午果然成了能公正执法的官。孔子听说这两个故事后称赞说："好极了！祁黄羊推荐人才，对别人不计较私人仇怨，对自己不排斥亲生儿子，真是大公无私啊！"

后来，人们就用"大公无私"这个成语，形容完全为集体利益着想，没有一点私心，也可以指处理事情完全出以公心。所以古人讲："唯有贤者，才能举荐同类之人。"自己是一个贤德的人，他才能够真正举荐公正，把那些德才兼备的人举荐出来。

作为一个好的领导者，必须具备公正无私的品德，不能因为自己私人之间的恩怨而伤害了公义。也唯有把公正无私的人选拔在高位，才能够"同声相应，同气相求"，感召更多公正无私的贤人来到这个团队。

在《左传》中有记载：晋国的栾盈逃奔楚国，范宣子就杀了他的同党羊舌虎，而且软禁了羊舌虎的哥哥叔向。这个时候，乐王鲋就主动地来见叔向，说："我去为你求情。"叔向没有理会，旁边的人都觉得叔向这人不识抬举。叔向说："只有祁大夫能够救我。"这个祁大夫就是指祁奚，也就是祁黄羊。

他的管家听了这话就说："乐王鲋在君王面前说的话，没有不采纳的。他主动提出去请求君王赦免您，您却不理会，不领他的情。而我认为这是祁大夫无法办到的事，因为这时候祁奚已经退休了，而您却说必须依靠他，这是为什么？"

叔向说："乐王鲋这个人只会顺从君主所说的话，而祁大夫为国家举荐人才，对外不遗漏他的仇人，对内不回避自己的亲人，难道会遗忘我吗？"《诗经》上说："有正直的德行，天下的人都会顺从。"而祁大夫正是这样正直的人。

后来，晋侯果然向乐王鲋问起叔向的罪责，乐王鲋怎么说？乐王鲋说："叔向不背弃他的亲人，同谋的事恐怕还是有的。"你看这个乐王鲋，他主动地去要求向君王给叔向求情，但是当君王问起叔向的罪责的时候，他说"同谋的事恐怕还是有的"。

而祁奚呢？当时的祁奚已经告老还乡了，他听说叔向被囚禁的这件事，赶紧坐上驿站的马车来见范宣子，他说："《诗经》上说：'给予我恩惠无边的人，他的子孙后代都应该永远保存。'善于谋划而少有过失，给人很多有益的教诲而不知疲倦，叔向就有这样的能力。叔向是国家的柱石，即使他十代的子孙犯了罪都应该宽宥，以此勉励那些有能力的人为国家办事。而如今，因为他弟弟犯罪一事而使他不能免罪，从而丢弃国家的栋梁，这不是太糊涂了吗？从前鲧被诛杀，但是他的儿子禹却被重用，后来还被拥立为夏代的第一个君主。管叔、蔡叔因为造反被杀，但是他们的兄长周公却仍然辅佐成王。您为什么因为羊舌虎之事而抛弃国家的栋梁，罪及叔向呢？只要您肯施行仁政，全国臣民谁还敢不竭力为国呢？何必要多杀人呢？"

范宣子听了这一番话很高兴，于是他就和祁奚一起乘车去见晋平公，并且赦免了叔向。这件事之后，祁奚没有见叔向就回家去了，叔向也没有向祁奚致谢，直接上朝去了。

为什么？祁奚为国家爱惜人才，他去给叔向求情，完全是出于一片公心。这是在忠臣看来理所当然的本分，这是他的职责所在，所以事成之后"不见而归"，没有见叔向就回去了。因为他不认为自己是施私恩于人，根本也不希望别人报答他。而叔向获救之后，也"不告免而朝"，没有向祁奚致谢，说他求情免了自己的罪。因为他深知祁奚一心为公、正直无私的品德，很了解他的为人，不需要他道谢。

从这里我们看到，君子是以道义相交，志同道合的人才成为朋友。因此古人说"君子之交淡如水"，虽然淡如水，但是天长地久，禁得起考验。相反，现代人多以利害相交。

而古人说："以利交者，利尽而交疏。"彼此是以利益来交往，当这个利益没有了，交情就疏远了。

"以势交者，势倾而交绝。"彼此是以权势相交往，那当我是领导的时候，大家都给我送礼，很恭敬我，有一天我从领导位置下来了，势倾而交绝，这个势力倾覆了，结果交情也就决裂了。

"以色交者，花落而爱渝。"彼此是以美色相交往，男的喜欢女的漂亮，女的喜欢男的英俊，但是有一天年华不在了，脸上起了皱纹，成了老太婆，这个爱也就终止了。

所以古人说"以道交者，天荒而地老"，唯有以道义相交，才能天长地久，禁得起考验。古人他都有一心为公的这种心念，所以他能够做到不以私怒伤天下之公。

在《史记》和《左传》当中，记载着一个典故，我们可以称之为"一碗羊肉汤引发的血案"。宋国的华元率兵迎战郑公子归生。将要开战的时候，宋国的华元就宰了羊犒赏将士。可是他在犒赏将士的时候，没有给他的车夫羊斟吃，大家都分了，唯独没有分给他的车夫羊斟。

结果等到开战那一天，他的车夫在前面驾车，他的车夫就讲："前几天分羊肉是你说了算，是你做主，今天战车的进退是我说了算。"所以他的车夫羊斟就把他的车子开进郑公子归生的军队里面去，结果这一战宋国大败，大将乐吕战死，华元也被生擒，使得宋国付出了极大的代价，原因竟然是一碗小小的羊肉汤！

有的人说这个故事告诉我们，身边的人不好惹，不能得罪身边的人，其实不是。是告诉我们要爱护身边的人，要平等对待。当然，我们实在不了解，当时候华元为什么不分肉给这个车夫。我想，第一个可能应该是，他还是不够尊重这个车夫。我们要了解，任何一件事情的发生都不是一蹴而就的。分羊肉不均这是导火线，人一次羊肉没分到，就害他的主子、就要他死，我看这样也有点过分。可能长期以来不被尊重，没有得到公平对待，所以才会造成这个结果。

所以，如果我们从公私的角度看，这个典故还有一个学处，就是这个车夫，不应该因为他的领导不对，他就用情绪去做事。因为他的情绪造成了严重后果：第一，千万将士的死亡；第二，国家的危亡。所以，他的意气用事，危害不得了，要背负的因果有多重！所以，人往往因为个人的恩怨，毁了团体、毁了国家。

吴三桂因为陈圆圆，把山海关打开，清兵长驱直入，明朝就毁掉了。其中虽有朝代的定数，它的气数将尽，但是这期间牵扯到多少的因缘、多少的人民、多少自己国家的将士。

我们遇到这些事，只要想到要为大局着想，不能造这些因果，情绪就下来了。所以建立理智的人生观，要为大局着想，别人对不对不是最重要的事情，首先自己要做对。

历史当中也有很多正面的例子，比如在魏晋南北朝，有一个人叫阴铿，他为人很善良，有一天他跟朋友在吃饭，他看到服务人员很辛苦，给他们端菜倒酒。他突然就端了一杯酒，然后拿了一些好菜，要请这个服务人员吃。

他那些朋友都笑他，说你这是干什么，他不就是一个下人吗？结果阴铿说："他可能服务的不知道有多少人，但连那酒的味道他都没有尝过，因为他穷，请他喝一杯嘛。"这个服务员喝了他那杯酒，很感动。

后来梁武帝时期发生"侯景之乱"，很多的贼寇作乱，阴铿就被贼寇给围住，眼看着就没命了，突然有一个人杀出来帮他解围，把贼寇给打退了。他突然捡回一条命，魂不守舍，还没定下心来，赶紧问："哎呀，这位兄台，我跟你非亲非故，你怎么冒着生命危险救我？"结果对方讲："当初你请我喝一杯酒，我就是那个下人，我感恩你这一份情谊，刚好遇上您有需要所以我一定要报这个恩。"

所以，公心很重要，公平也很重要。明朝时候有一个家族，超过八百人。家族的领导叫郑廉，是明太祖的臣子。明太祖看他能够带领这么大的一个家族很佩服他，要封给他一个"天下第一家"，封给他之后还要给他考试，叫两个侍卫送了两个很大的水梨去给郑廉。看他怎么样把这两个水梨分给他的八百多个人。郑廉拿了两个大水梨后，把水梨打碎，水梨汁溶进水里，每一个人舀一碗，每一个人都公平地尝到了梨。

他没有远近之分，自己的亲孙子和侄孙子喝到的都一样，不但自己心存公平，也教育了子孙后代。一个家庭里面，假如生了三四个孩子，你对待这些孩子不是公平对待的，家庭会怎么样？一定会出状况。假如你比较宠爱一个孩子，那其他的孩子会嫉妒他。做事要用理智，不可以用感情，用感情弊端很大。就算你暂时看不到什么问题，但时间一久，不公平，人心就不平，不平久了必出乱子。

在元朝，八代同堂的张闰，他们家也是一样很公平，张闰很无私。他们家所有的女子们纺织出来的成品统统放在一起，不用计较谁织得多，谁织得少，这是我织的，那是她织的，大家没有那种分别心，大家一起努力，一起共享。不只是织的东西大家一起共享，甚至于是谁的孩子哭了，只要哪个媳妇听到这个孩子在哭了，就把他抱起来哺乳。

你看，无私到小孩子都不知道哪个是他妈妈，反正都是自己的孩子，一样照顾。人家可以八世同堂，那样的团结，这就是朱子的高足詹体仁讲的："尽心、平心而已，尽心则无愧，平心则无偏。"这很有味道，值得我们玩味。

我们都知道戚继光是抗日英雄，当时候倭寇作乱，一听到戚继光的名字都很害怕。他虽是武将，但跟宋朝的岳飞一样，也是虔诚的佛教徒。结果，戚继光的舅舅在军队里面就很嚣张，仗势欺人，不守规矩，而且造成了很大的不良影响。戚继光下令打他二十大板。我们想想，打完以后，这个舅舅肯定火冒三丈，气得不得了。

岳飞当年当着大伙的面惩罚他的舅舅，没有给舅舅足够的关怀，导致舅舅怀恨在心，后来出现了教场上舅甥相残相杀的惨烈画面，舅舅在教场上突施暗箭，欲置岳飞于死地。

戚继光则不同，他一回去，就摆了一桌丰盛的酒菜请他舅舅吃，给他赔不是。再用情理让他舅舅晓以大义，这就把情、理、法都兼顾了，他舅舅被他这么一打，整个军队就不敢乱来了。连舅舅都不能幸免，统统要依军法处置，就很公平。但是情理还是要兼顾，平常他舅舅吃不到的东西，要赶快买给他吃，也是很真心给他赔不是。

唐朝有一个读书人叫张镇周，他是舒州人，他从寿春迁到舒州当都督。回自己家乡当都督不容易，因为家乡里有多少的父老乡亲，多少的亲朋好友。他回到自己的老家以后，买了很多的好酒好菜，把他的亲戚和老朋友全部都召集来，痛痛快快地又吃又喝，连续十天不间断。而且日子算得很准，因为第十一天他要上任了，就喝到上任的前一天。还把金银、绸缎、好的布料送给这些亲戚朋友。

最后，要送他们走了，他说："今天还能够跟你们这样欢欢喜喜地喝酒，明天我要当舒州都督，要治理百姓，官员跟百姓在礼节上是有所区隔的。所以我明天上任以后，就不能常常跟你们这样再一起喝酒、再一起聚会了，有什么事情我都得秉公处理了。自古以来，管理者与百姓之间有着礼法秩序，所以从明日起，我们之间不可以再以私情交往了。"

然后说着说着，痛哭流涕送他们走，隔天他上任，就没有再跟这些亲戚朋友交往，因为这个事情传开来了，所有的人民都觉得他很公正，人民心里就服，佩服他，就遵守他的管理。张镇周在舒州境内执法如山，此后，他的亲戚故人触犯了法律，他毫不纵容，州境内的社会秩序很快得到了改善。

张镇周以至公之心施政，在家乡留下一段廉政美谈。结果整个舒州内治理得非常好。以舒州人的身份当舒州都督，这是非常困难的事情，假如只是守法，就伤了人情了，徇着情就违法了。所以，张镇周他能够在自己的老屋里宴请亲朋好友十天，然后还赠给他们金银绸缎，临别的时候又非常恭敬，痛哭流涕把这个道理告诉他们，这个情用得很深，法律也彰显了，礼数也做到位了。

为官者假如偏心，底下就不平。所以古人说："公者千古，私者一时。"处处都要做到合情、理、法，尽心尽力，又不违背公平、公正，掌握这个度，应该就不会偏差太多。所以，《礼记》讲："政者正也。君为正，则百姓从而正矣。"所以，清官能断家务事，关键还是要有张镇周这样的智慧。

《格言联璧》讲"见事贵乎理明，处事贵乎心公"，人贵在明理，做事情要公平、公正，不以私废公，不以人情做公家的事情。这一点假如没有做到，人心一不平，是组织最大的障碍。人心都不平，怎么可能能够团结一致呢？"公生明，诚生明，从容生明。"我们在面对事情的时候，都能处公心，用真诚去对应，然后能够从容地去对应。

我们公心，就不会被自己的私欲障碍；真诚，就不会被自己应付虚伪夹杂；从容就不会因为心烦意乱，反而事情没有看清楚、搞清楚。对待家里的孩子也是一样，不能对哪一个孩子有偏爱、有偏私，这样对两个孩子都会产生巨大的伤害，被偏爱的孩子有恃无恐，处处优先，会长养傲慢，被冷落的孩子会觉得孤独不公，心里会有怨言和嫉妒很难诉说。

以上，我们是在下属的角度，分析了推荐贤才的重要性，以及需要的心态和度量。下面我们谈一谈，作为领导者怎样认识人才、发现人才和对待人才。

《魏志》讲："《书》曰：有不世之君，必能用不世之臣。用不世之臣，必能立不世之功。""不世"就是世上所罕有的、非凡的、卓越的、不经常出现的。《尚书》说："有卓越的君主，必能任用卓越的大臣。任用卓越的大臣，必然能建立卓越的功绩。"那么什么样的臣子才能够称为非凡的、卓越的大臣呢？

晋文公在逃亡的时候，陶叔狐跟从着他。晋文公返回国家之后，进行了三次封赏，但是都没有封到陶叔狐。陶叔狐就去见咎犯，说："我跟从君王逃亡已经十三年了，面色都变黑了，手足都长了老茧，可是现在君主返回国，三次行赏都没有轮到我，是君主把我忘了呢？还是我有什么大的过失呢？"咎犯就把他的这些话转告了晋文公。

晋文公说："我怎么么会忘了这个人呢？但是以我的认识，那些能够用道使我的精神专注，用义来说服我，使我的名声得以显扬，使我成为德才兼备的君主的人，应该受到最高的奖赏；那些能够以礼来规范我，以义来劝谏我，使我不能够为非作歹的人，应该受到次一级的奖赏；而那些勇猛的壮士，有难在前，他就冲锋在前，有难在后，他就留下断后，从而使我免于危难，应该受到第三等的赏赐。难道陶叔狐没有听过这样的道理吗？与其能够为人效死，不如能保存这个人的生命；与其和人一起逃亡，不如能保存这个人的国家。三次行赏之后，就应该轮到有劳苦功绩的人了。而在有劳苦功绩的人中，陶叔狐应该是排在第一位，我怎么敢把他忘了呢？"

后来周朝的内史听了这句话，评论说："晋文公要称霸了吧。"为什么会称霸？因为他深谙治国之道，懂得防患于未然的道理，任用大臣是任德不任力。在中国历史上，古圣先王任人都是"先德后力"，优先重视的是道德而不是劳力。晋文公可以称得上做到这一点了。这个故事告诉我们，能够以道德引导国君、教化百姓、言传身教的人，应该受到国家最高的重视。因为他们可以使民风向善，国家安定。

楚昭王则是一个反面的例子，当孔子到达楚国的时候，楚昭王本来都想用孔子了。为了表示自己对孔子的敬重，就想把有居民的方圆七百里的土地封给孔子。但是这个时候，令尹子西就来进谗言了，他怎么对楚昭王说的呢？

他说："大王您看看，您出使诸国的使者之中，有像孔子的弟子子贡这样的人吗？"楚昭王一想："没有。"子西又说："大王的相国之中，有像颜回这样的人吗？有谁的德行能和颜回相比吗？"楚昭王又说："没有。"子西说："大王的将帅之中，有像子路这样的人吗？"楚昭王说："没有。"子西说："大王的各部长官，有像宰予这样的人吗？"楚昭王仍然说："没有。"

令尹子西就说了："楚国的祖先在周朝受封的时候，他的封号是子男的爵位，封地仅有方圆五十里。现在孔子修治三王五帝统治天下的道术，彰明周公、召公的德业，大王如果任用他，那么楚国还能世世代代保住泱泱数千里的土地吗？周文王在丰地，周武王在镐地，他们是在方圆百里的领地，是小国的国君，最后都能够称王天下。而现在如果孔丘占有七百里的土地，又有贤能的弟子来辅佐他，这恐怕就不是咱们楚国的福分了。"

意思是说，楚国要有危险了。楚昭王听了之后，犯糊涂了，认为他说得很有道理，于是就放弃了给孔子封地的想法。其实，这完全是以小人之心度圣人之腹。

圣人周游列国，推广自己的仁爱学说，并不是自己想升官、想发财，像我们现在很多的学者解读孔子一样，是一个官迷。他是希望遇到一个明君，能够把自己仁爱学说推广于天下，让百姓过上幸福美满的生活，社会得以和谐，天下得以治理。不要再打打杀杀了，不要再矛盾重重、战争不断了。是想用一切方法救民众于水深火热之中，这是圣人他的初衷。

但是这些国君、臣子往往以小人之心，自己狭隘的心理去揣度圣人的心意，结果圣人在世也没有被重用。所以，不世之臣要遇到不世之君，才能建

为他人鼓掌，这很优雅

355

立不世之功。卓越的臣子要遇到英明的君主，才能够建立下不朽的功勋，否则即使是如圣人孔子也难免被埋没。当然孔老夫子晚年著书立说，从事于教学工作，在对后世的影响上是历代圣王都没法比拟的。这也给我们显示了教育的意义。

所以，在《晏子春秋》上，齐景公问晏子道："治理国家什么是值得忧虑的？"晏子答道："值得忧虑的是社鼠。"景公又问道："此话怎讲？"晏子答道："那社神，是捆起木棍涂上泥巴做成的，老鼠于是进到里面做窝，人们拿烟火熏烧便担心烧着木头，拿水灌又怕毁坏了泥巴。老鼠之所以不能被杀死，是因为它凭靠社神的缘故。那么国家也有社鼠，国君左右的近臣就是。这些家伙在朝中对国君遮蔽善恶，在朝外对百姓依仗权势害人。不除掉这样的人他们就作乱，除掉这样的人他们又被国君把持反而受到宽恕，这些人就是国家的社鼠。"

晏子接着说："宋国有一个卖酒的人，他的酒器非常干净，酒旗，也就是这个招牌，也悬挂得很高，但是他的酒搁酸了也都卖不出去。他就问邻居这到底是什么原因？他的邻居就说，因为你们家有一只猛狗，当别人带着酒器想来买酒的时候，这只狗迎上去就咬人，这就是你的酒卖不出去的原因。其实，国家也同样有猛狗，猛狗就是在国君身边仗势欺人的人。而且他还不仅仅仗势欺人，他还嫉贤妒能，那些有道德、学问的人想来辅佐国君安定天下，而这些人却迎上前去诋毁、去陷害、去诽谤、去中伤，这就是国家的猛狗。"

这个比喻告诉我们，贤能之人之所以没有被采用，一个很大的原因就在于，国君身边所任用的人都是那些嫉贤妒能的人，他们就像猛狗一样，生怕贤德的人来到国君的身边取代自己的位置，使自己的利益受到损害。所以他们不择手段地去造谣生事，恶意毁谤、中伤贤德之人。所以，当国君的必须保持清醒、冷静的头脑，要警惕身边的"社鼠"和"猛狗"。而且怎样才能杜绝他们的出现呢？就是要任用贤德的人。

所以，成事在人。一定要有很好的人才出来，才能把事情办好。现在是众志成城的时代，不可能一个人就能把事情都做好，所以找好的人才就显得重要。因为一个好的人才出现，就能带动一群有心的人进来；一个不好的人进来，也很可能把很多相同习气的人都带进来。所以，以前这些圣王挑宰相、挑大官都非常谨慎。

《论语》讲："舜有天下，选于众，举皋陶，不仁者远矣。"当时大舜治理天下，他用心地去看看世间有哪些有德行的人，选了皋陶这个有德行的人，不仁慈的人统统都走了。因为他们知道皋陶来了，他们就没有生存的空间就走了。"汤有天下，选于众，举伊尹，不仁者远矣。"把伊尹找出来当宰相，其他没德行的人自然就走了。

欧阳修先生曾经在劝皇帝的时候，就把这句话讲出来。因为当时皇帝要把范仲淹贬到比较偏远的地方，欧阳修马上站出来："皇帝，这使不得。你假如把范仲淹贬走了，那是让一堆人的心都冷了，让这些小人统统都得势了，可要考虑清楚。"所以为政最重要的在得人、择人上。当然我们要选到好的人才、有智慧的人，最重要的是我们要有德、有智慧判断得出来。

《三国志》上记载着孙权对于他的大将吕蒙的爱护。吕蒙智勇双全，被拜为"虎威将军"。当关羽率军进攻曹魏的樊城时，孙权就派吕蒙带兵去偷袭南郡。

结果南郡的太守投降，吕蒙就进入了南郡，占领了城池，并且俘虏了关羽的家属，还有关羽手下将士的全部家属。但是吕蒙给这些家属比平时更加优厚的抚慰，结果关羽的将士全都没有了斗志，纷纷离开了关羽，投降了吴军。这样吕蒙就平定了荆州，于是孙权就任命吕蒙为南郡太守。

这时候，吕蒙的疾病发作了，而当时的孙权还在公安。一听说吕蒙得病了，他就马上把吕蒙迎到自己宫中的殿内住下，而且是用尽了一切的方法，要给他治疗疾病。还招募国内的良医，下令说，谁要是能够治好吕蒙的疾病，赏赐千金。

吕蒙的疾病也是时轻时重，孙权就为他悲凄忧伤。他想常常去看一看吕蒙的容颜气色，但是又怕吕蒙要施礼而过于劳累，结果他就在墙壁上凿了一个小洞，偷偷地观看。如果看到吕蒙能稍稍吃点东西了，就非常欢喜，还回过头来与左右侍从谈笑；如果不是这样，他就会长吁短叹、夜不能眠。吕蒙的病情好转了，孙权还专门为此下达了赦令，大赦百姓，还让群臣都来道贺。

从这里我们看到孙权对吕蒙确实是非常重视、非常礼敬。后来吕蒙的病情又加重了，孙权亲自到病床前探望。吕蒙去世的时候，孙权极度哀痛，真是像丧失了自己的左膀右臂一样，这种哀痛也是发自内心。所以，我们看在中国古代君臣之间的关系，既是君臣，又如手足。

在《蒋子万机论》中就讲道："夫君王之治，必须贤佐，然后为泰。故君称元首，臣为股肱，譬之一体相须而行也。"这就是说君王治理国家，必须有贤德的人辅佐才能安泰。因此，君主、领导者被喻为头脑，臣子被称为四肢，就像一个身体一样，谁也离不开谁。所以他们彼此相互需要、相互协调才能够把国家治理好。

这个比喻非常地恰当，也非常地形象。说君臣之间的关系就像一个身体一样，君主就像头脑，臣子就像四肢，所以他们是谁也离不开谁，互相感恩、互相合作。

而且，人无完人，领导者也要包容下属的不足，用其所长，容其所短。《晏子春秋》讲："任人之长，不强其短；任人之工，不强其拙。"用人要发挥他的优点，不强求他的不足；要任用他的专长，不强求他的短处。这句话主要告诉我们，用人不能够求全责备。只要一个人在大的方面是好的，他的本质、主流是不错的，那就可以委以重任。

在《文子》中记载："今人君之论臣也，不计其大功，总其略行，而求其小善，即失贤之道也。"现在，君主评论臣子的时候，不在意他大的功劳和贡献，而是在他细小的行为上做文章，求取他小的不善、小的错误，这是失去贤士的原因。

孔子的孙子子思在卫国的时候，他发现苟变是一个人才。有一天，子思就向卫侯推荐说："苟变这个人可以担任统率五百辆战车的将领，不知主公是否了解他？"结果卫侯说："我知道他可以担任将军，但苟变过去在担任官吏的时候，曾经偷过人家两个鸡蛋，所以我不能任用他。"你看，这个人只是偷过人家的两个鸡蛋，但是就被卫侯废弃不用。

子思听到了之后就对卫侯说："圣人在用人的时候，就像匠人选用木料，取其所长，弃其所短，所以杞树、梓树连抱那么粗，即使有几尺的朽烂，好的木匠也不会丢弃它。如今君王处在战事连绵不断的时代，选用作为爪牙的武士，却为两个鸡蛋就舍弃可以攻城略地的将军，这种事情可不能让邻国知道。"卫侯听了之后一再拜谢说："我诚恳地接受你的教诲。"

你看，苟变他只是犯了一个小错误，偷吃了两颗鸡蛋，结果卫侯就不用他可以带领五百辆兵车的军事才干，这就是因小失大。"人非圣贤，孰能无过？"人哪有没有犯错的时候？因为人犯下的一个小错误，就把一个将才闲置不用，那对国家也是一个很大的损失。

所以愈是高位的人愈要严格，但是这个严是严于律己，宽以待人，要能够宽容属下的不足。为什么他是你的属下，他不是你的领导？如果他又有德行、又有才能，做事能力很强，那他应该是你的领导了。他之所以是你的属下，那定然有很多不如你的地方，在德才上都有一些不尽如人意的地方。

所以，对属下要宽容，要恕其愚、恕其拘、恕其肆等，就是要宽容属下的愚钝、拘泥、放肆等行为。而且看到属下的不足，还要想着怎样尽到君亲师的责任，让他去改善提升，而不是一直盯着属下的缺点看。看，自己也烦恼，让别人也不愉快，这个态度就错误了。

所以《文子》说："自古及今，未有能全其行者也，故君子不责备于一人。"从古至今、从历史上看，没有十全十美的、德行无可挑剔的人，所以君子不求全责备于任何一个人。

后边还做了两个比喻："夫夏后氏之璜，不能无瑕；明月之珠，不能无秽。然天下宝之者，不以小恶妨大美也。"夏禹所佩戴的璧玉，也不是没有瑕疵的；夜明珠也不是没有污点的。但是天下人仍然认为它们是宝贵的东西，不以小小的瑕疵来妨碍它们的大美。

"今志人之所短，而忘人之所长，而欲求贤于天下，即难矣。"现在却只记着别人的短处，而忘记了他的长处，还想在天下求得贤才，这是难上加难。这些论述比喻得很恰当、很精辟，告诉我们，即使是很珍贵的璧玉、夜明珠，都不是没有瑕疵、斑点的。如果我们对人求全责备，我们还想求得贤才，那就是太难了。

宁戚想去齐桓公那里求取一个禄位，他想去侍奉齐桓公，但是他穷困潦倒，没有办法举荐自己。于是他就随着那些流动做生意的人，给他们驾车，来到了齐国，晚上住在城门外。

这时候，齐桓公到郊外去迎接客人，晚上开了城门，让赶车的人都回避。宁戚正好在车下喂牛，他看到齐桓公，就赶紧地敲击牛角，唱起了凄厉的商歌。齐桓公听到了歌声，就说："这个唱歌的人可不是一个平凡之人。"于是就命后面的车把宁戚载着进城去了。

齐桓公返回国内，宁戚来求见，劝说他要统一整个国家。第二天宁戚又来求见，劝说他要称霸天下。齐桓公听了他的进谏非常高兴，就想任命他做官，委以重任。但是群臣有不同的意见，有人说，宁戚是卫国人，卫国离齐国也不远，不如派人去问一问，打听一下，如果他确实是一个贤才、一个有德行的人，再任用他也不迟。

桓公说："你讲得不对！如果你去打听他，恐怕他会有小的过恶。因为他小的过恶，就忘记了他大的好处，这是君主失去天下贤士的原因。而且人本来就难以用尺度去衡量，他不是十全十美的，我们只要用他最擅长的地方就可以了。"所以他没有派人去打听宁戚的为人，而是对他委以重任，授之为卿。正是因为齐桓公用人不疑，这个举动很得当，所以得到了贤士，能够称霸天下。

　　这个就是《群书治要》讲的："选不可以不精，任之不可以不信，进不可以不礼，退之不可以权辱。"进荐一个人才、晋升提拔一个官员，一定要看他的才华，也一定要礼遇他。

　　为什么要礼遇他？《孟子》说："君之视臣如手足，则臣之视君如腹心。"如果领导者把被领导者当成手足一样加以关爱、加以重视，被领导者就会对领导者加倍地回馈，把领导者当成自己的心腹一样更加地重视。

　　这说明什么？说明君臣原本就是一体的关系。怎么样保持这种一体的关系？那就是领导者对被领导者要有礼遇之心，以礼相待。礼遇人才，不嫉妒有才华的人，为比自己优秀的人点赞和鼓掌，这是一件很优雅的事。

22　真诚是成长的开始

我们接着看了凡为善第四条纲领，**"何谓劝人为善？"** 什么是"劝人为善"呢？

"生为人类"，天地之间人是很尊贵的。人有好的教育，可以切入天地无私之德行。所以只要生为人，**"孰无良心？"** 谁没有天地良心？

"世路役役，最易没溺"。"役役"就是忙忙碌碌。一忙忙碌碌，人就不能冷静下来去深思人生的意义，最后就只能随波逐流。"没溺"，就是堕落、沉沦。所以人这一生，忙忙碌碌不知道在忙什么，脚步好像停不下来，这个时候最重要的，能得到别人智慧的引导，去反思自己的人生。不然，人内有"贪嗔痴慢疑"这些习气，外有"财色名食睡"这些诱惑，没有好的引导，很难有所作为。

"凡与人相处，当方便提撕，开其迷惑。" 我们的亲朋好友这一生有缘，都应该尽一份道义。《弟子规》讲："善相劝，德皆建；过不规，道两亏。"孟子讲："教人以善谓之忠。"我们对自己的亲戚朋友忠诚表现在哪儿？你引导他向善，不让他堕落，这是对他的忠诚。《论语》讲："忠焉，能勿诲乎？"对一个人忠义，怎么可以不提醒、教诲他呢？

"方便提撕"，而劝人为善，还要懂得善巧方便，"提撕"，就是能够增长、引发他的善心良知，引导他正确的思想，放下错误的思想。比如在家庭和团体当中，要教孝，要教爱心，而不是教竞争。从小就竞争，慢慢地变成斗争和战争，这是死路一条。"开其迷惑"，化解他的迷惑。

"譬犹长夜大梦，而令之一觉"，这就好比他在噩梦当中，你把他给叫醒，不让他继续受苦。人的思想观念一迷惑，他就造作罪业，最后他的人生一定是痛苦的结果。

"譬犹久陷烦恼，而拔之清凉"，人有时候念头转不过来，就很苦恼，甚至还有可能寻短见。他在痛苦当中身心俱疲，你能够给他正确的引导，让他得到清凉，让他离苦得乐。

"为惠最溥。"人有时候确确实实一念转不过来，就好像在地狱，一念转过来觉悟了，就好像到天堂一样。所以这样劝人为善，当事人所得到的实惠利益很大，也可以说这样的实惠是最广大的。

"韩愈云：'一时劝人以口，百世劝人以书。'""一时劝人以口"，这个人遇到很大的困难，你及时地劝导他，帮助他渡过难关。"百世劝人以书"，就像这本《了凡四训》，明朝的经典，几百年后我们都还在受益，都还有广大的人群因为这本书改变命运。

"较之与人为善，虽有形迹。"用言语劝人，用书劝人，这跟前面所说的与人为善相比较，虽然好像是留有形式、痕迹，虽然做法不一定相同，但是利人的心是一样的。每一个情境、每一个因缘都有差异，我们因时制宜，抓住时机，契理契机就好。

"然对症发药，时有奇效，不可废也。"抓到一个机会点，真的可以让人转迷为悟，功德是圆满的。就像能写一本像《了凡四训》这样的书，利益百世的人，这个功德也是圆满的。虽然一时劝人以口，一时与人为善，事情很快就过去了，但是这个风范还在，依然影响着后世。

比如，舜王的德行风范还影响到四千多年以后的我们，因为他是用真心做出来的，记录在史册当中，依然可以利益长远。尤其像《德育课本》这套经典，值得我们特别推荐，这里边有786位圣哲人，他们做出了榜样，劝人为善，与人为善，到现在我们还受到他们的感召和教诲。

"失言失人"，孔子说："可与言而不与之言，失人；不可与言而与之言，失言。智者不失人，亦不失言。"所以，什么叫"失言"？"不可与言而与之言"，跟他讲的时机还不够，信任不足，或者场合不对，很多人在旁边，你劝他的缺点，他面子挂不住，我们这个时候讲话就错了，这叫"失言"。信任不足怎么办？保持沉默，同时很重要的是自己要做榜样，对方对我们的信任提高，自然劝他的时机慢慢就可以成熟。

"可与言而不与之言"，这叫"失人"，他信任你，你真的可以劝他，但是我们顾忌太多，错过了劝他的时机，那就有失这份道义，就对不起他这个人，假如我们的亲戚朋友，真的很真诚、谦虚，希望我们给一些忠告，提醒他一些不足，他已经表达这份态度了，我们不跟他讲，这也是"失人"。

"当反吾智。"劝人不能被接受，不能怪对方，要反省是不是自己的智慧、善巧不足。真诚劝善的功德是非常大的，对他人和自身都有重要的意义。这些年灾祸比较多，在印尼海啸那一天，有一位宣扬忠孝仁义的作家刚好就在现场，他正好在发生海啸的海边度假。他订了一个山上的房间，结果他们到的时候房间还没整理好。他的女儿就很急，说："父亲，我们到山下马上就有房间，不要在这里等老半天。"女儿就催爸爸退房，到下面去。

这个作家修养也不错，不疾不徐地劝女儿："都已经订了，就不用再换了。"后来决定不下去了，父女俩就在那一直等啊等，突然海啸就来了。假如他听了女儿的话，把车开下去，那刚好就碰上海啸。这件事看起来是偶然的，其实不是偶然的，这个世间没有一件事是偶然的。所以，劝人为善这是大善，无论是口劝还是写书劝导，行善不能等，福要积得厚，才能趋吉避凶。

包括我们写的歌曲、画的画，这些艺术作品，如果是善的，这个善的东西影响这个世间越久，这个人的福报越大，甚至庇荫他的后代子孙。大家看在历史当中留下千古文章的，后代都很好。但假如是不好的东西，比如一些靡靡之音，博人眼球的作品，很多公众人物、明星很有名，很多人崇拜他，可他的行为非常偏颇，把整个社会风气，尤其是年轻人都给误导了。大家冷静去看，这些人物短命的很多。

有的人一场演唱会，五千人、一万人来听，他有没有福报？有啊。这些人的福报大到什么程度？你要花一两千块买票去听，排队买票还不一定买得到。人生有这么大的福，假如他把忠孝节义做出来教育大众，把好的歌曲唱给大众听，传承德音雅乐，那个功德就无量无边。假如行为不端，演唱靡靡之音，有害于社会风气，那造的罪业就大了。

那么"劝人为善"实际上涉及两个方面，也就是劝谏和纳谏。劝谏也就是如何劝别人从错误转变为正确，纳谏就是接受别人的劝告，我们先来讲劝谏的心态和方法。历史上有一个非常有名的典故，叫"黄泉见母"。

郑庄公的母亲对他的弟弟比较宠爱，甚至还支持他弟弟积蓄力量跟他作对。所以，郑庄公非常生他母亲的气，气头之下就讲了一句话，说跟他母亲不到黄泉不相见。意思是什么？这辈子死都不再见他的母亲。郑庄公这句话讲完，你觉得他会怎么样？会觉得很痛快吗？其实人讲气话，讲完以后都很后悔，因为收不回来了。而且他又是一国之君，一言九鼎，说话要算话，所以后来真的不再跟他母亲相见。

《格言联璧》说："勿以小嫌疏至亲，勿以新怨忘旧恩。"不要因为小小的嫌隙就疏远了最亲的亲人，不要因为新的摩擦就忘记了几十年的恩德。这样做非常折自己的福分，害了自己，也伤了亲人的心。人不要那么傻，我们其实在生活中尽干一些损人又不利己的事，还想获得幸福，其实我们做的事和幸福背道而驰。所以，我们为什么要学习《了凡四训》，就是要明白道理。为什么学习《了凡四训》可以改变命运？因为我们会改掉过去错误的思想和言行，让我们的身口意和吉祥相应，和福报相应，和智慧相应。

他的一个臣子了解到了郑庄公这个的情况，这个人是个孝子，叫颍考叔。一个孝子看到君王这样对待母亲，他想着一定要劝。一个孝子一定可以体会母亲的辛劳，当别人的母亲不能够得到孩子的奉养，他的内心也会很难过，他能够感同身受。《孝经》里面提道："教以孝，所以敬天下之为人父者也。"一个真正有孝心的人，他会尊敬全天下人的父母。

而且，这个颍考叔不只考虑到郑庄公的母亲，他还考虑到一个更深远的影响，就是当一国的国君都不孝母亲，结果会怎样？全国的子民会说："君王都不孝母亲，干吗叫我孝！"那全国的风气很有可能瞬间就变坏。所以一个为人臣者，碰到这种情况要赶快劝谏。

有一天颍考叔拿着礼物送给郑庄公，按照当时的礼仪，臣子送国君东西，国君一定要回礼，一定要请他吃饭。吃饭时，颍考叔把很多美味的食物都放到一边。郑庄公愈看愈觉得好奇，他说："我赐给你的食物，你为什么不吃？"颍考叔说："我从小到大，所有好的食物一定是我母亲先吃，我才吃。我的母亲从没有吃过君王您赏赐的食物，所以我要把它包回去，我母亲吃剩了我再吃。"

他这几句话把郑庄公的孝心唤醒，郑庄公听了很感动，就说："唉！你有母亲可以孝敬，寡人现在都没有母亲可以孝敬。"颍考叔借机就说："您绝对可以孝敬您的母亲，因为我已经找到一个地方，它有个山洞通往地底下，那个地名就叫'黄泉'。您跟您的母亲只要相约在那里相见，您再把她接回来，那就统统都圆满了。"

郑庄公就跟他母亲在"黄泉"相见了，然后用很隆重的礼仪把他母亲接回来。我们可以想象，人民看了这一幕也会欣欣鼓舞。你看，颍考叔一个劝诫影响的面还是很大的，后来郑庄公确实成就了一番霸业。

所以劝谏，最重要的还是我们的德行，同时还要注意方法。第一，劝人要善巧方便，不能劝一次人家不听你就不高兴，并回来跟别人说，那个人真没有善根，劝他都不听，"一阐提"这样不好，因为"行有不得，反求诸己"，要学会自己反省，当我们时时反省，一定会找出很好的办法。

第二，劝谏应该建立在信任的基础上，《论语》讲："君子信而后谏，未信，则以为谤己也。"君子在得到朋友信任后才能劝谏，如果没有达到信任的程度你去劝谏他，他会以为你是在诽谤他。

特别是我们到公司才三天，就到老板的办公室说："经理我给你找出 10 条不好的地方，我这个人就这样正直，我是为你好。"老板会说："很感谢你，你下礼拜不用来了。"所以你到一个单位去，一定要多看、多听、多学习。话说多，不如少。少说多做，身教重于言教。嫁到婆家去也如此，媳妇嫁到婆家要多做少说，看见不对的地方，慢慢善巧方便地帮助老人改正，最重要的是你自己以身作则。

在汉朝时有一个读书人叫郑君，他看到哥哥在当官的时候，收人家的贿赂，但他是弟弟，不能指着哥哥骂，哥哥肯定也不能接受。于是自己花了一年的时间去给别人当仆人，把赚来的钱送给哥哥。他说："哥哥啊，我们没有钱可以再去赚，但是人的名誉一旦失去了，可能一辈子都会失掉。"他哥哥知道弟弟为了规劝他，竟肯低三下四地给人家当苦工，他这份规劝哥哥的心意，让哥哥很感动。从此，他哥哥变得很廉洁。所以，兄弟之间也要善巧方便去规劝。

所以，劝谏是很有学问的。首先自己要有德行，如果自己劝诫没有效果，那自己要检讨自己，因为"德未修，感未至"。如果真正有了德行，当你这样的德风吹出去，周围的人一定被感化，孔子说："君子之德风，小人之德草。"只要德风吹出去了，草一定弯下腰来。当这个时候就做到"善相劝，德皆建"，也共同建立起良好的品德修养了。劝人的人首先德行要好，值得信任才可以。

而且在劝谏的过程当中，心态也很重要。《弟子规》里面讲："亲有过，谏使更。"这句经文涵摄着很多劝谏的智慧。谏使更，这就代表着我们劝人的目的是什么？希望人家改过向善，也就是"更"。但是假如劝到最后是意气之争，那已经跟我们的目的背道而驰。

假如劝人劝到跟人家吵起来了，那是我们的问题，不是对方的问题。不能劝人家，人家恼羞成怒，然后我们说这个人真没善根，以后一定堕地狱。那就是我们自己修养不够，不知道适可而止。总不能劝人劝到人家都已经恼羞成怒，甚至都口吐白沫了，这个时候要察言观色。

"谏使更"是真正要利益对方，希望他能改过，这个目的、这个初心不能忘。怎么劝呢？"怡吾色，柔吾声。"好的态度、好的时机。"谏不入，悦复谏"。"悦"就告诉我们，对方心情比较好的时候劝，这就是时机。"复谏"，不厌其烦重复劝，那就是代表我们要很有耐心。劝到什么程度？"号泣随，挞无怨"。纵使劝到亲人误解我们，甚至还恼羞成怒骂我们，我们还是没有怨言。这真是无怨无悔的人生态度，"号泣随，挞无怨"。

宋朝开国皇帝赵匡胤登基那一天，文武百官都来祝贺，他也很高兴。皇帝的母亲杜氏，杜太后参加这个登基典礼，从头到尾都没有笑，脸色很严肃。有一些臣子看了怪怪的，就趋向前去问太后，说："太后，母以子贵，您的儿子今天当上天子、皇帝，您应该很高兴，怎么您今天一点笑容都没有？"我相信赵匡胤他也看到了，今天我妈妈怎么这么严肃？

接着杜太后就说了："没什么好高兴的，今天我儿子当天子，他能够依循古圣先王来治理，那不会被推翻。假如不依循这些榜样教诲，到时候我们想当个平民老百姓的机会都没有，到时候可能就被人家推翻，被人家杀戮了。"

大家想一想，赵匡胤那天当皇帝，本来是很高兴的，听了母亲讲的这段话，相信他的内心很震撼。这皇帝你要好好当，不然你的子孙被人家杀戮！请问大家，赵匡胤会记多久？一辈子。而且这个典故，会在他赵家一代一代传下去，这位太后母亲做的榜样非常好。

所以，每个人在面对人生重要因缘的时候，假如身边就有长者和好朋友给他最重要的提醒，这对他的人生是非常关键的。比如我们的晚辈他要去念大学，这个时候我们当长辈的人，可以非常恳切地告诉他，社会和家庭栽培你去念大学，很不容易。你要认真学好智慧和德行，学好本事，才能出来利益社会，报答你父母跟政府的恩德。这叫慎于始！他大学四年的缘分跟没有提醒的人是完全不一样的。

结果现在考上大学，父母长辈很高兴，给我长面子了，给他买这买那，然后去上学的时候又给他一大堆零花钱，最后四年的时光统统挥霍了，钱也挥霍掉了。所以范仲淹先生说："先天下之忧而忧，后天下之乐而乐。"那个忧倒不是忧愁，那个忧当中时时很谨慎，护念自己，也护念身边的人。

做任何一件事情，能不能成就？从存心当中就决定了。今天他当皇帝，如果还有念头去享乐，最终他会出很大的状况，这侥幸不得。为什么？欲它会一直增长，最后就打开来了。所以很多皇帝一开始还不错，但是夹杂了贪欲，最后就不可收拾了。

同样，我们走在弘扬传统文化的道路上，不能有一丝一毫的名闻利养跟自私自利，因为它会发酵，它会愈来愈增长，最后可能就忘记初心了。所以，不只发心要纯正，还要保持，发心容易恒心难。要保持，不只要保持，还要提升，这才是有志气。

当然，怎么提升？我们都以三教圣人为榜样，就容易鞭策自己。然后看到每一个榜样就期许自己，既然被我看到了当下就效法，这叫学一句做一句。看到一个好的榜样马上要珍惜这个因缘，从此把他的德行变成我的德行，要有这個态度。

还有些特殊的因缘，事关重大还有很多人会"死谏"，也就是冒死劝谏，比如明代的海瑞，就曾准备好棺材进行劝谏，这样的臣子在历史上有很多。《说苑》当中记载了一个典故，魏文侯有一天心情不错，当国君当得心花怒放，很高兴。

他在那里哼唱："我当国君最高兴的事情，就是所有的人都听我的，不要有其他意见。"旁边乐师师经，他是一位盲人。古代的乐师大部分都是盲人，为什么？因为盲人他的听力特别地聪，听力非常敏锐，所以担任乐师也非常地适合，甚至有的人不是天生的双目失明，是为了艺术而让自己这样。这个乐师听到魏文侯在那里唱，突然抱着古琴往他的方向冲撞过去。

魏文侯在那里唱歌心情很愉快，突然那个师经撞过来，也把他给吓坏了。他也闪躲，整个人就倒在地上，自己戴的君王帽子都撞坏了，那个玉旒一串玉珠都掉在地上。他当然很生气，这么突如其来，而且撞得那么大力。魏文侯说："为人臣冲撞他的君王，该当何罪？"旁边的人说"罪当烹"，就是把他给煮了。旁边的士兵架起他，就要把他带去煮了。古代这些有德之人，面临生死都不会紧张，功夫很好，他没有欲。他对魏文侯讲："君王，我都快死了，可不可以在我死前，听我两句话。"魏文侯说："你说吧。"

这个师经讲："我刚刚听到了一句话，'我当国君最高兴的事情，就是所有的人都听我的，不要有其他意见。'我听到这个声音的时候，想起小时候，家里的长辈给我讲，夏桀商纣这些暴君的故事，他们这些暴君都要人家听他的，不能有意见，否则就要杀那些人。所以，刚刚我以为我听到了夏桀商纣在唱歌，国君，我是要撞夏桀跟商纣，不是要撞你。"魏文侯一听完，就说："把他放了，不是他的错，是我的错。"如果不把他放了，自己不就变成夏桀跟商纣了。

接着魏文侯也不简单，他说："我这个帽子不用修了，我每天戴着它，就看到我今天的过失。然后师经那个古琴撞坏了，把那个古琴放到城门上，让天下人都看到我的过失，提醒我不可以这样做国君。"所以有这样的态度，不可能这样的。你看古代的这些君主，能够知过改过，这就是可贵之处。而且古代的君王他都有读圣贤书，所以一有人提醒，遇到这个好的缘分，他马上能够提起正念，提起正确的做法。所以，学习古圣先贤的教诲，学习《了凡四训》这些经典，这很重要。

《吕氏春秋》上记载着楚文王的一个典故。楚文王得到了"茹黄狗""宛路箭"，这都是当时非常有名的狗和箭。他到云梦泽去田猎，三个月都不回来，不理朝政了。他从丹地得到一个美女，每天和这个美女在一起歌舞升平，一年都没有去听朝，没有去参与政事。

后来他的太保申就说："先王曾经卜卦，认为我作为太保是很吉祥的，现在您的罪理应受鞭刑。"楚王就说："能不能变换一个方法，不要用鞭刑责罚我？"太保申就说："我承继的是先王的法令，不敢废除。如果您不受这个鞭刑，我就等于是废弃了先王的法令。我宁愿获罪于您，也不愿意获罪于先王。"楚王听了之后就说："好吧。"

于是，太保申就把席子拉了过来，让楚王趴在上边，把五十根细细的荆条绑在一起，跪着把它放在了楚王的背上，如此做了两次，说："大王您可以起来了。"楚王就说："既然都有了鞭笞的名义，您就不如痛快淋漓地、名副其实地打我一顿好了。"

太保申说："我听说，对于君子，能让他感到羞耻就可以了；对于小人，才要让他感到疼痛。如果让他感到羞耻，他都不改变自己的行为，那让他感到疼痛又有什么帮助？"太保申说完之后，就站起身来走出去，请求楚王把他处死。你看，他去觐见楚王的时候，就已经做好了要被处死的准备了，但是即使如此，他也不愿意看着楚王犯过失而不去劝谏。

楚文王说："这是我的过失，太保您有什么过失？"他的这个举动把楚文王给感动了。后来文王就改变了自己的行为，把太保申重新召回来，杀了茹黄狗，折了宛路箭，把丹地的美女也给放了回去，并且一心一意地治理楚国。最后，他兼并了 39 个国家，使楚国的地盘非常广大。

楚文王他之所以能够有这样的功业，都是太保申犯颜直谏的结果。假设当时文王犯了这些过失，却没有像太保申这样的人敢于指正他的过失，那相信他也就会沉迷下去了，也不可能把国家治理好。

《昌言》上说，君主有五种情况不可以轻易对其劝谏：第一就是废黜皇后、废黜太子。废除皇后和废黜太子，这肯定是皇帝下了很大的决心才做出的选择，所以有这种情况的时候不能够劝谏。第二就是对自己的情欲很放纵、不节制。他放纵情欲，自己控制不了自己，被这个欲望控制了。第三就是专宠一人，专门宠幸一个人。第四就是宠幸阿谀奉承的人。第五就是骄贵外戚。以上这五种情况有一种情况，都不能够犯颜直谏。

为什么？在这些情况下犯颜直谏，很可能他不会采取你的建议，而直谏的臣子也会被处死。在这些情况下臣子犯颜直谏，都可能会招致杀身之祸。但是这位太保申，虽然看到楚文王不节制情欲，而且宠爱一个人，仍然是冒着生命的危险去劝谏君王，可以说是忠义到了极致，就是不忍心他的君主危亡而不去劝谏。也正是因为他的劝谏才改变了楚王，乃至整个楚国的命运。

跟劝谏同样重要的是纳谏，如果劝告是很好的，我们不能听取，就会失去进步和改正的机会，也会让劝告我们的人寒了心。贞观六年（632），长乐公主要出嫁，她是唐太宗的亲女儿，而且是长孙皇后所生的，原配生的一个公主。唐太宗嫁女儿很欢喜，结果这些嫁妆超过了礼数，超过了长公主足足一倍。

长公主就是唐太宗的妹妹，等于是他女儿的姑姑。皇帝的姐妹都称长公主，既然有个长字她当然是辈分比较高，属于长辈。现在女儿的嫁妆是她姑姑的两倍，结果谁说话了？唐太宗家里的事很多都是魏徵在劝谏，其他人多少会有点恐惧，不敢说话。

魏徵进言，开口不是历史就是经典。魏徵马上说："陛下，汉明帝是明君，开创了'明章之治'。汉明帝要封他的儿子时说，对他儿子的封赏不能跟我先帝的儿子一样。因为先帝的儿子是我的兄弟，论辈分都是我儿子的叔叔，封赏不能一样。我知道您宠爱长乐公主，您的这份父爱是可以理解的，但是这个事情一定要符合礼规，一个人做事的风格一定是要一贯的，如果在小事情上放纵，那么在大事上也是非常不坚定的。"你看我们假如不懂历史，就劝不了这么生动。援引这么实际的例子，唐太宗听了也不得不服。

唐太宗回去以后把这件事讲给他太太听，太太同样是嫁女儿，现在有人建议把她女儿的嫁妆减少。我们看看长孙皇后怎么讲？她说："我以前曾经听陛下谈到魏徵，非常敬重他，但是还不是很了解，您为什么这么敬重他？今天听到魏徵的劝谏，我明白了，因为他能以义理来节制皇上的私情。皇上权力最大，假如顺着私情和好恶，朝廷的风气就会很受影响。他能以道理来时时节制皇上的情感，尤其是私情，真是社稷的栋梁。"

《中庸》讲"动而世为天下道，行而世为天下法，言而世为天下则"，我们每个人，尤其是上位者的一举一动都要有一种责任，有带动正确社会风气的一个心境，读书人应该也是如此。就像前文了凡先生说的"发一言，行一事，全不为自己起念，全是为物立则"，要给社会一个好的模范，有这样的心境才称得上读书人，不是学历很高就叫读书人，是能胸怀国家、人民，这才是读书人的一个心境。

你看这个妈妈不只没有抗议，马上给魏徵最高的评价，所以这个皇后不简单，真的做到了母仪天下。然后接着更提醒唐太宗，这都是顺势而为，高度的智慧，她说："皇上，妾跟陛下是结发的夫妻，我们是最亲的，而且又蒙皇上这么样地敬重我、爱护我，这情义是非常深的。我们的关系这么亲密，情义这么浓，可是我每一次要跟你讲话，还是战战兢兢，还得要察言观色、等待时机，不敢轻易冒犯你的威严。我都这么有压力了，何况是你的臣子，情疏礼隔，他跟你的关系，跟我们夫妻比还差一截，那他们更难！"你看这对唐太宗的提醒多重要。

皇后晓之以理，动之以情。她说："故韩非谓之说难，东方朔称其不易，良有以也。忠言逆耳而利于行，有国有家者深所要急，纳之则世治，杜之则政乱。诚愿陛下详之，则天下幸甚！"皇后她也是熟读圣贤书，她引经据典把劝谏这件事的不容易说得清清楚楚。长孙皇后抓住这个机会帮贤臣讲公道话，所以大家从这里看到，贞观之治容不容易？这么多贤者会集在一起。假如没有长孙皇后，我看魏徵也会有很多危难，很多危难都是长孙皇后帮他化解掉的。

有一次唐太宗气得刀都拿出来了，最后长孙皇后穿着隆重的礼服走进来。唐太宗看了一脸狐疑："皇后，你这是干什么？"手上还拿着刀正要出去发泄一下，怎么看到自己太太穿着盛装，这是怎么回事？心被吸引了，马上冷静一半。皇后马上恭喜他："陛下，一定是先有明主，才有臣子敢这么劝谏。"唐太宗一想我是明主，舒服多了，气就没了。所以，气也不是真的，转个念头就没了。我们要学会转，自己要会转心念，旁边的人要会护念，会引导就转过来了。

皇后一讲完，皇帝马上派遣下属送绢帛，也是很上等的布料五百疋，亲自送到魏徵的家里。魏徵这次接受的赏赐不少，但是这个赏赐不是最重要的，最重要的是把整个国家劝谏的风气带动起来，唐太宗是明白人，懂得用赏赐来鼓舞正确的风气。我们看到这个典故，了解到唐太宗是明白人，只要臣子的劝谏是符合礼义的，批评他家里的事，他都能欣然接受，马上去修正。

在听取谏言方面，唐太宗确实给我们做出了很好的榜样。有一次，唐太宗就问长孙无忌："魏徵每次对我提出建议，我要是不采用，他就不答应。这是为什么？"结果长孙无忌还没有回答，魏徵就接过话头来说："陛下，我之所以向您进谏，是因为陛下您做错了。如果我顺从您的意思，没有坚持到底，就违背了我的初衷，您的错误也不能够改正，所以我一定要坚持到底，直到您接受为止。"

唐太宗就说："那你不能够表面上顺从我，在群臣面前不要忤逆我，给我一点面子，然后在私下里劝谏我吗？"魏徵说道："当年舜帝曾经说过，表面上顺从我，但是在背地里却阳奉阴违，诋毁我的过失，这不是一个忠臣所应做的事，我还是应该犯颜直谏。"魏徵引用了舜帝在《尚书》里说的一句话："予违，汝弼，汝无面从，退有后言。"如果我有过失，你就要当面纠正我，不要背后议论，唐太宗听了之后非常感佩。

魏徵一生向唐太宗提了两百多次意见，唐太宗都非常诚恳地接受，这就使得唐朝逐渐兴盛，创下了"贞观之治"。所以做领导者的，一定要鼓励臣子进谏，对于敢于犯颜直谏的臣子，还要给予表彰和奖赏。因为真正没有私心，只有一心想让领导好、团队好、国家好的人，他才敢于犯颜直谏，指正领导的过失，这是完全出于一片忠义之心。

有一次，有一个臣子长篇大论地批评唐太宗。批评完之后，这位臣子就出去了。身边的几位大臣就跟皇上说："皇上，他所说的多数都不符合事实，您为何不责罚他？为何不制止他的话？"唐太宗就说："他说十句有两句对的，我就应该采纳。假如我去制止他，这样一传出去，说皇上对别人的谏言还会反驳，还会批评。此风一起，以后谁敢谏言？"

唐太宗能够看得这般深远，能广纳众言，再自己去判断，这样就不会堵塞忠臣对他的劝谏。唐太宗面对别人讥毁的时候，他是持这样的态度。所以，一个人的心量有多大，成就就有多高。正是因为唐太宗作为一国之君、作为领导者，他有这样的心胸、这样的雅量，所以臣子都敢于犯颜直谏，最终开创了"贞观之治"的太平盛世。

唐玄宗在杨贵妃还没有出现以前，开创了"开元之治"。在开元盛世的时候，有一个大臣叫韩休，常常给玄宗进谏。唐玄宗常常被韩休进谏，所以有时候，比方刚好在玩乐、打猎，乐不思蜀的时候，会突然问旁边的人说："我现在做的事，韩休知不知道？"

你看人其实都很有良知，自己在玩乐的时候，心里会不好意思。结果这么一问，不过一会儿，韩休的奏折就来了，"报！"已经来了。所以每一次比较放纵的时候，这个奏折都会以闪送的速度，送到他这里来了。

有一天，玄宗照着镜子有点笑不出来，旁边的近臣知道，就是这几天韩休劝得太厉害了，让皇帝有点郁闷。旁边的近臣就抓住机会了，因为忠正之人，就是特别会得罪这些谄媚的人。

这些佞臣看皇帝不高兴了，抓住机会说："皇帝，就是韩休让你这么痛苦，让你最近瘦了一圈，把他调走，眼不见为净多好。"唐玄宗说："每一次韩休劝我，我感觉很不舒服，当时不舒服，可是后来觉得心里比较安心，他讲得对。

一冷静下来，他这么想还是为国为民。反而另外一个大臣萧嵩，每一次他都顺我的意思，我当时听了很舒服，可是回来心里一想，很不安，听了他的话，可能人民就要受害了。所以还是要多听韩休的话。反正瘦了我一人，肥了天下人，还是很值得。"你看，他为什么能听劝？他有爱民之心。

但是后来，"九龄已老韩休死，无复明朝谏疏来"。张九龄没有办法起身了，韩休已经过世了，没有劝谏的奏折来了。又遇到了杨贵妃她们一家人，整个就陷到情欲里面去了，一个开创了开元之治的皇帝到最后变成什么？发生了"安史之乱"，差点儿亡国。从唐玄宗的事例也可以了解到，一个人身边的人对他的影响会决定他的人生，甚至决定他的团体和国家的命运。

正如《贞观政要》所言："以铜为镜，可以正衣冠；以古为镜，可以知兴替；以人为镜，可以明得失。"从历史中可以吸取教训，从肯劝谏我们的人当中，就能看清楚我们自身不足的地方。

所以，我们要虚心地接受别人的劝谏。冷静分析，如果不能纳谏，其实主要有两个原因。第一，这是我们不自爱了，我们要随顺自己的习性，所以听不进忠言了。第二，我们也没有爱我们身边的亲人和朋友，因为我们得过且过，亲朋好友都还要为我们担忧。我们冷静想想，纳谏最大的障碍，其实在于自己好面子，自我太强了，都是"我"的感受，"我"的想法，不能体会到对方的善意、苦心。我们看，尧帝、舜帝他们都是欢喜接受别人的劝，这都是跟他们爱护百姓很有关系。

大禹是圣人，孟子讲："禹闻善言则拜。"这个大臣劝得对，对他自身还有对国家很有帮助，他给他行礼，给他拜谢。所以我们从今起，要升起自爱和爱人的责任心，希望自己"德日进，过日少"，这样的心愈急切，面对别人的劝就愈能欣然接受了。所以，无论是劝谏还是纳谏，真诚最重要，真诚也是一个人成长的开始。我们弘扬中华传统文化，很多学长不敢走上讲台，不自信，我的恩师鼓励大家，他说："什么都别想，只是表达真诚。"

谈到劝谏和纳谏，我们经常会想到唐太宗和魏徵，其实早在春秋时代，就有一对这样的君臣典范，那就是齐景公和晏子。这些典故多被记录在《史记》《左传》和《晏子春秋》里。晏子，也就是晏平仲，名婴，东莱人。曾在齐灵公、齐庄公、齐景公三朝为臣，因为节约俭朴又能尽力办事而受到齐国人的尊重。晏婴在朝廷处理政务时，国君对他说到的事，他就直言己见；没有说到的事，他就正直地去办。国君的命令有道理，他就服从命令；没有道理，他就隐居起来。因此连续三朝，他的名声传扬于各诸侯国。

《左传》上记载着一个典故，叫"晏子近市"。齐景公要给晏子更换住宅，说："你的住宅靠近市场，低湿狭小，喧闹多尘，不能居住，请换一所干爽明亮的房子。"晏子辞谢说："君王的先臣住在这里，臣不足以继承先人之德，这对臣下来说已经是奢侈了。况且小人靠近市场，早晚能得到所需要的东西，这对小人有好处。"

齐景公笑着说："你靠近市场，知道物品的贵贱吗？"晏子回答说："既然有好处，敢不知道吗？"齐景公说："什么贵，什么贱？"当时齐景公滥用刑罚，市场上有卖假足的。所以晏子回答说："假腿贵，鞋子贱。"齐景公有悟，从此减少了刑罚。君子说："仁爱之人的话，好处很多啊！晏子一句话，齐侯就减轻了刑罚。"其实，晏子劝谏齐景公的典故不胜枚举，而且都发人深省，值得学习。

太史公曰："吾读《晏子春秋》，详哉其言之也。至其谏说，犯君之颜，此所谓'进思尽忠，退思补过'者哉！"太史公说："我读《晏子春秋》，关于晏婴的事迹书中记载得多么详尽哪！至于晏婴的直言进谏，敢于冒犯君王的威严，这就是所谓'在朝想着尽忠，在家想着补过'的人吧！"正是因为齐景公他能够礼遇晏子，所以晏子也是竭心尽力地来辅佐他，经常为他讲解治国的道理，并且不失时机地纠正他错误的言行。

比如在《晏子春秋》上记载，有一年天下了大雪，三天都没有见晴。齐景公披着"狐白之裘"，就是穿着一个白色的裘衣，坐在堂上。这个时候晏子来觐见，站了一会儿，齐景公就说："真奇怪，这雪下了三天也不觉得寒冷。"晏子听了之后就说："天气真的不寒冷吗？"被晏子这么一问，齐景公觉得有点不好意思了。

晏子说："婴闻古之贤君，饱而知人之饥，温而知人之寒，逸而知人之劳，今君不知也。"晏子的话很直接，他批评景公说："我听说古代的贤君，自己吃饱的时候便想到还有百姓在挨饿，自己穿暖的时候便想到还有百姓在受冻，自己很安逸的时候便想到百姓的劳苦，可惜您现在却感觉不到。"

齐景公也很难得，他一听晏子说得对，马上就赞叹："善！寡人闻命矣。"他说："我懂得了，我明白你的教诲了。"于是他就下令取出仓库中的皮衣，开仓放粮，救济那些挨饿受冻的百姓。正是因为齐景公能够礼遇晏子这样的贤臣，所以在晏子的辅佐之下，他仍然做到了循义而治。

所以，如果我们去读《晏子春秋》这部书，我们看到景公和晏子之间的对话，就能够体会到他们君臣之间的深厚情谊。齐景公对晏子非常礼敬，对他的话虽然有时候不怎么爱听，但是几乎都是言听计从，而晏子更是竭力尽死，来劝谏教导景公。

《晏子春秋》记载，有一次，晏子陪伴着齐景公。早晨的天气非常寒冷，景公便说："请给我盛碗热饭！"晏子说："我不是为您端饭的臣子，因此，不能接受您的命令。"景公又说："请给我拿衣服皮褥！"晏子接着说："我不是负责您穿衣铺席的臣子，因此，仍不能接受您的命令。"

景公反问道："既然如此，那您为我做什么呢？"晏子答道："我是社稷之臣。"景公继续问道："何谓社稷之臣？"晏子说："能够稳定国家，区别上下之所宜，使做事合乎其原则；规定百官的等级，让他们各得其所；所言辞令，可传布四方。"从此以后，景公凡有按礼仪不应由晏子去做的事，就不找晏子了。

再比如，景公很嗜好饮酒，有一次竟连饮数日，酒酣之时，喝得高兴了，他竟然脱下了衣服、摘下了帽子，亲自敲击着瓦缶奏乐，还问身边的各位近臣："仁德之人也喜欢以此为乐吗？"

结果他身边的一位愚臣，叫梁丘据，就回答说："仁德之人的耳朵、眼睛也和别人一样，他们为何就偏偏不喜好以此为乐呢？"一听到这话，景公就派人驾车去请晏子，希望和晏子同乐，结果晏子就身穿朝服而来。晏子他非常懂礼，一听君主召唤，他马上穿着朝服来拜见。景公说："我今天很高兴，愿与先生共同饮酒作乐，请你免去君臣之礼。"

晏子说："假如群臣都想免去礼节来事奉您，我怕君主您就不愿意了。现在齐国的孩童，凡是身高中等以上的人，力气都超过您，也超过我，然而却不敢作乱，这是什么原因？就是因为惧怕礼义！君主假如不讲礼义，就无法役使下属；下属如果不讲礼义，也无法侍奉君主。人之所以比禽兽尊贵，就是因为有礼义。我听说，君主如果不是因为礼义，就无法正常地治理国家；大夫如果不讲礼义，底下的官吏就会不恭不敬；父子之间如果没有礼义，家庭就有灾殃。所以《诗经》上说：'人如果不遵守礼义，为什么不赶快去死？'可见礼义不可免除。"

景公听了之后就说："我自己不够聪敏，又没有好的近臣，加之他们迷惑、引诱我，以至于如此，请处死他们。"你看，这个嗔心又生起来了，而且没有做到反求诸己。晏子就说："身边的近臣没有罪。君若无礼，则好礼者去，无礼者至；君若好礼，则有礼者至，无礼者去矣。"如果君主不讲礼义，那么讲究礼义的人便会悄然离去，不讲礼义的人就会纷至沓来；君主如果讲究礼义，那么上行而下效，讲究礼义的人就会纷至沓来，不讲礼义的人便会悄然离去。

景公听了之后就说道："先生说得好！"他不仅仅赞叹，而且立刻就付诸行动，马上让人换了衣冠，令下人洒扫庭除，更换座席，然后重新请晏子。晏子进入宫门，君臣之间，他们经过三次谦让，才登上台阶，采用的是"三献之礼"。随即，晏子再行拜别之礼，准备离去。

景公以礼拜别之后，立刻命令下人撤掉酒宴，停止音乐，并且对身边的臣子说："我这么做是为了显扬晏子的教诲。"所以你看，景公他也能知道好赖，知道晏子这样苦口婆心地教导他，是为了让他能把国君做好，把国家治理好，一心一意为他着想。所以晏子对景公的教诲，可以说是不失时机，是抓住一切可能的机会给以谆谆教诲。

也是在《晏子春秋》上记载，有一次，齐景公没有上早朝。晏子上朝，看到杜扃等候在朝堂前。晏子就问："君王为什么没来上早朝？"杜扃回答说："君王整夜未眠，所以没有来上朝。"晏子就又问："为什么君王整夜未眠？"杜扃就回答了，说："梁丘据进献了一名叫虞的善乐之人，结果这个人把齐国的古乐乱改了，君王整晚都在听新乐，所以没有来上朝。"

梁丘据是齐景公身边一个很善于谄媚巴结、奉承的臣子，他特别知道投人所好，齐景公喜欢什么，他就进奉什么。晏子知道这个情况，马上就依照礼法，把这个唱歌的人给关了起来。

齐景公听到之后，自然非常生气，就问："为什么把虞给关起来了？他昨天给我唱歌，唱得很好听，我很高兴。"晏子说："因为他用靡靡之音祸乱君心。"齐景公又说："诸侯外交的事务、治理百官的政务，我都已经交给您管理了，你把这些事管好就行了，至于我喝什么酒、听什么音乐，希望先生就不要干预了。音乐为什么一定非得听古曲呢？"

晏子回答说："古乐消亡，礼法就会随之消亡；礼法消亡，政教也会随之消亡；政教消亡，国家便会跟着消亡。音乐跟国家的兴亡是息息相关的。听靡靡之音会导致国运衰败，我怕君王背离政教行事。"

说到这里，他又给齐景公举了一个例子，在歌乐方面，纣作《北里》，周幽王与周厉王的乐曲，也都是淫靡鄙下的，所以导致了国家灭亡，君王您为什么要轻易地改变古乐？齐景公这个人很难得，他一听晏子说得有道理，他马上就说："很不幸，我拥有国家的政权，但是我不够谨慎，不假思索地就乱说话，您讲得有道理，我愿意接受您的劝告。"

从这里我们看到，一个国家，特别是国君喜欢听什么样的音乐，都对于国运有着莫大的影响。《礼记》讲："移风易俗，莫善于乐。"古人制礼作乐，都是为了引导人的性情，不要太放纵，不要太过分，这自然对自己有莫大的利益。对于音乐，孔老夫子就特别重视，他到一个地方，还没有看这个地方的政事办得如何，首先听一听流行什么样的音乐，他就知道这一个地方的社会风气如何了。

晏子非常机智地护念他的君王，真的是尽忠到任何机会都在让他的国君德行不断往上升。齐景公有一天出去，刚好到了山上，看到一只老虎。到了河边，又看到一只蛟龙。齐景公回去之后，就不舒服，今天怎么都看到这些东西，是不是不吉祥？他就问晏子。结果晏子给君王讲："君王，这没有不吉祥，你到山上去看到老虎，因为它本来就住在山上。那是它家，不是我们家。你到河边去看到蛟龙，它本来就住那，所以这没有不吉祥。"

晏子接着说："夫有贤而不知，一不祥；知而不用，二不祥；用而不任，三不祥也。"真正的不吉祥，是有贤德之人而不知道，这是第一个不吉祥；知道了不能去用他，第二个不吉祥；用了没有把他用到适当的地方，是第三个不吉祥。你看，真高明！面对君王的一句话，就可以把治国最核心的重点再一次提醒他的君王。

请问他的君王会不会觉得啰唆？不会。所以，晏子是从这些对话，在生活的每一个机会，都在成就他的君王。而成就他的君王，他的君王就能爱护万民，就把老百姓都放在心上。有时候君王要做错事了，千钧一发，怎么劝？有时候人确实会火冒三丈。

有一次，这个齐景公对一个人大发雷霆，说："我要把他大卸八块，谁敢劝我，罪跟他一样。"君王一言既出，驷马难追，谁劝跟他的罪一样，大卸八块。结果晏婴马上说："来来来，不用君王动手，我来。拿起刀到这个人面前说：'你真是罪该万死，惹君王气成这个样子。不过你得让我想想，古圣先王要给一个人大卸八块的时候，是从哪里开始割起？'"

齐景公当君王，以前都读过古书，一听到古圣先王，人家都是爱民如子，哪有大卸八块的，还从哪一块开始。结果晏子讲到这里，齐景公说："把他放了吧。"其实，晏子就是让他提起正念，冷静做事。你看，他也没有去批评齐景公，只是把国君的正念给提起来。人生气也是假的，是吧？念头一转不就没事了嘛。所以能让人提起正念，很多错误的行为就可以避免了。

你看，一个人脾气一上来，就往往丧失了冷静，做出了错误的判断，说出过分偏激的话，做出过重的惩罚。所以古人告诫我们说："良言一句三冬暖，恶语伤人六月寒。"还说"利刃割体痕易合，恶语伤人恨难消"，还说"火烧功德林"，还说"覆水难收"。所以古人都把惩忿制怒作为修身的基本功。我们中国人有句话叫"一念嗔心起，百万障门开"，一个人嗔心一起来，控制不住自己，说的话都拣难听的说，这个话是怎么难听怎么说，做出的事也是很偏激、很过分，结果到后面再后悔，后悔后悔，已经悔之晚矣了。

你以前即使帮了别人很大的忙，甚至为朋友两肋插刀，非常重义气，但是在盛怒的时候，说了几句伤害人心的话，人家就记住了，耿耿于怀，不再能够原谅你了。所以脾气不好的人，他很少能够交到朋友，也很难和人保持一个好的人际关系。

我们既然知道了愤怒有这么大的危害，就应该想方设法地要改正。怎么改正？其实很简单，就是当你怒气要生起的时候，要开口骂人的时候，马上一转念，在佛家的方法里可以念阿弥陀佛，念观世音菩萨，或者念六字大明咒，这一句佛号就可以把你的怒气、嗔心平息下去。

还有一次，齐景公的宝马被下属给养死了，他很生气，就要杀死这个下属。晏子就说了："国君，这个人罪该万死，交给我来处理吧。"然后他就对这个下属讲："你犯了三个最严重的罪，所以一定要处死你。你把国君最心爱的马养死了，这是第一罪；你让国君因为一个臣子把他的马养死了而被处死，让全国人民都知道齐景公爱马不爱人，这是第二个重罪；第三罪，你让其他国家的人都知道齐景公为了一匹马杀人，杀了他的臣子，所有的国家都看不起我齐国。所以你罪该死。"齐景公听了："好了好了，把他放了。"

景公有一天出游到了麦丘这个地方。他问当地的一位老人："你贵庚啊？"这个官员回答说："我今年已经八十五岁了。"景公说："你很长寿啊！"长寿是有福报的人，景公想得到这位有福报的长者的祝福。他说："那你可不可以祝福祝福我？"这老人家就讲："希望君王的寿命长于国家。"景公说："说得好！那你可不可以再祝福我一下？"

接着又说："希望国君的后代，个个人都像我这么长寿。"齐景公愈听愈高兴："来来来，你再给我祝福一下。"接下来这个老人家讲了："希望国君不要得罪于人民，不要开罪于人民。"

景公听到这里就有一点纳闷，景公说："诚有鄙民得罪于君则可，安有君得罪于民者乎？"有百姓得罪国君的道理，怎么会有国君获罪于百姓的道理呢？这是景公他站在君王的位置，好像都是他定百姓的罪，哪有百姓定他的罪的道理？所以人在一个位置当中久了，他就会活在自己的世界里面。比如，他一直做领导，好像处罚底下的人成了常态了。事实上，一来，上天管他；再来，"水可载舟，亦可覆舟"。不是他的权势大，就什么都得听他的。

晏子听到了长者的话，很会抓那个机会教育点，晏子说："国君，是你错了。冒昧地问一句，请问夏桀、商纣是国君杀的吗？还是人民杀的呢？"景公对这些历史故事都读得很熟，一听就懂了，马上接着说："那是寡人错了。"于是赐麦丘这个地方给这位边疆的长者，当他的封地了，赏给他，因为感谢他这么深刻的提醒。所以假如不爱护人民，轻视和残害人民，那就可能像夏桀、商纣一样要大祸临头了。

还有一次景公外出游览。向北仰望，看到了齐国的都城，他就感叹说："唉！假如自古以来没有死亡，该如何？"晏子说："以前，天地将人的死亡看成好事，为什么？因为仁德之人可以休息了，不仁德的人也可以终于藏伏了。假如自古以来都没有死亡，那么丁公、太公将永远享有齐国，桓公、襄公、文公、武公都将辅助他，而君主您也只能是戴着斗笠，穿着布衣，手持大锄小锄蹲行、劳作于田野之中，哪里还有工夫忧虑死亡？"景公听了之后就很不高兴。

结果没过多久，梁丘据，就是我们刚才讲的那位愚臣，乘驾着六马大车从远处赶来。景公一看就说："梁丘据是跟我很和谐的人！"晏子说："他和您只是气味相投。所谓的和，用口味来做比方，君主如果尝出甜味，臣子就应该尝出其中的酸味；君主觉得味淡，臣子就应该尝出其中的咸味。而梁丘据呢？君主说是甜味，他就说是甜味，这称为气味相投，怎么能称得上和谐呢？"又拂了景公的面子，景公又不高兴了。

又过了一会儿，景公向西望去，突然看见了彗星，于是便召见伯常骞，要他祈祷让彗星隐去。晏子说："不可，这是上苍在教诲人们，用以警诫人不恭敬的行为。现在您如果能够修文德、纳谏言，即使不祈祷彗星隐去，它也会自行消失。而现在您却好酒贪杯、连日作乐，不整改朝政，却纵容小人、亲近谗佞、喜欢倡优，这样下去，何止只有彗星，孛星也将会出现了！"就是更不好的征兆都会出现了，景公一听就更不高兴了。

这件事过去没多久，晏子就过世了。景公走出门外，背靠着照壁而立，叹息说："昔者从夫子而游，夫子一日而三责我，今孰责寡人哉？"晏子过世之后，齐景公还常常思念晏子的教诲，就说了这句话，说以前先生伴我出游，曾经一日三次责备我，现在还有谁来责备我呢？晏子他没有任何的私心，对景公忠心耿耿，就是一心想辅佐他把国家治理好。所以晏子过世的时候，景公的表现就非常哀痛。

《晏子春秋》记载，"景公游淄，闻晏子卒，公乘而驱"。景公出游淄川，听说晏子逝世的消息，急忙乘车赶回。"自以为迟，下车而趋，知不若车之速，则又乘。"景公自以为这个车跑得慢，于是怎么样？他就跳下车来去奔跑，但是发现自己跑还是不如坐车快，又上车疾驰。"比至于国者，四下而趋，行哭而往。"到达都城之后，这个路途之上，先后四次下车奔跑，是边跑边哭。

"至伏尸而号曰：'子大夫日夜责寡人，不遗尺寸，寡人犹且淫逸而不收，怨罪重积于百姓。'"赶到晏子家，趴在晏子的尸体上失声痛哭，说："大夫啊，您经常批评我的过错，大小事都不遗漏。尽管如此，我仍然奢侈放纵而不知收敛，因此百姓对我有很多的积怨。""今天降祸于齐国，不加寡人而加之夫子，齐国之社稷危矣，百姓将谁告乎？"如今上天降灾于齐国，却没有降在我的身上，先降到了夫子您的身上，齐国的江山要危险了，百官之中还有谁能指出我的过失？

从这一段话中我们可以看出，景公的哀痛出于为君者对臣子的一种自然而然的感恩之心。一定是在那一时刻起，回想起晏子从前辅佐自己的时候，对自己点点滴滴的教诲，不失时机的劝导、苦口婆心的劝谏、忠心耿耿的付出。这种哀痛，也是君臣之间那种深情厚谊的自然流露，这种深情厚谊正是君臣在多年相处的过程中日积月累而累积起来的。

所以，古人君臣之间的相处确实是以道义相交，天荒而地老。而不是像我们现在这样，是以功利相处，互相利用的关系，没有丝毫的恩义、道义、情义可言了。

从这个典故之中我们也可以看到：爱之深，则责之切。晏子感恩景公的信任，不希望看到景公犯错误，所以总是抓住一切可能的机会来劝导他。一个领导者，如果有幸有一位老师般的人物在身边，一看到他有问题就直言不讳地帮他指出来，那我们相信，这个领导者的提升一定会很快，而且也不容易犯大的错误。所以古代的明君都以能够得到这样的臣子为荣幸，甚至想方设法地引导臣子们可以指正自己的过失。

晏子过世17年之后，齐景公宴请诸位大臣饮酒。大家喝得兴致很高时，齐景公去射箭，结果脱靶了。但没有想到的是，大厅之中饮酒的诸位大夫却异口同声地说："好箭法，好箭法。"齐景公一听就非常生气，大声地叹息，把弓箭抛在一边就离开了。

齐景公为什么生气？因为他射箭都脱靶了，臣子们还在赞叹他的箭法好，阿谀奉承到了极致。齐景公对刚走进来的弦章说："弦章，我失去晏子已经十七年了。自从晏子过世后，我再也没有听到有谁能够指出我不对的地方。特别是今天，我射箭脱了靶，但是叫好的声音却整齐划一，如同出自一个人之口。"

弦章很有智慧，他回答道："这确实是诸位臣子没有才德。他们的才智不足以明察君主的过失，他们的勇气也不足以触犯君主的龙颜，所以才出现了众口一词的情况。但是臣也听说，臣子们所看的是君主的作为，君主喜欢吃什么，他们就喜欢吃什么，君主喜欢穿什么，他们就喜欢穿什么。这就好像一种叫尺蠖的虫子，它吃了黄色的叶子，身体就发黄，吃了青色的叶子，身体就发青。因此可能还是因为君主您喜欢听谄媚之言吧。"

齐景公听了之后觉得很有道理，齐景公也非常难得，听了这样的话后能够反省自己，知道今天的这种局面和自己的行为有关系，是因为自己喜欢听谄媚巴结的言语所导致的。不称职的臣子只会依从君主的命令行事，不敢有自己的主张。独断的君主和凡事照办的臣子，就会使得社会出现讹诈和虚假的风气，如此能使天下得到大治是从来没有的事情。

所以，无论是劝谏还是纳谏，离不开一颗真诚的心，离不开自爱和利他的真心。对个人而言，真诚是成长的开始，对于家庭和社会来说，真诚也是良性运转的起点。只有真诚才能感动人，只有真诚才能破圈，因为每个人其实都喜欢对他真诚的人。

23 改变这只"海星"的命运

接着我们看了凡为善的下一条纲领。**"何谓救人危急？患难颠沛，人所时有。"** 什么是救人危急呢？人生路上不可能一帆风顺，会遇到一些急难，遭遇一些不幸。我们看到别人患难颠沛了，用什么心情来对待呢？

"偶一遇之，当如疴痒之在身，速为解救。" 就好像自己身上的疮溃烂，痛得连觉都睡不着。这种情境，就要赶紧擦药，看有没有医生能治疗，一秒钟都不会耽搁。假如我们用这样的心境去体恤别人，会马上伸出援手，这就是"人饥己饥，人溺己溺"。

《宋史》里面有一则典故，叫"免官救吏"，这也是一个非常难得的善人，他是宋朝绍兴年间，庐陵人，叫周必大，是"庐陵四忠"之一。他曾多次在地方任职，官至吏部尚书、枢密使、左丞相，封许国公。

宋宁宗庆元元年（1195），以观文殿大学士、益国公致仕。嘉泰四年（1204），在庐陵逝世，享年79岁，获赠太师。开禧三年（1207），赐谥"文忠"，宁宗亲书"忠文耆德之碑"。周必大从政45年，以宰相之尊主盟文坛，与陆游、范成大、杨万里等名家交游频繁，是南宋著名的政治家、文学家。

在宋高宗绍兴年间，在临安这个地区，也就是现在的杭州，他在和剂局做一个监官，就是负责监察的。有一天突然房屋起火了，而且烧了附近的民房，按照法规，负责管理的官吏因为失职，导致这场火灾，那是要治死罪的。结果周必大就问管理的官吏说了，假如失火的责任是在我监官身上的话，我应该被治什么罪呢？也就是说如果这个火，假设是由我引起的话，我一个人来承担，该当何罪？官吏说："要削去官方的职务去当百姓。"

周必大说："我怎么可以为我的一身官职，而忍心看十余人失去生命呢？"于是就自诬，说这个火灾是他自己造成的，自诬为火犯，服罪退除官职，所以和剂局这些官员和他们各自的家人都保全了性命。他撤职回家以后，"道谒妇翁"，就是拜见他认识的一位妇人的公公，门外正好下雪下得很大，童子就在庭院扫雪。这个妇翁前一天晚上，他就做了一个梦，梦到扫雪迎宰相，前一晚就做梦了，好像冥冥中就注定了。所以周必大这个善行，天神已经注记了，感应道交了，这个叫"善恶之报，如影随形"，他心量大，舍己救人所以感得做宰相。

后来周必大回到家乡刻苦读书，"赴博学弘词试"，再去赴考试。他去考试的时候，他到京城去的时候，寄宿在一个人家里。刚好遇到里面有个人，带着一个小册子从外面进来，他就把它借来看，这些书是什么资料呢？原来是《卤簿图》，大概是那时候的一种类似高考锦囊的书，他就全部记下来了。

结果考试的时候，刚好题目就是《卤簿图》这里面的内容，这也是老天帮他的忙，要不怎么那么巧呢？"遂中式"，竟然考上了。后来当官当到了宰相，而且成了一代名相。他的儿子周纶，曾任朝请大夫、知筠军二州事。孙子周颢，曾任宣义郎、监景德镇兼烟火公事。

《德育古鉴》记载，安徽省有一个姓王的商人，名字叫志仁，年纪已经40多岁了，虽经商得法，薄有积蓄，可是唯一遗憾的，膝下还没有一个儿子。不孝有三，无后为大啊，所以怎么不让人感到忧心如焚呢！那么世间人在所求不遂的时候，常常喜欢看相算命，王志仁岂能例外，所以就跑到挂着"赛柳庄"牌子的相面先生那里，看一看相，问问命中究竟有没有儿子。

哪知相面先生，把他的面貌手掌，仔细端详一番以后，对他说："耳薄无轮，有须无髭，是孤独之相，没有得子的希望，并且两眼四围有黑气侵袭，数月内必有大灾祸，恐怕性命难逃。"王志仁听了这番话，不禁大吃一惊，吓得脸色惨白，汗流浃背，他觉得自己的一切都完了，所以心头很慌张，急急忙忙回到店里，准备了一些路费，卷起行李就想回家。

他在回家的途中，遇到一位妇人，抱着小孩要投水自尽，王志仁就阻止她，问她是什么原因要投水自尽呢？那个妇人就说："我夫家贫穷，平常以养猪来偿还租金，昨天他外出帮人做事，恰巧买猪的人来，我就把猪卖给他了，没想到他给我的钱，全部都是假银子，我怕我丈夫回来以后拷打我，而且以后也没有可以供给生活依赖的东西了，所以不如死了算了，所以我就想到了投水自杀。"

王志仁对这个妇人的遭遇深表同情，就把银子给她了。等到这个妇人的丈夫回来以后，知道了这个事情，怀疑其妇，是不是另有隐情欺骗他，是不是王志仁欺负自己太太了，就拉了他的太太前往王志仁所住的地方来质问。当时王志仁已经睡觉了，她的丈夫就命令这个妇人敲门，王志仁问："谁啊？"这个妇人就说："我是那个投水的妇人，我是来叩谢的。"王志仁听了以后就严厉地答道："你是年轻女子，我是孤客男子，半夜哪里可以在旅店相见呢，如果有话，你明天跟你丈夫来了再说吧。"

结果这个妇人的丈夫听了以后觉得很不好意思，就惶恐地说："是我们夫妇都在这里。"王志仁就起床披衣出来见他们，结果王志仁刚从床上起来，那个墙就倒下去了，把王志仁的床铺压得粉碎。王志仁大叫一声："哎呀！好危险啊！如果没有你们夫妇二人敲门叫我出来，那么我势必被倒下的墙砖压死啊！"夫妻两人就感叹，又感恩又赞叹，说："这是上天有眼啊，王先生这样的好心人，天理不该遭横祸。"夫妻二人向王志仁道谢以后就离开了。

王志仁回到自己的家中，休息了数月，一直平安无事，再到原来经营的商店，继续旧业。他想起了那位号称赛柳庄的相面先生，曾经预言：他数月内性命难逃，可是现在已经过了好几个月了，还是很平安地活着，足见赛柳庄的相术不灵，胡说八道，所以就决定跑到赛柳庄的命相馆去质问他。

赛柳庄重新把王志仁的面相仔细察看以后，带着很奇怪的口吻说："哎！怎么你的气色完全改变了呢？你一定是救了几条人命，积了阴德。你现在的髭髯，也就是胡须，长出来了，突然间长得很长，而且你口角这个地方很丰腴、颐丰，金光就聚耀在你的面目须眉，脸上都现出了金光，你现在不仅是多子的命，而且会增寿。"

后来王志仁生了 11 个儿子，活到了 96 岁的高寿，无疾而终，就是我们讲的善终。这命运是谁去转移得这么快呢？就是他的心，他的慈悲心，去转变了他的命运。救人一命胜造七级浮屠，这是大善啊。这就是"立命之学"里讲的：命由我作，福自己求。天道无亲，常与善人。

《懿行录》里面有个典故，叫"赎罪得子"。在明朝，广平县有一个人叫张绣，年纪很大了，但是家里自己没有孩子，又很贫穷。他就放了一个空的坛子，每天就放一点小钱，积累起来，就好像我们的储蓄罐一样，储钱，因为太穷了，所以就用这种方法来存一点。结果十年省吃俭用，好不容易把这钱罐子装满了，这个时候他的邻居生了三个儿子，这一家的主人因为犯了罪被流放，因为这样的潦倒，所以主人准备卖掉妻子。

张绣知道了，他担心这个母亲要是被卖走，三个孩子怎么办？他们还不能自立，还很小就没有依靠了，父亲也被流放，这是很苦的事情。所以，他就把自己辛辛苦苦积累了十年的积蓄统统拿出来去赎回这个女子，而且还不够，他的夫人还把自己的一根簪子拿出来典当，凑够了钱数来赎回这个女人。

结果就是那天晚上，他们夫妻俩都梦到有一位神灵抱着一个长得很好的孩子送给他们，不久之后他们就生下一个儿子，叫张国彦。这个儿子后来就当了大官，一直做到了刑部尚书和兵部尚书，而且孙子也都当大官。皇上加封其为太子少保，赐给有飞鱼图绣的官服，享国家一等俸禄。

张国彦宽厚仁爱，周济乡亲，公元1598年十月初八日病逝故里，享年74岁。因他一生从政，功绩煊赫，皇帝追封太子太保，派遣朝中官员主持葬礼，将其葬于邯郸城西王郎村北莲花岗。

而且张国彦的四个儿子也都受到了朝廷的重用，长子张我继，任汤阴县令。次子张我绳，进士，历任武城以及大兴县令、户部曹官、宁镇兵备等大行宫礼堂职，擢升为宁镇总镇。三子张我续，19岁中进士，官任礼部曹官、河南巡抚、川贵总督等职，最高职位做过户部尚书、太子太傅。四子张我缤，任南宁知府。

我们看，张绣他们夫妻俩能够救人于危难，而且能够舍己为人，把十年的积蓄统统拿出来为人赎妻，这种阴德之大，必定是感动上天，这个人的福报也就不可思议。不但老来得子，而且儿孙都做了一品大员，所以"积善之家，必有余庆"真实不虚啊。

第二次世界大战中的一天，欧洲盟军最高统帅艾森豪威尔在法国的某地乘车返回总部，参加紧急军事会议。那一天大雪纷飞，天气寒冷，汽车一路疾驰。在前不着村后不着店的途中，艾森豪威尔忽然看到一对法国老夫妇坐在路边，冻得瑟瑟发抖。

艾森豪威尔立即命令停车，让身旁的翻译官下车去询问。一位参谋急忙提醒说："我们必须按时赶到总部开会，这种事情还是交给当地的警方处理吧。"其实连参谋自己也知道，这不过是一个托词。艾森豪威尔坚持要下车去问，他说："如果等到警方赶来，这对老夫妇可能早就冻死了！"

经过询问才知道，这对老夫妇是去巴黎投奔儿子，但是汽车却在中途抛锚了。在茫茫大雪中连个人影都看不到，正不知如何是好呢。艾森豪威尔听后，二话没说，立即请他们上车，并且特地先将老夫妇送到巴黎儿子家里，然后才赶回总部。此时的欧洲盟军最高统帅没有想到自己的身份，也没有俯视被救援者的傲气，他命令停车的刹那，也没有复杂的思考过程，只是出于人性中善良的本能。

然而，事后得到的情报却让所有的随行人员震撼不已，尤其是那位阻止艾森豪威尔雪中送炭的参谋。原来，那天德国纳粹的阻击兵早已预先埋伏在他们的必经之路上，希特勒那天认定盟军最高统帅死定了，但阻击却流产，事后他怀疑情报不准确。希特勒哪里知道，艾森豪威尔为救那对老夫妇于危难之中而改变了行车路线。

历史学家评论道：艾森豪威尔的一个善念躲过了暗杀，否则第二次世界大战的历史将改写。有一个非常有趣的现象，和普通银行里支出金钱不一样，在"善"的银行里，人越有善念，越有善良的行动，银行里的"善"的资本反倒越用越雄厚。善良是生命中用之不竭的黄金，帮助别人，就是善待自己。古人云："福在积善，祸在积恶"，以上这个真实的故事可为例证。

同样是在20世纪，一百多年前的某天下午，在英国一个乡村的田野里，一位贫困的农民正在劳作。忽然，他听到远处传来了呼救的声音。原来，一名少年不幸落水了。农民不假思索，奋不顾身地跳入水中救人，孩子得救了。

后来，大家才知道，这个获救的孩子是一个贵族公子。几天后，老贵族亲自带着礼物登门感谢，农民却拒绝了这份厚礼。在他看来，当时救人只是出于自己的良心，自己并不能因为对方出身高贵就贪恋别人的财物。故事到这儿并没有结束。

老贵族因为敬佩农民的善良与高尚，感念他的恩德，于是，决定资助农民的儿子到伦敦去接受高等教育。农民接受了这份馈赠，因为能让自己的孩子受到良好的教育是他多年来的梦想。农民很快乐，因为他的儿子终于有了走进外面世界、改变自己命运的机会；老贵族也很快乐，因为他终于为自己的恩人完成了梦想。

多年后，农民的儿子从伦敦圣玛丽医学院毕业了。他品学兼优，后来被英国皇家授勋封爵，并获得1945年的诺贝尔医学奖。他就是亚历山大·弗莱明，青霉素的发明者。那名贵族公子也长大了，在第二次世界大战期间患上了严重的肺炎，但幸运的是，依靠青霉素，他很快就痊愈了。这名贵族公子就是英国首相丘吉尔。

农民与贵族，都在别人需要帮助的时候伸出了援手，却为他们自己的后代甚至国家播下了善种。人的一生往往会发生很多不可思议的事情，有时候，我们帮助别人或感恩别人，冥冥之中都有不可思议的回报。

我们接着看原文，**"或以一言伸其屈抑"**，比如有人受到别人的侮辱，有冤屈，这个时候我们讲公正的话帮他申冤，化解他的冤屈。**"或以多方济其颠连。"** 或是想方设法，通过各种途径，凝聚多方的力量，帮助他度过这个不幸。

"崔子曰：'惠不在大，赴人之急可也。'盖仁人之言哉。" 崔子是明朝一位很有学问的人，官至礼部尚书。崔子说："恩惠不在大，能够及时解决人家的危难是最可贵的。"这都是很仁慈的人讲出来的话。从这里我们也可以感觉到，人终究有一死，但是他的精神可以长存，他留下的好的教诲可以留在这个世间，人生几十年产生了永恒的价值。

再看杭州的吴菊萍女士，2011年7月2日下午1点30分，当她要出门的时候，她的社区围了一群人，而且他们谈话跟发出的声音很异常，应该是有什么大事情要发生。当她的目光移过去的时候，发现一个小孩，两岁左右的样子，吊在十楼的窗户上，瞬间就要掉下来了。

结果就在万分紧急的当下，吴菊萍以最快的速度冲到那小孩可能掉下来的地方。当她发现孩子有危险的时候，没有第二个念头，就以最快的速度冲过去，她如果有丝毫犹豫，这孩子就没命了。而且她冲过去的时候，马上把自己的高跟鞋脱掉。从十楼掉下来，那个冲撞力很大，她和孩子两个人当场都昏过去了，她的手断成多截，那个孩子活过来了。

这个事情震动了我们整个中国，当时媒体一直在报道这个事情，然后大家叫她为"最美妈妈"。美在哪里？这颗爱心，这见义勇为、救人危急的道义。吴菊萍女士也被评选为2011年度"感动中国十大人物"之一。

后来，在杭州的一个广场上，竖立了一个两只手抱着一个孩子的雕塑，吴菊萍的精神从此树立在杭州的这个广场上。而且她的德行感化了整个社区，现在那个社区稍有口角的迹象，大家就会说："人家吴菊萍不顾生死去救孩子的命，都这样无私了，咱们还好意思吵架？"大家一听，心想：对啊，跟吴菊萍女士差太远了，就不好意思吵架了。

你看一个道德的感染，让人家觉得好像还吵架很丢脸，所以吴菊萍女士变成了"杭州精神"的体现。诸位朋友，我们学习传统文化，学习《了凡四训》，我们的道义提起来没有？假如您看到这个情况，您会不会过去救这个孩子？其实不只救人的身体，现在这个社会有多少人的心灵每天在堕落？也需要救，这都是济人之急啊。

《礼记》讲："人不学，不知道"，《三字经》讲："人不学，不知义"，没遇到圣贤教我们都在堕落，我们要不要尽力去救这些人？这个就是"义"。你有这份心，老祖宗会时时都保佑你，你的人生就是有祖先和圣贤加持的人生。

就像开店，大家都认百年老店，都认老字号，我们的传统文化、圣贤教诲和祖宗道统传了五千多年，你学习、落实和弘扬传统文化，等于开的五千年的千年老店，你的老板是孔子、老子和释迦牟尼佛等圣贤佛菩萨，所以这是经得起时间和空间考验的，具有永恒的价值。

我们接着看了凡为善下一条纲领，**"何谓兴建大利？小而一乡之内，大而一邑之中。"** 什么是兴建大力呢？小到乡镇、村落，大到县城和都市。**"凡有利益，最宜兴建。"** 凡是能够利益一方百姓的事情，最应该好好地大力投注。"兴"也有一种发起、带头的精神。

"或开渠导水"；或者引河川的水来灌溉田地。水利工程假如做得好，干旱的时候就不容易闹饥荒。农业是立国之本，所以水利工程对于老百姓的生活甚至是生命安全都很有关系。**"或筑堤防患"**；位置比较低的地方容易有水患，筑堤坝能够防止水患的发生。

"或修桥梁，以便行旅"；河川湍急，没有桥，很多人就过不去。修桥补路不止方便了行走的人，可能还挽回了很多的生命。比如一个男人灭顶了，他的家人以后怎么过日子？一个人遇到不幸，很可能造成整家人的不幸，如果这个人是国家的部长，他出问题了，那影响的面可能就更大了。古代很多仁慈的员外常常都是造桥铺路，铺一条路能够让多少人得利益！

像我们中国还有几千年的桥，那利益多少人！这是兴建大利，与人方便。你看看赵州桥，隋代的建筑，到现在都屹立不倒，你看国际的土木工程学会还给发了牌匾，赵州桥河中心没有桥墩，而且横跨 37 米，整座桥接近 65 米，桥墩却不是很深。但是大家想想，将近 1500 年了，无论是洪水、地震，这座桥都没有问题，依然屹立在我们面前。

为什么呢？我们从国学的角度很好分析，大概有两大原因。第一，赵州桥的建筑，包括设计、施工，完全符合自然规律，也就是我们讲的道，道法自然，它符合自然，不破坏自然。第二，李春先生和他的团队，有仁义礼智信，有道德，守伦理，明因果。他知道这桥是给老百姓走的，是给后代子孙走的，得讲良心啊，造得不好良心上过不去啊，偷工减料是要遭报应的。他们懂这个，他们信奉这个。这个好啊，这样的人有良心啊。

所以很多人对传统文化有误解，认为是迷信，他不知道这是正信啊，能让人讲良心，能让社会有爱心，有正能量啊，能让身心和谐、家庭和谐、社会和谐，国家稳定，天下太平啊。

比如，我们知道林则徐先生是几百年前的人，他做的坎儿井，现在还在利益着当地的新疆人！创造出来的东西能利益几百年、几千年，都是从爱心出来的。

再说都江堰，都在利益后世子孙，千秋万代都受益，大家去福建看，蔡襄先生建了一座桥，到现在最起码都八百年了，桥还在！你看那个设计多用心。

一个人能建造这样的桥，他在设计的时候会没想到后人吗？

现在有些豆腐渣工程，有些路啊、桥啊，三年就要维修了，甚至于三个月以后就出状况了。甚至有的地方，有些官员为了贪钱，把路修好就破坏了再修，或者每年都修排水系统，但是每年下雨还是会积水很深。

所以，有价值的东西一定是从爱心和德行来的。还有一些员外找来很好的老师，教育他那一个乡党的小孩，这个大利长长久久。因为这些孩子明白圣贤道理，往后可以造福社会，往后还可以传承这些圣贤教诲给他的子子孙孙，所以办教育是长远的大利。

"或施茶饭，以济饥渴。" 布施茶水和饭菜，供养饥渴的人。《文昌帝君阴骘文》："舍药材以拯疾苦，施茶水以解渴烦，点夜灯以照人行，造河船以济人渡。"这都是从点滴处，利益他人。其实，我们不只要效法这个行为，更要深入体会其存心，其实行善最重要的就是念念为别人着想，我们时时设身处地，对他人身心的需要就非常敏锐。

我有一位朋友，在大连做羊绒生意，老师曾经给他建议，把饮水机搬到店的外边，这样逛商场的人经过了，如果口渴都可以免费喝上纯净水，结果就这一个小小的改变，他们店的生意越来越好，营业额有了明显的提升。老师说，他这个建议就来源于《了凡四训·积善之方》，也就是我们现在学习的内容。

二十年前的一个黄昏，有名看似大学生的男孩，徘徊在台北街头的一家自助餐店前。等到吃饭的客人大都离开了，他才面带羞涩地走进店里。"我要一碗白饭。谢谢！"男孩低着头说。店内刚创业的年轻老板夫妻见他没选菜，一阵纳闷，却也没多问，立刻就盛了满满一碗白饭递给他。

男孩付钱时，不好意思地说了句："我可以在饭上淋点菜汤吗？"老板娘笑着答道："没关系！你尽管用，不要钱的！"男孩吃饭吃到一半，想到淋菜汤不要钱，又多要了一碗米饭。

"一碗不够是吗？我这次给你盛多一点！"老板很热情地响应。"不是的。我要装在盒里拿回去，明天带到学校当午餐。"老板听了，心想男孩可能来自南乡乡下经济环境不好的家庭，为了读书，独自一人北上求学，甚至可能半工半读，处境的困难可想而知。于是悄悄在餐盒的底先放入一大勺店里招牌的肉燥，还加了一个卤蛋，最后才将白饭满满覆盖上去。乍一看，以为就只是白饭而已。

老板娘见状，明白老板想帮助那男孩，却搞不懂为什么不将肉燥大大方方地加在饭上，却要藏在饭底？老板贴着老板娘的耳朵说："男孩若是一眼就见到白饭加料，说不定会认为我们是在施舍他，这不等于直接伤害了他的自尊吗？这样他下次一定不好意思再来。如果转到别家一直只是吃白饭，怎么有体力读书呢？""你真是好人。帮了人还替对方保留面子！"

"我不好，你会愿意嫁给我吗？"年轻的老板夫妻沉浸在助人的快乐里。"谢谢。我吃饱了。再见！"男孩起身离开。当男孩拿到沉甸甸的餐盒时，不禁回头望了老板夫妻一眼。

"要加油！明天见！"老板向男孩挥手致意，话语中透露着请男孩明天再来店里用餐。男孩眼中泛起泪光，却也没让老板夫妻看见。从此男孩除了连续假日以外，几乎每天黄昏都来，同样在店里吃一碗白饭，再外带一碗走。当然，带走的那一碗白饭，底下每天都藏着不一样的秘密，直到男孩毕业。往后的 20 年里，这家自助餐店也不曾出现过男孩的身影了。

直到某天，将近 50 岁的自助餐店老板夫妻，接到市政府强制拆除违章建筑店面的通告。中年失业，平日储蓄又都给了儿子在国外攻读学位，想到生活无依，经济陷入困境，不禁在店里抱头痛哭了起来。就在这时，一位身穿名牌西装，像是大公司经理级的人物突然来访。

"你们好，我是某企业的副总经理。我们总经理命我前来，希望能请你们在我们即将要启用的办公大楼里开自助餐厅。一切的设备与食材，均由公司出资准备。你们仅须带领厨师，负责菜肴的烹煮。至于赢利的部分，你们和公司各占一半！"

"你们公司的总经理是谁？为什么要对我们这么好？我们不记得认识这么高贵的人物！"老板夫妻一脸疑惑。"你们夫妻是我们总经理的大恩人兼好朋友，总经理尤其喜欢吃你们店里的卤蛋和肉燥。我就只知道这么多，其他的等你们见了面再谈吧！"

终于，那每次用餐只叫一碗白饭的男孩再度现身了。经过 20 年艰辛的创业，男孩成功地建立了自己的事业王国。眼前这一切，全都得感谢自助餐老板夫妻的鼓励与暗助，否则他当初根本无法顺利完成学业。话过往事，老板夫妻打算告辞，总经理起身对他们深深一鞠躬，并恭敬地说："加油噢！公司以后还需要靠你们帮忙。明天见！"

一个刻苦求学的少年，虽家境清贫，经济拮据，但并不因此悲观消极，而是节衣缩食，以仅能维生的低物质水准来坚持努力上进之路。一对善体人意、乐善好施的小店夫妻，同心同德，利用有限的条件，不动声色地帮助素不相识的年轻人。

那少年低首暗含的眼泪，小夫妻悄语默契的喜乐，盒饭里含藏的丰富营养，弹奏的是人与人心灵交流的美好乐章。助人为乐，雪中送炭，最暖人心。

如果一个人穷途末路，却有一双手能扶持他；一个人身患绝症，寻医无门，恰逢有人送上对症良方；你最艰难困窘时，有人主动默默分担重任；你伤心欲绝，听到一句轻柔细声，体贴关怀鼓励之语……

顿时，一股暖流，一种冲天的力量，会从整个身心涌出。重生的勇气，新生的欢乐，由衷的感动，自信复来，人生从此建立新格局，活出灿烂辉煌一片新天地。

岁月如流，物换星移。一切人事物都在不停变幻，各人的处境也有所不同。当小店夫妻陷入困境时，一直默默关注他们的年轻人，以一种大家都能接受，皆大欢喜的方式，抒写了人世间温情脉脉的欢歌。

所以，人生的幸福是什么？是人与人之间彼此互爱。人生有意义的事情是什么？是人与人之间彼此互助。让我们将爱与感恩贯注在生命的每一天，自利利他，广结善缘，世界则必定时时有真情，处处有真爱。

还有一则报道，叫"一杯牛奶"。十年前，一个穷苦大学生，为了付学费，挨家挨户地推销货品。到了晚上，发现自己的肚子很饿，而口袋里却空空如也。他在大街上犹豫徘徊了半天，终于鼓起勇气，敲响了一户人家的门，准备讨点饭吃。然而当一位年轻的女孩子打开门时，他却失去了勇气。他没敢讨饭，却只要求一杯水喝。女孩看出来他饥饿的样子，于是给他端出一大杯鲜奶来。

他不慌不忙地将它喝下，然后问道："我应付您多少钱？我以后有钱了一定还您。"而女孩的答复却是："你不欠我一分钱，我们家是学佛的，母亲告诉我们，做善事不要求回报。"他怀着感恩的心，向女孩深深地鞠了一躬，真诚地说道："我只有由衷地谢谢您！"当他离开时，不但觉得自己的气力强壮了不少，而且对人生的信心也增强了。

十年后，有个女人病情危急。当地医生都已束手无策。家人将她送进大都市，以便请专家来检查她罕见的病情，他们请主任医师亲自来诊断。当他听说，病人是自己的家乡某某城市的人时，他的眼中充满了奇特的光芒。他立刻走向医院的病房，当他来到病人的床前时，他一眼就认出了她，他决心尽最大的努力来挽救她的生命。从那天起，他认真观察她的病情，查阅了所有的文献，并发帖向全世界的同行咨询。经过不懈的努力，终于让她起死回生，战胜了病魔。

最后，批价室将出院的账单送到他手中，请他签字。医生看了账单一眼，然后在账单边缘上写了几个字，将账单转送到她的病房里。她不敢打开账单，因为她知道，她可能需要一辈子才能还清这笔巨额医药费。结果当她打开账单，看到账单边缘上的一行字：一杯鲜奶足以付清全部的医药费！主治医生凯利。

她的眼中顿时充满了泪水，她心中感动地祈祷着：阿弥陀佛，感恩佛陀，感谢您的慈爱，借由众人的心和手，在不断地传播着。所以一杯牛奶，不仅仅是送给他人温暖，更给人送去了信心与希望，让他感觉到这个世界还有温暖，仍有活下去的理由。倘若没有这一杯牛奶，小男孩的情况也许不堪设想，而女人也会因为治病变得倾家荡产。所以，真正善良的人不管到什么时候都是最受欢迎的。善良，就是我们的护身符。

了凡先生接着讲："**随缘劝导，协力兴修，勿避嫌疑，勿辞劳怨。**""随缘劝导"，遇到缘分，我们尽心尽力去做就是圆满。而要劝导，自己带头做，以身作则的效果最好。别人做得好，我们肯定随喜赞叹，这也是随缘劝导。

事实上我们遇到别人需要帮助，我们不随缘去帮助他，我们的良心是不安的，那我们就不会有真正的快乐。其实理得心安，对得起良心，对得起天地，对得起他人，这是最自在幸福的人，晚上睡觉，躺下去三分钟就睡着。假如做了太多良心不安的事情，该做的事情都没有去做，晚上就睡不着，就会有莫名的不安和恐惧。

"协力兴修"，就是大家一起同心协力，有钱出钱有力出力。其实人只要能协力、能同心，那个力量不得了。"二人同心，其利断金"，三五个人不分彼此，可以为国家社会做出很大的贡献。

"勿避嫌疑"，当然在做的过程当中，也不要挂碍别人的不理解，甚至于闲话和诽谤。人在做事天在看，对得起良心，对得起天地，对得起广大受益的人就好了。现在做好事容易被人家怀疑，这个时候也应该不避嫌疑，不要去挂碍这些事情，尽心竭力去做，无私地去付出，日久见人心，最后成果出来了，所有的怀疑跟诽谤自自然然就烟消云散了。

"勿辞劳怨"，也不要因为辛苦而不愿意去做，要任劳任怨。事实上人只要真正无私地去做，跟我们的本善相应，越做会越高兴、越欢喜。我们要尽心尽力，而且要有信心，如果没有能力做大事，先从小事做起，看似是小善，只要心量大，善心真纯，久而久之就有不可思议的效果。

在美丽的墨西哥海边，一位路过的老人正在沿着海滩欣赏日落，远远望见海岸边的小男孩。他发现那个小男孩一直保持弯腰的姿势，似乎在水中捡东西又丢出去的样子，时间一分一秒地过去，但那个小男童仍旧一直向着海洋投掷。

老人感到十分疑惑，于是走到那个小男童身边就问他："小朋友你好，请问你在做什么呢？"小男孩回答道："我要把这些海星丢回海里。你看现在已经退潮了。如果我不把它们丢回海里，它们就会因为缺氧而死在这里。"

老人当然能了解这种情形，但是他仍旧感到疑问："可是海滩上有成千上万的海星，而你不可能把它们全丢回海里啊！它们犹如天上的繁星，更何况在这么长的海岸线，这样的海星太多了，你这样做并不能改变什么，作用不大，还是停下吧。"

小男孩微笑着，没有理他，仍然弯下腰再度拾起另一只海星。当他用力地把海星丢进海中的时候，大声地对老人说："看，这只海星的命运改变了。"说完就继续弯腰捡起另一颗海星抛进大海，说："看，这只海星的命运又不一样了！"

老人被深深地感动了，也开始捡起海星一颗两颗三颗就这样抛进大海，一个年轻人看到了，也加入了他们的行列，一个两个三个，直到附近整个村庄的人们都加入了捡海星的行列，海滩上一颗颗海星被人们抛进了大海，它们有了另一个不同版本的人生。

人生就是这样，做好自己，用自己的真诚去感染别人，或许你曾经就是那个海星，被人抛进大海，拥有了美好的人生；或许你就是那个捡海星的小男孩，而用你的执着、你的爱心，将一颗颗被潮水涌起的海星抛回大海，让它们拥有了不同版本的人生，改变了它们悲惨的命运。

所以，再小的力量只要愿意付出，哪怕只能为一个人付出，这个世界就会有一个人因为你的付出而获得幸福，付出是不讲任何条件的，付出是不求回报的，因为在付出的时候你早已得到了最好的回报，所以"海星们"，当我们在自己的生命中，被别人支持和付出而得到力量，不要忘记也要为别人而创造付出，这是生命的传承！

我在大学时代，学习《了凡四训》，立志要考取北京的硕士，后来选定要考取中国艺术研究院。我的大学是一个普通的理工二本院校，可想而知我的艺术水平和文化水平比较有限。而且，我的家庭条件不好，是农村孩子，没有很多钱拿出来做善事。

后来的我传统文化老师告诉我："你可以捡垃圾啊，别人扔到垃圾桶外边的垃圾你放到垃圾桶，帮助清洁工阿姨减轻负担，这不也是善行吗？布施你的体力，这属于内财布施，一样很殊胜。"

所以，我就先立下志向捡五百件垃圾祝福父母身体健康、福慧吉祥。后来觉得有些少，而且越做越得心应手，就学习了凡先生，许下三千件善事回向给父母。这三千五百件做完以后，我为考研先后许了三千件、三千件和一万件善事。而这些善事我几乎都是用捡垃圾来完成的，捡到什么效果呢？我学校天桥发传单的人不怕城管，因为城管走了他们还会再回来继续发，他们怕看到我，因为我每次都会守着他们把地上的什么传单捡完，很多时候一口气可以捡上百件。

在一开始的时候，我的朋友觉得我这样做不适应，好多同学也投来异样的眼光，我就坚持听师长的话，学习《了凡四训》，捡垃圾。后来一些同学对我的看法变了，他觉得我能一直这样做很不容易，有的同学告诉我："我虽然不能跟你一样捡垃圾放，但我保证不乱扔了。"

还有的同学看到我捡垃圾，本来一起在校园嗑瓜子，自觉就捡起来放到垃圾袋了。还有一些同学给了我更大的力量，有一天，我突然发现我身后也有其他的同学跟我一起捡垃圾，而且我们不是一个学院的，并不相识。

在这个过程中，我也结识了很多一起考研的和学习传统文化的有识之士，他们大多都考入了理想的院校，从我这所普通二本院校，考入了很多"985""211"院校的硕博。我也从学院很不起眼的一名学生，逐渐获得了学院和全校演讲比赛、朗诵比赛一等奖，而我演讲的内容都围绕着《了凡四训》和传统文化。我整个人的精气神发生了特别大的转变，我和同班同学开始有了很多差别，比如"时差"，作息时间不一样了，爱好也不同了。

也开始经常遇到贵人，我的新院长就是中国艺术研究院的博士毕业，也是学习《了凡四训》和传统文化的长者，给我很多鼓励和帮助。当我以艺术学系第一名成绩考入中国艺术研究院的时候，我又被母校的老师和学弟学妹们感动了，他们在两个社团里开展了两项活动"弯腰活动"和"读经活动"。

所以，我们不要觉得自己的力量小，也不要觉得善行不大，就不去做。我们只要是真心学习和落实，真心帮助别人，大小都是不二的，而且持之以恒，小善也必将成就大善。我们做教育更是这样，不要管大环境多么难改变，先做好自己，教育好自己的学生，先"改变这只海星的命运"，慢慢地所有"海星"的命运都会受到影响。

24　能"给"的人，永远比能
"拿"的人更幸福

"何谓舍财作福？释门万行，以布施为先。所谓布施者，只是舍之一字耳。"佛家教导的行持有很多，归纳成六条，叫"六度万行"。这六条就包含德行，第一是布施，第二是持戒，第三是忍辱，第四是精进，第五是禅定，第六是般若。这是六度，"度"是度自己，不是度别人。

布施度什么？"布施度悭贪。""持戒度恶业。"恶言恶行能够用持戒来对治，不让自己再犯。"忍辱度嗔恨。"能够忍的人，脾气就不会发作，可以调伏。"精进度懈怠"，人如果懈怠就很难有所成就。"禅定对散乱。"人妄念一个接一个，心都是散乱，没法集中，学业跟事业绝对做不成。"般若度愚痴。"真实的智慧度愚痴。

这六度再浓缩就是一个布施，布施为先，所以布施很重要，财布施得财富，法布施得聪明智慧，无畏布施得健康长寿。当然这个财，还分内财和外财，"种瓜得瓜"这个非常重要。福报是修来的，你修福了，谁也抢不走。不管你做哪一个行业，你都会有钱，这是明理。

不明理的话，就会琢磨："哎呀，我以后会不会有钱？我儿子以后会不会有钱？"每天烦恼不断。古德讲："有一少一，思欲齐等。适小具有，又忧非常。"有一点了，又想要更多。永远不知足，绝对没有平静的日子过。我们修的福报，我们学习圣贤教诲体悟到的智慧，谁都拿不走。包括我们对别人是否有恭敬心，都决定了我们是否受人家喜欢。

我们很容易把责任推给他人、推给境界。"哎呀，你看我这么有智慧，这么有能力，就是某个人嫉妒我，让我没办法发挥。"有没有道理？"都是某些人障碍我，才让我没发挥。""都是这个领导没眼光，没有重用我。"听起来好像很有道理，事实上没道理。为什么？任何人都不可能障碍我们。该是你的福报，谁能抢得走？别人也抢不走你的智慧。福田心耕，一个人有福气，是修来的，别人哪能妨碍得了。

所以，"勿以善小而不为，勿以恶小而为之"。我们的起心动念不能不注意，不要认为我今天对那个人起了一个怨恨的念头好像没什么，这个怨恨的念头，就是先儒说的"从小微起，成大困剧"，一个小小念头的因，将来因就会愈滚愈大，好像滚雪球一样，变成大的果报，不可以不谨慎。未成圣贤，先结人缘。要想拥有光明顺遂的前途，就要靠平时广结善缘，具足善因善缘，则做任何事情都容易成就。

那么布施的精神是什么呢？"只是舍之一字耳"，就是放下。布施就是能舍，就是能放下。**"达者内舍六根，外舍六尘，一切所有，无不舍者。"** 通达人生真相的人，首先他很清楚一点，"万般将不去，唯有业随身"。什么东西都带不走，那还有什么可紧紧抓住不放的呢？那不是跟自己过不去？身体都带不走，身外之物怎么带得走？人一通达，人生这些道理就想通了。

有的人会说，我可以留给我的孩子，那更没智慧。《省心短语》讲："勿以财货杀子孙。"大家去看看有些新闻，官司打了好多年的是哪些人？有些人过世了，棺木放好几年都不能下葬，财产还没摆平。留那些钱不就是让孩子、至亲都起冲突吗？所以古人留了这句话给我们，"勿以财货杀子孙"，这些道理不想通就不会活得通达。

真正的传家宝是良好的家风，而不是钱财。《人民日报》于2023年9月6日发表了一篇文章，题为《"言传身教就是给子女的传家宝"——甘祖昌和龚全珍的家风故事》。"农民将军"甘祖昌同志和"老阿姨"龚全珍同志的事迹感动了所有人。

甘祖昌同志是开国少将，但是功成身退，建设家乡。在生命的最后27年中，甘祖昌将军将自己工资的75%捐献给家乡，亲自领导修建水库、渠道、水电站、公路、桥梁，深入群众，帮助有困难的人。

1986年3月28日，甘祖昌将军去世，享年81岁。在临终前，他嘱咐妻子，先交党费，留下生活费，其余全部用于农业支援。龚全珍继承了他的遗志，继续为人民服务，关爱老人、教育青少年、帮助贫困地区的学生。她前半生扎根乡村三尺讲台，后半生捐资助学，赢得了百姓的爱戴。她资助过的学生都说："如果没有她就没有现在的我。"

龚全珍始终践行着丈夫当年的那句话——"不怕手粗就怕心粗，不怕气短就怕志短。活着就要为国家做事情，做不了大事就做小事，干不了复杂重要的工作就做简单的工作，绝不能无功受禄，绝不能不劳而获。"

曾经有记者采访过龚全珍同志，为什么不打算给自己的儿孙留遗产。

记者问："您作为奶奶，甚至作为太奶奶，太姥姥，那您对自己的家庭把钱多存一点，给自己的家不好吗？"

龚全珍："他们长大了没有手吗？要自己劳动。我觉得从小要养成一个自立自强的习惯，不能靠谁。"

记者："您也不给他们留？"

龚全珍："不给他们留，一代管一代，管不了子孙万代。"

"只能给后代留下革命传家宝，不能留下安乐窝。"在龚全珍看来，"言传身教就是给子女的传家宝。"

龚全珍同志对自己儿女说："我老了以后，我想给你们留点什么东西？我还是要把你们爸爸写下来。"她到全国各地采访甘祖昌同志的战友，就写《我和老伴甘祖昌》。她就把日记、几本书，都给儿女签上名字，她说这是留给儿女的精神财富。这个就是甘祖昌和龚全珍的精神，这个是无价之宝。

她曾在日记里写道："祖昌没为儿女做什么，但他所致力的事业是为大家的儿女造福，自己的儿孙也在其中了。我要把生命最后的几年留给老年，为老年的权利而奋斗。虽然我自己也知道力量单薄，但我相信会有几个几十个甚至几百几千人，也同样愿意为之奋斗的。祖昌，您同意我的选择吗？我相信您会同意的。"从这些日记里，儿女们读懂了母亲的爱。

2023年9月2日16时16分，龚全珍同志安详逝世，享年100岁。她在遗嘱中写道："逝世后，生前最后一个月的工资作为我此生最后的党费；生前资助的5名贫困大学生，要求子女们继续捐助到毕业；告诫子孙们不能以将军后人名义，向各级党组织提任何要求。"你看，不仅没有留下遗产，还要求子女继续做资助大学生的善事，这也是一种家风的传承。

龚全珍同志一生钟爱荷花，爱它的不蔓不枝，皎洁无瑕，奉献一生。其人如荷，清香满人间。"荷花的故事连着藕，溪水的故事连山丘，将军农民甘祖昌，辞官回家建设家乡……"一首采茶曲，诉说着无数莲花人心中的思念之情，她不但感动了莲花县，也感动了全中国。

"感动中国"组委会写给龚全珍同志的颁奖词为："少年时寻见光，青年时遇见爱，暮年到来的时候，你的心依然辽阔。一生追随革命、爱情和信仰，辗转于战场、田野、课堂。人民的敬意，是你一生最美的勋章。"

甘祖昌将军与妻子龚全珍的故事，是中国革命历史中的一颗璀璨明珠。他们将个人幸福和家庭幸福融入了祖国和人民的幸福中，以自己的实际行动践行了共产党员的信仰和使命。他们的生平充满感人的情节，是我们学习的楷模，值得我们铭记和怀念。甘祖昌和龚全珍的家风故事，既传承了中华优秀传统文化，又注入了中华民族现代文明的元素，就像那一池莲花，花香籽实。

珍藏在龚全珍同志女儿甘公荣家中的一只铁盒里，红布包着3枚闪亮的勋章，那是甘祖昌留给家人的珍贵遗产；一个纸箱里，整齐码放着40多本日记，那是龚全珍交给子女的宝贵物品。

在后辈们心目中，勋章和日记里蕴含着的精神财富，是最厚实的、代代相传的家底和家风。不计得失、甘于奉献，一片赤诚之心，融进了甘家人的血脉里。甘祖昌将军和龚全珍同志就是"达者"，这样的人生才是有意义的人生，不但对自己有意义，对家庭有意义，对民族和国家都非常有意义。

"内舍六根"，哪六根？眼、耳、鼻、舌、身、意。现在的人不知道身体是个臭皮囊，每天花了不知道多少精神和金钱在这个身体上面。人不内舍六根，不只不能造福，还造好多孽。现在的人都喜欢纵欲享受，眼耳鼻舌统统都要享受，最后把自己的身体搞得乱七八糟，哪有好处？所以老子在《道德经》讲："吾所以有大患者，为吾有身。及吾无身，吾有何患？"

"外舍六尘"，世间的色、声、香、味、触、法，这是六尘，不要去贪着它，不要去苦苦追求它。现在有的人玩电脑、刷手机，几天都不睡觉，最后累死了，那就是染上了这些色尘。

人这一生带得走的是智慧，什么人最有智慧？完全没有私心的人。"欲令智迷"，欲望会把智慧给障碍住，所以越无私的人智慧越高。既然什么都带不走，智慧带得走，一切善事带得走，人这一生最重要的是尽心尽力为家庭、为社会做贡献。从今天开始，我们的人生就不是为了身体的享乐。

古代有一则寓言，意味深长。有只鸟叫欢喜首，这只小鸟它所居住的森林失火，它就非常着急。它担心大火一烧起来，很多动物会受到伤害，所以它快速地飞到海边。含起了一口海水，赶紧飞回去灭火，它就这样一来一往地奋力灭火。天帝看到了这个景象非常纳闷，这只鸟这么样救火，怎么可能能把火救起来！

所以，天帝就下凡，化身跟它交谈："你这样救火怎么可能把火灭了？"欢喜首就说："我相信只要我奋力灭火，一定能把火给灭掉。假如我在灭火的过程中，不小心被烧死了，那我下一世还要来灭这个大火，直到把它灭掉为止。"说完之后，这个欢喜首又赶快去含着水接着救火。表面上看起来它救不得了火？好像救不了火。但是事实上它这份至诚，天地万物都会感应。

所谓"万类相感，以诚以忠"，以真诚尽忠的心都能感应。天帝看到它这份至诚不懈的心，当场就降下大雨，把这场火给灭掉了。这只欢喜首也到了忉利天，做了天神。而我们现在学习传统文化的同学，面对社会风气的变化，我们有没有这样的心境，有这样的责任感和真诚心，一定可以走出无怨无悔的人生。这份精神也能够"善为至宝一生用，心作良田百世耕"。不但自己受益，后代子孙受益，甚至连不认识的人也可以唤起彼此的那份善心。

"一切所有，无不舍者。"舍是不执着，不被它控制，然后能够转成去服务他人。

当然一下子要契入这个境界并不容易，所以了凡先生讲："**苟非能然，先从财上布施。**"不能一下子把身心都布施出来，可先从财物上布施。"**世人以衣食为命**"，人每天要穿，每天要吃，所以把衣食看得跟性命一样重要。"**故财为最重。**"把财物看得很重。

"**吾从而舍之**"，我们肯从财物上来舍的话，"**内以破吾之悭**"，于内把自己的吝啬、悭贪放下，心量就会更大更有福，越不舍越没有福，"**外以济人之急。**"于外可以救人危急。

"**始而勉强，终则泰然。**"一开始的时候很勉强，因为本来都很贪着，现在一下要舍，有一个过程，只要坚持去做，最后就做得很自在。你舍这些衣食，就从自己最喜欢的开始，效果会很好。比如你很喜欢吃巧克力，就从舍巧克力开始。

"**最可以荡涤私情，祛除执吝。**"这个布施的方法最能够消除我们的私心，消除我们对钱财的执着，这就是"舍财作福"。

悭吝的人是很可怜，也是很可悲的，一辈子为物质所累，而不能帮助他人，也没给自己和子孙修福，这很可惜啊。人不肯布施，心眼很小，念念为自利，这个人怎么可能开智慧呢，不可能的。

所以，修身从哪里做起呢？从布施开始。我的老师曾经给我留了一份作业，就是每天布施一块钱。开始我并没完全体会其中的智慧，总觉得一块钱好像对别人帮助不大，但是后来发现自己慢慢有了乐于助人，考虑他人需要的习惯。这个作业看似仅仅是让我帮助别人，实际上最终帮助了我自己。

总的来说，布施分为三大部分：财布施、法布施、无畏布施。修财布施得财富，修法布施得聪明智慧，修无畏布施得健康长寿。第一，财布施。财布施分为内财布施和外财布施。譬如布施你的体力，帮别人劳动就是内财布施；布施掉你的钱财去帮助别人，这就是外财布施。

第二，法布施。讲经典、印经典，把见解正确的图书、课程和视频介绍给他人，劝人学儒释道等正能量的内容，发行相关的图书和艺术作品，这些都属于是法布施。

第三，无畏布施。无畏布施就是让众生不再感到畏惧。比如有人走夜路害怕，你可以陪他；有人遇见低谷没有信心，你开导他；有人有疾病，你介绍医生给他；别人医药费不够，你给添上。还有最简单的，放生也是无畏布施，吃素也是无畏布施，会使一些小动物不会因为口腹之欲而丧生，尤其是濒临灭绝的动物。

三种布施里面，哪一种最为殊胜？法布施。因为授人以鱼不如授人以渔。人听了正能量的道理之后，能够觉悟。觉悟了就有智慧，就能知道该怎么过日子，怎么做人，怎么过上幸福美满的人生，怎么得到人生的快乐。这是正法给他带来的利益，这是金钱都买不到的。金钱只能够满足暂时的要求，但是他听了正法之后，听了圣贤教育之后，他能改变错误的人生观，从此解脱烦恼，是人生进入良性循环，得到灵魂深处的富足和喜悦。

而且，不仅是他此生得到利益，生生世世都得到了利益。众生的身命虽然会有轮回，但是慧命是不会中断的。所以法施的功德比财施要大，财施只能够养活一个人的身命，法施是滋养这个人的慧命。

而且，法布施里面必定含有财布施和无畏布施。比如我们分享圣贤文化，肯定要备课，要花时间和精力去完成，用脑力和体力去工作。你的脑力和体力的布施，这是内财布施。有的人把传统文化课程和图书送给身边的朋友，虽然你没有备课、讲课，你也在做法布施和财布施，这种功德叫随喜功德。

大众听了课、看了书，解脱了烦恼，获得了自信，这就是无畏布施。我身边有不少朋友很有智慧，专门做经典和课程的推广，比如很多同人，经常帮助讲课的老师整理文字，流通经典，印赠图书和专辑给别人，这都是非常智慧的行为。

具体而言，布施还可以分为以下七种：第一，和颜施。对于别人，给予和颜悦色的布施。第二，言施。向人说好话的布施，存好心、做好事、做好人、说好话，并勉励人应切实力行。第三，心施。为对方设想的心、体贴众生的心的布施。第四，眼施。用和气的眼神看人。第五，身施。身体力行，帮助别人，如帮人拿行李。第六，座施。让座给人的布施。第七，察施。不用问对方，就知道对方的心理。如果你身体力行此七项布施，幸运会随之而来。

人们为什么不肯布施，或者对行善的信心不够，就是因为不知道布施的好处。在古印度，有一次碰到饥荒之年，因为收不到粮食，好多人都活活饿死了。世尊也出来托钵，可是在饥馑的时候，人家自己都没有饭吃了，向哪个化缘呢？人家要有，当然会供养世尊，如果没有，想供养也没有办法。在这种情况下，不但那些大弟子们乞不到食，连福慧圆满的世尊也乞不到食，托着空钵就回去了。

当时有一位老婆婆，她清早看到世尊出来托钵，回去了还是空钵，老婆婆就想啊："这么一个贵为太子而出家，现在都成了释迦牟尼佛的世尊，到外面来托钵都还托不到，空空的又回去了。"想到这真的很难过！

"我现在应该要用什么东西，来供养世尊才好呢？"她就仔细地想想，她有什么？想想自己有菜根吗？哪有菜根啊？都是树根。她早上烧了一点水来煮树根，只吃了一点儿，还剩下一些，其实也不是剩下，是舍不得吃，因为没有吃的，所以要留一点儿中午再吃。

老婆婆就说："高贵的世尊啊！我有一点点的食物要供养您，但这食物太粗糙了，实在是不好意思供养啊！"世尊慈悲地说："什么食物都是好的。"这位老婆婆就把这个粗糙的树根供养释迦牟尼佛，世尊就为她回向："所谓布施者，必获其利益；若为乐故施，后必得安乐。"而且说她以后得福报大得不可思议。

这老婆婆听了以后疑惑不信："世尊！我这样微不足道的粗食，谈不上是供养，怎么能够得到这么大的福报呢？"世尊就问她："老婆婆！你看过最大的树有多大呢？"她说："我所见过最大的树，它的树荫可以覆盖五百商人以及五百车乘。"这种树在古印度中叫"尼拘类树"。

世尊又问了："这树这么大，它的种子有多大呢？"老婆婆说："比芥菜籽还要小。""你说那个种子，小得像针鼻子一样，但长成大树以后，就能让五百商人及其车马在底下乘荫，我也不相信！"老婆婆说："世尊！我亲眼看到的，您老人家怎么能不相信呢？""正如种子长成大树一样，你今天供养我的功德，将来的确不可思议，你怎么不相信呢？"

所以，布施饮食的功德很殊胜，尤其是在饥馑之年，因为能救人家的生命！人没得吃，就会活活地饿死。这位老婆婆以至诚心，尽其所有，将一碗粗食供养世尊，虽看似种点儿小福，但得的果报很大啊！种如是因，得如是果。所以，贫困不能作为不去布施的理由和借口，恰恰可以使我们脱离贫穷。

有人说我没钱怎么办？我如果比这位老婆婆还穷怎么办，我们可以内财布施，也就是布施体力，这样也可以脱离贫苦的窘境。

人们不肯布施是因为不知道布施的好处，所以不肯布施。知道布施的好处、布施的利益，你就会欢喜布施，常行布施，尽心尽力地布施。人有善愿，天必佑之，亦必成之。即使再贫穷，都能够找到机会布施，也能修到殊胜的功德，福报无有穷尽。

舍财作福这一条很重要，这也是我们成圣成贤的关键，正如《论语·雍也》的第三十章。子贡曰："如有博施于民而能济众，何如？可谓仁乎？"子曰："何事于仁，必也圣乎！尧、舜其犹病诸！夫仁者，己欲立而立人，己欲达而达人。能近取譬，可谓仁之方也已。"

子贡向夫子请教，说："如有博施于民，而能济众，何如？可谓为仁乎？""施"是布施。"博"是广博，这个广博不仅是事上的广博，心上也要广大。"民"是人民百姓。我们在布施恩惠的时候，不分别喜欢他，还是厌恶他，也不分别他的地位和身份，平等普施，普遍布施，这种布施叫广施，也就是博施。如果有分别和执着，心就小了，狭小的心就不广博了，广博的心是没有分别、没有执着的。"博施于民"，就是没有分别地布施恩惠于人民百姓。

"而能济众"，这个"众"比"民"更广了，我们不仅要内心广博，对于布施的对象来讲也更注重广博。众是众生，众生的含义比人民就更广大了。"济"，是救济、帮助的意思。众生处于患难当中，我们愿意去普济，帮助他们解脱苦难，这就是"而能济众"。这句话其实就是孟子讲的："亲亲而仁民，仁民而爱物。""博施于民"这是仁民，"而能济众"这是爱物。要做到广施和普济，从哪里下手？要从"亲亲"下手。

先孝敬好自己的父母，这是我们爱心的原点。假如我们对父母都没有爱心，怎么可能仁民、爱物？所以广施恩惠于民和普济众生于患难，这都是孝心的推展。因为你对父母的爱是真的，对人民、对众生的爱心才会是真的。这是同一个心，从一家扩展到天下和宇宙。这就叫"博施于民而能济众"，整个宇宙没有一个众生遗漏地去爱护。"如有"就是如果有人，"何如？可谓仁乎？"子贡问孔子："如果有人做到博施于民而能济众，这人如何，算不算是仁呢？"

子贡是一位大富之人，钱财很多，也是一位喜欢布施的人。如果他不喜欢布施，不可能有这么多的财富。财布施是因，财富是果，他这一生有这么多的财富，前生一定做过很多财布施。所以，他这一生还有这样的习惯，很喜欢布施。

在子贡的观念当中，财布施就是仁了。其实，我们人再有钱，你的财富也是有限的，博施救济又怎么能周遍整个天下和宇宙呢？说这个境界太深、太广，那我们这么点财富怎么可能都照顾得了。我们当然要尽心尽力去行财布施，做善事，但是布施的含义远远不止于财布施这么简单，财布施是布施的第一步。

子贡问的主要是财布施，他问孔子这是不是仁？但孔子对于布施的理解是圣人的境界，是圆满而广博的。孔子说："何事于仁，必也圣乎！尧、舜其犹病诸！"

孔子说："这何止是仁人的境界，一定是圣人的境界啊！尧帝、舜帝这样的圣人都唯恐自己做不到呢！"真正做到了孔子和孟子所理解的"博施于民而能济众"，何止是仁人，把财布施、法布施、无畏布施圆满无漏去践行的人是大圣人，恐怕连尧舜都做不到。在孔子的心目当中，谁是圣人呢？孔子认为释迦牟尼佛才是真正的圣人。这在《列子》中有记载，《列子·仲尼第四》专门记载了孔子的言行。

商太宰见孔子，曰："丘圣者欤？"孔子曰："圣则丘何敢，然则丘博学多识者也。"商是春秋时期的宋国。因为宋国所处的地区是过去的商朝国都，国民也多是殷商的后人，所以商就是宋国。

宋国的一位官员见到孔子，向孔子请问："你是不是圣人？"孔子非常实在，说："圣人的境界我还没有达到，何以敢称圣人。我只是博学多识，懂得多一些而已，圣人的境界我还达不到。"这句话既是孔子自谦，其实也是事实，因为孔子心目中的圣人比自己的境界要高很多。

商太宰曰："三王圣者欤？"孔子曰："三王善任智勇者，圣则丘弗知。"商太宰问："三王属不属于圣人？""三王"是指夏商周三代的圣王。孔子说："三皇善于任用智勇之人，至于他们是不是圣人，我不知道。"其实就是说他们也还不是圣人，夫子讲得比较谦和委婉。

曰："五帝圣者欤？"孔子曰："五帝善任仁义者，圣则丘弗知。"商太宰又问："五帝是不是圣人？""五帝"的说法有不少，《大戴礼记》的"五帝"是黄帝、颛顼、帝喾、尧、舜。孔子说："五帝善于任用仁义之人，但是还不能称为圣人。"

曰："三皇圣者欤？"孔子曰："三皇善任因时者，圣则丘弗知。""三皇"也有好多种说法，都是我们的老祖宗。《尚书》里的"三皇"是指燧人氏、伏羲氏和神农氏。商太宰又问："三皇是不是圣人？"孔子说："三皇懂得时节因缘，该做什么做什么，也是知人善用，但是他们也还不是圣人。"

商太宰大骇，曰："然则孰者为圣？"商太宰听到孔子说三王、五帝、三皇，包括孔子本人都不能称为圣人，感到很惊讶？说："到底谁才是圣人呢？"这些可都是我们神州大地上最了不起的人了，他们都不叫圣人，那谁是圣人呢？

孔子动容有间，曰："西方之人有圣者焉，不治而不乱，不言而自信，不化而自行，荡荡乎民无能名焉。丘疑其为圣。"

孔子非常兴奋和激动，停顿了片刻。说："西方的天竺国有位真正的圣人，他不用起心动念去治理天下，天下就不乱。不用讲话便有威信，不需要刻意去教化众生，众生自己就会去行仁德。他就能够。这位圣人实在是不可思议，那种威德巍巍荡荡，不起心不动念就使众生心悦诚服，这不是我和三皇五帝所能比拟的，也不是可以用语言可以描述的。我觉得释迦牟尼佛是真正的圣人。"

我们看下一条行善的纲领，**"何谓护持正法？法者，万世生灵之眼目也。"** 什么是护持正法呢？跟正理、真理相应就是正法，错误的思想就是邪法了。正法流传几千年都不变，因为真理超越时空。正法就好像众生的眼目，人没有眼睛就是盲人，一定会走错路，甚至会有生命危险。我们冷静想一想，整个社会这么多诱惑，人假如没有是非善恶的判断能力，每天都会有很多危险，而且一直堕落。

所以，《朱子语类》讲："天不生仲尼，万古如长夜。"圣贤人的典范和教诲，就像我们的眼睛一样，没有这些教诲，我们将生活在黑暗的长夜当中，这个黑暗和长夜指的是愚痴。

所以了凡先生讲：**"不有正法，何以参赞天地？"** "参"是参与，"赞"是帮助。人是万物之灵，与天地并列"三才"，人是尊贵的，人可以通过教育培养成为完美人格，达到天人合一的修养境界。遵从圣贤教诲的人，真的可以像天地一样教化众人，教化万物，所以才说"参赞"。道家讲的代天行化，代天地教化众生，这样的人生非常有价值。人是万物之灵，可以把天地的无私完全落实、表演出来。

可是如果没有这些经典的教诲，没有正法了，人会堕落到什么程度？为了欲望可以杀害自己的亲生骨肉，连动物都做不出来，人都做了。全球有记录的，每年堕胎五千万，那没有记录的可能要翻倍，这五千万堕胎记录当中，很大的比例都是未婚。这些情况在几千年的历史都是从未发生过的事情，我们从这个情况来对照，就可以了解到护持正法的重要。

"何以裁成万物？" "裁"就是剪裁，做衣服当然要做好的衣服。就好像做衣服一样，事业和家业怎么成就，都要有经书典籍的指导，不然现在的家庭确确实实都有难念的经。身为父母，要教育出承传中华文化的圣贤子弟，造福家族、造福社会、造福民族，甚至于造福国家和世界。在这个大时代当中，身为中华儿女一定要有救世的胸怀，不然于良知会有愧。

20 世纪 70 年代汤恩比教授讲："解决二十一世纪的社会问题，唯有孔孟学说跟大乘佛法。"孔孟学说跟大乘佛法是我们中华儿女承传几千年的道统，我们不把它发扬去造福世界，那我们不就是见死不救吗？唯一的方法我们还不好好去学习、去推展，那良心就确实有愧了。你有救世的法宝，却眼看他死去，万物之灵怎么做得出来？炎黄子孙怎么做得出来？

"何以脱尘离缚？""尘"，就是尘埃，就好比世间的污染。现在的人烦恼很重，越活越污染，越活越累赘。人生应该是追求幸福，不是追求痛苦，也不是追求染污，人生的目的应该是恢复本有的性德，应该返璞归真，活到老，变成婴儿一样的单纯快乐。活到最后，无私无我，没有欲望的束缚。

本来无一物，何处惹尘埃。"脱尘离缚"，那什么在污染我们？什么在束缚着我们？其实不关他人也不关境界，是我们自己的贪婪、贪恋、贪着造成的。人只要懂得从内心放下欲望，放下执着，就能够自在了，就能够脱离生死的烦恼，做自己自在的主人。没有正法，不懂得这些道理，人往往就被社会风气牵着鼻子走了。所以经典指引我们这一生成就自己，成就他人，没有经典，没有遇到师长教诲，人生不可能往这个方向走，所以能"脱尘离缚"，而且是永远地脱离束缚，脱离欲望的控制，恢复性德，那就得大自在。

"何以经世出世？"经营人生，经营家庭，经营事业，以至帮助社会，帮助国家民族，帮助世界，这都是"经世"。"出世"，指的是来世。人懂得有来世，就不会肆无忌惮地作恶。

这一代人可悲在哪儿？因为没有三教教诲，尽情纵欲，造无量无边罪，可能会有万劫不复的结果。这很可怜，所以真正遇到正法的人，看到造恶的人不只不会对立，不只不会仇视，还会怜悯这些人。因为他们明理了，他们知道这些人看起来可恶，事实上比谁都可怜。所以"出世"就是谈到来世，甚至谈到生生世世如何幸福美满。

"故凡见圣贤庙貌、经书典籍，皆当敬重而修饬之。"从正法当中能得到利益是我们的心决定的，印光大师说："一分诚敬得一分利益，十分诚敬得十分利益。"所以受到正法利益的人，诚敬的心就越恳切了，因为他知道正法好。五伦关系没人教不知道，现在懂了，不再造孽了，不再造罪了，恭敬心起来了，珍惜了，看到圣贤人的法相、雕像很恭敬。

为什么？这些圣像就是提醒我们，不要忘了他们的教诲，要见贤思齐。所以圣贤教育是艺术化的教学，这些建筑，这些礼仪，这些雕像都是在表法，都发挥了教育的功能。前面讲到包凭到寺院里去，看到观世音菩萨像被雨淋，他很痛心，观音塑像就提醒我们效法菩萨救苦救难，包凭先生有礼敬圣贤的恭敬心，他不忍心，赶快把他所有的财物都布施出来修整庙宇，不让圣贤的法像再受雨淋。

我们在第一章讲到过，佛寺的主要功用有两个：第一，把梵文经典翻译成中文；第二，成为讲经教学的场所。所以，这个佛教寺院是专门从事教育的场所。寺庙的大殿在外面看是两层，这告诉我们好像佛法和世间法是两个。但是当你走进这个寺院，走进了这个大殿，你发现其实没有两层楼可上，只有一层。那是什么意思呢？告诉你佛法和世间法是一不是二，佛法不离世间法。

在我国两千年以来，佛门的高僧很多都是皇帝的老师。我们不看远的，就拿清朝来说，康熙、雍正、乾隆那都是虔诚的佛弟子。如果我们去故宫博物院，看到康熙的帽子，他的帽子前面正中央有一个阿弥陀佛的坐像。你看他时时要把佛给他的教诲，慈悲为怀放在心上，印在他的头顶上不敢忘。雍正皇帝给全国老百姓写了一个上谕，他对儒道释的教诲非常清楚。所以儒道释的这些高人，对整个社会安定影响太大了。

但是我们现在很多人不明白，这个塑像教育的含义。到了那里，顶礼膜拜，拿着大把的金钱去供养，去做形式上的布施，结果回来之后，依然违法乱纪，坑蒙拐骗、贪污受贿，最后东窗事发，锒铛入狱。然后还埋怨说：这佛菩萨都不灵。其实这不是佛菩萨不灵，而是我们把这么好的教育，变成了宗教，甚至变成了迷信，所以才会有这样的弊端。

供香，修的是真诚心和恭敬心；供水，水代表清净心、平等心；供花，"花"代表善因，劝人修善、行善积德；供果，"果"，则代表善果，花开结果，善因结善果，意在告诫世人，要想命好有福，须得敬畏因果、戒恶修善。

所以，在佛寺里边，就是把教室和博物馆、艺术馆，还有图书馆完美地结合在一起了。所以你走进去，你所看的、所听的、所闻的、所嗅的，无一不是提起你的正知正见。但是遗憾的是，这样好的教育被误解为迷信，甚至为死人去服务了，只去做经忏佛事了，这都是非常遗憾的事。

以上是"圣贤庙貌"的含义。"经书典籍"指的是什么呢？所有的圣贤人都是接受了经书典籍的教诲才成为圣贤，所以经书是圣贤的母亲，怎么可以不恭敬经典？

所以经典所在之处，就是圣贤所在之处，经书要摆正，经书可以包上布，不让它染尘，这都是恭敬。经书看到一半不要倒扣过来，也不要折页，可以找本子记下来读到哪一页，也可以用贴纸辅助。

抄经、诵经可以使我们静心、修福，学习经典可以让我们开启智慧，改过迁善。

"皆当敬重而修饬之"，无论是圣像还是经典，我们都应该敬重，如果遇到损坏的圣像和经典，我们要尽心修复和保护。

唐朝有一位萧德言先生，字文行，精通史学名著《左氏春秋》，学养高深，唐高祖时，为银青光禄大夫，在唐太宗贞观年间，官任著作郎、弘文馆学士。当萧德言担任弘文馆学士时，每当开经阅读或讲授时，必先沐浴清净，衣冠整洁，焚香端坐，年纪越大，越勤勉，越恭敬。其妻劝谏他说："老人家，年纪大了，何必这样自己劳苦自己呢？"萧德言回答说："经书是先圣流传下来的言教，面对先圣宝贵的言教，怎么可以惧怕劳苦呢？"

后来皇上闻知，赏识德言如此恭敬慎重的美德，便下诏书，命萧德言以经书教诲开导晋王，并封他为武阳县侯。萧德言终身荣贵，安享天年，直至97岁高龄去世，谥号为博。

而且"积善之家，必有余庆"，他的子孙也很有德行和福报。他的儿子萧沈，官至太子洗马、朝散大夫。孙子萧安节，相王（李旦）兵曹，追赠徐州刺史。曾孙萧至忠，官至侍中、中书令、鲁国公。曾孙萧元嘉，官至谏议大夫。曾孙萧广微，官至工部员外郎。

了凡先生对文化有一项重大贡献就是创刻《嘉兴藏》。《嘉兴藏》是明代民间募刻的一部大藏经，也是中国历史上规模最大、价值最高的一部大藏经。《嘉兴藏》因其经书之多、内容之全、规模之大、装帧之美，是迄今为止全国，乃至在全世界之最，具有极高的权威性、科学性和内容完整性，具有独特和重要的历史文献地位。

了凡先生不仅是创刻《嘉兴藏》的发起者，而且是刻藏早期的主要推动者。袁了凡创造性地提出用方形线装本刻印，不采用传统木版大藏经的卷轴装和经折装。传统大藏经卷帙众多，不易流传，方册本易刻印、保存和流传。《嘉兴藏》因此也被称为《方册大藏经》或《方册藏》，为文化的兴盛做出了巨大的贡献。

"至于举扬正法，上报佛恩，尤当勉励。""举扬正法"就是能够把正法做出来，进而弘传开来，利益更多的人。圣贤都是无私博爱之人，这个时代的人受益了，后世子孙受益了，就是他们最欢喜的事情，所以报圣贤佛菩萨的恩最重要的就是利益众生和正法。"勉励"就是期许我们承担这个历史的责任，做一个真正的圣贤好子弟，以师志为己志，以圣贤祖宗之志为自己的志向。

《金汤编》当中有一个典故，叫"酬恩护法"，讲的是宋朝的宰相吕蒙正先生，他是宋朝很著名的一位宰相，字圣功，著名的《寒窑赋》就是由他所作。在宋太宗的时候他就考上了进士的第一名，也就是状元，被封为许国公。宋太宗都说："吕蒙正气量，我不如也。"吕蒙正先生还没有考上功名之前，他就常常跟高僧们来往，虔诚地发愿护持佛法，每次在祈祷三宝加持的时候，他都会讲道："希望不信佛者莫生吾家，希望子孙世世代代都能够护持三宝。"

吕蒙正的儿子吕从简，官居国子博士；吕惟简，官居太子中舍；吕承简，官居司门员外郎；吕行简官居比部员外郎；吕务简，官居国子博士；吕居简，官居殿中丞；吕知简，官居太子右赞善大夫。弟弟吕蒙休，咸平年间进士，官至殿中丞。后来侄子吕夷简，确实很有福报、很有智慧，被朝廷封为申国公。在家里常常都拜佛、诵经、学佛、念佛，并叩礼广慧禅师修行。

他的侄孙子叫吕公著，也是很有福报，也跟他父亲一样封为申国公，跟随天衣禅师学佛。这一家都是虔诚的佛弟子，都在上报佛恩、护持正法。人有善愿，天都会加持，三宝加被，能够满他的愿。所以，护持正法，学习和落实圣贤教诲，智慧而仁德，勇敢而利他，这是体验人生最高的享受，这样的人生才真正的欢喜自在，幸福圆满。

25　孝了，你就顺了

我们看行善的第九条纲领，**"何谓敬重尊长？"**什么是敬重尊长呢？尊长就是大福田，爱敬都有福。因为你爱敬尊长就是恩田，就是敬田。哪些是尊长呢？了凡先生接下来给我们说得很清楚。所以为什么说开卷有益？这么好的经典不多读的话，我们不明理，或者明理的深度和广度不足，就会活在自己的认知里面。古德讲"《了凡四训》谈教理谈得非常透彻，我们最少要念三百遍"。

"家之父兄"，家中的父母、兄长、姐姐、叔伯，包括邻里之间的长者都是尊长。**"国之君长"**，国家的领导者，企业团体的领导人，包括单位里面的长辈。

"于凡年高、德高、位高、识高者，皆当加意奉事。"尊长，不单是年纪摆第一位。敬老、爱老、尊老，慎终追远，饮水思源，这是我们民族非常重要的一个德行的特征，是从尧舜禹汤那个时候一直承传下来的。有老人对家、对社会的奉献、付出，才有现在的家庭跟社会的发展。

所以，我们要知恩报恩，饮水思源，爱他、尊重他，这个社会才有福报。瞧不起老人、轻慢老人的社会最没福。老人对家、对社会都是宝，都是福田。"家有一老，如有一宝"，三代同堂、四代同堂，家里还有老人可以奉事，这是这个家的福报。不是被奉事的那个老人有福，人有时候认知抓不到重点："哎呀，老人家你很有福气，儿子对你那么孝顺。"其实我们要去跟他的孩子、跟他的孙子讲："你们真有福，有这么大的福田。"

康熙十二年（1673），孝庄太后六十大寿将至，不料沉疴（kē），太医束手无策。百般无奈之时，十九岁的康熙皇帝查知上古有"承帝事"请福续寿之说，意思是真命天子是万福万寿之人，可以向天父"请福续寿"。天子被认为是天下最有福的人，如果天子为某人"请福续寿"，这人自然可以安康如愿。

康熙决定为祖母诚心祈福，他沐浴斋戒三日之后，一气呵成地写下了一个"福"字。这个"福"字倾注了他对祖母的孝敬和感恩，并加盖了"康熙御笔之宝"印玺，取意"鸿运当头、福星高照"。没想到将孝心化作笔锋的康熙皇帝，自然而然地写出了一个很特别的"福"字，其中蕴含了"多子、多田、多才、多寿、多福"的美好寓意。

康熙对这幅字非常满意，征召皇宫里的能工巧匠，将它雕刻在一块大青石上，亲自带着"福"字碑，前往祈年殿祭拜。据说康熙为了祖母能够安康，曾经赤脚跪在"福"字碑前，三拜九叩地为孝庄太后祈福健康。自从得到康熙的祈福之后，孝庄太后的身体果然逐渐康复了起来。康熙觉得这"福"字碑非常灵验，就请到了皇宫供奉起来。孝庄太后活到 75 岁而善终，这在古代是比较高寿的皇太后了。

民间俱称这是康熙"请福续寿"带来的福缘，而且康熙一生很少题字的，有"康熙一字值千金"的说法，所以这个福字被称为"天下第一福"。虽然康熙后来也写过福字，但再也写不出这"天下第一福"的感觉来了，所以这个福字碑非常珍贵。目前，康熙御笔的福字碑在恭王府的萃锦园，花园内有一座太湖石假山，山脚下有个秘云洞，福字碑就在洞府正中央的石壁上。

每天来恭王府请福的人络绎不绝，人人都想亲手摸一下这公认的"天下第一灵验之福"，好沾一沾福气，成为一个有福之人。殊不知，这"天下第一福"来源于孝道，孝是天下第一福。你能真正做一个孝敬的人，你才能做一个有福之人，所以，当我们再看到福字的时候，要提醒自己做一个孝子贤孙，将优良的家风和善美的福报传承下去。

百善孝为先，孝道是德行的根本，孝顺的人一定有福报。《阅微草堂笔记》里有一则真实的故事，是纪晓岚先生讲出来的。离纪晓岚先生老家几里远的地方，有一位姓魏的盲艺人。

在 1738 年，也就是清朝的戊午年，在除夕夜的前一天，这位盲艺人到各家各户去帮人家唱一点儿吉祥话，唱一些儿歌曲，演唱辞年贺岁的一些小曲儿，大家就赠送他一些食物。他就把这些食物往背袋一背，赶回家跟他的母亲团圆，吃年夜饭。

结果他走到一个荒郊旷野的地方，有一口枯井，他不小心踩下去了，踩空了就掉下去了。掉下去以后无论他怎么叫，都没有人听得到，因为大家都在准备吃年夜饭。那几天他就在那口井里面，还好卖艺的时候，人家送给他一些水果跟食物，他就咬了几口水果撑过了那几天，没有被饿死。

有一个屠户叫王以胜，他有一头猪，那头猪被赶着走，大概是赶去卖，或者是赶到屠宰场去。就走到这位姓魏的盲艺人这个地方了，结果正好在他掉在井里面的这条路上，这头猪的绳子突然间断掉了，然后那头猪就一直往前跑，跑到那口枯井的地方，那头猪也就掉下去了。掉下去以后，王以胜这位屠夫他就跑过来了，用铁钩把他的猪勾起来，后来发现有人在里面喊，原来是这位盲人、这位孝子，他就把这位盲艺人救了上来，后来就把他送回家去了。

后来，纪晓岚的哥哥纪晴湖就问这位盲艺人，他说："你掉到井里面那几天，你都在想什么呢？"盲艺人说："我当时一直在想，我妈如果没有这些食物拿回去会饿死，我妈见不到我该怎么办呢？我不能死，因为我妈卧病在床，我必须照顾她老人家。"他一直想的就是这个念头，我们知道这个念头就是他的孝。所以他是孝子，至诚感通！

纪晴湖先生讲了一句话，他说："盲艺人当时如果没有这个念头的话，那王以胜拴猪的绳子是不会断的。因为枯井那条路，不是屠夫要走的路。他是要走另外一条路，可是这头猪偏偏跑到枯井的方向来了，那绳子又断掉了。那么，谁去导引这个绳子断掉了呢？老天爷看不下去，看到这位孝子掉到井里去了，所以不能不救！"

所以，这就叫善因感召善果，善因感召善报，孝诚感天，至诚感通。遇灾难呈吉祥，孝了你就顺了，这是最有力的证明。《孝经》讲"孝悌之至，通于神明，光于四海"，这是一点都没错。他那份孝顺的心就是福，那就有得救的因缘，所以，孝顺的人，得到善报是必然的。

这就是《道德经》讲的："不言而善应，不召而自来。"我们看，家家户户都在忙过年放鞭炮，谁有办法听得到他喊救命的声音？但是"不言而善应"，你不用特地去召请，那个卖猪的人竟然在那边，猪的绳子断掉了，跑过来把他救起来了，这就是"不召而自来"。

你的孝心、孝行和你的善良能够格天，就能够感应上天，那就无往而不利。无往而不利，就是一定可以得到保佑，得到加持。所以，如果我们想提升自己的福报和智慧，把生活过成想要的样子，一定要孝顺父母，尊敬老人，这是一切善的根本所在。

所以，了凡先生讲：**"在家而奉侍父母"**，每一个人的人格特质和行为习惯都是从家里培养出来的，所谓"少成若天性，习惯成自然"。所以人才从哪里找？从家里。你要选拔一个重要的干部，绝对要做家庭访问；你要栽培一个重要的传法人才，要做家庭访问；你要娶妻，你要嫁人，也要做家庭访问。现在这么做的人比较少，这么重要的抉择都不慎重，所以最后后悔，怨不得人。侍奉父母，就形成了一种为人子的态度，什么态度？

"使深爱婉容，柔声下气，习以成性，便是和气格天之本。"这个"深爱"

的"深"字好，就好像孟子赞叹大舜："大孝终身慕父母"，他那种仰慕、敬仰父母，那种感恩父母的眼神跟小时候完全一样，50岁了还是这样，终身都是这样对待自己的父母。其实这是最幸福的人，人不恭敬父母就是不恭敬自性，就是折损自己的福报了。

翟俊杰导演不简单，70多岁的人讲出来的话，谁听了谁感动。他说他觉得人生最幸福的是，推开门还可以喊一声"娘"，他还是娘的儿子，他就有那种孺慕之情，所以，他还深爱着自己的90多岁的老母亲。

高昌礼部长，他也是"深爱婉容"。他出门的时候戴好帽子，向他老父亲请示："爸爸，我要去上班了。"有时候父亲还要把他的帽子调整一下："好，可以去了。"听到他叙述这一段，感觉好像一个小朋友背着书包要上学去了。他对父亲那种恭敬没有因为他年纪大了，没有因为他已经是中央部级干部而有丝毫的减少。所以这样的人是最可贵的，没有为名利、权势所污染，还保有一颗赤子之心。

还有宋朝的黄庭坚，他做了太史，回家了马上卷起袖子去帮妈妈洗尿桶。还有汉文帝，已经是皇帝了，对母亲的深爱婉容没有丝毫减损，"亲有疾，药先尝，昼夜侍，不离床"，讲的就是汉文帝。"婉容"就是很柔软，每一句话都生怕父母难受。其实人只要念父母的恩，就会感觉这一生报恩都来不及了，怎么还忍心让父母有些许的不欢喜？这个时候言语就柔软。所以"怡吾色，柔吾声"，这种态度不是勉强的，是念恩的人自自然然做出来的。

有句俗语讲："久病床前无孝子。"其实，这并不是说真的没有孝子照顾久病的父母，而是太稀有难得了，父母爱孩子往往很无私，子女能够像汉孝文帝一样亲自照顾父母的太少了。

孝文帝的母亲薄太后生病卧床3年，汉文帝为母亲亲熬汤药，日夜守护床前。每次煎完药，他总要先尝冷热甘苦，然后敬奉。这太难得了，当代也有武汉大学的黄碧海博士，用孝心唤醒了成为植物人的母亲，亲自照顾母亲。他的孝行真的感人至深、发人深省，这样的榜样，古今中外确实有不少，值得我们学习和落实。

在南朝齐时代，新野有位庾黔娄先生，他在任职期间，突然身体非常不舒服。他马上想，一定是家里有事，是不是父母有情况。所以马上就把工作给辞了，毫不吝惜，赶紧赶回去，果然他的父亲生了重病。

他问医生，我的父亲能不能好转？医生看他这么悲切，就跟他讲："你父亲的粪便如果是苦的还可能有救，甜的就救不了。"当下他就尝了，孝子心中时时放着父母，没有想自己，更不可能去嫌弃什么。结果是甜的，病情比较重。当晚他又向天祷告，希望能折自己的寿命，使父亲能活下去。

古人那种孝行，都在这些行持当中流露出来。所以孝悌是人的天性，不为外在的物质所污染。而现在有些人有钱了，生活富裕了，父母得了重病，管都不管，好像赚钱是第一大事，这就是为世间的欲望所污染。其实提不起孝悌之心，人就不可能真正从内心感到快乐，那种快乐都只是物质的刺激而已。为什么？良心有愧的时候就尝不到孟子讲的那种"仰不愧于天，俯不怍于人"的快乐。

大连有一位王希海老师，也是一位大孝子，他获得了 2011 年度"中国十大孝子提名奖"。他父亲得病的时候，他就暗自发誓："母亲年纪大了，弟弟先天残疾，我要把父亲照顾好。我一定要让父亲活到 80 岁以上，不然我就是不孝。"他最后真的做到了。

他为了专心照顾父亲放弃了出国工作的机会，甚至要放弃成家的念头，侍奉他生病的父亲 26 年。他父亲卧病在床，最怕的就是得褥疮，得褥疮溃烂之后就很难翻身，那真是坐立不安、痛苦不堪。他心想父亲已经够痛苦的，怎么还可以让他长褥疮呢？所以，他觉得父亲生病长褥疮是他莫大的耻辱和过失。

可是要不长褥疮，就要常常翻身，他就想了一个办法，把自己的手伸进父亲腰的部分。他父亲八十公斤，比较重，父亲整个身体就压在他的手上，差不多半个小时，他整个手就麻了。父亲醒过来，赶紧帮他父亲翻身。然后，他每天都要给父亲换床单、换衣服，并且给父亲做全身按摩。所以，他父亲生病二十多年来，皮肤都非常光滑、有弹性。

记者去找他采访的时候，看到他的房子外面晾了很多床单被罩。记者就问他："这些床单被罩你多久洗一次？"他说道："我每天都洗。"记者就很好奇："你一个礼拜洗一次不就好了，怎么还要每天洗？"

他说："虽然这个床单没有湿，但是它一定会有水气。假如我没有每天换，这个水气就会伤到我父亲的皮肤。我父亲已经中风这么难受了，我要尽我的全力不要让他再增加一点难受。"你看，一个大男人可以这样地细腻。

他的母亲在一旁说："我儿子是真孝顺，这些事我都做不到。他还帮他父亲吸痰。"因为父亲已经中风了，就像植物人一样，王希海老师每天拿着吸管帮他父亲把痰吸出来，整整吸了 26 年，没有至诚的孝是做不到的。

有一次他的父亲发烧了，怎么样治都治不好，他心里也很焦急，因为找不到病因。有天晚上他突然做了一个梦，梦到自己爬楼梯，爬着爬着就掉下来，一掉下来他醒过来。他想："从楼梯摔下来一定会伤到脚，莫非这个梦在告诉我父亲的脚有问题？"所以，他赶快再去仔仔细细地检查父亲的脚。检查发现他父亲的脚长了一个小肿瘤，是良性的，因为那里发炎了，所以父亲才会发烧，找到了病根，父亲的发烧就好了。

到了医院，医生不相信他父亲中风这么久了，皮肤还能这么好，医生觉得不可思议，于是把病历调出来，医生被他的孝心感动了，说："你护理的能力，可以当我们所有护士的老师，她们都要跟你学习。"

这就是《诗经》讲的："孝子不匮，永锡尔类。"孝子的孝行，让听到的人感动而效法他，就让所有的人类都得到利益。我们现在强调创新和创造力，谁有创造力？创造力的根本是什么？孝心和爱心！不是孝心和爱心创造出来的东西，可能会有很大的副作用。所以要"德才兼备"，德是本，才是用，没有德而有才很危险。

王希海老师设身处地为父亲着想，他就想出这些方法来。他还讲，父亲卧病在床，有时候好几天都排不出来大便，他就主动地帮父亲按摩腹部，按摩好了，用热毛巾热敷，然后又在肛门处帮父亲热敷，最后大便就顺利排出来，父亲就舒服了，不再难受了。有时候排在他的手上，他也非常地欢喜，因为终于解决了父亲的问题。

所以，一个人能够在照顾父母的过程当中，能捧到父母的粪便，那是最有福报的人，因为你报恩了。我们小时候，父母就是这样一把屎、一把尿把我们照顾长大的，从不嫌弃我们，我们也以同样的心来孝敬父母，这是天经地义的事。

大连政府提高了他家的保障金，也会定期给他们家送一些生活和医疗用品。北京有位女企业家，要送给他一套房子，还表示想嫁给他，但是他没有接受。也有很多企业、慈善团体要给他捐款，鼓励他。他说："政府已经够照顾我们家了，照顾父母是我应该尽的本分，这是天经地义的事，不需要鼓励。"所以《孝经》才告诉我们，"夫孝，德之本也。"孝是道德的根本，"教之所由生也"，教育应该就要从这个地方做起。

我们处世待人都能尽心尽力做我们的本分，这一生了无遗憾。在照顾父亲的过程中，他目睹了医院中生活的老人的林林总总，渐渐体悟到了生活的真谛。他用照顾父亲的经验照顾其他老人，其间他帮助的临终老人有一百多个。现如今快节奏的生活下，很少有年轻人能愿意沉下心来，了解老人的诉求，好好照顾老人。对此，王希海也说过："老人在世时，不尽心照顾，等老人去世了，想弥补也晚了。"

2011年度"感动中国"十大人物的获得者孟佩杰，也是一个大孝之人，她的孝行同样感动了全中国。命运对孟佩杰很残忍，她却用微笑回报这个世界。5岁那年，她的爸爸遭遇车祸身亡，妈妈不久也因病去世。

孟佩杰被送给别人领养，在新的家庭，孟佩杰还是没能过上幸福的生活，养母刘芳英在三年后瘫痪在床，养父不堪生活压力，一走了之。在绝望中，刘芳英企图自杀，但她放在枕头下的40多粒止痛片被孟佩杰发现。"妈，你别死，妈妈不死就是我的天，你活着就是我的心劲，有妈就有家。"

从此，母女二人相依为命，家中唯一的收入来源是刘芳英微薄的病退工资。当别人家的孩子享受宠爱时，8岁的孟佩杰已独自上街买菜，放学回家给养母做饭。她不认识这些菜，自己编了一些顺口溜，比如："长的是葱，圆的是蒜，疙疙瘩瘩是生姜。"个头没有灶台高，她就站在小板凳上炒菜，摔了无数次却从没喊过疼。

在同学们的印象中，孟佩杰总是来去匆匆。她每天早上6点起床，替养母穿衣、刷牙洗脸、换尿布、喂早饭，然后一路小跑去上学。中午回家，给养母生火做饭、敷药按摩、换洗床单……有时来不及吃饭，拿个冷馍就赶去学校了。晚上又是一堆家务活，等服侍养母睡觉后，她才坐下来做功课，那时已经9点了。

为配合医院的治疗，孟佩杰每天要帮养母做200个仰卧起坐、拉腿240次、捏腿30分钟。碰上刘芳英排便困难，孟佩杰就用手指一点点抠出来。她的母亲73公斤，她44公斤，但是她可以背母亲上厕所，这样一做就是十几年。

我们想一想，8岁的孩子，照顾一个瘫痪的养母，这日子怎么过来的？孝是自性，六祖慧能大师讲："何期自性，能生万法。"所以，孝的力量是不可思议的。《孝经》讲："孝子之事亲也，居则致其敬，养则致其乐，病则致其忧，丧则致其哀，祭则致其严。"这里就是"病则致其忧"。

有一次，记者送给她一个很丰盛的餐点，她就拿回家给妈妈吃。妈妈说："这餐点你吃了没有？"她说："我在外面吃很多了。"事后才知道她碰都没有碰。所以，孝子心中只有父母，她没有自己的欲望。看到母亲吃得那么高兴，她就高兴了。

我们看到这个榜样很感佩，而且她也是我们孟子的后代，真的没有给孟老夫子丢脸。刘芳英说："女儿对我的好，连亲生的女儿都做不到啊。女儿身上最大的特点是有孝心、爱心和耐心。如果有来生，我一定要好好补偿女儿。"

2009年，孟佩杰考上了山西师范大学临汾学院。权衡之下，她决定带着养母去上大学，在学校附近租了间房子。大一那年暑假，孟佩杰顶着炎炎烈日上街发广告传单，拿到工资后的第一件事就是买养母最爱吃的饭菜。后来，她的孝行感动了全中国，当地医院免费帮她妈妈治疗。还有不少好心人提出过帮助她，都被孟佩杰婉拒了，她说："我只不过做了每个女儿都会做的事。"她坚持自己照顾养母。

在孟佩杰的帮助下，刘芳英在十几年的康复训练中，病情有了很大的好转。现在的她，虽然还是不能下地行走，但已经不是全身瘫痪。这对于刘芳英与孟佩杰来说，已经是想都不敢想的事情。有时候恢复得好，刘芳英还可以独自站立，虽说过不了几分钟，但对于瘫痪了十几年的病人来说，已经很了不起。这样的改变，对于长期活在困苦之下的母女来说，是最令人激动的。

孟佩杰大学毕业之后，就在当地旅游局找到了工作。主要原因是她不想离家太远，无法看望照顾母亲。同时，孟佩杰也对发展家乡旅游文化有着浓厚的兴趣。是家乡与社会帮助了她，她也想用自己的努力报效祖国与家乡。凭借踏实的态度，孟佩杰在旅游局内也当上了干部。当初那个炒菜都够不到灶台的小姑娘，如今也闯出了自己的天下，带着母亲过上了幸福的生活。

"感动中国"给孟佩杰的颁奖词是："在贫困中，她任劳任怨，乐观开朗，用青春的朝气驱赶种种不幸；在艰难里，她无怨无悔，坚守清贫，让传统的孝道充满每个细节。虽然艰辛填满四千多个日子，可她的笑容依然灿烂如花。"《袁子正书》讲："赏一人而天下知所从。"嘉奖这样的榜样，使天下都能效仿，这是非常值得提倡的。

所以，孝道是一切大道的根本，你想成就任何事业，没有孝道是行不通的，因为父母和祖先是大树的根，我们的福报和子孙的福报是大树的枝叶花果。不孝父母的人，就是没有根的树，风不刮都倒。

国外也有这样的例子，英国的《每日邮报》，这是很有名的一个报刊，《每日邮报》刊登过一则新闻。有一位女士32岁，得了癌症晚期，她有两个女儿，老大9岁，另外一个三四岁的样子。结果她这个9岁的女儿，每天给她妈妈写一封信，没有一天间断，写了七个月，不断地鼓励她的妈妈，感激她的妈妈。

妈妈每天必看女儿的书信，每次都看得感动流泪。我们可以想象一位单亲母亲，两个女儿还这么小，她得有多担忧，女儿9岁就这么坚强，每天给她写信鼓励她，她觉得很知足。结果七个月之后到医院去检查，她癌症完全没有了，医院觉得这是奇迹。我们觉得不是奇迹，叫正常，为什么？孝感动天啊！

这就是《孝经》讲的："孝悌之至，通于神明，光于四海，无所不通。"假如我是癌细胞，我也会被感动，都是有生命的东西，怎么会不能感通呢？所以，女儿祝福的力量，包括母亲看着女儿这么孝顺，心情的愉快，这种正向的能量就把癌症给化掉了。正所谓"精诚所至，金石为开"。你看，一个9岁的孩子都深加体恤她的母亲，我们都是成年人，有时候想想真的不如一个9岁的孩子。

了凡先生讲"先难"，那么尽孝什么最难呢？孔子在《论语》里讲：色难。和颜悦色地侍奉父母比较难。所以"先难"从哪里下手？从坏脾气下手，对父母不能有情绪，不能把父母的不是放在心里。父母纵有过失，念念想着让父母改过来，比他们还着急，更不可能去看他的过失。善巧方便地劝父母，柔声下气，而且要从种种小处去留心，自己的一句话、一个表情都要柔声下气，这些都是不可以小看的，久而久之就习以成性，自自然然不带丝毫勉强，因为这个柔和恭敬已经跟自己的灵魂完全结合在一起了。

"习以成性，便是和气格天之本。""格"是什么？感格，至诚感通，这一份对父母的恭敬感通天地万物，感通他人，感通一切有灵性的生命。我们看孝子蔡顺，还有很多孝子，他们在服丧的时候，连树木都感动，连这些生命都感动，草木都含悲，这在历史当中都有记载。

所以，确实"和气格天之本"。从家庭再延伸出来，《孝经》也讲："君子之事亲孝，故忠可移于君，事兄悌，故顺可移于长。"所以《论语》讲："孝悌也者，其为仁之本与！"人懂得爱人，懂得尊重人，根本在孝顺父母，尊重长者。

有一个流传很广的故事，叫"一碗面了解的亲情"。有一天，佳芬什么都没带，跟妈妈吵架之后只身就往外跑。可是，佳芬走了一段路，发现她身上竟然一毛钱都没带！走着走着她肚子饿了，看到前面有个面摊，香喷喷的，好想吃！可是她没钱。

过一会儿，面摊老板看到佳芬还站在那边，久久没离去，就问："小姑娘，请问你是不是要吃面？"佳芬不好意思地回答："可是……可是我忘了带钱。"热心的面摊老板说："我可以请你吃呀！没关系，来，我下碗馄饨面给你吃！"不一会儿，老板端来一些小菜和馄饨面。佳芬只吃了几口，哗啦啦的眼泪竟然掉了下来。

老板问："小姑娘，你是怎么了？""没有啊，我只是很感激！"佳芬边擦着自己的泪水，边对老板说道，"你我既不相识，你只不过是在路上看到我，对我就这么好，愿意煮面给我吃！可是我自己的妈妈，她跟我吵架，竟然把我从家里赶出来，还叫我不要再回去！作为陌生人的你都能对我这么好，而我的妈妈，对我竟然这么绝情！"

老板听了，委婉地说道："姑娘，你怎么会这样想呢！你想想看，我不过煮一碗面给你吃，你就这么感激我，那你自己的妈妈，煮了10多年的饭和面给你吃，你怎么不感激她呢？你怎么还可以跟她吵架？"

佳芬一听，整个人愣住了！是呀，陌生人请吃一碗面，我都那么感激，而一个人辛苦地养育我的妈妈，也煮了10多年的面和饭给我吃，而我怎么没有感激她呢？而且，只为了小小的事，我就和妈妈大吵一架。

匆匆吃完面后，鼓起勇气，佳芬往回家的方向走去，她好想真心地对妈妈说："妈妈，对不起，我错了！"当佳芬走到家巷口时，看到焦急、疲惫的母亲，正在四处张望。看到佳芬时，妈妈就先开口说："佳芬呀，饿了吧，赶快回家吧！妈妈的饭都已经煮好了，你再不赶快回去吃，菜都要凉了！"此时，佳芬的眼泪夺眶而出……

有时候，别人给予的小恩小惠，我们很容易感激不尽，却对父母、亲人的付出熟视无睹，一辈子的似海恩情，未曾感念过！对陌生人的一饭之德，我们都经常能够记在心上，感恩戴德其实陌生人对我们的帮助也是一样，人家救济你一次、帮助你一次，你就对他感恩戴德；如果人常常地帮助你，你就忘记了感恩戴德，还嫌人家帮助得少了，比不上上次了，这都是人之常情。

这就是《群书治要》讲的"以亲爱为故常"，我们会认为父母这样亲爱我、照顾我，处处体会我的需要，为我付出，给我拿钱花，这都是应该的。所以有的时候父母为我们担心，我们还嫌他们多事，违背了我们的意愿。父母教诲我们，我们还对他们的用词挑来挑去。甚至在鼓励我们、夸奖我们的时候，还招致我们的厌恶。

有的时候，父母辛辛苦苦地庇护儿女，但是做儿女的还不知道报恩，也都习以为常。所以对父母勉强自己的事，有的时候因为不理解还怒目相向，对父母发脾气。

对于父母眼前的大恩大德，我们尚且认识不到，更何况能够想到父母的胎养之劳、哺乳之苦，对于那个十月怀胎之苦，三年不免于父母之怀的哺育之恩，又怎么能够想象得到？这就是忘恩、记怨所导致的。

正如在一篇题为《哪一个是我》的文章中这样写道：那个一进门就喊"肚

子饿了，饭怎么还没做好"的人，是儿女；那个一进门，衣服都来不及换就下厨房烧菜的人，是父母。

那个一会儿说"粥烫了"，一会儿嫌"菜咸了"的人，是儿女；那个哪怕就一点青菜、豆腐，也要精心烹饪，力争做出滋味的人，是父母。

那个整天抱怨作业多、实在太累的人，是儿女；那个累了一整天毫无怨言，洗衣打扫卫生后再陪读的人，是父母。

那个动不动就开口要钱，不给就生气的人，是儿女；那个省吃俭用、精打细算，却从不在教育上投资吝啬的人，是父母。

那个记不住家人生日，可一到自己的生日，就早早召集同学朋友聚会的人，是儿女；那个很少记自己生日，却用心为家人准备生日礼物的人，是父母。

那个早晨赖床，还不停抱怨家人没叫他的人，是儿女；那个深夜入睡，黎明即起，准备早点的人，是父母。

那个受了一点委屈回家苦水倒个不停，以求得同情和安抚的人，是儿女；那个在外面受了再多气，回家后却强作欢颜的人，是父母。

那个有了牢骚就发，有烦恼就怨，把家当作坏情绪"宣泄所"的人，是儿女；那个把苦埋在心中，生怕让自己不良情绪影响到家人的人，是父母。

那个总以学业、工作忙为托词，很少往家里打电话的人，是儿女；那个在电话里嘘寒问暖，总为家人牵肠挂肚的人，是父母。

那个一开口就将家里的积蓄借走，然后舒舒服服住大房子的人，是儿女；那个劳累了一辈子，到老还住在破旧小屋里的人，是父母。

那个总羡慕别人家多有钱，自己家多么寒酸的人，是儿女；那个退了休还不安分，起早摸黑挣钱的人，是父母。

那个宁愿把大量闲暇时间放在娱乐、和朋友聚会，却不愿回家看看的人，是儿女；那个只要看到儿女，哪怕就一会儿，都神清气爽的人，是父母。

那个娶了媳妇忘了娘，嫁了老公忘了爹的人，是儿女；那个为儿女操了一辈子的心，到老了还帮儿女带小孩的人，是父母。

那个总以自我为中心，从不把家人太当回事的人，是儿女；那个从不把自己当回事，却总以子女为荣四处炫耀的人，是父母。

那个总喜欢把爱挂在嘴边，却很少付出行动的人，是儿女；那个从不把爱说出口，却将爱播撒于生活每一块土壤中的人，是父母。

或许，也只有等到儿女也成了父母，而父母慢慢变老时，我们才会回忆起生活里这些点点滴滴，才能真正理解什么是爱……

有个大学生从校园回到家里来，妈妈要煮孩子最喜欢吃的水饺，当天现包，算好时间现煮熟端出来。妈妈很欢喜地在那里包水饺，包好以后妈妈突然想起忘了放盐了。

怎么办呢？不放盐饺子就不好吃了。结果妈妈急中生智，去药房买了一支很细的针筒，调好食盐水灌进针筒再注射到每一个水饺里面去，水也不会流出来。哇，妈妈很欣慰，终于找到了好方法。

孩子回来以后，下了水饺，这个孩子也是高高兴兴一直吃，都忘了母亲的存在。因为他觉得今天的水饺跟以前不一样，好像更好吃，咸味也更均匀。

不一会儿，他就问母亲："妈，今天的饺子好像跟以前不太一样，特别好吃，这是为什么呢？"母亲微微一笑，说道："孩子啊，妈真是老糊涂了，包水饺还忘了放盐，差点儿你就吃不成了。幸好我想了个好方法，拿了这个针筒把盐水打进去的。"

孩子听完微微点点头："哦。"接着他又夹起一个水饺，当这个大学生再次夹起一个水饺要放进嘴里的时候，他的脑海里突然浮现了一个影像，他的母亲小心翼翼地把食盐水注进水饺。

当下他的眼眶泛出泪水，他感觉到了母亲对他的爱护。父母对我们的爱也许没有轰轰烈烈，就在生活的点点滴滴当中，无微不至地爱护我们，为我们付出。而当我们真的能够体会到父母把我们时刻放在心中，把我们看得比他们的生命还重要，这个时候母子就不分离了，我们跟父母的心就系在一起了。我们时时能提起一份孝心去孝养我们的父母，纵使跟父母隔着几百公里也都没有距离。

所以，感念父母的恩德很重要，要对父母有爱心、有耐心、有真心。有一个短片叫《那是什么》，短片文字如下：宁静的午后，一座宅院内的长椅上，并肩坐着一对父子，风华正茂的儿子正在看报，垂暮之年的父亲静静地坐在旁边。

忽然，一只麻雀飞落到近旁的草丛里，父亲喃喃地问了一句："那是什么？"儿子闻声抬头，望了望草丛，随口答道："一只麻雀。"说完继续低头看报。父亲点点头，若有所思，看着麻雀在草丛中颤动着枝叶，又问了声："那是什么？"儿子不情愿地再次抬起头来，皱起眉头："爸，我刚才跟您说了，是只麻雀。"说完一抖手中的报纸，又自顾自看下去。

麻雀飞起，落在不远的草地上，父亲的视线也随之起落，望着地上的麻雀，父亲好奇地略一欠身，又问："那是什么？"儿子不耐烦了，合上报纸，对父亲说道："一只麻雀，爸爸，一只麻雀！"接着用手指着麻雀，一字一句大声拼读："ma—麻！que—雀！"然后转过身，负气地盯着父亲。

老人并不看儿子，仍旧不紧不慢地转向麻雀，像是试探着又问了句："那是什么？"这下可把儿子惹恼了，他挥动手臂比画着，愤怒地冲父亲大嚷："您到底要干什么？我已经说了这么多遍了！那是一只麻雀！您难道听不懂吗？"

父亲一言不发地起身，径自走回屋内。麻雀飞走了，儿子沮丧地扔掉报纸，独自叹气。过了一会儿，父亲回来了，手中握着一个小本子。他坐下来翻到某页，递给儿子。

儿子照着念起来：今天，我和3岁的小儿子坐在公园里，一只麻雀落到我们面前，儿子问了我21遍"那是什么？"我回答了他21遍，"那是一只麻雀。"他每问一次，我都拥抱他一下，一遍又一遍……老人的眼角渐渐露出了笑纹，仿佛又看到往昔的一幕。

儿子读完，羞愧地合上本子，强忍泪水张开手臂搂紧父亲。原来，父亲不是老糊涂了，只是看到麻雀，回忆起往昔父子间的亲密。日记本中那个可爱的孩子，如今已长大成人，不再追着爸爸问"那是什么"，他只是麻木地、自顾自地翻看着报纸。假如爱有长度，儿女对父母的爱，比起父母对儿女来说，相差几许？21与4之间的差距，不是数字，而是难以言说的爱，是儿女穷尽一生也无法偿还的亏欠。

所以，如果父母老了，不要责难他们弄脏了衣裤，他们也曾因此为你擦屎端尿；不要怪他们弯腰驼背脚步迟缓，他们也曾扶着你直起腰杆，蹒跚学步；不要嫌弃他们把饭菜与口水流在衣服上，他们也如此喂养你长大；不要烦他们言语唠叨含混不清，因为你曾经的牙牙学语，叽叽喳喳，他们却当动听的歌来听。

这个告诉我们什么呢？告诉我们"人不学，不知道"，"人不学，不知义"。你看这个外国儿子他没有学过中国传统文化吧？他不知道孝敬父母要养父母之心、要尊敬父母，所以对父母说话还是大嚷大叫。这个外国人虽然没有学过《论语》，但是"人之初，性本善"，他看到自己儿时父亲所记的日记，把他的惭愧心给唤醒，他也把父亲抱在怀里，知道自己做错了。

这说明什么呢？说明人是可以教得好的，就看我们用什么教，会不会教，会教的话，就是王阳明先生说的："人人皆可成圣贤。"

所以中国古人特别重视孝道和师道的教育，比如说这个祠堂，它就是教孝的；这个孔庙就是教尊师重道的；城隍庙是教因果事实的，正是老师和家长密切配合才把孩子教好了。家庭教育是道德教育的开始；学校教育是道德教育的延续；社会教育是道德教育的扩展。这些教育共同配合才把这个人教好了，成就了一代又一代的圣贤，圣贤创造了一个又一个盛世。

2018 年 7 月 21 日晚，《朗读者》播出了以"痛"为主题的第十期节目，90 岁高龄的王智量先生被邀请为本期嘉宾。王智量先生在访谈中讲到了自己的成长故事，董卿问王老，有没有做过对不起母亲的事情？

据王智量先生回忆，他还是个孩童在家乡上学时，有一次下课间坐在教室门口，远远看见一个老太太走过来，好像就是母亲。王智量看到母亲穿得破破烂烂，怕同学们笑话，立马用身体遮挡住同学的视线，说什么也不让母亲进校门。母亲当时并没有说什么，把攒钱买下的东西放下，然后拖着沉重的双腿回家了。

到了年末，过农历年的时候，母亲问他，这一年有没有做过什么让自己感到内疚的错事？王智量还茫然不知，以为母亲没有洞悉那件事，说自己没有做过什么错事。谁料母亲将这件事点破，并告诉他，当时是听说他在学校病了，便走了七十里路到学校去看他，而他却嫌弃母亲穿得破旧让母亲回去，第二天母亲又走了七十里路回家。

王智量这才恍然大悟，自己的自私给母亲造成了多么大的伤害！王老说："幸亏有母亲教育了我，我才没有成为那种没有良心的人，没有成为一个坏人。"他后来就跪在祖宗牌位前忏悔，并一生引以为戒。王老在讲这个事情经过的时候，眼含热泪，我们可以想见他内心是多么的愧疚。能当着全国观众的面，承认自己的不对，又是具有多么大的勇气。

王智量先生要花六十元买一本《韦氏英汉英文词典》，六十元在当时可是一笔巨款。当他给母亲说了之后，母亲二话不说，把她积攒十几年的七十块钱，从墙里藏着的破烂衣服中取了出来，给王智量买书。王老说，在困难的时候，往往是母亲不吃饭，才养大了孩子们。"如果有人不爱自己的母亲，那他就不配做人！"王老在节目中大声疾呼。

我们一定要善待自己的父母，有很多人背着行动不便的父母上学，参加学校的成人礼，这都是我们应该学习的榜样。不嫌弃父母贫穷和苦难的子女，才是心智健全的人，才是自强不息的人。如果我们不能善待父母，等我们真正醒悟的时候，很可能就已经没有机会了。

有一篇文章，题目叫《你留意过自己的父母吗？》，这篇文章也提醒我们，不要因为工作的忙碌，忘记关心那已经需要我们关心的白发苍苍的父母。这篇文章这样写道："如果你在一个平凡的家庭长大，如果你的父母还健在，不管你有没有和他们同住……"

如果有一天，你发现妈妈的厨房不再像以前那么干净；如果有一天，你发现家中的碗筷好像没洗干净；如果有一天，你发现家中的地板衣柜经常沾满灰尘；如果有一天，你发现母亲煮的菜太咸太难吃；如果有一天，你发现父母经常忘记关瓦斯；如果有一天，你发现老父老母的一些习惯不再是习惯，就像他们不再想要天天洗澡；如果有一天，你发现父母不再爱吃青脆的蔬果；如果有一天，你发现父母爱吃煮得烂烂的菜；如果有一天，你发现父母喜欢吃稀饭；如果有一天，你发现他们过马路行动反应都慢了；如果有一天，你发现他们在吃饭的时候老是咳个不停，千万别误以为他们感冒或着凉，那是吞咽神经老化的现象；如果有一天，你发觉他们不再爱出门……

如果有这么一天，我要告诉你，你要警觉父母真的已经老了，器官已经退化到需要别人照料了。如果你不能照料，请你替他们找人照料，并请你千万要常常探望，不要让他们觉得被遗弃了。

每个人都会老，父母比我们先老，我们要用角色互换的心情去照料他们，才会有耐心，才不会有怨言。当父母不能照顾自己的时候，为人子女要警觉，他们可能会大小便失禁，可能会很多事都做不好，如果房间有异味，可能他们自己也闻不到，请不要嫌他脏或嫌他臭，为人子女的只能帮他清理，并请维护他们的"自尊心"。

当他们不再爱洗澡时，请抽空定期帮他们洗身体，因为纵使他们自己洗，也可能洗不干净。当我们在享受食物的时候，请替他们准备大小适当、容易咀嚼的一小碗，因为他们不爱吃，可能是牙齿咬不动了。

从我们出生开始，喂奶、换尿布，生病时不眠不休地照料，教我们生活基本能力，供给读书、吃喝玩乐和补习，关心的行动永远都不停歇。如果有一天，他们真的动不了了，角色互换不也是应该的吗？为人子女者要切记，看父母就是看自己的未来，孝顺要及时，《孔子家语》讲得好："树欲静而风不止，子欲孝而亲不待。"

父母有"十重恩"，也就是十个重大的恩德难以回报。

第一重恩，怀胎守护恩。母亲在怀孕的时候，母子都是有很深的缘分才成为一家人，母亲怀胎一个月之后，儿女的五脏才生了出来，七七四十九天之后六窍就分开了。在这个时候，因为母亲怀孕在身，行动十分不便，身体就像山一样的重，走路也非常困难，为了养育儿女，好看的衣服、装扮也都顾不上去管了，所以梳妆镜上也都沾满了尘埃。

第二重恩，临产受苦恩。十月怀胎就很辛苦了，一朝分娩却不知道生得是不是很顺利，孩子是不是很健康。老话说生孩子就像过一次鬼门关，所以生日就是"父忧母难日"。假如没有顺利生产，母亲跟孩子都有危险，父亲度日如年，在外面等着，很担心、很着急，难产的话就很严重了。所以一个人每逢生日的时候，都要想着父母在这一天的苦痛。有个医生跟我们讲，生产时，母亲会阵痛，这个阵痛就好像每十五分钟左右拿一把锋利的刀在手上划一道。

第三重恩，生子忘忧恩。曾经去产房参观的人看到两根又粗又结实的钢柱，孕妇生产的时候太痛了，抓住钢柱才好出力，结果医院的钢柱久而久之都弯掉了。这么大的痛，母亲把孩子生下来的第一个念头是什么？就想着孩子健不健康，马上把人世间最痛的苦难完全放下，全心关注她的孩子。只要听到这个孩子是健康的，她就马上忘记了自己的痛苦，非常欢喜，但是欢喜一过，生儿的痛苦还是痛彻心肠。

第四重恩，咽苦吐甘恩。父母的恩深重，照顾儿女的时候宁愿自己挨饿受冻，也要孩子吃饱穿暖。父母都把好的留给我们，把所有的辛劳都往肚里吞。尤其是做母亲，经常半夜里醒来，专门看一看孩子的被子是不是被踢开了，特别是在冬天的时候，自己经常半夜起来照看儿女。

第五重恩，回干就湿恩。如果儿女把褥子给尿湿了，做父母的宁愿自己睡在尿湿的褥子上，而把这个干的地方留给儿女，为的是让孩子睡得更安稳。

第六重恩，哺乳养育恩。父母养了儿女，对孩子非常关爱，每一天对他照顾、爱护、叮咛、嘱咐，抱在怀里，这个呵护是没有止境的。

第七重恩，洗濯不净恩。本来母亲是天生丽质，非常美丽，精神很好，脸色红润，手也非常细腻。但是因为要经常给儿女洗濯尿布，照顾孩子，所以，自己这样好的容貌，也就一天一天地逐渐改变，一天一天地逐渐衰老，就是为了让儿女们能够渐渐成长。只要儿女能够成才，自己就不惜劳苦。如果我们有时间和父母在一起，看一看父母的双手，我们就能够感受到长期劳作的人和不怎么干家务的人，他的手有多大的区别。

第八重恩，远行忆念恩。儿女要远行了，父母的牵挂也非常严重，临行的时候，千叮咛万嘱咐，看儿女已经走了很远了，父母还不愿意回家，在那遥遥地望着，这就是我们常说的"儿行千里母担忧"。

第九重恩，深加体恤恩。儿女有了苦，父母的心是什么样的？父母的心就是去代儿女受苦。特别是儿女有病的时候，父母非常地担心，希望这个得病的人是自己而不是儿女，能够代儿女去受这个病苦。父母对儿女的体恤达到了这样一种程度，可以说是一种忘我的境界了。

第十重恩，究竟怜悯恩。释迦牟尼佛讲："母活一百岁，常忧八十儿，欲知恩爱断，命尽始分离。"这就告诉我们，父母对儿女的牵挂无时无刻不在，从来都没有止息过。即使父母已经活到 100 岁的高龄了，还经常放不下，还惦记着她那 80 岁的儿子。我们从这十重恩就知道，为什么《诗经》讲父母的恩德无以回报。

所以，像汶川大地震，整栋大楼倒下去，有个年轻的妇女被压死了，怀中还抱着她那一两岁的孩子，这就是母爱，母爱就是天性，母爱就是性德。火灾现场也是一样，就像母鸡保护小鸡一样，母亲一定是把小孩紧紧地抱在怀中，那就是性德，法尔如是，没有人教她。

很久以前有个村子里遭了旱灾，人们的日子都不好过。王婆婆家更是如此，她行动不便，要人照顾，可家里只有儿子一个劳动力。所以多一口人吃饭，日子就多一些紧张。有一天，儿媳终于忍受不住了，就提议把母亲背到山上丢掉。儿子没说话，愁眉不展地抽了一晚上的烟。

第二天一早，他还是下了决心。于是帮母亲换了一身干净的衣服后，对母亲说："娘，你好久没出去走走了，我今天背着你出去逛逛。"临走前，母亲从炕头的麻袋里掏了两把黄豆装在自己的兜里，然后儿子就这么背着母亲出发了。

他一路都在想爬高点走远点，再丢下母亲，这样母亲才不会找回来。而母亲呢，每当儿子走几步，就从兜里抓一把黄豆撒在地上，就这样走了一路撒了一路，儿子累得气喘吁吁。回头看见母亲在撒黄豆，便怒气冲冲地咆哮道："娘，爬个山你带那么多黄豆干啥？"母亲不说话。

儿子继续走快，爬到山顶了，儿子累得一下子把母亲扔到路边。"你是想累死我吗？爬山你带那么多黄豆干啥？"结果，母亲的回答出乎他的意料："傻儿子，走了这么远，你慌慌张张的，你也不看路，娘是怕等会儿你一个人下山会找不到路啊！"

听完母亲说的话，儿子的心像被雷击了一下，瞬间泪流满面！他后悔自己竟然想扔掉生自己养自己的母亲，他悔恨地跪下双膝，握住母亲的手说道："娘啊，儿子错了，儿子不是人，不是人啊，咱回家！"

儿子把母亲背回了家，回到家，儿媳妇说："你怎么又把妈背回来了呢？""她是我娘，含辛茹苦抚养大我，要走你走，我不留你！"后来两个人开始孝顺母亲，一家人过得很幸福，所以有正确的观念很重要。

世上的爱有很多种，可是没有哪一种爱是可以与母爱相媲美的。无论什么时候，母亲都不会嫌弃自己的儿女，也不会置自己的儿女于不顾。俗话说：老娘无语多奉献，只愿儿女都安康；双重父母双重天，媳婿都当自生养。上孝下贤辈辈传，承脉相连永莫忘；挚诚挚爱用心待，敬养父母理应当。

是啊，羊有跪乳之情，鸦有反哺之义，作为子女也应有尽孝之念。这个世上最不能等的事情就是孝顺，母亲恩胜万金，用一颗感恩的心去对待母亲，莫等到欲尽孝而亲不在，终留下人生的一大遗憾。

我们学习传统文化，如果孩子还没成年，多引导孩子劳动，习劳知感恩。如果孩子已经长大成人，一定要有意识地跟孩子要钱花。很多父母不愿意跟孩子张口，这也是缺乏智慧的表现。父母养育孩子，孩子孝敬父母，这是一个天然的循环，家庭这棵大树才能枝繁叶茂。

其实，不论数量多少都可以，这是给孩子送福德，让孩子时刻有一颗连根养根和体恤父母的心，他的事业恰恰会越来越好。如果一个人没有养成感恩父母和孝顺父母的习惯，是难以立足的。不孝的人，往往会招致不顺和恶果。

只要我们翻开历史，凡是不孝的人，都没有好结局，甚至会遭到天谴，因为不孝父母是大恶，连生养自己的至亲都去伤害，这样的人可以说连禽兽都不如。因为乌鸦尚知反哺，羊羔还可跪乳，所以不孝是大恶，不孝之子下场不会好。

《德育古鉴》里面记载，在龙游这个地方，也就是现在的浙江省龙游县，有两个兄弟轮流养母亲，哥哥这边比较困难，他的时间还没到却已经没有粮食了，请他母亲到弟弟那里先去住几天，他之后再补回来。

母亲就到这个小儿子家敲门，小儿子不但不开门，还说："时间还没到，你回哥哥那里去吧。"他知道哥哥家的条件，也是没办法，才让母亲过来的，但是他非常狠心，就要赶母亲走，这时候他的妈妈闻到了已经煮好的饭香味。她说："儿子，你都已经做好饭了，你让我吃完这一顿我再回去可以吗？我实在是太饿了。"

结果这个儿子真是大不孝，叫他太太把饭放到房间里，用棉被盖起来，连闻都不让他妈妈闻。他母亲很难过，也很饿，只能伤心地往回走。结果走了没多久，上天打雷，雷劈下来以后，这对不孝的夫妻都被劈死了。邻居看到这个情况，赶紧开门进去，人已经去世了，但是棉被盖的饭还热着。

这样大不孝的人，遭到天谴，是罪有应得。这都是在提醒和警示我们，孝顺父母是天经地义的，哪还有条件，还在那里轮来轮去之后，母亲都饿成那样，还这么忍心不管不顾，真的是连做人的资格都没有了。一个人连做人的资格都没有，那当然老天爷就要把他给收回去了。

闽南有句话说得好："人若不照天理，天就不照甲子。"人不依照天理做，这么多人都不像人了，哪有说没有灾难的道理，哪有他还能做人的道理，被老天爷给收回去了。所以行善，得天地护佑；不孝，当然招感来自己的罪祸。

前两年，在四川省有则新闻，也是兄弟二人，在父亲生前他俩不孝敬，都哭穷，说自己奉养不起。所以，父亲成了"游牧人"，"游牧人"就是被儿子们推来推去，连个稳定的供养都没有。结果，父亲郁郁而终，生前他俩都说自己没钱，结果父亲死了以后，两个人大操大办，比着多拿钱，让别人看起来自己很孝顺，大哥说拿五千，小弟马上说出一万。这就是"薄养厚葬"的现象，所谓"生前不尽孝，死后却大闹"。

我们总说："老人床前一碗水，胜过坟前万堆灰。"现在就是很多人在该尽孝的时候不尽孝，死后却大操大办，大哭大闹，不知道的还以为真是一个大孝子，其实平时却对老人不闻不问。其实，不孝的人，也愿意人家说他孝顺，他虽然很不孝，他内心深处也知道孝顺是对的，就是被贪欲和自私给蒙蔽了。

《阅微草堂笔记》记载着一个故事，叫"雷击孽子"。太仆寺卿戈仙舟说：乾隆戊辰年（1748），河间县西门外的桥上，有一人被雷震死。他的尸体仍端端正正地跪在桥上，并不倒地。手里还举着一个纸包，雷火也没有把纸包烧毁。打开纸包一看，原来里面全是砒霜，大家都不知道这是怎么回事。

不一会儿，他的妻子闻讯赶来，见到他这样死去，竟然不哭，且说："早就知道你会落得这样的下场，只怪老天爷对你的报应太迟了。"人们细问根由，他妻子说："他经常辱骂自己的老母。昨天又忽萌恶念，想买砒霜把老母毒死。我苦苦地哭劝了一夜，他还是不肯听从，所以才会遭天打雷击。"

国外这样的例了也不少，比如在波兰，有个儿子给母亲要钱，他母亲没给他，他就生起嗔恨把母亲给杀害了，结果出去没有多久，就被雷给劈死了。

当我们知道通向幸福的大道是孝道的时候，当我们踏踏实实地把孝道落实在我们生活当中的点点滴滴的时候，我们幸福的生活就已经开启了。所以什么是孝顺？孝了你就顺了。我们想要幸福，无论物质层面还是精神层面想要取得成就，都要好好孝顺父母，这是我们事业和家庭的根本。

我们的家庭和家族是一棵大树，父母和祖先是大树的根，夫妻是大树的树干，孩子和事业是大树的枝叶花果。我们现在想事业有成，改变命运，就要向树根浇水，这样树根就能把大地的养分向上输送。

那么在输送过程中，夫妻和睦就很重要，正所谓"夫妻一心，其利断金"，如果夫妻不和再好的养分也输送不上去。

孩子和事业是我们的枝叶花果，如果我们把水和肥料，不往根上浇，枝叶花果也是枯萎的。

为什么现在很多人忙来忙去却也挣不了多少钱，有些人对孩子特别精心照顾孩子却不听话，都是因为本末倒置的缘故，要想有幸福美满的家庭和事业，最应该想的和做的就是"孝敬父母，光宗耀祖"。有这样心的人事业和家庭一定越过越好。

1999 年，有一个轰动全国的报道，叫"大学生典身救母"。山东兖州有家人，父亲叫尹彦德，母亲叫时苓。他们有三个儿子，全都是大学生：大儿子尹训国，中国人民大学法学院硕士研究生；二儿子尹训宁，山东农业大学园艺系学生；三儿子尹训东，山东大学国际贸易系学生。

一家出了三个大学生，时苓在兖州街头便有了一个响亮的美称——"大学生的妈妈"。不幸的是，时苓在抚育孩子期间，患上了乙型肝炎、风湿性关节炎、甲状腺肿瘤等多种疾病。为了孩子们的学习，她一直默默地忍受着病痛的折磨。

到了 1999 年时苓突然发起高烧，血色素降到 1.8 克，生命垂危，不得不躺进济宁医院。经过仔细诊断，她被确诊患有"自身免疫溶血性贫血"。医生说，治疗这种病的唯一方法是置换血浆，每星期至少要换两次，而一次费用就高达六千元。尹家父子听后，顿时傻眼了，哪来这么多钱啊！

父亲忧愁地来回踱步，三个儿子更是你看看我，我瞅瞅你。最后，他们不得不将自家一套两室一厅带院落的房子以三万元的价格卖掉，先解救命之急。三万元很快便被病魔吞噬了，母亲的病情却依然不见好转。随着病情发展，时苓不得不从济宁医院转至北京友谊医院治疗。

三个儿子看着一天天消瘦的父亲，再看看生命垂危的母亲，心急如焚。1999 年 5 月的一天，在北京友谊医院走廊，尹氏三兄弟为筹划医疗费之事苦思冥想。老大尹训国突然眼前一亮，脱口而出："向社会企事业单位求援，提前预领五年工资。"老二训宁、老三训东一时茅塞顿开，兄弟三人当即就伏在走廊的座椅上，你一句我一言地写成了一封"自荐书"。

"我们兄弟三人正在读大学，因母亲病重，家中经济困难，急需 5—10

万元。为了挽救母亲，同时为了完成自己的学业，特向有关企事业单位自荐，盼予以接纳。我们将努力学习，提高素质，以优异的成绩回报社会关爱之恩……"

1999年8月，《北京晨报》将此消息报道之后，社会上很多好心人被三学子的孝心感动，纷纷捐款。但是，作为一代有知识的大学生，他们不愿白白接受别人的同情和捐助，他们相信知识的价值和自己的能力。

1999年10月20日，陕西汉江药业股份有限公司董事长吕长学和总经理王政军获知山东三学子"典身救母"的消息，被这旷世孝心感动。他俩召集公司的同志们讨论研究此事，最终达成共识，认为三学子"典身救母"，正符合"把忠心献给祖国、把孝心献给父母、把真诚献给朋友"的企业精神，于是便向三学子发出了邀请函。

总经理王政军对三学子说："我们接纳你们，一是被你们想尽办法为母亲治病的孝心打动，这是中华民族的传统美德；二是你们自强自立的创新意识，正是现代企业所需要的；三是面对新世纪知识经济的竞争，我们企业需要高素质的人才。"

王政军最后对三学子语重心长地说："如果要想挣钱，你们可以选择去南方，如果要想干事，你们可以选择来汉药。"12月25日，尹氏三兄弟与陕西汉江药业股份有限公司正式签署了一份特殊的协议，提前领取了五年的工资。

他们大学毕业之后，将不再领工资，为公司工作五年。他们也信守承诺，在这家企业工作了五年以后，才离开。时至今日，大儿子尹训国在中国人民大学博士毕业后留校任教，做了教授。二儿子尹训宁成了知名企业家。三儿子尹训东，先是考上了北京大学中国经济研究中心的硕士，又留学法国图卢兹经济学院，拿到了博士学位，回国后在中央财经大学中国公共财政与政策研究院任教，也是教授。

所以，孝顺的人有福报，我们总感觉自己的人生不够顺遂和幸运，其实孝了就顺了，我们还是要在根本上找问题，求进步。

曾经看过一段视频，题目叫"剧组里的老妈妈"在前面我们提到过，这是讲有一位国家一级导演，也就是我们熟知的翟俊杰先生，他已经70多岁了。有一次他接受采访的时候说，他觉得人生最幸福的事情就是进家门时还能喊一声"娘"。

他已经70多岁了，他的母亲已经90左右了，所以能喊一声"娘"，他感觉自己是母亲的儿子，能够在母亲的呵护之下生活，觉得很温暖。事实上，我们现在哪怕已经是七八十了，都是我们父母的小孩，正如《劝孝歌》所言："母活一百岁，常忧八十儿。"

因为翟导演常常出门在外拍戏，母亲都会比较挂念，所以他就把他母亲接去看他拍戏。而且当他把老母亲接去看他拍戏的时候，也让所有的同人都感觉到了这一份孝心。这一份孝心如果能启发他的同人，那很可能对他们的人生有所帮助。那不是你陪着他去买衣服，陪着他去挥霍、去享乐，而是心灵的启发，那是受益一辈子的。

有一次拍戏，因为要找一个老太太来当临时演员，找不到。大家相互看了看说："翟导，就让您的母亲来演吧。"老奶奶一口就答应了，当天晚上一直到半夜还在背她的台词，这让翟导演非常感动。结果隔天开拍一次 OK（通过），都没有 NG（重来）。

所以，能有这样的导演儿子，正是因为母亲做人做事的态度深深地根植在她孩子的心中。而最让他们怀念的是，老奶奶每一次来都会带一些红豆汤、绿豆汤给他们喝。他们都说比任何饮料还好喝。能喝到八九十岁老人熬的绿豆汤，那个福分可太大了。

有时候拍戏拍得太晚了，翟导怕母亲实在太累了，就提前把母亲送回自己租的房子休息。等他拍完戏回到住的地方，看到母亲已经熟睡了，就静静地在母亲身边坐下来。他看到母亲的熟睡脸庞，就回想自己小的时候，有多少个夜晚都是在母亲的陪伴之下进入梦乡！现在母亲年龄大了，他期许自己也应该用母亲当年照顾自己的心来照顾母亲。

每一次回到家里，他都抓住行孝的机会，亲自给他母亲捶背，给他母亲泡脚。尤其是在冬天，天气冷，血液不容易循环，而泡脚非常有益于血液的循环，有助于睡眠，他就给母亲泡脚，泡完脚还给母亲剪手指甲和脚指甲。

他的儿子看到了，内心非常感动，都说不出话来了。他说："那种情景、那种喜悦很难用言语来形容。"这就是母慈子孝，天伦之乐，其乐融融。后来翟导不在家的时候，他的儿子很自然地就把这些工作给接过去，一样疼爱和照顾奶奶。

从这个故事当中，我们也可以感觉得到这个"教"字的含义。"教"这个字有没有嘴巴？所以，要影响别人不是用讲的，而是用做的。"教"字的繁体是，左边两个叉，第一个叉是父母、老师和长辈画的，下一个叉呢？是底下的小孩画的，他看了以后很自然地跟着学习、模仿，所以这个叫"上行下效"。

所以，"教"字的重要精神在"身教"。"教"字右边是一只手拿着一个树

429

枝，这代表什么呢？代表教育一个孩子，不可能你跟他说一次他就听了，可能要说一百次，甚至要说十年、二十年、三十年。

其实我们很多行为不妥的地方，父母真的已经劝了我们一二十年了，可还是不厌其烦地在叮咛我们、呵护我们，那个树枝就是在不厌其烦地提醒我们。而且很可能父母、老师在提醒我们的时候，我们还非常地不耐烦，甚至还顶撞他们，这个就很不应该了，我们要能深刻体会父母跟长辈的苦心。

《唐书·刘子元传》记载了一个典故，叫"忍痛侍母"。唐朝的刘敦儒他们家住在东都，他的母亲得了一种病，疯疯癫癫的，而且在吃饭的时候如果不鞭打人，或拿竹板打人，她就吃不下去饭，左右侍奉的这些人全都被她打跑了。因为实在忍受不了，要侍奉她吃饭，她必须得打人才能吃得下去。刘敦儒就整日陪在母亲旁边侍奉母亲，让她吃饭的时候打自己，经常被母亲打得流血，这样的话，她母亲才能吃得下去饭。

一般人可能都忍受不了，但是刘敦儒他"怡然不为痛"。他欣然接受，而且不感觉到疼痛难忍，更没有什么抱怨和怨恨。从中我们可以体会到这个孝子的心，全心全意地在母亲的身上。如果让母亲开心，让母亲能吃得下饭，让母亲的病能好，自己宁愿挨打，甚至把自己打得头破血流都毫无怨言。

他母亲过世的时候怎么样？"毁瘠几死"。你看，母亲吃饭的时候必须打他，把他打得头破血流才吃得下饭。但是等他母亲过世的时候，他非常地哀痛，而且吃不下饭，极度地瘦弱，这个叫"毁瘠"，也就是因居丧过哀而极度瘦弱的意思，几致丧命，他是这样的哀痛。因为什么呢？因为再也没有机会侍奉回报父母了。后来他做了起居郎，当时的人把他称为刘孝子。

汉代有个孝子叫韩伯俞，他的母亲在他犯错的时候，常常都会教诲他、打他。后来他长大成人了，再犯错的时候，母亲还是会教训他。有一次母亲打他，他突然放声大哭，母亲很惊讶，因为几十年来母亲打他，他从未哭过。

母亲就问他："你为什么要哭呢？"他说："从小到大，母亲打我，我都觉得很痛，也可以感受到母亲为了教诲我才这样做。但是今天母亲打我，我已经感觉不到痛了，这代表母亲的身体愈来愈虚弱，我奉养母亲的时间愈来愈短，想到这里我不禁悲从中来！"

你看，孝顺父母的心是全心全意地为父母着想，丝毫没有为自己的心，没有了自私自利，更不会因为和父母有一些矛盾和冲突，产生对立的情绪。我们如果和别人有矛盾、有对立，这是什么原因呢？《孔子家语》讲："立身有义矣，而孝为本。"其实都是从和父母相处培养出来的。

如果在家对父母有逆反，走到社会对领导也会有逆反；对父母不怨恨，什么事情都能够心平气和地接受，他走到社会上，他也能够忍受这些侮辱、误解和诽谤。父母以他们的青春成就了我们的成长，而他们在成就孩子成长的过程中，也日渐衰老，日渐消瘦。我们做子女的只有尽心尽力地对父母尽孝心，这一生才是真正的人生，才没有枉做人。

虞舜是三皇五帝之一，姓姚，名重华，字都君，受尧帝的"禅让"而称帝，国号"有虞"。又称帝舜、大舜、虞帝舜、舜帝，后世简称他为舜。舜小的时候，母亲不幸去世了，舜的父亲叫瞽叟，瞽叟娶了后妻，生了舜的弟弟象。继母非常偏心，对象百依百顺，养成了象自私自利的性格。象和母亲想害死舜，但又不能让父亲知道，因此一直没有机会下手。

有一天，父亲出门了，后母觉得这是一个好机会，就让舜修补漏雨的仓屋。舜二话不说，顺着梯子爬上仓屋，认真地修补起来。后母叫象悄悄地把梯子扛走，自己则放了一把火。顿时，茅草燃烧起来，浓烟滚滚，舜寻找梯子想下来，但找不到。他于是手持两个斗笠，两眼一闭，从屋顶跳了下来，幸好没有大碍。

后母见一计不成，又生一计。这次她叫舜去修井，舜答应了。下井后，他先在井壁上挖了一个洞，这个洞紧挨着邻居家另一口井。舜刚挖好，井口的泥团和石块就像下雨一样落了下来，一会儿就把井填满了。舜躲进洞里，才没有遇害。过了一会儿，舜从邻居家的井口爬了出来。想到后母的本意，无非是不想让自己继续留在家里，于是，他只身来到历山脚下，开荒种地过日子。

有一年，发生了自然灾害，舜的父母生活十分困难。父亲想念儿子舜，常常一个人哭泣，慢慢地把眼睛哭瞎了。有一天，后母挑了一担柴，到集市上换米。正巧舜在卖米，他把米给了后母，却没有收柴，一连几天都是这样，后母把这件事告诉了父亲。父亲想："难道是我的儿子舜吗？"父亲坚持要去看一看。

第二天，后母和象扶着父亲来到集市，他们故意站在舜的身边。父亲听了一会儿，对舜说："听你的声音像是我儿子。"舜回答说："我就是舜啊！"他上前抱住父亲哭了。父亲也放声大哭起来。于是，舜把父母和弟弟都接到了自己的家中。尧帝听了这件事，非常赞赏舜的品德，他把自己的两个女儿嫁给了舜，还将帝位禅让给了他。面对继母的歹心，舜无怨无恨，并在继母年迈之时，悉心赡养，义无反顾。

所以，对父母的恭敬不只是父母对我们好的时候，当父母对我们发脾气的时候，这一份恭敬心也要提得起来。《弟子规》讲："亲爱我，孝何难；亲憎我，孝方贤。"大舜的父母对他再不好，他都没有放在心上，他只想到自己应该尽的本分，还是全心全意孝顺父母。由于这一份至诚的恭敬，才让他的父母回心转意。这个境界普通人做不到，我们可以推测舜也做到了蕅益大师讲的"破人我执、破法我执"。

孔子的学生闵子骞，他也是对后母的过错不放在心上，还为后母求情。闵子骞（前536—前487），名损，字子骞，春秋末期鲁国人，孔子的得意门生，以德行著称。子骞从小就死了生母，父亲娶了后妻，成为他的继母。

子骞年纪虽小，却孝顺父母。平时吃饭，他总是恭敬地把好饭菜端到父母面前，吃完饭后，他又抢着收拾桌子，洗刷碗筷。后来，继母接连生了两个弟弟，子骞的日子从此便不好过了。他像奴仆一样被呼来唤去，白天要带弟弟玩耍，晚上要哄弟弟睡觉。继母稍不顺心，就又打又骂。

在一个严寒的冬日，子骞给父亲赶车。大风夹着碎雪打来，把他冻得瑟瑟发抖，手上的缰绳老掉在地上。父亲呵斥他做事不专心，子骞一句话也不分辩，可冻僵的双手还是拉不住缰绳。父亲看看儿子身上穿的棉衣，觉得厚厚的，怎么会冷成这样呢？一定是儿子装的，没出息！

父亲生气地一鞭子打了下去。棉衣当即裂开了一个大口子，一团团芦花露了出来，被风吹走。父亲大吃一惊，怎么后妻竟干出这种事？他带着子骞驾车返回家去，再一看两个小儿子穿的都是棉花絮的新棉衣。父亲难过得掉下眼泪，他责备自己让儿子忍冻干活，憎恨后妻虐待子骞。他不顾后妻下跪磕头求饶，执意要将她赶出家门。

子骞泪如雨下，苦苦哀求父亲道："母在一子寒，母去三子单。"也就是说母亲在家，就我一个人受寒；母亲要是走了，三个孩子都要受冻，所以望父亲大人深思。父亲感到儿子的话在理，便将后妻留下来。继母见子骞以德报怨，很受感动，从此对三个儿子一样对待。子骞长大后，孝名闻于天下。

孔子称赞说："闵子骞真是个孝子啊，他孝顺父母，友爱兄弟，让别人对他的父母兄弟都没有不好的闲话。"任何人都不能离间和破坏闵子骞跟他父母和家人的情感。所以，圣贤人不会看到亲人的不好，念念想着怎么让亲人好。

《后汉书·刘平传》中也有这样的典故，叫"薛包析产"。薛包是东汉人，为人敦厚，事亲至孝，不幸母亲早年去世。后来父亲娶后母，怎么看薛包都不顺眼，就让他分家自立门户，单过去。薛包日夜哭泣，不肯离父亲而去。父亲见状，就对薛包拳打脚踢，非要赶出家门不可。

薛包无奈，就在大门外盖了一间茅屋，每天早上就回到父亲家里打扫庭院。结果扫地扫得越勤快，父亲越生气，让他滚得远远的，眼不见心不烦。

薛包只好又搬到巷子口边再盖一间茅屋栖身，他心中毫无嫌怨，每天早晨仍然回家请安，夜晚为父母安床铺席，倍加谨慎和孝敬，委婉侍奉，从不间断，他希望父母能欢心。这样过了几年，父亲和继母可能是良心发现、幡然悔悟，也可能是受不了街坊邻居的议论和白眼，终于把薛包接回家里住了。

父母去世后，几个弟弟和侄子闹着要分家，薛包苦口婆心地劝了几次，可弟弟和侄子们吃了秤砣，铁定了心要分开过，那只有随他去吧。家产怎么分，薛包很公道。不但平均分配，而且在拿自己的那一份时，更是处处谦让，以吃亏来缝补亲情。

他把年老奴婢都归自己，他说："年老奴婢和我共事年久，你不能使唤。"他把荒凉顿废的田园庐舍分给自己，他说："这是我少年时代所经营、整理的，心中系念不舍。"衣服家具，自己挑拣破旧的，并说："这些是我平素穿着、使用过的，比较适合我。"

兄弟分居以后，其弟不善经营，生活又奢侈、浪费，数次将财产耗费、破败。薛包关切开导，又屡次分自己所有，济助其弟。薛包如此孝亲、爱弟的德行，早已传遍远近。后来，他被荐举任用为侍中，为人主亲信官职。

直到薛包年老因病不起，汉安帝下诏赐准告老辞归，他更受尊礼，汉安帝对他赏赐有加，并让地方长官每年定期探望，照顾衣食，享年八十余岁，无疾而终。可以说，在家里培养对父母的孝敬之心，是培养为人民服务精神的基础。

我们不难发现，在世界各国的历史上，很多取得了卓越成就的伟人，都是以孝敬父母而著称的。第一次世界大战后，倡组国际联盟、奠定世界和平基础的美国第28任总统威尔逊，就是一个孝子。

威尔逊从小父亲就去世了，家里很穷，母亲靠替人家洗衣服来养活他，并鼓励他读书。威尔逊深深地感受到母亲的伟大，对母亲的教导总是很恭敬地听从。他时常自勉，一定要发奋用功读书，无论怎样也不能忘了自己的学业，辜负了母亲的期望。后来，由于品学兼优，他在毕业时获得了美国著名的普林斯顿大学授予的特殊荣誉。

普林斯顿大学有一个很有意义而又有趣味的传统，那就是每一届的学生毕业，要从毕业生中选出一位学业最优秀、品行最端正的学生，授予荣誉金牌，表彰他是一位品学兼优的可以做模范的好学生。而这个学生的名字，在毕业典礼之前，是要高度保密的，除了校长和教务主任，其他人谁也不会知道。

这一天，普林斯顿大学的毕业典礼举行时，几百位大学毕业生坐在大礼堂的中央，其他来宾、学生家长挤满了整个大礼堂。大家心里最感紧张而渴望知道的，就是谁是这一届获得品学兼优金牌的荣誉生。

毕业典礼依照程序进行，历史性的表彰时刻终于到了，当书记官以洪亮的声音宣布"本届获得品学兼优金牌的荣誉生是伍德罗·威尔逊"时，会场立刻掌声雷动！这时威尔逊忍住心中的激动，上台从校长的手里接受了金牌。但是，当他走下台时，却不回到自己的座位，而是一直向家长们的席次走去。

他到家长群中，寻找他敬爱的母亲，可是找来找去找不到。这并不是因为他的母亲没来观礼，而是因为他年老家穷的母亲，只穿了一件粗陋的旧棉衣来出席，跟那些衣饰高贵的家长相比，她不好意思坐在前排，所以坐在了最后座的柱子旁边。

威尔逊从前排巡视到后排，终于发现了他的头发半白的母亲。他跑到母亲身旁，双手捧着荣誉金牌，很恭敬地对母亲说："妈妈，请您接受吧！这金牌是妈妈多年辛劳养育所获得的成果，不是我的，我是替慈爱的妈妈领取的。"

他说完以后，就把金牌为他的母亲挂上去，然后拥抱着他的母亲。孝顺的威尔逊，感激母亲的辛劳养育，把自己的荣誉归功于母亲。当时整个会场的人看了，都深受感动，有好多人感动得流下了泪水！

我们要用爱心、耐心和细心，孝父母之身、心、智、慧。养父母之身就是照顾好父母的饮食起居，保障父母的物质生活，比如为父母洗脚按摩，打扫卫生，带父母做体检和健身，等等。

养父母之心，比如老莱子娱亲，这就是供养父母之心，让父母愉悦，陪父母聊天旅游，精神生活丰富起来。

养父母之志，《孝经》讲："身体发肤，受之父母，不敢毁伤，孝之始也；立身行道，扬名于后世，以显父母，孝之终也。"比如说班固、班超、班昭，能够承先志完成《汉书》，包括我们为社会做贡献，让父母感到荣光，这就是孝养父母之志。

养父母之慧，是指要使父母内心清净觉悟，不会患得患失，不会做迷惑颠倒的事情。

所以，读书为了什么？曾国藩先生讲："读尽天下书，无非一孝字。"如果我们有学历、有技术、有地位、有财富，但是没有孝顺好自己的父母，那也是没有文化和福报的人。人生的道理很简单，做人的圆满其实就是孝道的圆满，我们想要的幸福美满都在孝道里可以实现。

父母是我们的乾坤，行走在天地间，孝敬父亲，父亲是天，敬天我们就不缺名望和尊贵；母亲是大地，孝敬母亲，我们就不会缺财富和一切美好的东西。所以，孝道是天道，是天性使然，孝了我们就顺了。

当然，孝顺的"顺"也要看符不符合正义。这个"正"是护念父母，护念自己，也是护念亲戚朋友，不能让父母、自己和亲戚朋友一失足成千古恨。所以，孝顺这个"顺"字，也要用这个"正"字，正义来判断。

父母的要求不符合正义，这个时候不能顺着他们的意思去做，但是也不要在态度当中忤逆他们，要顺势而为，要设身处地来劝谏。我们学传统文化，要学会通权达变。不能死在这个字上，一说要顺，什么都顺，那就错了，要符合正义。

《群书治要》有段话说得很好："父母怨咎人不以正"，父母不正义，不是以正确的道理待人，而是无理地埋怨怪罪别人，"已审其不然，可违而不报也"，做子女的知道父母这样不对，可以违反父母之命，而不可报复。

"父母欲与人以官位爵禄，而才实不可，可违而不从也。"父母要给人官位爵禄，可是这个人才能实在难以胜任，假公济私，这不行，可以违背父母之命，不听从。

"父母欲为奢泰侈靡，以适心快意，可违而不许也。"父母追求奢侈靡费奢华的生活，以使自己舒适快乐，可以违背父母之命，不予答应。

26　有一种孝顺，叫手足情深

　　我们孝顺父母，除了孝养父母的身、心、智、慧以外，兄友弟恭，兄弟姐妹互相关爱和睦也是孝顺。《弟子规》讲："兄弟睦，孝在中。"就是这个意思。因为有的时候，父母很辛苦，很难照顾好所有的孩子，这个时候如果兄弟姐妹之间互相帮助，也是分担父母的压力。

　　如果兄弟姐妹之间相处得不融洽，甚至还要打官司，这就是父母最难过的事情了。兄弟姐妹同气连枝，是同一个根，是一体的生命，是不分彼此的命运共同体，要互相体谅、关心、帮助、理解、爱护和陪伴，这样父母才能感到欢喜安慰。

　　在德国有一个人家，兄弟姐妹有 18 个人。他们的父亲是一个冶金匠，家里有 18 个孩子，作为父亲，除了冶金之外，还得做其他的事情。一天工作差不多 18 个小时，才养得了 18 个孩子。18 个孩子当中，有两个孩子，艾伯特跟阿尔布雷特·丢勒，特别有艺术天分，他们两个都很会欣赏艺术，很会画画。有一天，这两兄弟躺在床上聊天："我们以后都要成为伟大的艺术家，可是爸爸太穷了，我们要读书，爸爸没有钱。"

　　结果两兄弟商量，一个人先去矿地工作，支持另外一个兄弟读书，四年以后，他在纽伦堡艺术学院毕业了，再换另外一个人去读，互相支持。他们两兄弟就这么定了。那一天掷铜板，看谁先去，结果是弟弟丢勒先去。他去了以后，读书非常认真，为什么？他哥哥在矿地里流血流汗，那么辛苦，他怎么可以不珍惜？

　　也许是命运女神也被这兄弟俩无奈的选择感动，因此对他特别眷顾，有意要帮助他。很快，他就引起了人们的关注。四年以后，他成绩非常好，甚至画出来的作品超过他们学校的教授，还没毕业，就已经有很多人都要他的作品，终于学有所成。

　　那天回来，他们家的人准备了盛宴。他非常感激哥哥这四年来的支持，让他能够完成这四年学业。他跟哥哥讲："哥，接下来四年，就该换你去读书了，该你去纽伦堡艺术学院学习了，我会全力支持你实现梦想的。"因为他们两个都有天分。

哥哥流眼泪了，握着他的手，说："弟弟，你学有所成是我最欣慰的事情，但是四年来的矿工生活，使我的手发生了多大的变化！每根指骨都至少遭到一次骨折！而且，近来我的右手还患上了严重的关节炎，我甚至不能握住酒杯来回敬你的好意了，更不要说握着画笔在羊皮纸和画布上画线条了。亲爱的兄弟，对我来说，已经太迟了……"

过了几天，弟弟丢勒突然看到他的哥哥在祈祷。他在向上天祈祷："主啊，我已经没有办法去读艺术学院了，请你把我的艺术才能跟天分给我的弟弟吧，让他能为这个社会做更大的贡献。"你看，这个哥哥很不简单，一心为他的弟弟着想，后来他弟弟确实成为德国的艺术大师。

当时哥哥这么讲，弟弟非常感动，为了补偿哥哥所做的牺牲，表达对哥哥的敬意，马上就把哥哥祈祷的那双手给画了下来。他那个作品就是我们熟知的《祈祷之手》，是丢勒这个德国艺术大师最让世人折服的伟大作品。

后来的事情我们就都清楚了，阿尔布雷特·丢勒成了德国文艺复兴美术巨匠，成了享誉世界的油画家、版画家、建筑师、水彩画家及艺术理论家。丢勒对艺术理论有极大的贡献，整理出版著作有《测量指南》《巩固城市之要术》《人体比例研究》四卷，代表作有《启示录》《基督大难》《四使徒》《荷尔茨舒勒肖像》。我们有理由相信，这跟哥哥艾伯特的付出和祈祷是密不可分的。

无独有偶，在美国的达科他州，有个 15 岁的青少年叫梅兰。那天风雪特别大，他赶紧跟老师请假，然后带着更小的弟弟妹妹，三个人就往家里赶。雪实在下得太大，他在赶马车的时候赶得太急，那匹马跑掉了，结果他跟弟弟妹妹就困在那里。

后来，雪越下越大，气温越来越低，他就用马车上的布把弟弟妹妹包起来，用自己的身体帮他们取暖。他告诉弟弟妹妹："爸爸等一下就来了，不可以睡觉，不可以睡觉……"后来他因失温被冻死了，而弟弟妹妹得以活命。后来，在达科他州的法院前面专门立了一块石碑，上面就写着他的故事。

曾经看过一则新闻报道，题目叫"爱没有重量"。有一位青年，他是印度教徒，步行前往喜马拉雅山的圣庙去朝圣。路途非常遥远，山路非常难行，空气非常稀薄。他虽然携带很少的行李，但沿途走来，还是显得举步维艰，气喘如牛。他走走停停，不断向前遥望，希望圣庙赶快出现在眼前。

就在他上方，他看到一个小女孩，年纪不超过 10 岁，背着一个胖嘟嘟的小孩，也缓慢地向前移动。她喘气得很厉害，也一直在流汗，可是她的双手还是紧紧呵护着背上的小孩。

这个青年经过小女孩的身边时，很同情地对小女孩说："小妹妹，你一定很疲倦，你背的那么重！"小女孩也很客气地回答道："大哥！谢谢您，我没有感到重量。"青年惊奇地问："你开玩笑吧！你背得这么重，怎么会没有重量呢？"

小女孩又诚恳地答道："您背的是一个包袱，当然有重量；我背的是我的弟弟，当然没有重量。"青年更惊奇地问："怎么我的包袱有重量？而你的弟弟没有重量呢？"小女孩详细解释说："我背我的弟弟，我一心只顾着弟弟，所以，我没有感觉到重量。"

这个青年恍然大悟，没有错，在磅秤上，不管是弟弟，或是包袱，都没有分别，都会显示出实际的重量。但是，就"心"而言，那小女孩说的一点也没有错，她背的是弟弟，不是一个包袱，包袱才是一个重量。她对弟弟是出自内心深处的爱，爱没有重量，爱不是负担，而是一种喜悦的关怀与无求的付出。所以，兄弟姐妹之间的爱是天然的，是一种自然而然的恩义、道义、情义。

汉代刘向先生所著《列女传》中记载着一个典故，这是讲妹妹对哥哥和侄子的情义，叫"鲁义姑娣"。在春秋时代，齐国侵犯鲁国，鲁国有一个妇人，一只手抱着一个孩子，另一只手牵着一个孩子，赶紧逃命。眼看追兵要上来了，这个妇人情急之下就把怀中这个孩子放下了，把牵着的孩子抱起来继续跑。她毕竟是妇人，还是被追上了。

这些士兵觉得很奇怪，就问她："你刚刚丢掉的这个孩子是谁？"她说："那是我的儿子。""那你现在抱的是谁的孩子？"她说："我兄长的孩子。"这些士兵更纳闷了："你为什么要放弃自己的孩子而抱你兄长的孩子呢？"这个妇人讲："儿子对母亲来讲是私爱，侄子对于姑姑来讲是公义和道义，如果我违背公义而向私爱，就绝了我兄长的后代，我兄长就剩这个儿子了，妾不为也。小女子我不愿意做这样的事情。"

齐军将领听完以后就讲了一句话，他说："鲁国的边界，一个不识字的妇人居然都能坚持这样的节义，何况她的国君呢？这样的国家是不能侵犯的。"所以，放了他们一家人之后，齐国的军队就回国了。

鲁君听到这件事情，非常感动，就赐给这个妇人一些财物，然后钦赐号曰"义姑"。从此，后人就称赞她为"鲁义姑"。你看，一个女子坚持这样的道义，国君赐给她"鲁义姑"的称号，这是她代表国家的一种形象。而且鲁义姑这样的行为和德行，感动了敌人，使她的国家不受侵犯，所以孝悌的能量是不可思议的。

《德育课本》有一个典故，这是讲哥哥对弟弟的耐心，叫"世恩夜待"。明朝时有个读书人叫陈世恩，他是河南夏邑人，字庆远，号两峰。万历十七年（1589）进士，授保定府推官，世恩办事公正，无所顾忌。擢户科给事中，论事悉关国是、君德、人才、民命之大，最后官至工科都给事中。

陈世恩非常有智慧，也非常有耐心。他的弟弟整天游手好闲，吃喝玩乐，经常三更半夜才回来。他的大哥十分生气，每天都训他这个小弟，结果效果很不好。

陈世恩是二哥，他就跟大哥讲："大哥，这件事你先不用管，让我来试试看，我来劝我的弟弟。"当天晚上陈世恩就站在门口等他弟弟回来，一直等到深夜他弟弟才回来。陈世恩马上摸着他弟弟的身子说："哎呀，天气凉啊，你一定冻着了吧？你肚子饿了吧？来，赶快进来，我叫你嫂子煮一碗面给你吃。"说着陈世恩就把小弟让进来，自己把门拴起来。

第二天，他还是一样，在门口等他弟弟回来，一看到弟弟回来就非常关怀、非常体恤。他连等了好几天之后，他的弟弟再也不很晚才回来了，变得很上进也很懂事。

所以，当为人兄的，用一个真正关怀的心去照顾弟弟妹妹的时候，他感受到你这一份关怀的时候，他的心就会升起惭愧的心。劝大人很难用言语劝，一定要用你的行为，用你的德行去感化他，让他升起惭愧心。这个陈世恩是用身劝，用身体的行为，用这些关怀去劝他的弟弟，最终扭转了他弟弟的坏习惯。所以，对兄弟姐妹要有爱心和耐心。

《德育课本》还有这样一个典故，这是讲弟弟对哥哥的情义，叫"文灿拒间"。宋朝有个读书人叫周文灿，他哥哥住在他家，吃他的、喝他的，一直都是他在照顾哥哥。

有一天傍晚，文灿正在家里看书，忽然听到外面吵吵嚷嚷的，他连忙跑出来，只见哥哥喝得酩酊大醉，便急忙上前去扶哥哥。没想到哥哥却说："你是谁？你要干什么？"然后，一个大巴掌朝文灿猛扇过来，将文灿打倒在地。

旁边的邻居都看不下去了，就骂他哥哥，并建议文灿告他哥哥。周文灿马上跑出去制止，他说："你们干什么，我和哥哥手足情深，相依为命，为什么要离间我兄弟的感情！"

这个很可贵，他哥哥的任何不是，他绝对没有放在自己的心上，他只想到兄弟的情义。对哥哥的照顾，他都是自然而然，不求回报的。哥哥的无礼行为，他丝毫不放在心上。

文灿一直在床边照顾喝醉的哥哥，哥哥酒醒后失声痛哭，他觉得自己让文灿受累了，从此痛改前非，再也不喝酒了。这件事像长了翅膀一样，传到了朝中。当朝宰相司马光知道这件事后，不仅对周文灿大力赞赏，还写了篇文章劝导大家要懂得包容手足，要相互体谅。从此，十里八乡的民风，越发淳朴。

所以心性当中的修养，就在这些细微之处，都是我们要去体会的，也是我们的学处。假如我们真的像周文灿这样，别人来我们这里搬弄是非，也就不可能了。因为谗言是缘，真正的因是什么？是我们心里面有别人的不是，谗言才进得来。

《论语》讲："君子务本，本立而道生。"所以，根本还在于我们的心。刘伯温先生在《郁离子》中讲："谗不自来，因疑而来；间不自入，乘隙而入。"离间的话不自来，你跟人已经有不愉快、有对立、有嫌隙了，离间的话才进得来。你心里面没有父母兄弟、没有朋友的过失、没有丝毫的成见，任何人不可能跟你进谗言，纵使进了也不可能对你有所影响。

《德育古鉴》中还有一则典故，讲的是叔侄和堂兄弟之间的恩义、道义和情义，叫"士选让产"。五代时期，有一位读书人叫张士选，幼年时就失去了父母，都是靠着叔叔养育教诲他，叔叔养育他就像自己的儿子一样，一点都没有分别。等到张士选 17 岁的时候，他祖父遗下的家产很多还没有分过，他的叔叔就对士选说："现在我和你把祖父遗下的家产分作两份，各得一份。"

可是张士选说："叔叔有七个儿子，应当把家产分作八份才好。"叔叔不肯，极力主张分为两等份，然而张士选看到叔叔这样坚持，更加礼让。张士选那时候年龄很小，心里面都装着什么？装着叔叔的恩，装着兄弟的情。这七个兄弟都是从小一起长大的，所以他重义轻利。最后叔叔没办法就答应了，把所有的财产分成八等份。

张士选 17 岁，就被推荐进京城参加考试，同时被推荐参加考试的有二十几位。那时有位精通相学的术士指着张士选说："今年高中进士的，就是这位少年啊！"其他同学听了很不服气，跟他理论。人家说这个年轻人会考上，其他读书人马上不服气，难怪他们没考上。为什么？心胸要大一点才对。

相士说："你们写文章的水平，不是我所能够了解的，但是这位少年，他的满脸都充满着积了大阴德的气象，这一定是他做了大善事的缘故，所以我才敢断定他今年必定高中及第啊！"果然张士选考中了，名传金殿。

所以古德这样评价："士选诚贤，叔亦古君子也。""诚"就是实在，这个张士选先生实在是很有德行。他的叔叔也不简单，也有古人的君子之风。"读之，觉一家和气蔼然。"读了他的事迹以后，觉得他们一家非常和乐。"反似被士选大占了便宜。"

张士选把财产让出来，从表象上看好像吃亏了，事实上吃亏是福，他积了大阴德。而且我们相信，他这七个兄弟看到他这样的德行，这一代人会更加团结不分彼此。他这一让，可能他张家的兴旺就让出来了，因为他给后代子孙做出了好榜样。

现在为了争财产而不顾手足情深的人，实在是太多了！亲生兄弟都是如此，何况是同父异母的兄弟，那就更严重啦！若是堂兄弟间分财产，那么亲疏关系就会愈分愈远了！有谁能够像张士选一样呢？

古人说："薄待了兄弟，便是薄待了父母啊！薄待了堂兄弟，便是薄待了祖宗啊！"因为树木的根本，若是有了亏损，那么它的枝叶，必定会遭到损坏！这种追本溯源的道理，大家应该三思！

《德育古鉴》有则典故，是讲姑嫂之间的，叫"邹媖引过"。在宋朝有一位女士叫邹媖，这位女士她是妾所生的，她的母亲是她父亲的妾，而哥哥是她父亲的夫人生的。她的哥哥娶了一个太太，也就是她的大嫂。因为她的母亲脾气比较大，常常会虐待她的大嫂，这个小姑子非常善体人心。

假如她的母亲给她的大嫂食物太少，她会把自己的食物再拿给她大嫂吃；母亲派很多重活给她的大嫂，她会默默地去帮她干；甚至她的妈妈在责罚大嫂的过失，她还会跑过来自己说我也有错，让母亲对大嫂的责罚减少。

可想而知，大嫂心中会非常温暖。诸位朋友，现在这样的小姑子多不多？这样的小姑子太难找了，她的子孙一定会很兴旺，为什么？一个好太太，至少旺三代。所以人绝对没有吃亏的，人欠你，天会还你。

这个小姑子后来到了出嫁年龄，嫁到了一个书香门第。她嫁过去了之后也是相夫教子，宽厚待人，家里家外接触她的人对她都非常赞叹。后来她生了一个孩子，结果抱回家才几个月，她的大嫂看了很高兴，就把这个孩子抱到自己的房间里面去。

这一抱，一不小心，这个孩子掉到火炉里面去，孩子就去世了。她的婆婆非常生气，准备责罚大嫂，结果邹媖马上就赶过来，她说："妈妈，这是我自己抱到大嫂的房间去的，所以这个不干大嫂的事情。"你看她马上引为自己的过失，来为大嫂开脱。

她的大嫂就很难过，很自责，以至于吃不下饭。这个小姑子马上讲："大嫂，我前几天做梦，就已经梦到这个儿子跟我无缘了，他将会死去，我已经梦到了。"她有没有做这个梦呢？其实没有。你看，她那种善解人意的心到这种地步，太不容易了。安慰完大嫂之后就劝大嫂要吃饭，说："你不吃我也不吃。"她大嫂勉强吃了，她才跟着她大嫂去吃饭。

她活到93岁，无疾而终，也就是"五福临门"里讲的"善终"。她后来生了五个儿子，其中四个考中了进士，我们知道，在古代一家能中一个进士，都是一个家族的荣耀，他一家就考中四个进士，这太难得了。所以"作善降之百祥"啊，人真的没什么好挂碍的，只问耕耘，不问收获，福分自自然然就会回来。

但是，我们能不能以有求的心去处世待人？不行，都要以一颗至诚的心把人生的道义、情义、恩义时时放在心中。不管是在古代还是在现代，确实肯吃亏，确实心地善良，都会感来好的因缘和好的果报。人生能无怨、人生能坦然面对、人生能敦伦尽分，都会有很好的未来，以至有好的来世，这就彻底改变命运、胜妙吉祥了。

《德育古鉴》还有则典故，讲的是妯娌之间的相处，叫"少娣化嫂"。在宋朝有位女士叫崔少娣，她的夫家总共有五个兄弟，她先生排行第五，前面四个哥哥都娶了太太，所以她有四个嫂嫂。她这四个嫂嫂常常吵架，甚至还会大打出手。她还没有嫁过去以前，她的亲戚们都在那里很担心，担心她嫁过去之后的生活。她只是笑一笑，没说什么，就嫁过去了。

少娣嫁过去以后，对各位嫂子很谦恭有礼。她解决了四大问题：专利、辞劳、好馋、喜听。"专利"就是说这几个嫂子，比较自私，都是把好东西给自己。少娣嫁来之后有什么好吃的都先给嫂嫂吃，吃饭的时候都请嫂嫂先吃，自己后吃。嫂子们比较贪心，她不去计较。不跟她计较就不会冲突，计较就会产生对立，所以我们要恒顺众生。

"辞劳"是什么意思呢？家里有什么活，几个嫂子比较懒，都不愿意去做。所以，婆婆派一些劳动，少娣就说："我是新来的媳妇，我应该多做家务，让我来吧。"一般人都觉得我少干点活好，但是她主动地帮助其他嫂嫂做事。

"好馋"，一般妇人比较喜欢谈论是非，那些大嫂也经常互相说对方的不是，或者说别人的不是。她不做回应，只是对她们笑一笑。其实一个巴掌拍不响，我们今天在那里批评谁，对方假如没接话，我们就不好意思再讲了，人也都有良心的。

假如人家在这里批评人，我们也在那里一唱一和，那就愈谈愈陷进去了。所以，只要我们不搭腔，他一定讲不下去，他一定觉得人家修养这么好，我还在讲下去就不合适了，就不讲了。这是面对嫂子的"好谗"，她傻笑，不回应，慢慢地嫂子就不来跟她讲这些了。

最后是"喜听"，这几个嫂子都喜欢听一些张家长李家短的话。她的仆人也过来跟她讲其他的主人怎么样怎么样，她就训斥她的仆人，然后带着她的仆人去跟嫂子道歉。

看到这里，有人可能有疑问，《弟子规》不是讲"待婢仆，身贵端，虽贵端，慈而宽"吗？对待下人、服务员、保姆这些为我们服务或者打工的人，要宽厚啊，少娣为什么这么训斥她呢？因为这个慈悲和宽厚当中还包括要教导他们，不然就是我们"为善八辩"里讲的"非慈之慈"了。父母长辈的慈爱当中最核心的就是要教育他，这样才能让他一辈子受用。

今天仆人跟着她，改天有可能嫁人，假如这个喜欢谈是非、喜欢传张家长李家短的习惯没有改掉，那她就对不起这个仆人，她没有尽她君亲师的本分。所以一定要把她教会了，她以后为人媳妇的时候才会有幸福的人生。

而且，一来是教训她的仆人；二来当她把仆人带到另外这个大嫂面前，说她都讲你如何如何，我叫她不能再讲了，其实这么一做，大嫂会觉得我做的坏事人家都知道，她也会不好意思，会收敛。所以，一般的人喜欢贪小利，喜欢逃避工作，喜欢说谗言，喜欢听谗言，崔少娣都很有智慧地去应对。

有时候她抱着大嫂的孩子，突然这个小孩就撒尿了，尿在她的身上，嫂嫂一看，马上就要跑过去接。少娣说："嫂子，别紧张，别吓着孩子了。衣服洗洗就好了，一点关系都没有。"然后崔少娣还欢欢喜喜帮孩子换尿片，一个嫌弃的表情都没有。

我们有位朋友没结婚以前，他的朋友带小孩到他住的地方，结果那个小朋友就控制不住拉了大便，他说朋友带孩子回去以后好几天他都觉得很臭，走过去都闻到那个臭味。后来他自己当了爸爸，他的孩子常常到处拉大便，他都不觉得臭。

从这里我们可以开悟了，我们之所以会嫌弃别人家的孩子，都是自己分别、贪着的心，自己的孩子再怎么脏都不嫌弃，别人的孩子一脏就嫌弃，这样怎么能跟人相处得融洽，人家能无怨？所以，要视别人的孩子就像自己的孩子一样，那你一定赢得非常好的人缘，会收获推心置腹的情谊。

真正会教孩子的父母，那真是视众生如自己的子女，视子女如众生。我的老师曾经给我写过一个智慧锦囊："把远人看近，把近人看远。"我看完以后，向老师请教深意，老师说："待人要真诚，不要有分别心。而且很多家里的问题，恰恰要走出去为社会做贡献才能解决。而我们在事业上遇到的很多问题，很可能问题的根源在家里。"

范仲淹先生尽其全力帮助亲朋好友、帮助穷人，但自己四个孩子只有一套完整的衣服，谁出门谁穿，你看这么样照顾他人，反而自己的孩子比较吃苦。他的孩子也可以直接感受父亲那份仁慈之心，他这份仁慈就直接传给了自己的子孙后代，这叫有智慧。我们只疼爱自己的孩子，别人的孩子都不管他们死活，这样的态度传给孩子的都是私情和私欲，他长养私情和私欲的话，以后也不会念父母和长辈的恩德，我们只是增长了他的好恶心、分别心和自私心。

古人讲："宠子必骄，骄子必败。"所以，一切都要用智慧，不然到时候花了一大堆精力，没把孩子教好，孩子反而怨我们，我们也很怨孩子。花了这么多精神，结果他一点儿都不懂得孝顺和感恩，那就是《资治通鉴》讲的："爱之不以道，适所以害之也。"

所以，崔少娣都是在要求自己敦伦尽分，在跟大嫂相处的过程当中，她时刻心存做人的分寸，也时刻心存古圣先贤最重要的教诲。假如她的内心里面没有"人之初，性本善"的信念，她能撑得下去吗？她非常坚信人一定会被感化。她也相信"行有不得，反求诸己"，要求好自己，正己自然可以化人。

结果，她才嫁过来一年多，四个大嫂就很感叹地说："五婶大贤，我等非人矣！"我们家这第五个媳妇真是个大圣大贤，我们四个人真不是人，她们觉得自己跟少娣比起来，实在是太差劲了。

古人讲："愧之，则小人可使为君子；激之，则君子可使为小人。"教育的根本是用我们的善心、善言、善行，让对方产生羞耻心和愧疚心，然后知耻而后勇，才能改过自新，成为君子。如果是一味羞辱、发怒和刺激，就连君子都可能被激怒，失去理智，做自己都不愿意做的事情。

明朝万历"三大贤"，刑部尚书吕坤先生这样评价"少娣化嫂"："三争三让，天下无贪人矣；三怒三笑，天下无凶人矣。"

"三争三让"，他很爱争，你欢喜地让他，次数久了，他就觉得不好意思了，所以"天下无贪人矣"；"三怒三笑"，对方脾气很大，不明就里地骂你，你都欢喜接受了，不跟他冲突，次数多了，对方也会感觉自己发脾气很不合适，所以"天下无凶人矣"。

《格言联璧》讲："天下无不可化之人，但恐诚心未至。"我们的真诚，我们的修养还没到位，所以"德未修，感未至"，才会不能感动对方。假如我们的真诚和德行到位的话，真的可以感化跟我们有缘的一切众生。

《德育古鉴》还有一则典故，是讲和继母生的弟弟相处的，叫"吴孙劝夫"。明朝有一个读书人叫吴子恬，他的太太姓孙。吴子恬的母亲过世早，父亲娶了继母。继母有偏心，对他弟弟比较好，对他比较不好。他心里慢慢地就不平，有抱怨在。

后来他娶妻了，他的后母对他太太也不是很好。他就很生气，想要去找后母理论，他的太太把他劝下来了。后来他的父亲去世了，父亲留下的财产，有土地和银两，他的继母就把最差的田地分给他，然后自己跟弟弟留好的田地，还把不少钱都私吞了。这次吴子恬真的受不了了，真的要去找继母，又被太太拦下来，不然亲人之间就要争执了，会争财产。

我们学传统文化，首先要学吃亏，吃亏是福。不只是跟别人要学吃亏，连跟最亲的人也要学会吃亏，不要连最亲的人都要跟他计较，那学不进去了。而且我们要了解"人若欠你，天必还你"。该是我们的，跑都跑不掉，哪是争能争得来的呢？愈争福报愈折损。

请问大家有看过哪一个家庭，为了争财产告上法院，最后家族愈来愈兴旺的吗？一例也没有啊。《朱子治家格言》讲："伦常乖舛，立见消亡。"家里冲突了，很快整个家就败掉了。所以这个太太有见识，不简单。"妻贤夫祸少"，这个妻子贤德，帮她丈夫转掉很多的劫难。

结果这个后母，因为这些不义的做法，很快的自己生的儿子染上赌博，把钱全部败光，然后母子几乎沦为乞丐。这个时候，孙氏很懂人情事理，先生还没有反应，她赶紧劝先生去把母亲、弟弟接回来。

大家冷静想一想，这一点我们自己做不做得到？尽弃前嫌，不然怎么消得家庭内的嫌隙？对方任何的过失，绝不放在心上。不然只要一放在心上，会借题发挥，那可能就不能共住了。接回来一起吃年夜饭，然后还帮助弟弟戒掉赌博，最后就感动了自己的后母跟弟弟的良心，这个家就和乐了。

他太太生了三个儿子，三个都考上了进士。你看，该是他们家的福报，怎么会跑得掉呢？一个家族里面出一个进士就不得了，她生三个儿子，三个都是进士，他的福报是很大的！所以，量大福大，怎么可以跟自己的至亲计较呢？你看她三个儿子从小看到母亲的德行跟忍辱，哪有不成材的道理？

所以，人要不计较，学吃亏，人欠你天会还你。我们想想，他们也不是官宦之家，只是农民之家，为什么下一代马上这么显赫？都是这份孝悌和这种德行，感召家风快速地成就。

所以，我们现在要在五伦当中敦伦尽分，对方怎么对我们，我们不管，我们只管自己做对的事情。古人讲："齐家才能够治国，才能够平天下。"如果一个家庭不健全、家庭不幸福，又如何能够代代相传呢？所以古人说："娶一个好的妻子能够旺三代，娶一个不好的妻子也可以败三代。"作为女子，确实应该效法坤德，能够养成这些美好的品质。孩子是女人教出来的，"天下的安危，女人家操之一大半"。

云南有两个兄弟，他们一起奉养母亲，他们用爸爸留下来的 4500 块照顾妈妈。结果弟弟照顾不好，妈妈吃住都不理想，大哥就把妈妈接回来照顾。照顾了一段时间，大嫂就说："现在妈妈是我们照顾，爸爸留那些钱，他们应该拿一些给我们。"

大嫂的儿子也很气愤："一定得要，不能不给。"一定要叔叔把钱拿一半给他们。这个儿子又去找了一个大学同学，两个人气冲冲地去找叔叔要钱。刚好叔叔不在家，他们就在屋外骂，还把叔叔家的玻璃砸碎了。

等叔叔回来以后，婶婶也不太冷静，在那里添油加醋："你看你那个侄子多嚣张，他不怕死，他要跟你拼命啊！"婶婶一直煽风点火。大家想想，要不要干这种事？一家人，化解还来不及，还煽风点火！

在家庭里边，兄弟之间有了矛盾，主要就是只看到了对方的问题，而不反省自己错在哪里。其实，大家发现没有，当我们养成遇事反省的习惯以后，有一个特别明显的好处，就是我们往往比较容易冷静下来，火气也就下去了。

结果那个叔叔听完，很气愤。他以前是杀猪的，气得拿起屠刀，就往哥哥家走，去找他侄子还有他的那个同学算账，最后真的用刀捅了他的侄子。他哥哥知道这件事情后，赶快从田里赶回来。

看到弟弟疯了，就上去抱他弟弟，"弟弟，你不要这样，不要这样！"结果，弟弟连捅他哥哥好几刀。而且，这个弟弟在捅他哥哥的时候，他的妈妈从头至尾都在旁边眼睁睁看着。其实哥哥只是回来劝他，结果被当场捅死了。最后，弟弟被关到监狱，大嫂变成寡妇，这个婶婶在家等她先生几十年后出狱，侄子和同学也都被砍成了重伤。

这么严重的悲剧从哪里来的？就是为了那一点钱财。所以，《弟子规》讲："财物轻，怨何生。言语忍，忿自泯。"不要因为一点点钱、一点点言语上的不愉快，就发生冲突，那都是很愚笨的人。

很多人瞧不起《弟子规》，认为那都是小孩子读的书，其实如果不好好学习和落实的话，三岁小孩能背诵，八十老翁没做到。我们对于经典，古圣先贤的著作，包括西方圣贤的经典，都要有恭敬心，要认真学习和体会，才能有所收获，才能拥有幸福美满的未来。

古时候，在江苏句容这个地方，有兄弟三个。大哥到四川去做生意了，三年都没有回家。二弟因为大嫂长得貌美漂亮，就想把大嫂卖给有钱的商人，所以就派人诈称大哥已经客死他乡了。大嫂因而身着丧服，痛哭流涕。经过了一段时间以后，二弟观察到大嫂没有改嫁的意思，就私下接受了商人的礼金，将大嫂卖给了这个商人。

而且还欺骗这个商人，他说："其实我大嫂想嫁给您，但是故意矫揉造作，不好意思说出口，所以会有很多的推脱掩饰。如果你要劝她出嫁，又要费很多的口舌跟时间。你可以率领你的家丁，出其不意地到我家来，见到一个头戴素筓的妇人，你们一拥而上，把她押到轿子里面，就可以把她抬走了。我嫂子再被你们押到船上面，只要一登船，她就变成你太太啦。""素筓"，就是白色的发簪，因为他大嫂还在服丧。

这个计谋决定以后，当天晚上这个富商就率一众家丁到了他的家里。二弟跟三弟都避开了，但是那个三弟，他很气愤，因为二哥给他分的银钱很少。所以，这个三弟就暗中告诉他大嫂，说二哥要把您卖给一位商人。

这个大嫂就哭着告诉二弟的太太，说："汝夫嫁我"，你丈夫要把我嫁出去了。"但何不早言"，但为什么不早一点儿跟我商量，为什么不跟我说今天对方来人呢？"令我饰妆"，可以让我好打扮打扮一下。"今吉礼而素妆"，今天就要举行婚礼了，我头发上带的是个服丧的素妆啊。

这个二弟的太太就把身上的衣冠给了大嫂，自己戴着大嫂的素筓，也就是说她俩互换了妆容，方便大嫂出嫁。结果这个富商跟他的家丁看到这个二弟的太太，跟二弟描述的一模一样，所以"随拥而去"，就把她押走了。

"乘风舟发"，乘着风浪，船就开走了。二弟回来以后，才感觉不对劲，发现他太太不见了。当他追出去的时候，到了港口，发现有很多很多的船杂在一起，叫"千帆杂乱，不能得矣"。已经不知道他太太在哪一艘船上了。

后来，大哥带着行李回来了，他们夫妇二人重新聚在一起。同乡的人都来慰劳这个大哥，因为从远道回来很辛苦，也多年未见，就都来看望他。这时候二弟觉得很惭愧，大家都能听到他那两个幼小的儿子在哭，哭着要找妈妈，哭着要吃东西，孤苦伶仃，很是可怜。等同乡的人都知道这件事情的来龙去脉以后，都暗自偷偷地窃笑，笑话这个愚痴的二弟是自作自受、自讨苦吃。

　　凡是在兄弟之间行尊敬顺从之道的，或者是行欺骗、诈骗背离方法的，比起和没有亲情关系的人，他的祸福报应是十倍的。也就是说你去骗兄弟姐妹和骗别人相比，那个祸的报应是十倍，如果我们爱敬兄弟姐妹也是"其报十倍"。如果跟父母比较，欺骗父母那这个果报更重，就百倍之多了。

　　所以能不敬畏吗？能不戒慎吗？人有机心，天有巧报，人算不如天算。你可以说我可以钻法律的空子，我可以掩饰我的罪行，甚至销毁作恶的证据，可是你用尽所有机巧的方法，你也逃不过因果和天理。这就是老子在《道德经》里讲的："天网恢恢，疏而不漏。"你只要造了恶，不知反省改过的话，你逃不过灾祸，你也逃不过因果，其实，你也逃不过良心的谴责和亲人的遗恨。

27 世界正在"偷偷"奖励善良的人

咱们书接前文,"何谓敬重尊长?"什么是敬重尊长呢?"家之父兄"家中的父母、兄长、姐姐,还有叔伯都是尊长,包括邻里之间的长者。"国之君长",国家的领导人,企业团体的领导者,单位里面的长辈。"于凡年高、德高、位高、识高者,皆当加意奉事。"

孟子讲:"道在迩而求诸远也,事在易而求诸难,人人亲其亲,长其长,而天下平。"真理在近处却往远处求,事情本容易却往难处做。只要人人亲爱自己的父母,尊敬所有的长辈,这个天下就太平了,就这么简单。我们前边讲到了"家之父兄",涉及了五伦关系中的"父慈子孝"和"兄友弟恭"。我们接着看"国之君长",这就涉及了五伦关系当中的"君仁臣忠"。

有一天,松下幸之助的企业里有一位厂长没有来上班,结果恰恰在这个时候着火了,烧了大片的厂房,给企业造成了严重的损失。这件事发生之后,一般人可能会火冒三丈,马上就去追究责任,想方设法地惩罚他。但是松下幸之助很冷静,他马上去调查原因,这个人为什么没来上班?结果调查发现,这个厂长的母亲得了重病住进了医院,他是一个孝子,于是他就去照顾自己的母亲,没有来上班。谁知道在这个时候企业着火了,烧了大片的厂房。

得知这个原因之后,松下幸之助马上就去买了礼物,然后亲自带着这个礼物来到了医院,探望这位厂长的母亲,并且安慰他说:"你的母亲已经得了重病,而且都已经住进了医院,但是这件事我却没有关心到,所以厂房失火我也有责任。你现在就全心全力地把你的母亲照顾好,厂房失火你不必担心,等你母亲出院之后再说。"

这位厂长的母亲康复出院了以后,他又回到了企业,松下幸之助并没有像我们现在一般所说的要依法惩办、从严治企,他只是给他调离了一个工作岗位,仍然委以重任。为什么?因为他知道这个厂长平时都是认真负责、竭忠尽智,这一次没有来上班是有不得已的苦衷,不是故意为之。而且还是因为对他恩德最重的母亲得了重病,那他去探望母亲、照顾母亲是理所应当的事。所以，给他调离了一个工作，但是仍然委以重任。

《孟子》言："君之视臣如手足，则臣视君如腹心。"领导者把被领导者当成手足一样加以关爱，那你就发现，被领导者会加倍地回馈，把领导者视为自己的心腹一样更加关爱。

"君之视臣如犬马，则臣视君如国人。"领导者把被领导者当牛做马地来使唤，就像现在很多老板，认为我已经出钱雇佣你来了，你给我出力就好了，把他当牛做马地呼来唤去，结果怎么样呢？下了班之后，在超市里遇见了员工，员工都是一低头装没看见就过去了，没有太多的亲密，就像看到了一般的国人、陌生人一样。

更有甚者，"君之视臣如土芥，则臣视君如寇仇"。领导者把被领导者视是泥土和小草那样的低贱不值钱，甚至对他的生命都可以随意地践踏，那么这个被领导者说起领导的时候都是这样的，说我们那个领导者简直就是个吸血鬼，甚至连吸血鬼都不如，说起来像仇敌一样加以痛恨。

松下幸之助学到了儒家管理的精髓，所以他能做到君仁臣忠。他对下属仁慈关爱，起到了君亲师的作用，下属回馈他也是竭忠尽智。我们从这里就感受到了中国传统的治国理念，确实是高出西方一筹。不仅仅达到不敢欺、不能欺，还要达到不忍欺的水平。

这就告诉我们，只要我们把传统的治国智慧运用到修身齐家治国平天下中去，就会取得丰硕的结果，它的结果就是代代出圣贤，时时有盛世，关键就在于我们是否去应用了。

《史记》讲："子产治郑，民不能欺；子贱治单父，人不忍欺；西门豹治邺，人不敢欺。三子之才能谁最贤哉？辨治者当能别之。"子产在治理郑国的时候，百姓不能欺骗他；子贱治理单父，百姓不忍欺骗他；西门豹治理邺县，百姓不敢欺骗他。这三个人的才能谁最高明？善于明察且懂得治理的人，应当能够分辨得出。在这里给我们指出了三种不同层次的管理。

子产在做郑国的宰相时，把法律、监督机制设计得非常严密、非常合理，结果人们想欺骗他都做不到，一欺骗他就被发现了，所以他达到了"不能欺"的境界。

西门豹在治理邺县的时候，他在做邺县的地方官，他把法律设计得非常严苛，只要有人犯罪就给以严惩，结果老百姓被吓得战战兢兢，也没人敢欺骗他，他实现了"不敢欺"。

但是，孔老夫子的弟子子贱在治理单父的时候，他做单父的地方官，他把孔老夫子所主张的仁义忠恕的理念落实在治理之中，自己还起到了君亲师的作用，最后他达到了老百姓不忍心欺骗他的境界，这个就是"不忍欺"。

有智慧的人当然能够知道，"不忍欺"是三个境界之中最高的层次。但是我们想一想，我们现在的政府管理、企业管理、社团管理，又在追求哪一个层次？我们都在追求"不能欺""不敢欺"，还以此为先进，并沾沾自喜。

子贱治理单父到底有多好？他有一个同学叫巫马期，他就很想去了解一下子贱治理单父到底有什么效果，于是他就趁着夜色到单父去微服私访。来到单父的时候正好是晚上，看到一个人在夜色下捕鱼，但是很奇怪的是，这个人他捕上了很多鱼，看了一看，又把这些鱼给扔回河里去了。

巫马期觉得很奇怪，他就走上前去问，说："我看您捕鱼很辛苦，为什么捕上了很多鱼，又把它们放回河里去了呢？"这个人说："我们的长官子贱告诉我们，不要去捕杀那些还在生长中的小鱼，而我刚才所捕上来的恰恰是那些还在生长中的小鱼，所以我看了一看，又把它们给扔回去了。"

你看，中国人自古以来就有环境保护的理念，所以现代很多环境伦理学家都呼吁，要到中国传统儒释道的文化之中来寻找解决现代环境危机的出路。这确实不是偶然的，因为中国人自古以来有"天人合一"的理念，有可持续发展的理念。所以，鱼没有达到一定的尺寸，都是不能够被捕杀的。

巫马期听了之后就非常地感慨，他回来向孔子禀告，他说："子贱治理单父，能够达到即使没有人看管，你看他在夜色下捕鱼，别人都看不到，但是也像有严刑峻法就在身边一样，非常地小心谨慎，达到了慎独的境界。不知道子贱是怎么样达到这一点的？"

孔子说："我曾经问过子贱，问他用什么方法来治理。他说：'一个人对身边的人事物有精诚之心，这个影响自自然然地就会表现在远方，在老百姓之中自然就会产生影响。'我想他一定是把这种理念运用到治理之中了。"你看子贱作为地方官，他有一种精诚的仁爱之心，爱民如子，视民如伤，制定每一个制度和政策都是为老百姓的利益着想的，完全没有自私自利，这种精诚之心老百姓自然能够感受到。

所以，虽然这个捕鱼的人可能没有见过他们的长官子贱，但是子贱的这种精诚之心能够为百姓所感受，所以他制定的每一个制度和政策，老百姓也愿意发自内心地去配合。正是这样，他才达到了"不忍欺"。所以孔老夫子说，即使是足食、足兵这两个条件都不具备了，首先要"去兵"，然后"去食"，但是不可以缺少信任、不可以缺少信用。

"于凡年高、德高、位高、识高者，皆当加意奉事。"凡是年高、德高、位高、识高的人，我们都要格外诚敬地事奉。我们先看"年高"，老人能够活到七八十，他就是积德行善，他才有这个果报。所以，看到长寿的老人，你就要效法他积德行善，怎么可以轻视他？"人生七十古来稀"，你去观察这个老人，他为什么长寿，你就能学到人生的智慧。"仁者寿"，他一定仁慈，他一定节俭，节俭的人有后福。"禄尽人亡"，他本来只有 60 岁的寿命，但他很节俭，福报没花完，可能延寿二三十年。

宋代有一个读书人叫王宾，看到老人很羡慕，不认识的老人他都给鞠躬行礼，端茶倒水。因为他这么尊重老人，本来体弱多病，被人算定很短命，结果活到 93 岁，这是因为他的恭敬心给自己积了厚福。另外，宋朝还有一个读书人杨大年，20 岁就考上状元，很聪明，也很有福报，但是不懂得尊重老人，把福报折掉了。老人都很有德行，他笑他们老，笑他们咬东西都很难、很不方便。

老人也劝告他："你不要笑我们，总有一天你也会老。"当时朝廷里面很有德望的，像周翰、朱昂这些老者都被他羞辱，周翰就说："你不要笑我们老，你以后有老的一天。"朱昂跟周翰讲："算了，算了，不要讲了，不然到时候又被他羞辱。"结果他才 40 多岁就死了。所以通过历史上正反的例子，都让我们引以为戒，要尊重长者。

有个女孩两岁多就开始学英文，学了一阵子之后，有一天，她的姥姥把她带到亲戚家里去后，刚刚坐下不久，姥姥就跟她说："来，我们念英文给长辈们听。"于是姥姥就开始问了起来："苹果怎么讲？"孩子立即回答说："apple"；"雨伞怎么讲？""umbrella"。讲了好多个单词都没有偏差，表演得很成功。厉不厉害？大家一听，"哇，好棒！"还在那里给她拍手。

突然，这个小孩对她姥姥回了一句话："姥姥，书本怎么讲？"她姥姥从来都没有学过英语，自然就答不出来。结果没有想到，这个小女孩就当着很多人的面说："姥姥，姥姥，你可真是个白痴。"

如果只是一时淘气倒也罢了，但小孩子如果在内心深处没确立起尊老的意识，没有培养成谦虚待人的态度，如果学得越多越骄傲，这样的孩子在她的人生中，已经无形地给自己设置了很多的障碍。

所以，如果整个社会能够爱护老人，那是这个社会的福报。只要这个社会讨厌老人、遗弃老人、瞧不起老人，这个社会恐有大灾祸。为什么？知恩报恩才叫仁，不然连禽兽都不如。乌鸦都能反哺，羔羊都能跪乳，怎么人不敬老人呢？老人为家庭、为社会奉献了一辈子，你对他不尊重，是根本不念恩德的。不管哪个民族，他们能绵延到现在，必然是祖宗在庇荫、祖宗的教诲在指导，会遭遇这么大的灾祸就是忘本。

多年前，有位穿着很朴素的老太太，路过一家百货公司，因为雨下得太大了，她就走进百货公司闲逛，顺便避雨。服务人员都有职业眼光，看到这老太太走路的速度跟神情，就知道这个人不会买东西，所以根本就没有人搭理她。

只有一个年轻人，看到这位长者，就很热情："老奶奶，需要我为您服务吗？"老太太也很直率："我是进来躲雨的，待会雨小一点我就走了，我不买东西。"这年轻人说："您不买东西，我们也很欢迎您的光临。任何时候需要我服务，您一定要告诉我。"还搬了一把椅子，说，"您走累了，可以坐一下。"

后来，他看到老太太要离开了，还送她到门口，然后帮她把伞打开，把老人送走。老太太离开以前，看了这个年轻人，说："你可不可以给我一张你的名片？"这位年轻人就把名片递给了老太太。

过了一段时间，这个年轻人的主管把他叫去了，说："卡耐基（美国钢铁大王卡耐基）的妈妈买了一个像城堡一样的房屋要装潢，指定要你来负责这件事情。"原来那天进来躲雨的那个人，就是卡耐基的妈妈。这位小伙子由此一帆风顺，青云直上，成为"钢铁大王"卡耐基的左膀右臂。

这个小伙子，他后面这么大的一个机遇和机缘怎么来的？那是结的果，原因是什么？敬老、恭敬他人、乐于服务他人。所以，人这一生的福报和光荣，都是这颗心感召来的。假如是自私自利的心，看重利益的话，他也会想："她不会买东西，不要招待她了。"其实，这样的服务态度，即使是有人买东西，你那份热情的接待，人家也感觉出来带有点儿铜臭味，这样的存心本身就跟福报是相违背的。

真诚和善良是装不了的，哪怕装得了一时也装不了一世。发自内心对任何一个人都尊重的人，自然会获得比别人更多的机会。世界上无价的东西不多，真诚和善良却一定是。

所以，人生以服务为目的，才能招感来这份光荣和福报。而且在服务人的时候要平等和真诚，不要大小眼看人，不要势利眼看人，因为那是自取其辱。而且，假如我们不是以真诚、平等去对待他人，我们这个工作一定做不好，因为日久见人心，人家就不认同我们了，那我们怎么对得起我们领导的信任？因为我们把事情给搞坏了。

人不真诚、平等地去服务他人，去尽他的本分，早晚会把自己的福报给折损完，"祸福无门，惟人自召"。假如我们是在传统文化的单位，人家接触我们，会直接影响他对传统文化的认知，他觉得你不真诚，他会说："学传统文化的人都是这样。"那我们是把他跟传统文化的缘给截断了。我们有福报在这样的因缘服务，却不用真心去做，那是会严重折损自己的福报。所以《韩非子》讲："荣辱之责，在乎己，而不在乎人。"

在一个初春的夜晚，大家已经熟睡，一对年迈的夫妻走进一家旅馆，可是旅馆已经客满。前台侍者不忍心深夜让这对老人再去找旅馆，就将他们引到一个房间："也许它不是最好的，但至少你们不用再奔波了。"老人看到整洁干净的屋子，就愉快地住了下来。

第二天，当他们要结账时，侍者却说："不用了，因为你们住的是我的房间。祝你们旅途愉快！"原来，他自己在前台过了一个通宵。老人十分感动地说："孩子，你是我见到过最好的旅店经营人，你会得到报答的。"

侍者笑了笑，送老人出门，转身就忘了这件事。有一天，他接到一封信，里面有一张去纽约的单程机票，他按信中所示来到一座金碧辉煌的大楼。原来，那个深夜他接待的是一个亿万富翁和他的妻子。富翁为这个侍者买下了一座大酒店，并深信他会经营管理好这个大酒店。这就是著名的希尔顿饭店和他首任经理的传奇故事。

因果其实就在自己手中！高手在还没有明确人生的宏伟目标时，都是用心做好了当下的事情！其实，人人都是服务员，伟大都是不断先从服务别人开始的，一个人服务别人的能力有多大，人生的成就就有多大！我们人人都想遇到贵人，其实做一个尊敬老人的人，会常常遇到贵人。而且，老人一般比较孤独，能够照顾和陪伴老人这是因，结果就是更容易找到心仪的另一半，自己的人生也不会孤单。

"德高"，德行好的人我们要尊重，所谓尊师重道。我们尊重他，最大的受益者是我们。我们恭敬他，他所讲的圣贤教诲，我们就能完全领受。我们不尊重他，受益就很有限。所以，从恭敬心当中去求学问，能万分地恭敬自然得万分的利益。

张良刺杀秦始皇失败后，被全国通缉，他只好更名改姓，在一个叫下邳的地方躲了起来。有一天，他经过一座石桥，看到桥上坐着一位老人，穿着布衣，鹤发童颜，神态十分悠闲。老人也看见了张良，仔细打量着他，若有所思地点了点头。

就在张良走过老人身边的时候，老人忽然"哎呀"叫了一声。张良一看，原来老人的鞋子掉到了桥下。老人盯着张良，粗声粗气地说："小伙子，你帮我把鞋子捡上来吧。"

张良一愣，没想到老人会用这种口气跟他说话。不捡吧，觉得心里过意不去；捡吧，老人的态度又实在让人受不了。看他站着发愣，老人催促道："还不快去捡？难道你要让我老人家亲自动手吗？"张良强忍心中的不满，走到桥下，帮老人把鞋子捡了上来，递给老人。

没想到，老人不但不感谢，还大声说："给我穿上！"张良看着老人，想知道他是不是在捉弄自己。然而老人的眼中并无恶意，反而透露出慈祥和智慧。这眼神让张良感到温暖，于是他跪下来，恭恭敬敬地帮老人穿好鞋，然后向老人告辞。

老人大笑，说："孺子可教啊！五天后的早上，咱们桥头再见！"五天后，张良一觉醒来，发现天快亮了。忽然记起老人的话，赶紧起身，急匆匆地赶到桥上。老人此时已经站在桥头上，见张良才来，生气地说："和老人约，怎能晚到？五日后再来！"说完就走了。

第二次，张良早早就去了，没想到还是比老人晚。等到了第三次，张良半夜就到桥上等候，等了一会儿老人才来。老人高兴地说："这就对了。"于是拿出一本书，说："这本书你拿去吧，熟读此书，就可辅助明君，必成大业。"张良跪下接过书，正想说些感谢的话，老人已转身飘然而去。

张良回到家中，打开那本书，就是历史上著名的《素书》。从此，张良日夜研读这部兵书，终于成为著名的战略家，辅佐刘邦成就了帝业。所以，老年人是财富。敬老积德，敬老受益。"满招损，谦受益"。

张良克制自己的不快，为老人拾鞋、穿鞋，看上去好像很窝囊，但这绝不是软弱的表现。大凡聪明的人往往谦虚低调，善于隐藏自己的锋芒。张良正是在不断礼让的过程中，磨砺了意志，增长了智慧，后来成为满腹韬略、智谋超群的汉代开国名臣。

而且老人跟他讲："十三年之后你走到某个地方，旁边有一块黄色的石头，那就是我。"十三年之后张良走到那个地方，真的有一块黄色的石头，就赶紧把它拿回去供奉起来，所以后人都称那个老人叫"黄石公"。最后，张良去世以前交代家里人，把这块石头跟他一起安葬。这个典故给我们很大的启示，张良敬老尊贤，把这个老人高度的智慧就承传了下来。

"位高"。地位高，承担的责任就重。国家的元首，每天日理万机，当然我们要尊重他。社会国家没有动荡、没有战争，都要感恩国主恩。你毁谤国主、毁谤领导人，让人民、让团体的人失去信心，这是对国家团体最大的破坏，造的罪业就重了。

罪业的轻重跟他影响的层面成正比，影响得越广，影响得越久，罪就越重。所以，言语要谨慎，不能放肆。孔子对这一点非常强调，夫子说有四种行为是很大的罪恶，其中包括"恶居下流而讪上者"，居在下位毁谤上位的人；还有"恶勇而无礼者"，对领导人不恭敬，这种勇就是莽撞，不是真正的勇猛了。

梅兰芳先生，是世界人民熟知的戏曲艺术大师，是我国最杰出的京剧表演艺术家。梅兰芳先生在成长的道路上，曾得到过一些梨园界前辈的教育和指点。他成名后，十分感念和尊敬这些前辈老师，处处关心照顾他们。1931年春天，南北京剧界名家齐集上海演出。演出的剧场在浦东的高桥，乘船过江后还有近二十里路，路远难走，雇车很不方便。

这天，梅兰芳与杨小楼好不容易找到一辆车，刚坐上去，正要上路，突然见到年近七旬的龚云甫老先生步履蹒跚地走过来。梅兰芳见到龚先生，立即下车打招呼。当得知龚先生没有雇到车时，便执意让龚先生上车与杨小楼先生先走。龚先生推辞说："畹华（梅兰芳先生的字），你今天的戏很重，不坐车，到台上怎么顶得住？"梅兰芳谦恭地说："我还年轻，顶得住，您老别为我担心。"说着就搀扶龚老上了车，他自己则冒雨步行赶到了剧场。

中华人民共和国成立前，在一次京剧《杀惜》的演出中，剧场内戏迷们的喝彩声不绝于耳。"不好！不好！"突然，从剧场里传来一位老人的喊声。人们一看，是一位衣着朴素的老者，已有六旬年纪，正在不住地摇着头。梅兰芳心里觉得有些蹊跷。戏一下场，他来不及卸装、更衣，就用专车把那位老先生接到家中，待如上宾。

他恭恭敬敬地对老人说道："说我孬者，是吾师也。先生言我不好，必有高见，定请赐教，学生决心亡羊补牢。"老先生严肃而认真地指出："惜姣上楼和下楼之台步，按梨园规定，应是上七下八，你为何上八下八，请问这是哪位名师所传？"

梅兰芳一听，恍然大悟，深感自己的疏漏。纳头便拜，连声称谢。后来，梅兰芳凡在当地演戏，都要请这位老者观看，并常请他指教。梅兰芳不仅在京剧艺术上有很深的造诣，而且在琴棋书画上也是妙手。他师从齐白石，虚心求教，总是执弟子之礼，经常为齐白石磨墨铺纸。老师对这个"学生"也十分喜爱。

当时，梅兰芳已是名震海内外的"四大名旦"之一，论资历和声望，在梨园界都无人匹敌，但他从不摆架子，而是处处为别人着想。一次酒会，梅兰芳与张大千两人都受邀参加。一位是泼墨挥毫、丹青写意的国画大师，一位是扮相俊美、唱念俱佳的京剧名伶，一些官场人物以为两位大师相遇，必然会有一番排座位争名次的矛盾。

谁知梅兰芳一进门见到了张大千，恭敬地拱手致意，尊称"大师"。而张大千更是幽默，故意做出要给梅兰芳下跪的姿态，慌得梅兰芳赶忙双手相扶，问他为什么这样做。张大千说："古人说：君子动口不动手。您以唱念为业，是'动口'的，称'君子'当之无愧。我以作画为生，是'动手'的，自然属于'小人'。今'小人'见'君子'，岂有不跪之理？"说罢，两人开怀大笑。

梅兰芳知遇齐白石大师的故事也被大家津津乐道。一次，北京一位附庸风雅的人举办宴会，为装点门面请了许多名人，齐白石大师也在被邀之列。白石老人一生俭朴，穿戴十分朴素，与衣冠楚楚的来客相比，显得有些寒酸。因此，他到达会场时被冷落在后排的一角，无人理睬。不多时，大名鼎鼎的梅兰芳进来了，主人及满屋宾朋蜂拥向前，争着与梅兰芳握手寒暄，极尽亲热。

突然，梅兰芳发现了后排的齐白石老人，连忙挤出人群，快步走到齐白石面前问安，又将老人搀扶到前排就座，大声说道："这是我的老师齐白石先生。"在场的人见状，无不惊讶和敬佩，齐白石老人也深为感动。几天后，白石老人特意赠给梅兰芳一帧《雪中送炭图》，图上题诗一首：记得前朝享太平，布衣疏食动公卿。而今沦落长安市，幸好梅郎识姓名。

所以梅兰芳先生不但艺术好，主要是德行好，尊敬老人，所以成就和福报这么大。我们参观梅兰芳先生的故居，国家给他待遇，不次于古代的王侯将相，而且我们去梅兰芳大戏院看戏就会知道，这个剧场的效果高于长安大戏院、民族文化宫、中国评戏院等，甚至可以演歌剧。梅兰芳的父亲也是一位特别善良的人，所以梅兰芳先生敬老谦虚也是家风传承，正所谓"积善之家必有余庆"。

他们家老做善事，所以喜庆的事、有福报的事绵绵不绝，子孙也受福，梅兰芳先生的父亲很有德行，当年军阀混战的时候，戏班子里都是穷苦人，如果戏班子解散之后，大家就没饭吃，就会饿死。所以，别的戏班子解散，他们家不解散，照样养活这些人，你看，重情重义啊。而且这个时候，有个老朋友过世了，这个朋友借了他家很多钱，哪里想到一场重病人走了，剩下孤儿寡母。

梅兰芳的父亲怎么做的呢？他拿着厚厚的一摞借据，找人家去了，参加葬礼，这遗孀还以为他来要债呢。结果到了之后，他往那儿一跪，眼泪下来了，所有的这些借据，放到了火盆里烧了，告诉孤儿寡母，以后我养你们，这些钱不要还了，就当纸钱烧了。

所以，我们一定要坚信，"积善之家，必有余庆"。他们家老做善事，人能得富贵，子孙得富贵，就是来自德行，这个德行我们今天很多人不容易理解，其实很好懂，就是五伦八德，孝悌忠信、礼义廉耻、仁爱和平，这是八德。五伦是什么呢？父子有亲、长幼有序、朋友有信、夫妇有别、君臣有义。

古圣先贤说得很好："人都有二十年鸿运，但是你要做好人该做的事。"我们现在很多人，总觉得委屈和不公，好像自己是运气不好，其实不是的。做好儿子该做的，才会做好丈夫该做的，才是一个好父亲，一个好员工，一个好领导，这样运气自然就好。

我们其实往往都没有做好人的本位，没在自己位置上贡献，甚至还做一些不符合道德和法律的事情，妄求福报，也只会竹篮打水一场空，而且作恶的恶果还是要自己尝，任何人也替不了。

"在家而奉侍父母，使深爱婉容，柔声下气，习以成性，便是和气格天之本。"和颜悦色地奉养、仰慕、敬仰父母，成为习惯，自然就可以至诚感通，感格天地，这一份对父母的恭敬感通天地万物，感通他人，感通一切有灵性的生命。

"出而事君"，从家庭出来，事奉国君，也就是为领导做事。**"行一事"**，交代我们一件事，**"毋谓君不知而自恣也"**。不能觉得领导不知道就胡作妄为。"自恣"就是自己想怎么做就怎么做，没有尊重，没有请示，自作主张。一个人在单位自作主张，很可能在家里面就是这个习惯。所有德行的问题，根都在孝道，都在家庭。

所以，为了孩子的未来，现在要把他教好，你现在不严格，以后他出去肯定会被人家修理得东倒西歪，到时候再后悔就来不及了。有一个妈妈教儿子很严格，她说："我现在教训儿子我还是知道轻重的，他是我的骨肉，我怎么可能把他打重、说太重？可是在外面人家就不知道轻重了。"这是有智慧的妈妈，她看得很长远。

有一则新闻报道，题目叫作"求职路上的绊脚石"。北京有个外企公司招聘员工，去应聘的人都是很优秀的，而且要经过很多关口的考试，要考专业、外语，考到最后只剩下几个人进入面试。到了会议室，主考官说我现在刚好有点急事，要出去一下，10分钟后我们继续面试。

结果在主考官走出去的 10 分钟之内，这些年轻人站起来，摸东摸西，将桌上文件看一看，顺手还拿给其他人看。10 分钟后，主考官进来了，说："对不起，你们统统都没有被录取，你们连最小的、最基本的礼节都没有做到。"

因为会议室里有摄像头，他们的所作所为被主考官一览无余。"事虽小，勿擅为"，他们对主考官的决定很不服气地说，"从小到大也没有人教我们不允许乱动"。过去的前辈，没有遇到圣贤的教育，确实缺乏做人做事的正确态度，也没有以身作则，子女走入社会不知道怎么为人处事。

所以，纵使他们的能力很好，学历很高，但是这些细微地方的礼仪都没有顾虑到，小事办不好，不可能办成大事。一个很好的就业良机就在这样一瞬间丧失掉了，谁的责任呢？做父母的到了该深思的时候啦！

还有一个博士生，经过严格的筛选，终于被深圳一家很有名的大企业录用为高级职员。但是，在上班后不久的一天早上，他走到办公楼的走廊里，遇到了一把笤帚在地上横着，就毫不犹豫地从笤帚上跨了过去。这时董事长正走在他的后边，看在眼里，记在心上，到了办公室后通知人事部，将这位职员立刻开除。

因此，一个公司录用员工，考察的不仅仅是你的学识，更重要的是你的德行。如果平时一个小小的事情都不做，或者都看不到，这不是说小事你不爱做，而是你缺乏恭敬心，也是你在德行上面有缺失。所以，成就我们的是德行，障碍我们的是习气，一定要改变我们的不良习气，对任何人、事、物都有恭敬心、平等心，那你将在自己的人生道路上无论遇到什么样的风浪，都会高帆远航。

《德育课本》有个典故，叫"忠婢覆鸩"。在周朝有一个大夫叫主父，他从魏国到周天子管辖的地方当官，当了两年官回到了魏国。结果他的妻子不忠于他，跟邻居有染了，这个妻子就起了歹念，就要拿毒酒毒死她的丈夫。

等主父回来以后，他的妻子就命婢女把毒酒呈给她的丈夫喝。这个婢女已经知道自己的女主人有这样的恶行了，她也很敏锐，知道这杯酒一定是毒酒。她自己就在那里打算该怎么办，她想：假如我把这杯毒酒递上去了，就把我的主人给杀死了；可是假如我把真相讲出来，可能女主人也要被处死。

所以，她左右为难，走着走着急中生智，所以人的真心可以长智慧，爱是智慧的源泉。她故意跌倒，这一跌倒酒就被打翻了。结果主人很生气，说："你这个下人怎么端杯酒都不会呢？"就要训斥这个婢女。

他妻子一看，怕东窗事发，就更落井下石，怂恿她的丈夫要杀了这个婢女。结果这个主人的弟弟可能了解到一些情况，很快就来告诉他。这个主人知道以后，就把他的妻子休掉了，然后提出娶这个婢女为自己的太太。

"**刑一人，毋谓君不知而作威也。**"你去处罚一个人，不要觉得领导不知道，就在那里作威作福，狐假虎威，用严刑峻法逼迫他人。"待婢仆，身贵端，虽贵端，慈而宽。"一个领导，他的尊贵体现在哪儿？不是乱用权力，而是借这个权力去爱护底下的人，造福人民。人不因为身份而尊贵，因为行为而尊贵。

"刑一人"，如果在那里狐假虎威，尤其是国家公职人员，那你对不起国家的信任，对不起领导的重用，更对不起对方，也对不起老百姓。假如利用职权和公共资源去泄私愤，谋私利，后果是非常严重的，下场往往都非常惨烈。为政的人应当大公无私，全心全意为人民服务，了解群众疾苦，同情和理解人民百姓才对。

在《孔子家语》上，记载着孔老夫子的弟子高柴的一则典故。高柴在卫国当司法的狱官，他曾经亲自判处一个人刑罚，给他实施了断足之刑，就是把他的双足给砍掉了。后来卫国有了动乱，高柴就逃跑。而被他砍掉双足的人，这个时候正好在守护城门，他对高柴说："这个墙上有一个缺口。"高柴说："君子不跳墙。"他又对高柴说："里边有一个洞。"高柴说："君子不钻洞。"这个人又说："这里边有一间房屋可以藏身。"于是高柴就躲进去了。

当这些追赶他的人都走了，高柴要离开的时候，就对这个被实施了断足之刑的人说："我不能够亏损君主的法律，所以亲自判刑把你的双足给砍掉了。现在我遇到了危难，正是你报怨的时候，但是你不仅没有报怨，反而帮助我逃跑，这是什么原因？"

这个人说："砍掉了我的双足是因为我犯下了罪过，是无可奈何的事。当时我看您用法律治我罪行的时候，是先判了别人的罪，然后才判我的罪，这是希望我能够得到减免，这个我看出来了。在我被判定了有罪，将要行刑的时候，您面带忧愁，有一种伤痛之心见于颜色，这一点我也观察到了。

您这样做并不是对我有什么偏袒，而是有仁德的君子自自然然就有这种表现。君子看到人民犯罪，他是一种哀怜之心，会想：你看，这个人没有受到良好的教育，结果今天才被处以刖足之刑，这是多可怜的事！多值得同情的事！这就是我之所以爱戴您、帮助您的原因。"

孔子听了这件事之后就说："善哉为吏！其用法一也，思仁恕则树德，加严暴则树怨。公以行，其子羔乎！"意思是说，子羔做这个官吏做得真不错！

虽然是依法办事，但是心存仁恕之心，心存仁恕之心树立的就是德行，太过严厉苛暴树立起来的就是怨气。既能够秉公执法，又体现了德行，还有这种关爱百姓的心，不就是子羔嘛！

你看，同样是做司法工作，但是存心不一样。有的是虐民，有的看到百姓犯罪就发怒，用残酷的刑罚来对待他，从而树立自己的威严，且以此为荣耀；有的却是心存怜悯之心。那么百姓对他们的回报也是截然不同的。

要平定社会的乱象，就必须秉持"建国君民，教学为先"的理念，因为人不学，不知道；人不学，不知义。我们要相信"人之初，性本善"，人是可以教得好的。怎么教？"教"在《说文解字》上讲："上所施，下所效。"上面做好了，下面的人自然会跟着做好。上面的人为什么没有做好？上面的人也是对"教学为先"没有信心，也是没有认真地读过《了凡四训》，不知道真正廉洁奉公是对自己最大的利益。

所以，断恶修善是赏罚最重要的目的。《群书治要》讲："赏在于成民之生，罚在于使人无罪，是以赏罚施民而天下化矣。"奖赏的目的在成就人民更好的生活，刑罚的目的在使人不会犯罪。所以目的在奖赏行善，因为善有善报，大家都乐于行善，当然人民生活会更美好。那刑罚就是让人民了解种恶因会得恶果，"天网恢恢，疏而不漏"。他有敬畏法律的态度就不敢犯罪，所以"罚在于使人无罪"，这个是赏罚的目的所在。

了凡先生进士及第以后，第一个官职就是顺天府通州宝坻县知县。宝坻县原有死囚案共十四起，袁了凡先生初到任，便用心审理，认为只有两例按律当死，其余十二起全部在可以宽减之列。当即上报孙按院。几次反复，仍无一人得到宽释。

袁了凡到监狱里对囚犯说："做善事会降吉祥，做恶事会降灾殃，这是上天圣明的命令。我竭力地宽恕你们，而上司还迟迟未审核，难道他们就没有一丝毫仁慈念头吗？不是的。这还是由于你们追悔自己的过错不深，以前的罪还没有清除干净，未能感动上天。我今天与你们相约，你们果真可以悔悟自新，自愿反省自己的过失并改正的，我当全力为你们谋求解脱。不然，到了施行死刑的时候，我再也不能为你们谋求活命了。"

由此，众囚犯受到感动而振奋，相互约定改过从善，早晚持诵准提咒，念佛读经，监狱俨然成为一座道场，身有罪恶的人全部兴起忏悔、感恩和慈悲的念头。五年内，犯人相继脱去罪责，再无一人关押。袁了凡离任时，狱中没有一个犯人，公堂上没有人相争诉讼，达到了"置刑法而不用"的程度。

当时，三河县有个叫王绅的，向官府告状，说本县富民戴洪将他的女儿毒死了，尸体也扔了。王绅死后，他的两个儿子王大本和王大化继续告状，官府也始终不能决断。府道负责审案的官员听说袁了凡断案神明，就把这个案子交给他审理。开庭之日，王大本因病缺席，只有王大化到庭。

结果，袁了凡一审，王大化就当即吐露实情：原来，该女子根本没死，而是躲到蓟州一户李姓人家了。王大本知道后，埋怨弟弟说："我们父亲的仇怨结了三十年，你怎么一下就吐露了实情？"王大化说："见那官端端正正坐在堂上，不由人不说实话。"

了凡先生不但减宽刑罚、减免赋税，还整顿吏治，严惩公款吃喝。而且兴修水利、赈灾存粮、抚恤老人、教化子弟，从而改善了当地的民风，受到了人民百姓广泛的爱戴和认可。

百姓对了凡先生的感恩无以言述，在任时，县内很多人家开始供奉袁了凡的画像，用"敬神"的礼遇表示着对这位"父母官"的最大崇敬和感激之情。了凡先生离任宝坻知县时，宝坻百姓十里相送，场面极为感人。

他离开宝坻才十天，县内士绅、学子、百姓纷纷感念袁了凡不止，自发地筹资为袁了凡建生祠，并用最高的"用牲之礼"进行祭祀，这使得袁了凡成为明代屈指可数的真正受万民爱戴而建有生祠的人。

袁了凡用自己的崇高品德和卓越才学树立起难得的清官形象，被誉为"宝坻自金代建县八百多年来最受称道的好县令"。就连他去世的父亲袁仁也被朝廷追赠为"直隶顺天府通州宝坻县知县"荣衔，官方颁发的制文中称颂他："涵古茹今，才擅天人之誉；规言矩行，德高月旦之评"。

《袁子正书》讲："赏足荣而罚可畏"，赏赐足以使民众感到荣耀，而惩罚足以让民众觉得畏惧。所以，"智者知荣辱之必至"，因为国家这个法令是非常严整、非常公正，所以有才智的人、聪明的人，他就知道荣耀跟耻辱必然会到来，行善必然会得到荣显。

他为国家尽心尽力了，这赏罚都很公平，他当然能够愈来愈有成就；假如赏罚不公平，努力的人没有被赏，谄媚巴结的人都被赏，那这个有才智的人也不肯奉献力量了。

所以，当整个法令是非常公平的时候，有才智的人就知道荣辱必至。"是故劝善之心生，"所以，勉励自己跟大家一起为善的心就生起来了。"而不轨之奸息。"图谋不轨的念头就停下来了。

最后，了凡先生讲：**"事君如天"**，侍奉领导就像侍奉上天一样，可不能欺骗。上天随时在观察我们，所谓"举头三尺有神明"，怎么可以作威作福去欺骗？

"古人格论"，"格"就是格式，就是亘古不变的真理法则。荀子在《孙卿子》上说："从命而利君谓之顺，从命而不利君谓之诏；逆命而利君谓之忠，逆命而不利君谓之篡；不恤君之荣辱，不恤国之臧否，偷合苟容，以持禄养交而已耳，谓之国贼。"

"从命而利君谓之顺。"你服从国君的命令，而这个命令执行下去对国君确实是有利的，这才叫顺。"从命而不利君谓之诏。"遵从君主的命令，实际上对君主并没有真实的利益，这叫什么？这叫诏媚。"逆命而利君谓之忠。"违抗了君主的命令，但是这件事是对君主有利的，这叫忠。

所以古人说的忠臣大都是能够犯颜直谏的人。君主的命令，他并没有一味地去顺从，而是敢于给他提出不同的意见，甚至是敢于违逆。因为君主的命令是错的，如果你顺从了他，并不能给君主、给国家带来真实的利益。"逆命而不利君谓之篡。"如果违逆了君主的命令，而做的事也不利于君主，这叫篡，这是篡位。

"不恤君之荣辱，不恤国之臧否，偷合苟容，以持禄养交而已耳，谓之国贼。"什么叫国贼呢？就是不考虑、不担心君主的荣辱，也不考虑国家的善恶、风气如何，一味地投合大众，或者投合君主，苟且容身，为了保持自己的俸禄，豢养宾客，和很多人都结交，这样的人叫作国贼。所以，作为被领导者的、作为臣子的要经常反思，自己平常的所作所为，到底是顺、是诏、是忠，还是篡？千万要避免做国贼。

"此等处最关阴德。"侍奉父母，侍奉领导者，攸关自己的阴德。我们的存心要恭敬，不能表面上顺从，内心还在抱怨。所以，领导不知道的地方，你都非常恭敬地去做，甚至做了不邀功，这都是阴德。

"试看忠孝之家，子孙未有不绵远而昌盛者，"从几千年的历史来看，确实是这样。尽孝的，整个家族就兴旺，而且是长久的发达。孝是这样，忠也是这样。

"切须慎之。"在团体中、家庭里、社会上，我们处事待人，一定要非常审慎，做每一件事，起每一个念头，都要符合敬重尊长的态度。

荀子认为：人有三不祥和三必穷。何谓三不详？幼而不肯事长，贱而不肯事贵，不肖而不肯事贤，是人之三不祥也。荀子认为，年幼不肯侍奉年长的，卑贱的不肯侍奉高贵的，愚笨的不肯侍奉有才能的，这是人三种不吉祥的行为。

何谓三必穷？为上则不能爱下，为下则好非其上，是人之必穷也；乡则不若，倍（bèi）则谩之，是人之二必穷也；知行浅薄，曲直有以相县矣，然而仁人不能推，知士不能明，是人之三必穷也。

做上司的不爱护自己的下属，为下属的好非议上司，这样的人必然会遭受贫穷；对于上位者不能表现出自谦和服从的态度，在背后又去非议、诋毁上位者，这种人必然会陷入困窘而不得志；自己的知识浅陋、德行微薄，辨别是非曲直的能力又与别人相去甚远，即使这样，依然不愿意推崇仁爱之人，不能够尊重明智之士，因此陷入困境，不能发达就是必然之事。

人有此三数行者，以为上则必危，为下则必灭。有这三种行为和情况的人，让他居于上位者就必定会垮台，处身在下的必定会毁灭。

我们中华民族讲究尊老爱幼，所以在敬重尊长的同时也要爱护幼小。因为他们还没有长大，需要我们的关爱和帮助，而且他们也是老人们的牵挂，照顾好儿童，也会使老人安心。

《懿行录》有一则典故，叫"乐善不倦"。明朝有位读书人叫张振之，他是太仓县人，曾经在吉安做过官。在吉安有一位官员叫张大猷，他到晚年有一个妾生了一个儿子，儿子才 3 岁时，张大猷跟这个妾就相继病故，于是这个 3 岁的孩子也就流离失所了。

张振之知道这个事情之后，就替他将保姆请回来，来照顾这个孩子，把这个孩子抚养成人，这是成人之美。另外还有一个官员，姓沉的，他一家人也相继死亡，这位张振之他为这个家庭办丧事，给他下葬，而且对于仅存的一个孤孙，也托有关人员来护养。

另外还有天台县有一个官员死在任上，不能够回归故土，家属一直在流浪，有一个小孙女，年纪很小，结果落到坏人手里，做了妓女。张振之听说之后，非常感伤，流下眼泪，就把这个小孙女赎回来，替她选择良配，把她嫁了出去。就这样子张振之做了很多捐钱救人的善事，乐善不倦。

嘉靖三十八年（1559）他高中进士，授处州推官，擢监察御史。后入为南京兵部职方员外郎，历吉安、杭州知府、按察副使等。张振之为官正直，不趋附权臣严嵩。尝识拔汤显祖，显祖师事之。他的儿子张际阳成为当时的一位名流人物，他的子孙都特别兴盛，真的是善有善报，"积善之家必有余庆"。

《安士全书》中有一则典故，叫"免租赎子，考试高中"。这是发生在清朝的事情，在华亭这个地方有一个贫穷的读书人，叫李登瀛。历史上也记载过这个人，他也是一位文学家、政治家，做官非常有作为。

当时他家里很穷，只有几亩薄田。他这份儿田产就租给了一个佃户耕种，收取一点租金，也维持自己的生活，自己也就可以不需要劳作，能够专心读书，生活当然也很清苦。结果那一年因为这个佃户生了病，所以这个田种不了了，荒废了一年，但是田租给他了，按道理他就是要交租的，不管有没有收成，都得交租。

但是这个佃户他生了病，没办法种田了，租金就交不起了，所以呢就想把自己的儿子卖掉，来抵偿这一年的租金。当时李登瀛先生知道了这个事情，于心不忍，就对这位佃户说："你这是因为有病，所以这个田没种成，这也不是你的错，你就不要卖儿子了，我虽然很贫困，可是也能够将就活得下来，你今年的租金就免了。"

因为当时这个佃户已经把自己的儿子卖了，这个租金已经送到李先生那里了，李先生不肯要，让他一定要把儿子赎回来。可是当时这个佃户就很担心，说："我都已经把儿子卖了，这个买主要是不肯让我赎回儿子怎么办呢？"

李先生就说："你都已经这么贫困了，而且我也不收你的租金，哪有人能够忍心让你们父子分离？你不要害怕，我跟你一起去找这个买主，把你的儿子赎回来。"他就跟着这个佃户一起到了这个买他儿子的人家，真的就把这个儿子赎回来了，让他父子团聚。

这个佃户非常感动，古人真的有报恩的思想，他就日夜为李先生祈祷。后来李先生赶考，在乾隆十八年（1753）中举人，历任云南富民、洱海、昆明等县县令，后升任麻哈州知州。乾隆四十六年（1781），朝廷选调有才干的官员开发治理西部边疆。他中选，被调任安西直隶州（治所在今甘肃瓜州县）知州，辖玉门、敦煌两县。

所以，一个人真心修善济人，必得天的善报。他的善心救护了这个孩子，也救护了佃户一家。他的这个受益人，这个佃户，天天为他祈祷，这种感恩戴德的心，本身也是对他一个很好的磁场，我们讲叫加持。

所以，我们如果常常能够与人为善，必定能够人人对我们感恩，那么这种感恩的磁场就能够给我们增加福报。所以利人就是利己，帮人就是帮己。

这个世界上没有白做的事情，也没有吃亏的事情，真心真意地帮助别人，你必定得到好的回报，大家说是不是啊？这个回报不一定是从他本人那里来，也可能是从另外一个渠道你就得到了善报，正所谓天道好还，人做善事，天来还。《文昌帝君阴骘文》讲："人能如我存心，天必赐汝以福。"

465

在当代，有一位农村的姑娘，叫杨云仙，她没有结婚，从 24 岁开始收养一些弃婴。有一次在路上看见有人丢弃了一个婴儿，才出生几天，如果不救他，他肯定就死掉，这个姑娘把他救回来，养活他。

后来，在路上接二连三也看见很多弃婴，这些弃婴大多数都是人家不要了，所以这些孩子被丢弃，也有很多是弱智儿童，或者残疾儿童，杨云仙也都收留。后来别人知道她这样的善心，甚至还有人主动送上来的。

半夜三更常常有人来敲门，她一个人住。问是谁？外面也没有人答应，过了一段时间打开门，一看外面没人，但是地上放着一个婴儿，不知道是哪一家父母不要的，就送到她这儿。

所以，她总共收留了 44 名孩子，一开始是收留了 11 个。她发愿立志这一生不结婚照顾这些孩子，这是真的叫未婚妈妈，非常难得。后来被评为"山西省爱心妈妈"，像这样的人，我们就知道上天对她的报答一定是很厚的，因为这份爱心善行真的是难能可贵。

相反，如果欺凌儿童，甚至伤害孤儿，所得的恶果也是不可思议的。《近代果报见闻录》里面记载了一件事情，这是叶伯皋先生讲述出来的，叶伯皋先生是清末有名的政治家和书法家。

有一天清晨，青岛市的近郊，有一个人把私生子弃置在路旁，丢弃在路旁。在那个婴孩的身上绑着钞票七百元，上面写着字，说："求仁人君子，善抚此孩，洋七百元，以为酬报。"他说，希望有仁人君子能够帮我抚养这个小孩，我这边送大洋七百元作为报酬，希望您帮我养这个小孩。

结果有个人刚好经过那个地方，看到婴孩身上绑着钞票，他不但没有发救护的善心，反而起了一个狠毒的念头，萌起毒念，把婴孩踩死了，然后把七百元大洋就拿回家了。

回家以后，他很高兴，就拿了五块钱，给他 8 岁的儿子。他的儿子非常高兴，喜极而跳，就大跳起来，结果不小心失足坠楼，就掉到楼房底下，摔死了。这个人非常悔恨，就把他在路边踩死那个婴孩的事情告诉了他的妻子。他的妻子非常痛恨他做这个恶事，以致自己的儿子立时遭受跌毙的恶报，要跟他拼命，哭闹不休。

警察得知以后，拘捕这个人，以杀人等罪送法院讯办，这是真实的事情，叶伯皋先生做过甘肃和云南的学政，是说话很可靠的读书人。其实道理很简单，那个私生子也是一条生命，为了七百元当场把他踩死，你以为他就死掉了吗？你以为人死了，一了就百了吗？不是。

古德讲："你从三世因果来讲，没有谁占得了便宜，也没有谁吃得了亏。"欠命的要还命，欠债的要还债。你从三世一看非常公平，你欠我的钱不还，欠我的债不还，我就到你家去，做什么呢？当你的小孩儿，当你的子孙，把钱再要回来。

古今中外这样的案例太多了，所以你不要以为，人死掉了，你就可以抵赖，不是的，"欠债的一定要还债，欠命的一定要还命"。所以，古人讲："阳间有忘恩负义的人，阴间没有抵赖不还的债，世人只知今生的债重，不知道来生的债更重啊"。

"善恶到头终有报，只争来早与来迟。"因缘果报，丝毫不爽。所以，我们想交好运，想遇到善缘和贵人，就要用真诚、慈爱的心，做到忠孝有悌、敬老怀幼，这是我们得到贵人相助的根本原因。

28 不打猎的"猎人"

　　我们接着看了凡为善第十条纲领，**"何谓爱惜物命？"**什么是爱惜物命呢？我们知道福田分三个，爱就是慈悲，这是悲田；珍惜，就不会糟蹋，这是敬田；珍惜就是知恩报恩，就好像父母兄弟姐妹送我们东西，我们非常感念这个恩德，这是恩田。所以"爱惜物命"涵盖了整个福田非常相应的处事态度。

　　"凡人之所以为人者，惟此恻隐之心而已。"人能与天地并列为"三才"的关键就在恻隐之心。我们常说"上天有好生之德"，人修其仁道，合于天心，合于天道，就能契入天人合一的圣贤境界。从哪里下手？就是爱惜物命，培养恻隐之心。**"求仁者求此"**，这一生要契入仁爱大道的读书人，就要时时提升恻隐之心，保持恻隐之心。**"积德者积此。"**努力积功累德的人也是在这里下功夫。

　　《安士全书》里面有个典故，叫"救蚁中状元之选"。这是讲在宋朝，有两兄弟，他们姓宋，兄长叫宋郊，弟弟叫宋祁，兄弟两人都去准备赶考，他们都很有才华，学业非常好，都一起到太学读书，太学就是我们现在的国家大学。

　　有一位出家人会看人的面相，看到这两兄弟，就赞叹他们，说你们将来都有科名，都能考中，而且说呢这个弟弟小宋，就是宋祁，他会大魁天下，就是拿到状元，这个当哥哥的宋郊也不失科甲，就是两兄弟都能考上进士，弟弟是状元。

　　后来到了春天考试，在考试之前这位出家人又遇到了这个兄长宋郊，看到他的面相变了，就很欢喜地告诉他，说："您是不是最近救过百万生命呢，怎么你的面相改得这么好？"宋郊就笑了，他说："我一介寒士，穷书生一个，哪有这个能力救百万生命。"这出家人就说了，这个生命也不一定是指人的生命，哪怕是蠢动含灵小动物也算。

　　宋郊想一想，大概是有一次，有一次下了大暴雨，他在房屋旁边看到有一窝蚂蚁，蚂蚁很多，这个蚂蚁洞被大水浸泡，于是宋郊啊就编了一个小竹桥给它们架上，渡这些蚂蚁到干的地方去，他说："难道这个也算是救了这么多生命吗？"那个出家人就说："正是。人是生命，小动物也一样是一条生命，你这个阴德很厚，看来，虽然你的弟弟会大魁天下，我看你不会在他下面，会有过之而无不及。"

后来，果然两兄弟去考进士都考上了，而且这个弟弟真的拿了状元，最后这个名次到了皇太后章献太后那里，这是在宋朝仁宗皇帝在位的时候，章献太后是仁宗皇帝的养母，是他的父亲真宗皇帝的皇后。章献太后后来掌握了大权，垂帘听政，所以那时候连考试的这些名册都要经过她来批准。

章献太后她看到兄弟两人，弟弟得了状元，哥哥反而不如弟弟，她看了以后觉得这不对路啊，她说："哪有说弟弟排在兄长之前的，长幼有序啊，长者先，幼者后，所以要把兄长调上来。"于是就把这个兄长排在第一，当了状元，这个弟弟只排在第十位。

果然不出这个出家人所料，这个当哥哥的宋郊真的是大魁天下。所以本来是当哥哥的命里没有状元的，弟弟当中状元，可是就是因为哥哥救了这些蝼蚁，积了很大的阴德，结果变得他得了状元。

这个典故给我们说明，人的功名富贵都是他的福报，而福报要从修阴德而积累来的，所谓阴德就是不为人知的好事，这叫阴德。

宋郊救这些蚂蚁，他是出自一种仁爱之心，不忍这些蚂蚁在雨中丧命，他是救生。我们讲："天有好生之德""天心仁爱"，那我们用这个仁爱之心，就跟天心相符合了，自然就招感天降福报，而这里我们也看到命运确实是掌握在自己手中。

说老实话，根本就没有过去、现在、未来，那过去、现在、未来到底是怎么回事呢？都是我们的念头变现的，一念当中就含有过去、现在、未来，在我们一念当中变现出来。这个念头起灭速度很快。一弹指速度很快，我们算一秒钟可以弹四下，弹得快弹四下，一秒钟有多少念呢？32亿百千念，百千是十万，也就是320万亿乘上四，总共有1280万亿个念头，一秒钟生出这么多念头。

每一个念头里面都含有一个宇宙，这叫"念念成形"，形是物质世界；"形皆有识"，识是精神世界，就是这一念里面涵盖了所有的精神与物质，就是我们宇宙从这一念出生的，而这个念头它能够停住的时间有多长时间呢？是1280万亿分之一秒，这么短的时间。

你要从整个宇宙来看，那变化可大了，真的是《还源观》上讲的"出生无尽"，那个话说得好！出生无尽就是变幻无穷，从来没有两个境界是完全相同的。

以前有个老和尚看小徒弟是个短命孩子，不出半个月就要死亡，他怜悯孩子，所以给这个小徒弟一个月假，回家看望双亲，其实就是为了让这小徒弟可以见父母最后一面。结果，一个月以后，这小徒弟平安回到了寺庙。师父一问，原来这小徒弟在回家路上遇到大雨，救了很多成群结队的蚂蚁。

所以，命运就在你的念头当中，它也是刹那刹那在生灭变化，当我们这一念真诚的善心生起来的时候，这个念头它所现的这个世界、所现的这个命运完全变的善，这命运就改了。命运改，怎么改呢？改多长时间呢？理论上讲就这一念就改了，这一念多长时间呢？1280万亿分之一秒，这当中就改了。

那么能够让这个念头念念相续，那么你的好的命运也就相续了，一直往下延续，就怕我们的念头中断，如果善念起来了，没多久又断了，那你的命运改好了一下又变坏了，就是这个意思。

命运跟你的念头是合在一起的，念头好的时候命运就好，念头不好的时候命运马上同时那就转得不好了。所以，我们希望时时好、永远好，那么我们的念头就得永远保持纯净纯善，这是对自己负责任，这是改造命运了，这就拥有了上风上水和好风水。

所以我们要深信因果，人不能只看眼前，人要有"前后眼"。其实，我们所行的一切善就像一颗种子，种在地上，"不是不报，时候未到"，迟早会开花结果。

明朝有个读书人叫柏之桢，他非常爱护动物，所以冬天大雪纷飞，鸟都没有东西吃，他把雪都扫开，空出一块地，把很多的米粮撒在地上，让鸟儿过冬。后来流寇侵袭每个村庄，他们村庄也不例外。流寇那都是穷凶极恶的强盗，一进去可能全家就被杀光。

突然，他们家聚集了成千上万的鸟，平常都没有这种情况。为什么这些鸟要飞过来？万物都有灵知，它感觉到这些强盗的杀气。那些盗贼远远看，这户人家来这么多鸟，肯定没有人住，才会有那么多鸟在那栖息，就转到另外一家去了，他们家二十几口幸免于难。

所以经典告诉我们，无畏布施得健康长寿，爱护鸟，让鸟儿不害怕他们，是无畏布施；让鸟儿不用挨饿受冻，是无畏布施，得健康长寿，保了全家的性命。

曾经看过一则报道，叫"猎鸟取乐，坠崖鸟啄"，这是发生在南方一个山区的故事。有座大山里，有个少数民族小伙子，大家都叫他阿基。这位年轻人的家庭环境很好，衣食无缺，平常游手好闲，以打猎为乐。别人是猎人，是打猎为生，为生活所迫去打猎，他是以打猎为乐，他喜欢用弹弓来打树上的飞鸟。阿基把小鸟打下来以后，升火，用火烤来吃。当然他烤鸟之前，会先剥鸟毛。

拿个竹叉插进鸟腹，放在猛火上翻转加酱热烤，吃起来也觉得味道不错。这位阿基他也不觉得这样有什么因果，有什么可怕的，也不怕有什么报应。在他的八识田里面，他认为鸟本来就应该给人家吃的，鸟就是这样的宿命，它不幸被打中了，就被人类生剥火烤拿来吃的。大部分人不信，甚至有一些人，完全不相信这个道理。

所以阿基不认为会有报应，他就这样一直打猎下去。可能他福报还不错，福报还没用完，业报还没有到来。但是这一天，果报终于还是来了。有一天阿基如平常般，骑摩托车来公路找寻猎物。他发现了鸟的踪迹，停下摩托车，拿出十字弓，小心翼翼地蹑着脚，正在准备展开猎鸟的时候。由于眼睛只顾着看树上的鸟，结果走到一处山崖的旁边，一不留神，整个人悬空，掉进了山谷里面。

山谷正好有一棵大树，经过风吹日晒，树干腰折成一个尖头，也就是说成了像叉戟的这样一棵枯树。说时迟，那时快，阿基这个年轻人掉下山谷以后，身体不偏不倚地正好插到这个枯木上边。叉木就把阿基的整个腹部，破肚而过。阿基便倒挂在叉木上，像极了他以前烤小鸟，用竹片插进去鸟腹部一样。

阿基失踪两三天以后，大家都在找，终于在离机车不远的地方——山谷发现他的尸体，但是他已经死亡两三天了。其实，他的福报不错，有个不愁衣食的环境跟家庭，这个福报却变成让他去游山玩水打猎去造业。因果跟业力是很公平的，当你福报还很厚实的时候，业力当然不会现前。可是当你福报用完的时候，你的业报就来了。这叫"禄尽人亡"，禄尽就是福报用完了。

福报就像你的银行存款，当存款多的时候，你吃喝嫖赌，死命地去造业，看似没有什么问题。可是当你存款都用完了，你负债了，要四处借贷，这时候的还债压力就是业报现前，果报就要实现了。

你杀盗淫妄造得愈厉害，福报消失得愈快，这一点大家一定要记得。当福报提早用完，业报便提早现前，这个大家也要记得。所以，为什么我们要惜福造福、断恶修善，就是要随缘消旧业，不再造新殃，才能够怎么样呢？才能持盈保泰，保住福报才能够趋吉避凶，就是这个道理。

还有很多朋友喜欢钓鱼，有时候一天也不回家，还有的人喜欢夜钓，其实家人很担心，尤其是父母和爱人。我们小区西边就是潮白河，是北京和河北的界河，所以两岸有很多北京和河北来的钓鱼的人，每年都有因为钓鱼受伤和死掉的人。

前段时间，有个人钓鱼，一不小心踩空，掉进了河里，救助不及时，就因此丧命。1997年香港回归的时候，有三个生意人移民到了新西兰。因为他们很有钱，所以闲着没事就去海边钓鱼，结果最后就因为钓鱼被海浪卷走死在了新西兰。

我们有福报，生活稳定，更应该感恩祖国、感恩祖先、感恩父母，怀着感恩的心，学习和提高自己的智慧，多修善行，自利利他，而不是沉迷于一些不利于自己的嗜好和游戏中。所以，前边的九个纲领，讲的是爱人，除了人要爱，动物要不要爱护？动物也要爱护。因为动物跟我们一样都有灵知、有感觉，它也会痛，也会伤心，也会难过。

以前看过一则报道，叫"不打猎的猎人"。在西藏草原上，有许多藏羚羊。有一天，一个猎人看到一只藏羚羊站在那里，他马上拿起了猎枪就做好瞄准的动作。这时，这只藏羚羊却一动不动地站在那里看着猎人，突然它的双膝跪在了地上。

这个猎人非常惊讶，他从来没有看过这种场面，不过他还是扣了扳机射死了这只羊。然后他把羊的肚子剖开一看，原来这只羊怀孕跑不动了。它这一跪是祈求猎人饶了它的孩子。这个猎人看到这一幕，想到自己也是有家人和孩子的，自己的内心相当震撼和后悔，从此他就把猎枪丢掉了，再也不杀害动物了。

还有一个猎人，他放了一个捕兽器，要捕黄鼠狼。一天，他看到已经捕到了，但走近再仔细一看，原来捕兽器上只剩下黄鼠狼的皮，这只黄鼠狼是使尽全力把它的皮脱掉逃走的。这有多疼啊！

这个猎人很惊讶，这只动物到底上哪里去了？他顺着血迹跟踪过去，当猎人找到黄鼠狼居住的地方，就近一看，它倒在了洞里已经死了，而它的孩子正在吃它的奶水！所以你看一只黄鼠狼纵使在生命攸关，它的念头还是为孩子，它那份母爱不输给我们人类。所以猎人看到这样的情景，他也从此不再打猎。

在古代，江北有个猎人打了一只雁，这只雁是雄雁。猎人就开始煮这只雄雁，煮到一半，他把盖子一打开，那只雌雁本来在空中盘旋，当看到锅盖打开，就以非常快的速度直接扑进滚烫的热锅，一起死了。

当时人看到这一幕非常触动，就觉得动物尚且这么有情义，从此不再打猎。这件事传开后，江北一带的人都不愿吃雁肉。当时有个读书人叫元好问，就主动买了这两只雁，把它们葬在一起，其实这种情义确实值得人类学习，这个埋葬的地方叫雁丘。而没多久，射雁的人也死了。

历史上有个著名的典故，叫"肝肠寸断"。东晋的时候，桓温任大司马。有一次，他率领军队进攻蜀国，到达长江三峡的时候他的一个将士捉了一只小猴子，当大司马的队伍乘着船在长江之中行驶时，让人奇怪的是，岸上有一只母猴，沿着岸边跟着船只走，边走边嚎叫，声音听上去是那样凄惨。行了一百多里远，母猴就一直号叫着追了一百多里远。

后来，船靠近岸边时，突然母猴跳上了船，但是立刻就死去了。人们很奇怪，不知道是什么原因，后来有人剖开了母猴的肚子，发现它的肠子已经断成了一寸一寸的，桓温才意识到这个小猴被抓走时，那只母猴的心已经难过得要碎了，他非常生气，下令免了那个将士的官职。

从这里也想到了白居易那一首诗，"谁道群生性命微，一般骨肉一般皮。劝君莫打枝头鸟，子在巢中望母归"。所以我们对于动物也要有一份同情之心，绝对不能因为自己的喜好、自己的好恶而去拆散动物的家庭。

不只动物需要我们关怀，植物也跟我们是一体的，都在这个地球的生命共同体之中。我还曾经看到小孩爬上树就一直摇那个树枝，一直要把它扯断，他是觉得好玩。但是假如孩子从小就觉得好玩的都可以去弄，那他可能会从伤害植物开始，再接下来可以打动物。再大一点，可能他觉得喜欢，就可以打人。

我们要很谨慎，当孩子在面对所有的动物、植物，都是他的心在对待。假如对物不敬，往后对人能敬吗？他看到食物说我不吃了，对食物都糟蹋，对人保证很难恭敬。

因为"一真一切真"，这个一是什么？这个一就是一个人的存心，他的恭敬、他的真诚假如已经内化在心里，他表现出来的行为自然都是恭敬真诚。当他对物都不真诚、都糟蹋、都为所欲为，那他这一颗心已经失去恭敬了，等到他面对人的时候，能够马上调回恭敬吗？那是不可能的。

我们所穿、所吃的，都是父母的辛苦钱买的。当他能珍惜这些物品，也就是珍惜父母的付出。这些都不离一个人的心境。因为人不尊重植物，所以产生了非常多的问题。

比方说每一次下雨都会发生泥石流。奇怪了，三十年前、五十年前哪有那么多泥石流，怎么突然几十年后都蹦出来了？有没有发现我们这个时代有特别多新名词？都是现在的人做了某些事，才会产生这些新的现象。因为乱砍滥伐，本来这些大树可以抓住那些土壤，结果你把它砍了，土壤都松动了，一下雨，下得太大就会造成泥石流。

所以现在所谓的天灾，其实都是人祸造成的。这个树有很大的树荫，让阳光不会直接照射土地，所以温度调节得很好。所以一个都市里面树木愈多，它的气温就愈稳定。假如树都砍光了，这个都市被阳光直接照射，温度就怎么样？特别高。人在这样的环境居住，身体都会受伤害。

树时时调节我们环境的温度，人类又会排放一些二氧化碳，还有一些脏空气，都必须通过植物来把它吸收、转化，结果现在都把树砍光了，这些不好的空气就一直在空气层凝聚。

当二氧化碳过多以后就会形成温室效应，所以地球的温度都排不出去，温度愈来愈高，造成全球性的气候异常，热带地区还下雪。这些现象是天灾吗？是不是天灾？都不是，其实是人祸。

人要好好思考，跟大自然是共存的，我们能够保护它们就可以共存共荣，假如我们伤害它们，绝对是两败俱伤。《庄子》讲："天地与我并生，而万物与我为一。""天同覆，地同载。"要做到"天人合一"才对啊。人要恭敬万物，不可以傲慢，不可以伤害生命。

我的恩师认识一个企业家，他旅游区里面的那些树，都是上几千年的。因为这些几千年的树太难得，他为了保护这些树，都避开这些大树建房子。当然他的成本会很高，结果一直亏损。人家就建议他，你砍一棵树可以卖多少钱，又可以把这个空间腾出来。

这位企业家坚持不砍这些这么难得的树木，连续亏了12年，这可能是上天对他的考验。后来有一天，突然在他的旅游区挖出了温泉，城市的人一放假就来泡温泉。他的生意一下子就上来了，所以在第13年马上就发财了。

所以，人任何时候都要坚持这一份善念，你假如觉得撑不下去了，代表你的福报快要现前了，这叫"山重水复疑无路，柳暗花明又一村"，还是要坚持，因为不坚持，这一生良心都不安，你再有钱再有地位，也不可能有真正的快乐。

人生的福报、人生的事业和人生的成就，都要让它水到渠成，不要做任何一件犯法或者违背良心的事情。该是你的跑都跑不掉，干吗去违背良心呢？这真的叫"小人冤枉做小人"，明明是他该有的福报，结果他违背了良心，又折损了自己的福报，最后一生也快乐不起来，多可怜、多可悲。

了凡先生接着讲："《周礼》：'孟春之月，牺牲勿用牝。'"《十三经》当中谈礼的部分有三经,《周礼》《仪礼》《礼记》。《周礼》是全世界最完备、最有智慧的古代宪法。我们几千年的文明,每一个朝代的宪法,国家的大法,都是依照《周礼》的原理原则设计的。

"孟春"是阴历正月,像兄弟排位置大哥用"孟"一样,"孟"是第一。"牺牲"就是指祭品,祭祀的时候不用雌性的牲畜,为什么呢? 因为雌性的牲畜可能怀孕了,肚子里面可能有三五条生命,这也是一种恻隐之心。

"孟子谓:'君子远庖厨。'""庖厨"是厨房,厨房难免会煮肉。孟子这一段话说的是,君子不忍心听到、看到杀生。**"所以全吾恻隐之心也!"**这些教诲是为了保全自己的恻隐之心。

我小时候,有一天我们村宰杀一头猪,这头猪可能有感觉自己要被杀,还没有杀它以前就开始号哭,而且好几个人架着,它一直在挣扎,知道脖子被放血以后,还在抽搐挣扎。我听了那个声音,整天都很难过。

为什么君子都远离厨房? 因为厨房里经常杀鸡、宰羊,经常看到这些血淋淋的情景,人经常看到杀动物的情景,久而久之自己的同情心、恻隐之心就慢慢地淡了,就会习惯成自然。所以要远离杀戮的场景,为的是什么? 保全自己的恻隐之心。你连动物都不忍心去杀害,对于人就更不忍心去伤害了。有这种一体之心,百姓怎么会不被感化?

所以,古德都提倡素食,但是如果做不到食素呢? 了凡先生讲:**"故前辈有四不食之戒"**,前辈提醒我们这些后辈,在一些情况之下不吃肉,这都是保全自己恻隐之心的方法。哪四不食呢?

"谓闻杀不食",听到它被杀的声音不忍心吃。**"见杀不食"**,杀的时候你看到了,不忍心吃。**"将加人,先问己。"**将加物,也先问己。我们不愿意人家杀我们,我们也不应该去杀人;我们不愿意人家伤害我们的生命,我们也不应该去伤害动物的生命。

哪有说动物生下来就是要给人类吃的? 经典里没有这句话。假如我们今天遇到熊,它比你有力气,你给不给它吃? 熊说:"你生下来就是要给我吃的。"你受不受得了? 我相信你一定受不了的。

"自养者不食",自己把它养大的不吃。**"专为我杀者不食。"**这个生命就因为要给你吃才杀,那要尽量避免。我们不只不要去杀生,还要更积极地放生。

接着经文讲道:**"学者未能断肉"**,还不能马上把这个饮食习惯去除。**"且当从此戒之。"**先从四不食开始。古人很厚道、很柔软,不强迫人,让人循序渐进来调整。

"**渐渐增进，慈心愈长。**"恻隐之心不断提起来，肉就越吃越少。其实想一想为什么要吃肉？为了健康，那更应该不吃肉了，尤其现在肉食里面荷尔蒙、抗生素等化学物质更多，对健康没有益处。

"**不特杀生当戒**"，不只伤害生命、吃它的肉应该慢慢戒除。"**蠢动含灵，皆为物命。**"蜎飞蠕动的小生命都是有灵知的，都有感觉，都是一条命啊！

"**求丝煮茧、锄地杀虫，念衣食之由来，皆杀彼以自活。故暴殄之孽，当与杀生等。**"人每一天要穿衣，要吃饭，丝织品是用蚕丝做的，可是蚕茧必须放入热水，才能取蚕丝。那做一件衣服就不知道伤及多少蛹的生命。所以，仁慈之人不忍心穿丝织品的衣服，不忍心穿动物皮毛的衣服，因为整个制作过程非常残忍，让人看了很难过。麻棉的衣服不会伤及生命，又能保暖，又能长养我们的恻隐之心，何乐而不为呢？

"锄地杀虫"，在整个种植过程当中，锄地很容易伤害土里面的生命。那怎么办呢？其实生命有灵知，事前用真诚心跟它们沟通，应该是有感应的。还有一些仁慈的人用比较大的塑胶框来种菜，尽量减少伤害生命，都是很难得的慈悲心。

"念衣食之由来，皆杀彼以自活"，想着都是杀害了它们来养活自己，更要珍惜得来不易的衣食。"故暴殄之孽，当与杀生等"，"暴殄"就是糟蹋这些东西，这样的罪过跟杀生同等。

"**至于手所误伤，足所误践者，不知其几，皆当委曲防之。**"每一天我们的手可能误伤了生命，我们的脚可能误踩了生命，一天当中不小心伤及的生灵不少。比方说我们吃完的碗盘来不及洗，甜食吸引很多的蚂蚁过来，结果几十只蚂蚁泡在水里淹死了，这不是有心的，这是误伤，所以很多生活的好习惯养成了，才不会误伤生命。

道家讲："举步常看虫蚁，禁火莫烧山林。"走路小心，不要误伤了生命。我们想一想，小孩从小就举步常看虫蚁，我相信这个孩子一定有福报，念念存仁慈心，怎么会没有福报？现在的父母就担心孩子以后没工作、没前途、没财富，那叫杞人忧天。

福报是修来的。从哪里修？从心地修，孩子能力行《了凡四训》讲的爱惜物命，你根本就不需要担心他的未来有没有福报。所以，人不明理，白操了多少心都不知道，真冤枉。操心到最后伤害自己的身心，下一代也变得很容易操心，就不快乐。所以能明理的人，心才能安，才能够改造自己的命运，做自己命运的主人。

"禁火莫烧山林"，现在很多的森林起火，有一些确实是人为不小心导致的，最后大片的森林被烧掉。我们想一想，森林对人类多重要，森林对生活在里面的生命多重要。一把火烧掉的生命数不清，一不小心可能就造了很大的罪业。所以人怎么可以不谨慎，可能自己的福报，甚至后代的福报一把火就烧掉了，所以"皆当委曲防之"。

有人曾经去搭救过一位杨女士，这位女士当时被车撞了，头部受到重创，在医院昏迷插管。后来她女儿讲，她妈妈因为跟父亲吵架离婚，把家里的宠物活活饿死。那只宠物死后的第二天，这位杨女士突然间身体不适，坐在椅子上，那个动作非常像那只死亡的宠物。这就是什么？你杀害它的身体，你应该设身处地地为它想一想，今天你害死的是一只动物，你把它虐待死亡了。

孔子告诉我们："精气为物，游魂为变。"身体是灵魂住的地方，人身体坏掉不能用了，灵魂会去再找一个身体。人如此，动物亦如此，所以动物的灵魂也会恨、会报复，所以伤害生命对自己一定没有好处。你想想看，它们的阿赖耶识里面，最后要断气的时候，是不是怀着深仇大恨？

这些生命和灵魂也是有灵性的，它们也是有神识，它们也是有佛性的。只是因为它们迷了以后，它们愚痴啦，堕落到了畜生道。但是它们阿赖耶识里面，也是很清楚地记载着是谁杀死它啦。

所以，它们报复的心理，就在它们阿赖耶识里面，种下种子了。因缘会逢的时候，它就一定会来报复，什么时候会来报复呢？当你气衰的时候，福报用完它就来了。所以，我们一定要知道因缘果报的可怕，我们明白道理了之后，连恶念都不敢起来，更别说做恶事、出恶口了。

现在全球堕胎的人数每年有登记的5000万，这都是杀害自己的亲生骨肉啊，如果这个骨肉是圣贤，是为国做贡献的科学家，是一省之长，他本来这一生可以为社会做很多贡献，那这个罪过有多大。

而且在佛家看来，来的孩子无非是讨债还债、报恩报怨，如果是还债的，本来想对你付出，结果反被杀害，反而结了怨仇；如果是来讨债的，不但没得到回报反被杀害，那就会怨上加怨，很难化解。而且，很多时候堕胎的起点就是邪淫，贪图欲望享乐而不负责任。

接着了凡先生引用苏东坡先生的诗词："**古诗云：'为鼠常留饭，怜蛾不点灯。'何其仁也！**"这样做确实是非常的仁慈。老鼠也要延续生命，也要有东西吃，所以一些吃剩的留一点给这些小生命。怜惜飞蛾的生命，灯能不点就不点了，因为飞蛾会扑火。当然现在可以装纱窗避免这些情况的发生，这都是仁慈的人做出来的事情。

美国新墨西哥州有个老人很讨厌老鼠，有一次他把老鼠抓到，嗔恨的心伏不住，就想把老鼠弄死。结果房屋外有一堆燃烧着的树叶，他就把老鼠扔进去，这只老鼠全身都着火了，但马上挣脱出了火堆。接着这只老鼠怎么做？冲进这个人家里，他们家就整个烧起来，整个家完全化为灰烬。所以我们老祖宗常说"冤冤相报，没完没了"。不只人跟人会冤冤相报，去烧老鼠，老鼠也要报复。

在唐山大地震的时候，有户人家就是因为怜爱一只老鼠，没有杀害它，还养它，最后这一家人就被那只老鼠救了。老鼠在那一天一直咬他们，后来全家人都追打这只老鼠，追啊追，这只老鼠叫啊、跑啊、咬他们，累得筋疲力尽，把他们气得都跑出去了，最后救了他一家人，这是当地家喻户晓的故事。

这样的例子太多了，所以李叔同先生，也就是弘一大师，他让他的学生丰子恺先生，画了一个《护生画集》，那里面有太多动物报恩的故事。所以我们要深信因果啊，让孩子从小就相信善有善报，他行善会非常地欢喜，养成习惯，人生就会趋吉避凶。

我们看，伤害生命，家都烧掉；爱护生命，全家人的命都救回来。所以孟子说："出乎尔者，反乎尔者。"我们今天骂人，迟早被人家骂回来；我们今天打人，迟早被人家打回来；我们今天伤害生命，迟早自己的生命也会受到灾祸；我们今天献出爱心，迟早这个爱护就回到自己身上来。所以"天道好还"，真明白道理的人，绝不起恶念，绝不说恶语，绝不做恶行。一定会存好心、说好话、做好事。

在古代，有个人是做酒的，在做酒的过程中，很多苍蝇不小心掉进去，可能就死了，他很有慈悲心，赶紧把它们捞出来放生。所以，我们处处留心就能少伤害这些生命。道家告诉我们："昆虫草木，犹不可伤。"

有一次他被人冤枉、诬告，要判死罪，县官就要定他的罪，结果毛笔拿起来要定罪时，就有一群苍蝇飞来阻止，这样反复几次。

以前当官的都是读书人，都读过经书里的道理，知道万物有灵性，所以有这些很奇特的现象，必有蹊跷，又重新审理案子，还了这个人清白。所以他爱护苍蝇，最后苍蝇救了他一命。这些故事在民国初年，李叔同先生（即弘一大师）题诗的《护生画集》里都有。

持不杀生戒，不仅仅是说不杀害生命，是指不恼害众生，正所谓："面上无嗔供养具，口里无嗔吐妙香。"脸上不能有傲气，不能有杀气，不然都恼害众生了。人家很诚心地要跟你沟通，讲了两句话，你的脸马上摆起来了，哇，那个表情，杀气就过来了，人家话都讲不出来了，这都是要注意的。

"**善行无穷，不能殚述。**"善的行为无穷无尽，不能完全列举出来，只能提纲挈领，以这十个纲领来跟大家分享。"**由此十事而推广之，则万德可备矣。**"假如从这十个纲领再延伸开来，那无尽的善行功德都能圆满。虽然是十个纲领，打开来就是一切善行。

"推广之"，首先是自己去力行这十条，内化以后能时时处处都存善心，行善事，自然化他，而且自己能够从十事推广之，跟我们学习的人都能举一反三，那就不会学呆了，而是变得很有悟性。

所以，福田靠什么？心耕。你是真心地改过迁善，你的命运一定改得很快。我们一明理了，理得心安，最重要的，不再有任何怨天尤人的念头起来。

谦德之效

谦虚，是门槛最低的高雅行为

29　让好运不请自来

　　我们接着看《了凡四训》第四个单元："谦德之效"。"效"是福报现前，智慧、德能全面地增长。这个单元强调谦虚的美德，意义很大，为什么？一个人改造命运要从改习气下手，"改习为立命之基"，改掉坏习惯、坏习性才能改变命运，但有一些人开始很积极，可是一段时间以后懈怠了、自满了。

　　《礼记·曲礼》一开始就讲："傲不可长，志不可满。"人一有傲慢，就上不去了，就要退步了。一退步，过很难再改，善也很难再积了。

　　所以，谦德能够让我们在保持改过积善的基础上，不断地提升。所以，这个德目对于改造命运非常重要，谦德不能保持，不只自己不能受益，不能改造命运，还可能因为自己积德行善，增长傲慢而让大众反感，让家人不能接受，也不愿意学习传统文化，那反而变成造罪业。所以，我们要高度警觉才能做到谦卑不傲慢。

　　《尚书》讲："德日新，万邦惟怀。志自满，九族乃离。"你的德行天天进步，世界各国都会受到感化而来学习和亲近。如果心志骄傲自大的话，就连身边最亲近的家人也会离散。

　　在魏徵写给唐太宗的《谏太宗十思疏》里面也提道："竭诚则胡越为一体，傲物则骨肉为行路。"一个人一开始建功立业很真诚，不同民族的人都团结在一起，可是他一觉得自己很厉害，就傲慢了，最后连至亲都跟他像陌生人一样，众叛亲离。

　　这个劝谏其实不是提醒唐太宗一个人，而是提醒我们每一个人。《诗经》讲："靡不有初，鲜克有终。"很多人都有好的开始，都积极地积德行善，但很少能终生保持，善始善终。而想要善终，没有谦德办不到。

　　了凡先生编排《了凡四训》可谓用心良苦，真的是好人做到底，送佛送上西，我们如果能够体会到他的苦心，这一单元学习起来就会特别深刻。

　　"《易》曰：天道亏盈而益谦，地道变盈而流谦，鬼神害盈而福谦，人道恶盈而好谦。"读书人讲话都是有凭有据的，《周易》从哪里来的？"仰以观于天文，俯以察于地理。"都是从万物当中得到的启示。古圣先贤的心很静，每天都有悟处，浮躁的人每天不只没有悟处，还会有一堆烦恼。《周易》讲天道在哪里呢？"天道亏盈而益谦"，"盈"就是满了，比如月亮，十五圆满了，会怎么样？会"亏"，就要慢慢缩小了。"亏盈"代表志满可能就要受损。

《格言联璧》讲："步步占先走，必有人以挤之；事事争胜者，必有人以挫之。"你什么都要拿第一，人家看了一定很不顺眼，你太强势了，人家一定不欢喜，可能就要跟你比高下了，你自己惹来与别人的对立跟冲突，所以处事要学会谦退。

所以孔子教导他的学生，一个人德行、地位、福报满了又能守得住，就是靠这个"谦"字。我们看正月初一、初二、初三以后的月亮，慢慢地越来越有光芒，这是"益谦"。

"地道变盈而流谦"，地道在哪里呢？水都往低处流，一个容器里面水装满了一定溢出来流到哪里呢？流到低处。低处有道，低处就受益了。

"鬼神害盈而福谦"，天地鬼神看到骄傲自满的人就很讨厌。所以，我们假如突然觉得很多事情不顺利，我们可以反省一下，是不是最近特别傲慢。"福谦"，就是冥冥当中庇荫这个谦虚的人。

"人道恶盈而好谦"，在人道当中，人与人相处，必然是讨厌自满傲慢的人，喜欢敬重谦虚的人，谦虚的人让人如沐春风，一定能交到很多好朋友，谦虚的人给人家留颜面，不给人难堪，傲慢的人讲话就让人家很难受，站在他旁边觉得无地自容。

"是故谦之一卦，六爻皆吉。" 六十四卦每一卦六爻都是吉凶相参，有的吉多，有的凶多，只有一卦六爻皆吉，就是谦卦。谦卦是地山卦，我们从这个卦象就能感觉它的精神，地在上山在下。谁都知道山一定比地高，它有这么高的智慧、德能，但还能屈得比地还低，这就代表谦卑。谦虚在古圣先王身上表现得淋漓尽致，比如舜王，主动请下属给他劝谏。

周公曾经告诫鲁国国君伯禽说：《易》有一道，大足以守天下，中足以守国家，小足以守其身。谦之谓也。"《周易》当中有讲到一个真理，一个原理原则。按照这个道理去做，它所产生的利益，大足以安定天下，中可以保住国家，小可以保全自身，指的就是指谦虚。

在唐朝时候，唐太宗创了"贞观之治"，天下许多国家称他为"天可汗"，他被奉为天下的共主。我们从太宗皇帝的行持可以看到，他能接受大臣们的劝谏，这都是谦德的表现，所以为天下人所景仰，这就是"大足以守天下"。

当时日本、韩国、越南，周边国家都来学习我们中国的文化。日本、韩国、越南派遣一批一批的留学生过来，把我们老祖宗宝贵的智慧，带到这些国家去，这不都是安一方国家、安一方人民吗？有好的教诲，人心善良，当地人民就有福报了。而且当时各个宗教都很兴盛，天主教、基督教、伊斯兰教等很多宗教都进入唐朝。太宗皇帝对于各个宗教的圣贤都非常尊崇，向他们学习。

唐太宗的这个谦德表现在他纳谏，他能受天下之善，各个宗教、各个民族的好的教诲，他都能接受。"中足以守国家"，一个国家的领导者能谦卑接受底下的劝谏，一定可以招感来很多的仁人志士来辅助他，这个国家一定可以长治久安。

"小足以守其身"，在唐朝有一个武将叫郭子仪，一般情况下，武将因为武艺高强、建功立业，难免有些傲慢。郭子仪虽然武功高强，但处事柔和、谦退。当时有一个大臣叫卢杞，卢杞先天长得很丑陋，报复心很强。

郭子仪明白他的性格，所以有一天卢杞到郭子仪家拜访，郭子仪就特别谨慎，怕有些人看到他的外貌，会有轻慢的态度出现。冯梦龙先生在《智囊全集》中记载："杞貌丑，妇女见之，未必不笑。"所以，郭子仪把这些下人支开，尤其是女眷一个也没留在大厅。

他儿子说："父亲，您的官职比他大很多，为什么这么惧怕他。"他告诫过儿子和家里人："卢杞为人，阴险报复，现在你们如果瞧不起他，等他得势了，后果不堪设想。"所以，卢杞到他府上拜访，他自始至终都恭敬、热诚。别人都看不上卢杞，只有郭子仪对他这么恭敬和谦和，与卢杞把酒言欢。

卢杞觉得志得意满，欣然离去，所以郭子仪没有跟卢杞结怨。后来卢杞掌权之后，真的把以前曾经取笑他的人，都加害了。而且朝堂之上没卢杞不敢撑的，唯独对郭子仪客客气气，非常友好。所以，这个谦退"小足以守其身"。

郭子仪功高不震主，福禄寿俱全，一生经历了七朝帝王，被封为汾阳郡王，担任宰相长达二十四年，而且福泽荫及子孙，七子八婿都是达官贵人，孙女还成为皇太后。他被历代圣贤读书人尊奉祭祀，堪称"千古第一臣"。

郭子仪靠什么可以守身、持家、护国的呢？就是靠得谦德。面对帝王的猜忌，宦官的污蔑，他从不辩解，从无抱怨，反而以忠诚消除猜忌，以仁厚回报伤害。宦官鱼朝恩，曾派人挖了郭子仪父亲的坟墓，无数人都担心，手握重兵的郭子仪，一怒之下会举兵造反。谁知郭子仪却流着眼泪说："我长期带兵，不能禁止士兵损坏别人的坟墓。现在别人挖我父亲的坟，这是上天的惩罚，并不是有人故意跟我过不去。"

了凡先生接着说："《书》曰：满招损，谦受益。"《尚书》是全世界最早也是最精辟的政治哲学，也说傲慢一定招来损害和祸患，谦虚必然受益。这句话完整讲是："满招损，谦受益，时乃天道。"

这句话是什么意思呢？谦虚使人受益，骄满给自己带来损失，这是一个自然而然的规律，这个天就是自然而然的意思。我们说"顺天者昌，逆天者亡"，顺着天道天理和自然规律去做的人，就会兴盛，而违背了自然规律的人，就会灭亡。因为一旦一个人有了骄满之心，觉得自己都比别人强了，他就很难再有好学的品质，人生也就很难再进步了。

《礼记》开篇就提醒我们"傲不可长"。很多大企业家为什么事业如日中天却快速堕落？大部分离不开这个傲慢。开始的时候挺好的，都挺能接受谏言，结果一被肯定了，就不知天高地厚。成于真诚谦卑，败就败在傲慢。况且我们还那么年轻，都还没有成就德行，也没有成就事业，这个时候就傲慢，那就会更麻烦。

我们从《史记》当中也能得到很大的启发，太史公在写《史记》的时候，涵摄着高度的智慧和对后世的那一份恩泽。他希望通过《史记》，让我们对人生有很多关键的感悟。《史记》里面的"本纪"是记皇帝的。

大家有没有留心，有一个人不是皇帝但被太史公列入"本纪"，就是项羽。为什么把他列入"本纪"呢？因为项羽是有机会当皇帝的。你看他势力那么大，百战百胜，打仗几乎没输过，但输了最后一场。他脾气很大、很傲慢，身边连他最亲的范增，最后都被他怀疑、被他指责，离他而去，所以一个人傲慢则失人心。

我们在《史记》上看到，当时项羽三年发迹，得到无数人的帮助，加上祖上有德，才有这么大的福气。影响力很大，能够率领其他五国诸侯，哪五国？韩赵魏齐燕。项羽是楚国人，其他的五国在他的率领之下灭了秦国。

"分裂天下，而封王侯。"把天下分成几个部分，然后封给各国的王侯。"政由羽出，号为霸王。"政治上一些重要的决策由项羽来发布，"出"是发布，被称为西楚霸王。"位虽不终，近古以来未尝有也。"他这个领导的位子最后虽然没有保住，但是这几百年没有看过这样的例子。

他有这么高的影响、这么强的武力，为什么后来又快速败下来？就是太过自负和傲慢，刚愎自用，把祖宗留给他的福报全部都败掉了。

我们暂举两例，王陵的年龄比刘邦大，从刘邦很年轻就辅佐刘邦，刘邦对待王陵如同兄长，那时候他也不知道自己以后会是天子。后来楚汉相争，项羽把王陵的母亲抓了起来，王陵就派人去看望母亲。项羽想要通过王陵的母亲，迫使王陵来投靠他，背叛刘邦。

王陵的母亲知道这个情况以后，对那个来的人说："你一定要交代我的儿子，好好效忠刘邦，他是个仁君，他会兴旺的，叫他不要担心我。"话说完，她抽起佩剑自刎而死。你看这位母亲多么忠义，她绝对不能让自己的儿子背叛自己的君主，不能背叛仁德，她宁可舍弃生命，都不愿意让自己的儿子做出这样的事情来。

古代女子的这种贞烈真令人动容，这个典故在《德育课本》里面有记载。而且，她不只忠，还有智慧，她一看就知道刘邦是好的君王，未来可以兴旺。也有勇，视死如归，智仁勇"三达德"她都具备啊。

面对这样的一个女子，项羽居然把她用水给煮了。假如项羽当时给她厚葬，可能历史都要改写了，代表项羽尊重忠臣。结果，你把忠臣的母亲拿来用大火烧水煮了，这多让天下人寒心。所以，项羽有很大的福报，就因为嗔恨心和傲慢，把他大福全部都给折完了，最后没办法，自杀了。

刘邦身边还有个忠臣，叫纪信。有一次刘邦被团团围住了，命在旦夕。这个忠臣为了救刘邦，急中生智，就跟刘邦讲："我穿着您的衣服从东门冲出去，楚军就都会围到东门来，君上您刚好可以趁机从西门逃走。"

这个忠臣为了救刘邦，连命都可以牺牲。坐着刘邦的车，穿着刘邦的衣服，插着大旗就向着东门去了，吸引了楚军的注意力。刘邦真的趁机从西门逃脱了，项羽抓到了这个忠臣。

你看，纪信也是"三达德"都具备：第一，他有智慧解决危难，这是智；第二，不忍看君王受伤，有德行的君主也是老百姓的福，他知道项羽比较傲慢好杀，以后对老百姓不利，这是仁；第三，他连死都不怕，这是勇。

但项羽不但羞辱这位忠臣，还把这个忠臣给烧死了。那一把火不是烧死了一个人，是把所有忠臣的心都给烧掉了，人民的心都给烧掉了。所以，一个人傲慢的时候不得了，再大的福分都可能瓦解掉。项羽因为傲慢，脾气大，好怀疑人，责备下属，所以大家都离他而去了。正如莎士比亚所说："一个骄傲的人，结果总是在骄傲里毁灭了自己。"

这是项羽，太傲慢了，贡高我慢，眼里只有自己。而刘邦虽然常常打败仗，可是最后一仗打赢了，他当上皇帝了。他当上皇帝以后说："这都不是我的功劳，都是大家的功劳，是萧何的功劳，韩信的功劳，张良的功劳。"他很谦卑，让功给大众，所以赢得了人心。历史是一面镜子，给了我们很多的人生启示，其实我们从历史当中也能够得到充分的印证。

荀子讲："凡百事之成也，必在敬之；其败也，必在慢之。"孟子也说："得道者多助，失道者寡助，寡助之至亲戚畔之。"一个人违背了道，不够谦虚，就会众叛亲离。"得道者多助"，天下人都来帮助他。"多助之至，天下顺之。"孟子这些话很可贵，谦虚的人，天下人都会欢喜、顺从他的志愿，跟他同心为世界谋福。

《史记》当中有一则典故，叫"埋蛇享宰相之荣"。这是讲春秋时期，在楚国有一位叫孙叔敖的义士，后来他当了楚国的宰相。孙叔敖是安徽人，他有一次出外旅行，在路上呢就见到了一条两头蛇。当地人都相信，这种两头蛇是大灾星，见到的人一定会死。所以孙叔敖看到这两头蛇，立即就把它杀掉，然后埋了。

等到他回家之后，心里就闷闷不乐，他母亲就问他："孩子，你心情为什么这么差，饭也不吃，觉也不睡的？"孙叔敖就说了："我见到了一条两头蛇，因为见了蛇之后就必定要死，我知道我现在是必定要死了，没有办法来孝养父母，所以我很忧虑啊。"

他母亲就问了："那蛇现在在哪里呢？"孙叔敖说："我已经把它杀了，然后给埋了，因为我怕被另外一个人再看见，我已经看见了，我死就好了，不能再让另外一个人看到，也连累另外的人。"

母亲听了以后反而转悲为喜，就跟他讲："你不用害怕，不用忧虑，凡是积阴德的人必定会有善报，你发起这个真诚心是救人的，那么你绝对不会死，而且儿子你将来在楚国会大富大贵的。"

这个当母亲的真的是有见地，古人都是受到伦理道德因果教育的，所以她就安慰她儿子，善必有善报。后来孙叔敖果然做到了楚国的令尹，就是楚国的宰相，而且是一代明相、贤相，为楚国治国理政做了很多的好事。

孙叔敖一念慈心，"己所不欲，勿施于人"，这是仁爱，自己不愿意死，就不想让别人死，自己见了蛇，知道自己必死无疑，所以把这蛇埋了，不愿意再有第二个人去受到连累，这就是仁慈的心。所以招感的福报就十分殊胜，不仅他自己没死，反而得到了宰相的荣贵，这叫"逆种福田"。

孙叔敖做宰相的那一天，臣民都来祝贺。大家祝贺差不多之后，来了一位老者，这位老者戴着白帽子，穿着粗布衣服，当时只有去吊丧才穿这样的衣服。你看，人家当宰相，这个老人穿着吊丧的服装到这里来。

孙叔敖马上讲："老者，大王不知道我这个人不贤，让我来坐这个令尹的位子，请您多多指教。"他比较谦退，事实上他也真觉得自己的能力不够。一个人如果觉得自己的能力够了，那就麻烦了，他就自满了。所以，孙叔敖说："今天长者这样穿着，一定是有什么事情要给我指点。"然后，他先行礼，礼拜这位老者，恭请老者给予教诲。

这位老者就讲："身已贵而骄人者，民去之；位已高而擅权者，君恶之；禄已厚而不知足者，患处之。""身已贵而骄人者，民去之。"你身份高贵了，如果特别骄傲，欺负老百姓，老百姓会离弃你。"位已高而擅权者，君恶之。"你在高位上，是一人之下万人之上的宰相，如果你玩弄权力，国君会厌恶你。"禄已厚而不知足者，患处之。"你俸禄已经很多了，如果你还贪得无厌，还去贪污的话，你的大灾祸就要到了。

这段话也提醒，一个为官者要谦卑、要谨慎。你不谦虚谨慎，你的行为都是给国君添乱、给领导添乱、给人民添乱。然后还要廉洁、要知足，不可以贪污，这三点都是为官特别核心的原则。

正所谓："仕宦芳规清慎勤，饮食要诀缓暖软。""仕宦芳规清慎勤"这是《三国志》里提出的：当官的最重要的德行有三个，清，清廉；慎，谨慎；勤，勤奋。不可以作威作福，要为人民谋福利，鞠躬尽瘁才对。

老者讲到这里，孙叔敖又拜了下去，"敬受命，愿闻余教"。我恭恭敬敬承受您的教诲，请您继续再对我进行教诲。人家在他做宰相时候穿吊丧的衣服，提意见，他不只没有不悦，还觉得这个提醒太重要了，恭恭敬敬领受，"愿闻余教"。

老者接着讲："位已高而意益下，官益大而心益小，禄已厚而慎不敢取。君谨守此三者，足以治楚矣！"地位越高，态度越谦卑、恭敬；官职越大，而内心越谨慎、细心。为什么？你的决策影响整个国家和所有的老百姓；俸禄越优厚了，越感恩国家、国君的信任，更不可能去贪污了，"慎不敢取"。

老者最后说："你严格地遵守这三条，足够把楚国治理好了。"所以说孙叔敖有福报，楚国有这样的宰相也有福报？您看这位老者，他有智慧，抓住宰相上任的那一天，以他的智慧、德行去感动这位宰相，所以这个老人很不简单。

诸位朋友，您的生命当中有没有出现这样的老人，在一些人生重要的机会点，给你这样教诲？大家回想一下，您生命当中的父母长辈，曾经跟您讲过的话，您记得多少？假如您记得很多，你是很有福报的人。印光大师曾言："一分诚敬得一分利益，十分诚敬得十分利益。"谦虚的人，没有一个人不成功的。

孙叔敖死了以后，虽然他对楚国建功立业，当宰相，把楚国治理得很好、很强大，但是他过世之后，儿子却过着非常贫困的生活，以至于要靠着背柴、卖柴过日子。

优孟知道了这件事，就缝制了孙叔敖生前穿的那种衣服和帽子，穿戴着模仿孙叔敖生前的举止言谈。大概一年以后，他的言行举止、穿着打扮就像活生生的孙叔敖一样。楚庄王看了之后大吃一惊，他还以为孙叔敖复活了，打算任他做宰相。

这时候优孟就开口说话了，他说："楚国的宰相做不得！为什么？你看，像孙叔敖那样做楚国的宰相，尽忠廉洁地治理楚国，使得楚王得以称霸诸侯。但是他死了之后，他的儿子连立锥之地都没有，贫困到要靠背柴出卖才能维持生活。所以楚国的宰相做不得。"

楚庄王听了之后，对优孟的苦心表示感谢。你看他为了让自己穿戴、言谈举止都像孙叔敖，结果这样模仿孙叔敖的言行用了一年多的时间，确实是用心良苦。楚庄王对他的这个用心非常感谢，而且召见了孙叔敖的儿子，把寝丘之地封赐给他。

这说明古人对于那些尽忠的大臣，不仅仅要照顾他的生活，他死了之后，还要去参加各种的葬礼，表示对他的感恩。对于他的后人，也同样给以关爱，这样大臣才会受到鼓舞，才愿意竭忠尽智地把自己的本分、责任尽到。

这就是君仁臣忠，这也是中国式管理的特点所在。这也是"积善之家，必有余庆"啊，孙叔敖大公无私、为国为民，没有为自己的孩子考虑，他都去世了，还是会有人帮助他的儿子，这都是他德行的感召，身体力行地为大众贡献，怎能不感动天地人心，这样的人，他的子孙是有福的。

接着，了凡先生也提到了几个当时谦虚受益的例子，给自己的孩子，给当时的人，也给我们高度的信心。经文讲道："**予屡同诸公应试，每见寒士将达，必有一段谦光可掬。**"我多次跟同伴一起进京赶考，每一次看到清寒的读书人将要发达，将要考取功名，都会在这些人身上感受到他们谦和的光彩。"掬"，就是捧出来，非常明显，让你一接触他，就感觉他非常平和，非常谦退。"可掬"，不是装的，是非常自然的。

"**辛未计偕**"，辛未年，了凡先生37岁。"**我嘉善同袍，凡十人**"，跟同乡十个人做伴进京赶考。"**惟丁敬宇宾，年最少，极其谦虚。**"十个人当中，丁宾，字敬宇，这位同乡年龄最小，而且非常地谦虚。

"**予告费锦坡曰**"，我马上欢喜地告诉旁边另一个朋友："**此兄今年必第。**"这位兄台今年必定考上进士。"**费曰：何以见之？**"你为什么讲得这么肯定？

"予曰：惟谦受福。"唯有谦虚能受福报。假如不谦虚，福报可能是祸不是福，所谓"祸福相倚"。现在这个时代，人一有钱，财大气粗，骄奢淫逸，不见得是福。不只如此，拥有很高的学历、地位，假如没有谦也是祸患。所以《大学》讲："德者，本也。"德行，是事业的基础，假如没有德的基础，事业迟早要垮下来。

"兄看十人中，有恂恂款款，不敢先人，如敬宇者乎？"了凡先生很用心地观察了这位同乡的优点。有时候人家问我们身边的好朋友有什么优点，我们临时还想不起来。甚至有时候人家临时问我，你跟善知识学这么久了，他身上有什么优点？你效法了几点？有时候被人家这么一问，还真是突然脑中一片空白。不能见贤思齐，很可能这些善知识跟朋友在我们身边再久，我们也学不到他们的优点。

所以，道德学问要提升，都要主动，都要下功夫，看得懂，才效法得了。了凡先生看得很细腻，"恂恂款款"就是非常真诚、实在，又厚道。"不敢先人"，他很谦退，不会跟人家争，都是礼让、尊重别人。

"有恭敬顺承，小心谦畏，如敬宇者乎？"他跟其他人相处很恭敬，具体表现在他的表情、态度，还有一言一行当中。"顺承"就是温顺、顺受。可能别人提一些意见，他虽然不是很认同，但是他懂得先顺受。因为毕竟十个人在一起相处，大家的想法很难都一样，他懂得恒顺大家，这要很柔软才做得到。现在两个人住在一起都吵架，更不用说"恭敬顺承"了。

"小心谦畏"，非常谨慎，"畏"还是一种恭敬的态度，怕自己的行为让人家不舒服，恼害到别人。了凡先生觉得丁宾做得特别好，自己和同乡都比不上他。

"有受侮不答，闻谤不辩，如敬宇者乎？"别人侮辱他，他不回嘴，能忍辱。"闻谤不辩"，人家诽谤他，他也不辩解，不逞口舌之辩。受人家侮辱，受人家诽谤，是最容易让人起情绪的，他能平心静气地包容，这是有学问的表现，所谓"学问深时意气平"。他做到了，别人敬佩他，连了凡先生大他这么多岁都佩服他，而且有大福，这么年轻就考上功名。

那假如受侮必答，闻谤必辩呢？人家侮辱我们，一定是我们得罪了他或者是他看我们不顺眼，我们马上不高兴，回嘴了，那可能就吵起来了，吵凶了，甚至会大打出手，怨不就越结越深？

旁人看起来，这两个人是一般的见识，一个巴掌拍不响，人家也很难敬重我们。而且，常常动火的人，领导不敢重用，必然是度量大的，能忍耐的人，才成得了大事。所以，从正反两面去看，都要提醒自己很理智地往谦虚、礼让的方向要求自己。

很多人不冷静，"为什么就要我忍？为什么不是别人呢？"其实当我们这么讲的时候，已经没有察觉，就是六祖慧能大师讲的，不是风动也不是幡动，是自己的心早动了。掌握不了自己的情绪，更不可能掌握得了自己的未来。了凡先生从这几个角度观察，丁敬宇学长的这些修养显然比大家好很多。

"人能如此"，一个人能有这些优点，这些修养。**"即天地鬼神，犹将佑之。"**必然感动天地鬼神来护佑他。**"岂有不发者？"**怎么可能会不发达呢？

我们中华民族，代代都出圣贤，祖先当中多少留名青史的圣哲人，这叫"积善之家，必有余庆"。我们的老祖宗是道德起家，大家想一想，尧舜禹汤、文武周公会把福报给谁？一定给谦虚的子孙，给有使命感要当好父母官的子孙，给有使命承传道统的子孙，给为天下贡献的子孙，这是必然之理。

比如你有三个孩子，你会把家道传给谁？会把福报传给谁？一定传给那个最谦虚最懂事的，他才好去照顾其他兄弟姐妹，才好去照顾家族。人同此心，心同此理，祖宗又不比我们傻。所以，弘扬中华文化，后台老板是尧舜禹汤，文武周公。"犹将佑之，岂有不发者？"

"及开榜，丁果中试。"他果然考上了。后来做到了南京工部尚书，累加至太子太保（正一品）。卒谥清惠。

开榜之后，了凡先生和丁敬宇相谈甚欢。了凡先生说："敬宇兄忠厚谦卑，言若讷讷，实则蕴含大智慧！"丁敬宇说："了凡兄大才，只不过暂时委屈，而我侥幸而已！"了凡先生诚恳地说："兄以至柔而胜天下之至刚，以无为而胜天下之有为，前途无量！"

这顿饭从中午一直吃到晚上，了凡先生把自己遇见云谷禅师的事情说给丁敬宇听。丁敬宇听后十分感慨，丁敬宇把自己做的一个梦说给了凡先生听，说自己梦见一个天神模样的人对他说："你当官之后，务必把赈灾和扶贫放在首位。"了凡先生听后惊喜不已，这是一次心灵与心灵的交谈，后来他们在不同的地方做官，但是都在积善成德。

不久，丁敬宇被授江苏句容县令。在赴任之前，父亲拉他的手说："你这次去当县官，如果戴乌纱帽的官员说你好，我是不相信的；如果戴吏巾的下属说你好，我更不相信；就是穿青衿的读书人说你好，我也还是不相信；只有戴瓜皮帽子的老百姓都说你好，我才会相信。"

丁敬宇的父亲可不是一般人，不仅是当地的富豪，更是一位高人。丁敬宇怀着一颗赤诚谦卑的心，废寝忘食，在句容一干就是六年，只要是百姓有困难，即使刮风下雨，他也会亲自去办。

丁敬宇虽然木讷，但记忆力很好，过去用它背四书五经，现在他用这超强的记忆力来了解全县的田产、税收和牲畜。凡是与他有过一面之缘的人，即使村夫野民也过目不忘，数年之后仍能直呼其名。

他在任期间抚恤妇婴鳏寡，修筑仓舍，兴修水利，但凡兴利之举，无所不为。离任之时，百姓建起生祠，纪念其德泽，更称句容的县令只有嘉靖年间的廉官徐九思才能与其相称。当了六年县令后，丁敬宇入朝觐见皇帝，接受朝廷的考核，并拜会内阁大学士张居正。

当时，张居正权倾朝野。张居正对丁敬宇说："听说你在句容的政绩很好。"一般人听到这话后，都会顺着杆往上爬，说些感谢大人栽培，或者希望能挑起更重的担子呀，再往上升一步什么的，抑或一个劲儿表忠心，暗示对方："我是你的人，愿为你赴汤蹈火，在所不辞。"

可是，丁敬宇却说："要是再给三年时间，我可以做得更好。"张居正觉得丁敬宇实在是傻，居然没有对他表忠心，还想回去再干三年，当官的哪个不想往上升呢？这样的傻帽儿自己能用吗？

其实，丁敬宇早就表过忠心了，不过不是对张居正，是对心中的神明，对自己的良心。丁敬宇做官的目的与普通也不同，就是想干点实事。丁敬宇的心，张居正有点看不懂，他直觉这个人不一定会紧跟自己。张居正是何许人也，一点也没看错。

丁敬宇升任御史之后，张居正派他去调查刘台的案子，实际上，这是一次考验，通过这次考验，张居正满意了，丁敬宇就能飞黄腾达，通不过，就会受到张居正的压制。刘台原来是张居正的学生，后来任辽东巡按御史，几年前因弹劾张居正而被下狱，后削籍为民。

学生弹劾老师，这是一件很丢人的事情，这是叛徒，人们最恨的就是叛徒，所以张居正耿耿于怀，一直想置他于死地。现在辽东巡抚张学颜诬告刘台贪污，张居正暗想，这正是整死他的一个好机会。

张居正派丁敬宇去收拾刘台，真是妙极了。首先丁敬宇是一个新上任的御史，对朝廷中的派系斗争不熟悉，更重要的是他是一个正直的官，几乎没有瑕疵，他的话能堵住许多人的嘴。可是，丁敬宇木讷，但并不傻，了凡先生的话说，他是大智若愚。

说别人傻的人，往往自己很傻。张居正这回就犯傻了，你想呀，一个正直的人会去蹚你那一摊浑水吗？丁敬宇谦和，了凡先生说他像水一样，上善若水。但是，水不仅仅只会风平浪静，也有惊涛拍岸的时候，这一回丁敬宇便做出了惊人之举——辞官。

我想做事情，你让我去害人，没办法，自己只有辞官。就这样，丁敬宇回到了家乡。真正正直的人从来就不会寂寞，后来丁敬宇官复原职，并一步一步做到了尚书的位置，更被朝廷加以太子太保的荣衔，官至极品。

丁敬宇做官不是为了捞钱，他家里有的是钱，只是为了做事，他甚至还散尽家财，救济百姓。万历十五年（1587），嘉善大饥荒，因丁敬宇的救助，数万人得以存活。万历三十六年（1608），嘉善又遭遇百年不遇的水灾，丁敬宇令侄子丁铉率家人代为赈济乡里。

天启二年（1622），他捐良田百亩给嘉善学宫，作为膳养造士之费。天启五年（1625），他又捐粟三千石以赈贫民，捐银三千两代贫户缴纳赋税。据后来的陈龙正统计，丁敬宇一生为做善事，前后捐银达三万余两，几乎散尽了祖宗留下的全部家财。

崇祯四年辛未（1631），89岁的丁敬宇告老回乡，又用一生的积蓄在家乡丁栅建造了五座桥梁：东来桥、南安桥、西成桥、北睦桥、丁宅桥。徐霞客先生在日记中写道："崇祯十年（1637）九月廿五日夜泊丁家宅。"

丁家宅，就是丁敬宇旧居。这时，丁敬宇已去世四年，享年91岁，无疾而终，这真的应了那句话：仁者寿！丁敬宇有三个儿子，也都是不错的读书人。所以，丁敬宇是五福临门。

第一，长寿。活到91岁。第二，富贵。官做得大，成为一品大员。第三，康宁。人的心地清净，没病没灾。第四，好德。他是王阳明先生的再传弟子，是入籍弟子。第五，善终，丁敬宇最后是无疾而终。而且丁家的13代子孙个个长寿，丁家成为长寿家族。

一代人长寿好理解，两代、三代、五代、十代都长寿，太难做到了，都是85岁以上这样的年龄。这是长寿家族，福气太大了。而且13代子孙当中，有61位载入史册，名望和学问大啊！

我们只要一死，到派出所把名字一注销，这世界跟你就没有关系了。人家在历史上可圈可点，现在查还有关系，所以这个家族不是一般的家族。丁敬宇为什么福气那么大？极其谦虚。谦虚就谦虚了，怎么还要用个极呢？那就不是一般的谦虚了。

谦虚是福报的屏障，就像再高超的杂技演员，在表演时也要有保护网，谦德就是我们的保护网，这样我们改过迁善才能见到效果。不然改过迁善刚要得到机会，就开始把眼睛长到脑门上去了，再好的机会和运气都会丢掉，这是一定的道理。

"**丁丑在京，与冯开之同处。**"丁丑年，了凡先生在京城碰到小时候的邻居冯开之，一起备考。"**见其虚己敛容**"，他很谦虚、谦退。"敛容"，就是整个表情很和蔼，一点都没有骄慢的气息。"**大变其幼年之习。**"了凡先生觉得非常惊讶，跟幼年比气质变化太多了。俗话讲："读书贵在变化气质。"书读得受不受用，入不入心，从这个人的表情、气质看得出来。相由心生，心地修养好了，自然气质不一样。

"**李霁岩直谅益友，时面攻其非。**""直谅"，正直，诚恳，能体谅人。"益友"，这个朋友有这个特质，对我们的德行和事业一定有帮助。《论语》中讲了"益者三友"。什么样的朋友，对我们德行、人生有帮助呢？"友直"，正直就会劝谏我们、提醒我们；"友谅"，诚恳，也非常体谅人，善解人意；"友多闻"，有阅历、智慧。李霁岩先生很正直，当面指出他的过错。

"**但见其平怀顺受**"，平心静气地接受，一点都不生气。"**未尝有一言相报。**"从没见他回嘴辩白。假如我们反驳，亲朋好友也就不得罪我们了，就不会再提醒我们，我们就没办法受益了。

"**予告之曰：福有福始，祸有祸先，此心果谦，天必相之，兄今年决第矣！**"一个人有大福报，首先都会有一些征兆，一个人要受大祸，也会有一些征兆。大福报的征兆，是什么呢？谦卑。你这颗心是真真实实的谦虚，相信天地鬼神必定会帮助你。"相"是相助的意思。所以，你今年绝对可以考上，了凡先生铁口直断。"**己而果然。**"冯开之果然考上了。

其实这一次考试，了凡先生是要考第一名的，但是他的言辞触碰了主考官的隐私和痛处，所以第二名成为第一名，这个原本的第二名就是冯开之。但是冯开之在殿试中发挥稍微差了一点，所以没进三甲，也很不错，最后考了二甲第三名，也就是那届所有进士的第六名。

这位冯开之很了不起，他后来成了一名著名的诗人和思想家。他与憨山德清大师和紫柏真可大师谈佛，与汤显祖先生谈人性，与了凡先生谈行善积德，与董其昌先生谈心灵，他的朋友圈里都是一些崇尚自然和追求真我的人。

了凡先生没有考中，这一届跟了凡先生一起落选的还有汤显祖。这一届的榜眼是张嗣修，他是张居正的二儿子，其实汤显祖和这一届的状元沈懋学齐名。张居正找过汤显祖，因为汤显祖名气大，想让他带着儿子多转转，混个脸熟，宣传和鼓吹一番，这样以后他儿子再通过关系上位，大家就觉得自然而然，这样做的好处，就是保证汤显祖金榜题名。结果汤显祖没答应，对此深恶痛绝。

到了三年后万历八年（1580），汤显祖还是重新参加会试。这一次不巧又碰上了张居正的大儿子张敬修和三儿子张懋修同时赶考。张懋修中了状元，张敬修也进士及第，汤显祖则依然落第。在张居正当权时期，汤显祖永远落榜。张居正去世以后，万历十一年（1583），汤显祖再一次参加会试，最终在34岁考中进士。

汤显祖宦途坎坷，最终在遂昌县令任上辞官回家，写成了《牡丹亭》等"临川四梦"。后来成为著名的戏曲家、文学家，被誉为"中国戏圣"和"东方莎士比亚"。汤显祖与张嗣修虽然是同学，但是并不来往。张居正死后的第二年，张家被抄，大儿子张敬修上吊自杀，张懋修投井自杀、绝食自杀都没成功，后来被发配，死了了边疆。

张嗣修也难逃厄运，被发配到了雷阳，这个时候遇到了汤显祖，汤显祖却主动与他冰释前嫌，成为好朋友。汤显祖给了张嗣修最真挚的同学情谊，不管他身上有多少跳蚤，他身上有多少别人吐的痰，汤显祖一把拉住他的手，给他拥抱，把人间的温暖送了过去。

"**赵裕峰光远，山东冠县人，童年举于乡，久不第。**"赵裕峰先生，名光远，山东省冠县人，"童年举于乡"，不满20岁就考上举人，相当聪慧。"久不第"，虽然考上举人，但是进士考了很长的时间都考不上。

"**其父为嘉善三尹，随之任。**""三尹"是指第三把手。第一把手是县长，第二把手是县丞，第三把手是主簿。他的父亲到嘉善县做主簿，他随着父亲到了嘉善。

"**慕钱明吾，而执文见之。明吾悉抹其文，赵不惟不怒，且心服而速改焉。**"他很仰慕钱明吾先生，所以拿着自己写的文章去拜见他，请他指教。

结果，明吾先生对他的文章做了大幅度的修改。"抹"，可能画掉很多句子，对他写的文章有很多不认同的地方。自己写的文章被大幅修改，赵裕峰不只没有不高兴，没有动情绪发脾气，反而非常心悦诚服，赶紧修改。当然我相信，明吾先生一定给他很多指导，"速改焉"，善知识讲的每一句话都印在心上，马上回去照做。

"**明年，遂登第。**"到了第二年，也就是万历十七年（1589）中进士。历任平谷、邢台、泾阳知县，"所至以宽得民"。后任户部河南清吏司主事，奉诏总理昌平饷务时尽职尽责，受到褒奖。因功升任户部郎中，又出任直隶保定知府。

"**壬辰岁，予入觐，晤夏建所，见其人气虚意下，谦光逼人。**"壬辰年，了凡先生 58 岁。"觐"就是去见皇上。"晤"，就是遇见。"气虚意下"，"气虚"就是虚怀若谷，"意下"就是非常谦退，毫无傲慢之气。"谦光逼人"，很谦虚，平易近人。

"**归而告友人曰：凡天将发斯人也，未发其福，先发其慧。**"了凡先生感觉夏建所是真实的谦虚，回去之后就告诉朋友：上天将降福于这个人，福报还没现前会"先发其慧"，这是上天的恩赐。

"先发其慧"，慧从哪里发呢？一个人有智慧，必然是先从时时能观照自己开始。时时能观照自己，代表他不自欺，发觉自己念头不对，一言一行不对，懂得忏悔改过，他才能慢慢有智慧。所以，还是因为谦虚开了智慧，才感得大的福报。

古人讲："天降之福，先开其慧；天降之罚，先夺其魄。"你怎么知道上天要降罪给他，这个人慢慢变得恍恍惚惚，对什么事都很愚昧，祸就来了。俗话常讲"祸不单行"，这是结果。因是什么？一定是自己慢慢地越来越糊涂。为什么糊涂？自欺了，错了很多都不认错，慢慢就会没智慧也没福报。

什么是"天开其慧"呢？就是还没降福，要先开慧。"惭愧、奋发、改过"，有这种态度的人，智慧慢慢就增长。懂得惭愧，懂得改过，"德日进，过日少"。烦恼轻，智慧会长，而且奋发，不自暴自弃。反过来讲，不惭愧，不自立自强，不改过的人，就不可能有智慧。

什么是"天夺其魄"呢？"悠忽、昏堕、自欺、饰非"，这些都是"天夺其魄"，人迷迷糊糊的，没有智慧，紧接着也会没有福报。

"悠忽"其实就是人生没有目标，没有责任感，恍恍惚惚。现在年轻人假如从小没有孝道，没有一种责任感的教育，真的过一天算一天。

"昏堕"，懒惰，然后昏暗，每天提不起精神。"自欺"，做什么事，不肯承认错误，自我欺骗。

"饰非"，做错了还掩饰，《弟子规》讲："倘掩饰，增一辜。"越掩饰造的罪业就越大，福都折掉了，而且人一掩饰，就越来越不真诚。真诚是真心，真心越来越没有了，不就是天夺他的魄了吗？

"**此慧一发，则浮者自实，肆者自敛。**"拥有了这样的智慧以后，浮华的人会变得实在、朴实、收敛。因为人常常奋发、改过，面对事情不苟且，实实在在去做事。"肆"就是放纵欲望，因为开了智慧，懂得观照、反思了，懂得前因后果了，不再胡作妄为。

"**建所温良若此**"，夏建所温和善良，这么有修养，"**天启之矣。**"上天必然启发他的智慧，福报也会接踵而来。

"**及开榜，果中式。**"没多久开榜，果然考中进士。他是万历二十年（1592）进士，授浮梁知县，改衢州府学教授。

正所谓：高处有险，低处有道。能量都是从高处往低处流动，一个人傲慢，他的能量就会流向比他谦虚的人，尤其是礼让他的人。就好像打吊瓶一样，要想药液输送到身体中，手的位置一定要低于吊瓶，不然不但无法输送药液，还会回血，伤害自己。

不谦虚的人，很难有长足的发展，即使可能有机会发达，但是如果因此得少为足、沾沾自喜、目中无人，突然觉得自己很了不起，就失去了居安思危的意识，他的灾难就来了。你假如不发达还没有机会造作很大的罪业，结果升官发财以后，利用手上的权力、财力或者公共资源，恰恰可能跌得更惨痛，甚至走到难以挽回的地步。

所以，什么叫否极泰来？从否到泰十分不容易，但是从泰到否却很容易。我们从贫穷到富裕、从疾病到健康太不容易了，但是从富裕到贫穷，从健康到生命有时却在一瞬之间。不要说富不过三代了，很多人可能不到三年的光景，就耗光了人生的福分，晚年会非常凄凉，追悔莫及。

我们学习《了凡四训》，反省改过，断恶修善，命运确实会转变得越来越好，但假如没有谦德，人生就不会有长足的发展和幸福，所以最后这一篇叫"谦德之效"。

谦虚的人才会受人喜欢，拥有一个好人缘，才能真正做一个有福之人，让好运不请自来。当我们明白了这个道理以后，我们甚至会享受谦下的感觉，面对别人的轻视和看不起，我们反而会生起感恩的心。尤其在家庭当中，我们可能故意地示弱，让爱人可以找出自己的不足，甚至接受爱人挑毛病，面对批评，不去反驳，更不去掩盖自己的弱点，让家人的心情得以宣泄。

如果一个丈夫处处表现自己很完美，功劳很大，就容易产生大男子主义；如果一个太太觉得自己无可挑剔，非常辛苦，就容易形成女强人。如果你身边的人连个宣泄的机会都没有，你是最没福气的一个人了。

因为你太"高"了，高处危险啊，到最后把家里搞得乌烟瘴气、支离破碎。

了凡四训

改造命运的东方羊皮卷（下册）

你的"完美"、你的"功劳"、你的"高明"、你的"无可挑剔"还有任何意义吗？所以，我们一定要重视谦德，即使自己确实很优秀，做了很多贡献，也要学会谦让，谦让是我们善缘福报赖以生存的保护伞。

《孔子家语》有段话，子曰："聪明睿智，守之以愚；功被天下，守之以让；勇力振世，守之以怯；富有四海，守之以谦。此所谓损之又损之道也。"

孔子说："聪明能干又有智慧，就要用愚笨的姿态来保持；功盖天下，就要用推让的姿态来保持；勇力震撼当世，就要用胆怯的恣态来保持；拥有四海的土地财富，就要用谦逊的姿态来保持。这就是所说的'谦退再谦退'的方法。"

《管子·小称》讲："故明王有过则反之于身，有善则归之于民。"贤明的君主有了过错就反省自己，归之于自身。把功劳都归之于民，让功于臣子和天下。

据《吕氏春秋》记载，卫灵公在天气寒冷的时候，要开挖一个深池，这个时候有个臣子叫宛春就来进谏，说："天气这样寒冷还征发徭役，恐怕会伤害到百姓。"卫灵公就说："天气很寒冷吗？"宛春说："您穿着狐皮大衣，坐着熊皮的垫子，所以您不觉得寒冷。但是老百姓他们的衣服破了得不到修补，鞋子有了缺口也得不到编织。您自己感觉不到寒冷，但是百姓却能感到寒冷。"卫灵公说："你说得太好了。"于是就下令不再征发徭役。

这时候有个佞臣就来挑拨了，说："君主，您开挖深池不知道天气寒冷，但是宛春知道，由于宛春的劝谏您才下令不再做这件事，恐怕现在福德都会归到宛春的身上，而怨气都会归到君主您的身上。"老话说："不怕没好事，就怕没好人。"一件好好的事，被那个挑拨离间的人一说，就变了味道了。

但是，卫灵公是一个非常明智的君主，听到这样的谗言并没有采用。他说："你说得不对，宛春他不过是鲁国的一个普通人而已，是我举荐他、任用他，百姓还没有看到他的能力，也没有看到他的德行。我现在让百姓通过这一件事看到他的德行和能力，就如同让百姓看到我有善行是一样的，他有善不就是我有善吗？"

《吕氏春秋》上这样评论，卫灵公谈论宛春的这句话，可以说他明白做君主之道，这就是明君应该具备的风范。这个明君心量很大，他知道自己任用了臣子，臣子做的功德、做的好事、做的善事就是他自己做的。这就叫"有善则归之于民"，这也是一个明君的风范，遇到明君，贤臣才能发挥才能不被猜忌，这是国家和人民的万幸。所以，做君主的要有度量，不能嫉妒贤臣，也不要与臣子争功。

那么做臣子的也一样，要知道功成身退，不要功高盖主，甚至连邀功的念头都没有。《道德经》讲："金玉满堂，莫之能守；富贵而骄，自遗其咎。功成名遂身退，天之道也。"这句话是什么意思呢？极为富有的物质生活，很难长久地保有；富贵时生活骄纵奢侈，会给自己种下祸根。功成名就之后，能够懂得不居功贪位，适时退下，才符合大自然的运行之道。

在汉朝，萧何、韩信、张良这是汉初"三杰"。萧何是立大功的大臣，在分封的时候，萧何要的地方，是土地最贫瘠的地方。诸位朋友，假如当时候你是大功臣，你会要哪块地方？是不是要那个地价最贵的地方？你看这些贤者都很冷静，他要那个贫瘠的地方，别人不会跟他去争。好的东西人之所必争，最后就惹来一些恶缘，人家动一些歹念来伤害你。

在一百多年之后，大家调查刘邦当时封的这些大臣，现在的家世如何，绝大部分都已经败掉了。结果萧何的后代还很好，你看他不贪一时的富贵，他知道"勤俭为持家之本"，要这种不怎么好的地，就得勤劳耕作，所以后代就把勤劳一直保持下去了。而且萧何懂得急流勇退，不去贪名、不去贪功，张良等刘邦天下安定之后，他就退隐修道去了。

《史记》中记载，越王勾践灭掉吴国后，顺利成为春秋霸主。勾践能取得今日之成就，身边的范蠡和文种功不可没。文种和范蠡都是楚国人，公元前511年，范蠡邀请好友文种前往越国，和他一起辅佐越王勾践。但范蠡在和勾践的长时间相处中，对勾践有着十分深刻的了解，他说："勾践为人长颈鸟喙，可与共患难，不可与共乐。"

于是他急流勇退，选择离开了勾践，而且主动把自己的财产充公，后来一共三次聚财，三次散财，第二次散财是因为齐王请他做宰相，富可敌国的他又一次急流勇退。后来改名为陶朱公，又一次成为首富，他把钱财又布施给了穷困的百姓。所以，范蠡被人们奉为"文财神"。

其实，范蠡离开越国的时候，还写信劝说文种："飞鸟尽，良弓藏；狡兔死，走狗烹。"劝说好友文种也离开勾践，免得遭遇杀身之祸。文种见到范蠡的书信后，并没有听从范蠡之言，离开越王。不久之后，有人向勾践进献谗言，诬告文种作乱，勾践本来就容不下文种，所以就下令将他赐死了。

而事实上，范蠡急流勇退，他的美名却得以长久保持。勾践叫人给范蠡塑了一个金属做的像，每天还拜他，然后吩咐大夫每十天要拜一次范蠡。在会稽山周围三百里，划了一块地，说是范蠡的封土，谁敢侵占它，都会受到惩罚。

所以，范蠡福报很大，他不贪功，不贪名利，急流勇退。因为名利是人之所必争，你不退下来，人家一嫉妒可能就来毁谤、陷害了。所以懂得退，"此乃天之常道，譬如日中则移，月满则亏，物盛则衰，乐极则哀"。这些都是大自然给我们的启示。

《韩诗外传》讲："孔子使子路取水而试之，满则覆，中则正，虚则欹，孔子喟然叹曰：'呜呼！恶有满而不覆者哉！'子路曰：'敢问持满有道乎？'孔子曰：'持满之道，挹而损之。'子路曰：'损之有道乎？'孔子曰：'高而能下，满而能虚，富而能俭，贵而能卑，智而能愚，勇而能怯，辩而能讷，博而能浅，明而能暗；是谓损而不极，能行此道，唯至德者及之。'《易》曰：'不损而益之，故损；自损而终，故益。'"这也是告诉我们，谦退是人生不会水满而溢的方法。

所以，曾国藩先生，在他的书房写了三个字："求阙斋"。"斋"是心要常常能平静。"求阙"，时时知道自己缺点和不足，而且也有谦卑的意思。曾国藩先生深谙"人无千日好，花无百日红"的道理。你那个杯子里面的水是满的，还怎么能倒进去水呢？你要谦虚，才能接受历代圣贤的教诲，时时知缺，觉得自己不足，渴望圣贤智慧，才能受天下之善，这就是"求阙斋"的意思。

《格言联璧》讲："富贵，怨之府也；才能，身之灾也；声名，谤之媒也；欢乐，悲之渐也。"所以曾国藩为人处世才特别地小心谨慎，因为他明白"一阴一阳之谓道"的规律。如果我们能够体会到中国古圣先贤关心后人的存心，我们就会更加珍惜他们留给我们的宝贵经验。

弘一大师在《格言别录》中讲："物忌全胜，事忌全美，人忌全盛。"物极必反啊。所以，我们虽然才华横溢，有钱有势，仍要处于一个谦卑尊人的态度。这样才能处世顺利，没有灾殃，才能常保吉祥。

曾国藩先生位极人臣，他自己有权有势，又才华横溢，可以说是近乎完美了。如果这个时候不谨慎，又居功自傲，可能都被皇帝视为眼中钉、肉中刺。群臣看了他之后，也会嫉妒他，他主动地解散了湘军。而且做到了"推功于上，让利于下。"把功劳推给君主，而不是自己包揽功劳，让下级也得到实实在在的奖赏和利益。

他说如果没有领导的支持，我这件事绝对做不成，利益不能自己去独贪，要分给属下，这样属下才有动力，尽心竭力地把这个工作做好。

当然真正明理的人，他知道说是推让，其实也不是推让。因为任何一件事情的成功，如果没有领导的支持，那确实很难办成，很难顺利地进行。那没有属下辛苦的付出，一点点一滴滴的，这种不辞辛苦，那也不可能把这个事情做好。所以任何一件事情的成功，都不是某一个人聪明智慧的结果。

所以，我们一定要保持谦虚、低调，这样你做事才能受到众多人的拥护。这样无论是上级还是下级，都希望他有成就，都希望他能成功，而不是嫉妒他、障碍他。这些都是有胸襟、有气度的人，在为人处世、待人接物中遵循的原则。

曾文正公有一个习惯，就是每天写日记。贩夫走卒谈的东西，只要对他有启示，他都把它记下来。贩夫走卒的生活、心情，他都了解了，他以后要照顾各行各业，他可能两句话，就讲到老百姓的心田里面去了，讲得老百姓陪着他流眼泪，"大人，你真理解我们"。所以，处处都是学处，我们要谦卑地向万事万物学习，向每个人学习，假如有傲慢心起来，就很难学到东西了。

而身退从广义上讲，不是说你人一定就离开这个团队，是你非常内敛，收藏自己，不去彰显，不去放纵，像萧何他就很低调，最后他也得到了善终。其实这个世间很重要的事，你尽心尽力去做，慢慢地别人也懂得去做了，这个时候就让给别人做，为什么什么事一定都要我们做？有人可以做了就让人家做。再去做重要而人还没做的事，人随时都去找那个最重要的事做，这样他就不会因为做了一些成绩而自满。

这个世间最重要的事往往没人做。举目滔滔，皆为名来，皆为利往，都是为名利的人占多数。把家庭和社会真正最重要的事情，忽略掉了。这个世界上该做的事太多了，很多都不会有人抢。我们认知到了，尽心尽力去做就对了。

这世上往往哪一件事很重要又没人抢？《礼记》讲："建国君民，教学为先。"传统文化教育很重要，家风、家教、家道的传承很重要，教育好孩子、教育好员工、教育好有缘的人，这些都极其重要。

30 "父子宰相"六尺巷

我们谈到谦让、谦退，不能不谈"六尺巷"。这个故事发生在清朝康熙年间，主人公是张英，张英是安徽桐城县人。当时张英是文华殿的大学士，礼部尚书，后来官拜宰相。

张英的老家跟吴家为邻，吴家盖房子的时候为了地界，占了张家的地方，跟张家发生了纠纷，双方争执不下，就到县衙里面打官司。但是由于张家跟吴家在地方上都是名门贵族，所以县官也有些为难，一时间没有办法裁断。这时候张家不想吃亏，就写了一封信，寄给远在北京的张英，请他出面，为家人撑腰。

宰相张英接到家书以后，度量很大，他认为邻里之间应该要礼让、谦让才对，要友爱、要包容，没有必要跟吴家相争。于是他就给家里写了一封信："一纸书来只为墙，让他三尺又何妨。长城万里今犹在，不见当年秦始皇。"

"一纸书来只为墙"，你写一封信来只为了这一道墙。"让他三尺又何妨"，你让他三尺又会怎么样呢？"长城万里今犹在"，那万里长城今天还在，"不见当年秦始皇"，当年的秦始皇却不见了。

家人读了这封信以后，觉得很惭愧，于是主动地就跟吴家讲："好啦，我们不跟你争了，我们退三尺的空地给你。"张家就退了三尺，吴家看到之后深受感动，觉得很惭愧，也主动退让三尺，这样两家的院墙之间，就形成了一条宽六尺，长一百多米的空巷子，两家的纠纷就平息了。

所以，人性本善，本来跟他吵得不得了，还打官司，最后你先退，他跟着就退了。从此，前后街的老百姓就从这个巷子通行，十分方便。你看，自己退三尺，对方退三尺，最后还变成利益到老百姓了，这就是功德了，所以"六尺巷"的美名广为流传。

所以，古人常常教导孩子不要相争，不要互相嫉妒，不要去排斥对方，大家应该学学"六尺巷"的精神。而且，张英节俭济贫，60岁大寿的时候，他的夫人计划专门雇一个戏班子唱一场"堂会"，并设宴款待那些前来贺寿的亲朋

了凡四训

改造命运的东方羊皮卷（下册）

好友。

张英得知后，坚决不同意，他劝说夫人放弃这一计划，并用这笔钱做成了100件丝绵衣裤，施舍给行走在路上的穷人们。而且，张英特别重视家风和家教的传承，言传身教，教子有方。所以，六尺巷这个故事还没结束，到后边更加精彩。

张英的儿子张廷玉也在朝廷任职，后来也官拜宰相，你看一家父子两代人都当到宰相。在历史上这都很少见，这要很大的德行跟福报。到张廷玉的时候，已经是雍正皇帝在位了。在雍正十一年，也就是公元1733年，张廷玉的儿子张若霭，参加科举考试。我们看，这是到了第三代了。

皇帝举行殿试，殿试就是皇帝亲自主持的考试，雍正皇帝钦点，初定张若霭是一甲三名，也就是探花。第一名是状元，第二名是榜眼，第三名是探花。这个探花皇上初定的就是张廷玉的儿子张若霭，还要送给张若霭一把玉如意。当时考卷跟现在一样，都是密封的，拆卷以后才知道，一甲第三名是张廷玉的儿子张若霭。

张廷玉在感谢皇帝时，就下跪请求，说："皇上，若霭是我的儿子，万万不可定为第三名啊！"雍正皇帝就说了："卷子是密封的，我也不知道他是你的儿子，按照规定你已经回避了，在决定之前，也不知道是谁的试卷，这个事情跟你无关啊。"

你看张廷玉这个家教多好，这个家风多好，张英真是教子有方，言传身教。张廷玉就一直跪在地上不起来，要求将儿子降低名次。雍正皇帝说："这科举考试是朕定的等次，很公平，不必更改了，你快起来吧。"张廷玉就跪在地上不起来，说："我们张家已经是两代辅臣（位极人臣）了，已经多蒙皇恩了，天下寒士很多，应该让给别人。"

你看，从这地方就能看出一个人的福报跟度量，他把福报送给别人，有福德不受福德，这个境界很高。古人讲"观德于忍，观福于量"，观一个人的德行从哪里看呢？从他能不能忍住脾气、忍住习性来看。"观福于量"，一个人有没有福气从哪里看得出来呢？他的爱心、他的度量、他的胸怀，毫不利己，专门利人。如果做不到这样的层次，至少也要邻居和睦相处。

张廷玉高寿84岁，无疾而终，谥号"文和"，配享太庙，是整个清朝唯一配享太庙的文臣，也是唯一配享太庙的汉臣。所以，我们现在是不是要学习张英和张廷玉？是不是要学习礼让、谦让、忍让，如果人与人、国与国都能学习，这个世界就少一点纷争、少一些战争，家庭就多一些祥和，少一些烦恼。

结果雍正皇帝看到张廷玉这么真诚，就采纳了他的求让意见，把张若霭改成二甲第一名。本来是一甲第三名探花，现在改成二甲第一名，也就是第四名了。就把二甲第一名的这个人，也就是第四名提升为一甲第三名。

后来张若霭官至礼部尚书，内阁学士，并承袭伯爵。张廷玉的其他三个儿子也很了不起，张若淋，任刑部侍郎、左御史等职；张若澄官至内阁侍读学士；张若淳任兵部尚书、刑部尚书。张家父子为人忠厚，家风淳朴，这就是好的家风、家学、家教。这样的家风、家学、家教，诞生出张家六代出了 12 位翰林。

大家听清楚啊，12 位翰林还不止，还出了 24 位进士。你看这个不得了，那要多大的福报啊？这都是传承了家族优秀的家风和家教得来的，这也是我们学习和推广《了凡四训》的意义所在，真的可以让我们改变个人和家族的命运，做好每一个决定，做有智慧和福报的中国人。

《后汉书》里有两个典故，"大树将军"和"瘦羊博士"。这两个典故都发生在东汉光武帝时期，光武帝身边有个将军叫冯异。他是光武帝的偏将。因为打了胜仗，所有的将军都聚在一起，一个个都在讲述自己有多大的功劳。

在互相标榜的过程当中，冯异一句话也没说，跑到一棵大树下，默默地坐在那里，不与他们争名夺利。往往当一个人有德行，不去争夺名利的时候，其他人就会觉得惭愧，就会反省自己。人家有功都不标榜，我们还在这里争功。光武帝知道了也很感动，就封冯异为"大树将军"。

另外，在汉朝，有封"五经博士"的制度。一年当中，皇帝会送给博士们每人一只羊。那天赶来了很多羊，五经博士来接受皇帝的御赐。结果所有的五经博士都在那里说："这只比较肥，那只比较瘦，这样不公平。"博士们在那里议论不休。

有个读书人叫甄宇，他看了之后没说话，立刻走到羊群里，牵着那只又瘦又小的羊走了。甄宇这样一做，所有的人不吵了，都觉得很惭愧，亏自己还是五经博士，真的是徒有虚名。甄宇非常善巧，用自己的行为来开导大家。后来光武帝知道了，封甄宇为"瘦羊博士"。

有一个典故，叫"推多取少"。这个故事发生在现在的浙江省，在慈溪这个地方，以前有两位老师他们交情非常要好。某甲得到一个机会在一个学馆教书，教师的酬金是九两。某乙得到一个机会在另外一个学馆教书，酬金是六两。

甲就很高兴，说："我们两个人明年就没有照顾家庭的忧虑了。"结果乙就

505

说了："兄长，你只有大嫂一个人在家，所以你有九两黄金不但够用，还能有剩余。而老弟我呢，上面还有父母，六金是不够用的。"

某甲听完很慈悲，就说："你说的确实是事实，那这样好了，我把这个酬金是九两的学官让给你。"然后，他自己就去乙馆教书了。结果他到了乙馆以后，在床下捡到一本破旧的书，上面抄有外科的药方。他就问里面的人，学生说这是以前的老师所遗留下来的。某甲从那以后，在业余时间他也学习这本书。

某甲在冬天的时候，回到家乡过年，看到几个穿着很讲究的仆人，在仓皇地打听这个地方有没有懂外科的医生。经过询问，某甲得知他们的主人要从浙江去山东当布政使。忽然背部长疮了，痛得不得了，已经有三天了。某甲就想到以前他所得到的药方，正好符合这个病症。因此，就随他们前往，他就照那个药方，用艾草来熏炙，果然把他治好了。

布政使非常欢喜，就以百金酬谢他。当两人谈到因为让馆给某乙而得到这个药方，布政使对他更是大加赞叹和奖赏。刚好慈溪的县令是他同科中式者的侄子，所以就为某甲大力推荐，某甲因此进入了县学当了一个生员，得到了提拔。

所以，这天下没有真正占到便宜的人，也没有真正吃亏的人，把时间拉开一看，很公平。某甲让这个学馆给某乙，却在这个他去任教的馆子里的床铺底下，捡到这个外科药方，这是偶然的吗？这是巧合的吗？不是。我们应该知道这是他推多取少的果报，这就是感应，善有善感，恶有恶感。

古德评价道："有的亲兄弟尚且都会为钱财而争吵，何况是朋友呢？某甲能够体念朋友奉养父母的辛苦，所以他推多取少，他乐得吃亏，吃亏是福啊。他将他得到的这个酬金比较多的馆让给某乙，自己去收入少的那个馆。要知道他让这三金，虽然是小数目，但是道义上却远超过千乘车马的价值。

某甲到后来能够名利双收，都是他从一念能够礼让、谦让的心中得来的这个福报。那些为了一点小小的利益而争利、疲于奔命的人，动不动就为了利益而翻脸无情，看到这个故事，难道不觉得很惭愧吗？"而推多取少的人，会得到上天更丰厚的奖励，也会得到别人更多的佩服。

左宗棠先生是晚清名臣，在洋务运动和收复新疆中，都显露出卓越的政治和军事才能，他被当时的人称为"再世诸葛亮"。左宗棠很喜欢下围棋，其属僚皆非其对手。

左宗棠在率军出征途中，见一茅舍，其横梁上挂着一块匾额，上面写着六个大字："天下第一棋手"。左宗棠顿时兴起，马上入内与茅舍主人连弈三盘。结果，主人三盘皆输。左宗棠兴致益然，自信大增，他大笑道："你可以将此匾额卸下了！"说罢，他继续率军前行。

等到左宗棠班师回朝，又路过此处，看到那块写着"天下第一棋手"的匾额仍赫然挂在原处。左宗棠略有所思，又入内与主人再战三局，结果这次左宗棠三盘皆输。左宗棠感到非常奇怪，忙问茅舍主人是什么原因。

主人不慌不忙地回答说："上回，您有军务在身，要率兵打仗，我不能挫您的锐气；现今，您已得胜归来，我当然全力以赴，当仁不让啦。"左宗棠恍然大悟，对此人甚是佩服，连连称道："不愧为'天下第一棋手'！"

世间真正的高手，能胜，而不一定要胜，他有谦让别人的胸襟；能赢，而不一定要赢，有善解人意的宽宏。真正的智慧，超越于一般的输赢，因而不会失败。所以，古人教我们处事要礼让、要谦让。"让功于众，让名于上，让位于贤，让安于长，让食于幼。"真正为他人着想，礼让他人，谦让他人，这样的人福报都很大。

《明史》当中有个典故，叫"忍让而贵"。这讲的是杨溥先生的事迹，他是明代著名的官员。杨溥曾在胥溪一带讲学，学生很多。这时候，杨士奇从庐陵，也就是现在江西省吉安来，遇到他后，说自己要找一个私塾老师的工作。

杨溥探明了杨士奇腹中的才学，很有好感。他就告诉自己的馆塾主人："我还配不上替你家当老师，应当请我的老师来做老师。"然后就辞职离开。主人询问他所说的"老师"是谁，得知是杨士奇，于是聘请了后者。

杨溥最初与杨士奇并无交情，自己家里也贫困，完全出自道义，把讲学的好工作让给了杨士奇。后来杨士奇官至礼部侍郎兼华盖殿大学士，兼兵部尚书，历五朝，在内阁为辅臣40余年，首辅21年。杨士奇很感激杨溥，在内阁任首席大学士时，推荐杨溥进了翰林院。不久杨溥官拜礼部侍郎，又晋升为礼部尚书。杨溥最后活了85岁，无疾而终，可谓五福临门。

杨溥不但谦让，而且仁慈。他邻居生了孩子，孩子在襁褓当中。这几个月大的孩子就怕惊吓，他怕惊吓到隔壁的孩子，把自己每天上朝坐的驴子卖掉，自己走路上朝。真是都不为自己想，都在利人，哪怕是一个襁褓中的孩子，他都尽心尽力为他着想，这很不容易。他对一个孩子都这样体恤入微，我们可以想象他当官，百姓是非常有福的。

杨溥还有一个邻居丢失了一只鸡，指骂说是被杨家偷去了。家人气愤不过，把此事告诉了杨溥，想请他去找邻居理论。可杨溥却说："此处又不是我们一家姓杨，怎知是骂的我们，随他骂去吧！"

还有一个邻居，每当下雨时，便把自己家院子中的积水放到杨翥家去，使杨翥家如同发水一般，遭受水灾之苦。家人告诉杨翥，他却劝家人道："总是下雨的时候少，晴天的时候多。"

久而久之，邻居们都被杨翥的宽容忍让感动，纷纷到他家请罪。有一年，一伙贼人密谋欲抢杨翥家的财产，邻居得知此事后，主动组织起来帮杨家守夜防贼，使杨家免去了这场灾难。

有一天，有个小孩不懂事，把他祖坟的墓碑给推倒了。那个守坟的仆人赶紧回来禀报："大人，不好了，您的祖坟的墓碑被小孩给推倒了。"结果他并没有生气和计较，他还赶紧问："哪户人家？"然后，他马上跑到那户人家去了解，问："孩子有没有受伤？"你看，他首先关心孩子。

讲到这里，我们就想到了《孔子家语》，孔子家里马厩失火了，孔子第一个念头是什么？"伤人乎？"有没有伤到人，身外之物没有放在心上。

马厩失火，可能马就没有了，那等于是你的一台豪华轿车没有了，心不心疼？那可能是好几年的俸禄才够买一匹马。所以，人的修养在哪里看到？突如其来的事情就看到他的心地功夫，完全没有那种指责别人的存心，处处都在为对方着想。

杨翥问完以后，还好孩子没受伤，交代他的父母看好这个孩子，不要再让他做出这些危险的动作，怕他被墓碑压到了，怕他受伤。我想当下这个父母一定既惭愧又感动，这样的好官，一点都不指责他们，还关心他们的小孩。

杨翥对他人很宽和，对自己却很严格。他有一天睡觉，梦到自己走到一个果园里面，摘了人家两颗梨子吃。他醒过来以后非常自责，说："梦中没有经过人家同意，摘两颗梨子，就是我平常这个义跟利分不清楚。"他几天不吃饭，处罚自己。

古人的自我鞭策是非常严格的，人一天万境交集，念头一不觉察，一个念头错了，整个错误的念头就一直相续。错误的态度和念头要止住，那个愤怒和傲慢要止住，不然容易没事变有事，小事就变大事，最后可能一发而不可收拾。

从杨翥尚书的例子中我们也可以看到，人之所以可以谦让，跟一个人的慈悲和柔和是分不开的，假如一个人性格很刚硬，刚愎自用，是很难谦让他人的。

在《说苑》里有一个著名的典故，叫"舌存齿亡"。我们知道，老子的老师叫常枞。当时老师病得很厉害，他去看望老师。他说："老师，您一定应该有什么教诲要传给我们这些学生吧。"老师就说："哪怕是你们不问，我也要张口讲了。"

他说："我要问你三个问题。第一，一个人路过故乡的时候，一定要下车，你知道这是为什么吗？"老子讲："路过故乡要下车是不忘旧故，就是不忘老朋友，也不忘记家族的历史。"

如果开着汽车到了家乡，停都不停，甚至车速也没有减就开过去了，结果尘土扬起来，或者积水溅起来，路人都在那里扇灰扇土，躲避脏水。人家就会说："谁谁谁他大儿子回来了，有钱了就觉得自己威风了，有什么了不起，不就有两个臭钱吗？"

我们看到有些人有钱之后，你看这些行为就很失礼，就很傲慢，这个都是不祥之兆，"积不善之家，必有余殃"。等你不在家乡的时候，家里父母有个什么病，有个什么事需要帮忙，你看邻里怎么样？你儿子不是很能吗？很威风吗？你看，还坏了父母的人际关系，这就是"德有伤，贻亲羞"。所以我们要不忘老朋友，要时时保持这份恩义、情义和道义。

老子的老师说："不错，回答得很好。"接下来又问了第二个问题，常枞先生说："当你看到乔木的时候，你要快步经过，这是为什么？"这个时候老子就讲了："路过乔木要快快经过，是表任何时候我们都要尊敬老人。"你看那个恭敬心是时时刻刻都要提起来。

这一问其实是《周礼》上的一个著名的典故，叫"伯禽趋跪"。《周礼》原文是："周鲁伯禽，观于桥梓，入门而趋，登堂而跪。"周公教子有方，他的儿子伯禽和康叔（周公的弟弟）一起去拜见周公。接连三次，伯禽都被父亲打了出去。

伯禽对父亲的做法很费解，去请教一位名叫商子的人。商子告诉伯禽说："南山的南面有一种树叫乔木，北山的北面有一种树叫梓木，你去看一看吧。"于是，伯禽照着商子所说，来到南山和北山。

他看到乔木长得很高，像人高仰着头的样子；而梓木却长得很低，像一个人俯身在那里一样。他把看到的景象告诉了商子，商子说："乔木仰着头的样子，是做父亲的道理；而梓木俯着身子的样子，是做儿子的道理。"伯禽听后恍然大悟。

第二天，伯禽再次去拜见父亲，他一进门就快步走上前去，刚登堂就跪下去拜见父亲，显得十分知礼和谦逊。周公很高兴地让伯禽站了起来，并称赞儿子说："你一定是受到了君子的教诲和指点。"这个典故也叫"三笞训子"，是我国早期为人子者要尊长孝亲、明礼知敬的典范。

其实，乔木指的就是高大的树木，为什么走过高大的树木，要赶紧快步走过去？大家要了解很高大的树木，有的几百年甚至上千年，按照道家来讲，树神的年龄都比我们大很多，你在他的面前摇摇摆摆这就很不恭敬。《弟子规》里面讲"进必趋，退必迟"。这都是很自然对长者的恭敬。

所以，我们古代的教育非常了不起，用这些植物来譬喻。我们看到乔木，就会想到长辈、想到老人。我们看到芦花，就会想到闵子骞的孝道。你看，处处都用这些方式来提醒人心，不要堕落。

第三个问题，常枞先生又把嘴张开说："你看我的牙齿还在吗？"老子说："不在了。""我的舌头还在吗？""在。"常枞先生问："这是为什么？"老子回答说："因为牙齿硬，舌头软，所以牙齿就没有了，舌头还在。"这个时候老师就说："这三个问题，你回答得很好。要讲的我都讲完了，再也没有什么可讲的了。"

这就告诉我们柔软胜过刚强，告诉我们做人心地要柔软、要厚道。能谦退的、能屈能伸的才能成得了大事。《三国志》讲："夫能屈以为伸，让以为得，弱以为强，鲜不遂矣。"

韩信在少年时，其实已经具备了大将的志向和素质，但是他依然可受胯下之辱，这就是他的过人之处，能屈能伸、知晓谦退才可以有所作为，不然器量不够，好名好利，好高好好，只会给自己招致前行的阻碍。"鲜不遂矣"，遂就是成，很少不成就的，有这个修养的人很少不成就事业的。

富兰克林被称为"美国之父"，他年轻时曾去拜访一位德高望重的老前辈。那时他年轻气盛，挺胸抬头迈着大步，一进门，他的头就狠狠地撞在门框上，痛得他一边不住地用手揉搓，一边看着比他的身子矮一大截的门。

出来迎接他的前辈看到他这副样子，笑笑说："很痛吧！可是，这将是你今天访问我的最大收获。一个人要想平安无事地活在世上，就必须时刻记住：该低头时就低头。这也是我要教你的事情。"富兰克林把这次访问得到的教导看成一生最大的收获，并把它列为一生的生活准则之一。富兰克林凭着这一准则受益终生，后来，他功勋卓越。

《说苑》有这样一段话：桓公曰："金刚则折，革刚则裂；人君刚则国家灭，人臣刚则交友绝。夫刚则不和，不和则不可用。是故四马不和，取道不长；父子不和，其世破亡；兄弟不和，不能久同；夫妻不和，家室大凶。《易》

曰：'二人同心，其利断金。'由不刚也。"

"金刚则折，革刚则裂。"金属太坚硬，容易折断。皮革太硬，反而容易开裂。这也提醒我们，柔弱胜刚强。

"人君刚则国家灭"，国君太刚强，国家灭亡。这个刚强可能表现在错杀忠臣，可能表现在穷兵黩武。

"人臣刚则交友绝。"人有时候太刚直，不通人情，不懂得体恤，最后可能身边都没有朋友。

"夫刚则不和"，太刚强就不和顺。"不和则不可用。"天时不如地利，地利不如人和，跟人和不了，能力再强，也很难利益团体。团体常常得帮助他处理人事纷争，今天又跟谁过不去了，这样的话就成事不足，败事有余。

"是故四马不和，取道不长。"四匹马不能配合得好，马车也走不长远。"父子不和，其世破亡"，家道可能就要破亡，传不下去了。"兄弟不和，不能久同"，兄弟就可能要分家，不可能长久住在一起。"夫妻不和，家室大凶"，夫妻不和，很容易毁掉下一代。

假如孩子从小看到父母不和，内心非常难过，他这一辈子要再相信人与人能和，就很不容易了。所以夫妇要为大局着想，为孩子一生健康的人格着想。以前为人父母、为人长辈都懂，几乎所有的人都懂，都知道不要在孩子面前冲突、吵架。

"《周易》曰：'二人同心，其利断金。'"团结的力量非常大，夫妇同心，家就旺了；兄弟同心，门前泥土也化黄金。"由不刚也"，能够同心，就是因为不刚强，能够柔和，不张扬、不傲慢，能够设身处地为对方着想，不强势，不自我，不刚愎自用，要宽厚柔和。

春秋时代的楚庄王他也是很有度量，他是春秋五霸之一，这个典故叫"楚王绝缨"。《说苑》记载"楚庄王赐群臣酒"，楚庄王宴请群臣，结果"日暮酒酣"，"酣"就是说喝得很痛快，结果喝到天暗下来了。"华烛灭"，刚好风吹进来了，就把蜡烛给吹灭了。

这时候有一个臣子就拉扯了楚庄王妃子的衣服，这算非常失礼了。结果这个妃子，"美人援绝其冠缨"，"援绝"就是扯断，"冠缨"就是帽带，这个妃子在黑暗当中就把对方的帽带给扯下来了。然后她马上去跟楚庄王讲："大王，刚刚蜡烛熄灭之后，有人对我非礼，拉扯我的衣服。我把他的帽带扯下来了，已经有证据了，他跑不掉了。"

"促上火，视绝缨者"，这位妃子在那里催促，赶紧把火点上，这样就知道是谁对她无礼了。结果楚庄王很大度，"王曰：赐人酒，使醉失礼"。酒是我赐他们喝的，现在喝得有点醉醺醺的，有点失礼了，这也是人之常情。"奈何欲显妇人之节而辱士乎？"酒是我给他们喝的，现在因为要彰显我妃子的名节，来羞辱我的臣子呢，这就不合人情了。

假如疼老婆疼得过分的人，一听到这种事情："气死我了，来，快点上蜡烛，看我怎么收拾你！"本来大家都喝得很痛快，我看都会吐出来，整个朝廷的气氛就很不好了。

所以，这些卓越的领导者，他的内心都很柔软，他能够去感受到人心，这么做不合人情，这样做不对。他不是那种爱憎的心，"这是我最爱的妾，你也敢这样"。有度量的人，他没有那么多好恶心，反而包容心很强。

所以他觉得这样做不妥，"乃命左右"，他就开始跟大家讲，"今与寡人饮，不绝冠缨者不欢"，就是说今天众臣跟寡人喝酒，假如不把帽带扯断，就是喝得不够痛快，就是不给我面子。结果大家一听，"好！"全部都把帽带给扯断了。"群臣皆绝缨而上火"，都扯断了之后才把火给点上，"尽欢而罢"，大家喝得很欢喜才走。

"居二年"，这件事情经过两年之后，"晋与楚战"，这是晋国跟楚国打仗，楚庄王遇到了危险，这时候"有一臣常在前，五合五获首而却敌，卒得胜之"。有个臣子他冲锋陷阵在最前面。

"合"就是跟敌军战斗，交战一次叫一合。他"五合五获首而却敌"，他杀敌无数，把敌人都给吓退了，最后是楚国打胜仗了。"庄王怪而问之"，结果庄王就很奇怪地问他："我以前从来没有对你特别好，怎么你这么效忠于我，都不顾生死。"

结果这个臣子就说了："臣当死，往者醉失礼，王隐忍不加诛也。"两年前我喝醉酒，拉扯您妃子的衣服，这属于大不敬。您不暴露我这个无礼的行为，也没有降罪于我，我一直感恩在心里。"常愿肝脑涂地，用颈血湔敌久矣。"我常常想着怎么报您这个恩德，"肝脑涂地"就是能豁出性命也要来报恩。"湔"跟"溅"相通，也就是说把自己的血喷在敌人身上，他都在所不惜。

"臣乃夜绝缨者也"，我就是那个当天晚上帽带被扯掉的人啊。大家想想，楚庄王当时这么做，文武百官都欢喜，而且还救了他的国家，救了他的命。因为他很厚道，不扬人家的恶，不扬人家的恶是积阴德，他大度，所以量大福大。

在东汉，有一则典故，叫"刘宽仁恕"。你看刘宽这个名字取得多好，他父亲刘崎真不愧是大司徒，给儿子起名字期许他宽宏大量。据《后汉书》记载，刘宽是东汉时期的宗室名臣，汉高祖刘邦的十五世孙。有一次，他坐在牛车上。他是官员，所以坐着牛车上下班，结果有个老百姓气冲冲地跑来，说："这牛是我的！""好，我还给你。"刘宽就把牛给这个老百姓了。因为他看他气成这样，你再跟他争个长短，他不忍心，他心很柔软。

刘宽说："好好好，对不起，你牵回去吧。"结果，那个人牵回去没多久，他自己的牛找到了。后来了解到"原来他是我们的父母官啊。"十分害怕，赶快牵牛还回去。刘宽跟他讲："动物跟动物长得很像，这很正常的，这不能怪你，还麻烦你亲自帮我送回来，辛苦了，谢谢你。"

你看这人度量多大！他这件事儿一传出去，当地多少老百姓对他心悦诚服。感动、佩服、愿意听他的话。而且他遇到孩子，就教导他们孝悌。遇到农民，就关心他们的工作和生活，时刻关怀和体恤老百姓的切身问题。

有一天，刘宽派家中的老仆去集市买东西，结果很久以后，老仆才大醉而归。有些人忍不住大骂道："畜生。"刘宽立刻派人去看望老仆，还担心他受不了这种羞辱容易寻短见。然后，刘宽对周围的人说："骂这样年长的人是畜生，还有比这更侮辱人的吗？所以我怕他自杀啊。"

他太太觉得一辈子也没看过他生气，就想办法探探他的度量到底能有多大，忍耐能到什么程度。所以，他太太趁他要上早朝，穿着朝服，正坐在那里，待会儿就要走了。命她的婢女端一碗热羹，走过去故意跌倒，把羹汤倒在他的衣服上，看他生不生气。

结果在那个瞬间，羹汤真的倒在他的衣服上了，他怎么做的呢？他马上把那个婢女扶起来，说："有没有烫到你的手啊？"你看，他没生气，第一念是什么？怕那个热的汤烫到婢女的手。

他的太太当时可能就想了："我这一生怎么这么有福气，嫁给了这么有修养的丈夫。"我相信这个婢女一辈子都对他很忠诚，内心也会很感动，这么有仁慈心、能包容的领导太难得了。重点在哪里呢？他没有以自我为中心，而是念念为对方着想，他做到了毫不利己，专门利人。这个度量就不断地在扩大了，不简单啊！

量大福大，刘宽的福报也很大，到了汉灵帝时，两度出任太尉，位列三公之首，被封为逯乡侯，追赠车骑将军、特进，谥号"昭烈"。其子刘松官为宗正，主管宗籍，并且袭封刘宽的爵位逯乡侯。

《资治通鉴》有则典故，叫"张家三相"。唐朝有一个宰相叫张嘉贞，他在做宰相之前，在边疆当都督，这是封疆大吏，权力很大。这时候有人告他谋反，唐玄宗调查以后，发现根本就没有这个事情。而按照唐朝的法律，告人家谋反，假如不是事实，是要反坐的，就是那个诬告的人，要以谋反罪被治罪。

皇帝就跟张嘉贞提到这个事情："那个人诬告你，论罪他要以反叛罪治了。"他对皇上讲："皇上，他这样进言虽然有错，但假如这时候以这么重的罪治他，可能会影响到以后没有人敢再向您进言了，讲实话的人就少了，这可能会阻塞了这些进谏的言路。所以，您还是饶了他一命吧。"

皇上听完之后很感动，觉得他很有修养，所以就封他做宰相。他宰相做得很好，成为"开元名相"。后来他的儿子张延赏和孙子张弘靖也都做了宰相，在历史上被称为"张家三相"，祖孙三代连续都当宰相。

不仅如此，张嘉贞的曾孙张文规也是显官，先后任吏部员外郎，殿中侍御史等职。张文规的儿子张彦远先后任祠部员外郎，舒州刺史和大理卿等职，而且还是著名的书画家，活了93岁，无疾而终。你看，这是厚道、包容，不杀人的命，而且是为国家着想，忠厚传家久，这就是"积善之家，必有余庆"。

而且张嘉贞不给后代子孙买田宅，不给子孙置这些家产。宰相的收入应该很不错，人家就问他："你为什么不置家产呢？"他说："我去买那些东西，只是给我的子孙以后拿去喝酒、拿去好色而已，我不做那种事情。"所以他不置田园和田产。而他这位不置田产的人，才是真正会置田产的人啊。为什么？福田心耕啊，他为国为民，种了大福田给子孙，德行是最好的遗产。你看他的后代，连续出了两个宰相，这难道不是真正会给后代造福的长辈吗？

所以做长辈，需要智慧，需要带头传承家道、家风和家教，需要带头学习《了凡四训》，尤其做领导的，如果把《了凡四训》带到千家万户，功德无量无边，这可以带动多少家庭传承优良的家风，改变多少人的命运啊。每个家庭和谐幸福，社会就会安定团结，国家就能繁荣富强，这是自然而然的关系。

所以，林则徐先生那段话很中肯："子孙若如我，留钱做什么？贤而多财，则损其志；子孙不如我，留钱做什么？愚而多财，益增其过。"他本来还挺贤德的，你留钱财给他，结果他不愿意奋斗了，折损了他的志向；他本来素质就不是很好，你还留一大堆钱给他，这会让他染上很多骄奢淫逸的恶习。所以，《资治通鉴》讲："爱之不以道，适所以害之也。"不用正确的道理和方式去爱孩子，反而是害了孩子，溺爱往往把孩子害得很惨。

在与人交往时，嫉妒非常影响人际关系的和谐。嫉妒是日常生活中常见的一种不良心理，它是指一种对别人才能的怨恨，对别人成就的恐惧，对别人超过自己而忧虑的思想情绪。其实，嫉妒是一个人对另一个人发自内心的认可，只是他认可的方式不是学习和支持，而是恐惧和怨恨，甚至是障碍和破坏。

所以，德国著名的哲学家黑格尔说："嫉妒是拿别人的成绩来惩罚自己。"当你看到别人有成就的时候，自己心里就不舒服，而别人可能还不知道你有这种思想情绪，这不是拿别人的成绩来惩罚自己吗？而且这种惩罚不仅仅是一种心理上的惩罚，还伴随着一些具体的不幸的出现。

据《史记》记载，孙膑跟庞涓都是同一个师门出来的，他们的老师鬼谷子深通兵法，教给他们这些学问。庞涓的才华和能力比孙膑要差，就暗暗生起了嫉妒心。但是这个人非常狡猾，内心的阴暗面从来没有让自己的同门师兄知道，表面上都是非常的恭敬，非常友好，好像是患难兄弟一样。

孙膑人心是比较善良，也没有觉察庞涓的嫉妒心理，所以两个人关系非常好。庞涓到了魏国当将军，他嫉妒孙膑的才能，怕以后威胁到他，就想了诡计，把孙膑请到了魏国，最后陷害他。

后来庞涓给孙膑安了一个罪名，就把他的两个膝盖骨给挖掉，而且还在他的脸上刺了罪人的印记，这个印记表明他这一生都要蒙羞，而且他膝盖骨给挖掉了，成了残疾，不能走路。孙膑这才醒悟，原来是他这个师弟妒忌他，来害他。这时候孙膑就想了个法子，他就装疯逃到了齐国。后来就逃跑了，到齐国效力，刚好孙膑也是齐国人，齐国的使节就把孙膑偷偷地运走了。到了齐国之后，他投奔大将军田忌，这就有了后来的"田忌赛马""围魏救赵"这些典故。围魏救赵这场战役齐国是大胜，而且把庞涓都活捉了。孙膑他心还是很好的，心很大度，他就没有杀害庞涓，没有报仇，反而把庞涓给放了。

十年之后又有一次战役，这是魏国攻打韩国，齐国还是围魏救韩。在这场战役当中，孙膑把军队吃饭的灶逐渐减少，庞涓看到以后，心想：他们的军队怕我们魏国的军队，很多士兵都跑掉了，人愈来愈少，所以吃饭的灶越来越少。他就自己带着精锐部队急追了过来，他觉得齐军不堪一击，他就追去了。

我们都知道骄兵必败啊，他这种傲慢的心态，都被孙膑发现了，然后设下埋伏，在一棵树上写着：庞涓就死在这里。庞涓到了以后，自己点火去照那个字看，火一点，埋伏的弓箭手就开始射箭，箭全部飞过来，庞涓被射中了，受了重伤，他最后一句话说的什么呢？他说："早知道，我就把孙膑杀了，我就不会有今天了。"说完他就自杀了。

历史是一面镜子，在历史当中我们看到有很多很有名的人，到死的时候都不认错，而且这些人都有大福报，都有大才能。你看项羽，他有当皇帝的福报，武艺高强，是个常胜将军。他就是被傲慢给毁了。

他临死的时候说的什么呢？"上天要灭我的，不是我不会打仗。"死的时候还把责任全部推老天爷。所以人最可贵的是知过改过，这是最可贵的德行！《左传》讲："人非圣贤，孰能无过，过而能改，善莫大焉。"能把过失改正了，这是最大的善事了，所以"积善之方"前边的单元是"改过之法"。

据《迁善录》记载，春秋时代，宋国有一个大夫叫蒋瑗，他有十个儿子，一个驼背，一个跛子，一个四肢萎缩，一个双足残废，一个疯疯癫癫，一个痴痴呆呆，一个耳聋，一个眼瞎，一个哑巴，一个死在狱中。公明子皋看到这个情况，就问他："大夫，你平常的行为怎么样，怎么会有这样的奇祸呢？每一件事没有偶然的，必有如是因才有如是果。"

蒋瑗毫不在意地说："我平时也没有做什么恶事啊，我只是喜欢嫉妒别人。胜过我的人，我就比较记恨他，赞叹我的人我就很喜欢他。听说别人有善行，我就怀疑，这是真的吗？听到别人有什么过失，我就说一定是这样。看到别人有所得，就好像我有损失。看到别人损失，我好像很高兴，幸灾乐祸。我就是这样而已，我又没有打人，我也不骂人，我又没有什么具体的害人的行为。"

子皋听到这里非常叹息，说："大夫，你有如此心态，马上会得灭门之灾。你竟然不察觉，还觉得无所谓，你的恶报恐怕不止这些啊！"蒋瑗听了之后，大惊失色。子皋告诉他："上天虽然很高远，但是能看清这世间的一切，明察秋毫，天网恢恢，疏而不漏。如果你能够痛改前非，就一定能够转祸为福，现在改正还不算晚。"听了他的劝告，蒋瑗从此就提高警惕，尽改平生之所为，不再那么嫉贤妒能了。

不到几年的工夫，他的境遇就渐渐地好转了。儿子的病一个一个都好了，不简单！瞎子好了，哑巴好了，残废也好了。所以，嫉妒会让人心理失衡，心生不满，从而导致怨恨，甚至因此而做出伤害他人的违法行为，嫉妒的心态其实就是一种自私自利的心态。蒋瑗因为有了这种心理，从而恶由心生，受到了应有的惩罚。在他改过自新后，不久就转祸为福。所以，我们要相信真理，改掉习性是改变命运的大根大本，也是改变整个家庭命运的根本。

蕅益大师讲："不见己短，愚也；见而护，愚之愚也。不见人长，恶也；见而掩，恶之恶也。"我们看，庞涓以小人之心妒忌孙膑的才华，结果自己也是落得个不得好死，这是很可怜。

所以，"君子乐得作君子，小人冤枉作小人"。真正的君子有大心量，绝对不会妒忌别人的技能，而会善用别人的技能帮助社会、帮助人民、帮助国家，这叫随喜功德，别人做得好，我们也跟着高兴，也帮助完成，这份功德我们也同样具有，并不失去什么。

别人有一技之长，他去做这个好事，不等于我做一样吗？这叫"见人之长，如己之长。"为什么一定要我自己去做呢？所以不要嫉妒别人，心量要大。

31　别让不会说话害了你

　　接下来，了凡先生给我们举了一个人改变傲慢习气，从而改变命运的例子。**"江阴张畏岩，积学工文，有声艺林。"**江苏江阴有一个读书人叫张畏岩，博学多才，文章也写得很好，颇负盛名。很有名不见得是好事，俗话讲："人怕出名猪怕壮。"修为不够，容易为盛名所累。假如自己接受别人的夸奖，觉得自己的文章写得不错，这就麻烦了，傲慢一点一滴都在滋长。有没有滋长呢？看他下面的反应就知道了。

　　"甲午，南京乡试"，甲午年，他到南京考试。**"寓一寺中"**。古代读书人家里比较清寒，都是十年寒窗苦读，希望求取功名，能够孝顺父母，照顾家族，进而为国服务。没有钱，佛门慈悲为怀，免费提供给这些贫寒的读书人住所。

　　"揭晓无名"，后来功名公布了，榜单没有他的名字。**"大骂试官，以为眯目。"**他马上火气就上来了，大骂试官，觉得他是瞎了眼，有眼无珠。这跟他颇负盛名有没有关系？很可能有关系。因为他有盛名，他觉得自己写的文章很好，自己觉得自己很好，别人不认同他，火气马上借这个缘就出来了。

　　"时有一道人，在旁微笑"，旁边有个道人看他这样破口大骂，就笑了一下。**"张遽移怒道者。"**他已经很不高兴了，突然看到旁边有个人还在那里笑，就更火了。"遽移怒道者"，"遽"就是即刻，马上把怒气移到这个道人的身上。我们刚刚还读到，张畏岩读了不少书，博学多才，但是他学的是知识，不是德行智慧。因为读了那么多书，一定知道要效法圣贤人，不然都是知识学术而已，德行智慧没增长。

　　所以学习的态度很重要，不然读书多反而增长了傲慢。就像《弟子规》提醒我们的："不力行，但学文。"学了很多经典，一句都不肯去做，"长浮华，成何人？"人家笑一下，马上火气就移到别人身上，没修养了。孔子赞叹颜回："不迁怒，不贰过。""不迁怒"是更深的功夫，是在心地上稍微感觉自己有怒气、有情绪了，马上把它化掉。张畏岩没有好好效法，先是破口大骂，接着还要骂另外一个人。

"**道者曰：相公文必不佳。**"这位道者还挺有修养，称他相公，这是对君子和秀才的尊称，他说你的文章应该不是很好。"**张益怒，曰：汝不见我文，乌知不佳？**"张畏岩就更加生气了。说："你连我的文章都没有看过，凭什么说不好？"

"**道者曰：闻作文，贵心气和平，今听公骂詈，不平甚矣，文安得工？**"这个道者讲话挺有应对的修养，他没有说"我认为"，他说"我常听人家说"。"贵"就是关键，写文章最可贵的在哪儿？心气和平。心平气和地写，文章是他心境的流露，必然是好文章。你公然骂人，你的心极不平，情绪这么大，怎么可能写得出好的文章？

"**张不觉屈服，因就而请教焉。**"这个转折不简单，现在人要做到，难！为什么难呢？张畏岩为什么做得到？这个道人讲述这一段道理，张畏岩一定读过，一定听人家教诲过。所以遇到这个缘，一提醒，"对呀，人家讲得有道理啊，我怎么情绪一来，这些道理全想不到了"。

所以，他马上谦退下来，转而请教这个道人。而我们现在的人活了十几年、几十年还没听过这些道理，纵使人家这么劝，也不容易马上转变态度。所以读《了凡四训》重要，读经典很重要，现在人劝不动，不能怪他，他从小就没有读过这些道理，所以面对现在人的过错要包容，要更有耐心，不厌其烦地提醒。

"**道者曰：**"修道之人慈悲为怀，见他谦退下来请教，跟他有缘，当然尽力帮助他。"**中全要命**"，一个人能考中，是他命中有这个福报。"**命不该中，文虽工，无益也。**"你命中没有功名，文章写得再好，也无济于事。

这个道理很多人悟不透，中晚年之后会变得怨天尤人。比如一个人能力很好，他同学的聪明才华都不如他，最后事业都做得比他好。他不懂，最后还怨天尤人，这就更没福了。

所以，"子孙虽愚，经书不可不读"。人不明理，念头和言行很难不造业。人一明理，不只不会抱怨，还会反思，进一步来改变命运。怎么改呢？"**须自己做个转变。**"自己先从心地上做个转变。福田心耕，从根本转起。

"**张曰：既是命，如何转变？**"他觉得命被算定转不了。"**道者曰：造命者天**"，"天"就是自然的规矩、规则。人懂得广积阴德，自然就有后福。一个人真正积功累德，他不求，福报都会来。"**立命者我。**"人真的下定决心要转变命运，决定做得到，"天下无难事，只怕有心人"。

而"立命"，下定决心转变命运，什么时候可以转？从心地当中转变，其实每一天命运都在转变。我们前面讲到过有个女子以至诚的心供养三宝，不得了，虽然只有两文钱，没多久，入宫富贵了。所以，人的命运每天有加减乘除。比如卫仲达劝皇帝不要劳民伤财，"君之一念，已在万民"，他的福报是乘的，乘了好几倍。

"力行善事，广积阴德，何福不可求哉？"我们能真心实意去行善，又不张扬，积的都是阴德，福报必然现前得很快，没有求不到的福报。这些理，在"立命之学"这个单元当中云谷禅师都讲得很透彻，"求富贵得富贵，求男女得男女，求长寿得长寿"。这些智慧长者对真理没有丝毫的怀疑，讲的话都非常坚定。

"张曰：我贫士，何能为？"我是穷书生，怎么可以广积阴德，力行善事？所以，没有善知识点拨，纵使是博学多才，一些很重要的道理也想不通。"一切福田，不离方寸。"这些话读过，没用上。张畏岩固着自己的想法，觉得行善都要有钱人才做得了。

"道者曰：善事阴功，皆由心造"，所行的一切善事，所积的一切阴功，都不离心地的造作。"常存此心，功德无量。"你常存善心，常存知恩报恩的心、悲天悯人的心、恭敬真诚的心，就功德无量。"且如谦虚一节，并不费钱"，谦虚的心态就可以积福，又不用花钱。

"你如何不自反，而骂试官乎？"你为何不能自我反省，反而去骂试官呢？"不自反""骂试官"，这都是造罪业。能自反、能自省，能力就提升，福报就提升。一念之间，祸福的差别相当大。所以，改命须自己在心地当中做改变。

这改变也不是一蹴而就，我们平时自私自利习惯了，要转成念念为人想，那得要下决心、下苦功。平常不恭敬待人，都是应付，一下要转成真诚恭敬，那也得要时时观照、要求自己才行。平常傲慢，现在要转成敬重别人，都有个过程。

"张由此折节自持"，当他明白这些道理，猛然醒悟之后，还要真承认错误，真改过才行。"折节"是降伏傲慢，改掉坏习性。"自持"是时时观照保持。改一个习气，一开始反复特别厉害，这个时候不能气馁，要百折不挠，越挫越勇，一定可以把它克服。

"善日加修，德日加厚。""加"，有不断下功夫、不断提升境界的味道。不断地积极去行善，他的德行日渐加厚了。"厚"厚德，为什么会厚呢？因为他念念为他人着想的心越来越提得起来了。厚德能够载物，厚德能够体恤他人，厚德能够包容他人，厚德能够感恩他人，阴德就不断积累了。

"丁酉，梦至一高房"，丁酉年他做了一个梦，到了一个很大的房子里。"得试录一册，中多缺行。问旁人，曰：'此今科试录。'"他看到一本考试录取的名册，翻开来看，里面有很多缺行。他问旁人，旁人告诉他，这是今年录取的名单。

"问：'何多缺名？'"他就请教，这么多行怎么都没有名字呢？"曰：'科第阴间三年一考校，须积德无咎者，方有名。'"阴间每三年会做一次考核，积德行善没有造罪业的人，才能有这个功名。

"'如前所缺，皆系旧该中式，因新有薄行而去之者也。'"缺行里面为什么没有名字？都是本应考上，但这三年造了新的罪业，"薄行"就代表不符合道德的行为，所以把自己的福给折掉了，功名被削掉了。

"后指一行云"：指着一行说道："'汝三年来，持身颇慎，或当补此，幸自爱。'"你这三年来，自我要求很严格，行为都很慎重，不敢放逸，或许你可以补这个名。你要好好保持，不要又做出不符合道德的行为。"是科果中一百五名。"果然那一次考试，中了进士，考了第 105 名，这是一个调整自己的傲慢之后得到功名的例子。

"由此观之"，由上面的这些事例可以了解到，一个人有虚己屈己谦卑的态度，才能感得福报。"举头三尺，决有神明。"天地之间必然有记录我们功过的神明。"趋吉避凶，断然由我。"一个人能够化解凶恶，求得富贵吉祥，全是由自己决定的。这在《太上感应篇》中讲得特别清楚："祸福无门，惟人自召。善恶之报，如影随形。"

"须使我存心制行，毫不得罪于天地鬼神"，必须调整自己的"存心"，存善心，念念为他人着想，不管遇到什么样的人都是这个态度。"制行"，不怕念起，只怕觉迟，念头一不对赶紧调过来，制止一切不善的念头、不善的行为。"而虚心屈己"，调伏傲慢的习气。"使天地鬼神，时时怜我"，使天地鬼神时时都照护着自己。"方有受福之基"。才能纳受吉祥、福报。

此地还有一个学处，张畏岩一开始是一个说话刻薄的人，看到自己榜上无名就大骂考官，这都属于恶口、口出狂言，这都是造口业。经过道者的教导，他谦虚了下来，我们相信，他在说话这方面也一定有很大改观。

所以，说话也可以反映出我们的修养和福报，学会说话和学会谦虚一样，并不费钱，会说话的人一样可以积攒福报。如果说话不当也会削减我们的福分，障碍我们的人际关系。而口出狂言，恶口伤人的人往往也是因为内心有傲慢、嫉妒和情绪。

所谓的恶言不仅仅是讲粗鲁骂人的话，也包括挑剔、抱怨的话，欺骗他人的话，不守信用的话，挑拨离间的话，勾引诱惑的话以及讽刺指责的话。中国古人对于言语非常重视，孔门四科，就是讲德行、言语、政事和文学，其中把德行放在首位，奠定良好的德行之后，就要学如何说话，然后才讲如何办事。

有首歌叫《德行言语应当学》，歌词是"少说抱怨的话，多说宽容的话。抱怨带来记恨，宽容才是智慧。少说讽刺的话，多说尊重的话，讽刺显得轻视，尊重增加了解。少说伤害的话，多说关怀的话。伤害形成对立，关怀获得友谊。少说命令的话，多说商量的话。命令只是接受，商量才是领导。少说批评的话，多说鼓励的话。批评造成隔阂，鼓励激发潜能。"

所以，"四摄法"告诉我们要说爱语，什么是爱语呢？爱的语言是诚实的，爱的语言是正直的，爱的语言是赞美的，爱的语言是鼓励的，爱的语言是冷静的。这首歌的义理在人与人的相处当中很重要，说话的心境不同，结果也就截然不同。

从科学的角度来讲，为什么要少说这些恶言呢？日本当代著名的科学家江本胜博士，做了一个有名的实验，这个实验被称为"水结晶的实验"。江本胜博士在他出版的一本叫作《水知道答案》的书中，通过大量图片来向人们展示：水能反映我们内心的情绪、苦乐、言语、心念等，我们的这些内心活动会对水的结晶产生明显的影响，从这些实验中我们可以认识到爱与感谢的力量。

从1994年起，江本胜博士用了八年的时间，不断拍摄水结晶的照片。他汲取世界各地水的样本，然后放入冰箱，在水即将结成冰的那个临界点，用高级的照相机，拍下一张张水结晶的照片。如果仅仅是普通的水结晶的那种规则的六角形晶体，这些照片也就没有什么特殊之处。

然而令人震惊的是，那些提前看过爱和感谢、喜欢、力量、敬爱、好美、做得真好诸如此类夸奖赞美词汇的水，都结成了相对规则、漂亮或者庄重的晶体，而那些看到诸如混蛋、烦死了、讨厌、战争、恐怖等词汇的水，结成的晶体却没有规则可言，而且混乱模糊。

那些听到巴赫和贝多芬音乐作品的水，结成的晶体，相互联结，规则而壮观，而那些听过颓废的、愤怒的重金属音乐的水结晶，则与那些被骂"混蛋"的水结晶类似。

除此之外，不同状况的水的结晶情况也大不一样。那些经过人工处理的自来水，以及被各种电子信号辐射过的水根本无法形成结晶。江本胜博士一共拍摄了100多万张照片，这些照片表明一个问题，那就是：水对人类的声音、心态想法、音乐，甚至文字、图片等，都会做出相应的反应。

那些美好的善意的意念、文字和音乐等，都能令水结出漂亮规则的晶体，而那些痛苦的、怨恨的、消极的意念、文字、音乐等，则会让水的结晶变得模糊甚至可怖。

水结晶的实验告诉我们，水并不是像我们所想象的那样毫无感知，它对于人的善言、善行、善意都是能够感受到的。我们人的体内有很多水分，所以我们如果口出恶言，对人很傲慢，说话很不客气，实际上是害人更害己。

孔老夫子以"孔门四科"来教导学生，第一是重德行，第二就是言语，第三才是政事和文学。《淮南子》上说："孔子养徒三千人，皆入孝出悌，言为文章，行为仪表，教之所成也。"孔老夫子培养的徒弟有三千多人，每一个人在家孝敬父母，出门尊敬长辈。"言为文章，行为仪表"，他们的言语写下来都可以称为文章，成为人们效法的标准，行为也是可以成为人们的表率，这是靠教育所成就的，说明言行确实是非常关键的。

《淮南子》上还称赞周成王、周康王继承了文王和武王的基业，我们知道在周成王和周康王的时候，40年监狱没有死刑犯，被称为"成康之治"。《淮南子》称："非道不言，非义不行；言不苟出，行不苟为，择善而后从事焉。由此观之，则圣人之行方矣。"成王和康王不符合道的话不说，不符合义的事不行；从来不随便出口说话，行为举止也都符合经典，都是择善而从，不敢随意作为。

从这些地方都看到，圣贤人、君子人他们的言语行为和普通大众都是不一样的，都是谨言慎行，说话都是符合经典，做事也是符合圣人的教诲，一言一行、一举一动都能够成为社会大众的表率。

《周易·象辞上传》上有一段话："子曰：'君子居其室，出其言善，则千里之外应之，况其迩者乎？居其室，出其言不善，则千里之外违之，况其迩者乎？言出乎身，加乎民。行发乎迩，见乎远。言行，君子之枢机。枢机之发，荣辱之主也。言行，君子之所以动天地也，可不慎乎？'"

孔子说一个君子虽然是在自己的家里说话，他说的这个话是善言，那么到千里之外的人都会应和他，赞同他，更何况是身边的人呢？但是如果一个人虽然是在家里说话，他出了一个恶言，不善之言，那么千里之外的人都不会赞同，甚至会反对他，更何况身边的人呢？

所以他强调：言行是君子的枢机，枢机就是关键的意思。言行是什么的关键呢？是他的吉凶祸福的关键。君子靠什么感天动地呢？就是靠自己的言语。所以怎么能够不谨慎呢？这个话可不能够随便说，所以古人说口为祸福之门，话要经过一番考虑之后再说，一个人大半的吉凶祸福都是决定在口上。

"言行，君子之枢机。枢机之发，荣辱之主也。"这也告诉我们，一个人成败、荣辱、祸福的关键就取决于一个人的言行。我们都知道有一个成语叫自暴自弃。在《孟子》上说："言非礼义，谓之自暴也；吾身不能居仁由义，谓之自弃也。"这就是自暴自弃的标准。

我们的说话、言语和礼义的精神不相应，这就是自暴；我们的起心动念、一言一行跟仁义相违背，这就是自弃。孟子还讲："仁，人之安宅也；义，人之正路也。旷安宅而弗居，舍正路而不由，哀哉！"

"仁"是人的安宅。如果一个人时时存着仁爱之心，你的良心很安，就叫安宅。这些都是用很好的比喻，苦口婆心地希望我们能够领会这些道理，让我们做到"居仁由义"。"旷安宅而弗居"，"旷"就是空着，不把心安住在仁义之上，这个就是"旷安宅而弗居"。"舍正路而不由"，这个"由"就是行走的意思。你没有走在道义的路上，这个就是"舍正路而不由"，这是多可悲的一件事。这些都是提醒我们，一个人的言语要符合于道、符合于仁义。

在佛教中，对人的言语也有很多的要求，告诉我们不妄语、不恶口、不绮语、不两舌。"不妄语"就是不能够随便欺骗人，说话要诚实守信，说到做到，就像《论语》讲的："君子一言，驷马难追。"

"不恶口"，就是不能够粗鲁骂人，不能够出口伤人。

"不绮语"，就是不能够花言巧语，说勾引诱惑这样的话，引导人去作恶事。《弟子规》上也说："奸巧语，秽污词，市井气，切戒之。"包括现在很多的领导特别喜欢说黄色笑话，好像一开口不掺点黄色笑话就不过瘾，这都是没有修养、没有教育所导致的。

"不两舌"，不能够搬弄是非、挑拨离间。这些都是对言语最起码的要求，但是人在日常生活中却常常地犯这些错误。

第一，不妄语。爱的语言是诚实的，可是现在的人说瞎话都成为一种风气了，早些年有部影视作品叫《手机》，成人每一天打手机，骗人的次数高达二三十次，这是现在社会大众的普遍现象，就是欺上瞒下。

所以，真是"人不学，不知道"，把错误的当成正确的去奉行了，积非成是的现象很普遍。古人讲"言为心声"，一个人的言语通常表达了一个人的心声。一个人经常想着什么，不由自主地在言语上就会表达出来、体现出来。

有个典故叫"齐人之福"，讲的就是吹嘘的人，说话不实在的人，最后是自讨苦吃。在《孟子》里讲到，有个齐人娶了两个太太，他每天晚上回家，嘴巴都有油渍，然后就开始跟他太太讲："我今天又到哪一家，他们请我吃饭，吃得多好多好，我在社会上多有地位。"每一次晚上回来就给他两个太太炫耀。讲了好一段时间，也不见任何人到他们家里来。

所以有一天，他太太就跟这个妾讲："今天我跟在他后面出去看一看，到底他都跟哪些人打交道。"就跟着齐人的后边出去了。结果越走越是荒郊野外，没人在的地方。后来走到哪儿？走到了坟场。看人家祭祀完之后，这个齐人就去跟人家要一些祭祀完的酒肉来吃、来喝，基本上就好像在乞讨一样。然后吃饱、喝足了，睡一觉再回家。

太太看了之后很伤心，觉得这样的人怎么依靠。古人女子称丈夫叫什么？良人，善良、值得依靠的人，这样才能嫁。这个太太回去给这个妾讲了自己看到的实情，两个人就抱着头哭，心想："这样的人怎么依靠？"

过了一段时间，她们的先生回来了，又在那里讲自己多受欢迎、多有地位。这个齐人的言语都不实在，这其实都是巧诈，打肿脸充胖子，这样的人生特别没有意义。假如这个先生真实地去对待妻子，自力更生，妻子会跟他共患难，会支持他、鼓励他，可能可以走出真实的人生。就不用每天都是在那里耍嘴皮子，人生过得这么虚幻了。

"司马光砸缸"的故事可能大家都知道，其实还有一个有名的故事，叫"司马光剥核桃"。司马光先生，字君实，我们看他父亲给他的字，"君"，君子；"实"，做人要实在，说话要诚实。

司马光小时候，有一次跟自己的一个姐姐剥核桃皮，剥了半天，都没剥好。他姐姐刚好离开一下，这时候仆人把司马光带进屋子里，把核桃放进开水里烫一烫，然后用小刀一刮。核桃壳一下就掉了，她把一个完整的核桃仁交给司马光。结果这一位姐姐回来，问是你剥的？他对姐姐说："嗯，我自己剥的，怎么样，够厉害吧？"他父亲刚好看到了这一幕，就呵斥他。

现在很多父母，该呵斥的时候不呵斥，还称赞。"哦，我儿子真厉害，真聪明！"就误导了孩子。有一个爸爸，他的儿子说："爸，你给我两块钱。"他爸给他一张两块钱的人民币。他说："爸，我要两张一块钱。"

他爸爸说："这有什么不一样吗？"儿子说："你给我两张一块钱，我就可以分两次拿给老师，老师两次都会说我拾金不昧，这样会给我记两次奖励。"结果他爸爸告诉别人说："我儿子真聪明，能想出这样的方法。"其实，他儿子已经学会说谎了！

司马光撒谎的时候，他父亲马上斥责他："你怎么可以说谎话呢？有多少本事就说多少话，不是自己剥的绝对不能夸大。"司马光从那以后再也不说谎了。这就是"慎于始"，发现问题马上就制止，孩子一辈子都不会忘记。

他的父亲抓住了这个机会教育点，在他第一次犯错就给予严厉的指责，这是正确的教诲。后来司马光一生为人坦坦荡荡，他曾经讲过："平生所为之事，无有不可语人者。"这是结果，因是什么？父母正确、适时的指导，绝非偶然，这跟他父亲给他的家教是息息相关的。所以，我们在孩子面前讲话也要谦卑，不要常常说大话，不然孩子也会学坏。

司马光先生对我们整个民族的贡献非常大，有个典故叫"温公警枕"。他主编《资治通鉴》时，学习孙敬和张良头悬梁锥刺股的精神，用圆木做了一个枕头，取名"警枕"，意在警惕自己，切莫贪睡。他枕着这个枕头睡觉时，只要稍一动弹，"警枕"就会翻滚，于是立刻坐起来，继续发奋著述。

就这样，他花费了19年的时间终于完成了《资治通鉴》这部三百多万字的巨著，为后人做出了巨大贡献。可以说他用一生精力和一生心血，记载着1300多年的历史，上起战国、下止五代。历代兴亡，善可为法，恶可为鉴，可为后代皇帝治国平天下广泛应用。这都跟父亲的教诲息息相关，尤其做史书，如果不能实事求是，那又怎能使大家相信。

第二，不恶口。我们讥笑辱骂他人，其实等于谋杀自己。在2004年，中国发生了一起很大的刑事案件，一个大学生叫马加爵，他杀了四个同学，这给教育界也带来很大的震撼，引起很多的讨论。我也问了一些朋友对这件事有何看法？有些人觉得，这样的人应该赶快把他枪毙。

而从事教育的人态度大多不是这样，他们觉得一个大学生还这么年轻，还没有步入社会，为什么会做出这样违背人性的事情？到底是受了什么影响？其实原因正是马加爵的这些同学常常讥笑他、辱骂他，所以他的怨气慢慢上升，等到忍受不了，才做出这等残酷的事情。

马加爵没有学过《了凡四训》，他不能忍让、谦让，做不到宽和待人。他小时候也没学过《弟子规》，所以他不知道"言语忍，忿自泯"，他不知道"凡是人，皆须爱"，他也不知道"兄道友，弟道恭"。因为在他的生命当中没有这些理智的教诲，所以一遇到境界根本提不起这样的态度，都是随顺愤怒、随顺烦恼。

换一个角度讲，为什么这四个同学会招致杀身之祸？也是没有学过《了凡四训》，没有学过《弟子规》，不知道："人有短，切莫揭；人有私，切莫说""扬人恶，即是恶""勿谄富，勿骄贫"。

是他们对马加爵的傲慢，惹来了杀身之祸。所以不要去瞧不起人，言语也不能刻薄，更不要无知地公然讲别人过失，对马加爵来讲很难受，而且也让他在集体当中越来越难生存。俗话说"狗急跳墙"，因而引来了杀身之祸。

2021 年 8 月，有一辆宝马车路过人行道，强行抢道压黄线，被一个外卖小哥的电动车剐蹭了一下，其实没什么大碍，外卖小哥也一再道歉，结果这个宝马男喋喋不休地谩骂，侮辱外卖小哥，还掏出一把一尺长的刀来乱砍，外卖小哥夺过刀来，就把这个宝马男给杀了，一场小小的交通事故，最后变成了严重的刑事案件，这都是需要我们警醒的。

马加爵杀了四个室友，可是还有一个室友叫林峰，却逃过一劫，因为他曾经在马加爵生病的时候，替马加爵买过一次饭，马加爵记在心上。你看，再恶的人，谁对他好、谁对他不好，他很清楚。当我们的孩子对人都是一片恭敬之心，他的人生就会化解很多恶缘跟灾难。假如孩子没有学到恭敬心，人生旅途会增添危机跟阻力。

我们为人父母、老师的要通过马加爵事件来好好思考，吸取教训。孩子没有理智，他的人生之路很难走到终点；孩子从小懂得恭敬有爱心，他的人生之路将会愈走愈宽广。除了要爱人以外，还要爱一切动物，一些祸患就会避免。上天有好生之德，最重要的是和气待人、待物，言语不容讥讽，不容刻薄，要用真诚心来说话。尤其注意，不要养成给别人起外号的坏习惯，这是恶口的表现，这是内心的傲慢和无礼，不利于人与人之间的和谐共处。

美国休斯敦有一个银行家，他曾讲述了自己小时候如何克服爱发脾气的毛病的过程。他小时候脾气非常坏，经常会发火，他的父亲劝了他很多次，都没有效果。他的父亲也很聪明，有一天就把他叫到跟前，送给他一盒铁钉，然后告诉他，从今以后，你每生气一次，就到后院的那个木头柱子上去敲进一颗钉子。

他照父亲的话去做，时间久了，他也就意识到自己经常发火，因为那个柱子上已经钉满了钉子。所以观心为要，后来他就有意识地克服自己的脾气，然后他又去跟父亲交流。父亲说很好，你已经不发脾气了，从今以后，如果你有一天不发脾气，你就到后院的柱子上拔出一颗钉子。几个月之后，他把柱子上的钉子全部拔掉了。他很得意，来向父亲汇报，说已经把柱子上的钉子全部拔掉了。

父亲说："儿子啊，你做得很好。"他拉着儿子的手说："去看看那根柱子吧，孩子，你看到柱子上的那么多小孔了吗？那柱子身上已经千疮百孔，再也不像以前那样美观了。当你向别人发过脾气之后，你的恶言恶语也就像那些钉孔一样，在人们的心灵上留下了伤疤。就像你用刀子刺向某人身上，你再拔出来的时候，无论你说了多少次对不起，那伤口都永远不会消失了。"

俗话说"利刃割体痕易合，恶语伤人恨难消"，我们用刀子在肉上划一下，只要一两个星期就能修复，但我们用很尖锐的言语对待他人，他那个伤痛可能一辈子都无法平息。

我们有没有听过因为被骂而去自杀的？有啊！所以，恶毒的言语有时比刀剑更锋利。我们应该从这个故事中吸取教训，记住这样一点，那就是发脾气只会使人与人之间的交流变得更加困难，而不是变得更加容易。当我们生气的时候，都是希望对方能够改变自己的行为方式，然而生气并没有达到这样的目的，反而使情况变得越来越糟。

有时候我们的恶言可能并不是有意而为，有些人本来是很善良的，但是却在无意中说了一些伤人的恶言，虽然他做过许多善事，但无意中的恶言却会让他在无意中伤害他人，这都要注意避免。

我曾看过一则寓言，有一只熊受了重伤，它来到森林里的小木屋，向里面住的守林人求救。守林人把熊留在木屋里，帮它清理伤口，先用水把血迹擦干净，再用布把伤口包扎好。不仅如此，守林人还拿出很多食物来招待这头受伤的熊，守林人的善良让熊非常感动。快睡觉时，因为只有一张床，而熊又受了伤，守林员便让熊一起到床上睡。

可是熊一躺到床上，守林人便大叫着跳下了床。他说："哎呀，我真是从来没有闻过这么强烈的野兽的臭味儿，你真是太臭了，这个森林里再也找不到比你还臭的动物了吧！"听了这样的话，熊一句话都没有说，却再也睡不着了，一直等到天亮，它向守林员说了一堆感谢的话，然后又重新返回了丛林深处。

过了几年，守林人再次遇到了那头自己救过的熊，便问它伤口好了没有。那头熊回答说："身体上的伤口已经彻底好了，但是心里的伤口却始终无法痊愈。"这则寓言都告诉我们，人的言语对别人的影响并不是可有可无，而是非常深远的。

正如《箴言》所言："温良的舌是生命树，乖谬的嘴使人心碎。"因此我们就不难理解，为什么逢年过节的时候，彼此互相祝愿，都要说一些吉祥的话，如恭喜发财、心想事成、健康长寿，等等。因为这些都是积极的言语，会给人一种无形的积极的心理暗示。

爱的语言是鼓励的，有一则寓言，讲的是天气比较冷，有一个人走在路上，披着一件大衣。北风跟太阳看到了这个路人，北风呼呼地吹，说："太阳，我们来较量一下，看谁能把他身上的大衣给拿掉。"北风先来，然后就开始刮起一阵一阵的强风来。结果风愈大，行人把衣服抱得愈紧。虽然北风吹得很强，适得其反，最后精疲力竭，只好放弃了。

"太阳，你试试看吧。"太阳不慌不忙，把热量慢慢加、慢慢加。不长的时间，行人说："哎呀，天气真好！"就把外套给脱掉了。煦煦的阳光就好像春风化雨，人很容易接受。所以内心没有控制和对立，去鼓励人而不是贬低人，去成就人而不是打击人。

二战时期，法国流亡政府的首脑是戴高乐将军，二战以后他也做了总统，他是怎么成才的呢？要非常感谢他的母亲。他很小的时候，他母亲总是摸着他的头跟他说："你的出现是为了让法国更伟大。"我们哪个母亲敢这样说："你的出现是为了让中国更兴盛、更伟大？"

我们总是说："快点把作业做完，看你这没出息的样子，以后你长大了妈妈给你个篮子去讨饭算了。"你看你这么讲话，你总是打击他，总是批评他，总是挖苦他，从来没有鼓励他。人的命运都是心想事成，你一直打击他，一直骂他没出息，他真的会变得没出息，本来有出息也被你骂成没出息了。

在小孩子的心中，父母就是天地，如果父母亲都没有鼓励他，都不认可他，他就觉得天崩地裂了。这种打击使他形成的心理缺陷在他成年以后都是很难修复的，他真的会变成一个萎靡不振的人，没有阳刚之气的人。

父母的肯定和欣赏很重要，一定要多鼓励他。如果你不鼓励他的话，长此以往，孩子就会变得没有自信心、没有梦想、没有追求，只剩下对父母的冷漠、对生活的厌倦、对未来的迷茫。所以我们要懂得放心，放心大胆地鼓励儿女去发展，开启他内在的智慧，哪怕他比较顽皮，也不要压制他。

卡耐基小时候是个公认的非常淘气的"坏男孩"。在他9岁的时候，他父亲把继母娶进家门。当时他们是居住在维吉尼州乡下的贫苦人家，而继母则来自较好的家庭。他父亲一边向她介绍卡耐基，一边说："亲爱的，希望你注意这个全郡最坏的男孩，他可让我头疼死了，说不定会在明天早晨以前就拿石头扔向你，或者做出别的什么坏事，总之让你防不胜防。"

出乎卡耐基意料的是，继母微笑着走到他面前，托起他的头看着他。接着，她又看着丈夫说："你错了，他不是全郡最坏的男孩，而是最聪明，但还没有找到发泄热忱的地方的男孩。"

继母说得卡耐基心里热乎乎的，眼泪几乎滚落下来。就是凭着她这一句话，他和继母开始建立友谊。也就是这一句话，而成为激励他的一种动力，使他日后创造了成功的28项黄金法则，帮助千千万万的普通人走上成功和致富的光明大道。因为在她来之前没有一个人称赞过他聪明，他的父亲和邻居认定他就是坏男孩。但是继母只说了一句话，便改变了他的生命。

卡耐基14岁时，继母给他买了一部二手打字机，并且对他说，她相信他会成为一位作家。他接受了她的想法，并开始向当地的一家报纸投稿。他了解继母的热忱，也很欣赏她的那股热忱，他亲眼看到她用她的热忱如何改善他们的家庭。来自继母的这股力量，激发了他的想象力，激励了他的创造力，帮助他和无穷智慧发生联系，使他成为20世纪最有影响力的人物之一。

爱的语言是赞美的，20世纪60年代，美国一个叫皮尔·保罗的人担任了一所小学的校长。那个时代正是美国嬉皮士文化最盛行的时候，他所任职的学校是一所位于贫民区的小学，那里的孩子受当时流行文化的影响，都很顽劣，经常打架、逃课、不写作业、顶撞老师、破坏校内的设施等。

教育这样的一群孩子是很困难的事情，但是皮尔·保罗还是找到了一个很奏效的办法。因为他发现了这些孩子的一个共同特点——迷信，于是他便经常在课上或课下给这些孩子看面相手相，通过看相有意鼓励他们。

有一个学生叫罗尔斯，很顽皮，有一次他刚从窗台上跳下来，就伸着脏兮兮的手来让保罗给他看手相。皮尔·保罗便说："你知道吗？你将来一定可以成为纽约州的州长，因为我看到了你修长的小拇指，有这种小拇指的人都是当长官的料。"

后来罗尔斯回忆说："我当时真被他的话惊吓到了，因为从小到大，唯一一次受赞扬的话来自我的奶奶，她告诉我说我能拥有一艘轮船，我可以做船长。而那一次，保罗却说我可以成为州长，这对于那个年纪的我来说，无疑是一次影响一生的鼓励。"

从被表扬那天起，罗尔斯改头换面了，他衣服干净整洁，讲话文明礼貌，再也不像以前那样满口脏话，他每天昂头挺胸地生活，向着"纽约州州长"的目标靠近。40年的时间里，他始终如一地以一个州长的标准要求自己的言行。

最后，他终于成为纽约州州长，那一年罗尔斯51岁。"表扬能激发一个人最大的潜能，即使只是一句善意的谎言，不仅对于孩子，即使是一个成年人，也可能是他一生的动力。"罗尔斯在就职演说时如是说。

还有一个讲的是夫妻相处的故事，有两个人结婚不久，妻子本来特别喜欢唱歌，她的喉咙也不错，歌声也很美，所以在做家务的时候，经常不由自主地哼出来。

但是她的丈夫不太喜欢唱歌，比较喜欢安静，结果每一次他的妻子唱歌的时候，他就这样说："你那个歌声真的是太难听了，就像乌鸦一样！"他说了一遍又一遍，从此，这个女士就认为自己的歌声很难听。从那以后，再也不好意思在大庭广众之下唱歌了。但是后来，她的丈夫过世了，这个女子改嫁。

结果这个丈夫特别喜欢听歌，又一次她偶尔在做家务之中，不由自主地哼出来，被她的丈夫听到了，结果他就赞美说："你的歌声真美，我从来没有听过这么美妙的歌声。"

一开始她还觉得，她的丈夫在讽刺她、挖苦她。但是，没想到她每一次唱歌，她的丈夫都真诚地赞叹她、赞美她。结果她的歌越唱越好，甚至还去参加了歌手大奖赛，而且经常获奖，后来也很有名气，经常出去演出。所以，言语对人的影响是潜移默化的，特别是自己身边最亲近的人，他们的言语对身边的人影响很大。

马克·吐温曾说："一句恭维的话足能使我生活两个月。"这句话虽然夸张，但在一定程度上说明了表扬的巨大力量，说明人都是渴望被人肯定的。

美国的科学家们曾经进行了一项跟踪调查，调查的对象是 100 名百万富翁，他们都是白手起家的。在调查中他们发现，这些百万富翁的年龄从 21 岁到 70 岁不等，从学历上看，有的是小学，有的是博士，有 70% 的人都是来自人口小于 1.5 万的小城镇。这些人有一个共同点，那就是善于发现其他人好的方面，而给予适时的赞赏。

实践证明，没有什么东西比表扬更能启动人的积极性。我们怎样期待别人，别人就怎么回应。我们夸奖一个人干得好，他就会更加努力，希望自己干得更好。所以作为一个领导者，如果你能够经常赞赏下属："你把插花摆在办公室里，使这个办公室都有了光彩；你把这个计划写完，真是帮了我一个大忙；你这个报告写得简明清晰，正合需要。"那我相信部属接下来的工作会让你更加满意。如果你总是抱怨、挑剔他，那他接下来的工作，就可能是硬着头皮勉强为之了。

总之，作为领导者，应该了解到每一个人都有赞赏的需要，我们应该不吝惜对别人的赞赏，对别人的工作和成绩给予适时的肯定，这样才能建立起良好的人际关系。当然，赞赏也要遵循一个原则，那就是要顺着人的德行方面赞赏，而不是顺着能力方面赞赏。同时，赞赏也要把握分寸，否则可能导致对方（特别是孩子）产生自以为是、不把别人放在眼里的骄慢倾向。

第三，不绮语。爱的语言是正直的，在三国时代，有一个喜欢谄媚的小人，他的方法就是给人家戴高帽子，喜欢夸奖别人，从而获利。关公是一个很刚直的人，关公就说："这个小人，如果我遇到了他，我一定不会放过他，留着这样的人实在是件坏事。"结果他正说着，这个小人就来了。

关公说："你就是好给人家戴高帽的人吧，今天我不能放你，不能让你再这样放纵了，我要惩罚你。"这个小人怎么说的？他说："哎呀，这也不能怪我，要怪就得怪那些一般人，他们都喜欢高帽子，所以我才送给他们。如果要是遇到像关老爷您这样的高人，我怎么能够戴得上去？"

关公一听，很欢喜，觉得这个人说得果然有道理，就把他放走了。结果放走之后，关公一想："一般人喜欢高帽子，像遇到我这样的高人，就戴不上这个帽子了，这不也是给我戴了一顶高帽子了吗？而且这个帽子戴得更高。"由此可以想到，能进谄媚的人，他总是有很多的方法，让你对毁谤的这些人，他的毁谤的这些话，让你能听得进去，觉得合情合理。

我们怎么样才能不听小人的谄媚？必须自己明智，不要喜欢听好听的话。《论语》讲："巧言令色，鲜矣仁。"所以，自己要首先有知人之明，而要知人首先必须自知，也就是要自己有自知之明。

譬如有人说你是圣人、贤人、大德，你得自己想一想，我真的是圣人了吗？我真的是贤人了吗？我有何德何能配得上人家称我圣人、称我贤人？你自己这一反省，你就知道了，那些说你是圣人、贤人、大德的人，其实都是恭维你，赞叹过度了，这样你就不会为人家给你戴的高帽子所迷惑了。所以，爱的语言是正直的，这一份正直是用真诚的心，而不是虚伪或者有目的的心来交往。

曾子在《礼记》里讲："君子之爱人也以德，细人之爱人也以姑息。"君子人是希望提升对方的德行，所以表现在言语上，他总是说利益人、有助于人德行提升的言语；小人他姑息人的过失、欲望，所以他说出的话也往往是取媚于人，让人放纵欲望、自我感觉良好，甚至飘飘然的言语。

这都是告诉我们说什么样的言语才叫爱语，才是真正有利于人的话。所以，我们要对人的言语加以辨别，他是花言巧语，还是真正为我们着想。有时候，为我们着想的话不怎么好听，"良药苦口利于病，忠言逆耳利于行"。

了凡四训

改造命运的东方羊皮卷（下册）

我们现在冷静想想，身边的人有几个敢跟我们说实话呢？而别人不敢跟我们说实话也不能怪人，我们的态度有没有让人家愿意跟我们讲实话，指出我们的问题点？如果父母、长辈一看到我们话都不说，只能叹一口气："唉，唉。"那这个时候不能只责怪长辈，还要自我反思，是我们实在太过分了。我们是不是总对长辈的劝诫"一言九顶"，他们才说一句，我们用九句话顶回去的，时间长了，他们也就只能无奈地保持沉默了。

而听了甜言蜜语，在婚姻当中会遇到劫难；听了甜言蜜语，在事业当中也很难不出现问题。因为讲甜言蜜语的人，他一定是为谋自己的私利。这个时候，你又把他放在重要的位置，婚姻、事业就一定会被拖垮。所以看人，对家业、对事业是关键所在。

第四，不两舌。爱的语言是冷静的，两舌就是搬弄是非，离间他人，说白了就是进谗言。谗言一般都是出于嫉妒之心，正如《申鉴》所言："以谗嫉废贤能。"因为谗言嫉妒而废弃了贤能之士。人之所以会因嫉妒而进谗言，也是因为不能深信因果所导致的，因为他不明了嫉妒会对自己带来严重的恶果。

有一个有名的成语叫三人成虎。据《战国策》记载，魏国有一个大臣叫庞葱，他很受魏王的器重。有一次，魏国的一位世子要到赵国去做人质，魏王就派庞葱陪同他一起去。这说明什么？说明魏王对庞葱的能力非常认可，对他也非常地信任。

庞葱确实很有智慧，他知道这个国君很容易受左右人的影响，如果左右的人进奉谗言，这个国君久而久之可能就失去了对自己的信任。所以，临行之前，他特别对魏王做了一个比喻，他就问魏王，说："大王，如果有人对您讲，说大街上有一只老虎在逛，您会相信吗？"魏王想都没想，哈哈一笑说："我当然不信，老虎招摇过市，这种事情怎么可能发生？"

庞葱接着问道："如果又有一个人从街市上回来了，告诉您大街上有一只老虎，这回您信吗？"魏王犹豫了一下，说："这就很难说了，要考虑一下才行。"庞葱继续问："如果第三个人也这样说，您会信吗？"魏王肯定地点了一下头，说："如果三个人跑来都这样讲，那肯定是真的了。"

这时候庞葱就说："街上怎么可能有老虎？街上没有老虎是事实，那些说有老虎的人只是在互相传谣而已。可是大王您为什么会相信？就是因为说的人太多了，所以您才相信。而现在我和世子要到赵国去做人质了，赵国远离魏国，比这离大街不知道远多少倍。大王对我们在那里的情况肯定不清楚，而这个时候如果进谗言的人、诽谤我们的人又不止三个，可能您就会怀疑我了，希望大王您能够明察。"

魏王听了之后就说："我明白了，我知道该怎么办。"于是庞葱就告辞而去，陪着世子到赵国去做人质了。但是他走了之后，很快毁谤的声音就传到了魏王那里。结果怎么样？世子结束了人质的生活，回到了魏国的时候，庞葱就再也见不到魏王了。说明什么？魏王已经不再信任他，也不想任用他了。

从这里可见，谗言的力量是多么的可怕，即使魏王提前已经受到提醒，做过预防，但是仍然敌不过谗言的泛滥。这个谗言不仅可以破坏君臣之间的关系，听信谗言，父子关系、夫妻关系、兄弟关系同样会受到很大的影响。

宋代的罗大经先生作有一首《听谗诗》，说明了谗言对人际关系的危害。这首诗这样写道："谗言慎莫听，听之祸殃结。君听臣当诛，父听子当决。夫妻听之离，兄弟听之别。朋友听之疏，骨肉听之绝。堂堂七尺躯，莫听三寸舌。舌上有龙泉，杀人不见血。"这事告诉我们不要听信谗言，不然祸患就来了。

"君听臣当诛"，领导者听了别人的诬词谗言，可能在诬词的蒙蔽之下把忠臣给杀害了。

"父听子当决"，假如父亲听信了谗言，父子关系也会出现障碍，可能要和儿子都决裂了。

"夫妻听之离"，夫妻之间听信了谗言，可能要离婚了。

"兄弟听之别"，兄弟之间听信谣言、谗言，兄弟之间也就分开了。

"朋友听之疏"，朋友之间听信了谗言，这个关系就疏远了，本来两个人关系很好的，结果别人在朋友面前说了坏话，下一次再看到这个朋友就觉得怪怪的了。

"骨肉听之绝"，假如听信了谗言，至亲也容易断绝关系。

我曾看到一则新闻，在哈尔滨市郊有一个农村，村庄里面有一家三口，一个老父亲带着儿子，儿子结了婚娶了媳妇，是个三口之家。本来都挺和睦的，结果有一天这儿子跟一班狐群狗党在聊天的时候，这些朋友就故意跟他开玩笑地说："你老父亲整天跟你媳妇在一起，他俩肯定有问题。"他们就传这些风言风语，讲这些桃色新闻。

结果儿子就信以为真，于是跟他的父亲之间的感情一下子就破裂了，看他父亲处处不顺眼，看他太太也不顺眼。所以常常喝醉了酒打他太太，一打他太太，这个老父亲当然来劝架，结果愈劝这儿子愈觉得不对路，后来连他父亲都一起打，就这样经过了很多次这样的家庭暴力。

后来这儿子又无缘无故地打他太太，这个老父亲来劝的时候，这个儿子竟然抡起铁棍来打他父亲，他父亲一怒之下把这铁棍夺过来，拼命地打这个儿子的头，结果儿子立刻就倒在血泊之中，后来送到医院已经丧命了，结果父亲亲手杀了儿子。看这样的一幕悲剧，当然这个儿子确实自有他的果报，对于父亲大不孝，怀疑父亲，另外还打骂父亲，这是大不孝，所以他也是罪有应得。

但是要想到，这个事情的起因就是因为这儿子的一班狐群狗党造这些谣言，可能就是因为开这个玩笑，戏弄别人，没想到这玩笑之害却是让一个家庭家破人亡，那个罪业太重了！虽然法律没有把这些人抓起来，但是因果不可能原谅他们的。

天地之间已经把这些行为记录下来了，而且他们的阳寿必定是大大打折扣，命终之后必堕地狱，太可怜了。做这些谣言中伤、毁谤，自己又得什么利益呢？没有任何利益可得，得到的全是祸患啊。所以，这都是愚痴到了极点，不知道报应之可怕。

这些都是提醒我们要有明智的判断，不要妄信谗言。"堂堂八尺躯，莫听三寸舌。舌上有龙泉，杀人不见血。"这告诉我们"谣言止于智者"。特别是做领导者的要知道"来说是非者，便是是非人"。因为一个真正有德行的人，真正希望我们幸福和谐的人，他绝对不会故意制造矛盾，影响人际的和谐。听信谗言是一个结果，原因在哪里？魏王也知道不能听信谗言，但是他最终为什么还是听信了？

刘伯温在《郁离子》中说："谗不自来，因疑而来；间不自来，乘隙而入。"谗言不是自己来的，而是因为我们自己内心首先有了怀疑，才会感召而来。离间的话也是乘隙而入，是因为人与人当中有一些嫌隙、误会了，离间的话才容易进去。所以古圣先贤教导我们"反求诸己"，问题不是那些离间人的话，更重要的是我们内心的疑心太重。还有，对身边的人有成见、有嫌隙，这时候才会让谗言进来。

包括，古人为什么告诫我们不要言家丑？假如朋友信任我们，把家里的一些事情跟我们讨论，我们绝对不可以把他家里的事又跟别人宣扬，这会很伤人家的心。《格言联璧》讲："背后之议，受憾者常若刻骨。"很可能一犯这个毛病，几十年的交情就化为乌有了。

我们仔细想想，朋友之间讲话都要注意这些，夫妻要不要注意这些？要。夫妻之间也要不言家丑，太太假如把先生的不好讲给别人听，这段婚姻就很麻烦了，难免会有很多冲突产生。所以言语要谨慎，正如《呻吟语》所言："话休不思就说。"

所以，说话就是修行的体现，王阳明先生有一次跟学生出游，听见路旁有两个人在吵架，一人骂道："你没有天理！"另一位反驳道："你没有良心！"王阳明先生听了以后，对身旁的学生说："你们听，他们在讲道。"

学生很疑惑说："老师，他们明明是在吵架。"阳明先生说用天理、良心要求别人是在骂人，若要求自己那就是在讲道了。王阳明先生站在智者的角度，将生活中的一场争执，为我们做了正确的取舍。

在与人相处当中，讲话是一种很切实际的修行，说赞美的语言是一种布施。说是非则常因说者、听者、第三者无心地搬弄而恶性循环。大家都知道，是非止于智者，彼此能聚在一起，不要逞一时口舌之快，而破坏掉这份难得的因缘。

虽然是非自有来处，但孰是孰非，普通人未必能明辨秋毫，站在公正的立场上予以裁断，反在一来一往的言说之中，又无端增添自己的是非烦恼。"一言折尽平生福"，谨言实在是修身要件。

有一个著名的典故，叫"三缄其口"。据《孔子家语》记载，孔老夫子带着弟子们去周家观礼，来到了供奉周家始祖的后稷庙，结果到了庙门口的时候，发现了一个金人的塑像，但是这个金人的塑像很奇怪、很特别。

特别在什么地方呢？就是这个金人的塑像，他的口上被封了三重，同时这个金人的背后还刻着几个字，也就是我们所说的"铭"。这个铭上写的是什么字呢？写的是"古之慎言人也，戒之哉！戒之哉！无多言，多言多败；无多事，多事多患。安乐必诫，无行所悔"。你看，这个金人是个慎言之人。

他说千万要引以为戒！不可多话，多话因为容易轻慢而说错话，最后招来祸害。《箴言》讲："多言多语难免有过；禁止嘴唇是有智慧。"不可多事，多事容易因为心浮气躁而做错事，最后引来祸患。处于安乐时要提高警惕，不要做会让自己后悔的事。"

《常礼举要》中也说："口为祸福之门"，说话一定要谨慎，要经过一番考虑再说。这句话看起来简单，也很容易理解，但是做起来却不那么容易了。一个人的吉凶祸福大半都决定在口上。

比如，很多人喜欢夸夸其谈，就是自己夸耀自己。所谓的自夸，就是希望别人知道他自己实际上并没有更好的东西，这样做的目的实际上是让别人更恭敬自己。但是，本质是什么？本质上是出于怯懦，在别人面前感觉到有压力，所以才要在别人面前展示实际上自己所没有的，或者比自己实际具有的要好得多的东西，结果往往给自己带来了更大的压力。

有一次，墨子带着他的得意弟子子禽去游说一位公侯，由于时间紧迫，墨子和子禽不得不连夜赶路。不料半夜里忽然电闪雷鸣，哗哗下起了倾盆大雨。墨子师徒俩只好找了一个山洞避雨。

子禽找来洞里不知是谁留下来的干草，燃起了一堆篝火，这期间，他不住地向老师墨子说着话。但是到后来，他也说不下去了，因为墨子自始至终都是盘膝坐在那里，闭目养神，很少搭理他。子禽感到十分纳闷，不过觉得还不到该询问的时候，就在心里一直憋着。

到黎明时分，雨停了，墨子才睁开眼，对子禽说："好了，我们可以上路了。"师徒俩出了山洞没多久，就来到了一个池塘边，迎面扑来大雨过后特有的潮湿清新的轻风，近有青蛙"呱呱"的叫声，还有远处依稀传来几声雄鸡晓鸣。

子禽见老师身心舒畅的样子，便提出了心里的疑问：老师，多说话好还是不好？墨子说："话要说得太多，还有什么好处？比如池塘里的青蛙，没日没夜地叫着，可是没有人会去理会它；鸡棚里的雄鸡，只在天亮时啼两三次，大家知道鸡啼就要天亮了，都很留意。所以，说话要说得有用处。"

在《周易》中有"括囊"之喻，什么叫括囊呢？这个囊就是布袋。把布袋的口结扎起来代表人的口，这就是提醒我们，这个口不能乱讲话，就像把这个布袋的口用绳子扎起来一样，里边的东西自然就出不来了。

而且《周易》上有一句话说："吉人之辞寡，躁人之辞多。"吉祥的人他往往话少，一般人说话的内容，它无非是要表达自己的心情，或者是讲人讲事。但是凡事说话牵扯到人与事，就关系到人的利害，关系到事情的成败。

所以我们在说话之前要先想一想，我们这些话说出来，对人究竟是有好处还是有坏处。那么有修养的人脑子一转就知道了。修养不够的人如果一时没有注意，说话冲口而出，可能把别人给伤害了，自己还不知道，自己也不考虑这些事。

如果一个人说话太多，那么他的前途就不会太乐观，寿命也不会太长。如果一个人能滔滔不绝讲个没完，这样的人一定是一个烦躁之人，烦躁之人多半前途不平，会遭遇很多挫折。话多伤气，对人的身体有影响，这不是纯粹的理论，而是长期经验积累得出的总结。

孔老夫子曾劝诫那些爱说闲话的人："群聚终日，无所事事，言不及义，难矣哉！"大意就是说那些整天泡在闲言碎语中的人很难成大器而为正人君子，实际上也不难发现一些说客，内容总不外乎对自己优长成就做"爆米花式"的宣扬夸耀吹嘘。借此哗众取宠，抬高自我身价，而对他人的缺失错误多是捕风捉影的猜测，或吹毛求疵、尖锐苛刻的批评指责。

这些人往往有夸夸其谈之中，就忘记了"名誉是人第二条生命！"这些不合时宜的言语不仅使他人名声受损，也使听者看清自己爱说是非的低劣品德而憎恶。《箴言》讲："谨慎口舌的，可保性命；口没遮拦的，自取灭亡。"

"安乐必诫，无行所悔。"为什么安乐容易做后悔的事？就是因为太过高兴，甚至傲慢大意，轻易许诺很多事情，到最后做不到。《呻吟语》讲："事休不算就做。"对于事情我们必须谨慎面对，不可轻易地就答应人家，"没问题，这个我来了就搞定了"。这个话不可以讲得太快，这叫"事休不算就做"。

正如《弟子规》所言："事非宜，勿轻诺；苟轻诺，进退错"。我们今天草率地答应了，自己觉得这是好事就做，结果做到一半半途而废，那很可能变成不欢而散，甚至于留下很多的遗憾在其中，这样就变成善心行了恶事，所以要慎始慎终。我们不轻易答应，但答应了要尽心尽力把这件事做圆满，不然到时候做不好，我们还要再解释我那时候比较忙什么的，到时候解释都是很多的，而且越解释越乱。

所以答应一件事，要"度德量力，审势择人"。这八个字可以在我们面对一件事情当中，做好谨慎的考量。第一，要"度德"，要衡量我们自己的德行。《大学》讲："有德此有人，有人此有土。"我们有了好的德行才能感召人来，所以德行不够，这个事情不能轻易接。第二，要"量力"，要衡量自己的能力，也衡量大众现在有的能力够不够来承担这件事，不够不要强做，这就是不攀缘，要随缘。

我们今天有两分力就接两分的因缘，慢慢能力提升了，我们再接更殊胜的缘。假如只有两分力，现在硬接五分的缘会怎么样？会压垮。《增广贤文》讲："力微休重负，言轻莫劝人。"我们力气不够大不要去扛很重的东西，交情还不够，人家听我们的话不够重视，不要轻易去劝人。先把我们自己做好了，人家信任愈高，劝的机会也比较成熟。《周易》也讲："德薄而位尊，智小而谋大，力小而任重，鲜不及矣。"这都是很危险的情况。

第三，要"审势"，就是现在整个时节因缘、整个社会的状况适不适合这么做。我们要恒顺众生，现在这样行不通，不可以硬干。第四，"择人"，再好的事，没有合适的人做或者没有选对人做，都不能取得成功。而我们在得意时，往往容易轻易许诺，最后往往以失信和失败而收场。当然，不是说这四个方面不具足，我们就不去做这件好事，我们发现这些不足，可能目前做不了，我们可以去查漏补缺，在未来条件具足了来完成这一桩善举。

在择人的时候，不仅要看一个人说了什么，更要看他的行为和存心。《周书》讲："以言取人，人饰其言；以行取人。人竭其行。饰言无庸。竭行有成。"根据一个人的言论来判断人品，人们就会用技巧来修饰言语；如果是依据行为来判断人品，人们就会尽力充实内在的德行。巧饰言语毫无用处，尽力完善德行必将会有成就。

这句话就是提醒我们观察一个人或者任用一个人，不仅仅要听其言，还要观其行。如果我们仅仅凭一个人的言语好听就任用他，人们都会就追求修饰自己的言语，让自己的言语听起来比较动人。如果我们根据一个人的所作所为、品行来判断一个人的人品，人们就会努力地提升自己的德行。

有些人很愚痴，动不动就怨天尤人造作了恶业，打妄语，发毒誓，赌咒，你看你往哪里逃，逃不掉，善恶之报如影随形，你逃得了一时，逃不了一世，逃得了今生今世，逃不了生生世世，所以生生世世在那里流转生死，酬偿业报，什么时候开始觉悟了，开始反省改过，积善谦逊了，人生才能有幸福和快乐可言，才能有光明的前途和未来。

所以，说话是一门学问，也是一门艺术，更是一种德行，对我们的命运和家庭极其重要，张畏岩知过改过、改造命运，这是我们的榜样，我们也要避免恶口、狂言，不要去诅咒、诋毁他人，更不要让自己和他人去发毒誓，这些都有非常不好的结局。不要让不会说话害了自己。

32 让"长处"成为长处

接着，了凡先生说:**"彼气盈者，必非远器。纵发，亦无受用。"** 有阅历的人都能够洞察到一个人骄傲自满，前途不可能远大，成不了大器。"纵发，亦无受用"，哪怕他现在有功名了，或者有财富了，也很难受用。为什么? 不谦虚，拥有的地位越高，财富越多，可能越会增长他的傲慢。傲慢一起，很可能就会造作很多违背道德的事情。

我们看现在很多当官的人很有福报，但是很傲慢，听不进别人的劝，做错很多决策，贻害人民，这就造大罪了。而且一傲慢，很可能就不懂得自爱，不懂得自重，都可能会招来祸患，甚至是杀身之祸。《世说新语》讲:"小时了了，大未必佳。"俗话说:"少年得志大不幸。"说的都是这个道理。

其实读书也是一样，一个人自以为很了不起，他的学问就上不去了，事业也是必败的。所谓"少年得志大不幸"，都是因为骄傲伏不住了，最后人生就遭灾殃了。唐朝高宗时代有个读书人，叫裴行俭，他是礼部尚书。

有一天他的一个朋友，叫李敬玄，给他推荐了四个人，这四个人是李敬玄非常赏识、器重的人。这四个读书人是"卢、骆、王、杨"，卢照邻、骆宾王、王勃、杨炯，这就是我们熟知的"初唐四杰"。

一般人都觉得这四个人以后一定会很有成就，可是裴行俭不这么看。李敬玄就向裴行俭推荐这四个人，希望让他们做个官。然后裴行俭私底下跟李敬玄就说，"士之致远"，一个读书人能不能有远大的前程，看什么?

《旧唐书》记载，裴行俭给大家分析，一个人以后有没有成就，首先看什么呢? 看器识。"士先器识，而后文艺。"一个人文章写得很好，一个人的才艺很好，假如他傲慢的话，他的文章和才艺会变成他的灾殃。

《资治通鉴》讲:"德者，才之帅也。"很多人的灾祸都是因为才华横溢，以才华去压迫别人，得罪了别人才遭殃。你的所有能力和才华是为德行所领导，德行是所有才能的统帅，你得把根本找到。现在很多人把德行忘记了，只重视孩子的才华，第一名就不可一世，连父母都瞧不起，这时候再教就很困难了。

孔老夫子教育学生，"孔门四科"第一就是德行，第二是言语，第三是政事，最后才是文学，也就是文艺。大诗人陆游在83岁时也告诫儿子："汝果欲学诗，功夫在诗外。"人生的德行、阅历、经验，远比做事的才能的技巧重要得多。大家看，这四位都是天下闻名的才子啊，最后的结果如何呢？

我们看看裴行俭的分析。一个读书人首先度量要大，气量要大。"识"是什么？见识、智慧，要看得远。最重要的是要有德行，要有仁爱的度量，还要有智慧，而后才是学习文艺。我们现在教孩子一颠倒，很多不好的现象就会产生。要不就是傲慢，要不变成考试的机器，不会跟人相处，都是没有德的表现。

清朝末年出去了一百多个留学生，出去的时候十二三岁，这一百多个学生回来后，没有一个不是那个领域的佼佼者和领头者。这有没有给我们教育启示？这一批人，百分之一百成为人才，为什么？因为这一百多个人十几岁之前都是受中华传统文化的教育，有这个根。都有忠孝的精神，哪有不全心全意学习，哪会不回国后全心全意报效祖国的道理呢？

所以"识"，见识深远，这很重要。周公作《周礼》，整个国家几百年都是兴盛，他很有远见。可是秦朝没有远见，统一天下用什么方法？用杀人的方法。光是赵国他就坑杀了降军四十万，你看那个杀业有多重。周朝享国八百多年，秦国呢？十几年就灭亡了，后代也被诛杀了。

"器识"是一个人重要的人格修养，而后才是发展文艺。所以，裴行俭说："卢、骆、王这三个人都太浮躁了，气量都不大，而且非常好显示自己的才华，他们不适合当官，他们不但不会有大作为，而且很可能都不得善终。"结果这三个人都三四十岁就死了。裴行俭说："只有杨炯性格比较沉静，沉得住气，可能他不会遭殃，他可以当个县令，终老晚年。"

最后，真的就只有杨炯得到了善终。王勃过海的时候掉到水里面，惊吓而死；卢照邻恶疾缠身，痛不欲生，投水自杀；骆宾王当时是辅佐徐敬业的幕僚，出谋划策的，举兵讨伐武则天，兵败，同时受诛。到最后真的只有杨炯得到善终，都被他说中了。我们古人很有智慧，看一个人的人生态度就可以断他的命运，看他的性格可以断命运。

大家都很熟悉明朝的唐伯虎，他的艺术天分很好。他跟一个老师学画，结果学了一两年，他自己就觉得："老师跟我画的都差不多了。"他就跟老师说想离开老师。这个老师很不简单，正如《礼记》讲的："知其心，然后能救其失也。"知道他的心态偏在哪里，才好去帮助他。知道唐伯虎已经自满了，自己觉得跟老师差不多，没什么好学的了。结果这个老师也很有智慧，他就说："好。"就请自己的太太做了一桌好菜给他饯行。

这位老师在墙壁上画了一个门，画得栩栩如生。画好了之后请唐伯虎过来吃饭，唐伯虎就撞到那个墙了。唐伯虎自己一撞，就知道老师的功夫到这种程度了，也明白了老师的良苦用心，非常惭愧地说："老师，我错了。"后来就再留了十年潜心学画，十年以后才回去，而且要回去的时候画了一条鱼在墙壁上，猫都扑上去撞墙上了，艺术水平跟老师一样地炉火纯青，后来他成为著名的画家。

其实人一自满，自己往往看不到，而且自满以后真的就没有办法再进步。我们看《医道》，许浚已经是非常优秀的学生了，可是他自满了，被他老师给轰出去了。他老师给他轰出去是要打掉他那个名利心，因为他当时是想："用我的医术能达到什么福报？求得什么功名？"他一有这个夹杂，学问就上不去了。

他也很受教，后来忏悔，又有机缘，因为他无私地去治病人，老师又接纳他，又回到柳义泰的门下学医，才能把医术达到那种登峰造极的境界，得到他老师的真传，后来做了国医。所以，只要自己觉得自己不错了，学问和福报就上不去。

刚才是提到大画家唐伯虎，而一提到书法，我们都知道王羲之先生，也被称为"书圣"。王羲之17岁的时候，在卫夫人的精心指点下，书法大有长进，名气在外，很多人都想请他题字、写对联，这让他骄傲起来，经常拒绝为别人写字。

有一天，他经过一家饺子铺，看见贴着一副对联："经此过不去，知味且常来"。字写得缺乏骨力，结构松散。王羲之心想："真是丢人哪，这样的字也敢拿出来献丑？"正想走开，突然感到有点儿饿，又看见饺子铺里座无虚席，应当味道不错，就走了进去。

只见铺子里面是一堵矮墙，矮墙前边有一口大锅，锅内沸腾的水在翻滚。一只只饺子从墙的后边飞过来，就像排着队要下水的小鸭子一样，"扑通扑通"，不偏不倚都"跳"进了大锅的中央。王羲之惊呆了。不久，水饺就被端上来了。看看，个个玲珑精巧；尝尝，味道鲜美可口。一大盘的水饺一会儿就被王羲之给吃完了。

付账后，王羲之来到矮墙后边，看见一个白发老婆婆正坐在一块大面板前，独自一人擀饺子皮、包饺子馅，动作非常麻利。一批饺子包好了，她看都不看一眼，随手就把一只只饺子抛出墙外。王羲之惊叹不已，恭恭敬敬地行了礼，问："老妈妈，您花了多长时间练成这手功夫的？"

"熟要五十年，深要一辈子。"老婆婆回答。王羲之心想：自己学写字才不过十几年，就自满起来，真不应该，脸上一阵发热。

他又问老婆婆："贵店的饺子名不虚传，但门口的对联却似乎叫人不敢恭维，为何不找人写得好一点儿呢？"

老婆婆一听说："听说王羲之那种人架子太大，哪里会瞧得起我这个小铺子？"王羲之面红耳赤，一句话也说不出来，低着头离开了饺子铺。

第二天，他亲自把一副对联送到白发老婆婆手中，老婆婆这才知道他就是王羲之。当老婆婆为昨天的事向他道歉时，王羲之诚恳地说："您哪里有什么错呢？您让我知道了自己的水平还很有限，让我懂得了学无止境的道理，您就是我的'饺子师父'，我应该感谢您才对呀！"

从此以后，王羲之谨记"熟要五十年，深要一辈子"这句话，虚心刻苦练习书法，终于成为一代"书圣"。所以，每个老人都是一部书，尊敬老人，虚心求教，就能获得个中真谛。

王羲之的第七个儿子王献之，他在这样的书法世家，从小也都练习书法。旁边的这些长辈就一直恭维："小小年纪，写得真好，太厉害了，不得了。"王献之就觉得自己跟父亲的书法差不多了。一天，他终于按捺不住，想和父亲王羲之比一下，到底谁的书法水平高。

于是他认真写了一篇得意之作拿给王羲之看，问他父亲感觉怎么样？父亲没有回答，而是在他写的"大"字下面加了一点，成了"太"字，然后说："拿给你母亲看看就知道了。"

王献之不解，但还是照做了。王献之的母亲看了看，称赞道："吾儿书法进步不小。"然后指着王羲之后加的那个点说："但只有这一点快超过你的父亲了。"许是他祖上有德，刚好在自满的时候，被妈妈这么一点评，自满的心就下去了。然后就勤苦练习，把院子里水缸的水都练干了很多次，并且谦虚下来，刻苦练习，最后也是相当有造诣，成为一名大家。

后来，王献之的字也到了力透纸背、炉火纯青的程度，他的字和王羲之的字并列，被人们称为"二王"。所以，人只有认识到了自己的傲慢，勇于改过，谦和上进，才能建功立业，幸福美满，改变命运，心想事成。

据《晏子春秋》记载，齐国的宰相晏婴是一代贤相。孔老夫子也对他非常尊重，很称赞他。晏子的一件大衣穿了30年都没换新，当然那一件衣服看起来还是整整齐齐，因为"爱物者，物恒爱之"。你对任何物品都爱惜，它也会回馈你，会让你使用很久。

当一个宰相穿一件大衣穿30年，请问除了会影响他的家庭以外，还会影响什么？所有的这些文武百官，和全国的人民。所以，当一个领导非常廉洁，就可以带动整个团体清廉的风气。

晏子的马夫每天送晏子去办公。结果这个马夫每次看到人都抬头挺胸，一副很高傲的样子。他为什么很高傲？因为他替宰相驾车驾马，所以就一副不可一世的样子，用成语来讲叫狐假虎威。

结果马夫的夫人看到了，有一天就跟他提出来，说："我要离开你，我马上就要走了。"这个马夫就很紧张，他说："怎么了？你怎么要离开我？"

他夫人说："人家都是尊重宰相的德行，才对你也比较客气。你又没有晏子的德行，而晏子做宰相都那样谦卑，人家有德行还谦卑，你根本没德行还这么傲慢。你这样下去很危险，所以我不想依靠你了，我要离开你。"

结果这个马夫一听这话很紧张，马上很惭愧地跟他夫人说："我一定会改过，你就不要离开了。"他的太太也确实很有见地，懂得要进谏、规劝她的先生，一个好太太至少旺三代啊。当然她的先生也很有度量，能接纳太太的意见。后来，这个马夫就痛定思痛，开始认真地学习。

晏子也觉得他的德行进步很快，就举荐这位马夫当上了齐国的大夫。所以，知过勇于改，人生才坦荡。只要人肯改过，都会有相当好的前途，正所谓"浪子回头金不换"。而且，有事情多和太太商量，听太太正确的劝谏，会大富大贵，这不是乱说的，夫妻一心，其利断金，家和万事兴。

孔子在《论语》当中说："如有周公之才之美，使骄且吝，其余不足观也已。"这也是提醒我们，有周公这样完美的才能和办事能力，但只要傲慢和吝啬，看不起人，不肯把好的经验分享给人，也是不可能有大作为的。何况，我们根本就没有周公的才美，我们还骄傲，岂不惭愧？

周公是一个领导者，那我们身为一个领导者或者长辈，自己有才华、有办事的经验，一定不能形成一种傲慢。因为这个傲慢一起来，可能这个领导者就会觉得"只有我行，其他的人都不行"。

那他以这个态势来讲话、做事，那底下的人就觉得"好吧，就你行都你做，我们就不做了"，底下的人就没有办法进步。下面的人没有办法进步以后，他就更傲慢了，"功劳都是我的，事情都是我做的"。那就更瞧不起底下的人，这就进入了一个恶性循环，时间长了就容易失败。

据《资治通鉴》记载，智宣子选了智瑶继他的位，而赵简子选了有德行的小儿子无恤来接位。当时赵简子手下有一个大臣叫尹铎，他派尹铎到晋阳去当地方官。尹铎很有意思，就问他的主人赵简子："大人，您是希望我去抽丝剥茧，还是去保障人民？"赵简子回答："当然是照顾好人民、保障好人民，让他们有好的生活，让他们富裕。"尹铎听了，到晋阳很爱护当地的人民。

赵简子对他的子孙讲："尹铎这个人不简单，你们不要小看他，他治理过的地方以后会很团结，你们以后有什么难，就躲到那里去。"正所谓"天时不如地利，地利不如人和"。你墙再高，护城河再宽，没有人还是会有危难。

智瑶继位以后很傲慢，他武功高强，长得又很好看，有这么多好的条件，无形当中就傲慢了。有一天他跟韩康子、魏桓子三个人一起饮酒，智瑶现场侮辱了韩康子，这个时候智果就提醒他："这样对待别人，灾祸就要来了。"

结果智瑶说："灾祸都是我给人家的，哪有别人给我的？"你看这就是狂妄、傲慢！智果就讲："很多事情都有征兆，这些怨慢慢积累起来，你早晚要有大祸。连昆虫有仇都要报，更何况人家身为一个贵族的负责人。"

但智瑶并没有放在心上，智瑶很嚣张，开口就要韩康子把万户的一个县城让给他。韩康子气得半死，上次被他羞辱，这次还让我把万户的县城给他，心里不肯。旁边的人劝他，智瑶现在势力大，不要跟他正面冲突。智瑶要完韩康子，又去找魏桓子要，也要了一个万户的县城，也给他，两个人很有默契。结果要赵襄子给，赵襄子不给，智瑶就出兵攻打。

智瑶就联合韩康子、魏桓子联兵打赵襄子，赵襄子招架不了，就想起了祖先的话，到晋阳去躲了起来。结果智瑶引大河的水，把晋阳的城墙给淹了，淹到什么程度？城墙只剩六尺了，老百姓家里的灶也淹了，都有癞蛤蟆跳出来了。可是晋阳人民很团结，都不愿意背叛。所以你看，以前有一个好的县官治理，德政一直影响着这个地方。

智瑶手下有一个臣子叫絺疵（xī chì），其实大家看任何败亡的领导者，他身边都有很多人给他提醒过，他招祸还是因为自己傲慢。大家想一想项羽被刘邦打败，项羽旁边有没有很有智慧的人？有！亚父。身边好多人都给这些人提醒过，但他们就是傲慢。

絺疵就跟智瑶讲："你现在放水淹赵襄子，韩家跟魏家跟着你，眼看城就要攻破了，他们两个没有任何高兴的表情，反而是担忧。为什么他们都笑不出来？因为他们两个对你怀恨在心，找机会要报仇！"

人一傲慢，什么都看不清楚。智瑶在攻赵襄子的时候，韩康子跟魏桓子，一个帮他驾车，一个拿着武器，三个人坐在车上。智瑶就在那里笑，原来用水也可以把人的城给淹掉，把他的地方给夺取。

这时候，旁边这两个人一个撞一下，一个用脚踩一下，互相看一看，为什么？因为他们两个的地方也都可能被智瑶放水淹了。所以，他们两个很有默契，互相踩一下、碰一下，下一个该我们了。

鹓鶵分析得很准，眼看赵襄子就要撑不住了，赵襄子赶紧派了一个臣子，夜里出去找韩康子跟魏桓子，对他们讲："你们把我给灭掉了，下一步他就要对你们动手，就好像嘴唇没了，牙齿就很寒冷，唇亡齿寒啊。"所以，三个人就达成协议，按兵不动。赵襄子派人把守堤防的官吏给杀了，然后把水往哪里引？往智瑶的军队引。

所以，历史告诉我们："恶有恶报，善有善报，不是不报，时候未到。"打人就是打自己，骂人就是骂自己。人实在很愚痴，只顾眼前，我高兴，我打他。你打完他，没事了，出气了，那个怨的种子记在他的心上。恶果迟早会回来！人假如明白事理，这个世间任何事情都不会责怪。人家对你不好，那是时间到了，恶果现了。恶果现了叫什么？恶果现了叫还债。债还完了怎么样？轻松，无债一身轻。

所以，真明理的人，这个世间没有一件是坏事，全部都是好事。今天你被人家骂了，债消掉了。那个人骂你好几次，你每次看到他还是微笑，他会觉得这辈子没有看过这么有修养的人，你就把《了凡四训》介绍出去了。所以，打人最后会回到自己身上，骂人最后也还是会回到自己身上，人又何必这么愚昧，去做很多障碍自己、障碍他人又障碍以后的事情呢？

智瑶用水去淹人，没多久就被人用水淹了，怨恨报复的机会到了，灾难就来了。不只放水淹他，赵襄子出动军队跟他正面交战，然后韩跟魏的军队从两翼攻打智瑶，一下就被人家给攻灭了，智瑶被杀。司马光先生很感慨，他说："智瑶之亡也，才胜德也。"因为他的才能超过了他的德行，他傲慢所以跟人结怨，最后才感来这个恶果。

再比如隋朝，这是历史上非常短命的王朝之一。三十多年就灭亡了。这是什么原因？这就和开国皇帝隋文帝他的特点有关系。其实隋文帝在一开始的时候也是做得不错，但是后来就是因为他喜欢听好听的话，任用佞臣，结果愈偏愈厉害了，到了隋炀帝的时候就败亡了。隋文帝有一个喜好，你看在位者的喜好确实不能够不谨慎，他喜好什么？他喜好占卜，喜欢知道这个事情的吉凶祸福。

有一个官员就看出他有这种嗜好，这个官员叫萧吉，他故意说："占卜的天象，都说皇帝和皇后有圣德。"你看，这个谄媚巴结的话非常地明显。他还在大众面前说："你看我们皇上长得，头上这里还有一块肉，这都是很特殊的相貌，这都是真龙天子的面相。"

他这样称赞皇帝、皇后，隋文帝就很高兴，赐给他五百段的布匹。结果这一奖励，下面就会有人跟进的，愈来愈谄媚巴结的话都出现了。有人一赞叹他，他一高兴就给封官。有一个臣子叫王劭，也是称赞隋文帝，说他相貌不凡，头上有肉突出来就像角一样，说这个都不是一般人的相貌，于是隋文帝就封他做著作郎。

王劭做了著作郎之后，就去收集所谓的天下吉祥的一些瑞相，他一共收集了三十卷文字来歌颂隋文帝，意思是说隋文帝他有圣德，把国家治理得很好，结果国家出现了这么多吉祥的瑞相。隋文帝把它编成了一本书，还带头阅读，这本书叫《皇隋灵感志》。这本书特别厚，王劭要读十几天才能读完。

因为这些谄媚巴结的人愈来愈多，隋文帝就愈来愈自视清高、傲慢，结果怎么样？结果隋朝很快就灭亡了。所以，《箴言》讲："骄傲在败坏以先；狂心在跌倒之前。"人不管取得什么样的成绩，一定要冷静，要感恩，要谨言慎行，一旦傲慢，就会招致失败。

《格言联璧》讲："德盛者其心和平，见人皆可取，故口中所许可者多；德薄者其心刻傲，见人皆可憎，故目中所鄙弃者众。"德行非常好的人，他度量一定很大。"其心和平"，对人都是包容、信任。"见人皆可取"，他看人家的优点，"口中所许可者多"。"德薄者其心刻傲，见人皆可憎"，德行不好的人，心比较刻薄傲慢，都在批评别人，瞧不起别人，都是记恨别人。

《传习录》里有王阳明先生说的特别经典的一段话，他说："人生大病，只是一傲字。为子而傲必不孝，为臣而傲必不忠，为父而傲必不慈，为友而傲必不信。"而且，阳明先生还说"谦者众善之基，傲者众恶之魁"。

《阅微草堂笔记》当中有一个故事，叫"尖酸刻薄"，纪晓岚先生称，有个外号叫赛商鞅的人。他是位老秀才，带着家眷寄居在北京。此人天性尖酸刻薄，凡是好人好事，他都要刻意从中挑剔，故而得了个赛商鞅之名。

翰林院编修钱敦堂先生死后，他的门生们为他筹措款项，置办衾棺，料理丧事，并赡养抚恤他的妻子儿女。事事办得周全妥帖。这位赛商鞅却说："世间哪有这么好心的人。他们分明是借机沽名钓誉，好博得人家称他们有古道心肠，让显要人物知道他们的名声，将来想攀附钻营就容易了。"

有一位贫民，他的母亲病饿死于路旁。这位贫民跪在母亲的遗体旁，向路人乞钱买棺，以安葬母亲。他面容憔悴，形体枯槁，声音酸楚悲哀。很多人为之泪下，纷纷施舍给他零钱。这位赛商鞅说："这人是借死尸发洋财！那躺在地上的，是不是他妈妈还不知道呢！什么大孝子？骗得了别人，可骗不了我！"

还有一次，这位赛商鞅路经一座表彰节妇的牌坊。赛商鞅抬头看了一阵碑文，嘲笑说："这位夫人生前富贵，家里奴仆众多。难道就没有像秦宫、冯子都那种人？这事得加以查核，我不敢断定她不是节妇，但也不敢说她肯定就是节妇。"

这位赛商鞅平生所操的论调都是这样尖酸刻薄，所以人们都怕他，回避他，也没人敢请他教书。因此，他一辈子不得志，终于贫困潦倒而死。他死后，妻子儿女流落街头，极为悲惨。后来，有人在朋友的宴席上见到一位陪酒的妓女，她那举止言谈，颇有书香门第的闺秀风度。人们感到惊讶，认为这样一位女性不该沦为倚门卖俏之流。仔细一问，才知道她就是赛商鞅最小的女儿。他的女儿竟走到了这一步，是多么令人悲哀啊！

纪晓岚先生的父亲姚安公说："这位绰号赛商鞅的老秀才，平生并没有做过什么大的罪恶。但他总要显示自己的识见高人一等，所以不知不觉地走到了这种悲惨的地步，怎可不引以为戒呢！"

在佛家，有一部玄奘大师翻译的大乘经典，叫《大乘百法明门论》，在这本，提到了傲慢，而且傲跟慢还不完全一样。"傲"，主要是自己感觉非常良好，自我欣赏，他属于自身起了傲心，所以叫骄傲。"慢"，是已经去压到他人了，去跟人家较量了，这是"慢"，所以叫贡高我慢。所以"骄"是对自己，"慢"是对别人。

我们先来讲"骄"，也就是骄傲。《成唯识论》讲："云何为骄？于自盛事，深生染着，醉傲为性。能障不骄，染依为业。"

对于自己所擅长的方面或者是对于自己的长处，心生执着，从而陶醉骄傲。这个骄能够障碍谦虚和谦卑，生长染污不净之法，这是讲骄的作用。

那人为什么会有骄傲的心态呢？释迦牟尼佛总结了人骄傲的八个主要原因，这是大致而分，如果细细论之，产生骄傲的原因数不胜数。

第一，盛壮骄，因为自己的身体强壮、精力旺盛而骄傲。身体好，没有病，容易拿着青春去挥霍，最后招致很多问题。

第二，贵骄，因为种姓、人种、血缘、优越而骄傲。比如说有人出生就生在贵族家庭，家里做官，受人恭敬，这就有了骄傲的本钱。虽然现代社会比起古代社会文明进步了很多，但是因为种姓、肤色、性别所造成的等级在世界各国还是存在，并且也在人们的潜意识中存在。

比如说同样都是美国的公民，但是白种人在黑人面前就显得高人一等；种姓在古印度是地位阶级的象征，古印度阶级非常地分明。古人讲："贵人不耍脾气，耍脾气是贱人。"所以，家世背景好而傲慢的人，并不尊贵，尊重别人的人，才能得到别人的尊重，才叫贵人。

第三，富骄，是因财物富裕而骄傲。古往今来，很多人不择手段地去掠取财富，就是为了实现富骄梦。所以自古以来就有"贫戒怨，富戒骄"的古训。暴发户和贵族的区别在哪里？区别就在这里。贵族，就是有财富、有地位，但是懂礼不骄慢的人。而暴发户却恰恰相反，因为自己有权位、有财富，就以此骄慢无礼。

第四，多闻骄，就是因为自己聪明伶俐，学了很多知识而骄傲。没有知识学问就迷惑颠倒，掌握了一些学问又骄傲自满，觉得自己了不起，这叫"聪明骄"。

《孟子》讲："人之患，在好为人师。"他到哪里都觉得比别人懂得多，也容易骄傲。白居易是唐朝的读书人，一代大儒。他到山上去拜访鸟窠禅师，鸟窠禅师住在树上，白居易就说："法师，你住在树上很危险！"禅师点化他："你比我更危险！"因为他是当官的，如果哪里没做好，决策错了，贻害人民，这个罪业就大了。包括在官场上，他需要谦虚谨慎，不能马虎。

后来，白居易请教鸟窠禅师什么是佛法？鸟窠禅师说："诸恶莫作，众善奉行。"白居易就笑了："三岁小孩都知道。"鸟窠禅师接了一句："八十老翁做不得。"

这些道理好像大家都知道，知道不做到叫知识，不是真实的修养和学问。所以，只学知识不去落实有没有副作用？有啊，叫"不力行，但学文。长浮华，成何人"。所以，"学儒"和"儒学"，"学佛"和"佛学"是不一样的。学儒、学佛是知行合一、解行相应，假如只研究文字，没有真实的修养，即便学历和职称再高，也是《礼记·学记》说的："记问之学，不足以为人师。"

所以，现在有些人学历愈高，很可能愈傲慢，因为他学的只是知识。假如你学历愈来愈高是学真的道德学问，那应该是愈来愈谦卑，"学问深时意气平"啊！当白居易在那里笑的时候："三岁小孩都知道。"他知不知道他的念头错了？"这么简单！"轻慢心起来了。禅师点他："八十老翁做不得。"

有一个博士，有一天刚好要过一条大河，一个船夫就划着桨送他过去。因为是大河，得有一段时间才会到达对岸，他坐在船上就开始给船夫讲："你懂不懂生物学？"船夫说："不懂。""你懂不懂物理学？"船夫说："不懂。""你懂不懂古典音乐？"船夫说："我不懂，我只懂得划桨。"因为那是他的专业。

结果博士就说："哎哟，那么你生命的一半就没有什么意义了。"讲完没多久，突然惊涛骇浪，乌云骤起，下了很大的雨，结果船就翻了。博士不会游泳，他在那里呼天抢地，船夫是游泳好手，他把博士救到岸上。船夫笑着跟他讲："博士，我不会生物学，我不会物理学，我不会古典音乐，我的生命就一半没有意义。可是你不会游泳，你的命就全部丢掉了。"

大家有没有去过西藏？那里的老百姓大部分都笃信佛教，一般都非常善良。有些朋友去西藏，住在旅馆里，旅馆的门从来不锁，有个19岁的女孩就很生气："我们这么多人住进来，行李都放里面，叫你去给我们准备个锁，你为什么不准备呢？"服务员说："我们这里从来不丢东西的，不用锁。"

她说："你一定去给我买一个锁，不然你服务太差了。"那个服务员说："不然我帮你看好了，好不好？"她说："不行，你一定要去给我买一个锁。"最后这个服务员实在无奈，只好去买锁。

大家想想，从"文明"都市来的人到了西藏这么淳朴的地方，是知道去买锁的小姑娘文明，还是每天都过着夜不闭户生活的人心地更清澈？请问大家，住在大都市里的人比较清净、文明，还是住在乡下的人？

我们一回老家，年纪大的长者经常说："哎呀，我没有什么文化，跟你们没法比。"其实，这些长者很善良，一生行善，我觉得他们其实比我们更有文化。他们都说自己没有文化，因为现在人往往把有文化跟有学历画上等号。

文化，是以文化人，如果学问很高，瞧不起人，人家跟他相处都很有压力，还怎么"化"别人？有文化的人能感化别人，有修养才是有文化。所以，现在有些认知需要调整，其实那些不识字的老人很善良，他们传承了中华民族的优秀家风和家道，所以他们是很有文化的人。

有的人学历很高，但是连国家法律都不守，其实这才是没有文化的人。看事情不能看表面，重实质不重形式。可能我们到了山里，觉得自己是很文明的人，其实人家比我们纯朴多了。

现在随着科技的发展，人受知识教育的机会多了，但不能因为学历高而对自己的长辈轻慢，这样学不到他们身上最可贵的品德，那损失就太大了。

现在一些年轻的老师进学校："哎呀，我学的理论是新的。"对那些任教十年、二十年的老师可能还有一点瞧不起。所以无形当中，外在的这些条件反而污染了我们清净的心。学历、收入、消费水平，被这些污染了，不纯朴了，也不谦卑了。我们是清清白白来到这个世间，"本来无一物，何处惹尘埃"。怎么染上这么多习性，而且越染越不自在。

所以有了机缘，到一些没有污染的地方去走走，可以向老百姓学到很多的智慧，学到很多处事的简单与纯朴。这个19岁的女孩跟她妈妈一起去的西藏，经常会因为一些小事就跟她妈妈斗嘴，还跟当地一个8岁的小孩说："我妈妈跟我讲一句话，我一定顶她一百句，要顶到她说不出话来，不然她又要骂我。"那个当地孩子从小就是接受传统文化教育的，他说："我妈妈骂我一百句，我也不会顶一句。因为我不忍心看到妈妈难过。"

大家看看，教育差得多不多？一个是讲一句顶一百句，一个是讲一百句一句都不会顶。请问大家，你希望下一代是什么样子？所以，接受家风教育要越早越好，学习《了凡四训》非常重要，如果我们没有把家道传下去，没有把孩子教育好，一定要生起大惭愧心，学习优秀传统文化，推广优秀传统文化，这样必能收获幸福圆满的人生和家庭。

"丁龙讲座"是哥伦比亚大学的首个汉文讲座，《胡适口述自传》中说：那是美洲大陆第一个以特别基金设立的汉学讲座。后来美国任何一个大学成立中文系，都参考哥伦比亚大学。清朝末年，当时很多的华人到美国去修筑铁路，丁龙就是其中的一个。

他到了美国之后，被一位参加过南北战争的将领卡宾特将军聘雇，去当仆人。因为卡宾特将军是一位性情非常暴躁的人，所以在他家里面的仆人一般都待不久，便会离开。有一次他喝多了酒，打人，醒了之后别人都不在了，只有丁龙端上饭菜给他。但是，长时间在这个环境里面很难熬，后来丁龙也离开了。

但是没过多久，卡宾特将军家里失火，烧得很厉害，将军在收拾残局的时候，丁龙回来了，帮助他重建家园。卡宾特将军就觉得很奇怪，说："我对你这么不好，为什么在我最困难的时候，你回来帮我？"

丁龙就跟他讲："这是我们孔老夫子的教诲，孔子教我们要讲仁义，做人要讲道义，虽然你对我不好，但是我们曾经也是主仆关系，主仆一场，我应该对你讲道义。而且你只是脾气差，但本性是好人。"

卡宾特将军听了很震撼，他说："孔老夫子的教诲，我听都没有听过。你的爸爸一定是个很有学问的人，否则你怎么知道孔老夫子的教诲，你怎么会有这么好的生活态度，这些你怎么知道？所以你爸爸一定是个饱学诗书的人。"

丁龙说："没有，我爸爸也是个农民，不识字。"将军就讲："那你爷爷一定是个读书人。"他说："也不是，我们家世代都是种田的文盲。"卡宾特将军听了之后，觉得很不可思议，他认为孔老夫子太伟大了，世界上怎么会有这么好的教诲，竟然能够在一个民族当中，经由不认识字的文盲家庭，一代一代地往下传，真不容易。

后来，更令卡宾特将军感动的是，丁龙在临终的时候，他存了一万多美元，他跟将军讲："我感谢你照顾我后半生。"本来是聘雇他，但是丁龙因为非常有感恩心，他跟这个将军讲："将军，我感恩你，现在我要走了，我也没有子女在这里。所以，我这一万多美元就当是感谢你对我的照顾了，我把这一万多美元送给你吧。"

卡宾特将军没有办法相信，一个人竟然这么有道义。在丁龙过世之后，卡宾特将军拿着这一万多美元一直在想，这个民族太伟大了！这种传统不知道经过什么样的方式可以这样传递，他一定要让美国人来学习这样的态度。

因为一万多美元，没办法起太多作用，他自己又拿出二十多万美元，一起送到哥伦比亚大学设立了中文系，用丁龙的名字来命名，叫"丁龙讲座"。为的是什么？为的就是研究这个民族如何通过孔老夫子的教诲，让中华民族当中，连不认识字的文盲都这么有文化，都做出这么感天动地的事情。

当时哥大的意见是以卡宾特的名字命名汉学讲席，卡宾特坚持以丁龙的名字命名。该讲席是 1901 年设立的，至今其讲席仍叫"丁龙讲座"。在世界范围内，这都很少见。接着美国的其他大学也相随创立中文系和中国图书馆了，他们大都是以哥伦比亚大学的成就为蓝本。

这件事也感动了慈禧太后，她捐献了 5000 册图书给该系，李鸿章和当时的驻美官员伍廷芳也各有捐赠。你看，一个没有知识的文盲，一个普通的仆人、华工、农民，但他真的有文化，他传承了中华文化的精神，遵循了孔老夫子的教诲，这才是真正有文化的人。

第五，色骄，就是因为容貌端正而骄傲。人长得漂亮、身材好，自然产生骄傲，这也难免。在《玉耶女经》上记载，玉耶是王舍城护弥长者的女儿，出生在豪贵长者家，而且端正无双，因为她长得姿容美丽、身材楚楚动人，加上从小就娇生惯养，因此就养成了骄慢的性格，所以不敬丈夫和公婆。

佛陀心平气和地对她说："玉耶，女人光是容貌端正娇美，不名为美人，更不值得骄傲。而心行端正、有镇静悠闲的女德才受人尊敬，方可名为美人。"

姿容秀丽、身材动人虽然可以诱惑迷醉痴人，但不能够受人尊敬，并不能算作很好的人。而自视美貌、看不起他人、行为不检点，只会为自己的将来带来无穷的苦患。

佛陀为玉耶女说法，批评她自恃美貌、出身豪贵而骄慢夫主，指出外貌的美丽不足为美，心灵纯洁、行为端正方为真美，教导她如何做一个好的妻子。玉耶女听闻佛陀的教诫之后，深深地忏悔自己过去的错误，向佛哀求忏悔。

玉耶流泪走上前去，拜佛言："世尊，我本愚疑不顺夫尊，自今以后当如婢妇，尽我命寿，不敢骄慢。"玉耶也请求皈依佛门，佛就为她授了十戒，她发愿生生世世做一个学佛的居士。从此以后玉耶就成了一个贤良的媳妇儿，为远近的人们所称道。这就是因为自己面容姣好而骄傲的例子。

第六，寿命骄，因为寿命长而骄傲，长寿也成了骄傲的资本，确实有一些人倚老卖老、为老不尊，给子女和晚辈带来了很多麻烦和问题。"我参加工作的时候，你都还没出生呢！""我当校长的时候，你还不知道在哪里混呢！"这话一讲出来，为人师表的风范就没有了，为人长辈的慈爱也就没有了。所以，孔子说老人"戒之在得"，患得患失的心很重，常常会去炫耀自己的过去。

实在讲，一个真正注重自我教育的人，他谈话只有一个目的：启发对方。除了这个目的以外，他以前的事不会一直反复讲，除非这个事可以启发对方，不然常常讲就变成炫耀了。这都需要善观己心，纯是一个利益对方的心，每句话都是这个目的，没有其他的目的，这样就有功德。

第七，行善骄，因为行善修德而骄傲。行善做好事、帮助他人本来是一件好事，但是因此而骄傲，好事就变成坏事了。很多人还在做好事里边，不知不觉起了名利心，结果把好事变成了坏事，违背了初衷。

这个因为行善产生的傲慢，首先，是指在布施别人的时候要存慈悲心，而不是有高低贵贱的心，认为这是对别人的施舍，这样的布施，君子会认为是嗟来之食，即使是很低贱的人也能感受到你的心。就是说布施的时候不要看不起被帮助的人，不要轻视他们。其次，是指不要因为自己做了一些善事就沾沾自喜，甚至跟人家比较，认为自己更高尚，这都是傲慢的表现。

第八，自在骄，也就是因事情顺心、心情自在而骄傲。比如说学圣贤教诲的人都知道心想事成、事事顺遂，那么因为这个修行有一些感受也因此而骄慢、骄傲。

我们身边总有些朋友，自认为是修行人，可能父母给的或者爱人给的条件不错，比如有车有房，开一个小店，也不担心生计，不担心顾客多少。所以，容易安于自是，认为自己坐禅、喝茶、燃香，心很安静，这就是在修行，认为这是学茶道、香道和佛道，其实不一定是自己想象的那样。

他们平时坐在那里看似心很静，境界很高，可是遇到需要自己付出的时候他就畏手畏脚、手忙脚乱了，遇到一些情况可能还容易动情绪。所以，这不叫修行，也不叫修心。

古德讲："修行是修正自己错误的思想和言行。"所以，有些人是在消遣佛法，也就是说把佛法当作一种爱好、一种装饰，显得自己很高雅，自命不凡，这也是一种傲慢。这类朋友也容易着相、执着眼前的境界、执着学来的知识，忘记了儒释道的根本是要有菩提心、慈悲心、真诚奉献的心。

如果没有了设身处地的心，别人去请教他一些生活的问题，他往往都是，轻轻一笑："你就是心不静，心静就好了。"既没解决对方问题，但是对方又不好再说什么。这都是没有设身处地，没有经历过磨炼造成的。这样的朋友往往身处顺境不自觉产生骄，身处逆境产生卑，可能顺境时的安静和逆境时的焦急形成鲜明的对比。

刚才讲了"骄"，现在我们看"慢"。慢，是仗着自己的优点、条件，进而对他人的态度，有压迫到他人。是高高在上的态度，觉得自己举世无双，最主要就是"视己所长"，仗着自己比人家优势的地方，产生"慢"的态度。

第一种叫"我慢"，我慢怎么产生的呢？就是我们觉得这个身体是"我"，有这个"我"了，就有你、我、他了。而有这个"我"以后，"我所"跟着来了，我的身体、我的容貌、我的财富，就开始跟人家攀比了，所以"我慢"从这里产生了。

圣人了解这个身体不是"我"，是"我所"，就好像衣服一样，我的衣服用坏了，就换一件，所以身体不是"我"，灵性才是"我"。所以有智慧的人是提升自己的灵性，把它当作这一生最重要的事情。但是普通人迷惑，迷惑在哪儿？以为这个身是"我"，就为了这个身体的享受造了很多罪业。然后执着这个身体，延伸出"我的妻子、我的亲人、我的房子、我的车子"，通通贪恋这些东西，他的灵性一直在往下降，这是很可悲的。

《周易》讲："精气为物，游魂为变。"身体是个物质，就像一间房子，让你暂住几十年而已，坏了就不能再用了。而灵性和神识才是重要的，我们要借假修真，借假的身体，修真实的灵性，让它不断提升，而不是堕落。

第二种叫"过慢"，明明他的道德学问比我好，然而我却说："也不过如此，跟我差不多而已。"想把人家拉下来；或者他跟我差不多，可是我却说：

"他不如我。"这都是属于过慢。

第三种叫"慢过慢"。他明明比我好很多，我还硬说他比我差，那就已经更加过分了，这叫"慢过慢"庞涓智穷兵败之时，还不忘彰显自己，他说："遂成竖子之名！"竖子是对晚辈和下属的轻蔑称呼，庞涓临死还得说一句："是我成就了孙膑的名声和威望。"

第四种叫"卑劣慢"。自己很差，但还是表现出来很傲慢。比如对方的道德学问很好，或者成绩很好，然后我们却说："你好你的，我差我的，那我还不是可以照样吃饭睡觉吗？你有什么了不起！"就是不肯跟人家学习，这个叫明明很差，态度还很傲慢。再比如人家比我们好很多，然后我们说："其实我也差他一点点而已。"这些其实都是"卑劣慢"。

第五种叫"卑慢"。比如，从小家里没钱，被人家取笑，产生了心理的障碍。大学毕业一到社会，拼命赚钱，赚到钱以后买大房子、买豪车炫耀给别人看。以为这样可以抚平自己内心的遗憾，其实错了。为什么？你的房子再大，有没有人房子比你大？那你不就又要痛苦了？你车再好，还有人的车比你好。

所以，假如为了满足自己的虚荣心，掩饰自己的自卑，去挣一大堆钱、去读很多书，然后取得这些外在的条件，人生就累死了，因为人比人气死人。人不是因为外在的条件而尊贵，是因他的行为而尊贵啊！

第六种叫"增上慢"，就是自己觉得自己很有德，然后产生了傲慢。比如南宋妙高禅师，曾经为了修行狠下决心，在只能容下一个人的峭壁上打坐修行，这就是非常有名的妙高台。他就是有了增上慢，心想："这个世上跟我一样精进修行的没有几个吧？"

我们在学习传统文化的时候，尤其是有了境界，或是受到尊敬的时候，这种增上慢就会在不经意间流露出来，此时我们要懂得调伏。结果韦驮菩萨点化了他，他才明白："我慢高山，不流德水。"天下精进修行的人不计其数，但是自己有了贡高我慢之心，根本不值一提。

妙高禅师很惭愧，痛哭流涕，至诚忏悔，最终大彻大悟。当时的太后梦到他，找人画像来寻找他，找到他以后为他在雪窦山重建了一座寺庙，就是现在浙江省宁波市奉化区的雪窦寺。"秀甲四明"的雪窦山成为中国五大佛教名山之一，雪窦寺坐落于山心，内有世界上最高大的弥勒大佛，妙高禅师改过开悟的典故也广为流传。

唐朝懿宗咸通年间的悟达国师也曾因为做了国师而产生了增上慢，被迦诺迦尊者点化以后开悟，写出了《慈悲三昧水忏》等经典，成为真正有德有能的高僧。所以，人念头错了不要太沮丧，及时反省、至诚改过就能感得圣贤和祖先的护佑和加持。

第七种叫"邪慢"。我们这个时代很多"邪慢"之人，这样的人做了坏事还扬扬得意。"我敢这么做，你敢不敢？""我敢犯法，你敢不敢？"这也是傲慢，这是"邪慢"。比如这个恶人坐牢了，进去以后还对其他的人说："我告诉你，我第四次进来了。你这菜鸟，你第一次吧。"这都是"邪慢"。

再比如，人疯狂的时候，以杀人多为本事，我们知道抗日战争时期就有一些日本军官以杀人为能，比较杀人的数量，这都属于"邪慢"。造作这种罪业的人，那一定会得到万劫不复的果报。

我们谈到骄和慢，《东坡志林》上记载着一些有关苏东坡先生跟佛印禅师的故事，我们都很熟知，也值得我们参考。"一屁过江来"这个典故，讲的就是苏东坡先生当时的"骄"，孤芳自赏。

那一年，苏东坡先生在江北瓜州任职，距离佛印禅师所住的金山寺很近，只隔着一条江，他们俩经常诗书往来。有一天，苏东坡先生觉得自己修身的境界不错，就写了那一首偈："稽首天中天，毫光照大千。八风吹不动，端坐紫金莲。"他看到阿弥陀佛的佛像，各种大毫相光遍照无量大千世界，感觉自己也跟佛祖一样"八风吹不动，端坐紫金莲"。

他写得好不好？你假如是他的朋友，"好，写得好"。那你把他推下水了。他已经起傲慢心了，你还赞叹他，他不是越傲慢？所以，现在很多年轻人的傲慢，谁成就他的？身边的父母、长辈一直捧他，把他捧坏了。赞美没有错，但是夸大了就出问题了。大家看这个"夸"字怎么写？一夸要吃大亏了。

其实他的八风动没动？其实他从写的时候开始动了，心就一直动，而且越动越厉害。为什么？他在那里想："待会佛印禅师给个什么评价，应该夸我进步了吧？"人在那里期望别人称赞的时候，心不都在动吗？而且他觉得自己达到了八风吹不动的境界，那个不就在炫耀了吗？"八风"是什么？盛、衰、毁、誉、称、讥、苦、乐。也就是面对盛衰、毁誉、称赞、讥讽、苦乐的境界，你都如如不动，那才是八风吹不动。

正如藕益大师所说："利关不破得失惊之，名关不破毁誉动之。"名利心要去掉都不容易，其实人只要有名利心，他就不可能真诚，就不可能真心。

比如，一个校长很在乎学生得到运动会的奖牌，很可能他的学生被过度训练，受到伤害，他也都不关心这些事情，因为这个欲望、这个名利心会障碍他的仁慈和智慧。而且，这么在乎奖牌，孩子的课业会不会被耽误？他都不在乎。这都是"八风"在动，都是名利心在起作用。

苏东坡先生让小书童把这个偈字送到佛印禅师那里，请禅师评价。没过多久，仆人就回来了，手里拿着佛印的回批，上面只写了一个字："屁！"

苏东坡看了，顿时火冒三丈，我写了这么好的偈子，境界这么高，怎么给我回了一个"屁"字？这离他的期望值差太远了，他以最快的速度赶去找佛印禅师理论，结果佛印禅师的禅室房门紧闭，苏东坡正要推门，忽然发现门上贴着一张纸，上面有两行字："八风吹不动，一屁过江来。"

苏东坡顿时羞愧，无言以对。佛印禅师真是高人，他都算准了，苏东坡一定会过江来理论，因为他比苏东坡更了解苏东坡的习性。所以，当一个人愤怒的那一刻，心便失去了主宰，因为一个字或者一句话起了嗔心，由嗔生怨，既而反目成仇的大有人在。

还有一次，佛印禅师跟他一起打坐，这体现了苏东坡先生当时的"慢"。苏东坡先生问佛印禅师："你看我打坐的时候像什么？"禅师说："你打坐的时候很庄严，像一尊佛。"苏东坡听了很高兴，佛是两足尊啊，智慧和福报都圆满了才能成佛啊。他心想："这次和佛印禅师过招，应该赢定了。"其实，人有想要赢别人的心就已经是输了。为什么？想赢就是想要把别人压下去，高下的念头出来，这就是傲慢。

他接着问佛印禅师："禅师，你觉得我看你像什么？"佛印禅师说："那你觉得我像什么呢？"禅师身材比较丰腴，心宽体胖，人家心里不装事，好吃好睡大肚能容才胖得了。大家去看，度量很大的人，很多都是比较有分量的人，尤其面部会饱满，耳垂会比较宽大，眼眉之间很宽，这都是相由心生。苏东坡觉得这次抓到机会了，他说："我觉得你看起来像一坨粪。"您看佛跟粪，差别多大。他心里想："这次终于打了一场大胜仗。"就喜上眉梢，回家去了。

他妹妹看到了就问他："哥，你今天怎么这么高兴呢？"他就把这个经过告诉他妹妹。旁观者清，他妹妹很智慧，说："哥哥，你今天输得可够惨的，人家心中有佛，见人是佛；哥哥你心中有粪，见人都是粪。"万法由心生，这就讲到根本处了。

正如《增广贤文》所讲：心有所想，目有所见。心有所思，行亦随之。所以，人想要把人压下去，事实上是自取其辱。为什么？不顺着自己性德，已经不自爱了，已经让自己堕落了，怎么会体现出尊贵呢？

苏东坡先生虽然有这些傲慢的习气，所幸的是遇到了佛印禅师这位净友，在佛印的开导下，苏东坡终于有所领悟，一生乐观无忧，豪放豁达，即便数次被贬，也都怡然自得，苦中为乐。44 岁之前名苏轼，44 岁之后号东坡，在最艰苦的贬谪生涯中，也能放平心态。"一蓑烟雨任平生"便是苏东坡豁达人生的真实写照。所以遇到境界，不要愤怒，愤怒会降低你的智慧。

我们虽然不会经历苏东坡的大起大落，但在生活中常常被自己的情绪左右，因为一句话、一个人、一件事而耿耿于怀，生出一些"剪不断理还乱"的爱恨情仇。此时，我们不妨学学苏东坡，"莫听穿林打叶声，何妨吟啸且徐行"。

人生最曼妙的风景，其实正是内心的淡定与从容，苏东坡说，"我上可陪玉皇大帝，下可以陪庶民乞儿，眼前见天下无一不好人"，如此胸怀坦荡包容万物，心中哪里还有什么忧伤和不满，倘不如此，怎有"也无风雨也无晴"和"此心安处是吾乡"？

33 没有绝路，只有对路绝望的人

我们在上一章详尽讨论了傲慢的含义和种类，产生傲慢的原因，以及傲慢产生的后果。其实，傲慢是面对顺境时的一种错误心态，这样的人不但会被长处害了自己，也往往很难面对人生的失意。因为心里不平，喜欢大家的恭维，受不了别人的冷落。

所以，看一个人有没有谦德，还有一个重要的地方，就是看他如何面对挫败和逆境。一个傲慢的人，不要看他多不可一世，面对人生的困难，往往表现出自卑。而很多人的傲慢，本身就是因为卑慢造成的，卑慢的本质是虚荣心、炫耀心、好面子造成的。

《大学》讲："所谓修身在正其心者，身有所忿懥，则不得其正；有所恐惧，则不得其正；有所好乐，则不得其正；有所忧患，则不得其正。"古人所说的修身，就是端正自己的内心。但是，如果心中有怨恨，就不能保持中正；有所恐惧，就不能保持中正；有所偏好，就不能保持中正；有所忧患，就不能保持中正。

我们为什么要学习传统文化？如果不学传统文化，有些事情很容易消化不了，或者想不开。大家的五官看起来好像都没毛病，为什么有的人就不可爱呢？神和态，决定神和态的是什么？是心。是心里的什么？心事。心事怎么出来的？是心不给力，事到心里边出不去了，这叫心事。心事越积越多就叫心事重重，久而久之就变成了病。

所以，我们不要小瞧我们的存心，我们的心就是我们的思想观念，稻盛和夫先生称其为"思维模式"。稻盛和夫先生，在世界企业界的影响力是数一数二的。他给世人推荐的第一本书，就是《了凡四训》，他对于儒释道的教诲很通达，他修学的根基非常厚。

稻盛先生有一个著名的成功方程式：成功 = 思维模式 × 热情 × 努力。每一个人的成就都不是偶然的，稻盛和夫先生把成功的原理总结成了这个方程式。这个方程式中的"努力"和"热情"都是正数，因为不可能有负数，大不了没努力、没热情的话就是零。所以，"努力"是零到一百，"热情"是零到一百，而"思维模式"是正负零到一百。

这怎么理解呢？假如一个人很自私，他为了谋自己的私利，他可以不睡觉，他很拼命，他也很努力，他不缺乏热情和努力，但是他的思想是自私自利的。比如，他设计杀人游戏出来，他有没有热情？日夜在做，也很努力，但是他思维模式错了，那这个杀伤力就很大，它是负的。

所以，我们要正向思考，转烦恼成菩提，这就是思维模式。很多人一个小事就可以沮丧好几天，那他的思维模式就不对。沮丧了，甚至于都会往坏处去想，这样人就会没信心，疑心都会重，这就是负数了。很多人时时都能自我鼓励、自信、积极，也愿意接纳和信任他人，他就常常面向阳光。所以，我们的心态特别重要。

第一，身有所忿懥，则不得其正。白隐禅师有一则家喻户晓的公案，是关于天堂和地狱的。日本著名的武士信重惑于天堂地狱之说，特向白隐禅师请教。信重问："真有天堂和地狱吗？"白隐禅师问他："你是做什么的？""我是一名武士！"信重颇为自傲地回答。

白隐禅师漫不经心地说："什么样的主人会要你做他的门客？我看你的面孔和一个乞丐又有什么区别？"信重大怒，一下子亮出了宝剑！"地狱之门由此打开了。"白隐禅师不紧不慢地说。信重心中大震，当下就明白了，赶紧收剑向白隐深鞠一躬。"天堂之门由此敞开了！"白隐禅师慈祥地对他说。

所以，生活中天堂与地狱只有一线之隔，全在于提高修养，把控情绪。不生气，你就赢了，爱生气的人心很难端正。大家之所以这么信任白隐禅师，是因为他真的很有修行的功夫，他面对别人的污蔑，确实没有任何情绪，而是用慈悲心来对待。

白隐禅师居住的禅寺附近有户人家的女孩怀孕了，女孩的母亲大为愤怒，一定要她找出"肇事者"。因为女孩经常去寺院玩，情急之下，就说："是白隐禅师的。"女孩的母亲跑到禅寺找到白隐禅师，又哭又闹，白隐禅师明白了怎么回事后，没做任何辩解，只是淡然地对女孩和她母亲道："是这样的吗？"

孩子生下后，女孩的母亲又当着寺院所有僧人的面送给白隐禅师，要他抚养，白隐禅师把婴儿接过来，小心地抱到自己内室，安排人悉心喂养。多年以后，女孩受不住良心的折磨，向外界道出了事情的真相，并亲自到白隐禅师的跟前赎罪，白隐面色平静，仍是淡然地说了句："是这样的吗？"就将孩子还给女孩。

一切都是那么平静，就像什么都没有发生过一样。后来女孩子皈依佛门，跟白隐禅师学禅。你看，本来是冤枉他的人，算是冤家对头了，最后被他度化，所以"度化"的"化"有感化和感动的意思，一定是我们自己做得好，对方才受益。白隐禅师84岁时圆寂，出现了很多瑞相。

所以，不要有忿懥，其实就是不要有对立的心。曾经看过一则新闻报道，叫"送蜡烛的小男孩"。在某一个大城市，大家都住在高楼大厦和公寓中，在高楼上有一户人家比较贫寒。新搬进来的邻居是一位年轻的女子，这个女子家境比较好，看到这个邻居家家境贫寒，于是就生起厌弃的心，不想跟他来往，生怕被对方打扰，会给自己添麻烦。

有天晚上，大楼停电，一片漆黑，这个女子在家里有点心慌，忽然又听到有人敲门。这个女子就大声地问："谁啊？"外面是一个孩子的声音："姐姐，我是邻居家的小明。"原来是那个贫寒邻居家里的孩子。

女子就问了："你要做什么？"但她并没有开门。外面那个声音说："姐姐，我妈妈想问你有没有蜡烛？"这个女子一听，心想：这个家里穷得连蜡烛都买不起，停电了来找我麻烦，我就是有都不能够借给他。更何况她确实也没有，她就用一种很不屑一顾的声音冲着外面喊："没有！"结果，外面的那个小孩说："姐姐，我妈妈就知道你家里可能没有蜡烛，让我给您送两根来。"

这个女子一听当场就愣住了，马上就觉得自己心里很惭愧，你看看自己是怎么想别人，生怕别人穷，找自己麻烦，不愿意跟人家交往，跟人家划清界限。哪里想到别人根本不是这样子，虽然是穷，还能关心你，遇到没电的时候还给你送蜡烛。所以，这女子是以小人之心度君子之腹了。

从此以后，这个女子跟这邻居就成为很要好的朋友，为什么？心里的障碍给化解了，原来心里有障碍，真的看到对方好像也是有障碍，心里跟他对立了，想他是不是来找麻烦的，他就真的变成找麻烦的人，一切境界皆由心造。等到那天之后，她的心里再也不想这邻居是来找麻烦的，对立化解了，障碍也就消除了。

所以，《文昌帝君阴骘文》讲："碍道之荆榛，当途之瓦石。"不仅是指帮助别人路上的障碍，也是指拿掉我们人与人心里的障碍，要互相信任、互相关爱，不要猜疑和对立。他们两家成为好朋友，也是一切境界皆由心造的体现。

心有不平，外面就有不平，心里有对立，外面就会有对立，心里平了，心里有仁爱，看见外面都是好人。所以古人说"境由心转"，就是外部的自然环境和人事环境，都是由你的心来转变的。当你的心欢喜的时候，你看一切人都欢喜；当你的心充满了慈悲和爱意的时候，你看每一个人都有可亲之处；而当你很挑剔的时候，你看到谁都有毛病，都有不足之处。

有一个小孩，和朋友发生了摩擦，跑到山谷大叫，以发泄心中的愤懑。他对着幽深的空谷叫着："我恨你！我恨你！"话音刚落，幽谷里突然传来"我恨你！我恨你！"的回响，久久不绝。

小孩子垂头丧气地回到家里，伤心地对母亲哭诉说："世界上所有的人都恨我。"母亲问明原委，于是就牵着孩子的手，依旧来到宁静无声的山谷，让孩子对山谷喊："我爱你！我爱你！"小孩子照着母亲的话做了，即刻山谷从四面八方传来"我爱你！我爱你！"的声音。

这些例子告诉我们，"境缘无好丑，好丑在于心"。在与人相处的过程中，如果我们总是想着每个人都是有爱心的、友善的、乐于助人的，并同样以友善和关爱的态度真诚地对待他人，那么久而久之，我们会发现自己的周围到处都是友善的人。

人生其实就是感应，你笑脸对人，人家就对你笑；你哭着脸，人家也笑不出来。跟照镜子有相同的道理在其中，我们今天照镜子，这个镜子照出来的就是我们的天下。大家看照镜子很难看，还有杀气，我们很生气地把玻璃打碎，解不解决问题？打碎了更照不出来。所以不是镜子上面的问题，不是这个世界上的问题，哪里有问题？是我们照镜子的人有问题。脸一调整，境不就变了吗？所以我们心态不对了，这个玻璃破了好多，问题也没解决。

就像我们人生成长过程当中，跟很多人撕破脸，问题也没解决，以后还继续撕破脸。然后都会觉得：有什么了不起，再换一个朋友就好了；有什么了不起，我再换一个公司就好了。其实为天下者不于天下，于我们自身。反而是所有的境界，都是在提醒我们，我们修养还有哪些不到位处。有这样的心态，反而感谢这些境界来提醒自己、来成就自己，就不会觉得这些境界跟我们对立，甚至我们指责它了。

曾经看过一篇文章，叫"心灵的自由，没有人可以剥夺"。法兰克是一个犹太裔的心理学家，因为他是犹太族，所以在第二次世界大战的时候，他被关进了纳粹集中营，他的遭遇可以说是非常悲惨，因为他的父母、兄弟、妻子全都死于纳粹的魔掌，唯一剩下的亲人，就只有自己的妹妹了。而他每一次在纳粹的死亡营里都要接受严刑拷打，朝不保夕。

有一天，法兰克一个人独自处在囚室之中，突然之间产生了一种顿悟的感受，那就是在任何一种特定的环境下，人还有一种最后的自由，这种自由就是选择自己的态度。

从外界环境上看，法兰克被关进了纳粹的死亡营，失去了人身自由。而且每一天都要接受严刑拷打，朝不保夕。但是他发现自己的心理意识，自己怎么想，却是纳粹德国人无法干涉的。于是他就凭着想象和记忆，不停地磨炼自己的意志，直到心灵的自由终于超脱了纳粹的禁锢，而他的这种超越，也感召了其他的狱友，甚至狱卒，他协助狱友们在苦难中找到生命的价值，寻回生命的尊严。

法兰克的故事告诉我们什么道理呢？人对外界刺激和反应的关系，并不是像动物那样，是刺激和反应的关系，而是一种刺激、意识和反应的关系，正是在意识这个中间环节，人可以充分发挥想象力，独立意识、良知的作用，对外部的不良刺激，做出良好的积极的回应，我们把这就称为积极的思维、选择的自由。小罗斯福总统夫人说："除非你同意，任何人都不能够伤害你。"圣雄甘地也说："若非拱手让人，任何人都无法剥夺我们的自尊。"

所以，在生活中，让人受害最深的，并不是那些不良的遭遇，而是我们允许这些不良的遭遇影响到我们的思维，干扰到我们的情绪。有人说："虽然我们不能掌控风的方向，但是我们能够调整风帆。"这是什么意思呢？在生活中，我们不知道会遇到来自自然界和社会中的什么样的不良刺激、不良遭遇，这是我们无法预见的，但是我们能够做的是什么呢？在面对这些不良遭遇的时候，可以对外部的不良遭遇、不良刺激做出良好的积极的回应，调整自己的心态。

日本大提琴家夏恩患癌后试图与疾病斗争，但感觉越来越糟。他调整心态，决定爱身体里的每一个癌细胞。他视癌症剧烈的疼痛为叫醒服务，致以祝福和感谢。他发现这种感觉很好。接着他决定爱生活的全部，包括每个人、每件事。一段时间后，出人意料的是癌细胞竟全部消失了。这便是生命的本质——爱。疾病源自我们身体内在对爱的匮乏和缺失，而疾病也终将在无条件的爱和爱心中痊愈！

第二，有所恐惧，则不得其正。有一个马虎医生，将甲乙两个患者的病历诊病单给错了，甲是胃炎，乙是胃癌，真正胃癌的人看到自己不是癌症，原来只是胃小小的发炎而已，结果两个人的命运就截然不同，得癌症的人活得很好，得胃炎的人却很快病死了。

还有一个医生看到病人病情很严重，于是，便跟这位病人说："老伯，你可以回家了，从此以后你就不用住院了。"他的含义是说，你过世以后，永远就不会到医院来了。这位老伯就这样回到了家里。然而医生的这一句话，让这个病人产生很大的信心，以为自己病好了，永远都不用来看病了，不用再住院了，所以非常高兴，对自己很有信心，就这样慢慢地调养。

事隔两年之后，这个病人觉得自己彻底好了，就回到医院复诊。当这个医生看到这个老伯，非常惊讶地说："老伯，您怎么又来了？"这个老伯就说："我来看你呀，因为你以前说我已经好了，我想再来医院检查，看看自己的身体状况如何。"这个医生把这件事告诉所有医学系的同学，他说医生的一句话，往往可以让病人燃起生命的希望。因为他没有把真相告知这个病人，所以病人也不晓得自己的病这么严重。由此可知，很多的病，特别是癌症病人，都是因为心理作祟被吓死了，不是真正病死的。

第三，有所好乐，则不得其正。有父子两个人赶着一头驴去赶集。一开始他们是赶着驴走，走着走着，他们碰到了一些人，这些人看到父子俩赶着驴在地上走，于是就纷纷地嘲笑说："这父子俩真是太傻了，放着驴不骑，却跟着驴子在地上跑。"听了这样的嘲讽，那个父亲就骑上驴继续向前赶路。

走着走着，他们又碰上了另一些人，这些人看到父亲骑在驴上，又很不满意了，他们纷纷指责说："看看这个父亲是多么不知道疼爱儿子啊，他的儿子那么小，身体那么单薄，可他却堂而皇之地骑在驴上，让儿子在地上跟着跑。"听了这些人的指责，这个父亲就跳下了驴，让儿子骑到驴上继续向前赶路。

走着走着，他们又碰到了一些人，这些人看到儿子骑在驴上又不高兴了，他们说："看看这个儿子多么不知道孝顺父亲，他的父亲年纪那么大了，他却心安理得地骑在驴上，让父亲在地上跑。"听了这样的指责，儿子就请他的父亲又骑到了驴上，两个人同时骑着驴向前赶路。

结果走着走着，他们又碰到了一些人，这些人发现父子俩居然同时都骑在驴上，就纷纷指责说："你们看这父子俩多么没有同情心，那头驴那么瘦小，可是他们居然同时骑在驴上，都要把它累死了。"

听到这样的指责之后，这父子俩感到无所适从，因为怎么做都不对，怎么做都会有人指责，想来想去他们也想不出好办法。大家知道最后他们是怎么样来到集市上的吗？他们抬着驴来到了集市上。

故事固然有一些夸张，但是这个故事告诉我们，人们在日常生活中担忧的事情太多了，或者是太在乎外在的评价给自己的暗示，就会产生种种不必要的担心，从而自我加压。不必要的担心不仅仅限制了自己的远见，也会使自己做出一些愚蠢的不必要的行为。

其实，你会发现无论你怎么做，都会有人议论你。反过来讲，他议论你又怎么样，只要你不在意，所有的声音，愤怒也好、毁谤也好、赞美也好，都是不存在的。

为什么我们会在意别人的议论？为什么这些评论会给我们压力，带来心理上的波澜。因为我们的心里是有恐惧的，我们害怕被否定。这是一个与生俱来的东西，每个人都喜欢被夸奖。有位老师曾讲过，邻居家的小孩儿到她的家去玩，把老师家一个很小的东西给弄坏了。

老师就问他："宝贝，你前两天是不是把阿姨家这个东西弄坏了？"他很紧张地看着这位老师，不讲话。老师又问："是你吗？"他还是不讲话。老师说："宝贝，如果是你，你承认了，阿姨马上就原谅你。"他一瞬间就开怀了，他说："是我！是我！"所以你看，他那么小，才4岁，那么小的小孩儿都知道保护自己的感受。因为他知道如果承认了，迎接他的就是大人对他的批评和否定。

内心单纯的小孩儿都怕这个，何况有一定的社会地位、被大众熟知、被大众目光约束的人，这是人的习性，是我们与生俱来的东西，其实我们真想快乐的时候，就要突破我们的这些习性。这其实是很难的，因为我们人都活在自己的习性当中，活在自己的习气当中，怕被人否定。

当别人夸奖我们的时候，哪怕这个话是假话，我们都觉得他说的一定是真的，只有他读懂了我的价值，他好有眼光，这就是拍马屁的由来。如果他否定我，甚至批评我，我心里一定会想：他太没有眼光了，他不了解我，他不懂我，我不是他说的那样，我是这么想的。这都是人之常情，也无可厚非。

所以，真正的超脱就是完全跳出这样的概念，你冷静地观察自己的本能是如何运作的，你会发现自己的小心机，内心的恐惧，恐惧就是怕被否定。我们从早到晚，几乎每天乃至一辈子都在进行自我保护，我要找借口，我要梳洗打扮，我要穿戴整洁，其实都是为了面子。

这就是那个"小我"，那个所谓的"自我"，说是为面子和自尊心也好，其实就是这个"自我"和"小我"，自我价值感被否定，被否定了就会产生恐惧，被赞扬了就会产生喜悦，我们一直活在别人的眼里，现状就是这样。

你看有些大将军，他可以力挫敌人，他可以百战百胜，他可以挥扬着大刀指挥千军万马。但是他却抵御不了别人对他一个轻蔑的眼神，或者别人对他一句轻蔑的话语。可以抵御千军万马，却抵御不了别人的一个眼神或者一句话，真的是别人的眼神和语言有多大的杀伤力吗？不是的，还是我们自我认知有问题，是患得患失的恐惧在作怪，怕自我遭到别人的否定。

老子在《道德经》讲："吾有大患，及吾有身；及吾无身，吾有何患。"所以，如果你把这种恐惧看透，你就不怕失去了。你会发现：如果你没有这种自我和小我的要求，这种怕失去和怕被否定，这种恐惧瞬间就会消失。你议论吧，没关系，我全然接受。这样反而会让你更有效地从恐惧当中解脱出来，而且在解脱完之后，你恰恰可能会得到别人对你的赞美，这是一个很有意思的事情。

第四，有所忧患，则不得其正。有一位老妈妈，她生了两个女儿，大女儿嫁给了一个卖伞的生意人，二女儿在染坊工作，所以她是晴天担忧，阴天也担忧：晴天担心她大女儿的伞卖不出，阴天又担忧她二女儿染坊的衣服晾不干。"忧能使人老"，结果她衰老得很快。

有一位亲戚来探望她，惊诧于她的衰老，于是就问她到底是怎么回事，她就把所担心的事情说了出来。她这个亲戚觉得很可笑，他说：在阴天的时候你大女儿的伞好卖，你应该高兴才是，而在晴天的时候，你二女儿染坊的衣服好晾干，你也应该开心才是啊，有什么可忧愁的呢？听了这样的提示，老妈妈想，也对啊！所以从那以后，她是晴天也开心，阴天也开心，从此幸福地过着每一天。

还有一个女子，刚刚结婚两年，她的丈夫就另觅新欢弃她而去了，而她不到一岁的孩子也得了重病离开了人世。看到自己的亲人一个个地离自己而去，她感觉到很悲观失望，觉得生活没有什么意义了，于是就投河想自杀。

幸运的是她正好被河中央的一位老艄公给救了起来，这个老艄公就问她："你看起来家境不错，而且年轻貌美，为什么这么想不开，要去自杀呢？"这个少妇就说："老爷爷，你不知道我的家境有多么悲惨。我刚结婚两年丈夫就跟着别人走了，而我唯一的儿子也得了病离我而去，我自己一个人孤零零地活着还有什么意思呢？"

这个老艄公听了之后，沉吟片刻，然后问她："那么两年之前你的生活是什么样的呢？"少妇想了想说："两年之前我没有丈夫，也没有儿子，我生活得自由自在，无忧无虑，无牵无挂。"老艄公听了沉思片刻，说："那这实际上不过是命运之船又把你送回到了两年之前罢了。你现在又变得无忧无虑，无牵无挂，自由自在了，请上岸去吧。"

女子听了提示，觉得老艄公的话也有理啊，两年之前我没有丈夫，也没有儿子，我不是活得挺好的吗？现在我又没有了丈夫，没有了儿子，我仍然可以活得很乐观。于是她走下了船，到了岸边，再也没有想过去自杀。

有一个故事叫"秀才的梦"，也给了我们很大的启发。有个秀才参加科举考试，前两年都没有考中。所谓日有所思，夜有所梦，第三年考期将近时，他做了三个奇怪的梦。他觉得这三个梦都和自己的赶考有关，于是就找他的丈母娘去解梦。他的丈母娘恰好不在家，只有小姨子在，于是在小姨子的逼问下，他把这三个梦说给了小姨子听。

他说，我第一个梦，梦见了白菜种在墙头上。小姨子说，植物要有根才能枝繁叶茂，可是你这个白菜种得那么高，它没有根怎么长得好呢？这不是"没戏"吗？意思说你去赶考，去也是白去，没多大希望。

秀才听了就很失望，但是他还抱着希望把第二个梦说给小姨子听。第二个梦，他站在雨里穿着蓑衣，还打着一把伞。小姨子说，这不是很明显吗？下雨天你穿着蓑衣就够了，你又举了一把伞，这不是"多此一举"吗？秀才越听越沮丧，但还是把第三个梦说给了小姨子。

他说第三个梦，梦到了他的棺材挂到了门前的树上，小姨子听了以后，说，这不是更明显了吗？你看看你的棺材都挂到树上去了，这不是"死无葬身之地"吗？这三个梦一个比一个差，秀才听了就非常沮丧地往回走，恰巧在路上碰到了丈母娘。丈母娘问他发生了什么事，他就把刚才的经过说了一遍。丈母娘说要解梦还得找我，你小姨子都是在看表面，我再重新给你解解。

她说白菜种在墙头上，种得这么高，这不是"高种"（与"高中"谐音）吗？意思是说你去赶考肯定能高中头名。秀才一听精神一振，迫不及待地把第二个梦和第三个梦也讲给了丈母娘。丈母娘说穿着蓑衣是够了，你又打了一把伞，这不是"双保险"吗？

而第三个梦，丈母娘说这就更好了，她说你看这个棺材都挂到树上面去了，这不是"高棺（官）悬挂"吗？意思是说，你去赶考，不仅仅能够获得头名，还能够获得一官半职，衣锦还乡呢！听了这样的话，秀才非常有信心，第二天去赶考，果然是高中头名。其实，秀才就是受到了岳母给他的积极暗示，从而保持了良好的心态。

所以，一个良好的心态，很可能会在你处理问题的过程中起到至关重要的作用。打个比方讲，桌子上放着半杯水，积极的人看到它是半满的，所以很开心："我还有半杯水可喝呢！"消极的人看到它却是半空的，所以就很沮丧："唉，只剩下半杯水了！"

同样是半杯水，因为人们看待它的角度不同，所产生的感受也就不一样。从这半杯水的启示中，我们学到的是一种积极的思维方式，不论在生活中遇到怎样的困难，我们都应该始终保持一种"不管风吹浪打，胜似闲庭信步"的心理状态。

从前，有一个国王，他最喜欢的事情是打猎。他的宰相最喜欢说的话就是"一切都是最好的安排"。有一天，国王兴高采烈地到大草原打猎。在追逐一只花豹时，不小心被花豹咬断了手指。回宫以后，国王越想越不痛快，就找来宰相饮酒解愁。宰相知道了这事后，一边举酒敬国王，一边微笑说："大王啊！少了一小块肉总比少了一条命来得好吧！想开一点，一切都是最好的安排！"

国王一听，闷了半天的不快终于找到宣泄的机会。他凝视宰相说："嘿！你真是大胆！你真的认为一切都是最好的安排吗？"宰相发觉国王十分愤怒，却也毫不在意："大王，真的，如果我们能够超越自我，一时的得失成败，都是最好的安排。"

国王说："如果我把你关进监狱，这也是最好的安排？"宰相微笑说："如果是这样，我也深信这是最好的安排。"国王大手一挥，两名侍卫就架着宰相走出去了。

过了一个月，国王养好伤，打算像以前一样，找宰相一块儿微服出巡，可是想到是自己下令把他关入监狱里，一时也放不下架子释放宰相，叹了口气，就自己独自出游了。走着走着，来到一处偏远的山林，忽然从山上冲下一队脸上涂着红黄油彩的蛮人，三两下就把他五花大绑，带回高山上。

国王这时才想到今天正是满月，这一带有一支原始部落，每逢月圆之日，就会下山寻找祭祀满月女神的牺牲品。他哀叹一声，这下子真是没救了。其实心里却很想跟蛮人说："我乃这里的国王，放了我，我就赏赐你们金山银海！"可是，嘴巴被破布塞住，连话都说不出来。

当他看见自己被带到一口比人还高的大锅炉旁时，柴火正熊熊燃烧，更是脸色惨白。大祭司现身，当众脱光国王的衣服，露出他细皮嫩肉的龙体，大祭司啧啧称奇，想不到现在还能找到这么完美无瑕的祭品！原来，今天要祭祀的满月女神，正是"完美"的象征。所以，祭祀的牲品丑一点、黑一点、矮一点都没有关系，就是不能残缺。

就在此时，大祭司突然发现国王的左手小指头少了小半截，他忍不住咬牙切齿咒骂了半天，忍痛下令说："把这个废物赶走，另外再找一个！"脱困的国王大喜若狂，飞奔回宫，立刻叫人释放宰相，在御花园设宴，为自己保住一命，也为宰相重获自由而庆祝。

国王一边向宰相敬酒一边说："宰相，你说的真是一点也不错，果然，一切都是最好的安排！如果不是被花豹咬一口，我今天连命都没了。"宰相回敬国王，微笑说："贺喜大王对人生的体验更上一层楼了。"

过了一会儿，国王忽然问宰相说："我侥幸逃回一命，固然是'一切都是最好的安排'，可是你无缘无故在监狱里蹲了一个月，这又怎么说呢？"

宰相说："大王！您将我关在监狱里，确实也是最好的安排啊！您想想看，如果我不是在监狱里，那么陪伴您微服出巡的人，不是我还会有谁呢？等到蛮人发现国王不适合拿来祭祀满月女神时，被丢进大锅炉中烹煮的就是我了，我要敬您一杯，您关我进监狱这是救了我一命啊！"

据《列子》记载，在春秋时代，宋国有一个好行仁义的人家，三代人都是如此，传承着乐善好施、仗义行仁的家风，从不间断和懈怠。他们养了一头黑的母牛，这头黑的母牛生了头小白牛。这个男主人去问孔子："这是什么征兆啊？"孔子说："吉兆。"结果没有多久，这户人家的男主人眼睛就瞎了。

后来，这头黑牛又生了第二头小白牛，他们家又去问孔子："这是什么征兆？"孔子说："吉兆。"过了不久，这户人家的儿子眼睛也瞎了。

假如你是这户人家，你会怎么想？可能会想："孔子这两个判断都是错误的。"结果过了一段时间，宋国跟楚国打仗，父亲跟儿子都瞎了眼，哪有瞎子上战场打仗的？所以，他们家的男人都没有上战场。

那场楚宋之战，宋国的军队几乎全军覆没，很多男子都死了，他们父子幸免于难。战争结束没有多久，父子的眼睛都恢复了光明。所以不能只看眼前的结果，不要马上就下判断。

正如《淮南子》所言："塞翁失马，焉知非福。"古时候，塞上有一户人家的老翁养了一匹马。有一天，这匹马突然不见了，大家都觉得很可惜。邻人来安慰老翁，老翁并不难过，却说："谁知道是祸是福呢？"邻人以为老翁气糊涂了，丢了马明明是祸，哪来的福呢？

过了一年，想不到老翁丢失的那匹马自己又跑回来了，还带回来一匹可爱的小马驹。邻人们纷纷来道贺，老翁并不喜形于色，却说："谁知道是祸是福呢？"

邻人又迷糊了：白白添了一匹小马驹，明明是福，哪来的祸呢？小马驹渐渐长大了，老翁的儿子很喜欢骑马。有一次，老翁的儿子从马上摔下来，竟把腿摔折了。

邻人们又来安慰老翁，老翁十分平静地说："谁知道是祸是福呢？"邻人心想，儿子瘸了腿，怎么可能有福呢？过了一些时候，塞外发生了战争，朝廷征集青壮年入伍。老翁的儿子因腿部残疾而免于应征。应征的青壮年大多在战争中死亡，老翁和他的儿子却免于难。

有一个中年男子失业了，很想找一份工作，结果看到微软公司正好在招聘清洁工，于是他就去应聘。微软公司的人力主管给他面试，然后问他："你会不会上网？如果你被录取了，我们会在公司的网站上公布。"那个男子回答说："对不起，我不会上网。"人力资源的主管说："不会上网还想来微软应征，你有没有搞错？"说完就把他给赶了出去。

那个男子走出门外，感觉到有一些失意，摸一摸身上仅有十元美金。他灵机一动，在商店买了一大袋土豆，然后就开始挨家挨户地去拜访并且去贩售他的土豆。但是没有想到，很快就把这些土豆都卖完了，并且因此还赚了三十元的美金。

从那以后他更加勤苦，每一天都挨家挨户地去拜访并且销售他的土豆，慢慢地开始了他的创业生涯。从数百元美金，到开设了一个新鲜蔬果宅配公司，并建立了很大的连锁店，最终他成了亿万富翁。

有一天，有一位保险业务员来找这位亿万富翁推销保险，临走之前这个保险业务员说："我们公司的产品在网上都有很详细的介绍，如果您有任何需要，我马上可以服务。"这位亿万富翁说："我不会上网。"保险业务员很惊讶地说："您身为亿万富翁，掌理这么大的事业，竟然不会上网？"

于是这位亿万富翁就把他当年到微软应征清洁工的故事告诉了这个业务员，并且说："如果我当年会上网的话，我到现在可能仍然是一个清洁工。"所以，人生的祸福都是相依存的、相转换的。

有的时候看起来这是一个祸，但是实际上他可能因祸得福，所以"塞翁失马，焉知非福。"尤其在现代社会中，我们不能够随波逐流、人云亦云，要懂得明辨是非、善恶、美丑。是非、善恶、美丑的标准是什么？就看它与性德是不是相应。

西方有位哲人曾言："我们的痛苦不是问题本身带来的，而是我们对这些问题的看法而产生的。"也就是说问题本身并不能给我们带来痛苦的感受，是我们对待它的态度导致了我们是乐观还是悲观，是积极还是消极。

正如中国古人所说过的，"境缘无好丑，好丑在于心"。这个"境"就是指自然环境，"缘"就是指社会的人事环境。也就是说，自然环境和人际关系本身并没有好坏之分，好坏之分是由我们的内心产生的。

有副对联中写得很好："处逆境，随恶缘，无嗔恚，业障尽消；处顺境，随善缘，无贪痴，福慧全现。"所以我们看这个环境是好的，它就是好的；我们看它是不好的，它就是不好的。能够把不好的环境转变成好的环境，这才是真正的智慧。

曾经看过一篇短文，叫"落入枯井的驴"。有一天，一头老驴不小心掉进了一个枯井中，把主人急坏了，围着枯井团团转，但是井太深了，尽管老驴不停地发出求救的哀鸣，主人只能无奈地看着它，一筹莫展。可怜的老驴，大声地叫唤着，然而突然来临的困境，毫无转机。

几个小时过去后，老驴的叫唤声越来越小，渐渐没了声音。主人心想，可怜的老驴怕是不行了，于是他忍痛做了个决定，把井填起来，让它的老伙计死后也好有个安葬之地。于是主人找来附近的邻居，大家拿起铁锹，开始往井里填土。不久后，井里又传出老驴的叫声。

主人忍不住探头往下看，眼前的情形让他惊呆了：每一锹砸到老驴身上的泥土，都被老驴迅速地抖落下来，而且狠狠地用脚踩实了，就这样，随着填进井里的泥土越来越高，老驴离井口也越来越近了。没过多久，枯井就快被土填满了，踩在泥土上的老驴，纵身一跳，离开了困住它的枯井，在人们惊叹的目光中，迅速地消失了。

其实，在生活中我们也常遇到类似的情形，纵然许多痛苦如尘土般降临到我们身上，我们也应将它统统抖落在地，重重地踩在脚下，而不要被这些痛苦掩埋。若能这样，到了最后，我们定会像老驴逃离枯井一样，从痛苦的逆境中彻底脱身。

所以，何谓自信？这对于一个心理懦弱者来说，确实是一个比较难以回答的问题。综观古今中外，凡有大作为者，无一不有超乎常人的自信心。正所谓信心坚定，无事不办。

人生的智慧，源于一颗不断被验证的自信心。不自暴、不自弃，永不服输的处世观念为我们人生坚定的助力，是我们成就的基石。《弟子规》说："唯德学，唯才艺。不如人，当自砺。"相信自己有无尽潜力，一旦开发，我与圣贤君子没有区别。而开发潜力的途径，在于不断感受他人需要，承担责任，从而提升自己待人处世接物的能力与智慧。

因此，自信之人必然谦卑、服务他人；反之则妄自尊大，妄自菲薄，换来的只是庸庸碌碌，烦恼一生。愤怒、恐惧、好乐、忧患的心态，皆是缺乏自信的表现。缺乏自信的人，只有"听天由命"，成则欢天喜地，手舞足蹈；败则垂头丧气，怨天尤人。殊不知，脱离窘境，还需反躬自省，从提升自信心做起。太阳每一天都是新的，让我们用自信的微笑，善待自己、善待他人，去迎接幸福美好的人生。

"陈蔡绝粮"，我们都比较熟悉。据《孔子家语·在厄》记载，公元前489年楚昭王想要重用夫子。所以，夫子带着众弟子一行人前往楚国，结果在陈国、蔡国之间被军队包围起来，因为他们怕假如夫子去了楚国，楚国一强盛，他们刚好又在楚国的旁边，很可能会危及自己。

其实，他们这样想，确实是以小人之心度君子之腹。假如楚国真的重用了孔老夫子，夫子一定会非常强调敦亲睦邻，友善地对待旁边的国家、邻居，这是以和为贵的中国文化精神。他们不了解圣贤的存心，还迫害圣贤，这都是相当不应该的。结果夫子因为被困住了，没有办法去找到吃的，后来整整饿了七天，历史上称为"陈蔡绝粮"。

孔夫子跟学生绝粮七天，夫子经常抚琴歌唱，后来脱困了，楚国派军队来解围。就在解围之后的路上，子贡就跟夫子讲："夫子，这七天真是我们人生最大的不幸，我们真是期望往后的人生绝对不要再有这么倒霉的事情了。"

夫子马上对子贡讲："我的看法跟你不一样，今天遇到陈蔡七天绝粮，真是我跟所有的学生最幸运的一件事。"子贡听了都傻了，心想都快饿死我了，还是幸事？你看，这都是历事炼心，有没有真正的道德、学问，在这里真的看得出来了。夫子接着说："君不困不成王，烈士不困行不彰。"

我们常说要难行能行，难忍能忍，才能把自己的道德、学问往上提升。留名青史的这些圣哲人，哪个不是在艰难当中历练，成就他的道德、学问？孟夫子曾讲："天将降大任于是人也，必先苦其心志，劳其筋骨，饿其体肤，空乏其身，行拂乱其所为，所以动心忍性，曾益其所不能。"

上天要增进这个人不足的智慧和能力，所以赶快考验他，让他成就了，他才有能力出来利益大众、利益社会。不然空有那个愿心，空有志向，我想帮助众生、利益社会，结果能力都没培养起来，上天敢派工作给我们做？

因为我们的能力、智慧、定力都还不够，到时候派工作给我们，我们做到一半，然后说："领导啊，我不干了！"然后，就坐下来耍赖皮：不玩了！那怎么行？做到一半，已经带动一群人了，到时候人家何去何从？我们总不能走路走到一半，然后说我不想走了，然后后面一堆人，他们说："我跟你做事那么久了怎么办？""你们自己看着办。"那就太不负责任了。

所以，一定是我们的智慧、德能达到一定的水平了，上天才会派工作给我们，所以在还没有派重要工作给我们以前会有很多的历练，动心忍性，增益我们的不足之处。

功不唐捐，玉汝于成。世界上的所有的功德与努力，都是不会白白付出的，必然是有回报的。《诗经·大雅》讲：逆境像打磨璞玉一样磨炼你，帮助你取得成功。《礼记·学记》讲："玉不琢，不成器。"《诗经·国风》讲："有匪君子，如切如磋，如琢如磨。"

我们中国的文章里面很善用比喻，比喻对后代的教育有很重要的作用。璞玉再好，如果没有经过雕琢也还是一块普通的石头。人假如不学习就没有办法了解圣贤人的这些安身立命的道理。而且人不仅要接受教育，还要接受磨炼才能有大成就。但现在的孩子怕吃苦，不能承受挫折和压力，这是小时候磨炼太少。

有一则寓言故事很有意味，叫"两块石头的命运"。以前，有两块颇具灵性的大石头，被挑选到一个新建的佛寺中雕刻阿弥陀佛像。雕刻师发现第一块石头的材质比较好，决定先雕这块石头。雕刻过程中，这块石头一直感觉很痛，就对雕刻师说："我撑不下去了，你别雕了！"

雕刻师回答它："你撑过二个星期就好了，那时候你就会成为万人膜拜的阿弥陀佛像，你只要再坚持一下你就有很好的成就。"这块石头忍受着疼痛过了两天，它发脾气："我不干了！这种痛苦太难忍受了。"这块石头不配合，雕刻师就没有办法雕琢，只好把它先放在一旁。

雕刻师把目光转向第二块石头，他问石头："我现在要雕刻你，会很痛，你能不能忍受？"第二块石头说："我一定可以忍受，你就尽你的能力去雕刻好了。"雕刻师得到这样的允诺，就放心大胆地工作起来。果然，在整个雕刻过程中，第二块石头都没有发出一声抱怨，它被雕刻师雕刻成了一座完美的阿弥陀佛的佛像。

佛像开光以后，来寺院里膜拜的人太多了，踏得寺院里尘土飞扬。寺院里的人看到这种情况，就把第一块没有完工被废弃的石头打碎铺在地上。那块因为怕痛而拒绝被雕刻的石头，就这样变成万人践踏的铺地石。不愿意吃苦接受磨炼的人，尤其是有志向、有抱负的年轻人，可以通过这个故事引以为戒。

还有一则寓言，叫"菩萨与木鱼"。从前有一棵上好的檀香木，被一位工匠发现了，便砍回家做材料。工匠想了一下，把其中的一段锯下，花不到三天的时间，便雕刻成一具木鱼。可是另外一段的木材，却整整用了三年的岁月，才雕成一尊观世音菩萨像。

适巧，这尊菩萨像与木鱼，同时被一个寺庙买回去，观世音菩萨像供在高高的桌上，接受万人膜拜；而那个木鱼却只能做个旁观，天天还被木槌敲打着，笃笃作响，木鱼心里很不平衡。

有一天，木鱼实在忍不住了，愤愤地向天天敲它的和尚抱怨道："我跟那尊观世音菩萨像，本是同根生的，为什么他就可以高高供在上面，还天天受人顶礼膜拜，而我却沦落到天天被人家敲打着，这种差别待遇，实在太不公平了！和尚您是修行人，就替我说一句公道话！"

和尚深知木鱼的心结所在，即和颜悦色地告诉木鱼，说："当初在工匠雕琢时，你只受三天的苦而已，那尊观世音菩萨像，却整整受琢磨了三年，现在，可说是苦尽甘来。更何况物各有其用，只要尽到自己的责任，并无高下贵贱之分，你又何必斤斤计较呢？"木鱼听了和尚的一番解释，心生大惭愧，天天以尽责的态度，笃笃地响个不停，再也不会去埋怨任何人了。

这里不仅告诉我们，需要接受磨炼才能成就事业，还告诉了我们更加深刻的道理。你看，同一棵树上的木材，同一座山上的石头，最后命运却不一样。又如黄金，可以铸成佛像，供人膜拜，也可以被塑成尿器，让人大小便。在唯识学上常听到的一句话："三界唯心，万法唯识。"就是在说明，千万不可忽视了自己的努力，只要努力，锲而不舍，假以时日，终有成功的一天。

我们都知道"胯下之辱"这个成语典故，据《史记》记载，韩信年轻的时候，挂着一把长剑，遇到一个屠夫。这个屠夫看他不顺眼，说："你背着长剑是要杀人吗？你要杀人，那先杀我。你假如不敢杀我，那你没胆，你从我的胯下钻过去。"诸位朋友，你假如是韩信，你会怎么做？韩信立马就钻过去了，因为这个时候不忍下来，可能会有伤亡。纵使不是他伤，把对方一伤，他可能这一生就毁了，还要坐监狱。所以有大志之人，能屈能伸，他可以屈得下来。

后来刘邦拜他为大将军，他把当年的那个屠夫找来，那人吓得赶紧跪下去。韩信怎么说的？他说："你以前欺负我，现在还能欺负我吗？不过我要感谢你啊，没有当年的你就没有如今的我。"韩信不简单，韩信感他的恩，韩信有"喜忍"的功夫，他觉得当初是这个屠夫历练了他的人格。马上封他为护军卫。韩信除了感谢这个年轻人以外，还感谢曾经给他一餐饭的老婆婆，给了老婆婆千金的回报，这就是"一饭千金"的来历。所以韩信能忍，他有度量，他才有后面的功业。

假如这个故事大家听懂了，可能会开悟。你看韩信，给他羞辱的人他都感恩，我们如果学到了，这一生不就生活在感恩的世界里了吗？所有的人都是来提升我、来成就我的，有增上缘，也有逆增上缘。他骂我，让我训练定力，不受他影响，那他也帮助我。而且他骂我、毁谤我，我没有犯这样的错，了凡先生说："人之无过咎而横被恶名者，子孙往往骤发。"那被人家骂了，是好事还是坏事？

所以，只要这句经文一入你的心，你的太平日子就来了。入心了，"我没有过失他骂我，他送福报给我，我还修智慧，勘验度量。"为什么？《金刚经》讲："知一切法无我，得成于忍。"你忍得过，你才定得住，定之后就能开智慧。他一骂，你立马火冒三丈，你的功德全部烧光了。而且，一念嗔心起，百万障门开。容易情绪化的人，人生会遇到种种障碍。我们把这些道理真搞明白了，真的是"日日是好日，时时是好时，人人是好人，事事是好事"。

《论语》讲："在陈绝粮，从者病，莫能兴。子路愠，见曰：'君子亦有穷乎？'子曰：'君子固穷，小人穷斯滥矣！'"这段话的意思是：孔子和弟子们在陈国断粮了，跟随的弟子们被饿得十分疲累，没有谁能够改变现状。子路带着怒气，满腹牢骚地来见孔子，说："君子也有穷途末路的时候吗？"孔子说："君子在穷途末路的时候会坚守其道，小人在穷途末路的时候就会漫无准则了。"

所以，我们假如承受不了挑战，最根本的原因是慈悲心还不足，不愿意承担责任，不愿意提升能力，所以一遇到困难马上退回来。这时候假如我们马上观照，我的慈悲心去哪里了？当下我们又能鼓足勇气再面对困难、挑战。

人生的苦难恰恰是上天的恩赐，我们在这个过程中磨炼心智，勘验慈心和志向，也能体验人间百态，更好地理解他人，有见识、有积累、有定力、有经验，我们也更能成为一个值得信赖的人，如果一个人只会过顺境，不会过逆境，只能过富贵健康，而面对失意和疾病就崩塌，又怎么做大事，也很难帮助正在失意和面对疾病困扰的人。

所以，在古时候，这些真正的读书人被贬官之后，他的心情如何？他会不会怨天尤人？我们以前都觉得，他们被贬了以后一定很郁闷，忧郁而死。其实，人家是浩然正气，我们不能以小人之心度君子之腹。你看这些正直的读书人，不管他被贬到哪里，他都一定教化一方，利益当地的人民。

正直的读书人存心都是利人的心、无求的心，所以他的人生是无怨无悔的。他尽心尽力了，所以他无悔；他无欲则刚，他不求什么，他只求能够利益人民，所以他不只无怨，他还乐在其中。这个心境都是我们要学习的地方。当我们有怨有悔，帮自己都帮不了了，焉能够帮得了别人？

有一次范仲淹先生也被贬了，他讲了这样一句话："不以宠辱更其守，不以毁誉累其心。"你看，我们的人生为什么有很多埋怨？因为失宠了，埋怨；因为被人家侮辱了，埋怨，那就不可能有无怨无悔的人生了。"不以毁誉累其心"，人家毁谤我们，心情毫无受影响；人家称赞我们，我们也不会得意扬扬。

范仲淹先生还有一段话，叫"岂辞云水三千里，犹济疮痍十万民"。被贬的太远了，云水三千里。这个"疮痍"是指非常困苦的人民，不管他被贬到哪里，他依然能够忧国忧民，所以他其实依然很快乐。我们在看一些书籍，提到这些读书人被贬官，然后都是写得他们觉得自己好像很凄惨，其实这都完全误解了圣贤人的心境。这都是我们现在在深入圣贤经典当中应该要有正确的认识、认知。

在我们身边也有很好的圣贤榜样，2011年度"感动中国"候选人许月华，她也在全国道德模范评选中荣获全国助人为乐模范称号，被尊称为"板凳妈妈"。她在很小的时候就父母双亡，是个孤儿。12岁的时候家境太贫穷，在铁轨旁捡一些东西谋生，结果被火车碾过，双腿都没有了，高位截瘫。

她被送到当地的福利院，她说："我有爸爸妈妈了。"她把福利院的这些长者看作自己的父母。她说："我有爸爸妈妈我已经很幸福了，所以我要照顾比我小的孩子。"这些长辈就觉得不可思议，他们觉得你自己的双腿都截断了，走路都有问题，你还怎么照顾人家？

结果，她真的从12岁发了这个愿，立了这个志向，就开始照顾福利院比她小的孩子。从1973年到2010年整整照顾了37年，一共照顾了138个孤儿。她怎么走路呢？用两个小板凳走路，她30年前照顾的孩子都多大了，有的都40岁了。其中不少孩子被领养、考上大学或结婚生子。

这些走出福利院的孩子，在填写的履历表"母亲"一栏时，写的是同一个名字——许月华。在我们看来都已经终生残障的人，她能照顾138个生命，而且都是人生比较不幸的生命，她用全然的爱去爱护她们。

她一共换过多少板凳呢？那都是用很厚的木头做成的，换过四十多个，你看她艰辛地走了多少路？可是她的笑容却很灿烂。她的心地非常柔软，她有时候抱这些孩子，这些孩子会流口水，流得很厉害。这个口水只要沾到她的身上，她不会马上用手去擦。她担心这么一擦，那孩子很难受，觉得大人嫌弃他。她很厚道，连一个动作都生怕去伤到对方的心。

福利院工作人员告诉记者，孩子生病住院了，许月华显得比孩子更痛苦，孩子治愈康复了，许月华会比谁都高兴。医护人员打趣地说："月华脸上挂着一张孩子病情变化的晴雨表，看到她的脸就知道孩子的病情怎么样了。"

单位好多次都要把她转成职工，要让她领薪水，要让她领退休金，她始终没有答应，她终身是义工。她说："这是我的家，我不领钱。"她没有财富，她也没有地位，可是她却感动了无数的人效法她的精神，做出了对社会民族的贡献。

家庭和经历的不幸并没有将许月华击垮，福利院的生活让她变得坚强和感恩。后来，许月华和单位的一位工人结婚，生了一个儿子。关于对儿子的培养，许月华说："命运给了我残缺的身体，党和政府给了我健全的人生，我要用一辈子来感恩国家。"所以，她鼓励儿子参军报国。

有一种爱是母子连心，另一种爱是对国家的感恩之情。"板凳妈妈"送儿子参军的视频当时刷爆了各大平台，让我们肃然起敬，这位妈妈身残志坚，不但照顾了138个孤儿，还怀着一颗对祖国感恩的心，决定让自己的儿子参军入伍保家卫国。这是爱的延续，更是对祖国的感恩。

刚刚20岁的赖明智肩负着妈妈许月华的叮咛嘱托，告别乡亲父老，来到了原沈阳军区某集团军服役。由于行动不便，亲戚朋友劝她动员儿子早点转业回家，但许月华一直不为所动。她给儿子打去电话说："崽伢子，你不要太牵挂我，不要怕苦，不要怕累，要学习先进、建功军营，给家乡父老争光。"许妈妈的行动，感动了军队，感动了中国。

赖明智在部队勤奋刻苦，不仅扎实学习创新理论，研究专业技能，更是用实际行动带动身边的战友共同进步，所在连被评为"标兵连队"。他先后被原沈阳军区评为"优秀共青团员"，被集团军评为先进个人。2013年2月，他光荣地成为共青团十七大军队代表，是原沈阳军区的3个代表之一。他荣立二等功1次、三等功2次。他说："我很幸运，我有一个身残志坚的母亲。从她身上，我学到了要知党恩、报党恩，所以我选择留在了部队。"

为了给战友提供方便，赖明智主动申请担任营里理发小组组长，一干就是3年。理发是件苦差事，每到周末他格外忙碌，经常一忙就是大半天。每逢节假日，他还经常和战友们到吉林市敬老院，帮老人理发、打扫卫生、陪老人聊天解闷。敬老院的陈奶奶每次看到赖明智带着战友去，都非常高兴，拉着他的手总有聊不完的话。赖明智说，每次打电话，妈妈总是告诉他不要牵挂家里，照顾不了自己的妈妈，能照顾那些需要帮助的老妈妈和老爹爹，自己也能感受到一种幸福和快乐。

赖明智家里并不富裕，社会给母亲的捐款都用到了福利院每一个孤儿身上。所以，除了每个月的义务兵津贴，家里没有任何金钱上的资助。或许是受到母亲的感染，平时俭朴的他，对他人却总是很大方，他经常主动为灾区群众捐款。得知四川省雅安市芦山县发生地震时，赖明智还没等连队动员，就已经通过邮局捐了3个月的津贴。

2014年8月，由于表现优秀，赖明智被保送到解放军理工大学学习。你看，"积善之家，必有余庆"。我们的德行是留给孩子最完美的遗产，而且积累德行的过程中，孩子耳濡目染地学习和传承了优良的家风。

看到这些例子，自己觉得远远不如他们牺牲奉献的精神，我自己做得太差劲了，比起他们那没法比。《申鉴》告诉我们："德比于上则知，耻欲比于下故知足。"道德要跟圣人比，要跟这些模范比，我们羞耻心提起来了，扩宽自己的心量，更愿意去奉献。

大屏幕放许女士的简介，在座所有的人没有不动容的，包括国家领导人坐在前边，都频频在那里擦眼泪。这样的节目能够举行这么多年，这是政府的德政。说明我们的政府和国家领导重视道德，这是国家最大的福气。上行下效，越高位的人越重视道德，越能造福人民。

为什么大家都感动了，因为她是一个仁慈而自强的人。我的老师曾经说过，为什么有的人经历风雨苦痛，甚至亲人的背叛，没有自杀，是因为他的内心有慈悲和善良，不然遇到大的变故，一般人很难接受得了。所以，《韩非子》讲："荣辱之责在乎己，而不在乎人。"

像许月华女士遇到的变故，我相信绝大部分人会选择放弃。如果一选择放弃，接着而来的人生，就是一大堆的屈辱跟怨恨。所以"自救而后天救，自助而后天助，自弃而后天弃"，命运都在自己手上。

我们想一想，假如那是我们的人生，我们还笑得出来吗？结果她居然是非常乐观，常常展现笑容。她带出来的138个孩子，有不少孩子都是先天兔唇，或者有先天残障的，但是我们看到她培养出来的那些孩子，跟她一样的特质，很乐观，这就是以身作则，上行下效，都是德行的传承，这就是教育。在接受访问的时候，我们看到那个女孩也笑得很灿烂。人家问她："你从小在福利院，怎么能做到这么乐观面对人生？"她说："我跟我的'妈妈'学的。"

诸位朋友，你们最近有没有觉得很无助？有的话要小心，祸福和荣辱就在一念之间，"荣辱之责"就在你的一念之间，学问的功夫就要用在这个转念上面，转变念头，调整心态和能量很重要。孟子讲："有天爵者，有人爵者。仁义忠信，乐善不倦，此天爵也；公卿大夫，此人爵也。古之人修其天爵，而人爵从之。"

看似是苦难，其实是上天给她的天爵，她受到了全国人民的尊重、爱戴，甚至于多少人的人生，会因为她而受到启发、而受到鼓舞，甚至很多人都会效法她，而且他的儿子也成为国家的栋梁之材，这样的人生有意义。如果谈到来生，我看她的福报不得了，欲知来世果，今生作者是啊。

所以，怎样面对人生的逆境？我们看莲花，莲花出淤泥而不染，淤泥就好比逆境和苦难，莲花的心是平等觉悟的，没有分别，淤泥并没有污染了莲花，恰恰成了莲花的养分。

了凡先生考了好几次科举才考上，他不像丁敬宇和冯开之他们一样，考一次就中了。但他肯坚持，而且正因为他会试考了好几次，所以这几科的进士基本上都是他的朋友，都有同窗之谊，或深或浅都有交流。

大家如果翻翻《明史》，你会发现了凡先生的朋友圈非常强大，无论是为官的、治学的、中医的、阴阳家、参禅的还有各门类技术的，了凡先生的朋友都有不少，所以他对很多知识也都非常精通，这对他为官利民都非常有帮助。

尤其是他在 1577 年考进士，实际上很有可能被点为状元，因为考官们觉得他的文章观点新颖，针砭时弊，直击要害，都拍案叫绝，认为能写出这样文章的人才是国家真正需要的人才。所以，众考官一致提议将他录取为这一届考生的第一名，他的文章也在考官手中传阅次数最多，可以说了凡先生是这届学子的流量担当了，大家都觉得今年的状元也一定非他莫属了。

可是，当考官们兴奋地将考卷送给主考官时，主考官却眉头紧锁，因为这篇文章触及了他的一些观点和痛处，也就是说如果了凡先生做了大官，很有可能是他的政敌。

所以，他对众位考官说："这篇文章确实很好，是篇上等答卷，但是言辞太过激烈，不够宽和，不适合做第一名，把第二名换成第一名吧！"就这样，了凡先生被剥夺了第一名的头衔，并且出局了。而这一次会试的第一名，就是了凡先生在"谦德之效"里大家赞叹的冯开之。

所以，了凡先生具有会试第一名，进而成为状元的才华。当他遇到如此不公的待遇，这么大的挫折，他仍然怀着利国利民之心，不忘初心、砥砺前行，终于在 1586 年的会试中考上了进士。所以，在很多人眼中，了凡先生是一位"不是状元的状元"。这时的他已经谦和礼让，宽厚能容，不但有状元的实学，还有状元的心量，他是一个"宰相肚里能撑船"的仁人君子。

而且，虽然他考了好几次才考上，也正因为如此，在考试的江湖上渐渐有名了起来。因为他编了一本很牛的复习资料，叫《群书备考》。可能，这是中国历史上第一本备考复习资料了，类似于现在的《5年高考3年模拟》，不但有范文展示，教考生如何答题、如何写策论，还有高考前的心理辅导。

我们的事业或者修学往往面对"进一退九"的局面，进一步可能要退九步。但有时候恰恰因为发心比较宏大，看似倒退了九步，实际上是体验这九道众生的疾苦，然后通过自己的修行带着有缘人一起走出困境，建立事业或者转识成智，离苦得乐。王阳明先生说："困而勉行，学者之事也。"

里希特在《长庚星》里曾经这样描述苦难："苦难有如乌云，远望去但见墨黑一片，然而身临其下时不过是灰色而已。"大文豪巴尔扎克也说："世界上的事情永远不是绝对的，结果完全因人而异。苦难对于天才是一块垫脚石，对于能干的人是一笔财富，但是对于弱者却是一个万丈深渊。"

蕅益大师在《灵峰宗论》也说："境缘无好丑，好丑在于心。"物质环境、人际关系本身没有绝对的好坏之分，好坏之分在哪儿？在于我们自己的心，用什么样的态度去面对，这是事实真相。我们调整自己的心态就发现，爱憎的心、分别的心就愈来愈淡，清净平等的心就愈来愈呈现了。

一个真正有力量的人，不是力气有多大，不是看起来有多么骄傲，而是有能力将所有的经历（无论好的还是坏的）转化为正向的力量。所以，假如我真心对人好，还有一些人找我麻烦，有没有可能？有。

恭喜你，为什么恭喜你？因为你是要扛大任的人，你才会遇到这个情况。"曾益其所不能。"就是靠这些境界来磨你的德行跟能力，让你不断提升，让你以后能扛大任。遇点小挫折、小侮辱，你就伤心三五天，以后怎么办大事？

所以，你对人家很好，还一大堆的障碍，你要很高兴，为什么？你是老天爷看得起的人，这生不会空过，不会白来世间一遭。这就是了凡先生讲的："谤毁之来，皆磨炼玉成之地，我将欣然受赐，何怒之有？"所有的境界都是来磨炼我的，我欢欢喜喜接受，怎么可能还生气？

"但行好事，莫问前程。""岂能尽如人意，但求无愧我心。"心境要随时调整，方能走出困境。古德云："入得清凉境，既生欢喜心。"你明白道理了，心是自在欢喜的。

我们明白道理了，就没有忧虑和恐惧了，这个世界是在正反两方面来成就我们的，在顺境中，我们能否不傲慢和懈怠，在逆境中我们能否不消沉和抱怨，这才是我们需要关注的地方。

就像《菜根谭》讲的："宠辱不惊，看庭前花开花落；去留无意，望天空云卷云舒。"佛家讲："过去心不可得，现在心不可得，未来心不可得。""来无所来，去无所去，故名如来。"曾国藩说："物来顺应，过往不恋，当下不杂，未来不迎。"

面对世间的顺境和逆境，面对我们要做的事业，千万不要忘记涵养心性。常人办事，多被事绊住了。从前朝阳有位喇嘛修寺院，修了数年没有竣工，旁人对他说："修完就净心了，你怎不赶快修呢？"喇嘛道："我不是专为修庙，是为修我的道呢。"后来那位喇嘛真成道了。常人办事就忘却涵养心性，所以轻则为事所困，重则被事累死了。

把我们的心调整到真诚、平等、仁爱、觉悟、清净、向上的频率上来，才能从根本上解决傲慢和自卑的问题，人生的道路才能越走越踏实和平稳。正如王阳明先生说的最后一句话："此心光明，复言何哉？"我心光明，世界就不会黑暗。

34 活在叛逆期的"成年人"

我们接着看原文，了凡先生讲："**稍有识见之士**"，一个真正明理并且有阅历的人，"**必不忍自狭其量，而自拒其福也**"。度量一定不会狭窄，把福拒之于门外。

"**况谦则受教有地，而取善无穷**"，"况"，何况。"受教有地"，谦虚的人好像一个器皿，可以接受别人好的教诲，这叫"法器"。人能时时掏空自己，谦虚待人，就能学到每一个人的智慧、优点，就能"取善无穷"。人觉得自己有什么了，他这个器皿就是满的，别人的好东西进不去了。

"**尤修业者，所必不可少者也。**"一个人要进德修业，趋吉避凶，改变命运，一定不可以缺少这样的态度，一定不可以少谦虚的德行。

我们为什么要学习经典，为什么要学习《了凡四训》，王阳明先生在《尊经阁记》讲："经，常道也。"常有两个寓意，第一，是平常的常，五伦五常、四维八德，这都是平常的道理。还有一种寓意是恒常，经典讲的是规律。

古人非常智慧，古人虽然没有手机、没有电脑、现代高科技，但是古人开发了我们本自具足的功能，他们用身体的感受去观察自己，寻找天地之间的规律，以及人性的规律。

现在很多自认聪明的人都不相信有大道存在，不相信天地规律，也不相信人伦规律。古人告诉我们，顺道而生，这叫吉；逆道而伤，这叫凶。大道至简，很好懂。你把这个道理明白之后，你就知道怎么保护健康了。

我曾被西医诊断，得过严重的心理疾病，而且住过三次安定医院，其中两次都做了全疗程的无抽电击疗法。我在恢复期间，遇到了一位特别德高望重的中医，他说："有件事情你能做到，你吃药才管用，不然你的情绪永远稳定不下来。"我说："什么事？"他说："你要早睡早起！"刚出院时他建议我晚上9点前睡觉，后来至少要求保证睡好子时的觉。

这位名医告诉我："你即使学习工作再忙，需要熬夜，在晚上11点到凌晨1点之间也要保证休息半个小时，这样一天才不会缺少能量。早上8点前吃完早餐，最好喝小米粥，吃五谷杂粮的食品。晚上尽量少吃，不然会造成失眠。"

著名表演艺术家金玉婷老师也曾患有抑郁症，她在《你没有长大》一书中这样写道：我吃药的时候还在拍戏，有一天在拍海景戏。天黑之后大海涨潮，潮水一直往上涨，刚好那一会儿没有我的戏，我就拿个板凳坐在海边。那一瞬间我明白了一个道理。

你看太阳落下，月亮升起来，对大海的作用有多大，海潮的力量有多大。一片海，那是多少水啊，我们每个人都搅不动大海，日落月明竟然可以把大海当中这么多的水改变走向，改变水的运转。潮汐都有变化，何况我们一个小小的人呢？我们人的身体里面至少70%是水啊。我一下子就明白了为什么我会失去健康，因为我在跟天道逆着来。

太阳下山了，明月当空照，我的五脏六腑该去含藏、该去安静、该去休息了，我却在闹腾。身体的水该安静的时候，你搅动它，你释放能量，其实你在透支，你脏器的能量全部在透支，肯定会生病。

原来我们每天晚上熬夜，看似很精神，其实都是在用我们身体里这点小小的水分跟太阳拔河、跟月亮在拔河，大自然要你朝安静和休息的方向走，你偏不，你一定要闹腾，让你的每一个细胞沸腾，时间久了，你不生病，难道月亮生病吗？难道太阳生病吗？就跟一辆车一样，你不保养它，天天疯狂地跑，肯定会出问题。

所以，老祖宗没有骗我们，人与天地确实同呼吸共命运，是和谐共生的一个整体，这就是天人合一。所以，经典是保护我们的，《了凡四训》是来成就我们的，告诉我们什么是道德规律，怎样顺道而为，是保护我们的，不是约束我们的。

有人问庄子什么是道？庄子说："道在蝼蚁，道在稊稗，道在瓦砾，道在便溺。"道无处不在，砖头瓦块的都是道，为什么？都是大自然的产物。每一个孩子都有母亲的基因，我们也都有道的基因，道在我们身体里，道在我们血液里，道在我们的DNA里，你违背它能行吗？不走大道，你要去哪儿，你能去哪儿？你能不翻车吗？越无知的人，越叛逆的人，越不相信道，不相信道就等于否认了春生夏长、秋收冬藏，就等于否定了春有百花秋有月，夏有凉风冬有雪。

在古代，如果一个地区出现了打骂父母乃至杀害父母的事情，城墙会被挖一个角，代表这是一个地区的耻辱。其实，违背道的人，他把心丢了，他不知道心灵的方向是在哪里？他被蒙蔽了。人心好比是一面镜子，他的镜片上都是水蒸气，或者已经被钢筋水泥糊死了，他不知道自己有颗善心。现在人不相信道，不尊重德，都是见识不够、恭敬心不足、福报匮乏的表现。

《庄子》讲："井蛙不可以语于海者，拘于虚也；夏虫不可以语于冰者，笃于时也；曲士不可以语于道者，束于教也。"

这句话什么意思呢？不要跟井里的青蛙讨论关于大海的事情，因为井口局限了它的眼界；不能跟夏天的虫子谈论关于冰雪的事情，因为它为生存的时令所限制；不要跟见识浅陋的人谈论道理，因为他的眼界受教养的束缚。井底之蛙他不认为有大海，但并不代表大海不存在。夏虫，他不知道有冬天，因为它的生长周期只有夏天的几个月，难道冬天就不存在吗？

人也一样，人也有孔老夫子说的"三季人"，他就认为一年有三个季节，你有什么办法。你的见识浅薄，并不代表别人都没有智慧，不代表古圣先贤缺乏智慧。现在有些人不认可中国古代社会，觉得你古人没有科技，觉得古人落后。

我们现在科技进步了，人的心灵就进步了，有些人认为古人没有我们聪明，那只是你不知道古人的聪明，你不知道古人的智慧而已，并不代表古人没有智慧。大家能认识到这一点，对我们的人生有重要的影响，我们可以从新的层面认识自己、认识世界、认识中华传统文化。

历史上有一个非常有名的典故，叫"掊击尔智"。孔子听说在山的那边有一位得道的智者叫老子，这位高人智慧了得、远近闻名。《三字经》上讲："昔仲尼，师项橐。"孔子最小的老师是项橐，才7岁。夫子非常好学，连7岁的孩子他都去学习请教，更何况像老子这样的智者，一定要去拜见、求学。当时孔子已经门徒三千，并培养了七十二贤人，已经成名成家了，他的理论、他的观点、他的学说已经非常有影响力了。

孔子来拜见老子，向老子请教，想要学习老子的学问。老子并没有急于告诉孔子自己的学问是什么，自己的观点是什么？老子对孔子说："如果你要想完全地领会和明了我的智慧。首先，你要把你大脑当中已知的东西全部先拿走，清空自己的知见，这样才能真正体会我的学说。"从这里我们可以看出老子是非常有智慧的，他知道人的分别心、人的知见，还有约定俗成的观念，会干扰我们对新鲜事物的吸收。

这就叫"掊击尔智"，先把你的成见打碎，在西方这叫"空杯理论"，你从山上刚打下来的价值极高的纯天然矿泉水，倒不进来，因为我杯子里已经有水了，虽然我的水很普通。我只有把水全部倒掉，倒得干干净净，我才能全然接受你的好水，我才能品出山泉水的甘甜，生活中也是一样，只有放下自己的成见，走进对方，或是苦涩或是甘甜，或者有害或是无害，你才能知晓真实相。有一个很虔诚的基督徒，他遇到水灾，他坚信上帝一定会来救他。结果水灾洪水淹得很快，淹到他们家屋顶了，他的半身已经都泡水了。

突然有一个木盆飘过来，那个木盆很大，可以让他飘起来。然后就有得救的人告诉他："你赶紧抱着那个木盆，你就不会淹死了。"他说："我是很虔诚的人，上帝一定会来救我。"他就没有抱那个木盆。

接着过了一阵子，那个水已经淹到他的脖子了，突然有一台救生艇过来了。"你赶快把手伸出来，我们赶快把你救起来。"他说："我是很虔诚的，上帝一定会来救我。"他硬是不上那个救生艇。

结果水淹到他的鼻子了，突然有一架直升机来了，把绳子放下来让他抓，他说："我是很虔诚的，我一定要看到上帝，不然我一定不罢休，上帝一定会来救我的。"结果他被活活淹死了。

淹死以后就见到了上帝，他很生气，他说："我这么坚信你，你为什么不来救我？"上帝说："我要救你，可是你三次都不接受我的救助，我变成那个木盆来救了你你不上来，救生艇和直升机你也都不接受，我怎么救得了你？"所以，有时候人很相信能够感通，但是心里不能有执着，你要放下你自己所执着的思考，那不是圣贤人纵观全局的智慧。

你口上是说遵从圣贤的安排，事实在做的时候都是坚持自己的想法，你从来没有依照圣贤和尊长的建议去学习和工作，到头来还要埋怨圣贤人教得不够好，我们往往犯了这种错误。这就是用我们自己的想法来看待经典，而不是学习前辈的智慧。

哈佛大学有位教授，有次上课拿起一个装着水的玻璃杯问学生："这个水杯有多重？"学生的答案五花八门，但他们肯定，拿着这样一个水杯，绝对不会累。教授又问："要是我拿着几分钟呢？"学生回答："很轻松啊。"教授："要是拿着几小时呢？"学生："那你的胳膊应该会有点酸。"

教授："要是拿一整天呢？"学生："那你肯定受不了，说不定还会痉挛。"教授最后问："杯子的重量从没有发生过变化，为什么我会觉得累，甚至痉挛呢？怎样才能避免这个问题呢？"所有学生都沉默了。只有一个人回答："很简单啊，放下杯子不就行了？"是啊，有些时候，苦难的延续，或许只是我们给自己戴上了枷锁。

我们当然可以沉溺于过往，选择躲进回忆里不出来，或者局限在自己的想法里。但我们也同样有权利选择前进，去未来。《卧虎藏龙》里说：当你紧握双手，里面什么也没有；当你打开双手，世界就在你手中。所以，不要仅仅握着自己现有的经验不放手，所有的法只都是渡河的船筏而已，所谓"渡河须用筏，到岸不须船"。到岸就不需要船了，人不能局限于自己的知识范围内，不能只活在自己的器识之中。要随时见贤思齐，人生需要好老师，也需要有奉事师长的态度。所以，我们听课、学习、读书有四个层次。我们拿瓶子来比喻，分别是漏瓶、覆瓶、染瓶、净瓶。

第一种，漏瓶。漏瓶是瓶子下面有个孔，有个窟窿眼儿。无论你倒进多少水，它都会从瓶底一滴一滴地漏出去，直至漏光，窟窿越大，漏得就越快。漏瓶状态是一种什么学习心态？是一种不珍惜的状态。

比如，有朋友把这本《了凡四训》推荐给你，或者给你一张门票，可以听《了凡四训》讲座。可能你有些不是太听得进去，还在想着家里或者单位的事，开始溜号乃至打瞌睡。就像瓶子底下漏了一个窟窿，古圣先贤的智慧和老师的教诲都从底下漏掉了，还没等出去已经漏光了。这是一种学习状态，这是不珍惜的状态，很随意，缺少恭敬心，很难有收获。

第二种，覆瓶。覆瓶是什么？就是倾覆、打倒的意思，把这个瓶子推翻，这是一种对抗性心理。我的一位老师说，她以前去听课就有这种心理。她说："我带着自己顽强的知见进来听课，我会按照自己的看法评判课程的好坏。我会给老师打分，评判一下老师讲的角度，我是否喜欢。我会暗自合计：老师你到底读过几本书，上秤称一称你的学问够不够，你学习的知识消化得好不好。

每当老师说出一个观点，我的心里马上会形成一股力量直接去对抗。我不见得会告诉别人，但我的心里就是这么想的。老师讲人生的道理，我的心里可能会想这些有什么用，关我什么事？老师你讲得好听，你不吃饭行吗？老师你说得好听，我骂你一句你受得了吗？"

我们现在都喜欢自己有限的见识和自私的想法去面对传统文化，甚至用这种心去揣度圣人，这是缺乏福慧的表现。好比一栋摩天大楼，圣人在一百层，我们还在地下室呢，你怎么能知道站在一百层看得多远，视野有多开阔。所以，你不可能有更多的时间去听老师讲的道理，更多的时间是在挑刺，是在对抗。

如果每个人对你说的话，你心里都会有自己的知见、自己的情绪、自己的秉性和自己的执着。可能你刚才在门口跟人吵了一架，气还没消，就进来了。老师可能很随意的一句话，并没有针对你的意思，但是你听起来会很别扭，觉得老师是不是在说你，是不是在批评你，你可能会多心。这也是一种学习心态，叫覆瓶。不管你说什么我都跟你对抗，我要把你打倒。这是一种对立的态度，这不但不会有收获，这样的心态到哪里都造业。

第三，染瓶。比如，这个杯子里面是干净的水，但是我总要往里边兑点东西。放一点醋，放一点盐，让它变成我喜欢的味道。放一点染料，把它变个色，为什么？这个色是自己喜欢的，是为我所用的。

这种状态是什么？这种状态其实是一种名利心。比如现在传统文化很火，有些人想学一点传统文化的辞令辞藻，或者学一些自己能接受的观点，在网络上博取名利，并不是为了传承智慧和文化，可能仅仅是为了带货。或者用在跟客户的沟通上，增长我的自信，增加订单的成交率。别人觉得一个卖货的人还懂传统文化，可能你要比不懂传统文化的人，更受别人尊重一些，你的商品会更好卖一些。这也是一种学习心态，叫染瓶。

第四，净瓶。杯子里边是空的，倒进来山泉水它就是山泉水，分子没有改变，颜色没有改变，也没有打翻它，完全接纳老师和古圣先贤给予的智慧。可能目前我理解的还不是那么深刻，但是我先记下来，我先去学习和落实。所以，学习心态如果说细讲起来，有各式各样的角度。

最圆满的一种学习心态就是空杯心态，也就是净瓶。你能领受的智慧到什么程度，取决于你的心能空到什么程度，也就是说你是否谦虚受教。所以，我们听课，我们读书，我们学习《了凡四训》，需要调整自己的心态。你是选择漏瓶、覆瓶、染瓶的心态学习，还是选择净瓶的心态学习，都由你自己决定。水低为海，人低为王，谦卑求学的人，是最有成就的。

为人子女，为人弟子，为人下属，都要有弟子相，都要具备一个当弟子的态度，什么态度呢？四种主动：主动请教，主动参与，主动汇报，主动请示。第一，主动请教。有不会的问题，"心有疑，随札记"，不能不懂装懂，那样学不好。

第二，主动参与。有为天下利益的事情、利益到他人的事，主动去配合。"亲所好，力为具"，父母老师需要做的事，你还袖手旁观，主管都快被压垮了，你还隔山观虎，那不行。"父母呼，应勿缓"，这一句话境界更高，父母、老师、领导还没开口，心灵感通，主动承担，那一定是父母、领导的好帮手。这样的人看起来扛得很重，但私底下一定得到很多爱护。懂得多承担，还要会配合，成就因缘。

第三，主动汇报。我们近来的工作和学习状况，要给父母汇报、给老师汇报、给主管汇报，他才知道我们的需要，知道我们提高或者解决问题，不然你会让他们干着急、心不安，总是对我们不放心。

第四，主动请示。这就是了凡先生讲的："行一事，毋谓君不知而自恣也。"你不但要汇报，还要请示，不能自作主张。你没有请示，如果刚好是这件事的关键所在，就坏事了。所以"事虽小，勿擅为"，都要落在整个做事的态度上。能够具备这四点，就是一个好弟子，一定能承传智慧跟经验，也会让君亲师很安心，这就是成为栋梁之材所要具备的四个态度。

中国的道统特别强调师承，什么是师承？善学者，以师志为己志。我们要找老师，要跟着老师好好学习，这个"跟"最重要的不是身体要跟，是心要跟。老师教一句，我们就要去落实一句。

孟夫子没有见过孔老夫子，但是孟夫子非常恭敬虔诚地拜孔夫子为老师，他的真诚恭敬心超越了时空，所以学得相当好，被尊为"亚圣"，是仅次于孔夫子的圣人。司马迁也以左丘明为师，非常恭敬地拜读他的《左传》，深入学习、揣摩左丘明写文章的功夫，所以他也写出了旷世巨作《史记》。

我们现在，以了凡先生为师，把中华优良家风传下去，把命运转变过来，我们也是圣贤的弟子。所以，诸位朋友，我们能否跟圣贤人学得很好，最重要的是要好好提升自己好学、恭敬的心境，以此来对待经典、对待善友、对待善知识。

《说苑》中有一则典故，叫"明宣善学"。公明宣向曾子去求学，但是三年都没有读过书。曾子说："你既然到我门下求学了，但是三年都没有学习、没有读书，这是为什么？"公明宣说："我怎么敢不认真学习？我既然来到您的门下，就是为求学而来。"但是他是怎么学的？下面这几句话就很有味道了。

公明宣说："我看您平时居家的时候，只要有父母在，对于犬马，对于狗马都不大声地叫骂，对于这一点我非常钦佩，但是没有能够学到；我看您在接待宾客的时候，恭敬、节俭，但是没有懈惰的这种情绪，没有应付的这种态度，我非常地钦佩，想学但是没有学好；我看您在朝廷办事的时候，对于下属都是非常地严格，对他们的态度非常庄重，但是从来不伤害他们，对于这一点我也很钦佩，但是想学也没有学到。夫子这三方面我都很钦佩，但是都学得不够，还没有力行好，我到夫子的门下来求学，怎么敢说不认真学习？怎么敢不认真学习？"

曾子听了之后，赶忙起身，说："我还比不上你，你确实是在认真学习，我还不如你会学习。"说明什么？说明曾子从公明宣的这一番话中也体会很多，也非常受教。为什么？因为学不仅仅是学圣贤之书。圣贤之书都是古人身体力行圣贤教诲的体悟，对于大道的体悟。更重要的是从生活中，从老师的点点滴滴中、待人处事接物中来学习，去体会老师的存心、老师的志向，这才是善学。而且，此地我们也看到了曾子和公明宣之间的教学相长、师资道合。

在《礼记·曲礼》上讲："男子二十，冠而字。"就是男子在20岁的时候要行冠礼，用我们现在话来说，就是成人礼。这个时候，他的亲朋好友、平辈送他一个字，表示对他的尊重。从此以后，除了父母之外的所有亲朋好友都要称他的字，表示对他的尊重。他到皇帝那里去做官，皇帝要称他的字，表示对他的尊重，不能称他的名。这一生除了父母可以称自己的名，就只有老师可以称自己的名了。说明什么？这说明老师的恩德和父母的恩德是相等的。父母给我们的是身命，老师给我们的是慧命，其实甚至老师还更受尊重，因为老师教你如何孝养父母、彰显祖德。

在皇帝那里，他在接见群臣的时候，都是面南背北，以君臣之礼来接见。但是他在接见老师的时候，就必须降阶，以主宾之礼来接见，不能够以君臣之礼来接见。从这里我们就看到，古代的皇帝他知道如何身教胜于言教，上行而下效。大家一看皇帝都对老师如此地敬重，整个社会才兴起了尊师重道的风气。所以在历史上，凡是开明的皇帝，或者说凡是治理好的时代，这些皇帝都是能够率先垂范尊师重道的传统。

比如汉明帝，汉明帝在做太子的时候，曾向桓荣学习《尚书》，直到他做皇帝之后，仍然是以学生身份自居。每一次他去见桓荣的时候，都是以师生之礼与之相见，并且为他设几杖，召集百官，还有桓荣的弟子，几百人一起向桓荣施弟子礼，并且由他亲自执礼，汉明帝还亲自带头向老师请教，听受老师讲学。

当老师每有不适的时候、身体有病的时候，汉明帝就派使者去慰问，那些专门负责皇帝膳食和医疗的官员，也都络绎不绝地去服侍桓荣。汉明帝自己也经常到老师家询问病情，一进入老师所居住的巷子就下车步行，手捧着经书走到老师的床前，轻抚老师垂泪哭泣。他还送给老师一些床具、衣服等，为的是让老师更加舒适地休养。

每一次他去见老师之后，都是久久不忍离去。在他的带领之下，从此以后，文武百官再来探病，就不敢在门口才下车了，都是进了巷子下车，而且都要到桓荣床前下拜。桓荣去世之后，汉明帝亲自改换丧服送葬，把老师安葬在尊贵的位置。

从这里我们就可以看到，古代开明的皇帝对于老师都非常尊重，正是有这种尊师重道的行为，整个社会大众才兴起了尊师重道的风气，社会大众才容易被教好。而且，汉明帝把佛法引入中国，建立了一座官办寺院白马寺，恭敬儒释道的圣贤，开创了"明章之治"，国富民强，四夷宾服。

在康乾盛世的时候，清朝是满族入主中原，但是能够把中国治理得如此之好，并且创下了康乾盛世的盛况，什么原因？就是因为康熙、雍正、乾隆三代皇帝，对儒释道的经典都非常通达，而且特别聘请儒释道的大德、老师到宫廷讲经，他们带着文武百官一起来听讲。所以，从上到下的思想观念高度统一，国家治理得如此之好。

但是，到了慈禧太后的时期，慈禧太后垂帘听政，她也去听这些大德讲经，但是每一次去听，好像这些老师都是在骂她，因为她的言行和想法确实不符合经典的标准啊。她一生气，就把这个宫廷讲经的传统给废弃了。

结果，从上到下自私自利的心生起来了，大家不再像以前受到儒释道的教育，不再有一心为公、忠君爱民的思想了，国家就愈来愈衰弱，这才是清朝腐败的真正原因。但是，后来有一些知识分子，在寻找清朝没落的原因的时候，把它错误地归结为中华传统文化，所以兴起了对传统文化的错误批判。

有一本书，叫《志于道：如何认识中华传统文化》，这本书是由"学习强国"平台的讲座整理成书的，这本书荣获了"2020年度儒家网十大经典图书"。特别推荐大家阅读这本书，作者对我们传统文化的诸多误区都做了指正。

现在很多家长不明白这些道理了，学生在学校被老师说得稍微重了一点，回去就告诉家长，家长就不满意，他就去找校长，校长再去找老师。最后的结果就是，这个孩子在学校犯了错误，老师也不愿意给他指正过来，一味地在家长面前夸赞他，因为不想找那个麻烦了。

古代的孩子要到私塾读书，首先父亲必须带着孩子前来给老师行拜师礼。拜师礼的仪规是父亲在前面，孩子在后面，先对孔老夫子像行三跪九叩首之礼。拜完以后，请老师上座，也是父亲在前，孩子在后，再给老师行三跪九叩首之礼。

孩子在五六岁以前，最尊敬的人是父母，这时的孩子，开口闭口都是："我爸爸说……我妈妈说……"去学校读书以后，变成"我们老师说……"所以，孩子在每一段成长的过程中，我们做父母的要好好做父母，当老师的要好好当老师，孩子正确的做人态度才能深深扎根。

在行这个拜师礼的过程中，孩子如此尊敬的父亲，居然向老师行三跪九叩首，这一拜对孩子有怎样深远的影响？他对老师的恭敬心就会达到极处。一个人要成就学问，必须要以诚敬之心去求。印光大师有一句很重要的教诲："一分诚敬得一分利益，十分诚敬得十分利益。"古代的礼仪都有其深远的影响，我们现代只看到礼的表象，并不了解礼的意义与本质。

古代在行拜师礼的时候，当孩子的父亲带着孩子给老师行三跪九叩首之礼的时候，请问这个老师的心里是什么样的感受？他会不会坐在这里觉得很得意。人家这样对待我，假如没把人家的孩子教好，怎么对得起他们，所以心上就好像扛了块石头，等这些孩子真的有成就了，老师心里才有点安慰。

其实，老师坐着受拜，不会觉得很舒服、很得意，而是如坐针毡、战战兢兢、如临深渊、如履薄冰。为什么？生怕自己的德行不够、学问不够，没有尽到责任，辜负了学生家长对自己的期望。所以一定要尽己所能，认真负责地把这个学生给教好。所以这个礼，无论是对学生还是对老师，都起到了教化的作用。老师不只是念着要为人家的孩子、家庭负责，还要念着传统文化的道统不能断送在他的手上。

所以做老师，任重道远、责任重大，北京师范大学的校训写得好："学为人师，行为世范。"如果不尽职尽责，甚至输出不良价值观，这样的老师不会有好的结果。我的恩师到某名牌大学演讲的时候，有位女老师见到他，特别感叹，她说："我们以后要多到大学去讲课，给大学生传授伦理道德，传授健康的思想价值观，刻不容缓。"恩师问她："你怎么有这么深刻的感受？"

她说："前不久学校请了一个企业家到学校演讲……"请的企业家都是所谓的"成功人士"。诸位朋友，请问什么人是成功人士？要具备什么条件？你看一般解释成功人士，有没有说"夫妻和乐，五十年没吵过架"的，有没有这一条？有没有说成功人士孝顺父母，父母生病跟黄庭坚一样"涤亲溺器"，跟黄碧海博士一样为母亲排便的，有没有？没有。

现在成功人士等于赚很多钱，这是世俗的标准，不见得是真理，也不见得是圣人的标准。这位女老师说，请了这个赚钱比较多的人到学校演讲，他给学生的第一段话就是："诸位同学，你这一辈子想要成功，想要有钱。首先要把'道德'两个字放下。只要不杀人、不犯法、不放火，什么事都可以干！"他讲完，这位女老师冷汗直流。

他已经上台了，你怎么把他请下来？可是更让她吃惊的是他这段话讲完，底下的学生响起一片热烈的掌声。这些孩子没有判断力，听了觉得很痛快，都鼓掌，他们的思想观念可能就在一场演讲当中被误导了。女老师接着说："让孩子接触这些正确的思想观念跟救火一样危急，你晚一步可能他们就被误导了。"

2023 年 2 月 18 日，"学生抢话筒"的新闻上了热搜。合肥师范学院副教授陈某某在安徽合肥庐江中学进行感恩励志主题讲座，却讲出了"读书就是为了钱""成绩好可以考美国的大学""成绩好可以任意挑选全世界好女人和男人""鼓励与外国人通婚提高优良基因"等不良言论。

有位男同学叫蒋振飞，他勇敢上台抢过话筒，说："他眼睛里只有钱，学习就是为了钱，崇洋媚外，努力学习是为了什么？是为了中华民族的伟大复兴！"全场报以热烈的掌声，而且学校不但没有处分这名同学，还称赞他勇敢，他也获得了共青团中央的点赞。

陈某某被高校解除了职务，以前所有头衔也被撤销得一干二净，全国人民拍手称快。在报应学上这叫"花报"，"果报"更严重。据统计，他累计讲座 1800 多次，大家想想可不可怕，难道只有这一次输出不良价值观吗？这是非常值得深思的问题。

有一则寓言故事，非常有意思。以前，有一个医生因为草菅人命医死了不少人，死后堕到了第十八层地狱阿鼻地狱。这个大夫到了地狱去很不甘心，他说："我又不是故意的，怎么给我判得那么重。"你看，这位大夫犯了一个大错，叫死不认错，连死了还在那里找借口。

诸位朋友，我们有没有犯了错死不认错的时候？这个死不是真的死，我们学问要活学活用，这死不认错就是，你栽在这个地方了，你还不承认自己失败，还不找出原因来，还抱怨别人，埋怨环境，不反省自己的过错，就是在立命之学里我们讲的"先醒者""后醒者"和"不醒者"，其中的"不醒者"就是死不认错。人死不认错的原因在哪儿？好面子，面子摆不下。当人为了面子在掩过饰非，他有没有真正的快乐？没有！

这个医生在那里死不认错，边说边跺脚，在那里发泄他的情绪，突然底下有一股声音传过来。他说："老兄，你不要再踏了，这些灰尘已经落到我的头上和身上了。"这个医生吓了一跳，心想："十八层地狱不是最低的了吗？怎么底下还有人？"他马上就问底下那个人，他说："我草菅人命堕到十八层地狱，你到底是干哪一行的，怎么堕到十九层地狱去了？怎么比我还惨？"底下的仁兄说道："你有所不知，我是当老师的，误人子弟，断人慧命。"

其实，万法由心，你存心良善了哪来的地狱？又错了，可以忏悔改过。所谓"罪从心起将心忏，心若亡时罪亦灭，心亡罪灭两俱空，是则名为真忏悔"。因为我们有"心"，所以造业，造善业享福报，造恶业受苦，所造所受的都是我们的心。

　　我们走上这条教育的路，一心一意，不为别的，成就学生，把家风、学风、道风传下去，心真了，结果不会偏颇太多。《大学》说："如保赤子，心诚求之，虽不中不远矣。"你有这颗利益学生的心，虽然可能没有教出像孔老夫子七十二贤人，最起码你临终的时候会有非常非常多的学生来感念、来追思。人生的价值，在你离去那一刻会完全彰显出来。

　　当老师是要开启人的智慧的，而这个人有智慧了，他的一生方向对了，人生幸福，他世世代代子孙都有正确的思想价值观，所以老师值得人尊崇。一定要靠教学，才能够教化人心，才能够使人变化气质。

　　孔子有三千弟子，七十二贤。假如弟子们没有遇到孔子，他们的人生会不会不一样？比如子路，根据《孔子家语》记载，子路在师从夫子之前，很粗犷，头上插的是雄鸡毛，肚子上绑着一张野猪皮。孔子说："这位壮士，你最爱好什么呢？"子路一听，说："我喜欢长剑。"他心想：自己要能佩上一把长剑，那就真是非常威武了。

　　孔子接着说："壮士，我不是这个意思。你有这么好的特质，这么勇猛，假如再经过学习，一定会非常好。"夫子是在引导他好学。子路假如不遇到孔子，可能一辈子就要靠打猎为生了。可是遇到孔子以后，他成为国家的大臣，非常有德行，生死攸关的时候，子路都不忘孔子的教诲，可见孔子的教诲深入其心。像子路这样的就不知道有多少了，所以教育非常有价值，影响的是一群人、一个地区。

　　所以，古圣先贤知道教学的重要，有的人怕经典丧失了，所以把经典刻在石头上。北京房山的石经，刻了八百年才刻完。那是多少代人共同完成的，这种精神让我们非常动容。

　　再比如我们现在看到的《楞严经》，在当时被印度奉为"国宝"，玄奘大师都没有带回来。那是般刺蜜帝发誓存着利益中土之人的深切愿望，在身上藏着《楞严经》东来，结果被官吏查获，连续三次都没有成功。但他太想要这本经书能让大唐子民看一看。所以想到将经书抄写在非常细密的白绢书上，然后剖开了自己的大腿，将经文缝在了里面，随后才成功带出来假如文化断在我们这一代人身上，多对不起历代为了承传文化流血流汗的先贤们！

　　所以，在五伦关系以外，还有一伦关系很重要，就是师生关系。古代对老师非常尊敬，所谓："生我者父母，教我者师父。一日为师，终身为父。"我们在古书中看到，古代对于老师的丧礼都是守丧三年，跟对父母完全一样。

孔夫子一生教学，在他去世的时候，学生们很感念老师的恩德，在老师的墓旁搭个棚子，整整守孝三年。其中有一个学生守了六年，这个学生就是子贡。因为夫子去世的时候，子贡在其他的国家做生意，等他回来的时候，丧礼都已经结束。子贡觉得非常的遗憾，守了三年以后，他自己又加三年，整整守了六年。

您看那种念师恩的心这么深切，子贡拿着一根拐杖赶回来，非常悲痛夫子的离去，那根拐杖插在地上，后来长成一棵树，您看他那个尊师之心感天动地。所以孔子有德，确实他的学生都觉得如沐春风。那他当老师的人就享受这个桃李芬芳、桃李满天下的喜悦。"师者，所以传道授业解惑也。"这就是孟子讲的："得天下英才而教之。"师道是传统文化非常重要的精神，师道能承传，文化才能够承传；没有尊师之道，法脉道统就传不下去。

我们也可以从古代师生的关系中，了解到师生情谊，即可以看到老师和学生彼此之间的道义、恩义。明朝有位忠臣叫左忠毅公，也就是左光斗先生，有一年他担任主考官。左忠毅公时时想着要为国家举荐人才，所以在考试前夕，他就微服出巡，穿平民的衣服，到京城附近的寺院考察。他为什么不到酒楼？因为住酒楼的人是有钱人家的，这些考生从小就好逸恶劳，能否考得上？很困难。

左忠毅公来到一个寺庙，见到一个书生伏在桌子上睡着了，他就走到这个书生身边，拿起书生刚写完的文章来看。左公看完文章，深深感受到这个读书人对于国家的一种忠诚，对于人民的一种使命。左公很欢喜，随手就把自己的大衣披在这位年轻人的身上，这位年轻人就是史可法。

考试结束阅卷时，左公看到一篇文章，立刻就感受到是那个年轻人写的，为何如此准确？因为文章也是从一个人的内心流露出来的，可以从文章中感受到他的气节、志向。左公将写这篇文章的考生列为第一名。上榜的学子都要去拜主考官为师，史可法就去拜访老师和师母。一进门，左公就对他的夫人说："以后继承我志业的，不是我的孩子，而是这个学生。"

左公看到史可法来拜访他时，心里很欢喜，因为他帮国家选到了栋梁之材。古代的读书人不怕自己没有子嗣，而是害怕不能把圣人的道德学问承传下去。自己没有子嗣，只是影响一家，道德学问没有承传，将影响后代子孙，所以他们的心中时时想着要为国举才。

左公与史可法同朝为官，一起为朝廷效力。明朝末年宦官当政，左公被乱臣陷害关到监狱里，受尽酷刑，眼睛被烧烫的铁片烫得睁不开了，膝盖以下的筋骨也断了。史可法心急如焚，就去求狱卒，这些士卒也为他对老师的这一份孝心所感动，就建议他伪装成捡破烂的模样，混进监狱里。史可法走进监狱，当他看到老师整个身体状况，不禁痛哭失声，扑倒在老师的面前。

左公虽然眼睛睁不开，耳朵还可以听得到，他听到史可法的声音非常警觉，用双手把眼睛撑开，目光如炬看着史可法。他说："你是何身份？你是国家的栋梁，怎么可以令自己身陷如此危险的境地？与其这些乱臣贼子把你害死，不如我现在就活活把你打死。"说完，左公就捡起身旁的石头往史可法的方向扔过去，史可法看到老师如此震怒，赶快离开。

为什么左公这么生气？他生怕学生、生怕国家的前途受到影响，所以纵使他已经身陷绝望痛苦之中，但念念不为自己，还是为国，为自己的学生着想。史可法担任国家的要职，也常带兵在外戍边。他带兵在外时，从不到床上睡觉，而让士兵分成三队，轮流跟他背靠背休息，守夜。士兵看了很难受，就对他说："大人，你这样身体会受不了的。"史可法就对士兵说："假如我去睡觉，刚好敌人来犯，让国家受到损害，我就对不起国家，更对不起我的老师。"

老师教诲他要念念为国，他确实不敢忘怀，所以回馈师长最重要的是依教奉行。史可法每次回到故乡，第一件事不是回自己家，而是先到老师家，虽然老师不在了，但是有师母还有老师的后代子孙，他都竭尽全力奉养照顾。我们从这个故事当中，感受到古代师生的情谊、师生的道义，给我们内心很深的触动。我们要见贤思齐，遇到教诲我们、帮助我们的长辈，我们也要有十分的诚敬之心，并能依教奉行。

我们知道，沈慕羽先生和任雨农先生，在马来西亚华文教育和书法传承上都有突出贡献，被誉为"南沈北任"，都被认为是马来西亚书法传承和华文教育的第一代先贤。沈慕羽老先生95岁的时候，身体非常硬朗，他说："教书是最没有'钱'途的行业，却是最重要的行业。"

因为，教育是承传文化，如果人没有了文化，他就没有了灵魂。一个人没有灵魂，他活着是什么？行尸走肉，都不知道每天在忙什么，每天就追求和享受欲望，很空虚。欲又是深渊，所以愈走愈茫然，所以欲望是个连环计，如果我们没有接受传统文化的智慧教育，我们很难跳出欲望的牢笼，而甘愿做欲望的奴隶。

据《孔子家语》记载，孔子有一次跟学生出去游学，看到有人在捕鸟，他用箩筐架机关，里面放着一些食物，引诱鸟飞进来吃，然后他就把鸟给捕住了。孔子和他的学生就发现有一些小鸟被抓住，有一些小鸟飞走了，没有被抓住。

奇怪，同样是小鸟，怎么有些被抓住有些没被抓住？孔子就问那个捕鸟的人。这个捕鸟的人说："那些肯跟着老鸟走的小鸟都飞走了，因为老鸟警觉性很高，这些小鸟跟着老鸟，老鸟一飞，它就跟着飞，就没被抓住；那被抓住的就是傻乎乎的，也没有跟着老鸟，就自己在那里吃得很快乐，最后命就没了。"

其实你去看，很多动物被抓住，全部都是因为欲望控制不住，就为了眼前一个甜头，命都没了。其实不仅是动物，人也一样，就为了一个享乐的欲望，最后把身心赔掉了，把名誉赔掉了，连家庭都赔掉了，甚至把命搭进去了，"一失足成千古恨"。

在我们这个时代，一些人为了利、为了欲，把一生就这么毁掉了，很可惜，所以，我们要慎重。而且，从这件事情提醒我们，人能懂得跟随长者、跟随圣贤人，你人生少走很多冤枉路，能跳过很多陷阱。但是假如我们不虚心地跟圣贤、长者请教，那可能祸患就在前头，我们还高高兴兴地踏进去。

有一个卖橘子的生意人，挑着一扁担橘子进城去卖。因为第一次去，他只知道方向，路途有多远他还不清楚。刚好看到一个长者，从城门方向走过来，他觉得应该是当地人，就上去问："这位长者，请问我还要再走多久，才能在城门关闭之前，进城做生意？"老者听完，看看他，从头看到脚，从脚看到头，就告诉他了："年轻人，你慢慢走，就赶得上了。"讲完，老者就走了。

这个年轻人挑着橘子，越想越不对：我快快走都怕赶不上，他还叫我慢慢走？于是越走越快，越走越快。突然因为走得太快，橘子翻了，掉在地上滚得很远。他赶快蹲下来一个一个捡，捡好以后继续赶路。刚好快到了，看到城门关起来，他没赶上。

你看，这个年轻人，他遇到一个有经验的人，他却不信。他这是典型的"不听老人言，吃亏在眼前"。为什么叫他慢慢走？有没有道理？这样才稳啊！你挑的是橘子，你走很快，橘子肯定会掉出来。可是我们自己看不清楚，又喜欢顺着自己的意思，最后只得吃亏。所以，听话的人有福，为什么？父母一心一意为你好。有时候你还不理解，先做，慢慢你就知道其中的道理了。

大家冷静观察，现在的年轻人，跟这些酒肉朋友高兴得不得了。他父母为他好，结果没讲两句，就被他一言九"顶"，顶了回来。学校老师的人生经验比我们丰富，而且他当老师，以前成绩就很不错，所以他给我们一些指导，我们要肯听。

有一句话叫"听君一席话，胜读十年书"，你能尊重贤德的人，你的人生经验会积累得非常快。大禹是圣人。人家给他讲好的道理、给他劝谏，他觉得很受益，"闻善言而拜"，大禹会给他行礼、礼拜，非常感谢他。我们看了凡先生，他遇到孔先生，"余敬礼之"，遇到云谷禅师"余信其言，拜而受教"。这都是我们的学处。

所以，人生要有好老师。好老师正如孔子，学而不厌、诲人不倦，对学生非常有耐心和爱心。就像父亲对孩子一样，想把道德和学问和盘托出，传给下一代，使文化得以薪火相传、绵延不断。

古德有一个"穷子喻"。一个大富长者的儿子离开他的父母到外面去流浪，流浪了几十年，苦不堪言。然而大富长者年纪大了，天天盼自己的儿子回来继承遗产。这个儿子在外面流浪了几十年，辗转地就回到了他的故乡，他的父亲看到他终于回来了，非常高兴，要带他回家。

这个穷子是大富长者唯一的儿子，可是他不相信。不仅不相信，一下子就要逃跑。这个长者盼了他50年，好不容易盼来了，怎么会让他跑呢？就赶紧派两个人把他按住，不让他走。这个穷子就更害怕了。"哎哟，他竟然抓我，我都走不了了。看来我是摊上事了，他一下子吓昏了，昏死过去了。"

大富长者一看，他的儿子是这样的自卑，不敢认，所以就用冷水把他喷醒，只能告诉他："你自由了，你想到哪去就到哪去。"这穷子一听，很高兴，赶紧跑到另外一个地方，继续流浪和乞讨，后来找了一份很辛苦的工作。这位长者很无奈，但还是要想办法让他儿子回来。

于是，也就派他家里两个人穿上破旧的衣服，去跟他儿子一起做工。做了一段时间工，这两个人对他说："哎呀，这个做的工又很辛苦，赚的钱又少，我给你介绍一个更好一点的工作，工资比这高一倍。"

他这个穷子说："哦，有高一倍的工资的工作，那好啊！"又把他介绍到大富长者家。做什么工作呢？淘粪、打扫厕所。他觉得打扫厕所自己还能干，于是就在淘粪，做了20年。

在这淘粪，做工作的过程当中，这位大富长者天天在窗子里面看着他的儿子，虽然知道是亲生的儿子，但这儿子不敢认。所以这个大富长者也没有办法，也只有穿上比较破旧的衣服，跟他的儿子在一起，就赞叹他："你工作得很勤劳，很老实，这样吧，我就收你为干儿子吧。你工作很好，然后换个工作，给我做仓库保管员吧。"慢慢地提拔他，做仓库保管。他就是接触仓库里面各种好东西了。

接触几年之后，说："你干得不错，给你提拔为管家吧。"等到他做了若干年管家，慢慢自信心才上来了。等他自信心上来的时候，大富长者把国王、大臣、婆罗门……各种贵族叫在一起，开了一个"新闻发布会"。他告诉大家："这个管家就是我的亲生儿子。我马上就要去世了，我所有的金银财宝，所有的家产都是他的，遗传给他。"老师对学生的循循善诱也是如此。

清朝的周安士先生，往生的时候八十多岁高龄了，焚香沐浴之后，请大家共进晚餐，吃着吃着，给大家说了一声"再见"，念了一句"阿弥陀佛"，就走了。这都是禅定的功夫比较深或者念佛的功德比较大，所以生命已经来去自由，不受一切的限制，这就已经不是改造命运的层次了，这是超越命运。

了凡先生的一生都在亲近仁者，对善知识的话依教奉行，所以他最后得以改造命运，心想事成，自利利他，流芳百世。这都是我们应该向他学习的地方，我的恩师曾在我读研时嘱咐我，《了凡四训》包含了儒释道的智慧，你一生都够用，就像打井，你先在《了凡四训》这打出水来，你就会在其他地方打水。我十年来学习《了凡四训》近百遍，现在看《论语》或者其他经典，包括佛家经典，很容易有感悟，而且命运发生了翻天覆地的变化，这都来自善知识的点拨。

孝敬父母和恭敬师长也是一个人最根本的修为，如果不孝父母，不敬老师，就像一棵没有根的树，即使再枝繁叶茂，风不刮都摇摇欲坠，能有什么作为呢？我们很多人年龄上已经成年了，可是心态上还像一个叛逆的孩子，不注重学习经典和反省改过，反而遇事埋怨父母，抱怨社会，讥讽领导，这都是薄福的表现。

如果发现了自己有这样的问题，一定要幡然悔悟，及时回头，舍旧图新，改过迁善，方能赢得幸福美满的人生。不然，我们遇到的障碍和痛苦何止现在这些，有人生抱负和责任感的朋友尤要慎之又慎啊！人就怕自命清高，而实际上既不清，也不高，孤傲一辈子，穷困潦倒一辈子，一生也没有对文化、对经典、对师长产生过信任和恭敬，这样的人生太可惜。

35　选择正确的方向，让你所奔赴的
　　山海不再被辜负

我们接着看原文："**古语云：'有志于功名者，必得功名，有志于富贵者，必得富贵。'人之有志，如树之有根，立定此志，须念念谦虚，尘尘方便，自然感动天地，而造福由我。**"这一段确实应验了一句成语："自求多福"。如理如法地求，每个人都一定求得到，这才叫真理。一个人做了有，另外一个人做了没有，这就不叫真理了。而求的关键在哪儿？坚定不移的意志。

《论语》讲："君子立长志，小人常立志。"《古今贤文》讲："无志之人常立志，有志之人立长志。"人假如常常换志向，那就很难成大事了。所以，了凡先生讲，有志于功名必得功名，有志于富贵必得富贵。

人有志，就像树有了根。立定志向不改变，保持谦虚的态度，处处与人方便，为人设想，不与人争，有这样的修养，这样的积德累功，自然感动天地而得到福报。

有一句话说："人生最重要的不是奋斗，是抉择。"比如你开车，要先抉择目标跟方向，这样就不会开错方向，也不会浪费油。所以，抉择对的方向很重要，假如你抉择错了，开得越快离目标越远，所以人生最重要的是抉择。抉择先于努力，正确的抉择，让努力有了意义。也可以这样说：抉择大于努力。

有一则故事，叫"三个囚犯的要求"。有一个监狱来了三个犯人，这个监狱长也很好，就跟他们说了："你们要进来好几年的时间，你们有什么希望、要求，我做得到的都可以答应你们。"

第一个是美国人，他说："我要三箱雪茄。"这是他的选择。"好，没问题。"监狱长给他了。第二个是法国人，他比较好色，他说："我要一个女人。"监狱长办得到，给他了。第三个是犹太人，他说："我要一部手机，可以跟外界联系。"监狱长也给他了。

三个人都关三年，三个人的抉择不一样，要了不同的东西。三年之后铁门打开了，第一个是美国人，嘴里鼻孔里塞满了雪茄，一直在叫着："打火机，打火机，我的打火机呢？"他要三箱雪茄，忘记要打火机了。所以他这三年的时光都在干什么？都在找打火机。一个人欲望忍不住的时候，时间都浪费了。我们不要做欲望的奴隶，应该做自由的人，不要做被欲望控制的人。你看第一个人的抉择，他喜欢抽烟，有烟瘾，变成这样了。

第二个是法国人，只见他手里抱着一个小孩子，美丽女子手里牵着一个小孩子，肚子里还怀着第三个。他一出来要负责几个人的生活？一个太太、三个小孩，还有他自己。一个只想着欲望的人能照顾五个人吗？很难，他照顾自己都很困难，更何况照顾五个。

第三个是犹太人，他出来后恭恭敬敬地走到典狱长面前，给他深深一鞠躬："谢谢你！给我这部手机，这三年来，我通过电话得到很多外面的讯息，也做了一些投资，所以我现在已经有一笔资产，我的生意不但没有停顿，反而增长了200%，为了表示感谢，我送你一辆劳斯莱斯！以后的路我会好好去走。"你看，三个人做了三个不同的抉择，也产生不同的命运。

所以，抉择之间见智慧，人生的志向和抉择最重要，这决定了我们人生的走向。王阳明先生从"立志""勤学""改过""责善"四个方面为诸生立下准则，其中"立志"是最重要的一项。志向不能立定，天下便没有可以做成功的事情。即使像各种工匠的技艺，也没有不是靠志向才学成的。

他还从反面设喻道："志不立，如无舵之舟，无衔之马，漂荡奔逸，终亦何所底乎？"志向没有立定，就像没有舵的船，没有嚼子的马，随水漂流，任意奔驰，最后到哪里才算了结呢？这是王阳明先生高度强调了"立志"的重要性和必要性。

所以，我们要明白什么才是有意义的人生。学贵立志，学习的根本动力就是先立定远大的志向，他有责任感，学习也好，经营事业也好，遇到挫折都能够突破。因为源源不绝的责任感是动力，他能百折不挠。志向就像黑夜里的一点亮光，无论夜有多黑，有了志向心就不会慌；志向就像一条缰绳，无论草原多么广阔，有了志向骏马就有了奔驰的方向；志向就像一座山峰，无论山有多高，有了志向就有了攀登的勇气。

假如为学没有目标，努力半天有可能你刚好往反方向走。当你发现走错了再拉回来，人生已过了几十年了。所以从小就应该立定正确的人生志向，这样的学习才会扎实。就像范仲淹先生读书时就立志要造福于民，一个人以造福于民来读圣贤书，他的深入程度、他能体会出来的道理比仅仅为了要有工作、有收入读圣贤书的人要多得多。当人有志向时，他的学习效果会非常好，一个人在这世间要有大成就，都是因为立对了志。

周总理少年读书的时候，老师在课堂上问学生："你们为什么而读书？"同学们回答得五花八门，周总理回答的却是："为中华之崛起而读书！"他少年之时就有这样的志向，所以他的成就相当不凡。我问过很多家长："你希望你的孩子以后能经营出什么样的人生？"父母一般会回答说："其实我也没有什么要求，只要他健康快乐就好了。"从小你不引导他立志向，那他能有快乐人生吗？不行。唐太宗在《帝范》中讲："取法乎上，得乎其中；取法乎中，得乎其下；取法呼下，无所得矣。"左宗棠先生也讲："发上等愿，结中等缘，享下等福；择高处立，就平处坐，向宽处行。"

你给孩子"你不用有多大发展，你能吃饱就好"的引导，那他怎么可能会有大的追求和大的成就。孩子的价值观直接受父母价值观念的影响，这个对孩子的成长至关重要。我们要做孩子一生的贵人，不要做孩子一生的小人。假如我们就是一个胸无大志的人，假如我们都没有认真学习中华智慧，又怎么给孩子带来智慧，怎样引导孩子建立理智的人生观，走好无怨无悔的人生？

志向有五种：大志、高志、壮志、卑志、危志。第一种，"志与仁义合，大志"。期许自己能够救济万民，能够为整个国家的人民谋福祉，这跟仁义合，这是大志。

第二种，"志与情义合，高志"。爱国家、爱民族、爱文化、爱父母、爱妻子、爱儿女，有情怀、讲情义，这是高志。

第三种，"志与理合，壮志"。志与道理相合，创造发明，建功立业，一个人要去当老师，就要让师道复兴；去当医生，就要让医道复兴。做医生就要传承医道，这与他的理智和人生的理想相应，这都是壮志。

第四种，"志与欲合，卑志"。眼里只有我要赚大钱，我要享受，我要豪车，我要住豪宅，甚至想要换老婆。这个人已经跟畜生差不多了，畜生就是我要吃饱。畜生吃饱了不害其他的生命，人类吃饱了还要害人，所以你看人不学伦理道德比禽兽还吓人。所以，与欲望相合的志向是卑劣和卑鄙的志向，这是卑志。

第五种，"志与仇合，危志"。学习各项技能是为了什么？为了报仇，这是危志。这样的人很危险，他们做什么事情都带着一种报复社会或者报复他人的心态，这就是危志了。或者，以前被人家欺负了，现在赚大钱去向人炫耀，出口气，这都是危志，这都不好，冤冤相报，没完没了。

我们想想，我们为人师、为人父母，我们今天的志向是什么？我们又在把我们孩子引领到哪个志向上？我们可以对照一下，现在基本都在卑志上，志与欲合，以前是读书志在圣贤，现在是读书志在赚钱。我们帮助孩子选择大学，选择科系，目的都是什么？

比如要让孩子当律师，目的是什么？让孩子学医，目的是什么？让孩子学教育，目的是什么？如果一个律师，他要是为了赚钱、为了欲望，他会制造多少冤假错案？一个医生如果为了赚钱，他手中的手术刀就不是手术刀，那就是屠刀了！一个老师，如果也是志在赚钱，那个罪过就大了，为什么？他毁掉的是师道！

所以，无论学习什么都是要传承这个行业的道统和技术，以此为社会和人民做贡献，而薪水和待遇是对我们付出的一种回报，可不能盯着钱去学技术，也不能取非义之财。志向很重要，德行很重要，厚德载物。如果没有大志大德，千万不要奢求大富大贵，因为你承受不起。一个桌子本来能承受 200 斤的东西，你放 500 斤马上就变形，放 1000 斤立马就要垮掉。

所以，当务之急是要坚定利他的志向，找到人生的意义，做出应有的贡献，修养自己的德行，《中庸》讲："故大德必得其位，必得其禄，必得其名，必得其寿。故天之生物，必因其材而笃焉。"

英国著名历史学家汤因比在 1972 年就预见，世界的主导权将从西方文明向非西方文明转移，特别是在以中国为核心的东亚握有解决未来的钥匙。他在《展望 21 世纪：汤因比与池田大作对话录》中说："拯救 21 世纪人类社会的只有中国的儒家思想和大乘佛法。所以 21 世纪是中国的世纪。"

他对中国文化大加赞赏，认为中国人比世界上任何一个民族都更具有一贯性，数亿人数千年来在政治、文化上团结至今。中国一贯的传统思想决定，中国的崛起，带给世界的是和平。汤因比博士还说："如果有来生，我将愿意生在中国。"

美国前总统尼克松有一本书，叫《不战而胜》，书的结尾写道："当有一天中国的年轻人已经不再相信他老祖宗的教导和他们的传统文化，我们美国人就不战而胜了。"国家兴亡，匹夫有责啊，少年强则中国强，年轻人一定要好好学习传统文化。习近平总书记说："优秀传统文化是一个国家、一个民族传承和发展的根本，如果丢掉了，就割断了精神命脉。"罗素于 1920 年作为北京大学客座教授访问中国，他说："中国人发现了使全世界幸福的生活方式。"

《论语》讲："曾子曰：'士不可以不弘毅，任重而道远。仁以为己任，不亦重乎。死而后已，不亦远乎。'"曾子说："一个君子，必须要有宽广、坚韧的品质，因为自己责任重大，道路遥远。"《论语》还讲："人能弘道，非道弘人。"

《论语新解》中说："道由人兴，亦由人行。"也就是说，道的兴起与发展都离不开人，这便是人能弘道。这与《中庸》说的"苟不至德，至道不凝焉"是一个道理，如果不是人有极高的德行，怎么能实现极高的道。巴哈伊教《巴哈安拉作品集萃》说："不要为自己的事情奔忙；你们要全神贯注于凡能使全人类获得幸福、使人类心灵和灵魂纯洁的事务上面。最能够做到这点的乃是纯洁与神圣的行为、合乎道德的生活与良好的行为。"

孔子在《论语》讲："不知命，无以为君子。"人这一生不能过得糊里糊涂、浑浑噩噩。一寸光阴是一寸金，总要很清楚自己人生的目标、方向、使命在哪里。尤其为人父母，你的孩子时时跟着你、看着你，总不能有一天你牵着你孩子，他突然拉拉你的手，"爸爸，我们要到哪里去呀？我们人生往哪个方向？"你回头对他讲："你问我，我问谁？走一步算一步了。"那就麻烦了。我们的祖先都是看得很远的，我们先贤和祖先的人生价值观很坚定，就是张载先生讲的："为天地立心，为生民立命，为往圣继绝学，为万世开太平。"

南宋的文天祥先生说："人生自古谁无死，留取丹心照汗青。"孔子在《论语》里讲："志士仁人，无求生以害仁，有杀身以成仁。"志士仁人，不会为了求生损害仁，却能牺牲生命去成就仁。所以，人生虽然难免一死，但是总要运用这几十年的岁月，真正对得起自己、对得起家庭、对得起家族、对得起祖宗、对得起国家民族，以至对得起这个世界。要留取丹心，这个"丹"是红色的意思，"丹心"就是真心，"照汗青"，"汗青"是史册，也就是历史。

所以，我们要用我们的真心在自己的人生中，写下无怨无悔的历史，这是真正爱自己，不糟蹋自己的岁月。人假如不懂自爱，怎么去爱人呢？当父母的假如把自己搞得乱七八糟，他怎么去教孩子自立自强？所以要自爱，才能爱人。我们念父母的恩，这一生一定立身行道，让父母欣慰。邻里乡党一见到你的父母都说："哎呀，你养这个儿子，真是对国家民族很大的贡献。"我想你的父母一定非常非常欣慰、欢喜，这是照父母的人生历史。包括，我们所处的每个行业，都有我们应尽的责任。

在企业界，世界各地很多企业家都在学稻盛和夫先生，因为稻盛和夫先生的管理被誉为21世纪的管理，他的经营哲学也为很多人所推崇。稻盛和夫先生一手创办了京瓷和KDDI两家世界500强企业，且在78岁高龄时应首相邀请挽救日本航空公司，他用一年多的时间，让濒临破产的日航，变成了在同行业中营业额最高的企业，创下了日航历史上的最高利润，化腐朽为神奇！

他为什么要去接管日航？他的初衷和发心就很正确，他是为了民族和企业。因为日航是一个很重要的大企业，一旦垮下来，对整个日本的经济都会造成影响。

稻盛和夫先生提出了"六项精进"，现在也可以买到同名的书籍。稻盛和夫先生说人生有六项要精进的地方。哪六项呢？第一，付出不亚于任何人的努力。第二，要谦卑，不要傲慢。第三，天天反省。每一天都发现自己的不足，修正自己的问题，真正做到"德日进，过日少"。

第四，活着就应该感恩。我们仔细想想，我们每天的衣食住行，不知道花费了多少人的劳力和汗水，所以活着就应该感恩。

第五，积善行，思利他。稻盛和夫先生写了一本书《你的梦想一定会实现》，是写给年轻人看的，他介绍年轻人一定要读的一本书，就是我们这本《了凡四训》。稻盛和夫先生讲到改造命运的方法，就是念念想着利益他人、利益国家、利益社会。利他，自私自利慢慢地就放下了，灵性就提升了。

《大学》开篇即云："大学之道，在明明德，在亲民，在止于至善。"人生最重要的事情就是明明德，怎样来明明德呢？"亲民"，通过帮助别人，把自私自利慢慢地放下。所以，亲民和明德是一不是二，这就是要尽心尽力地帮助身边的人，做到自利利他。

20世纪80年代，日本政府决定实行通信自由化，允许新企业加入通信领域。然而日本企业都无法轻易进入市场，因为要与垄断通信事业的巨头NTT（日本电报电话公司）一决胜负，风险太大。

稻盛和夫先生说："既然如此，就让我来试试吧！"他认为，一味袖手旁观，竞争无法展开，国民降低费用的要求就无从实现。这种情况下，明知自己可能会成为"堂吉诃德"，他也决定试试身手。所以，尽管通信是一个完全陌生的领域，但稻盛和夫先生还是站了出来。

每晚临睡前稻盛和夫先生都要自问自答："你参与通信事业，真的是为了国民利益吗？没有夹杂为公司、为个人的私心吗？你的动机真的纯粹吗？没有一丝杂念吗？"在反复确认自己"动机至善、私心了无"后，他开始着手设立KDDI公司。1984年6月，KDDI还有其他两家公司加入了通信竞争。

舆论认为，三家企业中KDDI的条件最差，因为他们缺乏通信事业的经验和技术，销售代理店的网络建设也得从零开始。然而，KDDI很快脱颖而出。究其原因，稻盛和夫认为是他的企业一直贯彻"为国民尽力、毫无私心"的信念。

他经常激励员工说："为了国民，我们一定要把长途话费降下去""人生只有一次，我们一定要把它变得更有意义"。正是这种单纯的志向和目标激励了员工，也感染了代理商和客户。

在 KDDI 创建不久，员工就获得了按面额认购股权的机会。稻盛和夫先生希望股票上市后的资本收益可以回报员工的努力，但他自己一股也没有。因为他认为，哪怕持有一股，都无法证明自己毫无私心。包括日本航空公司为什么能获得新生？答案还是"毫无私心"。他去了之后，

就和鸠山首相说："我可以答应你去做这件事，但是我不拿一分钱。"无私无我，尽心尽力，这种奉献精神感动了所有员工，齐心协力，共渡难关。

第六，就是"放下感性的烦恼"。什么是感性的烦恼？比如消极、悲观、冷漠、情绪化，这些都是感性的烦恼。要时时能够调整自己的心境，变得积极、乐观、进取。其实我们很多人把时间都耗费在自我折磨上，不相信自己，懊恼、后悔、退缩，或者是情绪化。欢喜的时候，什么事都好；不高兴的时候，什么事都不愿意做，看谁都不顺眼，脾气上来好几天都缓不过来，这些都是我们需要克服的。

你看，商界有商界的圣人，每个行业都有圣贤，所以无论哪行哪业，只要是为国为民的正业，我们都要立志高远，存心良善，为国家和人民做出我们这一生应有的贡献，这也是我们人生的价值和意义的体现。

"杂交水稻之父"、中国工程院院士、"共和国勋章"获得者袁隆平先生在生前常说："人就像种子，要做一粒好种子。"大家都知道袁隆平先生用一粒种子改变了世界。而这粒种子，是袁隆平先生的妈妈在他幼年时种下的。1936 年，6 岁的袁隆平见百姓向神农虔诚祈祷，不解地问，为什么神农这么厉害？

袁母说："因为我们吃的粮食都是神农教人们种出来的。5000 多年前，人们终日食肉，饱受疾病之苦。是神农氏种五谷，尝百草，为人们解忧，所以大家才爱戴他。"袁隆平听了妈妈的话，恭恭敬敬地向神农像行了礼。这件事情他铭记了一辈子，第一次在他心中种下了学习农业的种子。

在考大学的时候，袁隆平执意要考西南农学院。当时袁隆平的父亲是反对的，他希望儿子能从政。袁母只是叹了口气："孩子，你是要吃苦的呀！"袁父问袁隆平："你的志向是什么？"

袁隆平说："我唯一的选择就是成为一个农业科学家。"袁父问："你想成为一个身上充满庄稼味的学者吗？"袁隆平："若是这人世间没有庄稼味，而是充

斥着铁血味、硝烟味，该多么可怕！"袁父没有再说什么，他理解了儿子的志向和利他心。袁隆平先生的妈妈则一直支持着儿子的决定，虽然她从心里心疼儿子。

袁隆平先生说："一辈子做好一件事，一个人一辈子做好一件事就足够了。"正是这份质朴和坚定，让他在重重困难面前不灰心、不放弃，脚踏实地做好每一次实验，总结每一次经验。半个世纪，袁隆平只在做一件事，那就是研究杂交水稻。他常说："我不在家，就在试验田，不在试验田，就在去试验田的路上。"

他不住豪宅、不坐豪车，把经费全用来搞科研。国家奖励他的青岛市国际院士港的别墅，他改成了研发海水稻的科研室。他十几年都在路边摊剪发，穿的衣服也是百十块钱一件，一穿就是好几年。即便是大家心目中的科学界"巨富"，但生活依然简朴，他最看重的是脚踏实地"一辈子做好一件事"，并把这份坚定的意志，传递给儿子、孙女。

这三个儿子没有让父亲失望，一个比一个成功，在各自的领域都是佼佼者。长子袁安定，出生于20世纪60年代的黔阳地区，在那个生存条件相对恶劣的环境中，他通过努力成功考入大学，成为管理学专业的人才。毕业后，他先后参与创办了多家农业、科技、种业公司。现在，袁安定已经成为农业领域知名企业家。

次子袁定江，从小到大都是一个稳扎稳打的学霸，他凭借优异成绩考入了湖南财经学院。毕业后，他前往海滨特区珠海工作，他当过会计主任，也负责筹办过农民贷款项目，如今已经是一家农业科技上市公司的副总裁。

小儿子袁定阳，如果说子承父业，那就是他了！他在拿到湖南农业大学作物遗传育种学专业硕士学位后，一直跟随父亲在湖南杂交水稻研究中心工作，成为超级杂交水稻分子育种创新团队的首席专家。

从父亲袁隆平身上，他们学到了低调为人、吃苦耐劳、坚忍不拔的品质，这是一辈子都取之不尽、用之不竭的精神财富。袁隆平的教育并不给孩子压力，不希望孩子仰视自己的伟岸。而是让孩子把自己的姿态放低，不因他的不凡而骄傲，凭借自己的努力去取得成绩。

三个孙女说：长大以后，她们也要成为像爷爷那样的人。她们身上的质朴、谦逊和袁隆平如出一辙。袁隆平低调朴素的生活习惯以及对事业的无限追求，耳濡目染着孩子们，成为家庭中一笔最宝贵的精神财富。

袁隆平先生有句名言："追名求利本身并没有什么不好，但有些人没有干多少事就去争名夺利，得什么奖，发表什么文章，都要去争。有些老实人做了很多事反而没有在乎什么名利。我认为，把名利看淡泊一点，不要去争名夺利，心里就会好一些。"

《感动中国》栏目给袁隆平先生的颁奖词是："他是一位真正的耕耘者。当他还是一个乡村教师的时候，已经具有颠覆世界权威的胆识；当他名满天下的时候，却仍然只是专注于田畴。淡泊名利，一介农夫，播撒智慧，收获富足。他毕生的梦想，就是让所有人远离饥饿。喜看稻菽千重浪，最是风流袁隆平！"

"今之求登科第者，初未尝有真志，不过一时意兴耳。兴到则求，兴阑则止。" 我们看事情，看的深度不一定够，了凡先生看事情很有深度。他说有时候一个人说他要考功名，只是一时兴致来了而已，并没有坚定不移的志向，没有遇到多少困难都不改变的态度。

所以不论是做学问、做事业还是弘扬传统文化，没有真志、不立铁志是不行的。因为志向是一个人的动力，功名不是靠一时的兴致就能考上的，德行得下大功夫，学问得下大功夫，而且还要是一份为民造福的存心。

真有为民造福的心，可能命中本来考不上都考得上。有真志的人，对志向和理想会持之以恒。人有善愿，天必佑之，祖宗和圣贤都保佑他，让他可以造福一方。

《古列女传》记载了一个典故，叫"孟母断织"。《三字经》讲："昔孟母，择邻处，子不学，断机杼。""孟母三迁"之后，他们母子二人搬到学堂旁边，孟子就跟着学生们学习礼节和知识。孟母认为这才是孩子应该学习的，心里很高兴，就不再搬家了。

一天，孟母正在家里织布，孟子突然从外面哼着小曲儿走了进来。"孩子，你怎么这么早就回来了，现在不是应该在老师家学习？"孟母疑惑地问道。"母亲，学习真是太枯燥了，我今天不想学了，所以就提前回来了。"孟子如实回答道。孟母听后，非常生气，于是拿起剪刀把织布机上的布全部剪断了。

孟子被眼前的这一幕吓坏了，急忙跪在地上问："母亲，您这是做什么？这是您日夜辛苦的成果啊。"孟母说："你读书就像我织布一样。织布要一线一线地连成一寸，再连成一尺，再连成一丈、一匹，织完后才是有用的东西。学问也必须靠日积月累而来。你如果不好好读书，就会像这被剪断的布匹一样变成了没有用的东西！""对不起，母亲，是我错了。"孟子惭愧地说。从此孟子开始勤奋学习，持之以恒，终于成了一个很有学问的人。

包括，有很多皇帝一开始还不错，但是夹杂了贪欲，最后就不可收拾了。比如唐明皇，开始开创了"开元盛世"，可是遇到杨贵妃以后，就沉迷爱欲当中，很难自拔了。同样，我们做事业，尤其是教育事业，内心不能有一丝一毫的名闻利养和自私自利，因为它会发酵，它会越来越增长，最后可能就忘记初心了。

在佛门有句话："学佛一年，佛在眼前。学佛两年，佛在天边，学佛三年，佛化云烟。"一般人初发心的时候，信心很坚固，可是难以保持长久，这种道心叫作露水道心，若有若无。露水，太阳一出来，就不见了，持续时间很短。

所以，不只发心要纯正，还要保持，发心容易恒心难。其实，不只要保持，还要提升，这才是真正有志气。怎么提升呢？我们要以儒释道三家的圣人为榜样，来鞭策自己。

包括，在学习《了凡四训》的过程中，看到每一个榜样就期许自己，既然被我看到了当下就效法，这叫学一句做一句。这也是我引证很多经句、典故和报道的初心。我现在这样倡导，其实自己也很惭愧，还在努力当中，也是期许自己和诸位朋友，看到一个好的榜样马上要珍惜这个因缘，从此把他的德行变成我的德行，我们要有这个态度。

《史记·孔子世家》中有则典故，叫"韦编三绝"。孔老夫子晚年开始读《周易》，不知翻阅了多少遍。把串联竹简的熟牛皮带子也给磨断了多次。即使如此，孔子还谦虚地说："假我数年，若是，我于《易》则彬彬矣。"意思是说：假如再给我几年的时间来研读《周易》，那么我对于易道，就可以彬彬然而文质俱精了。重复的力量，夫子在几千年前就给我们做了最好的表演。

《孔子家语》中还有一则关于夫子好学的典故，叫"夫子学琴"。孔子向师襄子学习弹琴，学了一首乐曲，过了一段时间之后，师襄子就对孔子说："我虽然是以击磬做的乐官，但是我还是擅长于弹琴。如今，你已经学会了这首琴曲，可以进一步学点别的了。"

孔子听了，并不急于学其他，他回答说："我还没有学会弹奏它的技巧。"孔子又用心投入，练习了一段时间之后，很快就掌握了弹琴的技巧。于是，师襄子又对孔子说："你现在已经学会技巧了，那么可以学点别的了。"

孔子回答说："可我还没有了解曲子表达的意趣。"孔子继续专心练习了一段时间，了解了曲子的意趣。这个时候，师襄子又对孔子说："你已经了解了它的意趣，现在可以进一步再学点别的了。"但是孔子依然想继续深入，回答说："我还不晓得这首曲子歌颂的是谁。"

于是，孔子专心一致，每天弹奏这首曲子，用心地领会这个曲子歌颂的人物。过了一段时间，有一天，孔子若有所思，高高地站在一个地方，向着远方眺望说："我已经知道这首曲子歌颂的是谁了。这个人长得有点黑，身材修长，有着广阔的胸襟、长远的目光，他眼光辽阔，囊括四方。若不是周文王，谁能如此！"

师襄子听了之后，十分惊讶，立刻离开座席来到夫子的面前，两手交叉于胸前，表示敬意地说："君子，真是无所不通的圣人，这个曲子的名字就是《文王操》。"

我们看，孔老夫子学习，锲而不舍，而且用心专一，学得非常地深入。不仅仅学了弹琴的技巧，还要学它的意趣；掌握了它的意趣，还要知道这首曲子歌颂的是谁。纵然他的老师告诉他已经学得可以了，可以再学点别的了，但是对于孔子而言，这还不是真正的学会。所以你看，他这种真诚、恭敬的态度确实让他的老师师襄子——教他乐曲的人，也都非常感动。

所以，学习确实要深入，要用心专一，深入其中，才能够体会到它更深的含义、体会到它的意趣、体会到它的心智，这样也才能够得到学习的乐趣。《论语》上说："知之者不如好之者，好之者不如乐之者。"知道这个事情，不如对这个东西喜好；喜好这个东西，不如以此为乐。

以此为乐，就是"学而时习之，不亦说乎"。他才会乐此不疲、欲罢不能，也就是我们经常说的要得到法喜。你能够尝到法味，才知道"世味哪有法味浓"，让你不学，你都停不下来了。《三字经》也讲："教之道，贵以专。"专心致志和持之以恒特别重要。

圣人的智慧真是令人佩服！然而，夫子能成为圣人，与他的努力却是紧密相连的，想我们，谁人在学习的时候，能够像夫子一般精进努力，能够如此深入地去学。也难怪夫子会在《论语》中说："十室之邑，必有忠信如丘者焉，不如丘之好学也。"即使只有十户人家的小村子，也一定有像我这样讲忠信的人，只是不如我那样好学罢了。《中庸》里看到这样一段话："人一能之，己百之；人十能之，己千之。果能此道矣，虽愚必明，虽柔必强。"

"人一能之，己百之；人十能之，己千之。"别人的智慧高，他闻一次就能明白，我的智慧不如他，我花上一百倍的功夫，我也能够办得到。"人十能之"，人家拿出十分的力量就能够做到，我拿上千倍的功夫也能办得到，只要肯干，坚持不懈就行。

"果能此道矣，虽愚必明，虽柔必强。"这个"果"就是下定决心。果然我们肯这么做，虽然我们愚钝，聪明智慧比不上人家，但如果我们用上百倍千倍的功夫，我们也能变得明智。这个"柔"，就是指能力不足，虽然我们的能力比不上人家，人家的能力强，一下子就做好了，但是我们下上百倍千倍的功夫，我们的能力也能变强。只要肯下功夫，有什么学不会的呢？

《曾国藩传》里记载，曾国藩小时候并不聪明，读书也没有天分，常常因为记性不好而要花费比别人多出几倍的时间来背诵课文，但他十分勤奋。正是因为曾国藩的努力，父亲曾竹亭对他宠爱有加。

有一天，曾国藩在家里温习当天的功课，把范仲淹先生的《岳阳楼记》反复念了好多遍。这时候，窗外来了一个小偷，他想等到大家都睡熟的时候，到曾国藩家中偷东西，可是他见屋里的灯还亮着，屋子里不时传出朗诵的声音，就只好站在外面等着。

时间一分一秒地流逝，周围一片寂静，只有屋子里的朗诵声还在继续。外面的小偷又冷又困，实在不堪忍受这样的折磨，终于按捺不住自己的不满情绪，冲进了曾国藩的卧室，说道："你这个笨蛋，一篇课文念了这么多遍都背不下来，我在外面听了一会儿，都能背下来了。"说完，他就给曾国藩背了一遍，之后离开了卧室。

曾国藩听了，不禁傻了眼，心想：一个听过几遍的人就能把文章背下来，可自己念了那么多遍，居然还记不下来。于是，他又反复念，直到彻底背熟了，才上床睡觉。就是凭着勤奋好学，曾国藩最终成为国家的栋梁之材。

看到这里，我们不得不感叹这个贼的"聪明"，曾国藩对着课本背了一晚上都背不下来的文章，他仅是听几遍便能一字不落地背诵了。但是同时，我们恐怕也得感叹另一点：虽然他如此聪明，却只不过是个贼。而天性愚钝的曾国藩，却因为"天道酬勤"而成为在中国历史上极有影响的大人物。努力与收获是成正比的，即便天生愚钝，只要勤勉努力、持之以恒，奇迹早晚也会被创造出来，这就是"瓜熟蒂落，水到渠成"。

齐白石先生是我国最著名的画家之一，最擅长画小虾小虫等小动物，另外，在篆刻方面也颇有建树。年轻的时候，齐白石就很喜欢篆刻。有一天，他去拜访一位老篆刻家，他虔诚地对老篆刻家说："我为什么总也刻不好，您有什么方法呢？"

老篆刻家"哈哈哈"地笑起来，并且说道："南泉冲的础石，有的是！你挑一担回家去，随刻随磨，等础石都变成了石浆，那就刻得好了。"别的人都以为老篆刻家戏弄齐白石，劝他不要理那老家伙。然而，年轻的齐白石却真的挑了一担础石回来，夜以继日地刻着，一边刻，一边拿古代篆刻艺术品来对照琢磨。

齐白石将那些础石刻了磨平，磨平了又刻，手上起了血泡，他也不在意，一直就那么专心致志地刻呀刻呀，直弄得满屋子的水和泥，没一块干的地方，仿佛遭了灾似的。

就这样，日复一日，年复一年，齐白石当年从南泉冲挑来的那担础石越来越少，而家里地上的淤泥却越来越厚。直到最后一担础石统统都化为泥了，齐白石也练得一手好篆刻手艺。齐白石刻的印雄健、洗练，独树一帜，达到了炉火纯青的境地，徐悲鸿请齐白石做了北大艺术学院的教授，并成为莫逆之交。

有一个成语，叫"书读百遍，其义自见"，这个成语出自《三国志》和《魏略·董遇传》。三国时期，魏国有一个人叫董遇，为人朴实敦厚，自幼生活贫苦，整天为了生活而奔波。汉献帝兴平年间，董遇和他哥哥入山打柴，背回来卖几个钱维持生活，每次去打柴董遇总是带着书本，一有空闲，就拿出来诵读，他的哥哥讥笑他，他不在乎，照样一边打柴一边读书。

董遇对《老子》很有研究，并做了注释；对《左传》也下过很深的功夫，根据研究心得，写成《朱墨别异》。他写出了这两本书，引起了轰动。后来他做了大司农，为九卿之一，这是朝廷管理国家财政的官职。

别人请教他读书有什么窍门。他说："书读百遍，其义自见。"从学者云："苦渴无日。"请教的人说："您说的有道理，只是苦于没有时间。"董遇告诉他们："当以'三余'，冬者岁之余；夜者日之余；阴雨者时之余也。"他说学习要利用"三余"，也就是三种的空余时间：冬天是一年之余；晚上是一天之余；雨天是平日之余。

人们听了，恍然大悟。原来就是要通过一切可以利用的时间来读书学习，以提高自己的水平。现在有些人总找借口说："我白天那么忙，工作压力那么大，生活节奏那么紧，哪有时间学习？"其实，只要你自己肯学，时间是可以挤出来的。

有两个人分别住在两个山头，每天他们都要下山去打水，久而久之，就熟识了。有一阵子，其中一位发现另一位已经一个月没下山打水了。于是，他来找这个朋友，想看看到底发生了什么事。走进院子，看见他的朋友，精神矍铄，正在打太极。

他惊讶地问道："这么久没打水，你靠什么来生活呢？"练拳人神秘地一笑，领着他来到后院，指着一口井说："这五年来，每天料理完生活，我都会抽空挖这口井。一个月前，井口终于冒出了清水，我也就不必再下山挑水了，可以腾出更多的时间，打喜欢的太极啦。"

我们是不是也应该为自己挖一口井呢？从匆匆而过的岁月里，每天抽出那么一段时光，看几页书，学些有用的知识，用心感受生活中的点滴……说不定，那些沉淀在我们心头的知识，会在某个时刻发挥大用处。

爱因斯坦和鲁迅说过同样一句话：人的差别在于业余时间。有个著名的"三八理论"，就是一个普通成年人的一天应该分为"三个八"：八小时工作、八小时睡觉、八小时自由安排时间。前面两个"八"，大多数人是一样的，并无多大变化；人与人之间的不同，就在于剩下的八小时怎么度过。

有篇文章写得很好，叫《八十公尺人生》。有位父亲看到自己的孩子整天游手好闲，一天，父亲就拿了一根八十多厘米长的木棍对孩子说："儿子，人生就好像这根木棍一样，八十多厘米相当于八十年左右的时间，前二十年你在学习，这段时光你对家庭、对社会没有贡献，我们把他砍掉。""咔嚓"一声，父亲把木棒的前端二十厘米砍掉了，接着又说："人到了六十岁以后身体比较衰弱，也没有力气做事情，所以后面二十年也要去掉。""咔嚓"一声，把木棒后边的二十厘米也砍掉了。

父亲接着又说："剩下的有三分之一都在睡眠上用掉了，这三分之一也不能算。"说完就又砍掉了三分之一。在这砍的过程中，儿子的内心每次听到"咔嚓"声都受到一次震撼。

接着父亲又说："你每天要吃饭，还有其他杂七杂八的事情，所以应该再砍一段。"又砍了一段。这时孩子跟父亲说："爸爸，你别砍了，我明白了。"父亲接着说："你不明白，因为这一生你不知道要生多少次病，躺在病床上，所以也要砍掉一些。"

孩子这时"扑通"一声跪在了地上，说："爸爸，我真的明白了。"他的父亲拿着余下的木棍，对他说："你看人生只剩这么短的时间能够真正做有意义的事，孝敬父母、奉献国家、奉献社会，既然都这么少了，你还拿来挥霍，那就太不应该啦。"孩子终于悔悟了，流下了忏悔的眼泪。

有的学弟学妹问我考研准备什么，我说首先要立志，然后倒时差，他们很诧异，大家不都是北京时间晚上 7 点整看《新闻联播》吗？有什么时差。我说有的人 6 点起来吃早饭，然后努力学习了，有的人 11 点还没起床。所以，人跟人不但空间不一样，时间也不一样。

我记得小时候有一篇文章，在古代，四川有两个出家人要到南海去朝拜观世音菩萨，一个是富和尚，一个是穷和尚。那个富和尚就想："我要去的话，要造一艘船，上面要多少粮食……"就开始在那里准备、张罗。那个穷和尚什么都没有，就拿个钵。

富和尚对穷和尚讲："蜀道难，山路险，先筹款，再买船，沿江下，要周全。"穷和尚说："一瓶水来一钵饭，观音娘娘在呼唤，你准备着，我先走啰。"富和尚直摇头："一只水瓶、一个饭钵怎么去？怕是有去没得回！"后来一年过去了，富和尚还在张罗当中，遇上了这个穷和尚，穷和尚说："我已经从南海回来了。"

在宋末元初，有一位著名书画家叫赵孟頫，字子昂，号松雪道人。宋亡后，归里闲居，因他画马画出名，所以就特别用心在画马的作品上。有一次，他想画个"八骏图"，在一幅图画里，要画八匹不同形态的骏马，他将走的、站的、跳的、吃草的……各种形态都画了，最后要画一匹在地上打滚的马，这匹马很难画，因为这种姿态很难看到，若不了解马打滚的动作，画出来就不像。

为了求真，他曾经叫人牵着马在他身边打转，转着转着，那匹马就在地上打滚，但是它的动作太快了，倒地一滚就起来了，看不清楚，当他提起笔要画之时，那印象又觉得模糊。

于是他就倒在自己的床铺上，幻想自己就是一匹马，正在地上打滚，头部如何使劲，四个蹄子怎么样地弯曲着力，以及怎样转身，等等。想着想着，身心已是出神入化。这时候，他太太来请他吃饭，开门一看，只见一匹马睡在床上，大吃一惊，失声叫道："哎呀！不得了！"赵子昂被她一叫吵醒，问明原因，这才知道他刚才在床上揣摩马打滚的动作出了神，自己变成了马。

赵孟頫与夫人管道昇，本来就拜中峰禅师学佛，平时也读过不少佛经，略知"是心作佛，是心是佛"的道理，而今切身领略到"是心作马，是心是马"的经验，因此决心从今以后不再画马，改画佛像。

这时的赵孟頫，年纪才40岁，所以现在各地典藏的书画中，再也看不到赵子昂40岁以后画的马。大连有一位画家喜好画虎，他经常一个月在屋里不出来，家人专门给送饭，他画的虎有人闻出了老虎的味道。

这时候有位禅师提醒他，就给他讲了赵孟頫和八骏图的典故，禅师说如果再画下去下一生他容易去当老虎。建议他画一些有利于社会和谐和世界和平的画，这位画家也很有慧根地接受了禅师的建议，目前在画有关和谐、和平的作品。所以，心念的作用非常大，儒家讲立志，佛家讲发愿，都是一个道理。真正专注做一件事，真的可以有愿必成、心想事成、有志者事竟成。

了凡先生观察到，一些想求科第的人没有真志，没有坚定的志向，再讲深入一点，没有真正造福于民的心。没有这样的真志，真考上了，当了官也不是好事，他作威作福，可能造无量无边的罪业，祸延子孙。

不只当官要有真志，从事每一个行业都要有真志：我在这一个行业，就要把这一个行业的道德复兴。在学校教书，要振兴师道；在医学界服务，振兴医道；有人说我没有工作，是家庭主妇，那也可以振兴太太道。所以人生扮演哪一个角色，都有自己的本位和责任，尽心尽力去做，敦伦尽分，就能做出最大的贡献。

了凡先生接着讲：**"孟子曰：'王之好乐甚，齐其庶几乎！'予于科名亦然。"** 齐宣王喜欢音乐，一时的兴致而已，不是真的很爱音乐。但是孟子很善巧，没有否定他，这是我们的学处。孟子就借由他这个"一时意兴"给他一个期许："大王啊，您喜欢音乐，假如发自真心，您一定是'独乐乐，不如众乐乐'，您一定会让老百姓都一起来接受好的音乐，与民同乐。您假如是这样的存心，不得了，老百姓都能有礼乐教化，齐国差不多就要兴盛起来了。"

齐宣王一听，本来是一时意兴而已，也要扩展自己的这种胸怀了，"好，我也要下一点功夫，也让老百姓得到这么好的礼乐教化"。圣贤人很会造缘，哪怕只有一点点，都要好好地去运用它。因为让一个君王转变观念，可能利益的就是全国的人民。

考功名也是这样，一个人有志向要考功名，他一定希望更多人有这样的志向去考功名，一起造福于民，一起为国家做出贡献。所以他那一份志向是真志，还能鼓舞身边的人坚持志向。这样的人我们相信一定考得上，当官以后也一定会爱民。

学了这一段我们也期许自己，我们弘扬文化的心不变，一定能感染身边所有有志于此的人，来承传这个历史的使命，把文化由我们这一代继续传下去。这样不只改变了自己的命运，也改变了千家万户的命运，也改变了我们民族的命运。每个人改变命运，每个家庭幸福美满，家庭是社会的细胞，祖国就会越来越和谐和强盛，这是我们学习《了凡四训》对自己应该有的期许。

36　走出"富不过三代"的怪圈

　　我们把《了凡四训》从头到尾学习了一遍，采用的是用典故解读经典的方式。教育是一个长久的工程，《管子》上讲："一树一获者，谷也；一树十获者，木也；一树百获者，人也。"你播一次种，收获一次，今年种了，今年就收割了，是稻谷。"一树十获，木也"，你种一次，十年以后长出来了，是树木。播一次种，一百年才可以看到结果，是育人。

　　这正是为什么我们古圣先贤的智慧传承到今天几千年了，这种文明到今天都还在此时此地蓬勃发展。正所谓："家风正，则民风淳；民风淳，则社风清。"家风是社会风气的风向标，尤其是领导干部的家风，不仅关系自己的家庭，更关系党风政风。通过学习《了凡四训》，我们也可以看出了凡先生和古圣先贤对家风和家道传承的重视程度。

　　春秋时期的文子是范蠡的老师，他是道家代表人物，他的著作《文子》被道教奉为"四子"真经之一。《文子》讲："生而贵者骄，生而富者奢。故富贵不以明道自鉴，而能无为非者寡矣。"生来高贵的人容易骄傲，生来富有的人容易奢侈。故而富贵者如果不以悟道为借鉴，而能不为非作恶者很少。

　　所以，中国自古以来就有"富不过三代"的说法。这实际上就是《周易》讲的"一阴一阳之谓道"的规律。这一规律无论对于一个家族，还是一个国家、政党乃至企业都同样适用。

　　《诗》曰："靡不有初，鲜克有终。"人都可能有好的开始，但很少能够善终。就像我们修学一样，一开始都很猛，但是能常保持精进，每一年比前一年更用功，这就非常难得。

　　《增广贤文》讲："成家犹如针挑土，败家好似水推沙。"赚钱就好像拿着针把土慢慢地挑过来，堆起来，这叫"成家犹如针挑土"，不容易哦，很节俭。但"败家好似水推沙"，三代、五代人积的福报，败下来像什么？像那个浪打过来，一下就把沙全部卷掉了。

　　这是因为，第一代创业的人往往是白手起家、兢兢业业、艰苦奋斗，用自己的双手创下了基业。第二代虽然条件好了，但还能耳闻目睹父辈创业的艰难，知道克勤克俭、励精图治，使事业发展壮大。但是到了第三代，他们一出生，就过上衣来伸手、饭来张口的生活，不知祖辈父辈创业的艰难，还过上骄奢淫逸、铺张浪费的生活，久而久之，就把祖辈和父辈辛苦创下的家业败光了。

据统计，美国只有30%的家族企业到了第二代还能够延续，等到了第三代就只有12%了，继续往下发展，四代以后仍然能够存在的家族企业，则只有3%。"酒店老板，儿子富人，孙子讨饭"，这是西班牙的说法，"富裕农民，贵族儿子，穷孙子"的说法来自葡萄牙，而德国人则用"创造、继承、毁灭"来形容家族企业在三代里的发展情况。

一个可怕而悲惨的事例，或许能够引起那些富裕家庭的注意：2002年年初，欧洲一个金融世家的后代，继承了庞大的家产后，却因为服食过量的海洛因而去世，年仅23岁。

导致这种被称为"富裕病"的状况的原因，其实是生活缺乏目标。看着世界上出现的越来越多的"贫穷贵公子"，令人不由得想起了英国伟大的哲学家休谟所说的："正是劳动本身构成了你追求幸福的主要因素，任何不是靠辛勤努力而获得的享受，很快就会变得枯燥无聊，索然无味。"

一位旅居新加坡的爱国华侨曾经几次亲眼看到中国的青年留学生坐在飞机头等舱里，看的不是健康杂志，而是一些黄色刊物。而最令人惊讶的是，有些留学生动辄购买豪宅，出手大方。他们生活上的奢华更是令人吃惊，驾驶的是最贵的奔驰跑车，佩戴的是名表、名贵首饰，但是每天上课却还要父母亲在万里外按时打长途电话来叫醒，其骄奢程度之烈，令人惊心。

《资治通鉴》言："爱之不以道，适所以害之也。"意思是说，父母爱孩子的方式如果选择错了，那就等于是害了孩子。在历史上，凡是富贵能够承传三代以上的家族，都特别重视家庭教育，尤其重视节俭美德的培养。他们教导子孙要谦卑退让、舍财不贪、克己利人。

《文子》说："德过其位者尊，禄过其德者凶。"如果德超过你的位置，这是尊荣的表现。反之，德不配位，必受其累。如果内在修养不达到一定的高度，而窃取某一个高位的话，就会很危险。又说："德贵无高，义取无多，不以德贵者窃位也。"因为圣人安贫乐道，所以即便是有德很尊贵也不会自高。

《礼记》开篇讲："傲不可长，欲不可纵，志不可满，乐不可极。"大家读到这四句，要体会老祖先是真慈悲，真爱护我们。每一部经典，打开第一句你只要能够领会了，你的人生就完全不一样。"傲不可长，欲不可纵"，大家有没有发现，现在人所有的灾难都是因为没有听这一句话，滋长傲慢，放纵欲望这是一个人失败的必然原因。

"志不可满，乐不可极"，其实人生真正的乐，在心灵的提升，你不被自己的习气、欲望控制住，身心轻安，就很快乐了，所谓"学而时习之，不亦说乎？"。再来，顺着自己的良知做事情，为善最乐，助人为乐。可是现在的人认为什么是快乐？欲望的满足，他不知道"欲是深渊"，满足不了。所以人的身体出问题了，欲望膨胀了，家庭出问题了，离婚率这么高，父子争财产，兄弟争财产，这都是纵欲、享乐的结果。

我们遵从《周易》讲的："君子以俭德辟难，不可荣以禄。"《孝经》讲的："在上不骄，高而不危；制节谨度，满而不溢。高而不危，所以长守贵也；满而不溢，所以长守富也。"这样才能做到凡事节约而不奢侈浪费，并能控制自己的欲望，把职位、权势作为建立仁德、施行道义的工具，而不是骄奢淫逸的资本，从而避免身败名裂，走出"富不过三代"的怪圈。

《明史》里面记载，崇祯年间有位进士，著名的政治家、思想家陈良谟先生。他的家乡有一年旱灾，其他地方都很严重，他们这个地区不严重，没什么损失。可是当地的官员申报：这个地方全部是灾区，都申请了免税。他们地区那年捡到了大便宜，不用报税。

隔了一年，旱灾之后最容易来水灾，结果隔年水灾，他们那个地方地势比较高，又没淹到。然后又申报：灾区又不用报税。两年都不报税，是福还是祸？祸啊。

老子说："祸福相倚"，一个人没有德行的基础，福来了、财来了，对他来讲，可能是大祸临头。你看多少官员、企业家和名人，一到了高位马上出事或者死于非命。如果他没钱没势，他还没机会兴风作浪，危害社会，恰恰是得到了财富和名位以后，让自己和家人都不能抬头做人。

因为连续两年都捡到这个运气，统统没有纳税，积攒了不少钱，其他地区都是灾区，就把很多东西都变卖了。谁买？他们买，那个地区就剩他们比较有钱。结果一有钱、一买东西，开始增长了虚荣心，就开始挥霍。结果一挥霍，陈先生就说："我们这个地区的人太严重了，有一些姓氏的人可能会断子绝孙。我们陈姓好一点，也免不了灾难。"

果不其然，过了几年，他们那个地方几个姓氏，感染瘟疫，最后后代都死光。他们陈姓还好一点，没有这么样地糟蹋食物，可是还是发生了一些火灾、一些小灾。人生的苦难，一句话说透了，叫"不听老人言，吃亏在眼前"。

曾国藩先生说："家败离不开一个奢字，人败离不开一个逸字，讨人厌离不开一个骄字。""家败离不开一个奢字"，一个家庭、家族、企业、单位、政党乃至于一个国家的破败都是什么原因呢？都是因为这一家或者这个单位的成员过上了过分奢侈和过分浪费的生活，以至于入不敷出。

唐朝有一位著名诗人叫李商隐，他在《咏史》中写道："历览前贤国与家，成由勤俭破由奢。"他通过学习历史，得出了一个普遍的规律，就是一个国家、一个家族，成功在于勤俭，而导致破败的原因，多是由于奢侈。

即使家里再有钱，哪怕是家资万贯，也抵不上一个败家子破败的速度。因为他要吃好的、穿名牌，这还不算，还有很多不良嗜好。比如赌博、喝酒、邪淫、吸毒、打赏，等等。所以，万贯家产也会被他很快败散掉。有新闻说两兄弟将父亲上百万的赔偿款都刷给某平台的女主播了，还有一个女子一个月刷了1300万，最后家破人亡。所以，不仅是说败家的孩子，成年人如果这样奢靡，一样也会很快毁了这个家庭。

"人败离不开一个逸字"，一个人，他以前都是在走上坡路，步步高升，平步青云，突然转折了，开始走下坡路了，请问这个转折点何在呢？什么时候，你认为自己的奋斗已经差不多了，可该享受一下人生了，什么时候你人生的转折点就出现了。这样容易玩物丧志、不思进取，过上过分安逸的生活，从而败落。

有的人是到了大学之后，觉得自己的奋斗差不多了，开始吃喝玩乐了；有的人是走上了工作岗位，有了一个好的工作，开始吃喝玩乐；有的人是获得了一官半职，有了一个好的领导位置，就开始享受人生。什么时候过上过分安逸、不思进取的生活，什么时候人生的转折点就出现了。

"讨人厌离不开一个骄字"，人如果走到哪里都不受欢迎，就是因为一个骄字，自以为是，妄自尊大，不把别人放在眼里。大家看这个"臭"字怎么写？自大再多一点就是臭，有意思吧？骄傲自大的人，名声一定会很臭，因为大家说的话他听不进去，他到处炫耀自己，认为处处强于别人，优先于别人。谁会喜欢一个这样的人呢？躲避都怕来不及。

正如《左传》所言："骄奢淫逸，所自邪也。四者之来，宠禄过也。"骄奢淫逸都是因为太过宠溺，从小就没有学到谦卑和勤俭，导致了人生和家庭的失败。现在的企业寿命为什么越来越短？很多人年轻气盛，赚了一些钱，然后骄奢淫逸就来了。

《史记·宋微子世家》有则典故，叫"见微知著"。商纣王在刚开始使用象牙筷子的时候，他的叔父箕子就预测到商纣王会亡国，而且来劝谏他。为什么？箕子推论：他用象牙做的筷子，一定会搭配玉石做的酒杯，用了玉石做的酒杯，他就会想把全国各地的珍宝都据为己有，奢侈的车马宫殿也会渐渐由此兴起，到那个时候就无法挽救了。

所以，箕子屡次进谏，但是纣王根本不听，还逼走了微子、剖杀了比干。结果最后果然如箕子所料，纣王骄奢淫逸、积重难返，最后被天下人唾弃，遭到武王的讨伐，最后赴火而亡。

唐太宗在《贞观政要》上说："凡大事皆起于小事，小事不论，大事又将不可救，社稷倾危，莫不由此。"就像这个树木刚刚开始生长的时候，只需拔掉就可以除根，但是等这个树长成了参天的大树之后，就很难砍掉了。火焰刚刚点燃的时候容易扑灭，但是你等到火势大的时候，就很难扑灭了。这些都是提醒我们，在事物有不良的开端、露出苗头的时候，就要加以制止，防微杜渐。

古人都明白这个道理，所以通过礼来起到防微杜渐的作用。这样，通过对一切人事物，在日常生活的点点滴滴培养起恭敬的态度，达到《大戴礼记》讲的："绝恶于未萌，而起敬于微眇，使民徙善远罪而不自知"的作用，也就是在小事上培养起恭敬之心，在这个恶没有萌发的时候就给杜绝。在人邪恶、邪思、邪行没有产生、没有形成的时候，就给它端正，使人不知不觉地就向着善德去前进，而远离了罪恶，这就是礼的作用。

我们都知道唐太宗是一代贤君，其实，在一个伟大的男人背后一定有一个伟大的女人。他的皇后——长孙皇后就是这样一个贤德的人。长孙皇后在临终的时候，她就要求太宗为她俭葬，她说："妾活着既无益于时事，死后不可厚葬多费，而且埋葬就是隐藏，让人看不到。自古以来的圣贤都推崇节俭薄葬，只有无道之士才大建陵墓，劳费天下，被有见识的人讥笑。只请求能够依靠山势而埋葬，不需要堆起坟头，不需要用棺椁。所必需的器物用具都使用木的、瓦的，节俭、薄葬送终，这就是不忘记妾。"

她知道太宗对她一往情深，太宗的情执很重，非常爱长孙皇后。所以，她特意立下这个嘱托，要求太宗要俭葬，这就是对她的爱了。这是她对唐太宗的嘱托，我们看到在历史上，这些圣明的君主、皇后他们也是熟读历史书，知道要实行薄葬，不可以奢侈浪费，这也是谨慎治丧的一个重要的方面。不要因为面子把丧事搞得很隆重，结果埋了很多金银珠宝和非常昂贵的东西，最后导致的是坟墓被盗。使亡者不得安宁，这也是慎终的态度。

《晏子春秋》记载，晏子上朝的时候，坐着破车、驾着劣马。齐景公看到这种情景就说："是不是先生的俸禄太少，为何乘坐如此不好的车？"退朝之后，齐景公很关心晏子，就派梁丘据给晏子送去一辆大车，还有四匹马，但是去了好几次，晏子都不接受。景公就很不高兴了，派人立刻召晏子进宫。

晏子来了之后，景公就对他说："您如果不接受所赠的车马，我以后也不乘车马了。"晏子说："您让我监督群臣百官，因此我节制衣服、饮食的供养，为的是给齐国的人民做出表率。尽管如此，我仍然担心人民会奢侈浪费而不顾自己的行为是否得当。您作为君主乘坐四马大车，我作为臣子，也乘坐四马大车，对百姓中那些不讲礼义、衣食奢侈而不考虑自己行为是否得当的人，我便无法禁止了。"

于是，晏子还是没有接受景公赐的车和马。换句话说，景公想送晏子一辆高级轿车，而且这个级别很高，和自己的车级别是相等的。这在一般人看来是多大的荣宠，那么高档，还是君主给赐予的，那说明自己受到了君主的礼遇，肯定高兴得不得了，甚至都可能沾沾自喜，有炫耀的心。但是晏子考虑到这样做有违礼义，而且还会带动全国的奢侈之风，所以还是拒绝接受了。

而且，晏子穿衣吃饭都很节俭，他一件大衣穿了几十年。从这里我们看到，晏子他没有任何的私心，对景公忠心耿耿，就是一心想辅佐他把国家治理好。所以晏子过世的时候，景公的表现就非常地哀痛。

我们现在很多人先富起来了，但是有些人先富起来却没有学礼，没有学习传统文化，不知道拿着这些钱去救济百姓、资助穷苦、做慈善事业，而是把钱用于奢侈浪费、购买豪华的奢侈品上面。

特别是有些国人一到国外，譬如说去意大利旅游，据说去排着队买奢侈品的箱包，每一个人还不止买一个两个。结果，世界消费（奢侈）品市场，很大程度上都是在赚咱们中国人的钱。一个曾经最有文化的国家，这样下去容易变成最没有文化的国家，这确实值得人深思。

原因何在？原因之一就是没有学习传统文化，不知道什么是重要的。所以，一个人一生的福分它是有限的，该吃多少粮食，该有多少花费都是一定的。如果过分地奢侈浪费，就过早地把自己的福分给消掉了。

所以我们不读圣贤书，不知道奢靡之害对自己带来的灾害。现在习近平总书记反对奢靡之风，倡导节俭，不讲排场，得到了大家的一致拥护。所以，中国古人知道奢侈是既对自身不好，给自己招来灾祸，也对国家不好。所以，凡是英明的领导者、皇帝都是率先垂范，厉行节俭。

我们看《宋史》，在北宋的时候，开国皇帝赵匡胤，他居安思危，崇尚节俭，所以才奠定了大宋的基业。有一次，赵匡胤的女儿，魏国公主穿了一件有翠鸟的羽毛作装饰的短上衣入宫，赵匡胤看了之后十分气愤，他对公主说："你把这件衣服给我，从今以后，不要用翠鸟的羽毛作装饰了。"公主听了之后笑着说："这有什么了不起的，也用不了几根羽毛。"

赵匡胤正色说道："你说得不对，你穿这样的衣服宫中其他人看了，也都会纷纷效仿，这样一来，京城翠鸟羽毛的价格便会上涨了。商人有利可图，就会从四处辗转贩运翠鸟，这要杀伤多少鸟啊，你千万不能开此奢华之端。"公主听了赵匡胤的话，连忙叩谢父皇的教诲。

在《礼记》中，孔子说过："君之所为，百姓之所从也；君所不为，百姓何从？"君主的行为都是百姓跟从的标准，如果在上者，不去做那些不应该做的事、违礼的事，百姓又怎么可能做这些违礼的事呢？

你看，赵匡胤他以节俭为本，以身作则，并且约束家人的做法，对当时的社会就产生了极大的影响。士大夫们也竞相以节约自勉，州县官上任的时候，奢侈浪费，讲究排场，这样的迎来送往都取消了。很多小官上任的时候，只穿着草鞋，拄着木杖徒步而行。在赵匡胤的带领之下，他之后的几个君王，也都很好地延续了他简朴的作风。

所以，为什么要节制自己的欲望？在康熙皇帝的十六条圣谕中就提道："暴殄天物则必遭天谴，好蠹民财则必招民怨，纵欲败度，殃祸立至。"如果对于自然界所生产的物品、物产，不很节俭而过分地消耗，结果一定是有灾祸的。

在明代就有这样一个例子，有一个人叫张牧之，他们家世世代代都是对国家有功勋的人，拥有的资产不计其数，他过着连王侯都比不上的豪华骄纵的生活，就连他的婢女都穿着锦衣绣服，奴仆也穿着绮罗，妻妾穿的用度就更加地奢华了。奢华到什么程度？拿绫罗绸缎来缠脚，拿帛来做抹布，丝毫都不觉得可惜。

他们家有一个聚景园，春天牡丹花一开，用各种奇异的景观构成了一个五亩大的棚子，用彩丝做绳，聚集了姬妾一百余人来歌舞饮酒，还取名为"百花同春会"，每唱一曲歌就赠给绢两匹。

有一位客人看了之后，就劝告他说："过去寇莱公身为宰相的时候，让歌姬陪酒，赏她绫一匹，有识之士就讥讽他奢侈，作了一首诗说：'一曲清歌一束

绫，美人犹自意嫌轻。不知织女机窗下，几度抛梭织得成。'

意思是说，有人唱一首歌就赠给她一束绫，被赠的人还觉得这个馈赠太轻微了。可有谁知道，这一匹绫是织女在织窗下拨动了多少次梭子才把它织成的？寇莱公听了这首诗之后就很后悔。而明公您的爵位还不及寇公，用度不应该太过分、太奢华了。"

结果张牧之听了之后哈哈大笑，他说："莱公是一个穷酸汉，他哪里能和我相提并论？"你看他的傲慢让他听不进良言相劝。到了冬天的时候，他就"剪彩绸为花"，用彩色的绸子剪成花挂在树枝上，旧了之后就再把它换下来换成新的，每年的彩绸费用不可胜计。

结果怎么样？就这样没过几年，张牧之就死去了，而家里又被清算。最后他的妻妾都穿破鞋，向人要一尺一寸的布丝儿，人家都不给她。这就是"暴殄天物"最后得的灾殃。所以，这里讲"暴殄天物则必遭天谴，好蠹民财则必招民怨，纵欲败度，殃祸立至"。

在历史上这样的例子其实很多，比如北宋的蔡京，他四次当上宰相，在执掌国政的时候，他的饮食用度都非常地奢侈。他用人乳喂猪，用芝麻喂鹅鸭，用绿豆喂牛羊，还经常用珍珠八宝煎汤做菜，煮沸过几次之后就把它给扔掉，另换新的。每一次宴请客人的一盘菜，就值中等人家一家的家产。从这里你可以看他有多么奢侈了，一盘菜就等于中等之家一家的家产。

结果，上行而下效，他有一个家人叫翟谦，士大夫们都称他为云峰先生，也是浪费无度，与蔡京差不多。有一次他在年底宴请朝臣，客人有五百多人。厨师进上汤来，结果有一个客人随便说了一句："鸭舌做汤，既鲜美又补养。"翟谦看了看左右，就微微地示意了一下，他的下人马上心领神会了。

结果没过多久，就为每一个人端上一碗鸭舌汤，每个碗里有三只鸭舌，客人看了之后都惊叹不止。和翟谦关系比较好的人就戏言说："这还不够，能再添一些吗？"翟谦回答说："既然有心请客，还怕大肚汉吗？"于是就派人快快添上，每个人又添了一碗鸭舌汤。

这个时候有良心、有同情心的客人都不忍心再吃了，放下了筷子。翟谦这一次请客，因为客人随便的一句话，杀伤了三千多只生灵。后来蔡京被贬、被流放，饿死在路上。翟谦的家产也被充公，金人骚扰汴京之后，翟谦也到了贫无立锥之地的地步，最后他沿街乞讨饿死在街头之上。

明代大诗人田汝成说："人无寿夭，禄尽则亡。未见有暴殄之人得皓首也。"假如他本来可以活80岁，可是他非常奢侈，到50岁的时候福报已经都花光了，他就折寿了30年。本来他只有60岁的寿命，可是他特别节俭，到60岁的时候福报还没花完，可能就延寿20年。所以，惜福的人，才会有福报。禄尽人亡，一个人命中的福禄享完了，他就没命了。所以《大学》告诉我们"知止"，这个"止"也有适可而止的意思。人生的一切都是两股力量，也就是人欲与道德的较量。

欲望愈重愈没有智慧，因为每天都想着要吃这个、喝那个，穿什么名牌。他烦恼就很重，怎么会有智慧？比如一个学生在听课，突然想到自己最喜欢喝的咖啡，还听得下去吗？还在那里合计"待会要到哪里吃什么"，那叫心不在焉。欲似深渊，贪着假如不懂得克制，会愈陷愈深。

所以，生活的享受和用度，应该知足常乐最好，把欲望控制在合理范围之内，人的欲望可以分为"命欲"和"人欲"。"命欲"是维持生命和生存的合理欲望，而"人欲"则是膨胀和攀比的欲望。我们不要去跟别人攀比，一攀比，这个对物质上的追求就没有止境。为什么？人比人，最后就气死人。不只自己很难过，自己很好虚荣，拿儿子去跟人家比成绩，拿先生去跟人家比赚钱，全家人统统压力都很大。

所以，有时候人陷入欲望，脑子都不清楚。"百年修得同船渡，千年修得共枕眠"，一家人能聚在一个屋檐下，那是多难的缘分，应该是互相亲爱、互相成就，怎么是互相给沉重的压力呢？人要时时脑子冷静，不要随波逐流。

爱慕虚荣的人活得可累了，你看穿衣服，穿了一次就换另外一件。他好虚荣，穿过了再穿人家笑话了，"哎呀，这个衣服不流行了，再穿人家就笑话了，被人家笑死了"。我们恩师很有智慧，他提醒我们："笑死是他死，又不是你死，紧张什么？"

而且我们学传统文化，好好提升气质，这个衣服穿了五年以后，再穿出去刚好是复古风。人家一看："哇，你怎么穿这么流行的？"因为我们又很爱惜衣服，看起来还像新的。

更重要的是什么？人有气质，几十块钱的衣服，看起来都像四五千块钱的；人没有气质，一千块的衣服看起来像几十块钱的衣服。比如，这个时候你又没有气质，穿出去很贵的衣服，问："你看我这个衣服多少钱？"人家一讲是不是几百块？你都快火冒三丈，这叫自取其辱，不要怪别人。

所以，人知足就常乐，就珍惜一切的物品、享用，活在感恩当中，不在奢侈当中。"人生解知足，烦恼一时除。"这句话假如我们真正去体会知足那种心境，懂得放下欲望，放下贪着，你在那个心境当下就会觉得轻松许多。所以，老子在《道德经》中说："知足之足，恒足矣。"

《增广贤文》说："别人骑马我骑驴，仔细思量我不如。待我回头看，还有挑脚汉。"别人骑着马赶路，我骑着一头驴赶路，就像现在很多人开着宝马、奔驰上班，我开了一辆朗逸，看上去我比不上这个开宝马、奔驰的人。但是回头一看，其他老师上课都是骑自行车来的，骑自行车都能很快乐，那我开朗逸为什么不快乐？

所以，一个人的高兴与否、快乐与否，绝对不是建立在物质之上。现在很多人都在探讨一个问题，说为什么人的物质条件愈来愈好，经济愈来愈发达，但是幸福指数却愈来愈低了？

其实，我们一直误以为只要人有钱了，经济增长了，物质财富满足了，人就能够快乐起来、幸福起来。但是实际上，一个人的幸福感是一个人内在的感受。一个人内心的感受，怎么能靠外在的物质欲望的满足达到？

我们读《论语》，你看孔老夫子的弟子颜回："一箪食，一瓢饮，在陋巷，人不堪其忧，回也不改其乐。"颜回他物质条件非常地简单，吃饭没有饭碗，喝水没有杯子，住在非常简陋的巷子里，别人都忍受不了他贫苦的生活条件，但是颜回却乐在其中，不改其乐。而且节俭的人比较会为未来打算，那个放纵欲望的人，今朝有酒今朝醉，他只看到欲望，啥都想不清楚。节俭的人也会有福报，真正节俭的人，大都仁慈。这就是《礼记》讲的："俭近仁"，节俭接近仁德，因为他能把省下来的去帮助他人，这是仁慈。

在《国语·鲁语》中记载，季文子做了鲁国的宰相，作为上卿大夫，他掌握国政和统兵之权，是一人之下、万人之上的位高权重之人。按照制度规定，季文子拥有自己的田邑，也拥有自己的车辆马匹。然而，他的妻子儿女却没有一个人穿绸缎衣裳，家里的马则只喂青草不喂粮食。

对于季文子的做法，朝中大臣仲孙十分不以为然，以讥讽的口气质问季文子："你身为鲁国的正卿大夫，可你的妻子不穿丝绸衣服，你家的马匹不用粟米饲养。难道你就不怕国中百官耻笑你吝啬吗？难道你就不顾及与诸侯交往时会影响到鲁国的声誉吗？"

季文子坦然答道："我当然也愿意穿绸衣、骑良马。可是，我看到老百姓吃粗粮、穿破衣的还很多，我不能眼见全国父老姐妹粗粮破衣，而我的妻子儿女却过分讲究衣着饮食。况且，我只听说过人具有高尚品德才是国家最大的荣誉，没听说过炫耀自己的美妾良马会给国家争光。所谓的德，是既能使我有所得，也能使他人有所得，所以才能够推行。如果放纵自己，尽情奢侈，沉迷于五欲六尘的享乐，不能反躬自省，怎么能够守卫国家？"这个仲孙大夫听了之后很惭愧地退了出去。

所以从这里我们看到，季文子之所以能够节俭，什么原因？因为看到老百姓还吃不饱、穿不暖，自己过得很奢侈，怎么能够忍心？所以，这个是慈悲心的推动，是仁慈心的表现。老子在《道德经》说他有三宝："一曰慈，二曰俭，三曰不敢为天下先。"

曾国藩先生深谙这个规律，他很会识人，我们知道刘铭传是清朝时期台湾的第一任巡抚，加兵部尚书衔，他在台湾做了很多贡献，死后赠太子太保，谥壮肃，他就是被曾国藩看中的人才。

在曾国藩和李鸿章来到士兵宿舍的时候，别的士兵都在玩乐说笑的时候，只有刘铭传一个人安安静静地看着史书。曾国藩看到认真读书的刘铭传，就断定这个人以后一定是大有作为的，于是就向李鸿章举荐了刘铭传，之后的刘铭传也的确在淮军中闯出了属于自己的名堂，之后还成为两岸民众都非常崇敬的民族英雄。

当然，曾国藩也是拒绝过很多人的，比如他的外甥。有一次，曾国藩的一个外甥慕名前来投靠曾国藩，想要在曾国藩的手下任个职，讨口饭吃。最开始，曾国藩看自己的外甥长得非常忠厚老实，就先答应了他的请求。结果，在一次宴会中，曾国藩却看破了这个外甥的秉性。在那场宴会中，做事仔细的曾国藩发现这个外甥在吃饭的时候，会把碗中的坏米粒都挑出来才吃饭。

就这么一个小小的举动，就让曾国藩看破了这个人。曾国藩认为这个外甥本来就不是富贵人家出身的人，家中生活应该算是贫苦的，但是却在吃饭的时候还挑挑拣拣，说明此人做事肯定是不安分的，将他留在自己的身边，以后肯定会惹出一些大事。于是，曾国藩就遣人将这个外甥打发回家了。

曾国藩先生说，想看一家子弟以后能不能发展，有没有前途，看一个家族是兴是衰，看这三件事情就知道了。第一件事就是看这家的子弟早晨几点钟起床；第二件事情就是看这家的子弟是不是自己的事情自己做；第三件事就是看这家的子弟读不读圣贤书。

为什么要求子弟读圣贤书？因为中国古代的圣贤经典，都是古人经验和智慧的承传，都记载着古人对天道的理解和认识。所以一个人经常读诵这些经典，就可以站在巨人的肩膀上，从而看得更远。纵观历史，凡是富过三代的家族，必然是诗书起家，忠孝传家。

《格言联璧》讲："勤俭，治家之本；和顺，齐家之本；谨慎，保家之本；

诗书，起家之本；忠孝，传家之本。"曾国藩家族两百年来"长盛不衰，代有人才"，其240多个子孙后代中，无一个败家子，就是曾氏家风的传承，而《格言联璧》这五句话，也被曾国藩先生运用得炉火纯青，从而成就了中国历史上少有的"经八代而不衰"的现象。

除了读"四书五经"之外，曾国藩还要求子孙特别重视阅读和学习《了凡四训》，他本人也是学习《了凡四训》改变命运，而且看到"从前种种譬如昨日死，从后种种譬如今日生"改号"涤生"，一直到他临终前，都是他的枕边书，也是随身携带的一本书。

我们去读曾国藩的家书，就看到他对自己的要求和对儿女的教育非常地严格。曾国藩在清朝政府中是地位最高、权位最重的一个汉人，但是他在位20多年，除了自己家乡的老屋以外，从来没有在省里建造过一所房屋，也没有买过一亩田地。

他曾经亲手创立了两淮盐票，这种盐票的面值很便宜，只有两百两银子，但是利息却非常高，每一年的利息就是三四千两银子。后来这个盐票从两百两涨到了两万两。所以当时谁家里只要有一两张这样的盐票，就可以被称为是富裕的家庭了。然而正因为如此，曾国藩才特别交代家人，不准承领。

他去世多年以后，他们家也没有一张这样的盐票。而凭着他当时的权势和地位，要取巧营私，领上一两百张这样的盐票，是极其容易的事，而且从表面上看也并不违法，是照章领票。然而凭借着自己的权势和地位来取巧营私，却是曾文正公所不愿为的。

他曾经对自己的僚属宣誓：不取军中一钱寄回家中！就是军费的一文钱他都不会挪为私用。而且他说到做到，数十年如一日。由于他的清廉，当时他手下的将领和僚属大部分也都很清廉。躬行廉洁就是暗中为民造福。如果自己要钱，自己手下的将领僚属人人都想发财，那么人民就在无形中受害了。

接下来，我们详细论述曾国藩看一个家庭兴衰的这三件事。第一件事，看他的后代子孙几点起床，如果起得很晚，就会很懒散、懒惰。我们看曾国藩先生的"六戒"，第五戒讲："天下古今之庸人，皆以一惰字致败；天下古今之才人，皆以一傲字致败。"

有个故事很有趣，叫"一千两黄金的去处"。有一个青年，20岁的时候，因为没有饭吃而饿死了。阎王从生死簿上查出，这个青年应该有60岁的阳寿，他一生会有一千两黄金的福报，不应该这么年轻就饿死。

阎王心想："会不会是财神把这笔钱贪污掉了呢？"于是把财神叫过来查

问。财神说："我看这个人命里的文才不错，如果写文章一定会发达，所以把一千两黄金交给了文曲星。"阎王又把文曲星叫来问。

文曲星说："这个人虽然有文才，但是生性好动，恐怕不能在文章上发展，我看他武略也不错，如果走武行会较有前途，就把一千两黄金交给了武曲星。"

阎王再把武曲星叫来问，武曲星说："这个人虽然文才武略都不错，却非常懒惰，我怕不论从文从武都不容易送给他一千两黄金，只好把黄金交给了土地公。"

阎王再把土地公叫来问，土地公说："这个人实在太懒了，我怕他拿不到黄金，所以把黄金埋在他父亲从前耕种的田地里，从家门口出来，如果他肯挖一锄头就挖到黄金了。可惜，他的父亲去世后，他从来没有动过锄头，就那样活活饿死了。"最后，阎王判了"活该"，然后把一千两黄金缴库。

《箴言》讲："懒惰人，你去察看蚂蚁的动作，就可得智慧。蚂蚁没有元帅，没有官长，没有君王，尚且在夏天预备食物，在收割时聚敛粮食。懒惰人哪，你要睡到几时呢？你何时睡醒呢？再睡片时，打盹片时，抱着手躺卧片时，你的贫穷就必如强盗速来，你的缺乏仿佛拿兵器的人来到。"明代学者吕坤说："'懒惰'二字，立身之贼也。千德万业，日怠废而无成，千罪万恶，日横恣而无制，皆此二字为之。"

第二件事，后代子孙自己的事情是不是自己做，或者帮忙做家事，如果孩子不勤劳，就不会珍惜别人的劳动付出，就不知道感恩。以前读过一篇文章，叫《别做太管事的父母》。

首先，太管事的家长，孩子缺乏感恩心。在现在很多家庭中，包揽一切的父母，加上什么都不愿意做的孩子，是很常见的组合，也是一种错误养育方式的产物。在孩子从小到大的世界里，父母总是很强大，把他的学习、生活，方方面面都管理得十分妥帖；吃饭、睡觉、穿衣、写作业、如何度过假期，大小琐事都有父母提醒和安排。

古圣先贤有句话叫："少成若天性，习惯成自然。""少成若天性"，少年养成的习惯就变成了小孩的天性了，"习惯成自然"，慢慢地就形成孩子的人格了。可是现在的小孩学的是什么？都是被服务着。他对生命的认知是局部的，他来到这世界上就是被服务的，他的爷爷奶奶、姥姥姥爷、爸爸妈妈都是为他服务的。孩子也不需要参与家庭劳动中来，因为父母会告诉他们"你只需要搞好学习就好了"。

就这样，孩子越来越习惯了依赖，不爱动手，懒散拖延。也会渐渐形成这样的认知：父母所做的一切都是理所应当的。"习劳知感恩"，孩子力所能及的家务活，鼓励他动手做，孩子不仅能够从中学习生活技能，也会在劳动中懂得父母的辛苦和付出，学会关心体贴、爱别人。家庭的一些大小事务，不要总觉得孩子小，不需要知道，给孩子知情权，让他适当参与，孩子的家庭责任感会更强。

其次，太管事的家长，孩子动手能力差。更严重的是，孩子越是不动手，越是自理能力低下，发现自己这也不会，那也做不好，越来越没有自信心。因此，太管事、包办一切的家长，容易让孩子变得自私、懒散，不懂得自我管理。

其实，孩子随着成长，天生就有一种独立的渴望和需求，家长自以为为孩子好，帮孩子把各种事情都做了、安排了，反而剥夺了孩子学习和独立的机会，对他的成长有害无益。家长不必成为孩子生命中无所不能的"超人"，根据孩子的年龄大小，逐步放手，孩子自己的事情，交给孩子自己做，他才能发展出自制力。

再次，太管事的家长，孩子缺乏责任感。去年有一则新闻，在西安某小区，俩"熊孩子"跑到小区顶楼往下扔砖头，差点砸到一位骑电动车路过的业主。在孩子犯了这么严重的错误，家长不但没有对这位业主道歉，还把孩子护在身后，说不要吓到孩子。

生活中见过很多真实的案例，孩子闯祸了、犯错了，家长要么冲在前面和人理论，帮孩子推卸责任，要么舍不得孩子吃苦而帮孩子承受相应的责任和惩罚。当父母总觉得"孩子还小，不懂事"，每次发生事情都站在孩子前面，把本该孩子承担的责任揽在自己头上，那孩子就真的永远把自己当"孩子"，不懂得为自己言行负责任，觉得不管发生什么，都有父母顶着，于是更加肆无忌惮、随心所欲。

有个很有名望的前辈，他的儿子，仗着父亲的身份，加上从小被溺爱长大，从小学起就非常嚣张跋扈，才上中学就带着几个朋友，殴打一对夫妇，事后他的父亲立马跑去医院，给受害者鞠躬道歉。"对不起，我宁愿你们用棍子把我打一顿。"但是，他没有教训孩子，你看儿子犯错，父亲买单。在劳动教养一年后，这个年轻人因强奸罪被送进了监狱，被判刑十年。

在孩子成长过程中，犯错、闯祸是在所难免的，这个时候，家长不能太管事，把孩子护在身后，应当帮助孩子直面自己的错误，承担自己行为导致的后果，付出相应的行动。只有这样，孩子才能学会承担责任，明确是非，言行有分寸。

曾经有则新闻报道称陕西有位妈妈，当得知自己家孩子经常在电梯小便，不仅让他在物业群公开道歉，而且让他写检讨书，并打扫电梯一个月作为惩罚。家长明白什么事该自己管，什么事应该让孩子去承担，教育就会简单有效得多。

最后，家长太管事，孩子不会独立解决问题。曾经听一位创业的朋友讲过他们公司一位员工的故事，感触很深：小伙子是研究生学历，试用期期间公司觉得不太合适，就和他聊了聊，提前通知一下这个结果。

谁知朋友第二天就接到一个电话，是小伙子爸爸打来的，问公司为什么觉得他家孩子不合适？哪里需要改进？甚至请求他再给孩子一次机会。朋友哭笑不得。很多家长教育孩子的过程中，都会犯这个错误：在孩子遇到问题或困难的时候，总是忍不住冲在前面帮孩子解决问题、铺平道路。

比如孩子正在玩积木，拼了倒、倒了拼，家长看不下去了，立马上去三下五除二帮孩子堆好了；孩子和同学闹矛盾了，家长就找到那个同学，询问缘由，想帮助孩子挽回友谊；孩子长大了，毕业找工作，家长就陪着孩子去面试，甚至动用关系帮孩子轻松地获得工作……

家长如果在孩子成长过程中，事事都要出马，生怕孩子做不好，或者遭遇挫折，孩子是永远都长不大的。他会成为一个胆小懦弱、缺乏主见的人，遇到事情容易退缩逃避，束手无策，内心很脆弱。我的一位老师曾经训斥过一个家长："别人家孩子可以出错，可以摔倒，可以面临各种问题，凭什么你家孩子不可以，有些事情是自然而然的，你不能过于紧张，也不能过分插手。"

有一个年轻人颇有成就，他写了一篇文章，叫《懒爸爸》，你看这个名字很有意思。他说他爸爸很懒，他回想到他小时候："我小时候在学走路，结果跌倒了，我爸爸说你自己爬起来；我在吃饭的时候，我说爸爸我不会用筷子，他说你自己学着用；我的东西哪里坏掉了，爸爸也不会去修，就搬些工具，让我自己做做看，或者爸爸只做一次，以后都叫我自己干；我不会拖地，爸爸也说你自己学学就会了。成长过程中的很多事情都是自己干过来的，突然有一天我明白了，我爸爸不会干的事我都会干了。其实爸爸不是不会干，是让我有学习和成长的机会，陪着我向前走，而不是把我所有成长的机会和学习的机会剥夺掉了。"

古语有云："授人以鱼，不如授之以渔。"做父母的，无法陪伴孩子一生，让他从不遇到困难和挫折。比起挡在孩子前面替孩子解决问题，不如从小开始，给孩子锻炼的机会，让他学会独立思考和解决问题的方法。这种能力才是可以伴随孩子一生的宝贵财富。

因此，在孩子遇到困难和挫折的时候，不要一上来就帮孩子解决，要鼓励孩子自己思考、找到解决问题的办法，在孩子需要时才给予适当的帮助。唯有一次次处理困难和挫折的经验，才能真正磨炼出孩子强大的内心，人生中不管遇到什么事情，都能自信、勇敢、从容地面对。

在昆虫世界里，有一种飞蛾叫"帝王蛾"，因为有着强健的翅膀而得名。在帝王蛾由蛹羽化成蛾的幼虫时期里，它们一直待在一个狭小且只有一个小孔的茧里面生活。刚刚蜕变的飞蛾，必须奋力地挤出这个小孔，才能成长为传说中的帝王蛾。

曾经有人怜悯飞蛾挤出茧时的这番辛苦，而发善心用剪刀将茧剪开一个小口，以便飞蛾可以轻松地出来。然而，那些通过剪开的小口而轻松出来的飞蛾，却怎么也无法张开它们飞翔的翅膀，只能拖着沉重的双翅在地面上笨拙地爬行，也从此失去了张开它们"帝王"翅膀飞翔的权利。

原来帝王蛾之所以能拥有一双翱翔天空的强健翅膀，全赖于从茧中的小孔奋力挤出时，那一刻艰辛的磨炼，才得以成就它们一双强健而有力的翅膀，而这一切无法靠施舍和怜悯来获得。我们的人生与帝王蛾的破茧而出多么相似，在一处又一处的逆境之下，需要我们心平气和地去应对，在不断磨炼之中，把我们人生的理想凝结成坚强的信念，堪忍负重，去奋力勇敢地突破一个又一个人生的瓶颈，才能练就一双强健的翅膀，遨游幸福人生的天空。

第三件事，看后代子孙有没有读圣贤书。《朱子治家格言》说："子孙虽愚，经书不可不读。"因为不读经典，就不能明理，不能明理，是非善恶就不能判断清楚。

当前在国内外正在兴起儿童诵经的热潮，尽管有很多家长纷纷表示孩子通过读经获得了诸多益处，但仍然有很多专家学者对此不以为然，有的甚至提出了异议。其实，这是因为他们还不了解经典读诵这种教育方法的独特益处。概括起来，经典读诵对儿童的成长至少有以下四种益处。

第一，经典读诵有助于提高记忆。记忆力是评价一个人的智商或才能的重要参考指标之一。历史上的很多伟人，都有着惊人的记忆力。而从人的成长规律上看，儿童时期的记忆力是最好的。一首歌谣、诗篇或世界名曲，孩子听上几遍，就可以朗朗上口并熟记在心，甚至能够保持一生的记忆。因此，在记忆力最好的时候让儿童读诵圣贤的经典，可以起到事半功倍的效果。

第二，经典读诵有助于增长智慧。中国古人讲"因定开慧"，一个人真正内在的智慧来自一个人的定力。简单地说，如果一个人遇到一点事情就失去了冷静而惊慌失措、自乱阵脚，那么这样的人很难成就大的事业。

两军对战，比的是两军统帅的定力；商场上双方的谈判，考验的也是双方决策者的定力。而经典读诵需要儿童把注意力集中在经典之上，久而久之，无形中就培养了孩子的定力，成就了孩子的智慧，甚至可以达到处变不惊的境界，长大以后，即使身负重任，处理再重大、再突然的事情，他都能得心应手。

此外，《广雅》讲"经者，常也"，经典上记载着的都是恒常不变的道理，是古圣先贤从社会人生经验中总结出来的规律性的道理。所以，古人说"读书明理"，又说"人不学，不知义"。一个人如果常常以谦虚受教的心读诵这些圣贤经典，自然可以从中汲取人生的智慧，从而避免在人生中走很多的弯路。一个站在巨人肩膀上的人，必定看得更高远。

第三，经典读诵有助于涵养德行。古人"读书志在圣贤"，意思是通过学习圣贤经典，可以体会并效仿古圣先贤的存心和行谊，并成就自己的良好德行和完善人格，所以古人读书是《论语》讲的："为己之学。"

程子说："如读《论语》，未读时，是此等人，读了后，只是此等人，便是不曾读。此教人读书识义理之道也。要知圣贤之书，不为后世中举人进士而设。是教千万世做好人，直至于大圣大贤。所以读一句书，便要反之于身，我能如是否？做一件事，便要合之于书，古人是如何？此才是读书。"

例如，孔子在《论语》上教导弟子要"见贤思齐焉，见不贤而内自省也"。我们学了这句话，就要在生活中做到这一点：看到有能力、有德行的人，应当向他学习，而不是嫉妒他、障碍他；看到不贤德的人，应当反过来反省自己，看看是否具有同样的过失，而不是攻击他、嘲笑他。从这里，我们也才更能体会到《大学》上所讲的"修身、齐家、治国、平天下"的道理，认识到社会成员个体美德的修养与社会和谐之间的重要关系。

第四，经典读诵有助于变化气质。经常读诵经典的孩子气质也会与众不同。他们的气质可以从多方面表现出来：因为读诵圣贤经典需要博览群书，并在读诵经典中掌握了文言文那种优美而简短的表达方式，所以"腹有诗书气自华"，讲话可以出口成章，写文章更是下笔如有神，不必冥思苦想；因为读诵圣贤经典增长了定力，所以能够做到"泰山崩于前而色不变"，镇定自若；又因为读诵经典可以涵养德行，所谓"诚于中，形于外"，内在良好德行表现在外一定是文质彬彬、举止文雅、进退得宜、落落大方。

总之，通过经典读诵，孩子可以提高记忆，增长智慧，并深刻地体会到古圣先贤的存心，从而长养起自己的浩然正气。但是，如果提倡经典读诵的人，存心不正，出发点不良，提倡读诵经典的目的不是真正为了孩子的健康成长，也不是为了传承优良的传统文化，而是为了借助国学热的升温而谋求私利，甚至见利忘义，就不仅不能够起到良好的效果，反而会事与愿违，造成对传统文化的严重破坏。因为这些成人的行为，让孩子们分明看到，大人说的是一套，做的是另一套，就会导致他们对自己所学经典的怀疑，因而丧失信心。

据《晏子春秋》记载，春秋战国时期，齐灵公非常喜好女扮男装，所以在宫廷里，女子都打扮成男的。结果后来是风行民间，下面女子都跟着学。他一看不得了，然后开始制定命令禁止，看到民间哪个女子再这样穿，女扮男装，就扯断她的腰带，撕碎她的衣服。即使这样去禁止，仍然屡禁不止，后来他就请教宰相晏婴。

晏子就说："君王，屡禁不止的原因是什么？是您虽然让别人不做，但是您还在做，如果您能以身作则，从宫内不再女扮男装，下面就变了。"结果，齐灵公在宫内取消了女扮男装的行为，下面自然而然就没有这种行为了。

所以，《论语》讲："子曰：'其身正，不令而行；其身不正，虽令不从。'"孔子说："上位者如果自身行为端正，不用发布命令，事情也能推行得通；如果本身不端正，就是发布了命令，百姓也不会听从。"正己才能化人，这才是教育。

假如自己不正，然后要求下面，即使用法律，也达不到真正改变人心的态度。教孩子也一样，教儿教女先教己，《大学》讲："君子有诸己而后求诸人，无诸己而后非诸人。"品德高尚的人，总是自己先做到，然后才要求别人做到；自己先不这样做，然后才要求别人不这样做。

《太平御览》有一则典故，叫"原谷谏父"。原谷，是春秋时期陈留人，陈留就是现在的河南省开封市。原谷的爷爷一天比一天老了，腿也走不动了，要有人扶着才能下地；眼睛也看不清了，要凑到跟前他才能反应过来；耳朵也听不见了，只有大声跟他说话，他才会"嗯嗯"地答应两声。父母很讨厌爷爷，不愿意伺候爷爷，想抛弃他。父亲做了一辆手推车，把爷爷抛弃在野外。原谷跟随在（父亲）后面，把小推车收了回来。

父亲说："你为什么收回这不吉利的器具？"原谷说："将来你们老了，我就不需要再做这样的器具，因此现在先收起来。"父亲听了怒斥他："小孩子，怎么能跟大人说这种话？"原谷反驳道："您不是经常说'儿子应当听从父母的教诲'吗？您和母亲能这样对待爷爷，我为什么就不能用同样的方法对待您和母亲呢？"父亲感到惭愧，为自己的行为感到后悔，痛哭流涕，给爷爷磕头，于是把爷爷接回来赡养。

有篇散文，叫《当我老了》，写得很好：

孩子，当我老了，希望做儿女的不要嫌弃我。现在我需要照顾了，就如你小的时候，我照顾你那样，请对我多一些耐心。

当我老了，手经常发抖，吃饭时常把菜汤洒在衣服上，别嫌弃我，对我多一些耐心，就如你小时候，吃饭也经常把菜汤洒在衣服上一样。

当我老了，走路蹒跚行动不便，也想出去晒晒太阳，就如你小时候，我用小车推着你出去晒太阳一样。

当我老了，说话时常忘记了说到哪里，于是我把话再从头说一遍，请多给我一些时间，让我好好想想，然后把我没有说完的话再继续说完。其实我谈论什么并不重要，请多一些耐心待我。

当我老了，每当夜晚，我一遍又一遍地重复你早已听腻的话时，希望你不要打断我的思路，就像你小时候，我给你讲上百遍小白兔的故事，直到你微笑着进入梦乡。

虽然我老了，但是生活的磨难并没把我的棱角磨圆，我还会像教训小孩子那样待你，请原谅我，这都是我多年的习惯。

孩子，当我老了，没有机会和你们唠叨，当我永远地闭上眼睛的那一刻，你不要为我哭泣。人生都有一死，孝顺的儿女不会在我的灵前悲伤地哭泣，因为我在世时你为我做了应该做的一切，没有什么可遗憾的。我走了，带走了你的一片孝心。我会安息的，在天堂为我的儿女祈祷。

老人的一生就这样忙忙碌碌地走过了，老人希望儿女能多一些耐心，少一些烦躁对待他们。因为在不久的将来，我们也会慢慢变老的，也会像老人一样，希望儿女们对我们好的。所以，请大家用心对待老人！

有个儿子对年迈的父母非常不孝，经常打骂他们。这个父亲不堪忍受，儿子骂他，他就回骂儿子，儿子打他，他也回手打儿子，所以父子俩经常大打出手。这样打了很久，父亲很痛苦，听说有一位老人非常有智慧，于是就去向他请教。长者说："我问你一件事，你必须如实回答，我才帮得上忙；否则的话，我也帮不了你。"这个父亲就答应了，他说："你问吧，我一定如实回答。"

这个长者就问他："请问您年轻的时候，您是怎么对待您的父母的？"长者这么一问，这个老父亲就非常惭愧地低下了头，他说："我年轻的时候对待我父母，就像我现在的儿女对待我一模一样。"

长者听了之后就说："正是因为你年轻的时候不孝敬父母，所以你所感召的儿子也不可能孝敬你，这是你不孝父母所感来的果报。从此以后，你不要再和儿女去对骂、对打了，你要心甘情愿地去承受这一个结果，'如是因，如是果'，丝毫不爽。"

这个老父亲听了老者的话回去了，从那以后，儿子再打他、再骂他，他是打不还手、骂不还口，而且脸上还露出了羞愧的颜色。这个儿子打了一两次，再也打不下去了。他说："爸，很奇怪，以前我打你，你就跟我对打；我骂你，你就跟我对骂。但是为什么现在我打你，你也不还手；我骂你，你也不还口？还觉得很不好意思？"

这个父亲就说了："因为不久之前，我遇到了一位有智慧的长者，他告诉我，我之所以有忤逆的儿子，就是因为我以前忤逆父母所导致的，我应该承受这样的结果，所以我再也不好意思和你对骂、对打了。"这个儿子也很有悟性，他一听，马上跪在了父亲的面前，向父亲忏悔、道歉，从此以后很好地对待父母了。

所以，所有的关系都是镜子，镜子里的相是提醒我们的。孔老夫子说："己所不欲，勿施于人。"为什么这么强调"己所不欲，勿施于人"？因为你这样施于人，以后就有人这样施于你，这样来回报于你，所以我们希望自己的儿女怎么样对待我们，很简单，我们就应该怎样去对待父母。

为什么要孝顺，你以为仅仅是孝顺你的父母吗？其实不是这么简单，你孝顺你的父母的同时在给你自己积德，你的孩子在跟你学习，你会得到你孩子的孝顺，所以最终受益的还是你。你的孩子看得很清楚、很明白，你孝顺父母，就是孝顺未来的自己。

以前有个父亲不孝顺，把爷爷关在牛棚里边，拿个破碗给爷爷吃最差的饭，而且态度十分恶劣，就像喂狗一样，还觉得："你老了不中用了，我没饿死你，我算孝顺了。"结果小孙子看不下去了，就让爷爷故意把碗摔了，父亲刚想骂他爷爷，孩子先骂上了："你个老东西，你把这碗打碎了，我将来拿什么给我父亲送饭！"

这个故事跟原谷谏父很像，言简意赅，中心思想多么地明确，这里边蕴含了深刻的道理。你教什么孩子就学什么，用大白话讲就是：父母是原件，孩子是复印件。所以家庭教育和五伦关系多重要，你不爱孩子，你不爱父母，你不爱丈夫或者太太，孩子全学着，他的眼睛像摄像头一样，都记录在心里了。叛逆期他就开始顶撞了，他就开始骂你，等到他将来参加工作找不好工作他也骂你，他将来娶个不好媳妇他也骂你，为什么？你教的嘛，你就这么骂你父母的嘛。假如你对你父母，你感觉给点钱花就算孝顺了，孩子能感觉出来。假如你是骨子里恭敬孝顺父母，孩子也能体会得到。

所以，什么是教育啊？"儿女不用管，全凭德行感。"教儿教女先教己，父母自己都做不好，你要求子女孝顺你，那是不可能的。你教他什么他就学什么，"上所施，下所效"。你不孝他一定学着不孝，即使本来心地很善良的孩子，如果你不孝顺父母的话，久而久之，孩子也慢慢学会了不孝。父母上有老下有小，在中间承上启下，你对长辈做的一切，极有可能就是你的儿女未来对你做的一切，可能还要加上"利息"，道理就这么简单。

钱穆老先生讲："家是中国人的教堂。"西方人每个礼拜都去教堂学习，我们没有这个习惯。我们怎么学习？家就是中国人的教堂，那教主是谁呢？父母。

可是我们现在很多父母都没有受过很好的教育，尤其没有受过很好道德的教育。再加上受到很多西方观念的冲击，不是说西方的就不好，西方也有好的东西，但是我们没有学到，学了很多不正确的观念，人就歪了。那你想想你的孩子怎么能教育好？教育孩子是一门学问啊，父母爱孩子，但不一定真正能教育好孩子。

希望更多的有志之士，能够真正做到"学为人师，行为世范"，从自己的良知和道义出发，积极倡导儿童读经教育，并使之朝着健康有益的方向发展。作为中国人，要培养一种民族的自尊心、自信心和自豪感。圣贤经典传承了古人的智慧，我们应该从重视文言文的学习开始，重视中华传统文化的智慧传承。相信我们的成功将承继先贤，泽被后世。

所以，我们要学习经典智慧，并且在点点滴滴，善于抓住教育机会点。韩国有一位父亲，他是卖橘子的。有一天，出去办事了，儿子帮忙看店。这儿子才 20 岁左右，也没有什么做生意的经验。

刚好有客户来了，买了一箱橘子，打包好了放在车上，钱也收了。车子正要开走，突然他爸爸回来了，就站在车子前面，把路挡住了。客户也很诧异："我都买好了要走了，你怎么挡在我车前面呢？"这个父亲先给客户道歉，然后讲："可不可以麻烦你把车厢打开，我再看一下这箱橘子。"

结果拿出来一检查，里面有好几颗已经烂了，这个儿子还没检查就给客户了。父亲是一辈子都很守信义，都是仔细检查每一颗是好的，才给客户。所以赶紧把那个不好的拿出来，补进去好的。而且还多给人家几颗。为什么啊？耽误了人家的时间，而且这个耽误是自己造成的。凡事都要"反求诸己"，然后要体恤人心，多放几颗下去。这个也是父亲"以信教育其子"，自己做出来给孩子看，孩子终生不会忘记这一幕啊。这些机会点不抓住，很难教孩子。

有一个乡村老师，刚好他的妈妈难得来找他，他也很高兴。不过妈妈来了，该教书还得教书。早上跟妈妈打过招呼之后，接着就要赶到学校去上课。结果在路途当中经过一条河，这个是他每天常走的，他很熟悉地要走过去。

结果刚好那一天有一个石头不稳，他滑掉了，滑了之后整身衣服是湿的，他赶紧返回家换衣服才能再去上课。结果他慌慌张张进门去换衣服，他妈妈就问了："你为什么回来啊？"他说："因为走在路上，要过河的时候那个石头不稳，滑掉了，我赶紧回来换衣服。"

他妈妈说："你滑掉了，有没有把那个石头先摆稳然后才离开呢？"他愣住了："没有，我马上就跑回来了。"他妈妈说："那下一个人再走再滑倒怎么办呢？你赶快回去把它扶正再回来。你还是教小学的，还是人民教师，你都给学生讲，要有爱心，结果自己遇到了事情爱心根本就提不起来。"她孩子就赶紧回去把那个石头给扶正了。

这个老妈妈不简单啊！而且真是慈悲之人，不然怎么会在这些这么细微的地方都能够提起正念呢？这个老师他后来人生回想，这几十年站在小学讲台上，每一次一回想到他妈妈问他的那一句话"你有没有把石头给扶正？"对他都是非常大的一种鼓舞。自己是当小学老师的，德行要摆在第一位，不可以懈怠。

可是你想想要是小孩子呢，大人一呵斥，可能就不去做了。小孩儿有很多时候，他那个善心、责任心都是被大人给呵斥回去的，是吧？他看见妈妈回来了，很高兴，妈妈工作今天辛苦了，高高兴兴地端了一杯热茶，然后太高兴了，跑得太快了，要端过来给妈妈，一不小心，打翻了，打在地上了。

他妈妈一看，"你知不知道这个杯子多少钱！"然后又骂一堆，骂到最后孩子觉得很委屈，他就是想要尽这一份孝心，最后变成被骂了一顿，那他的善心会不会受影响呢？会。所以人往往没有办法在每个当下去理解对方的心，甚至从他的动作当中又加上自己的错误判断，然后就责怪对方，最后人与人的不理解、隔阂就产生了。

那请问大家，杯子比较重要还是孩子的人格比较重要呢？可是往往我们吵架的时候，都是为了那个东西在吵，而不是为了彼此的人格或者彼此的和谐、家庭的和谐。所以人生时时要拿出天平，孰轻孰重，自己要称好啊。

我们现在把物质看得太重，把人与人之间的情义、人群的和谐都摆到后面去了。说一句："没关系，你是最棒的，你以后肯定不会再打翻了！"然后带着孩子一起打扫干净，孩子一打扫，一劳动，习劳知感恩，你还教他怎么收拾，怎么安稳，多好啊。

还有个妈妈，他的孩子学习了传统文化，看到大哥哥大姐姐都给爸爸妈妈洗脚，很感动，他一回家就往浴室走，帮妈妈端洗脚水，母子连心啊，他妈妈看到他这个动作，就知道他一定是要去端水，结果就跑到儿子的前面，先去把那个脸盆儿给藏起来了，不让他拿。为什么呢？因为年纪很小，才3岁多，怕他打翻。他妈妈就跟传统文化老师讲这个事儿，老师说了："打翻才好啊。"她就眼睛瞪得很大，"怎么会打翻才好呢？"

老师说："打翻了，一来你没有阻止他，这样才能成全他的孝心孝行，你不让他做，他怎么会成长呢？再来，打翻了，才能知道怎么把水端好，那不就是机会教育吗？不然他做事的能力什么时候训练呢？你到底要呵护他到什么时候呢？呵护到他娶太太吗？还是呵护到他生儿子你也要帮他照顾呢？"这位妈妈听了之后，恍然大悟。

有个孩子，他的父亲在学校教书，这个孩子读一二年级很热心，常常是班上最后走的，为什么最后走呢？他都要帮忙看看、收拾收拾、关门窗，做得非常高兴，常常做完工作后跳着到办公室，等父亲带他回家。孩子很是天真无邪，助人为乐，这是天性啊。大家有没有发现，孩子两三岁都很热情，很善良。结果突然有一天，他爸爸，你看当老师的人，又在学校当干部，他看见了，然后对他儿子讲："你怎么那么傻，怎么都是你做？"那孩子愣住了。

他爸爸就跟他讲："你这样真傻，帮人家做事，干这个傻事？"从那句话以后，这个孩子的人生态度整个就变了。所以您看，父母教错了、老师教错了，罪业很重啊，"养不教，父之过；教不严，师之惰"。

结果这孩子就变啊变啊，到了五六年级变得很刻薄，为什么呢？他不肯吃亏了，计较到最后就苛刻了。苛刻到什么程度呢？班上一个同学没有父亲了，他羞辱人家是没爹的孩子、没教养的孩子。被他骂的那个孩子哭得死去活来，然后跑到老师那里去哭，很伤心。老师告诉他说："你妈妈把你教得很好，不要伤心。"

结果这个骂人的孩子几年以后，他们家遭遇了小偷，他父亲一到家里看到有小偷，很生气，就去追，追到死巷子，这小偷逃不了了，老祖宗提醒我们，"穷寇莫追"，他走投无路，他会做出很极端的行为，拿出凶器就刺到了这个老师，刺得不是很深，但是是要害，就去世了。

你看，这个孩子笑人家没爹，几年之后，他也变成没爹的孩子。你伤人家心这么深，最后你自己会变成没爹的孩子，去感受一下人家的苦。这个父亲也是不能有善心，不让孩子做好事，你看看自己，落得这么个下场。

所以，家长对孩子的引导很重要啊，这些感悟是这个孩子往后十几岁快二十岁回来讲的，他那时候比较有思考能力了，回来反思自己的人生。所以当看到孩子去服务人，他的心量就一直扩大，福田心耕，一个人念念都为整个班级、整个学校着想，这个人以后你不用担心他了。结果反而误导了这个孩子，"爱之不以道，适所以害之也"，引导孩子只要不符合正道，就会把那个孩子给害死的。

所以，英国文学家哈伯特曾说："一个好父亲赛过100个校长。"假如他那个时候说："孩子你真好，人生以服务为目的，助人为快乐之本。"他家的命运一定决然不同。所以，为什么话到口边留半句？现在很多父母对孩子讲话太随便，有可能误导他们的思想观念。讲话之前先想一下，要讲的话跟"仁、义、礼、智、信"相不相应，这个病药拿回去要好好用。讲话要有仁爱、有道义、有礼貌、有恭敬、有智慧、讲信用，这样才行。

《箴言》讲："教养孩童，使他走当行的道，就是到老他也不偏离。"所以，家道传承是需要下功夫的，我们要做孩子一生的贵人，不能做孩子一生的小人。教育孩子有十大禁忌，大家一定要避免。

第一，觉得自己的孩子什么都不行，别人家孩子什么都好。有时候我们觉得谁都比自己的孩子优秀，我怎么看别人家孩子都那么好，拿别人孩子的优点跟自己孩子的缺点比。要么比我家孩子会干活，要么比我家孩子学习好，要么比我家孩子文静，要么比我家孩子开朗，要么比我家孩子节俭，要么比我家孩子大气。

总之，感觉人家孩子是个"黄金"，自己家孩子充其量是个"青铜"，甚至就是个"塑料"。孩子听完我们说谁都比自己强往往很难过，很不认同，放声大哭。我把你损得一无是处，一定可以激发你的斗志，你会跟别人比，向别人学习。其实这才是我们大人的出发点。其实从孩子的角度来讲，完全相反，孩子会理解为是你瞧不起我，你在损我，你在贬低我，其实我有很多能力，是你没有看到而已，你在误解我，这是孩子的解读、孩子的心理反应。

第二，把自己塑造成家庭的牺牲者。我也会说："妈妈都是为了你，我为你受了多少委屈，你一定要听话。"是，我们心里的确是有为孩子的成分，但也真的没必要以此作为条件去跟孩子讨价还价。我们大人这么诉苦，这么命令他们，存的到底是什么心？大人认为我为你付出这么多，牺牲了这么多，你总得听点话了吧。

第三，就是当众出孩子的丑，当众贬损孩子。甚至孩子可能没有错，为了强迫孩子听自己话，把亲朋好友一起找来"劝导"孩子。或者，直接和班主任去说孩子的种种不是。过于严厉的管教容易使孩子失去自尊心，产生自卑心态，因为他被否定之后，也许会觉得自己什么都不行。

首先他会叛逆，你说什么我都不听，为什么？我要用这种叛逆的方式证明我是对的，证明我是强大的，我没有对错标准，我只要跟你不一样，我就是对的。孩子的叛逆，是过多严厉地苛责他、限制他、控制他、打击他、嘲讽他，孩子才会这样。

孩子跟别人叛逆，可能就生活不下去了，心情就会不好，慢慢地就会自卑抑郁，甚至破罐子破摔，再严重者有可能形成反社会人格，有可能成为恐怖分子，成为杀人犯。美国有一个纪录片，专门对犯人进行采访，他们采访了很多监狱，问犯人为什么要做这样伤害别人的事情？很多犯人都有一个共同点，就是他们超级在乎面子，把别人对他的尊重看得比命都重要，他宁可不要命，都要别人给他个面子。

为什么？因为他从来没有得到过应有的尊重，在他童年的时候没有得到应有的尊重，犯错误之后那种脆弱的心态没有被保护起来。所以这个世界上其实没有坏人，只有没被完整爱过的人。真诚的爱可以感同身受，爱是智慧的源泉，爱能疗伤，爱能止痛，爱是唯一的答案。

第四，监视孩子。在《少年说》里，一个高中男生吐槽自己的妈妈："有一天，我放学回家发现自己房间的锁没了，我问妈妈，妈妈告诉我说：'可能天气太热，融化了。'可是，有一天，我正在写作业，突然看见门锁那个空洞处有一只眼睛盯着自己，我顿时毛骨悚然，一直分心，作业都没办法好好做。"男生在天台无奈而恳切地对妈妈说："妈妈，我再也不想从门眼里看见你的眼睛了。"

在感到哭笑不得的同时，我们不得不承认：现实中有很多这样的父母，她们放心不下孩子，总想监督着孩子的一举一动，了解孩子的一切。然而，父母监视孩子，窥探孩子的隐私，其实就是在告诉孩子："我不信任你。"而父母的"不信任感"，不仅会让孩子产生很大的心理压力，还会让孩子产生逆反心理。

其实，在成长的过程中，孩子成熟的第一个标志就是有自己的私人空间和私人领域。所以，父母想要真正地认识青春期的孩子，就必须尊重孩子的隐私，认识到孩子是独立的个体。孩子们只有感受到父母对他们的信任，他们才会真心地信任父母。

第五，用命令式的口气说话，替孩子决定事情，强迫孩子做不愿意做的事。曾经有个年轻人，他家是家族企业，有个很大的上市公司。他父亲很希望他去美国读医学博士，但他的兴趣是音乐，他不想去读医学。父亲认为音乐没什么用处，还是要他去读医学。这个儿子很没办法，被迫去美国读书，书念完了，也获得了医学博士的学位。

但是，在颁发学位的前一天晚上，这个年轻人跳楼自杀了。他留下一封遗书给他的父亲："老爸，明天请你代我去领学位证书，那个证书是你要的，不是我要的。"所以，做父母一定不能够把自己的意志强加在儿女身上，要让儿女做自己。每一个生命都是独立的、自由的、完整的，不是某一个人的物品，所以要有平等和尊重。

第六，急功近利，揠苗助长。《礼记·学记》讲："及于数进，而不顾其安。""而不顾其安"，"安"跟前面相呼应，太急于求进度，急于求成，学习就不能安弦、不能安礼、不能安思。学习都要扎基本功，你很急，基本功都扎不好。现在很多学习，比方说学古琴、学古筝、学书法，怕的是什么？功利，一讲功利就陶冶不了性情。

你看，有一些教书法的，"学三个月保证让你比赛得名次"，要不要学？真正学三个月得名次，他学到什么？学到一个"壳"。有没有提升心灵，涵养性情？没有。壳有什么用？好看。好看多久？看不了太久。这种学习不会激发学习者内心的喜悦，反而觉得很难过、很难受，烦死了，为什么？硬是要他赶快学成，不自然，这叫"揠苗助长"。

我曾经看了一个报道，一个学钢琴的女孩比赛得了第一名。那是比较大型的比赛，记者就问她："你得了第一名，你现在最想做什么事情？"那个小女孩板着一张脸："我最想把那个琴给砸了。"大家想一想，爸爸妈妈拿了一张奖状，最后孩子想把琴给砸了，请问这张奖状有什么意义？有，面子好看。"你看，怎么样，我女儿得了第一名。"

人现在真的是只顾眼前，顾不到自己的心，也顾不到孩子、学生的心。幸不幸福，是心决定的，不是学历、外在条件决定的。我们教育孩子，不就是让他走上幸福人生？他的心都病了，他怎么幸福？所以"不顾其安"，愈学愈痛苦，愈学愈不扎实，愈学愈浮躁。

2020 年 12 月 26 日，考研的第一天，济南一个考点外面，出现了一对母子的身影。妈妈带着 5 岁的儿子在寒风中站了一个多小时，竟然只是为了让孩子过来感受一下考研氛围！按照她说的："孩子还有 16 年，大约 5840 多天就要考研了。提前带过来感受氛围，对孩子成长有帮助。"可是，一个 5 岁的孩子，他到底能感受出什么氛围？为什么，我们的教育变得这么"着急"了？

朋友圈里，曾有父母这样说："眼见着比你孩子优秀的孩子，比你孩子更努力；比你孩子优秀的孩子的家长，比你更焦虑。你能不焦虑吗？"担心孩子输在起跑线上，焦虑孩子上不了好小学，害怕孩子学的特长被比下去……好像，不焦虑就不是一名合格的家长。为人父母，都期盼孩子能有一个美好的未来，至少"比自己过得好"。然而，这种期盼一旦变成了焦虑，教育就失去了本心。沉重的期盼、高度焦虑的父母、紧绷的压力，对孩子来说，都是一种可怕的诅咒。

所以，各位爸爸妈妈们，不要急于求成。人生不是短跑，而是马拉松，马拉松从来没人抢跑，因为绝不会"输在起跑线上"。愿每一位父母，都能放下焦虑，少安勿躁，静待花开。

愿每一个孩子，都能在阳光雨露中自然生长，温暖而健康。接上边咱们常说"不要让孩子输在起跑线上"。但这句话可以说是毁掉无数孩子内驱力的"罪魁祸首"。因为一旦有了这个"起跑线"，就意味着孩子必须要跟别的孩子去比较。

父母就很容易把"比同龄人强、去好学校、搞好成绩、去好大学、找好工作"这几件事，当成自己和孩子的目标。而真正的自我驱动力，一定是要源自孩子内心，让孩子来当主角的，父母则只需要做一个辅助的角色。樊登曾说："当把孩子控制过紧时，我们不自觉地沦为解决问题的标准机器，夺走了本属于孩子自己变得坚强、自信的机会。"

前段时间，我朋友跟我说她邻居的孩子突然自杀了。他们都很疑惑："这么优秀的一个孩子，成绩非常好，怎么突然自杀了。"我说："'突然自杀了'这句话就有问题，这意思是说孩子昨天还很高兴、很快乐，隔天突然自杀了吗？这才叫突然！"

我说："'突然自杀了'，这句话是谁告诉你的？"她说是她父母告诉她的。这个问题很严肃，父母跟这个孩子朝夕相处，结论是突然自杀了，就这样把孩子的死亡归结为"突然"两个字，这两个字可以说把自己对孩子的伤害推得一干二净。

电视剧《小舍得》中，疯狂"鸡娃"的田雨岚，把子悠逼出了抑郁症。在"择数杯"考试上，子悠出现幻觉，撕掉卷子跑了出去。看似突然爆发，但其实早有迹象——在他一次次声讨妈妈"说话不算话"的时候；在他大声说"妈妈爱的不是我，是拿满分的我"的时候；在他哭喊"做自己喜欢的事情，怎么就那么难"的时候；在他把手指抠到出血的时候……

一切都有迹可循，却被父母轻轻略过。心理学家弗洛伊德说："未被表达的情绪永远都不会消失，它们只是被活埋了，有朝一日会以更丑恶的方式爆发出来。"

请问，一个人从正常到自杀，这个过程要多久？很久。可能孩子一开始很乐观，也有笑容，然后笑的次数逐渐变少，慢慢变成了笑不出来，然后变得沮丧厌世，这是一个很漫长的过程，为什么最亲的父母发现不了，还下这样的结论？

其实这些问题，很值得我们省思，为什么我们连最亲的人都感觉不到对方的感受？显然我们这个时代被欲望控制得太厉害，每天忙、想，追求的都是名利，连最亲的人的感受都不清楚，连花时间陪伴和理解亲人的热情和耐心都没有了。

其实，不要说自己的至亲，连我们跟自己二十四小时相处，请问大家，我们了不了解自己？这是个严肃的问题。我们不了解自己，怎么爱护自己，自爱才能够爱人。大家有没有经验，突然这一两天心情很难过，什么事都不想做，看到人就想发脾气，大家有没有这个经验？如果你没有这个经验，请受我一拜，你的修养太好了。

我常常会出现这个状况，出现的时候，怎么突然有点伏不住烦恼？其实不是突然，我们平常忙忙忙，忙到连看看自己心念的工夫都没有了。其实它是一直在增长，它贪嗔痴一直在增长，突然有一天达到临界点，你压不住它，它就起作用，它就让你有点控制不住自己。

假如我们爱护自己，自爱到对细微的念头都能观照到，那不可能痛苦到这样。一个小小的、不好的念头，邪念一起来，你马上就把它转变过来。所以修学的过程，每个人都一样，"生处令熟，熟处令生"，这个急不来，不要跟自己乱发脾气，乱发脾气也是急于求成所产生的情绪，这也不自爱。

要信任自己，要时时给自己打气、鼓励，"圣与贤，可驯致"。这个话讲得非常真诚，人要首先对自己真诚，才有可能对别人真诚。

"熟处令生"，本来我们好面子比较习惯，好面子的念头很强，慢慢怎么样？陌生了，熟处令生。

"生处令熟"，有勇气承认错误，这很陌生，要讲有点吐不出来，很陌生，慢慢讲倒很自然，就可以说出口，这个境界就上去了。

第七，错误地种下了功利的种子。有本书叫《穷爸爸富爸爸》，这是一本畅销书！这本书教什么？要让孩子从小懂得管理钱财。这个想法没有错，但是怎么管理钱财？书里面教导，孩子做家务你就给他钱，让他来管理财务。听起来没错，但是你要看得到这一个动作做下去之后，孩子的存心是什么？还有流弊是什么？有妈妈买完书之后，她心里想我女儿就是最懒惰，这个方法应该会让她马上变得很勤劳。

所以回去之后，她就郑重宣布："女儿，你帮我洗一次碗两块钱，帮我洗一次衣服三块钱。"女儿一听，眼睛都发亮，心里想的不是帮妈妈，是我可以去买什么东西！然后开始拼命地干活。妈妈想，太好了，我女儿马上变勤劳了。是不是真变勤劳？人现在都没看到真相，看到很表面的东西，都是症状解，而不是根本解决问题。所以人不开智慧，表面上是解决问题，事实上是制造更多问题。

这位妈妈后来跑来找我们，她说麻烦了，我叫我女儿做家务，她那一个礼拜马上变得很勤劳，还赚了我不少钱。结果一个礼拜之后，有一天我实在累得不行，我就跟我女儿说："妈妈这么累了，你就帮我把衣服洗了，晒起来，妈妈给你两块钱。"

她女儿看看她说："我今天也很累，我不赚了。"妈妈这才突然警觉到这个方法错了，家庭是不是谈利害的地方？错了，家庭里面是谈付出，是谈本分，是谈用心的地方，谈关怀的地方。连家庭这么温暖的地方都谈利害，那这个社会真是不知道会变成什么样。

有个孩子做了一些工作，就列了一张单子跟他妈妈要钱，洗了几次碗几块钱，挂了几次衣服几块钱。后来他妈妈也拿给他一张单子，她说我怀胎十月，不用钱；我生产的时候被割了一刀，不用钱；我煮了几百顿、几千顿的饭，不用钱；我替你操了多少心，洗了多少衣服，买了多少件衣服，统统不用钱。这个孩子听完，很惭愧。家庭是要每一个人用心去付出的地方，家庭是要让一个人懂得尽责任，懂得感恩、念恩的地方。

有人在网上写过一篇文章，说他有一次到公园玩，就看到一个三四岁的小孩子在草地上又爬又闹，玩得很开心。母亲就跟孩子说："宝贝，时间到了，我们应该回家了。"但这个小孩子就是不肯回去。妈妈就从口袋里面掏出一块巧克力，对着小孩晃了一下，孩子的眼睛就盯着妈妈手上的巧克力，慢慢地站起来了。

妈妈就说："宝贝，想不想吃巧克力？"小孩子说："想呀。"妈妈就说："如果想吃，你就跟我回家。"这个小孩子就乖乖地，像小动物一样跟着妈妈，由妈妈牵着手回家去了。这个孩子对母亲的呼唤可以充耳不闻，但是他面对那一块巧克力却服服帖帖地跟着妈妈回家。可见在这个三四岁的小孩童的眼中，巧克力比他妈妈还重要。

孩子这么小的时候，妈妈就已经在他的心田里面种下了功利的种子，随着年龄越来越大，孩子的欲望也会逐渐地增长。长大以后，这个小孩子就很可能为了功利，而不要道义。当父母亲没有能力满足儿女日渐增长的欲望的时候，儿女很可能就会把父母亲丢弃在一边，种种的人间悲剧都是从教育失误引发的。

如果我们采用这种物质奖励教育儿女的方法，是在培养动物面对物质享受的条件反射，而不是培养人的孝心，这样培养出来的小孩子长大以后很可能就变得以自我为中心，自私任性，活在功利主义的算术的生活方式里面，过着烦恼不幸的生活。

还有一些人是选择技术的生活方式，他们不会去贪着占有物质，但还是向外不断地去追逐知识。小时候，父母亲的教育也是很少关注小孩子的道德、人格的养成，孝顺心的养成，而是关注小孩子考了多少分。这样就让他们养成一个习惯，不断地去吸纳很多知识，但是言行举止却并没有同步变得更加文明。虽然拥有很多知识，但是活得并不快乐，并不完整。

现在大部分的青年人知识都没问题了，技能也没问题了，就是不怎么懂规矩，不怎么守规矩，不懂得人与人相处的礼貌。不懂礼貌的人走向社会就容易处处碰壁，被他伤害过的人如果修养不够，就会念念想要找他的麻烦，就会给他障碍，所以踏出社会没有什么助缘，反而产生很多障碍。因此，《论语》说："君子务本，本立而道生。"

第八，在教训孩子时，有人搅局不能配合。该打的时候要打，但是要做好配合，并且注意轻重。有户人家，男主人出外工作，只剩下婆媳和孙子。每当媳妇很严格地教育孩子，甚至打他时，做奶奶的总是回避到一旁，等孩子被打之后，奶奶会出来牵着孙子的手，说："母亲打你是要你好，因为你做错事情了，打你一次，让你永远记住这样做是错误的，是要把你打醒，将来成为贤良之人。"

孩子本来想撒娇，奶奶却让他反省自己错在哪儿，并去给孩子的母亲道歉。正是因为有这样贤明的奶奶，所以这户人家的子女长大之后很有成就。为人父母在教育子女的时候应该要配合，要同步一致。作为爷爷奶奶如果在旁边看得心疼，就应该回避一下，切忌在旁边"搅局"，使孩子恃宠而骄。当然做父母在严厉教导子女的时候，也要特别谨慎小心，要打安全部位，不可以打要害的地方，避免意外的伤害发生，那就真的是遗憾终生了。

第九，冷落孩子。我们要拿出时间和耐心陪伴孩子，有个孩子问他爸爸："爸爸，你一天赚多少钱？"爸爸就告诉他一天赚多少钱。孩子一听，"爸爸，那你一个小时赚多少钱？"爸爸把一天赚的钱除以八，然后告诉孩子。孩子听了特别高兴。

爸爸也搞不清楚，很疑惑："孩子问我一个小时赚多少钱干什么？"后来有一天，这个孩子拿了一把钱，很高兴地说："爸爸，这段时间我省下了这些零用钱，我可不可以买你一个小时，陪我聊聊天？"通过这件事情，我们可以了解这个孩子多么期盼父亲的陪伴！

如果父母没有拿出时间陪伴孩子，在他遇到事情的时候，谁来引领他用理智、用智慧去处理问题？所以，我们是不是忙到根本没有跟孩子谈心的时间？有位爸爸听说要陪伴孩子成长，也觉得很有道理，回去就说："好，晚上陪孩子半个小时。"

结果一进书房，"叮……"电话响了，出去了，回来坐了三分钟，"叮……"又出去了。然后他儿子说："爸爸，你还是别陪我了，你还是出去打电话吧。"陪伴要有诚意，陪家人的时候，手机要调成静音或者关机。

第十，宠溺孩子，或者有偏爱，宠溺其中一个孩子。有一个出租车司机，他很疼他儿子，怕儿子营养不够，每天交代他太太给他儿子煮一只鸡腿，每天都给他吃。结果有一天他生病了，他的太太想，他生病应该多补充一些营养，那一天煮好的鸡腿就拿到先生的面前，今天先生补一补吧。

结果他太太这样拿过来还没放好，他儿子就突然给他妈妈一巴掌，然后对着他父母讲："这个鸡腿是我的。"你看父母一心一意为他，没有长他的善心，却长了他的自私自利心，这么小就为了一只鸡腿打他妈妈，跟他爸爸争。

正如古人所说的，"惯子如杀子"，"养子不教如养驴，养女不教如养猪"。养了儿子不教育，结果他长大，这个驴的脾气都不好，顶撞父母、不尊敬父母，甚至还会打爹骂娘，没有丝毫感恩之心。"养女不教如养猪"，这个女儿只会吃喝享受，也不知道尽自己的本分，到了婆婆家里，也不知道孝敬公婆，更不知道助夫成德，也不知道教育儿女，自己的责任都没有尽到，只会吃喝享受，这不就像养猪一样了吗？

所以教育的根本是长养那颗善心，我们不找到根本，花了一大堆时间教育孩子，得到的结果让我们非常地遗憾。所以人得找到根本才行。《礼记·学记》说"教也者，长善而救其失者也"，而现在的人，最大的过失就是自私自利，这个发展下去就是竞争、斗争。

《左传》讲："人弃常，则妖兴。"为什么出现很多社会乱象啊，就是因为抛弃了常道，就是抛弃了对五常的教育，五常就是"仁义礼智信"，没有了五常，连做人的资格都没有了。为什么人会抛弃常道，就是不明白善恶和命运的原理，不明白因果的五大原则。

在古代，祠堂教孝道，传扬祖宗之德，这是伦理教育；孔庙传道统，继承往圣之学，这是道德教育；城隍庙警人心，宣说天地之法。所以，伦理教育、道德教育和因果教育缺一不可，密不可分。

所以，人为什么会犯错？本质上讲还是不明白道理，不知道自己这个错误会给自己带来多大的障碍和后果。更有甚者，明白道理了但是存在侥幸心理，以身试法，这都是很可悲的事情。

所以，梦东禅师说："善谈心性者，必不弃离于因果。深信因果者，终必大明乎心性。"你只注重谈经论道、高谈阔论，等遇到境界来了，"理不胜欲"，道理战胜不了欲望。

所以，不少人觉得读书好像跟没有用一样，其实就是因果教育的缺失。一个人真正知道这样做对自己和家人好，他会主动去做，谁不愿意幸福美满呢？一个人真正知道做这件事是会有祸患的，他避之不及，谁也不傻，谁愿意锒铛入狱或生病或者遇到不肖子孙呢？所以，我们读书要会读，周安士先生说："人人深信因果，天下大治之道也。人人不信因果，天下大乱之道也。"

《四库全书》包括"经史子集"四部，中华文化是棵参天大树，"经"是中华文化的根；"史"是树干；"子"，诸子百家是枝叶；"集"也就是艺术，是大树的花果。经典开示的道理，在历史中得到验证，这个验证就是前因后果，所以，什么是"吃一堑长一智"？你学经典、看历史的话，可以"吃别人的堑，长自己的智"。这就是《论语》讲的："择其善者而从之，其不善者而改之。"

读经使人明理，读史使人明智，子部使人博学，集部使人灵秀。四部都没有离开道德教育、伦理教育和因果教育，家道的兴旺和传承也离不开这三种教育，而《了凡四训》恰恰把这三种教育的精华集中在了一起，所以这本书极其宝贵，不但是袁家的家训，也是我们中国人的改命宝典，更是人类家训经典中璀璨而耀眼的东方明珠，是世人改造命运的东方羊皮卷。

37 你为他人遮雨，他人为你撑伞

《了凡四训》用八个字概括就是："改造命运，心想事成。"正所谓："善为至宝一生用，心作良田百世耕。"怎么才能改造命运？福田心耕。关于福田，我们讲过感恩、恭敬和慈悲这三大福田。古人还有"四福"之说，什么是"四福"呢？知福、惜福、培福和种福。

我们人类的一切活动，如果向这个方向转过来，能够知福、惜福、培福和种福，人类就有福，对我们每个人而言，也是如此。知福才能够知足常乐，不去求不义之财。不是想要的太多，占有太多的物质资源，这是知福。然后能够惜福，珍惜自己的福报才能够持续拥有，暴殄天物的人往往家败人亡。培福，才能够增长幸福。种福，人才会有福。这就是"四福"。

所以，想要有福报，想要五福临门、幸福美满，一定要种福、培福、惜福、知福。在《安士全书》里，从十对范畴深入讨论关于福报和存心的关系，也就是我们熟知的"福田心地说"。

第一对范畴，**"有果无用"**和**"有用无果"**。"有果无用"，这是讲世间有一种人，他很富有，家里是金银财宝，仓库都堆满了。他有这个果，但是你看他的享用，就很可怜了。他穿的不过是简单的布衣服，吃的也是非常粗糙的食物。

本来他赚了那么多钱，应该过几天安定、休闲的日子了，但是一天到晚还是忙得不亦乐乎。"劳筋疲骨"哇！本来可以快乐地过点日子了，但是看到他整天是愁眉苦脸。也就是说他有福报，但是不能受用这个福报。这是什么原因呢？

这是由于他往世布施的时候，他也布施，由于他布施才有今生这种"锦绣满箱""金银满柜"的福报，但布施的时候，他不是至诚心布施，不是发欢喜心布施。或者是因别人所劝勉，或者为环境所逼迫，勉强去布施；或者布施之后，很快他就后悔。"哎呀！我怎么把钱都布施出去了？我自己都还没有用……"生后悔之心。这样的布施，他以后、下辈子感得金银衣食的满足，但是他得不到享用。这就叫"有果无用"。

相对应的有一类，叫"有用无果"。"有用无果"就是说一个很穷的人，家里是破窑地窖，或者住着茅蓬搭的屋子，甚至就住在地下室里面。但是他却常常在富人家很好的大厦当中住，常居住在那里。他家里可能每天就是吃蔬菜、野菜这些东西。可是这样的一个人，却常常到人家里吃山珍海味。

他有这样的受用，但却不是他自己的福报，这是什么原因呢？这就是由于他前世自己没有去布施，但是却劝他人去布施、行善。这是一种。还有或者见到他人去布施，就随喜、赞叹。由于这个因缘，虽然他没有福德，但是有福报的享用。这叫"有用无果"。

第二对范畴，**"先富后贫"**和**"先贫后富"**。先比较富裕，很快就贫穷了。这个因缘就是由于他被动的布施，而且布施之后还"追悔"。还有一类是"先贫后富"。还有一类众生也是因别人所劝来布施，但是他的情况是什么呢？布施之后很"欢喜"，很愉快，没有后悔之心。那这种人以后"生在人间"，就是先贫穷，后富裕。

第三对范畴，**"劳而致富"**和**"逸而致富"**。"劳而致富"是什么意思呢？要知道富有富的因，劳碌的命有劳碌的因。比如斋僧，如果你供僧之食，这当然有福报。所以"斋僧"必定能得后世的"大富"，这是一定的道理。但这里又有复杂的情况了，你斋僧，如果你请僧人到你家里来，使僧人有"奔走往来"的辛苦，可能你家里离僧人住的寺院还很远，让他好不容易到你家里吃顿饭，很辛苦。那就是你后世虽然"享大富"，但也必定以辛苦得这个财富。

另外一种情况，"逸而致富"。如果你心里想着这些僧人，让他少点辛苦，你自己辛苦一点，把饭食送到寺院，使大众僧能够安然、安逸地得到这个饮食，那这样的"福报"就必定能生到天上、人间，你以后也是很安逸地得到财富，享到自然而然的"快乐"。你看，就斋僧这个事：你是什么方式斋僧，都决定你后世这个财富是辛苦地得到，还是安逸地得到。我们要举一反三，做其他的供养和好事都是一样，与人方便，自己方便，这是一定的道理。

第四对范畴，**"贫穷而能布施"**和**"富裕而不布施"**。一般来讲，你布施一般的人，不如布施一个持戒的人；你布施很多持戒的人，不如布施到一个圣人。如果正好你布施了一个圣者，那你的福田就很大。

你可能先布施，没有在好的福田上布施，当然你以后生到人道。你没有遇到"福田"，这果报就"微劣"。就好像你下了种子，在一个贫瘠的土地上：秋天的收获没有多少，而且收一点，马上就用完了。

你有布施的习性，所以处在贫穷状态，你也很乐意行施。乐意行施，是由于你有这习性；你还贫穷，是由于没有遇到福田，你的果报不是太大。

还有一种人，他很富，但是习性上不愿意布施。他没有布施的这种念头和行为，遇到善知识，听善知识的劝化，偶然做了一次布施，但这一次布施就遇到了一个圣人，就等于这个种子在一个肥沃的田地上，由于布施的对境是圣人，所以他感得的果报很大，下一辈子资生用具很丰富。但只是偶一布施，没有形成习惯，所以虽然富裕，还是很悭吝，还是很小气。

第五对范畴，**"施多福少"**和**"施少福多"**。"施多福少"，布施很多，福报很少。布施的发心很重要，心态很重要。或者"贡高自大"而布施，有一个成语叫"嗟来之食"，碰到饥荒的年代，很多人施点粥饭，这是善事，然而他对人家饥饿的人却是很轻蔑，就说"嗟"。"嗟"就是"喂"。"喂！给你！"就是这样布施。

正好碰到很有骨气的人，他说："我就是由于不吃嗟来之食，才饿到这个样子。"这就是贡高自大而布施，认为自己了不起，"你们这些快饿死的人，我有很大的优越感"，这就没有恭敬心。一个菩萨布施，一定要恭敬心，要平等心。或者接受布施的是一个邪知邪见的人，那么这样就等于你在一个很贫瘠的土地上耕种。下的种虽然多，但所收获的却是很少。这叫"施多福少"。

相对应的是"施少福多"：如果在布施的时候，你以"欢喜心"布施，你以"恭敬心"去给予，以"清净心"去给予。清净心就是不求回报。如果你说："你很困难的时候，我给你一顿饭吃，给你多少衣服，等你发达的时候，你得要几倍给我。"那这就是交换的行为了，放"高利贷"了，这就不清净。

因为真正的布施是"三轮体空"的，不求回报。或者你所布施的对境，正好是证到圣位的阿罗汉，或者是法身大士、菩萨，那你就幸运了。就好像你在一个肥沃的良田中，下的种子虽然少，但收获的却是很多。你看这里面就比较复杂了：布施多，反而福报少；布施少，反而福报多。有这种不同的情形。

第六对范畴，**"同忧异果"**和**"异寿同果"**。"同忧异果"就是两个人在面临布施的时候，是同样忧愁的心态，但是他们的果报却完全不一样。你看这个因果就非常微妙，举心动念不可思议，我们这个念头都有因果在里面。《法苑珠林》里面谈到，如果有两个人，一个是穷人，一个是富人，这两个人见到一个乞丐过来。这个穷人和这个富人，看到乞丐过来都存有忧愁、郁闷之心。虽然都是忧愁之心，但是他们的内涵是不一样的。

那个富人他忧愁，是害怕这个乞丐来向他讨钱，他不愿意给。"因为你这个穷人来了，把我钱都讨光了"，于是他忧愁。那个没有钱的穷人呢，看到乞丐来了，他就想道："哎呀！这是一个行善的好机会，由于自己没有钱，不能作福。"所以自己就很忧愁、懊恼，懊恼自己没有钱去布施。那么后来这个贫穷而忧愁的人，就生到了天上；那个有财富而忧愁的人，生到了饿鬼道。你看这个忧愁的心态虽然相同，他们受的果报却是完全不一样。

还有一种是"异寿同果"。现在我们处在减劫，每一百年减一岁，是寿命越来越短的时代；以后人寿命减到平均十岁的时候又转过来，每一百年增加一岁，就是增劫。增劫最高的寿命是八万四千岁。人的寿命越长，福报、善根就越深厚。人在几千岁的时候，如果尽形寿来受持"五戒十善"，与人寿在几十岁的时候尽形寿受持"五戒十善"，其福德平等而没有差异。

这就可见福德的获得，跟他的发心有关系。他发了百分之百的心，哪怕他布施了一块钱，都是百分之百的功德，持戒、修善跟这个道理一样。圣贤非常讲究发心，也就是说在判断事情的时候，有一种是动机论者，有一种是效果论者，圣贤更重视动机。所以我们修行，就是要修念头、修心地，不是在外面的形象上去作秀，要重实质而不重形式。

第七对范畴，**"为恶善终"和"为善恶终"**。"为恶善终"这是讲有一类人，他一生都造恶，但是到临终的时候，下辈子却去了个好的地方。这怎么解释呢？这一定要在三世的背景当中去谈了，是由于他今生的恶果没成熟。他造了恶因，但是今生的恶果还没有成熟；前生的善因、善果先成熟，这叫异熟果。

"异"就是不同的时间、不同的地点。造的或善或恶的因，到另外一个时空里面先成熟，这就叫异熟果。在因果当中，这是一个很普遍的现象。这就能解释，为什么一个恶人反而得势，一个善人反而潦倒。

他虽然今生是恶人，不一定上辈子是恶人。他上辈子可能是一个善人，今生他得到的好报，是前世的善因先成熟，所以他先享受。但是今生他造恶，那到他的后半生甚至到他下辈子，或者在百千万世的这个背景中去成熟。

就像我们前边讲过，有个人七世都是宰羊的，但是他都没有堕到三恶道里面去。这是由于他过去生的善因先成熟，但是七世之后，他杀羊的罪过就一一都要偿还了。所以在这世间上恶人得福报，大概都是这种现象。我们要作如是之观。作如是观，就不要愤愤不平了。恶人得势好像就没有因果，不是这样。为恶之人他有善终的现象，是过去世的善果先成熟。

还有一种情况就是"为善恶终"，一个善人反而恶终，一个今生行善积德的人，去的地方反而不好。这就是你今生的善因、善果还没有成熟，你往世的恶果先成熟，是这个道理。还有一种，你看过去他是恶终，但实际上不一定是真正的恶终。一般我们业力凡夫，不一定看得清楚。

比如，有一个放牛的小孩，他采花来供佛，走在路途中的时候被牛角给顶死了。这看上去，好像是因为要去做一件好事，拿着花去供佛，竟然被牛给碰死了，好像是恶终。但殊不知这个儿童的神识就升到了忉利天，他死后做了天人。

第八对范畴，"**身乐心不乐**"和"**心乐身不乐**"。"身乐心不乐"，身体很快乐，但是心里不快乐。一般修福的"凡夫"，他今生可以"事事如意"，资生用具都很丰富，这就叫"身乐"。就好像你的家里又有房子，又有车子，还有很多存款，什么都有，生计不忧愁，这是身乐，但是他只是停留在物质生活的满足方面。他不知道生命的真相，更发起不了修道、出离生死之心。

很多富人为什么说句话是"我穷得只有钱"？就是他精神上没有快乐。现在反而那些成功人士得抑郁症，自杀。因为身体上感官的快乐是很容易厌烦的，很没有意思的。真正的快乐是来自精神的、禅定的、法上的快乐，正所谓"世味哪有法味浓"。

还有一种是"心乐身不乐"，精神、心里很快乐，但是物质生活很困窘。《杂譬喻经》讲有一个阿罗汉，他修禅定得九次第定，破见思惑，不再流浪生死了。他心里很快乐，他得到了灭尽定的快乐。但是由于过去世没有去修福德，所以他就托钵得不到饮食，一切供养都不能如意。这就是心里快乐，但身体不快乐。

第九对范畴，"**大施小福**"和"**小施大福**"。"大施小福"，就是很大的布施，却得到小的福德。这就看你发心的大小，同样一个事，你发心发得大，你的福德才大；你发心比较小，福德、福报也会小。

与之相对应的是"小施大福"，以小的布施能得到大的福报。少的布施，但也能得到无量的福报，这就是发心大，福报大，这是成正比例的。

现在我们的心地是在人道里面，虽然有仁、义、礼、智、信的德行，但也充满着贪、嗔、痴、慢、疑的烦恼。所以我们的心地是不干净的，有善有恶的，所以我们感得的福报也是参差不齐。

第十对范畴，"**顺种福田**"和"**逆种福田**"的情况。"顺种福田"很好理解，就是顺理成章、自然而然地行善，存心和方式都是仁慈的。而"逆种福田"存心是善良的，但是方式是严酷的。

比如，孙叔敖埋蛇是"逆种福田"，因为担心看到双头蛇的人死去，把蛇杀了，所以"埋蛇享宰相之荣"。他杀那条双头蛇，犯了杀业，蛇也是生命，为什么要杀了它呢？他是为了救人，他知道看到这条蛇肯定要死，他不想再让第二个人死了，是这样的一种仁慈存心开的戒。当然，他跟这条蛇也结下了冤仇，这是肯定的，因果是丝毫不爽的，但这时候他只是跟蛇结了这个怨恨，但是他救人这是功德。宁愿跟这条蛇结怨恨，也要救这些众生。

这里面我们要细细体会那个存心，丝毫没有利己之心，纯是利人之心，这里面才会有真正的功德，才叫开戒，才不叫犯戒。杀蛇如果不是为利人的心，或者是利人之心不纯，那个恶报都肯定要有的。宁愿自己堕恶道受苦，也要舍己为人，有这个心，你做了，那才叫开戒。如果是自己又不想受罪，还想做这个功德，有这么点儿念头，这里头就已经有罪业了，为什么？有私心、自利的心，自利就是恶，纯是利人的心才是善。

再比如，本来是司法人员，处罚人的单位，但是他们有慈悲心，善待囚犯，为百姓申冤，这都是"逆种福田"。只要是存一颗真切而智慧的利他之心，哪怕所做的利他之行，所言的利他之言，在世俗眼中，并不接纳，或被视为"残酷"，依然是种福田的善行和善举。

这十对范畴，就是"福田心地说"的全部内容。除此之外，古人还有一首有名的《心命诗》："**心好命又好，富贵直到老；命好心不好，福变为祸兆。心好命不好，祸转为福报；心命俱不好，遭殃且贫夭。心可挽乎命，最要存仁道；命实造于心，吉凶惟人召。信命不修心，阴阳恐虚矫；修心一听命，天地自相保。**"

这首《心命诗》给我很大的启发，这首诗跟《了凡四训》这本书讲的道理完全一致，那就是：命运就在自己的努力之中，一切福田，不离方寸。这就是孙思邈先生在《养生铭》上讲的"寿夭休论命，修行本在人"。

其实，《心命诗》每句话都包含了无数的案例跟典故。"心好命又好，富贵直到老。"一个人心好，他的命又好，他就会富贵到老。所以，什么叫命？什么叫运？

比如同一款茶杯，它从生产线上下来，它们的命是一样的，都是陶瓷的，可是有些茶杯被爱护它的人买走，用了几十年还是好好的，有些茶杯被不爱护他的人买走，用了几天就摔碎了，丢到垃圾堆了。

所以，使用茶杯的心，决定的茶杯的命。如果茶杯它的品质好，叫命好，如果使用茶杯的心又好，叫运好。那么茶杯就可以用到十年，甚至百年、千年。一个人也是如此，他有好的命而且更加注重积善成德，就会更好；假如命很好，心却不好，就会失去福报，产生祸患。

"命好心不好，福变为祸兆。"这个人的命很好，可是心不好。明明爹妈生你四肢健全，头脑也发达，可是你偏偏把你的智慧用在吃喝玩乐上，玩物丧志，结果呢，福也变为祸兆，谁也拦不了你。

"心好命不好，祸转为福报。"一个人心很好，但是命不太好，祸可以转为福报，真心实干，转恶为善，就可以改变命运，了凡先生就是这样的例子。为什么我们还没改变命运呢？第一，我们要学习"积善之方"里对善的八对论述，确定我们是不是在做善；第二，可能我们业力很大，命不是很好，我们行善又不是很坚决和精进，所以杯水车薪，我们的命好像一车大火需要扑灭，但是我们手里的水却很少。所以，《周易》说："善不积不足以成名。"就是这个道理。

"心命俱不好，遭殃且贫夭。"一个人，他的遭遇很可怜，而他的心也很消极，那这样既贫穷，又可能寿命不长。我们不怕境缘差，吃苦了苦，要警惕境缘好，因为享福消福。古今中外，包括我们的身边，有多少人破罐子破摔，他就是心命俱不好。如果罐破了，"我把它修好了还能用"，那就是心好命不好，坏的还能转为好。

"心可挽乎命，最要存仁道。"心可以挽回命运，它的方法就是存仁道。什么叫仁道？存好心，说好话，行好事，做好人就是存仁道。很多人他说："我做了很多好事。"可是你一听他讲话，口中很难听得出正能量的话语。所以行仁道，在我们的身、口、意。

身，身体力行，积功累德；口，说好话，不是正能量的话不说出口；意，存好念头，有仁慈心、感恩心和恭敬心。就像孔子在《论语》讲的："己欲立而立人，己欲达而达人。"这个就是仁心，如果你得到美好的东西，你很欢喜地跟人共享，这就是存仁道。这个心可以转一切逆境，化一切恶缘。

"命实造于心，吉凶惟人召。"人的这个命，是由人的心造出来的。心就是人的精神思想，就是现在讲的三观。你三观正，你的命就正，所谓正大光明。所以，人的吉凶在于人的观念。

"信命不修心，阴阳恐虚矫。"有些人说："万般皆由命，半点不由人。"也有人说："一饮一啄，莫非前定。"这确实也是真理，但是真理的一部分。而且现在讲出这样话的人一般都比较潦倒，因为他只相信命运安排的东西，他不相信人生有能动性。他不相信这个善德的光辉可以点亮人生。

"阴阳恐虚矫"。这个阴阳，"阴"就是暗的意思，"阳"就是光明。阴也可以说是晚上，阳也可以说是白天。一个人不能从心地上下功夫，你的心就肯定不踏实，我们在这一生当中，每天所造作，就有可能都是沦于虚假。从内心上来讲，也可以说是心地上的功夫不真实，是虚假的，人前人后行为不一样。

"修心一听命，天地自相保。"修心一听命，命运就可以越变越好。像苏东坡，人家认为他被贬到岭南，再被贬到海南，肯定完了，不是郁闷死，也会被瘴气或者旅途奔波折磨死了。结果他是豪放派，非常乐观，把生活过得有滋有味，在穷困潦倒的时候，都能乐观面对。

这份豁达的心，正是孔子所讲的"君子坦荡荡"，亦是黄庭坚所讲的"光风霁月"。非常明亮的心胸可以感应美妙的人生。在外国叫吸引力法则，我们叫同气相求。所以，我们想知道谁的气运好，你就看谁最能够善护念当下心。你时刻感到知足、感到喜悦、感到难得、感到仁爱，你的气运就已经往上走了。

跟了凡先生同时代，还有一位改造命运的读书人，叫俞都，他是江西人。姓俞，名都，字良臣。书念得很好，很有学问，可是他壮年时非常潦倒，年岁老大，家境也不好，靠着教书为生，学生也不多。

在这个时候，他与同学十余人"结文昌社"，力行《文昌帝君阴骘文》，遵守文昌帝君的遗训。《文昌帝君阴骘文》里，对于惜字纸、放生、戒淫、戒杀、戒妄语等，都说得很详细。他们自结文昌社起，在一起修学，坚持很多年。

结果，俞先生经过七次的考试都没考中举人。生了五个儿子，其中四个夭折了，只剩下老三。老三是最聪明的，8岁那年在外面玩耍，失踪了。四个女儿，死了三个。俞公共有九个儿女，除了失踪的儿子之外，眼前就剩一个女儿，他的妻子在这种悲痛的情况下，两眼都哭瞎了。

俞先生的家境越来越困难。自己想想，好像没有做过什么大恶事，为什么老天爷给他这样重的惩罚？似乎上天都没有保佑他。在每到小年，是民间风俗祭灶神的时候，灶神爷将往上天，把这一家人的善恶都给玉皇大帝报告。所以，从前供养灶神的对联是"上天奏好事，下地保平安"。他自己每到这个时候，便写一篇疏文，托灶神爷带到天帝那里去。

47岁那年，腊月三十的晚上，他正与妻女枯坐凄凉相吊的时候，忽然有人敲门。他点蜡烛开门，看到一个是修道之人的打扮，看年岁大概总有五六十岁了。他说："我姓张，从远路而归，走到你家门口，听到你家里有愁叹的声音，特地前来慰问。"

俞先生见到这个陌生人，心里也感觉很奇怪，但是看看他的仪表谈吐，又好像很不平凡，所以对他非常恭敬。在这种潦倒的时候，世态炎凉，哪里还有朋友来慰问！尤其是腊月三十晚上，家家都团圆，谁有空闲到你家来慰问呢？在这个时候有个人来慰问，当然心里非常感激，所以对他很恭敬。

俞先生是满腹的牢骚，他就说出自己生平读书与行持，好像都没有什么大过失，为什么到现在功名不遂，妻子不能保全，儿女夭折的那么多，衣食不继，生活都成问题。同时又说，这些年来，每年除夕都在灶神爷前焚疏。他所写的疏文都还记得，要把疏文的意思说给张先生听。张先生说："我对你家里的事知道得很清楚也很久了，你不必再告诉我。"张先生后边说的一段话很重要，这是《了凡四训》里没有提到的，所以我们必须要补充。

所以，人生的烦恼不只是袁了凡先生一个人遇到了，俞净意先生也遇到了，其实我们也都有类似的问题。他俩一位遇到云谷禅师，改过自新；一位遇到张先生，一样把命运改转过来。

张先生说："君意恶太重，专务虚名，满纸怨尤，渎陈上帝，恐受罚不止此也！"你的恶念太多，读书行善，也专门为了虚名。而且，每年在灶神面前所焚的疏表，都是一些怨天尤人的词句，没有一点悔改的意思。这是亵渎上帝！恐怕上帝给你的惩罚不止如此，可能还有更重大的灾难在后头。俞先生生平所为没有别人知道，这个陌生人怎么会晓得？经他这么一说，心里很惊讶，但他并不服气。

他说："我听说冥冥之中，都有鬼神监察，很小很小的善，鬼神也知道，我这么多年结文昌社，与同学们立下誓愿，力行善事。文昌社里定的规条，就等于戒律一样，大家都要遵守，我也是遵照奉行，没有违犯，难道这些都是虚名吗？"

张公就在文昌社规条里，举出几桩事实来说明。张先生说："比如惜字纸，既然有这一条，就应当依教奉行，然而你们还是将一些书册或写的文章，还有旧书，用来糊窗子。这是对经典、文字和圣贤的不敬。"

敬惜字纸的意义，当知过去的字纸跟现在不同，从前的书籍都是木刻版本，要不是真正有价值的文章，谁肯花那么多钱刻一本书！字是一个一个雕的，没有现代的活字排版、照相制版方便。可见从前刻一本书非常不容易。因此，既是书，都是好文章。

"文以载道"，书破了要修补；实在破得不能用了，才恭恭敬敬地将它焚化，不敢亵渎。这就是重道。我们通常讲"一切恭敬"里，对于经典之恭敬为最。虽然现代印刷术发达了，我们对于经典还是一样要尊敬。"敬"才有福；

亵渎就是造罪业，也就是折自己的福报。不知道的人，天天在折福，无可奈何！我们明了的人，就不可以这样做。

张先生说："当你看到朋友或学生用字纸糊窗包物的时候，你从来没有劝告他们一声，也没有一次阻止！只不过是在路上遇到字纸，捡去焚化。这不就是做给外人看的吗？这不就是图务虚名吗？"

再比如放生，修善是什么事都要从心地发出来。别人提倡这样做，你就随喜跟着做；人家不做，你也就不做了。你心地真正有慈悲，真正想放生吗？没有！只是看到别人做，心里欢喜，随喜一点；别人不做，也就算了。不是出于真心！随喜中也没有尽到力量。

"随喜功德"是要尽心尽力，才叫随喜；没有尽到心力，不叫随喜。所以，你并没有真实慈悲之念；在外面还标榜着"我是个仁慈之人"，实际上心里毫无仁慈。你们家的厨房里，依然有虾蟹之类，这些还是生命，依旧是吃众生的血肉。

再说口过，这是指妄语、恶口、两舌、绮语，他也都犯了。俞先生为人能言善道，又有才学，很会说风凉话讽刺人，用的词句都非常巧妙。所以，大家听到的时候，都能被他折服。他有辩才，无理的事也能把它说成有理。他有强词夺理的本事。他虽然说得很痛快，可是自己还有一点良心，晓得有伤厚道。说话太刻薄，好胜心强不肯输人。幸有此一点良心，为今后转祸为福之机。不然张先生到家跟他讲，他也不听！

这个人"自知伤厚"，还是可教，可以回头。在47岁机缘成熟张先生到他家的时候，把他的迷梦点醒了。张先生说："在熟悉的朋友当中。在朋友谈论中，你的言语不让人，并且讪笑别人。一个人言行如此，鬼神见了都厌恶、都讨厌。自己还不知道，认为自己很厚道，是个好人。你这是欺谁呢？难道你能欺天吗？"

接着，张先生举出意恶里最重的邪淫。俞先生虽然没有邪淫的实迹，也就是没有做邪淫之事，但是有这个意思，有这个心，不过是无缘而已！所以叫他自己认真地反省："如果因缘凑合，你能不能像鲁男子一样呢？"

"鲁男子"是《孔子家语》的一个典故，我们在"积善之方"讲过，在下雨的夜晚，邻居是一位妇女，这个女子敲门，鲁男子不开，女子说："你难道不能学柳下惠吗？"鲁男子说"柳下惠可以做到坐怀不乱，我做不到"。张先生说俞净意仍然有邪念，自欺欺人。

张先生说："这是你们文昌社定的规条，你都做不到了，其余的更不必说！"由此可知，张先生所说的"专务虚名"不假，一条一条列举出来，使俞先生无话可说。张先生说："你每年所写的疏文，灶神爷确实帮你送到天上，呈交给天帝。上帝对你不是不关心，天天派这些尊神来考察，这些年中，并没有善事可记！"

接着张先生话锋一转，说道，"但于私居独处中，见君之贪念淫念、嫉妒念、褊急念、高己卑人念、忆往期来念、恩仇报复念，憧憧于胸，不可纪极。此诸种种意恶，固结于中，神注已多，天罚日甚。君逃祸不暇，何由祈福哉？"

这一段最为紧要，张公虽说的是俞先生，读者尤当切实反省，字字句句实在忠告自己。鬼神天天在考察，找不到他有善念。只看到他虽然没有贪、嗔、痴之行，但是有贪、嗔、痴之念，有嫉妒、褊急、傲慢的心。"高己"就是傲慢。"卑人"就是轻视别人，瞧不起人。"忆往"即追念过去，"期来"是期望着将来。包括"恩仇报复"，心里都是这些恶念，这就是说明他的"意恶"。身口意三恶业，意恶为最大；身、口二业都从意恶而生。修行重在修心，心地清净了，身口自然清净；意要是不清净，身口也假装不来。

意念如果是善的，福报也会不可思议。《法苑珠林》里面有一则典故，叫"一月布施"。这是讲释迦牟尼佛的僧团当时在舍卫国弘法，那里有一个穷人。有一天他就布施了一串葡萄给一位比丘，比丘当时那都是有道的高僧，你布施他、供养他，会有很大的福报。

结果，这个比丘有他心通，就告诉他："你已经有一个月的布施了。"这个穷人说："我这一个月没有做过什么布施，我只到今天才给你布施一串葡萄，怎么可以说布施了一个月呢？"

那位比丘告诉他："这一串葡萄，你一个月以前就已经开始有这个念头想要布施，这个布施的念头一直保持了一个月，到今天你才做到，换句话说，你布施的念头已经维持了一个月之久，所以你这一串葡萄等于做了一个月的布施。"

你看，我们才知道为什么修少量的福得这么大的果报，因为布施者念念都在布施，他一个月当中念念都想着布施，只是到今天这个事才做圆满，可是他的心已经种了不知多少福，所以念念相续最重要，我们念头的善恶不可思议，不能不注意。

我们看看俞先生过去，他就只在身、口上假装，意恶则丝毫没有改变。神明的鉴察特别着重"意恶"，所以告诉他这些果报。确实所说的不止如此，你逃避灾凶都来不及了，还求什么福？你哪里还会有福报！这位陌生人，对俞先生心底隐藏的恶念知道得这么清楚，都把它说出来了。俞先生听了，确实害怕，伏在地上流着眼泪苦苦哀求说，"您既然晓得这些幽微之事，一定是高人，绝不是普通人，求您来救度我"。

接着这段，就是说明他还有一点善根，凭着这点善根，高人才来度他。若无此一点善根，也不会遇到高人，这就是他可以改过自新的一线生机。他是个读书人，通晓道理，也晓得羡慕善行、善言，以此为乐。就是还有这一点善根，但是善根不厚，烦恼、习气太重。一过去就忘了。他的毛病就在信根不深，习染太重。没有恒心、没有耐心，很容易为外境所转。毛病就发生在这里，我们听到善言欢喜，见到人行善事也欢喜，但是过后就忘了，跟俞先生犯同样的毛病。

这一段责备，就是说他信根不深，恒性不固，没有长远心，没有耐心。指出他生平那些"善言善行"，都是"敷衍浮沉"，都是"专务虚名"。"何尝有一事著实"，就是没有一桩事情是脚踏实地、尽心尽力、认真去做的。就这样还责怪老天爷，求天神降福给自己。这就好像你的田地里种的都是荆棘，却指望将来收到好的稻米，哪有这种道理？这与因果不相符。

我们读了这一段之后，要认真去反省，痛改前非，脚踏实地，从心地里修起。再回头反复学习《了凡四训》，照这个方法断恶积善，养自己的谦德，改自己的毛病。经典一再告诉我们，三年必有效验。如果勇猛精进，虔诚恳切，半年就变样子，就不相同了，其实只要心真实，每天都在变化，每三个月都有一个明显的改观。

张先生接着说："君从今后，凡有贪淫、客气、妄想诸杂念，先具猛力，一切屏除，收拾干干净净；一个念头，只理会善一边去。若有力量能行的善事，不图报、不务名、不论大小难易，实实落落，耐心行去；若力量不能行的，亦要勤勤恳恳，使此善意圆满。

第一，要忍耐心；第二，要永远心。切不可自惰，切不可自欺。久久行之，自有不测效验。"也就是说，以上建议，只要你长久这样做，认真修三业清净。照这样做，自然有你意想不到的效验。

俞先生是在腊月三十晚上遇到张先生，第二天是大年初一。一年复始万象更新，他就从这一天起改过自新，先把自己的名字改了，他本名叫"良臣"，现在改成"净意"，称"净意道人"。

诸位要知道，名号含义很深，名号就是提醒自己"顾名思义"，要把"净意"两个字做到。所以，你要学佛了，皈依时，师父给你取一个法名，意思就是告诉你，要把名号在心行上做到。那就是道，所以也叫"道号"。

"初行之日，杂念纷乘。非疑则惰，忽忽时日，依旧浮沉。因于家堂所供观音大士前，叩头流血，敬发誓愿：善念真纯，善力精进。倘有丝毫自宽，永堕地狱。每日清晨，虔诵大慈大悲圣号一百声，以祈阴相。"这是求佛菩萨加持，因为靠自己的力量断恶修善，实在不容易。人家做的并不多，每天早晨礼拜观世音菩萨，念观世音菩萨名号一百声。

当今，不少净土学人念佛号不止一百声，但其实很多人用心不如他。人家的一百声，声声虔诚，我们所念的恐怕只是有口无心，那就不如他了。我们念一万声，抵不上他一声的效果。就是要诚、要敬，要诚心诚意去做。他能发这个誓愿，我们也要效法，发誓愿是督促自己。念观世音菩萨也好，念阿弥陀佛也好，念六字大明咒也好，都可以得到佛菩萨的加持。

从此以后，凡是于人、于物有利益的，不管是大事、小事，自己是忙、是闲，别人知道不知道都无所谓，我一定要去做。做的时候也不必考虑"力之继不继"，我有没有这个力量，能不能把它做到有始有终？我能做多少就做多少，尽心尽力去做；做到一半，没有力量了，这样功德才能圆满。

只问事之应为不应为，应该做不应该做，不问力之能继不能继。"精诚所至，金石为开"。事无有不办者，"皆欢喜行持"，都欢欢喜喜去做，委曲婉转地一定把它做到成就而后已，这就是"随缘方便，广植阴功"。

"且以敦伦、勤学、守谦、忍辱，与夫因果报应之言，逢人化导，惟日不足。持之既熟，动即万善相随。静则一念不起。如是三年。"三年，这是千日之功啊，我们想一想，他过去的业障多重！三年就转过来。袁了凡先生过去转命的时候，也是三年转过来。三年就见到效果了。为什么我们三年还做不到！三年时日不算长，为什么不肯自勉、发奋呢！希望朋友们读到这里，应当要奋起，效法俞净意先生。

俞先生做了三年，在他50岁这年，张居正以宰相的身份主持这一次的考试，也就是主考官。考完之后，他想在同乡中选一位品学兼优的人，来教导他的儿子，乡里的人都推荐俞净意先生。就这样，俞先生在宰相家中做了私塾老师，生活环境当然就改善了，不至于再像过去那样的穷苦潦倒。

张居正非常敬重俞净意公的道德学问，所以为他"援例入国学"，也就是推荐他到国子监读书。当时国家所办的大学，不像现在大学有这么多，那时国立大学只有国子监一所，明代由于特殊原因，南北各一所，而这所学校出来的学生，都是做官的，是为国家培养通才的学府。

"历四年丙子，赴京乡试，遂登科；次年中进士。"不但考上了举人和进士，后边的感应更不可思议。俞公有一天去见太监杨公公，杨公是太监，所以没有儿子。他的儿子都是义子，现在所谓的干儿子，都是从外面找来的。他养育这些孩子，可以养老。他有五个干儿子，自己年老了，干儿子很孝顺。他叫这五个儿子都来拜见俞净意先生，其中有一位小孩，16岁。俞公一见面，就觉得很面熟，好像是从前认识的。问孩子哪里人，这孩子说自己是江西人。

这小孩还仿佛记得家乡，记得自己本来姓氏。小时候游玩时误入人家载粮食的船，船开走了，小孩也带走了。俞净意公一听之后，非常地惊讶，让孩子脱下鞋来，果然跟他丢失的儿子脚上的痣一模一样，原来就是他遗失的儿子。

他太太生了五个儿子，死四个，有一个失踪了；生了四个女儿，死了三个，只剩一个女儿在身边。他的太太因为想念儿女，眼睛都哭瞎了。这个时候，遇到了他失散多年的儿子。这个太监杨公很不错，知道小孩真的是俞公的儿子，立刻欢欢喜喜地就送还给他了。俞先生立刻将这个消息告诉他太太。

"夫人抚子大恸，血泪迸流；子亦啼，捧母之面而舐其目。其母双目复明。"你看，改过迁善之报如是。诸位想想，眼睛瞎了，现代眼科这样进步，也不容易恢复。经典上常讲"佛氏门中，有求必应"，怎么会没有感应道交呢？

袁了凡先生短命都能延寿，寿命都可以延长，疾病怎么会不好？这并不是迷信。经典上说的理论，我们看了也很明了，说起来也能相信，可是经本一丢开就忘了。不能说不相信，是忘了！也可以说信得不扎实。《华严经》讲："信为道源功德母，长养一切诸善根，除灭一切诸疑惑，示现开发无上道。"

理上能讲得通，事上就可以办得到。理就是事，事就是理，所谓"理事无碍"，境界当然能转变，命运当然能改变。他的儿子很孝顺，也非常难得，能"捧母之面而舐其目"，这一点很难得！所以，他母亲因此双目复明，这是感应道交的事实。俞先生改过自新，力行三年就有这么好的效果，真实的效验。其往后行善更加积极，尽形寿都不改变。他就是这么修行的，就是这样的断恶修善，改变命运的。

"其子娶妇，连生七子，皆育，悉嗣书香焉。"俞先生自己本来很不幸，生了那么多儿女，结果只剩一子一女。他是从47岁才开始改过修善，50岁才得到感应。我们很多人都比他年轻，要是能努力学习，断恶修善，改过自新，那我们的前途太光明了！你们的效验、福报、感应必然超过俞净意先生，超过袁了凡先生，这是一定可以做得到的！

只要我们肯努力做，三年之后，一定是事事如意，有求必应。为什么不勉力去做呢？看俞先生的儿孙命运都转好了，这是积德修善的感应。俞先生的七位孙儿个个书都念得很好，书香门第，个个成名。

而且他写下自己"实行改过事以训子孙"。他遇到张先生，经张先生一番开导之后改过自新，到晚年就有这样效验与果报。俞公把他自己一生改过自新之事，毫无隐瞒地写出来，教训他的子孙。

你看，晚年所享的福报才是真实的"福报"；年轻人享福，老实说绝不是福。年轻时发达过早，容易迷惑颠倒，造罪业，这叫"少年得志大不幸"。因此，年轻的时候要多修福、培福，照俞先生的方法去做，把福德留到晚年享受，这才是懂得享福、造福的人。

"身享康寿，八十八岁。"俞公寿命也延长至88岁，他的长寿是修得的，而不是命中所有的。因为张先生说过："种种意恶，固结于中，神注已多，天罚日甚，君逃祸且不暇，何由祈福哉？"可知他没有福报。寿命是福报之一，五福中就有"长寿"。由此可知，他的长寿与福报，完全是他自己从47岁以后所修来的，而且是"康寿"。

也就是说除了长寿，他还康宁，有些人寿命长，但是各种疾病，或者子孙不孝，孤苦伶仃，生不如死，寿命很长反而遭罪更多，如果不遇到像云谷禅师和张先生这样的高人，很难转变命运。"人皆以为实行善事，回天之报云。"乡里大众看到俞先生一生所得的果报，没有一个不说他是力行善事，改转了自己的命运。

《了凡四训》的注解，我们到此地就要结束了。但是，我们跟了凡先生的学习永远不会停止。了凡先生现身说法，把自己知命改命、改过迁善、谦虚处世的一生写给了自己的孩子，也传给了后人，功德尤不可称量，这正是我们的最佳榜样！同样在明代，还有吕得胜、吕坤父子编选的《小儿语·续小儿语》，也是值得我们认真学习的传世家训，未来我们也会出专著，进行详细的解读和系统的学习。

正所谓"出世要学高僧，在家要学高士"。云谷禅师和中峰禅师是高僧，袁了凡先生、俞净意先生和吕得胜、吕坤父子是高士。我们以他们做典型，以他们做模范，照他们的方法学习和落实。不但命运可以扭转，幸福圆满，心想事成，兴旺家道，传承家风，学业和道业在这一生必定也可成就。

惟愿：

天下和顺，日月清明。风雨以时，灾厉不起。国丰民安，兵戈无用。崇德兴仁，务修礼让。国无盗贼，无有怨枉。强不凌弱，各得其所。

跋：你的人生是你选择和排序的结果

——谨以此书献给所有想要觉醒和成长的朋友们

《了凡四训》这本书文理俱畅、豁人心目，给我们的人生带来了真正的教育和根本的教育。袁了凡先生用自己的亲身经历为我们做出了改造命运最好的榜样和示范，又列举很多鲜活的历史人物作为补充和印证，让我们读起来有了欣欣向荣的真实希望，也有了取法学习的强烈心愿。

《了凡四训》已出版的读本有很多，大致分为诵读类、易解类、译注类和解读类。我在过去的十五年里，几乎所有的版本都学习和参考过。而且我曾经在传统文化出版行业做过多年的编校工作，完成一部集大成从而承前启后的《了凡四训》解读著作，既是恩师的殷勤咐嘱，亦是我多年来的夙愿。

为此，我在成书的过程中，斋心敬意、沐手焚香，经常忘记饮食和睡眠，只为写出一本值得信赖的解读版本。当然，这与古圣先贤著书立传时的愿心和坚守相比，可能永远也不能望其项背。对于这本书，我可以用一句话总结内心的独白："已求尽善尽美，亦求无愧我心！"《了凡四训：改造命运的东方羊皮卷》，正是在这样的发心立愿和因缘际会之下完成的，我在前人的基础上对《了凡四训》做了更为详尽的解读。

本书分为三十三章，每章都有中华传统文化的核心观念，比如传统文化的财富观、传统文化的夫妻观、传统文化的教子观，等等。本书的行文也和作者袁了凡先生的文风一致，本着深入浅出的原则，也结合了自身学习《了凡四训》十多年来的人生经历和心得体会，用经解和典故相结合的方式完成，可以说将《了凡四训》这本书变成了更丰满、更厚重、更易理解的"大《了凡四训》"。

尤其在"改过之法"和"谦德之效"这两个单元，倾注心血之切，所著文字之多，义理阐述之详、可以说前无古人，也许再难有来者，皆因反省改过与诚敬谦和，是改命和保命之核心。我们每个人都有创造性、自主性和局限性。

人生不得意十之八九，皆因不明人生的真谛。所谓安身立命，就是安定我们的身心，明了自己的使命，使命就是如何使用我们自己的生命，过好自己的一生，即稻盛和夫先生所说的："作为人，何谓正确？"

面对这个问题，读书必不可少。读书为起家之本，穷不读书，穷根难断；富不读书，富不长久。高尔基也说："我读的书愈多，就愈亲近世界，愈明了生活的意义，愈觉得生活的重要。"以《了凡四训》为代表圣贤经典和家训善书，正是我们每个人必备、必读、必学的好书。人生之所以不如意，皆因欲望、情绪和习气这三大难题不易解决。读书正是为了明理，从而更好地指导我们的学习和生活，解决我们人生的这三大难题。

清代大诗人、画家石韫玉先生说："精神到处文章老，学问深时意气平。"这句话就在阐述经典的重要性，也说明读书可以帮助我们降低欲望、减少情绪。曾国藩先生说："人之气质，由于天生，本难改变，唯读书则可变其气质。古之精于相法者，并言读书可以变换骨相。"我们学习《了凡四训》，读圣贤经典，不但可以降低欲望、减少情绪，还可以变化气质，这就是改变了我们的习性和习惯。

我们千万不要忽视我们习惯，尤其要注意好习惯的培养和坏习惯的改正。西方有一则重要的典故，说明了习惯对我们的影响有多大。在亚历山大大帝时期，亚历山大拜亚里士多德为师，建了一个很大的图书馆。有一次图书馆起火，受灾很严重，许多书被烧了，一些书被人趁乱偷走了。其中一本书表面很平常，但夹层里有张羊皮纸，是一幅藏宝图。

藏宝图里有一个欧洲世代相传的人尽皆知的秘密，即点石成金的秘密。据说世上有一块可以点石成金的石头，只要用这块石头去碰一下别的石头，别的石头就能变成黄金。这个藏宝图就记载了这块点石成金石的秘密。这块石头被前人藏在黑海边的悬崖峭壁上，那里有很多大同小异的黑色石头，但唯独这块石头很独特。别的都是冰凉凉的石头，而它是热的。

这本书流传出去之后，被一个富家子弟得到。他意外地发现了夹层中羊皮纸的奥秘，于是倾家荡产，前去寻宝。他就来到黑海边，果然找到了那个地方。旁边万丈悬崖，底下是大海，峭壁之上有好多这种黑色的石头。他开始就一个一个拣石。他想到一个办法，把捡起来不是发热的石头全都扔到海里去。

一天、一个月、一年，整整捡了十年。

功夫不负有心人，有一天，他弯下腰去，伸于拣起一块石头，哇，是一块滚烫的石头。他心中一阵狂喜，终于捡到了这块点金石！可是，鬼使神差一般，他站起身来，啪，一下子把这块儿发烫的石头像往日一样习惯性的顺手就扔到海里去了。这可是那块点金石呀！因为，他已经扔了十年的石头了啊！

可见惯性的力量、习惯的力量有多大！人同此心，心同此理，我们的人生和命运也是这样造就的。我们的命运就是选择和排序的结果，选择和排序决定了你会有什么样的人生走向和性格习惯。我们要清醒地认识到：你有选择的自由，但是选择后的结果是不会自由的，就像我们话一出口，你就不再是这句话的主人了。所以，人在面临选择的时候，往往手上按着人生转折的按钮。

有句话说："人生最重要的不是奋斗，是抉择。"抉择之间见智慧，人生的志向和选择最重要，这决定了我们人生的走向，所以也有人说："抉择大于努力！"正如曾仕强教授所说："人各有志，人各有命。你的命运是你的意志创造出来的！所以不要认命，而要造命。"这就是袁了凡先生可以改造命运的奥秘所在。

我们的命运是我们选择出来的，也是我们排序的结果。《大学》讲："物有本末，事有终始。之所先后，则近道矣。"很多朋友不是不清楚读书的重要性，尤其是经典文化学习的迫切性，他心知肚明。可是当你劝他买本好书或者听些有价值的讲座的时候，他会说："我不是不想学，可是我真的没有时间啊。"康华兰先生说："你一定没有时间做所有的事情，但是你一定有时间做你认为很重要的事情，只要是你认为很重要的事情，你就一定有时间去做。"

我们应该真实而负责地面对我们的人生和家庭，如果我们面对经典我们舍不得投入时间和精力，舍不得花钱，或者我们买了书籍、报了课程却不知珍惜，甚至昏昏欲睡，我只能说："大势已去！"这不是一句玩笑话，只有将死之人，人生才会没时间，才会如此没有精神和活力。所以，当有人鼓励我们对进行《了凡四训》进行经典阅读和课程学习的时候，我们应该说："感恩您，我安排一下时间。"而不是："我很想去，可是我没有时间"。

北宋文学家欧阳修说："立身以力学为先，力学以读书为本。"可见，多读书眼中便有乾坤，胸中便有沟壑。这世界上没有随随便便的德高望重，也没有无迹可寻的碌碌无为，你的声望都是你创造的精神价值、物质价值和能量价值的表现。坚守正道，正义的事业是不会被破坏的，得到善终和福报的永远是真正有道德、有智慧、有底线的人。如果你不读书，不持续学习，你那捉襟见肘的素质，就是你失败的根源。即使你拥有再多富贵，人们对你的估值也高；即使你装扮得再好看，戴的配饰越多，越能衬托出你的土气和俗气。

北宋文学家黄庭坚非常爱读书，一日不读书，顿觉生活了无乐趣。为此他写了一首诗："一日不读书，尘生其中；两日不读书，言语乏味；三日不读书，面目可憎。"后人据此曰："一日不读圣贤书，便觉面目可憎；三日不读书，便觉面目全非。"

我个人认为：读书，是最好的整容术，不但可以变化气质，读《了凡四训》，更可以改造命运、心想事成、兴家旺族、家业长兴，甚至可以化腐朽为神奇，为时代、为民族、为国家、为人民、为文化做出不可思议的贡献，创造不可估量的价值。而我们扪心自问，我们每天、每月、每年，又有多少精力和金钱用在了买书、读书、买课、听课上了呢？人这一生如果不读、不学习、不进步，苦苦奔命一生，赚的钱又用来做什么呢？

清代状元姚文田说："世上几百岁旧家，无非积德；天下第一件好事，还是读书。"一个人假如在读书和行善上吝啬钱，在别处却大手大脚；在读书学习上不舍得花时间，却把大把时间放在吃喝玩乐等物欲横流的享受上，这个人一辈子不可能有什么出息，也很难为个人、家庭和社会创造价值。一个不能创造价值的人，本质上是在消耗着这个世界的能量，是不会真正被人尊重的。

我们也要明白：读书不仅要读书本之书，还要重视实践，读懂生活这本大书。用经典指导生活，用实践来体会经典，这才是正确的读书方式。"纸上得来终觉浅，绝知此事要躬行。"如果自身没有体证，就是"偷来"的境界，而不是修来的福报，这就很不真实。没有调查，就没有发言权。为此，我们也愿意不辞辛劳地行万里路。何谓走运？走起来才有运，要么去参学，要么请外边的人来赐教，或者随时随地向来往的朋友请教。一定要知行合一，解行相应，才能体会圣贤的诚明之道，并运用在自己的学习和工作当中，建立一番属于自己和大众的有意义的事业！

所以，何谓事业？《易经·系辞》言："形而上者谓之道，形而下者谓之器，化而裁之谓之变；推而行之谓之通，举而措之天下之民，谓之事业。"我们选择学习和落实《了凡四训》，养成良好的阅读和听课习惯，传承圣贤智慧，能够让我们透过现象看清事物的本质，从而让我们成为一个有用的人，不断地创造价值，实现我们心中的意义。正如《坛经》所言："外离相为禅，内不乱为定。"当我们通达明了"体相用"的真谛之后，我们豁然开朗，原来一切现象都是我们成长的工具。

具体而言，顺境和逆境都是一种相，都是我们修为自己的抓手。顺境里充满生机，会产生很多生存的机遇，但是也暗藏隐患。逆境里充满危机，但危险中也会产生很多柳暗花明又一村的机会，所谓危机就是危中有机。我们逃避不了，必须接受，也要对人生负起全面而深刻的责任，不然就很难再有东山再起、转危为安、转变命运的机会了。

我的祖先孟子曾言："故天将降大任于是人也，必先苦其心志，劳其筋骨，饿其体肤，空伐其身行，行拂乱其所为，所以动心忍性，曾益其所不能。"逆境其实是上天给我们的考题，苦难是上天给我们的考验，如果我们不能坚定信念，改变自己的错误，很可能错过了人生很重要的提升的机会点。苦难的本质是唤醒，逆境的本质是提醒，我们要在逆境中觉醒和成长，在绝境中升华和成熟。

如果您也有时面临如此情况：内心缺乏足够的胆量，脑子缺少正确的观念；骨子缺乏坚定的勇气，改变缺少必要的行动，事业缺乏充分的毅力，态度缺少应有的谦和。辛苦不被认可，努力不被认可，付出不见回报，上进不被提拔，真心不被理解，诉求不被重视。此时，我们渴望光明，正是我们更加需要提升智慧和能量的时刻。人生的黑暗时刻，尤其是黎明前的黑暗，这是上天对我们的恩赐。

正如《周易·系辞下》所言："《易》穷则变，变则通，通则久。"天不生仲尼，万古如长夜。这个长夜就是愚痴，我们人生的黑暗时刻，是我们的愚痴造成的。圣贤经典是我们的指路明灯，可以让我们有智慧和勇气，走出困境，走向人生的巅峰，实现人生的价值，也能让我们在取得成绩后不会沾沾自喜，而会居安思危，家业长青。

老人言："穷则思变，差则思勤，富则思远。"当一个人贫困短缺的时候，他会思考改变自身的方法，不断努力地改善自己。而当我们已经富足的时候，他们应该思考更加远大的目标，远离奢华和傲慢。我们学习优秀的家训文化，就要有"留余"的观念，这也是康百万庄园"留余匾"的来源。

在《说文解字》中，"留"是"止"的意思，"余"是"丰饶"的意思，"留余"的本义是"止于丰饶处"，其引申义就是凡事都要有度，留有余地，适可而止，意在告诉人们在为人做事各个方面勿过、勿满、勿贪。知足常乐，满而不盈，是人生的幸福。正如南宋大儒王伯大的《四留铭》所言："留有余，不尽之巧以还造化；留有余，不尽之禄以还朝廷；留有余，不尽之财以还百姓；留有余，不尽之福以还子孙。"

清代学者李密庵在《半半歌》中曾言："酒饮半酣正好，花开半时偏妍。"很多时候，成败兴衰，浓淡缓急，就看如何把握分寸。内有操守，外有尺度。每个人，日常言行中讲一点"留余"，进有度、退有则，这个世界，便会多一点圆满，少一些缺憾。

北宋诗人王令在《寄介甫》也曾写道："终见乘桴去沧海，好留余地许相依。"一个人懂得留余，善于取舍，体现的是一种豁达闲适的良好心态和洒脱的精神境界。不要认为钱是自己挣得，就可以想怎么花就怎么花？财富是老天爷暂时放在我们这里的福报，天之道损有余而补不足。

俗话说："勤是摇钱树，俭是聚宝盆。"又说："人穷衣服破，说啥都是错。"不是说你挣得钱你就可以随便花，更不可以超前消费，透支人生的福报。如果我们没有勤俭持家的概念，多大的家产都会被败光的。由俭入奢易，由奢入俭难啊，成年人的崩溃往往是从缺钱开始的，眼睁睁地看着父母亲人遭受苦难你拿不出钱，甚至都借不到钱，再难过也无力回天，这大抵是人生最大的遗憾。

所以，穷日子、富日子都要好好过日子，都要好好经营自己的人生和家庭。宁可大大方方的"小气"，也不要小心翼翼的"大方"，当用别省，当生别用。能挣钱的时候一定要省着点儿花，人生总有挣不到钱和钱不好挣的时候。需牢记：读书明理、改过积德、谦逊留余，这是留给自己和家人的人生底气！

米兰昆德拉在小说《不能承受的生命之轻》中说道："最沉重的负担压迫着我们，让我们屈服于它，把我们压迫到地面上。负担越重，我们的生命就越贴近地面，它就真实地存在。""相反，当负担完全消失，人就变得比空气还轻，就会随风飘起来，就会远离大地和地上的生命，人也就是一个半真的存在，其运动也变得自由而毫无意义。"这就变成了我们"不能承受的生命之轻"。

正如《小窗幽记》所说："心为形役，尘世牛马；身被名牵，樊笼鸡鹜。"在现实生活中，多数人都会不自觉成为追名逐利的行尸走肉，为了名利奔波，为了欲望而活。在前进的路上，我们不自觉地不断往自己的背上加重，于是我们的腰越来越弯，生活却离我们越来越远。我们所有的人都有被虚荣冲昏了头脑的时候，总是想着飘起来看到更好的地方，所以抛弃了本应承担的责任与道德。

古人云："盛者衰之始，福者祸之基，虽可幸，亦可惧也。"《易经》的"大有卦"随后就是"谦卦"，"泰卦"随后就是"否卦"，"乾卦"随后就是"坤卦"，而"坤卦"的第一爻就是："履霜坚冰至。"所以，我们不要骄傲自满、故步自封，因此画而不进，不进则退。不要总拿自己过去的成绩炫耀，这样很容易伤害身边的人，尤其是在谈合作，不要总谈以前的业绩，因为这跟现在要做的事可能压根儿没有任何关系。

老人家尤其不要倚老卖老，夫子说："后生可畏！"一定要多培养人才、提携有德才的晚辈。多鼓励和支持年轻人，不要否定他们，更不要排斥和看不上他们。有句话充满了《易经》的智慧："垃圾，是放错位置的资源。"要多找别人的好处，成学会成人之美，隐恶扬善。特别是来自贫困家庭和偏远地区的孩子，对他们多加培养，他们更容易会滴水之恩涌泉相报，为社会做出更多的奉献和努力。这样既给年轻人提供了传承文化和事业的机会，反过来自己的成就得到了升华，有了年轻人的敬爱和陪伴就不会孤单，方可享受真正的天伦之乐和五福临门。

而且我们永远不要一个人占尽好处，要给子孙留有德行之余泽。如果家族出现了不肖子孙，甚至出现了危害社会的败类，归根结底是因为长辈没有齐家的概念。曾仕强先生说："家庭，永远是人海茫茫中最温暖的一艘船。"我们要从自身做起，好好学习和落实《了凡四训》，重视家风建设和家庭教育，注意言传身教和环境教育，培养孩子自力更生的能力，远比扶持孩子的物质享受重要太多。

并且，要提醒子孙远离以下五种人：

第一，有不良爱好的人。比如黄赌毒，沾染不良爱好会让一个人一落千丈，甚至让家道急转直下。

第二，说话阴阳怪气的人。这种人往往自卑到了心理扭曲的地步，用这种方式填补内心的不自信。

第三，挑拨离间的人，这种人往往且舌如簧，杀人不见血，害人于无形之中，让你防不胜防。

第四，忘恩负义的人，"白眼狼"本质上是自己生命中的"吸血鬼"，当然需要敬而远之。

第五，胸无大志并安于享乐的人。这种人眼里往往只有吃喝玩乐。请牢记：吃什么饭不重要，跟谁吃才重要。朋友多了路好走，路好走了朋友更多。但关键要看交什么样的朋友，有的朋友是条生路，而有的朋友却是一条死路，这是我们不能不明白的道理。

我们谈起家庭教育，尤其要重视母教，古有岳母刺字，今有陈母问勇，这都是母教之典范。《幼学琼林》中的《女诫》这样写道："闺阃乃圣贤所出之地，母教为天下太平之源。"天下所有的圣贤都离不开母亲的教化，母教是国家安全、天下太平的源头。身教胜于言教，未成年子女和母亲在一起的时间最长，母亲是真正为他们扣上"人生第一颗扣子"的那个人。因此，母亲的德行，往往决定了这个家庭能否培养出贤能孝敬的子女。

通过学习《了凡四训》我们可以明白：在人生的道路上，每一个岔道口都是一个新的开始，每一次选择都是一次新的机遇。愿每个人遇到人生路的分叉口，都可以选择对得起良心的那条路。让我们勇敢地面对每一个岔道口，明智地做出每一个选择，用自己的双手创造属于自己的人生故事。在人生的道路上，让我们携手前行，共同探索、共同奋斗，共同创造美好的未来。

叔本华说："人性越是完美，他的精神就越是孤独。"有时候我们就是要享受这种孤独，完成这种以文化传承为己任的使命。一个人的毁誉得失，不是自己可以决定的，只要为了正义而利他的事业，只要对得起我们的良心，只要问心无愧，我们就应该心无旁骛、无怨无悔、全力以赴地朝着我们的理想勇敢前行！

吉凶祸福，因人而现；顺逆动静，因人而明；冬至矿物，因人而察。正如屈子说："路漫漫其修远兮，吾将而求索……虽九死其犹未悔！"庄子说："举世誉之而不加劝，举世非之而不加沮！"孟子说："虽千万人（阻止）吾往矣！"孔子说："德不孤，必有邻。"正如林则徐先生对于谦先生的评价："公论久而后定，何处更得此人！"

《论语》言："夫子之道（一以贯之），忠恕而已矣。"忠字，至关重要。我认为：人要忠于祖国、忠于人民，忠于家庭、忠于爱情，忠于真我、忠于志愿，归根结底要忠于良心。我们坚定地前行，就会发现原来我们的精神和思想并不孤单，会有越来越多的同道中人和古圣先贤都在我们身边，或帮我们开路提携，或与我们并肩而行，或为我们摇旗呐喊。

朱东润先生在《张居正大传》一书最后写道："整个中国，不是一家一姓的事。任何人追溯到自己的祖先时，总会发现许多可歌可泣的事实；有的显赫一些，有的暗淡一些。但是当我们想到自己的祖先，曾经为自由而奋斗，为发展而努力，乃至为生存而流血，我们对于过去，固然是看到无穷的光辉，对于将来，也必然抱着更大的期待。前进吧，每一个中华民族的儿女！"

每个人的生命就像一滴水，即使你再饱满也会被蒸发，如果我们把自己放入历史的大江大河，倒进人民的汪洋大海，你就永远不会被蒸发，这才是有价值的人生，这才是人生的不朽！

行文到此地，还是期望大家重视阅读和落实经典。著名史学理论家克罗齐曾说："一切历史都是当代史。"科林伍德说："一切历史都是思想史。"有句谚语说得好："日光之下，并无新事。"我们有时候许多年不思其解的问题，可能阅读经典，突然看到一句话就醒悟了，然后发出一生感慨："我几年前为什么不读经典呢？"甚至有的人活了几十年其实不过是经典中的一句话，更遗憾的是，还是一个反面教材。

其实只要你愿意学习《了凡四训》，你真的想改正自己的错误，重建正向的人生和美满的家庭。甚至立志报国，承传文化，你只要是真心的求觉醒、思进步，什么时候都不晚。所以，夫子说："朝闻道，夕死可矣！"

曾子曰："士不可以不弘毅，任重而道远。仁以为己任，不亦重乎？死而后已，不亦远乎？"何其有幸生华夏，愿兴文化传后世。愿我得圣清净教，法音普及无边界。每每想起赵文竹先生的话："江河若断流，我辈何以对子孙？文化若失传，我辈何以见祖先？"我的眼睛便自然"决堤"式的热泪盈眶，我的前辈也会忍不住老泪纵横，我们不止一次地抱头痛哭。

尔后，便继续风雨兼程，并盼望有更多有识之士一起学习圣贤文化，传承这部《了凡四训》，找到内心的光明，摆脱命运的束缚，打破迷茫的桎梏，建立人生的气象。改造命运，心想事成，薪火相传，继往开来。从而建立美满之家庭，创造良好之家风，培养有德之人才，使祖德流芳，代代出圣贤，做出我们作为华夏子孙在自身所处的这个时代应有之贡献！

在此，无限感恩一切与此书有缘的朋友，也无限感恩一切对我和此书有帮助的一切人。

一并感恩一切过去、现在和未来为我和此书付出努力和心血的人。晓松敬重您，也在此祝福您，如意安康、圣妙吉祥！

纸短义长，成书艰辛。顶礼叩请各位有识之士和有缘的朋友，将《了凡四训》落实和传承下去。如果你也觉得这部经典很好，对您的人生也有帮助，请一定将这部经典传递和推荐给更多的人，晓松惟垂血泪，拜托了！

学力不逮之处，颙此就正于方家！

是为跋。

2024 年 10 月 21 日

晓松沐手书于迪吉书堂

附录一　了凡四训（原文）

立命之学

余童年丧父，老母命弃举业学医谓可以养生，可以济人，且习一艺以成名，尔父夙心也。

后余在慈云寺，遇一老者，修髯（rán）伟貌，飘飘若仙，余敬礼之。语余曰："子仕路中人也，明年即进学，何不读书？"

余告以故，并叩老者姓氏里居。

曰："吾姓孔，云南人也。得邵子皇极数正传，数该传汝。"

余引之归，告母。

母曰："善待之。"

试其数，纤悉皆验。余遂起读书之念，谋之表兄沈称，言："郁海谷先生，在沈友夫家开馆，我送汝寄学甚便。"

余遂礼郁为师。

孔为余起数：县考童生，当十四名；府考七十一名，提学考第九名。明年赴考，三处名数皆合。

复为卜终身休咎，言：某年考第几名，某年当补廪（lǐn），某年当贡，贡后某年，当选四川一大尹，在任三年半，即宜告归。五十三岁八月十四日丑时，当终于正寝，惜无子。余备录而谨记之。

自此以后，凡遇考校（jiào），其名数先后，皆不出孔公所悬定者。独算余食廪米九十一石五斗当出贡；及食米七十余石，屠宗师即批准补贡，余窃疑之。

后果为署印杨公所驳，直至丁卯年，殷秋溟（míng）宗师见余场中备卷，叹曰："五策，即五篇奏议也，岂可使博洽淹贯之儒，老于窗下乎！"遂依县申文准贡，连前食米计之，实九十一石五斗也。

余因此益信进退有命，迟速有时，澹（dàn）然无求矣。

贡入燕都，留京一年，终日静坐，不阅文字。己巳归，游南雍，未入监，先访云谷会禅师于栖霞山中，对坐一室，凡三昼夜不瞑（míng）目。

云谷问曰："凡人所以不得作圣者，只为妄念相缠耳。汝坐三日，不见起一妄念，何也？"

余曰："吾为孔先生算定，荣辱生死，皆有定数，即要妄想，亦无可妄想。

云谷笑曰：我待汝是豪杰，原来只是凡夫。"

问其故？曰："人未能无心，终为阴阳所缚，安得无数？但惟凡人有数；极善之人，数固拘他不定；极恶之人，数亦拘他不定。汝二十年来，被他算定，不曾转动一毫，岂非是凡夫？"

余问曰："然则数可逃乎？"

曰："命由我作，福自己求。诗书所称，的为明训。我教典中说：求富贵得富贵，求男女得男女，求长寿得长寿。夫妄语乃释迦大戒，诸佛菩萨，岂诳（kuáng）语欺人？"

余进曰："孟子言：'求则得之。'是求在我者也。道德仁义，可以力求；功名富贵，如何求得？"

云谷曰："孟子之言不错，汝自错解耳。汝不见六祖说：'一切福田，不离方寸。从心而觅，感无不通。'求在我，不独得道德仁义，亦得功名富贵。内外双得，是求有益于得也。

若不反躬内省，而徒向外驰求，则求之有道，而得之有命矣。内外双失，故无益。"

因问："孔公算汝终身若何？"

余以实告。

云谷曰："汝自揣（chuǎi）应得科第否？应生子否？"

余追省良久，曰："不应也。科第中人，类有福相，余福薄，又不能积功累行，以基厚福；兼不耐烦剧，不能容人；时或以才智盖人，直心直行，轻言妄谈。凡此皆薄福之相也，岂宜科第哉。"

"地之秽者多生物，水之清者常无鱼。余好洁，宜无子者一；和气能育万物，余善怒，宜无子者二；爱为生生之本，忍为不育之根。余矜惜名节，常不能舍己救人，宜无子者三；多言耗气，宜无子者四；喜饮铄（shuò）精，宜无子者五；好彻夜长坐，而不知葆（bǎo）元毓（yù）神，宜无子者六。其余过恶尚多，不能悉数。"

云谷曰："岂惟科第哉。世间享千金之产者，定是千金人物；享百金之产者，定是百金人物；应饿死者，定是饿死人物；天不过因材而笃（dǔ），几曾加纤毫意思。"

"即如生子，有百世之德者，定有百世子孙保之；有十世之德者，定有十世子孙保之；有三世二世之德者，定有三世二世子孙保之；其斩焉无后者，德至薄也。"

"汝今既知非，将向来不发科第，及不生子相，尽情改刷。务要积德，务要包荒，务要和爱，务要惜精神。"

"从前种种，譬如昨日死；从后种种，譬如今日生。此义理再生之身也。夫血（xuè）肉之身，尚然有数；义理之身，岂不能格天。"

"《太甲》曰：'天作孽，犹可违；自作孽，不可活。'《诗》云：'永言配命，自求多福。'孔先生算汝不登科第，不生子者，此天作之孽，犹可得而违。汝今扩充德性，力行善事，多积阴德，此自己所作之福也，安得而不受享乎？"

"《易》为君子谋，趋吉避凶。若言天命有常，吉何可趋，凶何可避？开章第一义，便说：'积善之家，必有余庆。'汝信得及否？"

余信其言，拜而受教。因将往日之罪，佛前尽情发露，为疏一通，先求登科。誓行善事三千条，以报天地祖宗之德。

云谷出功过格示余，令所行之事，逐日登记。善则记数，恶则退除，且教持准提咒，以期必验。

语余曰："符箓（lù）家有云：'不会书符，被鬼神笑。'此有秘传，只是不动念也。执笔书符，先把万缘放下，一尘不起。从此念头不动处，下一点，谓之混沌开基。由此而一笔挥成，更无思虑，此符便灵。凡祈天立命，都要从无思无虑处感格。"

"孟子论立命之学，而曰：'夭寿不贰。'夫夭与寿，至贰者也。当其不动念时，孰为夭，孰为寿？细分之，丰歉不贰，然后可立贫富之命；穷通不贰，然后可立贵贱之命；夭寿不贰，然后可立生死之命。人生世间，惟死生为重，曰夭寿，则一切顺逆皆该之矣。"

"至修身以俟（sì）之，乃积德祈天之事。曰修，则身有过恶，皆当治而去之；曰俟，则一毫觊觎（jì yú），一毫将迎，皆当斩绝之矣。到此地位，直造先天之境，即此便是实学。"

"汝未能无心，但能持准提咒。无记无数，不令间断。持得纯熟，于持中不持，于不持中持。到得念头不动，则灵验矣。"

余初号学海，是日改号了凡，盖悟立命之说，而不欲落凡夫窠臼（kē jiù）

也。从此而后，终日兢（jīng）兢，便觉与前不同。前日只是悠悠放任，到此自有战兢惕（tì）厉景象，在暗室屋漏中，常恐得罪天地鬼神。遇人憎我毁我，自能恬然容受。

到明年，礼部考科举，孔先生算该第三，忽考第一，其言不验，而秋闱（wéi）中式矣。

然行义未纯，检身多误：或见善而行之不勇；或救人而心常自疑；或身勉为善，而口有过言；或醒时操持，而醉后放逸。以过折功，日常虚度。自己巳岁发愿，直至己卯岁，历十余年，而三千善行始完。

时方从李渐庵入关，未及回向。庚辰南还，始请性空、慧空诸上人，就东塔禅堂回向。遂起求子愿，亦许行三千善事。辛巳，生男天启。

余行一事，随以笔记。汝母不能书，每行一事，辄（zhé）用鹅毛管，印一朱圈于历日之上。或施食贫人，或买放生命，一日有多至十余圈者。至癸（guǐ）未八月，三千之数（shù）已满。

复请性空辈，就家庭回向。九月十三日，复起求中进士愿，许行善事一万条，丙戌（xū）登第，授宝坻知县。

余置空格一册，名曰《治心编》。晨起坐堂，家人携付门役，置案上，所行善恶，纤悉必记。夜则设桌于庭，效赵阅道焚香告帝。

汝母见所行不多，辄颦蹙（pín cù）曰："我前在家，相助为善，故三千之数得完；今许一万，衙中无事可行，何时得圆满乎？"

夜间偶梦见一神人，余言善事难完之故。神曰："只减粮一节，万行（hèng）俱完矣。"

盖宝坻之田，每亩二分三厘七毫。余为区处，减至一分四厘六毫，委有此事，心颇惊疑。适幻余禅师自五台来，余以梦告之，且问此事宜信否？

师曰："善心真切，即一行可当万善，况合县减粮、万民受福乎？"

吾即捐俸银，请其就五台山斋僧一万而回向之。

孔公算予五十三岁有厄，余未尝祈寿，是岁竟无恙，今六十九矣。

《书》曰："天难谌（chén），命靡（mí）常。"又云："惟命不于常。"皆非诳语。吾于是而知：凡称祸福自己求之者，乃圣贤之言；若谓祸福惟天所命，则世俗之论矣。

汝之命，未知若何。即命当荣显，常作落寞想；即时当顺利，常作拂逆想；即眼前足食，常作贫窭（jù）想；即人相爱敬，常作恐惧想；即家世望重，常作卑下想；即学问颇优，常作浅陋想。

远思扬祖宗之德，近思盖父母之愆（qiān）；上思报国之恩，下思造家之福；外思济人之急，内思闲己之邪。

务要日日知非，日日改过。一日不知非，即一日安于自是；一日无过可改，即一日无步可进。天下聪明俊秀不少，所以德不加修、业不加广者，只为因循二字，耽搁一生。

云谷禅师所授立命之说，乃至精至邃（suì）、至真至正之理，其熟玩而勉行之，毋自旷也。

改过之法

春秋诸大夫，见人言动，亿而谈其祸福，靡（mí）不验者，《左》《国》诸记可观也。

大都吉凶之兆，萌乎心而动乎四体。其过于厚者常获福，过于薄者常近祸。俗眼多翳（yì），谓有未定而不可测者。

至诚合天，福之将至，观其善而必先知之矣；祸之将至，观其不善而必先知之矣。今欲获福而远祸，未论行善，先须改过。

但改过者，第一，要发耻心。思古之圣贤，与我同为丈夫，彼何以百世可师？我何以一身瓦裂？耽（dān）染尘情，私行不义，谓人不知，傲然无愧，将日沦于禽兽而不自知矣。世之可羞可耻者，莫大乎此。孟子曰："耻之于人大矣！"以其得之则圣贤，失之则禽兽耳。此改过之要机也。

第二，要发畏心。天地在上，鬼神难欺。吾虽过在隐微，而天地鬼神，实鉴临之。重则降之百殃，轻则损其现福；吾何可以不惧？

不惟此也。闲居之地，指视昭然。吾虽掩之甚密，文之甚巧，而肺肝早露，终难自欺。被人觑（qù）破，不值一文矣，乌得不懔（lǐn）懔？

不惟是也。一息尚存，弥天之恶，犹可悔改。古人有一生作恶，临死悔悟，发一善念，遂得善终者。谓一念猛厉，足以涤百年之恶也。譬如千年幽谷，一灯才照，则千年之暗俱除。故过不论久近，惟以改为贵。

但尘世无常，肉身易殒（yǔn），一息不属，欲改无由矣。明则千百年担负恶名，虽孝子慈孙，不能洗涤；幽则千百劫沉沦狱报，虽圣贤佛菩萨，不能援引。乌得不畏？

第三，须发勇心。人不改过，多是因循退缩。吾须奋然振作，不用迟疑，不烦等待。小者如芒刺在肉，速与抉剔（tī）；大者如毒蛇啮（niè）指，速与斩除。无丝毫凝滞，此风雷之所以为益也。

具是三心，则有过斯改，如春冰遇日，何患不消乎？

然人之过，有从事上改者，有从理上改者，有从心上改者。工夫不同，效验亦异。

如前日杀生，今戒不杀。前日怒詈（lì），今戒不怒。此就其事而改之者也。强制于外，其难百倍。且病根终在，东灭西生，非究竟廓然之道也。

善改过者，未禁其事，先明其理。如过在杀生，即思曰：上帝好生，物皆恋命，杀彼养己，岂能自安？且彼之杀也，既受屠割，复入鼎镬（huò），种种痛苦，彻入骨髓。己之养也，珍膏罗列，食过即空。疏食菜羹（gēng），尽可充腹，何必戕（qiāng）彼之生，损己之福哉？

又思血气之属，皆含灵知。既有灵知，皆我一体。纵不能躬（gōng）修至德，使之尊我亲我。岂可日戕物命，使之仇我憾我于无穷也？一思及此，将有对食伤心，不能下咽者矣。

如前日好怒，必思曰：人有不及，情所宜矜（jīn）。悖（bèi）理相干，于我何与？本无可怒者。

又思天下无自是之豪杰，亦无尤人之学问。行有不得，皆己之德未修，感未至也。吾悉以自反，则谤毁之来，皆磨炼玉成之地。我将欢然受赐，何怒之有？

又闻谤而不怒，虽谗（chán）焰薰天，如举火焚空，终将自息。闻谤而怒，虽巧心力辩，如春蚕作茧，自取缠绵。怒不惟无益，且有害也。

其余种种过恶，皆当据理思之。此理既明，过将自止。

何谓从心而改？过有千端，惟心所造。吾心不动，过安从生？学者于好色、好名、好货、好怒，种种诸过，不必逐类寻求。但当一心为善，正念现前，邪念自然污染不上。如太阳当空，魍魉（wǎng liǎng）潜消，此精一之真传也。

过由心造，亦由心改。如斩毒树，直断其根。奚必枝枝而伐，叶叶而摘哉？

大抵最上治心，当下清净。才动即觉，觉之即无。苟未能然，须明理以遣之。又未能然，须随事以禁之。以上事而兼行下功，未为失策。执下而昧上，则拙矣。

顾发愿改过，明须良朋提醒，幽须鬼神证明。一心忏悔，昼夜不懈，经一七、二七，以至一月、二月、三月，必有效验。

或觉心神恬（tián）旷；或觉智慧顿开；或处冗沓（rǒng tà）而触念皆通；或遇怨仇而回嗔（chēn）作喜；或梦吐黑物；或梦往圣先贤，提携接引；或梦飞步太虚；或梦幢幡（chuáng fān）宝盖。种种胜事，皆过消罪灭之象也。然不得执此自高，画而不进。

昔蘧（qú）伯玉当二十岁时，已觉前日之非而尽改之矣。至二十一岁，乃知前之所改，未尽也。及二十二岁，回视二十一岁，犹在梦中。岁复一岁，递递改之。行年五十，而犹知四十九年之非，古人改过之学如此。

吾辈身为凡流，过恶猬集。而回思往事，常若不见其有过者，心粗而眼翳（yì）也。

然人之过恶深重者，亦有效验。

或心神昏塞，转头即忘；或无事而常烦恼；或见君子而赧（nǎn）然消沮（jǔ）；或闻正论而不乐；或施惠而人反怨；或夜梦颠倒，甚则妄言失志。皆作孽之相也。苟一类此，即须奋发，舍旧图新，幸勿自误。

积善之方

《易》曰："积善之家，必有余庆。"昔颜氏将以女妻叔梁纥（hé），而历叙其祖宗积德之长，逆知其子孙必有兴者。孔子称舜之大孝，曰："宗庙飨（xiǎng）之，子孙保之。"皆至论也。

试以往事征之。

杨少师荣，建宁人。世以济渡为生。久雨溪涨，横流冲毁民居，溺死者顺流而下。他舟皆捞取货物，独少师曾祖及祖，惟救人，而货物一无所取。乡人嗤（chī）其愚。

逮（dài）少师父生，家渐裕。有神人化为道者，语之曰："汝祖父有阴功，子孙当贵显，宜葬某地。"遂依其所指而窆（biǎn）之，即今白兔坟也。

后生少师，弱冠登第，位至三公。加曾祖、祖、父，如其官。子孙贵盛，至今尚多贤者。

鄞（yín）人杨自惩，初为县吏。存心仁厚，守法公平。时县宰严肃，偶挞（tà）一囚，血流满前，而怒犹未息，杨跪而宽解之。

宰曰："怎奈此人越法悖理，不由人不怒！"

自惩叩首曰："上失其道，民散久矣！如得其情，哀矜（jīn）勿喜。喜且不可，而况怒乎？"

宰为之霁（jì）颜。

家甚贫，馈遗（kuì wèi）一无所取。遇囚人乏粮，常多方以济之。一日，有新囚数人待哺，家又缺米。给囚，则家人无食；自顾，则囚人堪悯（mǐn）。与其妇商之。

妇曰："囚从何来？"

曰："自杭而来。沿路忍饥，菜色可掬（jū）。"

因撤己之米，煮粥以食囚。

后生二子，长曰守陈，次曰守址，为南、北吏部侍郎。长孙为刑部侍郎。次孙为四川廉宪，又俱为名臣。今楚亭、德政，亦其裔也。

昔正统间，邓茂七倡乱于福建，士民从贼者甚众。朝廷起鄞县张都宪楷南征，以计擒贼。后委布政司谢都事，搜杀东路贼党。谢求贼中党附册籍，凡不附贼者，密授以白布小旗。约兵至日，插旗门首。戒军兵无妄杀，全活万人。

后谢之子迁，中状元，为宰辅。孙丕（pī），复中探花。

莆田林氏，先世有老母好善，常作粉团施人。求取即与之，无倦色。一仙化为道人，每旦索食六七团。母日日与之，终三年如一日，乃知其诚也。因谓之曰："吾食汝三年粉团，何以报汝？府后有一地，葬之，子孙官爵，有一升麻子之数。"

其子依所点葬之，初世即有九人登第，累代簪缨（zān yīng）甚盛，福建有"无林不开榜"之谣。

冯琢（zhuó）庵太史之父，为邑庠（yì xiáng）生。隆冬早起赴学，路遇一人，倒卧雪中。扪（mén）之，半僵矣。遂解己绵裘衣（yì）之，且扶归救苏。梦神告之曰："汝救人一命，出至诚心，吾遣韩琦为汝子。"及生琢庵。遂名琦。

台州应尚书，壮年习业于山中。夜鬼啸集，往往惊人，公不惧也。一夕，闻鬼云："某妇以夫久客不归，翁姑逼其嫁人。明夜当缢（yì）死于此，吾得代矣！"

公潜卖田，得银四两。即伪作其夫之书，寄银还家。其父母见书，以手迹不类，疑之。既而曰："书可假，银不可假，想儿无恙（yàng）。"妇遂不嫁。其子后归，夫妇相保如初。

公又闻鬼语曰："我当得代，奈此秀才坏吾事！"

旁一鬼曰："尔何不祸之？"

曰："上帝以此人心好，命作阴德尚书矣，吾何得而祸之？"

应公因此益自努励，善日加修，德日加厚。遇岁饥，辄（zhé）捐谷以赈之；遇亲戚有急，辄委曲维持；遇有横逆，辄反躬自责，怡然顺受。

子孙登科第者，今累累也。

常熟徐凤竹栻（shì），其父素富。偶遇年荒，先捐租以为同邑之倡，又分谷以赈贫乏。夜闻鬼唱于门曰："千不诓（kuāng）！万不诓！徐家秀才，做到了举人郎！"相续而呼，连夜不断。是岁，凤竹果举于乡。

其父因而益积德，孳（zī）孳不怠。修桥修路，斋僧接众。凡有利益，无不尽心。后又闻鬼唱于门曰："千不诓！万不诓！徐家举人直做到都（dū）堂！"

凤竹官终两浙巡抚。

嘉兴屠康僖（xī）公，初为刑部主事。宿狱中，细询诸囚情状，得无辜者若干人。公不自以为功，密疏其事，以白堂官。后朝（cháo）审，堂官摘其语，以讯诸囚，无不服者，释冤抑十余人。一时辇（niǎn）下咸颂尚书之明。

公复禀曰："辇毂（gǔ）之下，尚多冤民。四海之广，兆民之众，岂无枉者？宜五年差一减刑官，核实而平反之。"

尚书为奏，允其议。时公亦差减刑之列，梦一神告之曰："汝命无子，今减刑之议，深合天心，上帝赐汝三子，皆衣紫腰金。"

是夕，夫人有娠（shēn），后生应埙（xūn）、应坤、应埈，皆显官。

嘉兴包凭，字信之。其父为池阳太守，生七子，凭最少，赘（zhuì）平湖袁氏，与吾父往来甚厚。博学高才，累举不第，留心二氏之学。

一日东游泖（mǎo）湖，偶至一村寺中。见观音像，淋漓露立，即解囊（tuó）中得十金，授主僧，令修屋宇。

僧告以功大银少，不能竣（jùn）事。复取松布四匹（pǐ），检箧（qiè）中衣七件与之，内纻褶（zhù zhě），系新置，其仆请已之。

凭曰："但得圣像无恙，吾虽裸裎何伤？"

僧垂泪曰："舍银及衣布，犹非难事。只此一点心，如何易得！"

后功完，拉老父同游，宿寺中。

公梦伽蓝来谢曰："汝子当享世禄矣！"

后子汴，孙柽（chēng）芳，皆登第，作显官。

嘉善支立之父，为刑房吏。有囚无辜陷重辟，意哀之，欲求其生。

囚语（yù）其妻曰："支公嘉意，愧无以报。明日延之下乡，汝以身事之。彼或肯用意，则我可生也。"其妻泣而听命。

及至，妻自出劝酒，具告以夫意。支不听，卒为尽力平反之。

因出狱，夫妻登门叩谢曰："公如此厚德，晚世所稀，今无子，吾有弱女，送为箕（jī）帚妾，此则礼之可通者。"

支为备礼而纳之，生立，弱冠中魁，官至翰林孔目。立生高，高生禄，皆贡为学博。禄生大纶（lún），登第。

凡此十条，所行不同，同归于善而已。

若复精而言之，则善有真，有假；有端，有曲；有阴，有阳；有是，有非；有偏，有正；有半，有满；有大，有小；有难，有易。皆当深辨。为善而不穷理，则自谓行持，岂知造孽，枉费苦心，无益也。

何谓真假？昔有儒生数辈，谒（yè）中峰和尚。问曰："佛氏论善恶报应，如影随形。今某人善，而子孙不兴；某人恶，而家门隆盛；佛说无稽（jī）矣！"

中峰云："凡情未涤（dí），正眼未开。认善为恶，指恶为善，往往有之。不憾己之是非颠倒，而反怨天之报应有差乎？"

众曰："善恶何致相反？"

中峰令试言其状。

一人谓："詈（lì）人殴（ōu）人是恶，敬人礼人是善。"

中峰云："未必然也。"

一人谓："贪财妄取是恶，廉洁有守是善。"

中峰云："未必然也。"

众人历言其状，中峰皆谓不然。因请问。

中峰告之曰："有益于人是善；有益于己是恶。有益于人，则殴人、詈人皆善也；有益于己，则敬人、礼人皆恶也。"

是故人之行善，利人者公，公则为真；利己者私，私则为假。又根心者真，袭迹者假；又无为而为者真，有为而为者假。皆当自考。

何谓端曲？今人见谨愿之士，类称为善而取之。圣人则宁取狂狷（juàn）。至于谨愿之士，虽一乡皆好，而必以为德之贼。是世人之善恶，分明与圣人相反。

推此一端，种种取舍，无有不谬。天地鬼神之福善祸淫，皆与圣人同是非，而不与世俗同取舍。

凡欲积善，决不可徇（xùn）耳目。惟从心源隐微处，默默洗涤。纯是济世之心，则为端；苟有一毫媚世之心，即为曲；纯是爱人之心，则为端；有一毫愤世之心，即为曲；纯是敬人之心，则为端；有一毫玩世之心，即为曲。皆当细辨。

何谓阴阳？凡为善而人知之，则为阳善；为善而人不知，则为阴德。阴德，天报之；阳善，享世名。名，亦福也。名者，造物所忌。世之享盛名而实不副者，多有奇祸；人之无过咎而横被（pī）恶名者，子孙往往骤发。阴阳之际微矣哉！

何谓是非？鲁国之法：鲁人有赎人臣妾于诸侯，皆受金于府。子贡赎人而不受金。孔子闻而恶（wù）之，曰："赐失之矣！夫圣人举事，可以移风易俗，而教道可施于百姓，非独适己之行也。今鲁国富者寡而贫者众，受金则为不廉，何以相赎乎？自今以后，不复赎人于诸侯矣。"

子路拯（zhěng）人于溺，其人谢之以牛，子路受之。孔子喜曰："自今鲁国多拯人于溺矣！"

自俗眼观之，子贡不受金为优，子路之受牛为劣，孔子则取由而黜（chù）赐焉。乃知人之为善，不论现行，而论流弊；不论一时，而论久远；不论一身，而论天下。现行虽善，而其流足以害人，则似善而实非也；现行虽不善，而其流足以济人，则非善而实是也。

然此就一节论之耳。他如非义之义，非礼之礼，非信之信，非慈之慈，皆当抉择。

何谓偏正？昔吕文懿（yì）公，初辞相位，归故里。海内仰之，如泰山北斗。有一乡人，醉而詈（lì）之。吕公不动，谓其仆曰："醉者勿与较也。"闭门谢之。逾年，其人犯死刑入狱。吕公始悔之曰："使当时稍与计较，送公家责治，可以小惩而大戒。吾当时只欲存心于厚，不谓养成其恶，以至于此。"此以善心而行恶事者也。

又有以恶心而行善事者。如某家大富，值岁荒，穷民白昼抢粟于市。告之县，县不理，穷民愈肆。遂私执而困辱之，众始定。不然，几乱矣。

故善者为正，恶者为偏，人皆知之。其以善心而行恶事者，正中偏也；以恶心而行善事者，偏中正也。不可不知也。

何谓半满？《易》曰："善不积，不足以成名；恶不积，不足以灭身。"《书》曰："商罪贯盈。"如贮（zhù）物于器。勤而积之，则满；懈（xiè）而不积，则不满。此一说也。

昔有某氏女入寺，欲施而无财，止有钱二文，捐而与之，主席者亲为忏悔。及后入宫富贵，携数千金入寺舍之，主僧惟令其徒回向而已。

因问曰："吾前施钱二文，师亲为忏悔，今施数千金，而师不回向，何也？"

曰："前者物虽薄，而施心甚真，非老僧亲忏，不足报德；今物虽厚，而施心不若前日之切，令人代忏足矣。"

此千金为半，而二文为满也。

钟离授丹于吕祖，点铁为金，可以济世。

吕问曰："终变否？"

曰："五百年后，当复本质。"

吕曰："如此则害五百年后人矣，吾不愿为也。"

曰："修仙要积三千功行（hèng），汝此一言，三千功行已满矣。"

此又一说也。

又为善而心不着（zhuó）善，则随所成就，皆得圆满。心着于善，虽终身勤励，止于半善而已。譬如以财济人，内不见己，外不见人，中不见所施之物，是谓"三轮体空"，是谓"一心清净"，则斗粟可以种无涯之福，一文可以消千劫之罪，倘此心未忘，虽黄金万镒（yì），福不满也。

此又一说也。

何谓大小？昔卫仲达为馆职，被摄至冥司，主者命吏呈善恶二录，比至，则恶录盈庭，其善录一轴，仅如箸（zhù）而已。索秤称之，则盈庭者反轻，而如箸者反重。

仲达曰："某年未四十，安得过恶如是多乎？"

曰："一念不正即是，不待犯也。"

因问："轴中所书何事？"

曰："朝廷尝兴大工，修三山石桥，君上疏谏（jiàn）之，此疏稿也。"

仲达曰："某虽言，朝廷不从，于事无补，而能有如是之力？"

曰："朝廷虽不从，君之一念，已在万民；向使听从，善力更大矣。"

故志在天下国家，则善虽少而大；苟在一身，虽多亦小。

何谓难易？先儒谓克己须从难克处克将去。夫子论为仁，亦曰先难。

必如江西舒翁，舍二年仅得之束修，代偿官银，而全人夫妇。与邯郸张翁，舍十年所积之钱，代完赎银，而活人妻子，皆所谓难舍处能舍也。如镇江靳（jìn）翁，虽年老无子，不忍以幼女为妾，而还之邻，此难忍处能忍也。故天降之福亦厚。

凡有财有势者，其立德皆易，易而不为，是为自暴。贫贱作福皆难，难而能为，斯可贵耳。

随缘济众，其类至繁。约言其纲，大约有十。第一，与人为善；第二，爱敬存心；第三，成人之美；第四，劝人为善；第五，救人危急；第六，兴建大利；第七，舍财作福；第八，护持正法；第九，敬重尊长；第十，爱惜物命。

何谓与人为善？昔舜在雷泽，见渔者皆取深潭厚泽，而老弱则渔于急流浅滩之中，恻（cè）然哀之，往而渔焉。见争者皆匿其过而不谈；见有让者，则揄（yú）扬而取法之。期（jī）年，皆以深潭厚泽相让矣。夫以舜之明哲，岂不能出一言教众人哉？乃不以言教而以身转之，此良工苦心也。

吾辈处末世，勿以己之长而盖人，勿以己之善而形人，勿以己之多能而困人。收敛才智，若无若虚。见人过失，且涵容而掩覆之。一则令其可改，一则令其有所顾忌而不敢纵。见人有微长可取，小善可录，翻然舍己而从之，且为艳称而广述之。凡日用间，发一言，行一事，全不为自己起念，全是为物立则，此大人天下为公之度也。

何谓爱敬存心？君子与小人，就形迹观，常易相混。惟一点存心处，则善恶悬绝，判然如黑白之相反。故曰：君子所以异于人者，以其存心也。君子所存之心，只是爱人敬人之心。盖人有亲疏贵贱，有智愚贤不肖，万品不齐，皆吾同胞，皆吾一体，孰非当敬爱者？爱敬众人，即是爱敬圣贤；能通众人之志，即是通圣贤之志。何者？圣贤之志，本欲斯世斯人，各得其所。吾合爱合敬，而安一世之人，即是为圣贤而安之也。

何谓成人之美？玉之在石，抵掷（dǐ zhì）则瓦砾（lì），追琢（zhuó）则圭璋（guīzhāng）。故凡见人行一善事，或其人志可取而资可进，皆须诱掖（yè）而成就之。或为之奖借，或为之维持，或为白其诬而分其谤，务使之成立而后已。

大抵人各恶（wù）其非类，乡人之善者少，不善者多。善人在俗，亦难自立。且豪杰铮（zhēng）铮，不甚修形迹，多易指摘。故善事常易败，而善人常得谤。惟仁人长者，匡直而辅翼之，其功德最宏。

何谓劝人为善？生为人类，孰无良心？世路役役，最易没（mò）溺。凡与人相处，当方便提撕，开其迷惑。譬犹长夜大梦，而令之一觉（jué）；譬犹久陷烦恼，而拔之清凉。为惠最溥（pǔ）。韩愈云：一时劝人以口，百世劝人以书。较之与人为善，虽有形迹，然对证发药，时有奇效，不可废也。失言失人，当反吾智。

何谓救人危急？患难颠沛，人所时有。偶一遇之，当如痌瘝（tōng guān）之在身，速为解救。或以一言伸其屈抑，或以多方济其颠连。崔子曰："惠不在大，赴人之急可也。"盖仁人之言哉。

何谓兴建大利？小而一乡之内，大而一邑（yì）之中，凡有利益，最宜兴建。或开渠导水；或筑堤防患；或修桥梁，以便行旅；或施茶饭，以济饥渴。随缘劝导，协力兴修，勿避嫌疑，勿辞劳怨。

何谓舍财作福？释门万行（hèng），以布施为先。所谓布施者，只是舍之一字耳。达者内舍六根，外舍六尘，一切所有，无不舍者。苟非能然，先从财上布施。世人以衣食为命，故财为最重。吾从而舍之，内以破吾之悭（qiān），外以济人之急。始而勉强，终则泰然。最可以荡涤（dí）私情，祛（qū）除执吝（lìn）。

何谓护持正法？法者，万世生灵之眼目也。不有正法，何以参赞天地？何以裁成万物？何以脱尘离缚？何以经世出世？故凡见圣贤庙貌，经书典籍，皆当敬重而修饬（chì）之。至于举扬正法，上报佛恩，尤当勉励。

何谓敬重尊长？家之父兄，国之君长，与凡年高、德高、位高、识高者，皆当加意奉事。在家而奉侍父母，使深爱婉容，柔声下气，习以成性，便是和气格天之本。出而事君，行一事，毋（wú）谓君不知而自恣（zì）也。刑一人，毋谓君不知而作威也。事君如天，古人格论，此等处最关阴德。试看忠孝之家，子孙未有不绵远而昌盛者，切须慎之。

何谓爱惜物命？凡人之所以为人者，惟此恻隐之心而已。求仁者求此，积德者积此。《周礼》："孟春之月，牺牲毋用牝（pìn）。"孟子谓："君子远庖（páo）厨！"所以全吾恻隐之心也。故前辈有四不食之戒，谓闻杀不食，见杀不食，自养者不食，专为我杀者不食。学者未能断肉，且当从此戒之。

渐渐增进，慈心愈长。不特杀生当戒，蠢动含灵，皆为物命。求丝煮茧，锄地杀虫，念衣食之由来，皆杀彼以自活。故暴殄（tiǎn）之孽（niè），当于杀生等。至于手所误伤，足所误践者，不知其几（jǐ），皆当委曲防之。古诗云："为鼠常留饭，怜蛾不点灯。何其仁也？"

善行无穷，不能殚（dān）述。由此十事而推广之，则万德可备矣。

谦德之效

《易》曰："天道亏盈而益谦，地道变盈而流谦，鬼神害盈而福谦，人道恶（wù）盈而好谦。"是故谦之一卦，六爻（yáo）皆吉。《书》曰："满招损，谦受益。"

予屡同诸公应试，每见寒士将达，必有一段谦光可掬。

辛未计偕（xié），我嘉善同袍凡十人，惟丁敬宇宾，年最少，极其谦虚。

予告费锦坡曰："此兄今年必第！"

费曰："何以见之？"

予曰："惟谦受福。兄看十人中，有恂（xún）恂款款，不敢先人，如敬宇者乎？有恭敬顺承，小心谦畏，如敬宇者乎？有受侮不答，闻谤不辩，如敬宇者乎？人能如此，即天地鬼神，犹将佑之，岂有不发者？"

及开榜，丁果中式。

丁丑在京，与冯开之同处，见其虚己敛容，大变其幼年之习。李霁（jì）岩直谅益友，时面攻其非。但见其平怀顺受，未尝有一言相报。

予告之曰："福有福始，祸有祸先，此心果谦，天必相之，兄今年决第矣！"

已而果然。

赵裕峰光远，山东冠县人，童年举于乡，久不第。其父为嘉善三尹，随之任。慕钱明吾，而执文见之，明吾悉抹其文，赵不惟不怒，且心服而速改焉。明年，遂登第。

壬辰岁，予入觐（jìn），晤（wù）夏建所，见其人气虚意下，谦光逼人。归而告友人曰："凡天将发斯人也，未发其福，先发其慧。此慧一发，则浮者自实，肆者自敛。建所温良若此，天启之矣！"

及开榜，果中式。

江阴张畏岩，积学工文，有声艺林。甲午，南京乡试，寓一寺中。揭晓无名，大骂试官，以为眯目。时有一道者，在傍微笑，张遽（jù）移怒道者。

道者曰："相公文必不佳。"

张益怒曰："汝不见我文，乌知不佳？"

道者曰："闻作文，贵心气和平，今听公骂詈（lì），不平甚矣，文安得工？"

张不觉屈服，因就而请教焉。

道者曰："中（zhòng）全要命，命不该中，文虽工，无益也。须自己做个转变。"

张曰："既是命，如何转变？"

道者曰："造命者天，立命者我。力行善事，广积阴德，何福不可求哉？"

张曰："我贫士，何能为？"

道者曰："善事阴功，皆由心造，常存此心，功德无量。且如谦虚一节，并不费钱，你如何不自反而骂试官乎？"

张由此折节自持，善日加修，德日加厚。

丁酉（yǒu），梦至一高房，得试录一册，中多缺行。

问旁人，曰："此今科试录。"

问："何多缺名？"

曰："科第阴间三年一考较（jiào），须积德无咎者方有名。如前所缺，皆系旧该中式，因新有薄行而去之者也。"

后指一行云："汝三年来，持身颇慎，或当补此，幸自爱。"

是科，果中一百五名。

由此观之，举头三尺，决有神明。趋吉避凶，断然由我。须使我存心制行，毫不得罪于天地鬼神，而虚心屈己，使天地鬼神，时时怜我，方有受福之基。

彼气盈者，必非远器。纵发，亦无受用。稍有识见之士，必不忍自狭其量，而自拒其福也。况谦则受教有地，而取善无穷，尤修业者所必不可少者也。

古语云："有志于功名者，必得功名；有志于富贵者，必得富贵。"

人之有志，如树之有根。立定此志，须念念谦虚，尘尘方便，自然感动天地，而造福由我。

今之求登科第者，初未尝有真志，不过一时意兴耳。兴到则求，兴阑则止。

孟子曰："王之好乐甚，齐其庶几乎？"予于科名亦然。

附录二　孟母教子经

天煌煌　地泱泱　母教子　大文章　善教子　顺天时　得人和　享地利
修其身　齐其家　治其国　平天下　母齐家　先修身　儿女立　是大任
子不教　母之过　子不立　母之惰　教不当　母之错　教不灵　母无能
一年计　在于春　教儿女　要抓紧　子年幼　母相伴　品与行　多濡染
百姓事　天下事　母与子　共知悉　明担当　亲万民　辨是非　知乾坤
千里行　足下始　拘小节　重小事　蚁穴堤　溃千里　古来训　莫忘记
布衣暖　菜根香　读诗书　滋味长　读一日　启心智　读一生　真本事
闻鸡舞　早读书　惜时光　用功苦　今日事　今日毕　有良习　天自助
苟日新　日日新　求新知　换脑筋　读活书　通经史　历万事　得真知
三人行　必有师　见贤哲　要思齐　读一寸　行一尺　学万物　自得师
行万里　读万卷　广见闻　存高远　身体健　是本钱　心胸阔　养浩然
先读书　后习艺　书若舟　艺如楫　艺在手　饭一口　书在手　天下走
子厌学　勿打骂　效中医　细观察　望闻问　切病根　方子好　最要紧
子顶嘴　多有识　子不言　多善思　子平庸　多顺从　子好奇　多鼓励
燕择户　人择邻　环境好　风水顺　学堂好　四邻善　乡风淳　金不换
家贫寒　子多立　富贵家　常败子　穷励志　贫养气　贵生娇　富多戾
跌一跤　筋骨壮　蹲蹲苗　苗儿旺　吃点亏　是福音　逆风行　最练人
爱子女　不护短　观其行　听其言　知其善　很平常　知其恶　大不易
明人伦　重礼仪　孝父母　敬老师　修仁德　守方圆　讲廉耻　能慎独
丝半缕　米一粒　勤四体　分五谷　讲节用　惜字纸　尚农耕　庆有余
朱者赤　墨者黑　疏小人　亲君子　少结义　慎交友　远损友　近净友
爱吃喝　喜赌博　好打架　三大恶　山吃空　人斗穷　家赌光　辱祖宗
一家仁　一国仁　一家让　一国让　仁者寿　让者贤　继往圣　天地和
德不孤　必有邻　效君子　做大人　礼为门　义为路　仁义家　万世福
家积财　子孙累　重家教　出贵人　传一经　家道兴　教一生　享太平

附录三　孟府敬老经

读孔孟	仰先贤	讲人伦	孝为先	老吾老	幼吾幼	合家欢	天下安
鸦反哺	羊跪乳	知感恩	敬父母	父母恩	报不完	敬老经	记心间
人之初	父母孕	夜哭郎	母难寝	幼学步	两手牵	闹病恙	双亲念
小顽童	进学堂	沐风雨	接送忙	督功课	操吃穿	做马牛	无怨言
小桥边	瓜架下	听父亲	讲神话	文明史	几千年	三五天	说不完
人有脸	树有皮	做个人	不容易	读万卷	识大义	路要正	人要直
乡村夜	油灯亮	母亲线	儿新装	孩有成	娘高兴	孩无能	照样疼
日当午	汗如瀑	薄田瘦	天无雨	生计难	咬牙关	交学费	从不缓
行万里	走天涯	夜无眠	娘牵挂	盼儿归	村口站	见子面	两无言
儿成年	盖新房	女十八	备嫁妆	喇叭响	撒喜糖	口袋空	喜洋洋
儿女大	鬓染霜	孙缠膝	叹时光	腰已弯	人已老	做儿女	思回报
早请安	问三餐	回家晚	床前站	张家长	李家短	家常话	双亲暖
生小恙	多相瞒	生大病	怕人烦	细体察	望闻问	常查体	尽孝心
守空巢	月下寒	心孤单	夜难眠	常回家	多看看	天伦乐	金不换
人之福	双亲全	父母单	月不园	多体贴	常陪伴	黄昏恋	莫阻拦
笑一笑	走一走	童心在	九十九	重养生	讲科学	少教老	两相谐
年纪大	脑不闲	天下事	情相牵	买新书	订报刊	练书法	心胸宽
养儿女	一生忙	老来闲	热逛逛	山河美	家小康	伴父母	走四方
老来乐	扭秧歌	学书画	上大学	益社会	益身心	夕阳红	暖如春
享清福	有作为	重晚晴	肩有责	多夸奖	多支援	行善事	养生丸
古稀年	语不清	脑子浑	理不明	莫见笑	莫责怪	多相慰	多理解
牙齿松	耳朵聋	脾气怪	老顽童	古来叹	老来难	儿孙亲	笑开颜
老来病	人难免	百日床	孝子关	请名医	煎汤药	花银子	别心疼
生前孝	父母知	身后哀	孝已迟	尚厚养	倡薄葬	新观念	新风尚
孝父母	人子责	爱生活	创大业	圣贤地	孝星多	风雅颂	唱和谐

附录四　孟府劝学经

读孔孟	仰先贤	修仁心	养浩然	念择邻	效三迁	继往圣	开来篇
亚圣府	讲儒堂	读诗书	继世长	入乎耳	箸乎心	布乎体	生慧根
天苍苍	水茫茫	忧家国	着文章	博学之	审问之	慎思之	明辨之
十五学	三十立	早学步	成大器	少立志	要笃行	锲不舍	金可镂
新春来	去踏青	兰亭韵	词赋兴	荷花开	暑气盈	心入静	快哉风
五谷美	秋色赋	谢上苍	登高处	冬夜长	炉火旺	雪花飘	书瓣香
书为友	不释卷	书为舟	海不宽	书为侣	永相伴	书为梯	可登天
万卷书	金与土	有精读	有不读	万里路	用心量	观六路	听八方
读书专	如掘井	功夫到	泉自涌	读书博	如看山	众山小	眼界宽
学有恒	似水流	到东海	不回头	闻鸡舞	童子功	暮年吟	万夫雄
头悬梁	锥刺股	读书虫	笨功夫	好读书	读好书	乐读书	神相助
韦编绝	学一恒	程门雪	效一敬	衡偷光	留一痴	光砸缸	悟一智
走麦城	磨刀石	风雪寒	壮士衣	逆耳言	惊堂木	十八盘	登天梯
尽信书	如无书	尽背书	如书橱	读则思	思则悟	悟一二	始会读
莫羡渔	退结网	知不足	思亡羊	跂而望	不如攀	笨鸟飞	可致远
愤则启	悱则发	举一隅	三隅反	不唯书	贵有疑	常发问	得真谛
诗三百	思无邪	古来贤	皆寂寞	欲雕龙	学贾岛	文心古	细推敲
四海内	皆兄弟	三人行	必有师	满招损	谦受益	见贤者	要思齐
志于道	据于德	依于仁	游于艺	朝闻道	亦可喜	夕闻道	亦不迟
智乐水	仁乐山	智者动	仁者静	术专攻	一招鲜	淡泊者	玉汝成
子入庙	每事问	人放低	道入心	昔曾子	三省身	能温故	方知新
天心高	月儿盈	守阴阳	顺五行	学科学	揽万象	知与行	集大成
大学问	冷板凳	石变金	九年功	和不同	同不和	天人一	万物通
岁月短	时如梭	惜光阴	莫蹉跎	一日曝	十日寒	龟兔跑	勤胜懒
少年学	国之栋	少年智	国之庆	劝学吟	记心中	中华兴	赖后生

参考文献

齐善鸿.道德经羊皮卷版［M］.北京：中国长安出版传媒有限公司中国长安出版社，2023.

张其成.周易通解羊皮卷版［M］.北京：中译出版社，2024.

袁了凡，钱镠，朱柏庐.了凡四训·钱氏家训·朱子治家格言注音版［M］.北京：世界知识出版社，2017.

常亚君.袁了凡的母亲［M］.北京：宗教文化出版社，2015.

赵俊勇.了凡四训学记［M］.北京：世界知识出版社，2018.

智然.了凡生意经［M］.北京：团结出版社，2015.

张景，张松辉.了凡四训译注［M］.北京：中华书局，2022.

尚荣，徐敏，赵锐.了凡四训译注［M］.北京：中华书局，2016.

齐善鸿，李彦敏.了凡四训解读［M］.北京：台海出版社，2023.

廖之坤.袁了凡的不凡事儿［M］.长春：吉林文史出版社，2019.

乔五星.帮你读懂了凡四训［M］.北京：团结出版社，2023.

刘伟见.了凡处：了凡先生为政五风十论［M］.北京：中国言实出版社，2016.

刘伟见.了凡法：伟见先生讲《了凡四训》［M］.北京：线装书局，2016.

林志鹏，华国栋.训儿俗说［M］.上海：上海古籍出版社，2019.

蔡振绅，德育课本［M］.北京：华侨出版社，2012.

方建新.中国家风、家训、家规［M］.北京：中国书店，2018.

朱翔飞.孝里有道［M］.北京：中华书局，2011.

许富宏.鬼谷子集校集注［M］.北京：中华书局，2024.

张志军.跟古代名人学家风家教［M］.北京：商务印书馆国际有限公司，2015.

杨阳.敬慎谦和天地宽：张英与张氏家风［M］.郑州：大象出版社，2016.

刘余莉.群书治要活学活用［M］.北京：华龄出版社，2021.

刘余莉.太上感应篇活学活用〔M〕.北京：华龄出版社，2021.

刘余莉.品读群书治要〔M〕.北京：华夏出版社，2022.

刘余莉.至于道：如何认识中华传统文化〔M〕.北京：世界知识出版社，2020.

杨军.论语今释〔M〕.长春：长春出版社，2020.

杨军.孟子浅说〔M〕.长春：长春出版社，2020.

杨军.大学精义〔M〕.长春：长春出版社，2020.

杨军.中庸别讲〔M〕.长春：长春出版社，2023.

杨军.传习录阐微〔M〕.长春：长春出版社，2020.

文天.史记译注〔M〕.北京：中华书局，2016.

郭丹.左传译注〔M〕.北京：中华书局，2016.

汤化.晏子春秋译注〔M〕.北京：中华书局，2011.

陈磊.资治通鉴译注〔M〕.北京：中华书局，2016.

王海天，杨秀兰.说苑译注〔M〕.北京：中华书局，2019.

王国轩，王秀梅.孔子家语译注〔M〕.北京：中华书局，2011.

王秀梅.诗经译注〔M〕.北京：中华书局，2021.

李冲锋.增广贤文译注〔M〕.北京：中华书局，2015.

马天祥.格言联璧译注〔M〕.北京：中华书局，2020.

杨春俏.菜根谭译注〔M〕.北京：中华书局，2016.

张德建.围炉夜话译注〔M〕.北京：中华书局，2016.

缪文远，缪伟，罗永莲.战国策译注〔M〕.北京：中华书局，2012.

樊东.尚书译注〔M〕.北京：北京联合出版公司，2015.

齐善鸿.道德经解读〔M〕.北京：中国长安出版社，2023.

萧一山.曾国藩传〔M〕.南京：江苏人民出版社，2015.

安冠英.德育古鉴古今谈〔M〕.北京：金盾出版社，2017.

因缘生.圣学根之根〔M〕.北京：世界知识出版社，2022.

魏征等.群书治要译注〔M〕.北京：中国书店，2013.

钱文忠.钱说三字经〔M〕.合肥：安徽人民出版社，2012.